"十四五"时期国家重点出版物出版专项规划项目（重大出版工程）

国家科学技术学术著作出版基金资助出版

中国工程院重大咨询项目

中国生态文明理论与实践

刘　旭　郝吉明　王金南　主编

科学出版社

北　京

内 容 简 介

本书共分绪论、基础理论篇、创新驱动篇、绿色引领篇、区域发展篇和展望几个部分。基础理论篇侧重于理论分析，在详细阐述人与自然关系演进的基础上，论述了生态和文明之间的关系，提出进一步培育和弘扬生态文化；创新驱动篇详细介绍了经济产业发展绿色化、能源开发利用低碳化、资源循环利用无废化、生态产品价值化、生活消费绿色化；绿色引领篇着重说明了中国在生态文明建设方面的重要举措，包括国土空间保护与管控、污染防治攻坚行动、水安全保障、海洋生态保护与治理、生态系统一体化保护修复、科学应对气候变化与实现"双碳"目标；区域发展篇侧重于应用性，分别介绍大江大河、国家战略区域的生态文明建设情况。

本书适合政府管理人员、政策咨询工作者，以及广大生态学、环境学及相关专业的科研从业者和关心中国生态文明建设的人士阅读。

审图号：GS 京（2022）1568 号

图书在版编目（CIP）数据

中国生态文明理论与实践/刘旭，郝吉明，王金南主编. —北京：科学出版社，2022.9

"十四五"时期国家重点出版物出版专项规划项目（重大出版工程）
中国工程院重大咨询项目
ISBN 978-7-03-074390-9

Ⅰ. ①中⋯ Ⅱ.①刘⋯ ②郝⋯ ③王⋯ Ⅲ. ①生态文明–理论研究–中国 ②生态环境建设–研究–中国 Ⅳ.①X321.2

中国版本图书馆 CIP 数据核字（2022）第 238937 号

责任编辑：马 俊 孙 青 郝晨扬 / 责任校对：郑金红
责任印制：吴兆东 / 封面设计：无极书装

科 学 出 版 社 出版
北京东黄城根北街 16 号
邮政编码：100717
http://www.sciencep.com
北京建宏印刷有限公司 印刷
科学出版社发行 各地新华书店经销
*
2022 年 9 月第 一 版 开本：787×1092 1/16
2024 年 1 月第二次印刷 印张：38
字数：896 000
定价：398.00 元
（如有印装质量问题，我社负责调换）

中国生态文明理论与实践
编写委员会

顾　问

周　济	中国工程院原院长，院士
沈国舫	中国工程院原副院长，院士
赵宪庚	中国工程院原副院长，院士
杜祥琬	中国工程院原副院长，院士
陈左宁	中国工程院原副院长，院士
钱　易	清华大学，院士
丁一汇	国家气候中心，院士
李文华	中国科学院地理科学与资源研究所，院士
孙九林	中国科学院地理科学与资源研究所，院士

主　编

刘　旭	中国工程院原副院长，院士
郝吉明	清华大学，院士
王金南	生态环境部环境规划院院长，院士

编写委员

胡春宏	中国水利水电科学研究院，院士
刘炯天	郑州大学，院士
张守攻	中国林业科学研究院，院士

陈　勇	中国科学院广州能源研究所，院士
吴丰昌	中国环境科学研究院，院士
张　偲	中国科学院南海海洋研究所，院士
唐华俊	中国农业科学院原院长，院士
张云飞	中国人民大学，教授
刘庆柱	郑州大学，中国社会科学院学部委员
张林波	山东大学，教授
陈吕军	清华大学，教授
王夏晖	生态环境部环境规划院，研究员
舒俭民	中国环境科学研究院，研究员
高吉喜	生态环境部卫星环境应用中心主任，研究员
侯　鹏	生态环境部卫星环境应用中心，研究员
王登举	中国林业科学研究院林业科技信息研究所所长，研究员
何友均	中国林业科学研究院林业科技信息研究所，研究员
张晋宁	中国林业科学研究院，工程师
尹昌斌	中国农业科学院农业资源与农业区划研究所，研究员
高清竹	中国农业科学院农业环境与可持续发展研究所，研究员
严　耕	北京林业大学，教授
张双虎	中国水利水电科学研究院，教授级高级工程师
张晓明	中国水利水电科学研究院，教授级高级工程师
呼和涛力	常州大学，研究员
吴　丹	常州大学，副研究员
左其亭	郑州大学，教授
吕红医	郑州大学，教授

唐海英　　中国工程院一局，副局长

焦　栋　　中国工程院战略咨询中心，副主任（主持工作）

宝明涛　　中国工程院战略咨询中心，副研究员

审 校 人

总审校人

舒俭民　　中国环境科学研究院，研究员

第一篇　基础理论篇　审校人

张林波　　山东大学，教授

舒俭民　　中国环境科学研究院，研究员

第二篇　创新驱动篇　审校人

高吉喜　　生态环境部卫星环境应用中心主任，研究员

侯　鹏　　生态环境部卫星环境应用中心，研究员

第三篇　绿色引领篇　审校人

王夏晖　　生态环境部环境规划院，研究员

张双虎　　中国水利水电科学研究院，教授级高级工程师

第四篇　区域发展篇　审校人

陈吕军　　清华大学，教授

王登举　　中国林业科学研究院林业科技信息研究所所长，研究员

序　一

生态文明建设是关系中华民族生存和发展的根本大计。为积极参与对生态文明理论和实践的探索，履行好以科学咨询服务国家发展的重大历史使命，从 20 世纪 90 年代开始，中国工程院立项，由钱正英院士牵头组织了 40 多位院士、300 多位专家，开展了系列水资源可持续发展战略研究，咨询建议为中央关于可持续发展的科学决策提供了重要支撑。在此基础上，二十多年来，中国工程院又持续组织了一系列环境与生态的重大战略研究项目，一茬接着一茬干，长期地、系统地、深入地持续奋斗，向中央提出了一系列关于生态文明建设的重要建议。项目组从"环境保护"到"'两型'社会"，从"建设生态文明"到"建设美丽中国"，创造性地提出并不断发展"人与自然和谐共生"的发展理念，研究成果为"生态文明建设"的提出以及纳入中国特色社会主义事业"五位一体"总布局作出了重要贡献。从战略到行动，项目组助力创造天更蓝、山更绿、水更清、空气更清新、环境更美好的幸福家园。生态文明、美丽中国渐行渐近，中国工程院作出了历史性的卓越贡献。

本书是中国工程院"生态文明建设"项目研究的最新成果，全面、系统、深刻地总结了中国生态文明建设的理论和实践，具有很高的创新性、学术性与实践性，一定能为我们国家"推进绿色发展、建设生态文明"作出新的重要贡献。

衷心感谢作者付出的心血和劳动，感谢编委会全体同志的不懈努力，感谢科学出版社的精心谋划与鼎力投入。

周济

2022 年 7 月

序 二

党的十八大以来，以习近平同志为核心的党中央创造性地把生态文明建设纳入统筹推进"五位一体"总体布局和协调推进"四个全面"战略布局，谋划推进了一系列根本性、长远性、开创性工作，生态文明建设取得显著成效，美丽中国建设迈出重要步伐。一是形成习近平生态文明思想，建立生态文明"四梁八柱"制度体系，生态文明理念成为国内与国际社会广泛共识。二是以创新、协调、绿色、开放、共享这一新发展理念为指导，现代化高质量发展体系逐步完善，产业结构不断得到优化，绿色产业得到大力发展。三是落实"三大攻坚战"部署，坚决打好污染防治攻坚战，环境污染治理取得显著成效。四是坚持"山水林田湖草沙"生命共同体理念，国土空间管控与生态修复取得重要进展。五是贯彻落实"两山"理论，形成一大批生态文明实践案例和创新模式。

作为我国工程科技界最高荣誉性、咨询性学术机构，中国工程院肩负着为中国工程科技及区域发展服务，为生态文明、美丽中国做贡献的神圣使命。十年来，中国工程院一直把探索生态文明的内涵作为研究方向，开展战略咨询研究。2013 至 2015 年，我协助时任中国工程院院长周济院士，共同承担了中国工程院的"生态文明建设若干战略问题研究"咨询项目。后续四期项目我也都担任了顾问，对我国生态保护和建设的认识也逐渐深入。生态文明的具体实施是要在国土资源全面合理布局和规划的框架下做好资源节约和合理使用，生态保护、修复和建设，环境污染防控和治理。

本书不仅总结了十年来中国工程院五期生态文明咨询项目的研究成果，也总结了十年来我国生态文明建设的创新实践。无论是从生态文明的生态学理论基础，还是从中华优秀传统生态文化的创造性转化、创新性发展，以及中国生态文明建设绿色实践，都能体现人与自然和谐发展、符合客观发展规律、符合中国本土特色的生态文明建设原则。一方面，书中阐明了发展要正确把握人与自然和谐发展的准则，坚持以人为本，在发展中求和谐；要尊重自然、认识自然、顺应自然；要充分利用自然的自我修复能力，但也要辅以必要的人工措施。另一方面，书中也揭示了我国生态文明演替和发展的自然规律、科学规律、社会发展规律等。更难能可贵的是，书中总结了祖国大江南北、林岭海岛、山川盆地等符合中国本土特色的各地形地貌、发展区域的生态文明建设实践。本书既有理论创新，又有符合中国国情的绿色实践，是一本生态文明研究领域的综合集成成果专著。

希望本书的出版能够为生态环境保护领域的学者提供参考，能够为新时期我国生态文明建设的管理者提供支撑。

沈国舫

2022 年 7 月

序 三

生态文明建设是全党全国人民共同的行动纲领。十八大以来，党和国家开展了一系列根本性、开创性、长远性工作，其决心之大、力度之大、成效之大，在我国及世界发展历史上前所未有。我国生态文明建设发生了历史性、转折性、全局性变化。

十年来，中国工程院坚决贯彻党中央、国务院决策部署，积极组织开展生态文明建设相关研究，先后设立了五期咨询项目。2017 至 2019 年，刘旭院士和我共同牵头，承担了中国工程院"生态文明建设若干战略问题研究（三期）"重大咨询项目，围绕东部典型地区生态文明发展战略、京津冀协调发展战略、中部崛起战略和西部生态安全屏障建设的战略需求，分别面向"两山"理论实践、发展中保护、环境综合整治和生态安全等区域关键问题开展战略研究并提出对策建议。后续中国工程院又设立了"长江经济带生态文明建设若干战略问题研究""黄河流域生态保护与高质量发展战略研究"咨询项目，我都有幸参与其中。可以看出，这几期项目，都是站在打造国家重大战略绿色发展高地的角度去开展研究的。

区域协调发展是国家重大发展战略。我国幅员辽阔、人口众多，各地区自然资源禀赋差别之大在世界上是少有的。统筹区域发展从来都是一个重大问题，要根据各地区的条件，走合理分工、优化发展的路子。例如，京津冀要强化协同发展生态环境联建联防联治，长江经济带要共抓大保护、不搞大开发，黄河流域重在保护、要在治理。坚持生态优先、绿色发展是实施区域重大战略的应有之义，打造国家重大战略绿色发展高地是把握新发展阶段、贯彻新发展理念、构建新发展格局和促进高质量发展的必然要求。

不平衡是普遍的，要在发展中促进相对平衡。本书紧紧抓住区域绿色发展的核心关键，专门设置了区域发展篇，用六章介绍了长江经济带生态文明建设、黄河流域生态保护与高质量发展、东部沿海发达地区生态文明建设、京津冀地区生态文明建设、青藏高原生态文明建设和云贵高原地区生态文明建设等内容，既总结了区域生态文明建设的经验模式，又讲述了区域绿色发展的故事，是本书中最生动的部分。

当前，我国生态文明建设突出短板依然存在，环境质量、产业效率、城乡协调等主要生态文明指标与发达国家相比还有较大差距。希望本书研究团队继续落实中央有关精神，长期、稳定和深入跟踪我国生态文明建设最新进展，为我国生态文明建设作出更多贡献。

衷心希望本书的出版能够为广大科研工作者、政府管理人员等提供可借鉴之成果。

彭苏萍

2022 年 8 月

序　四

过去十年，我国生态环境持续改善，生态系统持续优化、整体功能持续提升，人民群众对生态环境的获得感、幸福感、安全感不断增强，"绿水青山就是金山银山"理念深入人心，不断形成人与自然和谐发展新格局。然而，生态文明建设是一项长期的任务，也是一个复杂的系统工程，不可能一蹴而就，必须坚持不懈、奋发有为。

十年间，中国工程院持续设立生态文明系列项目共计五期，研究成果对我国生态文明建设的科学决策提供了科学咨询。项目研究越做越深入，越做越细，在这个时间段总结研究经验、凝练研究成果的条件已经成熟。在成书过程中，我也多次参与讨论，对书中的内容表示赞同。

当前，我国生态文明建设已经进入"以降碳为重点战略方向、推动减污降碳协同增效、促进经济社会发展全面绿色转型、实现生态环境质量改善由量变到质变"的关键时期。我们要久久为功，坚持推动绿色低碳循环发展，努力促进人与自然和谐共生。本书的内容也恰恰反映了当前生态文明建设的重点。一方面，书中涉及了能源开发低碳化相关内容，突出了能源利用的低碳化、清洁化、高效化和绿色化，并从工程科技的角度阐明了节能增效技术、化石能源清洁利用技术、可再生能源高效利用技术、新能源利用技术和数字能源技术等。另一方面，书中还涉及了"资源循环利用无废化"相关内容，提出了"资源循环利用无废化"理念，简述了资源循环的经济性，重点阐述了"废弃物源头排放减量化、过程处置资源化、末端处置无害化"相关内容。还有一点难能可贵的是，书中增加了过去我们生态文明项目中未涉及的科学应对气候变化的相关内容。从国际上看，科学应对气候变化必不可少，碳达峰、碳中和的提出与其一脉相承。我国应对气候变化，从理论到实践，是更加深入的、更加系统的，在国际上反响强烈，在国内深刻影响中国经济社会发展和进步。

总之，在实现中华民族伟大复兴的历史进程中，以降碳为主要战略的生态文明建设使命更加光荣、责任更加重大、任务更加艰巨。相信再经过近 30 年的不懈努力，在建国百年之际，我国将成为世界上具有较强创新能力和竞争力的国家。

希望本书的出版能够让读者全面了解我国生态文明建设的理论基础、创新实践、先进经验、案例模式，能够对我国推动绿色发展具有积极的意义。

杜祥琬

2022 年 8 月

前　　言

2012 年，党的十八大报告首次把"美丽中国"作为未来生态文明建设的宏伟目标，把生态文明建设纳入"五位一体"总体布局，并将生态文明建设写入党章，标志着中国生态文明建设拉开了序幕，进入新时代。在此背景下，第十届全国政协副主席、中国工程院原院长徐匡迪院士以中国社会经济发展战略科学家的思维和气魄策划与推动了中国工程院"生态文明建设若干战略问题研究"重大咨询项目，组建了由时任中国工程院院长周济院士为组长、沈国舫院士为第一副组长（后为并列组长）、100 余名院士专家参加的咨询研究队伍。从那时起，我们在长达十年五期的研究中，一直在思考一个问题，一方面生态是统一的生物与环境的自然系统，是相互依存、相互制衡、相互共生的动态平衡系统，这里的平衡是相对的、动态是绝对的、从而达到再平衡，且会周而复始；另一方面，文明是人类社会发展的一个标志，从野蛮到文明其内在动因是人的伦理观形成推动社会秩序的建立，这里的伦理也是一个动态发展的过程，既有稳定性，又有发展性。从这两方面考虑，人类走过原始文明（依赖自然、索取自然）、农业文明（顺应自然、促进自然）、工业文明（改造自然、掠夺自然）几个阶段，在社会物质财富急剧增加的同时，自然生态也遭到极大破坏，自然环境开始报复人类社会。人类终于认识到人与自然的关系是人类社会的最基本关系，如何实现人与自然的和谐共生是人类文明发展的基本问题，于是建设一种人与自然和谐共生的生态文明（道法自然、推动自然）的理念应运而生。那么如何实现这一理念呢？当然，我们不可能走纯粹自然中心主义之路，也不能走单纯人类中心主义之路，而只能走人与自然和谐共生、自然生态与社会文明融合之路。是否可以设想一下，把人类的伦理观形成的社会秩序提升发展为环境的伦理观形成的自然与社会秩序，利用人的主观能动性和创新性去推动生态平衡向更高层次、更好方面移动，形成新的再平衡新文明，开创生态文明新时代。当然，这是一个非常理想的设想，但如何实现？其科学基础是什么？社会经济发展结构如何设计？因此，中国生态文明既是重大理论问题，更是重大实践命题。探讨和解决这些我们一直思考的问题，是我们编撰本书的基本动因与主要目标。最初的问题依然没有圆满的答案，本书也不可能一蹴而就地达到原初目的。不过，在试图通过生态文明的生态学理论基础、中华优秀传统生态文化的创造性转化和创新性发展、中国生态文明建设绿色实践的角度来阐明生态和文明的关系方面，本书还是有一个比较满意的凝练与提升。

2013 年以来，中国工程院设立的五期"生态文明建设若干战略问题研究"重大咨询研究项目，汇聚了由 100 多位院士专家组成的跨领域、多学科、老中青多层次结合的专家队伍，在生态文明领域有深厚的研究基础，多项研究成果为我国生态文明建设的科学决策提供了科学咨询。其中有几项成果在此与大家分享。

第一，生态保护和建设是生态文明建设的一项基础工作。在第一期项目研究中，我们把由国家多个部门分管的生态保护和建设事业作为一个整体来对待，明确生态保护和建设的概念、内涵，阐明生态保护和建设的关系，系统总结我国生态保护和建设积累的主要经验，梳理存在的主要问题，提出充分发挥生态保护与建设在生态文明建设中的主体功能，以保护和建设森林、湿地、荒漠、草原、农田、城市等生态系统并维护生物多样性；以重点生态工程为依托，以防范和减轻风沙、山洪、泥石流等灾害为重点，加快实施国土空间生态安全的战略。在研究中，我们还建议确立"生态兴国"的战略方针，在生态保护和建设方面健全法律体系、优化监督管理体制、健全配套机制、加强科技创新、扩大资金投入、完善市场机制和社会机制、拓展国际交流与合作。这些研究成果为我们开展后续研究提供了总体思路和基本策略。

第二，2013 至 2015 年，我们两次前往福建省调研学习，探讨生态文明建设之路，结合当时我国新形势，形成了《坚持绿色发展，强化生态文明建设——福建生态文明先行示范经验与建议》的报告，总结了福建生态文明建设的经验：一是坚持顶层设计，全面推进生态文明建设；二是坚持底线思维，科学引导国土空间优化开发；三是坚持真抓实干，全面改善环境质量；四是坚持创新驱动，推动传统优势产业绿色转型；五是坚持体制机制创新，有力支撑生态文明建设。我们认为，福建省坚决贯彻党中央关于生态文明的部署和要求，将生态资源优势转化为绿色发展优势，实现了从生态省到生态文明示范区的跨越，走出了一条经济与生态文明建设相互促进、人与自然和谐共生的绿色发展新路，并建议支持福建省生态文明先行示范，推广福建省生态文明建设先进经验。这份报告支撑了中央深改组将福建省列为国家生态文明试验区。

第三，2016 年 1 月，我们在"三江源区生态补偿长效机制研究""三江源区生态资源资产核算与生态文明制度设计"两个专题研究的基础上，形成了《关于"创新三江源区生态资源资产与生态文明建设发展模式"的建议》的报告，摸清了三江源区生态资源资产家底，以资源禀赋相似地区进行类比估算三江源区发展机会成本，分析三江源区为区域和我国生态保护的贡献，测算了三江源区生态保护恢复成本。提出了五条建议：一是创新西部发展模式，建设生态资源资产协调发展先行示范区；二是创新管理机制，建立三江源区生态补偿专项资金；三是创新生态补偿模式，建立政府购买生态产品机制；四是创新激励约束机制，实施生态文明绩效考核和责任追究制度；五是创新生态扶贫模式，以保护生态资源资产和促进农牧民增收。这份报告在三江源国家公园体制试点工作中得到实际应用。

第四，2017 年 4 月，我们向国家高端智库理事会上报了《坚持绿色发展，建设美丽中国，开创社会主义生态文明新时代》的报告，分析了我国在实现百年目标过程中社会主要矛盾的转变，认为人民群众对优质生态产品的需求与落后生态生产之间的矛盾已成为我国社会主义主要矛盾之一，阐明生态文明是在工业文明基础上发展起来的一种全新的文明形态，是通过绿色发展引领，科技取得革命性突破，推动生产力水平极大跃升，以期达到的人与自然和谐后的人与自然共生的新平衡态。这份报告提出我国开创社会主义生态文明新时代的目标建议及实现人与自然和谐共生的战略途径。

第五，2019 至 2022 年，我们紧紧抓住长江经济带发展、黄河流域生态保护和高质量发展上升为国家战略的契机，上报的《关于实施三江源生态产品供给能力提升重大工程的建议》《我国生态文明建设的成就与面临困难》《关于强化黄河流域国土空间生态环境管控，加快建立"一干两区多廊"生态安全格局的建议》《关于加强黄河流域环境质量改善的建议》《关于青藏高原生态环境保护立法应考虑的重大问题》等报告，为《中华人民共和国国民经济和社会发展第十四个五年规划和 2035 年远景目标纲要》《黄河流域生态环境保护规划》《黄河流域生态保护治理攻坚战行动方案》《中华人民共和国黄河保护法》的编制提供了重要支撑。

总之，生态文明源于人与自然关系认识的历史演进，基础是生态，发展的结果是文明。我国现代化是人与自然和谐共生的现代化，注重同步推进物质文明建设和生态文明建设，而生态文明建设必然要做到产业发展绿色化、能源开发低碳化、资源循环无废化、生态产品价值化、生活消费绿色化。作者希望本书能够在总结近 10 年来研究成果的基础上，聚焦中国特色社会主义现代化生态文明理论与实践研究，为研判全球可持续发展与全球生态环境治理的走向趋势以及我国在其中的地位、角色和影响等，提出发挥我国引领作用的具体方案。这本书在呈现给读者之前，还有几点要向大家说明，一是我国已向着全面建成社会主义现代化强国的第二个百年奋斗目标迈进，我国生态文明建设已经进入以降碳为重点战略方向、推动减污降碳协同增效、促进经济社会发展全面绿色转型、实现生态环境质量改善由量变到质变的关键时期，由于研究时间有限，有一些新的观点和结论未能纳入；二是限于作者水平，以及生态文明研究团队和成果方兴未艾，对原有的特别是个别的具体观点和结论提出了巨大挑战，有些具体观点和结论值得商榷，甚至有个别观点和结论可能已经过时；三是非常希望广大读者多提宝贵意见，如再版时将尽可能吸收进来，形成一本与时俱进的生态文明领域重要基本参考书。

作　者

2022 年 6 月 30 日

目　　录

第二篇　创新驱动篇

第三篇　绿色引领篇

第四篇　区域发展篇

绪　　论

在进入全面建设社会主义现代化国家、向第二个百年奋斗目标进军新征程的重要时刻，回顾党的十八大以来我国生态文明理论体系发展完善和亮点纷呈的实践之路发现，我们对生态文明认识更加深化，生态文明理论体系更加完整、谋篇布局更加成熟、体制制度更加完善、工作成效更加彰显、国际影响更加深远。

我们知道，人类走过了原始文明（依赖自然、索取自然）、农业文明（顺应自然、促进自然）和工业文明（改造自然、掠夺自然）几个阶段，社会物质财富急剧增加的同时，自然生态也遭到极大破坏，自然环境开始报复人类社会，人类逐渐认识到要把环境保护与人类发展切实结合起来。1896年，瑞典化学家阿仑尼乌斯提出，人类大量燃烧化石燃料将会使大气中二氧化碳的浓度增加，从而导致全球气候变暖。1962年，美国生物学家蕾切尔·卡逊的著作《寂静的春天》出版，揭示了工业繁荣背后人与自然的冲突。1972年，罗马俱乐部组织编写并出版的《增长的极限》指出"人类必须改变生产和生活方式，否则地球现有资源难以满足人类的持续发展。"同年，在瑞典斯德哥尔摩召开了联合国人类环境会议，通过了纲领性文件《联合国人类环境会议宣言》，呼吁各国政府和人民为维护和改善人类环境，造福全体人民，造福后代而共同努力。1987年，世界环境与发展委员会发表了《我们共同的未来》报告，围绕可持续发展提出了一揽子政策目标和行动建议。1992年，在里约热内卢召开的联合国环境与发展会议，将《联合国气候变化框架公约》提交各方签署，可持续发展成为人类发展的核心主题。

中华民族是一个拥有5000多年发展文明史的民族。与人类发展史一致，中国的发展也经历了原始文明、农业文明和工业文明。原始文明时期，人们依附于自然，靠简单渔猎以获取食物为生，后期以种植业为基础的畜禽业开始萌芽；农业文明时期，随着农耕技术水平的不断提高，人们广泛利用土地等自然资源，靠农耕畜牧支撑自身发展；工业文明时期，人们通过日新月异的技术改造自然，在创造巨大物质财富、推动人类社会迅猛发展的同时，也带来了生态环境危机等一系列问题。不难看出，人与自然关系是人类社会最基本的关系，如何实现人与自然和谐共生是人类文明发展的基本问题。我们不能走以资本为中心、物质主义膨胀、先污染后治理的老路。生态文明是人类文明发展的历史趋势。

一直以来，党和国家高度重视生态文明问题。1972年派团参加联合国第一次人类环境会议。1973年召开第一次全国环境保护会议，将环境保护提上国家重要议事日程。改革开放时期，将保护环境确立为基本国策，纳入国民经济和社会发展计划，提出"预防为主"、"谁污染谁治理"和"强化环境管理"三大环境政策，逐步建立国家、地方环境保护机构，为生态环境保护事业奠定了坚实基础。1992年，联合国环境与发展大会后，我国接轨国际、立足国情，将可持续发展确立为国家战略，污染防治思路由末端治理向生产全过程控制转变、由浓度控制向浓度与总量控制相结合转变、由分散治理向分散与集中控制相结合转变，生态环境保护事业在可持续发展中不断向前推进。进入新世纪，党中央提出树立和落实科学发展观、建设资源节约与环境友好型社会等新思想新举措，要求从重经济增长轻环境保护转变为保护环境与经济增长并重，从环境保护滞后于经济发展转变为环境保护和经济发展同步，从主要用行政办法保护环境转变为综合运用法律、经济、技术和必要的行政办法解决环境问题，生态环境保护事业在科学发展中不断创新（孙金龙和黄润秋，2021）。

生态是统一的自然系统，是相互依存、紧密联系的有机链条，生态兴衰关乎文明兴衰。党的十八大以来，以习近平同志为核心的党中央把生态文明建设作为关系中华民族永续发展的根本大计，并作为统筹推进"五位一体"总体布局和协调推进"四个全面"战略布局的重要内容，开展一系列根本性、开创性、长远性工作，提出一系列新理念新思想新战略，大力推动生态文明理论创新、实践创新、制度创新，形成了习近平生态文明思想，引领我国生态文明建设和生态环境保护从认识到实践发生了历史性、转折性、全局性变化。我们坚持"绿水青山就是金山银山"的理念，探索生态产品价值实现路径，促进生态资源资产协同发展；我们坚持"山水林田湖草沙"是生命共同体，全方位、全地域、全过程开展生态文明建设；我们坚持"人与自然和谐共生""像保护眼睛一样保护自然和生态环境""像对待生命一样对待生态环境"；我们坚持"良好的生态环境是最普惠的民生福祉"，更加自觉地推进绿色发展、循环发展、低碳发展；我们坚持"用最严格制度最严密法治保护生态环境"，推动划定生态保护红线、环境质量底线、资源利用上线，为构建新发展格局和实现高质量发展保驾护航；我们坚持"生态兴则文明兴、生态衰则文明衰"，走生产发展、生活富裕、生态良好的文明发展道路；我们坚持全社会共同建设美丽中国，推动形成低碳生活方式和消费模式；我们坚持"共谋全球生态文明建设之路"，向国际社会宣示中国应对气候变化中长期目标和愿景，作出"力争2030年前实现碳达峰、2060年前实现碳中和"的庄严承诺，成为全球生态文明建设的重要参与者、贡献者、引领者。

十年来，绿色低碳发展和生态环境保护成效显著。全国淘汰钢铁产能2亿多吨，退出煤炭落后产能8.1亿t，完成燃煤电厂超低排放改造8.1亿kW，建成全球最大的清洁煤电供应体系。煤炭在一次能源中的比例下降到57%左右。绿色技术创新成为绿色转型的新引擎，一批优势领域、关键技术取得重大突破，开发了一批带动产业绿色发展的核心技术，建立了一批国际领先的低碳、生态、节能的绿色工程，形成了一批自主可控的绿色产业体系，推动了部分产业迈向全球产业链的中高端。《2021中国生态环境状况公报》显示，339个地级及以上城市平均空气质量优良天数比例为87.5%；细颗粒物（$PM_{2.5}$）平均浓度为30μg/m³。全国地表水优良（I~III类）水质断面比例为88.2%；劣V类水质断面比例降至1%。15万个行政村完成农村环境综合整治。全国生态保护红线划定工作基本完成，初步划定的全国生态保护红线面积比例不低于陆域国土面积的25%，覆盖了重点生态功能区、生态环境敏感区和脆弱区，覆盖了全国生物多样性分布的关键区域。国家公园体制试点取得显著成效，正式设立三江源、大熊猫、东北虎豹、海南热带雨林、武夷山等第一批国家公园，国家级自然保护区增加到474处，各级各类自然保护地面积占到陆域国土面积的18%。着力保护和恢复草原生态环境，落实禁牧面积12亿亩[①]，

---

① 亩，面积单位。1亩≈666.7m²。

草畜平衡面积 26.1 亿亩。全国上下开展了大量生态文明创新实践：福建省积极建设国家生态文明试验区，形成了一批可复制、可推广的生态文明制度创新成果，形成了生态环境"高颜值"和经济发展"高质量"协同并进的良好发展态势；"两山"理论发源地安吉县坚定走生态立县发展之路，实现了生态保护和经济发展的双赢，获得"联合国人居奖"，成为中国美丽乡村建设的样板；山西右玉 70 年坚持不懈造林治沙、改善生态，造就了"迎难而上、久久为功"的右玉精神；塞罕坝林场通过三代人的努力，历经 50 多年在森林与草原的交接地带建成了亚洲最大的人工林，被联合国授予联合国最高级别环保奖项（地球卫士奖）。由事实可见，党的十八大以来这十年，党中央以前所未有的力度抓生态文明建设，全党全国推动绿色发展的自觉性和主动性显著增强，美丽中国建设迈出重大和坚实的步伐。

当前，我国已进入全面建设社会主义现代化国家新征程、向第二个百年奋斗目标进军的关键时刻。我国生态文明建设已经进入以降碳为重点战略方向、推动减污降碳协同增效、促进经济社会发展全面绿色转型、实现生态环境质量改善由量变到质变的关键时期。按照党的十九大对实现第二个百年奋斗目标作出的两个阶段推进的战略安排，从 2020 年到 2035 年基本实现社会主义现代化，从 2035 年到 21 世纪中叶把我国建成社会主义现代化强国，我国物质文明、政治文明、精神文明、社会文明、生态文明将全面提升。这一目标的确立，要求我们要深刻认识中国特色社会主义已经进入了新时代，我国社会主要矛盾发生了新变化，人民群众对优美生态环境的需要日益增长。习近平总书记强调："既要创造更多物质财富和精神财富以满足人民日益增长的美好生活需要，也要提供更多优质生态产品以满足人民日益增长的优美生态环境需要。"从"求生存"到"求生态"，从"盼温饱"到"盼环保"，人民群众对清新空气、清澈水质、清洁环境等生态产品的需求越来越迫切。在生态文明建设"快车道"上行稳致远，必须顺应人民群众对良好生态环境的新期待，推动形成绿色低碳循环发展的新方式，并从中创造新的增长点。逆水行舟，不进则退，生态环境保护依然任重道远。习近平总书记指出："生态文明建设正处于压力叠加、负重前行的关键期，已进入提供更多优质生态产品以满足人民日益增长的优美生态环境需要的攻坚期，也到了有条件有能力解决生态环境突出问题的窗口期。"要抓好已出台改革举措的落地，及时制定新的改革方案，牢牢坚持节约优先、保护优先、自然恢复为主的基本方针，多谋打基础、利长远的善事，多干保护自然、修复生态的实事，多做治山理水、显山露水的好事，在坚持人与自然和谐共生中持续加强生态文明建设。要实现这一目标，就要明确发展是第一要义，既要巩固来之不易的脱贫攻坚成果，又要实现共同富裕；资源利用效率是核心，既要降低能源使用强度，又要确保可持续；人与自然的和谐共生是永恒的主题，既要实现"双碳"目标，又要保持生态系统的稳定性。要促进我国生态资源资产与经济协同发展，实现人民群众物质产品和生态产品的双富裕。要坚持新发展理念，把新发展理念完整、准确、全面贯穿发展全过程和各领域，实现更高质量、更有效率、更加公平、更可持续、更为安全的发展。这是应对我国进入新发展阶段面临的新形势新任务所作出的重大战略决策。适应新发展阶段离不开新发展理念的指引，需要构建适应新发展阶段的新发展格局，这是根据我国发展阶段、发展环境、发展条件变化作出的科学判断。

党的二十大召开之际，系统梳理总结党的十八大以来我国生态文明理论与实践，为研判全球可持续发展与全球生态环境治理的走向趋势以及我国在其中的地位、角色和影响等，提出发挥我国引领作用的具体方案，意义重大。中国工程院"生态文明建设若干战略问题研究"系列重大咨询项目的院士专家团队是一支跨领域、多学科、老中青多层次结合的专家队伍，在生态文明领域有深厚的研究基础，为完成撰写专著任务提供了智慧保障。一方面，早在1999年，以钱正英院士为首的一批中国工程院院士，联合国内外专家，连续承担了六项以水资源及区域开发为主题的战略咨询研究，共历时12年，取得了丰硕的成果，并得到了国务院主要领导的高度重视。另一方面，在十八大以后，中国工程院作为国家高端智库，组织院士专家，继承和发扬前辈的优良传统，积极参与对生态文明内涵的探索研究，接续开展了多期"生态文明建设若干战略问题研究"重大咨询项目，多项研究成果得到了有关领导高度重视，以科学咨询支撑了我国生态文明建设的科学决策。2021年初，本书作者邀请曾经以及正在参与中国工程院"生态文明建设若干战略问题研究"系列重大咨询项目的100余位院士专家组成了研究团队，确立了组织框架，并根据研究需要，邀请了从事生态文明研究与管理的专家，经过多次交流讨论，集思广益，最终确定了本书的研究框架。大家坚持严谨的科学态度，深入总结、调查研究，经过反复讨论和修改，最终形成了《中国生态文明理论与实践》一书。本书最大的创新之处就是回答生态和文明之间的内在关系。在编写过程中，我们注重了几个基本原则：一是回头看和向前看相结合原则；二是全面性与典型性相结合原则；三是分章节编写与分篇通稿交流相结合原则；四是编写团队的代表性及学术民主原则。

《中国生态文明理论与实践》全书共分绪论、基础理论篇、创新驱动篇、绿色引领篇、区域发展篇和展望6个部分。基础理论篇侧重于理论分析，在详细阐述人与自然关系演进的基础上，论述了生态和文明之间的关系，提出进一步培育和弘扬生态文化；创新驱动篇详细介绍了经济产业发展绿色化、能源开发利用低碳化、资源循环利用无废化、生态产品价值化、生活消费绿色化；绿色引领篇着重分析了中国在生态文明建设方面的重要举措，包括国土空间保护与管控、污染防治攻坚行动、水安全保障、海洋生态保护与治理、生态系统一体化保护修复、科学应对气候变化与实现"双碳"目标；区域发展篇侧重于应用性，分别介绍大江大河、国家战略区域的生态文明建设情况。

"问渠哪得清如许，为有源头活水来"。研究生态文明、建设生态文明、发展生态文明，从源头破解绿色低碳循环发展难题，促进各类文明与生态文明的融合，实现融合发展、循环发展和共同富裕。让我们共同努力，同步推进物质文明建设和生态文明建设，实现人与自然和谐共生的现代化。

（执笔人：刘旭、郝吉明、王金南、宝明涛）

第一篇　基础理论篇

第一章　人与自然关系认识的历史演进

本章分别对中国古代生态智慧、西方近现代人与自然关系认识演进、可持续发展思想与可持续发展实践进行了总结和分析，对近期出版的《习近平生态文明思想学习纲要》中"习近平生态文明思想是中国共产党不懈探索生态文明建设的理论升华和实践结晶"的内容进行了引用。通过梳理对人与自然关系认识的历史演进过程，以期从思想渊源的角度阐释习近平生态文明思想的由来。

第一节　中国古代生态智慧

中华文明是典型的农业文明，人的生存和社会的发展与天气、土地、水等息息相关，同时由于中华大地被山脉和海洋包围，相对封闭，自然生态环境对人类活动的约束和限制作用较为明显。从古代开始，人们就开始思考人与自然的关系，形成了一系列生态思想，指导现实生产生活。本节首先介绍对中国古代生态思想影响最大的儒家、佛教、道家的生态哲学，之后以时间为线索，梳理古代不同时期的生态思想与实践。

一、儒释道的生态哲学与环境观

（一）儒家的生态哲学与环境观

儒家哲学的核心是"究天人之际"，即讨论人与外部世界的关系，这其中就包含了对人与自然关系的思考（乔清举，2018）。早期的儒家哲学提出天、地、人不相分离的三重结构，后来进一步演化为"天人合一"的两重结构，这是儒家生态哲学和环境观的基本原则。"天人合一"强调人寓居于自然，人性来源于天性，应当将天和人作为一个统一的、和谐的整体来考虑。

具体而言，儒家的生态哲学包含两个方面的要点。首先是人的思维和行为应当服从自然规律。《论语·阳货》记载："天何言哉？四时行焉，百物生焉，天何言哉？"意思是四季万物都按照一定的规律运行，人应当顺应自然。《论语·述而》记载："子钓而不纲，弋不射宿"，指的是人类应当适度捕猎，不要影响生物繁衍，避免对自然的过分干预，否则会破坏生态平衡，从而危及自身。孟子则提出人要由"尽心"、"知性"而"知天"，以达到"上下与天地同流"，也是在强调人要服从自然规律。人寓居于自然，服从自然规律，是一个事实判断，儒家思想同时也有对人和环境的价值判断，认为人具有特殊的价值（卢兴和吴倩，2020）。荀子提出人与水火、草木、禽兽有区别，"人有气、有生、有知，亦且有义，故最为天下贵也"。从北宋张载开始，儒家强调天地之性与气质之性、天理与人欲的区别，也是在强调人的特殊性。"天人合一"既强调人是自然的一部分，因而需要服从自然规律，又强调人的特殊价值，认为人应当发挥主观能动性，改造自然和利用自然。

从环境伦理的角度来看，儒家思想具有整体的道德观，即整个自然界都处在人的道德范畴中，人需要用"仁"去对待自然界，负有尊重自然的价值、维护自然的权利的义务（范慧和乔清举，2015）。这与儒家强调人的特殊价值是一脉相承的。儒家尊重动物的生命，认为应当"德及禽兽"（《汉书·严助传》），即仁义地对待鸟兽（乔清举，2015），甚至对于虎这种猛兽，也称"凡虎狼之在山林，犹人之居城市"（《后汉书》）；对于已死的动物，有哀悯之心和掩藏的行为，"仲尼之畜狗死，使子贡埋之，曰：'吾闻之也，敝帷不弃，为埋马也。敝盖不弃，为埋狗也。丘也贫，无盖，于其封也，亦予之席，毋使其陷焉'"；反对过度捕猎，要求"天子不合围，诸侯不掩群"（《礼记训纂》）。对于植物，儒家认为应当"泽及草木"，董仲舒提出，"恩及草木，则树木华美，而朱草生"，"咎及于木，则茂木枯槁"（苏舆和钟哲，2019），晁错认为"德上及飞鸟，下至水虫草木诸产，皆被其泽。然后阴阳调，四时节，日月光，风雨时"（《汉书》）。对于山川大地，儒家也要求用生态的、道德的态度对待。例如，《礼记·月令》要求遵循天地之气的运动从事活动，不能妨碍气的运动（乔清举，2013）。

当然，从整体上看，虽然儒家哲学的核心是讨论人与外部世界的关系，但其内容并未局限在生态哲学和环境伦理上，儒家哲学命题的提出和体系的构造也不是出于生态的思考。儒家提出生态命题，更多是考虑人的发展和利益，希望通过顺应自然、仁爱万物使得人类得以生存和发展，具有强烈的政治劝诫意味。

（二）佛教的生态哲学与环境观

佛教蕴含着丰富的生态思想。佛教的核心思想是向善，认为众生平等，缘起论是佛教生态哲学的基础，整体论和无我论是佛教生态哲学的基本特征，体现了与自然中心主义接近的环境观。

对于人与自然环境的关系，佛教用缘起论来解释，强调整体和无我。"缘起"指一切存在都是由各种条件和合而成的，而不是孤立的，"此有故彼有，此生故彼生；此无故彼无，此灭故彼灭"，意思是只有在一定的条件下，事物的存在才能得以确认（魏德东，1999）。以缘起论为基础，佛教思想认为整个世界都是相互联系、相互依赖、不可分割的，因而人与自然中其他生命形式是平等的，应当受到同等的尊重和爱护。可以看出，与儒家思想不同，佛教不认为人具有特殊性。

整体论是佛教生态哲学的首要特征，认为整个世界相互联系、不可分割，事物的存在是关系的存在，而非独立的存在，这与现代生态学的整体论思维不谋而合。中国佛教法华宗提出世界中的每一事物本来具足大千世界的本质和本性，"十界互具""一念三千"，体现了"全息思想"，即任一事物都蕴含宇宙的全部信息，这是整体论的最鲜明体现（魏德东，1999）。在整体论的基础上，佛教发展出大慈大悲、天下一体的思想，因而有了对万物生灵、山水河川的关怀。无我论是佛教生态哲学的第二个特征。佛教认为世间万物的本质不是不变的，而是流动的、相对的，生命个体没有实在的本质存在。这一思想否定了人具有特殊性和优越性，是对人类中心论的反对。

佛教的环境观主要由无情有性的自然观，众生平等、不杀生的生命观，追求净土的理想观组成。无情有性指即使是没有情感的山水草木都是具有佛性的，都有其价值，这与儒家思想具有较为明显的区别。佛教认为众生平等，生命轮回。众生分为十类，即鬼、地狱、畜生、阿修罗、人、天、声闻、缘觉、菩萨、佛，前六者属于"六凡"，后四者属于"四圣"，在解脱之前，"六凡"中的生命依据自身的行为业力获得来世相应的果报，善有善报、恶有恶报，行善者可以向上进步，作恶者会下降堕落（方立天，2007）。虽然不同生命形式具有高低序列的特征，但其生命本质是平等的，是存在流动性的，每个生命，既不必自卑，亦不可自傲。这说明，佛教并不承认人具有特殊价值，也不是超自然的高级生灵，而是与万物同一的生物体，体现了自然中心主义的生态观。基于众生平等的观念，佛家提出"不杀生"的戒律，佛教经典中包含了许多与动物有关的故事，提醒人们爱护生命（魏德东，1999）。例如，尸毗王以身代鸽，讲述立志求佛得道的尸毗王为了保护投奔自己的鸽子，割自己的肉给追鸽子的鹰吃。九色鹿的故事讲述为了利益背叛有恩于自己的九色鹿的人浑身长满癞疮，而下令放九色鹿一条生路的国王则得以施行善政，人民没有疾病和苦难，风调雨顺。"佛国净土"是佛教对于生存环境的追求和理想。佛国净土中，自然生态优美，气候和谐舒适，净土能够净化人的心灵，身在其中的人们互相尊重，没有贪欲，社会安定。佛教禅宗认为，净土并不在遥远的彼岸，只要内心清净，净土就自然存在，因此可以落实于现实生活，体现在当下的自然环境中（陈红兵，2014）。因而，人与自然万物和谐共生的状态是理想的生存境界，但需要人自身内心的修炼来将彼岸净土拉回到现实中。

（三）道家的生态哲学与环境观

道家生态哲学的核心观点是"道法自然"和"自然无为"，强调生态平等，少私寡欲，知足知止，具有自然主义的特点。

道家认为万物同源。对于万物的起源，道家说"有物混成，先天地生……可以为天地母"，意思是万物都来自于一个源头，但是并不能找到合适的方式去定义和描述这一来源，所以"吾不知其名，故字之曰道，强为之名曰大"。虽然道家认为难以找到描述万物起源的准确说法，但仍然将其命名为"道"，"道生一，一生二，二生三，三生万物"，体现了万物同源的思想。

基于万物同源的思想，道家的生态哲学衍生出生态平等观、天人合一观、道法自然观、合理有度的开发观和消费观等主要内容（王学军，2017）。

生态平等观。由于万物都来源于"道"，所以虽然存在种类和形式的差别，但并无高低之分，各有自身存在的价值和意义（许亮和赵玥，2015），"以道观之，物无贵贱；以物观之，自贵而相贱；以俗观之，贵贱不在己"。庄子提出"齐物论"，主张从主观上消除事物之间的差别和对立，追求万物平等的境界（王学军，2017）。道家的生态平等观否定人的特殊性，与自然中心主义有类似之处。

天人合一观。儒家的天人合一强调人不能违背自然规律，要在自然规律之内发挥主观能动性，天人合一是为了人的发展而服务。道家的天人合一观则是要求人与自然和谐共处，平等互动，不承认人具有独特的价值，不寻求人类对自然的征服与支配。

道法自然观。"人法地，地法天，天法道，道法自然"，道家认为应当遵循万物本身的存在、运行方式，要"无为"，即不要对万物横加干涉，任由万物自然发展，生长万物而不据为己有，化育万物而不自恃其能，成就万物而不自居其功。这体现了尊重自然规律，尊重万物存在和发展权利的观点。

合理有度的开发观和消费观。道家认为人要与自然和谐相处,需要限制人类活动的边界,对于自然资源要进行适度合理的开发利用,不能破坏生态平衡,否则人类的发展就会受到威胁;人应当俭而有度,要约束自己的欲望,不要追求享乐、奢侈浪费。"罪莫大于可欲,祸莫大于不知足,咎莫大于欲得""甚爱必大费;多藏必厚亡",如果过于放纵自己的欲望,就有可能反受其害,而"知足者富""知足不辱,知止不殆,可以长久",懂得把握度,懂得满足和停止,才可以长久。

总的来说,儒、释、道的生态观都认为人需要与自然和谐相处,但儒家更看重人的发展,因而追求在尊重和学习自然规律的基础上努力让人生活得更好;佛教则认为人没有特殊性,众生平等,连山水草木都具有佛性,需要受到尊重;道家也不承认人具有特殊性,强调遵循万物本身的规律,不要过多干预自然。

二、中国古代人与自然关系认识的演进

(一)原始社会到商周时期:人类服从自然支配

从人类诞生到旧石器时代复杂工具出现之前的原始社会阶段,人类与自然的关系是一种自然的关系,即人类与其他生物一样,受自然规律的支配。据《淮南子·修务训》:"古者,民茹草饮水,采树本之实,食蠃蚌之肉,时多疾病毒伤之害",这一阶段,人类改造自然的能力很低,过着采集、打鱼、狩猎的生活,生活在天然形成的洞穴中,还没有用火大面积烧毁森林,在捕猎动物时,距离和速度受限,也不具有大规模砍伐、改变地貌、运输的能力(姜南,2017)。总体来讲,这一阶段人类在自然界中的角色与其他动物类似,是一种接近天然的状态,人像其他动物一样,需要直面来自风雨雷电等自然现象的威胁、来自其他生物的攻击,但并不理解自然的规律,同时人类也需要依靠自然来收集食物,寻找住所,维持生存。因此,这一阶段人与自然之间的关系是一种人依赖自然、畏惧自然的状态。

到新石器时代,人与自然的关系开始有了变化,非自然的成分逐渐增多。人生产了各种复杂的工具,农业、畜牧业得以发展,人口增长速度明显加快,并出现了较大规模的聚落。这意味着人的生存条件得以改善,人类能够利用工具和团体组织,克服一些自然界的困难,抵御一些来自外界的威胁,也能对自然进行一定程度的改造。然而,人类依然无法了解自然界现象发生与变化的原因,对自然依然是崇拜和畏惧的态度,认为人受天命的主宰,人类只能服从,只能通过祭祀等方式祈求自身的平安,通过占卜等方式预测未来。到商周时期,这一认识依然延续,在甲骨文和这一时期的青铜器上记载了不少有关"帝""天命"的内容,认为天帝鬼神主宰一切,天气、收成、战争、建筑、官员任免等都需要向上天寻找答案(黄盛璋,1984)。

(二)春秋战国时期:尝试理解自然规律,顺应自然规律

春秋战国时期,中国古代社会经历了思想解放,百家争鸣,各家都提出了自己有关人与自然关系的学说,这里介绍主要的几种。

这一时期的儒家思想,从人与自然关系思想发展的角度来讲,更多地强调了人的发展,提出要"敬鬼神而远之",即少讨论上天鬼神之事,多关注人类社会和制度的发展。

强调了解和掌握自然规律，要"知天命"（王从彦等，2015），同时要建立一定的制度，在不违背自然规律的前提下保障人类社会的良好运转，如"草木荣华滋硕之时，则斧斤不入山林，不夭其生，不绝其长也"。当然，虽然儒家强调利用自然来创造自我、改变自我、提升自我、发展自我，但并不认为人可以征服和支配自然，而是应当天人合一，遵从自然的规律。

道家将人与自然万物提升到同等地位，认为万物来源于"道"，因而万物平等，都有自己的价值，这与原始时期认为自然支配人类的思想具有很大的区别。与儒家思想不同，道家认为自然界的本质是不可以真正了解和描述的，因此人与自然的关系也无法精确界定。儒家强调了解和利用自然规律来帮助人类社会发展，而道家则从万物同源出发，认为应当顺其自然，无为而治。同时，道家认为人应当克制自己的欲望，否则就可能反受其害。这里可以看出，虽然儒家和道家都认为人类的行为应当遵从自然的规律，但儒家希望利用这种服从去实现人类的发展，而道家却是反对扩张的。

墨家认为上天创造了自然万物，自然万物的衡量标准是天，必须遵从"天志"，即顺应天意，按照天的意志来行事，顺意为善，逆天为恶；大自然的客观规律可以被认识却不能改变，"凡回于天地之间，包于四海之内，天壤之情，阴阳之和，莫不有也，虽至圣不能更也"（滕宇，2015）。墨家认为人顺从天意，与自然和谐相处的前提是人与人之间和谐相处，需要"兼爱""非攻"，体现出墨家对人的行为与自然的反应之间有了一种初步的认识。

阴阳家认为人应当对自然保持敬畏和感恩的态度，必须遵守自然法则，否则就会受到惩罚。"失天之度，虽满必涸；上下不和，虽安必危"，阴阳家提出人做了违背自然规律的事情，即使暂时获得了利益，也终会受到惩罚，遭遇灾祸（宁峰和温玉洁，2016）。为指导人的行为遵从自然规律，阴阳家用阴阳消长、五行运转来说明自然生态变化的规律，并建立了季节、节气变化的机制。

可以看出，这一时期人需要遵从自然规律是各派思想的共识，在此基础上，不同思想派别提出了不同的实现方式，有些偏重了解自然规律促进人的发展（儒家、墨家），有些强调克制欲望，减少扩张（道家），还有些致力于解释自然变化的规律（阴阳家）。

（三）秦汉及之后：人与自然和谐共生，保护性开发

从秦汉开始，中国大一统的基本格局形成，社会经济、政治、文化得到长足的发展。随着人口和经济的增长，自然系统所承受的来自人类社会的影响越来越大，生态环境发生退化，生态思想随之得以继承和发展，并影响着之后历朝历代的生态实践。

秦汉时期，生产力进一步发展，人口激增，土地滥垦，造成植被破坏、水土流失、土壤肥力降低；军事屯田活动使得西部、北部的植被和水资源的平衡状态遭到破坏，造成土地沙化等问题；追求规格的建筑活动、丧葬活动，使得林木资源大量消耗，森林覆盖率降低；在自然因素和人为因素的共同影响下，自然灾害频发（高伟洁，2017）。面对这些生态环境问题，秦汉时代的思想家进一步发展了"天人合一"的思想，提出人类要顺应自然，形成了"以时禁发"的保护自然资源的早期"礼法"，对自然资源进行保护性开发，并在此基础上提出了具体的生态环境保护措施。对于土地资源，人们提出要因地制宜、精耕细作、防治土壤侵蚀；对于林木资源和野生动物资源，要顺应时令进行

开发（陈业新，2001）。

秦汉时期形成的有关人与自然关系的思想和促进保护性开发的理念以及一些"礼法"对后世产生了深远影响，之后的朝代在对人与自然关系的认识上维持了"天人合一"的思想，因地制宜、以时禁发等原则得以继承和发展，并在农业、水利、城市建设等方面得到实践。

在农业活动中，古代人民认识到各类农业生产需要遵循自然规律，考虑农业系统中各类要素之间的关系从而采取恰当的行动。《齐民要术》中提到，"顺天时，量地利，则用力少而成功多。任情返道，劳而无获"（石声汉，1957）。时禁原则在农业生产中扮演了重要的角色，"斧斤以时入山林，材木不可胜用也"，顺应动植物生长的时节，才能持续地获得相应的资源。同时，人们对农业系统中各种生物因素之间的关系已经有了一定的认知，认为动物、植物之间有着循序相生、消长并济的内部机制，因此人需要了解和认识这些规律，并适当加以运用。对于秸秆、谷糠、粪便等废物，古代人民采取循环利用的方法，变废为宝。此外，古代农业生产强调要"杂植五谷，以备荒年"、在五谷附近种植胡麻来防止作物被动物破坏、作物需要有一定的间距等，都是认识和利用动物、植物之间相互关系的表现。

在水利活动中，古代人民讲究"天人合一，因势利导"。古代人民将自然与人类视为一个整体，在这个系统中，各个事物通过某种方式相互联系、相互影响，因而在进行水利活动时，并不以储蓄和利用水资源为唯一目的，而是追求系统规划，兼顾人类社会、自然环境等多方面。例如，明朝潘季驯治理黄河、淮水、运河重叠部分时，提出"治河之法，当观其全"。清代河道总督靳辅也曾提出"治河之道，必当审其全局"，反对为了局部的目标而牺牲全局和长远利益的做法。因地制宜的原则在水利活动中也得到了实践。我国北方较为干旱，古代人民采用井灌技术利用地下水资源，而新疆地区水资源缺乏，蒸发量大，人们开发了坎儿井，利用了周围高山积雪形成的潜流（卢勇和洪成，2014）。

在城市规划中，古代人民遵循人与自然和谐统一，巧妙利用自然环境的理念（吴左宾，2013）。古代城市的建设会依据周围的山水地势规划城市各类功能区的位置和建筑的朝向，还常常利用河流走向、地势落差等，方便城市取水、用水。例如，隋唐的长安城，选址在8条河流环绕的渭河南岸，水源充沛，气候宜居。进行城市建设时，利用原有的8条自然河流，引出灌溉的沟渠，纵横交错，形成城市的水网，并依据地势高低合理安排宫殿、宅邸、民舍、景观等不同的区域，使渠水能够在重力作用下流动，方便城市供排水（闫水玉和裴雯，2017）。

第二节　西方近现代人与自然关系认识演进

一、人类中心主义与自然生态主义思想简述

人类中心主义与自然生态主义是西方近现代关于人与自然关系认识中的两大元素，本节分别对其含义及发展历程进行介绍。

（一）人类中心主义

欧洲文艺复兴以后，经过启蒙运动，人道主义（或人文主义）逐渐成为欧洲乃至全球的主导思想。人道主义思想也涉及人与自然的关系，人道主义的这一思想侧面便是人类中心主义（anthropocentrism）。

人类中心主义在西方源远流长。古希腊哲学家普罗塔哥拉曾说，人是万物的尺度。《旧约·创世纪》说，上帝创造了万物，但只有人是上帝按自己的形象创造的，所以在上帝的造物之中，人是最为尊贵的，走兽、飞鸟、鱼类乃至地上的一切都是供人类使用的。但前现代人类中心主义根本不同于近现代人类中心主义，因为前现代人虔信存在高于人类的神灵或上帝，而近现代（以下简称现代）人类中心主义拒斥了这种信仰。就此而言，现代人类中心主义的确立与科学的进步和"世界的祛魅"密切相关。

现代人类中心主义的核心观点是：只有人才有内在价值（intrinsic value），非人的一切皆没有内在价值。一个事物具有内在价值，就是指该事物独立地具有自身价值，这种价值不依赖于该事物和其他事物的关系。康德是最具有代表性的现代思想家。在康德看来，只有理性存在者（rational beings）才有善良意志和自由，才是有人格的人（persons），他们的本性就决定了他们是目的本身（end in itself），具有绝对的价值，因而不能仅仅被当作手段，即必须受到尊重。而那些并非依赖于我们的意志却依赖于自然的存在者，如果它们没有理性，就只有相对的价值，只能被称作事物（things），可仅仅被当作手段（Kant，1996）。只有人才具有一种内在的价值，也就是尊严（Kant，1996）。如果说非人事物也有价值，那么它们具有的价值就只是工具价值（instrumental value），而非内在价值。我们可以说煤、石油、天然气、铀、稀土和一切非人生物都有价值，但这些东西的价值完全取决于是否对人有用，它们的价值只是工具价值。

据此，人是价值的唯一源泉，也只有人才有道德资格或地位，非人的一切都没有道德资格或地位。只有人类共同体才是一个道德共同体，大自然却不是道德共同体。

美国著名思想家威廉·詹姆斯说：

> 大自然……是一个……多元宇宙，……但不是一个道德的宇宙。……我们无须忠诚，我们与作为整体的她之间不可能建立一种融洽的道德关系；我们在与她的某些部分打交道时完全是自由的，可以服从，也可以毁灭它们；我们也无须遵循任何道德律，只是由于她的某些特殊性能有助于我们实现自己的私人目的，我们在与她打交道时才需要一点谨慎。

正因为现代人这么理解人与自然之间的关系，所以，现代人力主征服自然，认为人类越能征服自然，就越能让物质财富充分涌流。弗朗西斯·培根是对现代思想有巨大贡献的著名思想家，他认为，只有拷问自然，才能探寻自然的奥秘。"就像人不被激怒就绝难弄清其意图，普鲁特斯（希腊海神）不被捆紧缚牢就不会变形，若任凭自然自在而不用技术（机械装置）去审讯，她就不会显现自身"（Merchant，1990）。"审讯"自然是为了获得自然知识，知识就是力量，获得自然知识是为了"努力获得并扩充人类自身征服宇宙的力量"（Merchant，1990）。

人类中心主义强有力地影响甚至塑造了现代文明观和发展观。根据人类中心主义，文明就是对自然的征服，文明所到之处就是荒野（森林、湿地等）退缩之所。城市是文明的集中点，城市发展的直观表现就是环境人工化程度的提高。发展就是经济增长和科技进步。在这种文明观和发展观的支配之下，现代人大量使用矿物能源，采取了"大量开发、大量生产、大量消费、大量排放"的生产和生活方式，导致了全球性的环境污染、生态破坏和气候变化。

（二）自然生态主义

到了20世纪六七十年代，发达国家的严重环境污染引起了社会的广泛关注，环境主义运动随之勃兴，一批敏锐的学者和思想家开始探寻环境污染的文化根源和思想根源。这种探寻激发了对人类中心主义的反省和批判。

对人类中心主义的批判有不同的切入点。动物伦理是较容易获得赞同的切入点，所以，彼得·辛格、汤姆·里根等关于非人动物也具有道德资格或道德权利的论证较快地产生了社会影响，如今许多国家都制定了保护动物的法律。源自阿尔贝特·施韦泽的"敬畏生命"观念的生物中心主义是另外一种切入点。还有一种诉诸生态学以及新物理学（以量子力学为基础）的切入点特别值得重视。美国的 J. 贝尔德·克里考特、霍姆斯·罗尔斯顿等的环境哲学，挪威的阿伦·奈斯创立的深生态学（deep ecology），都属于这一类的批判。我们不妨称这一派为自然生态主义。

奥尔多·利奥波德是自然生态主义的先驱。早在1949年发表的《沙乡年鉴》中，利奥波德已根据生态学原理和自己的丰富经验勾勒了一个自然生态主义的简略思想框架——土地伦理。从20世纪60年代开始，克里考特、罗尔斯顿等根据生态学和物理学的最新成果对自然生态主义进行了补充、修正和论证。

自然生态主义的基本观点如下。

1）每一事物都与其他任一事物相关（Commoner，1971），这与唯物辩证法认为的万物皆处于普遍联系之中的观点完全一致。

2）人与非人生物、土壤、水等属于同一个生命共同体，这个生命共同体也是一个道德共同体。利奥波德将这个共同体称为"土地共同体"，"土地共同体"也就是生态系统。"要把人类在共同体中以征服者的面目出现的角色，变成这个共同体中的平等的一员和公民。它暗含着对每个成员的尊敬，也包括对这个共同体本身的尊敬"（奥尔多·利奥波德，2016）。人类对自然系统的干预力度必须限制在合适的限度内。自然生态主义给出的行为准则是：一件事若有利于保持生命共同体的美且只在正常时空阈限内干预了生命共同体，那么这件事就是正当的，反之就是不正当的（Callicott，2013）。其中正常时空阈限当然需要生态学家和环境科学家去界定。

3）非人自然物（包括生态系统）是具有其自身价值的（霍尔姆斯·罗尔斯顿，2000）。

自然生态主义基于自然科学的最新成果，提出了一种超越了人类中心主义的对人与自然之间关系的理解，是非常值得重视的。根据自然生态主义，现代文明观和发展观都是错误的，人类必须放弃征服自然的观念，人类有保护环境、维护生态健康的道德责任。

二、马克思和恩格斯关于人与自然关系的观点

如果说人类中心主义是西方现代自然观的一个重要维度，那么机械论则是西方现代自然观的基础，机械论在 20 世纪演变为物理主义，如今又呈现计算主义演变趋势。机械论的基本观点是，世界就是一部巨大的机器，它按照物理学规律运转，其复杂多变只是表象，其本质，即规律，是永恒不变的。每一个看似复杂的事物都是由其各个部分构成的。科学将日益精细地分析构成万物的基本成分（如基本粒子、场、弦等），随着科学的进步，人类对自然物和自然界的控制将越来越精准。机械论和人类中心主义合力支持人类征服自然。

马克思主义既超越了人类中心主义，又超越了机械论。马克思、恩格斯关于人与自然之间关系的论述如下。

1）科学的自然观：马克思、恩格斯都把 19 世纪的最新科学成果当作自己的思想依据，都坚持用科学思维方法去确立一个批判资本主义社会的科学体系。马克思、恩格斯的自然观是科学的自然观，不同于康德哲学之后的自然观。康德之后，哲学与自然科学之间出现了一些分歧。自达尔文进化论的问世直至今天，自然科学告诉我们，宇宙起源于大约 150 亿年前的"大爆炸"，地球形成于 45 亿年前，而人类是 200 万年前才出现的，即在人类出现之前，自然界早已存在了很久。然而，康德之后的西方哲学不能接受自然科学的这些结论，而认为"物质宇宙不能真正先于人类"（甘丹·梅亚苏，2018）。深受德国古典哲学影响的哲学家也不能接受"人类是自然的一部分"和"人类不能没有自然而自然可以没有人类"这样的说法。马克思、恩格斯的观点超越了德国古典哲学的唯心主义。马克思说："人是自然界的一部分"（马克思和恩格斯，2012a）。恩格斯说："我们连同我们的肉、血和头脑都是属于自然界和存在于自然界之中的"（马克思和恩格斯，2009a）。这是科学自然观的基本观点。

2）辩证的整体论：马克思主义超越了机械论和物理主义。马克思说："自然界中任何事物都不是孤立发生的"（马克思和恩格斯，2012b）。恩格斯在批判形而上学世界观时，系统阐明了辩证唯物主义的整体论。恩格斯说，"关于自然界的所有过程都处于一种系统联系中，这一认识，推动科学到处从个别部分和整体上去证明这种系统联系"（马克思和恩格斯，2014）。"因为在自然界中任何事物都不是孤立发生的。每个事物都作用于别的事物，反之亦然，而且在大多数场合下，正是忘记这种多方面的运动和相互作用，才妨碍我们的自然科学家看清最简单的事物"（马克思和恩格斯，2014）。"认识人的思维的历史发展过程，认识不同时代所出现的关于外部世界的普遍联系的各种见解，对理论自然科学来说也是必要的，因为这为理论自然科学本身所提出的理论提供了一种尺度"（马克思和恩格斯，2014）。可见，关于当代生态学和复杂性科学十分重视的系统性、复杂性、整体性，马克思、恩格斯早已说得较为清楚了。当代物理学和复杂性科学又基于自然界的系统性、复杂性和整体性而承认了自然界的不确定性。据此我们应当明白，大自然并不是一架巨大的机器，因为它具有不可拆卸的整体性、系统性和复杂性，它还是生生不息的。

3）主张遵循自然规律：马克思、恩格斯都十分重视人类能动地改变自然环境的重

要性，但特别强调，只有遵循自然规律，才能合乎目的地改变自然环境。恩格斯说："我们对自然界的整个支配作用，就在于我们比其他一切生物强，能够认识和正确运用自然规律"（马克思和恩格斯，2009a）。习近平总书记特别重视马克思主义的这一观点。习近平总书记强调："只有尊重自然规律，才能有效防止在开发利用自然上走弯路。这个道理要铭记于心、落实于行"（中共中央文献研究室，2017）。

4）反对征服自然：马克思主义主张遵循自然规律能动地改造自然，但反对征服自然。恩格斯在《论权威》中写道："如果说人靠科学和创造性天才征服了自然力，那么自然力也对人进行报复"（马克思和恩格斯，2012b）。在《自然辩证法》中，恩格斯又告诫人们："我们不要过分陶醉于我们人类对自然界的胜利。对于每一次这样的胜利，自然界都对我们进行报复"（马克思和恩格斯，2009a）。习近平总书记基于中国工业化过程的经验教训，特别提醒国人，"当人类合理利用、友好保护自然时，自然的回报常常是慷慨的；当人类无序开发、粗暴掠夺自然时，自然的惩罚必然是无情的"（习近平，2019a）。"要做到人与自然和谐，天人合一，不要试图征服老天爷"（中共中央文献研究室，2017）。

5）争取"两个和解"：马克思主义不认为人与自然之间的矛盾是孤立的，而认为人与自然之间的矛盾与人类社会的阶级矛盾以及阶级斗争是密切相关的。工业文明对生态环境的破坏与资产阶级对工人阶级的压迫和剥削直接相关。马克思说："人们在生产中不仅仅影响自然界，而且也互相影响……为了进行生产，人们相互之间便发生一定的联系和关系；只有在这些社会联系和社会关系的范围内，才会有他们对自然界的影响"（马克思和恩格斯，2012a）。资产阶级最热心追求的只是物质财富的增长或资本的增值，为了实现这一目标，他们不仅根本不在乎生产过程对生态环境的破坏，甚至不在乎工人阶级的死活。"资本的逻辑"就是不顾一切地增值。为了增值，资本可以冲破一切限制，最终"使自然界的一切领域都服从于生产"（马克思和恩格斯，1979）。在资本主义的社会条件下，人与自然不可能和解，工人阶级和资产阶级也难以甚至不可能和解。只有彻底废除私有制，才能实现"人类与自然的和解以及人类本身的和解"（马克思和恩格斯，2009b）。

马克思主义指明了正确理解人与自然之间关系的基本思想路线：必须既超越人类中心主义，又超越机械论或物理主义。

第三节　可持续发展思想与可持续发展实践

可持续发展思想源自西方对人与自然生态关系的反思，如今已被世界各国普遍接受，也深刻影响了中国的环境和发展政策。本部分首先介绍可持续发展思想的诞生与内涵，之后梳理可持续发展思想在中国的实践。

一、可持续发展战略

（一）可持续发展思想的萌芽

第二次世界大战（以下简称二战）之后到 20 世纪 80 年代初，是西方发达国家经济发展的"黄金时期"。但经济的持续快速增长也导致了严重的环境污染、生态破坏和气候变化。在此期间，西方发达国家出现了"八大公害"。环境污染引起了社会各界的广泛重视，环境保护运动兴起，有识之士已开始研究环境污染的根源。

1962 年，蕾切尔·卡逊撰写的《寂静的春天》的出版，首先在美国产生了巨大影响，继而逐渐产生了巨大的国际影响。该书主要讲述美国大量使用杀虫剂对生态系统以及人类健康造成的严重损害，在 1962 年 9 月正式出版之前，已在《纽约人》上连载。杀虫剂的大量使用不仅牵涉巨大的产业链，还牵涉政府部门（如农业部）和科技界。卡逊捅了一个巨大的"马蜂窝"，招致杀虫剂利益相关者的猛烈抨击，甚至夹杂着人身攻击。

有一位批评者说道（林达·利尔，1999）：

> 蕾切尔·卡逊小姐所提及的杀虫剂制造商们的自私很可能反映了她，和当今许多作家一样，对共产主义的同情。
>
> 没有鸟类或动物我们可以照样活，但是，正如目前市场不景气所显示的那样，没有商业我们就活不了。
>
> 至于昆虫，难道不像一个见到几只虫就吓得要死的女人吗?既然我们有氢弹，我们不怕。

但卡逊没有被来自四面八方的攻击吓倒，而坚持用科学证据回击攻击者。有人说，该书是 20 世纪"为全人类所写的最重要的一本书"（林达·利尔，1999）。卡逊自己说："我写这本书是因为我认为我们的下一代也许没有机会知道什么是真正的大自然了，这是很危险的——如果我们不保护自然，所造成的毁坏将是无法弥补的"（林达·利尔，1999）。如今，我们可以肯定地说，《寂静的春天》一书最重要的贡献在于它有力地推动了环境保护运动，引起了对工业文明主流自然观的批判性反思，提示人类必须探寻不同于工业文明发展模式的新发展模式，是对可持续发展之路的最初探寻。《寂静的春天》最后一章的标题是"另一条道路"，在该书的结尾部分，卡逊说，"征服自然"是"狂妄的语句"，它预设"自然的存在"只是为了"人类的方便"（Carson，1962）。这是一个必须纠正的错误。人类必须谋求的"另一条道路"就是与自然和解的发展道路。

1972 年，罗马俱乐部组织编写和发布了一个重要的研究报告——《增长的极限》（梅多斯，1984）。这个报告采用把"科学方法、系统分析和现代计算机"结合起来的方法，研究了五大全球性问题：加速工业化、人口快速增长、广泛的营养不良、不可再生资源的消耗和日益恶化的环境。报告得出的结论如下。

1）如果世界人口、工业化、污染、粮食生产以及资源消耗按现在的增长趋势继续不变，这个星球上的经济增长就会在今后一百年内的某一个时候达到极限。最可能的结果是人口和工业生产能力这两方面发生颇为突然的、无法控制的衰退或下降。

2）改变这些增长趋势，确立一种可以长期保持的生态稳定和经济稳定的条件，是可能的。如果达到全球均衡的状态，世界上每个人的基本物质需要都能得到满足，每个人有同等机会发挥他个人的潜力。

3）如果世界上的人决定努力争取这第二种结果，而不是那第一种，那么，他们愈早开始努力，取得成功的可能性就愈大。

这里虽然没有使用"可持续发展"的概念，但已提出了可持续发展的基本思想。《增长的极限》中已明确指出，工业文明长期以来的发展模式是不可持续的，必须改变人类文明的发展模式。

《寂静的春天》与《增长的极限》在世界范围内引起强烈的反响，国际社会开始反思人类发展模式的不可持续性，寻求环境保护的国际合作，进而催生了可持续发展战略。

（二）可持续发展战略的诞生与发展

1972 年 6 月 5～16 日，联合国人类环境会议在斯德哥尔摩召开，会议通过了《联合国人类环境会议宣言》，呼吁各国为保护和改善环境共同努力。该宣言指出："为了在自然界里取得自由，人类必须利用知识在同自然合作的情况下建设一个较好的环境。为了这一代和将来的世世代代，保护和改善人类环境已经成为人类一个紧迫的目标，这个目标将同争取和平、全世界的经济与社会发展这两个既定的基本目标共同和协调地实现"（万以诚和万岍，2000）。

1984 年 10 月联合国成立了"世界环境与发展委员会"，研究世界面临的问题与挑战。该委员会集中世界最优秀的环境、发展等方面的专家学者，用了 900 天时间，到世界各地实地考察，完成了题为《我们共同的未来》的报告。该报告指出，"现在我们迫切地感到生态的压力，如土壤、水、大气、森林的退化对发展所带来的影响"（世界环境与发展委员会和国家环境保护局外事办公室，1989），并提出人类需要变革发展方式，追求可持续发展，以应对当前的挑战。报告给出了"可持续发展"的定义：可持续发展是不削弱将来世代满足其需要之能力的发展。它包含两个关键概念，一个是"需要"概念，特别指世界上贫穷人口的基本需要，满足这种需要具有压倒一切的优先性；另一个是"极限"概念，即由技术状况和社会组织施加于环境的满足现在和将来人需要的能力的极限（World Commission on Environment and Development，1987）。这个定义既强调了满足世界上所有人的基本需要的优先性，又凸显了环境保护的必要性。《我们共同的未来》发表以后，"可持续发展"概念得到了国际社会的广泛认同。

1992 年 6 月联合国在里约热内卢召开环境与发展大会，大会通过了《21 世纪议程》，该文件从社会和经济发展、资源环境保护与管理、主要团体、实施手段 4 个方面为各国向可持续发展模式转变提供了行动蓝图（联合国环境与发展大会，1993）。2002 年可持续发展世界峰会在南非约翰内斯堡举行，在这次峰会上各国首脑和世界领袖承诺实施《21 世纪议程》。他们还决定让尽可能多的参与者去促进可持续发展。

在联合国的推动下，各国普遍认识到了实施可持续发展战略的必要性，可持续发展思想深入人心。哈佛大学教授彼得·P. 罗杰斯（Peter P. Rogers）等在《可持续发展导论》一书中说：这种促进人类共同事业的努力使得可持续发展成了每一个人的词汇和议程（vocabulary and agenda），以往只是环保专门人士关心的事情，如今已成为每一个人都关心的议题（Rogers et al.，2008）。

2015 年 9 月 25～27 日，举世瞩目的"联合国可持续发展峰会"在联合国总部纽约召开。会议开幕当天通过了一份由 193 个会员国共同达成的成果文件，即《改变我们的世界：2030 年可持续发展议程》。该纲领性文件包括 17 项可持续发展目标和 169 项具体目标，将推动世界在今后 15 年内实现 3 个史无前例的非凡创举——消除极端贫穷、战胜不平等和不公正以及遏制气候变化。

其中，17 项可持续发展目标是：①在全世界消除一切形式的贫困；②消除饥饿，实现粮食安全，改善营养状况和促进可持续农业；③确保健康的生活方式，促进各年龄段人群的福祉；④提供包容和公平的优质教育，让全民终身享有学习机会；⑤实现性别平等，增强所有妇女和女童的权能；⑥为所有人提供水和环境卫生并对其进行可持续管理；⑦确保人人获得负担得起的、可靠和可持续的现代能源；⑧促进持久、包容和可持续的经济增长，促进充分的生产性就业和人人获得体面工作；⑨建造具备抵御灾害能力的基础设施，促进包容性的可持续工业化，推动创新；⑩减少国家内部和国家之间的不平等；⑪建设包容、安全、有抵御灾害能力和可持续的城市和人类住区；⑫采用可持续的消费和生产模式；⑬采取紧急行动应对气候变化及其影响；⑭保护和可持续利用海洋和海洋资源以促进可持续发展；⑮保护、恢复和促进可持续利用陆地生态系统，可持续地管理森林，防治荒漠化，制止和扭转土地退化，遏制生物多样性的丧失；⑯创建和平、包容的社会以促进可持续发展，让所有人都能诉诸司法，在各级建立有效、负责和包容的机构；⑰加强执行手段，恢复可持续发展全球伙伴关系。

新议程范围广泛且雄心勃勃，涉及可持续发展的 3 个层面：社会、经济和环境，以及与和平、正义和高效机构相关的重要方面。该议程还确认调动执行手段，包括财政资源、技术开发和转让与能力建设，以及伙伴关系的作用至关重要。

2019 年，联合国发布《2019 年可持续发展报告》审视全球状况，考察《2030 年可持续发展议程》，通过 4 年来联合国 193 个会员国在实现 17 项目标方面的进展，进而衡量与目标间的差距。报告指出，在减少极端贫困、免疫普及、降低儿童死亡率和增加人民获得电力的机会等领域取得进展。但报告也同时警告，全球行动还缺乏雄心，最弱势的人口和国家仍遭受着痛苦。报告发出警告，气候变化的影响以及国家内部和国家之间日益加剧的不平等正在破坏可持续发展议程的进展，有可能扭转过去几十年使人民生活改善的许多成果。气候行动等与环境有关的目标进展尤为缓慢。2018 年是有记录以来温度第四高的年份。2018 年二氧化碳浓度水平继续增加。海洋酸度比工业化前的时代高26%，以目前的二氧化碳排放速度计算，预计到 2100 年海洋酸度将增加 100%～150%。环境恶化的影响正在对人们的生活造成不利后果。极端天气、更频繁和更严重的自然灾害以及生态系统的崩溃，造成粮食不安全加剧、人们的安全和健康状况恶化，迫使许多社区遭受贫困，人们流离失所和不平等加剧。虽然一些国家采取了积极步骤制定气候行动计划，但报告显示，全球在扭转气候变化方面仍需要"更具雄心的计划和加速的行动"。

联合国将极端贫困定义为"基本人类需求被严重剥夺"的处境。报告指出，全球极端贫困率正持续下降，但下降速度不断放缓，无法实现到 2030 年极端贫困率低于 3% 的目标。暴力冲突和灾难对消除贫困的进程造成了影响。同时国家之间和国家内部的不平等日益加剧。3/4 发育迟缓儿童生活在南亚和撒哈拉以南非洲；农村地区的极端贫困率是城市地区的 3 倍；年轻人更容易失业；只有 1/4 重度残疾人能领取残疾养恤金；妇女和女童仍然面临实现平等的障碍。

二、可持续发展实践

到 1992 年联合国环境与发展大会召开，各国通过《21 世纪议程》时，中国国内已经对生态环境问题有了一定认识，人口、经济与资源、环境的矛盾凸显，可持续发展的概念为中国发展提供了一条切合实际、面向未来的道路，因而逐渐成为指导环境与发展的主要战略之一。1992 年，《中国环境与发展十大对策》颁布，这是指导中国环境与发展的纲领性文件。"实行持续发展战略"位列十大对策之首（张坤民和马中，1997）。

1993 年，中国编制了《中国 21 世纪议程——中国 21 世纪人口、环境与发展白皮书》（以下简称《议程》），作为指导各级政府制定国民经济和社会发展规划的文件，1994 年《议程》得到国务院批准。这是中国第一个可持续发展战略规划，标志着中国对发展道路的选择有了历史性转变（刘呈庆，1993），到 1996 年，可持续发展上升为国家战略。

《议程》从中国的实际国情出发，一方面强调了中国作为发展中国家需要毫不动摇地发展经济，另一方面提出中国人口基数大、人均资源少、经济和科技都比较落后，必须遵循可持续发展战略（中国环境报社，1992）。《议程》分为可持续发展总体战略与政策、社会可持续发展、经济可持续发展、资源的合理利用与环境保护 4 个部分，通过 78 个方案领域为中国可持续发展的推进提供了具体方案，集中了中国政府各部门的各类相关计划，具有很强的综合性、指导性和可操作性（崔海伟，2013）。这一文件建立了中国推进可持续发展的长期系统战略框架，其内容反映在了"九五"计划及之后的五年规划中，在《议程》的指导下，我国还编写和实施了《中国环境保护 21 世纪议程》《中国生物多样性保护战略与行动计划》《中国 21 世纪议程林业行动计划》《人类住区可持续发展》《中国海洋 21 世纪议程》《中国 21 世纪议程农业行动计划》《中国 21 世纪议程优先项目计划》等，各级政府也制定了各自的 21 世纪议程。《议程》的内容逐步在我国环境与发展的各项规划、政策中得以体现和发展，可持续发展的理念借此融入了我国的发展理念和具体行动中，为生态文明建设思想的发展完善奠定了基础。

从 1997 年开始，为积极推动可持续发展战略的实施，我国在社会发展综合实验区的基础上建立了可持续发展实验区，要求实验区按照可持续发展的要求，全面提高地方的可持续发展能力。到 2001 年底，我国批准建立了可持续发展国家级实验区 40 个，省级实验区 60 多个，覆盖全国 25 个省（市），形成中央和地方共同实施可持续发展战略的格局（宋征，2002；崔海伟，2013）。

三、可持续发展与生态文明的关系

对比生态文明建设的诞生过程和可持续发展战略的诞生过程，我们发现，两者亦步亦趋、相得益彰，它们诞生在相同的历史阶段，针对的是相同的资源、环境、生态危机，目标又都是人类和地球可持续的未来。生态文明是可持续发展的思想基础，而可持续发展战略的实施必须依靠生态文明建设。生态文明是可持续发展的最佳社会发展形态，人类的发展只有与自然和谐共生才是长久的、可持续的，人类任何对自然资源掠夺性的开发和利用都是一种短视行为。

党的十八大指出："把生态文明建设放在突出地位，融入经济建设、政治建设、文化建设、社会建设各方面和全过程。"建设生态文明，应该至少从生产领域、消费领域、城市化建设领域、自然生态系统保护领域、文化教育领域及法制和管理领域 6 个方面开展。

第一个是生产领域，包括工业领域和农业领域。工业领域必须大力提倡在生产过程中发展减物质化、非物质化、节能减排的生态经济。经济模式的改变有很多新的提法，如循环经济、绿色经济、低碳经济等，这些提法本质上都是相近的，与生态经济是一致的。必须大力推动生态工业发展，建设生态工业园区、循环经济园区、低碳园区和绿色园区，积极推进清洁生产，发展循环经济，推动绿色制造，鼓励产品生态设计。生态设计（eco-design），也称为绿色设计、生命周期设计、为环境而设计等，其基本内涵是在工艺、设备、产品及包装物等的设计中综合考虑资源和环境要素，减少资源消耗和环境影响，增加废弃物再利用和资源化的可能性。生态设计制度对于转变经济发展方式、提高资源利用效率具有重要的促进作用。荷兰进行产品生态设计的案例表明，生态设计可以减少30%～50%的环境负荷。生态设计是实现污染预防，改变"先污染后治理"发展方式的根本途径，80%的资源消耗和环境影响取决于产品设计阶段。在工业领域，还必须壮大节能环保产业，使用绿色能源。

在农业领域，必须大力发展生态农业，确保食品安全。认真执行农业部2015年2月发布的《到2020年化肥使用量零增长行动方案》和《到2020年农药使用量零增长行动方案》，进一步完善畜禽养殖业污染及农民生活污染的处理；采用人工湿地拦截面源污染的排放，改善农村周围环境，全面构建资源节约型、环境友好型病虫害可持续治理技术体系。大力鼓励和建设工农复合型生态循环农业生态产业园区。

第二个是消费领域。消费处于物质代谢过程的最下游，消费过程中浪费一个单位的产品，往往意味着上游几十倍、几百倍甚至几千倍的资源浪费，这就是所谓的下游效应。消费同时还有弹性效应，指的是在生产过程中提高资源利用率所节约的资源，往往会由于消费数量的增加而被抵消。因此，为了节约资源、减少污染，必须改变消费模式。

在消费领域，必须大力倡导文明、节约、绿色、低碳的绿色消费理念，推动形成与我国国情相适应的绿色生活方式和消费模式。具体的做法包括：使用节水产品、节能汽车、节能省地型住宅；减少使用一次性用品；限制过度包装；抑制不合理消费；推行绿色采购。倡导可持续的饮食模式，反对大吃大喝；以营养结构合理的食物代替高糖、高脂肪、高热量的食品；坚决不吃珍禽奇兽，保护生物多样性；同时注意提高贫困人群的饮食水平和营养水平。

第三个是城市化建设领域。城市化必须以生态文明理念为指导，合理控制城市规模，提倡健康交通模式，完善基础设施建设。要改善供排水设施，特别强调节约用水，下大力气保护水环境，保障饮用水安全。在城镇建设中，自然生态系统不容随意破坏；城市规划中应该保证树林、草地、河流、湖泊和天然湿地的面积，切忌为建造房屋和道路而随意破坏和占用天然生态系统。城市生态文明建设在物质层面包括：可持续的土地供给，可持续的水系统，可持续的能源供给，可持续的交通设施，绿色可持续的建筑，生态工业（绿色产业），生态农业（食品安全），自然生态环境的保护。

第四个是自然生态系统保护领域，包括如下几个方面。①加快构建生态安全屏障：青藏高原、黄土高原、东北森林带、北方防沙带等生态安全屏障的建设和完善。②实施重大生态修复工程。③扩大森林、湿地、草原、植被覆盖率，防沙治沙，防止水土流失。④城市规划中应该保证必需的绿地、河湖面积，切忌为建造房屋和道路而随意占用天然生态系统。⑤保障江河湖海的水质刻不容缓，特别应保障饮用水水源地的水质安全。

⑥反对建设人工绿化带破坏天然生态系统。⑦反对将农村城市化。

第五个是文化教育领域。文化教育领域建设生态文明是生态文明建设的重要内容。必须加强生态文明建设的宣传教育，进行多对象教育，最终目的是形成热爱生态环境、促进可持续发展人人有责的社会风尚。生态文明教育分为学校教育和社会教育。学校教育包括小学、中学和大学教育。社会教育涉及3类主要群体：政府、企业和公众，必须采用媒体、培训、自我教育等多种教育手段。文、理、工、法、经、管等各个学科领域的专业人士对生态文明建设都有责任，都应该接受生态文明教育。

党政机关、事业单位和各类团体应该是生态文明建设的领头人。党政机关应制定法律、政策和加强管理，促进生态文明的建设。各类事业单位应在不同岗位上发挥重要作用，因为教育、科研、文化、卫生、体育等单位都与生态文明建设息息相关。各类公共团体具有很大的潜力，团结并带动公众建设生态文明，树立良好的社会风尚。

第六个是法制和管理领域。要加强法制建设，把生态文明建设纳入相关法律。修改已有法律，纳入生态文明建设的要求。加强不同法律之间的联系，包括与刑法的联系。加强执法和对违法行为的惩治，实施对浪费资源、破坏环境的终身问责制。要加强政策制定和行政管理，特别应建立生态文明建设的考核指标体系，改变唯GDP至上的观念和做法。一定要把资源消耗、环境质量、生态效益纳入考核政绩体系，要确立合理的政绩考核指标，必须改变以GDP论英雄的传统观念和做法。

生态文明建设实践与可持续发展2030年战略目标的实现相呼应。因此我们要更好地理解生态文明与可持续发展的关系，在生态文明理论指引下，扎实推进可持续发展。

第四节　习近平生态文明思想是中国共产党不懈探索生态文明建设的理论升华和实践结晶①

中国共产党在领导中国革命、建设和改革的过程中，不断探索生态文明建设与经济社会发展的辩证关系，形成了科学系统完整、具有中国特色的生态文明建设理论体系，为我国在不同历史时期正确处理人口与资源、经济发展与生态环境保护等关系指明了方向。

以毛泽东同志为主要代表的中国共产党人把做好资源环境工作作为恢复与发展国民经济的重要条件，着力整治水患、加强水土保持、治理环境污染、号召"绿化祖国"等，召开第一次全国环境保护会议，确立"全面规划、合理布局、综合利用、化害为利、依靠群众、大家动手、保护环境、造福人民"的环境保护工作方针，将环境保护工作提上国家的议事日程，奠定了我国生态环境保护事业的基础。

以邓小平同志为主要代表的中国共产党人立足我国社会主义初级阶段的基本国情，坚持以经济建设为中心和扎实做好人口资源环境工作相统一，把环境保护确立为基本国策，强调环境保护是国家经济管理工作的重要内容，强调有效利用和节约使用能源资源，主张依靠科技和法制保护生态环境，颁布了我国首部环境保护法，制定了系统的环境保护政策和管理制度，开启了我国生态环境保护事业法治化、制度化进程。

---

① 本部分引自《习近平生态文明思想学习纲要》（中共中央宣传部和中华人民共和国生态环境部，2022）。

以江泽民同志为主要代表的中国共产党人进一步认识到我国生态环境问题的紧迫性和重要性，将可持续发展上升为国家发展战略，推动经济发展和人口、资源、环境相协调，强调环境保护工作是实现经济和社会可持续发展的基础，建立环境与发展综合决策机制，开展大规模环境污染治理，将生态环境保护纳入国民经济和社会发展计划，加强环境保护领域与国际社会的广泛交流和合作，开拓了具有中国特色的生态环境保护道路。

以胡锦涛同志为主要代表的中国共产党人高度重视资源和生态环境问题，形成了以人为本、全面协调可持续的科学发展观，首次提出生态文明理念，把建设生态文明作为全面建设小康社会奋斗目标的新要求，强调建设以资源环境承载力为基础、以自然规律为准则、以可持续发展为目标的资源节约型、环境友好型社会，着力推动整个社会走上生产发展、生活富裕、生态良好的文明发展道路，开辟了社会主义生态文明建设新局面。

党的十八大以来，以习近平同志为主要代表的中国共产党人，在几代中国共产党人不懈探索的基础上，全面加强生态文明建设，系统谋划生态文明体制改革，一体治理山水林田湖草沙，着力打赢污染防治攻坚战，决心之大、力度之大、成效之大前所未有。在这一历史进程中，我们党以新的视野、新的认识、新的理念，系统回答了为什么建设生态文明、建设什么样的生态文明、怎样建设生态文明等重大理论和实践问题，赋予生态文明建设理论新的时代内涵，形成了习近平生态文明思想，把我们党对生态文明的认识提升到一个新高度，开创了生态文明建设新境界，走向了社会主义生态文明新时代。习近平生态文明思想是百年来中国共产党在生态文明建设方面奋斗成就和历史经验的集中体现，是社会主义生态文明建设理论创新成果和实践创新成果的集大成。

第五节　小　　结

中国古代生态哲学强调"天人合一"，体现了系统和整体的生态观，追求人与自然的和谐共处。西方生态哲学包含了人类中心主义和自然生态主义，而马克思、恩格斯则提出了人与自然和解的方式。可持续发展思想源起于人类社会对环境与发展之间关系的思考，如今已经成为全球共识。新中国成立以来我国几代领导人的生态思想吸收了中国古代生态哲学、马克思恩格斯生态思想、可持续发展思想的营养，并随着实践的不断深入逐步继承发展。习近平生态文明思想正是在此基础上逐渐形成并发展，进一步吸收了各方精华，创造性地形成了更加完整的理论体系，成为推动中华民族伟大复兴和国家可持续发展的理论指导。

（本章执笔人：郝吉明、陈吕军、卢风、杜真）

第二章　生态文明建设的生态根基

生态文明是由"生态"和"文明"两个词组成的，生态文明的基础是生态，发展的结果是文明。人类文明经历了原始文明、农业文明、工业文明，自党的十八大以来，我国大力推进生态文明建设，走出了中国式现代化新道路，创造了人类文明新形态。事实证明，生态文明这一国家战略核心需要"遵循生态学原理、系统工程学方法、循环经济发展理念"。而生态学是研究生物与环境关系的科学，其既是生物学的分支学科，也是环境科学、地球系统科学的重要组成部分。这一学科研究成果可直接服务于生物多样性保护、生物资源利用及生物产业管理、可持续发展等应用领域。本章将通过系统阐述各类生态学理论知识与生态文明核心思想间的紧密关系来解释生态文明建设的生态根基。

第一节　生态兴则文明兴的历史借鉴

"生态兴则文明兴，生态衰则文明衰。"习近平总书记提出的这个科学论断，是对人类文明发展的深刻总结。从历史的层面来看，人类文明的发展与生态环境息息相关，通过古代几种人类文明命运的不同结局对比，我们可以借古鉴今，继往开来，推动生态与经济协同增长，为实现中华民族永续发展筑牢生态根基。

一、几个古代人类文明兴衰带来的启示

在古代人类文明发展历程中，一些处于大洋中的封闭岛屿或与外界几乎没有贸易的古代人类社会文明命运为"生态兴则文明兴"提供了最直接的依据。例如，太平洋中的复活节岛（Easter Island）、蒂科皮亚岛（Tikopia Island）、查科阿纳萨齐文明（Chaco Anasazi Civilization）、玛雅文明（Maya Civilization）、楼兰古国（LouLan Kingdom）等。这些创造了璀璨辉煌文明成就的古代人类社会最终大多消亡崩溃了。现代环境考古、气象模拟等科学手段揭示这些古代人类文明消亡崩溃的原因多种多样，各不相同，如极度干旱、寒冷、厄尔尼诺、气候变化、战争、瘟疫等外部的或自然的原因，但生态自杀（ecological suicide）却几乎是许多古代人类文明崩溃的共同原因，不可持续发展的生产与生活方式造成的生态危机几乎是许多古代人类文明消亡崩溃都具有的共同特征（Diamond，2002）。

在这些古代人类文明中，曾经创造了辉煌文明并以巨大石雕像而闻名于世的复活节岛人类社会的崩溃可以完全排除气候变化、战争、瘟疫等不可抗拒因素的原因，而是由于无节制的发展而导致文明衰落，为人类社会承载力的存在提供了一个最具说服力的实证（Nagarajan，2006）。复活节岛是一座曾经创造了辉煌文明的南太平洋岛屿，面积约为162km²。它与距离最近的大陆智利西海岸相距3000多千米，可以说是地球上距离其

他人类最远的岛屿，在人类首次进入时几乎可以用"一座与世隔绝的小岛"来形容。通过环境考古发现，最初岛上曾经土壤肥沃，覆盖茂密的热带森林，富饶的生态资源为人类文明繁盛提供了坚实的基础。最早到来的波利尼西亚人依赖岛上的自然资源发展出灿烂的文明成就，因雕刻出数百尊巨大石像而闻名于世。但是由于这种文明发展模式完全依赖于森林砍伐、鱼类和鸟类捕食等自然资源消耗，为了养活数量众多的人口，岛上居住的波利尼西亚人为开展农业、获得生活所需的燃料以及制造捕鱼船而砍光了全部森林，大量捕食原本种类丰富的鸟类，几乎耗尽了岛上可以赖以生存的资源，最终，木材消耗殆尽、海鸟捕食一空后，资源枯竭导致了岛上的饥荒与战争，甚至出现人吃人的惨剧（Dransfield et al.，1984；Flenley et al.，1991；Tilberg，1994；Wright，1997；Flenley，2003；John，2004；Hunt and Elliott，2005；Mieth and Bork，2005；Good and Reuveny，2006）。复活节岛上的人类文明从 400 年左右开始兴起，到 15 世纪文明衰落而消亡，这段时间对应着我国古代从南北朝、隋朝、唐朝、宋朝、元朝到明朝多个朝代的更替。

　　美国新墨西哥城西北部查科峡谷阿纳萨齐文明是生态崩溃的另外一个极好例证。在阿纳萨齐文明兴盛之前，查科峡谷是生态环境非常良好的平原绿洲，动植物生物多样性极其丰富，相对较低的海拔极适于农作物的生长。良好的生存环境使查科峡谷吸引了大量人口，查科峡谷文明从 600 年起开始兴盛，直到 1150~1200 年彻底消失，前后持续了 500 多年。起初，查科峡谷依靠雨水通过地表径流流入峡谷的丰富的地下水以及河渠灌溉农田，养活了大量人口。1000 年左右，查科峡谷人口膨胀。但也是在那时，为了获取越来越多的人口所需的食物、燃料以及建筑所需的木材，峡谷周围的森林被阿纳萨齐人全部砍光，森林大量消失造成农业水土流失和木材供应下降，终于在 1130 年查科峡谷遭遇了三年持续干旱，居民大多被饿死或自相残杀而死，少数幸存者逃散到西南部的其他聚居地，阿纳萨齐文明最终消失了。这次的三年持续干旱并不比前两次干旱的持续时间更长、规模更大，但与前两次干旱不同，人口膨胀、砍伐森林成为查科峡谷三年持续干旱并导致阿纳萨齐文明崩溃的根本原因。由于人类的破坏，今天的查科峡谷已经再也不能恢复到 600 年前的生态景象了，人们所能看到的只是深邃的河谷、稀疏低矮的耐盐碱灌木丛，除了少数美国国家公园管理人员外再也无人生存在这里。

　　而同在南太平洋中的蒂科皮亚岛，其面积仅约为复活节岛的 1/30，但岛上的人类文明却从 400~500 年一直延续至今。蒂科皮亚岛原本的自然条件与复活节岛十分相似，火山爆发产生的火山灰使得岛上的物种与资源十分富饶。岛民们利用岛上丰富的资源打鱼狩猎，随着资源的利用与人口的不断增长，人们烧毁森林以谋求发展，森林的减少导致水土流失加重。此外，岛上也开始人满为患，蒂科皮亚岛一度出现生态危机。岛上的人们意识到资源匮乏导致无法维持岛上长久的生存时，开始设法在该岛的支持能力和人口之间取得平衡，并设法避免环境超载和生态灾难。约从 12 世纪开始，岛上人类及时改变了对生态环境影响巨大的刀耕火种的农业生产方式，甚至采取了人口控制措施，最终蒂科皮亚岛避免了与复活节岛相同的文明崩溃命运，岛上的人类文明得以延续发展。

　　20 世纪 50 年代，人类第一颗人造卫星发射，开启了人类进入宇宙的大门，打开了人类航空的新视角。从浩瀚的太空俯瞰地球，人类开始思考我们共同生存的地球对于偌大的宇宙来说扮演着怎样的角色。60 年代，美国学者肯尼斯·鲍尔丁（Kenneth Boulding）

提出了宇宙飞船经济理论，指出我们的地球就像太空中飞行的宇宙飞船，靠消耗自身有限的资源维持生存。如果长期不合理地开发资源、破坏环境，使资源消耗量超过自然承载力，地球就会走向毁灭。这就是所谓循环经济思想的源头。宇宙飞船假说表明了地球在宇宙中的孤独与脆弱。地球的质量在太阳系中所占比例仅约为 0.000 299 714%（图 2.1）。在能量方面，地球是完全开放的系统，每天持续稳定地吸收太阳辐射带来的能量，并将到达地球的部分能量返回到宇宙太空。而在物质方面，虽然流星、彗星、星体残片会随机地降临地球，地球大气层的氢、氦元素会从上层大气层中少量逃逸，人造地球卫星也会偶尔脱离地球重力场，但地球总体来说是一个近似物质封闭的系统，非常类似于航行于宇宙之中封闭的飞船，也类似于实验室培养微生物的烧瓶（Morowitz *et al*.，2005），而人类则是宇宙飞船中的船员或烧瓶中的微生物，完全依赖于消耗飞船或烧瓶中的物质而生存，相互依存、休戚与共，是紧紧联系在一起的命运共同体。

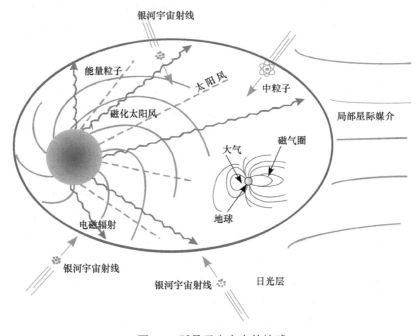

图 2.1　孤悬于太空中的地球

　　虽然在科技极为发达的今天，地球上的任何一个角落都不会仅仅由于资源匮乏就再发生复活节岛的悲剧，但相对于整个无限的宇宙空间来讲，人类在太空中的孤立程度远远要比复活节岛上的古人更甚。人类在 21 世纪的自身行动决定着地球的命运，也决定着地球上数百万种生物的命运，更决定着人类文明自身的命运。如果人类不能改变自己而继续以粗放的方式发展经济，当人类耗尽地球上的有限资源、造成难以逆转的全球性环境危机时，地球上人类的命运可能就将如同复活节岛古代文明崩溃的命运一样，无处可逃、无人能救。

二、生态是人类文明发展进步的根基

　　在地球这个近似物质封闭系统中，人类的发展进步都离不开两类生产系统的支撑。

一类是人类经济生产，人类利用人力、资金、技术和信息等生产出人类文明所需要的物质财富和精神财富，满足人类的基本物质生活需求，为人类文明发展提供动力源泉；另一类则是生态生产，生态系统通过光合作用进行初级生产，并通过次级生产以及能量流动、物质循环和信息传递等生物生产过程为人类社会提供生态产品。生态产品不仅为人类社会提供了基础经济生产资料，而且清新空气、清洁水源、防风固沙、生态减灾、物种保育等生态产品与物质财富、精神财富一样是人类福祉的重要组成部分，为人类文明发展与兴盛提供了重要的生态根基。因此，在这两类生产系统的支撑下，在过去两个世纪里，人口和经济呈现迅速增长的趋势，由此也造成资源消耗的快速增长。

习近平总书记指出，"生态环境是人类生存和发展的根基，生态环境变化直接影响文明兴衰演替"。纵观人类历史的长河，每一段文明进程都离不开生态环境的支撑，人类文明起源于生态环境良好的地区，良好的生态环境促进人类文明繁荣昌盛，生态根基的破坏将会危害人类文明体系的发展进步。原始文明时期，良好的生态环境是人类文明征程起始的基础，人类生存必须依附并顺从自然，依靠采集渔猎、钻木取火获得生存所需的资料。进入农业文明时代，良好的生态环境为农耕文明提供了发展基础，古巴比伦、古埃及等文明古国，大都起源于生态环境良好的大河流域地区，而最后也多由于生态资源被过度利用、生态环境遭到破坏而导致文明的衰落甚至湮灭。中华民族历代更替也与生态环境变化有着不可忽视的联系。一个朝代的鼎盛往往是其文明与生态相互交融、协同发展的结果，最后的衰败更替很多也有着生态破坏退化的背景。迈入工业文明时代后，人类具备了大规模改造地球生态环境的能力，过度利用地球的资源已经造成了前所未有的生态环境破坏，使地球环境变化的规模和速率已经超出了过去 50 万年里自然波动的范围，生态环境破坏已经动摇了人类文明继续兴盛发展的根基。

生态是人类生存发展的基础，是人类文明进步的根基。因此，人类文明发展必须顺应生态规律，尊重自然、顺应自然、保护自然，才能追求文明的永续发展。人类只有遵循自然规律才能有效防止在开发利用自然上走弯路，而对大自然的伤害最终会伤及人类自身，这是无法抗拒的规律。如果继续走工业文明的传统老路，人类社会面对的或将是如同复活节岛史前文明崩溃一般的悲惨结局。如果没有良好的生态环境，或者说如果没有及时保护生态环境而是任其破坏退化，人类的生存与发展将会受到威胁，更谈不上人类文明的永续发展。

三、筑牢中华民族伟大复兴的生态根基

改革开放 40 多年来我国经济建设取得了举世瞩目的辉煌成就，但是过去粗放经济发展也使我们付出了资源、生态和环境代价。党的十八大以来，党和国家把生态文明建设摆在了全局工作的突出地位，大力推进生态文明建设。从党的十八大将生态文明建设纳入"五位一体"总体布局，到党的十九大明确提出加快生态文明体制改革，把"污染防治攻坚战"列为决胜全面建成小康社会的三大攻坚战之一，提出"绿水青山就是金山银山"的"两山"理论，再到将绿色发展作为新发展理念中的一大发展理念等的一系列重大部署决策，我国将生态文明建设融入经济、政治、文化和社会建设的各方面与全过程，并且成为全球生态环境治理的引领者，为保护地球家园提供了中国方案、中国智慧。

但同时，我们也要清楚地认识到：从历史的角度来看，工业文明给生态环境带来的破坏性不是一天两天就能彻底改善的；优质生态产品供给能力与人民群众日益提高的需求相比仍有较大差距，作为表征生态环境价值的生态资源资产没有与经济社会财富同步增长，生态文明建设正处于压力叠加、负重前行的关键期，生态环境保护和修复任务依然艰巨，生态差距成为我国与发达国家最大的差距之一，生态文明建设道路任重道远。这就要求我们坚决贯彻落实习近平生态文明思想，继续保持加强生态文明建设的战略定力，开创社会主义生态文明新时代。

历史视角告诉我们，"生态兴则文明兴"，要处理好经济发展与环境保护的关系，将中国传统灿烂文明与生态文明理念相结合，坚持人与自然和谐共生，全面践行"两山"理论，统筹"山水林田湖草沙生命共同体"，顺应自然变化规律，建设人类文明新形态，从而筑牢中华民族伟大复兴的生态根基。

当前，我国正处于实现中华民族伟大复兴的关键时期，正向着全面建成社会主义现代化强国的第二个百年奋斗目标迈进。"生态兴则文明兴"指引我们既要加强经济高质量发展，又要筑牢生态根基、补齐生态短板。要保持加强生态文明建设的战略定力，将生态资源资产与经济发展协同增长作为实现中华民族伟大复兴中国梦的关键目标，通过全党全国各族人民坚持不懈的努力，提高生态环境质量，在提升经济发展质量和水平的同时，将生态资源资产培育发展成为战略性新兴产业，着力提升生态产品供给能力，使经济社会发展与生态资源资产全面协同增长，实现人民群众物质生活水平和生态资源资产的双富裕，全面提高人民生活幸福指数，建设天蓝地绿水清的美丽中国，开创社会主义生态文明新时代，早日实现中华民族伟大复兴的中国梦。

第二节　从生物种间关系等看人与自然和谐共生

"人与自然和谐共生"的科学自然观是对人与自然关系认识的重大跃升，是习近平生态文明思想的重要组成部分，为科学把握、正确处理人与自然关系提供了根本遵循。十四届五中全会后，国家将"可持续发展"作为一条重要的指导方针和战略目标上升为国家意志，提出"必须把社会全面发展放在重要战略地位，实现经济与社会相互协调和可持续发展"，夯实了人与自然和谐发展的基础。党的十六届三中全会在科学发展观的基础上提出"统筹人与自然和谐发展"的新要求，是以较低的环境压力和资源消耗换来同样甚至更加快速的经济增长，实现资源永续利用，走生产发展、生态良好的文明发展之路。习近平总书记在十九大报告中提出"坚持人与自然和谐共生"，明确作出了人与自然是生命共同体的重要论断。人与自然的关系类似生态学上的种间关系，本部分从种间关系的角度解读其背后所蕴含的经济发展与环境保护之间的一般规律，阐明人与自然和谐共生的路径模式。

一、生物种间关系与相互作用类型

种间关系是指不同物种种群之间的相互作用所形成的关系，两个种群的相互关系可以是间接的，也可以是直接的相互影响，这种影响可能是有害的，也可能是有利的。生态学中相互作用类型可以简单地分为三大类：正相互作用、中性作用和负相互作用。正相互作用主要表现为共生、共栖等；中性作用即种群之间没有相互作用，事实上，生物与生物之间是普遍联系的，没有相互作用是相对的；负相互作用包括竞争、偏害、单害单利作用等。其中，正相互作用分为偏利共生和互利共生。偏利共生对一方有利，对另一方无影响；互利共生对双方都有利。中性作用中两者彼此不受影响。负相互作用中，竞争的双方都受到不利影响；偏害则对一方有害，对另一方无影响；单害单利对一方有利，对另一方有害（表 2.1）。

表 2.1　种间关系的相互作用类型

作用类型		影响类型		特征
正相互作用	偏利共生	+ (0)	0 (+)	一方受益，另一方无影响
	互利共生	+	+	相互作用对两者都有利
中性作用	无相互作用	0	0	两者彼此不受影响
负相互作用	竞争	–	–	两者都受到不利影响
	偏害	– (0)	0 (–)	一方有害，另一方无影响
	单害单利	+ (–)	– (+)	对一方有利（害），对另一方有害（利）

注："+"表示有利，"–"表示有害，"0"表示不受影响。

（一）正相互作用

互利共生是指两种或多种生物共居，彼此创造有利的生活条件，较之单独生活时更为有利，更有生活力；相互依赖，相互依存，一旦分离，双方或其中一方便不能正常地生活。世界上大部分的物种是互利共生的，草地和森林优势植物的根多与真菌共生形成菌根，多数有花植物依赖昆虫传粉，动物的消化道中也包含着微生物群落。两种生物的互利共生，有的是兼性的，即一种通过另一种获得好处，但并未达到离开对方不能生存的地步；有的是专性的，专性的互利共生也可分为单方专性和双方专性。专性互利共生是指永久性成对组合的生物，其中一方或双方不可能独立生活，如蘑菇与耕作蚁之间的互利共生，两者都不能离开对方而生存（牛翠娟等，2015）。

偏利共生在物种间的关系上又称共栖，是指两个物种共居，一方受益，另一方无害或无大害（牛翠娟等，2015）。其主要特征为两个种群相互作用，双方获利，但协作是松散的。分离后，双方仍能独立生存，是一种比较松懈的种间合作关系。例如，海洋甲壳动物蟹类的背部常附生着多种腔肠动物，寄居蟹与海葵的共生常常被作为原始协作的经典例子：海葵固着在寄居蟹所寄居的螺壳上，通过寄居蟹的运动而扩大其取食范围，而寄居蟹则以海葵的刺细胞来防御敌害（郝迎霞和颜忠诚，2012）。双方互利，但又非绝对需要相互依赖，分离后各自仍能独自生活。又如，某些鸟类啄食有蹄类身上的体外寄生虫，而当食肉动物来临之际，又能为其报警，这对共同防御天敌十分有利。

（二）中性作用

不同生物共居一处，但无直接联系，互不影响，保持相对独立，这称为中立关系或中性现象。中性关系在自然界可能极少或根本不存在，因为在任何一个特定的生态系统中，所有的种群之间都可能存在着直接或间接的相互关系。

（三）负相互作用

竞争是生物界普遍存在的一种种间对抗性相互关系，一般可分为两种类型：一种是干扰竞争，即一种动物借助行为排斥另一种动物使其得不到资源；另一种竞争类型是利用竞争，即一个物种所利用的资源对第二个物种也非常重要，但两个物种并不发生直接接触（尚玉昌，2010）。这里是指两个物种共居，为争夺有限的营养、空间和其他共同需要而发生斗争的种间关系。竞争的结果，或对竞争双方都有抑制作用，大多数的情况是对一方有利，另一方被淘汰，一方替代另一方，这种现象常被称作高斯原理。

偏害作用是指对一个种群有害而对另一个种群既无利也无害。异种抑制作用和抗生作用都属于此类。异种抑制一般是指植物分泌一种能抑制其他植物生长的化学物质的现象。例如，胡桃树分泌一种称为胡桃醌的物质，它能抑制其他植物生长，因此，在胡桃树下的土壤表层中是没有其他植物。抗生作用是指一种微生物产生一种化学物质来抑制另一种微生物的过程，如青霉素就是由青霉菌所产生的一种细菌抑制剂。

单害单利作用是指两个种群相互影响，对一方有利，对另一方有害。捕食是一种典型的单害单利关系。例如，兔和草类、狼和兔等都是捕食关系。在通常情况下，捕食者为大个体，被捕食者为小个体，以大食小。捕食的结果，一方面能直接影响被捕食者的种群数量，另一方面也影响捕食者本身的种群变化，两者关系十分复杂。捕食是一种种间对抗性相互关系。某些寄生关系通常也是一种典型的单害单利关系，在寄生关系中，一般寄生物为小个体，寄主为大个体，以小食大，而且大都为一方受益，另一方受害，甚至引起寄主患病或死亡。例如，拟寄生是指昆虫界的寄生现象，寄生昆虫常常把卵产在其他昆虫（寄主）体内，待卵孵化为幼虫后便以寄主组织为食，直到寄主死亡为止。

二、经济发展与环境保护的一般规律

人与自然关系的核心是经济社会发展与生态环境保护的关系，正确认识并处理两者的关系尤为重要。当一个国家经济发展水平较低时，环境污染的程度较轻，但是随着人均收入的增加，环境污染由低趋高，环境恶化程度随经济的增长而加剧；当经济发展达到一定水平后，即到达某个临界点或称"拐点"以后，随着人均收入的进一步增加，环境污染又由高趋低，污染程度逐渐减缓，环境质量逐渐得到改善，这种现象就是环境库兹涅茨曲线（environmental Kuznets curve，EKC）。人与自然的关系非常类似于生态学的种间关系，根据环境库兹涅茨曲线规律，经济发展初期以生态环境质量退化为代价，类似于生态学的种间互害关系；当经济发展到一定阶段时，生态环境质量随着人均收入水平提高而不断改善，经济发展与生态环境退化"脱钩"，实现经济与环境和谐发展，是生态文明初级阶段的显著标志，类似于生态学的种间中性关系；当经济发展与生态环境关系达到保护生态就是保护自然价值和增值自然资本、保护环境就是保护经济发展潜力和后劲的理想状态时，生态环境优势与经济发展优势互利互融，类似于生态学种间互利共生的高度发展形态（图2.2）。

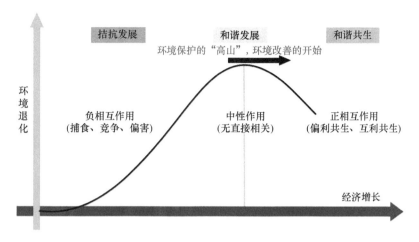

图 2.2　人与自然关系的生态学解释图

人与自然和谐共生的核心是经济社会发展要充分考虑环境与资源的承载力，使环境和资源既能满足经济社会发展目标的需要，又能够使环境资源保持在满足当代人和后代人对适当环境质量要求的水平上，从而使经济社会发展与生态环境保护相互融合，共同发展，实现经济效益、社会效益与环境效益的统一，其实质是把生态环境转化为可以交换消费的生态产品，使生态产品转化为生产力要素融入市场经济体系，让价值规律在生态产品的生产、流通与消费过程中发挥作用，以发展经济的方式解决生态环境的外部不经济性问题，从而进一步解放和发展生产力，实现经济发展与生态环境的和谐共生，走人与自然可持续发展之路。

党和国家对人与自然的关系认识是一个逐渐深入和升华的过程。从"可持续发展战略"到"人与自然和谐发展""建设资源节约型环境友好型社会"再到"人与自然是生命共同体""人与自然和谐共生"。可见，"人与自然和谐共生"是"人与自然和谐"基础上的重大跃升，两者的合作关系由松散到密切牢靠，发展经济就是保护环境，保护环境就是发展经济。党和国家对人与自然关系的认识已上升到前所未有的高度，为处理好人与自然关系贡献了中国智慧。促进人与自然和谐共生，必须坚持以习近平生态文明思想为指引，推动经济社会发展全面绿色转型，形成人与自然和谐发展的现代化建设新格局。

三、人与自然和谐共生的路径模式

人与自然关系的发展模式是对经济社会与生态环境关系不同状态的反映。原始文明时期，人类活动非常简单，生产力水平比较低下，经济发展水平很低，但生态环境优良，表现为"绿色贫困"的发展模式；农业文明时期，种植业和畜牧业得到大规模发展，给环境造成了一定的压力，经济得到一定发展，但经济水平依然较低，表现为"拮抗发展"的发展模式；进入工业文明时期，大量物理、化学用品得到使用，以牺牲环境为代价发展经济，经济得到飞速发展，但生态环境遭到严重破坏，表现为"金色污染"的发展模式；当人类意识到经济社会与生态环境协调发展的重要性，即人类社会进入生态文明时期，在坚持改善生态环境质量的同时实现经济发展，追求经济与环境互利共生、共同发展的关系，表现为"和谐共生"的发展模式。4 种发展模式下经济社会与生态环境的对应关系如图 2.3 所示。

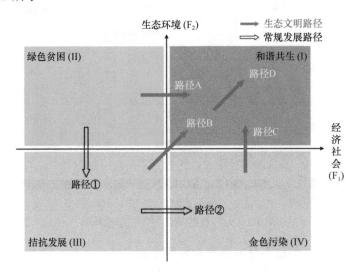

图 2.3　经济社会与生态环境的协调关系概念模型图

人与自然关系的 4 种发展模式对应 EKC 的不同发展阶段。传统 EKC 下，发展初期经济水平较低，环境污染程度较轻，对应"绿色贫困"模式。随着经济发展，环境污染的程度不断提高。而在达到经济水平与环境污染水平均较高的"金色污染"模式前，生产技术提高对经济发展的促进作用小于其对环境破坏程度的深化作用，大多数地区均需经历这一低经济发展水平与高环境污染状态，即"拮抗发展"模式。在经历了"绿色贫困""拮抗发展""金色污染"3 个发展阶段后，地区经济与环境污染水平达到拐点，环境污染程度随着经济发展水平的提高而逐渐降低，环境质量持续改善，最终进入"和谐共生"的发展模式，只有在该模式下，才能认为被研究地区实现了生态文明建设的当前阶段要求。

传统 EKC 下的生态文明建设路径均按照"绿色贫困—拮抗发展—金色污染—和谐共生"的传统路径逐阶段进行，但传统路径下：①生态文明建设需经过多个不协调、不平衡的发展阶段，实现"和谐共生"模式耗时长、成本高；②存在无法达到"和谐共生"发展模式的可能，如对于处于"绿色贫困"模式的地区，其本应随着常规发展路径实现最终的"和谐共生"发展模式，但存在止步于"金色污染"模式的可能，而无法实现最终的生态文明。在生态文明理念的指导下，未达到"和谐共生"状态的地区可实现跨越式的生态文明建设，处于"绿色贫困"模式的地区可通过依托自身的生态优势、促进生态产品价值实现，跨越"拮抗发展"与"金色污染"等中间过程，以依托生态资源的生态价值实现型生态文明发展模式，直接实现"和谐共生"（路径 A）；类似地，处于"拮抗发展"模式的地区也可通过推动传统产业转型升级，以科技创新为核心的绿色转型升级型生态文明发展模式，跨越"金色污染"直接实现"和谐共生"（路径 B）；"金色污染"地区则可通过以绿色发展为核心的绿色创新驱动型生态文明发展模式实现"和谐共生"（路径 C）；而已经处于"和谐共生"状态的地区需要继续通过全面均衡发展模式保持其当前的发展状态（图 2.4）。

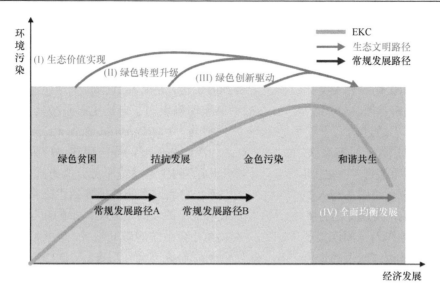

图2.4 环境库兹涅茨曲线（EKC）概念模型及生态文明模式发展

第三节 "绿水青山就是金山银山"的生态系统服务基础

生态文明建设的核心问题是如何正确处理环境和发展的关系。针对将两者对立起来的简单化做法，习近平总书记创造性地提出了"绿水青山就是金山银山"的理念。其中，"绿水青山"可以作为自然生态系统的代表，而"金山银山"代表的则是社会经济系统。通过研究自然生态系统与社会经济系统之间的关系，"生态系统服务"及其衍生而来的"生态产品"成为一个能有效将两个系统相连接的桥梁。对这一领域的充分研究能够为践行"绿水青山就是金山银山"理念提供扎实的科学基础。

一、良好生态环境是最普惠的民生福祉

新时代推进生态文明建设，必须坚持人与自然和谐共生、"绿水青山就是金山银山"的原则。顺应人民群众从"求温饱"到"求环保"的热切期待，习近平总书记提出"良好生态环境是最公平的公共产品，是最普惠的民生福祉"这一重要观点，明确了社会主义生态文明建设的政治立场和价值取向。与这一观点紧密相关的正是已成为当前科学研究热点的"生态系统服务"（ecosystem service）理论。

（一）自然生态系统为人类福祉作出的贡献

通俗地讲，"绿水青山就是金山银山"的核心内涵之一便是自然生态系统同样含有经济价值。生态系统价值来自生物生产性土地及其提供的生态系统服务和产品，是自然资源资产的重要组成部分。生态系统服务可以被认为是"人类从生态系统中获得的惠益"（MA，2005）。这些惠益会通过各种途径提升，如安全、维持高质量生活的物质需求、健康、良好的社会关系，甚至自由权与选择权等各方面的人类福祉。这一发现也正是"绿水青山就是金山银山"理念的核心科学内涵。1997 年，科斯坦萨（Costanza）等发表

了以 *The Value of the World's Ecosystem Services and Natural Capital* 为题的首个全球生态系统服务价值评估研究。以气体调节、气候调节、干扰调节、水源调节、防止侵蚀、土壤形成、养分循环、废物治理、传粉、生物控制、提供避难所、食物生产、原材料、基因库、娱乐和文化等为人类社会提供的服务的价值,估算得到当时全球生态系统服务的年度价值为 16 万亿～54 万亿美元,该核算结果明确表明了自然生态系统具有重要价值。此后于 2005 年通过的《千年生态系统评估报告》(*Millennium Ecosystem Assessment*,MA)进一步扩大了生态系统服务相关研究的深度与广度,提出现在仍广为使用的"供给服务"、"调节服务"、"文化服务"及"支持服务"的生态系统服务分类方式。MA(2005)尤其关注生态系统服务与人类福祉之间的联系,它通过系统性地评估生态系统变化对人类福祉的影响,帮助提出各类能够加强生态系统保护以满足人类需求的政策。这标志着生态系统服务作为一项连接了生态系统与人类社会系统的研究领域,是可影响如"两山"理论等相关理论或政策的形成与制定的综合科学研究方向(巩杰等,2020)。

各类生态系统服务的来源——自然生态系统不仅是生产力 3 个组成要素的最初和最基本的来源,还是影响生产力要素结合方式和生产力发展水平的关键变量,因此生态文明建设理念中也提出了"保护生态环境就是保护生产力,改善生态环境就是发展生产力"的观点。人类从生态系统中所得到的各类惠益(即生态系统服务)同样是自然环境生产力产生的结果。由于这些惠益多种多样,因此生态系统服务的类型也同样繁多,对其进行分类可以帮助人们更为清晰地了解自然生产力的理念。早期如 Daily(1997)和 Costanza 等(1997)共总结出许多类别的生态系统服务类型。此后,MA 又根据其功能的差别将这些生态系统服务类型分为供给服务、调节服务、文化服务及支持服务 4 类。其中供给服务是指人们从生态系统中获得的产品,主要包括粮食、水、燃料、纤维、生物化学物质、基因资源等;调节服务是指人们从生态系统过程的调节作用中获得的效益,如气候调节、疾病控制、水分调节、水源净化等;文化服务则是指人们从生态系统中获得的非物质效用与收益,如娱乐与生态旅游、美学感受、教育、文化继承、精神与宗教方面的收益等;最后的支持服务则是生态系统提供其他服务的基础,包括土壤形成、养分循环、初级生产等(MA,2005)。另外,由于支持服务不直接对人类福祉产生贡献,现已较少核算(Fisher *et al.*,2009)。表 2.2 总结了部分常见的生态系统服务及其对人类福祉贡献的具体含义。

表 2.2　部分常见的生态系统服务及其对人类福祉贡献的具体含义

生态系统服务类型	常见生态系统服务	福祉贡献含义
供给	农业产品	从农业生态系统中获得的初级产品,如稻谷、玉米、豆类、薯类、油料、棉花、麻类、糖类、烟叶、茶叶、药材、蔬菜、水果等
	林业产品	林木产品、林产品以及与森林资源相关的初级产品,如木材、竹材、松脂、生漆、油桐籽等
	畜牧业产品	利用放牧、圈养或者两者结合的方式饲养禽畜获得的产品,如牛、羊、猪、家禽、奶类、禽蛋等
	渔业产品	利用水域中生物的物质转化功能,通过捕捞、养殖等方式获得的水产品,如鱼类、其他水生动物等
调节	水源涵养	生态系统通过其结构和过程拦截滞蓄降水,有增强土壤下渗、涵养水源、调节河川流量、增加可利用水资源量的功能

生态系统服务类型	常见生态系统服务	福祉贡献含义
调节	土壤保持	生态系统通过其结构和过程保护土壤、降低雨水侵蚀的能力，减少土壤流失的功能
	空气净化	生态系统吸收、阻滤大气中的污染物，如 SO_2、NO_x、颗粒物等，降低空气污染浓度，改善空气环境的功能
	水质净化	生态系统通过物理和生化过程对水体污染物吸附、降解以及生物吸收等，降低水体污染物浓度、净化水环境的功能
	气候调节	生态系统通过植被蒸腾作用和水面蒸发过程吸收能量、降低气温、提高湿度的功能
文化	休闲旅游	人类通过精神感受、知识获取、休闲娱乐和美学体验、康养等旅游休闲方式，从生态系统中获得的非物质惠益
	景观价值	生态系统为人类带来美学体验、精神愉悦，从而提高周边土地、房产价值的功能

（二）自然生态系统对人类福祉的增进机制

如前文所述，"两山"理论的其中一条核心思想是自然在价值形成和价值增值的过程中具有劳动无法代替的前提性、基础性和条件性的作用。通过影响劳动生产率，自然参与了价值的形成和增加。生态系统价值一般被定义为"生态资源及其提供的生态系统服务和产品所具有的价值"（高艳妮等，2019）。由此可见，通过对各类生态系统服务对人类社会产生的价值进行货币化核算是生态系统价值评估的核心。货币化后的生态系统价值能将自然生态系统与传统社会经济统计系统相结合，从而帮助人们更好地进行政策分析、成本–效益比较和环境影响分析等（Gunton *et al.*，2017）。因此，可以说理解生态系统价值的形成机制与类型是帮助人们树立自然价值和自然资本理念以及践行"绿水青山就是金山银山"的基本方法。

对生态系统服务（亦即生态系统价值来源）形成机制的理解可依托于生态系统服务级联框架（cascade framework）（Potschin-Young *et al.*，2018）（图2.5）。此框架主要描述了生态系统服务由"生态系统结构与过程"到"功能"，再到"服务"，然后转化为"惠益"，最后提高人类"价值"的作用路径，建立了从自然生态系统到人类福祉的关联，并构架了从生态系统研究到政策制定辅助的桥梁。级联框架的提出具有两方面作用：一是简化了人地耦合复杂系统，识别了从生态系统到生态系统服务以及人类福祉过程中的关键组成部分，有助于厘清不同组成部分及它们之间的关联，帮助了解生态系统服务具体形成与作用机制；二是能够推动生态系统服务的跨学科研究。基于级联框架，研究者与政策制定者构建了不同类型、不同用途的生态系统服务指标体系、物质量模拟方法体系与价值量评估方法体系，并结合不同学科、不同研究需求发展了一系列生态系统服务分析概念框架（Potschin-Young *et al.*，2018）。

从自然环境系统的一端来看，生态系统服务的产生离不开各类生态系统功能，如温度调节、湿度调节、降雨截留、物种交互作用等。而生态系统功能的形成又是基于如光照、降雨、土壤形成、生物多样性等组成自然生态系统的结构与过程。从社会经济系统的一端来看，当各类生态系统服务被人们使用和消费后，它们就变成能够提高人们生活水平的各种惠益（MA，2005）。当这些惠益依据人们的需求而切实引起了物质或精神的价值提升后，生态系统服务才真正实现了对价值的影响（Potschin-Young *et al.*，2018）。

张林波等（2021）也进一步指出，由众多生态系统服务所构成的各类生态产品价值的实现不仅需要自然生物的生产，也离不开人类劳动力的投入。综上所述，生态系统价值的形成机制是一个需要生态学、地理学、环境科学、经济学、社会学等多学科交叉融合研究的领域。

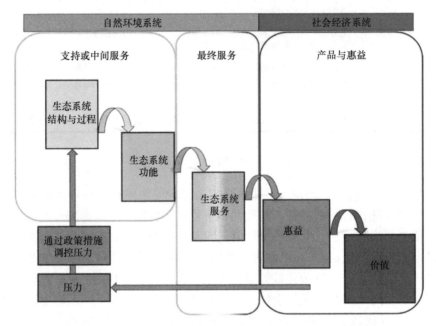

图2.5 生态系统服务级联框架（Potschin-Young *et al.*，2018）

二、保护自然就是增值自然价值和自然资本的过程

按照"绿水青山就是金山银山"的理念，生态文明建设需要"树立自然价值和自然资本的理念"，理解"自然生态是有价值的，保护自然就是增值自然价值和自然资本的过程，就是保护和发展生产力，就应得到合理回报和经济补偿"。这里，自然价值是指自然的经济价值。承认自然价值就是要承认自然在价值和财富形成过程中的作用，而自然资本便是指在价值增值中其作用的自然主体。承认自然资本就是要承认自然财富可以创造出比自身价值更大的价值。这里的价值和资本的含义发生了变化，指的是广义的价值和资本。承认和确立自然价值与自然资本，可以为资源定价、环境赔偿、生态补偿等生态经济活动提供科学的理论依据。

（一）自然生态系统的价值类型

自然生态系统为人类社会提供的各类生态产品所含有的价值是多维度的，或者说"绿水青山"所提供的"金山银山"是多样的。根据总经济价值（total economic value）框架，生态系统的价值可以根据不同的价值含义与组成进行多类细分（Pearce and Turner，1990）（图2.6）。根据生态系统所提供的服务是否能够被我们使用，生态系统总经济价值可分为"使用价值"与"非使用价值"。其中，"使用价值"主要在一些通常存在市场价格的能被私有或准私有产品或服务上体现。根据这类生态系统服务被人类所使用的途径，还可再细分为"直接使用价值"和"间接使用价值"（表2.3）。拥有直接使用价值的生态系统服务主要有食物、木材、休闲娱乐等；而拥有间接使用价值的生态系统服务主要为调节服务，如温度调节、空气净化、洪水调蓄等（表2.3）。此外，当一类能够被使用的生态系统服务当下未被使用，但未来能够被使用时，此类生态系统服务则拥有"选择价值"，即当前未被兑付的一种使用价值。

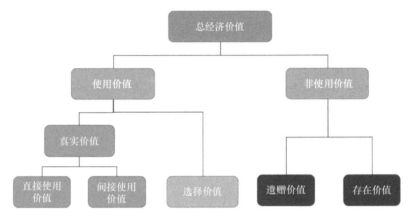

图2.6　总经济价值框架下的不同价值类型（TEEB，2010）

表2.3　生态系统价值类型

价值类型	价值子类型	含义
使用价值	直接使用价值	自然为直接消费（如木材和食物）或非消费用途（如娱乐和审美体验）提供的产品和服务所附带的价值
	间接使用价值	通过生态系统提供的正向外部效应（如防洪和碳储存）而间接被利用的生态系统服务价值
	选择价值	未来直接或间接使用生态系统的选择权所产生的利益
非使用价值	存在价值	对物种、自然环境和其他生态系统服务的存在所赋予的价值，即使个人从未考虑过主动使用它们
	遗赠价值	个人对其他人（包括同代与后代）也有机会从物种和生态系统中获得利益这一事实所赋予的价值

资料来源：TEEB，2010；Häyhä and Franzese，2014。

与"使用价值"相对的，有一些生态系统服务对于我们的价值并非建立在其能够被我们以何种形式使用上，此类价值即为"非使用价值"。此类价值反映了当个人了解到生态系统服务能够长期存在，或得知他人（包括同代人和后代人）能够获得这些服务时获得的满足感（TEEB，2010）。第一种情况被称为生态系统拥有的"存在价值"，而后一种情况则被视为生态系统存在的"遗赠价值"（表2.3）。以上各类价值类型的总和构成了生态系统总经济价值，这些价值印证了生态文明中明确提出的自然生态是有价值的，保护自然就是增值自然价值和自然资本的过程，就是保护和发展生产力，就应得到合理回报和经济补偿。

（二）自然生态系统价值的来源与构成

各个维度的自然价值在现实世界中的体现主要是通过自然资本所提供的各类生态

产品完成的。生态产品是指"生态系统的生物生产功能和人类社会的生产劳动共同作用提供给人类社会使用和消费的终端产品或生态系统服务,包括保障人居环境、维系生态安全、提供物质原料和精神文化服务等人类福祉或惠益,是与农产品和工业产品并列的、满足人类美好生活需求的生活必需品"(张林波等,2021)。生态产品概念在我国政府文件中首次见于2010年国务院出台的《全国主体功能区规划》,将生态产品与农产品、工业品和服务产品并列为人类生活所必需的、可消费的产品,重点生态功能区是生态产品生产的主要产区。生态产品及其价值实现理念的提出是我国生态文明建设在思想上的重大变革,随着我国生态文明建设的逐步深入,逐渐演变成为贯穿于习近平生态文明思想的核心主线,成为贯彻习近平生态文明思想的物质载体和实践抓手,显示出了强大的实践生命力和重要的学术理论价值(张林波等,2021)。

从形成过程上看,自然价值可以划分为存量价值和流量价值两类,其中生态用地是生态系统存量价值,而生态系统服务和产品是生态系统流量价值。生态用地是生态系统在相当长的历史过程中发展演化而来的,并蓄积形成水资源、生物资源、海洋资源和环境资源等,是生态系统服务产生的基础。生态系统服务和产品是生态系统依托于存量,通过生物生产过程每年为人类所产生的服务和产品。只要生态系统存量存在,生态系统就会每年产生流量价值。生态系统存量价值类似于经济资产概念中的"家底"或"银行本金",我们可以形象地将其概括为"生态家底",而生态系统流量价值则类似于银行资产所产生的利息,与经济生产中的国内生产总值(gross domestic product,GDP)相对应,也被生态学家称为生态系统生产总值(gross ecosystem product,GEP),其进入市场进行交易的那部分价值与GDP相重合,如农畜产品价值、旅游观光收入等(Ouyang et al., 2020)。

纵观马克思的劳动价值论、边际效用学派的价值价格论、新古典学派的价值价格论,他们认为产品价值主要来源于生产劳动、边际效用、供求关系等(林森木,1962;杨圣明,2012;孟奎,2013)。马克思的劳动价值论赞同威廉·配第"劳动是财富之父,土地是财富之母"的观点,认为自然物质和人类具体劳动是使用价值的源泉,抽象劳动是价值的唯一源泉(杨圣明,2012);边际效用价值论认为物品的价值由物品的效用和稀缺性共同决定(孟奎,2013)。正如马克思的劳动价值论是社会主义国家的核心价值理论,但它却无法解决像水和钻石的价值这类问题。随着现代经济的发展,新时代社会主要矛盾发生变化,生态产品供给问题已然构成这个矛盾的主要方面,需要对马克思的劳动价值论进行拓展,将其延伸到自然生态系统中,使其更加能够反映新时代经济社会发展的客观实际。

按照传统的马克思的劳动价值论,价值来源于生产劳动,人类的具体劳动是使用价值的源泉,抽象劳动是形成价值的唯一源泉。在过去相当长的一段时期,生态产品都被看作没有凝结人类劳动的纯粹自然产物,只具有使用价值,没有价值。生态产品价值实现理念的提出表明生态产品也是有价值的,生态产品的价值来源于人类劳动和生物生产。生态产品作为一种生态系统服务必然包含了生物生产作用,而包含了生物生产的生态产品也必然包含了人类劳动,即使是最原始的、无人存在的自然生态系统也离不开人类禁止、限制或放弃经济社会发展的生态保护和恢复行动。生态产品价值实现理念丰富了人类劳动的内涵和范围,不仅将人类劳动从原料获取、生产加工、交换流通等生产过程扩展到环境保护和污染治理等方面,也将人类对生态系统的保护恢复、经营管理看作生产劳动。人类劳动是生态产品价值的重要来源之一，同时人类劳动反映了生态产品中人与人之间的社会关系，为阐明生态产品价值实现机制提供了经济学理论基础。

生态产品是良好生态环境为人类提供丰富多样福祉的统称，通过把自然生态系统转化为可以交换消费的生态产品，使其成为自然生态在市场中实现价值的载体，融入市场经济体系，用搞活经济的方式充分调动起社会各方开展环境治理和生态保护的积极性，让价值规律在生态产品的生产、流通与消费过程中发挥作用，从而大幅度提高优质生态产品的生产供给能力，是促进自然生态系统各类价值实现的主要方式。生态产品价值的实现丰富和扩展了马克思劳动价值论中的劳动与生产。传统劳动价值论中的生产劳动只包括人类生产，即专属于人类有目的的社会生产活动，不包括自然本身生产自然产品的能力（任暟，2013），且只针对 3 次产业的产品加工及服务供给，然而公共性生态产品的价值离不开人类的保护、恢复与经营，从"看得见的数量、空间管理"向"看不见的质量、生态环境内涵性管理"转变，加强国土空间生态保护与修复，提升环境质量和生态价值（郧文聚等，2018）。因此，有必要将生态建设、人类对自然生态系统的经营管理以及为保护生态放弃发展这种无形的劳动纳入到人类生产中（黎元生，2018）。生态产品产生的基础是生态系统的初级生产、次级生产以及能量流动、物质循环和信息传递，称为生态生产（图 2.7）。因此，无论是经营性生态产品还是公共性生态产品的价值均来源于人类生产和生态生产，而生态产品的非替代性、经济稀缺性是其价值产生的前提。

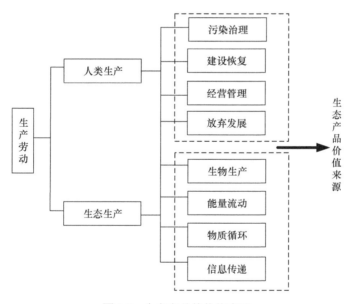

图 2.7　生态产品的价值来源

生态产品是物质与精神、文化与经济的综合产物，这从根本上决定了生态产品具有多层次的价值体系，也是生态产品区别于普通产品的最为显著的特征。其价值表现在生态、伦理、政治、社会、文化、经济等多方面，主要谋求生态、社会、经济三大效益的协调统一（岳德鹏等，2017；张超等，2017）。但从有利于促进生态文明建设的角度考虑，如果将生态产品的生产载体也包括在内，应该关注的生态产品价值包括生态资本价值、产品使用价值、增加就业价值、政绩激励价值和经济刺激价值。生态资本价值是生态资源的存量价值，是生态资源本身的资源价值和资源用于投资的资本价值。产品使用价值是指生态产品为人类福祉提供的直接或间接收益。增加就业价值是指为了增加、提高或维持生态产品生产而设置工作岗位的价值。政绩激励价值是指因改善生态环境质量使地方政府获得突出的绩效考核结果的价值。经济刺激价值是指因良好的生态环境吸引高新企业入驻和引进高端人才的价值，该价值已在 GDP 中得到体现。

第四节　"山水林田湖草沙"生命共同体的生态调控机制

习近平总书记在十三届全国人民代表大会第四次会议上提出了"山水林田湖草沙"理念，这种整体生态治理理念的提出标志着我国从过去的"头痛医头，脚痛医脚"式的单一要素保护修复的时代，进入到系统修复、整体保护、综合性治理的新时代。同时为了解决自然资源所属者不明晰、国家机构之间部分职能重合、空间规划重叠等问题，习近平总书记从生命共同体理念出发，解决了过去"生态系统总体性"与"行政区划独立性"之间的矛盾，引领着"山水林田湖草沙"生命共同体朝向更加完整、系统、科学的方向发展。从生态学理论角度出发对"山水林田湖草沙"生命共同体这一生态文明核心论点进行科学基础的详细阐释，对生态调控具有重大现实意义。

一、生态系统是一个有机整体系统

生态系统是生物及与之发生相互作用的物理环境所形成的开放系统。而生态系统的组成成分，无论是陆地还是水域，都可以概括为生物和非生物两大部分，生物部分主要包含生产者、消费者和分解者，非生物部分是生命支持系统，包含了非生物的环境（田大伦，2008）。生态系统存在的方式、目标、功能都体现出统一的整体性。具体主要呈现出两大特点：①整体大于部分之和，要素按照一定的规律组织起来，具有综合性功能，各要素相互联系、相互制约、相互作用，具有不同性质与功能（邬建国，1991；田大伦，2008）；②各个要素的性质和行为都会对系统的整体性起作用，如果失去了一项关键要素，就难以维持生态系统的整体性来发挥作用。这些整体性特征在生态系统过渡带之间的群落交界区尤为明显（邬建国，2004）。例如，在森林和草原之间会形成由多个森林与草原生态系统斑块所组成的过渡带，在这些过渡带中植物物种的数目以及一些物种的种群密度比相邻种群大，并且往往包含两个重叠生态系统类型的物种以及过渡带的特有物种，这些过渡带控制着不同系统间的物质能量与信息的沟通（图2.8）（Lawrence and Vandecar，2015）。

地球生态系统是一个内部充满复杂联系的整体系统。地球生态系统内部子系统之间的远距离相互联系是地球运行机制极为重要的特征之一。地球生态系统各组成部分之间通过物理、化学或生物过程在时间和空间上相互紧密地联系在一起。在空间和时间两个尺度上，地球生态系统各组成部分之间不仅存在着垂直联系，如水和碳元素在地球表面的陆地、海洋生态系统与大气之间的循环过程，还存在着水平方向上的紧密联系，如大气传输和沉积、动植物迁移、地表水文和洋流之间的联系。生态系统的各生态要素虽然在生态系统中处于不同的圈层和位置，但如果该系统中的物质能量流动与转换在一个或者多个环节出现异常，导致原先在平衡点范围波动的生态系统出现异常偏移，那么生态系统自身的功能就会遭到损坏或破坏，稳定性大大降低，出现生态系统退化的现象（叶艳妹等，2019）。

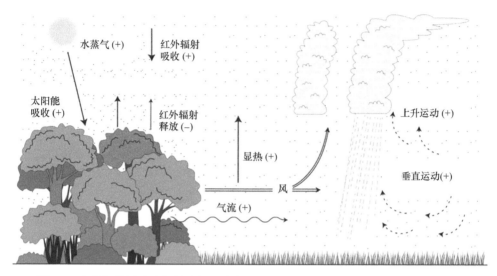

图2.8　森林与草原过渡带的大气动态变化示意图（Lawrence and Vandecar，2015）

另一个能够体现生态系统具有整体性的典型例子是碳元素在全球的循环。碳元素在生物圈中的重要性仅次于水，构成了生物体干重的约49%。大量的碳储存在岩石圈，其中相当一部分储存在化石燃料中，另外还有一些碳储存在水圈和大气圈内（图2.9）（常杰和葛滢，2010）。在生物学上，活跃的碳主要来自大气圈和水圈。碳元素在生态系统中有3条不同的循环路径。第一条是通过植物的光合作用从大气中转移至植物、动物体内，再从动植物流向分解者，最终返回大气。第二条路径是在大气圈和水圈之间进行循环，一方面CO_2通过扩散作用在大气圈和水圈之间进行交换，借助降雨过程CO_2也能进入水圈，当大气中CO_2短缺时，就会引发水圈的CO_2补偿机制，让更多的CO_2返回大气，这是一个动态调节的过程。第三条路径是在大气圈、水圈和岩石圈之间移动，含碳岩石主要在水圈里形成，岩石圈的碳也可以通过岩石的风化和溶解、化石燃料燃烧、火山爆发等过程返回水圈和大气圈。

二、生态系统内部充满复杂的反馈机制

地球生态系统的稳定依赖于内部的驱动与正负反馈机制。这些机制使得生态系统能够进行自我调节，并对生态系统的形成、发展与维持起到了独特且关键的作用（张林波，2007）。生态系统所具有的各类正负反馈机制，使生态系统对外界环境具有一定的自组织能力，并且能够通过结构、功能的变化形成新的稳定有序结构，生态系统的进化和演替也是源于这些机制的作用。外界环境的变化引起生态系统结构和要素的变化，相应地引起系统内诸要素相互关系和功能的进一步改变（史晓平，2008）。这些紧密的联系和反馈机制结合生态系统的开放性，使得相隔很远且在空间上互不相连的生态系统间也可能存在着非常密切的联系。"蝴蝶效应"就是这种联系和反馈机制的形象比喻。

例如，天气中的一个极小差别就会导致气象的巨大变化。在热带大西洋，每 2~7 年会发生不规则的厄尔尼诺现象，干扰海洋和大气平衡，引起突然的且显著的热带海洋和全球大气循环的改变，对遥远的区域气候产生影响，1988 年夏季北美中心的干热气候现象就是由 1987 年厄尔尼诺所引发的海洋表面温度的分配不均匀引发的（Silver and Defries，1990）。

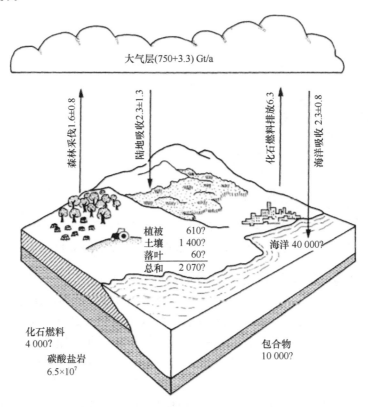

图中各数字含义：大气层(750+3.3) Gt/a；森林采伐1.6±0.8；陆地吸收2.3±1.3；化石燃料排放6.3；海洋吸收2.3±0.8；植被 610?；土壤 1 400?；落叶 60?；总和 2 070?；海洋 40 000?；化石燃料 4 000?；碳酸盐岩 6.5×10⁷；包合物 10 000?

图 2.9　全球碳汇及碳源示意图（Grace，2004）

图中问号代表此值存在不确定性，图中箭头旁数字为流量，单位是 Gt/a，非箭头旁数字为存量，单位是 Gt

同一种生态系统类型内存在明显的驱动与正负反馈机制。例如，以具有明显强反馈特性的自然生态系统中植被的生长为例，近年来的研究显示全球植被绿度自 1981 年以来一直在增加，而植被模型表明，二氧化碳的施肥效应是这一绿化的主要驱动力，反之，植被绿化也可以通过增加陆地上的碳汇和改变生物地球物理过程（主要是蒸发冷却）来缓解全球变暖（Piao *et al.*，2020）。

不同生态系统类型之间也存在明显的驱动与正负反馈机制。粉尘在陆地生物圈和海洋生物圈之间形成、转移以及沉降对气温的调节作用就是一个明显的例子。寒冷干燥的气候会造成地表植被覆盖度下降，从而引起土壤贫瘠和沙化。地表产生的含铁沙尘通过大气传输到遥远的海洋，沙尘中所含铁元素作为海洋浮游植物的微量营养元素会促进其生长，提高海洋浮游植物的光合作用，大量吸收海洋表面大气中的 CO_2，海洋浮游植物通过光合作用所固定的碳元素中的 25% 会沉入海底，引起大气中 CO_2 浓度下降，从而反过来又会造成更为寒冷和干燥的气候，这是一个彻底的正反馈机制（张林波，2007）。南极洲东方站所测冰芯中的粉尘含量的结果也证实了这类反馈机制对于调节地球系统的冰期–间冰期循环有着重要作用（Steffen *et al.*，2004）。

三、地球生态系统是一个具有级联特征的耗散结构

生态系统能够通过结构和功能的调节来形成新的稳定有序结构（邬建国，1991；史晓平，2008）。根据热力学第二定律，一个封闭系统的熵值趋向于增加，即总是自发地从有序到无序，总是向混乱度增加的方向发展，世界上一切有序的结构、格局、组织都会自然地趋向于无序。但是地球上的许多现象看起来都与此物理学基本常识相悖，无论是自然界中的生命或非生命现象还是人类社会自身都存在着高度有序的自组织结构，如自然界中大洋表面会自发地形成具有结构的飓风，地球上的生命有机体由最简单的单细胞生命形式经过千百万年的进化而出现的各种各样结构复杂的生命现象，这些生物有机体又自发地组织形成了具有不同结构和功能的种群、群落、生态系统等；人类社会自身更是高度有序的社会，存在着具有高度组织性的工厂、社区、城镇以及国家等社会经济活动主体。

生态系统调节过程中往往具有非线性、突变性等很大的不确定性。生态系统中的某些因子的微小变化，如微小的环境变化、过度放牧、沙尘负荷增加或海洋温度变化，就有可能因为非线性作用和连锁反应使得生态系统跨越突变阈值，导致剧烈的变化，引起整个区域生态系统的彻底改变。以撒哈拉地区的沙漠化为例来解释这一突变过程：在全新世的早期和中期，距今 5000～10 000 年，撒哈拉地区有着湿润的气候，植被茂盛，湖泊湿地众多，其生态系统类似于非洲大草原，但是距今约 5000 年前，撒哈拉地区的生态系统发生了巨变，从湿润的环境迅速转变为今天的沙漠状态。引发撒哈拉地区沙漠化的根本原因在于地球的公转轨道在 4000 多年间有着长期微小的变化，使得该区域的太阳辐射量发生变化，导致这一生态系统跨越了突变阈值，引发一系列生物化学反应，导致气候转变为干旱少雨，而降水的减少又反过来加速了植被的衰亡。

四、人与自然是生命共同体

人类文明的发展是一部人与"山水林田湖草沙"互动共生的历史。从全球和广义视角来看，人类对自然环境的改造已引发全球性环境问题。例如，人类对化石燃料的燃烧、土地利用类型的改变，以及人类各种生产活动排放的碳都对碳循环产生了一定的干扰。而人类造成的氮氧化物污染，硝酸盐等含氮化合物对水体的干扰，人类对森林、草原的过度利用，农田不合理开发都对氮元素的全球循环产生了影响。这些扰动相互关联，出现全球的碳氮耦合，主要原因是能源和食品生产排放的氮氧化物与氨在大气中传播，同时氮以植物可吸收的形态沉降在地面，刺激植物的生长，导致植物对 CO_2 的吸收增加。目前这一机制仍有许多部分难以解释，但北半球陆地生物圈不仅从大气中吸收了 CO_2，同时也获得了大部分人类产生的氮，碳氮耦合意味着在可预期的未来，大气中 CO_2 浓度的升高对植物生长的直接影响是光合作用和生长更加剧烈（常杰和葛滢，2010）。

地球生物圈的每一个物种都相互关联、彼此依存，"山水林田湖草沙"是生命共同体。20 世纪 60 年代，英美大气科学家和生态学家共同提出"盖娅假说"，认为生物与环境的相互作用共同塑造了地球生命系统，因此必须把"山水林田湖草沙"各个系统当作

一个整体来看待，不能将其分为部分或者仅从一个等级对整个系统加以理解，应从不同尺度上综合考虑（张林波，2007）。"山水林田湖草沙"系统治理是区域乃至全球生态环境治理的基础性工作，是对全球生命共同体的积极贡献；另外，也需要重视全球气候和环境变化对生态系统修复与保护工作的长期影响，主动加强对人类活动的前瞻性规划与适应性管理，深化理解并实现社会–生态复合系统的可持续发展（庄贵阳，2021）。

第五节　顺应自然变化规律建设人类文明新形态

习近平总书记明确指出："人类应该以自然为根，尊重自然、顺应自然、保护自然。"自然生态系统中一条极为重要的规律便是其随时都处于动态变化的过程当中，而生态系统的动态变化特征和稳态跃变特征为人类生态文明提供了坚实的理论基础，而人类文明的历史也从来不是一成不变的，两者在时间动态变化上存在着许多惊人的相似性。例如，自然生态系统可能会经历草本、灌木、乔木为主要群落组成的不同阶段，而人类文明也具有原始文明、农业文明、工业文明等几种文明形态。因此，本部分将从生态系统的动态演变特征分析入手，讲述学习和顺应自然变化规律，用生态变化的思想指导人类社会的文明发展过程，建设人类文明新形态。

一、自然生态系统演替与稳态转换规律

（一）群落演替理论

生态系统的演替是生态系统随时间的变化，一个类型的生态系统被另一个类型的生态系统所替代的过程。生态系统是一个动态的系统，它是不断发生变化的，生物一代顶替一代，能量和营养物质也不停地在群落中流动和循环（尚玉昌，2010）。竞争能力强的物种占领干扰后的区域，并淘汰竞争能力弱的物种，这一过程通常被称为生态演替（ecological succession），可被理解为特定区域中非季节性的、定向的、连续的种群定居和消亡过程（Begon *et al.*，2016）。生态系统的演替是在时间尺度上，从系统建立初期的不稳定状态，通过内部自调控而逐步达到一个相对稳定的状态。人为干扰对生态系统的演替总趋势常有极大的逆转作用（蔡晓明，2000）。

裸地的存在是群落形成的最初条件和场所之一。没有植物生长的地段即为裸地（或称荒地）。裸地可分为原生裸地和次生裸地。原生裸地是指从来没有植物覆盖的地面，或者原来存在过植被，但被彻底消灭了（包括原有植被下的土壤）的地段，如冰川的消亡等形成的裸地。次生裸地是指保留部分植被或原有植被虽然已不存在，但原有土壤条件基本保留，甚至还有种子库或繁殖体存在的地段，如火灾、森林砍伐等造成的裸地。一般将发生在原生裸地上的演替称为原生演替，发生在次生裸地上的演替称为次生演替（牛翠娟等，2015）。原生演替发生在无植被分布的地点，如火山爆发后形成的浮石平原、冰川消退暴露出的陆地等。次生演替发生在干扰后保留部分植被，或者植被虽然全部被破坏，但种子库或繁殖体存在、土壤发育良好的地点。导致次生演替的情况有病害、飓风、火灾和原木砍伐及农田弃耕等。原生演替的基质条件恶劣严酷，演替时间很长。次生演替的基质条件较好，所以演替所经历的时间较短（尚玉昌，2010）。演替所到达的

最终状态（物种组合达到稳定时）就称为顶极群落（climax community）（图2.10）。

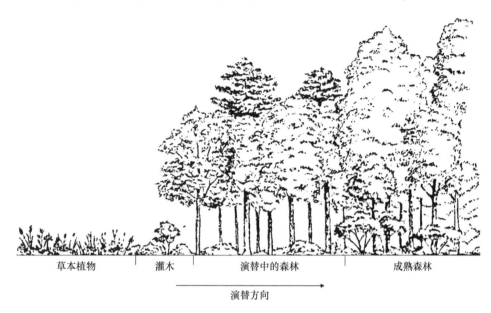

图 2.10　森林生态系统演替变化示意图（尚玉昌，2010）

（二）稳态跃变理论

稳定状态在动力学理论上指的是系统的结构在一定条件下稳定，在生态学意义上指的是在一定的时间和空间尺度上，生态系统保持现有的结构和功能不变（冯剑丰等，2009）。多稳态是指在相同的外力驱动或干扰的情况下，其生态系统内生物群落的结构、物质和能量都会发生变化，并且可能表现为由负反馈调节维持的两种及以上不同的稳定状态。多稳态理论中的稳态是由负反馈调节所维持的，需要引入一定量的负熵流才能保持稳定的状态，而系统突变是由正反馈所驱动的，需要外界条件朝一定的方向持续变化才会发生稳态转换（冯剑丰等，2009）。多稳态理论在生态学上具有重要的意义，有助于在较短时间尺度上对生态系统状态进行变化预测（赵东升和张雪梅，2021）。

自然生态系统的演替变化一般是长期现象，需要在数年至数百年的时间尺度上才有所体现，但其中的稳态转变过程可以在较短时间内发生（Walker and Wardle，2014；Scheffer *et al.*，2015）。在自然界中，许多不同类型的生态系统在特定条件下都可能发生状态突变。对于真实的生态系统而言，各种类型的干扰事件（如火烧、病虫害、飓风、洪水等）的发生几乎不可避免。当系统存在多稳态时，即使外部环境条件保持不变，当干扰的强度足够大时也可能驱动系统从一种稳定状态突然改变至另一种稳定状态并表现出突变行为。这些生态系统间虽然具有极大差异，但突变却往往遵循相似的轨迹：随着外部环境条件（如降水、营养条件等）的逐渐变化，生态系统状态（如植被盖度、生物量等）在初期可以保持相对稳定，表现出相对较小的变幅；但在越过某临界阈值后，生态系统状态变量则在短时间内发生大幅变化（如生物量大幅下降），表现出突变特征，从而引起生态系统组分、空间或营养等结构的变化，以及随着结构的变化，生态系统相应物质流、能量流以及信息流功能的改变（Collie *et al.*，2004）。突变后的生态系统也可以保持相对稳定，但难以恢复到突变前的状态。这种变化常称为稳态转换，一般表现为突变前后状态维持的时间远长于突变发生的时间（徐驰等，2020）。该临界阈值即为稳态转换的突变临界点。

稳态转换的发生可能有两种不同的内在机制：一是外部环境条件的改变导致系统"内在"稳定性丧失；二是各类干扰导致生态系统跨越稳态突变点。在现实生态系统中，两种变化往往同时发生：环境变化导致系统的稳定性下降，导致干扰更容易触发稳态转换。当环境发生变化时，生物特征变异导致群体中出现一些抵抗力较强的表型，可以缓冲环境压力，原有的转折点可能会延迟。特征变异可能会导致生态系统的恢复滞后。如前所述，当特征变异延迟了转折点的出现时，实际上延长了滞后期，相应地，当压力撤销时，生态系统恢复的速率也变慢了。再或者，退化的状态可能不利于生物的生存，可能导致某些基因型消失，实际上也不利于生态系统的恢复（Dakos *et al.*，2019）。一个典型的能够体现自然生态系统稳态转换的研究案例是刘正文等（2020）对浅水湖泊底栖–敞水生境耦合对富营养化的响应与稳态转换机理的研究，他们发现在浅水湖泊稳态转换过程中，生物、化学和物理特征及过程不断发生变化，其协同作用形成了促进这种稳态转换的驱动力，使原有的底栖–敞水生境耦合发生变化，包括营养盐交换过程等，逐步向有利于浮游植物的方向发展（Scheffer，1997）。

生态系统突变前往往变化幅度相对较小，因而从表面状态很难判断突变的发生。另外，在到达稳态转换临界点前，小幅干扰即可触发稳态转换，意味着随机发生的干扰可以在接近临界点前的任意时间触发突变，因此几乎无法精确预测生态系统的突变发生时间，但可以根据系统行为特征评估系统发生突变的风险。根据多稳态理论，随着外部环境条件的逐渐变化，生态系统趋近分岔点时会出现临界慢化特征，表现为受到扰动后恢复到稳态的时间变长。此时生态系统应对干扰的恢复力下降，从而使系统突变到另一种稳态的风险增加（徐驰等，2020）。许多研究发现临界放缓现象在时间和空间维度上均可作为突变预警指标，因此辨别系统是否接近可能的突变点的最简单方法就是直接测量系统遭受微小事件扰动时恢复到最初平衡态的时间（孙云等，2013）。另外，系统状态变量的空间方差增加以及空间偏度的改变这一联合指标也可以作为生态系统突变的预警指标（Guttal and Jayaparkash，2009；刘书敏等，2017）。

二、顺应自然变化规律开拓人类文明新形态

演替理论与生态系统多稳态、稳态转换、突变临界点等理论概念有着密切的关系，这些理论概念与人类文明在历史上所处的各种稳定状态及其演变也存在极高的可类比与可借鉴性，这些针对自然生态系统突变规律的研究结果为人类文明的突变式发展提供灵感与指导。

从人类文明演替的进程来看，生态文明是人类历史发展到一定阶段的必然产物。在原始文明和农业文明时期，人类生产和生活方式受限于自然规律，对自然的干扰和破坏程度低，形成一套与自然较为和谐的发展体系。在工业文明时期，人类掠夺和改变自然的能力增强，生产力水平的提升使人与自然的冲突加剧，一旦这种冲突超过极限，人类社会很可能面临崩溃的局面。工业文明的失败使得人类不断探索人与自然和谐的发展方

式，人类必然进入生态文明阶段。生态文明摒弃了工业文明破坏自然的特征，强调尊重和维护自然，在把握自然和经济规律的基础上，建立可持续的生产方式、产业结构、消费模式、文化制度，实现人与自然、人与人、人与社会和谐共生。可持续发展、生态产业、循环经济、科学发展观等理念反映出不同时期人类寻求人与自然和谐相处的探索和答案。

"人与自然是生命共同体"是中国面向社会主义生态文明建设提出的重大命题，从根本上说，人是无法超越自然的。自然变化规律无论是在自然科学、社会科学还是人类文明等领域内均有所体现。将人类文明演替的进程与前面提到的生态系统演替以及稳态转换的变化机制相对比来看，人类文明演替也是人类文明系统在受到一定干扰时所发生的向另一种稳定状态转变发展的过程，与自然生态系统中的一系列变化规律有着相似性。目前，在环境压力及内在变革需求的双重驱动力影响下，可以说我们其实正处于一个由上一代工业文明转换至下一代生态文明的文明稳态转换阶段。为了更加顺利地推进文明的演替进程，人们应当顺应和学习自然生态系统的动态变化规律，去寻找可能的生态文明建设的方法，并且尝试去识别文明突变的潜在指标，以期为生态文明发展程度评估提供指导。

（本章执笔人：刘旭、吴舒尧、梁田、张林波）

第三章　生态文明范式的发展动因与特征

范式是在一定时期内规定着科学发展的范围与方向的重大科学成就，它为专业科学家提供一种思路，形成某一特定时代的特定科学共同体所支持的共同信念。而随着科学研究的深入，我们将逐渐发现原有范式解决不了的难题。这些难题就构成了对旧范式的反常。随着反常的日益增多，旧的科学范式陷入危机，这时，科学革命的时机就到来了，即新的范式将取代旧的范式。生态文明提出了一种以尊重自然为伦理基础的新范式，在制度设计上寻求生态公正，人与自然和谐共生。生态文明新范式把良好的生态环境作为生产要素和生产力，目标是提升社会福祉，即满足人民对美好生活的需要和可持续发展，强调以可再生能源作为经济发展的动力支撑，要求绿色低碳循环发展，倡导绿色消费。生态文明相对于工业文明的发展范式在基本特征、生产和消费方式、制度建设、文化认同等方面有本质不同，通过系统梳理科技进步、生产方式、社会制度和文化发展对文明的推动作用和机制，进一步总结提炼社会主义生态文明新时代的驱动因素与基本特征，对于生态文明建设显得至关重要。

第一节　科技进步对人类文明的推动作用

科技是人类文明发展的重要标志，科技越发展，社会越繁荣，文明越昌盛。纵观人类文明发展史，科学技术的每一次重大突破，都会引起生产力的深刻变革，带来人类社会的巨大进步，开创人类文明的新纪元。

一、科技推动人类文明形态的变革

科技进步促进人类文明的发展。历史上的生产资料都是同一定的科学技术相结合的。随着科技进步带来的工具制造技术、农业生产技术和生产与科技革命（工业革命）这3次重大技术进步，社会生产力水平大大提升，人类可获得的生活资料更加丰富，寿命延长，死亡率下降，人口数量在历史上也经历了3次突跃式的增长。

工具制造技术的进步大大提高了人类狩猎和畜牧的能力，使人类进入原始社会时代。该时代主要指1万年以前的旧石器时期，包括旧石器时期的早、中、晚期，这是人类历史上最漫长的岁月，约占人类历史发展阶段的99.8%，同时也是人口增长最缓慢的时期。粗笨的石器和弓箭是当时主要的生产工具，人们主要从事狩猎生活和原始畜牧。工具制造技术使人口第一次突跃式增长，大约持续了100万年的时间，人口数量增长到500万人。动物种群个体数量和体重之间存在以下关系：$D=aWx^b$，其中D为种群密度，W是成年个体的重量，即成年个体的重量越大，因D是有上限的，所以在特定时间内、单位土地面积上其个体的数量将越少（Cohen，1997）。根据上述公式研究人员计算了成年个体体重与人类相似的热带哺乳动物种群的期望种群密度，然后乘以地球上无冰雪覆盖的土地面积 1.33 亿 km^2，得出了成年个体重量在 50～70kg 的大型肉食和杂食动物全球种群规模理论值应该在 1700 万～2300 万（Peters and Raelson，1984）。而根据人类考古学研究，农业文明前猎获生产方式下的人类人口数量在相当长的时期内基本维持在很低的稳定数量上（200 万～2000 万），这与彼得斯（Peters）和雷尔森（Raelson）估算出来的热带哺乳动物种群全球理论种群数量惊人地一致。说明在农业生产技术发明之前，仅依靠原始粗笨的石器和弓箭，人类人口数量和其他相似哺乳动物没有差别，在这一时期，世界人口在相当长的时间内维持在很低的稳定数量上。

农业技术的出现大大提高了生产效率，人口开始快速增长，科技使人类与其他动物有了区别。正是在距今约 1 万年以前，在更新世结束和最后一个间冰期开始的时候，人类发明了农业，从此人类与其他生物种群数量的增长开始有了明显的区别（Peters and Raelson，1984）。而青铜器、铁器等金属工具的出现则极大地提高了农业的生产效率。农业革命使食物来源相对固定，这为人类提供了相对稳定的生活资料。一方面使人类生活得以保障，另一方面又为人口增长提供了物质基础。同时由于定居生活方式的出现，因饥饿、寒冷以及迁移过程中的暴力等造成的死亡减少了，人口有了较快增长的可能性。较快的人口增长又进一步促进了农业生产的发展，农业的发展反过来又促进了人口的增长。因此到 18 世纪之前，农业技术又使人口发生第二次突跃式增长，人口膨胀了 100 倍，增加到 5 亿人。

第一次工业革命中蒸汽机的发明和应用以及第二次工业革命中电力的广泛应用，分别把人类带入了蒸汽时代和电气时代，技术革命带来了生产力的极大进步。工业化带来的经济发展和社会变革，使得公共卫生和医疗保健措施越来越得以普遍实施，医学得到迅速发展，人口死亡率迅速下降。在死亡率下降的同时，由于食物来源的改善和人们体质的增强，出生率进而升高。在马尔萨斯生活的工业革命早期，由工业革命推动的科学技术进步再次使人口剧烈增长，又增长了一倍，接近 10 亿，如图 3.1 所示。

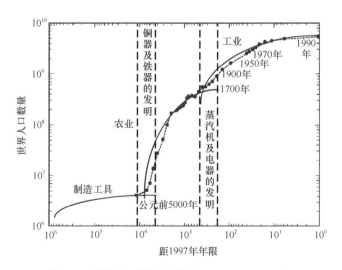

图 3.1　世界人口数量发展史（Deevey，1960）

科学技术的发展，特别是耕种技术的提高、化肥的出现、基因技术的发明等极大地提高了全球粮食产量。在马尔萨斯时代，养活一个人需要接近 20 000m^2 的土地，而在现代农业科学技术的条件下养活一个人只需要不到 2000m² 的土地，作物产量大幅增加。固定大气中氮气制造氨水的哈伯–博施（Harbo-Bosch）化肥技术使世界人口在 19 世纪翻了一番。从 20 世纪 50 年代开始的农业绿色革命，通过将矮化基因引入水稻和小麦，世界谷物产量在过去的半个世纪里已经增长了 3 倍，世界人口总数达到 60 亿人（Trewavas，2002）。

从 20 世纪中叶至今，微电子技术、新能源技术、半导体技术、空间技术、信息技术一一涌现，原子能成为人类使用的新能源，人类迎来科技进步突破的全新阶段——信息时代，在这一阶段科学技术升级变革速度大大加快，高新技术产业在经济中的占比不断增加，科学技术与社会生产力、消费、医疗、教育、政治等各个层面挂钩，对于社会、经济、生产力的发展都有着重大的影响。

随着每一次重大的科技进步，如铁器的发明、耕种技术的提高、化肥的发明，以及医药卫生技术、基因技术等的发展，人类克服了制约其他生物种群数量增长的一个又一个因素，如食物、天敌、疾病、繁殖力等，世界人口的数量也随之大幅度增加。

二、科技进步对人类经济社会的影响

实践证明，科学技术是第一生产力，科技的迅速发展对经济增长的贡献日益增大，科学技术和体制创新能力已成为国际竞争的关键性因素，并成为评价国家实力和竞争力的核心因素。与此同时，科学技术的迅速发展改变了人们原有的生活方式。它是人类社会文明的一部分，是融入了人类发展历史，并作为创新框架结构固化了的现代文明。另外，它还加速了人类对自然世界的认识，随着对客观世界的认识不断深化，以及揭示的自然规律日益增加，人类逐渐从"必然王国"进入"自然王国"。也就是说，高新技术的广泛运用创造出巨大财富，改变着人类社会的物质世界和精神世界。从另外一方面来看，人类对自然世界、宇宙世界的认识以及对客观规律的掌握没有穷尽，现代科学技术知识呈现出由量积累向质飞跃的"渐进突变"的模式，社会科技的发展速度还在不断增大。

但是科技的发展如同一把"双刃剑"，在推动人类文明进步的同时也会削弱自然环境的支撑能力。虽然科技进步能够提高资源利用效率，降低单位经济生产或单位人口的资源能源消耗量，但是由于资源环境的外部不经济性，自然资源和生态资本的价值都没有被列入人类经济社会核算体系之中，因此科技进步所带来的资源利用效率提高、粮食增产、出现新型替代资源等使得人类表面经济收益增长、个人收入增加和消费物品价格下降，会刺激单位人口对资源能源消费需求，与此同时科技进步又使人口数量剧烈增长，在科技进步提高了人类对资源能源的开发利用能力的情况下，人类对物质精神生活的无限追求必然会促使人类加大对资源能源的开发利用强度和总量以及资源能源消耗所排放的污染物质总量（Rees and Wackernagel，1996；Wackernagel and Rees，1997）。从图 3.2 可以看出，新石器时代人类每年人均消耗物质约 6t，而现代城市人口每年人均消耗物质约 100t，从新石器时代至今人类每年人均物质消耗增长了约 16 倍，而在能源方面现代工业社会人均能源消耗比猎获生产方式下的古代人类增长了 40 倍（Baccini，1996；Decker et al.，2000）。再以美国为例，1790 年美国人均每天能源消耗大约为 11 000kcal（1cal=4.184J），但到 1980 年美国人均每天能源消耗几乎增长了约 18 倍，达到了 210 000kcal（Rees and Wackernagel，1996）。1973～1987 年经济合作与发展组织（OECD）国家单位 GDP 能耗下降了 23%，但 1975～1989 年的能源消耗总量却增长了 15%（Wackernagel and Rees，1997）。

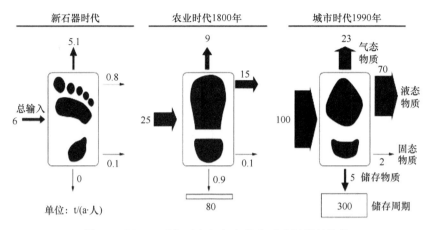

图 3.2 新石器时代至今每年人均物质消耗增长趋势

科学技术是认识世界和改造世界的强大力量，可以用于破坏，也可用于保护和建设。科学技术的进步增大了资源消耗量，带来了严峻的环境问题，同时新兴的科学技术也可用于水体净化、治理环境、保护空气，改善人与自然的关系。科学技术是一把"双刃剑"，我们应正视技术与环境之间的直接或者间接关联，以探求人与自然的相处之道。

三、科技进步推动生态文明建设

科学技术是改造社会、推动历史前进的革命力量，对于人类社会关系的变革和精神文明的发展具有重大作用。

科技进步可以推动产业经济发展方式转变，加快产业结构调整。提升创新能力和推动技术进步是转变经济发展方式的根本动力。大到一个国家，小到一个企业，如果不把科技创新作为核心竞争力，就不能把握未来发展的主动权，就不能实现跨越发展。实践证明，科技创新是实现经济发展方式转变的强力引擎，必须把科技创新当作转变经济发展方式的根本动力。提升创新能力和推动技术进步是进行结构调整的根本途径。现代产业体系的特点是产品科技含量高、具有高附加值、能耗低、污染小，并且具有可持续发展的能力。形成合理的产业结构，既要注重产业的规模和数量，更要注重产业的优化升级，努力向产业链高端迈进；既要注重产品的数量和种类，更要注重培养行业主导技术品牌。提升创新能力和推动技术进步是实现可持续发展的根本选择。从根本上改变依靠高投入、高消耗、高污染来支持经济增长的发展方式，坚持走科技含量高、经济效益好、资源消耗低、环境污染少、人力资源优势得到充分发挥的新型工业化道路，成为实现可持续发展的必然选择。

科技进步可以提高资源利用效率，拓展资源开发利用范围。科技进步影响着能源的开采、运输、储存和终端使用等过程。在能源生产部门，科技进步可以提高能源开采率，减少能源在中间运输和储存环节的浪费；在能源消耗部门，通过提高产品生产部门的技术水平，进而减少生产产品时的终端能源使用量。通过开发清洁能源，从源头上减少了环境污染。包括风能、水能、太阳能等在内的清洁可再生能源既不排放污染物，也不排放温室气体，可以有效加快我国减碳降碳、能源转型的步伐，助力中国完成 2060 年碳中和目标。人们采用当前的技术就已经能够发现并利用早先不能利用的低质量铁矿，大大增加了未来的铁矿供应量。同样，由于人类炼油技术的发展，尽管石油消耗增长迅速，但全球已知的石油储备在近年来实际上大大增加了。例如，海洋技术的开发使占地球表面积 71% 的海洋成为地球上矿物资源的最大宝库。有关资料表明，仅太平洋底的锰结核矿就有 17 000 亿 t。没有现代科学，人类就无法探明，更谈不上开发。

科技进步可以推动绿色产业飞速发展，优化提升绿色经济比例。因为绿色产业包括了传统三大产业，所以产业之间的耦合协调发展是完善绿色产业内部系统完整性的关键。要充分利用科技进步所带来的共生技术，打通产业发展之间的技术壁垒，通过整合市场资源，实现市场合理分工，加快企业在特定区域内集聚。例如，绿色农业与观光旅游业的融合，既能节约旅游资源，又能满足人们对于绿色消费的需求。科技进步提升绿色产业发展竞争力。一方面，利用科技产生新的公共信息服务平台，实现信息资源的重新整合、规划，降低信息不对称性，减少交易成本，提高产业运行效率。另一方面，对原有生产要素进行改进以及与新生产要素重新组合，形成新的生产曲线，得到更高生产效率。效率的提升会从本质上提升产业发展质量，加快绿色产业内部结构优化，扩大获利空间，对外部市场环境的适应性和应变性增强，从而增加绿色经济总量，优化 GDP 结构，提升绿色 GDP 比例。同时绿色经济的外溢效应会加快国家或地区产业转型升级的速度，提高国家或地区的产业竞争力，这种正外部性又会反哺绿色产业，实现绿色产业与经济发展的耦合协调性。

第二节　生产方式与产业模式对人类文明的推动作用

纵观各国历史不难发现，生产方式所引发的巨大变革会直接引发产业形态的革新，继而成为推动人类文明向前发展的内生驱动力，并对文明范式的更迭产生具有潜移默化和深远持久的影响。像经济基础决定上层建筑那样，不同的生产方式与产业模式决定了人类社会文明的不同范式，有什么样的社会文明形态便会对应什么样的生产方式与产业模式。

一、生产方式与产业模式对农业文明的作用

农业文明社会是人类第一个文明社会，马克思把农业称为"本来意义上的文明"。在数千年的农业文明时期，传统农业国家逐步形成具有自己国家特色的文化肌理和民族特征，包括国家管理理念、人际交往理念、语言风俗以及各类祭祀活动等，这些通通汇聚成为目前世界上最为广泛的文明成果集成。在欧亚大陆广袤无垠的土地上，北部大陆是得天独厚的天然草原地带，众多游牧民族在此生活。在欧亚大陆的东部、南部以及一

些中部地区出现了非常多的农耕区，农业文明在世界上不同的地理空间中不断发展、演变。我们从社会发展阶段以及文明所达成的成就来看，皆普遍认为农业文明中的农耕文明要比游牧文明更先进，其主要原因是前者在农耕生产效率上实现了重大突破，如使用牲畜力和完成农业生产工具革命。在实现突破后能不断发展，形成了稳定、舒适的社会生活方式与复杂而又发展的社会组织制度。

中国是举世公认的农耕文明古国，中国古代社会是全世界最为知名的农业文明社会之一。农业文明最重要的生产方式是以种植谷物为主，人们能够有意识地主动种植谷物等农作物代表着农业开始产生并逐步发展。小麦是人类最早种植的粮食作物，至今已有一万多年的历史。在古埃及的石刻中有栽培小麦的记载，考古学家在金字塔的砖缝中也发现了小麦，验证了这一真实记载。中国考古资料显示，距今约7000年的河姆渡原始居民已种植水稻，距今约6000年的半坡原始居民已种植粟和蔬菜，早在殷商时代，我国就已开始养蚕和织丝。我国考古学家在长沙马王堆汉墓中发掘出了大量的丝织品，其中质量只有20多克的素纱单衣，被誉为"世界上最轻薄的衣服"。古代中国被西方称为"丝绸之国"，丝绸之路上贸易与人文交流往来频繁。上述史实均证实了我国是世界上最早培植水稻、粟和蔬菜的国家，同时也是最早进行蚕桑养殖的地区。

农业文明是建立在农业生产方式的基础上，并在这一基础上成型和发展的。我国拥有非常悠久的历史，是世界上唯一一个文明不曾间断的古国，历经了5000多年的漫长历史过程。"二十四节气"是中国独有的也是中国最传统的时间认知体系，"二十四节气"最早起源于黄河流域，到了秦汉年间，"二十四节气"已完全确立，公元前104年，由西汉邓平等制定的《太初历》中，"二十四节气"被正式订于历法，明确了"二十四节气"的天文位置，千年以来一直指导着传统农业生产和日常生活，是中国传统历法体系及其相关实践活动的重要组成部分，更是农耕文明的一个高峰。世界农学史上最早的专著之一、中国农学家贾思勰所著的综合性农学著作《齐民要术》，书中强调农业生产要遵循自然规律，农作物必须因地种植，不误农时，详细介绍了季节、气候和不同土壤与不同农作物的关系并要改革生产技术和生产工具。从古至今，中国的农业生产方式的主要特点可以总结为：依据不同地区的自然条件，如地势、气候、土壤、水利资源、动植物资源等，遵循当地的自然规律，因地制宜、因时制宜，具体问题具体分析，精耕细作。在土地开发利用方面，普遍采用轮作、间作、套种等耕作方式，充分重视改良土壤，培肥土壤，变薄田为良田。

诸如，湖州桑基鱼塘系统始于公元前770～前403年的春秋战国时期，距今有2500多年的历史，是我国东部、南部水网地区人民在水土资源利用方面创造的一种传统复合型农业生产模式，桑基鱼塘将水网洼地挖深成为池塘，挖出的泥在水塘的四周堆成高基，基上种桑，塘中养鱼，桑叶用来养蚕，蚕的排泄物用以喂鱼，而鱼塘中的淤泥又可用来肥桑，通过这样的循环利用，取得了"两利俱全，十倍禾稼"的经济效益。稻田养鱼也是我国南部山区普遍采用的一种农业生产方式，根据稻鱼共生理论，利用稻田水面养鱼，既可获得鱼类产品，又可利用鱼吃掉稻田中的害虫和杂草，排泄粪肥，翻动泥土从而促进肥料分解，为水稻生长创造良好条件，一般可使水稻增产一成左右。苏州太湖洞庭山采用茶果间作的种植方式繁殖栽培十大名茶之一的碧螺春，茶树、果树枝桠相连，根脉相通，茶吸果香，花熏茶味，蕴含着花香果味的天然品质。在西北干旱荒漠区，以麦草方格为基底，由固沙防火带、灌溉造林带、草障植物带、前沿阻沙带、封沙育草带组成的带带相护"五带一体"防护体系在西北铁路沿线建立起了一道道绿色屏障。智慧的中国人民通过勤劳的双手，经过一代又一代的传承，用心血、汗水和生命凝结成感动中国的塞罕坝精神，并向世界输送中国方案。

中国历代政府极其重视农业生产，在生产方式和规模化产业发展等方面拥有全球领先的模式和经验。"苏湖熟，天下足"的谚语从宋朝流传开来，古代宋朝因其发达的农业生产方式和优良的农业产业模式，农产品产出价值占世界经济总价值量的 65%，最为繁盛时可达世界经济总价值量的 80%；明朝期间，随着先进农业生产方式的普及，经济作物的种植面积不断扩大，甘蔗、龙眼、荔枝、茶树、花卉、药材、烟草等在华夏大地发展起来，农林牧副渔综合生产的出现促进了农业综合模式的快速发展。明朝万历年间的农业产出价值仍占世界经济产出价值的一半以上，虽然因 18 世纪西方工业产值上升占比有所下降，但直至清朝中期仍占全球经济产出价值的 35% 以上。

"以农立国"的思想与举措让农业生产与农业规模化在中国漫长的农耕时代不断得到加强，其孕育出的农业文明一直屹立在世界农业历史的巅峰，标志着全球农业文明的最高水平。历经 5000 年的中华文明的核心是农业文明，至今不曾间断，我国农业文明不仅是中华民族的自豪，更是世界的骄傲。

二、生产方式与产业模式对工业文明的促进作用

一种新文明发展范式的建立，首先从旧有的思维范式下的生产方式转变开始。在漫长的农业文明中后期，西欧一些国家最先进入近代科技进步和社会发展的快车道，英国工人哈格里夫斯发明珍妮纺纱机被认为是工业革命开始的标志。18 世纪中叶，英国人瓦特改良蒸汽机等一系列技术革命实现了以机器取代人力的重大飞跃，极大地提高了劳动效率。法国百科全书学派的思想启蒙和英国培根的科学方法论思想通过近代印刷术得到了广泛的传播，极大地推动了近代思想的进步与生产方式的转变。人类社会的生产力极大飞跃，使得传统农耕文明快速向工业文明范式转轨。

工业文明以工业化为重要标志，进行化石类矿藏开采，使用机械化大生产进行人类社会生产制造。工业文明具有生产效率最优化、劳动力分工精细化、生产步骤同步化、劳动组织集中化、生产模式规模化和生产资源集约化六大特征。农业文明向工业文明转型的重要特征，一般概括为工业生产方式的成熟和工业化模式的扩张带来的一系列表现，如城镇化进程加速、非农业人口比例大幅增加、社会阶层分化剧烈、城市财富聚集能力加速、教育开始普及、人口集聚明显、山河湖泊等自然环境开始受到污染等。

工业文明的生产方式发轫于 17 世纪、18 世纪的英国。在大量使用化石类燃料推动机械释放出惊人生产力的同时，英国将资本主义制度和规则引入其中，完成了人类历史上一次伟大的变革。这场被卡尔·波兰尼称为"大转型"（great transformation）的资本投入+资源消耗，以获得财富的生产模式，通过全球贸易和殖民统治在许多国家和地区扎下根来。这种新的生产模式的普及和以化石类能源、矿石挖掘为主的重工业产业形态迅速在美国昌盛起来。19 世纪 30 年代，美国宾夕法尼亚州以煤炭产业为主的制造工业迅速发展起来，几十年后该模式遍及全国，使美国一跃成为世界上规模最大的工业

资本主义国家。如今，全世界许多地区正在享用这种模式带来的工业文明成果，工业资本主义发展范式也成为现代生产方式下的标准范式（standard paradigm），并成为工业文明的核心内容。

在英国，首先是牛顿的《自然哲学的数学原理》的出版，完成了第一次科学革命的飞跃式跨越，实现了人类思想史上首次辉煌的理论大综合。其后，英国率先发生产业革命，将科学技术运用到经济、社会等各个层面，并创造出了不可估量的巨大财富，人们的生活方式和生活内容发生了日新月异的变化，工业化、城市化、法制化与民主化成为工业文明的代名词。这种狂飙式发展的浪潮使世界各地之间的联系密切，很快从英国蔓延开来，席卷欧洲和北美洲，影响世界各地。

在 19 世纪最初的 10 年间，英国的产业革命还未完成，机械化大生产的范围只局限于某些工业地区和某些特定部门专业。保尔·芒图在其著作《十八世纪产业革命》中写道："在冶金工厂例如索霍冶金工厂或科尔布鲁克戴尔冶金工厂的旁边，还存在着伯明翰五金制品商的小作坊和谢菲尔德刀具匠的小作坊。在兰开夏棉纺厂和西区毛纺厂的旁边，几千织工继续在老式手织机上进行家庭劳动。但是蒸汽一定会把以前各种发明的成果推进到最高的效能上去，蒸汽刚刚开始其统治的步伐。"从 20 年代开始，大工业的生产方式开始发挥威力，新兴产业的利润增加速度之快众人皆知。这对人口的分布以及物质生活产生了重大影响——它使得那些以前还是英国最穷的地区突然变得重要和昌盛起来，它加速了乡村人口向工厂移居、增强了社会阶层流动性、加速了消息传递、促进了非农业人口比例大幅度增长，使得经济持续增长。全世界大工业产业模式已经开始发展起来。如今看来，这段历史不再单单是英国的文明历史，它已成为欧洲的文明历史，后来又成为全世界工业文明的历史。

工业文明的生产方式虽然极大地提升了人类社会生产力，极大地促进了世界经济发展，创造出巨大的财富，但对化石类燃料的大量需求和不可避免地带有污染的生产方式对自然生态环境所造成的危害在很多领域是不可逆转的，人类社会要想永续发展必须转变这种发展模式。西方学者把工业文明的发展历程称为工业资本主义的"全球足迹"（global footprint），基于 2010 年数据预测认为，到 2030 年时地球生态圈已经无法承受工业文明所释放出的二氧化碳、工业和生活废物，传统的资源开发利用模式更会使得不可再生的化石类资源争夺战愈演愈烈。"哪里有危机，哪里就会有拯救"——以工业资本主义生产方式为核心、依靠挖掘焚烧化石类矿藏进行大工业生产的工业文明范式的转变势在必行。

三、新兴产业与新生产方式开启生态文明范式

生态文明思想发轫于对数百年来工业资本主义与全球经济体制下的生产方式和产业形态的深刻反思。工业文明生产方式和产业规模化扩张模式发生转变，新兴产业与绿色可持续的生产方式正在崛起，越来越多的政府和人民开始选择绿色可循环的生产与生活方式，生态文明范式正在到来。

工业资本主义生产方式和产业布局所面临的资源稀缺性和环境恶化的压力在今天愈来愈明显，非可持续发展的模式严重威胁着地球上宝贵的资源、环境以及生物的多样性，在人类生存的安全警戒线下，工业文明已经接近了极限。由于工业文明是以工业化

为重要标志，人们越来越意识到工业规模化造成的一系列严重后果。例如，燃烧化石类能源释放温室气体造成全球变暖，全球变暖导致水平面上升；废水排放造成河流污染、空气污染、酸雨、固体垃圾、噪声污染、光污染等直接和间接工业污染，导致地球生物链遭到破坏、人类生存环境恶化、未来发展受到严重约束。工业文明没有解决好人与自然的关系，造成了环境生态危机，严重威胁到人类的生存和可持续发展。因此，人类必须吸取旧的工业文明的教训，建立新的文明形态。

工业文明向生态文明融合转轨是一个庞大的系统工程。生产方式的改良、生活方式的改善、思维方式与价值理念的转换等都是实现工业文明与生态文明融合发展过程中的重要部分。人类社会必须凭借不断创新的科技并用先进的环保技术提高资源生产率、转变生产生活方式，使生产生活方式更加绿色健康、遵循自然规律并提高人类修复自然的能力等，才能实现由工业文明向生态文明转化的根本性变革。

生产方式创新是人类社会发展的重要引擎，新时代下人类社会依靠不断突破的创新驱动，加快生产方式日益更新的步伐，进一步扭转、改变老旧的工业文明发展模式，不断使得整体经济发展与生态文明相协调，朝着更有利于保障人类幸福感和健康赓续的方向进展。新时代下中国正在加强创新突破，转变发展理念、创新发展模式、增强发展动能，坚定走生产发展、生活富裕、生态良好的文明发展道路，加快建设资源节约型、环境友好型社会，形成人与自然和谐发展的现代化建设新格局，确保朝着更高质量、更有效率、更加公平、更可持续、更为安全的方向稳步前进。

基于"源头减量、过程控制、纵向延伸、横向耦合、末端再生"的绿色生产方式，近10年来，在资源开采环节，实施绿色开采，提高矿产资源开采回采率、选矿回收率和综合利用率；在推动共伴生、低品位和尾矿的综合利用等生产环节上，我国深入开展了生态设计工作，推行清洁生产，强化重点行业节能减排和节水技术改造，大大提高了工业集约用地水平，切实推广了应用型绿色生产方式。

在绿色工业生产方式方面，近10年来，一大批科技含量高、资源消耗低、环境污染少的新兴产业体系被构建出来。在"推动技术创新和结构调整，提高发展质量和效益"和"全面促进资源节约循环高效使用，推动利用方式根本转变"的理念引领下，2012年以来，清洁能源发电量在所有能源发电量中的占比从21.3%提升到了2017年的29.1%，发展实力不容小觑。中国电力部门将在2055年之前实现二氧化碳净零排放，以风能和太阳能为首的可再生能源发电在2020～2060年将增加7倍。在我国西北和北方地区可再生能源装机容量将大幅提升，其中当地太阳能和陆上风能资源潜力巨大，沿海省份为提高电力系统可靠性和稳定性将持续进行低碳灵活性能源投资。

在绿色农业生产方式方面，近年来我国大力推动农业生产资源利用节约化、生产过程清洁化、废物处理资源化和无害化、产业链循环化，极大地促进了农业生产方式转变，提高了农业综合效益。另外，大力发展节约集约型农业，推广使用节能型农业机械，普及管道输水、滴灌、水肥一体化等高效节水灌溉技术，努力发展农作物间套作种植模式，大力推进中低产田改造、土地整治和高标准基本农田建设。农业清洁生产也在努力践行中：秸秆、废旧农膜、畜禽粪污、林业"三剩物"等废弃物的高值化利用逐年落实推广，许多地区因地制宜地实施了农村沼气工程。

在绿色服务综合生产方式方面，近年来我国大力发展金融服务、电子商务、文化、健康、养老等低消耗低污染的服务业，着实推进零售批发、物流、餐饮住宿、旅游等行业服务主体生态化、服务过程清洁化、消费模式绿色化。在零售业等流通领域进行节能减排行动，不断优化运输结构，发展多式联运，推进甩挂运输和船型标准化工作。切实推进餐饮住宿业绿色发展，全面实施绿色设计、绿色采购、节能降耗、固体废弃物资源化利用，引领绿色消费。

当前，世界正经历百年未有之大变局。新兴产业与新生产方式，如互联网、大数据、云计算、人工智能、区块链等技术加速创新，日益融入经济社会发展的各个领域，数字经济技术和绿色可循环生产方式日益融入生态文明所倡导的全生产过程绿色化之中。数字新兴产业与可循环生产方式发展速度之快、辐射范围之广、影响程度之深前所未有。在全球互联网+、数字经济、中国制造2025等新型生产方式和产业形态逐步繁荣发展的大背景下，在由工业文明向生态文明转变的过程中，新的价值链驱动机制必然会在企业价值增值核心环节、作业成本、生态水平等基本层面上发生突破性变革，继而增强企业的核心竞争力。在绿色生产、新型能源技术和再生能源投资，以及智能电网建设和新型能量储存技术研发、利用等领域，中国正在迅速取得领先地位，中国可再生能源产业建设的强劲势头将进一步引领全球新型能源投资市场，生态文明范式的未来正在快速到来。

纵观人类社会不同文明发展阶段可以发现，后一阶段的社会文明形态与前一阶段的社会文明形态在内容和特征上具有一定的"竞合（co-opetition）关系"。生态文明从工业文明中发展而来，在工业文明辩证的否定中蕴含着生态文明——生态文明社会的到来是历史的规律，是不以人的意志为转移的客观存在，是人类生产方式与自然生态永续共处、创新升级所孕育出的新的社会文明发展范式，标志着人类社会文明进入更高级的阶段，人类社会将更加自由、富足和繁荣。

第三节　社会制度对人类文明的推动作用

制度的创造、创新是人类文明理念发展的重要表征，因此将制度文明置于人类文明形态发展的历史视域中进行考察，通过探究制度与人类文明形态演进的内在逻辑关联和制度对人类文明形态演进的推动作用，有助于深化我们对人类文明新形态的理解，并且对制度的实践创新具有重要的指导意义。

一、社会制度是人类文明的重要体现

制度是人为设定的用以塑造人类互动关系的约束（诺思，2014）。在很大程度上，自人类作为一个物种从非洲丛林起源以来，人类文明就是依靠许多人类的习俗、禁忌和惯例逐步发展至今的。当然，人类最原始的互动方式充满了偶然和本能，但这些也是人类文明中非正式制度的雏形甚或起源。从最本质的意义上来看，制度是人类思想和观念的产物，是人们在互动过程中形成的或为了某种特定目的而建构出来的社会规则。就此而言，制度都是社会的规则体系，既包括特定社会的正式规则，如宪法、一般成文法律或正式的国际制度，也包括非正式的规则，如规范、禁忌、习俗等。因为规则是由观念构成的，所以制度本质上就是观念的产物或被条文化了的观念（唐世平，2016）。

人类社会的发展是一部灿烂的人类制度文明史。制度伴随着人类互动方式的复杂化而逐步渗透到人类社会生活的各个领域，并成为规范人类行为的主要因素。就此而言，制度（尽管最初基本上都是非正式的社会规则）既是人类文明的结晶，也是推动人类文明由低级向高级形态发展的重要因素。在数千年乃至上万年的人类文明演进过程中，不断有各种各样的制度产生、发展、兴盛、消亡，既有的制度完成了其历史使命而谢幕，新生的制度又顺应时代潮流登上了历史舞台（辛鸣，2019）。从人类文明史的角度来看，社会制度本身就是人类从野蛮走向文明的重要标志，社会制度的形成及其最终的成熟与完善本身就是人类文明的重要体现。

社会制度也是人类文明进步的重要内容。从历史唯物主义的视角来看，"全部人类历史的第一个前提无疑是有生命的个人的存在。因此，第一个需要确认的事实就是这些个人的肉体组织以及由此产生的个人对其他自然的关系"（马克思和恩格斯，1995）。因此，人类社会开始的前提也就是维持自身生命及人种的存续。人类社会的第一个历史活动就是生产满足生活所需的资料。而鉴于任何人类个体本身物质条件的局限性，人类从其诞生之日起，为了自身的生存所开始的物质资源的劳动过程就充满了个体之间的相互分工与配合，虽然这些行为充满了个体特征意义上的许多偶然因素，但也正是这些偶然的分工与配合推动了人类生产力的进步以及物质资料生产的扩大，最终推动了人类整体文明的进步。因此，正是"以一定的方式进行生产活动的一定的个人，发生一定的社会关系和政治关系"（马克思和恩格斯，1995）。而反过来看，正是这些社会关系和政治关系保障与维系了人类社会的物质生产活动，从而保障了人类文明的进步。就此而言，从最一般的意义上讲，人类文明的呈现形式除了最直接可见的物质文明和精神文明之外，还应该有制度文明。虽然从广泛意义上也可以说制度文明本身也是人类的精神文明，但从人类文明史的发展历程来看，制度文明有着更加独特的、不同于大多数人类精神文明的元素，它既是人类本身思想与观念的产物，反过来又约束和助推了人类的思想与观念的发展变化，而且在人类社会生活中起着某种"扳道工"的重要作用。因此，从很大程度上讲，社会制度是人类文明进步的重要体现和载体，它在人类文明史中有着重要的、不可替代的地位，众多的（暂且不论其公正或不公正、完善或不完善）社会制度本身就是人类文明进步的重要内容之一。

制度是人类丰富多彩的思想观念的结晶。人类丰富多彩的思想观念也是人之所以为人的重要标志，而这些思想和观念从根本上来看正是人类文明最本质的体现。"思想、观念、意识的生产最初是直接与人们的物质活动，与人们的物质交往，与现实生活的语言交织在一起的"（马克思和恩格斯，1995）。但思想、观念与意识一旦形成和演化，其丰富性和独特性很大程度上已经超越了人类物质生活的限制，成为人类文明宝库中最耀眼的明珠，推动了人类社会的发展与进步。而人类思想观念的这种丰富性和独特性也促进了社会制度的丰富与多元。如前所述，制度本身就是由观念构成的，那么，人类社会生活中日益多样与复杂的思想观念无疑也就衍生出制度的丰富与多样，即便任何社会制度的发展并非与人类思想观念的丰富性呈线性关系。制度虽然是观念的产物，但很大程度上是人类社会生活复杂性本身推动下的结果，更是由人类调节其复杂互动关系的需求所决定的。制度变迁本质上就是一个把观念（从众多观念中选择出来）转化为制度的过程（唐世平，2016），思想观念的丰富性为制度的丰富性提供了前提和条件，而反过来讲，制度的丰富性也是人类思想观念多样性的直接体现，从而也反映了人类文明的丰富性和多样化程度。

二、社会制度在推动人类文明进步中发挥重要作用

社会制度既是人类文明进步的直接体现，也是推动和支撑人类文明进步的重要保障。从最一般的意义上讲，人类文明很大程度上就是由制度维持的，人类文明除了直接的物质上的进步之外，广义的社会制度是维系当下社会基本秩序的重要保障，而一个法制健全的现代化国家中，社会制度的变革是推动和促进人类整体文明进步的重要因素与基本动力。

人类文明进步很大程度上依赖制度的进步与完善。诺思指出："制度对经济绩效的影响是无可争议的。不同经济的长期绩效差异从根本上受制度演化方式的影响，这也是毋庸置疑的"（诺思，2014）。制度最本质的功能和作用在于调节人类（个体与个体、群体与群体及其相互之间）的互动，进而通过正式与非正式的社会规则调整社会利益的分配，以此推动生产关系适应并助力生产力的发展。而这个功能的发挥，最重要的路径是制度能够为人类社会的政治、经济、文化等各方面提供行动规则来减少不确定性。例如，在漫长的原始文明时期，随着人类生产力的发展，人类的生产合作方式和生活产品分配方式都在发生重大变化，如生产工具的改进和社会分工的细化，使更少数人之间的合作就能够维持人类的生存，从而为土地利用变化和最终农业文明的产生创造了物质条件与社会规范条件，原始文明时期的氏族制度和相互合作的规范在其中发挥了重要作用。而人类社会进入农业文明时期，国家机器进一步完善，社会功能进一步增加，人类政治、经济和文化方面的历史惯例、习俗乃至禁忌等都为维持农业文明的社会秩序和社会合作起到了非常重要的作用，正是这些社会习俗和规范促进了某一特定地区人类之间的社会分工、产品的交换和文化的提升。而正是这些领域的不断进步推动了生产力的更大进步，从而推动了农业文明上升到了工业文明。到了工业文明时期，以成文的法律制度和约定俗成的非正式制度为核心的社会制度体系毫无疑问对于整个工业文明的正常维持和进一步发展起到了至关重要的作用，也进一步推动了社会的进步和文明程度的跃升。制度的发展正是为满足人类社会生活日益复杂化的需要，通过规则的精细和完备为人类生活提供更加明确的行为指导，从而确保了人类社会的某种稳定，也就确保了文明的延续与进步。

制度是维系正常人类社会秩序的重要保障。在任何一个社会系统当中（无论其覆盖范围多大），毫无疑问都充满了不同利益群体之间的利益冲突甚至斗争。正是由于这个原因，任何社会系统的维持都需要一定的社会规则来规范（哪怕是暂时性的）各行为体之间的权利与义务，社会借此达到一种相对稳定的均衡状态，这就是特定社会系统的秩序。在这一社会系统中，即使已经存在某种秩序，特定的行为体也可能借助自身强于其他行为体的权力（实力）违反规则而获取巨大的利益或更加有利于自身利益的分配结果，但是只要仍然存在一定的社会制度，这种"违规"就可能受到制约，继续维持当前的社会秩序；除非那些权力强大的行为体从根本上改变当前的社会制度而重新按照自己的意愿建立一套新的社会规则，借此确立新的社会秩序。然而在任何新的社会秩序建立以前，

社会制度无疑是维持稳定有序的社会秩序的重要保障。

制度变迁决定了人类历史中的社会演化方式，它既是人类文明进步的基本路径，也是人类文明进步的基本动力。在很大程度上，制度作为一定的社会秩序的"稳定器"而发挥着保障作用，尽管这种稳定本身并不意味着对所有社会成员都是有利的，这种稳定也可能很大程度上由特定权势集团的权力所维系。制度提供基本的结构，在整个人类历史上，人们通过这个基本结构来创造秩序并减少交换中的不确定性（诺思，2014）。因此，通过社会制度的变迁，很大程度上可以把人类历史看作一个渐进的制度演化过程。在这一过程中，先前的制度为后续的制度提供了基本的前提条件，并在很大程度上影响了后续制度形成的路径及其形态。与此同时，在特定的制度结构中，总是更加有利于某些特定的社会集团而不利于其他社会集团，这为社会制度的变革提供了基本动力。正是这些在现有制度框架中处于不利地位的社会集团寻求打破现有的制度，以及现有制度中利益冲突的激烈程度决定了制度变迁的激烈程度。

人类文明进步充满了制度性路径依赖。人类文明的进步虽然并非是一个线性的不断进步的过程，但其总体趋势是朝向进步的方向。这在很大程度上可能是由于制度所导致的强大的路径依赖作用，推动了社会从不完善走向相对完善。现有制度影响关于新制度的观念的产生，任何制度变迁都是在现有制度的基础上开始的，现有制度为社会知识的传播、扩散乃至变化提供了基础，它在一定程度上塑造了关于未来制度的知识探索方向和路径。例如，中国经过新民主主义革命和社会主义改造，成功建立了社会主义制度，但这些制度并非是完全重新建立的，而是在中国传统社会制度的基础上建立的，中国传统的社会制度和社会规范对新的社会主义制度仍然有着深刻的影响。这在中国社会主义经济制度的发展进程中有过正反两个方面的经验。反面经验就是，新中国成立之初，我们很大程度上学习苏联的经济制度，而没有充分重视传统社会制度的影响；而正面经验就是，改革开放以来，完全结合当时的中国国情和社会现实，一切从实际出发，不再照搬别国模式，最后成功走出一条中国特色社会主义道路。此外，现有制度会在一定的框架内允许或限制特定行为体从而影响制度变迁，这在很大程度上决定了某些行为体比其他行为体具有更多的权力（或便利）从而影响制度变迁的方向和最终的结果，在这一过程中，权力在很大程度上发挥着正反馈作用，也就是说，在现有制度安排中拥有更大权力的行为体会以这些权力为杠杆在下一轮制度变迁过程以及相关的社会规则制定中发挥更大的作用，从而影响甚至决定新制度。

三、社会制度在生态文明建设中具有关键保障作用

生态文明是人类为保护和建设美好生态环境而取得的物质成果、精神成果和制度成果的总和，是贯穿于经济建设、政治建设、文化建设、社会建设全过程和各方面的系统工程，反映了一个社会的文明进步状态。如果我们把人类历史视为一个渐进的制度变迁过程，而生态文明是人类文明发展的高级阶段，那么，生态文明的建立、形成乃至维持无疑是一个相关制度起关键作用的过程。鉴于人类文明已经发展到了一个更加复杂的阶段，人类社会面临的各种生态挑战也已相当严峻，建设生态文明必然需要一个全方位的社会经济的系统性变革，才能最终达到人与自然和谐共生的状态。而这个充满挑战的变

革过程无疑也是一个保障生态文明建设的各种制度不断革新和完善的过程。正如习近平总书记指出："保护生态环境必须依靠制度、依靠法治。只有实行最严格的制度、最严密的法治，才能为生态文明建设提供可靠保障"（中共中央文献研究室，2017）。生态文明必须依靠复杂的制度体系，重构人与自然以及以自然为中介的人与人之间的关系，而这种重构是一个涉及人类政治、经济、社会乃至文化等所有领域的复杂的制度重构，从而利用最终的生态原则来规范人类自身的行为以及人类对待自然的方式。有学者已经指出："生态文明的制度建设或体制创新同时是根本性和整体性的，因而意味着对过去（即工业化时代或资本主义社会）的一种实质性否定与超越"（郇庆治，2018）。生态文明作为一种新型文明形态，其动态建立的过程实质上就是一个对当前现有文明形态"否定"基础上的重构，但并非一种彻底的毫无延续性的重构，人类文明的法治也无法做到毫无保留的超越，当前文明形态中的合理成分无疑仍然需要继承和转换，成为生态文明的"有机成分"，尤其是现有文明形态的制度和法治体系。毫无疑问，制度建设在生态文明建设的系统工程中具有非常重要的基础性意义，完备的制度体系既是推动生态文明建设的重要保障，也是生态文明本身的重要体现。

第一，进一步加强和完善我国生态文明法治建设。生态文明建设是一个依靠制度与法律来保障和推进的系统性社会工程。生态文明建设也是一个复杂的社会系统工程，涉及经济社会的各个方面，其推进必定要依赖日益完备的制度和法律。制度最基本的载体就是法律法规，制度的具体实施与贯彻依赖于相对成熟和完备的法律体系。制度和法律往往不可分割。在很大程度上，生态文明是人类文明发展进步达到一定程度的结果，必定包含着人类文明进步的各个方面：法治、和谐、合作、共赢。法律体系的完备及相应法治观念的普及，以法律法规来规范人与人之间以及人与自然之间的一切关系，完备的法律体系以及深入人心的法治观念成为保障社会协调运转的根本因素，只有这样，才可能建成一种理想的生态文明。习近平总书记在《生物多样性公约》第十五次缔约方大会领导人峰会上的主旨讲话中指出："以生态文明建设为引领，协调人与自然关系。我们要解决好工业文明带来的矛盾，把人类活动限制在生态环境能够承受的限度内，对山水林田湖草沙进行一体化保护和系统治理。"也就是说，生态文明建设既要引导、规范和限制人类活动，使之不能超过生态环境的承受限度，同时也需要协调生态系统的各个领域进行系统治理。"生态文明及其建设的政治与政策的决策落实所需要的就是一个系统性、复合性的体制，其中包括各种形式的具体制度（如政府和非政府组织机构），而将其衔接起来的则是各种更具技术性的机制"（郇庆治，2014）。当前，从《中华人民共和国环境保护法》到各个具体领域的专门法律法规，我国已经基本建立了较为完备的生态文明法律制度体系，但生态文明建设涉及社会经济的各个方面，从"山水林田湖草沙"到大气、水和土壤，从经济生产到清洁能源，从资源保护到循环经济，都需要更加健全和完备的法律制度来进一步引导和规范社会行为，使生态文明建设有坚实的法律依据和法律保障。

第二，进一步加强和提升社会主义生态文明建设的法治化水平。生态文明建设在很大程度上是对现有经济社会制度的根本性变革，必然涉及重大的利益调整，也会受到既得利益者和社会习惯力量的强力抵制。这就必须依靠一套符合生态文明的社会规则体系（制度和法律）来消解这种抵制，并培育和助力新的符合生态文明的社会力量的成长。

因此，生态文明相关制度的具体落实和实施在我国当前生态文明建设中具有更加突出的意义，要在全社会形成实施生态文明制度的社会氛围和社会环境，进一步强化生态文明的法治思维和法治理念。正如习近平总书记指出："用最严格制度最严密法治保护生态环境"。"保护生态环境必须依靠制度、依靠法治"。"我国生态环境保护中存在的突出问题大多同体制不健全、制度不严格、法治不严密、执行不到位、惩处不得力有关。"生态文明建设在当前社会条件下能否顺利推进，生态文明建设成效如何，关键在于制度推进和法治落实是否有力。很大程度上，我国传统的生产方式仍然具有重要影响力，建设生态文明的法治观念还没有深入到社会的各个领域。因而，在建立起系统完整的生态文明制度体系的基础上，只有更加规范的生态文明法治观念才能够从根本意义上确保生态文明建设的可持续、连贯性和确定性。

第三，进一步加强和完善我国具体的生态文明制度建设，形成部门齐全、系统完整的生态文明制度体系。"一般来说，生态文明制度既可以指与我们党和国家致力于推动的生态文明建设这一政策议题或领域相关的各种制度形态和形式的总和，也可以指与我们党和国家所信奉强调的尤其是党的十八大报告所阐述的社会主义生态文明总目标与战略决策相吻合的社会基本制度革新或重构"（郇庆治，2013）。2007年党的十七大报告首次提出"建设生态文明"，2012年党的十八大报告明确把生态文明建设列入"五位一体"总体布局，突出了生态文明建设的重要意义，并强调："加强生态文明制度建设。保护生态环境必须依靠制度"。2015年9月21日，中共中央、国务院印发《生态文明体制改革总体方案》，明确了我国生态文明制度体系的"四梁八柱"，提出要"构建起由自然资源资产产权制度、国土空间开发保护制度、空间规划体系、资源总量管理和全面节约制度、资源有偿使用和生态补偿制度、环境治理体系、环境治理和生态保护市场体系、生态文明绩效评价考核和责任追究制度等八项制度构成的产权清晰、多元参与、激励约束并重、系统完整的生态文明制度体系"。2017年党的十九大报告强调"实行最严格的生态环境保护制度"，"加快生态文明体制改革，建设美丽中国"。党的十九届四中全会专门提出坚持和完善中国特色社会主义制度，强调"坚持和完善生态文明制度体系，促进人与自然和谐共生"，并提出健全源头预防、过程控制、损害赔偿、责任追究的生态环境保护体系。可以说，在我国党和国家持续的推进中，我国已经基本建立起了相对完备的生态文明制度体系，已经初步形成生态文化体系、生态经济体系、生态目标责任体系、生态文明制度体系、生态安全体系等全方位的生态文明系统。同时，也建立了生态环境保护制度体系，具体包括国土空间规划和用途统筹协调管控制度、主体功能区制度、绿色生产和消费的法律制度、固定污染源监管制度、生态环境保护法律体系和执法司法制度等方面。也正是这些制度体系，推动我国生态文明建设取得了重大的成就。但是，毫无疑问，这些制度体系还需要在生态文明建设的具体实践中进一步完善，制度建设仍然处于进行时，我们必须根据生态文明建设的现实需要不断创新和完善我国的生态文明制度体系，把生态文明建设的理念和要求融入整个社会经济之中，使生态文明制度覆盖经济社会的各个领域和环节，使各个社会经济部门和相关领域都有相应的生态文明制度，确立起一套部门齐全、系统完整的生态文明制度体系，使生态文明建设的所有环节都能够做到有法（制）可依，依法推进。

综上所述，社会制度本身就是人类文明的重要内容与体现，在人类文明进步的历史进程中，社会制度发挥了极其重要的维持、保障与推动作用。当然，并非任何历史时期的制度对于人类文明都是积极的，制度也有阻碍并限制人类文明进步的时候。但当我们从制度对人类文明进步的功能性推动作用来看，制度无疑在人类文明的进步中发挥了非常关键的作用。就生态文明及其建设而言，暂且不论对生态文明内涵本身理解上的差异，这一文明形态无疑是对当前（工业）文明的扬弃与超越。我国生态文明建设的实践及其取得的成效已经表明，生态文明建设及其成果的巩固必须依靠与生态文明整体要求相符合的制度体系和法治建设。虽然人类文明的历史进程已经充分揭示，制度和法治只是保障人类文明进步的关键要素之一，但并非唯一的要素，尤其是对于生态文明而言，任何制度和法律最终仍然需要其他相关手段的配套，而且制度与法律本身最终仍然需要依靠人去贯彻和落实。但无论如何，制度和法治在生态文明建设中无疑具有十分关键的保障作用。正如有学者指出："制度法治并不是一个国家或地区实现生态环境保护治理的唯一手段，但鉴于生态环境保护治理对于执政党及其所领导政府而言的强烈公共治理与政策特征，完善而有效运作的制度法治体系是最为可靠的"（郇庆治，2021）。就此而言，生态文明建设必须首先大力加强制度和法治建设，最终构建起一套产权清晰、多元参与、激励约束并重、系统完整的生态文明制度体系，使我国的社会主义生态文明建设具有更加可靠的保障，从而最终有助于推动我国社会主义生态文明建设宏伟目标的实现。

第四节 文化对人类文明的推动作用

文明是人类在演化的进程中，大量的种族、民族、风俗、习惯、语言和宗教彼此融合而形成的一个时空连续体和长期动态的结构。文化是孕育我们的母体，近代以来，英语、德语、法语学界分别为文化规定了不同的内涵。文明吸收文化，化用文化，发展文化。文化支持文明，它不仅是推动社会发展的重要手段，而且是社会文明进步的重要目标。每一种文明都是由相互交织的多种文化组成的"复调音乐"，文明的发展离不开文化彼此之间不断交互、吸收、融合、创造。本部分在辨析文化、文明两个概念的基础上，阐释文化对文明的推动作用，总结人类文明进入生态文明时代对文化的认同、传播和发展规律至关重要。

一、文化对文明发展具有重要作用

（一）文明文化之辨

文明学研究的一个重大难题就是如何区分文明与文化这两个概念的内涵。两者既有区别又相互重叠，形成了一种语义学上的纠缠。历史语境中两者常有混用，如作为世界历史哲学家的黑格尔，在他的讲座中就经常将两个概念互换混用；人类学奠基人之一爱德华·伯内特·泰勒就使用文明概念既指代文明又指代文化。泰勒这种不加区分的概念使用给后世学者造成了很大混乱；更有甚者，弗洛伊德的专著《文化中的不自在》（*Das Unbehagen in der Kultur*）的英文版和法文版都翻译为《文明及其不满》（*Civilization and its Discontents*），也就是说，德语中的"文化"概念转译成了英语中的"文明"概念。

这一转译内涵丰富，既体现出弗洛伊德理解的文化与文明两者内涵的重叠，也可以追溯到启蒙运动时期德语与英法语境中文化与文明两个概念所承载的话语权之争，以及卢梭、维科、赫尔德、尼采、韦伯等对文明概念的反思。

想要理解文化对文明发展的重要作用，我们就要先对两者进行概念定义和内涵辨析。本部分采用当代文明学研究的主流学术话语对文化与文明的定义和区别进行阐述。

文明是人类演化高级阶段的社会–历史现象。文化是社会传统的主体，代代相传。不同的社会孕育出不同的文化。

与文化相比，文明更具有系统性。文明拥有完整的价值体系和经济系统。文明的价值体系包含一系列独特的价值规定，大多数情况下这些价值规定会体现在宗教和由宗教所规定的行为模式中。文明通常会发展出复杂的经济以及同样复杂的科学和技术。当我们谈论文明时，我们指的是一个成熟的书写系统、文学、艺术和音乐，连贯的法律体系，先进的社会制度，政治和军事组织，以及它们所有相应的物质表现（Wei，2011）。

与文化相比，文明具有更大规模。即使在初期，文明也拥有大规模的人口和地理范围。人类学和民族志的学者普遍认为，文明是一种人类演化发展的高阶产物，也就是说，我们可以说农业文明、工业文明，但当我们提及人类原始时代时，就要说原始文化，而不能说原始文明。文明是物质性与精神性的综合，更注重材料、技术、经济、社会事实，文化则偏重于精神性，尤其是艺术与哲学。

（二）文化的发展、交融对文明发展的重大作用

大约在 1819 年，在西方学术语境中通行的单数的"文明"概念开始以复数"文明"形式出现。正是基于此，当代文明学者，如奥斯瓦尔德·斯宾格勒、阿诺德·汤因比、费尔南德·布罗代尔、伊曼纽尔·沃勒斯坦、菲利普·巴格比、塞缪尔·亨廷顿等开展了对文明的深入研究。国际学界早已达成共识，文明不仅仅包括西方现当代文明，也包括中国、印度和阿拉伯文明，还涵盖了居鲁士波斯文明与欧洲中世纪文明。

文化支持文明。一种文明内可包含多种主流文化和亚文化。例如，现当代西方文明就包含着不断发展交互的法国文化、德国文化和英美文化等。复数的文明之间彼此影响，相互作用。

二、文化不同要素、组成部分对文明的影响

（一）文化的精神纬度对文明的贡献

"两希文明"是探讨西方文明不可或缺的伊始坐标，以雅典和耶路撒冷为代表的古希腊文化和古希伯来文化是欧洲文明的源头。古希腊文明包括以奥林匹斯神山为中心的希腊神话和探究世界本原及宇宙奥秘的希腊哲学，尤其以柏拉图和亚里士多德的哲思为典范。希腊文明中的理性和启蒙精神奠定了西方乃至人类现代科学、民主的历史基础。希伯来文明则以《圣经》为范本，内化为一种精神信仰，并发展演化为西方宗教文明的思想核心。

奥斯瓦尔德·斯宾格勒这样理解文化和文明的区别：文化是活的、动态生成的、有

机的、自然的、有创造力的、具体的、温暖的、有根有灵的。而文明是死的、僵化的、机械的、人为的、理性的、现代的、抽象的、冰冷的、物质的、表层的。斯宾格勒认为：文明会衰退、死亡，退出历史舞台。而文化不会，它是有根的，当文明的庞然身躯倒地腐朽之时，精神维度的文化会延续血脉，生生不息，在适宜的环境下与不同的文化交融互动，彼此交织，共同为新的文明的产生作出贡献。

西方文明史中的显著例子正是古希腊文化。古希腊文化在古希腊文明衰落后并没有死亡或者衰落，而是为迫切寻找自己民族身份认同的德国启蒙运动思想家所青睐，将其与自身的日耳曼文化相结合，创造出新的近现代德意志文明。18世纪，德意志民族正在努力借鉴古希腊精神和文化以建构自身民族的文化认同，借此与标榜继承古罗马文化衣钵的法国进行文化上的抗衡。

在古希腊文明衰落后，古希腊文化历经千年，不断萌发勃勃生机，滋养了欧洲文艺复兴运动。而在启蒙运动退潮之后，哲学家尼采又沉醉于古希腊文化，并撰写了重要著作《悲剧的诞生》。

（二）明道经世，日用规范对文明发展的贡献

文化是精神性的，也是具体的、有根的，与我们的吃穿日用、衣食住行、行为规范密切相关。当我们将目光转向东方，转向中国，会发现儒释道文化生生不息，一直滋养着我们的文明。而且，中国文化最显著的特征，正如余英时精辟概括的，是有着不同于西方两希文化的"内向超越"根源。

"中国的两个世界则与上述三大文化（古希腊、以色列、印度的文化）都不相同：世间和超世间是'不即不离'的关系"（余英时，2011）。《中庸》有言："道也者，不可须臾离也，可离非道也。子曰，道不远人，人之为道而远人，不可以为道。"《道德经》："周行而不殆"（第二十五章）。东郭子问于庄子曰："所谓道，恶乎在？"庄子曰："无所不在。"东郭子曰："期而后可。"庄子曰："在蝼蚁。"曰："何其下邪？"曰："在稊稗。"曰："何其愈下邪？"曰："在瓦甓。"曰："何其愈甚邪？"曰："在屎溺。"（《庄子·知北游》）。可见，道超越日用事物，又遍在于日用事物之中。中国的儒家文化和道家文化传统都信奉超世间而又不离世间的道。不但儒道两家如此，后来中国佛教——特别是禅宗也是如此。《坛经》说，"法元在世间，于世出世间，勿离世间上，外求出世间"（余英时，2011）。

儒释道的这种"内向超越"文化滋养了我们2000多年的思想传统，也滋养了中国读书人的经世致用情怀。中国的读书人，从先秦直至今日，都有着经世致用的传统，明道以救世。这样的文化传统明显不同于柏拉图-亚里士多德传统，也不同于基督教传统。我们并不追求超越尘世的理念世界，也并不以思考理念世界的静观的人生为最幸福的人生，更不会认为读书求道之人的本分是维护永恒的价值，而不应卷入世间的活动，尤其是政治活动。例如，在西方，系统发展"上帝的天国"与"世间的王国"二分思想的奥古斯丁，以及翻译《圣经》、勇敢反抗罗马教皇却不赞成农民反抗贵族压迫的马丁·路德。

我们的文化传统规定了读书明道之人的道德伦理规范和正确的日常生活方式。读书人要知行合一，即知即行。"如果只有静观而无行动，则从中国知识人的观点而言，反而是一种'背叛'了。因此明末顾宪成痛斥王学末流'水间林下，三三两两，相与讲求

性命，切磨德义，念头不在世道上'"（《明儒学案》卷五十八）（余英时，2011）。我们的文化滋养出来的，我们肯定的，是不任职却心怀天下议论国事的稷下先生；为苍生变法的勇者王安石；一蓑烟雨任平生，造福一方百姓的苏东坡；先天下之忧而忧，后天下之乐而乐的范仲淹等。他们是读书明道之人的典范。

与作为古代四民之首的读书人（士）一样，农、工、商三民也都深深浸染着中国文化。虽然并不直接践行读书明道，但道的精神化为道德行为和日用规范。《仪礼》《礼记》化为民间不同节气的吃穿住用。元宵节的灯火，清明节的寒食，端午节的龙舟，中秋节的丰盛果盘，春节家族的盛大相聚，以庆典迎接即将开启的春日耕种，等等，繁复的周礼化为了各地的民俗。礼失而求诸野。同样，道不远人，普通人一生遵循的道德规范，如孝悌、集体主义精神，以及重视教育，努力培养读书人，也正是道的精神所在。

中国文化的道不远人，经世致用，规定了中国百姓的最高理想，也规定了每个人的道德规范和日用行为准则。即使在社会发展日新月异的今天，中国文化对我们每个人的影响依旧深远。

三、生态文明的文化奠基

（一）人类世造成的生态危机

沉淀着漫长历史的北极冰川正在迅速地瓦解、消融，依赖这些冰川生存的生命在不断死亡；在北美洲和欧洲，因为农药残留等，蜜蜂找不到回家的路，大批死亡，一些蜂种已经濒危；而在距陆地千里之遥的中途岛，随处是满腹塑料、气息奄奄的信天翁。当今我们面临着的严峻生态危机考验是"气候变迁、第六次物种大灭绝、臭氧空洞、大面积毁林、自然界的氮磷循环失调、沙漠化、干旱、空气和水土污染、酸雨、海洋的塑料化和酸化、海平面上升、飓风、珊瑚白化、生物多样性丧失和物种入侵"等。

如此严峻的生态危机并非由外太空小行星陨落，地球的自转与公转变化，或者太阳内部核反应突变造成，而是在人类文明发展进程中，尤其是工业革命以来，人类将自然作为使用、利用、剥削的对象，无节制地进行生产生活所造成的几乎不可逆转的生态危机。

荷兰大气化学家保罗·克鲁岑提出人类世概念：在近几个世纪，尤其是工业革命以来，人类无节制地开采使用亿万年来储存在地下的太阳能量，制造出大量无法由自然降解的工业合成品，毫无生态意识地大规模侵占其他物种的生存空间，破坏生物多样性，这一时期是造成新地质时代的人类活动时期，故而称为人类世。人类世见证了人类文明的辉煌成果，也见证了人类对地球生态的毁灭性破坏。

（二）生态危机根本原因反思

人类创造了灿烂的文明，然而，为什么技术进步、科学飞速发展的时期，恰恰也正是人类世对地球生态伤害最大的时期呢？我们要理解这个症结所在，剖析这个悖论，就不得不开启对现代性的反思，因为生态危机发生的背景正是现代性的发展。

现代性是一个复杂的历史进程。马丁·路德的宗教改革，以及马基雅维利的君主私人德性与治理德性的分离和轰轰烈烈的启蒙运动，共同开启了现代性对理性的追求。

但是，我们对理性的追求走到了理性的反面，陷入了一种荒诞的境地。马克斯·韦伯观察到，在现代化的进程中，人与自然的脱嵌，与自然的二元对立逐步加深，乃至人们将自然完全客体化、工具化。在这样的思想意识下，人类发展出的生产方式表现为工具理性极度发达，却极大地忽视了价值理性。如今的全球资本主义时代，被资本的增值欲望所异化乃至吞噬，甚至产生了控制我们价值观的集成世界资本主义。有识之士大声疾呼，"（人类发展成）将自己的未来交付欲望魔鬼的荒诞物种。比如人类仍然在无视自然作为生命体的尊严、价值和完整性，准备肆无忌惮地开发北极的石油资源（其他地区的资源都将或已经告罄），从而加速北极冰川的融化，此时人类文明的愚蠢和资本主义自杀性发展的荒诞、虚无则表露无遗。"

我们必须从根本上扬弃资本主义"新陈代谢"断裂的生产方式和将自然客体化的价值观，否则我们的生态行动也将沦为资本主义极端世界逻辑的一环，转头为资本和消费服务，如以生态的名义开始新一轮的消费运动，将遥远的生态食品以消耗石油、煤炭资源，并释放土壤中的碳的方式运送到消费者手中，遥远的"食物里程"将使得整个消费过程极不生态。创造真正的生态文明需要生态文化的滋养。

（三）生态文化

生态文化包含两个部分：生态思想与生态思想引导下的生态生活方式。哲学家费利克斯·瓜塔里（Félix Guattari）分析认为，我们要建设生态文明应该关注 3 种生态，即自然生态、社会生态、主体精神生态。也就是说，生态文明行动不单单是一件科学与技术的事，更是一种伦理、一种美学、一种文化。生态概念横向贯穿了行动主体、社会和自然环境 3 种生态。生态文化应该是反资本主义客体化自然的逻辑。因为我们面对的是生态与现代性的双重问题。生态文化根本上要超越人与自然的二元对立。我们现在需要的是培育生态人文主义者和生态公民的文化，培育新时代的生态赋能者，拯救人类自身，消弭人类社会的极权与撕裂，疗愈大自然，创造不同于人类世掠夺迫害生态的后人类世的生态文明。

第五节　生态文明新时代的驱动因素与基本特征

生态文明是在工业文明基础上发展起来的一种全新的文明形态，是通过绿色发展引领，科技取得革命性突破，推动生产力水平极大跃升，以期达到人与自然和谐后跃升到的人与自然共生的新平衡态。与旧的文明形态相比，生态文明在生产力要素、产业形态、发展模式、文化观念、福祉内涵等方面均发生了全面变革。生态资源资产不再仅仅作为原材料参与生产，而是作为生态产品的生产者，成为重要的生产力要素。生态产品生产成为新的产业形态，为经济发展提供强大引擎。生态文明社会发展形成既不依靠过度消费资源能源拉动增长，也不通过污染转移的方式解决环境问题，而是依靠绿色驱动的模式；形成科学生活、合理消费，以及全社会享有共同福祉的生态文明价值观。福祉内涵从注重物质财富向生态福祉、文化福祉同步提升。

社会主义生态文明新时代是将中国传统灿烂文明与生态文明理念相结合，将生态文明建设贯穿于经济建设、政治建设、文化建设、社会建设全过程，从而达到的社会发展新高度。开创社会主义生态文明具有重大理论与现实意义：一是确定了我国社会主义初级阶段的奋斗目标与旗帜，将实现人民物质财富和生态产品的双富裕作为经济发展、民生改善的汇聚点；二是我国对人类文明发展史的重大贡献，提出了人口众多、资源贫乏国家的发展途径，为世界三分之二的国家提供了中国智慧与方案；三是我党治国理念的拓展与提升，将生态资源资产作为生产力要素，保护生态环境就是保护生产力，拓展提升了马克思主义生产关系理论；四是我国社会经济发展的重要手段与推动力，生态文明理念全面融入政治、经济、文化和社会建设。

社会主义生态文明新时代的基本特征：一是科学技术革命突破，成为支撑经济与生态生产的强大动力。二是经济生态协同增长，人民不仅拥有高度富裕的物质财富，也拥有高度优质的生态产品。三是形成零碳无废社会，人类的碳排放基本被自然生态系统吸收，实现碳平衡；形成生态产业链，人类活动不向自然环境排放污染物与废弃物，实现人与自然关系再平衡。四是生态文化价值奠基，国民基本道德素养、科学文化素养和绿色人文素养全面提高并达到世界前列。

开创社会主义生态文明新时代需要坚持四轮驱动，早日实现中华民族伟大复兴。一是绿色发展驱动，通过为人民提供更多的优质生态产品、改善人民生存环境来驱动经济发展；二是科技创新驱动，实现支撑生态文明建设的关键科技突破，促进科技创新及时转化为生产力；三是体制机制驱动，通过制度保障实现"绿水青山就是金山银山"；四是文化价值驱动，使中华文化成为开创社会主义生态文明新时代的持久凝聚力。

（本章执笔人：刘旭、张林波、梁田、李慧明、陈琳、郑昊）

第四章　生态文化培育与弘扬

第一节　生态文化与生态文明的关系辨析

生态文化是一种对社会群体的生态行为约束，包括内在认知引导和外在行为规范。结合对生态文明基本内涵的理解，笔者认为生态文化对生态文明建设具有支撑作用。

一、生态文化概念及内容构成

原始文化、农业文化、工业文化、生态文化等，皆是基于生产方式的视角，人们对社会存在和发展基础形式的阶段划分。在认知生态文化在不同时期内容变迁的基础上，本部分对生态文化的历史背景、时代特征和基本内涵进行阐述。

（一）生态文化的历史背景

原始文化存在于考古学上的旧石器时期，是人类文化发展早期。这个时期生产力较为落后，生产关系较为简单，社会发展缓慢，持续了漫长的 300 万年左右，延续至大约距今 1 万年，是目前人类历史上最长的一个社会发展阶段。

农业文化起源于考古学上的新石器时期，距今 1 万年左右。在新石器时期，随着气候条件的好转、定居生活方式的形成、石器和木质工具的进步，为人类认识植物、动物的生长习性提供了重要的条件。稳定的农业生产开始形成，拉开了农业文化演进的序幕，并产生了一系列与农业生产相关的生活、生产模式。例如，历法和节气是人们在长期观察天时的基础上形成的指导农业生产和生活的计算时间的方法，并伴随产生了丰富多彩的农业文化民俗。

工业文化起源于 1765 年，以哈格里夫斯发明的珍妮纺纱机为标志，其后已经发生了 3 次工业革命浪潮，当下正在经历着第四次工业革命。第一次工业革命使人类进入蒸汽时代；第二次工业革命进入电气时代；第三次工业革命以生物技术、航天科技为核心，人类进入了科技时代。在深刻认识到工业文明对生态环境的不利影响后，正在进行中的第四次工业革命，在中国以战略性新兴产业为核心，代表以绿色、低碳、智能等为特点的产业发展方向。

在农业文化中已经蕴含着生态哲学思想。工业文化并非取代了农业文化，工业革命的推进促进了农业的机械化、规模化生产。工业化生产大幅度提升了人类对自然资源的开采、利用能力，在生产大发展的同时，带来了一系列生态环境问题。在工业文化形成至今的 200 多年中，工业文化自身已发生多次迭代。而第四次工业革命浪潮的绿色化特征，人与自然和谐相处的生态文化特点已经蕴含其中。在全球可持续发展、碳达峰、碳中和等背景下，生态文化的明确提出将同时加快农业、工业的绿色化发展进程。

随着工业革命的不断推进，人类社会的生产力水平达到了新的高峰，而生态保护迫在眉睫，需要重新思考人与自然的关系，因此生态文化应运而生。

（二）生态文化的时代特征

1. 古代生态哲学

儒家生态观。儒家哲学以人为出发点，强调在应用各类资源时，应取之有时、取之有节、物尽其性。如果达到天地人的和谐相处，天地各有其位，各司其职，就可以万物生长了。①取之有时。《礼记正义·王制》："取物必顺时候也。"《孟子·梁惠王上》："不违农时，谷不可胜食也；数罟不入洿池，鱼鳖不可胜食也；斧斤以时入山林，材木不可胜用也。"②取之有节。《易传·象传》："天地节而四时成。节以制度，不伤财，不害民。"《论语·述而》："子钓而不纲，弋不射宿。"③物尽其性。《中庸》："唯天下至诚，为能尽其性。能尽其性，则能尽人之性；能尽人之性，则能尽物之性；能尽物之性，则可赞天地之化育；可以赞天地之化育，则可以与天地相参。"《礼记·中庸》："致中和，天地位焉，万物育焉。"

道家生态观。道家哲学更强调万物平等，在面对生态环境时，不认为人具有特别的价值。①自然无为。《道德经》："道生一，一生二，二生三，三生万物""人法地，地法天，天法道，道法自然""以辅万物之自然而不敢为。"②物无贵贱。《庄子·秋水》："以道观之，物无贵贱。以物观之，自贵而相贱。以俗观之，贵贱不在己。"③和谐共存。《庄子·齐物论》："天地与我并生，而万物与我为 　。"

"天人合一"是中国传统生态哲学的核心思想。"天人合一"不否认人与自然环境的区别，但强调两者的统一和相互依存的关系（袁飞，2016）。在生态哲学意义上，"天人合一"包含了三个层面的意思：在天与人的关系层面，天人构成完整的系统；在生态目标层面，天人和谐共存；在生态准则层面，人应当遵循自然的规律（袁慧玲，2004）。

2. 近现代生态观

近现代时期，随着工业革命的持续推进，人类的物资生产能力越来越强，人口快速增长，对改造、利用自然的需求也越来越强，造成生态环境退化。新中国成立后，以塞罕坝、右玉、八步沙等为代表的生态修复案例，表达了人们改变自身生产与生活方式、与自然和谐相处的决心，同时体现了人类面对恶劣环境条件的生存韧性。当下以温州洞头蓝色海湾整治行动、广东湛江红树林造林项目、河南小秦岭国家级自然保护区矿山环境生态修复治理等项目为代表，形成了生态保护修复、经济社会发展同步推进的可持续发展模式。

2015 年，在联合国可持续发展峰会上通过的《变革我们的世界：2030 年可持续发展议程》中，提出了可持续发展愿景："我们要创建一个每个国家都实现持久、包容和可持续的经济增长和每个人都有体面工作的世界。一个以可持续的方式进行生产、消费和使用从空气到土地，从河流、湖泊和地下含水层到海洋的各种自然资源的世界。一个有可持续发展、包括持久的包容性经济增长、社会发展、环境保护和消除贫困与饥饿所需要的民主、良政和法治，并有有利的国内和国际环境的世界。一个技术研发和应用顾及对气候的影响、维护生物多样性和有复原力的世界。一个人类与大自然和谐共处，野生动植物和其他物种得到保护的世界。"

（三）生态文化的基本内涵

"文"和"化"连用，在中国较早见于《周易·贲卦》："观乎人文，以化成天下。""文化"连为一词，较早见于西汉刘向《说苑·指武》："圣人之治天下也，先文德而后武力。凡武之兴，为不服也。文化不改，然后加诛。"中国文化自古即注重在思想、伦理、道德的层面实现天下大同。但是中国传统的"文"和"化"即便连用，也分别代表不同的含义。"文"有纹理、典籍、修养、德行的含义，"化"是生成、造化的含义。

我们现在常用意义上的"文化"（culture）是一个外来词，由欧洲通过日本学者传入中国（尚晨光，2019）；最初在欧洲语言中出现时，通常具有耕种的意思。这种用法至今仍在"农业"（agriculture）和"园艺"（horticulture）两个词中存在。到18世纪，伏尔泰等法国学者才开始使用"文化"一词，意指思想、趣味等训练和修炼的过程。到18世纪末的德国，在赫尔德等学者中才初次见到文化的现代用法，意指个人的完善，或者个人提升的过程中取得的工艺、技术和学识。之后，学者对文化一词意义的阐释逐渐丰富和深入，克虏伯和克勒克洪曾对多达161种文化定义进行了列举和评论，表示一种价值观或者规范等（菲利普·巴格比，2018）。

菲利普·巴格比认为文化是社会成员内在的和外在的行为规则，包含了思想模式、情感模式和行为模式等。不论如何描述文化的内涵，总之它都是人类行为。其中，行为模式包括了宗教、政治、经济、艺术、科学、技术、教育、语言、习俗等重要的人类活动，思想和情感模式包括了观念、知识、信仰、规范、价值等。一种行为规则可以被认为是文化，其重要的标准是这些规则是否在社会多个成员的行为中反复出现。一个文化规则应当涵盖社会成员的整体行为特征，其行为差异主要与年龄、性别、职业阶层等方面有关。另一个观察文化规则的可行的方法是，把它设想为一个秩序的呈现形式。它从社会的一小部分开始，逐渐扩展到所有其他部分，尽管它大概永远不能完全达到普遍化（菲利普·巴格比，2018）。

借鉴美国比较文明理论家巴格比关于文化的观点，生态文化是一种对社会群体的生态行为约束。这种约束不仅包括情感、价值、观念、信仰、知识等内在的生态思想、生态情感的引导，还体现在政治、经济、科学、艺术、教育等方面，对社会群体进行生态行为规范。生态文化对社会群体的生态行为规范体现在内在认知引导和外在行为规范。

内在认知引导。弘扬中国传统文化中的生态观，"山水林田湖草沙"及分布其间的人类聚落是一个生命共同体。万物无贵贱之分，应和谐共存。同时，通过生态产品供给，加强人的生态情感培育。通过宣传教育的方式，对公众进行生态文化的内在认知引导，引导全社会参与生态文化培育与弘扬。

外在行为规范。通过生产与生活方式的相关标准、规范，形成生态文化培育与弘扬的制度支撑体系。保护生态系统的整体功能结构，对生态资源取之有时、取之有节，并物尽其用。推行绿色生产、生活方式，加强绿色技术研发，减弱人的行为对生态系统的干扰程度，增强生态系统的自我修复能力。

二、生态文化对生态文明建设的意义

（一）生态文明的基本内涵

"文明"一词，在中国古代早已有之。《周易·文言》："见龙在田，天下文明。"《尚书·舜典》："浚哲文明。"这里的"文明"同样具有各自含义。"文"同中国传统"文化"中的"文"，"明"有明了、彰显之意。

我们现在常用的"文明"同样是外来词。在西方，文明这一概念，在启蒙运动之前并不存在。1743 年，在《通用法语和拉丁语词典》（又称《特雷乌词典》）中，文明被定义为一个法学术语，指代一种由民法取代军法的社会。1756 年，维克托·里克蒂·米拉波（法国大革命时期政治家奥诺雷·米拉波的父亲）在其著作《人类之友》中出现文明，这是第一次在非司法领域提出该词。米拉波为这个世界带来一个新的概念，用文明来指代一个文雅、有教养、举止得当、具有美德的社会群体，而后文明成为启蒙运动中的常用词。人们通过宣称自己是文明的或是有教养的，将自身和野蛮人区别开来。人们认为如果一方是文明的，那它就该摆脱早先的状态（布鲁斯·马兹利什，2017）。

心理学家西格蒙德·弗洛伊德不屑于在文化和文明之间作出区分，并提出了文明的3 个特点。首先，一切有助于人类改造地球的服务于人类、有助于人类抵御凶猛的自然力量等的活动和资源，都是文化性的。其次，文明不仅仅包含有用的东西，美、清洁和秩序在文明的要求中同样占有特殊地位。最后，文明表示了调节人际关系及人的社会关系的方式。通过承认共同感觉，指导我们确定人类生活的哪些特征被认为是文明的。文明在多大程度上是建立在抑制本能的基础之上，这是不能忽视的。这种"文化挫折"支配了人类社会关系的广泛领域（西格蒙德·弗洛伊德，2007）。文明的特点，决定了它必然对人的行为进行约束。

历史学家汤因比认为，现代西方历史学家对文明统一性存在误解。虽然西方文明在近代已经把它的经济体系网络笼罩到了整个世界，但文明并非由纺织机、烟草和步枪构建而成，它们无法成为文化统一性的证据。为商业输出一种西方新技术是世界上最简易的事情，但是要让一位西方的诗人或者圣人在一个非西方人的灵魂中点燃一束精神火焰，那会何等之难（阿诺德·约瑟夫·汤因比，2017）。思想上的认同，比商业、技术的输出更难以达成。

人类文化史学家菲利普·巴格比认为，文明这一术语，所指的就是那些我们在对这一领域的概观中恰好发现的最大的且独特的实体。哈塔米强调文明兴衰的两个根本因素："人类才智的活力和不断浮现的人类生存需要。"并且每一个文明"都建基于一套特定的世界观，其民族特有的历史经验塑造着这种世界观"（菲利普·巴格比，2018）。

历史学家布鲁斯·马兹利什认为，文明有 4 个功能：迎合当代政治需求、表达一种理想抱负、构成社会等级、服务社会科学。文明概念的起源，正是由维克托·里克蒂·米拉波出于政治目的而提出的。文明既是社会纽带的最高级形式，也是最广泛的形式，代表了整个人类社会存在的理想抱负。文明构成社会等级，既可以应用于社会内部，也可以应用于社会外部。文明服务于社会科学，它提供了一种历史组织方式，为看似杂乱无章的过去赋予意义，给出一个类似进化论的解释（布鲁斯·马兹利什，2017）。

政治学家塞缪尔·亨廷顿认为，在冷战后的世界中，国家日益根据文明来确定自己的利益，他们同具有与自己相似或共同文化的国家合作或结盟，并常常同具有不同文化的国家发生冲突。公众和政治家不太可能认为威胁会产生于他们信任的民族，因为他们具有共同的语言、宗教、价值观、体制和文化；更可能认为威胁会来自那些具有不同文化的国家（塞缪尔·亨廷顿，2009）。

文明的含义较广，将各种领域的进步集于一身，表达了一个共同体走向教化的过程。文明概念的起源，一方面体现了欧洲中心的视角；另一方面，它又体现为一种衡量尺度，所有社会都可以进行比较。东亚文明、欧洲文明等，是基于地缘、血缘关系的共同体概念，政治色彩较浓。当一种新的文明崛起，也往往伴随着文明冲突，修昔底德陷阱已多次将人类带入战争的深渊。而原始文明、农业文明、工业文明、生态文明等，是基于生产方式对人类文明发展阶段的定义。

生态文明是人类文明的其中一个发展阶段，是基于人类自身的才智活力和生态环境保护需求形成的新的生态世界观。生态文明为当下的科学研究、社会组织方式提供一种新的概念，表达人类的生态理想抱负，并作为协调人与自然关系的总纲，减弱人类对生态环境的干扰程度，形成以优美、清洁、秩序为特征的地球生态环境。并且，生态问题不同于政治、经济问题，没有哪个国家或者区域可以独善其身，而是全球休戚与共、命运相连。在当下的政治经济背景下，生态文明可以超越政治争端，成为一面新的旗帜，将全人类团结起来，推进构建人类命运共同体。

18 世纪在英国展开了一场史无前例、影响深远的工业革命，开启了人类社会发展史上的新篇章。21 世纪的中国，有能力、也有责任为当下世界作出中国特色的贡献，推进绿色革命，实现可持续发展。充分发挥中国制度优势，传承历代生态哲学的优秀思想，统筹推进经济建设、政治建设、文化建设、社会建设和生态文明建设的"五位一体"总体布局，实现系统化的革新和完善。

（二）生态文化与生态文明的关系

文化是一种状态，是对人类行为规则的整体特征的描述。生态文化描述的是全体社会成员的行为特征。生态文化作为一种行为规则的培育与弘扬，需要根据不同职业、年龄等人群的特点，进行针对性的生态文化引导。从社会的一小部分开始，培育、弘扬生态文化，逐步扩展到所有社会成员，实现生态文化的大发展、大繁荣。

而文明是一个发展过程，往往代表了具有相同文化行为特征的共同体。在文明的概念框架下，生态文明表达的是一个践行生态文化的共同体，包括生态文化在一个社会实体中从培育到最终衰落的全过程。这里的衰落，指的是一种文明发展到了一定的高度，并开始向另一种文明演化。为了地球所有生命体的未来，人类现今在生态文明的旗帜下聚集起来。

生态文化在一个社会实体中培育、发展、成熟的动态演变，即形成生态文明。在原始文化、农业文化、工业文化、生态文化的体系中，表示的是人类不同发展阶段的核心文化特征。而在原始文明、农业文明、工业文明、生态文明的文明体系中，体现了依次递进的人类文明发展阶段，表达了人类智慧对不断涌现的新的生存需求的回应。

第二节　生态文化培育与弘扬的基本理念和路径

本部分在认知人类生产和生活对生物多样性、水、二氧化碳、废弃物等方面不利影响的基础上，说明生态文化培育与弘扬的必要性；提出遵循三生融合、公众参与的基本理念，并通过生态文化产品供给、生态文化宣传教育的基本路径，加强生态文化培育与弘扬。

一、生态文化培育与弘扬的必要性

生物多样性。联合国政府间气候变化专门委员会 2019 年发布的《气候变化与土地特别报告》显示，在全球无冰陆地表面中，人类很少利用的非森林生态系统、原始森林和荒地约占 28%，人类城乡用地约占 1%，其余均为农林牧业用地，占 71%。土地承载了所有陆地生命体的繁衍生息，但人类生产和生活已经占据了绝大部分的全球无冰陆地表面。规模化农林牧业生产模式加剧了生物多样性的丧失。

水。世界资源研究所 2020 年发布的数据显示，全球取水量有 68% 用于灌溉，22%用于工业，10% 用于居民生活用水。未充分使用的农药和化肥、畜禽粪便等，随雨水进入水体，加上工业废水排放，污染水体并造成水体富营养化。另外，每年千万吨垃圾进入水体，对水生生物的生存造成严重的威胁。而在污染水体中生长的水产品，最后会进入人类的餐盘。

二氧化碳。世界资源研究所 2016 年的数据显示，全球二氧化碳排放大致可追溯到四大类，能源消费约占 73.2%，农林用地约占 18.4%，工业过程约占 5.2%，垃圾排放约占 3.2%。根据国务院新闻办公室发布的《新时代的中国能源发展》白皮书，天然气、水电、核电、风电等清洁能源消费量占能源消费总量的比例为 23.4%，非化石能源占能源消费总量的比例达 15.3%。能源消费结构向清洁低碳加快转变，但仍有较大的提升空间。根据国家统计局《2019 年分省（区、市）万元地区生产总值能耗降低率等指标公报》，各省（区、市）的能源消费总量不断增加。中国的钢铁、水泥等行业产能过剩问题突出，而全球的纺织服装业均产能过剩，即全球的二氧化碳排放主要是能源消费产生的，虽然能源消费结构逐渐向清洁能源转变，但是能源消费需求不断增加，并且由于产能过剩问题，部分能源被浪费了。

废弃物。根据《中国废弃电器电子产品回收处理及综合利用行业白皮书 2020》，从 2015 年开始，每年废弃电器电子产品的处理量在 8000 万台左右，而 2020 年中国家用电器研究院测算的废弃电器电子产品理论报废量为 1.89 亿台。废弃电器电子产品若不能妥善地回收处理，存在潜在环境风险，严重地危害环境健康和人体健康。

人类曾经片面追求生产、生活品质的提升，已经对生态环境造成了严重的负面影响。在全球无冰陆地表面中，人类开发利用了绝大部分的土地。土地的过度使用，造成了土壤退化、水体污染、温室气体增多，对全球气候造成了不利影响。在产品的生产、使用、报废等全生命周期都可能污染环境，而生产过剩则进一步造成能源和原材料的浪费。

因此，人类亟须改变生产、生活方式，以生态文化为统领，重新思考人类的生产、生活与生态环境的关系。

二、基本理念

（一）三生融合

生态是经济社会文化可持续发展的基石。生产是生态资源转化为生态资产的重要途径。生活需求与生产供给的相对平衡，即供求平衡，决定了人类经济社会活动合理、高效地利用生态资源。生产方面的生态行为规则、规范仅涉及就业人群，生活方面的生态行为规范则影响所有社会成员。

弘扬中国传统文化精髓，把"三生融合"作为"天人合一"生态哲学思想观在当代生态文化培育理念中的具体体现。生态环境与人类经济社会文化环境并非彼此独立，而是交互影响。将生态、生产、生活看作一个有机整体，在生态文化的培育与弘扬中，避免采取激进主义、顾此失彼。

在生态方面，加强生态安全体系建设，保护和修复同步进行。在生产方面，推进生态经济体系构建，实现碳达峰、碳中和的目标；促进废旧材料循环利用。在生活方面，加快绿色生活体系培育，践行绿色生活方式，绿色消费、绿色居住、绿色出行。

（二）公众参与

生态文化是对全体社会成员行为特征的描述，这样的内涵决定了公众参与的必要性。生态文化的培育与弘扬，要实现生态文化行为规则在全体社会公众中的普及，公众参与是基础保障。以公众参与的方式，实现生态文化多元主体的共同培育，增强公众对践行生态文化的认同感，强化生态文化的全社会主流化。

以政府引导为主，通过行业协会、社会团体、社区等多元主体参与，针对各行各业、不同年龄、不同受教育程度的人群，实现生态文化宣传教育覆盖各类人群，如各级发展与改革委员会的节能宣传周、宣传月等。

三、基本路径

（一）生态文化产品供给

一体化把握生态环境和经济社会活动的多种绿色状态，划分 4 种生态产品实现或承载形态（范恒山，2021）。一是原生态产品。由"山水林田湖草沙"等自然呈现的价值状态，能够提供清洁水源、优良空气，促进水土涵养、生物多样性发展，维护生态系统平衡。原生生态资源越好，生态资产越丰厚，生态产品价值也就越高。二是衍生态产品。以"山水林田湖草沙"等原生态的环境为基础，增加了生物多样性，提供了丰富的衍生态产品，如山中的蘑菇、水中的游鱼、园中的花朵、优质林木等。三是融生态产品。以自然生态环境为基础，与相关生产、生活融合形成的生态产品，如森林康养、生态文化旅游，以及在生态修复基础上形成的历史文化名镇（村）、矿山公园、工业遗产公园等。四是转生态产品。运用科技创新等手段去污、减排、节能，形成的生态型产业价值状态，包括绿色制造业、生态农业等众多方面。

依托原生态、衍生态等生态产品的休闲体验，吸引人到生态环境中，感受美好、清洁的生态环境，加强生态情感的塑造、生态文化宣传教育。通过丰富多样的生态文化产品的体验，加强生态文明建设成效的公众传播。依托融生态、转生态等生态产品的使用体验，让生态文化产品进入人的生活中。加强生态技术研发、生态文化品牌的打造，推进生产绿色化、消费绿色化。

（二）生态文化宣传教育

1. 宣传教育模式

在学校宣传教育方面，针对大、中、小不同层次的学校，形成综合型的生态文化宣传教育，以幼儿教育、大学教育为重点。幼儿阶段是形成世界观的关键期，可塑性强。在幼儿期进行生态文化思想和行为模式的引导，使其充分认识到自身与自然环境是命运共同体，这对生态文化的培育、弘扬至关重要。而大学教育则注重生态技术研发、理论体系建设等，对生态文明不断向更高阶段发展的意义重大。

在行业宣传教育方面，对第一、第二、第三产业进行具有针对性的生态文化宣传教育。充分发挥行业协会的作用，进行生态生产技术交流、研发，引导行业实现绿色、循环的可持续发展。

在社区宣传教育方面，针对大众的日常衣食住行，加强绿色生活方式的宣传教育。充分发挥社区办事处的作用，对社区成员进行生态文化宣传教育，使其形成绿色生活方式。

2. 宣传教育策略

政策、理论等的专业性较强，大众难以理解，所以应将政策、理论与实践相结合，形成易于大众理解的宣传教育方式。

在思想和理论宣传、政策引导等方面，通过政府部门、行业协会、社会团体等，形成相关文件，进行生态思想引导和行为规范。在讲好自然资源故事方面，2021年12月，自然资源部宣传教育中心发布了"守正创新讲好自然资源故事"十佳案例（表4.1）和20个优秀案例（表4.2）。在行业规范方面，各部门均发布了系列文件，指导生态、生产、

表 4.1　自然资源部宣传教育中心发布的"守正创新讲好自然资源故事"十佳案例名单

类型	案例名称
"守正创新讲好自然资源故事"十佳案例名单	"地质灾害防治红背包行动"宣传活动
	听得见的博物馆
	微电影《青山日记》
	浙江最美自然资源任务评选宣传
	阅自然　粤精彩——广东国土空间生态修复"十大范例"评选宣传
	河北"守望绿水青山"全国摄影展
	多彩贵州耕地保护系列宣传
	《珠峰的身高是怎样测出来的》宣传视频
	《去地球南端上抹一道中国红》微视频
	用地图文化诠释自然资源之美

表4.2 自然资源部宣传教育中心发布的"守正创新讲好自然资源故事"优秀案例名单

"守正创新讲好自然资源故事"优秀案例名单	冰火传奇——广州海洋地质调查局可燃冰系列宣传
	绿色中国十人谈
	我们的城市——北京儿童城市规划宣传教育计划
	上海城市空间艺术季主题宣传活动
	国土空间规划主题论坛传播活动
	为"疫"逆行——援鄂队员系列宣传
	助力环江毛南族整族脱贫组合宣传
	打好海南自由贸易港建设"资源底牌"系列宣传
	重庆"每周一图"品牌塑造
	寻找"四川最美地灾防治卫士"
	秦岭生态保护专题宣传视频
	《平凡中的精彩》专题宣传片
	国家版图意识主题系列宣传
	"科普君"系列原创漫画
	大自然的瑰宝——世界地球日珠宝系列科普视频
	《耕地红线与粮食安全》科普公开课
	中国第36次南极考察队宣传视频
	用"地图+文化"讲京味儿故事
	国家海洋博物馆冷知识系列科普活动
	2020年海洋日电视专题节目

生活的绿色、可持续发展。工业和信息化部等部门发布《环保装备制造业（固废处理装备）规范条件》《关于进一步促进服务型制造发展的指导意见》，生态环境部等部门发布《2020年国家先进污染防治技术目录（固体废物和土壤污染防治领域）》《国家危险废物名录》，国家发展和改革委员会等部门发布《关于完善废旧家电回收处理体系推动家电更新消费的实施方案》《关于加快建立绿色生产和消费法规政策体系的意见》等。

在案例示范方面，首先在不同行业中进行小范围的绿色、低碳生产生活方式示范，以点带面，最终在全社会推广生态文化行为规则，如长三角生态绿色一体化发展示范区、浙江省首个通过国家绿色生态城区评价的示范项目杭州亚运村、成都市生态惠民示范工程等。工业和信息化部连续发布"符合《环保装备制造行业（大气治理）规范条件》企业名单"，引导环保装备制造业高质量发展。2021年10月，自然资源部国土空间生态修复司发布《中国生态修复典型案例集》，其中包含18个案例，向全球推介生态与发展共赢的"中国方案"。

3. 宣传教育途径

通过文艺作品、新闻媒体、文化场馆、文化活动等多种渠道、多种方式，对全体社会成员进行生态文化宣传教育。中央广播电视总台制作、播出纪录片《森林之歌》《共同的家园》等，介绍中国珍稀物种，讲述中国致力于建设生态文明的故事。2021年12月，自然资源部宣传教育中心发布的"守正创新讲好自然资源故事"十佳案例和20个优秀案例（表4.1、表4.2）中，包括了微电影、纪录片、艺术季、摄影展、漫画、电视节目等多种宣传教育方式，形式多样、内容丰富，适合不同的受众群体，具有较强的宣传教育效果。

国外的相关案例同样颇丰。美国前副总统、环境学家戈尔制作和演出的纪录片《难以忽视的真相》，讲述工业化对全球气候变暖和人类生存的影响，在全球引起了广泛的反响。英国广播公司（BBC）制作的《蓝色星球》《地球脉动》《人类星球》等，展示了绝美的地球生态环境、不同地区的人类如何适应环境、人类活动对地球生态环境的影响等，影响力广泛。

因此，可以充分发挥优秀文艺作品的优势，同时借助新闻媒体、场馆展览、活动宣传等多种渠道，同步推进中国特色的生态文化在国内、国际的宣传推广。

第三节　中国生态文化培育与弘扬的案例和价值

结合自然资源部国土空间生态修复司发布的《中国生态修复典型案例集》、成都市生态惠民示范工程、上海市生活垃圾分类等案例，研究中国生态文化培育与弘扬已经取得的成效，挖掘其在国际、国家、公众等不同层面的核心价值，浸润到未来的生态文明建设中。

一、典型案例

所选取的典型案例分布在我国不同地区，时间跨度从新中国成立初期持续到现在，生态保护修复类型涉及治沙止漠、水生态修复、自然保护区修复、矿区生态修复、国土综合治理、区域生态绿色一体化发展、生态惠民等。

（一）治沙止漠案例

1. 右玉县荒漠化防治

右玉县地处陕西和内蒙古两省（区）的交界处，是山西的北大门。地处沙漠化高寒地带，距离毛乌素沙漠不足100km，生态环境恶劣。历史上右玉的战略位置显赫，是抵御匈奴入侵的重要关口。战火频繁，加之历代戍边屯垦，大量森林植被遭到破坏，进一步加剧了生态环境的恶化程度。长期以来，该地区的乱砍滥伐有增无减，荒漠化程度逐步增加（赵丽娜，2015；周以杰和曹顺仙，2019）。新中国成立后，右玉县历任县委县政府带领全县人民治沙止漠，改善生态，昔日荒地成为今日的"塞上绿洲"（图4.1）。

通过稳步有序地提高林木植被盖度，实现全县宜林荒山基本绿化目标。林木绿化率达57%，草原综合植被盖度达67%，城市建成区绿地率达43.7%；沙尘暴天数减少了80%，地表径流和河水含沙量比造林前减少60%，田间林网水分蒸发量比旷野年平均减少8.8%。右玉县在把握当地植树造林特点和规律的基础上，不断优化发展思路，构筑了以"绿化带、生态园、风景线、示范片、种苗圃"相结合的生态网络大框架，持续提升绿化档次。建设生态宜居家园，形成城乡一体、多层次、立体化的生态屏障。在植树造林的基础上，突出生态、经济、社会综合效益，形成了一条以牧带林、以林促牧互利共赢的可持续发展道路（自然资源部国土空间生态修复司，2021）。

图 4.1　新中国成立初期的右玉地貌和现在绿荫环抱的右玉县城

资料来源：自然资源部国土空间生态修复司发布的《中国生态修复典型案例集》

2. 古浪八步沙林场荒漠化防治

古浪八步沙位于甘肃省武威市、腾格里沙漠南侧，经济发展水平较低，自然条件差，磨砺了当地群众的顽强意志和斗志。1969 年，该地已经开始治沙造林。但当时很多人温饱问题尚未解决，治沙效果不理想，树木的成活率不高。1981 年，郭朝明、贺发林、石满等六老汉响应国家"三北"防护林工程项目建设，以联户承包的形式组建集体林场（万积平，2019）。40 年来，三代治沙人因地制宜、采用科学方法治沙止漠，极大地改善了八步沙的生态环境。

通过规模化治沙、管护并重，形成乔、灌、草结合的大规模防风固沙林场，林草植被覆盖率由治理前的不足 3%提高到现在的 60%以上，形成了一条南北长 10km、东西宽 8km 的防风固沙绿色长廊。同时按照"公司+基地+农户"模式，建立公司化林业产业经营机制，探索多种经营方式，极大地提高了八步沙林场职工收入。动员社会力量参与，呼吁全民义务植树，实施了多项公益绿化造林项目。广泛开展爱心公益林活动，建成省消防林、驻军林等公益林基地 7 个。加强与甘肃农业大学、西北师范大学等多个科研院校合作，强化科技支撑（自然资源部国土空间生态修复司，2021）。

（二）水生态修复案例

华北河湖生态补水。华北地区，特别是京津冀地区，是我国政治、经济、科技、文化的核心区域，也是我国水资源最为紧缺的地区之一。水资源的丰富程度与土地承载的生产、生活强度不匹配，造成了水资源的严重超采，引发了地面沉降、海水入侵、河湖萎缩等一系列生态环境问题。在京津冀地区，充分利用水库汛前弃水以及南水北调、引黄入冀、万家寨引黄等调水工程富余水量，截至 2021 年 7 月底，华北地区累计实施生态补水 113.9 亿 m³。通过生态补水措施，取得了显著的河湖生态环境改善成效（图 4.2），21 条（个）河湖补水后形成最大有水河长 1964km，最大水面面积 558km²。河湖水面变宽，河流流量增加，改善了水质，地下水水位提升，同时水生动植物的多样性增强（自然资源部国土空间生态修复司，2021）。

温州洞头蓝色海湾整治行动。温州市洞头区原本有天然沙滩，海洋特色资源丰富。然而随着经济社会加速发展，填海造地、非法采砂、近岸海域污染等现象日益加剧，岸线景观破坏严重，海洋资源开发与保护的矛盾日趋突出。2016 年，洞头区开始实施蓝色

图 4.2 实施生态补水前后的河道对比
资料来源：自然资源部国土空间生态修复司发布的《中国生态修复典型案例集》

海湾整治项目。通过蓝色海湾整治，洞头完成清淤疏浚 157 万 m²，修复沙滩面积 10.51 万 m²，建设海洋生态廊道 23km，种植红树林 419 亩，修复污水管网 5.69km。通过破开人工修建的大堤、提高生物多样性、形成多层次的绿色生态走廊、修复被过度挖掘的沙砾滩、推动传统渔业向休闲渔业转型等多种举措，顺应自然法则，修复海洋生态系统，恢复洞头区"水清、岸绿、滩净、湾美、物丰、人和"的美丽景象。充分发挥温州民营经济优势，按照"谁修复、谁受益"的原则，引入社会资本，与政府共同参与海湾整治，取得了良好的收益，实现了政企双赢。建立蓝色海湾整治修复评价指数体系，同时通过多个监测平台，实时监控各指标数据，实现生态系统数字化。构建海湾生态司法保护协作机制，引入志愿者队伍参与海湾生态治理，形成全民参与机制。遵循自然修复理念、构建保护中开发的模式、形成奔向共同富裕的蓝湾路径，为生态、生产、生活赋能，成为生态文明建设的创新载体（自然资源部国土空间生态修复司，2021）。

厦门市筼筜湖生态修复。从 20 世纪 30 年代起，随着经济社会的飞速发展，筼筜港周边人口和工厂大量增加，致使筼筜港遭受了不同程度的污染。在 70 年代初的围海造田中，人们修建了长达 1700m 的海堤，使筼筜港湾变成内湖。此后，由于当时人们环保意识不足，垃圾、废水等直接排入湖中，筼筜湖生态环境急剧恶化。1988 年，厦门市通过了《关于加速筼筜湖综合整治工作的决议》，开始了筼筜湖的全面整治工作。通过四期的综合整治，筼筜湖水质大为改善（图 4.3）。同时通过增加湖区动植物的多样性，

图 4.3 筼筜湖整治前后对比
资料来源：自然资源部国土空间生态修复司发布的《中国生态修复典型案例集》

使湖中央的白鹭岛成为国内罕见的位于城市核心区的自然保护区，是厦门市重要的生态文明宣传教育基地。生态产品价值提升为企业总部基地、高端现代服务业的发展提供了有利条件，使筼筜湖区域逐步发展成为厦门市标志性的行政、金融、商贸、旅游中心（赵佳懿，2014；自然资源部国土空间生态修复司，2021）。

（三）自然保护区修复案例

云南滇金丝猴全境保护。2008年，滇金丝猴列入世界自然保护联盟（IUCN）濒危物种红色名录中。2019年，滇金丝猴全境保护网络成立。人口增长和森林资源的过度开发限制了滇金丝猴适宜栖息地的面积（周汝良等，2008）。人为干扰因素比环境因素对滇金丝猴选择栖息地的影响更大（李聪，2020），随着景观内部适宜生境斑块破碎度以及人为干扰斑块数量增加，景观的异质性增强，将阻碍滇金丝猴的活动，会使猴群分布密度降低。而适宜生境斑块面积增加以及周围分布相似类型的斑块（如次适宜生境斑块），有助于提高猴群分布密度（邓凯等，2014）。自2019年全境保护网络建立以来，已累计影响超过1亿公众，吸引社会资金投入1900多万元，使分布在已建自然保护区外的200km^{2}猴群栖息地得到有效保护，恢复了400多公顷栖息地。通过生物多样性巡护监测标准化和信息化、建立以当地社区为主体的保护地、科学有序地开展栖息地修复和廊道建设、树立滇金丝猴保护品牌、协助社区从滇金丝猴保护中受益、推动公众广泛参与等措施，滇金丝猴栖息地生态环境得到有效恢复，发挥了保护网络固碳、促进社区经济发展的作用，初步建立了社区参与生态保护修复的机制。

广东湛江红树林造林项目。广东湛江红树林是国家级自然保护区，具有3个较为突出的生态系统服务价值：通过水文循环为海产品供给食物，海陆交错带的气候调节功能，湿地独特的物理化学过程和丰富的微生物群落类型有利于水质净化等（易小青等，2018）。随着红树林区域被人类的生产和生活侵占、外来物种入侵、排入污水等问题的影响，红树林生态系统退化。保护区加强红树林生态系统的保护修复，取得了积极的成效，但仍存在多种问题。2019年，自然资源部第三海洋研究所与保护区管理局合作，开发2015～2019年红树林保护区范围内种植的380hm^{2}红树林产生的碳汇，将其售卖给北京市企业家环保基金会。项目收益继续用于红树林保护修复工作，形成可持续发展的生态保护修复模式。通过以上举措，提升红树林生态系统的质量和稳定性的同时，生态产品价值得以彰显，同时构建了生态修复的长效机制（自然资源部国土空间生态修复司，2021）。

锡林浩特退化草原生态修复。锡林浩特市位于首都北京的正北方，是锡林郭勒盟的盟府所在地。锡林郭勒大草原是华北地区重要的生态屏障。1987年，锡林郭勒“世界生物圈”保护区被联合国教科文组织“人与生物圈计划”接纳为世界生物圈保护区网络成员。草原在全球碳循环、气候系统中扮演着重要角色。在自然因素中，降水量、气温变化和虫鼠害是草原生态最主要的影响因素。在人为因素中，人口增长、超载放牧、垦草种粮是草原退化最主要的几个影响因素，同时无序开采矿产、过度樵采、工业污染等也加剧了草原退化（卢满意，2012）。在草原生态修复治理中，保护区首先与项目区牧户签订3年的禁牧和补偿管护协议。经过上级业务部门和专家团队的多次讨论、修改方案，针对退化放牧场、退化打草场，进行分区施治、精准施策。同时，进行野生优良乡土草种抚育。草原生态保护修复工作取得了良好的生态、经济、社会效益。锡林浩特市的草原生态环境明显提升，提高了草地的家畜承载力，牧户和国有农牧场的收入增加 20%～30%，同时使当地牧民群众认识到草原退化问题的严重性，提高牧民参与草原生态环境保护修复的主动性，为实现草原生态环境的可持续发展提供了有力的保障。修复 2～3 年后，退化放牧场植被盖度增加到 40%～60%，干草产量提高 50% 以上；退化打草场植被盖度平均提高 15%～20%，干草产量平均提高 20%～40%，草群中多年生优良牧草比例增加，土壤有机质增加 10% 以上；严重沙化草地植被盖度达 40%～50% 或更高，治理区域植被盖度、植被高度和植被密度随着治理年限的增加而明显增加（图 4.4），风蚀得以控制，周边环境得到明显改善（自然资源部国土空间生态修复司，2021）。

图 4.4　锡林浩特退化草原治理前后对比
资料来源：自然资源部国土空间生态修复司发布的《中国生态修复典型案例集》

（四）矿区生态修复案例

绿金湖矿山地质环境生态修复。绿金湖位于安徽省淮北市。安徽省是矿业大省，历史遗留的废弃矿山较多，利用市场化方式进行废弃矿山生态修复起步较早，其中淮北市绿金湖项目取得了较好的成效（王旭东和尹峰，2021）。绿金湖在治理前是闸河煤田采煤塌陷区，生态环境破坏严重，且区域内塌陷程度不一，常年积水，深可达六七米，浅则半米多。矿区生态修复采用政府和社会资本合作模式，"投资–建设–养护–移交"一体化的政府购买服务方式，政府依法如期还款，保证了地方政府与企业的良好合作。矿区生态修复吸纳社会资本，并着眼大局，突出土地利用总体规划、城市总体规划、市政路网建设规划等多规合一，整体设计统一部署。通过超前式治理、实施表土剥离、进行采煤影响评估等方式，实施科学治理（图 4.5）。总治理面积达 3.61 万亩，形成可利用土地 2.45 万亩，可利用水域 1.16 万亩，总蓄水库容 3680 万 m^3。项目恢复了可利用土地资源，促进了城市发展，提高了生物多样性，使得该矿区转型为生态旅游、创意文化、教育科技等现代发展新区，带动了产业振兴（自然资源部国土空间生态修复司，2021）。

重庆市渝北区铜锣山矿区生态修复。铜锣山是重庆市重要的生态涵养区和生态屏障，对长江水生态安全起着重要作用。铜锣山石灰岩资源丰富，20 世纪 90 年代的大规模露天采矿活动十分活跃，造成土地损毁、植被破坏、生态退化严重。2010～2012 年，重庆市将区域采石场全面关闭，留下 40 多个废弃矿坑，安全隐患突出。基于"全面保护、自然修复、生态系统综合设计、协同共生设计"四大策略，按照"生态保育区、生态修复区、合理利用区"，整体开展矿山生态修复。通过生态产业化、产业生态化的思路，将生态保护修复与乡村振兴、产业发展等工作统筹推进。建立生态修复专项资金，盘活闲置集体建设用地，并按照"谁投资、谁受益"的方式，吸引社会资本投入矿山生态保护修复工作中。通过多种修复措施，提升了矿区的生态承载力，产业化的发展思路带动群众致富，实现了生态产品价值（自然资源部国土空间生态修复司，2021）。

图 4.5　采煤塌陷区治理前后对比

资料来源：自然资源部国土空间生态修复司发布的《中国生态修复典型案例集》

娄底冷水江锑煤矿区"山水林田湖草"系统治理。湖南省娄底市冷水江锑煤矿区素有"世界锑都""江南煤海"之称，开采历时 120 余年，娄底冷水江 2009 年被国务院批准为第二批资源枯竭型城市。由于长时期的粗放式矿业开发，生态环境问题突出，矿渣堆积、水体污染、地面沉陷等问题严重。通过整合矿山企业，治理污染水体、裸露山体、荒废田地，以及防治地质灾害等，并挖掘旅游资源，实现了生态环境重金属指标的持续好转，探索出"生态观光+矿业文化+地质研学+红色教育"的矿山生态修复可持续发展新模式，推进了乡村振兴，实现了良好的经济社会效益。矿区获得了全国首批地质文化镇筹建资格，为全国矿区生态保护修复提供了可借鉴的经验（自然资源部国土空间生态修复司，2021）。

河南小秦岭国家级自然保护区矿山环境生态修复治理。小秦岭是我国重要的金矿床密集区，成矿物质来自造山带环境下壳幔相互作用过程中的多种相关地质体，成矿流体主要来自地幔（王团华等，2009）。2006 年，国务院批准成立河南小秦岭国家级自然保护区。采矿业对区域发展作出重要贡献的同时，生态环境破坏严重，矿坑数量多，矿渣堆积量巨大。针对多年开采造成的生态破坏问题，小秦岭撤销 11 家矿山企业矿权，渣坡覆土 70.9 万 m³，栽植苗木 80.7 万株，撒播草种 1.46 万 kg，修复矿山环境面积 2150 亩。通过拆除矿山设施、修排水渠、覆土等工程措施，加上植树种草等生物措施，建设锦鸡岭、枣香苑、金银潭 3 个高标准生态修复示范区，保护区内生态效益明显提升，生物多样性增强、水体和空气质量明显改善（图 4.6）。随着生态环境的改善，旅游业快速发展，绿色工业、绿色农业悄然兴起，经济效益显著。小秦岭修建生态文明建设教育实践基地展馆，成为生态文明建设的先进典型，同时提供了大量就业岗位，实现了良好的社会效益（自然资源部国土空间生态修复司，2021）。

图 4.6　河南小秦岭矿山生态修复前后对比

资料来源：自然资源部国土空间生态修复司发布的《中国生态修复典型案例集》

寻乌县废弃矿山综合治理。江西省寻乌县位于江西、广东、福建三省交界处，是南方生态屏障的重要组成部分。20 世纪 70 年代以来，寻乌稀土开发为国家作出了重要贡献，但遗留下了大量废弃矿山，生态环境破坏严重。在区域生态保护修复中，当地首先编制推进项目的纲领性规划指导文件，并打破行业壁垒，实施水利、环保、矿管、交通等多部门协同治理，整合多种区域相关项目资金，推进山上山下、地上地下、流域上下的同步治理，并建立统一考核标准。经过综合治理，单位面积水土流失量降低了 90%，水体氨氮含量减少了 89.76%，植被覆盖率由 10.2%提高至 95%。综合整治后的土地，通过"生态+光伏""生态+扶贫""生态+旅游"等多种形式进行再利用，推动实现生态产品价值（自然资源部国土空间生态修复司，2021）。

（五）国土综合治理案例

长汀县水土流失综合治理与生态修复。福建省长汀县曾经是我国南方红壤区水土流失最为严重的地区之一，植被稀少、红壤裸露，曾被称为"红色沙漠"（张灿等，2015）。土壤侵蚀现象发生于 20 世纪初，具有历史悠久、面积广、程度重等典型性。过度的资源利用及不适当的人类活动破坏植被，是引发土壤侵蚀的重要原因。长汀县地处亚热带，降水集中，山多坡陡，为土壤侵蚀提供了强大的水动力条件，加剧了土壤侵蚀程度（朱鹤健，2013）。长汀县土壤贫瘠造成植被难以恢复，动植物多样性严重退化，人民群众生活贫困。在生态保护修复工作中，长汀县因地制宜，探索出一条适合当地发展实际情况的道路。在山地植被恢复方面，实行草、灌、乔混交治理，对"老头松"施肥改造，对高山远山和已治理的林地进行封育管护治理。在茶果园生态治理中，采取草牧沼果循环种养模式，并进行坡改梯工程，在田埂种草覆盖，田面套种豆科植物，减弱水土流失程度。在山体比较稳定的崩岗综合整治中，采用"上截、下堵、中绿化"，即顶部开截水沟、底部设土石谷坊拦挡泥沙、中部以林草覆盖地表，将崩岗区变成层层梯田，种植杨梅树，套种季节作物，同时实现了生态效益、经济效益、社会效益。在小流域系统治理中，实施村旁、宅旁、水旁、路旁"四地绿化"，成功创建生态清洁型小流域 45 条、国家级生态乡镇 15 个、省级生态乡镇 17 个、省级生态村 63 个、市级生态村 195 个。进一步进行生态提质提效，实施森林质量提升工程、生态产业培育工程。通过多种治理措施，生态治理取得明显成效，生物多样性恢复，并通过生态观光、森林旅游、绿色休闲等绿色产业促进了经济社会发展（自然资源部国土空间生态修复司，2021）。

上海青西郊野公园生态修复。随着上海大都市的城市功能不断提升，市民对游憩空间的需求快速上涨，与生态空间供给不足且品质相对不高的矛盾越发凸显。2012年上海市启动了郊野公园规划选址工作，并确定了7个近期建设试点，青西郊野公园是试点之一。青西郊野公园位于淀山湖地区，该地区聚集着21个自然湖泊，是上海市唯一一个以湿地为特色的郊野公园。但是，20世纪90年代以来，随着城镇化进程的不断加快，人类生产、生活造成淀山湖区域湿地萎缩、生物多样性下降、水体面源污染严重、工业用地布局混乱等多重问题。在青西郊野公园保护修护中，当地坚持规划引领，重视郊野单元村庄规划引领作用，突出生态优先、保护修复理念，打造以生态保育、湿地科普、农业生产等为主要功能的湿地型郊野公园。在各类生态保护修复工程中，坚持多自然、少人工，实施湿地保护与自然恢复、农田生态系统整治、河道综合整治工作，调整用地结构，塑造科普教育、休闲游憩等人文空间。通过多种保护修复措施，区域生态绿核功能凸显，用地结构优化。生态优势逐步转化为生产优势，吸引移动通信终端研发中心落户，成为推动区域跨越式发展的重要引擎，在当地形成了一条以高端研发、生态旅游、现代农业为基础的绿色发展路径（自然资源部国土空间生态修复司，2021）。

浙江杭州西湖区双浦镇全域土地综合整治与生态修复。双浦镇地处钱塘江、富春江、浦阳江的三江交汇处，由于区域位置的局限性，在杭州市发展的梯度转移中始终处于被动地位，存在着各种城乡接合部土地管理利用问题。例如，耕地被堆场、生产小作坊侵占而呈现碎片化，村庄建设中的土地利用粗放、低效、无序。另外，甲鱼养殖场等低端产业排放大量废水，区域内农业面源污染严重，加上生活污水排放，河流生态环境逐渐恶化。从2017年开始，杭州市率先启动乡村全域土地综合整治与生态修复，通过立面整治、道路提升、庭院改造等提升农村人居环境，并改善基础设施。改善农田生态系统，清理侵占耕地的各类堆场、小生产作坊、废品收购点等，取消甲鱼养殖场，统筹推进高标准水田垦造行动。推进河道水系整治，营造有利于各类水生动植物生存的水生态环境。开展废弃矿山生态修复治理，展现山水相依、人与自然和谐共生的迷人风采（图4.7）。发展现代农业产业，建成双浦现代农业产业园，以现代农业、都市农业、精品农业等促进农业产业生态化。在双浦镇全域土地整治和生态修复过程中，实现了

图4.7　双浦镇环境综合整治前后对比

资料来源：自然资源部国土空间生态修复司发布的《中国生态修复典型案例集》

城乡环境优化、生活品质改善、生态环境改善、土地保护提升、经济发展加速（自然资源部国土空间生态修复司，2021）。

广阳岛生态修复实践创新。广阳岛位于重庆市主城铜锣山、明月山之间的长江段，是长江上游最大的江心绿岛。2017年以前，持续的开发建设让广阳岛的生态环境遭到严重破坏，生态系统逐步退化、人文古迹大面积损毁、开发痕迹处处可见，种植土被严重破坏，出现多个大土堆、高切坡、采石尾矿坑等。自2017年8月以来，重庆市以"天人合一"的价值追求，在广阳岛开展长江经济带绿色发展示范。在理念上，聚焦生态的风景和风景的生态。在理论上，抓住"水"和"土"两个核心要素，凝练高价值生命共同体和乡野化理论。在实践上，依据广阳岛地形地貌，在山地区和坡岸区的消落带以自然恢复为主，平坝区以生态修复为主。针对上坝森林、山茶花田、胜利草场、小微湿地等区域分类分项修复，运用成熟、低成本的生态方法，集成可复制、可推广的生态修复关键技术。在管理上，建立"生态岛长制+国企+全过程咨询+工程总承包"四位一体新模式，增加了管理的灵活度，加快了生态保护修复工程进度。经过4年的生态保护修护工作，原本被破坏的边坡、湖塘、林地、梯田等生态要素逐渐恢复，植物、鱼类、鸟类等生物多样性日趋丰富，并通过大生态、大数据、大健康、大文旅、新经济等"生态产业群"，助推区域经济大发展，形成绿色发展新机制。

（六）区域生态绿色一体化发展案例

2019年12月，中共中央、国务院印发《长江三角洲区域一体化发展规划纲要》。2019年11月，国家发展和改革委员会印发《长三角生态绿色一体化发展示范区总体方案》。根据方案，一体化示范区范围包括上海市青浦区、江苏省苏州市吴江区、浙江省嘉兴市嘉善县，面积约为2300km²。同时，选择青浦区金泽镇、朱家角镇，吴江区黎里镇，嘉善县西塘镇、姚庄镇作为一体化示范区的先行启动区，面积约为660km²。

长三角生态绿色一体化发展示范区作为长三角一体化发展战略的突破口，有利于推动长三角政策、制度创新，将生态优势转化为经济社会发展优势。在区域发展布局上，统筹生态、生产、生活三大空间，生态保护优先，凸显江南水乡之美。着眼长远，保持战略定力，一张蓝图绘到底。在先行启动区中，着力构建"十字走廊引领、空间复合渗透、人文创新融合、立体网络支撑"的功能布局。

（七）生态惠民案例

1. 上海生活垃圾分类

2019年7月，《上海市生活垃圾管理条例》正式实施，在全国率先对垃圾分类进行立法管理，将生活垃圾分为干垃圾、湿垃圾、有害垃圾和可回收物4个种类。上海市作为常住人口超过2400万的超大型城市，生活垃圾分类对城市精细化管理提出了很高的要求。从政府部门到基层社区，遵循"全生命周期管理、全过程综合治理、全社会普遍参与"理念，全力推进生活垃圾全程分类体系建设。通过志愿者的前期指导，在法规正式实施之前，部分小区的垃圾分类水平已经达到法规要求。同时，为了保证法规落实，持续开展检查，对违规行为进行教育劝阻、责令整改、罚款等。

通过智能管理方法，提升垃圾分类效率。将居民楼的门禁卡和垃圾箱房绑定，居民投放垃圾需要刷门禁卡；投放完毕，智慧社区管理平台会自动登记垃圾箱房的刷卡人员、开门时间、刷卡次数和绿色账户积分。在湿垃圾桶闸门上安装小型摄像头，与小区管理平台联网。一旦环卫部门发现错误投放的垃圾，调取相应编号垃圾桶的视频资料，通过居委会与投放不到位的居民沟通（图4.8）。生活垃圾分类，人民群众是源头、垃圾收运是中端、处置环节是末端。除了统一的末端处置，上海市积极探索部分湿垃圾就地减量、处置的好办法。

图4.8　上海市垃圾分类智能回收设备
来源：光明日报

垃圾随手分类已成为上海市居民的日常习惯。以精细化的管理推动精准化的分类，促进了资源的节约使用、循环利用，使城市环境更加清洁，增强了人民群众的美好生活感受。

2. 成都市生态惠民示范工程

成都市紧扣人民群众对美好生活环境质量的需求，大力开展生态惠民示范工程，推动实现"天蓝、水清、景美"的生态环境。在"天蓝"方面，出台了《成都市大气污染防治条例》，发布全国首个臭氧重污染天气应急预案，建设道路交通空气质量监测站。在"水清"方面，成都市实施天府蓝网建设，推进流域生态环境综合治理。在"景美"方面，成都市实施"五绿润城"重大生态工程。

同时，以绿色生态场景营造为载体，成都市打造"三生"融合新空间，推动绿色场景向新商业、新消费和新生活场景转变，建成多个公园城市示范片区。推动示范项目串珠成链，加快形成主题鲜明、差异发展的生态惠民场景格局，增强人民群众可感可及的美好体验。

二、核心价值

这些案例分布在我国的不同地区，时间跨度从新中国成立初期持续到现在，生态保护修复类型涉及治沙止漠、水生态修复、自然保护区修复、矿区生态修复、国土综合治理等，对我国乃至全球生态保护修复具有示范和借鉴作用。面对当下的资源紧缺、生态环境破坏、气候恶化等问题，通过大力培育与弘扬生态文化，推进生态文明建设。

筚路蓝缕、硕果盈枝。新中国成立初期开始的八步沙、右玉等案例，是在艰苦的条件下实施生态保护修复工程，格外鲜明地体现了人们改变自身行为方式，并与自然和谐相处的决心，也体现了人民群众面对恶劣生存环境的韧性。这些工程孕育的八步沙精神、右玉精神等，作为一种生态文化精神，支撑生态文化的培育与弘扬，从而促进生态文明建设。

继往开来、玉汝于成。其后的河南小秦岭国家级自然保护区矿山环境生态修复治理、广东湛江红树林造林项目、浙江杭州西湖区双浦镇全域土地综合整治与生态修复等生态修复案例，更多地运用了创新技术，并充分发挥生态保护修复工程的经济社会效益，形成了可持续的发展模式。

（一）国际层面：推动形成人类命运共同体的生态构建路径

2015年9月25日，联合国可持续发展峰会上通过了《变革我们的世界：2030年可持续发展议程》。这项议程是"为人类、地球与繁荣制订的行动计划。""决心阻止地球的退化，包括以可持续的方式进行消费和生产，管理地球的自然资源，在气候变化问题上立即采取行动，使地球能够满足今世后代的需求。"

2017年1月18日，习近平总书记在联合国总部发表《共同构建人类命运共同体》的主旨演讲时，强调"我们要倡导绿色、低碳、循环、可持续的生产生活方式，平衡推进2030年可持续发展议程，不断开拓生产发展、生活富裕、生态良好的文明发展道路"。因此，生态文明是构建人类命运共同体的重要内容之一。

几千年前的中国，大洪水对人们的生存形成了巨大的威胁。早期人们通过共同治水，提升了社会的组织化程度，推进了早期国家文明的形成。当下的世界再次面临生态危机，只有通过全人类的通力合作，才能有效应对。工业文明之前的时期，由于人类对自然现象的认识不足而敬畏自然。基于当下的情况，我们需要重新思考人与生态的关系，以再次实现文明进程的飞跃。

农业文明、工业文明时期，在不同共同体之间实现的是先进技术、商品经济思想的扩散；生态文明时期，不仅需要生态技术交流，更重要的是全人类合作。当前的世界政治格局呈现多极化、多文明的特征，在处理全球共同事务的过程中，可以促进更广泛的文明交流，增进不同文明间的理解，有利于推进构建人类命运共同体。树立生态文明的大旗，为地球可持续发展的未来作出中国贡献。

（二）国家层面：推进中国生态文明体系的建设

《中华人民共和国国民经济和社会发展第十四个五年规划和2035年远景目标纲要》提出："坚持绿水青山就是金山银山理念，坚持尊重自然、顺应自然、保护自然，坚持节约优先、保护优先、自然恢复为主，实施可持续发展战略，完善生态文明领域统筹协调机制，构建生态文明体系，推动经济社会发展全面绿色转型，建设美丽中国。"

气候变化已经是全球性问题，温室气体排放对全球生态系统造成了威胁。2020年9月，中国在联合国大会上向世界宣布了2030年前实现碳达峰、2060年前实现碳中和的目标。

生态文化的培育与弘扬，使中国开始向生态文明的高级阶段迈进，有利于实现绿色、低碳的可持续发展，遵守碳达峰、碳中和的承诺，推进生态文明体系的建设。

（三）公众层面：以绿水青山满足人民群众的美好生活需求

根据弗洛伊德的观点，美、清洁的特点，在文明中同样不容忽视（西格蒙德·弗洛伊德，2007）。而以往粗放的经济社会发展模式造成了大气污染、水体污染、土壤污染等，已经对生态环境造成了不利影响，降低了人民群众的生活质量。通过培育、弘扬生态文化，合理利用生态资源，形成绿水青山的生活环境，建设美丽中国，满足人民群众的美好生活需求。

第四节　生态文化培育与弘扬展望

继承、发扬中国历代的生态文化哲学、生态文化精神，浸润到生态文明建设实践中，实现经济发展绿色化、能源利用清洁化、生态产品价值化、消费绿色化，推进无废社会建设、污染防治攻坚、水安全保障、海洋生态保护与全球治理、"山水林田湖草沙"一体化保护修复等。推进生态文明建设体系的创新，形成中国对全球可持续发展的贡献。以农业生产为背景的中国传统文化，历来重视人的生产、生活与生态环境的相互协调。近现代时期，同样涌现出一系列以生态环境保护修复为核心的光荣事迹。习近平总书记对右玉精神作出重要批示："'右玉精神'体现的是全心全意为人民服务，是迎难而上、艰苦奋斗，是久久为功、利在长远"，其中"久久为功、利在长远"契合生态环境保护的"功在当代、利在千秋"；塞罕坝精神的内涵是"牢记使命、艰苦创业、绿色发展"，其中，绿色发展契合生态文明中"五位一体"总体布局的要求。

中国特色的生态文化实践方法和生态文明理论体系的构建，仍需要不断探索。当下我国生态文化正处于从初步培育到牢固厚植的发展阶段，随着相关工作的推进，在不断完善顶层设计的基础上，将生态文化向全社会推广、普及，推进生态文明建设。生态文化是对全体社会成员行为特征的描述，因此，在生态文化的培育与弘扬中，宣传教育是基础。生态文化在全社会的普及、弘扬，仍需从不同年龄、不同职业的人群入手，理论与实践结合，同时结合丰富多样的媒介形式，加强生态文化的宣传教育。

（本章执笔人：刘炯天、吕红医、蒋非凡、高明灿、符飞）

第二篇　创新驱动篇

第五章　经济产业发展绿色化

新中国成立以来，国民经济总量实现了快速积累和扩展，同时驱动国民经济发展的"引擎"也不断实现进化，尤其十八大以后，我国经济已逐渐由高速增长阶段向高质量发展阶段转化，并正在实现从资源依赖到创新驱动历程的转化。以产业绿色发展为目标和核心的国民经济发展模式，旨在实现社会发展、资源环境保护的协同共进，并以创新发展为核心驱动，实现国民经济的转型发展。

第一节　产业绿色发展理念提出及进展

一、产业绿色发展理念提出

产业绿色发展是国家生态文明建设的迫切需求，也是深入实现国家经济绿色跨越发展的需要。绿色发展应满足产业发展过程中资源、生态环境和社会发展的高度协调统一，并不局限于某个或几个具体产业，注重实现社会要素的高度协同发展及统一（陈飞翔和石兴梅，2000；林毓鹏，2000；何潇，2008）。产业绿色发展应重点包含系统性、高科技性、国际性、示范带动和价值叠加等关键特征，遵循生态环境保护和绿色资源开发的基本要求。

（一）国家生态文明建设的迫切需求

2017 年 10 月 18 日，习近平总书记在党的十九大报告中指出："我们要建设的现代化是人与自然和谐共生的现代化，既要创造更多物质财富和精神财富以满足人民日益增长的美好生活需要，也要提供更多优质生态产品以满足人民日益增长的优美生态环境需要。必须坚持节约优先、保护优先、自然恢复为主的方针，形成节约资源和保护环境的空间格局、产业结构、生产方式、生活方式，还自然以宁静、和谐、美丽"。其中，产业结构的发展应符合"节约资源和保护环境"的基本要求，即落实绿色产业发展，加快形成节约资源和保护环境的空间格局、产业结构、生产方式、生活方式，把经济活动、人的行为限制在自然资源和生态环境能够承受的限度内，给自然生态留下休养生息的时间和空间。2019 年 3 月，由国家发展和改革委员会、工业和信息化部、自然资源部和生态环境部等部门联合印发的《绿色产业指导目录（2019 年版）》体现了国家着力发展绿色产业、培育产业发展新动能、实现产业–资源–环境协调发展的目标和决心。

（二）贯彻落实碳达峰、碳中和目标和环境保护要求

生态环境部部长黄润秋发表的署名文章《把碳达峰碳中和纳入生态文明建设整体

布局》中提出，"促进产业结构、能源结构、交通运输结构、用地结构绿色低碳转型，建立健全绿色低碳循环发展的经济体系，助力构建新发展格局，实现更高质量、更有效率、更加公平、更可持续、更为安全的发展"。在绿色低碳产业支撑下，有助于深刻推动经济绿色发展，强化落实碳达峰、碳中和目标的达成。实现产业绿色化发展，强化建立高效、健康的产业生产–使用–输出途径，真正减少污染物的排放和对生态环境的影响。

（三）国家经济高质量发展的必然途径

习近平总书记指出，绿色发展是构建高质量现代化经济体系的必然要求。在国内经济由高速发展向高质量发展转变、国际商业贸易不稳定因素并存的关键阶段，具有科技含量高、资源消耗低、环境污染少等属性的产业绿色发展路径高效响应经济高质量发展的主要要求。应强化构建和深入推广以"科技创新"为驱动、以"资源环境集约利用"为需求的绿色发展模式。

工业、农业、服务业等行业，如何实现绿色发展？产业发展路径从轻科技、高能耗、高污染向重科技、低能耗、无污染进行转变，是推动生态文明建设的重要驱动力。

二、基于生态文明思想的产业绿色化发展历程

坚定遵循和落实习近平生态文明思想，中国坚持促进经济社会发展的全面绿色转型，走中国特色新型工业化、信息化、数字化、城镇化、农业现代化的道路，取得了令人欣喜的成就。

改革开放以来，中国在实现经济高速发展的同时，强化调整产业结构和推动产业绿色发展，服务业所占比例已于 2012 年超过第二产业，成为国民经济第一大产业。3 次产业的结构比已由 1978 年的 27.7∶47.7∶24.6 转变为 2021 年的 7.3∶39.4∶53.3（国家统计局，2021b），服务业占比提升幅度最大。强化推动了绿色技术的高效研发。在工业方面，中国已经成为全球工业体系完善度和产业链完整度最高的国家，成为名副其实的世界工厂和制造业中心（中国社会科学院工业经济研究所，2021），强化科技创新投入，充分依托全球资源和市场环境推动工业结构调整，2013 年习近平总书记提出的"一带一路"倡议充分实现了国内工业结构的调整和发展模式的推广。政府大力扶持数字经济、新能源、节能环保、生物、新材料等战略新兴产业，果断淘汰煤炭、钢铁、水泥等落后产能，强化传统产业的绿色升级转化，实现了设备技术的更新。十八大以来，农业绿色发展加快推进，农业科技进步贡献率已经突破 60%，农作物良种覆盖率稳定在 96% 以上，耕种收综合机械化率达 71%，支撑保障粮食产量连年稳定在 1.3 万亿斤[①]以上。产业生产过程向绿色化和低碳循环化发展，推进了企业循环化生产模式和园区循环改造，设立了大批生态工业园区，实施了多项近零碳排放区示范工程。创新发展的主导作用日益加强，国家对科研投入力度增加及经济发展新动能持续提升（图 5.1）。在经济体制和科技体制改革推动下，国内企业的发展从依靠区域资源和技术引进逐步转向自主创新引领发展，全国企业和规模以上企业研发支出规模与增速稳步增加，体现了生态文明建设理念下对科技创新引领驱动的重视与政策牵引，经济发展新动能也持续提升。

---

① 1 斤=500g，下同。

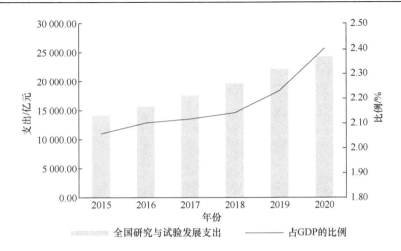

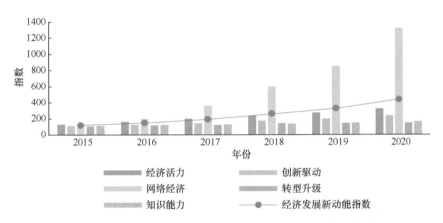

图 5.1　国家对科研投入力度增加及经济发展新动能持续提升

（国家统计局，2021a；国家统计局社会科技和文化产业统计司和科学技术部战略规划司，2021）

在"十四五"以及以后相当长的一段发展时间，中国仍要坚持走产业绿色化发展的道路，强化结构优化升级和创新资源投入，构建资源节约循环、生态环境友好共生、数字化高效调控的绿色产业发展及调控体系。

第二节　农业绿色化转型升级

一、农业绿色化发展的需求

农业绿色化发展是满足人民美好生活期盼的迫切要求，农业、农村、农民问题是关系国计民生的根本性问题。随着国家经济的高速、高质量发展，人民对绿色优质农产品、美好农村环境的需求日益增加，亟须在现有农业、农村发展基础上进一步强化农业绿色化发展和转型升级。习近平总书记强调，坚持把实施乡村振兴战略作为新时代"三农"工作总抓手；促进农业高质高效、乡村宜居宜业、农民富裕富足。同时，他强调，没有农业现代化，没有农村繁荣富强，没有农民安居乐业，国家现代化是不完整、不全面、不牢固的。

全面推进乡村振兴、加快农业农村发展现代化的关键时代背景决定农业要绿色化发展。构建乡村振兴、农业农村发展现代化的新格局，则需强化促进城乡经济循环，从科技创新资源中谋划科学技术方案，出路仍在农业绿色发展。国内的农业基础仍不稳固、农业污染问题依然突出，迫切需要农业绿色化发展驱动农业高质量发展，强化科技创新资源融入与乡村产业转型升级。

二、中国农业绿色化转型发展历程

中国农业绿色化转型发展历程与国家经济发展、现代化历程息息相关。新中国成立初期，农业的绿色发展"萌芽"主要以农林业、农业水利及水土流失防护为主，这为后续我国农业绿色发展理念的形成及实施奠定了重要基础。新中国成立以来，我国农业绿色发展取得了较大成就，发展阶段可总体分为"农业绿色发展初步探索阶段"、"量、质并重的调控阶段"和"十八大后农业绿色发展的突破创新阶段"三大阶段（冯丹萌和许天成，2021），如图 5.2 所示。

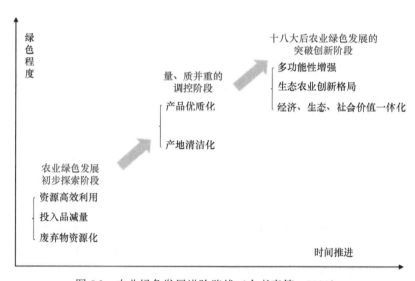

图 5.2　农业绿色发展进阶路线（金书秦等，2020）

1）农业绿色发展初步探索阶段（1978～2000 年）。在该发展时期，国内经济发展规模大、速度快，农村农业发展的主要形式为家庭联产承包责任制，农民生产积极性得以大幅度提高。在此阶段，国内对农业绿色发展进行了大量的有益探索。农业绿色发展的法律政策支撑体系得以初步构建，在农业发展过程中提出走对生态环境保护有利的道路，也将绿色发展融入各产业的发展规划中（冯丹萌和许天成，2021）。绿色发展理念得以体现，作为农业绿色发展关键要素的科技资源的融入和发展水平得以持续提升，施肥、灌溉、病虫害防治、农药研发等方面的科技研发和推广水平持续增强。基于农业绿色发展的工作机制和支撑体系初步形成，在农业发展过程中的资源高效利用、投入品减量和废弃物资源化等方面初步建立工作机制，形成了早期一批进行农业绿色发展研发和推广的专业技术人员。生态农业、有机农业理论体系也得以形成并展开了相关的试点试验工作，其发展得以快速推动。该阶段为农业绿色发展奠定了良好的条件基础。

2）量、质并重的调控阶段（2001～2012 年）。该阶段是农业绿色发展的关键时期，也是国内农业由注重产量规模化发展向量、质并重发展的转变时期，经济价值实现与生态资源可持续发展过程得以初步共同实现。国家高度重视农业绿色发展，在绿色农业示范区、示范基地建设和推广方面取得长足进展。农业生态保护与经济发展之间的耦合关系不断增强，量、质并重的低碳农业发展模式逐步完善和持续发展。在此阶段，农业绿色发展的法律保障、财政支持、科研项目研发支撑体系得以落地和强化，一大批产品优质化、产地清洁化的农业产品及相关服务持续产出。

3）农业绿色发展的突破创新阶段（十八大后）。十八大后，我国顺利完成了新时代脱贫攻坚目标任务，也进入全面建设小康社会的关键时期。在经济高质量发展转型的关键时期，农业绿色化发展也进入高速、高质量发展的新时期。农业绿色化发展与生态文明建设的有效融合与持续促进过程进一步强化。2015 年，十八届五中全会通过了《中共中央关于制定国民经济和社会发展第十三个五年规划的建议》，提出了农业绿色发展理念，强调大力推进农业现代化，走产出高效、产品安全、资源节约、环境友好的农业现代化道路。2017 年中共中央办公厅、国务院办公厅印发的《中共中央　国务院关于创新体制机制推进农业绿色发展的意见》中要求加快推进农业供给侧结构性改革，推进农业绿色发展。党的十九大报告则把农业绿色发展上升为国家战略，明确农业绿色发展对保障国家食物安全、资源安全和生态安全的作用。2018 年中央一号文件《中共中央　国务院关于实施乡村振兴战略的意见》提出以绿色发展引领乡村振兴，推进乡村绿色发展，打造人与自然和谐共生发展新格局。2019 年，农业农村部印发《农业绿色发展先行先试支撑体系建设管理办法（试行）》，提出国家农业绿色发展先行区需从技术、标准、产业、经营、政策、数字 6 个方面建立农业绿色发展支撑体系，加快形成一批可复制、可推广的典型模式，为深入推进全国农业绿色发展提供借鉴和支撑。2021 年 8 月，由农业农村部、国家发展和改革委员会、科技部、自然资源部、生态环境部、国家林业和草原局联合印发《"十四五"全国农业绿色发展规划》，对农业绿色发展重点任务和安排进行了规划，强化了加强农业面源污染防治及生态修复的工作安排，对农业绿色发展的主要指标进行了量化要求。

三、农业绿色化发展的方向和路径

瞄准农业绿色化发展关键要素，强化补齐发展目标。在未来发展中应注重农业绿色化发展的核心要素：资源节约、生态保育、环境友好、产品质量，关注资源环境承载力的基准，深入强化农业资源高效、集约利用，达到生态保育的根本要求，实现绿色产品供给。

强化科技创新驱动在农业绿色化发展中的核心推动作用。未来农业绿色化发展需时刻把握科技创新在推动农业绿色化发展过程中的"引擎"作用，强化农业科技创新技术及集成在种植业产品研发、信息管理、农业管理智慧调控及生态环境修复方面的突出作用。逐步实现科技创新技术在农业绿色发展方面的匹配和延伸，实现从先行先试综合试验平台向农业试点区域的高效转化。

（一）种植业绿色发展应重点推动科技创新的高质量发展

在"十四五"及未来发展过程中，要强化依托科技进步和机制创新，以提高农产品质量安全、效益为突破口，以资源节约、环境友好为基本要求，以促进农业增效、农民增收为根本任务，推进种植业供给侧结构性改革，促进粮经饲统筹，农牧渔结合，种养加一体，第一、第二、第三产业深度融合发展，加强种植业生产过程中的生态环境保护与治理，推进清洁种植、绿色种植、循环种植，适度调整种植制度，提升种植效益、农产品质量和市场竞争力，促进种植业持续稳定发展。

1. 强化科技创新元素的融入，促进种植业生产方式转变

组织农业领域科研单位和种子企业开展联合育种攻关，加快培育一批高产稳产、附加值高、适宜机械作业、肥水高效利用、农药使用量锐减的新品种。应加快选育专用青贮玉米、高蛋白大豆、高产优质高抗苜蓿等品种。强化沟通协调，积极推进西北、西南、海南等优势种子繁育基地建设。加快推进种业领域科研成果权益分配改革，积极探索科研成果权益分享、转移转化和科研人员分类管理机制，激发种业创新活力。以绿色生态环保、资源高效利用、提高生产效率为目标，开展跨学科、跨区域、跨行业协作攻关，集中力量攻克影响单产提高、品质提升、效益增加和环境改善的技术瓶颈，集成区域性、标准化、可持续高产高效技术模式。推进"互联网+"现代种植业，应用物联网、大数据、移动互联、人工智能等智慧技术，推进种植业全产业链智能升级，把生产管理、科技创新、农资监管、技术推广服务等环节有机衔接起来，形成指挥调度、生产管理、科技推广、监管服务一体化综合服务平台，提升种植业综合管理和服务能力。加快现代信息技术在病虫害统防统治、肥料统配统施等服务中的运用，催生跨区域、线上线下等多种服务，在时间和空间上创新服务形式、拓展服务内容。改进施肥方式，推广新肥料新技术，加快高效缓释肥、水溶性肥料、生物肥料、土壤调理剂等新型肥料的应用，集成推广种肥同播、机械深施、水肥一体化等科学施肥技术，实施有机肥替代，推进秸秆养分还田，因地制宜施用绿肥，鼓励引导农民增施有机肥，提高有机肥资源利用水平。推进病虫害统防统治和农药减量，重点在小麦、水稻、玉米等粮食主产区和病虫害重发区，扶持一批装备精良、服务高效的病虫害专业化防治服务组织，扩大统防统治覆盖范围，提高防治效果。推进病虫害绿色防控，建立一批农作物病虫害专业化统防统治与绿色防控融合推进和蜜蜂授粉与病虫害绿色防控技术集成示范基地，推广一批绿色防控技术模式，培养一批技术骨干，加快应用物理防治、生物防治等绿色防控替代化学防治，减少化学农药用量。推进精准施药减量，以新型农业经营主体、病虫害专业化防治服务组织为重点，推广高效低风险农药和高效大中型施药机械，提高农药利用率。进一步强化农业生产者、消费者、决策者（农业相关部分）的数据源建立和共享机制，建立农业生态传感器网络，并将遥感技术与原位传感器充分融合，借助时空尺度的历史及现有数据为决策者提供有效的路径选择（图5.3），充分降低农业生产的成本、污染，提升农业产品产出的经济和生态价值（Zaks and Kucharik，2011）。

2. 构建新型农业经营体系，促进种植业经营方式转变

应发展农业适度规模经营，并使之与当地农村劳动力转移程度相协调，与工业化、城镇化发展水平相适应。积极探索农业经营新模式，促进公司化、园区化的农业实验区发展，利用新型农业经营主体的规模优势，降低农业生产成本，提高土地资源利用效率。

制定合理的土地流转制度，使土地由分散化经营向规模化经营转变，提高组织化程度。应分步稳妥地进行土地承包经营确权、土地流转监督、规模化组织和服务体系建设以及优惠政策实施等，以此实现土地规模经营的适度推进和新型农业经营方式的发展。

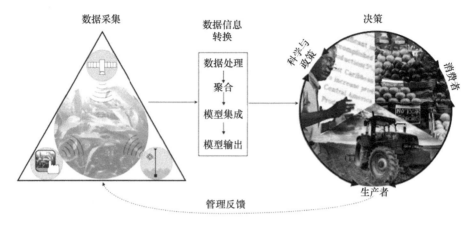

图 5.3　基于农业生态传感器网络的数据系统建立（Zaks and Kucharik，2011）

3. 培育壮大新型农业经营主体

对于现有农业产业化龙头企业，按照扶优、扶大、扶强的原则，加强政策引导，发挥其对相关产业的带动作用；对于发展中的农民合作社，创新政府资金支持形式，加快培育一批管理规范、效益明显的示范社，因地制宜地发展多样化的农民合作社。从建立适当规模的土地合作农场入手，逐步实现由松散的合作农场向专业化的合作社过渡；从维护农户利益出发，尊重农户意愿，逐步实现农户利益的增加和农场整体效益的最大化。应加快培育高素质农民。加强现有务农人员培训，使之尽快实现由传统农民向新型农民的转变。吸引外部人才，在完善"大学生村干部""三支一扶"等优惠政策的基础上，加大政策创新力度，吸引高素质人才投身新型农业经营体系建设。

4. 完善种植业社会化服务体系

健全生产性服务，以农机服务为抓手，积极探索建立以农机股份合作公司、农机合作社等专业化服务组织为龙头，农机大户为主体，农机户为基础，农机中介组织为纽带的农机中介服务体系，形成以市场为导向，以服务为手段，集示范、推广、服务为一体的新型多元化农机服务机制。完善农业信息服务机制，加快农村信息网络建设，尽早实现县乡联网，并逐步联网到村；开办专门的农业信息智慧服务网站，提供农产品市场行情、农业科技成果、国家惠农政策、招商引资等方面的信息服务，实现信息资源共享；打造农业信息电子商务平台，通过合作社体验式发展，起到示范性引领作用。改善农村商品流通服务，加强农产品批发市场等流通领域技术设施建设，实现公益性和市场化双重目标；支持流通企业做大做强，推动商品交易市场和商业企业转型升级，大力发展第三方物流，提高流通集约化水平；加快流通网络化、数字化、智能化建设，促进线上线下融合发展，积极发展农村电子商务。加强农业金融保险体系建设，深化农村金融改革，鼓励地方政府和大型企业出资建立担保基金，同时，引导新型农业经营主体积极参加农业保险，提高保费补贴比例，降低农业生产面临的自然环境、市场变动等风险。

（二）畜牧业绿色发展核心是推动绿色养殖、统筹种养

坚持"创新、协调、绿色、开放、共享"的发展理念，按照高产、优质、高效、生态、安全的要求，始终坚持转变畜牧业发展方式"一条主线"，紧紧围绕保供给、保安全、保生态"三大任务"，持续推进畜禽标准化规模养殖，大力推进种养结合绿色循环发展，稳步扩大"粮改饲"试点，促进草食畜牧业增收增绿协调发展，加强饲料和畜产品质量安全保障，不断增强畜牧业综合生产能力和可持续发展能力，实现畜牧业现代化发展，创新推动畜牧业第一、第二、第三产业融合发展，增加农牧民收入，努力实现畜禽养殖业与美丽乡村建设互促互带、和谐发展。

1. 强化绿色养殖与科技引领的驱动作用

发展绿色养殖是破解目前制约我国养殖业可持续发展的食品安全、成本天花板和环境污染等问题的核心路径，也是增强我国畜牧业内在竞争力的最终选择。充分利用区域的畜牧业技术与人才优势，借助区位优势技术条件、自然资源优势与土地资源环境，强化形成具有区域特色的畜牧业绿色发展技术示范模式。注重农学、生命科学、农业工程、环境学、资源学等学科间交叉，尊重自然规律与畜牧业发展特点，以"人、动物与环境协调"为最终目标，研发适合我国区域特色的养殖业生产工艺技术与物质循环方法，并通过不断改进工艺技术设计、借助先进设备改善管理、使用清洁的能源和环保消毒药等，避免生产过程中污染物和温室气体的产生，减轻对人类和环境的危害，强化实现绿色生产。

2. 深化"粮改饲"，统筹种养结合，强化资源匹配

强化落实中央和农业农村部关于深入推进农业结构调整的政策，加快发展草食畜牧业，探索和落实"粮改饲"种植结构调整和"种养结合"的农牧业发展新途径，将种植和养殖、草和畜、产品安全和环境安全紧密结合起来，实现生态、经济和社会效益相统一。基于农业农村部在华北、东北和西北等省级、市级及县级区域开展"粮改饲"试点取得的经验、技术研发储备和人才资源，结合本地的区位优势、市场条件、资源禀赋、生态环境等因素，以玉米种植结构调整为重点，推进粮食作物种植向饲草料作物种植的方向转变，实现"节粮增效"和"增草增畜"，强化经济效益与生态效益。强化"绿色资源"饲草饲料的创新研发及高效入田过程，深入改良中低产田，提升土壤有机质含量和粮食产量。

（三）强化构建农业第一、第二、第三产业深度融合和生产要素相互渗透的发展模式

强化落实中央和农业农村部推进农村第一、第二、第三产业融合发展的具体政策，发挥农产品加工业引领带动作用，促进农产品加工业从数量增长向质量提升、要素驱动向创新驱动、分散布局向集群发展转变。在国内农村产业融合发展加快的较好形势下，需进一步高质、高效匹配生产要素，深入发展"农业+"多业态，优势发展鸭稻共生、中央厨房、休闲农业、智慧农业等主体，实现农村第一、第二、第三产业循环一体化示范工程建设、效益分析，提炼高质绿色的循环发展技术规则及产业园区建设路径。强化构建基于农业资源的产业链利益联结机制，各地总结推广"公司+合作社+农户""公司+基地+农民"等产业组织方式，强化带动农民增收。

（四）科技创新融入乡村振兴，实现农业环境改善

落实《中共中央　国务院关于加快推进生态文明建设的意见》和"乡村振兴战略"，深化环境保护创新技术在农业、农村环境改善领域的试点、推广和实质应用，推进农村厕所革命，实施农村生活垃圾高效治理，实现"废品买卖""垃圾无序丢弃"向"资源利用""环境服务"并举转型升级。推动环境污染治理技术、绿色材料、装备化技术及智慧管控在农村生活污水治理领域的应用。全面实施"三清一改"（清理农村生活垃圾、清理村内塘沟、清理畜禽养殖粪污等农业生产废弃物，改变影响农村人居环境的不良习惯）村庄清洁行动，加快建设农村公路和村道硬化，开展乡村绿化美化行动，因地制宜地提升农村建筑风貌。

（五）推动农业节水工程措施及管理措施的完善

优先推进粮食主产区、严重缺水和生态环境脆弱地区节水灌溉发展。除有回灌补源要求的渠段以外，应对渠道进行防渗处理。要平整土地，合理调整沟畦规格，推广抗旱坐水种和移动式软管灌溉等地面灌水技术，提高田间灌溉水利用率。在井灌区和有条件的渠灌区，大力推广管道输水灌溉。在水资源短缺、种植经济作物和农业规模化经营等地区，积极推广喷灌、微灌、膜下滴灌等高效节水灌溉和水肥一体化技术。因地制宜地实施坡耕地综合治理、雨水集蓄利用等措施。探索和研发高效、适宜各省实际节水发展需要的节水工程措施。统筹建立实现农业节水的管理系统并实施相应的有效措施，在"强化农业用水管理和监督"、"明确农业节水工程设施管护主体"、"加强水费计收与使用管理"、"完善农业节水社会化服务体系"和"推行农业节水信息化"等方面均实现节水管理系统和措施的建立。

"十四五"是我国农业绿色发展的重要机遇期，将以流域、县域为基本单元，从全域、全方位、全要素和全过程4个维度系统全面地推进农业农村发展绿色化转型。要以习近平新时代中国特色社会主义思想为指导，把绿色发展作为乡村振兴的重要引领，以推进农业供给侧结构性改革为主线，强化创新驱动和提质增效导向，加快转变农业发展方式，持续改善乡村生态环境，稳定增加绿色优质产品供给，提高农产品加工副产物综合利用水平，全面提升绿色发展效益，加快构筑从农田到餐桌的全产业链绿色化产业体系，统筹协调推进农业高质量发展和生态环境高水平保护。

强化执行和推动《"十四五"推进农业农村现代化规划》七大任务中的第二个任务："推进创新驱动发展，深入推进农业科技创新，健全完善经营机制，推动品种培优、品质提升、品牌打造和标准化生产，提升农业质量效益和竞争力"。同时应进一步推动任务中关于加强农村生态文明建设的内容，推进农村生产生活方式绿色低碳转型，建设绿色美丽乡村。在农村脱贫的基础上，进一步高效实施乡村振兴战略。

第三节 工业绿色化转型升级

一、工业绿色化发展的关键问题及需求

（一）国内工业生产体系现状及谋求高质量发展的时代背景需求

经过百年奋斗，中国已经构建了全球工业体系最为完善、产业链也最完整的工业门类，涵盖 41 个工业大类、207 个工业中类和 666 个工业小类的全部细分门类。工业规模巨大，国内工业产品和投资已经分别遍布 230 多个国家和 190 个国家，在全球工业产业链中占据重要的地位。从 2010 年起，中国制造业已赶超美国，中国成为全球制造业第一大国，至 2018 年，制造业增加值占全世界份额的 28%以上。从 2013 年起，我国超越美国成为世界第一货物贸易大国。但我国工业发展仍"大而不强"，存在结构性短板。我国工业产业的分工处于全球价值链的中低端，在工业软件领域、重型燃气轮机领域（重型燃机、中小型燃机和微型燃机）、高端电容电阻领域和数控机床领域仍有部分无法回避的关键短板和发展瓶颈问题，制造业的一些关键技术明显受制于人。近年来，全球贸易形势愈发趋于紧张，某些需引进的关键技术受到明显限制，也直接体现在原来的很多优势产业受到不同程度的打击。虽然国家层面已逐步推动并稳步实施"去产能"行动，而且取得了明显成效，但中低端产业产能过剩的问题一直存在，分布广且易复发。同时，战略新兴产业也出现了产能过剩的问题，某些产业，如光伏、风电、新能源汽车也在部分省份和区域产生过度分布、扎堆建设等关键问题。

（二）构建工业绿色低碳发展体系，实现碳达峰、碳中和目标

近年来，我国高技术含量产业和新兴产业加速发展，制造业企业运行情况改善，创新驱动发展能力增强，对于构建工业绿色低碳发展体系具有重要的推动作用。新材料和新能源汽车、新一代信息技术、生物、高端装备制造、新能源等战略性新兴产业均得到长足发展。但我们仍需清晰地看到，高新技术企业仍没有摆脱低水平发展的现状，"高端产业低端化"的弊病长期存在，过多的投资和创新资源流入了高技术行业附加值较低的下游环节，造成高端工业品的供需矛盾问题极其突出。目前，我国正在大步向工业发展的高端产业链迈进，强化实现碳达峰、碳中和目标。同时，我国在全球制造和产业链中的位置也发生相应变化，以往依靠技术引入来实现本地产业技术发展的路径和空间缩小，而原创创新技术的缺失已成为工业结构转型升级和绿色发展的关键制约因素。

二、工业绿色化转型升级发展历程

新中国成立以后至改革开放前，举全国之力发展工业，尤其是重工业得以迅速发展，建立了以鞍山钢铁公司为中心的东北重工业基地，并进一步巩固了原有东部沿海工业基地的发展。通过对外寻求援助及合作，自力更生，逐渐建立起完整、独立的工业体系（中国社会科学院工业经济研究所，2021），并初步形成了可促进工业发展和转型升级的科技发展体系及相关专业人才队伍。

（一）产业结构协调发展时期（改革开放后至加入世界贸易组织前）

十一届三中全会召开后，国家致力于采取一系列举措，推动了工业结构的调整，实现了重工业和轻工业的并举和协同推进，到 20 世纪 80 年代，重工业和轻工业的比例基本持平。在该阶段，国内的消费品需求量大，极大地带动了工业发展，也推动了我国工业向全面细致化分工、门类齐全的工业链体系发展。

（二）高速蓬勃发展时期（加入世界贸易组织后至十八大前）

加入世界贸易组织后，在基于廉价劳动力的工业产品代加工渠道和国内产品需求量持续增加的双重影响下，国内工业产业增加值每年都得以维持高速增长（10%以上同比增速）。在该阶段，以长三角、珠三角为代表的诸多制造业中心形成了人力和科技资源的吸引效应，辐射形成了一大批高新技术产业及园区。

（三）转型升级及绿色发展的关键时期（十八大后）

受国内外市场环境变化及国内经济增长进入"新常态"阶段的影响，工业增长逐步放缓，对国民经济增长的贡献小于服务业，占国民生产总值的比例不断下降。如图 5.4 所示，在 2012 年以后，全部工业增加值的同比增速均未超过 10%，在 2014 年及以后，降至低于 6.7%的水平；而在 2020 年，因全球经济整体发展萎靡，同比增速直接降至 2.4%。同时，在工业增长放缓及国内外贸易环境的直接影响下，规模以上工业企业利润基本维持在 6 万亿～7 万亿元，但同比增速下降明显，也远低于全部工业增加值的增速。在此阶段，国内工业企业发展进入转型升级及绿色发展的关键时期，注重提升工业企业发展的自主创新力，并着力向产业链的中高端进行迁移，强化企业发展创新资源与数字经济的高效融合。产业结构得以不断优化，"十三五"以来，高技术制造业、装备制造业增加值占规模以上工业增加值比例分别已达 15.1%、33.7%。能源资源利用效率、清洁生产水平显著提升，绿色低碳产业也初具规模。同时构建了绿色制造体系，这将是未来国家推动工业绿色发展的重要依托。

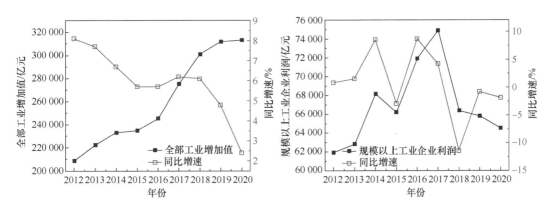

图 5.4　近年来全部工业增加值和规模以上工业企业利润及同比增速变化
（中国社会科学院工业经济研究所，2021）

三、工业绿色化发展的方向和路径

2021 年 11 月发布的《"十四五"工业绿色发展规划》中进一步对"十四五"期间国内工业发展需采取的工业领域碳达峰行动、推动产业结构高端化转型等九大方面的转型方向和行动进行了规划，具有重要的决策部署及目标指引作用。如图 5.5 所示，在强化落实《"十四五"工业绿色发展规划》的基础上，需进一步对工业发展过程中的新兴产业发展、创新资源融合等进行深化布局，强化工业创新发展政策对工业结构调整及技术进步的推动过程。

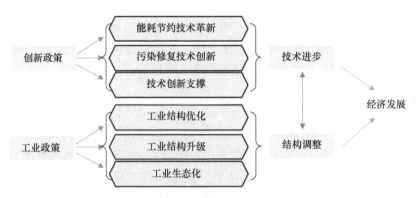

图 5.5 强化技术创新与工业结构调整推动经济发展（Zhou et al，2020）

（一）优化新兴产业布局，实现与传统产业的高效融合

需强化在新一代信息技术、新材料、新能源、生命科学等领域的高新技术及产业发展领域的自主权和领先权。进一步去除落后产能，产品不断向"高端化"推进，强化研发投入，推动智能产品的高效研发。抓住国内国际双循环，进一步结合碳中和与碳达峰目标，攻克行业核心技术，推动高新技术产业的高质量发展。加快传统产业绿色化改造关键技术的深度研发，围绕钢铁、有色、化工、建材和造纸等基础行业，研发新一代清洁高效、可循环的生产工艺和装备。面向节能环保、新能源装备、新能源汽车等绿色制造产业的技术需求，加强核心关键技术研发，构建支持绿色制造产业发展的技术体系。重点推动工业机器人产业、工业行业零碳工艺关键技术、绿色低碳交通关键技术、清洁能源产业等领域的高质量发展。

（二）聚焦和落实创新资源的融合及配置，实现投资和创新资源向高技术行业的汇聚

目前，中国在创新投入和产出方面快速增长，创新型企业产业集群式发展、上下游融合态势越来越清晰，局部制造业企业创新实力显著增强，高技术制造业产业升级在对外技术和大国博弈中起到关键作用。但仍需注意，中国技术创新仍然面临着基础研究与原始创新能力不足、产学研一体化有待加强、知识产权保护落后、创新要素配置存在偏差等问题。国内众多产业仍处于国际产业链的中低端，消耗大、利润低、受制于人。以技术创新驱动工业升级，摆脱部分高端科技领域受制于人的处境，具有极其关键的意义。

推动技术创新应在开放的市场中推进企业、高校、科研院所和不同区域间的协同创新。体制机制不完善、信息需求不对称、成果转化不顺畅等问题造成了人力资本、知识技术、资金设备、市场客户等各类科技资源在流动中没有有效结合，造成创新成本增加、效率降低。创新驱动是指在先进技术应用基础上的市场驱动，在协同创新共同体中，以利益协调机制优化推动相关主体深度合作，作为经济主导方的政府与企业，应在资金端加大投入，作为技术主导方的科研院所应在知识创新和技术开发上积极承担产业升级的课题业务，进一步明确工作重点和着力方向，拓展新技术、新产品市场应用空间，充分发挥双方在资源配置上的作用。

在工业数字化、人工智能、大数据、第五代移动通信技术等新技术的不断创新变革下，数字经济、互联网经济等新经济不断积累发展。推动智能制造，打造万物互联，彻底改造制造产品、过程、装备、模式和业态。聚焦"生产自动化+管理信息化"，以数字化、网络化、智能化扎实推进汽车、电子、航空航天、高端装备、绿色新材料的智能化升级。工业升级的落脚点在于能够制造生产与消费的商品，工业消费品的高质量升级提供更广泛的消费基础并促进大规模基建投资，加快国内发展布局，形成以国内大循环为主体、国内国际双循环相互促进的新发展格局，推进内需体系下的工业消费品更高质量升级。汽车、食品加工业、电力、计算机、纺织等基础消费品行业快速迭代，打造高质量终端市场，推动民营企业经济发展，激发社会活力，推动消费市场的技术驱动创新。

开拓新的技术领域，在工业产业领域完成整套的原创性创新是实现技术攀升的重要路径。例如，在新能源领域，由于动力电池、电驱动等关键零部件技术牢牢掌握在国内企业中，新能源车连续多年销量全球领先，在提倡节能减排的国际大环境下，新能源车技术的弯道超车对于实现动力电池企业在全球的领跑具有重大意义。在工业领域，强化突破性专利的申请、所有和使用，加速弥补特殊技术方面的自身差距；强化资金的持续不断投入，提升科研人员持续、深入进行研发的保障和热情。强化政府高强度的政策支持。进一步扶植企业进行创新，承担企业进行技术创新的部分风险，保护企业在技术创新后的合理收益；政府需要鼓励企业对技术创新进行持续的投入，结合财政税收及专利保护等政策协同支持；加强科研单位与企业的合作，互利共赢，发挥各自的优势；提高创新成果转化率，加快产业升级。

（三）促进绿色低碳技术的研发、落地应用和推广

整合资源、集中力量进行传感器、核心元器件、高端芯片、关键装备与材料、工业基础软件、零碳负碳技术等关键技术的攻关和研发，建立整合高校、科研院所、企业单位、工业园区四位一体的低碳技术创新研发、高效共享、联合攻关的创新联合体，进一步以强化绿色低碳技术的实际落地应用和解决关键制约问题为核心导向，鼓励规模以上企业牵头立项低碳技术研发及示范研究，真正产出可高效应用并能产生实际经济效益和环境效益的设备、产品及技术。以专项补贴、税收政策及绿色基金等渠道强化推动企业对绿色低碳技术的采纳、应用及核算，并实现应用效果、绩效与技术研发平台的高效反馈，从而持续推动绿色低碳技术的研发和目标导向发展。紧紧围绕数字经济发展的重要机遇和挑战，实现低碳技术研发及装备与大数据、云计算、人工智能的高效协同推进，发挥人工智能等智慧调控过程对技术研发中优化路径计算及潜力方案的精准预测功

能，推动绿色低碳技术的高效、智慧研发。强化建设工业过程中的高效循环产业链，实现废弃物的零填埋和资源化，逐渐将以往单纯的工业产品生产功能过程向"产品生产功能-能源转换功能-废弃物处理再利用功能"复合功能体系转换，形成以产品生产功能为主体和目标、以实现产品生产过程的能源高效转化再利用为附加升值过程、将各废弃物再利用生成其他产品为关键途径的工业生态链，实现低碳工业过程的资源高效循环（中国社会科学院工业经济研究所，2021）。

（四）通过体制和工业技术创新进一步实现绿色发展过程的共享机制

强化建立和发展可适应产业绿色发展的开放体制，实现国外开放和国内开放的高效协同推进（中国社会科学院工业经济研究所，2021）。通过开放政策及适宜平台的构建，推动拥有众多工业企业或单位的国家级高新区或经开区建成国家级产业发展及开放平台，设立特殊海关监管区域，赋予工业产品及技术的对外合作开放权限。在对内合作方面，强化建立工业领域省际区域协作发展共享平台，实现省际区域间工业产品、技术和创新资源的高效共享及资源配置，助推其高质量融合提升，通过建立和实施相关法律及制度，避免地方保护主义的发生。

建立和实施一体化"智能+"高质量公共服务体系及平台，强化公共服务体系的顶层设计、元素优化布置及区域试点推广工作。推动以省级和市级单位为基础，支持资源优势丰富、工业发展环境良好的区域率先建立和发展"智能+"高质量公共服务体系及平台，优化配置产业技术培训、远程教育、医疗资源、就业环境等要素，并实现其高效配置。地方单位也可设立专项经费或研究课题，以推动"智能+"高质量公共服务平台的优化设置及稳定运行。

（五）强化推动绿色工厂和生态工业园区建设

按照厂房集约化、原料无害化、生产洁净化、废物资源化、能源低碳化的原则分类创建绿色工厂。引导企业按照绿色工厂建设标准建造、改造和管理厂房，集约利用厂区。鼓励企业使用清洁原料，对各种物料严格分选、分类堆放，避免污染。优先选用先进的清洁生产技术和高效的末端治理装备，推动水、气、固体污染物资源化和无害化利用，降低厂界环境噪声、振动以及污染物排放，营造良好的职业卫生环境。采用电热联供、电热冷联供等技术提高工厂一次能源利用率，设置余热回收系统，有效利用工艺过程和设备产生的余（废）热。提高工厂清洁和可再生能源的使用比例，建设厂区光伏电站、储能系统、智能微电网和能源管理中心。

在绿色工厂"个体"建设的基础上，进一步强化建设生态工业园区（杜真等，2019；吕一铮等，2020；Hu et al.，2021）。以企业集聚化发展、产业生态链接、服务平台建设为重点，推进绿色工业园区建设。优化工业用地布局和结构，提高土地节约集约利用水平。积极利用余热余压废热资源，推动热电联产、分布式能源及光伏储能一体化系统应用，建设园区智能微电网，提高可再生能源使用比例，实现整个园区能源梯级利用。加强水资源循环利用，推动供水、污水等基础设施绿色化改造，加强污水处理和循环再利用。促进园区内企业之间废物资源的交换利用，在企业、园区之间通过原料互供和资源共享，提高资源利用效率。推进资源环境统计监测基础能力建设，发展园区信息、技术、商贸等公共服务平台。目前，国内获批及正在建设的生态工业园呈增加趋势。生态工业园区的发展应进一步以提高整体资源利用效率和产出效率为目标，强化工业园区产业结构模型的设计和优化，实现园区管理的精细化、系统化和绿色化。

第四节　服务业转型升级

一、服务业转型升级的关键问题及需求

1）生产性服务业行业发展规模和社会化发展水平决定服务业需要转型升级。作为生产性服务业的直接服务对象，国内制造业的生产结构及规模直接影响生产性服务业的发展规模和水平。近年来制造业在经济发展占比中有所下降，制造业相对低端且链条较短，明显限制了生产性服务业规模、发展动力及水平。同时，关键核心技术尚受制于人导致跨越式发展受限，且因受疫情强烈冲击，各生产链条受到重大影响，造成生产性服务业的发展水平难以进一步提升。人才与技术的支撑明显不足，生产性服务业的技术创新、装备创新与人才储备尚缺乏，难以有效提升生产性服务业的行业结构。

2）生活性服务业蓬勃发展，但有效供给和质量标准明显不足，政策和环境匹配不到位问题仍需解决。基于经济发展背景分析，国家对生活性服务业的政策支持和硬件支持均有大幅度提升，尤其是国务院办公厅转发国家发展改革委的《关于推动生活性服务业补短板上水平提高人民生活品质的若干意见》，对生活性服务业的发展提出了系统要求和指导。同时，基于数字经济的生活服务行业持续高速发展，5G 网络建设及其应用加速推进了电子商务、移动支付、在线学习、远程会议、数据分析等分领域的发展，但全覆盖、全质达标的公益性基础性服务供给及场地设施短板仍明显存在，生活性服务业的标准不高、质量标准化体系未有效建立、试点和施行。具体细化到各地方的可施行政策仍需完善，匹配资源和运营环境也需强化落实。

3）科技资源高效融入与创新驱动服务业发展机制仍需建立和健全。创新是服务业转型升级的根本手段，也是实现服务业适应碳达峰、碳中和目标的关键路径。研发投入强度从 2012 年的 1.97%上升到 2020 年的 2.40%，其中软件研发服务业投入强度高达8.4%，整体科研经费投入体量大，充分表明了国家对科技创新投入力度的逐渐加大。但我们仍需看到，以研发投入和人力创新资源主导的产业价值链高端环节仍较少，较多是处于产业价值链低端的片段型服务业，难以形成产业与经济发展的良性循环。同时，生产性服务业相关企业的研发投入不足，也未建立起有效的集技术研发、实施为一体的企业创新发展运营模式，其与制造业的协同程度也相对较低。能有效、高效解决产业发展关键问题的高层次人才持续短缺，与科技驱动服务业产业发展相匹配的体系和标准仍有待建立。

二、服务业转型升级发展历程

新中国成立后，服务业的发展也经历了从缓慢发展、占国内生产总值比例较低到快速发展、多种服务业态百花齐放、在国内生产总值中的占比超过其他产业的总体过程。

在国内外环境变化下，对服务业的发展要求也由高速发展、追求量化向"量"和"质"协调推进发展的方向演变。

1）起步发展阶段（改革开放至 1990 年）。改革开放以后，国家对产业结构的调整和着力发展点逐步向服务业进行迁移，重视服务业发展的政策支持，服务业也逐步进入较快发展的阶段。20 世纪 80 年代，服务业增加值平均每年增加 10.9%，持续增长趋势明显，逐渐接近第二产业。

2）高速发展阶段（1991～2008 年）。国家持续增加对服务业的政策和战略导向支持力度，强化对服务业发展的结构调整、市场准入及对外开放支持力度，尤其在加入世界贸易组织后，产业对外发展的市场环境得以突破性提升和优化，加快了服务业发展速度，逐渐成为优化产业结构、提升人民生活幸福感、带动国民经济发展的重要驱动力。在该阶段，3 次产业增加值比由 1991 年的 24.5：41.8：33.7 转变为 2008 年的 11.3：48.6：40.1，且在国民经济发展及运行过程中发挥了关键作用。

3）量、质协同推进阶段（2009 年至今）。服务业发展迎来了结构调整、改革的关键时期。国家开始着力推动服务业的产业结构升级优化，列明现代服务业发展壮大的主要任务和目标，强化服务业的创新供给，对生活性服务业和生产性服务业的发展要素、提升方向及变革过程进行规划，并提出具体发展措施和机制。服务业占国内生产总值比例稳步提升，在 2021 年已达 53.3%，对经济增长贡献率达 54.9%，已然成为我国经济增长的最主要动力。"十四五"时期在高端制造业回流至发达国家、中低端制造业向其他发展中国家迁移的背景下，国家进一步制定和发布《关于推动生活性服务业补短板上水平提高人民生活品质的若干意见》《国务院关于印发"十四五"数字经济发展规划的通知》，推动构建现代服务业体系，加快实施服务业融合发展和创新驱动战略，继续推进服务业数字化转型和质量转型，对国民经济发展意义重大。

三、服务业转型升级的重点方向与实践

（一）强化构建创新人力资源培育–成长–持续增进的服务业人才培养体系

面对服务业价值链高端环节发展过程中的高端人才资源匮乏的问题，亟须构建创新人力资源培育–成长–持续增进的服务业人才培养体系，强化顶层人才资源培养体系的设计，实现在基础教育、职业技能教育、企业内部教育等领域教育资源的优化分配及高效共享，支持高等学校和职业学校深入开展差异化的创新人才培养，将职业技能培训实质化延伸至企业基层员工，在各地级市、县打造一大批高质量、有特色的人才培训、实训基地。

（二）强化发展"生态+"服务业，强化落实生态文明建设和"双碳"目标

强化发展依靠技术创新、管理创新，并按照生态学原理、生态经济规律，运用系统论方法全面规划、合理组织生产布局所形成的适应现代社会经济生活的"生态+"服务业，以落实生态理念为准绳，实现资源循环、综合利用和清洁生产。作为生态服务业的重要产品，拥有森林、田野、湖泊和草地等要素的国家公园，可提供恢复"山水林田湖草沙"的可持续和系统的生态服务功能，实现人与自然、人与动物、人与风景和谐共生。

目前环境和经济发展之间仍存在较大矛盾，促进"生态+"服务业发展，进一步由政府主导形式向以市场为导向的方式进行深层次转化，减少政府财政支付的压力。围绕"生态+"模式，形成生态服务业资源投入、生产运营及产品产出的全过程优化控制。

（三）推动服务业发展创新融合与科技驱动过程

亟须激活科技创新资源并增强其服务功能，实现科技创新对服务业发展的全面驱动。结合服务业发展的要素特点、结构布局和发展需求，落脚于当前包括关键技术研发设计、科技文化融合、电子商务、新兴公共服务和新兴消费服务等在内的服务业创新发展重点方向及共性工程技术问题，加大对高校、科研院所、科技创新企业等的科技创新资源整合力度，形成有专业差异特色、稳定补充且高度共享的科技创新资源平台，推进国家级科技服务业研究平台及实验室建设，提高科技服务业应用基础科技创新的能力。充分结合各省、地级市或县级高新技术产业园区、科技创业园区及经济技术开发区等的科技创新资源优势，围绕战略性新兴产业发展导向和需求，推动战略性新兴产业龙头企业与科技服务业产业基地合作，形成科技资源的高效协同攻关与共享，形成具有各自产业特色的、高水平的科技服务业集聚区和示范区。强化政府的宏观调控、统筹规划、政策引导、协调过程，使人力资源与研发费用充分进入高端产业链并稳定循环，以促进成果产出。

（四）强化生活性服务业的补短板过程，实现基础设施和运营环境的双重保障

强化落实《关于推动生活性服务业补短板上水平提高人民生活品质的若干意见》，有针对性地解决我国生活性服务业存在的有效供给不足、便利共享不够、质量标准不高等问题。通过强化基本公共服务保障、扩大普惠性生活服务供给等措施实现基础服务设施的匹配过程；推动社区基础服务设施达标，完善老年人、儿童和残疾人服务设施等，加快补齐服务场地设施短板。基于有序对外开放和建立稳定运行机制，打造适宜生活性服务业高质量发展的运营环境。

（五）强化数字经济与服务业高效融合，推动服务业高质量发展

牢牢把握数字经济发展的重大机遇和时代背景，运用数字经济和智慧化信息技术手段，实现服务业发展要素的信息高效整合、分析计算、智慧调控，对服务业发展各要素的高质量发展、要素间的协同推进过程进行精准核算和分析调控，促进服务业态、服务模式和管理模式的创新。以服务业高效、高质量造福居民发展为起点，实现数字化和智能化在服务业发展路径及模式选择过程中的高效运用，实现信息共享。

第五节　产业绿色发展的战略展望

国家产业绿色发展是国民经济高质量发展的核心体现，也是实现社会绿色协同发展的新范式。党的十八大以来，"十三五"顺利收官，在我国如期完成新时代脱贫攻坚目标任务和开启全面建设社会主义现代化国家新征程的关键时期，实现产业绿色发展和全面转型升级已成为解决诸多社会发展问题和实现经济跨越式发展的重要突破点。尤其在

疫情剧烈冲击和国际贸易环境震荡的双重夹击影响下，需进一步明确优化发展路径和全体系保障措施，强化实现产业结构优化及新旧动能的转化，推动实现新技术、新业态以及新模式的突破性进展及其与传统产业的高效衔接，实现数字经济对绿色低碳发展的强助力作用，推动碳达峰、碳中和与产业绿色发展的高效融合、协同推进过程，真正实现国民经济的创新发展。

一、强化建立健全产业绿色发展–低碳循环发展的生产体系

在贯彻落实《国务院关于加快建立健全绿色低碳循环发展经济体系的指导意见》要求路径的基础上，进一步提高工业、农业和服务业的绿色发展水平。

（一）保障农业战略地位，推动农业绿色发展

应强化落实农业的主体战略地位、充分保障粮食安全，提升粮食及相关农畜产品的战略资源地位。实现农业发展过程中科技元素、高效机械装备、信息化决策、良种化措施的高效融入，提高粮食资源的产量，驱动农业生产的现代化和尖端化。推动研究和使用可循环利用资源（包括地膜、附属品等），施用高生物降解性、柔和性的化学药剂，选择性培育可减少化学品使用的品种。推动发展"生态+"技术及产品，实现绿色生产过程、绿色食品、有机农产品的标准化、认证化及安全化。高效发展生态循环农业，构建农业第一、第二、第三产业深度融合、生产要素相互渗透的发展模式，推动农业发展与文化旅游、健康养生、教育等产业的深度融合。

（二）实现工业绿色升级及创新驱动高效融合

强化落实《"十四五"工业绿色发展规划》，实现传统行业（钢铁、石化、化工、有色、建材、纺织、造纸、皮革等行业）产能调整、绿色改造升级过程。强化实现工业产业的绿色发展顶层设计及体系构建，推动绿色工业园区的优化设计和建设。发展以智能制造为主的数字化工业经济，拉动以"万物互联"为目标的信息技术产业、人工智能产业、数字化自造产业的发展，打造高质量的终端服务消费品，促进国内国际双循环的有效发展。推动工业产业发展过程中资源的一体化、绿色化使用，减少能耗物耗，确保产业的绿色化转型和高精尖良性发展。解决新材料及核心制造业的"卡脖子"问题，进一步完善新材料产业的生产、使用体系。解决高端制造业及特殊产品制造业的发展欠缺难题。

（三）实现"生态+"服务业的高速发展

未来绿色发展立足于当前包括研发设计、科技文化融合、电子商务、新兴公共服务和新兴消费服务等在内的服务业创新发展重点方向及共性工程技术问题，推动服务业创新发展步伐，加快服务业的信息化、电子化、高效化、平台化，提升服务能力和服务质量。推动"生态+"服务业发展，拓展服务绿色新行业。实现绿色生产方式及生活方式，逐渐摆脱和去除部分以资源依赖型为主的服务业类型。加速实现服务业绿色发展过程及产品的标准化及准入化。

二、实现从资源依赖到创新驱动历程的深度转化，推动产业绿色深化发展的科技创新驱动体系构建

国家对科技创新资源的投入和发展日益重视，在科研经费投入方面已有重要体现。通过顶层设计及资源高效匹配过程构建科技创新驱动体系，逐渐降低发展过程中对资源要素、投资要素的依赖，基于创新驱动体系的优化设计，实现各产业绿色发展的创新资源分配、成果转化及专业技术人员激励机制，形成产业绿色创新和资源高效生态循环的体系，推动经济高质量发展（图 5.6）。通过生产技术革新、智能决策影响、低碳循环发展、人才聚能创新等多途径及渠道实现产业的高效、绿色、循环发展。强化推动绿色低碳技术的高效研发及应用。基于产业发展的创新技术课题（或项目）的研究和转化是技术创新的关键，创新技术的高频率使用可促进技术市场的繁荣，并直接形成对技术创新的激励。科技创新需从单纯追求高产品产出率、高效能向解决严峻的综合社会和环境问题转化，高效降低工业能源消耗强度，推动绿色工艺和绿色产品的创新研发。强化人工智能、数字经济的发展，并实现智慧数据决策方式在产业绿色发展过程中的驱动作用，进一步实现人工智能及数字决策在工业、农业、服务业等相关各行业的路径调控过程。强化人工智能等大数据决策过程在工业绿色发展中的关键作用，增强绿色制造能力。

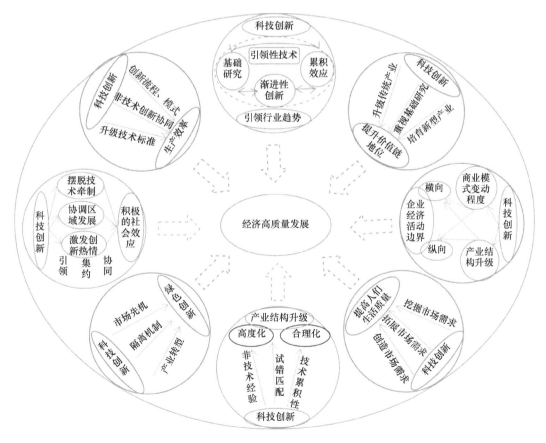

图 5.6　强化科技创新对产业经济发展的推动（陈劲等，2020）

全面、高效推行循环生产发展，促进工业企业、园区以及相关产业链元素的高效共生、资源共享及协同决策。实现绿色生态工业园区的高效建设和发展，推动绿色工业和绿色产品协同创新过程，积极引领绿色新兴产业发展新高地。建立和健全包含产品购进、生产、评估、销售、回收、运输为一体的工业绿色发展评估、决策体系，在工业4.0（第四次工业革命）阶段突出体现智慧工业发展新模式。

三、进一步建立和完善绿色产业发展的政策体系及落地实施过程

高效践行生态文明建设思想，强化推动产业绿色发展，需进一步建立和健全与产业绿色过程、清洁生产、资源循环过程相关的法律及法规制度，强化监督过程及机制的建立，根据实际运行状况，实现相关法律法规制度的调整及优化。形成和完善绿色生产过程中废弃物、废水、尾气等污染物的排放准入、总量控制、收费及排污量交易制度，强化污染物排放的动态管控。构建基于数字化信息高效决策功能的产业开放发展平台，鼓励尝试打造新一批产业绿色发展扩大开放综合试点等重点开放平台。充分发展和健全产业绿色发展的过程标准、产品标准及绿色认证体系，推动绿色发展过程标准化整体体系及规范的建立，形成绿色产品相关认证及产品质量标准，建立一大批产业绿色发展过程及产品监督的认证机构，有序推动产业发展的高质量化和标准化。同时，亟须大力发展支撑产业绿色发展的金融及税收制度，强化对绿色产业相关企业的上市推荐及税收的适度减免。

国务院各部门，各省、市及县级单位需建立优化顶层设计、部门间高效响应、协同推进落实的产业绿色发展推进制度，强化统筹协调和监督落实，各省及市级单位需根据各地禀赋条件和发展特点，制定各区域的产业绿色发展规划及落实路径，并根据每年度发展的先进经验及具体做法，形成推广、示范效应。构建适宜产业发展及绿色营商的环境氛围，加大宣传力度，积极宣扬典型个人及事迹，以及与产业转型升级和营造良好产业生态环境相关的报道，为推动产业绿色发展提供良好的舆论氛围。

（本章执笔人：刘炯天、张伟、左其亭、易小燕）

第六章　能源开发利用低碳化

绿色低碳是未来能源的发展方向，本章聚焦生态文明理念，结合实现碳达峰、碳中和目标任务以及能源绿色低碳化发展的总体布局，阐述能源开发利用低碳化理念及发展历程，分析当前形势及面临的挑战，结合能源革命的基本思路，分析科技创新对能源高效化、清洁化与绿色化开发利用以及低碳化发展的贡献，总结能源变革创新实践，并展望了能源低碳发展情景。

第一节　能源开发利用低碳化理念与布局

一、能源开发利用低碳化理念及发展历程

（一）低碳发展概念的产生与发展背景

低碳发展概念产生于全球气候变化的大背景下，表面上反映的是环境问题，实质上则反映的是经济竞争优势地位、能源发展和可持续发展的问题，由此引发了世界各国对气候变化问题的极度关注。最初被国际社会采用的低碳发展概念始于《联合国气候变化框架公约》（United Nations Framework Convention on Climate Change，UNFCCC），也被称作"低排放发展策略"（Low-emission Development Strategy，LEDS）。2007 年的联合国政府间气候变化专门委员会（The Intergovernmental Panel on Climate Change，IPCC）第四次评估报告中提出，能源基础设施的投资将对温室气体排放产生长期影响，需推广低碳技术并实现商业化（IPCC，2007）。而随后 2014 年发布的 IPCC 第五次评估报告中进一步强调了全球温室气体排放的持续增长态势和减排的紧迫性（IPCC，2014）（表 6.1）。此外，联合国环境规划署、联合国开发计划署、世界银行、世界自然基金会等国际组织也都启动了低碳发展的项目。低碳发展对于发达国家而言更多用于描述发达国家的经济转型行为，而对于发展中国家而言，低碳发展则是指发展中国家发展过程中实现低碳化的经济增长。

表 6.1　IPCC 评估报告中关于低碳发展的描述

年份	评估报告	主要内容
2007	IPCC AR4	未来能源基础设施投资决策将对温室气体排放产生长期影响，改进能源供应和配送效率，使用可再生能源，减少对单一能源的依赖，同时需要大幅度迅速推广先进的低排放技术并实现商业化；同时指出低碳发展对于发展中国家更具操作性
2014	IPCC AR5	进一步强调了全球温室气体排放的持续增长态势和减排的紧迫性，实现将温升（气温升高）控制在 2℃ 范围内的全球长期目标需要大规模改革能源系统并改变土地利用方式，二氧化碳移除技术成为关键的技术手段；发达国家有责任承担减排温室气体的义务，确保地球的可持续发展

关于低碳发展的概念，国外很多实践低碳发展项目的国际机构认为，低碳发展就是在经济发展的过程中实现低碳化，目的是实现经济的可持续增长。国外学术界对低碳发

展的理解更进一步,认为低碳发展过程是社会经济发展和人类进步的同时最小化温室气体排放的进程,该进程要求全社会公众的参与。国内学界明确对"低碳发展"概念的解读不多,主要是对"低碳经济"这一概念的定义和理解。国内学者对低碳经济的理解可以从狭义和广义两个方面来看,从狭义的角度基于碳排放强度对低碳经济进行了定义,从广义的角度基本涵盖了低碳发展的全部内容,认为低碳经济实质就是低碳发展的另一种表述形式(杜祥琬等,2016)。

回顾低碳发展历程,我国在应对气候变化的国际碳减排承诺与国内生态文明建设两个方面开展了大量的工作。我国自 2009 年的哥本哈根联合国气候变化大会上提出 2020年单位国内生产总值二氧化碳排放比 2005 年下降 40%~45%的碳强度控制目标之后,先后于 2013 年 11 月和 2014 年 9 月分别出台了《国家适应气候变化战略》和《国家应对气候变化规划(2014—2020 年)》,提出应对气候变化工作的目标要求、重点任务及保障措施,从此我国进入加快推进生态文明顶层设计和制度体系建设的阶段。2014 年又在《中美气候变化联合声明》中首次公开提出了 2030 年左右碳排放达峰的时间和目标,随后在 2015 年 6 月向联合国提交了应对气候变化国家自主贡献文件《强化应对气候变化行动——中国国家自主贡献》,其中提出了二氧化碳排放 2030 年左右达到峰值并争取尽早达峰、单位国内生产总值二氧化碳排放比 2005 年下降 60%~65%等,并在 2020 年后强化应对气候变化行动目标,要求低碳省(区)和低碳城市探索在不同地区尽快达到碳排放峰值的有效路径,明确提出碳排放峰值目标或总量控制目标。2021 年 10 月,国务院发布《中国应对气候变化的政策与行动》白皮书,又提出不断提高应对气候变化力度,不断强化自主贡献目标,加快构建"碳达峰""碳中和""1+N"政策体系。2022 年,国家发展和改革委员会与国家能源局联合印发了《关于完善能源绿色低碳转型体制机制和政策措施的意见》,提出到 2030 年基本建立完整的能源绿色低碳发展基本制度和政策体系并对推进能源绿色低碳转型作出了详细部署。总之,我国积极实施应对气候变化国家战略,大力推进构建清洁低碳能源体系,加快产业结构转型升级,大力推进生态文明建设,基本走出了一条符合中国国情的绿色低碳发展道路,取得前所未有的成就,可以说中国绿色低碳发展成果彰显大国担当。

(二)能源开发利用低碳化的含义

能源是经济增长、社会发展的重要物质基础,能源活动占全球温室气体排放总量的2/3 左右,推动能源体系向低碳方向转型是全社会低碳化的关键。能源低碳化涉及能源生产、加工转换、终端消费各个环节,是一项长期、复杂的系统工程。其含义有狭义和广义之分。从狭义上看,能源开发利用的低碳化主要指能源供给由化石能源为主向非化石、低碳清洁能源为主转变,即能源供应体系由相对高碳排放的能源形式转变为相对低碳排放的形式,降低单位能源生产和消费的碳排放强度。在各种一次能源中,水能、风能、太阳能、生物质能、地热能、海洋能等可再生能源以及核能都属于低碳能源。能源低碳化也是相对的概念,并没有绝对的标准。相对可再生能源与核能而言,化石能源属于高碳能源,但与煤炭和石油比较,天然气属于相对低碳能源。此外,能源低碳化并不仅仅是具体环节的低碳化,还需要考虑全生命周期的温室气体排放。例如,对于核能、风能、太阳能等不同非化石能源,虽然其供应的能源是零碳能源,但其生产、建设、运营环节包括原材料生产、运输等也会产生一定的温室气体排放。化石能源与非化石能源在全生命周期内的碳排放量如图 6.1 所示（World Nuclear Association，2011）。

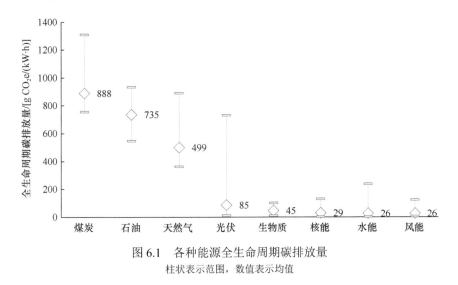

图 6.1　各种能源全生命周期碳排放量

柱状表示范围，数值表示均值

能源开发利用低碳化还要从生产和消费方面考虑，从广义上看不仅包括能源生产的低碳化，也包括能源消费的低碳化。一方面，能源生产供应与消费方式密切相关、相互作用，以相对低碳的能源供应满足不合理的高碳消费需求，仍然可能导致温室气体排放总量增加，并不是真正意义的低碳化。另一方面，能源生产和消费体系与发展方式、经济结构、技术水平、工业化和城市化模式等紧密联系，具有明显的公共物品和外部性特征，并且存在较强的"锁定效应"。对国家或地区而言，在推动能源结构低碳化的同时，更重要的是降低经济社会的整体温室气体排放、提升系统能源利用效率，这对引导低碳生产方式与消费模式，促进低碳城市化与工业化，推动低碳能源体系与信息化、智能化融合发展等提出了新的更高要求。特别是在全球积极应对气候变化背景下，伴随经济增长不断出现新的内容，社会转型加快，技术进步日新月异，全球化、信息化加速融合，各国探索能源和经济社会低碳发展的进程将持续深入。因此，在生态文明建设背景下，低碳发展涉及能源、环境、经济系统的综合协同问题。低碳发展的过程就是要在保持现有经济发展速度和质量不变甚至更优的条件下，降低对自然资源的依赖，通过改善能源结构，调整产业结构，提高能源效率，增强技术创新能力和能源的可持续供应能力、改善生态环境，从而实现能源、环境、经济这一复杂系统的和谐发展。

二、能源开发利用低碳化发展总体布局

我国在顺利实现哥本哈根承诺减排目标的基础上，国家主席习近平在第七十五届联合国大会一般性辩论上提出应对气候变化新的国家自主贡献目标和长期远景，中国将提高国家自主贡献力度，采取更加有力的政策和措施，二氧化碳排放力争于 2030 年前达到峰值，努力争取 2060 年前实现碳中和。根据规划，在"十四五"时期，生态文明建设进入了以降碳为重点战略方向、推动减污降碳协同增效、促进经济社会发展全面绿色转型、实现生态环境质量改善由量变到质变的关键时期。到 2025 年，非化石能源消费

比例将达 20%左右，单位国内生产总值能源消耗比 2020 年下降 13.5%，单位国内生产总值二氧化碳排放比 2020 年下降 18%，主要污染物排放总量将持续减少，为实现碳达峰奠定坚实基础。同时，根据国务院印发的《2030 年前碳排放达峰行动方案》（以下简称《方案》），将初步建立清洁低碳安全高效的能源体系，重点耗能行业能源利用效率达到国际先进水平，进一步提高非化石能源消费比例，突破绿色低碳关键技术等，提出到 2030 年，非化石能源消费比例将达 25%左右，单位国内生产总值二氧化碳排放比 2005 年下降 65%以上，顺利实现 2030 年前碳达峰目标。《方案》提出重点实施能源绿色低碳转型行动、节能降碳增效行动等十大行动，在保障能源安全的前提下，大力实施可再生能源替代，加快构建清洁低碳安全高效的能源体系；完善能源消费强度和总量双控制度，推动能源消费革命，建设能源节约型社会。

从远期来看，2060 年前实现碳中和是党中央经过深思熟虑作出的重大战略决策，事关中华民族永续发展和构建人类命运共同体。中国承诺实现从碳达峰到碳中和的时间，远远短于发达国家所需时间。碳中和是一场绿色革命，将构建全新的零碳产业体系——如果没有颠覆性、变革性技术突破，不可能实现碳中和，能源的低碳化开发利用将为实现碳中和发挥重要作用。在推进能源开发利用低碳化过程中，我国必须牢固树立生态文明发展理念，实现能源生产供应和消费的高效化、清洁化和绿色化，开拓一条优于主要发达国家的低碳发展路径，以更低的人均 GDP 水平和人均 CO_2 排放峰值水平达到碳排放峰值，创新性地同步解决区域性的传统环境污染问题与全球性的气候变化问题。为了保证上述目标的顺利实现，必须统筹协调各相关行业的低碳化转型，尽快遏制碳排放总量过快增长的趋势。

三、能源开发利用低碳化面临的形势与挑战

目前，我国能源低碳化发展虽然取得了积极的成果，但是也面临许多方面的问题，包括能源消费总量控制、优化能源结构以及传统能源开发利用的高效化、清洁化与可再生能源和新能源开发利用的绿色化等诸多问题。

从我国能源消费总量及结构来看，2020 年我国能源消费总量达 49.8 亿 tce（吨标准煤当量），超过世界总量的 1/4，能源消费以化石能源消费为主，2020 年占比超过 84%。我国能源消费仍有一半以上的来源是煤炭，2020 年为 56.8%，这一比例远高于世界能源消费结构中的煤炭占比（27.2%）（图 6.2）。根据 BP（2021）数据，2020 年我国的

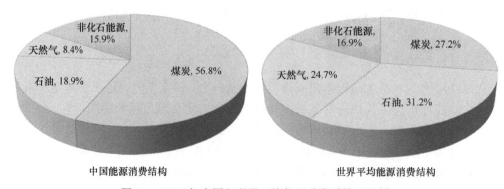

中国能源消费结构　　　　　　世界平均能源消费结构

图 6.2　2020 年中国与世界平均能源消费结构对比图

碳排放量为 98.9 亿 t，占全球碳排放总量的 1/3。从碳达峰来看，中国承诺实现从碳达峰到碳中和所用的时间只有欧盟主要国家的不到一半，这意味着我国需要用更短的时间，将占比达 84%以上的化石能源转变成净零碳排放能源体系，时间紧且面临的挑战非常严峻。

可再生能源技术是能源低碳化的重要依托，发展可再生能源对我国减污降碳成效显著，为生态文明建设夯实基础根基。2020 年，我国可再生能源开发利用规模达 6.8 亿 tce，相当于替代煤炭近 10 亿 t，减少二氧化碳、二氧化硫、氮氧化物排放量分别约达 17.9 亿 t、86.4 万 t 与 79.8 万 t，为打好大气污染防治攻坚战提供了坚强保障。与此同时，大规模发展可再生能源对储能和电网建设的要求在短期内难以满足，能源转型导致能源价格偏高，可再生能源和新能源技术开发从生命周期评价来看并不一定环保等，需要绿色化发展。同时，大规模发展可再生能源，尤其是太阳能发电和风电等不连续能源，给电网的安全、平稳运行带来了很大的挑战。另外，可再生能源的能量密度低，兴建可再生能源设施所需用地较大，对占用土地及其周边的农业、旅游业、生态、生物多样性保护等都有影响，而且从设备的生产、使用到最终拆建的整个生命周期来看所消耗的资源远超过传统化石能源设备。

国际上在替代煤炭等高碳能源、加速能源低碳化的同时，新能源技术的开发利用，如页岩气的发展也面临着诸多质疑和挑战，其中较为突出的是其对环境的负面影响。一是存在需要耗费大量水资源和污染水资源问题；二是在气候变化方面的贡献可能会大打折扣，因为开采页岩气过程中释放的甲烷也是温室气体的一种。

综合起来，能源低碳化的国际趋势表明，传统化石能源的清洁高效化利用、可再生能源和新能源的绿色化开发利用将是未来全球能源开发利用低碳化的重要途径。对于我国而言，发展可再生能源和新能源不能只追求国内装机规模的扩大和抢占国际市场，必须加强对低碳技术研发的支持，占据技术制高点，通过技术创新提高性能、降低成本、实现产业化，才能为我国的能源低碳化提供坚实支撑，形成新的、稳定的国际竞争力。

第二节 能源开发利用高效化布局与实践

一、能源节约利用的政策演进与总体布局

我国是能源消费大国，改革开放以来我国经济持续高速增长，能源消费水平随之增高，能源供应紧跟需求拉动，出现超高速的增长。国际能源统计数据显示，我国自 2010 年超越了美国，成为全球一次能源生产和消费量最大的国家。1978 年，我国能源消费总量仅为 5.7 亿 tce，2020 年已达 49.8 亿 tce，是 1978 年的 8.7 倍，年均增长 5.2%。2020 年我国一次能源消费量占全球的 26.1%，2000～2020 年全球能源消费增长 55.9 亿 tce，我国占总增量的 62.3%，各种能源的开发利用量均居世界前列（表 6.2）。然而，我国的能源需求压力巨大，石油和天然气等化石能源在 2020 年的对外依存度分别达 73.6%和 41.8%，同时能源供给制约较多，面临能源生产和消费对生态环境损害严重、能源技术水平总体落后等挑战。

我国作为世界最大的发展中国家，处于工业化、城镇化深化发展阶段，能源需求持续增长，生态环境保护任务艰巨。过去 40 年，我国单位 GDP 能耗年均降幅超过 4%，

累计降幅近 84%，节能降耗成效显著，能源利用效率提升较快。但从国际比较来看，我国单位 GDP 能耗仍是世界平均水平的 1.5 倍。因此加大力度实施节能降耗，加快形成能源节约型社会势在必行。

表 6.2　2020 年我国能源消费情况

能源种类	消费量	世界排名
煤炭	28.3 亿 tce	1
石油	6.5 亿 t	2
天然气	3 238 亿 m³	3
水力发电	13 553 亿 kW·h	1
风力发电	4 665 亿 kW·h	1
太阳能发电	2 611 亿 kW·h	1
核能发电	3 662 亿 kW·h	2

数据来源：国家能源局和中国电力企业联合会。

回顾我国节能政策的演变历程，早在 2004 年就发布了《节能中长期专项规划》，其中提出树立和落实科学发展观，推动全社会大力节能降耗，提高能源利用效率，加快建设节能型社会，缓解能源约束矛盾和环境压力，保障全面建成小康社会目标的实现。随后，在"十一五"期间能源发展规划中，把 5 年后的能源消费总量控制目标调高为 27 亿 tce，但实际到 2010 年末能源消费总量达到了 32.5 亿 tce，而且年均增长率为 6.6%。党的十七届五中全会和"十二五"规划纲要提出"合理控制能源消费总量"，这对于全面贯彻落实科学发展观、加快经济发展方式转变、破解资源环境约束起到了重要作用。党的十八大以来，我国加快完善节能政策体系，着力提升制度效能。严格落实节能目标责任，引导发展理念和政绩观加快转变。健全节能标准体系，加快推动重点行业产品、设备节能标准全覆盖。完善价格、税收、金融政策，激发各类主体内生动力。鼓励发展合同能源管理、能源需求侧管理、用能权交易试点等市场化机制，促进能源资源高效配置。党的十九大开启了全面建设社会主义现代化国家的新征程，要求深入推进能源生产和消费革命，推进资源全面节约和循环利用。在"双碳"背景下，2021 年国务院颁布的《2030年前碳达峰行动方案》中再次强调了坚持节能优先，提出节能降碳增效行动，深化能源体制机制改革，有序推进能源生产和消费低碳转型，落实好能源消费强度和总量双控措施，统筹建立二氧化碳排放总量控制制度。

二、能源高效利用技术的创新发展与实践

能源高效利用是立足新技术、新工艺或者新理念构架的创新型能源利用技术。既要依托现有最佳实用技术，淘汰落后技术，推动产业升级，实现技术进步与效率提高，又要围绕关键领域大力推动节能增效技术创新，不断改进生产工艺流程，研发高附加值产品，有效降低能源消耗。2016 年发布的《能源技术革命创新行动计划（2016—2030 年）》中提出到 2030 年，将全面提升能源自主创新能力，建成与国情相适应的完善的能源技术创新体系，支撑我国进入世界能源技术强国行列。其中，针对能源高效利用方面，分别要求加强现代化工业节能技术创新，新型建筑节能技术创新，高效交通运输

系统先进节能技术创新以及能源梯级利用等全局优化系统节能技术创新，以此支撑我国实现节能减排目标。

当前，我国正处于能源低碳转型攻坚期，能源偏煤、结构偏重和效率偏低等诸多结构性矛盾依然突出。数字技术在能源生产、消费、交易、储存、管理等链条和环节的广泛应用能够显著削减经济活动的能源消费量及碳排放量。在能源供给侧方面，信息智能系统、实时监测和控制等促进了能源利用方式的重构、能源商业模式的演化、能源资源配置的优化，提高了能源供给侧管理的精细化水平和能源利用的整体效率；在能源需求侧方面，数字技术可有力地推动经济结构向绿色低碳转型，数据生产要素以自身特点推动了第一、第二、第三产业的深刻变革，推动工业、交通、建筑等实现产业融合和转型，而产业结构变迁和优化升级又带来了能源需求结构的低碳转型，加快从高碳向低碳，以清洁技术与绿色生产替代化石能源与"双高"生产的转变；在能源供需平衡方面，数字能源技术可缓解信息不对称性与时间不确定性，优化能源产销、能源供需的信号传递，降低无效损耗，通过多边平台实现点对点精准交易，极大地提高了能源交易效率和资源配置效率。

在推进能源高效利用的实践中，浙江省以清洁能源示范省建设为契机，加快能源基础设施智能化升级和能源互联网形态下的多元融合高弹性电网建设，不断挖掘能源大数据衍生应用场景。在企业界，华为数字能源在光伏新能源和储能等方向积极布局业务，充分发挥华为在数字技术和电力电子技术这两大领域的优势，实现瓦特技术、热技术、储能技术、云与 AI 技术等技术的融合创新，聚焦清洁发电、能源数字化、绿色 ICT 基础设施、综合智慧能源等领域，致力于发展清洁能源与能源数字化。总之，数字能源技术将一种数字时代特有的新发展理念、新要素组织方式、新市场规则引入现有能源体系，即以数据为核心生产要素、以数字技术为驱动力对能源领域进行扬弃，让能源革命和数字革命深度融合，惠及社会民生，从而构建更为清洁、高效、安全和可持续的现代能源体系，最终为"双碳"目标下的可持续发展作出贡献。

三、数字能源技术的发展与实践

当前，新一轮科技革命和产业革命加速兴起，数字化技术与能源产业有机融合，将大数据、智慧能源、泛能网等数字技术应用到能源生产、输送、交易、消费及监管等各个环节，并明确如何能够在合适的时间、合适的地点以最低的成本提供能源，效率得到大幅提升，成为引领能源产业变革、实现创新驱动发展的源动力。

（一）智慧能源

数字能源是支撑我国现代能源体系建设最有效的方式，智慧能源是顺应能源变革与数字能源技术融合而快速兴起的新模式、新业态。在生态文明建设背景下智慧能源也可以被理解为低碳能源运用技术与大数据、云计算、物联网等技术的融合。它可以贯穿于能源生产、输送、供给与使用的各个环节中，更是能源发展的一种综合性解决方案。在运用智慧能源前必须首先对智慧能源的特征进行分析。首先，智慧能源是能源的一种形态，是特定意义的新能源。智慧能源从能源结构到能源的生产方式、使用方法等方面都发生了一系列改变，是对能源整体的改进，也是更为可持续的能源方式。其次，智慧能源是更为高效、能实现信息互动的能源体系。智慧能源体系贯穿于能源使用、能源生产等各个环节，在环节之间通过智慧能源及时将信息进行交换与传输，也能从整体上优化能源解决方案，减少由于能源决策延迟或者决策失误所带来的浪费现象。最后，清洁是智慧能源的一个重要属性，清洁能源与智慧能源有交集，但又不完全重合，清洁能源还需要满足高效、安全等其他条件才能成为智慧能源。

伴随着我国城镇化进程中能源消耗的增加，在生态文明建设与碳减排的大背景下，通过互联网技术结合清洁能源、新能源融合构建出更加开放的能源体系，可以使能源的使用更加清洁、高效，同时让能源产业获得跨越式的进步发展。智慧能源的未来发展趋势如下。一是能源与信息将进一步深度融合。伴随着我国当前科学技术的不断发展和创新意识与信息技术的不断融合，未来智慧能源将呈现出一种较为整合的产业形式。在政策的推动下，能源企业与信息技术开发企业必须进行合作，当前各种新的模式已经开始实践。二是将实现集中式与分布式协调发展。多元化开发出储冷、储热或清洁燃料储存等多种储存形式，通过大容量、低成本的储能产品以及相关管理系统，在集中式可再生能源的基地配备相应储存地点，实现能源生产与储存、资源的有效配置。三是突破关键技术，构建新型运作模式。智慧能源要将传统能源与互联网技术、能源中的新技术融合，突破关键技术，建立起以信息技术为能源生产方式的运作模式，促使能源生产者与其他生产者能通过互联网进行有效沟通，提高能源生产效率，实现更为高效的能源配置，使能源供应更加多元化、运用更加智慧化。

（二）泛能网

当前可再生能源、分布式能源和网络技术的高速发展为我们创造了再次促进能源生产和消费方式变革的契机。这一变革改变能源生产与分配的控制机制，由传统的石化能源巨头控制转向数百万自我生产并将盈余通过信息与能源网络共享的小生产者手中。泛能网是典型的数字能源形态，实现了能量流与信息流的深度融合，通过互联互通释放能源全价开发、设施共享的价值。泛能网可以很好地破解传统能源体系最核心的能源结构、效率、主导或者主权三大问题。在国外，为探索可持续发展的新型能源体系，以微电网为代表的新型能源网络系统开始出现。例如，欧洲的"Microgrids"项目研究用户侧综合能源系统，其目的是实现可再生能源在用户侧的友好开发。美国的 MAD REVER 计划对分布式能源进行了实践，也提出了面向未来的智能电网的概念。我国为了探索适合自身的可持续发展的新型能源体系也开始了泛能技术的工程实践。2006 年新奥集团开始新能源领域研究，形成了具有自主知识产权的系统能效管理和泛能网技术。以此为基础，从 2009 年开始，国内多地，如青岛中德生态园、肇庆新区项目、廊坊云存储项目等，成功实施了清洁能源解决方案。

从趋势来看，泛能网通过转变能源的生产和利用方式，达到区域能源"安全、稳定、经济、清洁"利用，最终将形成可再生能源优先、化石能源补充、分布式为主集中式为辅、供需互动智慧用能的现代能源体系，实现客户价值最大化。一是在调整能源结构方面，泛能网通过生产环节的集成技术，将集中分布式光伏发电、风力发电、热电联产与天然气供应系统相结合，形成化石能源与可再生能源循环生产，从化石能源为主向清洁和可再生能源为主过渡；二是在区域能源供应方面，泛能网通过以泛能机为核心的泛能站有序配置技术，将集中式的燃气、电力和热力供应等集中式能源与分布式燃气、光伏光热、水/地源热泵、储能、工业余能等能源互补利用，实现区域泛能网与城市电网、气网和热网的互联，建立"分布式和集中式互补"的模式，逐步转变能源供应方式；三是在用能端智能用能方面，泛能网通过温差正反馈技术，将用能端的建筑或工业系统变成产能单元，用能端产生的"余能"通过泛能站进行回收，实现供能与用能的双向互动；四是在供需互动方面，泛能网以"泛能计量和交互终端"与"泛能能效平台"为核心，通过协同优化技术，建立协同控制网络，实现从生产、储运到应用的全生命周期利用过程的能源统一计量与协同控制，形成因时因需而变的供需互动模式；五是在网络化能源交易方面，泛能网以泛能云平台为核心，通过集成智能化技术和泛能云计算技术，汇聚能源供应商、运营商、终端客户的信息、智慧与价值，建立能源双向调度和交易的自组织式互联网络，实现能量的双向交易和供应商与客户服务的双向互动，形成可复制、可推广的区域能源生产和消费新模式；六是在构建未来能源体系过程中，受冷热供能半径、经济性、现有物理结构和技术水平的限制，泛能网主要承担区域，如社区、园区、城市综合体、城区等的能源供应。智能电网将承担国家主干能源网络的供应和调配，泛能网将是智能电网在区域和终端智能用能的有效补充，在区域内促进气体能源与可再生能源的融合，推动集中式供电、气与分布式能源的结合。

第三节　能源利用清洁化布局与实践

一、能源清洁利用的总体布局

能源清洁利用是指对能源清洁、高效、系统化应用的技术体系。未来的能源发展趋势必将是朝着清洁能源方向发展，其带来的生态效益、经济效益将是不可估量的。在传统能源中，煤炭是我国的主体能源，从资源可靠性和价格低廉性来看，它也是最经济的一种选择。同样，油气关系着国计民生，在保障国家能源安全中发挥重要战略支撑作用。但在全球能源低碳化发展潮流引领下，新型的清洁能源取代传统能源是大势所趋。为此，加强煤炭清洁高效开发利用和油气资源的绿色开发利用，同时加强污染物减排与资源回收利用技术的创新发展，对建立可持续的能源系统、促进国民经济发展和环境保护具有重大作用。大力发展能源清洁利用，可以逐步改变传统能源消费结构，减小对能源进口的依赖度，提高能源安全性，减少温室气体排放，对促进国民经济发展和环境保护发挥重大作用。

二、煤炭开发利用的创新发展与实践

煤炭是我国的主体能源和重要工业原料，煤炭在我国化石能源资源储量中占94%，其生产和消费在一次能源结构中的比例保持在60%左右。近年来，我国经济快速发展，能源需求持续增加，煤炭生产的快速增长保障了能源供应，为国民经济持续发展和社会正常运转作出了巨大贡献。从资源量和开发利用条件等方面综合来看，在未来相当长的时期内，煤炭仍将是我国最稳定、最可靠的基础能源。与此同时，煤炭利用方式粗放、能效低、污染重等问题没有得到根本解决。煤炭直接燃烧利用成为我国主要大气污染物和温室气体排放的主要来源。其中，工业锅炉和民用散煤更是当前控制大气污染排放的主要焦点。近几年，全球气候谈判和围绕低碳技术的竞争日趋激烈，美国、欧盟、日本凭借其以油气为主的能源结构，以及领先的煤炭清洁高效利用技术，积极推行"低碳经济"，对发展中国家施加种种压力。我国也在全球能源低碳化发展潮流引领下，努力优化电力结构，2020 年煤电装机占比历史性降至 50%以下。然而，新能源和可再生能源需要与传统能源统筹规划，能源结构升级和能源替代问题需要循序渐进。未来相当长一段时间内，煤炭仍将以其资源可靠性、价格低廉性和洁净利用性作为我国主体能源。随着我国经济向高质量发展推进，能源利用的清洁化和低碳化的重要性日益凸显。因此从国家战略利益和能源安全方面考虑，要加快发展煤炭清洁高效利用技术和产业，赢得发展主动权。

正确认识我国煤炭开发利用面临的挑战，实现中国煤炭清洁高效可持续开发利用刻不容缓，急需多方面的创新发展。中国工程院在 2011 年启动"中国煤炭清洁高效可持续开发利用战略研究"项目，从绿色开发、科学产能、全面提质、运输优化、先进发电、转化升级、节能降耗等方面指明我国煤炭清洁利用的未来发展方向（谢克昌等，2014）。绿色开发将科学布局东部、中部和西部地区开发力度、强度和规模，同时正确处理煤炭资源与水资源的关系，实现安全、高效、绿色地开发煤炭资源。科学产能将大力推进煤炭科学开发，建立科学产能综合评价指标体系，以煤炭安全、绿色、高效开采为目标，提升科学产能比例。2020 年我国煤炭产能为 39 亿 t，其中科学产能达 25 亿 t，占比接近 2/3，未来这一比例将会进一步提高。全面提质将提高原煤入选率，推进低品质煤的提质利用。加大稀缺、难选、细粒煤的高效分选关键技术研发，着力提高动力煤的入洗率和分选效率，同时严格煤炭市场准入门槛，加强煤炭产品质量的监督检查和管理。运输优化将统筹煤炭产、运、用，科学实施煤炭能流输运的方式方法，继续优化输煤与输电的能源格局，逐步建立和完善海外煤炭资源的输配通道。先进发电将积极发展先进的煤炭燃烧和发电、煤基多联产等清洁高效的煤炭利用技术，提高煤炭综合利用率，同时重视发展煤利用过程中的节能技术。转化升级将优化煤化工产业布局，推进煤的低碳、清洁转化，合理确定产业规模，审慎推进产业进程，鼓励煤化工产业纵向整合和关键技术研发，延长产品链条，提高产品技术含量，增加产品附加值。节能降耗将通过"倒逼机制"推进煤炭供应和利用方式的改变。推行煤炭分级利用与转化及分布式利用，提高资源综合利用水平，进一步加强电力、钢铁、建材、化工等九大用煤行业的节能，加强重点行业的污染物控制，提高煤炭清洁利用水平。

三、油气开发利用的创新发展与实践

油气行业是关系国计民生的基础性、战略性产业，是国民经济的压舱石和驱动器，能够发挥保障国家能源安全和产业链平稳运行的关键作用。随着我国设定"双碳"目标、生态文明建设进入减污降碳新阶段，推动了油气行业的绿色低碳转型发展。2020 年，中国石油持续提升天然气在一次能源中占比，天然气产量达 1306 亿 m^3，在油气产量当量

中占比首次突破 50%，向绿色低碳转型取得重要进展。

国务院发布的《关于加快建立健全绿色低碳循环发展经济体系的指导意见》，要求以节能环保、清洁生产、清洁能源等为重点率先突破，全面带动第一、第二、第三产业和基础设施绿色升级。为此，油气产业以减污降碳协同增效为主要原则、推动产业升级为重要抓手，响应国家碳达峰、碳中和行动，形成科技含量高、资源消耗低、生态良好的绿色产业结构和低碳能源供应体系，成为实现高质量发展、实现碳中和目标的中坚力量。

（一）推动油气清洁可持续供应

中国石油在"稳油"的基础上，把加快天然气发展作为构建清洁低碳、安全高效的现代能源体系和保护生态环境的重要举措及主攻方向，为优化我国能源结构作出贡献。促进天然气供暖和"煤改气"工程等在城市燃气、工业燃料、天然气发电、化工原料、车用燃料等方面的综合利用。同时，促进油品质量升级，不断提高清洁能源的市场供应比例。

（二）积极发展新能源和替代能源

世界能源结构加速向低碳化、无碳化方向演变，发展新能源已成为全球发展的大势所趋，油气行业将发展新能源和替代能源视为推动绿色低碳转型发展的新动能，地热能、生物燃料、太阳能、充（换）电站等新能源和替代能源领域取得丰硕成果。从 20 世纪开始中国油气行业就尝试地热开发利用，将地热作为最现实的新能源业务大力推动。同时，高度重视生物质能源的研发和规模化应用。另外，从传统单一化石能源供应商向清洁能源服务商转型。培育新业态、打造新动能将成为传统石油石化行业今后相当长一个时期内的战略要点，石油石化行业要加快产品结构调整进程，积极推进天然气、页岩气、煤层气、地热、生物质等低碳能源发展，从源头上减少碳排放；积极开展碳捕获和存储等温室气体减排技术研究，降低气候变化带来的经济损失和发展风险；积极参与绿色金融体系建设，积极参与绿色建筑、低碳交通、节能环保、清洁能源等新兴产业发展，充分发挥相关行业对提高经济增长质量、改善环境质量的作用。

（三）打造产业链全面低碳转型

按照国际先进绿色低碳供应链的标准与规范，加快建立我国石油石化行业上下游企业的绿色低碳准入标准，推动制定严格的行业低碳发展目标与碳排放标准体系，打通设计、生产、流通、消费、处置等产品全生命周期各环节，通过提供更多的低碳产品和生态服务，带动全社会向低碳发展转型，为满足人民群众不断增长的生态服务需求作出应有的贡献。当前石油石化企业参与低碳发展的主渠道是碳排放权交易试点，未来石油石化行业要积极对接国家各项重大发展战略，在新型低碳城镇化建设、低碳发展投融资、能源转型与清洁能源发展等领域大有可为。积极参与"一带一路"建设，立足全球优化和谋划全球价值链，通过节能、减排、降碳来打造产业的绿色发展优势；积极服务国家新型城镇化战略，大力发展化工新材料和精细化工行业，布局建筑、汽车、环保、民用等化工新材料产业发展；做能源生产和消费革命的排头兵，推动实现 2030 年非化石能源在一次能源消费比例中达到 25%的目标。

四、污染物减排和资源回收技术的创新发展与实践

能源资源高效利用是循环经济的核心，具有低消耗、低排放、高效率等特征。我国一些主要能源资源对外依存度高，资源能源利用效率总体上仍然不高，资源安全面临较大压力。同时，全球产业链、供应链受到非经济因素严重冲击，国际资源供应不确定性、不稳定性增加，给我国资源安全带来重大挑战。与国外发达国家相比，我国的二氧化碳排放强度在 2020 年达 0.67kg/美元，分别约为美国、日本、德国、英国以及法国等的 3～6 倍（BP，2021）（图 6.3）。在资源回收方面，目前我国大宗固体废物综合利用率为 55%，46 个重点城市生活垃圾平均回收利用率只有 30%左右，仍有较大提升空间。因此，污染物减排与资源回收利用，特别是碳减排对于实现碳达峰、碳中和，促进生态文明建设具有十分重要的意义。资源高效循环利用与污染物减排可以有效减少产品的加工和制造步骤，延长材料和产品生命周期，提升产品的碳封存能力，减少由于开采原材料、原材料初加工、产品废弃处理和重新生产所造成的能源消耗和二氧化碳排放。

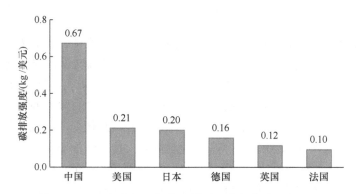

图 6.3　2020 年中国二氧化碳排放强度与发达国家对比

1）国际上绿色低碳循环发展成为共识，世界主要经济体普遍把发展循环经济作为破解资源环境约束、应对气候变化、培育经济新增长点的基本路径。针对资源高效循环利用，国际上一些国家和地区已开始相继宣布具体实施方案，如 2019 年 12 月欧盟委员会发布《欧洲绿色协议》，强调以 2050 年实现碳中和为核心战略目标，构建经济增长与资源消耗脱钩、富有竞争力的现代经济体系；2020 年 3 月欧盟发布新版《循环经济行动计划》，核心内容是将循环经济理念贯穿于产品设计、生产、消费的全生命周期。当前，各国在呼吁推动疫情后世界经济的"绿色复苏"。针对温室气体排放，目前国际上已实现或者已提出碳中和目标的国家有 31 个，正在酝酿提出碳中和目标的国家将近上百个，届时提出碳中和的国家将覆盖全球 75%的 GDP、53%的人口及 63%的碳排放，实现迈向碳中和已成为毋庸置疑的趋势。

2）我国要在高效利用资源、严格保护生态环境、有效控制温室气体排放的基础上，统筹推进高质量发展和高水平保护。一是针对资源循环发展体系进行系统性部署。推动在生产、流通、消费领域的全覆盖，在生产领域提出加快农业绿色发展、推进工业绿色升级、提高服务业绿色发展水平、发展壮大绿色环保产业和构建绿色供应链；推动在城

市和农村的全覆盖，强调要因地制宜、尊重自然格局，根据各地资源环境承载能力、自然禀赋、功能定位等，合理确定开发边界，推动绿色城乡建设，增强城乡生态功能；强调从硬件到软件的全覆盖，促进基础建设等硬件的绿色化，打造集约高效、经济适用、智能绿色、安全可靠的现代化基础设施体系。二是强调结构性调整、重点突破和创新引领。强调以绿色环保产业为重点，做好与农业、制造业、服务业和信息技术的融合，带动第一、第二、第三产业绿色升级。在消费中提出逐步扩大绿色采购制度的应用范围。三是加强与低碳发展和循环发展的协同。资源高效循环利用与循环经济和低碳经济本质上都是符合可持续发展理念的经济发展模式，强调人与自然相互依存，降低资源投入，提高利用效率。同时，强调适度消费、物质综合利用和循环利用。

第四节　能源开发利用的绿色化布局与实践

一、绿色能源开发利用的主要历程与总体布局

面向碳中和的能源发展大趋势是通过能源变革，大力推进可再生能源与新能源的绿色开发利用技术。我国高达 50%以上碳排放来自发电和热力，电力脱碳与零碳化是实现碳中和目标的关键。近 10 年来，我国可再生能源实现跨越式发展，可再生能源开发利用规模稳居世界第一。2020 年我国可再生能源发电装机容量占总装机容量的 42.4%，总规模已达 9.3 亿 kW，可再生能源发电量占全社会用电量的29.5%，总发电量达 2.2 万亿 kW·h（图 6.4）。我国已形成较为完备的可再生能源技术产业体系，风电、光伏产业竞争力持续提升，为可再生能源新模式、新业态蓬勃发展注入强大动力。

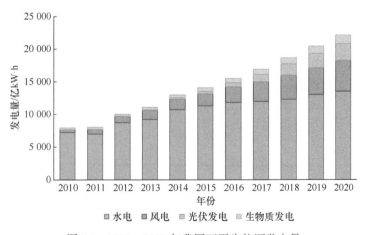

图 6.4　2010～2020 年我国可再生能源发电量

未来，我国将全面推进可再生能源发展，通过实施风能资源的清洁高效利用、太阳能多种转化与高效率利用、生物质能的资源化与能源化综合利用、水能的有效开发利用、地热与海洋能有效开发利用等，加速我国能源体系的绿色发展；同时，新能源在构建清洁绿色能源体系中将发挥重要作用。未来要发展新型高效储能技术、可再生能源制"绿氢"技术以及非常规能源开发利用技术等，创新推动我国能源绿色、快速发展进程。

二、可再生能源高效利用技术创新发展

（一）风光资源高效利用技术

我国幅员辽阔，风光资源也较为丰富。中国气象局风能太阳能资源中心评估结果显示，我国陆地70m高度上风功率密度达到$200W/m^2$以上的风能资源技术可开发量为50亿kW，全国陆地太阳能资源理论储量为1.86万亿kW。按照技术可开发量估算，风电资源为35亿kW，太阳能光伏资源约为22亿kW，合计57亿kW，但到2020年风电和光伏发电累计装机容量合计仅为5.3亿kW，开发量不足10%，尚有提升空间。

1. 风能资源的清洁高效利用技术

一是集中式风电利用技术方面，大规模集中式风电调度运行将向市场化、超实时、主动防御方向发展。随着风电度电成本的下降和电力体制改革的不断深化，风电将逐渐具备与常规电源相当的经济和技术优势，具备参与市场竞争的能力。同时，随着特高压输电网络的建设成熟，以及与东北亚、中亚互联，风电将实现大规模远距离跨区、跨国传输和优化消纳，需要建立支撑风电跨区、跨国消纳的交易技术支持系统。市场化运营也会导致含高比例风电的电力系统运行风险的增大，需要对大规模风电运行风险进行实时评估并制定风险防控策略，深化研究在线分群等值建模和参数辨识技术，支撑大规模风电的优化调度和市场化运营。二是分布式风电利用技术方面，微电网作为分布式风电、分布式光伏、储能等类型并网发电的组织形式，需要重点解决包括微电网规划与设计、微电网运行与能量管理、微电网储能、微电网信息通信等方面的关键技术。三是风电对环境与生态影响评价技术方面，我国在环境影响评价分析方面还缺乏准确量化的评价方法和评价标准，需要进一步基于统计分析、观测、数值模式和调研等方法开展不同时间和空间尺度的气候、环境、生态和人文等方面的研究，加强风电资源环境评价关键技术研究及应用示范，掌握我国风能资源特征及分布、风电场建设对不同尺度气候和环境及生态的影响，建立风电开发对环境影响的评估标准、评估方法和技术评价体系，指导我国风电的开发布局和项目审批。

2. 高效率太阳能利用技术

在众多的可再生能源中，太阳能在地表的辐射能量高达106 TW（$1TW=10^{12}W$），分布广泛，利用过程清洁，具有较大的开发潜力。太阳能的利用除了传统的光热转化、光电转化之外，光化学能转化也将是未来更有效、实用和具有发展前景的方式。光解水是人工光合过程中颇具吸引力的路径，光催化合成燃料也是近期学术界关注的新方向。通过人工光合作用将太阳能转化、储存为稳定的化学能，不仅可以解决能源问题，而且可制备大宗化学品，虽然目前这些研究还处于实验室阶段，尚未规模化应用，但若能突破稳定性、效率以及价格限制，则完全有可能成为太阳能利用的主流方向。

3. 可再生能源新兴固废处置与利用技术

全球能源互联网发展合作组织发布的《中国2060年前碳中和研究报告》测算，2035

年我国光伏和风电装机量分别达 15 亿 kW 和 11 亿 kW。与此同时，每年退役的光伏和风电装机量将分别达 1.1 亿 kW 和 0.7 亿 kW，对应产生报废光伏组件、废弃风机叶片以及动力电池分别约为 105 万 t、100 万 t 和 300 万 t。新兴固废是相关行业的设施或设备长期运行后，性能退化，达到使用寿命后报废产生的，如光伏设备长期运行后（25 年左右）发电效能下降而废弃的光伏组件、用于风力发电的风机叶片，使用一定期限后（20 年）也会废弃。新兴固废的物质组成与相应产品相同，因而含多种有价金属，资源回收价值极高。以光伏行业为例，晶体硅光伏组件中玻璃、铝和半导体材料比例可达 92%，另外还含 1% 左右的银等贵金属。若能全量回收，到 2030 年，可从废弃光伏组件中得到 145 万 t 碳钢、110 万 t 玻璃、54 万 t 塑料、26 万 t 铝、17 万 t 铜、5 万 t 硅和 550t 银。而薄膜光伏组件中含有的碲、铟、镓等稀贵金属，主要依赖国外进口，因此其高效回收利用不仅具有巨大的经济效益，同时有利于减少相关资源的进口依赖，防范原材料供给风险，对保障国家资源安全具有重要战略意义。另外，新兴固废的原材料生产通常耗能较大，材料回收或者直接梯级利用可以有效地减少生产过程的能耗，碳减排效益明显。有关机构预测，通过实施新能源汽车电池的梯级利用，未来 10 年可减少超过 6334 万 t 碳排放，等于 1/3 中国森林的碳汇量。与此类似，对于晶体硅而言，其生产过程的能源消耗和碳排放非常大；反之，从废弃光伏组件中回收则小得多，因此通过回收而不是再生产获得晶体硅材料将显著减少碳排放。因此，针对高效利用难的问题，多管齐下突破技术瓶颈。一是加强生态设计，从资源可回收性角度进行设计和制造，降低回收过程技术难度；二是加强关键技术攻关，如加快推动退役电池梯级利用、有价金属高效提取等技术与装备研发；三是推广应用回收率高、二次污染少的利用处置技术。在补齐基础处置能力短板方面，建议各地根据相关行业发展情况，加强新兴固废产生量的预测，科学评估新兴固废产生与现有处置能力匹配情况等。

（二）生物质能综合利用技术

生物质能直接或间接来自植物的光合作用，一般取材于农林废弃物、生活垃圾及畜禽粪便等，其来源广泛、储量丰富，且具有环境友好、成本低廉和碳中性等特点，是地球上可再生资源的核心组成部分，是维系人类经济社会可持续发展的最根本保障。生物质能可以通过物理转换（固体成型燃料）、化学转换（直接燃烧、气化、液化）、生物转换（如发酵转换成甲烷）等形式转化为不同燃料类型，满足各种形式的能源需求。目前，迫于能源短缺与环境恶化的双重压力，各国政府在技术、政策、市场等多重支撑下，高度重视生物质资源的开发和利用。据估测，地球每年经光合作用产生的生物质约为 1700 亿 t，其中蕴含的能量相当于全世界能源消耗总量的 10～20 倍，但目前的利用率仅为 3% 左右。据统计，每年我国产生城乡生活垃圾 3 亿 t，秸秆、蔬菜剩余物等农业废物约 10 亿 t，薪柴和林业废物约 1.5 亿 t 及畜禽粪便 40 亿 t，总产生量约为 55 亿 t，资源量折合标煤达 10 亿 t，生物质资源极其丰富。在欧洲，生物质能是最大的可再生能源，开发利用量的比例已占到可再生能源的 60%。我国由于开发利用水平不足以及管理政策的缺陷等，生物质能占比不到可再生能源开发量的 10%。这个差距根源如下：一是土地碎片化导致收运困难，原料成本高；二是开发技术单一性导致生物质产品生产成本高；三是法规不健全导致生物质能发展方向不确定；四是生物质能生产企业中规模化企业太少，产业化推广滞后。

随着我国生态文明建设，生物质能已经开始呈现出从补充能源向替代能源过渡的趋势，多样化利用技术不断涌现、市场持续高速发展，未来发展前景良好。首先，生物质能在非电领域的清洁能源替代作用。生物质锅炉供热、生物天然气、生物液体燃料是非电领域的重要替代方式，生物质锅炉供热将广泛应用于工业、居民、商业，推进城镇和乡村的清洁供暖。未来，生物质锅炉替代燃煤锅炉提供清洁热能，生物天然气替代天然气在新农村、乡镇地区局域网供气，生物燃料乙醇和生物柴油定比掺混交通燃料等将逐步推广应用，将会展现良好的生态环境效益和巨大的开发潜力。其次，分布式仍是生物质能开发的重要方式。未来生物质能项目开发将以区域性资源和用能特性为基础，统一开发布局，就近建设于用户侧，直接面向工业园区、大型商场、小区等终端用户，建设为用户提供电力、热力、燃气等的多元化供能体系。再次，生物质发电的热电联产与燃煤耦合。热电联产是近中期生物质发电产业提升效率、实现可持续发展的重要途径。生物质燃煤耦合发电技术适合我国能源结构中以煤电为主的国情，便于广泛推广，实现生物质能源清洁、高效地直接替代煤炭。最后，逐步向多联产高附加值深入发展。未来在兼顾已有项目向热电联产升级转变的同时，向炭、气、油、肥多联产方向发展是生物质利用的重要发展趋势。

（三）水能有效开发利用技术

水能是运行灵活的清洁低碳可再生能源，具有防洪、供水、航运、灌溉等综合利用功能，经济、社会、生态效益显著。我国水能资源丰富，水力资源理论蕴藏量为6.08万亿kW·h/a，技术可开发装机容量为5.42亿kW，年发电量为2.47万亿kW·h，理论蕴藏量和技术可开发量分别占全球总量的15%和17%。截至2020年底，我国常规水电装机容量达3.38亿kW，抽水蓄能装机达3149万kW，年发电量为1.35万亿kW·h。但是按目前的发电量计算，我国水能资源开发程度仅为54.5%，远低于经济发达国家70%以上的水平。随着能源结构的调整，水能作为一种可再生的新能源，将在国家能源安全战略中占据更加重要的地位，发展水力发电就显得特别重要而紧迫。未来的水电开发要在生态优先的前提下积极推进环境友好型水能利用建设，伴随着新能源的大规模开发，水风光一体化发展将成为推动能源转型发展的重要路径。同时持续增加抽水蓄能发展，扩大投产规模，功能定位也将呈现多样化。首先，加强环境友好型水能利用建设。我国经济社会发展的内在需求，以及中国的能源结构和发展趋势决定了未来15～20年内需要大力发展水电。在水电开发中切实保护生态环境，通过生态环境保护促进水电建设的健康发展。建立与生态环境友好的水电工程建设体系，是实现水电开发与生态环境保护协调发展的正确途径。其次，持续推进抽水蓄能发展，加快提升其投产规模，使其功能定位呈现多样化。加快我国水电建设、提高蓄水能力不仅仅是清洁电力发展的需要，更是我国防洪减灾和保障水资源安全的迫切需要。要推动水电可持续发展理论研究，大力开发环境友好型水电技术，加强水电建设的生态环境保护研究，高度重视河流生态系统维护、各类保护区协调、珍稀水生生物保护，全面开展河流水电规划环境影响评价工作，同时形成水电建设的环境保护技术标准体系。

（四）地热能利用技术

我国包括水热型和干热岩型在内的地热能资源量超过 800 万亿 tce，是石油、天然气和煤炭所蕴藏能量的几十倍，是未来能源发展的重要战略方向。地热能发展是多元化的，既有其自身各个角度的利用及综合利用，也有与其他能源和新能源相结合的共同利用。水热型地热开发当前面临提高能源利用效率、降低投资运行成本等主要问题。另外，将地热资源与太阳能、风能等其他能源结合起来利用也是提高地热资源利用效率的重要途径。具体的结合方式以及运行过程的优化控制等仍需进一步研究；水热型地热资源虽然开发难度低，但是资源量有限，而且分布不均，因此开发中深层地热资源是未来地热开发利用的重要趋势。干热岩由于其储量巨大近年来备受重视，但在干热岩热能开发利用技术方面还存在很多瓶颈，如干热岩资源评价及靶区定位技术、人工压裂及探测评价技术、地下多场耦合作用、高温高压流体运移及高效发电技术等方面。

（五）海洋能利用技术

海洋能是储量巨大的低碳、低硫能源，被称为 21 世纪的绿色能源。海洋能包括潮汐能、波浪能、海水温差能、海流能及盐差能等技术方向。我国大陆海岸线长达 1.8 万多千米，拥有 6500 多个大小岛屿，海岛岸线总长 1.4 万多千米，海域面积达 470 多万平方米，海洋能十分丰富。随着海洋能技术的不断发展以及对清洁能源需求的不断增大，全球必将会出现海洋能国际市场。海洋能开发利用可实现多能互补，综合利用，规模化开发，保护生态环境，改善能源结构，为海岛建设、海洋开发、海防建设提供能源。从发展阶段来说，近期可以从潮汐能开发开始，积极开展波浪能和海流能技术研究，中期可以着重开发波浪能和海流能，积极开展温差能研究，远期可以着重开发温差能，积极开展盐差能方面的研究，实现海洋能的大规模开发利用。今后伴随着我国海洋战略的实施，海洋能在海洋开发、海防建设方面的应用必然会增强，并走向实用化。在此趋势背景下，海洋能的未来发展趋势主要是要解决发电成本高以及实现更高实用价值等两个方面的问题。

三、新能源利用技术创新发展

（一）新型高效储能技术

储能技术被称作新能源利用的"最后 1 公里"，能将浪费掉的能源储存起来并在需要时得以释放。储能技术是智能电网的重要环节，其有利于增加系统备用容量，提高电网安全稳定性和电能质量，实现用能经济性，提高综合效益。大量可再生能源应用，包括分布式电源和集中式电源，特别是风力发电和太阳能光伏发电都具有随机性、间歇性和波动性，大规模接入将给电网调峰、运行控制和供电质量等带来巨大挑战。储能技术能够有效提升电网接纳清洁能源的能力，解决大规模清洁能源接入带来的电网安全稳定问题。同时，可再生能源发电和电动汽车的快速发展，给储能产业带来了新的发展机遇。推进电动汽车的规模化应用，有利于节能减排，实现用户侧调节电力需求。截至 2020 年底，我国已投运储能项目累计装机规模为 3560 万 kW，占全球的 18.6%，同比增长 9.8%。其中，抽水蓄能项目累计装机占比 89.3%，电化学储能占比 9.2%，累计装机规模近 328 万 kW。储能技术创新和产业发展将有力地促进一系列基础学科发展，加快有关装备制造领域研发创新，催生新产业、新业态，带动投资和就业，支撑构建国内国际双循环格局。

1）大力发展储能支撑我国新能源装机规模快速扩张。与常规电源相比，新能源发电单机容量小、数量多、布点分散，且具有显著的间歇性、波动性、随机性特征。随着新能源大规模开发、高比例并网，电力电量平衡、安全稳定控制等将面临前所未有的挑战。2021 年国家发展和改革委员会、国家能源局发布的《关于加快推动新型储能发展的指导意见》中明确，到 2025 年，实现新型储能从商业化初期向规模化发展转变。国家层面首次提出装机规模目标：预计到 2025 年，新型储能装机规模达 3000 万 kW 以上，接近当前新型储能装机规模的 10 倍。到 2030 年，实现新型储能全面市场化。

2）推进抽水蓄能适应新型电力系统建设和大规模高比例新能源发展需要，助力实现碳达峰、碳中和目标。当前我国正处于能源绿色低碳转型发展的关键时期，风电、光伏发电等新能源大规模高比例发展，对调节电源的需求更加迫切，构建以新能源为主体的新型电力系统对抽水蓄能发展提出更高要求。国家能源局发布的《抽水蓄能中长期发展规划（2021—2035 年）》中提出坚持生态优先、和谐共存，区域协调、合理布局，成熟先行、超前储备，因地制宜、创新发展的基本原则，在规划重点实施项目库内核准建设抽水蓄能电站。规划到 2025 年，抽水蓄能投产总规模较"十三五"翻一番，达到 6200 万 kW 以上；到 2030 年，抽水蓄能投产总规模较"十四五"再翻一番，达到 1.2 亿 kW 左右；到 2035 年，形成满足新能源高比例大规模发展需求、技术先进、管理优质、国际竞争力强的抽水蓄能现代化产业，培育形成一批抽水蓄能大型骨干企业。

（二）绿色氢能开发技术

氢能是一种清洁、高效、可持续的二次能源，将在未来能源格局中发挥重要作用，发展氢能是实现全球能源结构向清洁化、低碳化转型的关键路径之一。氢能产业链包括制氢、储运、加氢、氢能应用等多个环节。在制氢方面，根据二氧化碳的排放量，氢可以分为"灰氢""蓝氢""绿氢"，其中，可再生能源制氢被称作"绿氢"。世界范围内已有实现"绿氢"经济效益的相关经验和研究，有望在进一步扩大应用后提高"绿氢"应用的社会效益。我国可再生能源制氢具有较大的潜力，可以用于以电解水方式制取"绿氢"。同时，可发挥氢气的储能作用，以解决间歇式能源消纳问题。在氢能技术研发方面，近年来我国与氢能相关的高性能产品研发及批量生产、催化剂等核心技术研发取得了重要进展，氢能制储运技术已具备了较好的发展基础，我国已开发出具有自主知识产权的氢燃料电池关键部件。但目前，我国碱性电解水制氢存在难以直接与可再生能源耦合的技术难题，氢气仍被视为危险化学品进行强制管理，以及制氢成本目前仍然较高等诸多因素导致我国"绿氢"供应量仅占市场消费总量的 1%左右，制约着"绿氢"大规模的商业应用。

（三）非常规能源开发技术

非常规能源通常是指不能用常规技术生产、运输和提炼的化石类油气资源，如页岩气、油砂、致密砂岩油和重油。化石类油气资源比常规石油和天然气的储层要深，勘探和开采难度大。在未来几十年甚至几百年，非常规能源足够弥补常规能源的供应缺口，而且非常规能源在化学结构上与常规能源有较大区别，对减排和环保十分有益。美国近年来开始大规模使用页岩气，促使民用天然气价格逐年下降。美国还计划到 2035 年，用非常规能源替代目前 50%的石油供应量。关于可燃冰资源，我国已探明储量超过 1000 亿 t 石油当量，居全球第一。目前，要把油页岩变成油必须要在缺氧的情况下进行超过 50℃的高温干馏，油页岩的开发难度比常规石油大得多。尽管我国的可燃冰开采实力处在世界前列，但是在目前的技术水平下，将其从埋藏处输送至地表所需的能源消耗量，远高于其自身所含的能源量。因此，我国在实现能源自主的道路上还有很长的路要走，但非常规能源的开发利用将会迎来发展新热潮。

第五节　能源开发利用低碳化的战略展望

我国能源消费总量大且高碳特征明显，推动能源体系向低碳方向转型是全社会低碳化的关键。面向未来，推进能源变革创新实践必然以能源的高效化、清洁化与绿色化开发利用来支撑低碳化发展，同时能源的绿色低碳发展也将推动生态文明建设取得新进步。

1）我国能源低碳化进程未来一段时间还将面临节能减排、控制能源消费总量、优化能源结构以及传统能源开发利用的高效化、清洁化与可再生能源和新能源开发利用的绿色化等诸多问题。面向"双碳"目标，我国必须牢固树立生态文明发展理念，推动能源革命战略，实现能源生产供应和消费的高效、低碳和清洁化，开拓一条优于主要发达国家的低碳发展路径，以更低的人均 GDP 水平和人均 CO_2 排放到碳达峰，创新性地同步解决区域性的传统环境污染问题与全球性的气候变化问题。

2）能源的节约与高效利用在生态文明建设中发挥积极作用，既能推动经济由粗放发展向高质量发展转变，又能促进能源利用技术由追赶型向引领型加快跨越。在"双碳"目标背景下，立足能源革命，首先要节能并控制能源消费总量、污染物减排与提质增效以及资源高效循环。要通过产业结构的优化调整，合理发展城镇化模式、创新技术进步、发展低碳经济以及协调发展区域经济等进一步强化节能和提高能效。同时，顺应能源变革与数字能源技术融合，发展智慧能源，同时发展泛能网，建立供需互动、智能用能的现代能源体系。

3）未来的能源发展趋势必将是朝着清洁低碳能源方向发展，新型的低碳能源取代传统高碳能源是大势所趋。要认识在未来相当长时期内，煤炭仍将以其资源可靠性、价格低廉性和利用的可洁净性作为我国主体能源。在"双碳"背景下，要从国家战略利益和能源安全方面考虑，加快发展煤炭清洁高效技术和产业，赢得发展主动权。同时，要创新推动油气行业向绿色低碳转型，发展油气资源绿色低碳可持续供应，构建绿色低碳产业链，并创新发展传统能源的污染物减排与资源回收利用技术，减少温室气体排放，促进国民经济发展和环境保护。

4）面向碳中和的能源发展大趋势是通过能源变革，大力推进可再生能源与新能源的绿色开发利用技术。全面推进可再生能源发展，通过实施风能资源的清洁高效利用、太阳能多种转化与高效率利用、生物质能的资源化与能源化综合利用、水能的有效开发利用、地热与海洋能有效开发利用等，加速提升我国能源体系的清洁化水平。发挥新能源在绿色能源中的潜力，发展新型高效储能技术、绿色氢能开发技术以及非常规能源开发利用技术等，创新推动我国能源的清洁、绿色、快速发展进程。

（本章执笔人：陈勇、呼和涛力、吴丹、袁汝玲、雷廷宙）

第七章　资源循环利用无废化

推进资源循环利用、构建资源循环型产业体系是"十四五"时期我国经济社会发展的重大战略，对保障国家资源安全，推动实现碳达峰、碳中和，促进生态文明建设具有重大意义。本章总结了我国资源循环利用无废化的理念、发展历程与总体布局，分别从源头排放减量化、过程处置资源化、末端处置无害化 3 个方面介绍了固体废物的发展现状、创新发展与实践，并对资源循环利用产业的未来发展提出了相关建议与展望。

第一节　资源循环利用无废化的理念与布局

一、资源循环利用理念与发展历程

（一）资源循环利用理念

循环经济（circular economy）的思想萌芽于 20 世纪 60 年代，源于美国经济学家鲍尔丁提出的"宇宙飞船理论"。他认为，地球就像在太空中飞行的宇宙飞船，要靠不断消耗有限的资源和再生资源而生存，如果不合理开发资源，破坏环境，人类就会走向毁灭。德国 1996 年出台的《循环经济和废物管理法》中，把循环经济定义为物质闭环流动型经济，明确企业生产者和产品交易者担负着维持循环经济发展的最主要责任。2004 年，时任国家发展和改革委员会主任马凯同志在全国循环经济工作会议上提出，循环经济是一种以资源的高效利用和循环利用为核心，以"减量化、再利用、再循环"（reduce，reuse，recycle，3R）为原则，以低消耗、低排放、高效率为基本特征（图 7.1），符合可持续发展理念的经济增长模式，是对"大量生产、大量消费、大量废弃"的传统增长模式的根本变革。

图 7.1　循环经济"3R"概念图

所谓循环经济，本质上是一种生态经济，它要求运用生态学规律来指导人类社会的经济活动，将清洁生产、资源综合利用、生态设计和可持续消费等融为一体，实现固体废物减量化、资源化和无害化，达到经济系统和自然生态系统的物质和谐循环，维护自然生态平衡。"循环"是相对于传统的线性增长模式而言的。传统经济是一种"资源—产品—废弃物"单向流动的线性经济，其特征是高消耗、低利用、高排放。在这种经济中，人们把地球上的物质和能源高强度地提取出来，然后又把污染和废弃物大量地排放到水、空气和土壤中，对资源的利用是粗放和一次性的，通过把资源持续不断地变成废弃物来实现经济的数量型增长。与此不同，循环经济倡导的是一种与环境和谐的经济发展模式，其物质流动方向表现为"资源—产品—再生资源—再生产品"的反馈式流程，其特征是低消耗、高利用、低排放。所有物质能在这个不断进行的经济循环中得到合理和持久的使用，从而把经济活动对自然环境的影响降低到尽可能小的程度（曲向荣，2014；王敏晰，2021）。

（二）资源循环利用发展历程

发展循环经济是我国经济社会发展的一项重大战略。1998 年我国首次引入循环经济成效显著的德国所利用的"3R"原理，环境保护总局等相关政府部门开始在全国范围内倡导循环经济的发展理念。初期重点在于循环经济的理论研究，旨在充分认识和掌握循环经济的核心思想和本质内容，通过宣传等方式让社会开始认识并逐渐接受循环经济。

国家制定了多部涉及环境保护和资源管理利用的法律。2003 年实施的《中华人民共和国清洁生产促进法》提出"对生产过程中产生的废物、废水和余热等进行综合利用或者循环使用"。2009 年 1 月 1 日《中华人民共和国循环经济促进法》（简称《循环经济促进法》）正式实施，这是继德国、日本后世界上第三个专门的循环经济法律，标志着我国循环经济发展进入法制化轨道。《循环经济促进法》将"减量化、再利用、资源化"和"减量化优先"作为中国今后经济社会发展的一条重要原则，从管理、政策、技术等各方面为循环经济发展奠定了法律基础，提出了建立循环经济规划制度、生产者责任延伸制度、抑制资源浪费和污染物排放总量控制等重要制度。《中华人民共和国固体废物污染环境防治法》（简称《固废法》）历经五次修订，于 2020 年 9 月 1 日起施行。新《固废法》强调固体废物污染环境防治坚持减量化、资源化和无害化的原则。任何单位和个人都应当采取措施，减少固体废物的产生量，促进固体废物的综合利用，降低固体废物的危害性。

国家加强对资源循环利用的规划引领作用。2005 年，国务院印发《关于加快发展循环经济的若干意见》，提出了推动循环经济发展的指导思想、基本原则、主要目标、重点任务和政策措施。此后，环境保护总局（2008 年更名为环境保护部）等部委发布了多项涉及资源循环利用的政策、规划，并在全国范围内推进资源循环利用试点工作。2013 年，国务院印发的《循环经济发展战略及近期行动计划》是我国资源循环利用产业的第一个国家级专项规划。2017 年，国家发展和改革委员会等部门联合印发《循环发展引领行动》，对"十三五"期间我国循环经济发展工作作出统一安排和整体部署。2021 年 2 月，国务院印发《关于加快建立健全绿色低碳循环发展经济体系的指导意见》，全方位全过程推行绿色规划、绿色设计、绿色投资、绿色建设、绿色生产、绿色流通、绿色生活、绿色消费，统筹推进高质量发展和高水平保护。2021 年 7 月，国家发展和改革委员会印发《"十四五"循环经济发展规划》，以全面提高资源利用效率为主线，围绕工业、社会生活、农业三大领域提出了"十四五"循环经济发展的主要任务。

行业部门以开展试点、示范形成模式和经验。为探索循环经济发展模式，推动建立资源循环利用机制，国家发展和改革委员会、环境保护总局等 6 个部门早在 2005 年就联合开展了第一批循环经济试点，共包括 6 个省（直辖市）、4 个市、13 个园区和 7 个重点行业的 43 家企业，再生资源回收利用等 4 个重点领域的 17 家单位。之后，国家相关部门又开展了循环经济示范城市（县）、国家"城市矿产"示范基地、园区循环化改造试点、再制造试点示范基地、工业固体废物综合利用基地试点、资源循环利用基地等多类型试点示范，涵盖工业过程、企业、基地建设、园区、城市（县）及省份等，总结形成了一批资源循环利用模式案例和先进典型。

国家出台了多项价格、财政、税收和金融政策，支持发展循环经济。实行了差别电价、惩罚性电价、阶梯水价、生物质发电上网优惠电价等；设立了循环经济发展专项资金，用于支持园区循环化改造、"城市矿产"示范基地、餐厨废弃物资源化利用等重点项目；建立了废弃电器电子产品处理基金，对列入目录的产品回收处理给予补贴；制定了鼓励生产和购买使用节能节水专用设备、小排量汽车、资源综合利用产品和劳务等的税收优惠政策。

我国综合采用法律的、行政的、经济的、科技的手段加快推进形成循环生产和生活方式，促进资源循环利用效率不断提高，并逐步建立起一套完整的工作体系，初步形成了符合国情且具有中国特色的"中国方案"（康艳兵等，2020）。包括了由国家法律、行政法规、部门规章和地方立法构成的循环经济法律法规保障体系，包含各项规划、重大行动、试点示范在内的行政管理政策体系，以及价格、财政、税收和金融政策等相关市场激励政策体系等，全面推进循环经济发展（表 7.1）。

表 7.1　我国资源循环利用主要标志性政策和影响

年份	名称	主要内容和影响
2003 年	《中华人民共和国清洁生产促进法》	政策从末端治理向源头削减污染、提高资源利用效率转变，多元化的政策措施增加
2005 年	《关于加快发展循环经济的若干意见》	提出"十一五"期间主要资源产出目标，目标引领作用凸显
2009 年	《中华人民共和国循环经济促进法》	我国循环经济进入新阶段，政策体系走向法制化、规范化道路
2013 年	《循环经济发展战略及近期行动计划》	第一个国家级专项规划，提出"十二五"目标和重点任务
2017 年	《循环发展引领行动》	提出"十三五"目标和重点任务，进一步深化推进资源循环利用工作
2020 年	新《中华人民共和国固体废物污染环境防治法》	将循环经济理念体现在基本原则中，指导该法的制定、执法与司法实践
2021 年	《关于加快建立健全绿色低碳循环发展经济体系的指导意见》	首次从全局高度对建立健全绿色低碳循环发展的经济体系作出顶层设计和总体部署
	《"十四五"循环经济发展规划》	以全面提高资源利用效率为主线，提出"十四五"目标和重点任务，构建循环经济发展新格局

二、"无废社会"建设理念与总体布局

（一）"无废社会"建设理念

国际社会没有"无废社会"的公认概念，但已有类似表述。在国外，如日本早在 2000

年就发布了《循环型社会形成推进基本法》（Basic Act on Establishing a Sound Material-Cycle Society），目前各类废物得到充分的资源化利用，建设循环型社会已取得社会的普遍认可；欧盟委员会于2014~2015年相继提出"迈向循环经济：欧洲零废物计划"（Towards Circular Economy：A Zero Waste Programme for Europe）及"循环经济一揽子计划"（Circular Economy Package），明确了战略目标，以刺激欧洲循环经济的推进和可持续社会转型；美国为固体废物资源化产业制定了严格的管理规范，通过多维配套的经济手段鼓励企业充分参与资源化利用产业的发展；新加坡在《新加坡可持续蓝图2015》（Sustainable Singapore Blueprint 2015）中提出了建设"零废物"的国家愿景，即通过减量、再利用和再循环，努力实现食物和原料无浪费，尽可能将其再利用和回收，给所有材料第二次生命，使新加坡成为一个"零废物"国家。上述这些国家和地区实施的相关"零废物"国家战略的主要目的在于，以"零废物"作为愿景和努力的方向，推动在经济体系中贯彻循环经济理念，并相应延伸至社会生活的其他领域（温宗国等，2020）。同时，国外发达国家的实践经验表明，建设"零废物"社会具有充分的必要性和可行性。

为支撑我国生态文明建设，中国工程院组织开展了"固体废物分类资源化利用战略研究"，通过研究提出的《关于通过"无废城市"试点推动固体废物资源化利用，建设无废社会的建议》咨询报告为国务院2018年出台《"无废城市"建设试点工作方案》提供了依据与参考（图7.2）。这是"无废社会"和"无废城市"理念的首次提出，该理念认为建设"无废社会"（no-waste society）是贯彻落实党的十九大精神的具体行动，也是推进固体废物领域生态文明体制改革、统筹解决经济社会发展与固体废物问题的有力抓手和解决新时期主要矛盾、生态文明建设、实施乡村振兴战略的重要举措。

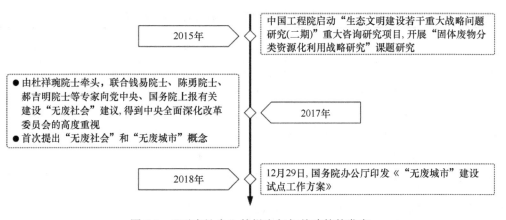

图7.2 "无废社会"的提出与相关政策的发布

"无废社会"并不是全社会固体废物产生量为零，也不是固体废物完全循环利用，而是以创新、协调、绿色、开放、共享的新发展理念为指导，通过推动形成绿色循环发展方式和生活方式，最大限度地推进固体废物源头减量、资源化利用和无害化处理的社会发展模式（刘晓龙等，2019），即通过创新生产和生活模式、构建固体废物分类资源化利用体系等手段，动员全民参与从源头对废物进行减量和严格分类，并使产生的废物通过分类资源化充分甚至全部得到再生利用，整个社会建立良好的废物循环利用体系，实现资源、环境、经济和社会共赢。"无废社会"的理念改变了过去以产生源单位为主的减量化和对已产生固体废物资源化的管理模式，转而向减少资源消耗和减少固体废物产生的模式转变，通过供给侧倒逼工业生产、社会发展模式向资源节约集约循环利用的绿色发展模式转变。"无废社会"是社会进步程度的重要标志，也是社会进步必然达到的目标。

（二）"无废社会"总体布局

"无废社会"是我国第二个百年奋斗目标的重要内容之一，预计到 21 世纪中叶初步建成，整个社会将表现为无废化、高效化、智能化及和谐化。建成"无废社会"是国家实现可持续发展的长远目标，需要长期不懈的努力。"无废城市"试点建设是构建"无废社会"的第一步。自 2018 年 12 月，国务院办公厅印发《"无废城市"建设试点工作方案》以来，到 2019 年，我国正式开展"无废城市"建设试点工作，生态环境部筛选确定了 11+5 个（11 个城市和 5 个特例区）"无废城市"建设试点城市和地区［11 个"无废城市"建设试点包括：广东省深圳市、内蒙古自治区包头市、安徽省铜陵市、山东省威海市、重庆市（主城区）、浙江省绍兴市、海南省三亚市、河南省许昌市、江苏省徐州市、辽宁省盘锦市、青海省西宁市；5 个特例区包括：河北雄安新区、北京经济技术开发区、中新天津生态城、福建省光泽县、江西省瑞金市］，编制印发了《"无废城市"建设试点实施方案编制指南》《"无废城市"建设指标体系（试行）》等指导性文件。

根据规划部署，我国"无废社会"建设有以下 3 个时期的规划部署。

2019～2025 年，为试点探索期，2020 年以前，主要开展"无废城市"试点建设，深化固体废物综合管理改革，形成可复制、可推广的"无废城市"建设模式，在此基础上在全国范围内梯次推开"无废城市"建设；到 2025 年，全国部分主要城市在固体废物重点领域和关键环节取得突破性进展，形成一批具有典型带动示范作用的"无废城市"综合管理制度和建设模式。试点城市固体废物产生量增长率与经济增长率相对脱钩，资源产出率比 2020 年提高 30%，垃圾分类系统基本覆盖城市建成区和主要县级行政区划，各类固体废物填埋处置总量保持稳定，固体废物产生量、储存量开始进入下行通道。无废理念初步形成，各行业龙头企业普遍开展产品绿色设计、绿色供应链建设，形成一批绿色政府、绿色机关、绿色学校。

目前，从 2021 年 12 月由生态环境部牵头印发的《"十四五"时期"无废城市"建设工作方案》中看出，"十四五"期间将要推动 100 个左右地级及以上城市开展"无废城市"建设，到 2025 年，"无废城市"固体废物产生强度较快下降，综合利用水平显著提升，无害化处置能力有效保障，减污降碳协同增效作用充分发挥，基本实现固体废物管理信息"一张网"，"无废"理念得到广泛认同，固体废物治理体系和治理能力得到明显提升。

2026～2035 年，为提升推广期。这一时期的目标是在全国范围内推广"无废城市"建设，重点区域的主要城市基本进入"无废城市"试点，部分试点城市固体废物环境管理能够达到国际先进水平。试点城市固体废物增长率与经济增长率相关性脱钩，资源产出率比 2025 年提高 25%，垃圾分类系统基本覆盖各县区，各类固体废物填埋处置总量呈现下降趋势。同时，要做到"无废社会"理念深入人心，绿色设计产品、综合利用产品市场占有率得到显著提升。

2036～2050 年，为全面实现期。这一期间的目标是全国主要大中城市基本完成"无废城市"建设。固体废物减量化的约束与激励导向机制成效明显，废物产生强度逐步下降，试点城市资源产出率比 2035 年提高 20%，垃圾分类系统基本覆盖到主要村镇，各类固体废物填埋处置总量低于 10%。固体废物环境监管与交易服务的保障能力显著增强，无害化风险防控水平提升。同时，"无废城市"建设的认同率与参与率提升，绿色产品使用比例明显提高，节约资源、垃圾分类等行为蔚然成风，"无废社会"基本建成。

三、资源循环利用与"无废社会"建设形势

从国际来看，一方面绿色低碳循环发展成为全球共识，世界主要经济体普遍把发展循环经济作为破解资源环境约束、应对气候变化、培育经济新增长点的基本路径。美国、欧盟、日本等发达国家和地区已系统部署新一轮循环经济行动计划，加速循环经济发展布局，应对全球资源环境新挑战。另一方面世界格局深刻调整，单边主义、保护主义抬头，叠加全球新冠肺炎疫情影响，全球产业链、价值链和供应链受到非经济因素严重冲击，国际资源供应的不确定性、不稳定性增加，给我国资源安全带来重大挑战。在国内，"十四五"时期，我国将着力构建以国内大循环为主体、国内国际双循环相互促进的新发展格局，释放内需潜力，扩大居民消费，提升消费层次，建设超大规模的国内市场，资源能源需求仍将刚性增长，同时我国一些主要资源对外依存度高，供需矛盾突出，资源能源利用效率总体上仍然不高，大量生产、大量消耗、大量排放的生产和生活方式尚未根本性扭转，资源安全面临较大压力。发展循环经济、提高资源利用效率和再生资源利用水平的需求十分迫切，且空间巨大。

当前，我国循环经济发展仍面临资源高效循环利用观念尚未全面树立，重点行业资源产出效率不高，再生资源回收利用规范化水平低，回收设施缺乏用地保障，低值可回收物回收利用难，大宗固废产生强度高、利用不充分、综合利用产品附加值低，无害化处置基础设施尚存短板等突出问题。我国单位 GDP 能源消耗、用水量仍大幅高于世界平均水平，铜、铝、铅等大宗金属再生利用仍以中低端资源化为主。动力电池、光伏组件等新型废旧产品产生量大幅增长，回收拆解处理难度较大。稀有金属分选的精度和深度不足，循环再利用品质与成本难以满足战略性新兴产业关键材料的要求，亟须提升高质量循环利用能力。无论从全球绿色发展趋势和应对气候变化要求看，还是从国内资源需求和利用水平看，我国都必须大力发展循环经济，着力解决突出矛盾和问题，实现资源高效利用和循环利用，推动经济社会高质量发展。

第二节　废弃物源头减量化

一、废弃物源头减量化发展历程与布局

随着经济和人口的高速增长及人民生活水平的不断提高，我国固体废物产生量不断增加。其中，工业固体废物从 2010 年的 24.25 亿 t 增加至 2020 年的 37.48 亿 t，城市生活垃圾清运量从 2010 年的 1.58 亿 t 增加至 2020 年的 2.35 亿 t。根据历年工业固体废物产生

量与工业增加值数据，我国工业固体废物产生强度不断下降，从 2010 年的 1.47t/万元下降至 2020 年的 1.20t/万元（图 7.3）。

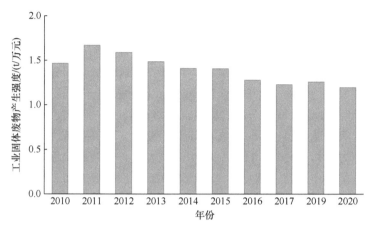

图 7.3　2010～2020 年我国工业固体废物产生强度

缺 2018 年数据

　　我国从法律法规、政策规划等多方面引领工业固废、农业固废、生活垃圾的源头减量化工作，并提出了未来发展目标。

　　在工业领域，新《固废法》明确了产废企业的责任，完善了排污许可制度，从而加大了工业固废减量化的工作力度。2017 年 4 月，科技部等五部门联合印发《"十三五"环境领域科技创新专项规划》，提出要进行废物综合管控和绿色循环使用，针对典型工业固废源头减量方面提出了指导意见。《循环发展引领行动》中提出加强赤泥、碱渣等大宗固废减量与循环利用技术及产业化研究。《关于"十四五"大宗固体废弃物综合利用的指导意见》中提出开展产废行业绿色设计，在生产过程中充分考虑后续综合利用环节，切实从源头削减大宗固废；重点突破源头减量减害与高质综合利用关键核心技术和装备制造，推动大宗固废利用过程风险控制的关键技术研发。

　　在农业领域，2021 年 8 月，农业农村部印发《关于贯彻实施〈中华人民共和国固体废物污染环境防治法〉的意见》，要求聚焦畜禽粪污、农作物秸秆、废弃农用薄膜、农药包装废弃物 4 类农业固体废物，坚持减量化、资源化、无害化的原则，采取政府支持、市场运作、社会参与、因地制宜、分类实施的方式，强化农业固体废物的源头治理、综合利用、安全处置，建立完善政策保障、科技支撑和监测评估体系，加快形成资源节约、环境友好、绿色低碳的农业生产方式和空间格局，为全面推进乡村振兴、加快农业农村现代化提供有力支撑。

　　在生活领域，垃圾分类是废弃物源头排放减量化的重要举措。我国生活垃圾分类工作整体而言起步较晚。2000 年 4 月，建设部城市建设司在北京召开了城市生活垃圾分类收集试点工作座谈会，特别强调"在当前经济快速发展、公众环境意识普遍提高的情况下，适时启动城市生活垃圾分类收集试点工作非常必要"，随后将北京、上海、广州、深圳、杭州、南京、厦门、桂林 8 个城市确定为全国首批生活垃圾分类收集试点城市。由于垃圾分类方式可操作性差、管理监督力度较弱、宣传不到位等问题，试点城市未能达到预期目标，但提升了公众的垃圾分类意识，为新阶段推行垃圾分类积累了一定经验。

2016 年迎来了我国垃圾分类的新纪元（彭韵等，2018）。习近平总书记在中央财经工作领导小组第十四次会议上提出"普遍推行垃圾分类制度"，强调要加快建立分类投放、分类收集、分类运输、分类处理的垃圾处理系统，形成以法治为基础、政府推动、全民参与、城乡统筹、因地制宜的垃圾分类制度。我国垃圾分类工作有了清晰蓝图，自此步入快车道。2017 年 3 月，国家发展和改革委员会、住房和城乡建设部发布《生活垃圾分类制度实施方案》，明确 46 个试点城市先行实施生活垃圾强制分类。2019 年 6 月，住房和城乡建设部等部门发布《关于在全国地级及以上城市全面开展生活垃圾分类工作的通知》，在全国地级及以上城市全面启动生活垃圾分类工作。2020 年 7 月，国家发展和改革委员会、住房和城乡建设部、生态环境部印发了《城镇生活垃圾分类和处理设施补短板强弱项实施方案》。2020 年 11 月，住房和城乡建设部等部门联合印发《关于进一步推进生活垃圾分类工作的若干意见》，提出到 2020 年底，直辖市、省会城市、计划单列市和第一批生活垃圾分类示范城市力争实现生活垃圾分类投放、分类收集基本全覆盖，分类运输体系基本建成，分类处理能力明显增强；其他地级城市初步建立生活垃圾分类推进工作机制。

"十四五"期间将基本建立配套完善的生活垃圾分类法律法规制度体系；地级及以上城市因地制宜，基本建立生活垃圾分类投放、分类收集、分类运输、分类处理系统，居民普遍形成生活垃圾分类习惯；全国城市生活垃圾回收利用率达到 35%以上。2021 年 3 月，《中华人民共和国国民经济和社会发展第十四个五年规划和 2035 年远景目标纲要》正式发布，明确指出要建成全链条的生活垃圾分类处理系统。5 月，国家发展和改革委员会、住房和城乡建设部印发《"十四五"城镇生活垃圾分类和处理设施发展规划》，统筹推进"十四五"城镇生活垃圾分类和处理设施建设工作，加快建立分类投放、分类收集、分类运输、分类处理的生活垃圾处理系统，到 2025 年底，全国生活垃圾分类收运能力达到 70 万 t/d 左右，基本满足地级及以上城市生活垃圾分类收集、分类转运、分类处理需求。

二、工业生产废弃物源头减量化

工业生产废弃物是指在工业生产活动中产生的固体废物，可以分为一般工业固体废物和工业危险废物。一般工业固体废物是指从工业生产、交通运输、邮电通信等行业的生产生活中产生的没有危险性的固体废物。工业危险废物是指列入《国家危险废物名录》或者根据国家规定的危险废物鉴别标准和鉴别方法认定的具有危险特性的废物。

工业生产废弃物源头减量主要表现在以下几方面：推进钢铁、焦化、水泥、热电等传统固废产生量密集型产业布局优化和转型升级，降低工业固废产生强度；壮大高端装备制造、新能源、新材料等低产废新兴产业，提升工业绿色化发展水平；开展绿色矿山建设，结合生态环境修复治理，减少矿业固体废物产生和储存处置量；以厂房集约化、原料无害化、生产洁净化、废物资源化、能源低碳化为原则，创建绿色工厂，推动绿色制造体系建设；以绿色低碳循环发展理念为引领，创建生态工业园区，开展循环化工业园区改造，打造循环经济产业链条；在家电、建材、机械、汽车、电子信息、化工、纺织等行业创建一批绿色设计产品和绿色供应链，促进固体废物减量和循环利用；在有色金属冶炼、石油加工、化工、焦化、电镀等重点行业推行以固体废物减量化和资源化为重点的清洁生产技术改造，树立行业清洁生产标杆。

专栏 7.1 包头市工业废弃物源头减量

包头市打造传统产业转型升级+工业余热余压利用+沉陷区光伏发电相结合的工业固废源头减量模式，提升工业体系资源利用效率，降低工业固体废物产生强度，助推工业体系绿色高质量发展。以一般工业固体废物减量化、资源化为目标，统筹推进钢铁、有色、电力、稀土、煤化工等传统产业结构调整和升级改造，积极引导企业延长产业链，加快向高值化、智能化方向发展。全面推进钢铁、电力、电解铝等重点行业余热余压技术改造，不断提高能源利用效率，切实减少煤炭消耗量。以绿色新能源替代为目标，以石拐区、土右旗等采煤沉陷区光伏基地以及固阳县、达茂旗等山北大型风电基地建设为重点，加快推动高污染、高排放、低效率的传统火电模式向绿色、低碳、高效的新能源模式发展。同时，加快畅通山北新能源与山南工业园区绿色能源输送通道，推动清洁能源实现就地消纳。包头市工业固废快速增长的势头有所放缓，产生强度已由 2018 年的 3.16t/万元降低到了 2019 年的 3.03t/万元。

三、农业生产废弃物源头减量化

农业生产废弃物主要指农村生活固体废物、农业废物、林业剩余物及畜禽粪便 4 类农村生产、生活所产生的废弃物。农村生活固体废物主要包括餐厨垃圾、废弃塑料、废纸及灰渣等；农业废物主要包括农作物秸秆与农产品加工剩余物；林业剩余物包括森林采伐剩余物、木材加工剩余物及育林剪枝所获得的薪材等；畜禽粪便是指牛、羊、猪、家禽等畜禽排出的粪便、尿及其与垫草的混合物，它是其他形态生物质（主要是粮食、农作物秸秆和牧草等）的转化形式（杜祥琬，2019）。

农业生产废弃物源头减量主要表现在以下几方面：探索实施具有农村特色的生活垃圾分类方式，实现农村生活垃圾源头减量和集中收运处理；绿色引领，开展生态农业示范县、种养结合农业示范县建设，促进农业转型升级和可持续发展；强化地膜市场准入，推动标准地膜应用，推广一膜多用、行间覆盖等技术，减少地膜使用；推广绿色食品、有机农产品种植，减少农药和化肥使用量；加快畜牧业转型升级，将分散化养殖转向规模化养殖。

专栏 7.2 金东区农业废弃物源头减量

浙江省金华市金东区从 2014 年开始探索推行农村生活垃圾分类，首创的垃圾分类"二次四分法"走红全国，是全国首个实现全覆盖的县（市、区），并制定出台了全国首个农村生活垃圾分类地方标准，住房和城乡建设部下文全国推广"金东模式"，该模式还入选中宣部"砥砺奋进的 5 年"大型成就展，献礼党的十九大。2018 年 2 月，浙江省《农村生活垃圾分类管理规范》(以下简称《管理规范》) 正式发布，这是我国首个以农村生活垃圾分类处理为主要内容的省级地方标准。《管理规范》推广"二次四分法"，即农民按照"可腐烂"和"不可腐烂"两类进行初拣；保洁员对"不可腐烂"的部分，再按照"好卖""不好卖"进行二次筛分。这种分类方法好识别、易推广，大大降低了垃圾分类的难度。金东区 400 余个行政村实现生活垃圾分类全覆盖，农村生活垃圾减量逾八成。

四、生活垃圾源头减量化

生活垃圾是指工业化与城镇化过程中产生的可以回收利用的废物，如废金属、废玻璃、报废电器电子产品等，同时也包括可以能源化利用的废物，如生活垃圾、餐厨垃圾、园林废物等（杜祥琬，2019）。

生活垃圾源头减量主要表现在以下几方面：践行简约适度、绿色低碳的生活方式，推动生活垃圾源头减量；发展共享经济，减少资源浪费；限制生产、销售和使用一次性不可降解塑料袋、塑料餐具，扩大可降解塑料产品应用范围；推进快递业绿色包装应用；在宾馆、餐饮等服务性行业，推广使用可循环利用的物品，限制使用一次性用品；创建绿色商场，培育一批应用节能技术、销售绿色产品、提供绿色服务的绿色流通主体；实施生活垃圾强制分类，探索试点垃圾计量收费制度；从绿色策划、绿色设计和绿色施工 3 个层面推进建筑垃圾减量化；开展"无废机关""无废学校""无废家庭"等"无废细胞"建设，强化宣传引导，形成"无废文化"社会氛围。

专栏 7.3　深圳市生活垃圾源头减量

深圳市为彻底解决生活垃圾围城问题，多措并举促进生活垃圾源头减量，引导市民践行绿色生活方式。加快构建绿色行动体系，广泛推广简约适度、绿色低碳、文明健康的生活理念，形成崇尚绿色的社会氛围。广泛开展绿色机关、绿色学校、绿色酒店、绿色商场、绿色家庭等"无废城市细胞"创建行动。深圳在全国率先上线投用生态文明碳币服务平台，注册用户通过分类投放生活垃圾、回收利用废塑料等绿色低碳行为，以及参与垃圾分类志愿督导活动和"无废城市"相关知识竞答均可获得碳币奖励，使用碳币兑换生活、体育、文化用品及运动场馆、手机话费等电子优惠券，正面引导、广泛激励公众积极参与"无废城市"建设。深圳市印发《深圳市生活垃圾分类管理条例》，推行生活垃圾强制分类；发布《深圳市家庭生活垃圾分类投放指引》，指导深圳生活垃圾分类工作按照"大分流细分类"的策略推进。全市设置 21 830 个集中分类投放点，3815 个小区和 1690 个城中村实现垃圾分类全覆盖。出台全国最严的生活垃圾行政处罚措施，个人违反生活垃圾分类投放规定最高处罚 200 元，单位违反生活垃圾分类投放规定最高处罚 50 万元。出台"以工代罚"措施，违规个人参加垃圾分类培训和住宅区定时定点垃圾分类督导等活动可以抵免罚款。出台生活垃圾分类工作激励措施，采取通报表扬为主、资金补助为辅的方式，2020 年共评选出 333 个"生活垃圾分类绿色单位"、433 个"生活垃圾分类绿色小区"、1693 个"生活垃圾分类好家庭"、703 个"生活垃圾分类积极个人"，累计发放激励资金 4835 万元，引导全社会积极参与生活垃圾分类。

第三节　废弃物过程处置资源化

一、废弃物资源化处置发展历程与布局

近年来，我国固体废弃物资源化处置能力不断提高。2020 年一般工业固体废物综合利用量为 20.38 亿 t，比 2010 年增加了 25.98%。根据历年再生资源回收行业发展报告，废钢铁、废有色金属、废塑料、废轮胎、废纸、废弃电器电子产品、报废机动车、废旧纺织品、废玻璃、废电池十大品种的回收总量逐年上升。2019 年回收总量约为 3.54 亿 t，同比增长 10.2%；回收总额约为 9003.8 亿元，同比增长 3.7%。

我国一向高度重视废弃物资源化处置，从法律法规、顶层设计等多方面推动资源循环利用工作的广泛和深入开展（杜欢政等，2013；康艳兵等，2020）。一是建立法律法规保障体系。2008 年通过的《中华人民共和国循环经济促进法》是资源循环利用领域地位最高、规定最全面、保障最充分的一部基本法，为各项工作的开展提供了法律依据。配合法律执行，构建了一系列法规制度，包括《废弃电器电子产品回收处理管理条例》《再生资源回收利用管理办法》《报废机动车回收管理办法》《汽车零部件再制造试点管理办法》《新能源汽车动力蓄电池回收利用管理暂行办法》等，旨在为提高废弃物资源化处置利用效率提供基础和保障。二是以目标为引领抓好顶层设计。国家"十一五"规划纲要明确指出发展循环经济，在资源开采、生产消耗、废物产生、消费等环节，逐步建立全社会的资源循环利用体系。"十二五"规划纲要首次提出以提高资源产出效率为目标，推进生产、流通、消费各环节循环经济发展，加快构建覆盖全社会的资源循环利用体系。"十三五"规划纲要提出树立节约集约循环利用的资源观，推动资源利用方式根本转变。

"十四五"规划纲要提出全面推行循环经济理念，构建多层次资源高效循环利用体系。同时，我国多项政策文件中提出了资源循环利用效率目标。《中国制造 2025》提出力争到 2025 年工业固体废物综合利用率达 79%。《关于加快建立健全绿色低碳循环发展经济体系的指导意见》中提出：加强再生资源回收利用。推进垃圾分类回收与再生资源回收"两网融合"，鼓励地方建立再生资源区域交易中心。加快落实生产者责任延伸制

度，引导生产企业建立逆向物流回收体系。鼓励企业采用现代信息技术实现废物回收线上与线下有机结合，培育新型商业模式，打造龙头企业，提升行业整体竞争力。完善废旧家电回收处理体系，推广典型回收模式和经验做法。加快构建废旧物资循环利用体系，加强废纸、废塑料、废旧轮胎、废金属、废玻璃等再生资源回收利用，提升资源产出率和回收利用率。《关于"十四五"大宗固体废弃物综合利用的指导意见》中提出：到2025年，煤矸石、粉煤灰、尾矿（共伴生矿）、冶炼渣、工业副产石膏、建筑垃圾、农作物秸秆等大宗固废的综合利用能力显著提升，新增大宗固废综合利用率达到60%，大宗固废存量有序减少。《"十四五"循环经济发展规划》中提出：到2025年，农作物秸秆综合利用率保持在86%以上，大宗固废综合利用率达到60%，建筑垃圾综合利用率达到60%，废纸利用量达到6000万t，废钢利用量达到3.2亿t，再生有色金属产量达到2000万t，其中再生铜、再生铝和再生铅产量分别达到400万t、1150万t、290万t，资源循环利用产业产值达到5万亿元。2022年1月，国家发展和改革委员会等部门印发的《关于加快废旧物资循环利用体系建设的指导意见》中提出，到2025年，废旧物资循环利用政策体系进一步完善，资源循环利用水平进一步提升。废旧物资回收网络体系基本建立，建成绿色分拣中心1000个以上。再生资源加工利用行业"散乱污"状况明显改观，集聚化、规模化、规范化、信息化水平大幅提升。废钢铁、废铜、废铝、废铅、废锌、废纸、废塑料、废橡胶、废玻璃9种主要再生资源循环利用量达到4.5亿t。二手商品流通秩序和交易行为更加规范，交易规模明显提升。60个左右大中城市率先建成基本完善的废旧物资循环利用体系。

二、废弃物资源化处置创新发展与实践

（一）资源化利用技术

新技术应用提高了资源利用效率。近年来，我国在共伴生矿产资源提取技术方面取得多项突破，资源回收效率显著提高，低品位、共伴生和难利用资源变成了经济可采资源，显著提升了资源保障能力。2013年，大中型矿山中，金、银、硫、钼回收率分别达到66.7%、71.4%、76.7%和47.0%；钒钛磁铁矿等尾矿综合利用技术、工艺和装备实现产业化应用。钒钛磁铁矿资源综合利用、铁–稀土多金属共伴生资源综合利用、镍铜多金属共伴生资源综合利用、锡和铅锌铟等复杂多金属共伴生资源综合利用、非金属矿产资源高效综合利用等方面均取得了技术研究和产业化的突破，红土镍矿冶炼镍铁技术、中低品位高镁磷矿直接生产高浓度含磷复合肥及资源化利用关键技术取得了进展。在铁锰尾矿有价组分提取、有色金属尾矿有价组分高效分选回收、石墨尾矿有价组分回收、尾矿制备新型建筑材料等方面取得了较大的技术突破（杜祥琬，2019）。

一批固体废物消纳量大、经济环保效益好的重大共性关键技术的工程应用取得突破。部分尾矿和废石在混凝土中的应用技术达到国际领先水平；以脱硫石膏为主要原料的大型纸面石膏板生产线、钢渣热闷法预处理大型生产线等实现规模化推广。尤其是我国已经突破了低热值、大容量煤矸石发电关键技术，煤矸石、煤泥等综合利用发电机组高参数、大型化已具备产业化基础，135MW及以上单机容量煤矸石发电机组占煤矸石发电总装机容量的70%以上。

农业生产废弃物分类资源化技术研发与产业化推广正在积极推进。现代农业高效利用乡村废物分类资源化技术研究正从"精量、高效、低耗、环保"等理念入手，开展前沿与重大关键技术研究，利用高新技术对传统技术与产品进行改造升级，强化各类农业废物分类资源化利用技术与方法间的有机紧密结合。生物质能源转化的固化成型技术、燃烧供热及发电技术、沼气技术已取得较大规模推广。生物质热裂解气化技术、生物质柴油、纤维素燃料乙醇、生物质气化合成及水解制备车用燃料等生物质液化技术已完成关键技术研发，进入试点示范阶段。

生活垃圾处理产业链核心技术取得突破。我国积极推动生活垃圾再生利用技术研发与应用，形成了废旧电器电子产品高效破碎、精细分选、有价组分提取利用的全链条技术体系，废杂铜铝机械物理分离、火法熔炼、湿法冶炼等专属技术及其专属装备，以及废旧塑料橡胶的精准识别与高值利用关键技术；突破了大型装备零部件表面纳米修复、无损拆解与绿色洗选、损伤零部件原位修复与再制造加工等核心技术。

（二）再生资源回收体系

根据商务部发布的《中国再生资源回收行业发展报告（2020）》，近年来，我国再生资源回收行业规模明显扩大，全国废钢铁、废有色金属、废纸、废塑料、废轮胎、废弃电器电子产品、废玻璃等主要品种再生资源回收总量逐步攀升。从全国来看，大部分地区已建立起以回收网点、分拣中心和集散市场（回收利用基地）为核心的三位一体回收网络。据不完全统计，河北、山西、辽宁、黑龙江、江苏、安徽、江西、山东、河南、湖北、湖南、广东、海南、甘肃、青海、宁夏、新疆、重庆、厦门、宁波、大连、青岛 22 个省（区、市）和计划单列市，目前已形成回收网点约 15.96 万个，分拣中心 1837 个，集散市场 266 个，分拣集聚区 63 个，回收网络已初具雏形。一批龙头企业迅速发展壮大，创新能力、品牌影响力和示范带动作用不断凸显，垃圾分类与再生资源回收衔接模式、"互联网+回收"模式、手机软件或热线平台服务模式逐步成熟，集回收、分拣、集散为一体的再生资源回收体系逐渐完善。在政府引导和市场化机制运行下，结合垃圾分类工作的开展，多个省（市）鼓励有条件的地区、企业或公共场所开展再生资源回收系统与生活垃圾收运系统"两网衔接"，鼓励和推动回收体系与垃圾收运体系各环节有机结合，通过环卫系统与再生资源回收企业的合作，推动垃圾分类回收体系和再生资源回收体系的融合，实现资源回收与生活垃圾分类协同发展。

（三）再生资源产业

再生资源产业是循环经济的重要组成部分，也是提高生态环境质量、实现绿色低碳发展的重要途径。再制造不但能延长产品的使用寿命，提高产品技术性能和附加值，还可以为产品设计、改造和维修提供信息，最终以最低的成本、最少的能源资源消耗完成产品的全生命周期。国内外的实践表明，再制造产品的性能和质量均能达到甚至超过原品，而成本却只有新品的 1/3 甚至 1/4，节能达 60% 以上，节材 70% 以上。再制造作为制造领域的优先发展主题和关键技术被列入《国家中长期科学和技术发展规划纲要（2006—2020 年）》。在国家重大科技专项支持下，我国自主研发形成了"尺寸恢复和性能提升"的再制造技术体系，再制造产品的尺寸精度、性能指标和质量标准均不低于原型新品质量水平（杜祥琬，2019）。在再制造试点过程中，我国再制造技术产业化应用取得快速发展，形成了一系列再制造产品和技术标准，为我国再制造产业的健康发展提供了技术保障。根据《"十四五"循环经济发展规划》，我国将开展再制造产业高质量发展行动。结合工业智能化改造和数字化转型，大力推广工业装备再制造，扩大机床、工业电机、工业机器人再制造应用范围。支持隧道掘进、煤炭采掘、石油开采等领域企业广泛使用再制造产品和服务。在售后维修、保险、商贸、物流、租赁等领域推广再制造汽车零部件、再制造文办设备，再制造产品在售后市场使用比例进一步提高。壮大再制造产业规模，引导形成10个左右再制造产业集聚区，培育一批再制造领军企业，实现再制造产业产值达 2000 亿元。

专栏 7.4　徐州市实施工业绿色再制造　实现经济生态双赢模式

徐州是"中国工程机械之都"，工程机械产业集群发展成熟，产业链完整，是国内工程机械生产企业最多、综合规模最大、品种覆盖面最广、产业集中度最高的城市。近年来，徐州深入践行新发展理念，以"创新引领、转型驱动、协同增效"为方向，全力推动工业绿色再制造，特别是徐州经济技术开发区，作为"中国工程机械之都"核心区、国家新型工业化装备制造产业示范基地、国家级产业转型升级示范园区，坚持率先争先、改革改变、创新创优，以全国第一的龙头工程机械企业徐工集团为牵引，大力发展循环经济，着力锻造徐州绿色转型的"强引擎"，有效破解了大量失效报废产品对环境的危害等诸多难题，探索出了一条具有徐州特色的经济生态双赢模式。徐工集团以关键技术突破夯实工业绿色再制造的基础支撑，以信息化赋能提升工业绿色再制造的系统集成水平，以标准体系搭建强化工业绿色再制造的引领作用，以试点示范项目深化工业绿色再制造的推广应用。2011 年，徐工集团成为工业和信息化部第一批再制造试点单位；2013 年徐工重型成立了汽车起重机维修再制造分厂，建立了汽车起重机整机及零部件再制造生产单元，具备年处理 300 台以上再制造汽车起重机整机的能力；2013 年徐工液压件、2014 年徐工基础等公司分别建立再制造分厂；2018～2020 年累计再制造汽车起重机整机 794 台、液压缸等零部件 7461 件，实现经济效益 19.1 亿余元。

三、废弃物处置过程精细化管理创新发展与实践

固体废物数量大、来源广泛，底数不清、去向不明、监管无序等问题普遍存在；固体废物管理部门涉及面广、工作统筹难，信息孤岛形成管理障碍。因此，传统的废弃物管理模式无法达到精细化、精准化的现实需求。依托智慧服务平台打破原有数据壁垒，将工业源、农业源、生活源等产生的各种废弃物数据纳入统一管理，完善固废管理顶层架构设计及数据支持，打造固体废物精细化统筹管理模式。

（一）完善固体废物数据统计体系

通过开展各细分领域固体废物溯源调查与统计，统一工业固体废物数据统计范围、口径和方法，摸清固体废物产生、储存和利用处置情况，为推进一般工业固体废物收集、运输、处置体系全过程监管打好基础。完善建筑垃圾统计方法，对房地产开发、道路建设等施工工程中产生的建筑垃圾重量及体积进行系统摸排估算。建立重要农业资源（废弃物）台账制度，使农业废弃物底数基本清晰。充分运用互联网、大数据先进技术与物联网，建设互联互通平台，让企业直接通过平台中的规范性表单按日期填报数据后自动汇总，实现固废数据精准化上报。

（二）实施固体废物全流程追踪

整合各部门信息资源，探索建设"固废智慧服务平台"，搭建包含人、车、物数据的全链条管理监管平台，实现各类固废"产生、收集、运输、处置"全过程的管理信息资源传递与使用，提升多源固废数据获取能力、快速数据传输能力、智能信息分析处理能力和综合辅助决策支撑与管理能力，实现城市固废精准化管理。开展包括危险废物在内的"一物一码"信息系统应用试点，建立类似支付宝二维码系统的在线交易平台，固体废物电子转移联单能网上追溯追源并固化为制度，水陆运输信息化监管平台全国一盘棋，大幅提升固体废物风险防控水平。鼓励再生资源回收利用企业建立线上交易平台，完善线下回收网点，实现线上交废与线下回收有机结合（朱灿，2020）。

（三）通过物质代谢分析完善物质流动管理

根据主要固废代谢情况进行对标分析，获取城市标志废弃物以及关键物质的代谢特点和代谢路径。挖掘农业源、工业源、生活源等所产生的各种废弃物种类代谢流向，纳入智慧管理平台，以分析废物代谢规律为基础，在理清城市物质流动情况、分析出关键物质和资源代谢路径的基础上，搭建区域完整的产业链结构，弄清关键物质多大量、从哪来、到哪去、如何处置等精细化管理问题，为全国废弃物统筹管理提供决策依据。

第四节　废弃物末端处置无害化

一、废弃物无害化处置发展历程与布局

近年来，国家对固体废物末端无害化处置予以高度重视，出台了一系列规划政策。2010年5月，国家发展和改革委员会、住房和城乡建设部、环境保护部、农业部四委联合下发《关于组织开展城市餐厨废弃物资源化利用和无害化处理试点工作的通知》，要求在全国范围内选择部分具备开展餐厨废弃物资源化利用和无害化处理条件的城市或直辖区进行试点，探索适合我国国情的餐厨垃圾处理工艺路线、形成餐厨废弃物资源化利用和无害化处理产业链，提高资源化和无害化水平。2016年12月，国家发展和改革委员会、住房和城乡建设部发布《"十三五"全国城镇生活垃圾无害化处理设施建设规划》，提出到2020年底，直辖市、计划单列市和省会城市（建成区）生活垃圾无害化处

理率达到 100%；其他设市城市生活垃圾无害化处理率达到 95%以上（新疆、西藏除外），县城（建成区）生活垃圾无害化处理率达到 80%以上（新疆、西藏除外），建制镇生活垃圾无害化处理率达到 70%以上。全国城镇新增生活垃圾无害化处理设施能力为 34 万 t/d。2017 年 4 月，国务院发布《"十三五"生态环境保护规划》，提出提高城市生活垃圾处理减量化、资源化和无害化水平，全国城市生活垃圾无害化处理率达到 95%以上，90%以上村庄的生活垃圾得到有效治理。大中型城市重点发展生活垃圾焚烧发电技术，鼓励区域共建共享焚烧处理设施，积极发展生物处理技术，合理统筹填埋处理技术，到 2020 年，垃圾焚烧处理率达到 40%。根据历年中国统计年鉴数据，2010～2020 年我国城市生活垃圾无害化处理方式占比如图 7.4 所示。

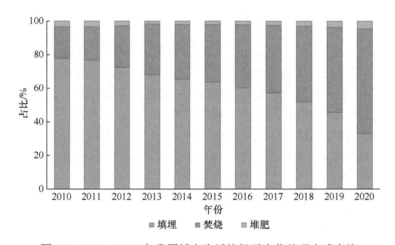

图 7.4　2010～2020 年我国城市生活垃圾无害化处理方式占比

"十三五"期间，全国新建垃圾无害化处理设施 500 多座，城镇生活垃圾设施处理能力超过 127 万 t/d，较 2015 年增加 51 万 t/d，生活垃圾无害化处理率达到 99.2%，全国城市和县城生活垃圾基本实现无害化处理。全国共建成生活垃圾焚烧厂 254 座，累计在运行生活垃圾焚烧厂超过 500 座，焚烧设施处理能力为 58 万 t/d。全国城镇生活垃圾焚烧处理率约为 45%，初步形成了新增处理能力以焚烧为主的垃圾处理发展格局。

当前，城镇生活垃圾分类和处理设施还存在处理能力不足、区域发展不平衡、存量填埋设施环境风险隐患大、管理体制机制不健全等问题，"十四五"期间将以推进固体废物减量化、资源化、无害化为着力点，补短板强弱项，着力解决城镇生活垃圾分类和处理设施存在的突出问题。《城镇生活垃圾分类和处理设施补短板强弱项实施方案》中提出：大力提升垃圾焚烧处理能力、合理规划建设生活垃圾填埋场、因地制宜推进厨余垃圾处理设施建设。《"十四五"城镇生活垃圾分类和处理设施发展规划》中提出：到 2025 年底，全国城镇生活垃圾焚烧处理能力达到 80 万 t/d 左右，城市生活垃圾焚烧处理能力占比 65%左右。

二、固废堆肥处置创新发展与实践

堆肥是利用微生物的作用将固废中的有机组分转化为腐殖质和无机物的过程，该技术处理成本小、操作简单、能实现废物资源化利用。产物可用作肥料或土壤改良剂，改善土壤中微量营养元素构成，同时增强土壤涵水能力和离子交换能力。该方法主要适用于可腐有机物含量高的固废，以及针对待处理生活垃圾消纳能力强的地区。

厌氧消化技术是在温和条件下利用厌氧微生物对生物质有机组分进行分解，消化后的残渣和沼液是优质的有机肥料，同步产生大量高热值的甲烷。厌氧消化技术具有能耗低、二次污染少、可产生清洁能源等优点，在我国餐厨垃圾处理方面推广应用的潜力巨大。

采用餐厨垃圾制备生物腐植酸的技术是选取自然界生命活力和增殖能力强的天然复合微生物菌种，将餐厨垃圾经高温复合菌发酵 8～10h 制备生化腐植酸，产品营养丰富，总腐植酸含量在 40%左右，具有改善土壤、水质，减少面源污染的作用。

高速活性制肥技术（HiSAP）结合了水热法和湿式氧化法的技术特点，能够在 2h 左右完成整个制肥过程。在中温中压、氧气充足的条件下，先进行热水解，使糖类、脂肪、蛋白质等易降解有机物快速氧化分解，形成小分子有机酸，而纤维素、半纤维素、木质素等难降解大分子在该条件下不分解；利用后续膨化工艺可改变大分子空间结构，使产品吸水持水、吸肥保肥能力大大增加。该技术可处理畜禽粪便、餐厨垃圾、死亡畜禽、生态垃圾等固体废物（席北斗等，2017）。

三、固废焚烧处置创新发展与实践

焚烧法是一种高温热处理技术，即以一定量的过剩空气与被处理的有机废物在焚烧炉内进行氧化燃烧反应，废物中的有毒有害物质在 800～1200℃的高温下氧化、热解而被破坏，是一种可同时实现废物无害化、减量化和资源化的处理技术（赵由才等，2019）。

焚烧技术可使固废减容 85%以上，不仅节约土地资源，而且焚烧热量可回收用于发电和供暖等，适用于人口密集、土地资源紧张的区域。但焚烧对科技水平、人员素质和技术管理有较高的要求，经济成本较大。焚烧过程中会产生硫氧化物、氮氧化物等大气污染物，飞灰中还携带了汞、铅等重金属和多环芳烃等污染物。垃圾焚烧炉技术主要有机械炉排焚烧炉技术、流化床焚烧炉技术、回转窑焚烧炉技术、热解气化焚烧炉技术和等离子气化技术。机械炉排焚烧炉和流化床焚烧炉技术成熟，应用广泛，但是回转窑焚烧炉技术和热解气化焚烧炉技术能有效抑制二次污染的产生，所以推广价值更高（席北斗等，2017）。

回转窑焚烧炉是通过回转作用使废物料层得到充分翻动，对焚烧物变化适应性强，除了适用废油等高热值废物的焚烧以外，也可和污泥、固态废物等进行混合焚烧，尤其是对于含玻璃或硅较高的废物更是表现突出，因为这些废物会对其他系统产生严重影响。回转窑焚烧炉是工业固体废物的理想焚烧系统。

热解气化是将含有有机可燃物的垃圾在缺氧的条件下利用热能使化合物的化合键断裂、由大分子量的有机物转变为小分子量的一氧化碳、氢气、甲烷等可燃气体。与传统焚烧技术相比，热解气化焚烧能有效抑制二噁英的产生，处理范围更广、更环保，可以得到更具有价值的副产品。该技术主要适用于工业废物、危险废物、生活垃圾、医疗废物等的无害化处置。

等离子气化技术可以从固体废物中提取可回收的物品和转换碳基废物为合成气，这种合成气是一种简单的一氧化碳和氢气组成的可燃气体，可以直接燃烧或用于提炼成更高等级的燃料和化学品。冷却后的灰渣是一种玻璃状物质，由于其紧密的结构，非常适合作为建筑材料使用。因此基本上能够实现污染物"零排放"。采用该技术可有效地摧毁二噁英等有害物质，特别适合于焚烧飞灰等危险废物的处理。国外的等离子气化技术较为成熟，2000年以来，全球范围内开始积极推进建设商业化规模的等离子体垃圾处理项目。国内研究起步较晚，主要集中在探索和实验室小试、中试阶段，用于城市固废处理，如电子垃圾、生化污泥、垃圾飞灰、医疗废物处理等领域。

四、固废填埋处置创新发展与实践

固废填埋处置量大、管理方便易行、处理成本低且适应性强，对于经济相对落后且土地资源宽裕的地区优势显著，其缺点在于占用的土地面积大，易导致所属地土质和地下水源的二次污染。填埋法从无控制的填埋发展到卫生填埋，包括滤沥循环填埋、压缩垃圾填埋、破碎垃圾填埋等（席北斗等，2017）。卫生填埋是利用工程手段，采取有效技术措施，防止渗滤液及有害气体对水体和大气的污染，最大限度压实减容，采用膜或土覆盖，使整个过程对公共卫生安全及环境均无危害的一种固废处置方法。滤沥循环填埋通过保持垃圾含水率的方法加速有机成分的厌氧分解，缺点是产生的沼气易引起火灾。压缩垃圾填埋通过压缩使垃圾分解缓慢，减少火灾发生的可能性。破碎垃圾填埋通过促进好氧细菌繁殖，避免厌氧菌产生沼气引起持续性燃烧。

填埋是所有固废处置工艺剩余物的最终处置方法。在精细分类、充分利用的前提下，固体废物填埋量应不断降低，最终实现"零填埋"。垃圾填埋场可以被看成一个生态系统，其主要输入项为垃圾和水，主要输出项为渗滤液和填埋气体，两者的产生是填埋场内生物、物理和化学过程共同作用的结果。填埋气体主要是填埋垃圾中可生物降解有机物在微生物作用下的产物，主要含有氢气、二氧化碳、甲烷等。填埋产气量因垃圾成分、填埋区容积、填埋深度、填埋场密闭程度、集气设施、垃圾体温度等因素不同而异。填埋场气体燃烧发电技术适用于填埋量大于300t/d的垃圾填埋场，该技术采用数学模型对填埋气体产生量及收集量进行预测，设计出适用于新建、正在运行和封场垃圾填埋场的填埋气体导排井、集气管网、排水井、监测井、抽气风机、燃烧器、发电机组等，将填埋场气体进行收集、处理、燃烧发电。填埋场气体制取汽车燃料技术采用常压多胺法净化填埋场气体，收集的填埋沼气经煤气风机加压后进入净化塔，在净化塔内填埋沼气与吸收液进行化学反应。净化后的气体性能等同于二级天然气，经过加压至25MPa，可送汽车加气站用作汽车燃料。

第五节　资源循环利用无废化的战略展望

我国正处于从"大量生产、大量消费、大量废弃"的工业文明向"合理生产、适度消费、循环利用"的生态文明升级转型的攻坚期。"十四五"时期，我国进入新发展阶段，开启全面建设社会主义现代化国家新征程，必须全面推行循环经济理念，推进资源节约集约循环利用，构建多层次资源高效循环利用体系，从顶层设计、保障体系、创新技术、"无废"文化等方面全方位助力实现碳达峰、碳中和目标，实现经济社会高质量发展。

1）系统构建高效的资源循环利用体系。从资源代谢的全生命周期角度出发，在资源循环利用过程中形成绿色发展方式和生活方式，大幅减少固体废物的源头产生量；在废物回收利用过程中构建及完善资源循环利用体系，针对不同类型废物的特点建立相应的资源化、能源化利用模式，发展清洁生产和循环经济；在污染最终处理处置环节，提升固体废物无害化处理水平，最大限度地减少固体废物填埋量。

2）建立健全法律法规和标准体系。明确固体废物相关产业源头准入控制、回收、综合利用等环节相关方法律责任和管理要求，推进生产者责任延伸制、企业间共生代谢等制度建设，建立资源化利用市场退出机制，不断优化市场结构，提升资源化利用整体水平。同时，建立健全固体废物资源化利用过程污染控制标准体系、综合利用产品质量控制标准体系，重点工业装备再制造技术规范及再制造产品标准体系；建立工业副产品鉴别标准及质量标准体系，从产生源头控制固体废物品质，促进可利用固体废物充分资源化。

3）推广多源固体废物协同处置技术。攻克资源利用无废化的关键技术，加强政策引导及市场机制支撑产业培育。因地制宜加大固体废物处理处置技术和装备效率提升与新工艺等的开发，依托高校和科研机构的科研实力与技术优势，对固体废物"产生源头—中间运输—末端处置"等开展技术研发与创新，共同建设"产学研政"技术创新和引用推广平台。以园区中试基地为依托，开展技术孵化和工程示范，实现科研与生产的有机结合，促进先进适用技术转化落地。

4）提升固体废物的现代化治理能力。统筹城乡发展规划与固体废物综合管理，在规划实施过程中提升城乡基础设施建设的协同推进水平，增强相关领域改革系统性、协同性和配套性，实现固体废物的现代化、精细化管理。探索固体废物管理的环境经济政策，细化落实财政补贴、资源综合利用产品增值税优惠等政策。强化国家财政专项资金、政府性投资等直接投入对市场的带动作用，加大国家财政预算在固体废物资源化领域的投入，同时引导社会资本进入资源化利用产业市场。

5）形成全社会共同参与的"无废"文化。改进社会治理模式，加大固体废物环境管理宣传教育，科学化解"邻避效应"。使民众成为参与者和主人，打造"企业、民众、政府铁三角"，充分发挥除政府机关外，企业、社区、家庭、中介组织和个人等社会力量，培养其参与的积极性。面向学校、社区、家庭、企业开展绿色生活方式公众意识教育，提高全社会对固体废物资源化利用紧迫性的认识，普及资源循环理念知识，倡导勤俭节约的生活理念。将绿色生产、绿色生活等相关内容纳入学校及各级领导干部教育培训体系。拓展信息公开通道，强化公众监督作用，引导形成全社会共同参与的"无废"文化，推进美丽中国建设。

（本章执笔人：陈勇、吴丹、呼和涛力、袁汝玲、雷廷宙）

第八章　生态产品价值化

生态产品概念在我国政府文件中首次见于 2010 年发布的《全国主体功能区规划》。生态产品及其价值实现理念的提出是我国生态文明建设在思想上的重大变革，生态环境被看作满足人类美好生活需要的优质产品，可以转变成为可消费交换的经济产品。随着我国生态文明建设的逐步深入，生态产品及其价值实现理念逐渐演变成为贯穿于习近平生态文明思想的核心主线，成为实现"绿水青山就是金山银山"理念的物质载体和实践抓手，显示了强大的实践生命力和重要的学术理论价值。

第一节　生态产品价值实现的内涵与意义

一、生态产品价值实现的演进历程

（一）理念萌芽阶段

《全国主体功能区规划》作为政府文件，首次提出了生态产品概念，并将生态产品与农产品、工业品和服务产品并列为人类生活所必需的、可消费的产品，重点生态功能区是生态产品的主要产区。但此时生态产品概念的提出仅仅是为我国制定主体功能区规划提供重要的科学依据和基础。

2012 年 11 月，党的十八大报告提出"增强生态产品生产能力"，将生态产品生产能力看作提高生产力的重要组成部分。党的十八大报告中，生态文明建设被提到前所未有的战略高度，生态文明建设在理念上的重大变革就是不仅仅要运用行政手段，而是要综合运用经济、法律和行政等多种手段协调解决社会经济发展与生态环境之间的矛盾。增强生态产品生产能力被作为生态文明建设的重要任务，体现了"改善生态环境就是发展生产力"的理念，突出强调生态环境是一种具有生产和消费关系的产品，是使用经济手段解决环境外部不经济性、运用市场机制高效配置生态环境资源的具体体现。

（二）完善探索阶段

2013 年 11 月，中国共产党第十八届中央委员会第三次全体会议提出"山水林田湖草"生命共同体的重要理念。会议通过的《中共中央关于全面深化改革若干重大问题的决定》中有关生态文明建设的论述虽然没有直接使用生态产品的概念，但会议所提出的"山水林田湖草"生命共同体理念与生态产品一脉相承，"山水林田湖草"是生态产品的生产者，生态产品是"山水林田湖草"的结晶产物，体现了我国生态环境保护理念由要素分割向系统思想转变的重大变革。该文件中提出建立损害赔偿制度、实行资源有偿使用制度和生态补偿制度，加快自然资源及其产品价格改革，表明我国开始逐步落实生态文明建设的总体设计，深入推进经济手段在生态环境保护中的作用。

2015 年 5 月，《中共中央　国务院关于加快推进生态文明建设的意见》出台，首次将"绿水青山就是金山银山"写入中央文件。提出要"深化自然资源及其产品价格改革，凡是能由市场形成价格的都交给市场"，生态产品成为绿水青山的代名词和实践中可操作的有形抓手。"绿水青山就是金山银山"，生态产品就是绿水青山在市场中的产品形式，生态产品所具有的价值就是绿水青山的价值，保护绿水青山就是提高生态产品的供给能力。

2015 年 9 月，中共中央、国务院发布《生态文明体制改革总体方案》，指出自然生态是有价值的，要使用经济手段解决外部环境不经济性。与上个文件同年出台的这个文件进一步强调"自然生态是有价值的，保护自然就是增值自然价值和自然资本的过程，就是保护和发展生产力，就应得到合理回报和经济补偿"，清晰地反映出以发展经济的方式解决生态环境外部不经济性的战略意图，通过把生态环境转化为可以交换消费的生态产品，使生态产品成为自然生态在市场中实现价值的载体融入市场经济体系，用搞活经济的方式充分调动起社会各方开展环境治理和生态保护的积极性，让价值规律在生态产品的生产、流通与消费过程中发挥作用，从而大幅度提高优质生态产品的生产供给能力，促进我国生态资源资产与经济社会协同增长。

2016 年 5 月，国务院办公厅发布《关于健全生态保护补偿机制的意见》（以下简称《意见》），提出以生态产品产出能力为基础，加快建立生态保护补偿标准体系。《意见》要求建立多元化生态保护补偿机制，将生态补偿作为生态产品价值实现的重要方式，明确生态产品产出能力是生态补偿标准的确定依据。

2016 年 8 月，中共中央办公厅和国务院办公厅印发《国家生态文明试验区（福建）实施方案》（以下简称《方案》），在生态产品概念基础上率先提出价值实现理念。福建省是我国首批国家生态文明试验区，也是唯一将生态产品价值实现作为重要改革任务的省份。《方案》将"生态产品价值实现的先行区"作为福建省建设国家生态文明试验区的目标，这是在生态产品概念提出基础上的又一重大理论深化，首次将生态产品概念由提高生产能力扩展到价值实现理念，将传统劳动价值论看作没有凝结人类劳动的纯粹自然产物赋予了价值属性，是对劳动价值论等价值理论体系的丰富和拓展。

2017 年 8 月，中共中央、国务院印发《关于完善主体功能区战略和制度的若干意见》，提出"开展生态产品价值实现机制试点"。将贵州等 4 个省份列为国家生态产品价值实现机制试点，标志着我国开始探索将生态产品价值理念付诸实际行动。

2017 年 10 月，党的十九大将"增强绿水青山就是金山银山的意识"写入《中国共产党章程》，进一步深化了对生态产品的认识和要求。十九大报告提出"提供更多优质生态产品以满足人民日益增长的优美生态环境需要"，将生态产品短缺看作新时代我国社会主要矛盾的重要方面，生态产品成为"两山"理论在实际工作中的有形抓手，是绿水青山在实践中的代名词。

2018 年 4 月，习近平总书记在深入推动长江经济带发展座谈会上发表重要讲话，为生态产品价值实现指明了发展方向、路径和具体要求。习近平总书记明确长江经济带要开展生态产品价值实现机制试点，要求"探索政府主导、企业和社会各界参与、市场化运作、可持续的生态产品价值实现路径"，明确了建立市场机制是生态产品价值实现的发展方向，生态产品价值实现需要充分调动社会各界等利益主体参与。

2018 年 5 月，第八次全国生态环境保护大会总结提出了习近平生态文明思想，生态产品价值实现理念成为贯穿习近平生态文明思想的核心主线。生态产品作为良好生态环境为人类提供丰富多样福祉的统称，既是"山水林田湖草"的结晶产物，也是绿水青山在市场中的产品形式，成为"绿水青山就是金山银山"理念在实践中的代名词和可操作的抓手，可为全球可持续发展贡献中国智慧和中国方案，将习近平生态文明思想各个部分有机地串联起来，逐步演变成为贯穿习近平生态文明思想的核心主线。

2018 年 12 月，国家多部门联合发布《建立市场化、多元化生态保护补偿机制行动计划》，提出以生态产品产出能力为基础健全生态保护补偿及其相关制度。在 2016 年《关于健全生态保护补偿机制的意见》的基础上，进一步细化、明确和强调了以生态产品产出能力为基础，健全生态保护补偿标准体系、绩效评估体系、统计指标体系和信息发布制度，用市场化、多元化的生态补偿方式实现生态产品价值。

2019 年 9 月，习近平总书记在黄河流域生态保护和高质量发展座谈会上发表讲话，要求三江源等国家重点生态功能区要创造更多生态产品。习近平总书记强调"要坚持绿水青山就是金山银山的理念，坚持生态优先、绿色发展"，提出"三江源、祁连山等生态功能重要的地区，就不宜发展产业经济，主要是保护生态，涵养水源，创造更多生态产品"，进一步明确了重点生态功能区是生态产品的主产区，为探索富有地域特色的高质量发展指明了前进方向，提出了根本遵循。

2020 年 4 月，中央全面深化改革委员会第十三次会议审议通过《全国重要生态系统保护和修复重大工程总体规划（2021—2035 年）》，将提高生态产品生产能力作为生态修复的目标。会议强调要统筹"山水林田湖草"一体化保护和修复，增强生态系统稳定性，促进自然生态系统质量的整体改善和生态产品供给能力的全面增强。该规划明确以"山水林田湖草"系统工程为依托，强化提升公共性生态产品生产供给能力，进一步强调了生态产品与"山水林田湖草"的关系，强调用系统的思想保护生态环境，为实现生态产品价值指明了方向。

（三）全面推进阶段

2021 年 4 月，中共中央办公厅、国务院办公厅印发了《关于建立健全生态产品价值实现机制的意见》，吹响了深入推进建设生态产品价值实现机制的号角，指明了践行生态产品价值实现理念的路径和方向。《关于建立健全生态产品价值实现机制的意见》中要求以体制机制改革创新为核心，推进生态产业化和产业生态化，加快完善政府主导、企业和社会各界参与、市场化运作、可持续的生态产品价值实现路径，生态产品价值实现由局部地方试点，流域区域探索逐步上升为国家层面的重要任务。

二、生态产品的概念与分类

（一）生态产品的概念内涵

在 2010 年发布的《全国主体功能区规划》中，生态产品被定义为"维系生态安全、保障生态调节功能、提供良好人居环境的自然要素"。从我国提出生态产品概念的时代背景和战略意图出发，将生态产品定义为：生态产品是指生态系统的生物生产功能和人类社会的生产劳动共同作用提供给人类社会使用和消费的终端产品或服务，包括保障人居环境、维系生态安全、提供物质原料和精神文化服务等人类福祉或惠益，是与农产品和工业产品并列的、满足人类美好生活需求的生活必需品，是良好生态环境为人类提供多样福祉惠益的统称。

（二）相关概念辨析

1. 生态产品与自然资源资产

自然资源资产是指产权明晰、可给人类带来福利、以自然资源形式存在的稀缺性物质资产，包括土地、矿产等资源。生态资产是指生物生产性土地及其提供的生态系统服务和产品，具体包括森林、草地、湿地、农田、荒漠、海洋等生态系统类型及其上附着的水资源、生物资源、海洋资源和环境资源等生态系统存在的载体，以及人类从生态系统中获得的各种惠益，是自然资源资产的重要组成部分。从形成过程上看，生态资产又可以划分为存量和流量，其中生态系统及其存在的载体是生态资产的存量，而生态产品是在某一时间段内生态资产依托于存量产生的增量或流量部分，同样也是自然资源资产的重要组成部分。生态资产存量类似于经济资产概念中的"家底"或"银行本金"，可以形象地将其概况成"生态家底"，而生态资产流量则类似于银行资产所产生的利息。一般情况下，存量价值在一段时间内是基本稳定不变的，而流量价值是随时间变化的。

2. 生态产品与生态系统服务

"生态产品"概念与国际学术领域已经得到广泛接受的"生态系统服务"概念非常相近，我国政府提出的生态产品概念更强调用市场机制实现自然资源价值。两者在内容构成、供给消费关系等方面存在一定的差别。

生态产品是生态系统服务中直接对人类社会有益、直接被人类社会消费的服务和产品。生态系统服务主要反映的是自然生态为人类社会提供的惠益和福祉，是纯生态学的概念，它既包括木材、食物、旅游等直接为人类提供的终端产品和服务，也包括维持自身功能运转的支持服务和中间过程。而生态产品更明确地反映了人与人之间的供给消费关系，更强调市场化实现路径，主要是指对人类福祉产生直接效益的最终服务或减少人类生态保护投入成本的服务和产品。生态产品价值实现的过程就是运用市场机制将生态产品的生态优势、资源优势转化为经济优势、产业优势的过程。与生态系统服务概念相比，"生态产品"的概念内涵和外延更为精确、科学和规范，在理论上显示出强大的生命力，在实践中具有广阔的应用前景。

（三）生态产品的基本分类

现有的生态产品的分类存在二分法、三分法或四分法，二分法将生态产品分为两类，如根据是否具有物质形态将生态产品分为生态物质产品和生态服务产品（马建堂，2019），或根据其生产消费特点分为公共性和经营性生态产品两类（张林波等，2019）；三分法参照 MA 生态系统服务的分类方法将生态产品分为有形产品、支持调节服务、美学景观服务 3 类（沈茂英和许金华，2017）；四分法根据公共产品理论和生态产品的供给运行机制特点分为全国性、区域或流域性、社区性公共生态产品和"私人"生态产品（曾贤刚等，2014），或因产品表现形式不同认为生态产品包括生态物质产品、生态文化产品、生态服务产品和自然生态产品 4 类（刘伯恩，2020）。从总体上看，目前学术界对于生态产品分类仍不统一，缺少对可以在市场中交易的准公共生态产品的认识。本书根据价值实现路径的不同，将生态产品分为公共性、准公共性和经营性生态产品 3 类（图 8.1）。

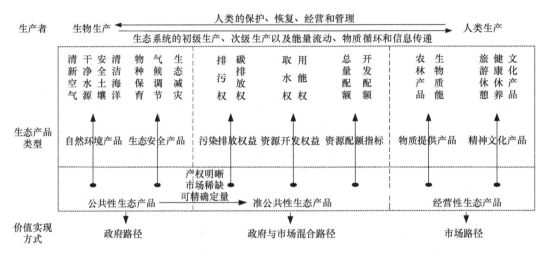

图 8.1　生态产品概念内涵与基本分类

公共性生态产品是狭义的生态产品概念，与国内外学术研究"生态系统服务"中的调节服务含义相近，是指生态系统主要通过生物生产过程为人类提供的自然产品，包括清新空气、干净水源、安全土壤和清洁海洋等人居环境产品，以及物种保育、气候调节和生态减灾等维系生态安全的产品，是具有非排他性、非竞争性特征的纯公共产品。公共性生态产品往往还具有协同生产性，很难将其生产过程界定到某一个地点或某一个要素，这就决定了其产权是区域性或共同性的，而不能确定为某个人或团体组织，因此，其难以通过市场交易实现经济价值。

准公共性生态产品是在一定政策条件下满足产权明晰、市场稀缺、可精确定量 3 个条件，具备了一定程度竞争性或排他性而可以通过市场机制实现交易的公共性生态产品，介于公共性生态产品和经营性生态产品之间，主要包括可交易的排污权、碳排放权等污染排放权益，取水权、用能权等资源开发权益，总量配额和开发配额等资源配额指标。由于这些生态权益存在明确的生产与消费的利益关系，在稀缺性的前提下，交易主体之间就会形成市场交易需求，生态权益就转变为生态商品，因此，准公共生态产品也可以看作公共性生态产品通过在市场中实现交换价值的生态商品。

经营性生态产品是广义的生态产品概念，与生态系统服务中的供给服务和文化服务相近，是人类劳动参与度最高的生态产品，包括农林产品、生物质能等与第一产业紧密相关的物质原料产品，以及旅游休憩、健康休养、文化产品等依托生态资源开展的精神文化服务。经营性生态产品是人类劳动参与度最高的生态产品，具有与传统农产品、旅游服务等经济产品完全相同的属性特点，可以通过生产流通与交换过程在市场交易中实现其价值，已经被列入国民经济分类目录。

三、生态产品价值实现的重大战略意义

（一）生态产品价值实现理念丰富和拓展了马克思劳动价值论

"产品"一词在现代汉语词典中被解释为"生产出来的物品"，生态产品的概念也必然含有生产劳动过程，隐含着其可以通过实现交换变成商品的意思。生态产品是由生态系统和人类社会共同作用产生的，生态产品的价值来源于人类劳动和生物生产。生态产品价值一方面丰富了人类劳动的内涵和范围，不仅将人类劳动从原料获取、生产加工、交换流通等生产过程扩展到环境保护和污染治理等方面，也将人类对生态系统的保护恢复、经营管理看作生产劳动。习近平总书记指出，"绿水青山和金山银山决不是对立的，关键在人，关键在思路"。生态产品价值实现需要人类劳动和智慧，探索生态产品价值实现机制。另一方面，将生物生产也纳入到了劳动范畴，将生物生产看作除人类劳动外可以产生价值的另外一种劳动形式。生态系统通过光合作用开展初级生产，并通过次级生产以及能量流动、物质循环和信息传递等生物生产过程为人类社会提供生态产品。因此，生态产品不仅反映了自然生态与人类之间的供给消费关系，还反映了人与人之间的供给消费关系，为阐明生态产品价值实现机制提供了经济学理论基础。

（二）生态产品价值实现理念是我国生态文明建设的重大创新性战略措施

一是对人与自然和谐共生理念的认识更加深刻，习近平总书记指出，"良好生态环境是最公平的公共产品，是最普惠的民生福祉"，生态环境由古典经济学家眼中单纯的生产原料、劳动对象转变成为满足人类美好生活需要的优质产品，突出强调生态环境是一种具有生产和消费关系的产品，是同时具有生产原料和消费产品双重属性的重要生产力要素，是影响生产关系的重要生产力要素，"保护生态环境就是保护生产力，改善生态环境就是发展生产力"。二是我国运用市场机制配置生态环境资源的创新性战略举措。生态产品价值实现理念将生态环境看作与农产品和工业产品并列的人类生活必需品，强调生态环境是有价值的，保护自然就是增值自然价值和自然资本的过程，就应得到合理回报和经济补偿。通过把生态产品转化为经济产品融入市场经济体系，用搞活经济的方式充分调动起社会各方参与生态产品价值实现的积极性，让市场手段在生态环境资源配置中发挥决定性作用，充分利用我国在经济建设方面取得的经验和人才、政策等基础，以发展经济的方式解决生态环境的外部不经济性问题，大幅度提高优质生态产品的生产供给能力，促进我国生态资源资产与经济社会协同增长。

（三）探索生态产品价值实现机制是绿水青山转化为金山银山的有效路径

从改革开放至今的短短几十年时间里，我国经济社会发展取得了人类历史上令人瞩目的辉煌成就，已经稳居世界第二大经济体，实现了全面建成小康社会的第一个百年奋斗目标。但是在经济发展进程中，我们付出了资源、生态和环境损失的代价，生态环境成为制约经济社会发展的重要因素。同时随着物质水平的提高，人们对优质生态产品的需求日益增长，人民群众的迫切需求与供给不足的矛盾成为亟待解决的问题。生态与经济不平衡是当前发展不平衡的突出特征之一，也是城乡不平衡与区域不平衡的重要表

现，如何平衡经济发展与生态保护间的关系、架起绿水青山与金山银山的桥梁是解决当前社会主要矛盾的重要任务之一。生态产品价值实现路径就是绿山青山与金山银山的转换路径，"山水林田湖草沙"是生态产品的生产者，生态产品是"山水林田湖草沙"的结晶产物，探索生态产品价值实现路径，可以使人民群众在保护绿水青山的过程中获得收益，反过来又进一步提升保护绿水青山的主动性。正如习近平总书记所言，"因地制宜选择好发展产业，让绿水青山充分发挥经济社会效益，切实做到经济效益、社会效益、生态效益同步提升，实现百姓富、生态美有机统一"。因此探索生态产品价值实现路径是攻克生态环境问题、促进生态与经济协同增长、破解发展不平衡不充分矛盾的重要手段之一。

第二节 生态产品价值实现的部署与挑战

一、生态产品价值实现的部署安排

（一）国家各部门推动生态产品价值实现的重大举措

国家相关部委将生态产品价值实现作为实现自身职能的重要发力点和着力点，积极推动生态产品价值实现机制落地实施（表8.1）。

表8.1 国家相关部委推动生态产品价值实现的安排部署

部委	相关职能	相关文件
国家发展和改革委员会	1）提出健全生态保护补偿机制的政策措施	1）《生态保护补偿条例（公开征求意见稿）》 2）联合发布《全国重要生态系统保护和修复重大工程总体规划（2021—2035年）》
生态环境部	1）实施生态环境保护目标责任制 2）参与生态环保产业发展	1）《全国碳排放权交易管理办法（试行）》（征求意见稿） 2）《全国碳排放权登记交易结算管理办法（试行）》（征求意见稿）
自然资源部	1）拟订自然资源和国土空间规划 2）负责自然资源资产有偿使用工作 3）负责自然资源的合理开发利用	1）贯彻落实《关于统筹推进自然资源资产产权制度改革的指导意见》 2）联合印发《自然资源统一确权登记暂行办法》
国家林业和草原局	1）负责国家公园特许经营等工作 2）负责林地管理；监督管理草原和湿地的开发利用 3）拟订集体林权制度	1）启动《中华人民共和国国家公园法（草案）》研究论证和起草工作，对国家公园科学保护利用、特许经营等进行规定 2）印发《国家林业和草原局关于促进林草产业高质量发展的指导意见》 3）联合发布《关于促进森林康养产业发展的意见》
水利部	1）负责保障水资源的合理开发利用	1）《水权交易管理暂行办法》
财政部	1）完善转移支付制度	1）《关于加快建立流域上下游横向生态保护补偿机制的指导意见》 2）印发《国家重点生态功能区转移支付（试点）办法》，逐年下达国家重点生态功能区转移支付资金
中国人民银行	1）拟订金融业改革和发展战略规划	1）联合发布《关于构建绿色金融体系的指导意见》 2）印发《银行业存款类金融机构绿色金融业绩评价方案》（征求意见稿）

国家发展和改革委员会将制定生态保护补偿机制的政策措施作为抓手，发布《生态保护补偿条例（公开征求意见稿）》，并从全国选取50个县（市、区）作为试点，重点探索森林生态效益补偿制度、流域上下游生态补偿制度等生态产品价值实现机制；2019年以来，先后将浙江、江西、贵州、青海、福建、海南以及浙江丽水市、江西抚州市列

为国家生态产品价值实现机制试点和试验区，鼓励地方各省（市）在生态产品价值及相关方面先行先试。

生态环境部以生态环境保护目标实现和生态环保产业发展为目标，组织开展了生态环境导向的开发模式（EOD 模式）试点申报，其实质是使用生态保护和环境治理项目的经营权与收益权来引导生态产业开发，实现生态产品价值；以创建国家生态文明建设示范市（县）和"绿水青山就是金山银山"实践创新基地为载体，分 5 批共命名了 362 个国家生态文明建设示范区和 136 个"绿水青山就是金山银山"实践创新基地；发布《全国碳排放权交易管理办法（试行）》（征求意见稿）等，通过排放配额有偿分配制度倒逼产业生态化发展；以技术文件的形式下发《陆地生态系统生产总值（GEP）核算技术指南》，指导和规范陆地生态系统生产总值核算工作。

自然资源是生态产品的自然本底和生产载体，为生态产品的生产和价值实现提供了最基本的物质基础和空间保障，自然资源部坚持"两个统一"职责，先后发布 3 批《生态产品价值实现典型案例》，梳理出生态资源指标及产权交易、生态修复及价值提升、生态产业化经营、生态补偿等主要做法；2021 年 2 月，自然资源部印发了《自然资源领域生态产品价值实现机制试点工作指南》，从自然资源系统内开展试点探索工作，引导鼓励地方政府先行先试大胆改革创新，探索构建自然资源领域生态产品价值实现的理论体系、技术体系和政策体系，推动建设生态产品价值实现机制。

国家林业和草原局作为国家公园管理单位，引导国家公园等自然保护地探索特许经营和保护地役权等生态产品价值实现路径，同时推动森林、草原、湿地的科学利用，推动林下经济和森林康养等林业产业发展。2020 年，启动《中华人民共和国国家公园法（草案）》研究论证和起草工作，全面总结国家公园体制试点经验，科学规划我国自然保护地，对国家公园科学保护利用、特许经营等进行规定，实现我国生态资源的合理保护、开发和可持续发展，对促进人与自然和谐共生、推进美丽中国建设具有重要意义。

水利部印发《水权交易管理暂行办法》，旨在进一步完善水权制度、推行水权交易、培育水权交易市场、指导水权交易实践。《水权交易管理暂行办法》明确了水权交易的类型，以及区域水权交易、取水权交易和灌溉用水户水权交易的方式。

财政部持续开展重点生态功能区财政转移支付，开展森林、湿地、草原等生态保护奖补，推动建立流域上下游横向生态保护补偿。先后发布了《关于加快建立流域上下游横向生态保护补偿机制的指导意见》《关于建立健全长江经济带生态补偿与保护长效机制的指导意见》《支持引导黄河全流域建立横向生态补偿机制试点实施方案》，推动我国建成世界范围内受益人口最多、覆盖领域最广、投入力度最大的生态保护补偿机制，促进流域生态环境质量不断改善。

中国人民银行等七部门联合发布《关于构建绿色金融体系的指导意见》（简称《意见》），明确了激励绿色产业发展、抑制污染性投资的目标。《意见》要求从经济可持续发展全局出发，建立健全绿色金融体系，发挥资本市场优化资源配置、服务实体经济的功能，支持和促进生态文明建设，从大力发展绿色信贷、推动证券市场支持绿色投资到设立绿色发展基金，通过政府和社会资本合作（PPP）模式在动员社会资本、发展绿色保险、完善环境权益交易市场、丰富融资工具、支持地方发展绿色金融、推动开展绿色金融国际合作等方面进行详尽部署，为我国建立支持绿色产业和经济社会可持续发展的绿色金融体系提供指导意见。

（二）地方实践生态产品价值实现机制的丰富探索

随着我国生态文明建设的逐步深入，生态产品价值实现理念逐步演变成为习近平生态文明思想的核心主线，成为实现"绿水青山就是金山银山"理念的物质载体和实践抓手，探索可操作实施的生态产品价值实现路径是新时代生态文明建设重大课题。2016年8月福建省被设为国家首个生态文明试验区，提出了"生态产品价值实现先行区"的战略定位。2017年10月，浙江、江西、贵州、青海四省被列为生态产品价值实现机制试点，开展了相应的机制探索。浙江与江西先后把丽水市和抚州市列为生态产品价值实现机制试点，分别于2019年4月和12月发布了丽水市和抚州市的生态产品价值实现机制试点方案。贵州省于2020年6月确立了赤水、大方、江口、雷山和都匀5个省内生态产品价值实现机制试点。青海省于2019年11月印发《青海省贯彻落实〈建立市场化、多元化生态保护补偿机制行动计划〉的实施方案》，以生态保护补偿机制创新为切入点开展试验。

二、生态产品价值实现的模式路径

全国各地已经在生态产品价值实现方面开展了丰富多彩的实践活动，取得了积极进展和初步成效，形成了一系列有特色、可借鉴的实践和模式。生态产品价值实现的实质就是生态产品的使用价值转化为交换价值的过程。在大量国内外生态文明建设实践调研的基础上，归纳形成五大类生态产品价值实现的实践模式或路径，包括生态权益交易、资源产权流转、生态产业开发、生态资本收益和生态保护补偿等。

（一）生态权益交易

建立公共性生态产品的市场交易机制是生态产品价值实现最大的难点，也是最为关键和最重要的任务。生态权益交易可以分为3种方式，包括污染排放权交易、资源开发权益交易和资源配额交易。浙江东阳、义乌两市开展的我国首例水权交易虽然还存在一些困境和问题，但为公共性生态产品的产权交易提供了有价值的参考借鉴。浙江丽水河权到户、重庆梁平林权改革均是围绕产权改革做文章，充分利用产权交易调动起社会各方参与的积极性，发挥群众力量实现生态产品价值。重庆开展的森林覆盖率交易和地票交易虽然表面上看起来类似，但森林覆盖率交易是一种不涉及产权的配额指标交易，而地票则是基于土地的产权交易方式。以上这些案例表明，公共性生态产品变为商品进行市场交易需要具有产权明晰、市场稀缺和可精确定量3个前提条件，政府可以通过宏观管控政策，制定管控配额指标，使具有明晰产权、可精确定量的生态资源具有稀缺性，才能建立起公共性生态产品的市场交易机制。

（二）资源产权流转

资源产权流转模式是指具有明确产权的生态资源通过所有权、使用权、经营权、收益权等产权流转实现生态产品价值增值的过程，实现价值的生态产品既可以是公共性生态产品，也可以是经营性生态产品。资源产权流转可以按生态资源的类型分为耕地产权流转、林地产权流转、生态修复产权流转和保护地役权 4 种模式。重庆地票交易是耕地产权流转模式，将耕地的生态产品生产功能附载到了地票上。福建南平顺昌森林生态银行借鉴商业银行模式，通过林权赎买、股份合作、林地租赁和林木托管等林权流转方式，将生态资源转换成了权属清晰、可交易的生态资产。江苏徐州市贾汪区允许采煤塌陷地复垦后土地使用权可以依法流转，吸引开发企业参与矿区国土综合整治，大力发展生态修复+产业，优质生态产品供给增加带动区域土地升值，是生态修复产权流转和生态产业开发实现生态产品价值的典型案例。起源于美国的保护地役权制度通过支付费用或税费减免方式限制土地利用方式，在不改变土地权属的情况下以低成本实现保护生态环境的目标。

（三）生态产业开发

生态资源是最好的发展资源。充分依托当地优势生态资源，靠山吃山、靠水吃水，在保护的前提下把生态资源转化为经济发展的动力是生态产品价值实现的重要途径。生态产业开发模式可以分为物质原料开发、精神文化产品开发、刺激经济发展 3 类。利用生态资源生产出的经营性生态产品与传统农产品、旅游服务等产品具有基本相同的属性特点，具有丰富多样的经营利用模式，其价值也很容易通过市场机制得以实现。这类生态产品价值实现的关键是如何认识和发现生态资源的独特经济价值，如何开发经营品牌提高产品的"生态"溢价率和附加值。深圳大鹏新区则把沙滩卖出了好价钱。徐州（贾汪）、漳州"生态+"和武汉"花博汇"都是政府、企业和个人各方开展人居环境建设、通过土地溢价方式实现生态产品价值。陕西商洛坚持田园景区化，培育田园乡村、保护田园生态、经营田园风光，让"八山一水一分田"成为秦岭腹地生动鲜活的田园景观。浙江龙泉良好的生态环境质量吸引药业企业投资是通过刺激产业发展间接实现生态产品的案例。

（四）生态资本收益

生态资本收益模式是指生态资源资产通过金融方式融入社会资金，盘活生态资源实现存量资本经济收益的模式。生态资本收益模式可以划分为绿色金融扶持、资源产权融资和补偿收益融资 3 类。生态建设恢复的经济投资规模大、收益低，仅仅依靠国家资金难以实现持续快速恢复生态的目标。同时，将绿水青山转变成可以进行投资收益的生态资本也是调动社会资本参与生态产品生产的重要手段。但是绿色金融扶持生态产品生产和价值实现还存在着产权抵押困难、缺乏稳定还款收益等关键的难点和制约。我国国家储备林建设以及福建、浙江、内蒙古等地的一些做法为开展绿色金融扶持以促进生态产品发展提供了一些借鉴和经验。国家林业和草原局开展的国家储备林建设通过精确测算储备林建设未来可能获取的经济收益，解决了多元融资还款的来源问题。福建三明创新推出"福林贷"金融产品，通过组织成立林业专业合作社以林权内部流转解决了贷款抵押难题。福建顺昌依托县国有林场成立林木收储中心，为林农林权抵押贷款提供兜底担保。浙江丽水"林权 IC 卡"采用"信用+林权抵押"的模式实现了以林权为抵押物的突破。

（五）生态保护补偿

公共性生态产品是最普惠的民生福祉，建立以政府为主导的生态补偿机制是公共性生态产品价值实现的重要方式。我国现有生态补偿主要可以分为以下几类：以上级政府财政转移支付为主要方式的纵向生态补偿、流域上下游跨区域的横向生态补偿、中央财政资金支持的各类生态建设工程补偿、对农牧民生态保护行为进行的补贴补助、不同地区之间的区域协同发展和互助。三江源是中央财政以转移支付为主要方式对重点生态功能区开展纵向生态补偿的典型代表。我国实施的天然林保护工程可以看作政府以投资人身份实施的提高生态产品生产能力的纵向生态补偿。新安江跨省流域横向生态补偿是浙江、安徽两省开展的跨省流域上下游横向补偿，以跨省断面水质达标情况"对赌"的形式决定补偿资金分配比例的"新安江模式"成为国内横向生态补偿的标杆之一。

三、生态产品价值实现面临的问题制约

国内已经在生态产品价值实现方面开展了丰富多彩的实践活动，形成了一些有特色、可借鉴的实践和模式。同时也要清醒地看到，当前我国生态产品价值实现的实践探索仍然面临着一些困难和问题，主要表现为优质生态产品供给能力仍相对不足，生态产品价值实现的体制机制创新亟待加强，支撑生态产品价值实现的理论研究还存在较大技术难题，生态产品价值实现的实践创新需要通过顶层设计、部署破解以上约束和难题。

（一）优质生态产品供给能力仍相对不足

党的十八大以来，党和国家持续加大生态环境保护与建设力度，生态环境质量持续好转。但是与国际先进水平相比，我国生态状况、环境质量等方面还有一定差距。生态环境保护结构性、根源性、趋势性压力总体上尚未根本缓解，局部区域大气和水环境问题仍较突出，生态保护与经济发展的矛盾依然突出，生态环境质量与美丽中国建设目标要求还有不小差距。生态系统质量偏低，我国中度以上生态脆弱区域占全国陆地国土空间面积的55%，其中极度脆弱区域占9.7%，重度脆弱区域占19.8%。生态文明建设正处于压力叠加、负重前行的关键期，生态保护和修复任务依然艰巨。

（二）生态产品价值实现的机制体制创新亟待加强

一是生态产权制度建设尚处在初步探索和试点实践阶段，生态产权交易的立法进程仍然落后于交易实践，节能量、碳排放权、排污权和水权等权益交易的政策保障仍需加强。二是生态保护补偿的范围仍然偏小、标准偏低，保护者和受益者良性互动的政策保障机制尚不完善。现有生态补偿主要是以政府为主导的补贴式生态补偿，不利于地方政府总体考虑地方生态保护、民生改善、公共服务等需求从而统筹安排生态补偿经费使用，降低了生态补偿的效果。原有补贴式、被动式、义务式的生态补偿方式因不能充分调动起农户主动开展生态保护的积极性，造成大部分农户一方面接受国家的生态补偿，另一方面仍以原有不合理的方式开展经营，导致生态补偿资金效率低下。

（三）生态产品价值实现还存在理论、技术难题

生态产品价值实现涉及生态、环境、经济、产业、金融、法律、工程等各个领域重大基础理论、关键技术、机制体制等诸多科学技术难题。在理论上，生态产品存在公共性和市场性矛盾，公共性生态产品具有消费的非竞争性和受益的非排他性，市场交易又要求明确的产权属性和价格体系，导致市场交易和价值实现较为困难。在技术上，缺乏可应用的计量技术体系。生态产品的价值实现需要相应的计量工具，但是生态产品计量因数据来源不一、核算方法多样、核算参数难以获取、缺少标准度量单位，导致生态产品计量结果的不可复制、不可重复、不可比较。生态治理和修复工程上仍存在技术难度，如何以生命共同体的理念提高生态产品生产供给能力，而不是简单地实施要素治理，仍需创新关键工程技术。

第三节　公共性生态产品与生态保护补偿

公共性生态产品是最普惠的民生福祉，政府路径是其价值实现的主要方式。政府作为主导者或者购买人购买生态产品，自然资源权益人、代理人作为生态产品的供给者，大部分是在政策框架下的单方向财政补贴，往往表现为一种人人有份的普惠制政策，如生态保护补偿。另外，资源产权流转、生态资本收益也是公共性生态产品价值实现的重要模式，离不开政府的主导行为。

一、生态保护补偿的政策措施

我国在生态补偿的实践方面所开展的工作可以分为 3 个阶段。第一阶段，2004 年之前为生态补偿探索阶段；第二阶段是 2005～2013 年，是生态补偿的发展阶段；第三阶段是党的十八大之后，生态补偿不断成熟，生态补偿政策集中出台、生态补偿试点范围不断扩大。其中 2016 年发布的《关于健全生态保护补偿机制的意见》对我国生态补偿工作作出最为详细的要求和部署。

我国从 1998 年实施天然林保护工程开始，先后实施退耕还林、京津风沙源治理工程、森林生态效益补偿、退牧还草、重点生态功能区转移支付、草原奖补、水质较好湖泊生态环境保护、退耕还湿、农业资源及生态保护补助等生态补偿工程。2012 年 11 月，党的十八大报告明确指出"建立反映市场供求和资源稀缺程度、体现生态价值和代际补偿的资源有偿使用制度和生态补偿制度"。2015 年 4 月，《中共中央　国务院关于加快推进生态文明建设的意见》中指出"健全生态保护补偿机制。科学界定生态保护者与受益者权利义务，加快形成生态损害者赔偿、受益者付费、保护者得到合理补偿的运行机制"。2015 年 9 月，中共中央、国务院印发《生态文明体制改革总体方案》，指出"完善生态补偿机制。探索建立多元化补偿机制，逐步增加对重点生态功能区转移支付，完善生态保护成效与资金分配挂钩的激励约束机制。制定横向生态补偿机制办法，以地方补偿为主，中央财政给予支持。鼓励各地区开展生态补偿试点"。2015 年 1 月，《中华人民共和国环境保护法》规定"国家指导受益地区和生态保护地区人民政府通过协商或者按照市

场规则进行生态保护补偿"，国家主导开展纵向财政转移支付和区域间生态保护补偿。2016 年 5 月，国务院办公厅印发《关于健全生态保护补偿机制的意见》，强调"不断完善转移支付制度，探索建立多元化生态保护补偿机制，逐步扩大补偿范围，合理提高补偿标准，有效调动全社会参与生态环境保护的积极性，促进生态文明建设迈上新台阶"。

2017 年 10 月党的十九大报告指出要"建立市场化、多元化生态补偿机制"。十九大以来，《建立市场化、多元化生态保护补偿机制行动计划》、《生态综合补偿试点方案》、《支持引导黄河全流域建立横向生态补偿机制试点实施方案》、《生态保护补偿条例（公开征求意见稿）》、《支持长江全流域建立横向生态保护补偿机制的实施方案》等文件将生态保护补偿理念不断拓展、深化和丰富，生态保护补偿形式逐渐多样化，补偿的主体逐渐多元化，补偿机制逐渐市场化，生态保护补偿逐步由"输血式"向"造血式"发展。

二、生态保护补偿的基本路径

生态保护补偿是指政府或相关组织机构从社会公共利益出发向生产供给公共性生态产品的区域或生态资源产权人支付的生态保护劳动价值或限制发展机会成本的行为，是公共性生态产品最基本、最基础的经济价值实现手段。

1）纵向生态补偿。纵向生态补偿是以上级政府财政转移支付为主要方式的生态保护补偿方式，为政府主导型的生态补偿模式。目前，生态补偿的纵向财政转移支付有一般性转移支付中的资源枯竭城市转移支付和均衡性转移支付中的重点生态功能区转移支付。

2）横向生态补偿。横向生态补偿转移支付是指对在某一区域内为保护和恢复生态环境及其功能而付出代价、作出牺牲的单位和个人进行经济补偿时采用同级的各地方政府之间财政资金的相互转移的制度安排。目前我国在横向转移支付的实践主要集中在跨流域的生态补偿和省份之间开展的横向流域生态补偿上。在区域性生态功能明显的流域生态功能区，我国探索开展了与政策自上而下的纵向补偿不同的以"中央主导、地方参与、纵横兼顾、奖罚责任"为特点的流域生态保护补偿模式。

3）生态建设工程。生态建设工程主要是中央财政资金支持的各类生态建设工程。其中主要包括退耕还林、天然林保护工程、封山育林等重点生态工程。我国实施的天然林保护工程可以看作政府以投资人身份实施的提高生态产品生产能力的生态建设工程。

4）个人补贴补助。个人补贴补助是对农牧民个人生态保护进行的补偿，如我国开展的草原生态奖补、公益林补助、生态保护公益岗位等补偿方式。其中，草原生态奖补政策是新中国成立以来在我国草原牧区实施的投入规模最大、覆盖面最广、补贴金额最多的一项生态补偿政策。

5）区域协同发展。区域协同发展是指公共性生态产品的受益区域与供给区域之间通过经济、社会或科技等方面合作实现生态产品价值的模式。区域协同发展可以分为异地协同开发和本地协同开发。异地协同开发是指生态产品价值实现的双方主体在生态产品的受益区域建立共享经济开发区或产业园，一般情况下由生态产品的供给地区提供建设用地指标，受益地区提供土地、资金、人力资源和技术，受益地区与供给地区共享经济开发区的 GDP 和财政、税收分成。另外一种区域协同发展模式是双方主体在生态产

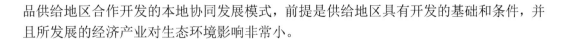

品供给地区合作开发的本地协同发展模式，前提是供给地区具有开发的基础和条件，并且所发展的经济产业对生态环境影响非常小。

三、生态保护补偿的典型案例

（一）三江源纵向生态补偿

以中央财政转移支付对江河源头等重要生态功能区进行生态保护补偿是我国近年来开展生态补偿工作的重点领域之一，三江源区生态保护补偿是纵向流域生态保护补偿的一个典型例证。三江源是长江、黄河和澜沧江的源头区，素有"中华水塔"之称，是全国最为重要的生态功能区之一，这一区域的生态环境质量状况对全国的生态安全和水质安全有重要影响。为落实《国家重点生态功能区转移支付办法》对江河源头、水源地展开生态保护补偿，青海省人民政府于 2010 年出台《三江源生态补偿机制试行办法》，2014 年出台《关于探索建立三江源生态补偿机制的若干意见》。

三江源区开展的生态保护补偿实践主要包括以下内容。①补偿主体。明确中央政府是三江源区生态保护补偿最主要的主体，以国家重点生态功能区转移支付、支持藏族聚居区发展专项资金及其他中央专项资金为主要补偿形式。地方政府在省级预算中安排适当补偿资金，因而也是补偿主体。②受偿主体。三江源保护区生态保护补偿的具体补偿范围为玉树、果洛、黄南、海南 4 个藏族自治州所辖的 21 个县及格尔木市代管的唐古拉山镇。③补偿标准，省级各相关部门按照国家有关规定，根据生态补偿范围及其重点，制定具体补偿政策和补偿标准，并根据实施情况适时调整。④补偿模式。主要是政府补偿，也包括中国三江源生态补偿基金、碳汇交易及社会捐赠等市场化机制。

当前，中央财政进一步加大了重点生态功能区转移支付力度，在对禁止开发区域和限制开发区域实现全覆盖的基础上，将青海三江源、南水北调中线工程水源地等纳入补助范围，加大了对"三区三州"等相对落后地区、京津冀、长江经济带、黄河生态带等生态功能重要区域的支持力度。

（二）新安江横向生态补偿

2011 年 9 月，财政部、环境保护部印发实施《新安江流域水环境补偿试点实施方案》，我国首例跨省流域生态补偿试点，即中央政府主导下的新安江流域生态补偿试点在安徽和浙江两省展开。新安江跨省流域横向生态补偿以跨省断面水质达标情况"对赌"的形式决定补偿资金在浙江、安徽两省的分配比例，流域补偿资金额度为每年 5 亿元，其中，中央财政出资 3 亿元，安徽、浙江两省分别出资 1 亿元，形成纵横结合的生态补偿模式。"新安江模式"成为国内横向生态补偿的标杆之一。

新安江流域生态保护补偿的主要内容如下。①补偿主体。新安江流域生态保护补偿方式以中央财政转移支付为主，由中央政府和安徽、浙江两省共同设立新安江流域生态补偿基金，这种补偿模式是中央政府和上下游两个省级地方政府的"三方共同投入"，体现为一种"纵横兼顾"的模式。②受偿主体和补偿标准。以新安江最近 3 年的平均水质作为评判基准，此后水质变化以此为参照，考核指标为高锰酸盐指数、氨氮、总氮、总磷 4 项指标。监测断面以新安江跨省界街口国控断面作为人工监测断面，监测频次为每月一次。在监测年度内，以两省交界处水质为考核标准，上游安徽提供水质优于基本标准的，由下游浙江对安徽补偿1亿元；水质劣于基本标准的，由上游安徽对浙江补偿1亿元。③补偿模式。新安江流域生态保护补偿是全国首个"中央主导、地方参与、纵横兼顾"的生态补偿试点。这一模式既体现了中央政府主导下的纵向补偿，又体现了以市场为导向的地方政府之间的横向补偿。就横向补偿而言，流域内的生态保护和建设活动提供了生态服务价值，其直接体现就是水质标准。以水质考核结果作为确定补偿主体、受偿主体的标准：如果水质优于基本标准，说明上游地区为生态保护和建设作出了贡献，作为受益者的下游地区应当对其进行补偿；如果水质劣于基本标准，则说明上游地区没有按照协议履行生态保护和建设的义务，应当向因水质恶化而受到损害的下游地区补偿。这其中涉及两种关系：一是下游向上游进行的补偿，是对正外部性行为进行的"生态保护补偿"；二是上游向下游进行的补偿，是基于负外部性行为进行的"生态损害补偿"。

（三）金磐异地协同开发

磐安县地处浙中深山腹地，是金华市辖县之一，素有"群山之祖、诸水之源"之称。磐安县是钱塘江三大源流之一的东阳江发源地，每年为东阳江水系提供约3.68亿 m^3 水资源，为下游400多万人口提供了干净的饮用水资源（陈璐，2015）。浙江省政府于1994年12月28日批准在金华市设立2km² 金磐扶贫经济开发区（张越西等，2006）。

磐安县作为东阳江上游水源地，为下游地区供给经济社会发展所需的清洁水源。根据"受益者付费"原则，下游生态产品受益地区应该对上游提供的生态产品付费。金华市通过成立金磐扶贫开发区，规划划拨土地供磐安县发展工业，补偿磐安县因生产清洁水源放弃的发展机会。金磐扶贫开发区由磐安县和金华市共同管理、共同经营、共享利益。金华市负责土地征用事宜。金磐开发区位于金华市婺城区，由金华市以土地成本价将土地的使用权、经营权、收益权等权益出让给磐安县，使用年限为50年，建设用地指标计入磐安县。金磐扶贫开发区由磐安县人民政府成立派出机构——浙江金磐扶贫经济开发区管委会，独立行使园区内的县级经济管理权，负责区内的开发建设有关日常行政管理工作。磐安县和金华经济开发区共同负责区域内工商、财税、建设。按照双方政府约定，一期（1995～2002年）区块收益全部归磐安县，二期（2002～）区块收益与金华市政府分成，前5年（2002～2007年）全部归磐安，第6～15年（2008～2017年）双方五五分成，第15年（2017年）以后全部交给市政府（丁伟伟，2019）。

实施成效。一是拉动区域经济增长，助力脱贫攻坚。截至2018年，金磐扶贫开发区进驻了1200余家企业，累计实现工业产值357.7亿元，上缴税收和其他非税收入39.8亿元。金磐扶贫开发区为磐安县提供了2万多个就业岗位，解决了1/10磐安人就业问题。2015年磐安县实现全面脱贫（磐安县统计局，2015）。二是实现了"绿水青山"向"金山银山"的转变，提升了生态产品的可持续供给能力。自金磐扶贫开发区建成以来，因为生态环境良好，连续获得"国家级生态示范区""国家卫生县城""国家生态县"等多项荣誉。1997～2019年磐安县森林覆盖率增加了6.3%，境内地表水和各出境断面水质达标率为100%（杨定文等，2016）。三是减少人口规模和工业化开发强度，实现重点生态功能区主体功能定位。金磐扶贫开发区的建立引导一部分磐安县人口转移到城市化地区，减轻了人口对生态环境的压力。

第四节　准公共生态产品与生态权益交易

准公共生态产品满足特定条件即成为生态商品，政府与市场混合路径是其价值实现的主要方式。准公共生态产品具有比较明确的产权或权属关系，也都具有明确的使用受益人群或企业机构，可以以生态产品本身作为价值实现的物质载体，采用市场化机制在产权人和受益人之间开展直接交易。生态权益交易是准公共性生态产品直接通过市场交易实现价值的主要模式，是相对完善成熟的准公共生态产品直接市场交易机制。

一、生态权益交易的政策措施

我国在生态产权交易的推进方面大致可以分为两个阶段。2015 年之前为探索阶段，相应部门制定出了局部的指导意见或试点方案；2015 年以后为全面发展阶段，尤其是中共中央、国务院印发的《生态文明体制改革总体方案》，明确提出要推进用能权、碳排放权、排污权以及水权交易等制度建设，标志着生态产权交易进入了全面发展阶段。

2005～2015 年，水权、碳排放权、排污权等相应管理部门都相继初步出台了指导意见或实施方案，标志着生态产权进入实质性的探索阶段。2005 年 1 月，水利部出台了《关于水权转让的若干意见》，成为我国水权交易在实践中发展的第一步。2007 年起，我国全面展开排污权交易首批试点工作以来，我国相继启动了碳排放权、用水权和用能权等环境权益交易制度的探索试点工作。2011 年，国家发展和改革委员会下发《关于开展碳排放权交易试点工作的通知》，同意北京、天津、上海、重庆、湖北、广东和深圳开展碳排放权交易试点。2014 年 8 月，国务院办公厅印发《关于进一步推进排污权有偿使用和交易试点工作的指导意见》，意在发挥市场机制推进环境保护和污染物减排。

2016 年 4 月，水利部印发《水权交易管理暂行办法》，出台了完善水权制度、推行水权交易、培育水权交易市场的决策部署，水权进入市场交易阶段。2016 年 8 月，中国人民银行、财政部等七部委联合印发了《关于构建绿色金融体系的指导意见》，提出发展权益交易市场，推动建立环境权益交易市场，发展各类环境权益的融资工具，为构建环境权益交易市场提供了重要的金融政策支撑。2016 年 9 月，国家发展和改革委员会下发《用能权有偿使用和交易制度试点方案》，提出将在浙江、福建、河南、四川开展用能权有偿使用和交易试点。2020 年 12 月，生态环境部印发了《碳排放权交易管理办法（试行）》，规定了排放交易、排放核查、配额清缴、监督管理等相应的制度和法规，碳排放权交易正式进入市场交易阶段。2021 年 2 月，国务院下发《关于加快建立健全绿色低碳循环发展经济体系的指导意见》，指导意见明确提出未来应完善绿色标准、绿色认证体系和统计监测制度，开展绿色标准体系顶层设计和系统规划，培育绿色交易市场机制，进一步健全排污权、用能权、用水权、碳排放权等交易机制。2021 年 4 月，习近平总书记在中共中央政治局第二十九次集体学习会议上强调，要全面实行排污许可制，推进排污权、用能权、用水权、碳排放权市场化交易，建立健全风险管控机制。

二、生态权益交易的基本路径

生态权益交易是指生产消费关系较为明确的公共性生态产品的产权人和受益人之间直接通过一定程度的市场化机制实现生态产品价值的模式，是公共性生态产品在满足特定条件成为生态商品后直接通过市场化机制方式实现价值的模式。

1）污染排放权交易。污染排放权交易主要包括排污权和碳排放权交易，政府根据区域内的生态环境容量明确碳排放、污染物排放总量，再以配额指标的方式分配到各排放主体，并允许各排放源之间通过市场方式开展配额交易，实现减少排放、保护环境的目标。

2）资源开发权交易。资源开发权主要包括水权、用能权等。例如，浙江东阳、义乌两市的水权交易，涉及的生态产品为干净水源，东阳市作为生态产品的生产者，通过植树造林、节水灌溉、污水处理设施和水利设施改造等为义乌提供了足量的以及达到国家一类饮用水标准的水资源；义乌市是生态产品受益者，主要付出水资源转让费、综合管理费和引水工程费用等。这一案例为准公共生态产品的权益交易提供了有价值的参考借鉴。

3）资源配额交易。资源配额交易是指为了满足政府制定的生态资源数量的管控要求而产生的资源配额指标交易，是不涉及资源产权的、纯粹的资源配额指标交易模式。生态资源匮乏的经济发达地区或需要开发占用生态资源的企业、个人向有条件或基础好的地区、企业或个人付费购买，实现生态产品价值，所有的生态资源理论上在政府管制的条件下都可以开展这种生态产品价值实现模式，包括森林、草地、湿地、耕地、荒漠、自然海岸线、海岛等。

三、生态权益交易的典型案例

（一）重庆"森林面积指标"购买促进区域均衡发展

重庆市委市政府认真贯彻落实党中央和习近平总书记的决策部署，印发了《重庆市国土绿化提升行动实施方案（2018—2020年）》，要求2022年全市森林覆盖率要达到55%（重庆市林业局，2019a）。重庆市各区之间自然条件差异明显，各区发展定位也存在明显差异。江北区是重庆主城核心区，经济较为发达，森林覆盖率约为40%，达到55%的要求难度很大。酉阳县是重庆市面积最大的县（区），也是重庆市森林覆盖率最高的县（区），森林覆盖率约为58%。江北区为达到目标，2019年3月27日与酉阳县签订了协议，购买酉阳县7.5万亩森林面积指标专项用于江北区森林覆盖率目标值计算，总额达到1.875亿元，分3年支付给酉阳县（中国农业信息网，2019）。森林覆盖率指标交易实质是一种生态资源总量控制制度下实施的配额交易，其实施的前提是政府将森林覆盖率作为约束性指标，通过管控形成达标地区和不达标地区之间的交易需求。

主要做法：一是根据主体功能定位分类制定森林覆盖率目标。重庆市政府办公厅印发了《重庆市实施横向生态补偿提高森林覆盖率工作方案（试行）》，要求除国家重点生态功能区（县）外，产粮大县或菜油主产区的森林覆盖率目标值不低于50%，既是产粮大县又是菜油主产区的森林覆盖率目标值不低于 45%，其余区（县）的森林覆盖率目标值不低于 55%；已达到森林覆盖率目标值的区（县），需至少新增森林覆盖率 5 个百分点（重庆市林业局，2019b）。二是制定指标配额交易机制。允许完成森林覆盖率目标确有实际困难的区（县），可以向森林覆盖率高出目标值的区（县）购买森林面积指标，计入本区（县）森林覆盖率。出售森林面积指标的区（县）必须确保交易后本行政区域内森林覆盖率不低于 60%；出售指标的区（县）需严格保护涉及地块森林资源，确保横向生态补偿资金全部用于对森林资源的保护。三是建立考核追责与技术监测监督保障机制。重庆市印发了《重庆市国土绿化提升行动营造林技术和管理指导意见》，制定了《重庆市国土绿化提升行动检查验收及 2018 年度考核办法》等制度。重庆市林业局牵头建立追踪监测制度，加强业务指导和监督检查，督促指导区（县）签订和履行购买森林面积指标协议，监测认定各区（县）森林覆盖率。

主要成效：根据双方签订的协议，江北区以 1.875 亿元的价格向酉阳县购买 7.5 万亩森林面积指标，按照 3∶3∶4 的比分 3 年支付。协议结束时，江北区森林覆盖率将超过标准，增加到 59% 左右。2019 年江北区和酉阳县森林覆盖率交易金额为 6000 万元，约相当于酉阳县财政收入的 4%，可以有效提高酉阳县政府的公共服务能力。森林覆盖率指标交易金额中有 600 万元维护管理专费，林权人和林农通过参与管护工作可以实实在在增加收入，通过生态产品价值实现获得了固定收入来源。

（二）福建排污权交易中企业得利、环境得益

在国家生态文明试验区建设中，福建充分发挥市场在资源配置中的决定性作用，借鉴国内外排污权交易的经验做法，于 2014 年自主开展排污权交易改革试点，并于 2017 年起全面推行。福建始终坚持"全省一盘棋"思想，出台了一系列配套管理办法和指导文件，统一制度、统一规则、统一市场、统一平台，逐步建立起以改善环境质量为目的、绿色发展为核心，"成体系、全覆盖、多层次、常更新"的排污权政策体系，营造了公开透明、信息对称的排污权交易环境。

主要做法：一是坚持市场化运营。明确排污权交易的主体为全省所有工业企业和集中式污染治理单位，允许其根据需求自主交易。全省统一市场，由兴业证券为主合资组建福建省海峡股权交易中心，明确其为排污权、用能权、碳排放权等公共资源的统一交易平台。在满足区域环境质量要求的前提下，允许排污权指标跨流域、跨区域流转，最大范围内发挥市场调节作用。二是坚持政府科学管控。构建政策体系，科学把握市场供求关系。出台一系列有针对性的政策措施，如限定购买条件、实行分档交易、建立政府储备机制等，保障市场平衡和资源合理配置。三是坚持创新优化提升。创新多种交易形式，设计网络竞价、协议转让、买方挂牌、储备出让等多种交易形式，以满足企业不同需求。借力"互联网+"，依托福建省生态环境亲清服务平台，推行在线核量、咨询、答疑，实现亲清服务"走云端""零距离"；建成全省排污权交易网络，开通网络竞价平台。开发多元金融产品。允许企业将有偿取得的排污权进行抵押贷款或租赁，将排污权从"沉睡的资产"变成"流动的资本"，拓宽企业融资渠道，减轻企业资金压力。

主要成效：试点以来，福建省排污权交易市场快速增长、二级市场交易活跃，交易金额突破 14 亿元，其中企业间自主成交 9 亿元，占比达 64.29%，位居全国前列，在全

国形成一定的示范效应。一是增强了企业自觉减排的意识。"污染付费、减排获益"理念深入人心，节能减排逐渐从外生政策压力转为内生经济需求，有力地提升了减排的主动性、自觉性。截至 2019 年底，全省建成城市生活污水处理厂 97 座，日处理能力 548.8 万 t，比 2013 年增长 40.9%。二是减少了主要污染物排放总量。2019 年，全省化学需氧量、氨氮、二氧化硫、氮氧化物 4 项主要污染物排放总量分别比 2013 年下降 8.26%、9.19%、30.27%、24.40%。排污权交易倒逼企业提升工艺技术，加大污染治理力度以减少产污和排放。三是环境资源价值初步体现。目前化学需氧量、氨氮、二氧化硫、氮氧化物 4 项交易指标市场均价比试点初期分别增长约 10%、43%、60%、12%，参与交易企业合计出让相关指标 4.19 万 t，获利约 6.8 亿元。产业结构初步形成了从造纸、水泥等高耗能、重污染产业向光电、生物等高科技产业转型的良好趋势。

第五节　经营性生态产品与生态产业开发

经营性生态产品具有丰富多样的经营利用模式，可以通过市场路径实现价值交换。与公共性生态产品完全不同，经营性生态产品的使用价值与交换价值存在矛盾，使用价值与交换价值不能兼得。生态产业开发是经营性生态产品通过市场机制实现交换价值的模式，是生态资源产业化的过程，是市场化程度最高的生态产品价值实现方式。

一、生态产业开发的政策措施

党的十七大提出了建设生态文明的新任务和新要求，将生态文明建设作为构建和谐社会的重要途径，而生态经济的本质要求就是要把经济发展与生态环境保护和建设有机结合起来，在合理开发利用资源和保护生态环境的基础上，实现经济系统与生态系统的整体协调，实现经济与环境效益的高度统一和协调发展，因此生态经济正式成为新时代我国推进生态文明、全面建成小康社会和加快推进现代化建设的重要手段。2015 年的《生态文明体制改革总体方案》中，明确提出建立统一的绿色产品和金融体系，为生态产业开发过程中的绿色产品在财税金融和市场流通方面给予了必备的顶层政策支撑。2018 年 5 月召开的全国生态环境保护大会上，习近平总书记指出，要加快建立健全"以产业生态化和生态产业化为主体生态经济体系"，这一论断对促进生态保护和经济社会协调发展具有重大指导意义。2019 年，国家发展和改革委员会联合七部门印发了《绿色产业指导目录》，提出了绿色产业发展的六大产业门类，并把生态产业作为六大重要产业之一，标志着生态产业成为我国生态文明建设以及经济发展的重要支柱产业。而 2021 年中共中央办公厅、国务院办公厅印发了《关于建立健全生态产品价值实现机制的意见》，文件明确提出要健全生态产品经营开发机制，推进生态产品供需对接，拓展生态产品价值实现模式，促进生态产品价值增值，生态产业开发更是成为社会主义生态文明新时代我国经济发展的重要指导思想，也是"绿水青山"变为"金山银山"的关键抓手。

二、生态产业开发的基本路径

生态产业开发是指生态资源作为生产要素投入经济生产活动，通过获得转让收益或提升生态溢价的方式实现生态产品的价值。生态产业开发主要表现为依靠市场力量，配置可直接交易的生态产品，所实现的生态产品价值基本已经纳入国民经济统计体系的第一产业和第三产业之中，如开展生态农业、生态旅游等产业化经营。

1）物质原料开发。对于具有生态优势的农林产品等物质原料，通过生态农业、产品认证等方式实现生态产品价值。瑞典森林经理计划在保证采伐量低于生长量的前提下开展经营，德国"村庄更新"计划依托生物资源发展农村产业链，浙江丽水打造覆盖全区域、全品类、全产业链的公用农业品牌"丽水山耕"，丽水还将随处可见的苔藓开发成一个产业等，均是物质原料产品开发的典型案例。

2）精神文化产品开发。依托优良的生态环境，充分开发利用当地的林农资源和景观资源等精神文化服务，从而实现生态产品价值。湖南十八洞村是精准扶贫的首倡地，充分利用当地的林农资源和景观资源开发精神文化服务，走出了一条可复制、可推广的精准扶贫道路。武汉"花博汇"种植花卉等高附加值农产品来打造优美生态环境，延伸发展精神文化服务，将原本破败的村湾改造成城市市民向往的旅游小镇。

3）刺激经济发展。指良好的生态环境吸引高新企业入驻和高端人才引进，以及由于自然环境造成的房屋价格的差别而间接实现的价值。贵州因其独特的地形地貌、自然生态环境，建成绿色隧道数据中心等配套设施的大数据产业，深入实施大数据战略行动，全力推进数字经济加速发展，并成立全国首个大数据国家工程实验室，成为首个国家大数据及网络安全示范试点城市。城市的生态环境因素，如海洋景观、绿地景观等对房地产有着积极的间接拉动作用，增加地价含金量，带动地价上升，从而使自然生态价值得以实现。

三、生态产业开发的典型案例

（一）"丽水山耕"整合地标产品提高品牌影响力

丽水市的立体气候和农业禀赋得天独厚，但是农业主体多而小、农业品牌多而散，难以在市场形成真正的影响力和竞争力。为破解这一困境，丽水市开始打造覆盖全区域、全品类、全产业链的区域公用农业品牌。"丽水山耕"品牌建设的实质是将良好的生态环境负载在农产品上，通过生态产品赋能和区域公用品牌质量承诺提高经济产品生态溢价率（范振林和李晶，2020）。

主要做法：一是完善"丽水山耕"品牌顶层设计。丽水市委托专业团队对品牌命名、品牌定位、品牌理念、符号系统、渠道构建、传播策略等进行了全面策划，编制完成《丽水市生态精品农产品品牌战略规划》，完善了品牌发展的顶层设计。二是创新"丽水山耕"品牌运营机制。成立生态农业协会，品牌归属全体协会会员所有，选定丽水市农业投资发展有限公司进行运营。采用首创"1+N"全产业链一体化公共服务体系，引导地标品牌及农业主体加入"丽水山耕"品牌体系，实施"母子品牌"战略，形成"平台+企业+产品"价值链，实现利益均衡分配（章元红，2019）。三是提升"丽水山耕"品牌公信力与知名度。政府、协会、农业公司、农业主体等分工协作，形成合力，从标准化、电商化、金融化等方面建立了"丽水山耕"生态系统。政府创牌保证了政府对品牌背书的公信力与公益性，同时整合全市宣传资源，以多种渠道与宣传手段拓宽品牌宣传面。

主要成效：一是提供了富民增收的新渠道。"丽水山耕"区域公用品牌已经取得了阶段性的成果，"丽水山耕"农产品如今已经远销北京、上海、深圳等 20 多个省、市。至 2018 年底，加盟的会员企业达到 863 家，建设"丽水山耕"合作基地 1122 个，累计销售额达 135.2 亿元，产品平均溢价率 30%以上（廖峰，2020）。二是开创了品牌扶贫的新模式，输出了可复制的精准扶贫"丽水方案"。自 2016 年开始，共计接待来自全国各地 200 余个批次，3000 余人的考察团来丽水交流品牌发展模式，并以此为基础，目前已实现在新疆新和、河南商丘、江苏连云港等十余个地区的品牌运营模式输出（陈潇奕，2019）。

（二）漳州"生态+"通过土地溢价方式释放生态红利

漳州市委、市政府充分认识到生态资源的重要性，在城市发展过程中，通过规划立法以生态红线的形式保护市内的生态资源。漳州市利用政府和社会资本合作（PPP）的方式，吸引企业投资来改善生态环境，对"五湖四海"（碧湖、西湖、西院湖、九十九湾湖、南湖和荔枝海、香蕉海、水仙花海、四季花海）进行基础设施建设和环境综合整治（周锦红，2017）。这种通过土地溢价实现生态产品价值的形式，既为政府节省了财政投资，又使市民和投资企业获得了生态红利。

主要做法：一是制定政策规划保护原生态。漳州市委、市政府采用人大立法的形式保护生态空间，通过《关于中心城区重要生态空间实施保护的决定》将中心城区"五湖四海"共约 5290 亩用地范围列入重要生态空间保护范围。通过制定《漳州市城市总体规划（2012—2030 年）》，对中心城区用地布局和绿地系统进行调整，优化城区用地，推进"五湖四海"项目的建设。二是引入社会资本实施生态建设。为了缓解财政资金紧张，出台《漳州市区内河水环境综合整治 PPP 项目投资合作协议》，建立 PPP 项目库，吸引企业进行投资（邹丹丹，2018）。企业通过 PPP 模式，承包生态环境保护项目和片区开发项目，投资环境治理、基础设施开发和片区开发。三是持续探索"生态+"实现效益叠加（郑燕珊，2020），把好生态与好项目、好产业、好机制结合起来。漳州市以中心城区"五湖四海"、南山水岸、圆山林下生态园、九龙江畔"双百"绿化工程、桥南美食家等项目为示范，让城市更宜业。改造提升南山廊桥、打造"彩虹飘带"天桥，实现了生态和历史文化相融合。实施九龙江畔"百花齐放、百树成荫"绿化工程，让群众享受越来越多的生态福利和城市发展成果。

主要成效：一是生态产品供给能力显著提升。漳州市 2018 年人均公园绿地面积为 16.16m²，绿化覆盖率超过 45%，市区饮用水水源地水质全年达标率为 100%，环境空气优良率为 90.4%，森林覆盖率为 63.6%，荣获"国家园林城市"和"国家森林城市"等称号（周锦红和叶飞霞，2015）。二是市民满意度显著提升。漳州市推动"五湖四海"建设，建成城市绿道 500km 以上，实现市民出行"300 米见绿、500 米见园"的生态建设目标。三是土地溢价带动产业升级。2018 年"五湖四海"周边商品房销售面积 496.26 万 m²，销售总额为 652 亿元。推动了漳州"小散乱"工业的转型升级，南湖片区"十三厂"搬迁改造后，吸引了甲骨文（漳州）技术人才双创基地等众多企业来此落户。

第六节 生态产品价值实现的战略展望

牢固树立"绿水青山就是金山银山"的理念，以将生态产品充分融入我国市场经济体系为核心，推动生态产品向经济产品转变、由政府补贴向市场配置转变、由刚性监管向灵活经营转变，构建可复制的生态产品价值统计核算技术体系、与经济发展相适应的生态产品价格体系、以市场配置为主体的生态产品交易体系，以及支撑生态产品价值实现的政策保障体系，建立起生态产品价值实现的市场机制，用搞活经济的方式充分调动起社会各方的积极性，让市场手段在生态环境资源配置中充分发挥引领作用，使"绿水青山"成为"金山银山"增长的强大资源，"金山银山"成为"绿水青山"价值的实现源泉。

一、夯实生态产品价值实现基础

（一）强化提升公共性生态产品生产供给能力

提升优质生态产品供给能力是其价值实现的基础与保障，尽快实现生态产品的量质齐升是当前迫切需要解决的关键问题。加强自然保护地体系的建设与科学管护，针对各类保护地类型多、数量广、空间上交叉重叠的现象，在科学系统整合的基础上，建立完善以国家公园为主体的自然保护地体系，在遵循自然生态规律的基础上进行科学管护，实现生态效益与经济效益双赢。统筹实施生态修复与治理工程，以"山水林田湖草沙"系统工程为依托，以优化干净水源、清新空气、生态安全等生态产品保障为核心对生态保障工程进行总体设计和规划，提出重点任务与措施，巩固提高生态产品供给能力，加强生态脆弱和退化地区的整治修复。扶持重点生态功能区，加大生态产品生产供给，重点生态功能区是生态产品的主产区，建议结合乡村振兴、共同富裕、"山水林田湖草沙"治理等重大战略任务，进一步加大扶持力度。

（二）建立生态系统生产价值业务化核算体系

生态系统生产总值（GEP）在反映生态保护成效方面发挥着类似国内生产总值（GDP）在经济领域的重要作用。但是 GEP 核算目前在核算范围、核算方法等方面仍存在诸多问题，还难以发挥出应有的重要作用。GEP 核算应充分借鉴 GDP 核算体系的经验与做法，建立由地方自主开展的可重复、可比较、可应用的业务化核算体系，推动 GEP 核算结果进项目、进决策、进规划、进考核，使 GEP 成为国家或地区生态环境保护政策制定的风向标，成为与 GDP 同等重要的"指挥棒"。生态系统生产价值核算体系的发展应该是一个长期和近期结合的过程。一方面，应该通过持续不懈的长期努力，不断改进生态系统生产价值核算方法，提高核算结果的准确性、科学性与可靠性；另一方面，生态系统生产价值不可能等着技术体系完全成熟再去应用，应坚持"边研究、边应用、边完善"的推进原则，在短期内尽快解决核算结果的可重复性。在系统梳理生态系统生产价值核算研究进展的基础上，建立国际认可的基础理论框架，在科学的生物物理模型的基础上，构建可操作性强的统计经验模型，设计一套服务编码表和统计报表，以"生态系统生产价值（GEP）统计年鉴"的形式定期发布核算结果，形成统一的生态系统生产价值业务化核算体系。

二、探索多元化生态产品价值实现路径

（一）培育生态产品生产成为战略性新兴产业

生态产品生产具有鲜明的产业形态，满足在人与自然关系的进步中人类对尊重、安全及精神的需求，促进了人类的发展进步，具备了成为一个产业的条件。探索将生态产品生产作为第四产业纳入现代社会治理，加快传统产业的绿色转型升级，加快环保产业发展，加大环境治理投资，使环保产业成为经济发展的新引擎。清晰界定生态产品与现有3次产业的关系，在现有国民经济体系分类目录的基础上，研究建立起生态产品分类目录，研究出台生态产品价值实现产业发展政策。建立与经济发展相适应的生态产品价格形成机制，形成以价值为基础的生态产品价格市场竞争机制，根据生态产品质量、供求关系、生态保护成本等因素形成生态产品价格。大力培育生态产品的市场主体与利益分配机制，形成政府主导调控、企业投资获利、个人经营致富的生态产品发展利益分配机制。逐步搞活扩大生态产品的品种和生产规模，积极探索开发扩大公共性生态产品的品种类别，以计量技术基础较好、受益主体明确的类型为重点，开发形成清新空气、干净水源、物种保育等新型公共性生态产品。

（二）培育壮大生态产品消费需求

壮大生态产品消费基础的核心是在以终端消费需求为导向的生态产品基础上，协同推进全社会形成绿色生活方式和绿色消费模式，带动全社会对生态产品的消费需求。一是构建生态产品政府采购优先机制，综合考量生态产品质量、产品产地等因素，确定优先采购的生态产品名录，建立完善的采购平台，规范采购流程、竞价机制和采购标准，不断加强对政府采购行为的监督和约束，完善政府采购供应商诚信体系建设。二是着力培育绿色消费理念、规范消费行为，激励引导居民践行绿色消费、勤俭节约、绿色低碳、文明健康的生活方式和消费模式，加强生态产品的宣传推广和推介，提升生态产品的社会关注度，在全社会厚植绿色消费的社会风尚。三是构建生态产品品牌培育管理体系，扶持形成一大批类似"丽水山耕""丽水山居""丽水山泉""赣抚农品""武夷山水"等特色鲜明的生态产品区域公用品牌，提升生态产品增值溢价。

（三）创新政府购买生态产品的生态补偿模式

建议学习借鉴成功的生态补偿经验，针对公共性生态产品建立起政府主导下的市场化生态补偿创新模式。中央和省级财政参照生态产品价值核算结果、生态保护红线面积等因素，完善重点生态功能区转移支付资金分配机制。拓宽国家生态补偿专项基金渠道，在已有资金渠道的基础上，探索多元化资金筹集方式，鼓励调动社会资本参与生态补偿，扩大生态补偿专项基金渠道。建立政府购买公共性生态产品的生态补偿市场模式，综合考虑生态保护、民生改善、公共服务的需求，建立体现"山水林田湖草沙"等生态要素质量差异的生态产品分级价格体系，使农牧民的补偿性收入与土地生态质量挂钩，充分

调动农户主动开展生态保护的积极性。

三、建立健全生态产品价值实现体制机制

（一）将生态产品价值纳入国民经济统计体系

为实时了解生态系统状况与变化，支撑生态环境保护决策部署，将生态产品价值纳入国民经济统计体系。将生态产品价值纳入国民经济统计体系的前提是核算结果可重复、可比较，技术体系可在不同地区推广移植。建立可复制推广的计量核算方法，研究建立生态产品价值统计方法，形成依托行业部门监测调查数据的生态产品价值统计核算体系，确保计量方法可以在行业部门应用。摸清生态产品家底，按生态系统要素开展生态产品清查核算工作，摸清森林湿地、草地农田、水土资源等生态资源存量资产和公共性生态产品等生态资源流量资产的家底状况。将生态产品生产列入经济社会发展规划，制定生态产品价值保质增值的目标和任务，将其作为约束性指标列入年度发展计划和政府工作报告。

（二）夯实生态产品价值实现的科学技术支撑

实施生态产品价值实现重大科技专项，通过国家集中调动生态、环境、经济、产业、金融、法律、工程等各领域科研人员开展中长期联合攻关，解决生态产品价值实现过程中的技术瓶颈和制约，建立起生态产品价值实现的技术体系、交易体系、政策体系和考核体系。生态产品监测和生态价值核算是生态产品价值实现的基础。构建国家技术标准统筹、区域流域技术监督、地方推进落实、社会共同参与的生态监测网络，推进生态环境多源遥感与地面观测相结合的监测网络标准化建设，形成覆盖森林、草原、湿地、农田、海洋、矿产、水资源等重要自然生态要素的调查监测体系。全面总结不同区域 GEP和 GEEP（经济生态生产总值）核算实践，制定和发布核算技术指南、评价指标体系，为生态产品价值实现提供标准规范的核算方法。

（三）构建支撑生态产品市场配置的保障机制

研究建立可交易的生态产品产权制度，在法律上厘清生态产品产权主体占有、使用、收益、处分等责权利关系，梳理与生态产品价值实现相关的现有法律，修订已有法律，明确产权关系。建立鼓励生态产品发展的绿色金融与财税政策，发挥财税政策引导作用，加大财税对生态产品生产产业的支撑力度，制定有区别的财税政策。在我国绿色金融实践的基础上，将公共性生态产品纳入绿色金融扶持的范围，因地制宜挖掘地方特色的生态产品类型，开发与其价值实现相匹配的绿色金融手段。建立健全工作推进的统筹协调机制，生态产品价值实现与我国生态文明建设与体制改革密切相关，需要国家系统性、整体性地推进和部署，按照"中央统筹、省负总责、市县抓落实"的总体要求，统筹安排、协调推进生态产品价值实现。

（本章执笔人：刘旭、张林波、梁田、黄玉花）

第九章　生活消费绿色化

生活消费绿色化是指以实现社会可持续发展为目标，践行绿色的生活方式，尊重产品开发中的劳动及其他投入，避免浪费，理性选择消费模式的道德自律行为。当前，我国处于生态文明建设和"双碳"目标实现的关键时期，推动绿色发展、促进绿色消费，是加快转变经济发展方式、提高发展质量和环境效益的内在要求。从实践成效来看，我国在完善绿色消费管理政策、推动全民行动领域开展了系列工作，取得了积极成绩，但仍明显滞后于经济社会发展和广大人民群众迫切的需要，且面临着全国经济发展水平不均衡、消费结构和消费领域复杂多样、利益相关方协调不充分等挑战。紧抓以科技创新驱动的第四次环境浪潮机遇，我国需在强化绿色消费顶层设计、培育多方推进机制、增加绿色消费供给、推进重点领域创新等方面持续发力，形成政府大力促进、企业积极自律、社会全面协同、公众广泛参与的共治格局，推动形成资源节约和环境友好的绿色消费模式。

第一节　生活消费绿色化理念与布局

一、绿色消费概念提出与演进

（一）消费的内涵

消费是社会再生产过程的一个重要环节，也是最终环节。消费是指利用社会产品满足人们各种需要的过程，又分为生产消费和个人消费。生产消费是指物质资料生产过程中生产资料和生活劳动的使用和消耗。个人消费是指生产出来的物质资料和精神产品用于满足个人生活需要的行为和过程，是恢复人们劳动力和劳动力再生产不可少的条件。在一定社会经济条件下，消费者同消费资料结合的方式即消费方式，包括消费者身份、何种消费形式、消费消费资料的具体方法。随着社会生活日新月异，消费方式日趋发展，如方便食品、各种家用电器、现代交通信息工具的出现，促进人们不断改变消费方式。

消费被列为同投资、出口一样重要的发展经济的"三驾马车"之一。消费对于资源节约、环境保护以及实现可持续发展具有重要的影响。在线性经济的模式中，减少末端消费能呈几何级数地减少资源能源投入，可以减少数十倍以上的污染排放。消费又具有弹性效应，消费数量的增加，往往会抵消提高生产效率、节约资源投入和减少污染排放的效果。事实证明，各种工业产品都可以通过实施清洁生产、循环经济提高资源利用率，减少资源消耗量和污染排放量；但如果消费数量增加，这种效果就会被抵消（钱易，2015）。

1. 合理消费是经济社会发展的动力源泉

消费在人类历史发展中扮演着重要的角色，既是人们赖以生存与发展的必要前提，更是社会经济发展、生活水平提升的动力源泉。马克思主义经典政治经济学用"生产—交换—分配—消费"的公式描述了社会大生产的循环与周转，可见消费和生产一起构成了社会生产的关键节点。生产处于前端，消费处于末端，消费作为生产的最终动力，反过来对生产具有巨大的反作用。消费调动着社会经济活动灵活运转。良好的消费驱动可以带动生产，促进贸易，实现经济繁荣与社会公平。

2. 畸形消费对经济社会发展具有负面影响

一味追求享受的消费主义虽然能在短期内促进经济的快速发展，但也给社会发展带来环境污染等严重的挑战。畸形消费已经在人类发展过程中敲响了危害环境的警钟。例如，汽车消费量的增加造成尾气大量排放从而引起大气污染，2014 年北京市环保局的研究成果显示，北京市 $PM_{2.5}$ 本地来源中，机动车的排放占 33.1%，成为社会经济发展的巨大负担；智能手机的更新换代导致手机及手机电池等配件频繁更换、闲置或抛弃，新手机电池虽然已淘汰镉的使用，但里面仍含有诸多有毒物质；高尔夫球场占用大片土地，耗用大量水资源，使用的化肥、农药也极易造成环境污染，消费人群却极小，不符合和谐自然可持续发展内涵，这类畸形消费应当摒弃。

3. 绿色消费是促进经济社会协调发展的必要路径

从世界经济发展历史与规律来看，消费对经济社会发展的推进作用毋庸置疑。现代社会出现的环境问题不能仅归因于消费本身，而是消费异化促发的"多米诺骨牌效应"。解决这些问题，不能单纯地靠抑制消费，而是要完善消费体系，在找准消费主义产生的社会成因的基础上，针对畸形消费结构对症下药，促进消费升级，形成促进绿色消费的社会环境，冲破畸形消费的恶劣风气，为实现社会生产生活的绿色化以及社会经济的协调、均衡与可持续发展创造条件（曾婕和邱秋，2016）。

消费对于资源环境的影响情况取决于三个方面的因素：一是产品消费数量，消费数量越大，对资源的消耗和环境影响越大；二是消费理念和消费方式，在同一消费量的情况下，节约和简约的消费理念和方式对资源环境的压力相对较小；三是产品消费结构，不同产品生产过程对资源环境的影响不一致，末端不同产品的污染物排放形态对环境的影响也各不相同。因此，从产品生产到消费的整个链条来看，绿色消费可综合反映在三个层面，即消费的产品、消费的方式以及消费的结果都应该是绿色的（王宇等，2020）。

（二）绿色消费概念提出

绿色消费在国际上也称为可持续消费，是从满足生态需要出发，以有益健康和保护生态环境为基本内涵，符合人类健康和环境保护标准的各种消费行为和消费方式的统称，是人们追求美好、洁净环境，既满足生活需要，又不浪费资源和不污染环境的消费模式。为便于系统了解，环境保护工作者们将绿色消费概括成"5R"，即节约资源，减少污染（reduce）；绿色生活，环保选购（reevaluate）；重复使用，多次利用（reuse）；

分类回收，循环再生（recycle）；保护自然，万物共存（rescue）。

1. 国际绿色消费概念

绿色消费的思潮最早起源于 20 世纪 40 年代的欧洲，英国哲学家卡尔·波兰尼在《大转型：我们时代的政治与经济起源》一书中提出"生态消费观"，明确指出消费异化是现代西方社会生态危机的根源之一（马慧芳和陈卫东，2022）。1987 年，约翰·埃林顿（John Ellington）和朱莉娅·黑尔斯（Julia Hails）在《绿色消费者指南》中从商品特征的角度定义了绿色消费，提出绿色消费需避免以下六大类商品：①危害消费者和他人健康的商品；②过度包装，包装超过商品有效期或包装"昙花一现"而造成不必要消费的商品；③在生产、使用和丢弃时造成大量资源消耗的商品；④使用出自稀有动物或自然资源的商品；⑤含有对动物残害或不必要剥夺而生产的商品；⑥对其他发展中国家有不利影响的商品。《绿色消费者指南》掀起了"绿色消费者运动"的浪潮，标志着发达国家绿色消费思想开始形成。

德国、瑞典等国家在绿色消费领域出台了专项计划，以女性为主力推动消费绿色化转型，将消费品的全生命周期环境影响降至最小并在全社会推行回收理念，以减少废弃、再利用、再循环的综合管理方式构建消费品倒金字塔绿色模式（图 9.1），减少废弃的量最多而最终废弃处置的量最少，形成了可持续消费绿色理念。

图 9.1　消费品倒金字塔绿色模式

1992 年，在巴西召开的联合国环境与发展大会将可持续消费作为一个系列政策专题提出，讨论了两个导致不可持续消费的主要因素，即发展中国家的人口增长和部分工业化发达国家的过度消费。大会通过的《21 世纪议程》指出，不适当的消费和生产模式所导致的环境恶化、贫困加剧和发展失衡是地球面临的严重问题，将第四章"改变消费形态"作为 21 世纪全球范围内高度优先事项之一，提出了两个解决方案：第一，要集中注意不可持续的生产和消费形态；第二，要制订鼓励改变不可持续的消费形态的国家政策和战略。同年，联合国环境署在内罗毕发表《可持续消费的政策因素》报告，将"可持续消费"定义为"提供服务以及相关的产品以满足人类的基本需求，提高生活质量，同时使自然资源和有毒材料的使用量最少，使服务或产品的生命周期中所产生的废物和污染物最少，从而不危及后代的需求"。

2002 年，约翰内斯堡首脑会议（可持续发展世界首脑会议）将可持续消费和生产列为重要的全球发展议题。2012 年，联合国可持续发展大会通过了《马拉喀什进程：可持续消费和生产十年期计划框架》，作为具体实施可持续生产与消费的十年计划框架。2015 年，联合国环境规划署发布《可持续消费和生产：决策者指南》，概述了实现可持续消费和生产的意义，成为世界各国确立可持续消费和生产模式的重要推动力。2015 年，联合国可持续发展峰会上，联合国 193 个会员国正式通过了《2030 年可持续发展议程》的 17 个可持续发展目标，以在千年发展目标之后继续指导 2015～2030 年的全球发展工作，"采用可持续的消费和生产模式"是其中的第 12 项大目标。2014 年、2016 年、2017 年、2019 年以及 2022 年的历届联合国环境大会均将可持续消费和生产列为解决全球环境和可持续发展重大挑战的议题之一。可持续消费成为国际社会推动可持续发展的一项重要共识。

2. 国内绿色消费概念

我国古代传统文化中就孕育着丰富的"绿色"消费观，如古代人崇尚勤俭节约，倡导"俭以养德"，反对铺张浪费；讲究人与自然和谐相处的天人合一思想观，顺天而行的行为方式等。绿色消费作为一个学术概念在我国的正式提出比较晚，但是发展迅速。

1994 年，我国政府发布《中国 21 世纪议程》，明确提出将"建立可持续消费模式"。2001 年，中国消费者协会二届十次理事会上，中国消费者协会从消费者的角度，提出绿色消费是指在社会消费中，不仅要满足我们这一代人的消费需求和安全、健康，还要满足子孙后代的消费需求和安全、健康，具体包括三重含义：①倡导消费者选择绿色无污染的产品；②在消费过程中注意废弃物的处理，不造成环境污染；③引导消费者转变消费观念，崇尚自然、追求健康，在追求舒适生活的同时注重环保，实现可持续消费（中国消费者协会，2001 年主题）。

2016 年，国家发展和改革委员会、中共中央宣传部、科技部等十部门发布《关于促进绿色消费的指导意见》，明确绿色消费是指以节约资源和保护环境为特征的消费行为，主要表现为崇尚勤俭节约，减少损失浪费，选择高效、环保的产品和服务，降低消费过程中的资源消耗和污染排放。

2017 年，党的十九大对推动绿色生产和消费问题作出专门部署。总体上，可以从五个维度理解绿色消费的内涵与外延：一是绿色消费鼓励消费理念的可持续和绿色化；二是绿色消费体现消费数量的适度性和减量化；三是绿色消费体现消费结构的合理性和平衡性；四是关注绿色消费的吃穿住行各个方面；五是消费方法注意带动生产、流通及废弃物处置全过程绿色化。

2022 年，国家发展和改革委员会、工业和信息化部、住房和城乡建设部、商务部、国家市场监督管理总局、国家机关事务管理局、中共中央直属机关事务管理局会同有关部门印发《促进绿色消费实施方案》，明确绿色消费是各类消费主体在消费活动全过程贯彻绿色低碳理念的消费行为，消费绿色转型的重点领域包括食品、饮食服务、衣类、住房保养、维修及管理、水电燃料及其他、家用器具、家庭服务、交通、通信、教育、文化和娱乐、医疗服务、其他用品和其他服务等 24 类。

（三）绿色消费的重要因素

绿色消费可以通过多重传导机制推动绿色转型（图 9.2）。消费的绿色化对生产的绿色化发挥着引导和倒逼的作用，经过绿色理念和措施引导的消费规模、消费方式、消费结构、消费质量、消费偏好的变化会传导到生产领域，促进要素资源的优化配置、生产方式的改进、产品结构的调整和产品品质的改善。绿色消费也是促进绿色生活方式形成的核心内容，是推动全民行动的有效途径，可将绿色理念与要求传递、渗透到公众生活的各个方面，引导、带动公众积极践行绿色理念和要求，形成绿色生活的广泛公众行动。可以说，促进绿色消费是消费领域的一场深刻变革，需要在消费各领域全周期、全链条、全体系深度融入绿色理念，需要全社会为之努力，其中政府是绿色消费的规范者和引导者，企业是载体，消费者是主体。消费端的绿色转型通过绿色供应链实践传导至生产端，引导产业链条中的"绿色先进"企业管理"绿色落后"企业，开辟生态环境治理的新途径，完善生态环境治理体系（中国环境与发展国际合作委员会秘书处，2019）。消费是社会公众的基本行为选择，绿色消费促使公众参与环境治理过程，用其绿色消费行为以及绿色生态产品选择倒逼企业改善环境行为，增加绿色消费品和绿色生产供应链。

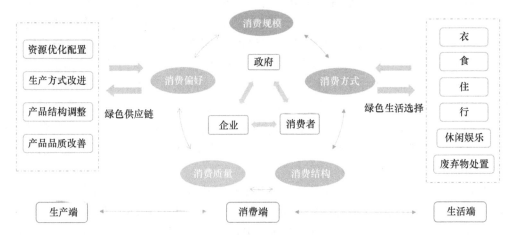

图 9.2 绿色消费推动绿色转型的机制

影响绿色消费的因素主要包括消费理念、居民收入水平、消费偏好、公共政策以及绿色消费品的供给质量和价格水平等。

消费理念直接支配和调节消费行为，消费者的绿色消费理念、环境意识和环境知识能够有效地提升对产品和服务绿色价值的认知，并间接影响绿色消费行为。

公共政策可以通过绿色消费正外部性的补偿，克服非绿色消费的负外部性。公共政策主要通过影响消费者对保护自然环境的认知，最终影响其绿色购买、绿色消费品使用和废弃物处置的态度，包括绿色标准认证制度、政府可持续采购制度、财政激励机制和奖惩措施等。例如，对一次性塑料袋的收费制度，推动需求曲线向下方移动，影响居民消费"成本"，从而发挥引导居民消费行为、改变消费需求结构的效应；最终消费也会传导至生产环节，对不同产品的收益率结构产生影响，从而引导生产结构的变化。

绿色消费品供给价格高低影响绿色消费水平的变化和普及程度。规范绿色消费品市场，保障产品和服务质量，才能在绿色供给和绿色消费之间形成良性循环。

技术进步对绿色消费水平有重要推动作用。首先，潜在需求变成现实需求通常需要技术突破。其次，技术创新通过影响绿色消费规模可以降低产品价格，并反过来推动绿色消费品技术普及和不断更新换代。当技术工艺创新水平使绿色消费品和服务的价格与普通产品的价格相近时，会形成大规模的绿色消费。最后，技术进步不断拓展绿色消费领域。例如，低碳技术改革不仅促使公众消费意识的转变，还激发了与太阳能、风能等相关的低碳消费。

纵观国内外实施绿色消费的相关实践，完善法律法规、加强环保经济手段、提升环保意识是推动绿色消费必不可少的内容。

多层级的法律法规是关键。强化政府在绿色消费实施过程中的引导作用，完善绿色消费的法律法规是促进绿色消费实施的首要推动力。发达国家普遍制定了可以遵循的法律体系，从生产过程到消费过程，从企业到个人，大体可分为基础法+综合性法规+分领域专项政策三个层面。例如，日本的绿色消费法律体系深入到消费主体、对象、过程等各个环节，包括《促进建立循环型社会基本法》（上位法），以及《绿色采购法》《食品回收法》《促进容器与包装分类回收法》与《家用电器回收法》等多项具体法规。2019年12月，欧盟委员会发布了欧盟关于绿色可持续发展的最高纲领文件《欧洲绿色协议》，并配套有《关于绿色产品单一市场构建的通知》《包装和包装废物指令》等多项政策。发达国家十分重视当局在实施绿色消费中的巨大作用，提出了政府作为消费主体进行绿色采购拉动绿色消费的构想。政府有其强大的国家财政作为后盾从而有计划、有目的地进行绿色产品及服务的相关采购，可以有效地引导企业和个人的消费方向。有关统计数据表明，欧盟国家政府采购额占其国内生产总值的15%~25%。日本则是以法律的形式将政府绿色采购政策进行明确，要求通过与绿色环保企业签订优先采购合同，引导和支持环保企业生产绿色产品。

经济调控手段是有力措施。消费在本质上是经济活动的一部分，以经济手段来引导绿色消费的实施常常达到事半功倍的效果。生态税就是一种主要的经济调控手段。以限塑令为例，通过对一次性塑料购物袋征收生态税，可从源头减少塑料购物袋的随意使用和丢弃，推动绿色消费。

广泛宣传教育是必要手段。许多国家推行绿色消费的成功经验在于利用各种传媒加强对普通民众进行绿色消费的宣传，倡导公众在生活和消费中多做贡献，教育青少年从小懂得绿色消费的内涵和知识，养成绿色消费习惯。充分发挥社会组织和行业协会在推动绿色消费活动中的作用。例如，英国媒体提出了《绿色消费行动计划》的详细规划，倡导人们在日常生活中注重节水、节电和废物回收等环保行为，引导消费模式向绿色方向转化。一些国家更是利用宣传教育手段，将绿色消费、可持续发展等环保理念写进中小学教材或者作为主题活动，为绿色消费的顺利推行营造必要的思想环境，如意大利在学校开展"可持续运动"活动，鼓励学生小手拉大手培养绿色消费的生活习惯；中国连锁经营协会（CCFA）每年组织举办绿色可持续消费宣传周活动等。

二、我国绿色消费总体布局

（一）绿色消费的总体情况

从2011年开始，消费已经成为拉动我国经济增长的首要力量。2019年的消费支出对经济增长的贡献率大概达到60%；尽管受到新冠肺炎疫情冲击，2020年消费对GDP增长贡献率依然接近54.4%；2021年最终消费支出对经济增长贡献率达65.4%。近年来，我国已进入消费需求不断增长、消费结构加快升级、消费拉动经济作用持续增强的重要阶段，消费成为拉动经济发展的重要引擎，且呈现出了从注重量的满足向追求质的提升、从有形物质产品向更多服务消费、从模仿型消费向个性化多样化消费等一系列转变。

消费规模持续快速扩大。社会消费品零售总额近年来年均增长率约为 14.55%。根据商务部对第三方支付平台等机构数据监测，2021 年全国消费促进月活动期间，累计实现商品和服务交易额 4.82 万亿元，比去年 5 月增长 22.8%，全国消费市场活力澎湃。

消费特征已显现出从温饱型向小康型发展。衣、食类基本生活消费品所占比例大幅下降，住、行类消费比例上升。近年来，文化消费、旅游消费、健康消费、养老消费等新兴消费增长，在点亮生活色彩的同时增添了经济发展动力。

消费能力仍将持续增强。以人均家庭最终消费支出作为标准，我国目前仅为 3000 多美元，是日本、欧洲、新加坡等国平均水平（2 万美元）的 10% 左右，中长期消费增长潜力巨大。我国有 14 亿人口，有全球最大规模的中等收入群体，有稳居世界第二的经济体量、相对完整的国民经济体系、区域经济发展的梯度格局，农村消费市场潜力将进一步释放。

互联网消费成为重要方式。2015 年，我国实物商品网上零售额为 3.24 万亿元，随后保持 20% 以上增速高速发展。2021 年，消费者线上消费黏性显著增强，全年实物商品网上零售额 10.8 万亿元，首次突破 10 万亿元，同比增长 12.0%，占社会消费品零售总额的比例为 24.5%，对社会消费品零售总额增长的贡献率为 23.6%。

随着生态文明建设工作的不断推进以及公众环保意识的逐步提升，我国表现出推动绿色消费的强烈政治意愿和积极的政策实践，绿色消费发展态势良好。

一是绿色产品消费政策不断健全。中央政府先后印发了《生态文明体制改革总体方案》《关于建立统一的绿色产品标准、认证、标识体系的意见》等顶层设计文件，相关部门印发《关于促进绿色消费的指导意见》《关于加快推动生活方式绿色化的实施意见》《企业绿色采购指南（试行）》《促进绿色消费实施方案》等指导政策，对强化绿色健康消费理念、推进绿色消费品供给发挥了重要作用。

二是绿色消费规模不断扩大。在促进绿色消费有关政策措施推动下，绿色消费品供给逐步优化，市场规模不断壮大。绿色消费品类不断丰富，节能电视、节水器具、有机食品、智能厨卫等产品，空气净化器、家用净水设备等健康环保产品销售火爆，循环再生产品逐步被接受，新能源汽车成为消费时尚，共享出行蓬勃发展。根据《2021 中国电器新消费报告》，电器服务"低碳化"成为消费新风尚，消费者们在进行消费时，更愿意为低碳化、可持续发展相关的产品和保障服务付费，京东数据显示，超过 41% 的购买者在选择电器时会关注相关电器服务。在手机行业，以旧换新已成为标准化服务，2021年上半年，在爱回收参与以旧换新的用户同比增长 200%，其中年轻人占比高达 70%，成为绿色消费潮流的引领者。

三是绿色消费生态环境效益逐步显现。能源消费结构显著优化，清洁能源优先发展，能源利用率明显提高，碳排放量强度大幅降低。2020 年我国清洁能源消费量占能源消费总量的比例达到 24.3%，比 2012 年提升了 9.8 个百分点；2020 年我国碳排放强度比 2005年下降 48.4%，扭转了二氧化碳排放快速增长的局面。

（二）绿色消费的发展历程

以 1994 年《中国 21 世纪议程》明确提出建立可持续消费模式为起点，国家和各部委发布了 100 余项推进绿色消费的相关政策。我国绿色消费的政策框架可大体分为以下几个阶段。绿色消费政策变迁过程存在复杂的变迁逻辑,各阶段的政策聚焦点不仅存在逐步发展的关系,还存在由时代特性产生的新聚焦点对旧聚焦点的替代关系(朱迪,2016)。

萌芽起步阶段:1994~2001 年。受到 20 世纪 90 年代前我国整体绿色消费意识不强延续影响,从消费端来推动消除污染的理念还未被消费者理解接受,该阶段我国多从企业角度出发,以降低产品生产过程中的污染和对末端污染的治理控制为核心,加强企业生产过程中的污染治理,将保护环境作为企业的社会责任之一。该阶段颁布的绿色消费相关政策相对较少,主要集中在对产品生产、发展环境和消费污染的控制方面,重点明确了企业产品生产的责任并指出了企业合理利用资源的重要性。

探索成长阶段:2002~2009 年。《中华人民共和国清洁生产促进法》《关于加快推行清洁生产意见的通知》等多项法律政策相继出台。该阶段颁布的绿色消费政策有所增长,由控制消费带来的污染向节能技术转变,由产品生产和发展环境向清洁生产和生态保护转变,并将标准建设、环境教育列为重点关注的政策聚焦点。

蝶变革新阶段:2010~2015 年。绿色消费政策平稳增长,政策重点有了更强的时代特征,绿色发展与高技术创新融合,环境教育向制度、市场和人才转变,并将信息技术纳入政策关注的聚焦点。其中《国务院关于积极发挥新消费引领作用加快培育形成新供给新动力的指导意见》指出我国已进入消费需求持续增长、消费结构加快升级重要年份,以消费新热点、消费新模式为主要内容的消费升级,将引领相关产业、基础设施和公共服务投资迅速成长,提出了消费升级的六大重点领域和方向,分别是服务消费、信息消费、绿色消费、时尚消费、品质消费和农村消费。

稳步发展阶段:2016 年至今。近年来,党中央、国务院高度重视发展绿色消费,习近平总书记作出一系列重要指示,强调要推广绿色消费,倡导简约适度、绿色低碳的生活方式,反对奢侈浪费和过度消费;强调要以科技创新为驱动,推进能源资源、产业结构、消费结构转型升级,推动经济社会绿色发展。2016 年,商务部、科技部等十部门共同制定并印发《关于促进绿色消费的指导意见》,提出要充分认识绿色消费的重要意义,加快推动消费向绿色转型。2018 年,国务院办公厅印发《完善促进消费体制机制实施方案(2018—2020 年)》,要求顺应居民消费提质转型升级新趋势,发展壮大绿色消费。2022 年,国家发展和改革委员会等有关部门印发《促进绿色消费实施方案》,设计了 22 项重点任务和政策措施,全面促进消费绿色低碳转型。该阶段将绿色理念纳入生态文明建设之中,更加强调环保和信息技术、高新技术对绿色消费的支撑作用。

专栏 9.1 推进绿色消费的重要政策文件

2012 年 11 月,党的十八大报告提出"全面落实经济建设、政治建设、文化建设、社会建设、生态文明建设五位一体总体布局""着力推进绿色发展、循环发展、低碳发展""加强生态文明宣传教育,增强全民节约意识、环保意识、生态意识,形成合理消费的社会风尚"。

2015 年 4 月，《中共中央　国务院关于加快推进生态文明建设的意见》提出生态文明建设的指导思想，着重指出应"倡导勤俭节约、绿色低碳、文明健康的生活方式和消费模式"。

2015 年 11 月，《国务院关于积极发挥新消费引领作用加快培育形成新供给新动力的指导意见》提出消费升级的六大重点领域，绿色消费是其中之一，具体指生态文明理念和绿色消费观念日益深入人心，绿色消费从生态有机食品向节能节水器具、绿色家电等有利于节约资源、改善环境的商品和服务拓展。

2016 年 1 月，国家发展和改革委员会、中共中央宣传部、科技部等十部门发布《关于促进绿色消费的指导意见》，明确绿色消费是指以节约资源和保护环境为特征的消费行为，提出了着力培育绿色消费理念、积极引导居民践行绿色生活方式和消费模式、全面推进公共机构带头绿色消费、大力推进企业增加绿色产品和服务供给、深入开展全社会反浪费行动、建立健全绿色消费长效机制六大任务。

2017 年 5 月，中共中央政治局就推动形成绿色发展方式和生活方式进行第四十一次集体学习，习近平提出"生态环境问题，归根到底是资源过度开发、粗放利用、奢侈消费造成的"，并就推动形成绿色发展方式和生活方式提出六项重点任务，包括倡导推广绿色消费。

2018 年 10 月，国务院办公厅印发《完善促进消费体制机制实施方案（2018—2020年）》，其中提出发展壮大绿色消费，包括完善政府采购制度、研究建立绿色产品消费积分、推动绿色流通发展、创建一批绿色商场等；要求建立并推行绿色产品市场占有率统计报表制度，倡导绿色消费理念。

2019 年 10 月，国家发展和改革委员会印发《绿色生活创建行动总体方案》，提出统筹开展 7 个重点领域的创建行动：节约型机关、绿色家庭、绿色学校、绿色社区、绿色出行、绿色商场、绿色建筑，广泛宣传推广简约适度、绿色低碳、文明健康的生活理念和生活方式，推动绿色消费，促进绿色发展。

2021 年 2 月，国务院印发《关于加快建立健全绿色低碳循环发展经济体系的指导意见》，提出"健全绿色低碳循环发展的消费体系"，包括"加大政府绿色采购力度，扩大绿色产品采购范围，逐步将绿色采购制度扩展至国有企业。加强对企业和居民采购绿色产品的引导，鼓励地方采取补贴、积分奖励等方式促进绿色消费。加强绿色产品和服务认证管理，完善认证机构信用监管机制"。

2022 年 1 月，国家发展和改革委员会会同有关部门印发《促进绿色消费实施方案》，明确绿色消费是各类消费主体在消费活动全过程贯彻绿色低碳理念的消费行为；强调要面向碳达峰、碳中和目标，大力发展绿色消费，增强全民节约意识，反对奢侈浪费和过度消费，扩大绿色低碳产品供给和消费，完善有利于促进绿色消费的制度政策体系和体制机制，推进消费结构绿色转型升级。

（三）绿色消费的重点内容

1. 战略定位

随着我国消费规模的持续快速扩张，消费成为驱动经济增长的重要引擎，生活消费绿色化对改善社会绿色转型的治理体系，推动全国整体绿色转型和高质量发展发挥着日益重要的作用，也逐步被放在更加突出的战略地位。

一是绿色消费被纳入生态文明建设的重要内容。早在2012年党的十八大就将"提倡绿色消费"作为生态文明宣传教育中的重要内容，将增强勤俭节约纳入生态环保意识建设，促进形成合理消费的社会风尚。《中共中央　国务院关于加快推进生态文明建设的意见》也于2015年提出了倡导节约来培养绿色低碳的生活方式和健康文明的消费模式等要求。

二是绿色消费被视为形成经济新供给的新动力。2015年，中央全面深化改革委员会第十七次会议提出建立健全绿色低碳循环发展经济体系，绿色生活、绿色消费是与绿色设计、绿色生产并重的重要内容。2015年，《国务院关于积极发挥新消费引领作用加快培育形成新供给新动力的指导意见》将绿色消费列为消费升级的六大重点领域和方向之中。2018年，国务院办公厅《完善促进消费体制机制实施方案（2018—2020年）》也将发展壮大绿色消费作为重点任务。

三是绿色消费被赋予助力减污降碳的新使命。2020年中共中央办公厅、国务院办公厅《关于构建现代环境治理体系的指导意见》，2021年国务院《关于加快建立健全绿色低碳循环发展经济体系的指导意见》，2022年国家发展和改革委员会牵头印发的《促进绿色消费实施方案》，均将健全绿色低碳循环发展的消费体系作为现代化治理体系的重要内容，并明确指出绿色消费对贯彻新发展理念，构建新发展格局，推动高质量发展，实现碳达峰、碳中和目标具有重要作用，绿色消费也肩负起减污降碳的新使命。

2. 组织形式

我国绿色消费相关职能分散在与消费领域有关的各部门。国家层面的相关政策体现了绿色消费的理念和原则要求，主要还仅限于政府部门颁发的通知、指导意见等规范性文件，以2016年国家发展和改革委员会联合十部门发布的《关于促进绿色消费的指导意见》、2019年国家发展和改革委员会印发的《绿色生活创建行动总体方案》和2022年国家发展和改革委员会牵头七部门印发的《促进绿色消费实施方案》为主要引领，指出了相关部门的主要职责（表9.1）。

表 9.1　各相关部门推进绿色消费的相关职责工作

序号	部门	主要职责
1	国家发展和改革委员会	牵头推进消费各领域全周期、全链条、全体系绿色低碳转型升级
2	商务部	培育绿色流通主体，坚决制止餐饮浪费，促进电商绿色发展，扩大汽车绿色消费，加强绿色消费宣传
3	国家机关事务管理局	推进公共机构消费绿色转型，全面推进节约型机关创建行动
4	国家市场监督管理总局	制定出台绿色产品评价国家标准，印发绿色产品评价标准清单及认证产品目录
5	中华全国妇女联合会	推动广大城乡家庭开展绿色家庭创建，优先购买使用节能电器、节水器具等绿色产品，减少家庭能源资源消耗，不浪费粮食，控制一次性塑料制品污染环境，尽量乘坐公共交通工具出行，实行生活垃圾分类来管理废弃物

续表

序号	部门	主要职责
6	教育部	推动大中小学开展绿色学校创建，开展生态文明教育，提升师生生态文明意识，积极采用节能、节水、环保、再生等绿色产品
7	住房和城乡建设部	推动广大城市社区创建绿色社区，推进社区基础设施绿色化，采用节能照明、节水器具；培育社区绿色文化 推动绿色建筑、低碳建筑规模化发展，将节能环保要求纳入老旧小区改造。建筑的新建和改扩建需要按绿色建筑标准设计、建造和运营
8	交通运输部	推动交通基础设施绿色化转型，推广新能源车辆等节能措施，创建绿色出行行动
9	国家邮政局	发展绿色物流配送，积极推广绿色快递包装，引导快递企业优先选购使用获得绿色认证的绿色循环快递包装，鼓励企业使用商品和物流一体化包装，大幅减少物流环节二次包装
10	工业和信息化部	推行涵盖上中下游各主体、产供销各环节的全生命周期绿色供应链制度体系

3. 重要任务

《促进绿色消费实施方案》明确全面推动吃、穿、住、行、用、游等各领域消费绿色转型，统筹兼顾消费与生产、流通、回收、再利用各环节顺畅衔接，强化科技、服务、制度、政策等全方位支撑，实现系统化节约减损和节能降碳。方案按照目标导向和问题导向的要求，对促进绿色消费的制度政策体系进行了系统设计，提出 4 个方面的重点任务和政策措施。

首先，全面促进重点领域消费向绿色消费转型。加快提升食品消费绿色化水平，鼓励推行绿色衣着消费，积极推广绿色住宅，大力发展绿色交通消费，全面促进绿色用品消费，有序引导文化和旅游领域绿色消费，进一步激发全社会绿色电力消费潜力，大力推进公共机构采购绿色转型。

其次，强化绿色消费科技和服务支撑。推广应用先进绿色低碳技术，推动产供销全链条衔接畅通，加快发展绿色物流配送，拓宽闲置资源共享利用和二手交易渠道，构建废旧物资循环利用体系。

再次，建立健全绿色消费制度保障体系。加快健全法律制度，优化完善标准认证体系，探索建立统计监测评价体系，推动建立绿色消费信息平台。

最后，完善绿色消费激励约束政策。增强财政支持精准性，加大金融支持力度，充分发挥价格机制作用，推广更多市场化激励措施，强化对违法违规等行为处罚约束。

三、我国绿色消费形势与挑战

促进绿色消费是消费领域的一场深刻变革，关系到整个社会生产生活方式的绿色低碳转型。习近平总书记对发展绿色消费始终高度重视，作出一系列指示，重点提出了要推广绿色消费，倡导简约适度、绿色低碳的生活方式，反对奢侈浪费和过度消费；强调要以科技创新为驱动，推进能源资源、产业结构、消费结构转型升级，推动经济社会之绿色发展。

绿色消费是绿色发展战略的核心组成部分，与中国生态文明建设密切相关，对中国城镇化进程至关重要。我国迅速崛起成为一个消费大国，且发展态势强劲，消费总量、结构和特点都在以多种方式对全世界产生深远影响。当前，我国正致力于生态文明建设和碳达峰、碳中和目标的实现，生产和消费的双轮驱动缺一不可。据预测，到2030年我国将成为世界最大消费国，超过5亿人将成为城市人群中的中产阶级，将成为经济增长的主要消费力量。同时，广大农村人口也将贡献出巨大的消费力量，消费同生产活动一样成为我国人口与资源、环境交互的主要形式。对此，需要将绿色消费纳入城市发展战略，视为推动解决贫富差距和城乡居民生活水平差异的有效途径，以确保实现可持续城镇化。此外，绿色消费也将成为解决目前我国城市环境污染的重要组成部分。当前，我国在推动消费绿色转型方面雄心勃勃，除了政府的大力推动外，商界、企业界也在以不同的方式和角度探索绿色消费，且发挥着越来越重要的作用。习近平总书记在2017年5月就推动形成绿色发展方式和绿色生活方式问题进行了专门论述。各部门相关政策文件也为推动形成绿色生活方式和绿色消费提供了明确的行动指南。公众的环境意识、参与意识和环境维权意识明显提升，对追求环境福祉和健康生活有了更多需求，形成了推动绿色消费的社会基础。推动消费绿色转型已形成日益成熟的社会基础和较好的实践基础。抓住这一珍贵的窗口期和关键期，加快促进形成覆盖全社会和全民的资源节约和环境友好型的消费模式和生活方式，对我国整体实现高质量发展和生态文明建设意义重大。

当前，我国推行绿色消费转型面临的挑战至少包含以下几个方面：一是人口众多，城乡居民间存在差异且东西部地区发展不均衡，选择政策范式时需要考虑调节相对富足城市居民的消费结构同时也需满足农村贫困居民的基本需求，考虑东部相对较高的消费水平同时也需要兼顾西部相对落后的消费水平。同时两者间没有严格的界限，在新型城镇化进程的背景下，人口结构呈现出明显的流动性，农村居民转变为城镇居民面临过渡阶段，需要正确分析消费行为随城镇化进程的变迁。二是如何形成多利益相关方伙伴关系，通过社会协同和市场机制去促进消费习惯由不可持续向可持续的绿色消费改变。民营公司、管理机构、学校和家庭都是消费的关切方，协同推进绿色消费不仅需要宣传教育，也需要各方的实际行动。三是消费领域的多样化让国家在推动绿色消费行动计划时面临抉择，需要识别出一些优先领域，如住房及能源消费、家电及各种电子设备、饮食供应等对环境影响较大的消费领域。四是企业与公众对绿色消费市场成熟度认知分歧较大。全民绿色消费理念尚处在培育阶段，行业绿色消费自身发展动力不足。从供给看，绿色消费产品供给不足，无论是绿色食品、节能产品、绿色建筑，还是环境标志产品，规模都较小，未成为衣食住行必需消费方面的主流。从需求看，公众对绿色消费品选择的意愿增长较快，但更关注消费过程对自身健康的影响。另外，绿色消费品成本较高，存在"叫好不叫座"现象，市场需求潜力还有待进一步挖掘。

第二节　生活方式转型与绿色化

消费方式是生活方式的重要内容。广义的生活方式是指人们生存和活动的方式，狭义的生活方式就是人们与消费资料结合的方式，即消费方式。在我国，衣、食、住、行（及通信）、用（生活用品及服务）占居民消费的76%（任勇，2020）。从消费或生活需求的角度来看，在三大消费领域产生的影响最大，即住宅、交通和食品领域。例如，在欧洲联盟的国家中，个人消费量是公共消费量的2~3倍，其中食品、交通和住房是个人消费对环境产生影响最大的三个领域,共产生了 74% 的温室气体排放量以及 70% 直接和间接的原材料投入(European Environment Agency,2012)。推动绿色消费,首先需要引导绿色饮食、倡导绿色居住、鼓励绿色出行、推广绿色服装等,逐步引导居民践行绿色生活方式,同时通过增强居民绿色消费意识提高绿色生活水平。

一、食品消费转型与绿色化

将零售和消费环节的全球人均粮食浪费减半是《2030 年可持续发展议程》可持续消费和生产中的具体目标之一。推动绿色饮食是指仓储—运输—零售—餐桌全链条的反食物浪费行动,包括全面实施餐饮绿色外卖计划,统一和强化绿色有机食品认证体系和标准,扩大绿色食物有效供给。在我国,食品领域的绿色消费行为主要有光盘行动和有机食品消费。

(一)光盘行动

光盘行动是我国 2013 年 1 月发起的公益活动。光盘行动的宗旨是餐厅不多点、食堂不多打、厨房不多做,活动倡导厉行节约,反对铺张浪费,带动公众珍惜粮食,得到了从中央到民众的大力支持和广泛参与。2020 年 8 月中央政府作出重要指示,强调坚决制止餐饮浪费行为,在全社会营造浪费可耻、节约为荣的氛围,切实培养节约习惯。光盘行动成为 2020 年度流行语之一。

2021 年 4 月,十三届全国人大常委会通过《中华人民共和国反食品浪费法》,自公布之日起施行,法律针对实践中群众反映强烈的突出问题,以餐饮环节为切入点,聚焦食品消费、销售环节反浪费,并注重与正在起草的粮食安全保障法等有关法律的关系,对减少粮食、食品生产加工、储存运输等环节浪费作出了原则性规定。2021 年 11 月,中共中央办公厅和国务院办公厅印发《粮食节约行动方案》,提出坚决遏制餐饮消费环节浪费。2021 年 12 月,国家发展和改革委员会、商务部、国家市场监督管理总局、国家粮食和物资储备局联合印发《反食品浪费工作方案》,围绕推进粮食节约减损、遏制餐饮行业食品浪费、加强公共机构餐饮节约、促进食品合理利用、严格执法监督、强化组织实施六个方面提出了制止餐饮浪费行为的相关工作,构建了从田间到餐桌、到食品消费全链条践行节约粮食和反食品浪费的管理体系。

(二)有机食品

"有机"是指一种可持续发展的农业生产方式,要求在动植物生产过程中不使用化学合成的农药、肥料、生长调节剂等,遵守自然规律和生态学原理,维持农业生态系统良性循环;对于加工、储藏、运输、包装、标识等,也有严格规范的管理要求。随着人们绿色消费意识的明显提升,新一代消费者不仅愿意购买高品质产品,同时也关注生产生活方式对环境的影响,越来越多的传统食品和零售企业增加了有机品类,倡导乐活、环保可持续的消费观念。

2012 年我国建立了有机食品"一品一码"的 17 位有机码管理制度,获证产品的最小销售包装上必须使用有机码,并通过认证机构上报到中国食品农产品认证信息系统。

根据《中国有机产品认证与有机产业发展报告》截至 2021 年的数据，我国共有 1.4 万家企业获得 22 700 张有机产品认证证书；2020 年我国共发放有机产品标志 27 亿枚，有机产品总核销量达到 99.9 万 t，总销售额达 804.5 亿元。随着互联网的普及，公众对"有机"的概念不再陌生，但目前我国有机产品消费能力相较其他国家还有一定差距。报告统计，2019 年全球人均消费有机食品为 108 元，其中丹麦和瑞士人均消费有机食品为 2683 元，并列第一，而我国人均消费有机食品为 57 元，仅为全球平均水平的一半左右。

二、家居方式转型与绿色化

居住环境营造过程是一个"高资源、高能源"消耗的过程。持续的大量建造工程会消耗大量能源资源，与生态文明理念不符。在我国，居住领域的绿色消费行为主要体现在创建绿色社区和推行绿色建筑。

（一）绿色社区

绿色社区旨在实现"人–社会–自然"三者和谐共生、共荣、共存、共进的生活生命共同体。我国绿色社区建设由来已久，早在 20 世纪 90 年代就出现了最早一批的环保社区。2001 年，教育部、中共中央宣传部、环境保护总局联合颁布《2001—2005 年全国环境宣传教育工作纲要》，在国家层面提出绿色社区创建任务，倡导符合绿色文明的生活习惯、消费观念和环境价值观念，努力将保护环境、合理利用与节约资源的意识和行动渗透到公众日常生活中。目前，全国已有绿色社区 1 万多个。

2019 年 11 月，国家发展和改革委员会印发《绿色生活创建行动总体方案》，统筹开展节约型机关、绿色家庭、绿色学校、绿色社区、绿色出行、绿色商场、绿色建筑等"绿色细胞"创建行动。其中绿色社区创建行动以广大城市社区为创建对象，涵盖社区居民生活的方方面面，包括促进社区节能节水、绿化环卫、垃圾分类、设施维护等；社区基础设施绿色化，采用节能照明、节水器具；培育社区绿色文化，开展绿色生活主题宣传，贯彻共建共治共享理念，发动居民广泛参与。绿色社区的创建目标是"十四五"期间力争 60% 以上的社区达到创建要求，基本实现社区人居环境整洁、舒适、安全、美丽。目前，我国的一些绿色社区建设还主要停留在生态景观层面，仅仅简单地把绿色社区建设等同于社区的绿化美化。未来，我国绿色社区的创建还要在绿色文化方面加强能力建设，深化绿色生活的理念。

（二）绿色建筑

绿色建筑是指在建筑的全生命周期内，最大限度地节约资源，包括节能、节地、节水、节材等，保护环境和减少污染，为人们提供健康、舒适和高效的使用空间，与自然和谐共生的建筑物。绿色建筑技术注重低耗、高效、经济、环保、集成与优化，通过改造通风、保暖和光照的设计来实现能源和资源节约，是人与自然、现在与未来之间的利益共享，是可持续发展的建设手段。

2004 年 9 月，建设部"全国绿色建筑创新奖"的启动标志着我国绿色建筑发展进入全新阶段。2013 年，国务院发布《关于转发发展改革委和住房城乡建设部〈绿色建筑行动方案〉的通知》，助推绿色建筑发展。此后，住房和城乡建设部先后颁布《绿色建筑评价标准》《绿色建筑评价标识管理办法》，完善绿色建筑评价体系。2020 年，住房和城乡建设部、国家发展和改革委员会等部门印发《绿色建筑创建行动方案》，从绿色建筑设计标准、绿色建材的使用以及绿色建筑的验收等多方面提出了明确的鼓励方向，推动绿色建筑创建，形成崇尚绿色生活的社会氛围。截至 2020 年 10 月，山西省、河北省、河南省等 11 个省、自治区发布了绿色建筑创建方案，指出到 2022 年当年城镇新建建筑中绿色建筑面积占比达到 70%，星级绿色建筑数量持续增加，绿色建材应用不断推广。

三、出行方式转型与绿色化

绿色交通是形成简约适度、绿色低碳、文明健康生活方式的重要内容。党的十九大发出了交通强国建设的号召，倡议大力推进绿色出行。2019 年 6 月，交通运输部、中共中央宣传部、中国铁路总公司等 12 部门和单位发布《绿色出行行动计划（2019—2022 年）》，提出建立布局合理、生态友好、清洁低碳、集约高效的绿色出行服务体系。交通运输部、国家发展和改革委员会于 2020 年 7 月印发《绿色出行创建行动方案》，提出通过绿色出行创建行动，力争到 2022 年 60% 以上的创建城市绿色出行比例达到 70% 以上，群众对绿色出行服务满意度不低于 80%。

随着深入开展绿色出行、生态文明交通等重要举措，我国城市交通发展面貌焕然一新，公交优先发展战略深入实施，绿色出行取得显著成效。截至 2019 年，全国共有城市公共汽车 67 万辆，其中新能源车 34 万辆，占比达 51%，位居全球第一；共有 37 个城市开通轨道交通运营，运营里程超过 5300km，城市公共交通年客运量超过 900 亿人次，共享单车日均使用量超过 4000 万人次，绿色出行方式每天服务近 3 亿人次出行；网约车、共享单车等交通运输新业态、新模式蓬勃规范发展，为全球提供了中国经验。

根据 2020 年北京市公众环境意识调查结果，北京市公众的绿色生活意愿和绿色生活践行度较高，且明显提升，公众购买新能源汽车的意愿较高，2020 年表示愿意购买新能源汽车的公众占比为 61.2%；2020 年选择绿色出行占比高达 99.4%。鼓励绿色出行，促进清洁能源汽车应用，海南省 2030 年将全域禁止销售燃油汽车，力争全省汽车清洁能源化达到国际标杆水平。根据 2021 年 1 月海南省新闻办公室召开的新闻发布会，新能源汽车推广迎来加速期，海南 2019 年新能源汽车推广量同比增长 79.6%，2020 年同比增长 142.5%，2020 年个人用户新能源汽车推广量占总量的 73.4%，新能源汽车受到越来越多的海南居民青睐。

专栏 9.2　共享单车绿色经济

2017 年 12 月，联合国最高环境荣誉——"地球卫士"（商界卓识奖）授予摩拜单车，表彰其在推动绿色出行，缓解空气污染和气候变化中作出的巨大贡献。其在全球首创了智能无桩共享单车模式，用科技创新和商业创新的方式，实现更加便捷地骑行，从而缓解交通拥堵、大气污染等城市问题。从 2016 年 4 月 22 日正式运营至 2017 年

底，已为全球 12 个国家超过 200 个城市提供智能共享单车服务，全球拥有 2 亿多用户，每天有超过 3000 万人次使用共享单车出行。运营 19 个月以来，全球用户骑行总里程超过 182 亿 km，相当于减少了 440 万 t 的二氧化碳排放量，也相当于每年路面上减少了 124 万辆汽车。

四、消费意识转型与绿色化

协调人与自然关系的一个重要原则是改变人们对自然的态度和行为方式，在科学发展观的指导下逐步建立环境友好的生活和消费方式。《我们共同的未来》指出："人类的生存繁荣依赖于能够成功地将可持续发展提到全球共识的高度。"可持续发展的共识要求人们具有高度的文化水平和道德自律，明白自身活动对于自然、对于人类社会生存发展的长远影响和后果，认识自己对社会和子孙后代的崇高责任，并能自觉地为社会的长远利益而牺牲一些眼前利益和局部利益。从自律的角度来说，人们应当改变超前消费、炫耀富裕、过分追求物质利益、以牺牲环境来换取高额利润的各种不道德行为，转向适度的绿色消费，强调物质以及精神和文化层面消费的质量而不是数量，建立生态文明理念和绿色消费的认知。

节约资源是绿色消费的基本要求之一。从个人层面来讲，勤俭节约是中华民族传统美德之精华，在消费主义和享乐之风盛行的当今社会，勤俭节约是极其可贵的品质，也是衡量个人修养的标尺。

第三节　消费过程转型与绿色化

消费者所有的消费行为都源自需要与动机。从环境、资源和健康角度考虑，消费理念、消费结构的绿色变革与优化，将推动企业转型绿色生产。

一、消费产品设计及生产转型绿色化

随着绿色消费的兴起，消费者开始注重产品价值与环境价值之间的关联与互动，对绿色消费品选择的意愿增强。产品加入"绿色"元素，不仅迎合消费者需求，而且可使产品原有价值增值（乔杨，2021）。在我国，绿色消费推动生产绿色化的主要体现有绿色产品和绿色供应链。

（一）绿色产品

绿色消费市场的存在是企业生产和提供绿色产品的前提。绿色设计要求从全生命周期、全过程角度满足资源节约、环境友好的要求，产品的资源能源消耗少、污染物排放低、易回收再利用、健康安全且产品品质高。绿色产品的开发使生态环境与社会经济联结为一个协调发展的有机整体，是可持续发展的必然。

绿色标准认证有两个方面的作用：一是绿色产品引领企业从源头减少污染物产生，

让企业生产的绿色高端产品更受市场欢迎，从而激发企业进行绿色化工艺改进的内生动力；二是绿色标准制度作为重要制度克服了市场经济中的不完全信息，降低了消费者选购产品的盲目性，便于消费者快速识别绿色生态产品和服务并进行购买。我国绿色产品标准也在不断完善，为绿色消费提供便利。2016 年 12 月，国务院办公厅印发《关于建立统一的绿色产品标准、认证、标识体系的意见》，指出建立统一的绿色产品标准、认证、标识体系，是推动绿色低碳循环发展、培育绿色市场的必然要求，是引领绿色消费、保障和改善民生的有效途径，是履行国际减排承诺、提升我国参与全球治理制度性话语权的现实需要。国家市场监督管理总局优先选取与消费者衣、食、住、行密切相关且对人体健康

图 9.3　我国绿色产品标识

和生态环境影响大、具有一定市场规模、国际贸易需求旺盛的产品，制定绿色产品标准并开展认证。目前已印发了 3 批绿色产品评价标准清单及认证产品目录，将 19 类近 90 种产品纳入认证范围，覆盖有机绿色食品、纺织品、橡胶轮胎、塑料制品、洗涤用品、建筑材料、快递包装、汽车以及电器电子等产品。2019 年 5 月，国家市场监督管理总局发布《绿色产品标识使用管理办法》，明确了绿色产品标识的基本图案（图 9.3）。

绿色消费激励机制（主要是奖励和补贴）直接向购买或使用绿色消费品或服务的消费者给以补贴或者奖励，可以减少消费者使用绿色产品的消费成本，有效推广节能减排和绿色消费品，引导消费向绿色消费方向转变，并通过绿色消费行为的形成引导厂商生产绿色消费品，提供绿色服务。我国的节能照明 LED 灯推广、高效节能家用电器推广、高效节能台式小型计算机推广、高效节能电机推广、节能与新能源汽车推广等绿色消费强制性政策和以旧换新的实施，客观上短时间内提高了节能产品的市场占有率，促进了产业结构调整，拉动了消费需求，对绿色消费品的社会消费起到了很好的示范效应，而且政策产出的结果也对目标群体有"价格低廉、节能节电、生活质量提高"等诸多益处。

专栏 9.3　消费端碳减排

2017 年 11 月，江西省抚州市开发上线碳普惠公共服务平台"绿宝"，低碳行为应用场景主要包括绿色出行、绿色生活、绿色消费、绿色公益四大类，采用实名注册，通过政府激励、商业活动、考核监管等手段，引导市民通过绿色低碳生活方式积累碳币，享受商业消费折扣。组建碳普惠商家联盟，联合千家商户开展碳币兑换。

2021 年 12 月，中华环保联合会"绿普惠云–碳减排数字账本"项目凭借其在碳普惠和绿色金融领域的创新性应用成果及在可推广性、行业贡献度、营利性和促进公共福祉等方面的优势，荣获第二届"国际金融论坛（IFF）全球绿色金融创新奖"。"绿普惠云–碳减排数字账本"是第三方数字化绿色生活减碳计量底层平台，以《公民绿色低碳行为温室气体减排量化导则》为依托，通过计算引擎将碳减排标准模型化输出，帮助各行业不同企业量化并记录用户的绿色行为，让每个人、每个企业和地方政府都拥有碳账本，是推动消费端碳减排的创新性示范。

（二）绿色供应链

绿色供应链是一种基于市场的创新型环境管理方式，依托上下游企业之间的供应关系，以核心企业为支点，通过绿色供应商管理、绿色采购等工作，向上下游企业持续传递绿色要求，引导相关企业参与绿色发展工作，进而带动全产业链绿色化水平持续提升。绿色供应链以绿色制造理论和供应链管理为基础，在从物料获取、加工、包装、仓储、运输、使用、报废和回收处理的产品全生命周期中，追求环境影响最小化、资源效率最大化，是一种涉及供应商、生产厂、销售商和用户的管理理念和行为规范。

党的十九大报告明确提出，在绿色低碳和现代供应链等领域培育新增长点，形成新动能。2014 年 12 月，商务部、环境保护部、工业和信息化部联合发布《企业绿色采购指南（试行）》。2015 年 6 月，亚太经济合作组织（APEC）绿色供应链合作网络天津示范中心在天津滨海新区正式启动，以绿色标准、绿色设计、绿色采购、绿色贸易、绿色制造、绿色消费、绿色回收和绿色再制造的方式，建立产品全生命周期的绿色管理和循环，发展人与自然和谐的绿色生产、生活方式。2022 年 2 月，工业和信息化部发布"2021年度绿色制造名单"，包括 673 家绿色工厂。至此，我国共建设了 2783 家国家级绿色工厂、223 个国家级绿色工业园区、296 家国家级绿色供应链管理示范企业，覆盖了主要工业行业，由政府部门、采购商、消费者和第三方审核机构等共同参与的供应链治理模式日趋完善。

专栏 9.4　北京经济技术开发区绿色供应链

北京经济技术开发区以"龙头+技术+标准"为抓手，持续构建绿色供应链，减少产品生产过程中的环境污染。一是对标行业标准，建立适用于高端汽车行业的高规格绿色供应商准入标准。强化绿色承诺，制定了严于国家绿色工厂认定的北京奔驰绿色认证体系；二是带领其 400 余家一级供应商全部签署绿色制造承诺书，并对其中 10 家试点供应商开展北京奔驰的绿色认证，推动更多供应链企业建设成为国家级绿色工厂。北京奔驰已经建立起引领国内汽车制造行业的最严绿色供应链建设体系标准，推动其在经开区内的 12 家供应商全部建设成为绿色供应商，且均已获得 ISO14001 认证。2020 年北京奔驰单车综合危险废物减量达到 4%。

二、消费产品选择观念转变及绿色化

绿色便利条件由以下 3 个因素决定：绿色感知行为控制、绿色产品促成条件和绿色产品兼容性。绿色感知行为控制是消费者在绿色产品购买中的控制感；绿色产品促成条件由众多参与者和机构共同创造，其中比较重要的是政府和企业，政府是否制定了绿色产品购买的相关法律、服务保障措施等，企业是否公开发布绿色产品材料设计、功能设计和服务设计等信息；绿色产品兼容性是指绿色产品与普通产品相比，在使用方法和效能上是否具有相通性。创新型的消费者会比较关注在功能、设计和结构上比较新潮和对环境友好的产品，并且会为这种产品的购买进行知识、经济和能力等方面的准备，消费者的创新性越强，消费者所获得的绿色产品方面的信息越多，则绿色产品感知行为控制、促成条件和兼容性越容易达成，即绿色产品便利条件也越强（李玉萍，2021）。在我国，消费产品选择绿色化的主要体现有反对过度包装、发展绿色采购、绿色流通和绿色快递包装等。

（一）绿色采购

政府绿色采购主要通过政府采购的示范效应引导企业调整生产结构，提高产品技术含量，强化环境意识，进行绿色生产，可以直接推动 GDP 增长以及对环境的保护和资源的节约利用；可向生产领域发出价格和需求信号，带动龙头企业、品牌企业、中小企业进行绿色生产，同时刺激生产领域清洁、节能技术的研发与应用及绿色生态产品的生产。对节能产品、环境标志产品和绿色印刷实施政府采购的政策实践结果表明，这些政策无需政府的额外财政投入，仅仅通过政府发布相关的政策规定，政府对绿色消费的积极引领和示范，就足以带动整个行业的升级转型，取得非常好的环境效益和社会效益。

政府采购制度有效促进了消费向高效节能产品转型，推动公共机构的节能减排工作。我国推进绿色采购的一个重要立法是 2003 年颁布的《中华人民共和国政府采购法》，确立了政府绿色采购的法律制度。2004 年，财政部、国家发展和改革委员会印发《节能产品政府采购实施意见》，截至 2018 年，共发布节能产品政府采购清单 24 期。2006 年，财政部、环境保护总局联合印发《关于环境标志产品政府采购实施的意见》，截至 2018 年，共发布环境标志产品政府采购清单 22 期。根据财政部数据统计，2017 年中国环境标志产品政府采购规模已达到 1711.3 亿元，占政府采购同类产品的 90.8%。2019 年 2 月，财政部、国家发展和改革委员会、生态环境部、国家市场监督管理总局联合印发《关于调整优化节能产品、环境标志产品政府采购执行机制的通知》，明确提出对政府采购节能产品、环境标志产品实施品目清单管理，每个品目都对应列出了依据的标准。至此，两大清单正式实行品目制管理。

2013 年，中共中央、国务院印发实施《党政机关厉行节约反对浪费条例》，强调各级党政机关要带头厉行勤俭节约、反对铺张浪费。党的十九大明确提出开展创建节约型机关。国管局会同国家发展和改革委员会、财政部等部门印发《节约型机关创建行动方案》《节约型机关评价指标》，在县级及以上党政机关开展节约型机关创建行动，倡导绿色消费理念、实施绿色消费行动、培育绿色消费文化、形成绿色消费氛围。2021 年 8 月，国家机关事务管理局、中共中央直属机关事务管理局、国家发展和改革委员会与财政部发布了全国第一批节约型机关建成单位名单，各省（自治区、直辖市）和新疆生产建设兵团 35% 左右的县级及以上党政机关建成节约型机关，112 家中央和国家机关（本级）全部建成节约型机关，各建成单位能源资源利用效率大幅提升。

专栏 9.5　"节能+环境标志"双强制绿色产品政府采购制度

根据国家绿色产品认证与标识体系，海南省明确实施环境标志强制采购的品目和

依据标准，依托政府采购网上商城建立"绿色产品库"，实行"节能+环境标志"双强制采购。明确绿色产品优先采购标准，在印刷服务、涂料油漆等方面推行优先采购。在采购合同中延伸规定合同履行过程中的绿色包装和绿色运输要求，设置违约条款或制裁措施。将省属国有企业纳入绿色采购实施范围。

（二）绿色流通

作为联系生产商和消费者的纽带，零售商在支持建立绿色产品市场、促进绿色消费方面发挥着重要作用。例如，零售商可以在零售商店铺中选择并提供绿色产品，在店铺内为消费者提供产品环境、社会特征的相关信息，要求并鼓励生产者制造和提供绿色产品和服务等。

近年来，商务部大力培育绿色流通主体。2014年9月，商务部发布《关于大力发展绿色流通的指导意见》，要求推动流通企业绿色发展，其中包括创建绿色商场、培育绿色市场、创建绿色饭店、发展绿色物流、提供绿色服务，创建一批集门店节能改造、节能产品销售、废弃物回收于一体的绿色商场。为推进流通业绿色发展、循环发展、低碳发展，2016年起，商务部在全国范围内全面开展绿色商场示范创建，制定完善了《绿色商场》（GB/T 38849—2020）、《绿色商场创建评价指标（试行）》等评价体系；出台推动电子商务企业绿色发展的举措，引导电商企业节能增效、快递包装绿色转型，培育电商平台绿色发展生态。截至目前，全国已累计创建绿色商场500多家，2021年新增绿色商场近200家。

专栏9.6　绿色商家联盟

2021年11月，天猫与14个品牌发起成立"绿色商家联盟"，共同发出《绿色商家联盟倡议书》，鼓励和推进绿色消费。倡议书指出消费是生产与生活最重要的连接点，拥抱绿色低碳生活方式，已经成为人们对美好生活向往的重要组成部分，增进绿色供给将促进低碳消费。绿色商家联盟旨在共同倡导简约适度、绿色低碳的生活方式，推动绿色生产、绿色电力、绿色数据中心、绿色物流的普及，促进商品和快递包装绿色、减量和可循环发展。

（三）反对过度包装

2007年2月，国家发展和改革委员会、中共中央宣传部、商务部、国家工商总局、国家质检总局、环境保护总局发出通知，强调要节约资源、保护环境，反对商品过度包装，要求充分认识反对过度包装、树立节约型消费方式的重要性和紧迫性；广泛深入开展反对过度包装的宣传，营造有利于资源节约、环境保护的社会氛围。2021年9月，国家市场监督管理总局发布新修订的《限制商品过度包装要求　食品和化妆品》强制性国家标准，将于 2023 年 9 月起实施，给过度包装划出了红线，将糕点、茶叶、酒类等列入其中，明确了从包装的层数到价格占比的要求，量化的标准为监管部门执法提供了参考。

我国快递业发展迅猛，快递废弃包装及其带来的环境问题同样引发社会高度关注。2015 年 10 月，国务院印发《关于促进快递业发展的若干意见》倡导快递行业绿色化转型。2016 年，国家邮政局出台《推进快递业绿色包装工作实施方案》，明确要在绿色化、减量化、可循环方面取得明显效果。近年来，全国快递包装绿色治理取得积极进展。例如，"9792"工程，即"瘦身胶带"封装比例达 90%，电商快件不再二次包装率达 70%，循环中转袋使用率达 90%，新增 2 万个设置标准包装废弃物回收装置的邮政快递网点。

三、消费产品废弃处置绿色化

绿色消费涵盖带动生产、流通以及废弃物处置全过程的绿色化。将消费品的全生命周期环境影响降至最小并在全社会推行回收理念，也是绿色消费的重要组成部分。在我国，消费产品废弃处置绿色化的主要体现有分享经济和废旧物资回收。

（一）分享经济

分享经济是环境、经济和社会融合发展的一种新消费形式，为实现绿色消费提供了新方法，同时也建立了社会网络的新模式。正如朔尔（Schor）所说："这种新型分享经济的独特性在于调动了技术、市场以及'大众智慧'而将陌生人聚集在一起"。分享经济扩大了社会资本，也有利于环境保护。根据 2022 年 2 月国家信息中心正式发布的《中国共享经济发展报告（2022）》，2021 年我国共享经济继续呈现出巨大的发展韧性和潜力，全年共享经济市场交易规模约 36 881 亿元，同比增长约 9.2%；直接融资规模约 2137 亿元，同比增长约 80.3%。从共享型服务的发展态势看，2021 年网约车客运量占出租车总客运量的比例约为 31.9%，共享住宿收入占全国住宿业客房收入的比例约为 5.9%。

（二）废旧物资回收

闲置资源回收利用是节约资源的重要体现，也是绿色消费的重要内容。2022 年 2 月，国家发展和改革委员会颁布的《促进绿色消费实施方案》提出将废旧物资产业与数字化互联网相融合，发展"互联网+回收"新业态模式。利用大数据、物联网搭建的废旧物资信息服务平台，可促进再生资源、废旧物资的交易信息快速推广、匹配、对接、成交，提升废旧物资的回收再利用效率；回收行业的信息对称化越好，产业发展也越规范。废旧物资分类回收不仅可以减少废弃物，也让绿色消费更加专业化，是取之于民用之于民、惠及千家万户的绿色产业。作为我国最大的闲置物品交易社区，"闲鱼"在 2020 年成功撮合 2 亿人交易，让超 10 亿件的闲置二手物品变成了 2000 亿的"绿色消费"。

第四节　生活消费绿色化的战略展望

当前，我国全面推动绿色消费处于最好的时间窗口期，也具备了较好的社会基础。随着经济较快发展、人民生活水平不断提高，我国已进入消费需求持续增长、消费拉动经济作用明显增强的重要阶段，我国消费从温饱向小康的转型，也将是新的消费习惯与模式的形成期，加快绿色发展不仅需要供给侧持续发力，同时也需要需求侧持续拉动。公众的环境意识、参与意识和环境维权意识明显增强，对享有良好生活质量的要求和期待日益增长，形成了全面推动绿色消费升级的社会基础。围绕"双碳"战略目标，紧抓以创新驱动的第四次环境浪潮机遇，强化绿色消费顶层设计、硬件和软件管理，可促进形成资源节约和环境友好的消费模式，充分发挥绿色消费在推动形成绿色发展方式和生活方式、改善环境治理体系中应有的作用。

一、立足新发展阶段，将绿色消费和生活方式放在更加突出的战略地位

消费已成为拉动我国经济增长的第一动力。实施绿色消费，特别是涉及衣、食、住、行、用、游等各领域的绿色消费，对经济增长和就业都有长期的正效应，成为推动行业发展的新动能。从消费规模和结构看，我国已开始进入消费全面升级转型阶段，也是培育新消费模式——绿色消费与生活方式的窗口机遇期。新时期，绿色消费肩负助推减污降碳的重要使命，是践行生态文明建设的具体行动。纵观德国、瑞典等，均已将可持续消费纳入国家总体发展战略，将其作为经济增长和提升人民福祉的新引擎，并产生了良好的实践效果。对此，我国应抓住消费升级转型的窗口期，将绿色消费和生活方式放在更加突出的战略地位，将中央政府推动绿色消费和生活方式的强烈政治意愿付诸绿色发展和生态文明建设的具体实践中。

二、坚持新发展理念，建立我国发展绿色消费的目标指标和政策体系

我国总体上还没有建立专门、系统的关于绿色消费的中长期目标和监测衡量指标。根据当前绿色消费政策和实践进展以及高质量发展要求，我国推动绿色消费的总体目标可考虑确定为大幅提升绿色消费水平，加快推动形成绿色生产方式，全社会绿色消费意识大幅提升，绿色消费产品市场供给大幅增加，绿色低碳节约的消费模式和生活方式加快形成，激励约束并举的绿色消费政策体系得以建立。结合联合国 2030 年可持续消费目标，我国应建立绿色消费指标体系，并增加减碳指标，用于监测评估绿色消费整体状况和水平。总体性指标可采用主要绿色产品产值、政府绿色采购比例等。此外，需加快建立健全绿色消费相关法律法规，通过专门法或在相关立法中明确鼓励绿色消费，界定生产、消费相关主体绿色消费的责任和义务；优先考虑修改《中华人民共和国政府采购法》，明确政府绿色采购的约束性规定，推动严格的奖惩措施，建立配套实施政策；推动利益相关者共同参与绿色消费的改革以形成合力，按照绿色产品供给、流通、消费和消费后的回收利用等全过程各环节构建绿色消费推动机制，配置相关政府部门的职能。

三、构建新发展格局，形成共建、共治、共享的绿色消费推动体系

注重培育以市场为基础、居民消费者为主体、政府及社会团体为引领的推进机制，在强制性规定、规范性约束的引导下，重点从财税、信贷、价格、监管与市场信用等方面建立经济激励和市场驱动制度，引导绿色产品的供给和居民消费的绿色选择。将与资

源能源节约和环境质量改善目标密切相关的绿色产品供给、垃圾分类回收、公共交通设施建设、节能环保建筑，以及相关技术创新等作为推进绿色消费的重点领域，加大相关节能环保标志认证工作力度，推广绿色供应链。加大绿色消费宣传力度，建立绿色产品信息平台，充分发挥社会组织和行业协会在推动绿色消费活动中的作用。充分利用数字化技术，支撑绿色消费和绿色生活方式，搭建具有全国性影响力和统一适用标准的数字化绿色低碳生活方式平台，支撑消费者个体和团体的绿色低碳行为。国际上，积极参与全球可持续生产和消费议题讨论，通过系统监测、评估、发布绿色消费信息等，提高我国的"绿色形象"，争当推动可持续发展的先行者。

（本章执笔人：郝吉明、李金惠、段立哲）

第三篇 绿色引领篇

第十章　国土空间保护与管控

国土作为一国统辖范围内的自然空间，是资源、环境、生态的空间载体，是生态文明建设的空间载体和物质基础。国土空间的合理开发利用可以促进资源节约、环境保护、生态改善，反之则会加剧资源浪费、环境污染、生态退化。生态文明建设与国土空间密不可分，相互依赖、相辅相成。优化新时代国土空间开发保护格局，科学合理地进行国土空间顶层设计，实现资源开发的合理控制、空间结构的科学调整，是开发和保护环境并重的有效途径，对生态文明建设有促进作用，是践行生态文明的必经之路。

第一节　国土空间格局现状与问题

当前，我国处于完成小康目标、跨入现代化建设征程的转折点，国土资源面临严峻形势，虽然城镇、农业和生态格局逐步优化，但空间布局不协调、资源环境承载不足、治理体系待完善、陆海缺乏统筹等方面依然存在突出问题。

一、国土空间格局现状

我国国土空间开发保护取得明显成效，以城市群为主体的"两横三纵"城镇化战略格局不断优化，以优势产业带和园区推动现代农业发展的建设格局逐步形成，以草地、森林、农田等生态系统为主的生态安全格局整体稳定。

1）城镇化开发格局不断优化。我国城镇化水平由改革开放初期的 19.8%增长到 63.89%，城镇建设用地由 0.67 万 km² 增加到 10.35 万 km²，城市数量由 193 个增加到 684 个。京津冀、长三角和粤港澳大湾区三大城市群建设加快推进，跨省区域城市群规划全部出台，省域内城市群规划全部编制完成，以城市群为主体的"两横三纵"城镇化战略格局不断优化。

2）现代农业发展格局逐步形成。优势产业带（区）规模化、专业化、市场化水平显著提升，分工合理、优势互补、各具特色、协调发展的特色农产品区域布局正在形成。截至目前，我国已形成了一批特色鲜明、优势集聚、产业融合、文化厚重、市场竞争力强的特色农产品优势区，共认定 308 个中国特色农产品优势区和 667 个省级特色农产品优势区，产业类别涵盖水果、茶叶、蔬菜、畜禽、水产、中药材等，形成了一批集中连片、分工合理、优势互补、协调发展的特色农业产业聚集区，特色农产品生产布局进一步优化。2017 年以来，现代农业产业园建设取得明显成效，共创建了 151 个全产业链发展、现代要素集聚的国家现代农业产业园，平均产值达 75 亿元，其中 15 个超百亿元，构建了以园区推动现代农业发展的建设格局。

3）生态系统格局整体稳定。2019 年和 2020 年《中国生态环境状况公报》显示，2019

年我国生态系统格局整体稳定，2020 年生态系统稳定性明显增强。2020 年，生态质量优和良的县域面积占国土面积的 46.6%，主要分布在青藏高原以东、秦岭—淮河以南、东北的大小兴安岭地区和长白山地区。810 个开展生态环境动态变化评价的国家重点生态功能区县域中，与 2018 年相比，2020 年生态环境变好的县域占 22.7%，基本稳定的占 71.7%。2000～2015 年全国生态状况变化遥感调查评估结果显示，全国生态系统构成以草地、森林、农田和荒漠四种类型为主，占国土陆地面积的 82.7%，主要生态系统构成类型和空间分布格局整体变幅较小，仅 13.15 万 km^2（占国土陆地面积的 1.4%）的生态系统面积发生变化。

二、国土空间开发与保护存在的问题

国土空间开发与保护仍存在一些突出问题，经济布局与人口、资源分布不协调，城镇、农业、生态空间结构性矛盾凸显，部分地区国土开发强度与资源环境承载能力不匹配，国土空间品质和治理体系有待进一步改善，陆海国土开发与保护缺乏统筹。

1）经济布局与人口、资源分布不协调。区域经济分化越来越严重，西南、中部的南方省（自治区、直辖市）、东部沿海地区的增长普遍好于西北、中部北方省（自治区、直辖市）以及东北地区，经济增速"南快北慢"、经济总量占比"南升北降"特征比较明显。缺乏世界级城市群，部分大城市和特大城市中心城区功能过度聚集，区域辐射带动作用不足。东北、西北、华北地区人口约占全国的 43%，GDP 约占 35%，耕地面积占全国的 68%，煤炭储量超过全国的 80%，水资源量仅占全国的 21%，统筹能源发展、粮食保障和生产生活用水的水资源分配难度大。大中小城市和小城镇发展仍不协调，中西部省会一城独大现象突出。东、中、西、东北地区的县域资源禀赋和发展阶段不同，统筹县城带动乡村振兴的能力有待加强。我国 70% 以上的海上开发利用活动集中在 30m 等深线以内海域，在深海、远海经略上有不足。

2）城镇、农业、生态空间结构性矛盾凸显。生态、农业、城镇三类主体功能空间之间的关系及边界有待进一步厘清。随着城乡建设用地不断扩张，生态空间和农业空间受到持续挤压而不断萎缩，城镇、农业、生态空间矛盾加剧；优质耕地分布与城镇化地区高度重叠，如长三角、长江中游、中原、成渝、哈长等城市群地区也是农产品主产区，城镇化与农业发展功能难以区分，耕地保护压力持续增大，空间开发政策面临艰难抉择。同时，国土空间布局的系统顶层设计和统筹有待进一步优化。国土空间战略和规划往往与国家区域协调发展战略及其目标相脱节，国土空间布局安排中未充分尊重和支持生态空间、农业空间占主导的地区的发展权利，使得以人均 GDP、基本公共服务均等化为主要表征的区域差距绝对值在不断拉大，没有充分体现、从而也没有充分支撑国家区域协调发展战略目标的实现。

3）部分地区国土开发强度与资源环境承载能力不匹配。国土开发过度和开发不足现象并存，京津冀、长三角、珠三角、成渝等城市群地区，以及国土空间开发的轴带区域的资源环境容量超载、临界超载成为不可持续的主要特征，而中西部一些自然禀赋较好的地区尚有较大潜力。在确保粮食安全、生态安全的前提下，适宜开发的陆域国土空间开发强度仅为 5.4%，未来建设空间潜力约 10 万 km^2，主要分布在西部和东北地区，城市群、都市圈范围内仅约为 2 万 km²，且呈现碎片化的形态特征。同时，国土空间分散开发、大规模无序开发及粗放利用，造成资源利用效率偏低。

4）国土空间品质和治理体系有待进一步改善。我国各级各类自然保护地体系尚停留于数量集合而难以形成系统性有机整体，生态系统的破碎化、管理的交叉重叠等问题突出，大大降低了国土空间保护的有效性。民生保障和公共服务存在突出短板，中小城市的基础教育、医疗卫生、养老设施不足且不均衡问题突出，过度集中在城市核心区。特色风貌缺失，城乡建设未能充分体现和保留地域自然与人文特色，自然遗产和文化遗产的真实性、完整性和系统性保护不够。国土空间治理体系有待健全，空间规划难以形成有效约束，现行主体功能区配套政策不完善、不协调，"统一底图、统一标准、统一规划、统一平台"的"一张图"尚未形成。

5）陆海国土开发与保护缺乏统筹。海岸带生态系统脆弱，生态服务功能退化，红树林、珊瑚礁、滨海湿地等海岸带典型生态系统大幅消失，辽东湾、渤海湾、长江口、杭州湾、珠江口等区域污染问题突出。陆海空间开发与保护活动未能协调一致，陆海融合深度、互动效率仍有待进一步提升，相关规划已不适应陆海统筹要求，陆海融合有待进一步深化。全国国土规划中涉海部分仍然主要集中在临海的陆地区域，《全国主体功能区规划》与《全国海洋功能区划》以及涉及陆海发展的各产业专项规划之间缺乏衔接。沿海局部地区开发布局与海洋资源环境条件不相适应，围填海规模增长较快、利用粗放，可供开发的海岸线和近岸海域资源日益匮乏，涉海行业用海矛盾突出，渔业资源和生态环境损害严重。

三、国土空间开发与保护面临的形势与挑战

结合《全国国土规划纲要（2016—2030 年）》进行分析，国土开发与保护处于重要战略机遇期，经济全球化深入推进、综合国力持续提升、生态文明建设战略地位提升及国土开发格局日渐清晰，为国土空间开发保护提供了良好机遇。

1）经济全球化进入调整期，为构建开放的国土开发格局提供了更多外部机会。20 世纪 80 年代以来，市场经济和国际分工加速推进，经济全球化和区域一体化步伐加快，有力推动了贸易自由化和区域经济合作。世界多极化发展格局日渐形成，新兴大国群体性崛起，发展中国家整体实力增强，国际战略重心逐渐东移。2008 年以后，经济全球化呈现出速度放缓、内容变化、格局分化等新特点。我国处于亚太经济区核心地区，既要看到经济全球化调整进一步加剧的可能性，更要准确把握经济全球化深入发展的历史大势，有针对性地调整对外开放战略，抓住新机遇。

2）综合国力持续提升，为提高国土开发能力和水平奠定了坚实物质基础。改革开放以来，我国社会主义市场经济体系日益健全，经济结构加快转型，基础设施不断完备，科教水平整体提升，社会民生持续改善，内生动力显著增强，取得了举世瞩目的伟大成就。从人均 GDP 来看，我国现在已经处于中等收入国家行列，一旦中国持续爆发，很快就会步入高收入国家行列。我国仍处于可以大有作为的重要战略机遇期，经济社会发展长期向好的总体趋势不会改变。

3）生态文明建设战略地位提升，对优化国土空间格局提出了明确要求。党的十八

大以来，以习近平同志为核心的党中央将生态文明建设纳入"五位一体"总体布局，形成了关于生态文明建设的科学、完整的理论体系。优化国土空间格局是生态文明建设的首要任务。《中共中央关于制定国民经济和社会发展第十四个五年规划和二〇三五年远景目标的建议》提出将"国土空间开发保护格局得到优化"作为"生态文明建设实现新进步"的一个重要目标。开展国土空间开发格局优化，全面促进资源节约，加大自然生态系统和环境保护力度，有助于进一步提升生态文明建设战略地位。

4）国土空间开发格局日渐清晰，为有序开发国土确立了基本框架。改革开放以来，我国推动形成了京津冀、长江三角洲、珠江三角洲三大城市群和沿海、沿江、沿主要交通干线的开发轴带。近年来，围绕实施区域发展总体战略和主体功能区战略，国家制定了《全国主体功能区规划》，并发布实施了土地利用总体规划、矿产资源规划、海洋功能区规划等系列政策，从不同层次、不同角度对国土开发作出了安排部署，初步确立了国土开发重点与基本框架。

然而，国土空间开发保护在全球气候变化、国际形势变化、技术改革、人口结构变化、城镇化等方面仍然面临严峻的挑战，主要表现在以下几个方面。

1）全球气候变化将加剧不确定性风险。据《2020年全球风险报告》，未来10年的全球前五大风险首次全部与环境相关。我国气候条件复杂，生态环境整体脆弱，易受到气候变化影响。全球气候变化对我国自然生态系统和经济社会发展造成深远影响，西部冰川退缩、冻土消融、冰湖溃决等对水生态造成极大威胁，土壤退化、极端暴雨、森林草原火灾、生物安全事件等自然灾害风险增大。2020年9月，习近平总书记在第七十五届联合国大会一般性辩论上的讲话中提出，"中国将提高国家自主贡献力度，采取更加有力的政策和措施，二氧化碳排放力争于2030年前达到峰值，努力争取2060年前实现碳中和"。"双碳"目标的重要承诺将带来广泛而深刻的经济社会系统性变革，推进能源结构调整、土地集约利用、节能减排、增加碳汇等将面临系列挑战。

2）疫情下国际形势变化影响国土空间开发开放格局。构建以国内大循环为主体、国内国际双循环相互促进的新发展格局，必须坚持实施更大范围、更宽领域、更深层次对外开放，需要在沿海开发开放的基础上，进一步拓展形成全面开放的区域空间格局，建设适应双向开发的城市网络和节点枢纽，打造具有全球竞争力的城市区域，推动更高水平的对外开放。然而，当今世界正经历百年未有之大变局，新冠肺炎疫情已成为百年未遇之大疫，猛烈地冲击着全球事务和国际关系，我国发展面临的外部环境日趋复杂。

3）以数字化为主的新科技革命加速改变国土空间开发保护方式。随着人工智能、大数据、区块链、物联网、云计算等新一轮技术的进步，人类社会将进入物理空间、社会空间和信息空间高度融合、功能复合的发展阶段，从原来以工业化为主导的理念和思维方式要转到数字化的生态文明思维上，促进国土空间规划与治理实现智慧化、网络化转型，将重塑区域和城乡空间形态。新时期如何推进国土空间数字化重塑能力，需要从信息化理念和技术等多个层面融合创新（罗亚等，2020），将催生新的经济和就业形态，加速改变国土空间开发保护方式。

4）新型城镇化和老龄化对国土空间布局和品质提出更高要求。未来我国城镇化集聚、分化、联结趋势明显，为适应新型城镇化，需要不断完善城镇体系，推进城市空间布局形态多元化。城市群、都市圈等城镇密集地区要优化城市群内部功能和空间结构，中心城市要充分发挥区域辐射带动作用，县城要补齐公共服务和基础设施短板，发挥县域统筹乡村振兴作用。未来 15 年，人口继续保持低速增长态势，65 岁以上老年人口比例进一步提高，我国将进入深度老龄化社会。人口的休闲时间增加、居住和出行方式改变、对国土空间自然和人文特色的多元化需求，都要求在城市和区域不同尺度上构建生活圈。

第二节　国土空间格局优化发展历程

国土空间是国民生存的场所和环境，也是一切经济社会活动的载体。改革开放 40 多年来，我国经济发展取得举世瞩目的成就。但随着城镇化的快速推进，我国国土空间开发呈现不平衡的态势，经济产业空间和生活空间不断蚕食生态空间，经济产业布局与环境空间格局不匹配，国土空间资源环境超载等现象凸显（万军等，2018）。近年来，国家发展和改革委员会、自然资源部、生态环境部、住房和城乡建设部等部门围绕国土空间格局优化开展了一系列工作，不断提升国土空间管控效率，为建立全国统一、责权清晰、科学高效的国土空间规划体系，整体谋划新时代国土空间开发保护格局奠定基础。

1）提出主体功能区战略，强化空间指导和约束。2002 年，《关于规划体制改革若干问题的意见》提出主体功能区战略，旨在确定空间平衡与协调的原则，增强规划的空间指导和约束功能。2006 年，《中华人民共和国国民经济和社会发展第十一个五年规划纲要》正式确立了国家发展中的主体功能区政策。2010 年 12 月，国务院印发《全国主体功能区规划》，提出"逐步形成人口、经济、资源环境相协调的国土空间开发格局"，明确了科学开发国土空间的行动纲领和远景蓝图。《中华人民共和国国民经济和社会发展第十二个五年规划纲要》将主体功能区上升到国家战略高度。党的十八届三中全会通过的《中共中央关于全面深化改革若干重大问题的决定》提出"坚定不移实施主体功能区制度"，并提出"建立国土空间开发保护制度"。2017 年 10 月，中共中央、国务院印发《关于完善主体功能区战略和制度的若干意见》，要求发挥主体功能区作为国土空间开发保护基础制度的作用，推动主体功能区战略格局在市县层面精准落地，健全不同主体功能区差异化协同发展长效机制。党的十九大报告中进一步提出"构建国土空间开发保护制度，完善主体功能区配套政策"。党的十九届五中全会明确提出要坚持实施主体功能区战略，立足资源环境承载能力，发挥各地比较优势，逐步形成城市化地区、农产品主产区、重点生态功能区三大空间格局，优化重大基础设施、重大生产力和公共资源布局（王雯雯等，2020）。

2）启动空间规划改革，探索划定"三区三线"。2012 年 11 月，党的十八大报告提出"调整空间结构，促进生产空间集约高效、生活空间宜居适度、生态空间山清水秀"，将优化国土空间开发格局作为推进生态文明建设的重要举措。2013 年 11 月，十八届三中全会通过《中共中央关于全面深化改革若干重大问题的决定》，进一步提出建立空间规划体系，划定生产、生活、生态空间开发管制界限。2013 年 12 月，中央城镇化工作会议要求"按照促进生产空间集约高效、生活空间宜居适度、生态空间山清水秀的总体要求，形成生产、生活、生态空间的合理结构。"2014 年，国家发展和改革委员会会同国土资源部、环境保护部、住房和城乡建设部发布《关于开展市县"多规合一"试点工作的通知》，选择全国 28 个市县区作为试点，开展市县空间规划改革试点，推动经济社会发展规划、城乡建设规划、土地利用规划和生态环境保护规划"多规合一",并提出合理确定规划期限、规划目标、规划任务和规划衔接协调机制4项试点任务(高国力,2017)。2017年1月,中共中央办公厅、国务院办公厅印发了《省级空间规划试点方案》,明确在吉林、浙江、福建、江西、河南、广西、海南、贵州、宁夏9个省(自治区)开展试点,省级空间规划试点工作正式全面展开(黄杨等,2018)。国家陆续启动的28个市县"多规合一"试点和9省(自治区)国土规划试点等工作(试点名单见表10.1),成为空间规划先行先试的雏形,探索并落实"三区三线"的划定,加快推进空间规划改革的步伐。

表10.1　全国市县"多规合一"试点和省级空间规划试点名单

试点类型	试点个数	试点名单
市县"多规合一"试点	28	辽宁省大连市旅顺口区、黑龙江省哈尔滨市阿城区、黑龙江省同江市、江苏省淮安市、江苏省句容市、江苏省泰州市姜堰区、浙江省开化县、浙江省嘉兴市、浙江省德清县、安徽省寿县、福建省厦门市、江西省于都县、山东省桓台县、河南省获嘉县、湖北省鄂州市、湖南省临湘市、广东省广州市增城区、广东省四会市、广东省佛山市南海区、广西壮族自治区贺州市、重庆市江津区、四川省宜宾市南溪区、四川省绵竹市、云南省大理市、陕西省富平县、陕西省榆林市、甘肃省敦煌市、甘肃省玉门市
省级空间规划试点	9	海南、宁夏、吉林、浙江、福建、江西、河南、广西、贵州

3)全面启动国土空间规划编制,统筹划定"三区三线"。2018年12月,《关于统一规划体系更好发挥国家发展规划战略导向作用的意见》印发,成为国土空间规划具体操作的第一个指导文件。2019年5月,《中共中央　国务院关于建立国土空间规划体系并监督实施的若干意见》出台,确定国土空间规划"五级三类四体系"的顶层设计,明确以资源环境承载能力评价与国土空间开发适宜性评价(简称"双评价")为基础的"三区三线"划定的国土空间规划编制主线。2019年11月,中共中央办公厅、国务院办公厅印发《关于在国土空间规划中统筹划定落实三条控制线的指导意见》,要求"以资源环境承载能力和国土空间开发适宜性评价为基础,科学有序统筹布局生态、农业、城镇等功能空间,强化底线约束,优先保障生态安全、粮食安全、国土安全"。2020年10月,十九届五中全会会议公报明确提出"优化国土空间布局,推进区域协调发展和新型城镇化。坚持实施区域重大战略、区域协调发展战略、主体功能区战略,健全区域协调发展体制机制,完善新型城镇化战略,构建高质量发展的国土空间布局和支撑体系。要构建国土空间开发保护新格局,推动区域协调发展,推进以人为核心的新型城镇化。"国土空间规划在技术探索与理论研究基础上,不断搭建其技术规范体系与审批实施等监管体系,国土空间规划编制工作在全国、省、市层面全面铺开,《资源环境承载能力和国土空间开发适宜性评价指南(试行)》《省级国土空间规划编制指南(试行)》《市级国土总体空间规划编制指南(试行)》相继印发(省级国土空间规划编制技术路线见图10.1)。同时,国土空间规划立法、国土空间规划编制审批管理办法、国土空间规划实施监督办法、规划分区域用途分类计数指南等法制化建设与技术标准体系建设迅速推进,支撑和规范各级国土空间规划编制。

此外,生态环境部门近年来通过实施生态环境分区管控,助力于国土空间开发格局优化。《关于全面加强生态环境保护坚决打好污染防治攻坚战的意见》明确提出,省级党委和政府加快确定生态保护红线、环境质量底线、资源利用上线,制定生态环境准入清单("三线一单"),在地方立法、政策制定、规划编制、执法监管中不得变通突破、

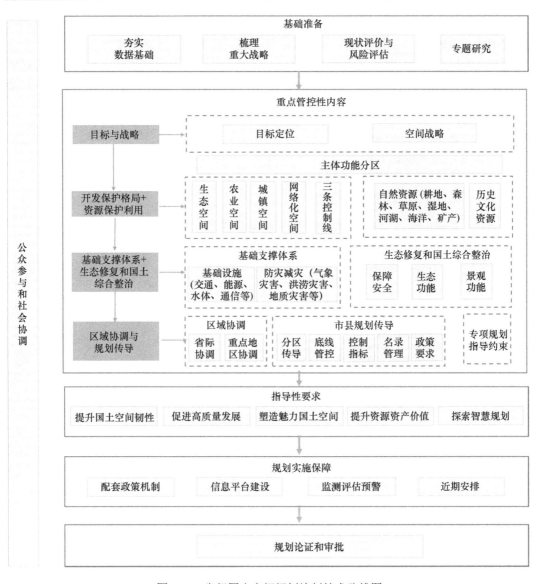

图 10.1　省级国土空间规划编制技术路线图

降低标准，不符合、不衔接、不适应的要于 2020 年底前完成调整。2017 年初，生态环境部首先在连云港、济南、鄂尔多斯、承德开展"三线一单"编制试点；2017 年 12 月，启动长江流域 12 个省级试点；2018 年 8 月，全面启动全国"三线一单"编制工作。各省（自治区、直辖市）均成立由省级领导挂帅、生态环境部门牵头、国家发展和改革委员会等多部门参与的协调小组，组建省级技术团队，全力推进"三线一单"编制实施工作；指导地市层面建立相应协调机制，重点配合省级团队开展"三线一单"落地研究。各地将国土空间划分为优先保护、重点管控、一般管控三类环境管控单元，并根据单元特征提出针对性的管控要求。截至 2021 年 9 月，全国 31 个省（自治区、直辖市）及新疆生产建设兵团均已完成省级"三线一单"成果发布（主要省份环境管控单元情况见图 10.2），全面进入成果落地和实施应用阶段。其中，23 个省（自治区、直辖市）及新疆生产建设兵团已完成生态环境分区管控方案地市落地工作。江苏、四川、贵州、湖南、海南、福建、重庆7省（直辖市）"三线一单"数据应用系统已正式上线运行。实施"三线一单"生态环境分区管控是一项比较复杂的探索性工作，生态环境部下一步将抓紧建成全国生态环境分区管控体系，在实践中不断拓展应用体系，完善应用机制，服务好新形势下的生态环境保护工作。

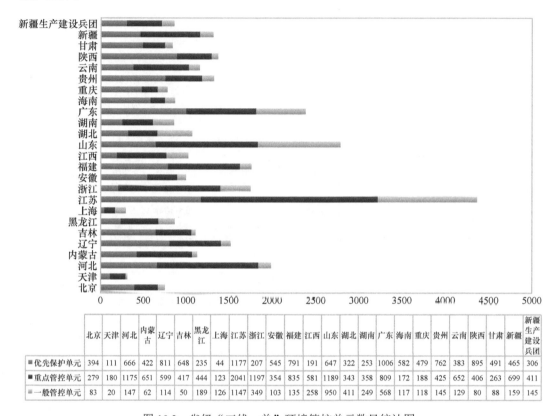

	北京	天津	河北	内蒙古	辽宁	吉林	黑龙江	上海	江苏	浙江	安徽	福建	江西	山东	湖北	湖南	广东	海南	重庆	贵州	云南	陕西	甘肃	新疆	新疆生产建设兵团
■优先保护单元	394	111	666	422	811	648	235	44	1177	207	545	791	191	647	322	253	1006	582	479	762	383	895	491	465	306
■重点管控单元	279	180	1175	651	599	417	444	123	2041	1197	354	835	581	1189	343	358	809	172	188	425	652	406	263	699	411
■一般管控单元	83	20	147	62	114	50	189	126	1147	349	103	135	258	950	411	249	568	117	118	145	129	80	88	159	145

图10.2　省级"三线一单"环境管控单元数目统计图

第三节　国土空间格局优化实践探索

优化国土空间开发格局是生态文明建设的首要任务，近年来，我国在构建高质量发展的国土空间布局和支撑体系方面进行了诸多实践探索，通过实施主体功能区战略、"三区三线"空间管控战略，建立生态环境分区管控体系等措施，引导国土空间资源的有效配置，促进生态环境保护与高质量发展的良性互动，着力提升国土空间治理能力。

一、主体功能区战略

主体功能区是国土空间开发保护的基础制度，也是从源头上保护生态环境的根本举措。推进主体功能区建设，是党中央、国务院作出的重大战略部署。实施主体功能区战略，对于推进形成人口、经济和环境相协调的国土空间开发格局，加快转变经济发展方式，促进经济长期平稳较快发展，实现全面建设小康社会目标和社会主义现代化建设长远目标具有重要的现实意义。

（一）总体思路

主体功能区作为国家战略，应突出其引领性。主体功能区战略和主体功能区规划将深刻影响我国国土空间开发格局变化走势（樊杰，2013）。通过功能区划分（主体功能区分类及其功能见图 10.3），有度、有序地利用自然资源，调整优化空间结构，合理控制国土空间开发强度，增加生态空间。

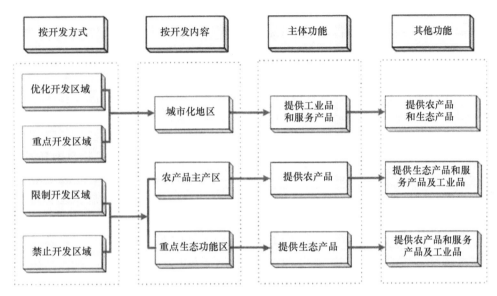

图 10.3　主体功能区分类及其功能

1）建设一个美好家园。国土空间是中华民族繁衍生息和永续发展的家园。全国主体功能区布局形成之时，我们的家园将呈现生产空间集约高效，生活空间舒适宜居，生态空间山青水碧，人口-经济-资源-环境相均衡、经济-生态-社会效益相统一的美好情景。人口和经济在国土空间的分布集中均衡，城乡区域间公共服务和生活条件的差距显著缩小，资源节约型和环境友好型社会初步形成，生态环境质量和国土开发品质明显改善，国土空间管理科学合理。

2）促进陆地与海洋两大国土空间的统筹发展。鉴于海洋国土空间在全国主体功能区中的特殊性，国家海洋局根据《全国主体功能区规划》编制了《全国海洋主体功能区规划》，用于指导海洋主体功能区战略格局，规范海洋资源有序开发、海洋经济合理发展和海洋环境严格保护。更为重要的是，通过陆地和海洋两大国土空间功能协调，按照陆地国土空间与海洋国土空间的统一性以及海洋系统的相对独立性，构建从发展定位、产业布局、资源开发、环境保护和防灾减灾等全面整合、无缝对接的统筹发展格局。以沿海地区和海岸带为统筹发展重点，促进近岸、近海、深远海和海岛有序开发，提高海洋资源开发能力，发展海洋经济，保护海洋生态环境，维护国家海洋权益，建设海洋强国。

3）构建我国国土空间的"三大战略格局"。形成"两横三纵"为主体的城市化战略格局，全国主要城市化地区集中了全国大部分人口和经济总量；形成"七区二十三带"为主体的农业战略格局，农产品供给安全得到切实保障；形成"两屏三带"为主体的生态安全战略格局，生态安全性得到显著提升。其中，"两横三纵"为主体的城市化战略格局是指以陆桥通道、沿长江通道为两条横轴，以沿海、京哈京广、包昆通道为三条纵轴，以国家优化开发和重点开发的城市化地区为主要支撑，以轴线上其他城市化地区为重要组成的城市化战略格局；"七区二十三带"为主体的农业战略格局是指以东北平原、黄淮海平原、长江流域、汾渭平原、河套灌区、华南和甘肃新疆等农产品主产区为主体，以基本农田为基础，以其他农业地区为重要组成的农业战略格局；"两屏三带"为主体的生态安全战略格局是指以青藏高原生态屏障、黄土高原—川滇生态屏障、东北森林带、北方防沙带和南方丘陵山地带以及大江大河重要水系为骨架，以其他国家重点生态功能区为重要支撑，以点状分布的国家禁止开发区域为重要组成的生态安全战略格局。

4）形成我国4类主体功能区域。根据不同区域的资源环境承载能力、现有开发强度和未来发展潜力，以是否适宜或如何进行大规模高强度工业化、城镇化开发为基准，统筹谋划人口分布、经济布局、国土利用和城镇化格局，按照优化、重点、限制和禁止4种类型以及国家和省级两个层面，确定不同区域的主体功能，并据此明确开发方向，完善开发政策，控制开发强度，规范开发秩序，逐步形成人口、经济、资源环境相协调的国土空间开发格局。其中，优化开发区域是经济比较发达、人口比较密集、开发强度较高、资源环境问题更加突出，从而应优化进行工业化、城镇化开发的城市化地区。重点开发区域是有一定经济基础、资源环境承载能力较强、发展潜力较大、集聚人口和经济的条件较好，从而应重点进行工业化、城镇化开发的城市化地区。限制开发区域分为两类：一类是农产品主产区，即耕地较多、农业发展条件较好，尽管也适宜工业化、城镇化开发，但从保障国家农产品安全以及中华民族永续发展的需要出发，必须把增强农业综合生产能力作为发展的首要任务，从而应该限制进行大规模高强度工业化、城镇化开发的地区；另一类是重点生态功能区，即生态系统脆弱或生态功能重要、资源环境承载能力较低，不具备大规模高强度工业化、城镇化开发的条件，必须把增强生态产品生产能力作为首要任务，从而应该限制进行大规模高强度工业化、城镇化开发的地区。禁止开发区域是依法设立的各级各类自然文化资源保护区域，以及其他禁止进行工业化、城镇化开发，需要特殊保护的重点生态功能区。

（二）主要内容

《中华人民共和国国民经济和社会发展第十二个五年规划纲要》提出，按照全国经济合理布局的要求，规范开发秩序，控制开发强度，形成高效、协调、可持续的国土空间开发格局。

1）优化国土空间开发格局。统筹谋划人口分布、经济布局、国土利用和城镇化格局，引导人口和经济向适宜开发的区域集聚，保护农业和生态发展空间，促进人口、经济与资源环境相协调。对人口密集、开发强度偏高、资源环境负荷过重的部分城市化地区要优化开发。对资源环境承载能力较强、集聚人口和经济条件较好的城市化地区要重点开发。对具备较好的农业生产条件、以提供农产品为主体功能的农产品主产区，要着力保障农产品供给安全。对影响全局生态安全的重点生态功能区，要限制大规模、高强度的工业化、城镇化开发。对依法设立的各级各类自然文化资源保护区和其他需要特殊保护的区域要禁止开发。

2）实施分类管理的区域政策。基本形成适应主体功能区要求的法律法规和政策，完善利益补偿机制。中央财政要逐年加大对农产品主产区、重点生态功能区特别是中西部重点生态功能区的转移支付力度，增强基本公共服务和生态环境保护能力，省级财政要完善对下转移支付政策。实行按主体功能区安排与按领域安排相结合的政府投资政策，按主体功能区安排的投资主要用于支持重点生态功能区和农产品主产区的发展，按领域安排的投资要符合各区域的主体功能定位和发展方向。修改完善现行产业指导目录，明确不同主体功能区的鼓励、限制和禁止类产业。实行差别化的土地管理政策，科学确定各类用地规模，严格土地用途管制。对不同主体功能区实行不同的污染物排放总量控制和环境标准。相应完善农业、人口、民族、应对气候变化等政策（主体功能区分区管理要求见表 10.2）。

表 10.2　主体功能区分区管理要求

主体功能区	内涵	分区管理要求
优化开发区域	具有较高的工业化、城镇化基础，需要优化工业化、城镇化开发的区域	率先加快转变经济发展方式，调整优化经济结构，提升参与全球分工与竞争的层次
重点开发区域	具备一定的工业化、城镇化基础，且具有较高开发潜力的区域	推动经济可持续发展；推进新型工业化进程，提高自主创新能力，形成分工协作的现代产业体系；加快推进城镇化，提高集聚人口的能力；发挥区位优势，加强国际通道和口岸建设，形成我国对外开放新的窗口和战略空间
限制开发区域	限制进行大规模高强度工业化、城镇化开发的农产品主产区和重点生态功能区	逐步减少农村居民点占用空间，腾出更多空间用于维系生态系统良性循环；不再新建各类开发区和扩大现有工业开发区面积，已有的工业开发区要逐步改造成为低消耗、可循环、少排放、"零污染"的生态型工业区
禁止开发区域	禁止进行工业化、城镇化开发的重点生态功能区	严格控制人为因素对自然生态和文化自然遗产原真性、完整性的干扰，严禁不符合主体功能定位的各类开发活动，引导人口逐步有序转移，实现污染物"零排放"，提高环境质量

3）实行各有侧重的绩效评价。在强化对各类地区提供基本公共服务、增强可持续发展能力等方面评价的基础上，按照不同区域的主体功能定位，实行差别化的评价考核。对优化开发的城市化地区，强化经济结构、科技创新、资源利用、环境保护等的评价。对重点开发的城市化地区，综合评价经济增长、产业结构、质量效益、节能减排、环境保护和吸纳人口等。对限制开发的农产品主产区和重点生态功能区，分别实行农业发展优先和生态保护优先的绩效评价，不考核地区生产总值、工业等指标。对禁止开发的重点生态功能区，全面评价自然文化资源原真性和完整性保护情况。

4）建立健全衔接协调机制。发挥全国主体功能区规划在国土空间开发方面的战略性、基础性和约束性作用。按照推进形成主体功能区的要求，完善区域规划编制，做好专项规划、重大项目布局与主体功能区规划的衔接协调。推进市县空间规划工作，落实区域主体功能定位，明确功能区布局。研究制定各类主体功能区开发强度、环境容量等约束性指标并分解落实。完善覆盖全国、统一协调、更新及时的国土空间动态监测管理系统，开展主体功能区建设的跟踪评估。

（三）实施成效

2010 年颁布《全国主体功能区规划》以来，特别是在国家"十二五"规划将主体功能区上升为国家战略后，各政府部门加快构建主体功能区政策体系，深入推动主体功能区规划的实施，取得了良好成效（黄征学和潘彪，2020）。

1）六项规划指标完成情况总体较好。《全国主体功能区规划》共设置了 6 项指标（各指标完成情况见表 10.3），从 2015 年中期评估情况看，指标完成情况总体较好，但进展不一。2020 年，城市空间、耕地保有量、林地保有量和森林覆盖率 4 个指标达到目标要求，但开发强度和农村居民点两个指标已突破规划目标。

表 10.3　全国陆地国土空间开发规划指标完成情况

指标	2008 年（基准年）	2015 年（中期评估年）	2020 年（目标年）	规划目标
开发强度/%	3.48	4.02	5.36	≤3.91
城市空间/万 km²	8.21	8.90	10.35	≤10.65
农村居民点/万 km²	16.53	19.12	21.94	≤16
耕地保有量/万 km²	121.72	124.33	127.86	≥120.33
林地保有量/万 km²	303.78	311	312	≥312
森林覆盖率/%	20.36	21.66	23.04	≥23

2）三类空间的主体功能开始显现。生态空间和农业空间格局日趋明晰。在各类功能用地中，承担农业和生态调节功能的用地比例最大，城镇用地和农村生活用地的比例最小，两者分别占国土面积的 62.89% 和 2.16%。2019 年与 2008 年对比，禁止开发区中，国家级自然保护区 474 处，增加了 231 处；世界文化自然遗产 55 处，增加了 24 处；国家重点风景名胜区 244 处，增加了 57 处；国家森林公园 897 处，增加了 332 处；国家地质公园 219 处，增加了 81 处。限制开发区中，2019 年全国重点生态功能区县 816 个，比 2008 年增加了 380 个。

城镇空间结构加快重组。沿海轴带、长江轴带和京广—京哈轴带成为国土开发的主轴，三大轴线集聚的人口占全国的比例超过 40%，经济总量占全国的比例超过 70%。三大优化开发区依然是人口最集中的区域，且依然保持增长态势；18 个重点开发区也在加快推进城市群和都市圈的发展，集聚人口的能力也在加快提升。与此同时，沿海轴带、包昆轴带、长江经济带、陇海—兰新轴带与"一带一路"倡议对接，将国内轴带与国际经济走廊紧密联系在一起，统筹了国内发展和对外开放。

3）主体功能区战略的传导机制加快构建。主体功能区规划以县为基本单元，只编制国家和省 2 级，具体落实有些困难。部分省（自治区、直辖市）创新了规划实施的传导机制，如湖北省指导武汉市编制了《武汉市主体功能区规划》，广东省清远市编制了《清新县主体功能区规划实施方案》等。此外，浙江省认为主体功能单元分类不能有效涵盖县区的各种发展类型，在此基础上新增主体功能类型"生态经济地区"。因此，尽管省级以下没有编制规划，但多数都编制了实施规划或实施方案，贯彻落实国家和省级主体功能区规划。十八届三中全会之后，许多市县都以主体功能区规划为基础，开展"多规合一"试点，落实主体功能区规划的战略意图。

4）主体功能区制度建设积极推进。《全国主体功能区规划》提出了财政、投资、产业、土地、农业、人口、民族、环境、应对气候变化 9 个方面的政策及差异化绩效考核。目前，"9+1"政策体系的"四梁八柱"基本完成，各项政策的细化和深化也在积极推进。其中，落实最好的是重点生态功能区转移支付制度。2008 年首次建立生态补偿资金，2018 年补偿资金规模达到 721 亿元，累计投入 4431 亿元。与此同时，广东、内蒙古等十几个省（自治区、直辖市）也出台了省级以下重点生态功能区补偿机制。此外，国家也在积极推进流域生态补偿、草原生态补偿、天然林保护和森林生态补偿、湿地生态补偿等专项补偿。在地方层面，东部沿海省市出台配套政策比较多，中西部地区国家级重点生态功能区县比较集中，探索差异化绩效考核比较多。

5）从规划上升为国家战略。随着主体功能区在国家空间发展中的重要作用凸显，2010 年党的十七届五中全会首次提出实施主体功能区战略。2011 年国家"十二五"规划纲要明确阐释了实施主体功能区战略的主要内容。2016 年国家"十三五"规划纲要再次提出"强化主体功能区作为国土空间开发保护基础制度的作用，加快完善主体功能区政策体系"。2017 年《关于完善主体功能区战略和制度的若干意见》吸收了空间规划体制改革的内容，强调差异化绩效考核、空间用途管制、生态产品价值实现机制等内容。由此，基本搭建起由资源环境承载力评价预警机制、生态补偿机制、重点生态功能区产业准入负面清单制度、国家公园管理体制、差异化绩效考核机制、"三区三线"划定制度、空间用途管制制度、生态产品价值实现机制、规划衔接协调机制"五机制三制度一体制九政策"的框架体系，支撑主体功能区规划上升为国家战略。由此也可以看出规划和国家战略之间的关系，即规划是落实国家战略的一种形式，但仅仅有规划还不够，还需要政策体系、制度创新、体制机制等方面的支持，国家战略才能真正落实、落地。国家规划体制改革后，主体功能区规划不再单独编制，但主体功能区的战略和制度还是要坚持的。这意味着主体功能区规划中的战略格局、政策体系、制度创新、体制机制将会体现在新编制的国土空间规划中。

二、"三区三线"空间管控战略

"三区三线"（城镇空间、农业空间、生态空间三类空间区域，城镇开发边界、永久基本农田和生态保护红线三条控制线）是国土空间规划进行空间管控的落地抓手。2016 年 12 月，中共中央办公厅、国务院办公厅印发《省级空间规划试点方案》，明确要求划定"三区三线"，自此，"三区三线"陆续出现在中央相关的政策性文件中。2019 年 5 月，《中共中央 国务院关于建立国土空间规划体系并监督实施的若干意见》印发，明确要求"在资源环境承载能力和国土空间开发适宜性评价的基础上，科学有序统筹布局生态、农业、城镇等功能空间，划定生态保护红线、永久基本农田、城镇开发边界等空间管控边界以及各类海域保护线，强化底线约束，为可持续发展预留空间。"2019 年 11 月，中共中央办公厅、国务院办公厅印发《关于在国土空间规划中统筹划定落实三条控制线的指导意见》。至此，"三区三线"特别是"三线"政策的顶层设计基本完成，制度要点逐步明确（赵广英和宋聚生，2020）。

（一）划定要求

"三区"突出主导功能的划分，"三线"侧重边界的刚性管控。"三线"是"三区"中的核心区域，体现"底线"管控思维，需要有明确的边界和内容，便于行政执法和监督检查；而"三区"彼此渗透、交错，体现国土空间结构形态，确保安全格局和空间结构的系统性（周劲，2019）。"三区三线"划定以主体功能区规划为基础，以系统构建生态安全格局、优化国土开发为目标，依据资源环境承载能力评价和国土空间开发适宜性评价结果，开展生态、农业和城镇三类功能适宜性评价，首先完成"三线"划定，最后结合"三线"划定结果和三类功能适宜性评价结果完成"三区"划定，形成空间规划底图（划定技术流程见图 10.4）。

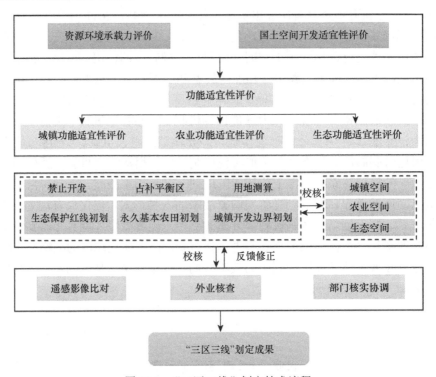

图 10.4 "三区三线"划定技术流程

《关于在国土空间规划中统筹划定落实三条控制线的指导意见》明确提出，生态保护红线、永久基本农田、城镇开发边界三条控制线需统筹划定落实。其中，生态保护红线按照生态功能划定，优先将具有重要水源涵养、生物多样性维护、水土保持、防风固沙、海岸防护等功能的生态功能极重要区域，以及生态极敏感脆弱的水土流失、沙漠化、石漠化、海岸侵蚀等区域划入生态保护红线，其他经评估目前虽然不能确定但具有潜在重要生态价值的区域也划入生态保护红线，评估调整后的自然保护地应划入生态保护红线，自然保护地发生调整的，生态保护红线相应调整；永久基本农田按照保质保量要求划定，主要依据耕地现状分布，根据耕地质量、粮食作物种植情况、土壤污染状况，在严守耕地红线基础上，按照一定比例，将达到质量要求的耕地依法划入，已经划定的永久基本农田中存在划定不实、违法占用、严重污染等问题要全面梳理整改，确保永久基本农田面积不减、质量提升、布局稳定；城镇开发边界按照集约适度、绿色发展要求划定，主要以城镇开发建设现状为基础，综合考虑资源承载能力、人口分布、经济布局、城乡统筹、城镇发展阶段和发展潜力，框定总量，限定容量，防止城镇无序蔓延，科学预留一定比例的留白区，为未来发展留有开发空间，城镇建设和发展不得违法违规侵占河道、湖面、滩地。三条控制线出现矛盾时，生态保护红线要保证生态功能的系统性和完整性，确保生态功能不降低、面积不减少、性质不改变；永久基本农田要保证适度合理的规模和稳定性，确保数量不减少、质量不降低；城镇开发边界要避让重要生态功能区，不占或少占永久基本农田。目前已划入自然保护地核心保护区的永久基本农田、村镇、矿业权逐步有序退出；已划入自然保护地一般控制区的，根据对生态功能造成的影响确定是否退出，其中，造成明显影响的逐步有序退出，不造成明显影响的可采取依法依规相应调整一般控制区范围等措施妥善处理。协调过程中退出的永久基本农田在县级行政区域内同步补划，确实无法补划的在市级行政区域内补划。

（二）管控思路

根据资源环境承载力和国土空间开发适宜性评价结果，结合国土空间现状格局及发展潜力，遵循主体功能定位、坚持生态保护优先、落实刚性约束要求、预留未来发展空间，综合实施"三区三线"管控，约束、规范和引导各类空间开发行为（周侃等，2019）。

对生态空间实行生态保护红线和生态保护红线以外的一般生态区分类管控。①生态保护红线管控。生态保护红线内，自然保护地核心保护区原则上禁止人为活动，其他区域严格禁止开发性、生产性建设活动，在符合现行法律法规前提下，除国家重大战略项目外，仅允许对生态功能不造成破坏的有限人为活动，主要包括：零星的原住民在不扩大现有建设用地和耕地规模前提下，修缮生产生活设施，保留生活必需的少量种植、放牧、捕捞、养殖相关资源；因国家重大能源资源安全需要开展的战略性能源资源勘查，公益性自然资源调查和地质勘查；自然资源、生态环境监测和执法包括水文水资源监测及涉水违法事件的查处等，灾害防治和应急抢险活动；经依法批准进行的非破坏性科学研究观测、标本采集；经依法批准的考古调查发掘和文物保护活动；不破坏生态功能的适度参观旅游和相关的必要公共设施建设；必须且无法避让、符合县级以上国土空间规划的线性基础设施建设、防洪和供水设施建设与运行维护；重要生态修复工程。②一般生态区管控。区内严禁增设与生态功能冲突的开发建设活动，引导与生态保护有冲突的现状开发建设活动逐步退出，逐步恢复原有生态功能。在生态空间内识别拟清退建设用地时，应与重点生态功能区产业负面清单衔接，细化允许、限制、禁止的产业和项目清单，从严确定禁止类产业和项目用地。在不损害生态系统功能及其完整性的前提下，因地制宜地适度发展生态旅游、农林牧产品绿色生产和加工等产业。建设连接生态保护红线区的生态廊道，保护珍稀野生动植物的重要栖息地和野生动物的迁徙通道，防止野生动植物生境"孤岛化"。

对农业空间实行永久基本农田和永久基本农田以外的一般农业区分类管控。①永久基本农田管控。通常禁止在永久基本农田内进行基础设施、城乡建设、工业发展、公共服务设施布局，严格确保数量不减少、用途不改变。当重大能源、交通、水利、通信、军事等设施建设确实无法避开永久基本农田时，须严格实施可行性论证后报批，并将数量和质量相等的耕地补充划入永久基本农田。②一般农业区管控。实行占用耕地补偿制度,严格控制耕地转为非耕地,严格限制与农业生产生活无关的建设活动。禁止闲置、荒芜耕地,禁止擅自在耕地建房、建坟、挖砂、采石、采矿、取土、堆放固体废弃物等毁坏种植条件的开发活动。有序推进"空心村"整治和村庄整合,合理安排农村生活用地,优先满足农村基本公共服务设施用地需求。适度允许区域性基础设施建设、生态环境保护工程配套、生态旅游开发及特殊用地建设,提升村庄建设特色和民族风情引导,严格控制开发强度和非农活动影响范围。

对城镇空间实行城镇开发边界内和城镇开发边界以外的城镇预留区分类管控。①城镇开发边界管控。严控城镇开发边界内开发强度和用地效率,严格执行闲置土地处置,引导城市合理增长,避免城镇建设无序外延扩张。严格执行规划用地标准和相关规范要求,统筹布局交通、能源、水利、通信等基础设施廊道和生态廊道。保护和营造绿色开敞空间,注重城市特色塑造和历史文化空间保护。优化城镇内部功能布局,引导分散式、作坊式工业生产空间入园集中发展,提升工业用地产出效率。按照人口规模配置城镇生产和生活用地,优先保障教育、医疗、文体、养老等公共设施用地需求。②城镇预留区管控。充分预留城镇和产业发展战略储备空间,原则上按照现状用地类型进行管控,不得新建、扩建城乡居民点。新增城镇和产业园区用地须在符合开发强度总量约束前提下,根据实际需要合理选址,重点用于战略性、前沿性产业发展。规划期内确需将城镇预留区调入城镇开发边界的,须在生态环境影响评价与论证的基础上,制定调入规划和实施方案。

（三）主要成效

"三区三线"的划定及管控是发挥国土空间规划战略性、引领性、约束性、载体性作用的重要基础,是国土空间规划的核心内容。截至 2021 年 9 月,广东、山西、海南、吉林、浙江、河北、内蒙古、青海、湖南、云南、重庆、江苏、山东、新疆、贵州、辽宁等 22 个省(自治区、直辖市)已发布省级国土空间规划征求意见稿,广泛征求社会各方对本省(自治区、直辖市)国土空间布局优化的意见(具体编制情况见表 10.4)。以内蒙古自治区为例,内蒙古自治区于 2019 年初启动了国土空间规划编制工作,成立了自治区国土空间规划委员会,印发了《内蒙古自治区国土空间规划编制工作方案》,2021年 5 月对《内蒙古自治区国土空间规划(2021—2035 年)》(草案)予以通告并广泛征求社会各方意见,主要成效进展如下。

表 10.4　省级国土空间规划编制情况

序号	规划名称	规划定位	公示时间
1.	《广东省国土空间规划（2020—2035 年）》	中国特色社会主义先行区、高质量发展的引领区、美丽中国建设的典范区、开发包容智慧的宜居家园	2021 年 2 月 10 日至 3 月 11 日
2.	《山西省国土空间规划（2020—2035 年）》	国家资源型经济转型综合配套改革试验区、黄河中游生态保护和高质量发展的样板区、世界级文化生态魅力区	2021 年 3 月 1 日至 3 月 30 日
3.	《海南省国土空间规划（2020—2035 年）》	全面深化改革开放试验区、国家生态文明试验区、国际旅游消费中心、国家重大战略服务保障区	2021 年 3 月 9 日至 4 月 7 日
4.	《吉林省国土空间规划（2021—2035 年）》	国家生态经济实践探索区、东北亚地区合作中心枢纽、国家农业农村现代化排头兵、国家先进装备制造业基地	2021 年 4 月 26 日至 5 月 25 日
5.	《浙江省国土空间总体规划（2021—2035 年）》	美丽中国和全球生态文明的新标杆、农业农村现代化的新示范、长三角一体化和国内国际双循环的新枢纽、健康韧性和诗画江南的新家园、整体智治的新体系	2021 年 4 月 29 日至 5 月 28 日

续表

序号	规划名称	规划定位	公示时间
6.	《河北省国土空间总体规划（2021—2035 年)》	全国现代商贸物流基地、产业转型升级试验区、新型城镇化与城乡统筹示范区、京津冀生态环境支撑区	2021 年 5 月 11 日至 6 月 10 日
7.	《内蒙古自治区国土空间总体规划（2021—2035 年)》	我国北方重要生态屏障、祖国北疆安全稳定屏障、国家重要能源和战略资源基地、农畜产品生产基地、我国向北开发重要桥头堡	2021 年 5 月 14 日至 6 月 12 日
8.	《青海省国土空间总体规划（2021—2035 年)》	国家生态安全屏障和重要生态源保护区、维护国土安全和支撑"一带一路"的战略要地、国家清洁能源产业高地和战略性矿产资源保障基地、国际生态旅游目的地和绿色有机农畜产品输出地、高原民族融合美丽家园	2021 年 5 月 18 日至 6 月 18 日
9.	《湖南省国土空间总体规划（2021—2035 年)》	国家重要先进制造业高地、具有核心竞争力的科技创新高地、内陆地区改革开放的高地	2021 年 5 月 19 日至 6 月 18 日
10.	《云南省国土空间总体规划（2021—2035 年)》	全国民族团结进步示范区、全国生态文明排头兵、全国面向南亚东南亚辐射中心	2021 年 5 月 25 日至 6 月 23 日
11.	《重庆市国土空间总体规划（2021—2035 年)》	西部大开发的重要战略支点、"一带一路"和长江经济带的联结点	2021 年 5 月 27 日至 6 月 26 日
12.	《江苏省国土空间总体规划（2021—2035 年)》	国内国际双循环的战略链接高地、美丽中国的绿色转型示范区、宜居宜业的高承载发展区、国土空间治理现代化样板区	2021 年 6 月 10 日至 7 月 9 日
13.	《四川省国土空间生态修复规划（2021—2035 年)》	联动陆海、带动全国的高质量空间增长极；率先示范、引领全国的生态文明建设高地；稳定后方、服务全国的战略安全保障基地	2021 年 6 月 10 日至 7 月 9 日
14.	《黑龙江省国土空间总体规划（2021—2035 年)》	东北振兴高质量发展引领区、黑土地保护样板区、全国农业现代化及生态绿色产业示范区、国家高端制造业集聚区、东北亚合作开放先导区、祖国北方生态安全屏障	2021 年 6 月 11 日至 7 月 10 日
15.	《安徽省国土空间生态修复规划（2021—2035 年)》	科技创新策源地、新兴产业聚集地、改革开放新高地、经济社会发展全面绿色转型区、联通中西部的重要开放枢纽	2021 年 6 月 25 日至 7 月 24 日
16.	《江西省国土空间总体规划（2021—2035 年)》	长江中下游重要生态屏障和大湖流域综合治理样板区、中部地区崛起示范区、内陆双向开放发展高地、国家农业农村现代化样板区、文化与自然魅力彰显的宜居家园	2021 年 7 月 5 日至 8 月 4 日
17.	《山东省国土空间总体规划（2021—2035 年)》	面向东北亚、"一带一路"的双向开放新高地；促进我国南北区域协调发展、构建新发展格局的战略支点；黄河流域生态保护和高质量发展龙头；城乡融合、宜居宜业的齐鲁美丽家园	2021 年 7 月 9 日至 8 月 8 日
18.	《贵州省国土空间总体规划（2021—2035 年)》	全国生态文明试验区、国家级大数据综合试验区、内陆开放型经济试验区、西部乡村振兴先行区	2021 年 7 月 14 日至 8 月 14 日
19.	《新疆维吾尔自治区国土空间总体规划（2021—2035 年)》	丝绸之路经济带核心区、国家重大战略安全保障要地、中华民族多元文化的传承地、干旱区生态文明示范区	2021 年 7 月 15 日至 8 月 14 日
20.	《辽宁省国土空间总体规划（2021—2035 年)》	国家战略安全基地、东北振兴核心区、老工业基地绿色转型示范区、东北亚陆海开放合作枢纽门户区	2021 年 7 月 30 日至 8 月 28 日
21.	《湖北省国土空间总体规划（2021—2035 年)》	全国重要增长极、中部绿色崛起先行区、内陆开放新高地、农业现代化示范区	2021 年 8 月 27 日至 9 月 27 日
22.	《福建省国土空间总体规划（2021—2035 年)》	国家生态文明试验区、21 世纪海上丝绸之路核心区、两岸融合发展示范区、国家创新创业创造示范区	2021 年 9 月 10 日至 10 月 9 日

1）全面完成生态保护红线评估。按照自然资源部的工作要求，内蒙古坚持生态功能不降低、性质不改变的原则，对生态保护红线开展了全面评估。生态保护红线内分为水源涵养、水土保持、生物多样性维护、防风固沙四大类 19 片区，涵盖了全区 60% 以上的森林、56% 以上的草原、50% 以上的水域湿地，特别是在大兴安岭、阴山、贺兰山"三山"以北、以西的地区，生态保护红线面积占 85% 左右，将进一步筑牢祖国北方重要生态屏障。

2）完成永久基本农田划定。内蒙古已完成划定永久基本农田 9330 万亩，超过国家下达的划定任务 30 万亩。目前正在对划定不实、违法占用、严重污染等问题进行全面梳理和整改，将影响区域生态安全的永久基本农田调出，合理安排水资源超载地区的耕地和永久基本农田，初步划定永久基本农田储备区 116 万亩。同时，规划将大兴安岭林缘后退形成的土地和阴山北麓的不适宜耕种土地实施生态退耕，进一步加强大兴安岭、阴山山脉的生态屏障功能。

3）谋划确定城镇开发边界。城镇开发边界是一定时期内指导和约束城镇发展，进行集中开发建设，重点完善城镇功能的区域边界。内蒙古在综合考虑区域定位、人口变化、经济增长潜力、开发强度、资源禀赋等因素的基础上，坚持严控增量、盘活存量、优化结构、提升效率的原则，对全区各盟市、旗县和省级以上开发区的开发边界规模进行了测算，初步考虑除呼和浩特市、包头市等几个增长潜力大的城市适度新增城镇建设用地规模外，其他地区基本维持现状规模不再增加，倒逼城镇集中、集聚、集约、高质量发展。在城镇开发边界内部，坚持以人民为中心，塑造高品质的人居环境，优化城镇空间结构，注重节约集约、存量利用，加强城市更新和整治修复，鼓励土地混合使用，促进城镇开发边界内有序、适度、紧凑发展，实现多中心、网络化、组团式、集约型的城镇空间格局。在开展规划编制工作中，积极采用城市设计的方法，加强对城市形态的研究和管控，让居民"望得见山、看得见水、记得住乡愁"。

为科学划定城镇、农业、生态空间以及生态保护红线、永久基本农田、城镇开发边界，在"三区三线"划定过程中坚持底线思维，保护优先、安全优先，突出耕地和永久基本农田的保护，统筹落实好国土空间规划编制和"三区三线"划定工作，自然资源部办公厅于 2021 年 7 月印发《关于做好"三区三线"划定试点第一轮试划工作的预通知》，提出由自然资源部会同相关部委成立工作组分赴试点省份指导推动试划工作；浙江、山东、广东、江西、四川 5 个试点省份要在 8 月底前完成第一轮试划，9 月中旬完成"三区三线"试点工作，在试点基础上总结经验，提出"三区三线"划定规则和全国国土空间开发保护主要管控指标建议方案，支撑全国国土空间规划纲要修改完善；通知还明确国土空间规划三条控制线的优先序为"永久基本农田、生态保护红线、城镇开发边界"。此轮"三区三线"划定试点工作事关国土空间规划工作全局，预计试点完成后，市县及以上国土空间规划编制工作将加快步伐。

三、生态环境分区管控体系

实施"三线一单"生态环境分区管控，是新时代贯彻落实习近平生态文明思想、提升生态环境治理体系和治理能力现代化水平的重要举措（黄润秋，2020）。通过编制"三线一单"，将生态环保的规矩立在前面，以"三线"优化空间利用格局和开发强度，用"一单"规范开发行为，控制和约束不尊重自然规律的盲目开发行为，有利于推动形成节约资源和保护环境的空间布局、产业结构、生产方式、生活方式，推进高质量发展。

（一）总体考虑

生态环境问题归根结底是发展方式和生活方式问题。要从根本上解决生活环境问题，必须改变过多依赖增加物质资源消耗、过多依赖规模粗放扩张、过多依赖高能耗与高排放产业的发展模式。新形势下，长期以来主要依靠资源、资本、劳动力等要素投入支持经济增长和规模扩张的方式已不可持续，环境承载能力已经达到或接近上限，难以承载高消耗、粗放型的发展，我国发展正面临着动力转换、方式转变、结构调整的繁重任务。

实施"三线一单"生态环境分区管控，就是树立底线思维，要立足本地资源禀赋特点、体现本地优势和特色，把生态保护红线、环境质量底线、资源利用上线作为调整经济结构、规划产业发展、推进城镇化的依据，努力探索以生态优先、绿色发展为导向的高质量发展新路子。以生态环境质量只能更好、不能变坏为底线，以不突破自然资源承载能力为要求，紧紧围绕解决突出生态环境问题、强化源头管控等原则，在深入分析区域发展战略定位和生态环境功能定位的基础上，分区域、分时段提出明确的环境质量改善目标，确定合理的污染物排放和资源利用总量控制要求，明确发展规模的管控约束，支撑环境质量改善的总体要求，体现了"污染源–质量目标–排放管控–分区管控"的逻辑关系，是统筹生态环境质量持续改善的有力抓手。

（二）重点任务

编制"三线一单"，建立覆盖全地域的生态环境分区管控体系，实施分区、分类管控，有利于促进以改善生态环境质量为核心的生态环境管理转型，提高生态环境保护系统化、科学化、精细化和信息化水平。依据《"生态保护红线、环境质量底线、资源利用上线和环境准入负面清单"编制技术指南（试行）》（技术流程见图10.5），重点开展以下工作。

1）开展基础分析，建立工作底图。收集整理基础地理、生态环境、国土开发等数据资料，对数据进行标准化处理和可靠性分析，建立基础数据库。对相关规划、区划、战略环评的宏观要求进行梳理分析。开展自然环境状况、资源能源禀赋、社会经济发展和城镇化形势等方面的综合分析，建立统一规范的工作底图。

2）明确生态保护红线，识别生态空间。按照《生态保护红线划定指南》，识别需要严格保护的区域，划定并严守生态保护红线，落实生态空间用途分区和管控要求，形成生态空间与生态保护红线图。

3）确立环境质量底线，测算污染物允许排放量。开展水、大气环境评价，明确各要素空间差异化的环境功能属性，合理确定分区域、分阶段的环境质量目标，测算污染物允许排放量和控制情景，识别需要重点管控的区域，形成水环境质量底线、允许排放量及重点管控区图，大气环境质量底线、允许排放量及重点管控区图。开展土壤环境评价，合理确定土壤环境安全利用底线目标，形成土壤环境风险管控底线及土壤污染风险重点管控区图。

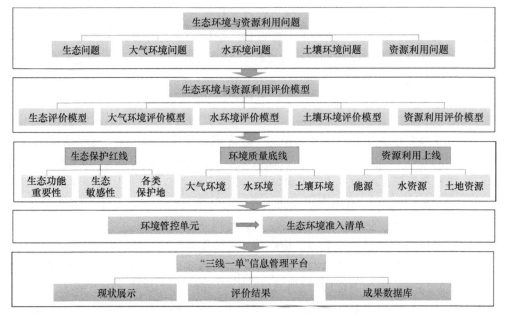

图 10.5 "三线一单"编制技术流程

4）确定资源利用上线，明确管控要求。从生态环境质量维护改善、自然资源资产"保值增值"等角度，开展自然资源开发利用强度评估，明确水、土地等重点资源开发利用和能源消耗的上线要求，形成自然资源资产负债表、土地资源重点管控区图、生态用水补给区图（可选）、地下水开采重点管控区图（可选）、高污染燃料禁燃区图（可选）、其他自然资源重点管控区图（可选）。

5）综合各类分区，确定环境管控单元。结合生态、大气、水、土壤等环境要素及自然资源的分区成果，衔接乡镇街道或区县行政边界，建立功能明确、边界清晰的环境管控单元，统一环境管控单元编码，实施分类管理，形成环境管控单元分类图。

6）统筹分区管控要求，建立环境准入负面清单。基于环境管控单元，统筹生态保护红线、环境质量底线、资源利用上线的分区管控要求，明确空间布局约束、污染物排放管控、风险管控防控、资源开发利用效率等方面禁止和限制的环境准入要求，建立环境准入负面清单及相应治理要求。

7）集成"三线一单"成果，建设信息管理平台。落实"三线一单"管控要求，集成开发数据管理、综合分析和应用服务等功能，实现"三线一单"信息共享及动态管理。

（三）主要成效

近年来，生态环境部推动构建以"三线一单"为核心的生态环境分区管控体系，通过将生态环境质量改善的目标和要求落实到具体的空间单元，推动国土空间发展布局优化、完善生态环境治理体系、维护生态环境安全、提升生态环境质量、促进形成新发展格局。

1）顶层设计不断完善。生态环境部按照试点先行、示范带动、梯次推进、全域覆盖的工作思路，基本建立了较为科学的技术规范体系与管理框架体系。2016 年，环境保护部在京津冀、长三角和珠三角地区战略环境评价中，探索将"三线一单"环境管控思想融入评价工作；2017 年在连云港、鄂尔多斯、济南、承德等市开展"三线一单"编制试点，研究确立"三线一单"技术路线和编制方法，印发《"三线一单"编制技术指南（试行）》，启动长江流域各省份试点。2018 年，在总结实践经验的基础上，印发《区域空间生态环境评价工作实施方案》等管理性文件，指导全国以区域空间生态环境评价为工作平台，加快编制"三线一单"方案。在实践中逐步确立国家顶层设计、省为主体、地市落地的工作模式。在国家层面，开展制度设计，建立技术方法体系和数据共享系统，就成果编制、发布应用、更新调整、技术保障等方面提出明确指导意见。省级层面落实"三线一单"编制实施主体责任，组织方案编制、发布、实施、监督、评估和宣传工作。市级层面统筹协调落地实施，结合城市发展定位、国土空间发展和保护格局，进一步细化本市"三线一单"成果。出台系列技术规范，统一技术要求，明确了方案编制的原则、内容、程序、方法和要求；在成果规范中提出成果数据的内容形式和结构要求；在清单编制中细化了编制思路和要求，规范了总体准入要求和环境管控单元准入要求；在制图规范中提出了制图的基本规定、图件类型和提交要求。

2）管控体系初步建立。生态环境分区管控体系从维护生态安全和改善环境质量出发，在系统分析生态保护红线、环境质量底线和资源利用上线的基础上，把国土空间划分为优先保护、重点管控和一般管控三类区域，制定针对性的生态环境准入清单，实施差别化管控。截至目前，全国已有 28 个省（自治区、直辖市）正式发布了省级生态环境分区管控方案，其余 3 个省（自治区、直辖市）和新疆生产建设兵团正按程序拟于近期发布。全国共划定陆域环境管控单元 38 306 个、近岸海域环境管控单元 1817 个；其中陆域优先保护、重点管控、一般管控单元面积占比分别为 55.6%、14.5% 和 29.9%；环境管控单元精度总体达到乡镇和园区尺度，京津冀、长三角和珠三角等重点地区重点管控单元平均面积达到 10km² 左右，实现了更系统的保护和更精准的管控。在省级分区管控基础上，一些省份正在进行地市级的成果细化、落地应用探索等工作，如浙江省已完成了 10 个地市、41 个区县的实施方案发布。

3）制度体系逐步健全。生态环境部强化顶层设计，建立技术体系和管理办法；各省（自治区、直辖市）和兵团分批推动研究、成果编制和实施应用，部省联动共同推进的工作机制逐步建成，既保证了成果的科学一致性和可操作性，又调动了基层政府的全过程参与和积极主动性。生态环境分区管控立法工作取得阶段性进展，"制定生态环境分区管控方案和生态环境准入清单"已经写入《中华人民共和国长江保护法》（2020 年 12 月 26 日颁布），已有 11 个省（直辖市）在制修订环境保护条例等地方法律法规时明确了"三线一单"生态环境分区管控的有关制度要求。多地在"十四五"规划中衔接了"三线一单"现有成果，同时提出了要进一步完善"三线一单"生态环境分区管控体系的任务要求。将"三线一单"成果数据纳入政府大数据应用平台建设中统筹考虑，探索生态环境分区管控方案在国家–省–市–县之间、政府–部门之间的共享共用，为实施生态环境空间管控、强化源头防预和过程监管提供重要手段。

4）成果应用初见成效。按照边探索、边应用、边优化的模式，积极推动"三线一单"成果落地应用和发挥作用。①支撑生态环境精细化管理。各地以环境质量改善为核心，确定了中长期生态保护和环境质量底线目标，将生态环境管控要求细化到具体管控空间单元，为国家和地方确定"十四五"规划目标和打好打赢污染防治攻坚战提供支撑。

②推动国土空间发展布局优化。多省"三线一单"成果在国土空间规划编制过程中充分衔接、相向而行,共同推动两项工作在基础底图数据、生态空间格局及资源利用目标等方面协调一致,将生态保护红线、环境质量底线目标及分区管控要求作为"双评价"(资源环境承载能力评价和国土空间开发适宜性评价)和实施国土空间用途管制的重要依据。③促进区域流域高质量发展。各地"三线一单"成果也广泛应用于规划环评审查和建设项目环评审批工作,将生态环境分区管控要求作为产业选择、优化规划布局、项目选址选线、预判生态环境影响等的重要依据,为推动产业转型升级和布局优化调整发挥重要作用。

第四节　国土空间分类管控

以提升国土空间管控水平为目的,对生态空间、城镇空间、农业空间进行统筹布局与管控。通过合理构建生态安全格局,完善相关基础设施与制度建设,提升生态环境监测水平等,严格生态空间管控要求,提升区域生态系统服务功能;通过强化基本农田管控,优化农业空间布局,开展土壤污染防治,推动农村环境整治等,引导农业空间合理发展,保障区域粮食安全;通过严格落实城市发展边界,改善城区生态环境质量,优化产业布局与结构,提高风险应对能力等,不断提升城镇空间品质建设,加快实现区域绿色发展。

一、生态空间管控

生态空间管控重点以生态保护红线、生态功能区等为抓手,关注生态功能维护。强化生态空间管控,提升重要生态空间整体管控水平;构建与优化生态安全格局,细化空间分类分区管治(熊俊杰等,2021);加强重要生态系统保护,维护生态系统完整性、生物多样性;提升生态环境质量监测水平,建立生态环境质量综合评价与考核体系;推进生态环境保护基础设施建设,落实生态空间生态补偿机制;构建生态产品价值实现机制,推进排污权、用能权、用水权、碳排放权市场化交易;合理引导生产建设活动,适度控制发展规模。

1) 强化生态空间管控。保持生态保护红线区域内环境质量的自然本底状况,恢复和维护区域生态系统结构和功能的完整性,禁止一切开发建设类活动,保持生态环境质量、生物多样性状况和珍稀物种的自然繁衍,保障未来可持续生存发展空间(张新,2018)。根据相关法律对各级自然保护区、森林公园、湿地公园、风景名胜区、饮用水水源保护区等实行针对性的强制性保护措施,建立区域环境准入正面清单,仅能开展生态保护与环境治理相关项目。国家级风景名胜区需严格控制旅游规模,不得对景物、水体、植被及其他野生动植物资源等造成损害,国家森林公园不得随意占用、征用和转让林地,国家地质公园不得随意在地质公园范围内采集标本和化石。

2) 构建与优化生态安全格局。将生态安全格局优化融入国土空间规划,准确把握资源环境承载力,按照生态保护红线、环境质量底线、资源利用上线要求,优化国土空间开发保护新格局(孔令辉,2020),并进一步细化空间分类分区管治,促进人口、经济、资源环境在空间上的协调,在空间规划的指导下推进退耕还林、还湖、还草,封山育林、植树造林等工作，提高生态空间质量，在国土空间规划基础上细化空间控制单元。支持生态功能区把发展重点放到保护生态环境、提供生态产品上，支持生态功能区的人口逐步有序转移，形成主体功能明显、优势互补、高质量发展的国土空间开发保护新格局。

3）加强重要生态系统保护。推进天然林草保护、围栏封育，治理水土流失，恢复草原植被，保持湿地面积，保护珍稀动物，维护和重建湿地、森林、草原等生态系统（李葛，2021）。严格保护区域内具有水源涵养功能的自然植被，禁止过度放牧、无序开采与毁林开荒等行为。对重要的流域及湖泊开展水域生态修复工作，重点加强水源区的生态治理，提升林草覆盖水平，减少面源污染。禁止对野生动植物进行滥捕滥采，加强防御外来物种入侵的能力，保护自然生态系统与重要物种栖息地。在不适宜人类居住、生产生活的生态脆弱区和需要保护的区域实施生态移民，生态移民选址要考虑生态承载力。

4）提升生态环境质量监测水平。优化水体、空气、土壤、生态监测网络，做好生态环境质量评价排名技术支撑，推进污染防治精细化管控（吴季友等，2020）。拓展空气质量预报支撑服务功能，重点提升国家中长期预测预报业务能力。建立完善质量控制、应急调度、预报预警、技术实训基地，强化对国家重大区域战略的监测支撑，形成覆盖全国、功能完善、特色鲜明的区域性监测布局。围绕"双碳"工作需要，在部分大气背景站、区域站、城市站增加温室气体监测指标，制定典型行业企业温室气体排放量监测标准规范，试点开展火电、氟化工等重点行业排放量在线监测。采用部门共享、央地共建、升级改造等方式，建立生态综合观测站，布设监测样地（带），覆盖我国主要生态系统类型和城乡区域，特别是生态保护红线区、重点生态功能区、生物多样性优先区、自然保护地等重要区域。提高卫星遥感监测能力，加强无人机遥感监测和地基遥感监测，构建天地一体生态质量监测网络（施陈敬等，2020）。

5）建立生态环境质量综合评价与考核体系。加快构建以行政区域为评价单元的生态质量评价方法，实现重点区域、省域、市域、县域等不同尺度生态质量的统一监测与评估。完善空气、地表水、海洋、土壤等监测与评价技术规范，探索建立符合生态文明愿景、群众接受度高、反映获得感强的生态环境质量表征指标和表征方式。建立健全环境治理措施对环境质量变化影响的关联评估机制，在重点区域、重点流域分别开展大气与水污染防治管控成效和减排效果预测与跟踪评估业务化试点。按照"谁考核、谁监测""考核谁、谁保障""谁执法、谁监测"的要求，制定中央和地方生态环境监测事权清单，明确相应支出责任与定额支出标准。

6）推进生态环境保护基础设施建设。在条件适宜的地区，积极推广沼气、风能、太阳能、地热能等清洁能源，努力解决农村特别是山区、高原、草原和海岛地区农村的能源需求，在有条件的地区建设一批节能环保的生态型社区。健全生态环境保护基本公共服务体系，提高公共服务供给能力和水平。进一步健全自然保护区保护设施，提升保护能力，加快生态环境监测网络设施建设，基本实现环境质量、重点污染源、生态状况监测全覆盖，不断推进重点生态保护区生态环境监测大数据平台建设。

7）落实生态空间生态补偿机制。持续推进生态保护补偿及考核评价机制，制定和落实科学的生态补偿制度和专项财政转移支付制度，将生态保护补偿机制建设工作纳入地方政府的绩效考核，探索编制自然资源资产负债表与考评体系，对领导干部实行自然资源资产离任审计，建立生态环境损害责任终身追究制。健全区际利益补偿机制，完善转移支付制度，加大对欠发达地区财力支持，逐步实现基本公共服务均等化。

8）构建生态产品价值实现机制。贯彻落实《关于建立健全生态产品价值实现机制的意见》，建立生态产品调查监测机制，推进自然资源确权登记，开展生态产品信息普查。建立生态产品价值评价机制，探索构建生态产品总值评价体系。在重点生态功能区尝试开展以生态产品实物量为重点的生态价值核算，制定生态产品价值核算规范，推动生态产品价值核算结果应用。健全生态产品经营开发机制，探索多种渠道的生态产品交易方式。健全生态保护补偿机制，完善利益分配和风险分担，对提供生态产品的地区实施生态补偿。

9）合理引导生产建设活动。在不破坏主导生态功能的前提下，以资源环境承载力评价结果为引导，控制发展建设规模，合理选择与开展生态环境保护相关的人类活动。制定严格的产业准入环境标准，严把项目准入关，适度发展生态农业、旅游业，在不影响区域生态功能的前提下发展绿色食品加工、现代中药及生物医药加工、机械制造、林特产品加工等现代工业，积极拓宽农民增收渠道，解决农民的长远生计问题。对于非红线重要生态空间内的城镇建设与工业开发要依托现有资源环境承载能力较强的区域集中布局、聚点式开发，原则上不得再新建各类开发区和扩大现有工业开发区范围。

二、城镇空间管控

城镇空间管控重点以资源环境承载力评估结果为主要依据，在考虑生态环境安全风险及防范前提下布局城镇预留区，明确准入或限制用途及开发强度管控指引（张侃等，2019）。严格落实城镇开发边界，合理优化城镇空间布局；提升城镇空间生态环境质量，加大污染物治理力度；完善城镇空间生态修复监管体系，构建生态修复监管考核系统；推动实现城镇地区碳达峰、碳中和，控制能源消费总量，倡导绿色生产生活方式；强化生态环境风险管控与应对能力；严格执行城镇空间的产业准入标准，鼓励发展生态友好型产业。

1）严格落实城镇开发边界。结合上位规划要求，分析城镇发展定位、发展趋势和结构特征，以及经济发展水平和产业结构、城镇发展阶段和城镇化水平，构建合理的人地关系和产城关系等，预测城镇人口和用地规模，确定城镇开发边界与预留发展空间，保障区域发展需求。以"双评价"结果为主要依据，突出城镇开发边界的空间引导性、支撑保障性和服务功能协调性（位欣，2021），以及可能的特殊需要，确定基础设施网络架构与规模，以及线网技术等级与布局等。落实城镇体系规模等级结构要求，限定人口规模、城镇化水平和城镇用地规模，围绕优化建设布局、增强城镇综合承载力、传承历史文脉等方面，提出各类城镇建设和非建设用地布局安排。适当扩大制造业空间，扩大服务业、交通和城市居住等空间，扩大绿色生态空间，合理利用农村居住空间，引导城市集约紧凑、绿色低碳发展，减少工矿建设空间和农村生活空间，控制开发区过度分散。划定城市生态保护红线和最小生态安全距离，优化提升城市群生态保护空间。按照集群化、循环化、绿色化要求，引导工业向园区集聚发展。提高对城镇居民服务水平的同时，增强对邻近农业空间和尚未退出生态空间内居民的基本公共服务质量保障。提出营造宜居生态环境、保留绿色开敞空间的布局方案。制定绿带、绿心等生态空间营造措施，并提出促进开发建设活动绿色化、低碳化的生态环境保护指引。

2）提升城镇空间生态环境质量。加强城市环境管理，推动建立基于环境承载能力的城市环境功能分区管理制度，促进形成有利于污染控制和降低居民健康风险的城市空间格局。深化主要污染物排放总量控制和环境影响评价制度，严格依法开展规划环境影响评价，探索建立区域污染物行业排放总量管理模式，在建设项目环评和规划环评中推进人群健康影响评价，制定建设项目分类管理目录，提出鼓励发展的产业目录和产业发展的环保负面清单。加强环境综合整治，大力实施大气环境综合整治、水环境综合整治、近岸海域环境综合整治、土壤污染管治、重金属污染管治、环境噪声影响严重区管治等环境综合整治工程。落实基础设施建设标准规范的生态环保要求，推广绿色交通、绿色建筑、绿色能源等行业的环保标准和实践，提升基础设施运营、管理和维护过程中的绿色化、低碳化水平。

3）完善城镇空间生态修复监管体系。结合不同国土空间的开发和保护格局要求，划分特定的整治与修复分区，确立不同分区应解决的重点问题。构建包括整治与修复内容、约束性指标、控制性指标、主要工程项目、主要规划编制任务等内容的指标任务分解与考核系统，明确各部门具体职责。开展生态修复监测监控，布局省级生态环境监控点，建立实地检查复核机制，实地查验监测数据真实性，上级资源部门会同财政、水利、林草等部门实地查看。建立城镇空间生态修复监管大数据平台，全面统筹生态修复相关现状数据、规划数据、管理数据等，对各类项目开展的合理性进行综合分析，为国土空间生态修复管理工作提供全、准、活的数据支撑。

4）推动实现城镇地区碳中和、碳达峰。优化产业能耗结构，加强产业结构调整和优化，大力发展数字经济、高新科技产业和现代服务业，按照煤炭集中使用、清洁利用的原则，重点削减非电力用煤，提高电力用煤比例，抑制煤电、钢铁、石化等高耗能重化工业的产能扩张，实现结构节能；同时通过产业技术升级，推广先进节能技术，提高能效，实现技术节能。开展区域清洁能源开发潜力分析，识别流域清洁能源丰富地区，衔接资源环境承载力评估、生态环境敏感性重要性等评估结果，合理确定清洁能源开发水平，协调清洁能源开发利用与生态环境保护的关系。建立碳中和、碳达峰监测、评估与考核体系，构建碳中和、碳达峰评价指标体系，重点突出 GDP 能耗强度和能源消费总量双控指标，对每年碳中和、碳达峰目标完成情况开展评估考核，推动碳中和、碳达峰工作稳步实施。完善相关配套政策建设，建设用能权、碳排放权交易市场，健全能源消费双控制度。推动交通基础设施绿色化，优化城市路网配置，提高道路通达性，加强城市公共交通和慢行交通系统建设管理，加快充电基础设施建设。推广节能和新能源车辆，在城市公交、出租汽车、分时租赁等领域形成规模化应用，落实相关政策，依法淘汰高耗能、高排放车辆。推行绿色建造方式，推动装配式建筑发展，推广节能绿色建材。加强建筑领域可再生能源利用，推动可再生能源建筑集中连片应用，推广利用分布式光伏发电、工业余热、浅层地热、空气热能等解决建筑用能需求。

5）强化生态环境风险管控与应对能力。完善土地利用相关法律法规，加强立法工作，把土地利用中的生态环境保护全面纳入法制化轨道，从根本上防范环境风险。健全危险废物收运体系，开展危险废物集中收集储存试点，提升小微企业和工业园区等危险废物收集转运能力。推动医疗废物集中处置体系覆盖各级各类医疗机构，保障医疗废物集中处置设施全面覆盖并稳定运行。建立完善危险废物环境重点监管单位清单，加强危险废物监管能力与应急处置技术支持能力建设，建立健全市级危险废物环境管理技术支撑体系。按照环境影响评价和环境风险评估的结果对土地利用布局进行合理规划和调整，及时规避土地利用中可能出现的环境风险隐患。对涉危涉重企业、化工园区、集中式饮用水水源地及重点流域进行环境风险调查评估，实施分类分级风险管控。建立风险管控标准体系和技术体系，提高环境风险管控水平，减少土地利用环境修复恢复的成本，避免环境风险对人民群众身体健康和财产的危害。

6）严格城镇空间产业准入。城镇建设与工业开发需严格按照国家与地方相关要求，实行严格的行业准入标准，严把项目准入关，合理选取产业发展类型，优化区域内产业结构，淘汰对生态环境破坏严重的落后生产线，限制发展并逐步淘汰国家规定的限制类行业生产技术和行业，制定不同工业类型污染排放标准，鼓励传统产业开展超低排放、废物循环利用技术改造，推动产业结构向高端、高效、高附加值转变，增强高新技术产业、现代服务业、先进制造业对经济增长的带动作用。增强农业发展能力，加强优质粮食生产基地建设，稳定粮食生产能力，发展都市型农业、节水农业和绿色有机农业。积极发展节能、节地、环保的先进制造业，大力发展拥有自主知识产权的高新技术产业。加快发展现代服务业，尽快形成服务经济为主的产业结构。对各类开发活动进行管制，尽可能地减少人类活动对自然生态系统的干扰，保证生态系统的稳定与完整性。

三、农业空间管控

农业空间重点以永久基本农田为抓手（裴新生等，2021），根据农业生产和农村生活特点，分类明确乡村布局、整治和建设原则，提出村庄建设风貌引导和控制要求。强化农业用地管控，保护永久基本农田，保障国家粮食安全；优化农业农村空间布局，引导农业生产和农民生活空间有序分布；加强区域土壤污染防治，强化农药、化肥管控水平，完善农田灌溉基础设施建设；开展农村环境综合整治，保护农村饮用水源；建立农业产业准入负面清单，优先发展绿色、循环农业。

1）强化农业用地管控。禁止在永久基本农田内进行基础设施、城乡建设、工业发展、公共服务设施布局，严格确保基本农田数量不减少、用途不改变。当重大能源、交通、水利、通信、军事等设施建设确实无法避开永久基本农田时，须严格实施可行性论证后报批，并将数量和质量相等的耕地补充划入永久基本农田。积极开展土地开发整理，实现占补平衡，在数量平衡的基础上更加注重质量平衡，增加有效耕地面积，保障耕地面积和质量动态平衡。禁止闲置、荒芜耕地，禁止擅自在耕地建房、建坟、挖砂、采石、采矿、取土、堆放固体废弃物等毁坏种植条件的开发活动。明确耕地利用优先序，永久基本农田重点用于粮食特别是口粮生产，一般耕地主要用于粮食和棉、油、糖、蔬菜等农产品及饲草饲料生产。建设国家粮食安全产业带，稳定种粮农民补贴，保障我国粮食安全。

2）优化农业农村空间布局。在落实相关上位基础设施规划前提下，关注服务农业生产和农民生活基础设施布局，明确服务目标及标准（张乐益和吴乐斌，2021）。结合主要农产品类型和空间分布，结合农村居民点布局重点提出生态农业、都市农业、农产品加工点等布局指引。适度布局超出城镇空间公共服务辐射范围、点状零散分布的村庄公共服务设施。根据农业生产和农村生活特点，分类明确乡村布局、整治和建设原则，提出村庄建设风貌引导和控制要求。有序推进"空心村"整治和村庄整合，合理安排农村生活用地，优先满足农村基本公共服务设施用地需求。

3）加强区域土壤污染防治。保护耕地土壤环境，加强土壤环境治理，建立环境质量监测网络与考评机制，完善农产品产地环境质量评价标准，建立土壤环境质量定期监测和信息发布制度，加强区域农业生产环境安全、可持续发展能力的评估与考核。对农药、化肥施用进行管控，提高有机肥使用比例，推广水肥一体化、滴管等节水技术，引导、鼓励使用可回收、可降解地膜，规范农业生产废气包装回收，控制农业面源污染，保护土壤与地表水环境质量。衔接水资源、土地资源承载力评估结果，适度控制农产品主产区开发强度，优化开发方式，结合地方实际合理发展循环农业，促进农业资源的永续利用。鼓励和支持农产品、畜产品、水产品加工副产物的综合利用。建设灌区配套水利设施，加快大中型灌区、排灌泵站配套改造以及水源工程建设。鼓励和支持农民开展小型农田水利设施建设、小流域综合治理。加快农业科技进步和创新，提高农业物质技术装备水平。

4）开展农村环境综合整治。在乡、村、组三级建立乡（镇）长、村主任、组长负责的农村环保责任机制，确保农村环境综合整治责任落实。建立激励与约束机制，严格落实问责制，全面推进农村环保"以奖促治"政策措施，率先针对重点流域、区域和问题突出地区开展集中整治，促使农村生态环境保护走上常态化、规范化、制度化轨道。加大对污染防治、生态保护的资金投入，可依据各地条件设立专项基金，统筹安排污水治理设施建设，推动城镇污水管网向周边村庄延伸覆盖，建立农村垃圾回收体系，提升农村生活垃圾集中回收处理水平，解决所辖地区污水和生活垃圾的处理。结合农村环境综合整治工作，开展水源规范化建设，加强水源周边生活污水、垃圾及畜禽养殖废弃物的处理处置，对可能影响农村饮用水水源环境安全的化工、造纸、冶炼、制药等重点行业、重点污染源进行防控，研究制定水源地风险防控方案，避免突发环境事件影响水源安全。开展改厕和厕所粪污治理，结合地方实际情况科学确定农村厕所建设改造标准。

5）建立农业产业准入负面清单。加快建立农业产业负面清单制度，针对本区域内农业资源与生态环境突出问题拟定农业产业准入负面清单，因地制宜制定禁止和限制发展产业目录，明确农业产业发展方向和开发强度，强化准入管理和底线约束。依据区域农业资源禀赋、生态环境容量、产业基础和功能定位，明确种植业、养殖业发展方向和开发强度，强化农业产业准入门槛，加强区域资源管护和生态治理。优化农业开发方式，发展循环农业（朱珊珊，2018），促进农业资源的永续利用。鼓励和支持农产品、畜产品、水产品加工副产物的综合利用。

第五节　国土空间开发保护格局优化展望

构建国土空间开发保护新格局是在开启全面建设社会主义现代化国家新征程的历史时刻提出的，对于新时代优化国土空间布局，推进区域协调发展和新型城镇化，具有十分重大的意义（杨伟民，2020）。《中华人民共和国国民经济和社会发展第十四个五年规划和2035年远景目标纲要》明确提出要"立足资源环境承载能力，发挥各地区比较优势，促进各类要素合理流动和高效集聚，推动形成主体功能明显、优势互补、高质量发展的国土空间开发保护新格局"。

国土空间开发保护格局优化是建设人与自然和谐共生现代化、高效利用国土空间与实现空间高质量发展、实现国家治理现代化的战略需要，是必须整体考量、科学研判、综合构建的系统化工程。未来，应从构建生态安全战略格局、加强重要生态系统保护和修复、实施差异化的空间治理政策、统筹开展碳减排试点示范、强化三条控制线监督管理等方面，推动国土空间发展布局优化，促进我国国土空间逐步形成符合自然规律、经济规律的总体格局。

1）构建生态安全战略格局。构建以青藏高原生态屏障区、黄河重点生态区、长江重点生态区、东北森林带、北方防沙带、南方丘陵地带、海岸带为核心的"三区四带"生态安全战略格局，结合重点区域重点建设方向，全面提升国家生态安全屏障质量。以国家重点生态功能区为重要支撑，以点状分布的国家禁止开发区域为重要组成，严守生态保护红线，科学开展国土绿化，不断拓展生态空间，筑牢国家生态安全屏障。

2）加强重要生态系统保护和修复。坚持"山水林田湖草沙冰是生命共同体"理念，坚持保护优先、自然恢复为主，遵循自然生态系统演替规律，科学配置保护和修复、自然和人工、生物和工程等措施，推进一体化保护和修复。通过大力实施重要生态系统保护和修复重大工程，全面加强一体化生态保护和修复工作，全国森林、草原、荒漠、河湖、湿地、海洋等自然生态系统状况实现根本好转，生态系统质量明显改善，生态服务功能显著提高，生态稳定性明显增强，自然生态系统基本实现良性循环。

3）实施差异化的空间治理政策。按不同的空间单元确定治理政策，实施精准的空间治理。城市化地区要强化生态保护和环境治理，有效防治大气、水、噪声、固体废物等污染，开展建设项目环境影响评价事中、事后监管；农产品主产区要有效控制农业面源污染防治，减少化肥、农药、农膜用量，防范土壤污染风险，开展农村环境综合整治，消除农村黑臭水体，改善村庄人居环境；生态功能区要推进荒漠化、石漠化、水土流失综合治理，强化湿地保护和恢复，重点监管生态保护红线、各类自然保护地，监督对生态环境有影响的自然资源开发利用活动、重要生态环境建设和生态破坏恢复等。

4）统筹开展碳减排试点示范。以实现"双碳"目标为核心，分区制定实施碳达峰、碳中和行动方案，开展低碳试点示范。城市化地区重点开展低碳城市总体规划编制试点，实施"一市一规"，推动绿色转型，组织开展低碳城市行动，积极创建省市低碳试点示范。农产品主产区重点开展农业减排固碳、农业生物质能源、畜禽粪污资源化利用等，推广以屋顶光伏为核心的新型农村能源系统。生态功能区重点推进森林、草地、湿地固碳增汇，开展生态产品绿色化转化标准构建、标识认证、监管等制度体系建设，鼓励率先开展碳中和示范创建工作。

5）强化三条控制线监督管理。按照生态文明、绿色发展的要求，采取底线思维，科学划定城镇开发边界、永久基本农田和生态保护红线，确定国土空间保护与开发本底。建立健全统一的国土空间基础信息平台，实现部门信息共享，严格三条控制线监测监管，涉及生态保护红线、永久基本农田占用和城镇开发边界调整的要按照程序进行审批。将三条控制线划定和管控情况作为地方党政领导班子和领导干部政绩考核内容，有关部门要联合开展督察和监管，将结果作为领导干部自然资源资产离任审计、绩效考核、奖惩任免、责任追究的重要依据。

（本章执笔人：王金南、迟妍妍、王晶晶、张丽苹、刘斯洋、付乐）

第十一章 污染防治攻坚行动

党的十八大以来，以习近平同志为核心的党中央创新性地把生态文明建设纳入统筹推进"五位一体"总体布局和协调推进"四个全面"战略布局，把生态环境保护摆在治国理政的突出位置，开展了一系列根本性、开创性、长远性工作，党中央、国务院对污染防治攻坚作出一系列重大决策部署，通过推进大气、水、土壤等污染防治攻坚行动，显著改善了我国生态环境质量，有效防范了环境风险，人民群众生态环境获得感、幸福感和安全感显著增强。但是，生态环境质量改善成效仍不稳固，生态环境保护结构性、根源性、趋势性压力总体上尚未根本缓解，生态环境质量与保护人体健康、改善民生的要求仍有较大差距，污染防治任重道远。立足 2035 年美丽中国建设和 2030 年前碳达峰、2060 年前碳中和目标，需保持力度、延伸深度、拓展广度，以改善生态环境质量为核心，继续深入实施污染防治攻坚行动，根本改善我国生态环境质量。

第一节 污染防治攻坚战总体战略设计

一、污染防治攻坚战实施背景

由于长期以来我国产业结构不合理，多领域、多类型、多层面生态环境问题累积叠加，人民群众对优美生态环境需要已经成为我国社会主要矛盾的重要方面，重污染天气、黑臭水体、垃圾围城、生态破坏等问题成为重要的民生之患、民心之痛，成为全面建成小康社会的突出短板。

（一）污染物排放量大、面广

近年来，我国主要污染物排放量虽然有所下降，但仍然处于高位。根据《第二次全国污染源普查公报》，氮氧化物、化学需氧量排放量仍在千万吨以上，重金属、氮氧化物等主要污染物排放量较大，挥发酚、氰化物、颗粒物等污染物排放不断上升（表 11.1），环境承载能力超过或接近上限。

表 11.1 我国主要污染物排放

序号	污染物	第一次全国污染源普查		第二次全国污染源普查	
		排放总量	其中：工业源排放量	排放总量	其中：工业源排放量
1	化学需氧量	3028.96 万 t	564.36 万 t	2143.98 万 t	90.96 万 t
2	氨氮	172.91 万 t	20.76 万 t	96.34 万 t	4.45 万 t
3	石油类	78.21 万 t	5.54 万 t	0.77 万 t	0.77 万 t
4	重金属[②]	0.09 万 t	0.09 万 t	182.54 t	176.40 t
5	挥发酚	—	0.70 万 t	244.10 t	244.10 t
6	氰化物	—	—	54.73 t	54.73 t

续表

序号	污染物	第一次全国污染源普查		第二次全国污染源普查	
		排放总量	其中：工业源排放量	排放总量	其中：工业源排放量
7	动植物油	—	—	30.97 万 t	—
8	总磷	42.32 万 t	—	31.54 万 t	0.79 万 t
9	总氮	472.89 万 t	—	304.14 万 t	15.57 万 t
10	二氧化硫	2320.00 万 t	2119.75 万 t	696.32 万 t	529.08 万 t
11	烟尘	1166.64 万 t	982.01 万 t	—	—
12	颗粒物	—	—	1684.05 万 t	1270.50 万 t
13	氮氧化物	1797.70 万 t	1188.44 万 t	1785.22 万 t	645.90 万 t

注：表中数据来源于第一、第二次全国污染源普查公报；①指镉、铬、砷、汞、铅五类重金属元素（砷在化学分析中不属于重金属，但在统计学中常将其作为重金属进行统计）。

（二）重点领域环境问题突出

公众反映强烈的重度及以上污染天数比较多，部分地区秋冬季重污染天气频发。饮用水水源安全保障水平亟须提升，排污布局与水环境承载能力不匹配，城市建成区黑臭水体大量存在，湖库富营养化问题突出，部分流域水体污染较重。工矿废弃地土壤污染问题突出。2015 年，全国 337 个地级以上城市中，238 个城市环境空气质量年评价指标超标，占 70.6%，日评价指标平均超标天数比例为 18.8%；长江、黄河等七大流域和浙闽片河流、西北诸河、西南诸河监测的国控断面中劣Ⅴ类水质占比为 8.9%，62 个重点湖泊（水库）中，劣Ⅴ类水质的有 5 个；地下水水质呈较差级的监测井（点）占 42.5%，呈极差级的监测井（点）占 18.8%（环境保护部，2016）。

（三）环境事件频发高发

由于我国产业结构和布局不合理，生态环境风险高，区域性、结构性、布局性环境风险日益凸显。近年来，由于企业违法违规排放等导致的水污染、重金属污染重特大事件频发，呈现原因复杂、污染物质多样、影响地域敏感、影响范围扩大的趋势，对人民群众身体健康造成严重威胁，引发社会广泛关注。例如，松花江重大水污染、四川沱江特大水污染、太湖水污染事件，以及巢湖、滇池蓝藻暴发等，严重影响饮用水安全；湖南浏阳、陕西凤翔、福建上杭、广东清远等多地暴发儿童血铅事件，重金属污染问题引发社会高度关注；福建紫金矿业溃坝、大连新港原油泄漏、云南曲靖铬渣污染等环境事件频发。

面对生态环境问题突出的严峻形势，解决人民群众反映强烈的急难问题，提供更多优质生态产品以满足人民日益增长的优美生态环境需要，已成为改善民生、全面建设小康社会、促进经济绿色转型的迫切需要。

二、污染防治攻坚战总体部署

（一）污染防治攻坚战推进部署

党的十八大以来，党中央将生态文明建设摆在重要的位置，开展了一系列根本性、开创性、长远性工作，2013年起，国务院相继出台《大气污染防治行动计划》《水污染防治行动计划》《土壤污染防治行动计划》，作为今后一个时期重点领域污染防治工作的行动指南，并实施京津冀及周边区域大气污染综合治理等一系列重大举措，逐步改善人居环境，生态环境质量稳中向好。

党的十九大将污染防治作为决胜全面建成小康社会三大攻坚战之一，明确提出污染防治攻坚战的目标要求和攻坚方向。污染防治的最终目标是提供更多优质生态产品以满足人民日益增长的优美生态环境需要，首先要着力解决突出环境问题，坚持全民共治、源头防治，持续实施大气污染防治行动，打赢蓝天保卫战；加快水污染防治，实施流域环境和近岸海域综合治理；强化土壤污染管控和修复，加强农业面源污染防治，开展农村人居环境整治行动；加强固体废弃物和垃圾处置。同时，提高污染排放标准，强化排污者责任，健全环保信用评价、信息强制性披露、严惩重罚等制度，构建政府为主导、企业为主体、社会组织和公众共同参与的环境治理体系。2018年4月，中央经济工作会议对污染防治攻坚战作出部署，提出要使主要污染物排放总量大幅减少，生态环境质量总体改善。

2018年5月，习近平总书记在全国生态环境保护大会上指出，把解决损害群众健康的突出生态环境问题作为民生优先领域，提出了污染防治的目标和工作重点，为打赢污染防治攻坚战提供了行动指南。在工作目标上，加快改善生态环境质量，提供更多优质生态产品，不断满足人民日益增长的优美生态环境需要。攻坚重点是打赢蓝天保卫战、基本消除重污染天气，还老百姓蓝天白云、繁星闪烁；保障饮用水安全，基本消灭城市黑臭水体，还给老百姓清水绿岸、鱼翔浅底的景象；强化土壤污染管控和修复，有效防范风险，让老百姓吃得放心、住得安心；持续开展农村人居环境整治行动，基本解决农村的垃圾、污水、厕所问题，打造美丽乡村，为老百姓留住鸟语花香的田园风光。2018年6月，中共中央、国务院印发《关于全面加强生态环境保护 坚决打好污染防治攻坚战的意见》，从质量、总量、风险3个层面确定污染防治攻坚战的目标指标，提出到2020年，生态环境质量总体改善，主要污染物排放总量大幅减少，环境风险得到有效管控，生态环境保护水平同全面建成小康社会目标相适应（中共中央和国务院，2018）。

《中华人民共和国国民经济和社会发展第十四个五年规划和2035年远景目标纲要》明确提出深入打好污染防治攻坚战，要求今后五年生态文明建设实现新进步，主要污染物排放总量持续减少，生态环境持续改善，城乡人居环境明显改善。2021年8月，中央全面深化改革委员会第二十一次会议审议通过《关于深入打好污染防治攻坚战的意见》；11月，中共中央、国务院正式印发该文件，对深入打好污染防治攻坚战作出全面部署，特别是围绕解决人民群众反映强烈的突出生态环境问题，重点部署了8个标志性战役，从"坚决打好"到"深入打好"，污染防治攻坚战的层次更深、领域更广、要求更高，"十四五"时期，要统筹污染治理、生态保护、应对气候变化，保持力度、延伸深度、拓宽广度，紧盯污染防治重点领域和关键环节，集中力量攻克老百姓身边的突出生态环境问题，强化多污染物协同控制和区域协同治理，统筹水资源、水环境、水生态治理，推进土壤污染防治，加强固体废物和新污染物治理，全面禁止进口"洋垃圾"，推动污染防治在重点区域、重要领域、关键指标上实现新突破（中共中央和国务院，2021d）。我国污染防治攻坚战推进实施历程见图11.1。

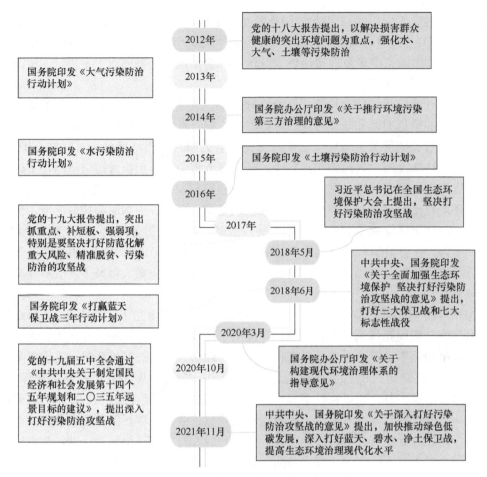

图 11.1　我国污染防治攻坚战推进实施历程

（二）污染防治攻坚战标志性行动

为解决当前群众反映强烈的突出生态环境问题，满足人民日益增长的优美生态环境需要，党中央提出了一系列重要举措，明确要求打好蓝天、碧水、净土三大保卫战，打赢蓝天保卫战，打好柴油货车污染治理、水源地保护、黑臭水体治理、长江保护修复、渤海综合治理、农业农村污染治理等标志性战役。

1. 打赢蓝天保卫战

近年来，我国以可吸入颗粒物（PM_{10}）、细颗粒物（$PM_{2.5}$）为特征污染物的区域性大气环境问题日益突出，秋冬季重污染天气时有发生，群众反映强烈。面对严峻的大气污染防治形势，国务院于 2013 年印发实施了《大气污染防治行动计划》（以下简称《大气十条》），要求经过五年的努力，使全国空气质量总体改善，重污染天气较大幅度减少。《大气十条》是我国大气污染防治的重大举措，第一次以环境质量为目标约束，推动我国空气质量管理从总量控制向环境质量控制转变，为后续大气污染防治工作开展以及空气质量长效改善打下了坚实基础。2017 年，《大气十条》目标圆满实现，全国空气质量总体改善，重点区域明显好转。

为持续加强大气污染防治，在充分借鉴《大气十条》实施经验和做法的基础上，2018年，国务院印发实施了《打赢蓝天保卫战三年行动计划》（以下简称《三年行动计划》），要求经过 3 年努力，大幅减少主要大气污染物排放总量，协同减少温室气体排放，进一步明显降低 PM$_{2.5}$ 浓度，明显减少重污染天数，明显改善环境空气质量，明显增强人民的蓝天幸福感。根据大气污染形势的变化情况，《三年行动计划》对重点区域范围进行了调整，将山东、山西、河南部分城市纳入京津冀及周边地区；在重点区域中新增了覆盖山西和陕西多个城市的汾渭平原地区；同时考虑到珠三角地区 PM$_{2.5}$ 浓度水平总体稳定达标的情况，将其移出重点区域。

相较于《大气十条》，《三年行动计划》更加突出精准施策、更加强化源头控制、更加注重科学推进、更加注重长效机制。其中，更加突出精准施策表现为在空间上调整了重点区域的范围，将京津冀及周边、长三角和汾渭平原纳入监管重点；在时间上更加关注秋冬季污染防控，以减少重污染天气；在措施上更加强调抓好对我国环境空气质量有重大影响的工业、散煤、柴油货车和扬尘四大污染源的治理。更加强化源头控制表现为在任务措施中强调优化四大结构，即产业结构、能源结构、运输结构、用地结构，突出源头治理措施对改善空气质量的作用。更加注重科学推进表现为强调措施要科学合理、因地制宜、多措并举、循序渐进。更加注重长效机制表现为在机制体制建设过程中强调压实各方责任、切实传导压力、强化区域联防联控，建立完善区域大气污染防治协作机制。

2. 打好碧水保卫战

我国水污染严重、水生态恶化等问题突出，区域性、复合型水污染日益凸显，水环境事件频发，严重影响人民群众生产生活。2015 年 4 月，国务院印发《水污染防治行动计划》（以下简称《水十条》），明确了水环境质量目标导向，是坚决向水污染宣战的行动纲领。2017 年，环境保护部对《水十条》实施情况进行评估，发现实现 2020 年水环境质量目标压力仍然较大，水污染防治形势依然严峻。具体体现在以下几个方面。

地表水环境质量改善不平衡。2017 年全国地表水国控断面（点位）中，Ⅰ～Ⅲ类水质比例为 67.9%，劣Ⅴ类水质断面（点位）比例为 8.3%，分别完成 67.6%、8.4% 的年度目标。但是具体到省级层面，大约有一半的省份未达到规定的年度目标；其中，未完成Ⅰ～Ⅲ类断面比例年度目标的省份有 9 个，未完成劣Ⅴ类断面比例年度目标的省份有 10 个，内蒙古、吉林、广东、陕西、宁夏 5 个省份两项指标均未达到年度目标。

长江经济带水环境风险隐患大、水环境事件频发。长江经济带覆盖沿江 11 个省（直辖市），横跨我国东中西三大板块，人口规模和经济总量占据全国"半壁江山"，由于资源丰富、运输便捷、产业基础好，长江经济带工业企业数量大、门类多、分布相对集中，特别是长江沿线布局大量重化工企业。化工企业的生产、转运、存储过程中涉及大量的污染物和危险化学品。企业园区、聚集区众多，叠加性、累积性环境风险高，生产安全、交通事故等原因极易引起次生、衍生突发环境事件。2011～2014 年，全国接近一半的突发环境事件发生在长江经济带 11 个省（直辖市）。由于大量的高风险企业沿江、沿河分布，许多排污口与取水口交错，危化品水运、陆运数量大且运输路线缺乏科学规划，发生突发环境事件极易造成饮用水水源地污染或跨界水环境污染。

部分地区饮用水水源水质超标。着力保障饮用水安全是改善民生的重大工程之一，但受天然本底、流域上游来水影响，以及饮用水水源地保护区内的污染影响等，《水污染防治目标责任书》规定的地级及以上城市884个集中式饮用水水源地中，约有10%的水源地未能达到水质目标要求。根据2016年全国饮用水水源水质观察报告，2016年出现过水质超标的水源地共有98处，占7.4%，其中辽宁、内蒙古等省（自治区）的16个水源地全年12个月持续超标；地下水源地超标问题突出，全年12个月持续超标的水源地中，地下水源占87.5%。

黑臭水体治理任务艰巨。2017年，全国223个地级及以上城市排查确认黑臭水体2100个，完成整治工程的1639个，占78%；虽然完成了全国60%的年度目标要求，但城市水体"长治久清"的压力仍然较大。各地虽然构建和实施了大量整治措施和整治工程，但部分城市由于前期摸排不足、宏观把控不到位等原因，导致整治工作的系统性和整体性不足。黑臭水体整治常忽视干支流、上下游关系，整治重点多侧重城市主要区域的干流治理、生态恢复及景观建设，对蜿蜒于城市内部的小支流、小河涌或者流经城乡接合部的小河流治理的重视度不足；有些地方在一些水体治理工作中，存在依赖投撒药剂、调水冲污、原地简易处理等"治标不治本"的现象。

近岸海域水质波动大。根据《近岸海域水质目标考核方案（暂行）》确定的297个近岸海域水质考核点位，近岸海域水质优良（Ⅰ类、Ⅱ类）比例为65%，未完成68.8%的年度目标，距离2020年目标有5个百分点的差距。2017年第一期监测数据表明，全国近岸海域水质大幅恶化，无机氮浓度同比上升29%，Ⅰ类、Ⅱ类点位比例与上年同期相比减少了14.9个百分点；主要入海河流在COD、氨氮等指标平均浓度不同程度下降的同时，总氮平均浓度同比上升14%。

为贯彻落实党的十九大关于坚决打好污染防治攻坚战的决策部署，解决水污染突出问题，加快补齐全面建成小康社会的生态环境短板，2018年，党中央将碧水保卫战纳入污染防治三大保卫战之一，要求对于社会公众呼声高、突出生态环境问题，加快解决进度。

3. 推进净土保卫战

由于我国经济发展方式总体粗放，产业结构和布局仍不尽合理，污染物排放总量较高，土壤作为大部分污染物的最终受体，其环境质量受到显著影响。近年来城市"退二进三"、人口密集区危险化学品生产企业搬迁改造、落后产能淘汰等发现的污染地块增多，部分重有色金属矿区周边耕地土壤重金属污染问题突出，土壤污染防治形势严峻。

部分区域土壤污染问题突出。《全国土壤污染状况调查公报》显示，我国土壤环境状况总体不容乐观，土壤总的点位超标率达到16.1%，其中轻微、轻度、中度和重度污染点位比例分别为11.2%、2.3%、1.5%和1.1%；以无机污染为主，无机污染物超标点位数占全部超标点位数的82.8%。耕地土壤环境质量堪忧，耕地、林地、草地土壤点位超标率分别为19.4%、10.0%、10.4%。有色金属矿采选、有色金属冶炼、石油开采等行业工矿企业用地及其周边土壤污染严重。长江三角洲、珠江三角洲、东北老工业基地等部分地区土壤污染较重，西南、中南地区土壤重金属超标范围较大（环境保护部和国土资源部，2014）。土壤污染及其健康风险有关研究结果表明，我国农田土壤的复合污染率为22.10%，处于严重污染水平的为1.23%，其中云南、湖南、安徽、河南、辽宁等部分地区污染严重、污染程度高（Zeng et al.，2019）；城市表层土壤中重金属等元素累积，特别是镉、汞潜在环境风险高（Yang et al.，2021）；矿区周边土壤中砷、镉、镍、铅等重金属污染严重，安徽、福建、广东等省份矿区污染严重（Li et al.，2014）。

土壤环境风险日益加大。近年来，因土壤污染影响农产品质量和人居环境安全事件时有发生，土壤污染问题成为社会关注的热点。例如，广东大宝山矿区长期不合理的矿产资源开采，造成周边农田、粮食和果蔬严重污染，导致位于其下游的上坝村村民重病频发，健康损害严重；湖北省大冶地区华井村、罗桥村长期受大冶有色金属冶炼厂污染物排放影响，导致土壤镉污染严重，造成稻谷和蔬菜中镉严重超标；北京宋家庄地铁工程施工过程中，3名工人因污染地块遗留污染物超标导致中毒事件；武汉赫山地块开发事件，使污染地块再开发利用的安全问题成为社会关注的焦点；湖南"镉大米"流入餐桌的调查报告引起社会广泛关注和部分网民担忧。这些问题的产生，有历史积累的因素，也有环境本底高的因素，但主要原因还是长期以来经济发展方式粗放、污染物排放远远超过环境容量。

土壤环境管理基础薄弱。我国土壤污染防治工作起步较晚，土壤污染底数不够清楚，已开展过的相关调查精度较低。土壤环境监督管理体系不健全，土壤环境保护法律法规和标准规范缺失，土壤环境监测、监督执法、风险预警体系建设严重滞后，现行土壤环境质量标准、监测分析方法、样品标准等已不能满足土壤环境保护工作的需要。各方责任不够清晰，各级政府统一组织、有关部门分工负责、各有关方共同参与的土壤污染防治管理体制尚未形成。土壤环境保护科技支撑能力不足，基础研究薄弱，适合我国国情的土壤污染防治实用技术和设备有待开发，没有形成一套适合我国国情、行之有效的修复技术体系。

为防控土壤环境风险，保障农产品质量安全和人居环境安全，2016年5月，国务院印发《土壤污染防治行动计划》（以下简称《土十条》），对土壤污染防治工作进行了顶层设计。《土十条》以改善土壤环境质量为核心，着力解决影响农产品安全和人居环境健康的两大突出土壤环境问题，提出了摸清污染底数、建立健全法规标准体系、实施农用地分类管理、建设用地准入管理、开展未污染土壤保护、控制污染来源、土壤污染治理与修复、强化科技支撑、治理体系建设、目标责任考核十项具体任务，全面部署今后一个时期全国土壤污染防治工作。

三、污染防治攻坚战重大意义

打好污染防治攻坚战是党中央顺应人民群众对美好生活的期待作出的重大战略部署，对于解决突出生态环境问题、全面推动绿色发展、加快构建生态文明体系具有重大意义。

不断满足人民日益增长的优美生态环境需要。随着我国社会生产力水平明显提高和人民生活显著改善，我国社会主要矛盾已经转化为人民日益增长的美好生活需要和不平衡不充分的发展之间的矛盾。其中，严重的生态环境问题已成为民生之患、民心之痛，生态环境成为满足人民美好生活需要的短板。因此，实施污染防治攻坚，集中力量攻克老百姓身边突出的重污染天气、黑臭水体、垃圾围城等生态环境问题，是人民群众的热切期盼。通过打好蓝天、碧水、净土等标志性战役，逐步改善空气质量，基本消除重污染天气，保障饮用水安全和吃住安全，提供更多优质生态产品，不断提升人民群众的获得感、幸福感、安全感（陈吉宁，2018）。

持续改善生态环境质量。随着污染防治工作的不断深入，近年来我国生态环境质量持续改善，但从总体上看问题依然严重，特别是重点区域环境空气质量不容乐观，臭氧超标问题日益显现，部分区域流域污染仍然较重，耕地重金属污染问题凸显，区域城乡统筹不均衡，农村地区环境污染问题突出。污染防治攻坚战的实施，要推动以生态环境质量改善为目标导向，聚焦大气、水、土壤、生态等重点领域，设计环境质量改善路线图并照图安排和实施相关工作。以细颗粒物和臭氧协同控制为主线，进一步提升空气环境质量；统筹水环境治理、水生态保护、水资源利用，增强水生态系统服务功能；持续实施土壤污染防治行动，有效管控土壤污染环境风险；继续开展农村环境综合整治，建设美丽宜居乡村，逐步建设天蓝、地绿、水清的美丽中国。

推动形成绿色发展方式和生活方式。环境问题产生的主要原因是发展方式、经济结构和消费模式不合理，因此着力解决突出环境问题是推动经济绿色转型升级、提升城乡发展水平、提高发展质量和效益的重要抓手。打好污染防治攻坚战，实行最严格的生态环境保护制度，推动解决产业结构、能源体系、空间布局等问题，提升经济发展水平和降低污染排放负荷，培育壮大节能环保产业、清洁生产产业、清洁能源产业，发展高效农业、先进制造业、现代服务业，形成节约资源和保护环境的空间格局、产业结构、生产方式、生活方式，实现发展与保护的协同共进。

第二节　蓝天保卫战

蓝天保卫战是污染防治攻坚战的重中之重，聚焦重点区域、重点污染物、重点时段和重点领域，推动能源、产业、运输结构调整，开展秋冬季大气污染综合治理，持续改善大气环境质量。

一、稳步推进能源结构调整优化

我国以煤为主的能源结构是导致大气污染形势严峻的关键因素，当前煤炭消费总量保持高位且仍在持续增长，煤炭消费比例超过 50%，京津冀及周边地区单位国土面积煤炭消费量是全国平均水平的 4～6 倍，汾渭平原煤炭在能源消费中占比超过 80%。2013年，我国在《大气十条》中首次提出"煤炭消费总量控制"，对重点区域设置了煤炭消费总量控制目标，随后《三年行动计划》继续在重点区域实施煤炭消费总量控制。

《大气十条》实施以来，通过大力推广可再生能源、开展燃煤锅炉综合治理、实施北方地区清洁取暖等一系列措施，我国煤炭占一次能源消费比例持续降低。2017～2020年，煤炭消费占全国一次能源消费比例由 60.4%降至 56.8%左右，天然气、水电、核电、风电、太阳能等清洁能源消费占一次能源比例从 2017 年的 20.5%提高至 2020 年的 24.3%左右（图 11.2）。淘汰治理无望的燃煤小锅炉约 10 万台，重点区域每小时 35 蒸吨以下燃煤锅炉基本清零。京津冀及周边"2+26"城市和汾渭平原实现中央财政支持北方地区清洁取暖试点全覆盖，累计完成散煤替代 2500 万户左右。

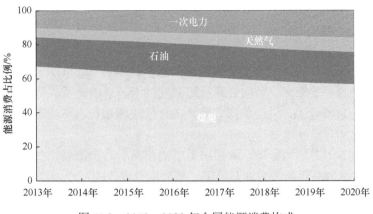

图 11.2　2013～2020 年全国能源消费构成

二、强化重点行业深度治理

我国以重化工为主的产业结构同样是造成大气污染的重要原因。传统产业规模大、比例高，且大量布局在大气污染防治重点区域。例如，京津冀及周边地区钢铁、焦炭、玻璃、原料药等产量分别占全国的 37%、21%、28%、48%，长三角地区发电、钢铁、水泥产量均达到全国的 16%～18%。

2013 年以来，通过积极推进重点行业化解过剩产能、重点行业提标改造、"散乱污"企业清理整治、VOCs 综合治理等一系列措施，强化重点行业深度治理。淘汰落后产能和化解过剩产能钢铁 2 亿 t、水泥 3 亿 t、平板玻璃 1.5 亿重量箱、煤电机组超过 3000 万 kW。持续推进燃煤电厂超低排放改造，累计达 9.5 亿 kW，占比达 89%（图 11.3）；6.5 亿 t 粗钢产能完成或正在实施超低排放改造。开展全国涉气"散乱污"企业清理整顿，重点区域"散乱污"企业基本清零。大力开展工业炉窑排查治理和 VOCs 污染综合整治，印发实施《重点行业挥发性有机物综合治理方案》《2020 年挥发性有机物治理攻坚方案》，完成 VOCs 治理工程超过 5 万项，VOCs 管控效果逐步凸显（生态环境部，2021c）。

图 11.3　2014～2020 年燃煤电厂超低排放改造情况

三、深入推进运输结构调整优化

随着机动车保有量的持续增加和客货运需求的稳步增长，机动车等移动源污染已成为我国大气污染的重要来源。当前公路货运强度过大，京津冀及周边地区等重点区域公路货运比例高达 80% 以上，机动车保有量仍在持续快速增长，移动源污染防治的重要性日益凸显。

为降低交通部门的环境影响，我国统筹"油车路"污染治理，在优化车辆结构、加严车辆标准、升级油品质量等方面开展了一系列卓有成效的工作。自 2015 年底以来，全国累计淘汰老旧机动车超过 1400 万辆，截至 2020 年底全国新能源车保有量达 492 万辆，新能源公交车占比从 20% 提升到 60% 以上（图 11.4）（公安部，2021）。2020 年全国铁路货运量较 2017 年增长 20% 以上。全国范围实施轻型汽车国六排放标准，全面供应"国六标准"车用汽（柴）油，推动车用柴油、普通柴油、部分船舶用油"三油并轨"，彻底解决了车油不匹配难题。

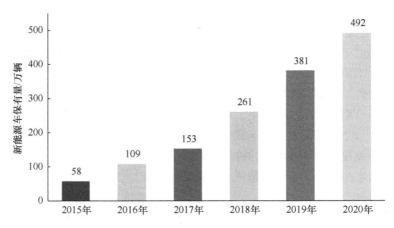

图 11.4 2015～2020 年新能源车保有量增长情况

四、持续开展秋冬季大气污染综合治理

为有效减少重污染天气，《三年行动计划》强化了秋冬季污染防控。自 2017 年起，我国连续 4 年开展京津冀及周边地区、汾渭平原等重点区域秋冬季大气污染综合治理攻坚行动。组织开展重点行业重污染天气应急减排措施绩效分级，覆盖钢铁、焦化等 39 个行业，重点区域共 27.5 万家企业纳入应急减排清单。

重点区域空气质量整体显著改善。2020 年，京津冀及周边"2+26"城市地区、长三角地区和汾渭平原 $PM_{2.5}$ 平均浓度分别为 $51\mu g/m^3$、$35\mu g/m^3$ 以及 $48\mu g/m^3$，相对 2015 年分别下降 36.3%、31.4% 和 14.3%；其中京津冀及周边地区、长三角地区 $PM_{2.5}$ 浓度呈持续下降趋势，汾渭平原 $PM_{2.5}$ 浓度均值在波动中呈整体下降趋势。三个重点区域的 PM_{10}、SO_2、CO 下降明显，2015～2020 年，PM_{10} 浓度分别下降 35.1%、28.2% 和 16.2%；SO_2 浓度分别下降 69.0%、65.5% 和 68.4%；CO 浓度分别下降 46.9%、26.7% 和 46.7%。

三个重点区域 NO_2 浓度变化情况呈现不同特征（图11.5）。其中京津冀及周边地区 NO_2 浓度自 2016 年起整体呈持续下降趋势，2020 年浓度均值相对 2015 年下降 18.6%。长三角地区和汾渭平原 NO_2 浓度整体呈先升后降趋势，特别是自 2018 年《三年行动计划》颁布实施以来呈显著下降趋势；2020 年，长三角地区 NO_2 浓度相对 2015 年水平下降 9.4%；汾渭平原 NO_2 浓度在 2015～2020 年整体升高 6.1%。

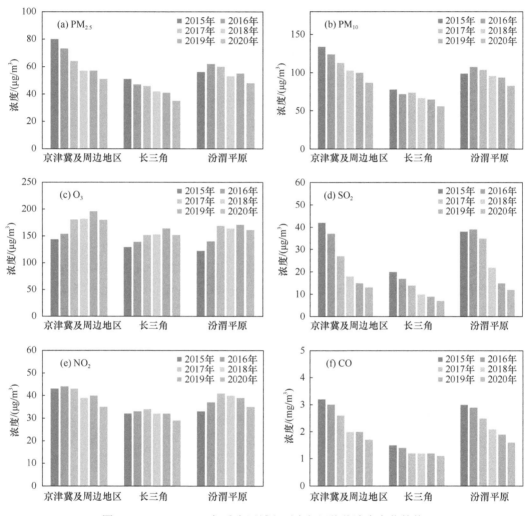

图 11.5　2015～2020 年重点区域主要大气污染物浓度变化趋势

但是，与其他 5 项主要污染物相反，三个重点区域的 O_3 污染状况整体呈恶化趋势。2020 年，京津冀及周边地区、长三角地区和汾渭平原 O_3 日最大 8h 浓度第 90 百分位数浓度均值分别为 $180\mu g/m^3$、$152\mu g/m^3$ 以及 $161\mu g/m^3$，相对 2015 年分别升高 25.0%、17.8% 和 32.0%。O_3 污染已成为影响各区域空气质量全面改善的突出短板。

五、大气环境质量总体持续改善

《三年行动计划》颁布实施以来，在能源结构调整优化、重点行业深度治理、运输结构调整优化、秋冬季综合治理等方面实施了一系列重大举措，圆满完成了蓝天保卫战阶段性目标任务，全面超额完成"十三五"约束性指标。2020年，全国地级及以上337个城市（以下简称337个城市）优良天数比例比2015年上升5.8个百分点，达到87%，超过《三年行动计划》预期目标3.3个百分点（图11.6）；PM$_{2.5}$年均浓度未达标城市平均浓度比2015年下降28.8%，完成了下降18%以上的目标。

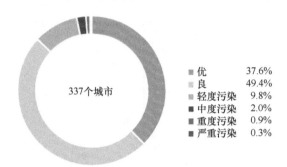

图 11.6   2020 年 337 个城市环境空气质量各级别天数比例

除O$_3$外，PM$_{2.5}$、PM$_{10}$、SO$_2$、NO$_2$、CO共5项主要污染物浓度整体均呈下降趋势（图11.7）。2020年，全国337个城市PM$_{2.5}$浓度均值为33μg/m^3，同比下降8.3%，相对2015年下降28.3%；PM$_{10}$浓度为56μg/m^3，同比下降11.1%，相对2015年下降29.1%；SO$_2$浓度为10μg/m^3，同比下降9.1%，相对2015年下降56.5%；NO$_2$浓度为24μg/m^3，同比下降11.1%，相对2015年下降11.1%；CO浓度为1.3mg/m^3，同比下降7.1%，相对2015年下降31.6%；O$_3$日最大8h浓度第90百分位数浓度均值为138μg/m^3，同比下降6.8%，相对2015年升高12.2%。2020年，6项主要污染物浓度同比均下降，其中，O$_3$浓度自2015年来首次实现下降；NO$_2$浓度在连续几年基本维持不变的情况下出现明显下降。

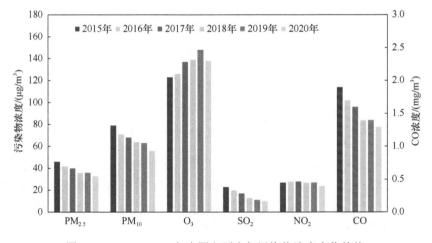

图 11.7   2015～2020 年全国主要大气污染物浓度变化趋势

从城市层面来看，除O$_3$外，各污染物超标城市比例整体呈下降趋势（图11.8）。2020年，空气质量整体达标的城市比例近60%；其中PM$_{2.5}$年均值达标城市比例为62.9%，是

2015年的两倍；PM$_{10}$年均值达标城市比例达到76.9%（表11.2）。2018年以来，337个城市的SO$_2$浓度全部达标；2019年以来，337个城市的CO浓度全部达标，燃煤污染问题得到显著改善。O$_3$超标城市比例从2015年的5.9%增加到2020年的16.6%，其中2019年O$_3$超标城市比例更是达到30.6%。

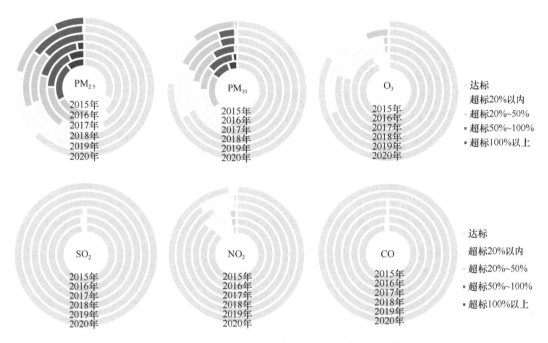

图11.8　2015～2020年全国分城市主要大气污染物超标情况

表11.2　2020年337个城市6项污染物超标城市比例

污染物种类	超标城市比例/%	年评价指标
PM$_{2.5}$	37.1	年均浓度
PM$_{10}$	23.1	年均浓度
O$_3$	16.6	日最大8h浓度第90百分位数
SO$_2$	0.0	年均浓度
NO$_2$	1.8	年均浓度
CO	0.0	24h平均浓度第95百分位数

第三节　碧水保卫战

碧水保卫战实施以来，相继开展了饮用水水源地环境保护、长江保护修复、黑臭水体污染治理、渤海综合治理、农业农村污染治理等标志性战役，集中力量攻克人民群众身边的突出水环境问题。

一、饮用水水源地环境保护

为加快解决"一些地区饮用水水源保护区划定不清、边界不明、违法问题多见"的饮用水水源地突出环境问题，2018年3月《全国集中式饮用水水源地环境保护专项行动方案》印发，生态环境部、水利部联合开展全国集中式饮用水水源地环境保护专项行动，实施县级及以上城市（包括县级人民政府驻地所在镇）地表水型集中式饮用水水源保护区"划（划定饮用水水源地保护区）、立（设立保护区边界标志）、治（整治保护区内环境违法问题）"三项重点任务，定期开展水质监测，确保饮用水水源地水质得到保持和改善。

在开展集中式饮用水水源保护区划定方面，截至2020年底，全国农村10 638个千吨万人水源和长江经济带9973个乡镇级别水源全部完成保护区划定工作，全国乡镇级集中式饮用水水源保护区划定率达到91.3%。饮用水安全保障水平持续提升，2018年底，完成长江经济带县级及以上城市水源保护区内违法违规环境问题排查整治目标；2019年底，实现全国所有县级及以上水源地环境问题清理整治目标，累计完成317个地市1611个县的2804个水源地10 363个问题整治，有力提升了涉及7.7亿居民的饮用水环境安全保障水平。2020年，监测的地级及以上城市在用集中式生活饮用水水源断面（点位）全年均达标的比例为94.5%，比2017年提升4个百分点；其中地表水水源监测断面（点位）达标比例提升4个百分点，地下水水源监测点位达标比例提升3.1个百分点（图11.9）。

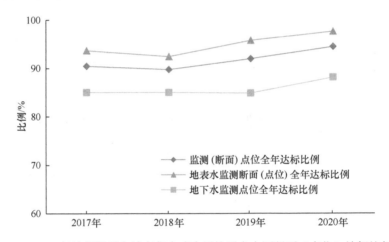

图11.9　2017～2020年地级及以上城市集中式生活饮用水水源断面（点位）达标比例变化趋势

二、城市黑臭水体治理

为进一步扎实推进城市黑臭水体治理工作，巩固黑臭水体治理成果，2018年10月，住房和城乡建设部联合生态环境部印发《城市黑臭水体治理攻坚战实施方案》，加快实施"控源截污、内源治理、生态修复、活水保质"等黑臭水体治理工程，建立健全长效管护和监督管理机制，确保地级及以上城市建成区基本实现"长制久清"。加快补齐了城市环境基础设施短板，住房和城乡建设部、生态环境部、国家发展和改革委员会联合印发《城镇污水处理提质增效三年行动方案（2019—2021年）》，有序推进城镇污水处理"提质增效"。全国地级及以上城市新建污水管网9.9万km，新增污水处理能力4088万t/d。据统计，2019年以来，全国地级及以上城市累计排查污水管网27.5万km，消除生活污水直排口1.76万个，消除收集管网空白区1200多平方千米。

此外，2018 年以来，生态环境部联合住房和城乡建设部，以直辖市、省会城市、计划单列市和长江经济带、黄河流域地级城市为重点，连续开展了地级及以上城市黑臭水体整治环境保护专项行动。截至 2020 年底，全国 295 个地级及以上城市（不含州、盟）共有黑臭水体 2914 个，消除数量 2863 个，消除比例 98.2%，总体实现城市黑臭水体治理攻坚战目标。

三、长江保护修复

2018 年 12 月，生态环境部、国家发展和改革委员会联合印发的《长江保护修复攻坚战行动计划》（以下简称《长江行动计划》）明确了"深入开展劣 V 类国控断面整治、入河排污口排查整治、自然保护区监督检查、'三磷'排查整治、打击固体废物环境违法行为、饮用水水源地保护、城市黑臭水体治理、工业园区污水处理设施整治"八大专项行动，整体推进长江保护修复攻坚任务。实地排查长江干流及 9 条主要支流岸线 2.4 万余千米，排查长江入河排污口 60 292 个。建立以排污许可制为核心的固定污染源监管制度体系，共计核发排污许可证 14.13 万张，登记排污单位 106.58 万家。全面完成长江经济带水质自动监测站建设，实现长江干流及重要支流省–市–县跨界断面自动监测全覆盖。

为切实解决群众反映强烈的生态环境热点难点问题，生态环境部会同中央广播电视总台连续三年拍摄长江经济带生态环境警示片，披露了一批生态环境突出问题，并将警示片披露问题纳入中央环保督察重点督办，推动问题整改。2020 年，长江流域水环境持续向好，水质优良断面（I～III 类）比例为 96.7%，劣 V 类国控断面首次全部消劣，干流首次全线达到 II 类水质（图 11.10）；地级及以上城市集中式饮用水水源水质优良比例达 97.6%。

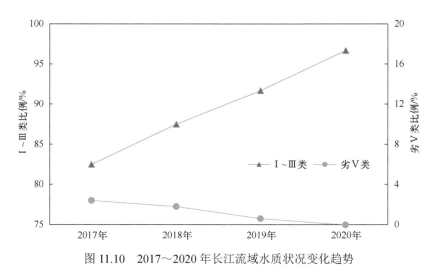

图 11.10　2017～2020 年长江流域水质状况变化趋势

四、渤海综合治理

为确保渤海生态环境不再恶化，2018 年 11 月，生态环境部、国家发展和改革委员会、自然资源部联合印发《渤海综合治理攻坚战行动计划》，以"1+12"沿海城市、即天津市和其他 12 个沿海地级及以上城市（大连市、营口市、盘锦市、锦州市、葫芦岛市、秦皇岛市、唐山市、沧州市、滨州市、东营市、潍坊市、烟台市）为重点，坚持陆海统筹、以海定陆，协同推进污染控制、生态保护、风险防范等任务。

污染治理方面，环渤海 92 条非国控入海河流全部纳入常规水质监测，50 条国控入海河流断面（除五里河断流外）全部消除劣 V 类，完成 31 个"两类"排污口（非法和设置不合理排污口)的清理整治工作；自 2020 年 7 月起,纳入监测的日排水量大于 $100m^3$ 的工业直排海污染源实现稳定达标排放；加大海水养殖污染生态环境监管力度，开展渔港环境综合整治，完善渔港污染防治配套设施。

生态保护方面，划定环渤海"三省一市"海洋生态保护红线区管辖范围和面积，使之占"三省一市"管辖海域面积 37.52%（目标 37%），自然岸线保有率 36.28%（目标 35%），完成非法占用生态保护红线区的围填海项目（仅 1 处因资产涉黑查封暂无法拆除）非法围填海和违规构筑物的拆除。以"河长制""湖长制"为抓手，保障河湖生态流量，实施滨海湿地生态补水近 12 亿 m^3，创建国家级海洋牧场示范区 47 个。

风险防范方面，开展危险化学品安全专项整治三年行动，防范化解危险化学品重大安全风险；完成海洋石油净空高风险区、敏感区等的摸底调查，渤海海洋石油勘探开发溢油风险评估，建立渤海海上油气开采安全生产国家专业应急救援力量。

渤海生态环境质量实现持续向好，累计完成滨海湿地整治修复 8891hm^2（目标 6900hm^2），整治修复岸线 132km（目标 70km），攻坚战 5 项核心目标任务圆满完成。2020 年，渤海近岸海域水质优良（Ⅰ类、Ⅱ类水质）比例达到 82.3%，比 2018 年提升 16.9 个百分点；劣Ⅳ类水质比例为 4.1%，比 2018 年下降 7.3 个百分点（表 11.3）。

表 11.3 环渤海"三省一市"近岸海域水质改善情况

区域 （水质目标）	优良水质面积比例/%		劣Ⅳ类水质面积比例/%	
	2020 年	2018 年	2020 年	2018 年
渤海（73%）	82.3	65.4	4.1	11.4
辽宁（75%）	80.3	72.9	7.9	9.9
河北（80%）	99	90.4	0	2.6
天津（16%）	70.4	60.6	4.7	7.2
山东（75%）	78.3	48.5	2.3	17.1

五、农业农村污染治理

为加快解决农业农村突出环境问题，2018 年 11 月，生态环境部、农业农村部印发《农业农村污染治理攻坚战行动计划》，提出到 2020 年，实现"一保两治三减四提升"："一保"，即保护农村饮用水水源，农村饮水安全更有保障；"两治"，即治理农村生活垃圾和污水，实现村庄环境干净、整洁、有序；"三减"，即减少化肥、农药使用量和农业用水总量；"四提升"，即提升主要由农业面源污染造成的超标水体水质、农业废弃物综合利用率、环境监管能力和农村居民参与度。

农业农村生态环境保护工作积极推进，完成攻坚战行动计划确定的各项指标任务。农村环境整治稳步实施，中央财政安排专项资金 206 亿元，支持 15 万个行政村开展环境整治。农村污水处理率达到 25.5%，日处理规模达到 1687.1 万 t。开展全国农村生活污水治理现状摸底调查及农村黑臭水体排查，各省（自治区、直辖市）完成县域农村生活污水治理专项规划编制，10 个省（自治区、直辖市）34 个县区开展农村生活污水（黑臭水体）治理试点。全国农村生活垃圾进行收运处理的行政村比例超过 90%，排查出的 2.4 万个非正规垃圾堆放点基本整治完成。三大粮食作物化肥、农药利用率均达到 40% 以上，农业废弃物资源化利用水平稳步提升，全国秸秆综合利用率、农膜回收率分别达到 86.7%、80%。全国畜禽粪污综合利用率达到 75%，规模养殖场粪污处理设施装备配套率达到 95%，畜禽养殖行业纳入排污许可管理。全国农村生态环境监测网络逐步完善，初步建立农业农村生态环境监管信息平台。

六、水环境质量明显改善

碧水保卫战实施以来，全国水环境质量得到明显改善。2020 年，全国地表水监测的 1937 个水质断面（点位）中，Ⅰ～Ⅲ类水质断面（点位）比例为 83.5%，劣Ⅴ类断面（点位）比例为 0.62%（图 11.11）；长江、黄河、珠江、松花江、淮河、海河、辽河七大流域和浙闽片河流、西北诸河、西南诸河主要江河监测的 1614 个水质断面中，Ⅰ～Ⅲ类水质断面占 87.4%，劣Ⅴ类占 0.2%（图 11.12）；渤海近岸海域水质优良（Ⅰ类、Ⅱ类水质）比例达到 82.3%；全国化学需氧量和氨氮排放量较 2015 年排放量减少比例分别为 13.81% 和 14.97%，超额完成碧水保卫战目标指标要求。

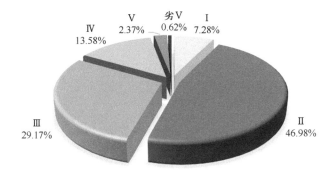

图 11.11　2020 年全国地表水水质状况

从近年来变化趋势看，水质整体向好，污染严重水体较大幅度减少，Ⅰ～Ⅲ类断面比例逐年增高，劣Ⅴ类断面比例逐年下降（图 11.13）。2020 年，Ⅰ～Ⅲ类断面比例比 2017 年增长了 15.5 个百分点，劣Ⅴ类断面比例比 2017 年减少了 7.7 个百分点；长江、黄河、珠江、松花江、淮河、海河、辽河七大流域和浙闽片河流、西北诸河、西南诸河水质改善明显，Ⅰ～Ⅲ类断面比例比 2017 年增长了 15.6 个百分点，劣Ⅴ类断面比例比 2017 年减少了 8.2 个百分点（图 11.14）；七大流域Ⅰ～Ⅲ类断面比例均显著提升，除海河流域外，其他六大流域均无劣Ⅴ类水质断面（点位）。主要污染物排放量持续减少，截至 2020 年底，全国化学需氧量和氨氮排放量分别为 1916.34 万 t 和 195.52 万 t，五年累计减排量分别为 307.17 万 t 和 34.42 万 t，较 2015 年排放量减少比例分别为 13.81% 和 14.97%，完成了化学需氧量、氨氮排放量减少 10% 以上的目标。

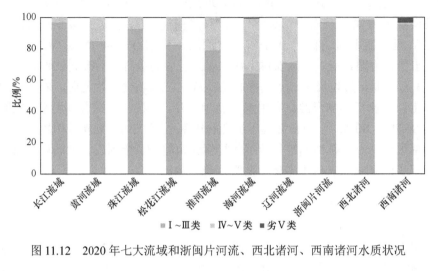

图 11.12　2020 年七大流域和浙闽片河流、西北诸河、西南诸河水质状况

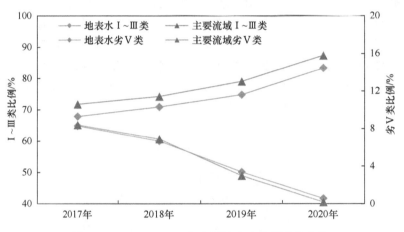

图 11.13　2017～2020 年全国地表水水质变化趋势

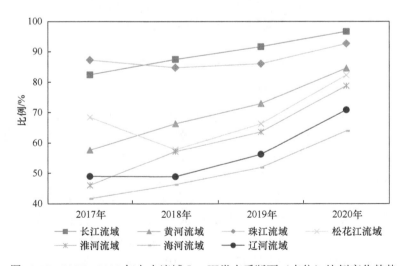

图 11.14　2017～2020 年七大流域 I ～Ⅲ类水质断面（点位）比例变化趋势

第四节 净土保卫战

净土保卫战以补齐基础短板、严格新增污染、防控环境风险为核心，开展土壤污染状况详查和法律法规标准体系建设，实施污染源头防控、农用地安全利用和建设用地风险管控，保障土壤环境安全。

一、开展全国土壤污染状况调查

全面准确掌握污染底数是开展土壤污染防治工作的重要基础，1999 年以来，国土资源部开展了多目标区域地球化学调查；2012 年，农业部启动了农产品产地土壤重金属污染调查，调查面积 16.23 亿亩。2005 年 4 月至 2013 年 12 月，环境保护部会同国土资源部开展了首次全国土壤污染状况调查，调查点位覆盖全部耕地、部分林地、草地、未利用地和建设用地，实际调查面积约 630 万 km^2，基本掌握了全国土壤环境总体状况。但总体上看，已完成的土壤环境调查虽然初步掌握了全国土壤污染的基本特征和格局，但是由于调查时间跨度大、方法不统一、精度低，难以满足土壤污染风险管控和治理修复的需要。

为进一步摸清全国土壤污染状况，准确掌握污染耕地的地块分布，评估土壤污染对农产品质量和人群健康的影响，2016 年 12 月，环境保护部、财政部、国土资源部、农业部、卫生和计划生育委员会联合印发《全国土壤污染状况详查总体方案》，部署启动全国土壤污染状况详查工作。详查以农用地和重点行业企业用地为重点，其中农用地土壤污染状况详查共在全国布设 55.8 万个详查点位，完成近 70 万份农用地样品的采集、分析测试、数据上报及成果集成工作，基本查明了农用地土壤污染的面积、分布及其对农产品质量的影响；重点行业企业用地调查以 10.6 万个存在潜在土壤或地下水污染风险的在产与关闭搬迁企业地块作为调查对象，并选取 1.3 万个典型地块开展土壤和地下水采样调查，基本掌握了我国重点行业企业用地土壤及地下水污染状况和环境风险情况。

同时，为掌握土壤污染变化趋势，生态环境部会同农业农村部、自然资源部建立国家土壤环境监测网。截至 2020 年底，在全国设置近 8 万个土壤环境监测站（点），基本实现了所有土壤类型、县域和主要农产品产地的全覆盖。

二、建立土壤污染防治法规标准体系

长期以来，我国关于土壤污染防治的规定主要分散在水污染防治、农业污染防治、固体废物污染防治等相关法律法规中，土壤污染防治相关法规标准缺失是制约土壤污染防治的短板。为指导土壤污染风险管控工作和保障人体健康，将建立土壤污染防治法规标准体系作为净土保卫战的重要基础性工作。2018 年 8 月 31 日，第十三届全国人民代表大会常务委员会第五次会议通过《中华人民共和国土壤污染防治法》，并于 2019 年 1 月 1 日起正式实施。《中华人民共和国土壤污染防治法》是我国首部专门的土壤污染防治相关法律，填补了我国土壤污染防治法律空白，明确了企业防止土壤受到污染的主体责任，强化污染者的治理责任，明确政府和相关部门的监管责任，建立农用地分类管理和建设用地准入管理制度，加大环境违法行为处罚力度，为扎实推进净土保卫战提供了坚强有力的法治保障。

生态环境部等相关部门根据土壤污染防治工作实际，先后印发实施农用地、工矿用地、污染地块土壤环境管理办法，以及农用薄膜、农药包装废弃物回收处理管理办法等5项部门规章；修订《中华人民共和国农药管理条例》《中华人民共和国土地管理法实施条例》；制修订农用地、建设用地土壤污染风险管控2项标准，以及建设用地风险管控、耕地安全利用、农业投入品污染防治、污染源监管、环境影响评价等一系列技术规范和方法，基本建立法规标准框架体系（图11.15）。

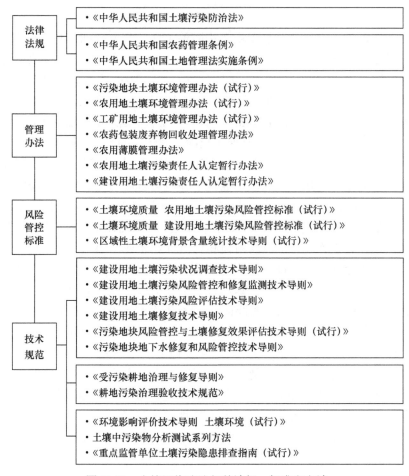

图11.15 土壤污染防治相关法规、标准和方法

三、严格管控土壤污染源环境风险

土壤污染防治以影响土壤环境质量的有色金属矿采选、有色金属冶炼、化工、电镀等行业企业为重点，建立重点行业企业用地全过程污染防控机制，完善土壤环境准入、过程监管、退役地块调查等要求。实行土壤污染重点监管单位名录化监管，根据工矿企业分布和污染物排放情况，确定约1.3万家土壤污染重点监管单位（图11.16），并督促它们落实土壤污染防治义务。全国共建立全口径涉重金属重点行业企业清单1.3万余家，积极推动重点行业重点重金属污染物减排。

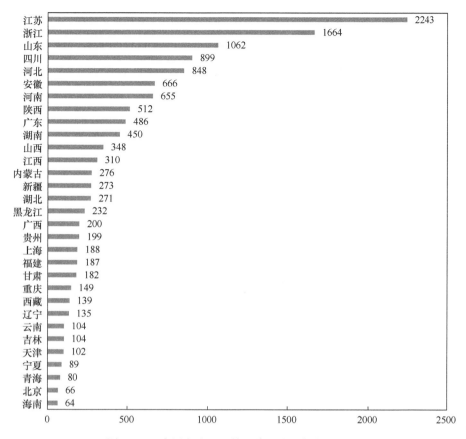

图 11.16　全国各省份土壤污染重点监管单位分布

持续推动固体废物污染防治，全面整治尾矿、煤矸石、冶炼渣等固体废物堆存场所，完善防扬散、防流失、防渗漏等措施，整治完成各省份排查、长江经济带"清废行动"、中央生态环保督察信访等发现的工业固体废物堆存场所共 3000 余个。完成 6 万家企业和 250 余个化工园区危险废物环境风险专项排查，基本完成长江经济带重点尾矿库污染治理。开展"洋垃圾"专项行动，2017～2020 年，我国固体废物进口量分别为 4227 万 t、2263 万 t、1348 万 t 和 879 万 t，相比改革前（2016 年）分别减少 9.2%、51.4%、71.0% 和 81.1%，累计减少进口固体废物约 1 亿 t，完成 2020 年底前基本实现固体废物零进口目标（生态环境部，2021e）。

四、实施农用地土壤环境分类管理

农用地土壤环境质量事关广大人民群众"菜篮子"、"米袋子"和"水缸子"安全，是重大的民生问题。但是由于我国土地幅员辽阔，受城镇化发展、工业污染源类型、分布及排放的威胁，不同地区农用地土壤环境质量现状存在巨大差异。因此针对农用地土壤环境管理，需要分类采取不同的利用与保护措施，使有限的农用地土壤发挥最佳的资源利用效益。目前已组织开展的农用地分等定级主要反映土地生产力水平的差异，根据地理区位、水热条件、经济价值等因素将农用地划分为不同等级。为提高农用地土壤环境风险管理的针对性和有效性，按照土壤污染程度和产出农产品质量等相关标准，对农用地实施分类管理，将其划分为优先保护类、安全利用类和严格管控类三个类别，分别采取优先保护、安全利用、严格管控措施，最大限度降低农产品超标风险（图11.17）。

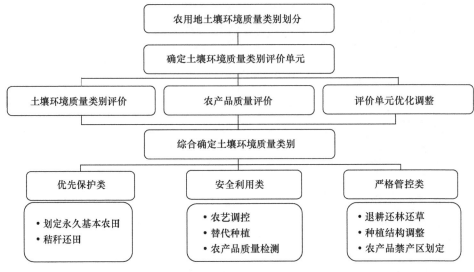

图 11.17　农用地土壤环境质量分类管理

全面实施农用地土壤环境分类管理。针对优先保护类农用地，通过加强企业监管、划定永久基本农田、质量提升等措施，保护农用地土壤环境质量；针对安全利用类农用地，采取农艺调控、替代种植、农产品质量检测等措施，保障产出农产品质量安全；针对严格管控类农用地，采取退耕还林还草、种植结构调整、农产品禁产区划定等措施，管控土壤环境风险。通过建立受污染耕地安全利用集中推进区，开展受污染耕地安全利用与治理修复技术应用试点，积极探索低累积品种替代、农艺调控+轮作间作、种植结构调整、植物修复+无害化处理、重金属钝化等典型模式，逐步实现大面积推广和应用，到2020年全面完成受污染耕地安全利用率达到90%左右的目标，有效保障老百姓"吃得放心"。

五、推动建设用地土壤准入管理

近年来，随着城市"退二进三"、城镇人口密集区危险化学品生产企业搬迁改造等政策实施，我国产生了大量建设用地污染地块，对公众健康和环境构成严重威胁，也成为地方经济发展的瓶颈。发达国家对建设用地的土壤环境问题提出了基于风险的监管措施。例如，美国超级基金建立了污染场地风险管控体系，将发现的污染地块纳入潜在危险物质释放地块名录，综合采取风险评估、风险管控和修复等措施，防止污染周边环境，同时提出棕地开发利用的系列政策，推动工业地块再利用。

借鉴发达国家经验，我国建立并逐步完善了建设用地土壤环境管理制度，确立了以风险管控为核心的建设用地土壤环境管理思路，形成了较为清晰的调查–风险评估–管控修复–效果评估的管理流程，初步建立了多部门联合推进的建设用地准入管理机制。根据《中华人民共和国土壤污染防治法》，建立建设用地土壤污染风险管控和修复名录制度，全国累计公开列入名录地块 1000 余块（图 11.18）。有序推进建设用地风险管控和修复，对于达到土壤污染风险评估报告确定的风险管控、修复目标且可以安全利用的地块，及时组织效果评估报告评审并移出名录，目前移出名录地块数量 200 余块，有效保障老百姓"住得安心"。

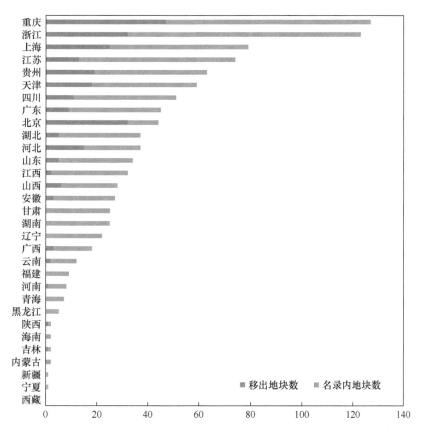

图 11.18 全国各省份建设用地土壤污染风险管控和修复名录地块数目

六、加强固体废物污染防治

我国固体废物排放量大、处置能力薄弱，其处理处置及其对环境的影响是当前关注的主要问题之一。为落实全面禁止"洋垃圾"入境要求，2017 年，国务院印发《禁止洋垃圾入境推进固体废物进口管理制度改革实施方案》，生态环境部会同海关总署等 14 个部际协调小组成员单位，建立堵住"洋垃圾"入境长效机制，加大全过程监管力度，持续严厉打击"洋垃圾"走私，2020 年，我国固体废物进口量相比 2016 年减少 81.1%，累计减少进口固体废物约 1 亿 t，自 2021 年 1 月 1 日起，全面禁止进口固体废物。开展"11+5"个城市"无废城市"建设试点，共安排 900 余项任务，500 余项工程项目，涉及投入 1200 余亿元，初步凝练出一批可复制、可推广的示范模式。不断提升危险废物监管和处置能力，到 2020 年底，全国危险废物集中利用处置能力超过 1.4 亿 t/a。组织开展危险废物环境风险专项排查整治行动，共排查 6 万家企业和 250 余个化工园区，基本完成长江经济带重点尾矿库污染治理。加快补齐医疗废物处置短板，生态环境部联合有关部门印发《医疗机构废弃物综合治理工作方案》和《医疗废物集中处置设施能力建设实施方案》，强化医疗机构废弃物综合治理，推动医疗废物收集、运输和集中处置设施建设。

第五节　污染防治攻坚战主要经验

党的十八大以来，我国在污染防治顶层设计、治理责任落实、协调联控、加强科技支撑、完善经济政策保障等方面取得宝贵经验，为今后污染防治工作提供经验借鉴。

一、以保障人民群众身体健康作为根本出发点

污染防治攻坚战以保障人民群众身体健康为根本出发点，将群众反映强烈的大气、水、土壤污染问题作为集中攻坚领域，推动实施以蓝天、碧水、净土三大保卫战为核心的污染治理行动，不断改善生态环境质量，增强人民群众的获得感、幸福感和安全感。优先开展秋冬季大气污染综合治理攻坚行动，以京津冀及周边地区"2+26"城市和汾渭平原城市为重点，强化多污染物协同控制和区域协同治理，深入开展钢铁行业、柴油货车、锅炉炉窑、挥发性有机物（VOCs）、秸秆禁烧和扬尘专项治理。加大水污染综合治理力度，消除大江大河劣V类和小河小沟黑臭水体，在"好水""差水"两头上彰显治污成效，打响水源地环境保护、长江保护修复、黑臭水体污染治理、渤海综合治理、农业农村污染治理等标志性战役，集中力量攻克人民群众身边的突出环境问题。保障群众吃得放心、住得安心，实施涉镉等重金属重点行业企业三年排查整治，开展受污染耕地安全利用，加强农产品质量安全监测和超标处置，保障粮食流通安全，完善土壤污染调查、风险评估、管控和修复、效果评估等全过程监管要求，有序推动建设用地土壤污染风险管控和修复，严格建设用地准入管理制度，防止未经调查或未达到风险管控目标的地块进入开发利用环节。

二、推动各方落实污染治理责任

党中央、国务院的高度重视有力推动了各方污染防治责任落实。党的十八大以来，生态环境监管体制机制逐步完善，整合分散的生态环境保护职责，建立了多部门参与的协调联动机制，打破部门界限和空间壁垒，充分发挥各方合力。从国家层面到地方层面，建立了有效压实各方责任的污染防治管理制度和治理体系，"党政同责、一岗双责"得到落实，齐抓共管、合力攻坚的治理格局正在逐步形成，为污染防治攻坚战实施提供了坚实保障。2019年11月，经党中央、国务院批准，成立了中央生态环境保护督察工作领导小组，强化了督察的领导体制，进一步完善了中央环保督察体制，建立了涵盖预警、约谈、问责全流程的工作机制，对未完成环境质量改善目标、污染问题突出的地区开展预警提醒，情况严重的进行约谈，并交由地方政府问责。建立健全河湖"湾长制"，通过水质断面把流域保护的责任层层分解到各级行政区域和各级河长、湖长，构建责任明确、协调有序、监管严格、保护有力的江河湖海保护体制。自2017年起，生态环境部每年组织开展污染防治监督帮扶工作，形成了强化督查、巡查、专项督查、量化问

题规定、信息公开、宣传方案"1+6"方案体系，建立了排查—交办—核查—约谈—专项督查的五步法工作机制。其中 2020 年从全国抽调人员 6000 余人次，以夏季 O_3 和秋冬季 $PM_{2.5}$ 两项指标为焦点，开展了 12 轮次累计 170 余天的大气污染防治重点区域监督帮扶。

三、科技支撑引领科学治污

为加强生态环境治理的科技支撑，国家实施一批重大环保科研项目，推升对环境领域前沿重大专项研究与国家实验室等重大科技平台建设的支持力度，集中攻克一批环保热点难点问题和关键共性技术，提高科学、精准治污水平。为有效支撑重点区域重污染天气防治，摸清重污染天气成因，依托总理基金"大气重污染成因与治理攻关项目"，环境保护部于 2017 年组建国家大气污染防治攻关联合中心，集中全国近 3000 名科技工作者，经过 3 年的努力，在成因机制、影响评估、精准治理等方面实现了一批关键技术突破，弄清了区域秋冬季大气重污染的成因，精准识别了区域污染排放特征和重点问题，提出了深化大气污染防治工作的方案建议。依托国家科技重大专项"水体污染控制与治理"，国家重点研发计划"大气污染成因与控制技术研究""农业面源和重金属污染农田综合防治与修复技术研发""场地土壤污染成因与治理技术""长江黄河等重点流域水资源与水环境综合治理"，国家自然科学基金"中国大气复合污染的成因、健康影响与应对机制"联合重大研究计划等科研项目，开展重点领域污染成因识别、高效治理、科学监管等技术体系研究和集成示范，建立污染防控与修复系统解决技术方案与产业化模式。此外，为助力地方精准治污、科学治污，环境保护部（2018 年 3 月撤销，组建生态环境部）还组织专家团队深入"2+26"城市和汾渭平原开展"一市一策"技术帮扶，边研究、边产出、边应用，针对性地提出各地大气污染成因和解决方案。

四、突出污染全过程精准治理

我国规定了一系列以污染物排放控制为核心的法律制度和要求，将总量减排作为约束性指标纳入经济社会发展规划，但是总量控制成效与公众切身感受存在不一致、不匹配等问题，部分地区环境质量较差。因此，我国构建了以环境质量改善为核心的环境管理思路和实施路径，推动污染末端治理向全过程精细化管控转变。首先健全环境治理制度体系建设，不断改革和完善环境影响评价、污染排放标准、总量控制、排污许可、排污收费等环境管理制度。对固定污染源实施全过程管理和多污染物协同控制，到 2020 年核发排污许可证 33.77 万张，下达排污限期整改通知书 3.15 万家、排污登记表 236.52 万家，全面落实企业治污责任。加强重点领域污染防治，突出重污染天气治理和重点区域大气环境改善，注重水污染防治"抓两头带中间"，在长江经济带率先实施入河污染源排放、排污口排放和水体水质联动管理。提升环境治理体系和治理能力，积极践行绿色生产方式，大力开展技术创新，加大清洁生产推行力度，减少污染物排放。健全环境治理监管监测体系，构建生态环境监测网络，实现环境质量、污染源和生态状况监测全覆盖，全面提高监测自动化、标准化、信息化水平。

五、加强重点区域重点流域联防联控

围绕大气、水污染治理难点，我国逐步建立起联防联控的协调机制，推动跨区域、跨流域污染防治联防联控。《大气十条》实施以来，我国持续深化重点区域的大气污染防治协作机制。以大气污染防治形势突出的京津冀及周边、长三角和汾渭平原地区为重点，探索实施统一规划、统一标准、统一监测、统一治理等举措，在区域层面协同推进重污染天气应对、机动车监管等重点工作，力图打破行政区划界限，实现资源共享、责任共担，增强协同减排效果。2017～2020 年，在大气污染严重的京津冀及周边地区、汾渭平原实施北方地区清洁取暖、重污染天气应急联动等区域性强化措施，有效降低了秋冬季 $PM_{2.5}$ 浓度。建立了全国水污染防治工作协作机制，推动京津冀及周边地区、长三角、珠三角分别建立水污染防治联动协作机制，开展区域流域协作，形成水污染防治工作合力。

六、完善环境经济政策保障

为切实保障污染防治目标的圆满实现，国家实施了一系列环境经济政策。在财政、补贴政策方面，2013 年设立了大气污染减排专项资金，2013～2020 年，中央累计安排专项资金 1225 亿元，用于支持北方地区冬季清洁取暖、工业污染深度治理、移动源污染防治等重点工作，有效推动产业结构、能源结构、运输结构不断优化调整。此外，中央设立水污染防治专项资金、土壤污染防治专项资金，支持重点流域水污染防治、水质较好江河湖泊生态环境保护、饮用水水源地环境保护、地下水环境保护及污染修复、城市黑臭水体整治，以及土壤污染源头防控、风险管控、修复治理、监测、评估、调查等工作。在税收、价格政策方面，构造了以环境保护税为主体，以资源税为重点，以车船税、车辆购置税、消费税等税种为辅助的绿色税收体系和差别化价格政策体系。该税自 2018 年 1 月 1 日起实施，截至 2020 年累计征收 579 亿元。资源税征税形式由"按超额利润征收"演变到"从量计征"到"从价计征"，2020 年共计征税 1755 亿元。在消费税方面，对部分涉大气污染物排放的重要产品加以征收。在价格政策方面，对铁合金、电石、烧碱、水泥、钢铁、黄磷、锌冶炼 7 个行业实行差别电价，对限制类、淘汰类的企业用电实行加价，对电解铝、水泥、钢铁行业实行基于能耗的阶梯电价，体现出推动结构调整的激励约束导向作用。

第六节　深入打好污染防治攻坚战展望

"十四五"时期，我国生态文明建设进入了以降碳为重点战略方向、推动减污降碳协同增效、促进经济社会发展全面绿色转型、实现生态环境质量改善由量变到质变的关键时期，深入打好污染防治攻坚战是我国"十四五"乃至今后更长时期的一项重要举措。面向 2035 年基本实现美丽中国建设目标，需保持污染防治攻坚定力，以生态环境质量持续改善为核心，以蓝天、碧水、净土保卫战为主攻方向，继续打好一批标志性战役，力争在重点区域、重要领域、关键指标上实现新突破，突出依法、科学、精准治污，实

现主要污染物排放总量持续下降，重污染天气、城市黑臭水体基本消除，土壤污染风险有效管控，固体废物和新污染物治理能力明显增强，生态系统质量和稳定性持续提升，生态环境治理体系更加完善（孙金龙和黄润秋，2021）。

一、持续改善大气环境质量

聚焦秋冬季细颗粒物污染和夏秋季臭氧污染，加大重点区域、重点行业结构调整和污染治理力度，大力推进挥发性有机物和氮氧化物协同减排，加快推进水泥、玻璃、有色、石油化工等行业超低排放技术规模化应用，协同减轻 O_3 和 $PM_{2.5}$ 污染。持续优化产业、能源、交通结构，推进产业集群综合治理，加快现有产能升级改造与布局调整；以碳达峰、碳中和目标为统领，推动能源体系清洁低碳发展，谋划构建中长期清洁零碳能源体系；深化运输结构调整，加快大宗货物和中长途货物运输"公转铁""公转水"，积极推动车船升级优化，推进老旧车船提前淘汰更新。加大重点领域科研攻关，开展 O_3 形成机制和主控因子研究，识别影响各地 O_3 生成的关键活性 VOCs 物质；推动 $PM_{2.5}$ 和 O_3 污染相互影响机制和协同控制方法、NO_x 和 VOCs 协同减排技术、监测监管能力、关键技术装备等领域科技攻关。

二、推进水生态环境系统保护

在巩固碧水保卫战成果的基础上，推进由水污染防治向水生态系统保护转变。突出水生态系统保护和水生态健康恢复，以各流域水生态系统结构和功能恢复为目标，以重要生境、生物资源保护与恢复为抓手，全面改善河湖水生态状况。实施流域水生态环境空间精细化管控，鼓励将国家控制单元继续划分为更小的控制单元。深化排污口设置和监督管理改革，建立健全"水体–入河排污口–排污管线–污染源"联动管理的水污染物排放治理体系。加强农村饮用水水源保护和生活污水垃圾治理，推进农村饮用水水源地规范化建设和风险排查整治。以京津冀、长江经济带、黄河流域为重点区域，推进农村生活污水治理统一规划、建设、运行和管理，加强农村生活污水处理设施监测。深入实施农村黑臭水体治理，统筹开展流域综合整治、农村水系综合治理、美丽乡村建设等工作。深化水环境、水资源、水生态系统治理，坚持污染减排与生态扩容同步实施，构建水环境、水资源、水生态统筹兼顾、多措并举、协调推进的格局。

三、综合管控土壤环境风险

深入推进土壤污染防治和安全利用，保障农产品质量安全和人居环境安全。强化镉等重金属污染源头管控，深入实施污染农用地断源行动，开展在产工业企业和园区土壤及地下水环境调查评估、土壤环境风险预警监控体系和风险管控技术与管理综合试点建设。以用途变更为住宅、公共管理与公共服务等用地的污染地块为重点，有序开展风险管控和修复。巩固提升农用地安全利用成效，逐步建立区域适用的安全利用技术模式，研究特定农产品禁产区土地流转及生态补偿政策。推进医疗废物综合整治行动，加快补齐医疗废物收集处理设施短板，完善重大疫情期间医疗废物应急处置制度保障体系。持续开展"无废城市"建设，推进形成"无废社会"。加强新污染物治理，完善有关法律法规和标准体系，实施风险清单化管理。深入实施农业面源污染治理，开展种植产业模式生态化试点。持续深化农村"厕所革命"、生活污水治理、生活垃圾治理、村容村貌整体提升等重点任务，强化长效管护机制，不断提升农村人居环境质量。

四、提高生态环境治理现代化水平

综合运用行政、市场、法治、科技等多种手段，建立地上地下、陆海统筹的生态环境治理制度，全面提升生态环境治理能力现代化水平。加快构建政府为主导、企业为主体、社会组织和公众共同参与的生态环境共治体系，开展目标评价考核，严格实行中央和省（自治区、直辖市）两级生态环境保护督察体制。健全环境治理企业责任体系，依法实行排污许可管理制度，推进生产服务绿色化，加强全过程管理，减少污染物排放。健全环境治理全民行动体系，完善公众监督和举报反馈机制。健全环境治理监管体系，统一实行生态环境保护执法，强化对破坏生态环境违法犯罪行为的查处侦办。健全环境治理市场体系，引导各类资本参与环境治理投资、建设、运行，强化环保产业支撑。全面提升生态环境治理能力，加快构建陆海统筹、天地一体、上下协同、信息共享的生态环境监测网络，实现环境质量、污染源和生态状况监测全覆盖。完善生态环境监测技术体系，全面提高监测自动化、标准化、信息化水平，推动实现环境质量预报预警。积极推行环境污染第三方治理，开展园区污染防治第三方治理示范。

（本章执笔人：王金南、刘瑞平、徐敏、郑逸轩、王晓婷）

第十二章 水安全保障

水是生命之源、生产之要、生态之基。兴水利，除水害，保障水安全，事关人类生存、经济发展、社会进步和生态文明，历来是治国安邦的大事。新中国成立以来，我国在水安全保障方面成绩斐然，总体处于相对安全级别，但受自然禀赋、全球气候变化和治理能力等影响，我国水安全仍面临巨大的挑战，水安全保障程度与高质量发展需求和生态文明要求仍存在一定的差距。

第一节 水安全形势与挑战

水安全是指在一个国家或流域区域内，以可预见的技术、经济和社会发展水平为依据，以可持续为原则，洪水、水资源、河湖生态环境等能够保障和支撑社会经济高质量发展、能够维系生态系统健康的状态，以及保障持续安全状态的能力。洪水、水资源和河湖生态环境有机统一构成了水安全体系。水安全涉及社会安全、资源安全和生态安全，已成为国家安全的重要组成内容。水安全是一个相对的、动态的概念，水安全具有区域性，通过水安全系统中各因素的调控整治，可改变水安全程度（夏军和石卫，2016）。

一、水安全现状

"治国必先治水"，中华民族历来高度重视水安全保障。特别是新中国成立后，我国开启了现代水利建设新征程，基本建成了江河防洪、城乡供水、农田灌溉、水土保持等水利基础设施体系，水安全保障体系日臻完善，水安全形势总体处于相对安全的级别，为社会经济发展和全面建成小康社会提供了坚实支撑。

（一）防洪安全

新中国成立以来，各大流域开展了系统的防洪治理，目前已经初步形成以堤防为基础，控制性水库为骨干，蓄滞洪区、河道整治工程及非工程措施配套的防洪体系，防洪能力显著提高。长江中下游河道安全宣泄能力与洪水峰高、量大的矛盾十分突出，长江中下游是我国防洪形势最为严峻的区域。三峡及长江上游控制性水库建成后，长江中下游防洪能力有了较大的提高，特别是荆江河段防洪形势得到根本性的改善。荆江河段的防洪标准从三峡水库建成前的不足 10 年一遇提高到目前的 100 年一遇；遇 1000 年一遇或类似 1870 年的特大洪水，通过三峡及长江上游水库的调蓄，可控制枝城泄量不超过 80 000m³/s，配合荆江地区蓄滞洪区的运用，可控制沙市水位不超 45.0m，保障了荆江河段行洪安全，避免荆江大堤溃决后洪水对武汉的威胁。黄河流域水少沙多，水沙关系极不协调，泥沙在下游河道淤积、河床不断抬高。历史上，黄河"三年两决口，百年一改道"，洪涝灾害频发。

经过多年的建设，在黄河下游形成了"上拦下排，两岸分滞"和"水沙调控"防洪减淤工程体系。小浪底水库建成后，通过干支流水库联合调度，可将黄河下游花园口断面 1000 年一遇洪水洪峰流量由 42 300m³/s 削减至 22 600m³/s，接近下游大堤花园口断面的设防流量 22 000m³/s，黄河下游防洪标准从不足 100 年一遇提高到 1000 年一遇，黄河下游抗御大洪水能力进一步增强。小浪底水库连续 20 年调水调沙，黄河下游河道主槽不断淤积萎缩的状况得到初步遏制，主河槽最小过流能力由 2002 年小浪底水库调水调沙前的 1800m³/s 恢复到 2020 年汛后的 4500m³/s，黄河下游河床不抬高的目标基本实现。黄河防洪取得了连续 60 多年伏秋大汛堤防不决口的辉煌成就（魏向阳等，2019）。淮河流域防洪治理坚持"蓄泄兼筹"。在上游水库充分拦蓄、中游行蓄洪区、临淮岗洪水控制工程等防洪工程顺利启用的前提下，现状淮河干流上游防洪标准接近 10 年一遇，淮河中游主要防洪保护区、重要城市和下游洪泽湖大堤防洪标准已达到 100 年一遇；重要支流及中小河流的防洪标准已基本提高到 10～20 年一遇或以上（刘国平和李开峰，2019）。在行蓄洪区充分运用的情况下，可防御新中国成立以来发生的流域性最大洪水。淮河防御洪水已由人海防守战术逐步转变为科学调度水利工程的从容应对局面。

（二）供水安全

我国水资源配置和城乡供水体系逐步完善，全国水利工程供水能力达 8500 多亿立方米，城镇供水保障、农村饮水困难基本全面解决。我国以占全球 6% 的水资源量，灌溉了全球近 1/4 的灌溉面积，保障了全球约 20% 的人口用水，创造了全球约 17% 的经济总量。2020 年，全国总供水量 5813 亿 m³，比 1949 年增加 4782 亿 m³，年均增加 2.47%；全国人均综合用水量 412m³，比 1949 年增加了 1.2 倍；全国农村集中供水率和自来水普及率分别达到 88% 和 83%。2020 年全国耕地有效灌溉面积达到 10.38 亿亩，比 1949 年增加近 8 亿亩，增长 333%；其中，节水灌溉面积达到 5.7 亿亩。在占全国耕地面积 54% 的灌溉面积上，生产了全国 75% 的粮食和 90% 的经济作物，水利为"把中国人的饭碗牢牢端在自己手中"奠定了坚实基础。历年用水量变化和灌溉面积变化如图 12.1 和图 12.2 所示。

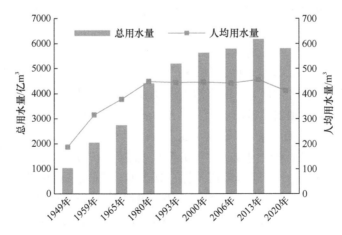

图 12.1 全国总用水量和人均用水量逐年变化过程

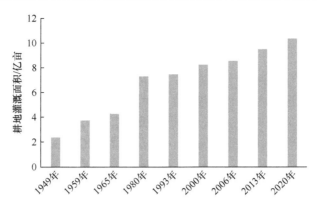

图 12.2 全国耕地灌溉面积逐年变化过程

（三）河湖生态环境安全

近年来，我国河湖生态环境质量呈现出逐年改善的态势，但河湖生态环境安全状况仍不容乐观。根据中国生态环境状况公报（生态环境部，2017，2021e），2020 年，全国 1940 个国家地表水考核断面中，水质优良（Ⅰ～Ⅲ类）断面占比 83.4%，比 2016 年增加 15.6 个百分点；劣Ⅴ类断面占比为 0.6%，比 2016 年下降 8 个百分点。2020 年，开展水质监测的 112 个重要湖泊（水库）中，Ⅰ～Ⅲ类水质湖泊（水库）数量占比 76.8%，比 2016 年增加 10.7 个百分点；劣Ⅴ类水质湖泊（水库）数量占比 5.4%，比 2016 年降低 1.6 个百分点。河湖（库）水质主要超标指标为化学需氧量、总磷和高锰酸盐指数。2020 年，开展营养状态监测的 110 个重要湖泊（水库）中，富营养状态湖泊（水库）占比 29%，比 2016 年增加 5.9 个百分点。太湖和巢湖均为轻度污染、轻度富营养；滇池为轻度污染、中度富营养；丹江口水库和洱海水质均为优、中营养；白洋淀为轻度污染、轻度富营养。根据 2020 年全国七大流域 507 个断面（点位）水生态状况调查监测结果，全国重点流域水生态状况以中等–良好状态为主，优良状态断面（点位）数量占比 35.7%，中等状态占比 50.4%，较差及很差状态占比 14%。2020 年全国七大流域和浙闽片、西北诸河、西南诸河水质状况如图 12.3 所示。

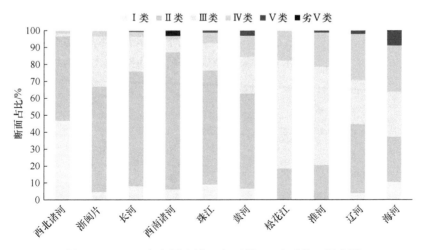

图 12.3 2020 年全国流域（片、诸河）水质状况组成图

二、水安全面临的挑战

特殊的地理和气候条件导致我国水旱灾害频发。近几十年来，受全球气候变化和强人类活动影响等，我国水安全形势仍面临巨大挑战。

一是全球气候变暖加剧了洪涝、干旱等极端事件的发生（中国气象局气候变化中心，2021）。中国是全球气候变化的敏感区和影响显著区，1951～2020 年中国地表年平均气温升温速率为 0.24℃/10a，升温速率明显高于同期全球平均水平。近 20 年是 20 世纪初以来的最暖时期，1901 年以来的 10 个最暖年份中，除 1998 年外其余 9 个均出现在 21 世纪。2019 年，云南元江（43.1℃）等 64 站日最高气温达到或突破历史极值。气候变暖加快了水文循环，降水结构发生显著变化、降水更加集中；导致海平面上升、山地冰川消融加速等。过去 60 年中国年降水量呈微弱的增加趋势，但平均年降水日数呈显著减少趋势，年累计暴雨（日降水量≥50mm）站日数呈增加趋势，平均每 10 年增加 3.8%。气温升高、大气持水能力增强，需要更多的水汽才能达到饱和形成降水条件，一旦发生降水，降雨强度就会较大，极端强降水事件呈增多、增强趋势。2021 年 7 月 20 日，郑州气象站最大小时降雨量达到 201.9mm，突破中国大陆小时降雨历史极值。全球气候变暖，还导致海平面加速上升。1980～2020 年中国沿海海平面上升速率为 3.4mm/a，高于同期全球平均水平。2020 年中国沿海海平面较 1993～2011 年平均值高 73mm，为 1980 年以来的第三高位。2020 年，乌鲁木齐河源 1 号冰川东支、西支末端分别退缩了 7.8m 和 6.7m，木斯岛冰川末端退缩了 9.9m，大、小冬克玛底冰川末端分别退缩了 10.1m 和 15.7m。高温、强降水等极端事件增多增强，中国气候风险指数呈升高趋势。1991～2020 年，中国气候风险指数平均值为 6.8，较 1961～1990 年平均值（4.3）增加了 58%。

二是强人类活动背景下我国北方部分流域水资源量显著减少（水利部水利水电规划设计总院，2021）。过去几十年，高强度的下垫面变化、地下水开采、矿产资源开发等人类活动显著改变了黄河、海河和辽河等北方流域的产汇流条件，导致降雨-径流关系发生显著变化、产流系数降低，且这种影响还在持续加剧、不可逆转。全国第三次水资源调查评价 2001～2016 年系列与 1980～2000 年系列相比，黄河、海河和辽河等流域降水量变化幅度分别为+5.7%、+1.7%和-4.0%；但由于产流系数降低，导致黄河、海河和辽河流域的地表水资源量变幅分别为-6.5%、-17.6%和-7.8%（水利部水利水电规划设计总院，2021），如图 12.4 所示。北方部分流域水资源量的减少，将在一定程度上影响到流域供水安全。

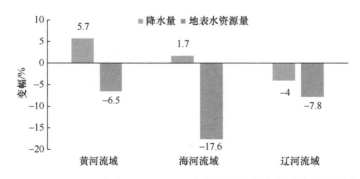

图 12.4　2001～2016 年与 1980～2000 年相比降水量和地表水资源量变幅

三是河湖水生态状况不容乐观。过去几十年，高强度水利水电建设、河湖岸线开发和围垦等强人类活动，导致河湖适宜生境锐减，生态系统退化明显。主要表现在河湖阻隔、水生动物洄游迁移活动受阻，原本常年有水的河流发生季节性断流或干涸、生态水（流）量保障不足，河湖自然湿地萎缩等。长江流域 473 条较大支流中，赤水河是唯一一条保持自然连通的河流；长江中下游通江湖泊从 102 个减少到现状的 3 个（洞庭湖、鄱阳湖和石臼湖）；长江生物完整性指数到了最差"无鱼"等级。20 世纪 50 年代以来，全国湖泊和沼泽面积分别萎缩了 11% 和 28%，1980 年以来全国共有 190 条之前常年有水的河流（流域面积大于 1000km²）发生断流。根据《全国水资源保护规划》对 630 条河流、96 座水库、92 个湖泊湿地的评价成果，我国生态良好型河湖占比仅 16%，污染破坏型占比 32%，生境萎缩型占比 14%，水量不足型占比 8%，复合失衡型占比 30%。

第二节　夯实防洪减灾体系

善为国者，首治洪涝。华夏文明的光辉历史始终贯穿着防水患、除水害的斗争历程。新中国成立前，我国江河堤防仅 4 万余千米、大中型水库 23 座，水利基础设施残缺不全，防洪能力非常薄弱。新中国成立后，经过几十年的建设完善，我国已在法律法规、工程体系、监测预警、应急保障等方面建成相对完善的防洪减灾体系，洪涝灾害损失逐年降低。

一、历史上的洪涝灾害

受特殊的自然地理条件和季风气候的影响，我国有 2/3 的国土面临不同类型和不同程度的洪水灾害威胁，洪水发生频次高、量级大、影响广、损失巨大。据史料记载，自公元前 206 年至 1949 年的 2155 年中，中国共发生较大洪涝灾害 1029 次，平均每两年就有一次较大洪涝灾害发生。新中国成立以来，七大江河发生较大洪水 60 次。其中，较典型的有 1954 年长江、淮河特大洪水，1963 年 8 月的海河特大洪水，1998 年长江、嫩江、松花江特大洪水，2020 年长江、淮河特大洪涝灾害，以及 2021 年河南、山西特大洪涝灾害等。1950~2019 年，因洪涝灾害造成的年平均农作物受灾面积 9560 万 hm²、成灾面积 5288 万 hm²，累计因灾死亡人口 28.33 万人、倒塌房屋 12 272 万间，洪涝灾害造成的直接经济损失位居各种自然灾害之首。

二、防洪减灾体系

为应对自然洪涝灾害，确保生命财产安全，经过近 70 年几代人的不懈努力，我国已经建成相对完善的防洪减灾体系。

（一）法律法规体系

我国从 20 世纪 80 年代开始加大了依法治水步伐，先后颁布实施了一系列法律法规，并根据社会经济发展出现的新形势不断进行修订（姜晓明等，2019）。1988 年全国人民代表大会通过了《中华人民共和国水法》，并于 2016 年完成了第三次修订；1988 年国务院发布《中华人民共和国河道管理条例》，并于 2017 年完成了第三次修订；1991 年国务院发布了《中华人民共和国防汛条例》，并于 2005 年完成修订；1997 年全国人民代表大会通过了《中华人民共和国防洪法》，是我国第一部规范防治自然灾害的法律，作为我国防洪工作的基本法律依据，为依法防洪和规范人们水事行为奠定了基础，并于 2016 年完成第二次修订；2007 年全国人民代表大会通过《中华人民共和国突发事件应对法》，国家相关部门据此编制了《国家防汛抗旱应急预案》等。此外，水利主管部门还制定了一系列行业技术标准，各级政府也根据当地实际，制定了一系列实施细则和地方性规章制度，各级防汛抗旱指挥部门制定了防御洪水方案、洪水调度方案、防洪预案等。

（二）工程体系

防洪工程体系总体由拦、排、泄、蓄、分等工程措施组成。截至 2019 年底，我国已经建成各类大型水库（总库容大于 1 亿 m³）744 座，总库容 7150 亿 m³；修建各类堤防 32 万 km，保护耕地 6.29 亿亩，保护人口 6.42 亿人；在长江、黄河、淮河、海河等主要江河开辟了 98 处国家级蓄滞洪区，总面积 34 261km²，总蓄洪容积 1067 亿 m³；还对主要江河水系进行疏浚整治，打通了淮河入海通道，入海水道设计流量 2270m³/s，结束了淮河 800 多年无独立排水入海通道的历史（水利部，2020）。在各大江河形成了以控制性水库、河道及堤防、蓄滞洪区为骨干的防洪工程体系。同时，还通过山洪灾害防治项目，在全国开展了 497 条重点山洪沟（山区河道）的防洪治理。

（三）监测预警与调度体系

在完善工程体系的同时，我国还加大了防洪非工程措施体系的建设。截至 2018 年，全国已建各类水文测站总数达 113 245 处，水文站、水位站、雨量站站网密度分别为 1350 站/km²、700 站/km²、180 站/km²，实现了大江大河及其主要支流、有防洪任务的中小河流水文监测全面覆盖，水情报汛的频次基本实现 1h 一次，大水期间甚至几分钟一次。目前，国家水工程调度中心可在 2h 内制作并汇集全国 170 多条主要江河、1700 多个水文站和近 600 座重点水库的预报成果；我国南方主要江河 1 天预见期的预报准确率在 90% 以上，北方主要江河预报准确率一般也有 70%。基本实现了水情信息采集自动化、处理标准化、分析科学化、服务多样化、管理规范化，水雨情监测预报预警等非工程措施在防洪监测体系中发挥了不可替代的重要作用。

三、防洪减灾成就

在党中央、国务院的领导下，水利部、流域机构和各级地方政府强化应急值守，加强会商研判、科学调度，夺取了防洪减灾的全面胜利。三峡水库运用后，充分发挥了拦洪削峰的作用，显著降低长江中下游干流河道洪水位、缩短超警戒水位时间，降低长江上游洪水与中下游洪水遭遇的概率。长江流域先后成功应对了 2010 年、2012 年、2016 年、2017 年和 2020 年等大洪水，长江干堤无一决口、无主动启用蓄滞洪区分蓄洪水。黄河下游战胜了 12 次超过 10 000m³/s 的大洪水，以及"96.8"（1996 年 8 月）洪水、2003 年秋汛和 2012 年流域性洪水，创造了伏秋大汛 70 年不决口的历史奇迹。淮河流域先后战胜了 1954 年流域性特大洪水，1991 年、2003 年、2007 年等流域性大洪水，最大限度地减轻了洪涝灾害损失。从长期来看，我国每年洪涝灾害损失呈显著降低的趋势。2011～2020年，因洪涝灾害的年均死亡人口 476 人、倒塌房屋 31 万间，较 1950～1959 年平均值分别减少 95%和 97%。全国因洪涝灾害死亡人口、倒塌房屋逐年统计如图 12.5、图 12.6 所示。洪涝灾害造成的直接经济损失率（当年直接经济损失/当年 GDP）从 1991～2010 年的年均 2.2%降低至 2011～2020 年的 0.3%，降低了 86%，如图 12.7 所示。2009～2018 年，

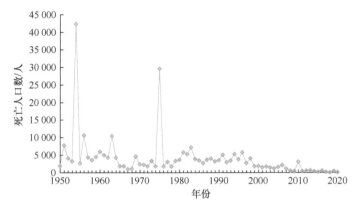

图 12.5　因洪涝灾害死亡人口数

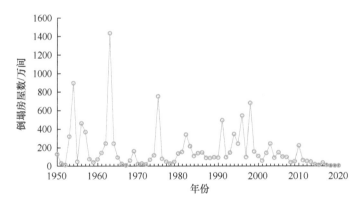

图 12.6　因洪涝灾害倒塌房屋数量

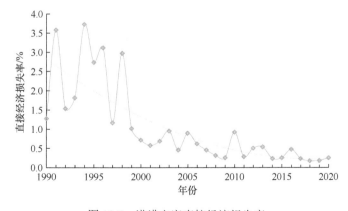

图 12.7　洪涝灾害直接经济损失率

全国防洪减灾年均减淹耕地 320 万 hm²、避免粮食损失 152.73 亿 kg、避免城市受淹 133 座次、减少洪涝受灾人口 3017.05 万人，防洪减灾成绩斐然（吕娟等，2019）。防洪减灾体系的逐渐完善，保障了人民的生命和财产安全，支撑了经济社会快速发展。

第三节　集约节约利用水资源

受特殊的地形地貌和季风气候影响，我国水资源时空差异显著、分布不均，且水资源与生产力布局极不匹配。我国北方地区（包括松花江、辽河、海河、黄河、淮河和西北诸河六个水资源一级区）国土面积、人口、耕地面积和 GDP 分别占全国的 64%、43%、60% 和 38%，但其水资源总量仅占全国的 18%。特别是黄河、淮河和海河流域，以占全国 6.9% 的水资源量，支撑了全国 33.3% 的人口、31.5% 的 GDP，灌溉了全国 37.8% 的耕地。我国区域性、季节性供水安全问题突出；同时，水资源过度开发又带来了一系列生态环境问题，河流生态流量得不到保障、地下水超采、河湖水域面积萎缩等。必须合理配置、严格管理、集约节约利用水资源。

一、合理配置水资源

我国的水资源合理配置始于 20 世纪 80 年代。根据不同阶段面临的主要水资源问题，水资源配置模式也不尽相同，先后经历了四种模式。一是"就水论水、以需定供"的配置模式。重视水资源的供给，以满足生产生活用水需求为目标分配水资源。二是"基于宏观经济"的配置模式。注重水资源的经济效益，以社会经济效益最大化为目标合理分配水资源。三是"面向生态"的配置模式。开始逐渐注重水资源过度开发带来的生态环境问题，在水资源分配时要保障一定的河湖生态用水。四是"水量水质一体化"的配置模式。在水资源合理分配时考虑不同用户对水质的需求不同，将再生水、蓄积雨水、微咸水等非常规水源纳入水资源统一配置（王浩和游进军，2016）。2019年习近平总书记在黄河流域生态保护和高质量发展座谈会上讲话时强调：不能把水当作无限供给的资源，"有多少汤泡多少馍"，要坚持"以水定城、以水定地、以水定人、以水定产"。强调了水资源配置中水资源总量的刚性约束，把水资源配置提高到一个更高的层次和新的阶段。我国供用水结构日趋合理，农业和工业用水量占比降低，生活和生态用水量占比增加；地下水供水量占比降低，跨流域调水和非常规水源供水量占比增加。

黄河是中华民族的母亲河。黄河流域构成了我国重要的生态屏障，是我国重要的经济带，耕地和粮食产量约占全国的 1/8，煤炭产量占全国的 1/2 以上。但黄河流域水资源量有限，水资源量仅占全国水资源总量的 2.5%；且水少沙多，有限的水量除了承担生产生活供水任务外，还要承担其他河流不承担的河道内输沙任务。随着社会经济发展，用水量不断上升，水资源供需矛盾逐渐凸显。黄河下游断流始于 1972 年，1972～1999 年的 28 年中，共有 22 年出现过断流。20 世纪 80 年代初期，国家提出了西部大开发计划，沿黄各省（自治区、直辖市）向流域管理机构提出的 2000 年需水量远超黄河的最大可供水量。因此，必须统筹兼顾、全面安排，解决好黄河上下游及河道内外的用水矛盾，促进黄河水资源的合理配置。1987 年 9 月，国务院办公厅以国办发〔1987〕61 号文件，批转了《关于黄河可供水量分配方案的报告》。明确了正常来水年份，沿黄河各省（自治区、直辖市）可以获得的最大引黄耗水指标，简称黄河"八七"分水方案。黄河"八七"分水方案是我国最早的流域水资源配置方案。以黄河"八七"分水方案为依据，国家发展和改革委员会与水利部联合颁布了《黄河可供水量年度分配及干流水量调度方案》。1999 年黄河流域开始水量统一调度，开启了黄河开发与保护并重的新阶段，黄河实现了连续 22 年不断流（除个别年份外，利津断面每年月平均最小流量都在 100m³/s 以上）、入海水量显著增加、黄河健康状况明显改善的目标。黄河"八七"分水方案和水量统一调度是我国乃至世界大江大河水资源管理成功的实践典范。

为贯彻落实《中共中央　国务院关于加快水利改革发展的决定》相关要求和习近平总书记"节水优先、空间均衡、系统治理、两手发力"十六字治水思路，在全国建成水资源合理配置和高效利用体系，从 2011 年开始，水利部统一部署开展全国 94 条主要跨省江河流域水量分配。截至 2021 年 9 月，水利部已累计批复 60 条跨省江河的水量分配，其中珠江流域、太湖流域开展的跨省江河流域水量分配方案已全部批复。跨省江河的水量分配方案明确了不同来水频率年景各省（自治区、直辖市）河道外分配水量、主要控制断面下泄水量和最小下泄流量等指标。跨省江河的水量分配促进了水资源在时间、空间和不同用水户之间的合理配置。

随着水资源配置理念和手段的不断丰富，我国供用水结构日趋合理，农业和工业用水量占比降低，生活和生态用水量占比增加；地下水供水量占比降低，跨流域调水和非常规水源供水量占比增加。从用水侧来看，全国农业、工业、生活和生态用水量占比从 2003 年的 65∶22∶12∶1 变为 2020 年的 62∶18∶15∶5；从供水侧来看，全国地表水（含跨流域调水）、地下水和非常规水源占比从 2003 年的 81∶19∶0 变化为 2020 年的 83∶15∶2。

二、全面推进节约用水

水资源短缺是我国基本水情。但长期以来，我国水资源利用方式粗放、利用效率不高、公众节水意识不强，水资源浪费与水资源短缺长期并存，严重制约着经济社会可持续发展。必须深化水资源管理体制改革，推进节水型社会建设。2014 年 3 月，习近平总书记提出了"节水优先、空间均衡、系统治理、两手发力"治水思路，把节约用水放在新时期水安全保障的首位，强调节水的重大意义，这是针对我国国情水情，总结世界各国发展教训，着眼中华民族永续发展作出的关键选择，是新时期治水工作必须始终遵循的根本方针。

党和国家历来高度重视节水工作。1998 年党的十五届三中全会提出要把推广节水灌溉作为一项革命性措施来抓，并成立全国节约用水办公室。2001 年，国家"十五"计划纲要提出，要重视水资源可持续利用，把节水放在突出位置。以提高用水效率为核心，全面推行各种节水技术和措施，发展节水型产业，建立节水型社会。《中华人民共和国水法》（2002 年版）规定：国家对用水实行总量控制和定额管理相结合的制度。以实施取水许可制度和水资源有偿使用制度为重点加强用水管理，把长期实践证明行之有效的各项节水制度用法律形式加以确立。"十一五"到"十四五"期间，国家相关部委多次印发节水型社会建设规划，明确阶段性节水目标和各行业节水任务。农业是用水大户，同时也是节水的重点。新中国成立初期，我国大部分农田灌溉仍沿用旱田大水漫灌、水田串畦灌的方法。20 世纪五六十年代，我国开始实施农业节水技术和以提高灌溉水有效性为目标的农业灌溉工程，包括渠道衬砌，低压管道输水，以及喷灌、滴灌、渗灌和微灌等。农业节水灌溉面积从 1999 年的 $1.505 \times 10^7 hm^2$ 增加到 2019 年的 $3.706 \times 10^7 hm^2$，增加了 146%。我国在大力推进节水工程、节水器具的同时，也通过创新管理手段来节约用水。一是实施水权转让制度。2003 年内蒙古率先在黄河流域开展盟市内的水权转让试点工作。通过社会资本投资灌区节水改造工程建设，将灌区节约的水量有偿转让给工业建设项目。目前，水权转让已从盟市内交易扩大到跨盟市交易（刘钢等，2018；刘晓旭，2021）。截至 2020 年底，全国 16 个省（自治区、直辖市）累计开展水权交易 29 884 单，交易水量 44.88 亿 m^3。二是实施合同节水管理。从 2014 年开始，国家相关部门积极探索"政府"和"市场"在节约用水中的作用，提出了"合同节水管理"。"合同节水管理"是集社会资本和先进适用节水技术为一体，对目标项目进行节水技术改造，建立长效节水管理机制，分享节水效益的新兴市场化节水商业模式（郑通汉，2016）。"合同节水管理"已在国内众多高校得到推广（张海龙和孔庆捷，2021）。三是实施水资源费改税。2016 年，财政部、水利部和国家税务总局三部门联合在河北省试点水资源费改水资源税，清费立税，利用税收刚性手段，调节用水需求，推进水资源节约利用；目前水资源费改税试点范围已扩大至北京、天津等 10 个省（自治区、直辖市）（杜丙照，2019）。此外，2019 年，国家发展和改革委员会、水利部联合印发了《国家节水行动方案》；2021 年，水利部、中央文明办、国家发展和改革委员会等 10 部门联合印发了《公民节约用水行为规范》。在全社会形成了从产业节水到个人行为节水、要我节水到我要节水的良好氛围。

2002 年 3 月，水利部确定甘肃省张掖市为全国第一个节水型社会建设试点地区。"十五"到"十二五"期间，我国先后开展了四批 100 个国家级节水型社会建设试点，通过示范带动、深入推动全国节水型社会建设。"十三五"期间，在全国开展了县域节水型社会达标建设工作。截至 2019 年底，全国 631 个县（区）完成或基本完成达标建设工作，占全国县级行政区的 22%；其中，北方地区 14 个省（自治区、直辖市）的 375 个县（区）完成或基本完成达标建设，占总县级行政区的 28%，北京、天津、山东、河南、宁夏 5 个省（自治区、直辖市）建成率达 40% 以上；南方地区 17 个省 256 个县（区）完成或基本完成节水型社会达标建设，占总县级行政区的 17%，其中上海、江苏、浙江、江西、广西、重庆、贵州和云南 8 省（自治区、直辖市）建成率达 20% 以上（于琪洋等，2020）。

通过节水型社会建设，我国用水效率显著提高。按 2000 年可比价计，2020 年我国万元 GDP 用水量 $57.2m^3$、万元工业增加值用水量 $32.9m^3$，分别比 2000 年下降了 80% 和 83.5%；农田灌溉水有效利用系数从 2006 年的 0.463 提高至 2020 年的 0.565；耕地实际灌溉亩均用水量从 2000 年的 $479m^3$ 降低至 2020 年的 $356m^3$，降低了 25.7%。2000～2020 年全国用水效率如图 12.8 和图 12.9 所示。从国际对比来看，我国用水效率整体达到世界平均水平，但与世界发达国家相比尚有差距，还有一定的节水空间。

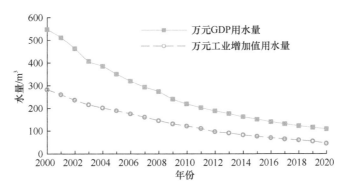

图 12.8　万元 GDP、万元工业增加值用水量逐年变化（2000 年可比价）

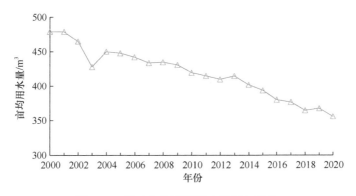

图 12.9　耕地亩均灌溉用水量逐年变化

三、严格管理水资源

为着力解决人民群众最关心的供水安全问题，推进社会经济发展与水资源、水环境承载能力相适应，使水资源管理与经济发展方式相协调，2012 年，国务院发布了《关于实行最严格水资源管理制度的意见》，明确提出水资源开发利用控制红线、用水效率控制红线和水功能区限制纳污红线（简称"三条红线"）。主要目标是，到 2030 年全国用水总量控制在 7000 亿 m^3 以内；用水效率达到或接近世界先进水平，万元工业增加值用水量（以 2000 年不变价计，下同）降低到 $40m^3$ 以下，农田灌溉水有效利用系数提高到 0.6 以上；确立水功能区限制纳污红线，到 2030 年主要污染物入河湖总量控制在水功能区纳污能力范围之内，水功能区水质达标率提高到 95% 以上。以全国水资源"三条红线"控制指标为基础，在省（自治区、直辖市）、市（地级市）、县（区）三级层面开展了指标分解，水资源管理从粗放式逐渐走向精细化、科学化。

为确保实现水资源"三条红线"主要目标，国务院办公厅印发了《实行最严格水资源管理制度考核办法》，将水资源"三条红线"主要指标纳入地方经济社会发展综合评价体系，县级以上地方人民政府主要负责人对本行政区域水资源管理和保护工作负总责。国务院对各省、自治区、直辖市的主要指标落实情况进行考核，考核结果交由干部主管部门，作为地方人民政府相关领导干部和相关企业负责人综合考核评价的重要依据。

全面可靠的供用水数据是严格水资源管理的抓手。近年来，我国开展了第一次全国水利普查，掌握了全国 83 万多个用水户用水基础数据；实施了国家水资源监控能力建设项目，建成 1.9 万个取用水户约 4.3 万个取用水在线监测点，监测总用水量占用水总量的 50%以上，在汉江、黑河、沂沭泗、漳河上游及漳卫南运河等二级流域建设了水资源监控和调配系统，完善了水资源监控管理三级（中央、流域、省）信息平台；2020 年，经国家统计局批准，水利部印发实施了《用水统计调查制度（试行）》，依法规范用水统计调查工作，将用水量统计纳入法治化、社会化管理轨道，形成取用水户以及县、市、省、流域、中央的六级统计体系，提升统计精细化水平。

从 2013 年全面《实行最严格水资源管理制度考核办法》以来，我国用水总量增长态势得到遏制。全国用水总量逐年变化如图 12.10 所示。1997～2013 年全国用水总量总体呈缓慢上升趋势，到 2013 年达到峰值 6183.4 亿 m³，年均增长约 38 亿 m³；2014 年以来全国用水总量相对稳定，在 6015 亿～6100 亿 m³ 波动；2020 年受新冠疫情、降水偏丰等影响，全国用水总量只有 5813 亿 m³。

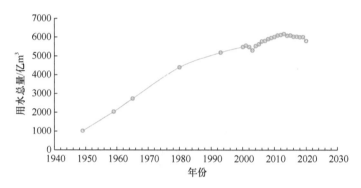

图 12.10　全国用水总量逐年变化过程

四、南水北调工程与"四横三纵"水资源配置格局

黄淮海流域水资源不足，严重制约了社会经济的发展，高强度的水资源开发利用，又带来一系列生态环境问题。仅靠流域内节水、充分挖掘当地各种水资源潜力、调整产业结构等措施或手段不能解决黄淮海流域自身的水资源、水生态环境问题，必须实施跨流域调水工程。2002 年国务院批复了《南水北调工程总体规划》。规划从长江下游、长江中游、长江上游调水至黄河、淮河和海河流域，形成了南水北调东线、中线、西线三条线路。南水北调工程沟通了长江与黄河、淮河和海河，形成了我国"四横三纵、南北调配、东西互济"的水资源总体配置格局。如图 12.11 所示。规划东线工程从长江下游江都泵站提水，利用京杭运河向北输水，供水范围为苏北、山东大部、河北东南部以及洪泽湖周边安徽的部分地区，工程规划最终抽江规模 800m³/s，多年平均抽江水量 148 亿 m³。规划中线工程从长江支流汉江上游丹江口水库引水，向工程沿线京、津、冀、豫供水，工程规划陶岔渠首最终引水规模 500～630m³/s，多年平均调水 130 亿～140 亿 m³。规划西线工程从长江上游通天河、雅砻江和大渡河引水，通过引水隧洞穿过长江与黄河的分水岭巴颜喀拉山调水入黄河，主要解决黄河上游和中游青、甘、宁、蒙、陕、晋 6 省（自治区）沿黄地区的缺水问题，工程规划最终调水规模 170 亿 m³。

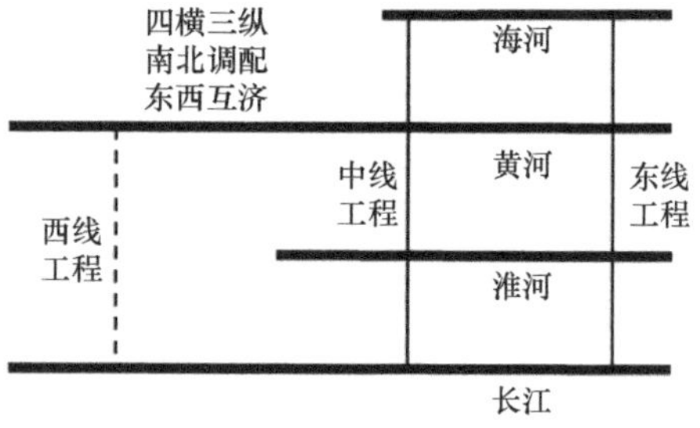

图 12.11 "四横三纵"水资源配置格局示意图

南水北调东线工程、中线工程采取分期建设。2002 年 12 月东线一期工程开工建设，2013 年 12 月建成通水；2003 年 12 月中线一期工程开工建设，2014 年 12 月建成通水。南水北调东线、中线一期工程通水以来，社会、经济和生态效益显著。截至 2021 年 10 月，南水北调东线、中线一期工程累计调水量 484.65 亿 m^3，东线、中线一期工程受水区 40 多座大中城市的 280 多个县（区）用上了南水北调的水，直接受益人口达 1.4 亿人。南水北调水已成为北京、天津等受水区的主力供水水源，北京城区近 8 成的用水量为南水北调水；天津市 14 个行政区、1200 万人口用上了南水北调水。同时，南水北调东线、中线一期工程还相继实施生态补水，累计直接向受水区沿线河湖生态补水近 70 亿 m^3。通过水量置换等大幅减少受水区地下水开采，受水区地下水开采量由 2014 年的 228 亿 m^3 减少到 2020 年的 154 亿 m^3，减少了近 1/3；受水区地下水位总体止跌回升，根据国家地下水监测工程中受水区地下水监测站数据，2020 年末受水区浅层地下水水位平均埋深 10.99m，较 2019 年末上升 0.30m；受水区河流断流、湖泊萎缩等生态环境恶化趋势得到遏制，滹沱河、白洋淀、子牙河、永定河等一大批河湖重现生机，受水区人民群众获得感、幸福感、安全感持续增强。

我国已进入生态文明建设和高质量发展阶段，必须要正确把握跨流域调水工程与经济发展和生态环境保护之间的关系。2021 年 5 月，习近平总书记在河南省南阳市主持召开推进南水北调后续工程高质量发展座谈会并发表重要讲话。充分肯定了南水北调工程的战略地位和意义，系统总结了实施重大跨流域调水工程的宝贵经验，明确提出了推进南水北调后续工程的总体要求。他强调，要深入分析南水北调工程面临的新形势、新任务，完整、准确、全面贯彻新发展理念，按照高质量发展要求，统筹发展和安全，坚持节水优先、空间均衡、系统治理、两手发力的治水思路，遵循确有需要、生态安全、可以持续的重大水利工程论证原则，立足流域整体和水资源空间均衡配置，科学推进工程规划建设，提高水资源集约节约利用水平。习近平总书记重要讲话为推进南水北调后续工程建设指明了方向。

第四节　系统保护水土资源

我国 70% 的国土是山地、丘陵和高原，且大部分土壤的抗侵蚀能力低，加上强烈的人类活动影响，我国是世界上水土流失和泥沙灾害最严重的国家之一。水土流失具有分布范围广、面积大、土壤流失严重、成因复杂、区域差异显著等特征，直接关系国家生态安全、防洪安全、粮食安全和饮水安全等，对经济社会发展的影响是多方面、全局性和深远的，甚至是不可逆的。新中国成立后，党和国家高度重视水土流失治理，走出了一条适合我国国情、符合自然规律、具有中国特色的水土流失综合防治之路。水土流失严重的状况得到全面遏制，黄土高原主色调由"黄"变"绿"，实现了水土流失面积由"增"到"减"、强度由"重"到"轻"的历史性转变。

一、水土保持历程

我国近代的水土保持始于 20 世纪 20 年代，距今已有百年历史。百年中我国水土保持事业发生了巨大的变化，主要经历了五个阶段（杨光等，2005）。一是 20 世纪 20～50 年代的起始阶段。1923 年金陵大学农科所首次开始研究坡面破坏后的水土流失量。1940 年黄河水利委员会林垦设计委员会在成都召开了防止土壤侵蚀的科学研究会，会上首次提出"水土保持"一词。1945 年中国水土保持协会在重庆成立。1950 年农业部召开全国土壤肥料会议，决定成立水土保持试验区。二是新中国成立初期至 70 年代的系统试验和推广发展阶段。建立了一大批不同类型区的水土保持试验站和工作站，开展水土流失成因、规律观测研究，并试验推广了机修梯田、水坠筑坝、飞播造林等系统防治技术。三是 80 年代的小流域综合治理阶段。在实践中总结提出了"山顶植树造林戴帽子，山坡退耕种草披褂子，山腰兴修梯田系带子，沟底筑坝淤地穿靴子"等治理模式。四是 90 年代的依法防治水土流失、深化水土保持改革阶段。1991 年《中华人民共和国水土保持法》诞生，将水土保持工作用法律形式固定下来，标志着水土保持工作进入稳定发展的法制化阶段。同时，小流域综合治理进入治理与开发一体化，在小流域内发展产业化、商品化经济，即小流域经济的新阶段，将小流域治理开发推向市场。五是党的十八大以来的以生态文明、绿色发展理念引领水土流失高标准系统治理、强化监督管理阶段。"绿水青山"与"金山银山"相融相生。自 2019 年 9 月习近平总书记在郑州提出将黄河流域生态保护和高质量发展作为重大国家战略以来，全国生态环境建设进入了大保护和大治理协同推进时期，"山水林田湖草沙冰"系统治理、统筹推进。

二、水土保持方略与重大治理工程

（一）水土保持方略

我国水土保持方略是在长期的水土流失治理理论探索和不断实践中发展形成的，总结出了一整套成功的技术体系，即以小流域为单元的综合治理、系统治理与源头治理。水润林、林固土、土保田、田养人，生态各要素环环相扣，水土流失治理统筹"山水林田湖草沙"系统治理，恢复自然系统良性循环，实现保护与发展的有机统一。从治理对象来看，几十年实践中实施了山、水、田、林、路、村统一规划、综合治理，各自然和经济单元按科学、协调、紧密衔接的整体部署，相互协调进行治理和修复。从总体布局来看，统筹考虑流域上游、中游、下游，按区位特点和优势协调一致布局治理措施，流域的左右岸相结合、治坡与治沟相结合。从治理措施来看，工程措施、林草植物措施和农业技术措施紧密结合，优化配置，形成综合防护体系。从治理目标来看，坚持生态与经济的系统协调推进，治理水土流失、修复和改善生态环境的措施与改变生产条件、发展区域经济紧密结合，生态效益、经济效益、社会效益统筹兼顾。从治理机制来看，综合施策，在投入方面按谁投资谁受益原则，鼓励社会企业、民营资本、大户等投入水土流失治理；在管理、监督体制机制方面，运用政策鼓励与限制、监督监管执法、经济奖惩、社会化第三方服务、媒体舆论监督、公众参与、信用评价与惩戒等多种方式，不断创新和改进管理能力和成效。

（二）重大治理工程

新中国成立以来，我国水土流失治理逐步由单一措施、分散治理、零星开展的群众自发行为步入国家重点治理与全社会广泛参与相结合规模化治理轨道。

1978 年国家批准建设"三北"防护林体系工程。对控制中国北方风沙危害和水土流失，抵御沙漠南侵，建立良好的生态平衡，具有重要的战略意义。一期工程造林 606 万 km^2，保护农田 800 万 hm^2；二期工程造林增至 851 万 km^2。1983 年全国第一个国家水土保持重点工程——八片国家水土流失重点治理工程启动实施。八片重点地区包括无定河、皇甫川、三川河、永定河、柳河、葛洲坝库区、定西县、兴国县，总面积 7.97 万 km^2，其中水土流失面积约 6.3 万 km^2，占总面积的 78.8%。

对确定的重点治理范围，进行集中连片的集约化、规模化治理，为全国建立高标准、高质量、高效益的示范工程。之后，国家先后启动实施了黄河中游、长江上游、黄土高原淤地坝、京津风沙源、东北黑土区和岩溶地区石漠化治理等一大批水土保持重点工程，治理范围从传统的黄河、长江中上游地区扩展到全国主要流域，基本覆盖了水土流失严重的地区。2002 年国家全面启动退耕还林还草工程。第一轮退耕还林还草历时 15 年（1999～2013 年），共实施退耕地还林还草 1.39 亿亩、宜林荒山荒地造林 2.62 亿亩、封山育林 0.46 亿亩，造林总面积 4.47 亿亩。2014 年开始实施新一轮退耕还林还草，截至 2020 年，22 个省（自治区）和新疆生产建设兵团共实施新一轮退耕还林还草任务 7550 万亩，其中退耕地还林还草 7450 万亩、宜林荒山荒地造林 100 万亩。此外，国家还先后启动了京津风沙源治理工程、沙化和石漠化土地治理等一系列水土流失综合治理重大工程（水利部水土保持司，2019）。

三、水土保持成就

经过 70 多年不懈的治山治水，我国水土流失严重的状况得到全面遏制，生态环境得到明显改善，实现了水土流失面积由"增"到"减"、强度由"高"到"低"的历史性转变。截至 2020 年底，全国累计治理水土流失面积 143.12 万 km^2，水土保持措施年均可保持土壤约 16 亿 t，治理区生产生活条件显著提升（水利部，2021a）。根据水利部年度全国水土流失动态监测结果（图 12.12）（水利部，2021b；水利部水土保持司，2019），2020 年全国水土流失面积 269.27 万 km^2，与 20 世纪 80 年代监测的水土流失面积最高值 367.03 万 km^2 相比减少 97.76 万 km^2，减少了 26.6%；水土流失面积占国土面积的比例也从 20 世纪 80 年代的 38.48% 下降到 2020 年的 28.15%，减少了 10 个百分点。从区域分布格局来看，我国水土流失呈"西多东少"格局，2020 年我国西部地区、中部地区和东部地区水土流失面积分别为 225.92 万 km^2、20.24 万 km^2 和 14.11 万 km^2，分别占水土流失总面积的 83.9%、7.5% 和 5.2%。从侵蚀强度来看（图 12.13），现状水土流失以轻度和中度侵蚀为主，轻度和中度侵蚀面积占比为 80.52%，高强度水土流失面积占比逐渐下降。从国家重大战略区域和重点生态功能区等重点关注区域来看，水土流失状况均有所好转。2020 年与 2011 年相比，青藏高原、黄土高原、长江经济带、京津冀、丹江口库区及上游、三江源国家公园和三峡库区水土流失面积分别减少 3.39 万 km^2、2.68 万 km^2、5.09 万 km^2、0.73 万 km^2、0.47 万 km^2、0.16 万 km^2 和 0.48 万 km^2。

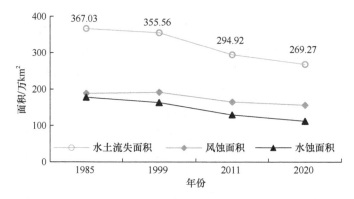

图 12.12　不同年份全国水土流失面积对比

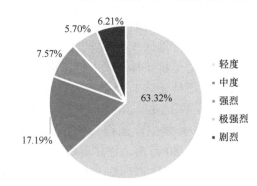

图 12.13　2020 年全国各强度等级水土流失面积构成图

　　黄土高原是我国水土流失最严重的地区和水土保持工作的重点区域。1946 年人民治黄以来，通过实施国家水土保持重点工程等重大生态保护修复工程，黄土高原植被恢复成效显著，生态环境明显好转；水土流失面积减少，土壤侵蚀强度降低；区域蓄水保土能力不断提高，减沙拦沙效果日趋明显。截至 2020 年，黄土高原累计建成梯田 550 万 hm^2、淤地坝 5.81 万座，近 20 年造林种草约 12.7 万 km^2。黄土高原水土流失面积治理近 50%，水土保持率达到（区域内水土保持状况良好的面积占国土面积的比例）63.44%，林草植被覆被率由 20 世纪 80 年代的不到 20% 增加到 2020 年的 64.38%，黄土高原主色调由"黄"变"绿"。不同年代黄土高原林草植被覆盖对比如图 12.14 所示。70 多年来，黄土高原水土保持措施累计保土量 190 多亿吨，入黄沙量由 1919～1959 年的 16 亿 t/a 减少至 2010～2020 年 1.83 亿 t/a，减少约 89%；实现粮食增产 1.6 亿 t。黄土高原水土保持改善了流域的生态环境和农业生产条件，提高了农业产量，增加了农民收入，显著推动了区域经济社会发展和进步。

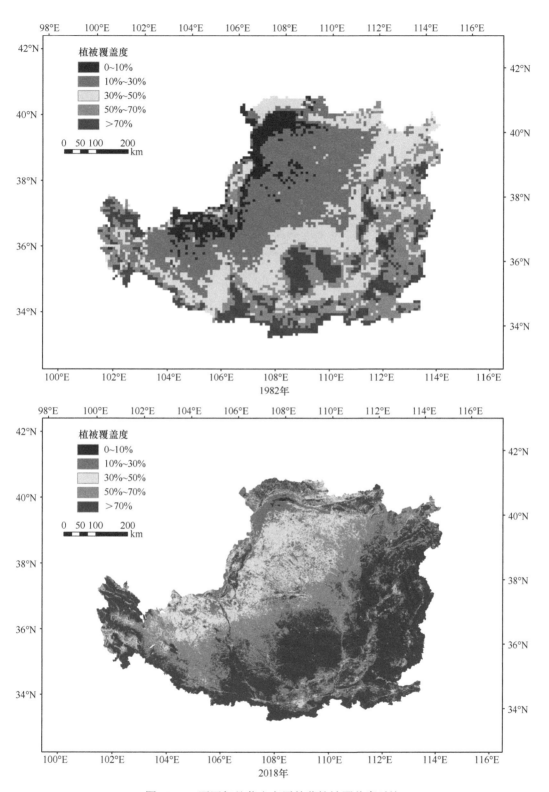

图 12.14 不同年份黄土高原林草植被覆盖度对比

第五节 科学调控水沙关系

水沙过程是河流系统最基本的物理要素，也是河流系统演变的动力因子。水沙过程具有两重性，一是水沙过程缺乏必要的调节，河势持续剧烈变动、自然泛滥成灾；二是过度的水沙调节，影响下游河道生态系统，引起河道冲淤变化等。合理的水沙关系是维系河流生态系统健康，维持河流冲淤平衡、河势稳定的必要条件。

一、黄河调水调沙

黄河水少沙多、水沙关系极不协调，是黄河下游河道淤积萎缩和频繁改道决口的症结所在。洪水风险依然是黄河流域最大威胁。要保障黄河长久安澜，必须紧紧抓住水沙关系调节这个"牛鼻子"。

（一）黄河下游的淤积

黄河"善淤、善决、善徙"，向有"三年两决口，百年一改道"之说。据统计，在1946 年以前的几千年中，黄河决口泛滥达 1593 次，较大的改道有 26 次。改道最北的经海河出大沽口入海，最南的经淮河入长江，纵横 25 万 km²。1855 年铜瓦厢决口，形成黄河下游现行河道。1999 年 10 月小浪底水库下闸蓄水运用前，由于缺乏水沙调控的措施手段，黄河下游河道持续淤积萎缩。据黄河水利委员会测量计算，1935～1985 年的50 年间，黄河下游河道累计泥沙淤积量在 80 亿～90 亿 t，年均淤积 1.6 亿～1.8 亿 t。其中，沁河口至东坝头河段累积淤高 1m，平均淤积速率 2cm/a；高村至陶城铺河段累积淤高 2.5～3.5m，平均淤积速率 5～7cm/a；陶城铺以下河段淤积厚度逐渐减小，厚度一般在 0.5～2m，平均淤积速率在 1～4cm/a（陈丕虎和王汉新，1999；彭建阳和张和军，2013）。20 世纪 80 年代以来，随着人工对河床流路的规范化和三门峡水库削峰滞洪，黄河下游淤积加剧，且以主槽淤积为主（张燕菁等，2007）。1986～1999 年，黄河下游河段年均淤积泥沙 2.26 亿 t，河床平均每年淤积抬高约 10cm。黄河下游河段已全部为"二级悬河"，河床普遍高出背河地面 3～5m，最大达 10m 以上，较为严重的"高悬"河段达 300 多千米。黄河下游河道不断淤积萎缩，中水河槽缩窄严重、过流能力显著下降。1956 年黄河下游中水河槽宽度为 2810～3740m，到 1996 年缩窄至 1210～1560m；平滩流量也从 1956 年的 7050m³/s 降低至 1996 年的 2700m³/s。

（二）黄河调水调沙模式

1999 年 10 月黄河小浪底水库下闸蓄水，丰富了黄河水沙调控的手段。水流是塑造河床的动力，水、沙和河床三者之间是一种整体联系和互相影响的关系。黄河水沙调控就是利用黄河干支流水库群对进入下游河道的水沙关系进行调节和控制，塑造出相对协调的水沙关系，从而减少库区和河床淤积，延长水库拦沙库容使用寿命，遏制河槽萎缩、恢复并维持中水河槽（李国英和盛连喜，2011）。2002～2020 年黄河干支流水库累计开展 20 次调水调沙。在长期研究与实践的基础上，提出了小浪底水库单库调节为主、空间尺度水沙对接和干流水库群水沙联合调度的调水调沙三种基本模式，2018 年以来按照"一高一低"干支流水库群联合调度思想实施水库调度（中国水利水电科学研究院等，2020）。

1）小浪底单库调水调沙运用模式。利用小浪底水库汛限水位以上蓄水进行调水调沙运用，水库清水下泄、冲刷下游河槽泥沙、扩大主槽过流能力，同时兼顾河口生态补水。

2）空间尺度水沙对接模式。利用小浪底水库不同泄孔组合塑造一定历时和大小的流量、含沙量及泥沙颗粒级配过程，加载于小浪底水库下游伊洛河、沁河的"清水"之上，并使之在花园口站准确对接，在花园口站断面形成协调的水沙关系，实现既排出小浪底水库的库区泥沙，又使小浪底至花园口区间的"清水"不空载运行，同时使黄河下游河道不淤积的目标。该模式只在 2003 年进行了一次试验。

3）干流水库群水沙联合调度模式。利用万家寨、三门峡和小浪底蓄水，实施水库群联合调度，辅以人工扰动措施，在小浪底库区塑造人工异重流，调整其库尾段淤积形态，并加大小浪底水库排沙量。同时，利用进入下游河道水流富裕输沙能力，扩大下游河段尤其是卡口河段主槽过流能力。2004～2016 年汛前调水调沙采用的是此种模式。

4）"一高一低"干支流水库群联合调度模式。考虑流域整体防洪，兼顾中下游水库和河道排沙输沙，实施水沙一体化调度。上游龙羊峡、刘家峡水库拦洪蓄水，统筹防洪和供水安全；中游小浪底水库降低水位泄洪排沙，延长拦沙库容使用年限，塑造持续动力输沙入海。

（三）黄河调水调沙效果

2002 年以来，黄河调水调沙的社会、经济和生态效益显著。一是黄河下游河道主槽不断萎缩的状况得到初步遏制。黄河下游河道累计冲刷泥沙 29.8 亿 t，下游河道主河槽平均降低 2.6m，主河槽过流能力逐步恢复提高，最小过流能力从 2002 年汛前的 1800m³/s 恢复到 2020 年汛后的 4500m³/s（黄河下游历年平滩流量变化如图 12.15 所示），下游河道适宜的中水河槽规模已经形成，"卡口"河道断面形态得到有利调整，洪水时滩槽分流比得到初步改善，"二级悬河"形势开始缓解（水利部黄河水利委员会，2021b；中国

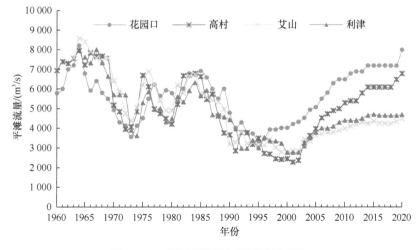

图 12.15　黄河下游历年平滩流量变化

水利水电科学研究院等，2020）。二是延长了小浪底水库淤积寿命。按照小浪底原设计方案，到 2020 年小浪底水库 75.5 亿 m³ 设计拦沙库容就将全部淤满。小浪底水库蓄水运用 20 多年来，在黄河流域来沙量锐减和调水调沙共同作用下，泥沙淤积量仅 31.5 亿 m³，占设计拦沙库容的 42%，大大延长了小浪底水库的淤积寿命（刁超凡，2020）。三是改善了河口三角洲湿地的生态环境，扩大了湿地面积。结合黄河调水调沙，河口三角洲湿地自然保护区实施生态补水，湿地水域面积扩大、地下水位抬高，大量泥沙进入河口地区，近河口区洪水溢满，加快了三角洲的造陆过程，河口三角洲湿地生态环境显著改善。根据监测，2020 年汛前的调水调沙，黄河三角洲水面面积增加了 0.5 万 hm²，局部地下水位抬升高达 1.4m，近海低盐度区面积扩展至 10 万 hm² 以上，河海交汇线向外最远扩移达 23km（王浩，2020）。

二、三门峡水库运行方式优化与潼关高程

三门峡水库是黄河干流上修建的第一座大型水利枢纽工程，以苏联专家为主设计。水库控制了黄河流域面积的 91.5%、水量的 89%、沙量的 98%。潼关高程是指黄河干流渭河汇入点潼关水文站 1000m³/s 时潼关（六）断面相应水位，是表征黄河中游河道泥沙冲淤的基准高程。三门峡水库于 1960 年 9 月建成，最初按"蓄水拦沙"方式运用，最高蓄水位 332.58m。运行一年半时间内，库区泥沙淤积严重，330m 高程以下淤积泥沙达 15.3 亿 m³，93% 的来沙淤积在库内，渭河口形成拦门沙，威胁关中平原防洪安全。水库运用初期，随着泥沙淤积，潼关高程大幅抬升了近 5m。建库前潼关高程为 323.4m；1962 年 3 月为 328.07m，抬升了 4.67m。

为减缓三门峡库区泥沙快速淤积，降低潼关高程，三门峡水库运用方式进行了调整，从最初的"蓄水拦沙"到"滞洪排沙"再到"蓄清排浑"。其中，1962 年 4 月至 1973 年 10 月，三门峡水库采取"滞洪排沙"运用方式。该阶段三门峡库区泥沙淤积部位和淤积量发生变化，在此期间库区累计淤积泥沙量为 35.4 亿 m³，潼关高程下降 1.43m。1973 年 11 月至 2002 年 10 月，三门峡水库采取"蓄清排浑"运用方式，即在来沙少的非汛期蓄水防凌、春灌、发电，汛期降低水位防洪排沙，把非汛期淤积在库内的泥沙调节到汛期，特别是在洪水期排出水库，使库区年内泥沙冲淤基本平衡。在此期间库区累计淤积泥沙量为 14.43 亿 m³，潼关高程又上升了 2.14m。2001 年小浪底水库建成后，可有效调节进入黄河下游的水沙过程，彻底释放了三门峡水库的防洪功能，三门峡水库具备了进一步调整运行方式的条件。2002 年，中国水利水电科学研究院等 4 家单位联合又提出了"汛期敞泄，非汛期最高运用水位不超过 318m、平均水位不超过 315m"的运行方式（郭庆超等，2003）。2002 年 10 月至 2020 年 10 月，三门峡库区累计冲刷泥沙 4.62 亿 m³，潼关高程下降了 2.42m。三门峡水库不同运行方式与库区泥沙冲淤量如图 12.16 所示，潼关高程逐年变化如图 12.17 所示。

从三门峡水库运行调度与库区泥沙淤积中吸取教训，总结经验，从感性认识到理性认识，逐步认识自然规律，掌握运用规律，提炼出"蓄清排浑"运用方式，并经实践检验，是我国工程泥沙学科发展的转折点，也是我国泥沙走向世界前列的里程碑（胡春宏，2016）。

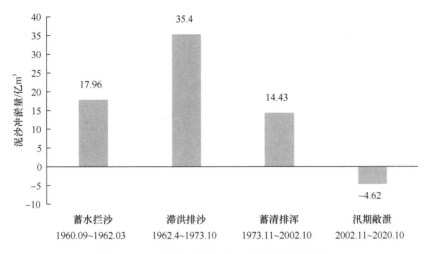

图 12.16 三门峡水库运行方式与泥沙冲淤量

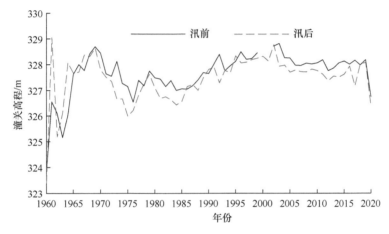

图 12.17 潼关高程逐年变化过程图

三、长江水沙调控

三峡工程是我国水利水电建设史上的标志性工程,举世瞩目。泥沙问题涉及水库淤积、工程规模、河道冲淤与航道演变等一系列问题,贯穿三峡工程论证、设计、施工、运行各阶段,是决定三峡工程设计和高效运行的关键问题之一。

(一)三峡水库运行方式

长江水量大、沙量小,且泥沙主要集中在汛期,6~9 月三峡水库来沙量占全年来沙量的近 90%。三峡水库为河道型水库,水库有效库容主要为槽库容,滩库容很小。三峡水库担负重要的防洪任务,汛期需要降低水位、腾出库容,准备调洪;同时,汛期水量大,有利于排沙。为解决水库泥沙淤积问题,特别是库尾变动回水区泥沙淤积问题,在三峡工程论证和设计阶段,提出了"蓄清排浑"的运用方式,汛期来沙多时降低水位排沙,非汛期来沙少时兴利蓄水。三峡水库在 6 月 1 日降低至汛限水位,10 月 1 日开始汛后兴利蓄水,10 月 31 日蓄水至正常蓄水位 175m。根据工程论证阶段计算,按上述方式运行，三峡水库使用 100 年，水库冲淤基本达到平衡，仍保留 90%左右的库容。

2003 年三峡水库蓄水运用后，三峡水库以上长江干支流水库群陆续建成运用，汛后同时集中蓄水，导致 10 月进入三峡水库的水量较初步设计预期值大为减少，如三峡水库按原设计在汛后 10 月 1 日开始蓄水，水库蓄满概率不高。2008 年，相关部门开展了三峡水库运行方式优化，汛后开始蓄水时间提前至 9 月 10 日，9 月末最高蓄水为 155m；10 月末蓄水至正常蓄水位 175m。之后，根据三峡水库运行调度环境的变化，第二次对水库运行调度方式进行优化。《三峡（正常运行期）–葛洲坝水利枢纽梯级调度规程》（2019 年修订版）规定，三峡水库 8 月下旬库水位允许上浮至 150m，9 月 10 日库水位允许抬高至 150～155m。

（二）三峡水库泥沙淤积与库容长期使用

三峡工程 2003 年 6 月开始蓄水运用，2008 年汛后开始 175m（正常蓄水位）试验性蓄水，2009 年汛后首次蓄水至 175m。三峡工程设计阶段，三峡水库多年平均（1956～1990 年）来水量 4015 亿 m³、入库沙量 4.91 亿 t。20 世纪 90 年代以来，受长江上游干支流水库建设拦沙、水土保持减沙和河道采砂等综合影响，三峡水库来沙量显著减少。1991～2002 年，三峡水库年均来水量 3871 亿 m³，来沙量 3.57 亿 t。三峡水库蓄水运用以来的 2003～2020 年，三峡水库年均来水量 3726 亿 m³，来沙量 1.44 亿 t，入库沙量仅为论证阶段成果的 40%，其中 2015 年、2016 年和 2017 年，三峡水库入库沙量为 0.32 亿～0.42 亿 t，仅为论证阶段成果的 15%。

从 2003 年 6 月三峡水库蓄水运用到 2020 年 12 月，三峡水库累计入库泥沙 25.98 亿 t，累计出库泥沙 6.21 亿 t，干流库区共淤积泥沙 19.77 亿 t，年均淤积 1.12 亿 t，仅为论证阶段成果的 34%。按体积法计算，2003～2020 年，库区 175m 高程以下干流库区共淤积泥沙 19.05 亿 m³，占总库容的 4.8%。其中，淤积在 145m 高程以下的泥沙为 15.38 亿 m³，占 145m 高程以下总库容的 9%；淤积在水库防洪库容内的泥沙为 1.52 亿 m³，仅占水库防洪库容的 0.69%（长江水利委员会水文局，2021）。

按目前的入库水沙量预测，三峡水库淤积平衡年限可由论证阶段预测的 100 年延长到 300 年以上，三峡水库可长期发挥巨大综合效益（胡春宏等，2019）。实践证明，三峡工程论证和规划阶段提出的"蓄清排浑"的运行方式是正确的。

（三）坝下长江干流河道的冲淤变化及其影响

三峡水库蓄水运用后，长江上游来沙量显著减少，加之三峡水库拦沙，入库沙量的 76%淤积在库区，出库沙量锐减，宜昌站年均输沙量减少了 93%，水流含沙量极低。三峡水库蓄水前总体淤积的河段，三峡水库蓄水后由淤转冲；三峡水库蓄水前总体冲刷的河段，三峡水库蓄水后冲刷强度加剧。三峡水库蓄水前的 1966～2002 年，长江干流宜昌至长江口河段平滩河槽年均泥沙冲淤量为 0.16 亿 m³，整体基本冲淤平衡，其中宜昌至城陵矶河段年均冲刷 0.18 亿 m³，城陵矶至汉口河段年均淤积 0.06 亿 m³，汉口至湖口河段年均淤积 0.13 亿 m³，湖口至大通河段年均淤积 0.15 亿 m³（许全喜等，2019）。三峡水库蓄水运用后的 2003～2020 年，坝下长江干流宜昌至长江口河段全线冲刷。与三峡水库运用前相比，宜昌至城陵矶河段冲刷强度增加了 3.3 倍，城陵矶至汉口、汉口至湖口，以及湖口至大通河段由淤转冲；长江干流宜昌至枝城河段深泓平均冲深 4m，最大冲深 24.3m；枝城至城陵矶河段深泓平均冲深 2.96m，最大冲深 17.8m；城陵矶至汉口河段平均冲深 1.74m；汉口至湖口河段平均冲深 2.93m（长江水利委员会水文局，2021）。三峡水库蓄水运用前、蓄水运用后长江中下游干流河道年均泥沙冲淤量对比如图 12.18 所示。根据研究预测，未来 50～100 年内长江干流仍将持续发生冲刷，但冲刷强度将逐渐减缓。

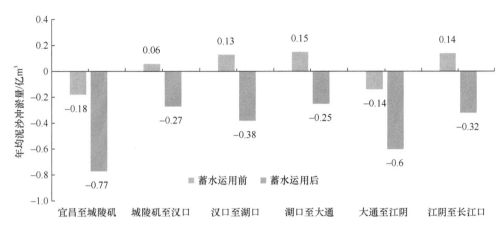

图 12.18 三峡水库蓄水运用前后长江中下游干流河道年均泥沙冲淤量

长江中下游干流河道的持续冲刷，一是引起长江干流局部河段河势调整加剧、崩岸时有发生，影响河势稳定、防洪工程和重要基础设施安全。据统计，2003～2018 年，长江中下游共发生崩岸险情约 937 处，崩岸长度约 701km。随着护岸工程的逐渐实施，崩岸强度、频次逐渐减轻，经及时抢护后险情未对长江中下游防洪造成不利影响。二是导致枯水流量下对应水位显著下降。2003～2020 年，长江干流宜昌至湖口河段主要水文站枯水流量对应水位累积下降幅度 0.61～2.76m。长江干流枯水流量水位下降影响沿江既有取水设施的取水，加快了长江与洞庭湖鄱阳湖关系（简称"江湖关系"）的演变。

为进一步拓展三峡水库的综合效益，减缓长江干流冲沙下切对河势稳定、堤防安全以及沿江取水等的影响，2011 年国务院常务会议讨论通过了《三峡后续工作规划》。对三峡工程运行对中下游重点影响区的影响处理工程进行了规划部署，部分工程已实施完成。总体来看，三峡工程建设运用对长江中下游的防洪安全、供水安全有一定的影响，经过相关处理治理后，影响总体可控。

（四）江湖关系变化及其对两湖的影响和应对

1. 江湖关系变化对两湖的影响

三峡水库蓄水运用后，长江中下游干流河道持续冲刷下切、枯水流量水位降低；加之三峡及长江上游控制性水库汛后兴利蓄水，9～10 月长江中下游流量显著减少，使得原本相对稳定的江湖关系发生剧烈演变。主要表现在：一是长江干流荆江南岸三口（松滋口、太平口、藕池口，简称荆南三口）分流入洞庭湖水沙量锐减、断流时间延长。三峡水库蓄水运用的 2003～2020 年与蓄水用前的 1981～2002 年相比，枝城站年均径流量减少 157 亿 m³，减少了 3.5%，但荆南三口合计年均分流量则减少 186 亿 m³，减少了 27.2%；分流比（荆南三口年分流量/枝城站年径流量）从 1981～2002 年的 15.2% 降低至 2003～2020 年的 11.4%。荆南三口分流量对比如图 12.19 所示。二是 9～10 月洞庭湖、鄱阳湖水位消落幅度明显加快，提前进入枯水期，枯水期延长。2008～2020 年与 1981～2002 年相比，9 月初至 10 月末，洞庭湖城陵矶站水位消落幅度增加了 1.23m，10 月下旬平均水位降低了 2.13m，洞庭湖进入枯水期的时间提前了 27 天；鄱阳湖星子站水位消落幅度增加了 1.69m，10 月下旬平均水位降低了 2.68m，鄱阳湖进入枯水期的时间提前了 39 天。图 12.20 和图 12.21 分别为三峡水库蓄水运用前、运用后洞庭湖、鄱阳湖旬平均水位过程对比。

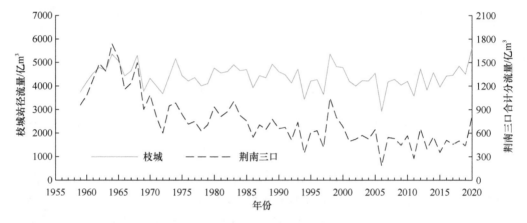

图 12.19　荆南三口分流量逐年变化过程

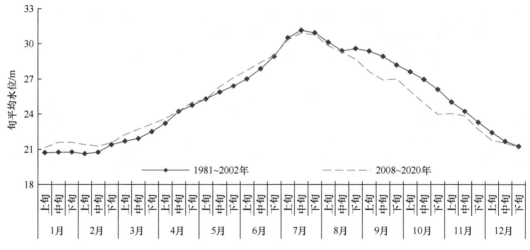

图 12.20　三峡水库蓄水前、蓄水后洞庭湖城陵矶站旬平均水位过程对比

　　近年来江湖关系演变，一是造成两湖湿地生态系统退化。湖泊水文过程决定着植物群落类型，9～10 月生态关键期两湖淹水时间缩短，导致湿地植被退化态势显现。物种组成中生化、旱生化趋势明显，洲滩植被分布高程下移、面积增加，水生植被面积减少、

沉水植被优势度下降（胡振鹏等，2015）。二是两湖水生生物生存空间受到挤压。枯水期水位降低，江豚被迫到航道等水深较大区域活动，航船螺旋桨致江豚死伤事件增加（孙晶晶和田鲁东，2013）；枯水期延长，蚌螺等底栖动物长时间露滩死亡。三是加剧了滨湖区季节性、区域性水资源供需矛盾。

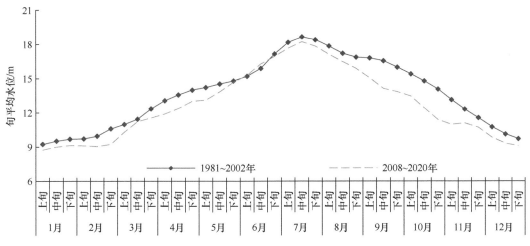

图 12.21　三峡水库蓄水前、蓄水后鄱阳湖星子站旬平均水位过程对比

2. 江湖关系变化应对策略

习近平总书记非常关心江湖关系演变对两湖的生态环境影响。2018 年 4 月，习近平总书记在深入推动长江经济带发展座谈会上指出：长江"双肾"洞庭湖、鄱阳湖频频干旱见底；抓湿地等重大生态修复工程时先从生态系统整体性特别是从江湖关系的角度出发，从源头上查找原因，系统设计方案后再实施治理措施。

大量研究成果表明，现状三峡及长江上游控制性水库蓄水运用是驱动江湖关系演变的主要驱动力，且这种影响将是常态化、趋势性的，不可逆转。两湖湿地生态保护修复需要通过一定的工程措施。洞庭湖湿地生态系统保护修复的主要工程措施是，以恢复增加枯水期长江分流入洞庭湖水量为目标，以松滋河疏浚建闸为核心，开展洞庭湖北部四口水系综合整治。鄱阳湖湿地生态系统保护修复，就是要修复关键生态期的生态水文过程，通过水文过程修复维系湿地生态系统。主要工程措施是，坚持调枯不控洪的原则，在鄱阳湖出口建闸并合理调控，把 9～11 月鄱阳湖水文节律恢复至三峡水库运用前多年平均水平，并适当抬高 12 月至翌年 3 月的水位，解决滨湖区季节性水资源供需矛盾（胡春宏等，2017）。

第六节　水利高质量发展战略

水利事业和水安全保障是我国全面建成小康社会、实现第一个百年奋斗目标的重要基石。我国开启了向第二个百年奋斗目标进军的新发展阶段，人民对美好生活的向往更加强烈，对水安全要求进一步增强，水利事业的责任和使命要求我们必须推动水利高质量发展。新阶段水利高质量发展的总体目标是全面提升国家水安全保障能力，为全面建设社会主义现代化国家提供有力的水安全保障。

一、以江河战略为引导推动新时代水利高质量发展

习近平总书记非常重视水利事业和水安全保障，多次考察大江大河，亲自擘画长江、黄河保护治理，确立了国家的"江河战略"。"江河战略"是在弘扬治水文明、赓续治水使命的实践探索中不断总结提炼形成的，是习近平治水思路的丰富创新，是中华治水文化的传承弘扬，必然成为水利高质量发展的纲领指南。

1）要把大保护作为优先任务。要以流域为单元、以水为主线，统筹上下游、左右岸、水里与岸上，防洪、供水、生态等多目标，政府和市场多手段，将生态保护放在优先位置，在保护的前提下进行江河的治理开发。

2）坚持四水共治，释放治理倍增效应。贯彻"江河战略"，需要在治理上下功夫，四水共治、系统治理。要加快转变治水思路和方式，实施系统治理，统筹解决水灾害、水资源、水环境和水生态等问题。

3）全方位贯彻"四水四定"，强化水资源刚性约束。实施江河战略，要坚持量水而行、节水为重，从机制体制、观念意识、措施手段等各方面把节水摆在优先位置，全面提升水资源集约节约利用水平。

4）着眼应对流域突发性极端水旱灾害，防止"黑天鹅""灰犀牛"事件。在全球气候变化背景下，极端水旱灾害发生的频次明显加快。要强化风险意识和底线思维，大幅提升水旱灾害防御能力和风险管理能力。

5）实施科技治河、提升创新驱动能力。立足中国江河治理实践，构建具有中国特色、面向中国需求的江河治理理论和技术体系，加快江河治理体系和治理能力现代化建设。加强对三峡工程、南水北调等治河大国重器高质量运行管理的科技支撑，确保大国重器掌握在自己手里。强化 5G、人工智能、物联网和云计算等新技术在治河实践中的应用，推动科技治河向高质量发展阶段迈进。

二、水利高质量发展若干关键措施

（一）构建国家水网

特殊的自然地理和气候条件，使得我国水资源时空分布极不均衡，区域性洪涝灾害风险和水资源短缺问题长期并存，成为高质量发展重大制约因素。立足区域、流域和国家层面水资源空间均衡配置，加快构建"系统完备、安全可靠，集约高效、绿色智能，循环通畅、调控有序"的国家水网工程，是完善现代化高质量水利基础设施体系的重要任务，是优化我国水资源配置、全面提高供水安全保障能力的根本举措。构建国家水网，要遵循"确有需要、生态安全、可以持续"的根本原则。一是在充分利用挖掘南水北调东线、中线一期工程供水能力的前提下，加快推进南水北调后续工程论证和建设，构建国家水网之"纲"；二是统筹区域水资源条件和国家发展战略布局，以区域内自然河湖水系为基础，因地制宜规划建设区域性供水灌溉水网，织密国家水网之"目"；三是加快推进黄河古贤水利枢纽等大江大河控制性综合水利枢纽建设，打牢国家水网之"结"。

（二）复苏河湖生态环境

良好的生态环境是最公平的公共产品，是最普惠的民生福祉。长期高强度的开发对河湖生态环境造成严重的影响，部分河湖水环境质量和生态状况与人民日益增长的美好生活需求之间存在一定的差距。以提升河湖水生态系统质量和稳定性、恢复水生生物多样性为目标复苏河湖生态环境是生态文明建设的重要内容。

复苏河湖生态环境要坚持自然修复为主、人工修复为辅，"山水林田湖草沙"系统治理的基本原则。一是保障河湖生态流量（水位）。通过水库调度、充分利用国家水网工程富裕输水能力实施河湖生态补水等措施，保障河湖生态流量（水位）。原本常年有水目前断流的河流，要恢复常年全线有水；部分干涸湖泊，要逐渐恢复维持一定的水域面积。二是在大江大河开展梯级水库群生态调度研究与实践。研究确定大江大河重要生态保护目标及其关键生态过程。在关键生态期，通过水库调节塑造有利于重要生态保护目标的水流过程，促进生物的保护和修复。三是开展支流替代生境建设和原通江湖泊的恢复连通。河湖水生态系统修复的核心在于生境的修复。大江大河生境恢复重建不可能在梯级开发河段内实施，但可从与干流相连的一些支流着手。建议选择特有鱼类丰富的支流，将该支流的拦河建筑物（有重要供水任务水库除外）全部拆除，恢复河流自然连通，重建特有鱼类栖息地。在长江流域优先选择青衣江、安宁河、水洛河等重要支流优先开展栖息地的修复重建试点。在长江中下游，选择生态地位重要、工程量相对小的湖泊，试点开展原通江湖泊的恢复连通，修复江湖洄游性鱼类洄游通道，促进江湖交流。

（三）推进智慧水利建设

信息化是支撑水利管理的重要手段。随着第三次信息技术浪潮的到来，以感知、互联和智能为基本特征的物联网、大数据、人工智能和数字孪生等应用极大地改变了各行业信息化服务的效率、易用性和行为范式，把水利信息化推向更高的阶段——智慧水利。智慧水利建设是新阶段水利高质量发展最显著的标志之一。按照"需求牵引、应用至上、数字赋能、提升能力"的要求，以数字化、网络化、智能化为主线，以数字化场景、智慧化模拟、精准化决策为路径，全面推进算据、算法、算力建设，构建数字孪生流域，加快构建具有预报、预警、预演、预案功能的智慧水利体系。

（本章执笔人：胡春宏、张双虎、张晓明、张忠波）

第十三章　海洋生态保护与治理

海洋覆盖了地球表面积的约 71%，是地球上最大的生态系统。海洋环境复杂多样，由海岸带、近海、大洋和深海等构成一个整体，对支撑地球所有生命系统具有重要的作用。

第一节　海洋生态保护与治理的战略意义与成就

海洋是巨大的资源宝库，也是国家经济社会发展的重要战略空间。海洋资源的可持续利用和海洋经济发展与海洋生态环境保护相互依赖。作为海洋强国战略的一部分，海洋生态环境的保护有着重要地位。

一、海洋生态保护与治理的战略意义

海洋生态环境在全球生态环境中占有重要地位，健康的海洋生态系统和海洋环境是人类获得资源、永续发展的重要基础。随着人类社会的高速发展，温室气体和陆源污染物不断排放、海洋资源过度开发利用等活动给海洋生态环境造成了巨大的压力，严重损害了海洋生态系统的健康及其服务功能。因此，海洋生态环境的治理和保护对人类社会的可持续发展意义重大。

面对海洋生态环境日趋严峻的形势，联合国《2030 年可持续发展议程》提出了"保护和可持续利用海洋和海洋资源以促进可持续发展"目标，具体包括预防和大幅减少海洋废弃物污染和营养盐污染，减少和应对海洋酸化的影响，加强灾害抵御与捕捞管控等海洋生态环境保护内容。海洋具有跨界性特征，当前世界各国围绕海洋权益的竞争日渐激烈，海洋战略利益分配与全球海洋生态安全的矛盾日益凸显。因此，仅仅依靠某一个国家采取行动，不足以应对日益复杂化的海洋生态环境危机；只有建立区域间、国家间的可持续性的合作机制，有序开发海洋资源，共同实施海洋生态环境保护，才能形成有效的治理路径。

作为负责任的海洋大国和发展中国家，主动积极投身于全球海洋生态环境保护、深度参与全球海洋生态环境治理是我国建设海洋强国的必然要求和重要内容。2019 年 4 月，习近平总书记首次提出了构建"海洋命运共同体"的重要理念，这不仅表明了我国对建设海洋生态文明、防止海洋环境污染、保护海洋生物多样性、有序开发利用海洋资源的高度重视，还为全球海洋合作和全球海洋资源共享共治提供了中国方案，彰显了我国在全球海洋治理中的国家责任和积极融入的决心，具有深远的战略意义。"海洋命运共同体"这一理念还蕴含了互相拥有、互为促进、共存共进、协同演化等涵义，是实现全球海洋生态保护与治理的有效行动指南。

二、海洋生态保护与治理的战略重点

随着《联合国海洋法公约》的诞生，海洋权益在国家发展中的地位更为突出。21 世

纪以来，海洋"国土化"趋势不断增强，各国的海洋经济实力、海洋科技实力、海洋军事实力等竞争日趋激烈，其中对海洋资源的激烈争夺和无序开发是海洋生态环境遭受破坏的重要原因之一。

海岸带处于陆海交互地带，是陆海环境生态过程及其要素、信息的关键交汇区，也是生态敏感和脆弱区。由于自然界和人类活动的影响，海岸带生态系统面临的生态压力越来越大，资源和生态安全问题日益突出。海湾拥有独特的地理环境，是受海洋和陆地双重影响的特殊自然体。同时，海湾也是海陆交通枢纽、临海工业基地、重要城市中心和海洋生物摇篮（黄小平等，2016）。由于人口不断地向沿海地区聚集，不合理开发和建设活动长期持续进行，陆源排污、围填海、水产养殖和生物入侵等对海洋生态环境造成不可逆的影响，导致海湾面积和自然岸线不断减少、泥沙淤积严重，海洋生态系统结构和功能遭到破坏，生态系统恢复力也受到损害，严重威胁沿海地区经济和社会的可持续发展（熊兰兰等，2020）。

海岛四面环水，具有独立、封闭、生态系统脆弱的特点，拥有港口、渔业、生态、军事、科技等多种资源和重要价值。随着陆地资源和空间压力的增加，海岛已成为各国海洋开发的新目标和海洋事业发展的新关键。因此，协调海岛发展和生态环境保护之间的关系是许多国家战略发展的重要内容。

随着深海技术的发展以及对海底资源的勘探，深海矿产资源已成为改变世界矿产资源供给格局以及全球经济发展的潜在力量，新一轮深海矿产开发利用活动及其变革已是风雨欲来。深海采矿工程对环境的影响受到广泛关注，"无环评、不采矿"的理念逐渐成为国际共识。在深海采矿全过程中实施环境调查、监测、评估，以及修复与治理已成为有效保护深海环境和深海生态系统的关键。

海洋是碳循环和碳储库的重要载体，厘清海洋碳汇的空间分布、原理，建立评估、监测方法，发展增汇技术和海洋资源的负碳开发技术，是服务碳达峰、碳中和目标的重要任务。随着海洋光伏、风力、波浪能、潮流能等新型清洁能源产业的布局，对海洋生态环境的评估、监测、保护也提出了新的需求。

此外，海洋和陆地辅车相依，单纯实施海上的保护与治理措施不足以解决海洋生态环境问题，只有陆海统筹、陆海联动，实现海陆的共防共治，才能有效地扭转海洋环境污染与生态破坏的现状。做好陆地与海洋生态环境保护的统筹协调与有效衔接，既是贯彻落实国家重大方针政策的重要举措，也是促进陆地和海洋全面、协调、可持续发展的必经之路。

三、海洋生态保护与治理的主要成就

在全球不同国家及地区的努力与协作下，海洋生态环境保护和治理工作取得了积极成效，为后续的保护和治理积累了经验，提供了法律支撑和技术积累。全球主要海洋国家开展了多项针对废水、海洋垃圾以及塑料污染物削减的全球行动计划，有效降低了陆源污染排放入海，从而改善了海岸带、海湾水质和垃圾、塑料污染问题。发达国家针对海岸带、海湾区域的可持续发展，相继设立了多个研究机构，针对海岸带、海湾的环境、生态、资源、经济、管理等各个领域，开展了广泛而深入的研究，为海洋生态环境的保护和资源开发提供了理论基础和技术支撑。全球岛屿发展管控的过程中，欧、美、日等发达国家和地区形成了一些典型的管理模式，有效地保障了其本地岛屿的有序开发和保护。在全球大洋生态治理、灾害抵御方面，国际社会通过制定合作协议，加强各国灾害预警和防范的能力。

我国通过制定相关法规、实施战略行动计划、完善监管体制、开展科学理论研究、推动科学技术发展、培养创新人才、加强区域合作和国际合作等系列措施，形成了较为完善的海洋生态环境保护和治理现代化综合体系，并在海洋生态环境保护和治理方面取得了重要成果。2016 年以来，我国开展"蓝色海湾"整治行动，多个沿海地区采取了一系列措施对海湾生态环境进行修复，在促进近海水质改善、滨海湿地面积增加、自然岸线恢复率提高等方面获得了显著成效。针对海岸带生态系统退化问题，我国制定并实施了相关保护区管理政策和行动计划，建立了红树林、珊瑚礁和红海滩等自然保护区，大力支持对海岸带生态修复技术开展深入的研究和应用。通过制定陆源污染的减排指标，优化近海养殖渔业，控制和降低了我国海岸带的营养盐负荷。在海岸带生态环境保护和修复方面取得了巨大的进步。同时，出台了海岛保护与管理配套制度，设立海岛保护区，加强海岛生态的修复。在创新技术领域，我国海洋卫星全球观测技术有效促进了海洋生态保护、海洋灾害预报、海洋渔场渔情监测及预报、渔船监测与管理等。在深海勘探与深海生物资源调查等方面，我国取得了多项世界领先的科研成果，为深海资源的进一步开发利用与深海生态环境保护打下了坚实的基础。

第二节　海岸带与湿地生态保护治理实践

海岸带城市集聚、人口众多，是经济社会发展的"黄金地带"。滨海湿地资源丰富，生态服务价值高，是海岸带可持续发展的重要基础。然而，海岸带面临高强度开发活动和气候变化带来的生态环境压力，陆海多重胁迫在滨海湿地集中体现，威胁海岸带生态安全。本节梳理了我国海岸带生态环境和滨海湿地面临的威胁挑战，总结了生态保护治理的进展与实践，并针对存在的问题提出了相应对策。

一、海岸带与湿地重要性

我国海岸线漫长，积聚了大量的人口，经济高度发达，保护和修复滨海湿地生态系统是保障我国海岸带可持续发展的重要基础。

（一）海岸带开发利用价值

海岸带具有丰富的资源和重要的生态服务价值，通常是人类活动最频繁的区域。全球有一半以上的人口都生活在海岸带区域，因此也造就了一大批的城市群在此产生，带动了区域经济的快速发展和文化的深入交流。其中，由于河口区域通常具有便利的海上交通，人口数量在 250 万人以上的大城市绝大多数位于河口附近。我国大陆海岸线辽阔，虽然 11 个沿海省（自治区、直辖市）面积仅占全国国土面积的 13%，但集中了全国一半以上的大城市和 60%以上的 GDP。我国新兴海洋经济发展迅速，正以每年 20%的速度快速增长，促进了我国经济的整体发展，也带动了我国与其他沿海国家的交流。党的十六大以来，我国一直都关注沿海经济的发展，还在沿海地区布设了近 20 个国家发展战略，充分利用海洋资源，发挥海岸带经济发展的支柱作用，全力打造沿海经济发展的"黄金地带"。在新形势下，我国发起"一带一路"倡议；海岸带作为沿海经济发展的重要区域，势必将成为带动区域经济发展的重要环节，也将成为海洋第一经济区。海岸带是海洋经济发展的重要组成部分，也是保护海洋环境、维持海岸带经济可持续发展、促进全球生态平衡的必要保障，更是我国维护海洋权益的战略布局。由于陆地资源和经济发展之间的矛盾，海洋生态资源已成为各国发展的前沿战略。

（二）滨海湿地生态服务功能

我国海岸线长度达 18 000km，滨海湿地资源丰富，滨海湿地广泛分布于河口、海岸、海湾和海岛等区域且种类繁多。典型滨海湿地包括珊瑚礁、红树林、盐沼、海草床、河口水域等，生态服务价值极高（图 13.1）。这些生态系统在调蓄洪水、防灾减灾、促淤造陆、降解污染物、生物多样性保护和为人类提供生产和生活资源等方面发挥了重要的生态服务功能，为沿海地区生态安全和经济社会可持续发展提供了重要保障。此外，三大滨海蓝碳生态系统（红树林、盐沼和海草床）具有极强的固碳效率，其单位面积碳埋藏速率约是陆地生态系统的 15 倍，保护和修复滨海蓝碳生态系统可助力我国"双碳"战略目标的实现。因此，滨海湿地生态系统健康保障及其重要生态服务功能的可持续供应是我国海岸带地区绿色低碳发展的重要基础。

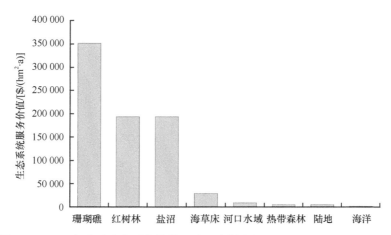

图 13.1　2011 年全球生态系统价值评估（资料来源：Costanza *et al.*，2014）

二、海岸带与湿地生态环境现状

我国沿海地区经济高速发展给海岸带生态环境造成显著破坏，高强度开发活动导致滨海湿地生存空间萎缩，生态健康受损，生态功能退化。

（一）海岸带环境现状

改革开放 40 年来，我国海岸带环境受到高强度人类活动的影响，围海、筑坝、港口码头和城镇建设等活动导致自然岸线不断减少、水体污染严重。由于人类不断向自然过量地索取资源，人地矛盾急剧增加。新中国成立后，我国经历了 4 次大规模围填海活动，占用了大量的海岸带空间资源，造成了海岸带生态系统的破坏，而且修复难度大、成本高。《2020 年中国海洋生态环境状况公报》显示，面积超过 $100km^2$ 的海湾中，8 个海湾出现劣IV类水质，氮磷营养元素浓度超标；江苏和浙江近岸海域水质差，上海近岸海域水质极差；黄河口、长江口、珠江口、闽江口、渤海湾、大亚湾和北部湾等典型河口海湾生态系统均呈亚健康状态。

（二）滨海湿地生态健康状况

滨海湿地位于陆地和海洋之间，陆海相互作用强烈，是典型的脆弱生态系统。气候变化和人类活动导致的多重生态环境压力在滨海湿地生态系统集中体现，使得滨海湿地生态系统健康遭到了严重威胁。我国海岸带幅员辽阔，集中了大量的人口，人类活动强烈。在城市化进程加快、社会经济高速发展的大背景下，填海造地、港口建设、滩涂养殖、陆源污染排放、筑坝挖沙、外来物种引入等人为干扰导致滨海湿地退化严重，其生态系统服务功能面临诸多风险（李晶等，2018）。据统计，2018 年我国滨海湿地面积为 $7400km^2$，相较于 1984 年减少了 27.9%。2012 年以来，由于人为活动减少和保护修复力度加大，滨海湿地植被面积大幅增加，滩涂面积趋于稳定（Wang *et al.*，2021）。然而，在气候变化、海平面加速上升等影响下，滨海湿地生态健康仍然面临着严峻挑战。

（三）滨海湿地面临的主要威胁与挑战

1）生境丧失和破碎化。大规模的围填海活动在带来经济效益的同时，也导致滨海湿地生境丧失和破碎化，造成生物多样性严重减少和生态系统退化等严重的生态问题。沿海地区大面积的围填海对生物栖息地造成了破坏，减少了生物生境空间，造成了生物多样性急剧下降。此外，当地居民的养殖活动、建设用地的扩张以及固岸等行为，打破了生物群落之间的交汇，使得湿地景观破碎化，生物活动受阻，甚至消亡。

2）水环境污染。水体污染是影响我国滨海湿地生态系统健康的一个重要胁迫因素。其中，强烈的人类活动致使水体出现严重的富营养现象，过量的氮、磷等营养元素引起藻类暴发、水体含氧量下降以及鱼类死亡等，从而威胁了滨海生态系统和潮间带湿地生态健康。同时，随着各类化学品的使用量和生产量不断增加，一些新兴污染物对水环境的危害也逐步被发现，且危害程度越来越高。在众多的污染物之中，抗生素和微塑料对海洋生态环境的威胁受到了人们的普遍关注，海洋微塑料污染也成为全球重大环境问题。养殖废水直排导致滨海湿地抗生素富集，海岸沉积物是微塑料的一个主要的"汇"，威胁滨海湿地生态系统健康。

3）生物入侵。滨海湿地群落结构相对简单，为外来种入侵提供了机会，而人为引种和船舶运输是外来物种扩散的主要途径。截至 2016 年，我国海岸带入侵物种 196 种，其中入侵植物 115 种，约占 60%。海岸带入侵植物的典型代表是互花米草，是全球性入侵种，而我国是其入侵面积最大的区域，造成滨海湿地生物多样性下降、生态系统结构改变、生态系统服务功能受损等问题。

4）相对海平面上升。气候变化和人类活动导致的相对海平面上升是全球滨海湿地面临的共同威胁。近年来，由于气温升高，格陵兰岛和南极冰川正逐步融化，导致了海平面升高，并在 2019 年达到了最大冰盖融化量。1980～2020 年，中国沿海海平面上升速率为 3.4mm/a，高于同时段全球平均水平。与此同时，世界上许多河口三角洲区域（如我国的长江三角洲和珠江三角洲）同时存在地面沉降问题，导致相对海平面快速上升，加大了滨海湿地淹没和侵蚀风险。此外，海堤等人工设施阻碍了海岸带生态系统陆海间的物质和能量流动，在海平面上升的胁迫下，滨海湿地"无路可退"，其生存空间受到陆海双侧挤压。

三、海岸带与湿地保护治理进展和实践

世界各国高度重视海岸带生态环境治理与湿地保护，在政策法规、科技创新、治理理念与实践等方面积累了成功经验和案例。我国起步相对较晚，但进展较为迅速，逐步建立了相关的法律和法规体系，开展了一系列滨海湿地保护与修复实践，未来仍需在生态系统稳定性与功能提升等方面进一步提升滨海湿地保护与修复能力。

（一）海岸带保护治理进展

20 世纪以来，为遏制海岸带生态环境恶化，沿海各国开展了多种形式的治理。发达国家起步较早，在政策法规、科技创新、治理理念、治理实践等方面积累了许多成功的经验和案例。在法律法规方面，英国首先于 1949 年制定了保护海洋的法律——《海岸保护法》。随后，美国也于 60 年代编制了海岸侵蚀图集，提供了完整的海岸线发展数据库，为海岸带的保护建立了坚实的基础。紧接着，在 70 年代，美国和日本分别对切萨皮克海湾、濑户内海的水环境生态修复和保护提出了明确的治理方案和整治目标。在海岸带管理方面，美国于 1972 年颁布了《海岸带管理法》，并制定了海岸带综合管理的方法，在海岸带生态环境保护和修复，以及海洋资源的可持续利用方面取得了显著成效。欧盟国家从 1996 年开始就陆续制定了关于海洋环境保护的计划，如《波斯尼亚湾生命计划》《保护波罗的海行动计划》。近年来，世界各国提出了多项应对全球海岸带治理的新概念或议题，如可持续蓝色经济、循环经济、基于生态系统的海岸带管理、基于自然的解决方案等。

我国开展海岸带生态环境治理相对较晚，但进展较为迅速。20 世纪 80 年代以来，我国逐步建立了保护海洋环境的基本法律和法规体系，全面规范了污染控制、生态系统保护和资源保护。1990 年以来，我国相继出台了关于海岸带生态环境保护的政策和计划，设置珊瑚礁、红海滩和红树林等自然保护区，充分保护海岸带生态系统，维持生物多样性。同时，我国还制定了伏季休渔制度，且在鱼类繁殖期禁止渔业活动，为鱼类生长和繁殖提供充分的保障。因为海岸带的污染源主要来源于陆地，所以"渤海碧海行动计划"以陆源污染为主要治理目标，协同改善水质，恢复生态环境。我国于 2003 年首次启动了关于"海岸带生境修复"计划，这也是我国第一个关于海洋环境保护与治理的国家"863 计划"课题，针对渤海湾的淤泥质海岸问题，科学家们从工程、生物和管理措施 3 个方面进行生境修复技术研发，以期修复海岸带生态系统，并取得了明显的成绩，使得渤海湾海岸带逐步恢复。2010 年，国家于"十二五"规划纲要中首次明确提出陆海统筹战略，

统筹协调人类社会可持续发展和生态系统保护之间的关系。"十二五"（2011~2015 年）期间，我国开展了超过 200 项的近岸海域综合治理项目，累计修复岸线超过 190km，恢复滨海湿地超过 2000hm²。"十三五"（2016~2020 年）期间，我国实施"南红北柳"、"蓝色海湾"和"生态岛礁"等国家重大工程，着力保护和修复我国海岸带生态系统。通过实施"蓝色海湾"整治工程，进一步优化滨海湿地资源的生态和生活空间，防止陆源污染物进入海洋。海岸带是陆源污染物进入海洋的过渡区域，能够阻隔和缓解大部分污染物。因此，保护海岸带生态系统，打造美丽海湾，遏制我国滨海湿地退化和丧失，提升海湾和滨海湿地生态系统服务功能势在必行。2018 年自然资源部和水利部牵头实施"海岸带保护修复工程"，主要目标是海岸带生态系统保护修复，充分发挥海岸带生态系统的自然能力，加强人工防护工程的建设，巩固海岸带的生态作用，进一步提升海岸带防灾减灾功能，构建生态可持续发展的海岸带体系。2019 年，我国《海岸带保护修复工程工作方案》正式发布，为科学推进海岸带生态工程实施提供了指导。为了加强包括滨海湿地在内的各类湿地的保护与修复，维护湿地生态功能及生物多样性，保障生态安全，促进生态文明建设，实现人与自然和谐共生，2021 年 12 月 24 日，第十三届全国人大常委会第三十二次会议审议通过了《中华人民共和国湿地保护法》。这是我国首部湿地保护法，2022 年 6 月 1 日起正式实施。

（二）滨海湿地保护与修复实践

1）辽河口滨海湿地恢复。辽河口湿地是我国辽东湾内最大的湿地，其滨海湿地恢复过程对其他类似的滨海湿地恢复具有重要的参考作用。20 世纪 60 年代，由于人类活动的强烈干扰，当地湿地资源开发利用不尽合理，人地矛盾突出，导致辽河口湿地生态系统和结构都遭到了严重破坏。据统计，80 年代以来辽河三角洲天然湿地从 1986 年的 2370.9km² 减少至 2000 年的 1644.5km²，其中滩涂面积减少率高达 52.86%，而双台子河口天然芦苇湿地面积在 15 年间减少了 60.3%（裴绍峰等，2015）。面对辽河口湿地生态系统出现的问题，当地政府积极采取措施，大力建设滨海湿地水利工程体系，增强湿地的防灾减灾功能，制定了相应的政策和法规，利用行政手段建立滨海湿地保护的制度，促进滨海湿地的可持续发展。针对被污染的水体，积极采取治理措施，并从源头控制污染物的进入，预防与治理并存。此外，当地政府还建立了众多的监督机制，鼓励全民参与，提高公众的环保意识，共同维护辽河口的建设。对辽河口的建设和管理队伍也加强宣传和教育，进一步提高执法能力和管理能力，吸引大量人才，共同投身到辽河口湿地生态系统的建设和保护。经过多年的努力和治理，在市委市政府的带领下，辽河口湿地恢复和保护取得了明显的成就，湿地资源得到了充分的利用，并成功地创建了多个湿地示范区和修复区，也促进了科研的不断进步，提升了湿地保护和修复技术。新中国成立初期，辽河口三角洲芦苇湿地面积不到 40 000hm²，修复后已发展至 80 000hm²，芦苇产量由 3.5 万 t 发展到现在的 40 万 t 以上，产值由 280 万元上升到现在的 2 亿元以上。目前，辽河口三角洲芦苇湿地已经形成生态循环经济模式，生态环境进一步恢复，成为珍稀鸟类的栖息地，拥有丹顶鹤等珍稀鸟类资源 267 种（裴绍峰等，2015）。

2）广西北海滨海湿地修复。由于近年来广西北海城市建设、临海工业、水产养殖以及旅游业迅速发展，滨海湿地生态系统结构受损、功能退化，银滩岸线不连通，红树林面积逐年减少，生物多样性下降；城市内涝时有发生。近年来广西北海市以"生态立市"为本，协调生态保护与城市发展，实施了基于自然的陆海统筹污染治理和生态保护修复工程。在实施"控源截污—内源治理—再生水资源利用—坑塘湿地深度净化"一体化水污染治理，以及海绵城市建设的基础上，根据滨海复合湿地生态系统特征分区分类、因地制宜开展生态修复。同时，积极打造生态旅游新名片，推广旅游生态产品，提升旅游价值。经过不断地修复和治理，北海市水质净化达标，生物多样性提高，防灾减灾能力提升，生态产品的价值得到充分转换，当地居民生活质量也得到了提升（卢丽华等，2021）。

3）深圳湾红树林修复。深圳湾湿地毗邻深圳和香港两个国际大都市，是全球重要的候鸟迁移地和越冬栖息地。由于人类活动的强烈干扰，人地矛盾日益突出，红树林面积也逐渐减少；工业废水和城市污水直排，造成湿地有害污染物增加及自然净化功能退化；滨海河口河道硬质化，隔绝了陆地生态与水体生态的物质能量交换；当地鱼塘的众多功能也随之退化，减少了候鸟的栖息地和觅食地，生态功能受损；薇甘菊、银合欢等外来入侵植物分布面积大和虫害暴发频繁，占据了本地生物物种的生态位并使湿地生物群落结构单一，脆弱性增大。当地政府根据陆海统筹战略目标，加强海岸带生态环境保护与修复，建立并完善了污水处理系统，以及城镇雨污分流管道，严控陆源污染，实施了系列污染治理"先导工程"，使海洋水体综合污染指数下降32.5%。在生态修复方面，按照既服务于鸟类等生物需求，又同时满足城市发展和市民需求的原则，通过入湾河道综合治理、鱼塘水鸟栖息地功能恢复、外来物种及病虫害防控及新种红树林等措施，系统恢复深圳湾滨海红树林湿地生态系统的结构与功能，同时开展丰富有趣的自然教育活动，让公众充分参与到湿地保护的活动中来。深圳市政府为了有效保护城市中心的红树林湿地系统，坚持城市绿色健康发展，启动了一系列滨海湿地保护和修复行动，以保护红树林生态系统为主，确保红树林面积的逐步恢复和扩大，扭转以往湿地功能退化的局面。

（三）问题与对策

当前，国内外海岸带环境治理与生态修复大多注重生境改造或生物种群的恢复。然而生境与生物间存在复杂的交互作用，决定了生态系统的稳定性和弹性，当前针对海岸带水域生态系统结构的修复技术，如水文控制、地形地貌重建、人工鱼礁建设等生境结构修复技术，以及植被恢复和藻类修复等生物种群修复技术，未充分考虑水文连通和生物连通过程以及营养级联效应。此外，当前的保护与修复，多以湿地面积恢复或景观修复为主要目标，较少考虑生物多样性、生态系统结构恢复和生态系统服务功能提升。因此，如何通过过程连通下的结构修复而形成功能修复技术，最终面向生态系统稳定性、功能提升和修复效果可持续性发展，是未来海岸带生态保护和修复的重要方向。同时，在海岸带生态修复实践中，适应性管理原则有助于减少不确定性，因此，在未来海岸带水域生态修复过程中，需要将适应性管理纳入一个常规机制。近年来，海平面的上升被认为对滨海湿地生态系统的存续和演化具有重要影响，研究气候变化对滨海湿地关键物种的影响及其响应规律，以及基于气候变化的滨海湿地适应性管控也是当前发展的新趋势。

再者，从国际滨海湿地保护和修复成功案例来看，社会公众始终被视为关键力量，公众的参与也一直起到重要作用。提高全民环境保护意识，以政府为主导，吸引各企业、地方组织、科学工作者、民众等多方面积极参与滨海湿地的保护和修复工作。利用新时代多媒体和自媒体开展湿地科普宣传活动，加强舆论引导，提高公众的环保意识，形成保护湿地的良好氛围。将湿地保护和学校生态文明教育相结合，制定课程目标，充分与各科知识融合，让学生感受自然的美丽，领略湿地的美好，努力培养学生的生态环保意识。加强国际湿地保护和修复经验交流，推动湿地保护的全球合作，在学习国外先进技术的同时，也要展示我国在滨海湿地保护和修复中的成功范例，为世界贡献中国智慧，呈现中国方案。同时，资金的投入必不可少，还要不断吸收和统筹各类资金，特别是要积极争取中央和地方的财政支持。企业和政府积极引导社会资金投入到湿地保护中来，并形成紧密的合作关系，充分开发和利用滨海湿地资源，探索滨海湿地生态产品的实现，将生态保护与经济发展融为一体。

第三节　海湾生态保护与治理实践

海湾既有众多的区域优势，也拥有丰富的海洋资源，成为连接海洋与陆地的紧密纽带，对我国发展海洋经济，维护海洋权益具有举足轻重的作用。但随着城市化和工业化的不断推进，人类活动不断向海洋推进，围填海活动使得海湾面积逐渐缩小，生态平衡遭到破坏，阻碍了沿海区域生态和社会经济的可持续发展。本节在总结我国日前海湾开发利用中出现的主要问题的基础上，从海湾环境治理、海湾生态保护和海湾综合管理等方面分析我国海湾生态保护与治理的实践经验，并提出我国海湾生态保护与治理的战略任务，以期实现海湾的有序开发与可持续利用。

一、海湾开发现状和生态环境问题

我国拥有辽阔的海湾区域，海洋资源丰富，海湾开发历史悠久，但海湾经济开发的同时也产生了一系列的问题。人类对海湾资源的不合理开发严重破坏了海湾生态系统，造成海湾生态系统自我调节能力和生态服务功能下降。

（一）海湾的战略地位与开发利用

渤海湾、胶州湾、大亚湾等著名海湾是我国湾区资源的重要组成部分，拥有丰富的渔业、旅游、交通等资源。我国在海湾资源开发和利用方面具有悠久的历史文化，并取得了巨大的成绩。改革开放以来，我国海湾开发取得的成就主要包括港口资源、水产资源、土地资源、旅游资源、海水化学资源及矿产资源的开发利用等（陈则实等，2007）。因为港宽水深，湾区通常具有良好的驻泊条件，自然也成为沟通海陆交通的中转站，促进社会经济文化的交流，也成为对外贸易和沟通的窗口，如胶州湾的青岛港、厦门湾的厦门港等。同时，湾区因独特的交通条件和天然的区位优势，加上丰富的资源，也成为许多临海工业基地发展的首选目标，如大连湾的造船基地、大亚湾的石化基地等。最重要的是，湾区聚集了大量的人口，成为大城市发展的必要基础，如依托深圳湾、大鹏湾的深圳市，依托胶州湾的青岛市、依托厦门湾的厦门市等（黄小平等，2016）。此外，湾区拥有丰富的生物饵料，且湾区环境相对封闭，可成为重要的海洋生物产卵场和育幼场，自然也是重要的海水养殖区域，如渤海湾、大亚湾、象山湾等（黄小平等，2019）。从国际上来看，日本的东京湾不仅是东京、横滨等著名城市的依托，更发展为京滨工业地带的主要部分。由此可见，海湾在现代经济建设和社会发展中必不可少，对维持海洋经济可持续发展至关重要。

（二）海湾生态环境问题

沿海区域开发的不断增强、人类对海洋资源的无尽索取、沿海工业化的推进等高强度人为活动已经造成了海湾流域生态环境的破坏，对我国发展海洋经济、陆海统筹战略的实现造成了不利影响。

1）海湾生态环境总体恶化。近几十年来，海湾生态环境恶化的表现主要有海湾富营养化、生物群落结构异化、生态功能退化、生态系统失衡等。氮、磷等污染物大量入湾，造成许多半封闭型海湾水质污染严重。例如，胶州湾海水无机氮含量从 20 世纪 60 年代的 0.03mg/L 增加到 21 世纪初的 0.29mg/L，1981～2017 年，海水氮磷比值从 18 上升到 70（沈志良，2002）。大亚湾海域由贫营养状态发展到中营养状态，部分海域出现富营养化，氮磷比值在 1985～2003 年由 1.3 上升到 61.9（施震和黄小平，2013）。富营养化及营养物质组分结构改变导致海湾生物群落结构发生明显变化。自 20 世纪 60 年代至 21 世纪初，胶州湾浮游植物优势种发生显著更替，中肋骨条藻等偏好富营养环境的藻类成为最明显的优势种，浮游植物多样性指数下降（吴玉霖等，2005）。大亚湾浮游植物种类数 1982～2004 年减少 33 种（宋星宇等，2012），浮游动物优势种更替频率增大而组成趋于简单化（王伟等，2006；黄小平等，2019）。生物群落结构改变可能影响食物网结构及其能量传递效率。例如，氮硅比值的增加可导致硅藻支持的食物链削弱而甲藻支持的食物链增强，使海湾生物营养级结构发生改变（黄小平等，2019），甚至可能导致食物链断裂和生态系统失衡。

2）海湾面积缩减、泥沙淤积。海湾空间面积缩减表现为自然岸线减少、滩涂湿地及海域可利用面积减小甚至海湾消失。填海造地和围湾养殖等工程用海加速增长改变了海湾岸线的自然属性，缩减了海湾面积及纳潮量，导致海湾自然环境恶化、生态功能退化（黄小平等，2019）。胶州湾水域面积在 1928～2004 年由 560km^2 减少到 362km^2，纳潮量在 1935～2004 年由 11.8 亿 m^3 减少到 7 亿多立方米（王伟等，2006；黄小平等，2019），水交换能力大幅度下降，导致泥沙严重淤积。高强度围垦使泉州湾海域面积减少 30.7km^2，纳潮量明显减少、水动力变弱、淤积严重（陈彬等，2004）。1973～2013 年，浙江三门湾大陆岸线因人工围海造地和海岸开发不断向海推进，岸线总长度减少 40.2km，海湾因潮流减小而产生淤积（陈晓英等，2015）。

二、海湾环境治理与生态保护

我国高度重视海湾开发过程中出现的生态环境问题，大力加强海湾的治理与生态保护，在海湾环境治理、生态保护与恢复以及海湾综合管理等方面进行大量的实践，以期改善海湾生态环境、恢复其正常生态服务功能。

（一）海湾环境治理

在陆海统筹的基本格局下，陆源污染治理已成为海湾环境保护的主要任务。同时，坚持保护优先、积极改善海湾水动力条件对海湾生态环境的恢复起到重要作用。

1）陆源污染治理。20世纪70年代以来，发达国家的环境污染控制经验表明，随着对点源污染的有效控制，面源污染已经取代点源污染成为环境污染的最重要来源，因而陆源污染成为半封闭海湾环境恶化的主要原因。来自陆地的有机质和营养盐随着地表径流大量入海，造成沿岸海域富营养化，因此我们必须将流域陆地和海湾作为一个有机整体进行治理规划。我国面源污染的负荷比例逐步上升，无疑是今后海湾水环境污染控制的难点和重点。例如，胶州湾流域面积达近 $8000km^2$，流入胶州湾的河流有十余条，河流输入是胶州湾最主要的污染物来源，因此强化对环湾入海河流和其他陆源污染的治理、减少胶州湾入海污染物总量是保护和提升胶州湾环境的重要基础保障和措施（黄小平等，2019）。渤海湾曾是渤海地区水质最差的一个区域，承受着来自沿海及流域的生活和工业污染物排污压力，环境问题已成为制约环渤海地区经济社会发展的瓶颈，近年来，环渤海地区加大陆源污染物治理力度，近海环境得到一定程度的改善，尤其是近两三年来，渤海湾环境攻坚战取得更加明显的效果，近海环境得到很大改善（王结发，2013；生态环境部，2020，2021d）。

2）水交换能力的恢复。大面积围填海、海堤等构筑物建设导致海湾水域面积缩减，甚至截断原有潮流通道使海湾纳潮量减少，造成海湾水动力条件明显减弱。例如，厦门湾、胶州湾、泉州湾、三门湾等多个海湾由于围垦、筑堤等工程活动而显著改变了其原有自然属性，出现不同程度的淤积现象。由于水动力的减弱不利于污染物扩散，海湾水质和生态环境受到影响，2008年厦门海域正式启动海域清淤工程、海堤开口改造工程和淤泥处置工程等，增加了厦门湾纳潮量、改善了水动力条件，水质环境和泥沙冲淤环境得到一定程度的改善（杨金艳等，2020）。

（二）海湾生态保护

海湾生态系统退化及生物资源衰退等问题已引起人们的高度关注，我国在海湾生态系统保护和生物资源养护等方面进行诸多实践。

1）生态系统保护。海洋生态保护的核心是生态系统和生物多样性保护，党的十九大报告明确要求加大生态系统保护力度，实施重要生态系统保护工程，优化生态安全屏障体系。建立海洋自然保护区和海洋公园是保护海洋生物多样性和防止海洋生态环境恶化的有效手段之一。近几十年来，我国已在沿海省市的多个海湾地区建立起为数众多的海洋自然保护区，如三亚湾的珊瑚礁自然保护区、湛江湾的红树林自然保护区等，有效保护了海湾生物多样性和生态系统可持续发展的资源基础，在推动美丽海湾和海洋生态文明建设等方面发挥着重要作用。2011年以来，我国已在山东、江苏、浙江、福建、广东、广西和海南等地的海湾地区建立起多个海洋公园。例如，第一批建立的连云港海州湾国家级海洋公园，公园内竹岛等原始生态系统保护完好，在海岛生态系统及地带过渡性生物资源保护方面具有重要价值（李妍等，2016）。

2）生物资源养护。投放人工鱼礁与实施伏季休渔制度是我国海湾生物资源养护的重要举措。20 世纪 70 年代以来，世界上很多沿海国家陆续建造人工鱼礁，建成许多诱集鱼类、增殖渔业资源的渔场，取得一定的生态效益和经济效益。中国首个人工鱼礁试验于 1979 年在防城港市白龙珍珠湾海域实施，随后多年陆续投放了多座人工鱼礁，截至 2019 年已投放 1040hm^2，对小型喜礁性鱼类表现出明显的诱集效果，鱼礁区渔业资源密度为周边海域的 2.68 倍（曾雷等，2019）。海湾是海洋生物重要的产卵场、育幼场和索饵场，每年的伏季休渔制度使海湾中的鱼类有充足的繁殖和生长时间，对遏制海洋渔业资源衰退、增加主要经济鱼类的资源量起到了重要的作用。自 1995 年起，我国在东海、黄渤海海域实行全面伏季休渔制度。1999 年，南海海域也实施伏季休渔制度。近年来，东海休渔海域逐渐扩大、休渔时间逐步延长、休渔作业类型逐步增加，取得了较好的经济、生态和社会效益（卢昌彩和赵景辉，2015）；南海海域休渔后沿岸渔场的渔业资源量全面上升，渔业资源结构进一步优化，海湾渔业资源在制度保障下也逐渐得以恢复（邹建伟等，2016）。

（三）海湾综合管理

海湾综合管理是促进海湾地区可持续发展的重要手段，为了改善和恢复海湾生态服务功能和经济服务功能，我国已在海湾沿岸地区开展各项海湾综合整治工程，对海湾生态环境改善及恢复具有重要现实意义。

1）围填海管控。严控围填海、加强保护滨海湿地，是保护和改善海洋生态环境的重要举措。日本、荷兰、韩国等国家开展围填海较早且规模较大，具有一定的理论和实践基础，对我国围填海管理有重要借鉴意义。日本建立了完善的围填海许可、收费和所有权归属等法律法规体系，以需求为主导严格控制围填海总量并积极进行生态修复补偿（岳奇等，2015）；荷兰制订系统的围填海评估和管理体系并采取限制政策以保护岸线（曹忠祥和高国力，2015）。我国近年来逐步加强对围填海规模控制及围填海活动的管理监督，同时采取一系列围填海管控的措施，在重点海湾海域禁止围填海。各沿海省市响应国家号召与要求而相继出台一系列政策加强围填海管控。例如，福建省75.2%的围填海活动发生在厦门湾、兴化湾、湄洲湾、三沙湾、泉州湾等 13 个半封闭海湾中，实施围填海管控以来，福建省由鼓励开发到严格管控、由开发为重到开发保护并举，因此沿海各地围填海活动得到有效遏制（姚少慧和孙志高，2021）。

2）蓝色海湾行动。党的十八大以来，党中央、国务院作出了加快推进生态文明建设的重大部署。"十三五"规划纲要将蓝色海湾整治列为重大海洋工程之一，2016 年，国家海洋局启动"蓝色海湾整治行动"项目，协同国家有关部委和地方政府大力进行海洋生态整治修复工作，以海湾为重点，拓展至海湾毗邻海域和其他受损区域，旨在改善近岸海域环境质量，恢复和提升生态功能，整治修复海湾、滨海湿地等重要生态环境受损区，最终实现"水清、岸绿、滩净、湾美、岛丽"的海洋生态文明建设目标。从实践效果来看，这有效地提高了一批海湾区域的整体生态环境水平（张志卫等，2018）。青岛蓝色海湾整治行动实施以来，"三湾"整治取得了较大进展，在改善海岸带生态环境的同时，提升了区域生活品质，胶州湾、灵山湾、鳌山湾取得显著的生态、经济和社会效益（赵友功等，2018）。在洞头国家级海洋公园核心区东岙—半屏山连港蓝色海岸带整治修复中，重点实施洞头中心渔港清淤疏浚、半屏山及东岙沙滩整治修复、沿岸海洋生态廊道建设、陆源污染及近岸固体废弃物清理等，达到总体提升近海区域生态功能、景观功能和文化功能的目的（林雪萍等，2020）。

3）"湾长制"的建立与实践。"湾长制"是我国海洋污染治理和海洋绿色发展的新理念，是坚持陆海统筹、河海兼顾、上下联动、协同共治的治理新模式。"湾长制"以主体功能区规划为基础，以构建长效管理机制为主线，逐级压实地方党委政府海洋生态环境保护主体责任，最终目标是改善海洋生态环境质量、维护海洋生态安全。"湾长制"是青岛在海湾管理保护方面的创新举措，为在更大范围内、更深层次上加快推进试点工作，2017年，国家海洋局印发《关于开展"湾长制"试点工作的指导意见》，确定"湾长制"试点的基本原则、职责任务和保障措施，并在浙江、海南、山东等地先期启动"湾长制"试点工作（陶以军等，2017）。各试点地区结合本地区实际，因地制宜探索出台了各具特色的"湾长制"工作模式。例如，浙江省将"湾长制"纳入治水体系形成"大治水"新格局，建立"湾长"巡查、群众参与和执法人员整治"三位一体"的海湾管理网格化工作机制等（陈莉莉等，2020）。"湾长制"作为我国海洋环境治理的新模式，具有强大的实践基础和制度优势，可为解决当前海湾环境治理中存在的多重矛盾提供新路径（李晴等，2019）。

三、海湾生态保护与治理的对策建议

目前，我国海湾生态环境保护工作依然面临着非常严峻的形势，由于其具有复杂性高、改善难度大、时间滞后性长、不可控因素多等特点，急需建立基于生态系统的海湾综合管理机制，以点带线、以线促面、点面结合地推进陆海污染防治格局及治理体系建设，通过污染防治和生态保护两手发力促进海湾生态系统恢复和生物多样性保护。

（一）构建基于生态系统的海湾综合管理机制

应以海湾生态系统的整体恢复作为调控和管理目标，将社会和经济的需要纳入生态系统中，将人类的活动和自然的维护综合起来，协调生态、社会和经济目标（图13.2），

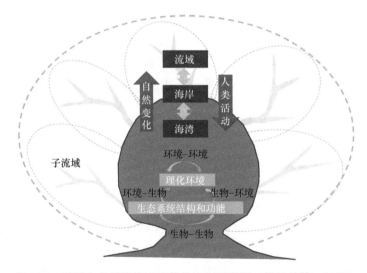

图13.2　基于生态系统的海湾整体认知示意图（熊兰兰等，2020）

维持生态系统健康的结构和功能，在此基础上使社会和经济目标得以持续，实现生态系统以及经济和社会持续发展（王厚军等，2021）。

（二）开展陆海统筹的流域及海湾空间规划

以海湾生态系统为基础、以保护中开发为出发点、以流域–海湾为单元构建海陆统筹的海洋环境治理体系，实现从海域到流域再到陆域的系统管控，并从不同尺度制定不同的管控目标。在规划中必须采用统筹陆海空间的总体架构并充分考虑土地利用现状分类、城市规划用地分类、海洋功能区分类等，做到功能明晰、空间协调（黄小平等，2019）。

（三）开展污染物总量控制

以海湾为重要控制节点，将海洋氮磷控制溯源到关联流域及区域，强化入海断面氮磷浓度及总量控制。开展不同土地利用类型污染负荷、不同农业种植结构情境分析，进行海湾地区土地利用方式及农业种植结构优化方案设计（黄小平等，2019；熊兰兰等，2020）。

（四）维护海湾水动力条件

从维护海湾水动力冲淤条件、保护关键生境出发，对围填海等严重破坏海湾生态环境的开发活动提出调控措施。综合考虑累积效应对海湾围填海进行整体规划，禁止在严重影响水体交换区域围填海。禁止在滨海湿地（红树林、海草床、盐沼等）、珍稀濒危物种集中分布区、重要鱼虾蟹贝藻类栖息地及重要渔业资源区围填海（黄小平等，2019；熊兰兰等，2020）。

（五）加大整治修复力度

制定流域–海岸–海湾生态修复总体规划，强化陆海协同生态空间的保护，划定海陆衔接空间管控单元，形成陆海协调一致、功能清晰的空间管控分区，以恢复滨海湿地生态系统服务功能、保护海湾生物多样性、恢复海湾生物资源为重点制定明确具体的目标，开展立体综合的生态修复（熊兰兰等，2020）。

（六）建立海湾综合管理体制保障

构建和完善"湾长制"管理体制，通过立法、政策、规划等统筹推进海湾资源利用、污染防治和生态保护修复。加强海湾基础科学研究，开展常态化监测与评估。广泛宣传保护海湾资源可持续利用的重要性和必要性、海湾生态环境保护知识、法律法规和政策，建立公众全过程参与海湾综合管理的制度（王琪和辛安宁，2019）。

第四节　珊瑚礁岛礁生态保护与治理实践

南海海域辽阔，拥有众多由珊瑚礁构筑的岛礁，具有巨大的社会价值、经济价值、生态服务功能和关键的战略意义，在海洋生物多样性维持、海洋生物资源涵养、海岸线保护和蓝色国土权益捍卫等方面发挥着重要的作用。在气候变化和人类活动双重压力下，岛礁周边的珊瑚礁发生了生态环境破坏和资源退化等问题，这将严重威胁珊瑚礁岛礁的可持续发展和岛礁自身的稳态。本节梳理了我国南海岛礁周边的珊瑚礁生态系统现状及其面临的主要生态环境问题，从珊瑚礁岛礁生态保护与修复治理的基本原理和案例等入手，分析了南海珊瑚礁岛礁生态保护与修复治理的实践经验，并指出未来珊瑚礁岛礁生态保护和热带岛礁型海洋牧场建设的发展方向，以期实现珊瑚礁岛礁生态保护、生物资源可持续发展和经济产出的综合效益。

一、珊瑚礁岛礁现状与生态环境问题

南海珊瑚礁岛礁周边的珊瑚礁生物资源丰富，开发历史悠久，但随着人类活动和气候变化的加剧，引发珊瑚礁生物群落结构改变和生态服务功能下降等生态环境问题，对岛礁安全稳态构成潜在的威胁。

（一）战略地位与现状

珊瑚礁生态系统主要分布在南北纬 30°之间的热带、亚热带海区，素有"海洋中的热带雨林"的美誉，是地球上生产力和生物多样性最高的海洋生态系统之一，不仅具有重要的生态学功能和生态服务价值，同时具有极高的直接社会经济价值，在维持海洋生态平衡、渔业资源再生、生态旅游观光、海洋药物开发及保护海岸线等方面发挥着重要的作用。我国珊瑚礁面积在世界上位列第 8 位，主要分布于南海诸岛、海南、广东、广西、福建沿岸以及台湾、香港等热带、亚热带海区，其中南沙群岛、西沙群岛、中沙群岛和东沙群岛是我国沿海地区珊瑚礁生态系统的发源地，其珊瑚礁生态系统最为完整，珊瑚礁生物多样性高，因此地位十分重要。

南海面积约 350 万 km²，约占全国海洋面积的 2/3，是我国面积最大的海区。广阔的南海海域拥有众多由珊瑚礁构筑的岛屿，这些岛屿具有丰富的渔业资源、优美的自然风光，蕴含着巨大的社会、经济价值。岛礁周边的珊瑚礁生态系统是典型的热带海洋生态系统，具有重要的战略意义，对南海海洋生物多样性维持、海洋生物资源涵养、优质蛋白食物来源、海岸线保护和蓝色国土权益捍卫等至关重要（黄晖，2021）。

近些年，由于非法礁盘渔业与过度捕捞、海岸工程、异常升温白化与长棘海星暴发等原因，南海珊瑚礁发生了严重的生态环境损毁和破坏。以西沙群岛为例，20 世纪 70 年代对永兴岛的调查结果表明，当地平均活造礁石珊瑚覆盖率超过 80%；随后 2002 年黄晖等对西沙永兴岛的调查表明，该区域的平均活造礁石珊瑚覆盖率为 68.4%；2007 年和 2008 年由于长棘海星暴发，2009 年西沙群岛平均活造礁石珊瑚覆盖率不到 1%（李元超等，2018）；2007～2016 年的永兴岛、北岛、西沙洲和赵述岛 4 个固定监测站点的造礁石珊瑚覆盖率变化趋势显示，活珊瑚覆盖率由 2007 年的 53.80%明显下降到 2016 年的 5.44%，而且没有表现出明显的恢复趋势（海南省海洋与渔业厅，2019）。

（二）主要生态问题

近年来，在全球气候变化、人类活动和敌害生物暴发等多重压力的影响下，南海离岸区域岛礁周边的造礁石珊瑚覆盖率从接近 60%下降到不足 20%，虽然过去的研究普遍认为，珊瑚礁尤其是近岸珊瑚礁的退化主要是由于人类活动造成的，气候变化的影响较小，但气候变化对我国珊瑚礁和岛礁生态安全的影响日益凸显。近年来，在我国的三亚、西沙和南沙等海域都普遍记录到海水温度异常升高引起的珊瑚白化死亡事件：三亚鹿回头于 2010 年、2015 年和 2017 年发生过珊瑚白化事件；西沙群岛则于 2014 年和 2019 年记录到珊瑚白化现象；南沙群岛分别于 1998 年和 2007 年记录到珊瑚白化现象；而 2020 年 8 月在南沙群岛、西沙群岛、海南岛及雷州半岛西部等海域观测到严重的珊瑚白化事件，此次大面积珊瑚礁白化是南海海域有历史记录以来最严重的一次。造礁珊瑚白化死亡会对其种类组成和群落结构产生直接影响并造成一系列的负面生态效应，如珊瑚覆盖率和多样性的降低、珊瑚群落组成和结构发生变化；生长速度快而结构复杂的鹿角珊瑚多发生死亡，而残余的种类多为耐受的团块状珊瑚；珊瑚死亡后逐渐被海浪等物理作用破碎化并被藻类占据，珊瑚礁的三维复杂结构趋于瓦解，最终丧失其特有的生态功能（黄晖，2021）。

此外，珊瑚敌害生物长棘海星的暴发也严重威胁着南海岛礁的珊瑚礁生态健康。长棘海星是造礁石珊瑚的天敌，成年长棘海星专门以珊瑚为食物，被吞噬过的珊瑚由于失去组织露出白色骨骼而死亡。通常情况下，每公顷珊瑚礁中仅有最多 1 只长棘海星，它们可以适度地吃掉部分珊瑚，但是当其繁殖过快而高密度暴发时，就在短时间内吃掉大量活珊瑚。一只长棘海星一天可以吃掉约 $20m^2$ 的珊瑚，造成大面积珊瑚死亡，破坏珊瑚礁生态系统。2006～2008 年我国西沙海域、三亚大小东海和亚龙湾等地长棘海星暴发，2008 年密度达到顶峰，可达 2 个/m^2，期间造成西沙群岛大量珊瑚死亡及后续珊瑚礁的退化。随后 2020 年在南沙群岛，2020 年和 2021 年在中沙群岛，科研人员均观测到长棘海星暴发及其造成的珊瑚死亡事件。目前普遍认为，长棘海星的暴发与富营养化引起的浮游生物过度增殖以及敌害生物法螺的过度捕捞有关，未来长棘海星在南海的周期性暴发仍然是威胁我国南海岛礁和珊瑚礁生态安全不可忽略的关键因素（黄晖，2021；李元超等，2019）。

在珊瑚礁生态系统中的框架生物——造礁石珊瑚严重退化的同时，珊瑚礁生境中的鱼类、海参、贝类、龙虾等特色海洋生物失去栖息地和繁殖地，渔业资源急剧下降。近十年内南海岛礁周边珊瑚礁区的渔获种类逐步从石斑鱼等高经济价值的大型食肉鱼类转向鹦嘴鱼、刺尾鱼等植食鱼类和马蹄螺、蝾螺等无脊椎动物，这说明珊瑚礁生态系统退化后，往往会出现食物链变短、食物网简单化的现象，不同营养级之间的上行下行控制效应、能量流动以及生态系统的结构稳定性变差。同时，造礁石珊瑚死亡后，其骨骼在波浪等物理作用下发生破碎化，珊瑚礁底质类型逐步被骨骼碎片断枝和沙砾占据，最终造成礁盘基底结构破碎化的现象，这会严重阻碍珊瑚幼体的成功附着和补充，对退化珊瑚礁的恢复过程产生长期不利的影响。此时，如果不采取及时合理的修复措施，破碎化的珊瑚礁长时间内难以自我恢复，从而使得珊瑚礁对岛屿的护岸作用减弱，岛屿的礁盘与沙滩直接面临风暴潮水冲击和侵蚀的风险，这一现状对领海面积和蓝色国土安全造成潜在的威胁（黄晖，2021）。

二、珊瑚礁岛礁生态保护与修复治理

当前南海珊瑚礁岛礁面临的生态环境问题引起了各方的重视，在南海珊瑚礁的生态保护与修复治理等方面已开展了大量的理论和实践研究,以期加速岛礁型珊瑚礁的生境和资源恢复,提高其生态服务功能。

(一)基本原理

珊瑚礁的复杂三维生境结构是维持珊瑚礁生物多样性和生物资源的基础和关键支撑。在南海岛礁珊瑚礁普遍严重退化的背景下,开展珊瑚礁岛礁的生态保护尤其重要,其中最为关键的一步是珊瑚礁复杂生境结构和生物资源量的重构和恢复,这是促进退化珊瑚礁生态系统关键生物种群重建及其生态功能恢复的重要步骤。当前珊瑚礁生境和资源的退化状态,首先表现为珊瑚礁框架功能生物——造礁石珊瑚数量的下降和关键功能类群的退化,因此珊瑚礁生境和资源的修复应该以恢复造礁石珊瑚种类、数量和覆盖率为首要目标,同时结合珊瑚礁三维生境结构的构建并辅以珊瑚礁特色生物资源的恢复等方法。在当前珊瑚礁生态修复的研究与示范工程中,珊瑚礁生境与资源修复的技术方法主要包括造礁石珊瑚的断枝培育、底播移植技术以及人工生态礁体技术。珊瑚礁生态修复工作中,人工培育造礁石珊瑚的底播移植是增加退化珊瑚礁上珊瑚数量和覆盖率最直接有效的方法。珊瑚的底播固定和存活,不仅可以增加珊瑚礁底质结构的复杂度,同时也吸引更多鱼类和其他功能生物类群,并为这些珊瑚礁生物提供产卵所和避难所等,从而促进生物资源的维持和涵养。珊瑚移植是珊瑚礁生态修复中必不可少而又至关重要的一步,移植效果直接决定珊瑚礁生态修复的成败。

(二)生态修复与治理案例

在全球珊瑚礁生态系统已经退化并面临长期不断退化威胁的背景下,珊瑚礁生态修复成为人类帮助珊瑚礁恢复健康的重要手段之一,并且在全球各个珊瑚礁区域都得到广泛应用,近年来在我国近岸和离岸型珊瑚礁岛礁的生态保护中也得到了诸多实践和应用示范。

蜈支洲是海南省三亚市的近岸岛屿,其周边分布着典型的近岸珊瑚礁,主要受到旅游活动、渔业捕捞、海岸工程建设、污染等生态压力因素的影响。蜈支洲是海南热门的旅游景点之一,游客数量在 2017 年达到 300 万人,在蜈支洲岛旅游活动开发、台风侵袭和水库泄洪等因素的影响下,珊瑚礁生态调查发现蜈支洲岛的活珊瑚覆盖率从 2007 年的 80%下降到 2017 年的 28.18%,部分区域甚至出现礁盘破碎化现象,同时珊瑚群落组成从以前主要以分枝状鹿角珊瑚为主,现已转变为以风信子鹿角珊瑚、指状蔷薇珊瑚、丛生盔形珊瑚、澄黄滨珊瑚等多种类型珊瑚为主,同时水下珊瑚礁鱼类数目减少,使得潜水旅游的体验变差,直接影响到蜈支洲岛旅游资源质量及其对游客的吸引力,进而影响旅游公司的口碑和就业等。

为了验证在典型的近岸退化珊瑚礁区开展珊瑚礁生态修复的可行性,中国科学院南海海洋研究所于 2016 年 11 月至 2020 年在蜈支洲北侧的夏季潜水区内开展了长期的生态修复工作,通过与相关企业的合作,推动企业积极参与海洋生态保护并从中受益,共同重现珊瑚礁的生态健康,提高造礁石珊瑚覆盖率。蜈支洲岛珊瑚修复区域面积约 5hm²,水深在 1~6m,移植珊瑚的供体主要来自于周围海区被碰断、风浪打翻的珊瑚断枝以及部分健康的造礁石珊瑚个体。同时考虑当前蜈支洲分枝状珊瑚退化的现状及退化前分枝状珊瑚占主导的状态，珊瑚礁修复中移植的珊瑚均为分枝状珊瑚，包括风信子鹿角珊瑚（*Acropora hyacinthus*）、中间鹿角珊瑚（*A. intermedia*）、简单鹿角珊瑚（*A. austera*）、美丽鹿角珊瑚（*A. muricata*）、柔枝鹿角珊瑚（*A. tenuis*）、两叉鹿角珊瑚（*A. divaricata*）、硬刺柄珊瑚（*Hydnophora rigida*）、指状蔷薇珊瑚（*Montipora digitata*）等种类，其中鹿角珊瑚占绝大部分。移植的常用方法是将造礁石珊瑚供体截为 5～10cm 的断枝用于底播移植，用塑料扎带捆绑断枝将其固定在钉入基底的铁钉上，将断枝尽量贴近礁底以便于快速固定。这种方法成本较低、固定效果好、操作简便，比较适合在经常受台风影响的三亚使用。珊瑚断枝的间距尽量保持在 20cm 以上，保证后续生长有足够空间。移植修复区域底质主要为礁石，沙子、泥沙等区域不作为修复区域。移植工作于 2016 年 11 月开始，最初移植试验区珊瑚约 150 株，移植密度较高，达到 15～20 株/m²（图 13.3a）。

2017 年 6 月，中国科学院南海海洋研究所联合海南蜈支洲旅游开发股份有限公司又移植了近 6000 株珊瑚，移植珊瑚 3 年后平均存活率约为 62%，移植珊瑚一旦生长固着至底质上即可抵抗风浪影响，仅有一些个体因未稳固生长至基底而翻倒。三年内修复区的造礁石珊瑚覆盖率从最初的 9.3% 升高至 35.5%，增加了将近 3 倍，移植珊瑚的高成活率和后续生长为修复区珊瑚覆盖率的增长作出主要贡献。此次近岸退化珊瑚礁的生态修复有效地提高了造礁石珊瑚数量，极大地改善了水下珊瑚礁景观（图 13.3c），提高了相关企业参与海洋生态保护的意识和工作积极性（张浴阳等，2021）。

图 13.3　三亚蜈支洲岛珊瑚礁生态系统退化区域修复效果（张浴阳 供图）
2016 年 11 月在蜈支洲第一批移植的珊瑚；a. 移植 1 周；b. 移植 1 年；c. 移植 3 年

同时期，针对蜈支洲岛北侧部分区域的礁盘存在破碎化的状况，海南大学研究团队于 2017 年 8 月通过投放火山石石块以稳固基底形成稳定的三维结构，火山石石块之间的间隙同样可以为珊瑚礁生物提供生存栖息的微生境，实验区域面积约 232.7m²，共投入 8t 平均长径约为 38cm 的火山石石块（图 13.4）。

在火山石投放两年后，实验区底质以稳固的石质礁盘为主，而对照区域仍为破碎化底质；与此同时，实验区的主要生物生态指标均发生转变。例如，一年后实验区珊瑚幼体补充量为 0.62 个/m²，两年后则达到 7.5 个/m²，而此时对照区域珊瑚幼体密度仅为 0.27 个/m²；2018 年实验区域海参、海胆、海百合等大型底栖无脊椎动物密度为 1.8 个/m²，2019 年增长为 3.4 个/m²，而对照区仅为 0.37 个/m²；实验区火山岩的三维结构吸引了雀鲷科和天竺鲷科等小型珊瑚礁鱼类聚集，鱼类有 23 种，密度为 120.7 尾/100m²，然而对照区域仅有 7 种鱼类，密度为 51.3 尾/100m²。由此可见，实验修复区生物的丰度和多样性均高于对照区。火山石的投放改善了礁盘破碎化现状，形成了稳定石质基底，这些稳固三维结构不仅可以抵抗风浪，也可以为珊瑚、珊瑚藻、底栖无脊椎动物和珊瑚礁鱼类等生物提供良好的附生基底和栖息生长环境，而底栖生物的附着生长则可以进一步稳定火山石形成的三维立体结构（夏景全等，2020）。

图 13.4　蜈支洲岛北侧珊瑚礁破碎基底上投放的火山石及其上的
新生珊瑚幼体（箭头）（李秀保　供图）

三、珊瑚礁岛礁生态保护发展趋势

海洋生态文明建设是中国特色社会主义生态文明建设的重要组成部分，习近平总书记提出"绿水青山就是金山银山"的理念，实现海洋生态文明意味着要建设海上"绿水青山"，这同样也是未来海洋经济绿色发展的思想基础和要求。海洋经济绿色发展不仅囊括海洋资源节约和海洋生态环境保护，同时也需要兼顾海洋经济效益和环境效益。

现代化海洋牧场是基于生态学理论和自然生产力，结合生境修复和人工增殖，通过现代工程技术和管理模式，在适宜海域构建的兼具环境保护、资源养护和渔业持续产出等功能的生态系统。北方海域海洋牧场的建设发展已久，在技术与管理上较为成熟，然而由于南海海域生态环境条件较为特殊，热带海岛海洋牧场的建设，尤其是珊瑚礁型海洋牧场技术研发尚处于起步和探索阶段。截至 2019 年，农业部共通过 110 个国家级海洋牧场示范区，其中位于南海海区的示范区多集中在用海密集的广东和广西，海南岛仅有三亚蜈支洲岛海域在 2019 年成功入选，在西南中沙群岛等广阔的热带岛礁海域尚未列入。南海作为"21 世纪海上丝绸之路"倡议的重要起点和关键海区，在海洋牧场建设中具有政策、地理位置和自然资源等优势，大力发展南海热带岛礁型海洋牧场具有十分重要的战略意义。

现代化海洋牧场理念是基于资源可持续发展战略的新型海洋生物资源保护与开发利用模式。珊瑚礁生境与资源的修复则是热带岛礁型海洋牧场建设的基础和关键，其中珊瑚礁三维结构重建和恢复是海洋生态环境的修复工程，通过构建适合珊瑚生长繁殖的生态环境条件，吸引并人工添入关键功能生物类群，使珊瑚礁生物资源逐步得到有序的恢复和发展，有计划地培育和管理珊瑚礁生态资源，确保岛礁珊瑚礁生态环境安全和生物资源的可持续增长利用。在热带岛礁型海洋牧场建设中，兼顾珊瑚礁生境与生物资源的重构和修复可以改善珊瑚礁生态环境的适宜性，促进其从生产力和生物多样性低的退化状态，逐步转变为生产力高、生物多样性高、资源丰富的健康状态，并为礁栖生物持续提供优良的栖息场所，从而实现珊瑚礁生态环境和生物资源的可持续发展。此外，珊瑚礁型海洋牧场建设中还可以把生态修复与渔业旅游结合起来，以生态修复带动休闲渔业旅游发展，有助于解决渔业产业结构调整和就业等现实问题。因此，将热带岛礁型海洋牧场建设和珊瑚礁生境与资源修复有机地结合起来，是未来海洋牧场建设和岛礁生态保护战略的重要突破点和着力点（黄晖等，2020）。然而有关热带岛礁型海洋牧场的建设目前仍然处于起步和探索阶段。中国科学院南海海洋研究所承担的中科院 A 类先导专项项目率先提出了基于生态系统和关键功能恢复的珊瑚礁多维生态修复新模式，基于南海南部岛礁珊瑚礁生态系统本底现状、生物结构特征、生态功能及其环境适应性，甄选出多种关键造礁和护礁功能生物，突破其人工繁殖技术和苗种生产技术，研发并集成珊瑚礁三维结构重构、关键生物苗圃、功能种群恢复和群落构建、次生生物群落保育与抚育、原位监测等多项生态修复关键技术，首次在南海南部建成世界上最大的集"基底修复/再造、种群恢复、群落构建、系统养护"于一体的岛礁型珊瑚礁生态系统修复示范工程，为热带岛礁型海洋牧场的建设和完善提供了良好的范例和技术支持（龙丽娟等，2019）。

　　未来，热带岛礁型海洋牧场的建设仍有诸多有待解决完善的基础理论和关键技术问题，包括岛礁型珊瑚礁生态系统修复规划实施方案的科学制定和标准化，珊瑚礁关键修复技术、流程和修复后的监测与管理等技术难题的突破。具体来说，针对南海珊瑚礁目前的退化现状和原因，尤其是长棘海星的威胁，不仅需要开展生态监测和预警等措施，及时开展人工清理，还需要研究其不同发育阶段的捕食者，培育投放天敌生物，通过生物防治综合控制长棘海星暴发的速度和范围。再者，考虑到未来气候变化，尤其是海洋升温和热浪的影响，在珊瑚礁修复过程中，需要从自然群体中通过选育和驯化等手段培育生长速度快且抗高温的珊瑚品系，用于扩大培养和底播移植，以增强珊瑚群落的弹性及恢复力并保障修复效果。

　　构建适应南海热带岛礁的海洋牧场，并实现珊瑚礁生物资源的增殖和综合利用示范，是当前科学技术和社会经济发展的热点和必经之路，是当前生态文明建设的要求，同时也是解决当前珊瑚岛礁主要生态问题的对策。将海洋牧场建设和珊瑚礁生态保护修复、基础科学研究和监测评估有机结合起来，实现热带岛礁珊瑚礁生态系统的有效恢复，促进生态环境保护、珊瑚礁生物资源可持续发展。

第五节　深海生态保护与治理实践

　　深海丰富的资源储备和深海技术的突破性发展使得世界各国对深海的开发热情和参与力度大幅提升。随着人类活动对深海介入力度增强，深海生态环境安全遭到一定威胁，深海生态安全治理重要性日益凸显，有必要统筹深海资源开发与深海生态安全保护。

一、深海资源开发现状与生态环境问题

　　浩瀚的深海底蕴藏着丰富且多样的矿产资源，其储量远高于陆地储量，具有巨大的

开发利用前景。然而,深海资源在开采的过程中会对海洋生态环境造成破坏。因此,需要平衡深海资源开发和海洋生态环境保护问题。

（一）深海资源开发现状

随着陆地资源的不断枯竭,海洋中丰富的资源在世界各国的战略位置中日益重要。尤其是深海资源种类丰富且资源量巨大,是改变世界矿产资源供给格局以及全球经济发展的潜在力量。多金属硫化物、多金属结核以及富钴结壳是深海中极具开发价值的资源。数据表明,全球深海多金属结核、多金属硫化物和富钴结壳的资源量分别高达 2000 亿 t、300 亿 t 和 75 亿 t（Hein and Koschinsky,2014；Petersen et al.,2016）。这些矿产资源中的铜、镍、锰和钴等在深海的储存量非常丰富,比陆地高几十甚至上千倍,这些深海矿产资源的开发利用可以有效解决陆地资源匮乏的困境（彭建明和鞠成伟,2016）。此外,可燃冰广泛赋存于大陆边缘海底,全球储量高达 2000 万亿 m^3。我国南海可燃冰的资源储量巨大,约为我国石油可采储量的 2 倍多,具有广阔的开发前景。

随着深海矿产资源商业开发前景逐渐明朗以及深海技术的发展,各国掀起"蓝色圈地"狂潮,国际上对深海资源的争夺以及勘探开发的竞争表现得越发激烈,各传统海洋强国,如美国、韩国、日本、法国、俄罗斯、意大利和加拿大等都不约而同地发起了争夺海上空间及资源的海洋运动。近年来,各国在海洋矿产资源区域勘探上的申请数量明显增加,到 2014 年,已有 26 份跨区申请获得国际海底管理局（International Seabed Authority,ISA）批准（彭建明和鞠成伟,2016）。目前深海资源开发正处于从勘探向开发过渡的阶段,且近年来世界各国大力发展海底资源开采技术,促进了国际深海矿产资源开采的商业化。我国已于 2017 年首次实现可燃冰试采,并制定了 2030 年前商业化规模开发的战略目标。

（二）主要生态环境问题

由于深海环境的脆弱性、独特性和难以恢复的特点,采矿面临着极高的环境门槛,环境保护问题已经提高到了空前的高度。环境影响评价在深海采矿工程中备受关注,"无环评、不采矿"理念逐渐形成国际共识。采矿前的环境调查与评价、采矿中的环境监测与评估、采矿后的环境修复与治理正成为深海采矿的国际新规则。以固态形式赋存的可燃冰对环境条件变化非常敏感,一旦开发不当,可燃冰分解渗漏可能引发海底地质灾害、海洋酸化、海洋生物灭绝,加剧全球气候变暖,进而引发区域性甚至全球性气候、环境、生态灾难。因此,如何实现在可燃冰绿色开发的同时,维系深海冷泉生态系统的正常运转,避免可能诱发的环境破坏与生态灾难,是可燃冰商业化开采中迫切需要解决的问题。

国际海底管理局正在制定《"区域"内矿产资源开发规章》,要求在申请开发合同时,应提交有关采矿部件和采矿系统试验的环境影响监测与评估报告。虽然我国是唯一拥有 5 个矿区的国家,包括多金属结核合同区 3 个,多金属硫化物合同区 1 个和富钴结壳合同区 1 个,但早期工作多关注于资源储量、矿区选划等,近年来随着对深海生态系统的认识逐步深化,深海采矿环境影响试验与评估相关工作也逐步进入日程安排。为了提升在《"区域"内矿产资源开发规章》等国际规章制定中的话语权,塑造负责任大国的形象,为我国成为第一批进入深海商业采矿的国家做好技术准备,我国应加快推进深海采矿系统深海试验和环境影响监测与评估工作，进一步提高我国国际影响力，为实现新兴领域的有效治理提供中国方案，打造深海资源开发领域的"人类命运共同体"，落实习近平总书记提出的"提高我国参与全球治理的能力"，为我国成为第一批进入深海商业采矿的国家提供有力的支撑。

二、深海生态治理与发展趋势

深海已成为世界各国获取战略资源、拓展战略空间、谋取战略优势的战略高地，但是随着海洋资源的过度开发，深海环境恶化和生态失衡等问题日益突出。因此，提高全球深海治理的意识、健全深海治理体系和破解现有深海治理困境，有助于实现资源开发与生态环境保护的可持续发展。

（一）深海生态治理体系

1982 年，《联合国海洋法公约》在联合国大会上获表决通过，拉开了全球共同治理国际海底区域的序幕。《联合国海洋法公约》规定国际海底区域资源归人类共同所有，海底区域的勘探开发需以和平利用为目的，确保这些开发活动不对海洋环境造成危害，世界各国制定的保护海洋生态环境的办法需符合《联合国海洋法公约》规定，并应在区域性或全球性基础上与国际组织开展合作。《联合国海洋法公约》的这些规定，奠定了全球深海生态环境治理的法理基础，明确了世界各国对海洋生态环境的治理目标以及相应的治理措施。刘芳明和刘大海（2017）研究认为，国际海底区域全球治理体系由目标、规范、主体、客体 4 个部分组成，通过以下的方式开展全球生态治理：各国政府、政府间的国际组织、跨国大型企业、非政府国际组织、个人等，按照《生物多样性公约》、《联合国海洋法公约》、联合国渔业资源协议及相关海洋保护区的制度，对国际海底区域环境、安全和资源等问题进行妥善处理，从而确保深海资源可持续开发、和平利用和生态环境保护。

伴随全球化进程的推进以及对有限资源的争夺，环境污染和生态环境破坏等问题日益严重，深海生态治理也逐渐成为国际社会关注的焦点。虽然近年来全球深海生态治理在某些方面取得明显成效，但仍然存在着科技、制度等方面的困境，主要体现在如下几方面。①全球深海生态治理缺乏先进的科技支撑。人类对海洋的开发和治理有赖于科学技术的发展，然而极端的环境制约了人们对深海的开发和治理。此外，在全球深海生态环境治理上未能使所掌握的深海技术得到有效的应用。②国际上缺乏完善的深海生态环境治理制度。全球深海治理制度的发展远跟不上深海资源开发的需求。同时由于各国对全球深海治理制度主导权的争夺，阻碍了统一的全球深海治理制度的建立。虽然目前有法律约束力的国际规则，如《联合国海洋法公约》《控制危险废物越境转移及其处置巴塞尔公约》等，以及没有法律约束力的国际规则，如《保护海洋环境免受陆上活动影响全球行动纲领》《檀香山战略——海洋垃圾预防和管理全球框架》等都有关于深海环境污染治理的内容，但是对有效性、针对性、整体性和可操作性的规章制度则没有作出进一步的细化。③世界各国对全球深海生态环境治理缺乏共识。目前世界各国对全球深海治理的制度、目标、途径等存在差异性甚至对立的理念，导致碎片化、复杂化、扭曲化的发展趋向。

（二）深海生态治理发展趋势

深海是一个具有高压、黑暗、缺氧和低温等极端条件的环境，使得深海生态治理难以开展，同时各国间还存在着主权争端、环境资源争夺以及秩序混乱等问题，使得全球深海环境治理难度大、进度慢和效率低。因此，全球深海生态环境的治理发展方向逐渐体现出"部分区域治理"，而不是"全球整体治理"（王发龙，2020），主要体现在以下方面。①部分国家主导的深海生态环境治理。目前全球深海生态环境治理的主要国际组织是国际海底管理局，世界海洋强国，如美国、德国及日本等国家在该组织中占主导地位，在深海生态环境治理中将自身利益和意志加入到议程规划当中，为自身在深海资源开发及环境保护等活动上争取到有利地位，逐渐变为霸权治理。大部分国家和国际组织缺乏主动参与全球深海治理的意愿、权力以及能力。②局部区域的全球治理。由于不同的深海区域具有扩散性、关联性及跨境性，目前的全球治理仍局限在深海底土和海床的有限治理，缺乏对全球不同区域的整合治理的能力，对深远海环境污染等问题尚缺乏有效措施。③部分领域的全球深海治理。深海治理包括资源开发、环境污染、生物保护等多个领域，而目前的深海生态治理局限于少数领域，随着全球深海开发推进，深海治理领域出现广泛的"空白地带"，亟待补充。

三、深海生态保护与治理对策建议

目前，世界各国正在针对深海新资源、活动空间创设国际规则以及争夺制度性权利进行综合较量。我国作为快速发展的海洋大国，虽然在深海生物资源开发方面有了一定的技术基础，但还存在着在海洋资源调查和获取生物资源方面力度不够、深海采样器保真性差等各种问题。由于我国在国家管辖海域外生物多样性（BBNJ）国际协定谈判中涉及的基础研究基本空白，因此在应对发达国家和国际组织的提案时，处于十分不利的地位。基于目前存在的问题，提出以下我国在深海生态保护与治理方面的对策建议。

（一）扩充海洋生物遗传资源储备

海洋生物遗传资源是世界各国争夺的焦点。由于海洋生物遗传资源具有"一次采集、永久利用"的特点，已采集的遗传资源未来将不受可能出台的采探规范的限制，资源拥有国也将在惠益分享制度设计和谈判中占据有利地位。我国深海基因资源研究工作起步较晚，目前主要是搭载大洋矿产资源勘探航次，开展海洋基因资源的调查与采探工作，整体水平与发达国家存在较大的差距。因此，我国亟须加大在深海基因资源"真空区"应急采探的力度，获取极端与稀缺菌种与基因资源，使我国海洋基因资源保有量达到发达国家水平，增加我国的谈判筹码，也为我国实现深海基因资源的商业化开发利用做好前期储备。快速提升我国在海洋遗传资源的功能基因与衍生物的深度挖掘能力，使我国海洋遗传资源应用基础研究达到世界先进水平，服务新兴产业的发展。

（二）加紧获取典型海洋活动环境影响的基础资料

环境影响评价是国际上认可的现代环境保护的重要工具。对于国家管辖范围以外的海域来说，环境影响评价是一个新兴的研究领域，目前还缺乏法律和技术层面上的研究。近年来我国综合国力不断提升，在国家管辖外海域的活动日趋增多，但相关活动的环保标准和技术水平还难以达到"环保派"国家所倡导的标准。实施严格的环境影响评价制度将有可能影响我国"走出去"战略的顺利实施。因此，我国应积极地参与到国际环境影响评价技术规制中，基于对我国综合实力的发展和海洋活动的预判，建立一个自愿性的环境影响评价制度或相对宽松的环境符合我国现实和长远利益。

（三）加强公海区域的生物多样性调查

设立公海保护区是事关公海自由和海洋空间管理的重大问题，其基本原则和具体规则是国际协定谈判的重点和难点。我国海洋生物多样性调查的相关资料和信息储备不足，对公海保护区的科学、政策和法律问题研究不系统，相关原则、方法和理论等基本问题缺乏创造性和创新性研究，没有形成较为系统完备的科学标准和技术指南。相关调查以及研究工作的滞后，导致我国在谈判中科学话语权和环境话语权的缺失，不利于引导相关制度建设向于我有利的方向发展，将会挤压我国发展的战略空间，也难以实现维护我国核心关切的战略目标。因此，我国应尽快掌握重点海区的生物多样性基本特征，提出公海保护区选划的技术方法，为我国在重点海区的主动选划、反制他方提出的公海保护区提案奠定科学和技术基础，增强我国在公海保护区相关规则谈判中的话语权。

（四）加强深海生态保护治理的科技支撑体系建设

在关键科学问题认知方面，应着眼于未来一段时间的科学和技术发展趋势，选择未来能够服务于深海大洋环境保护工作的新技术、新方法，提供前瞻性的资助，为深海事业的可持续发展打下坚实的技术基础。在海洋资料共享方面，应高度重视深海大洋生态环境数据资料共享机制的构建；建立调查资料采集和共享协调机制，充分利用国内各部门现有资料，建立共享数据库，为深海大洋生态环境保护工作提供有力的数据资料保障。在自主装备保障体系建立方面，应着力推动以生态监测为主的传感装备的自主研发，通过研制原位化、实时化、自动化、智能化和系统化的深海监测装备，带动深海高端环境监测装备产业发展。在人才培养方面，建立一支跨领域、跨学科的综合专业团队，加强人才储备，着力向国际和地区组织输送人才，提升我国参与全球海洋治理的话语权。

第六节　海洋生态保护与治理的战略任务与展望

一、海洋生态保护与治理的战略任务

（一）陆海统筹优化管辖海域空间保护利用格局

以习近平生态文明思想为指导，打破陆地、海洋之间的地理空间与管理思维壁垒。空间上整体联动，加快推进并完善陆海生态系统的协同保护与治理，科学规划生态、生产、生活空间，实施严格的生态红线制度，强化"三线一单"生态空间管控，防范和降低海洋生态环境风险。在管理上，以蓝色港湾建设，碳达峰、碳中和等为目标牵引，科学划分海陆地理单元，陆海联动，以局部严控带动整体保护，在"河长制""湾长制"

基础上，全面加强海洋环境与资源保护、开发管控与生态环境监督，倒逼陆海空间布局优化及产业升级，推进黄色、绿色与蓝色国土永续发展，保障国土空间生态安全。

（二）国家-地方联动布局生态系统监测评估体系

海洋的流动性决定了跨区域海洋生态环境管理的合作必要性。入海江河、海洋的水体具有连通性，承载着陆海物质沟通与转化，支持着江海洄游生物的完整生活史。秉承陆海统筹的理念，构建"空天海地"一体的海洋生态监测网络，明确我国海岸带-近海生态系统在保障国家主体生态功能、维护国家生态安全中的价值，查清中国海岸带及管辖海域生态系统的生态资产存量及变化趋势，探讨海洋生态系统变化的驱动力。统筹国家与地方的生态监测网络布局，处理好整体与局部的关系，避免国家与地方监测数据表征生态系统状态的矛盾。保障国家台站与地方台站监测时间与内容的一致性。根据国家海洋生态系统主体功能布局和地方所属海区生态系统特点，明确中央和地方的事权，本着整体规划、分头投入的原则，构建国家-地方联动布局生态系统监测评估体系。

（三）基于自然的生态系统保护修复策略和措施

基于自然的解决方案（nature-based solution，NbS）是"保护、可持续管理和恢复自然的和被改变的生态系统的行动，能有效和适应性地应对社会挑战，同时提供人类福祉和生物多样性效益"。NbS 聚焦长期可持续发展目标，为协调经济发展和生态环境保护，促进人与自然和谐共生提供了新思想。在 NbS 遵循的准则中，基于尺度设计、生物多样性净增长、包容性治理、适应性管理、主流化与可持续性等准则都在国际环境治理方面取得了很好的成效。

（四）中国参与全球海洋生态环境治理的举措和途径

海洋孕育生命、连通世界、促进发展，将七大洲连接成命运共同体，使各国人民安危与共。海洋的和平安宁关乎世界各国安危和利益，需要共同维护。深化海洋命运共同体理念，以自然原理-生态实践-成果凝练-理论提升-国际示范为链条，以中国管辖海域或中国-海上丝路国家合作海域为研究案例，积极参与、塑造，乃至引领全球海洋生态环境国际治理，为全球生态环境保护提供中国方案。主要举措包括如下方面。

1）科学与管理双轮驱动，以尊重自然的初心参与海洋治理。山水相连、陆海相接是自然状态，尊重自然、顺应自然是习近平生态文明思想的核心，也是中国参与全球海洋生态环境治理应该保持的初心。科学与管理是驱动全球海洋生态环境治理的双引擎，管理需求引领科技供给，科技创新提升治理能力。区域海洋生态环境保护的政策制定，基于对区域自然生态环境的充分了解，对生态系统内物质、能量流动的科学认识。管理是将科学认知赋予行动，指导区域海洋生态环境向可持续方向发展的执行层面举动，管理行为的可操作性影响着生态环境治理政策、决策的有效落地。

2）发挥科技外交力量，助力全球海洋治理。海洋的连通性使地球成为一个整体生态系统，资源、信息的共享成为对外海洋科技合作的巨大推动力。海洋科学已成为国际上活跃的学科之一。双多边海洋合作符合海洋科学发展规律，有利于推动海洋学重大研究计划的实施。海洋科学重大研究计划针对的是大尺度、多维度的科学挑战，需要交叉学科的相互支撑，更需要基于不同海洋地理空间构建海洋观测网。海洋科技合作已经成为科技外交的重要组成部分，为中国深入参与全球海洋治理提供了平台。在对外海洋科技合作、参与全球海洋治理中，需要注意以下几点。一是理念有待更新。海洋科技合作既要注重美国、日本等海洋强国的科学理念和先进技术的引进；也要加强与科技发展相对滞后、教育普及度有待提升的欠发达国家，特别是"一带一路"沿线国家（地区）中的大多数海岛国家（地区）合作。二是对外海洋科技合作壁垒有待突破。与一个国家的合作中，往往出现隶属于不同行业主管部门的相似性合作，或不同省份的雷同性合作，甚至出现隶属于同一部委的多家单位与相同的"一带一路"沿线国家（地区）联系的情况。对此，需要破解海洋科技合作行业与地区壁垒，进行前瞻性思考、全局性谋划和整体性推进。三是融合程度需深化。外交战略制定应更加关注科技元素的作用；同时，科研机构在对外交流中也要加强对如何更好服务国家外交大局的思考。

3）科教融合，灵活运用文化外交与国际组织平台。2004 年以来，中国已在世界 96 个国家和地区建成了 322 所孔子学院和 369 个孔子课堂，促进了中国与世界的接轨，丰富了中国的文化外交，提升了中国的软实力。孔子学院与孔子课堂为中国提供了向世界各国展示中国文化的平台，也是中国与世界各国共享文明的重要窗口。少数国家将孔子学院视为提升国民文化与科学素质的高等院校，如莫桑比克。此外，中国政府奖学金、海洋奖学金等多种形式的留学生计划培养了大批的知华友华爱华亲华的国际友人，在双多边海洋科技合作中牵线搭桥，已经促成了一批海洋合作项目，营造了共赢局面。未来，在海洋命运共同体理念指引下，灵活运用"一带一路"合作愿景、阿拉伯论坛、世界小岛屿国家联盟等机制与国际机构，进一步发挥科教融合作用，讲好中国故事，传播中国文化，提供中国方案，分享中国智慧，有利于中国深度参与全球治理。

二、海洋生态保护与治理的展望

深挖习近平生态文明思想内涵，海陆统筹，发展海洋生态文明理论与技术，坚持"四个面向"，推动海洋生态文明理念的本土化扎根与国际化推广，以海洋命运共同体为牵引，带动全球海洋生态保护事业，引领和参与全球治理。

1）面向人民生命健康与国家生态安全维护，发挥科技先导作用，支撑近海生态环境监测预测与减灾防灾。

从陆海统筹的视角对海岸带生态系统进行观测，剖析和解决该系统的生态问题，维系该系统的健康与稳定，促进人与自然和谐共存，实现海岸带与近海观测数据支撑下的永续发展，保障国土生态安全。

海岸带空间是地理空间的重要组成部分，承载着典型的水陆交错带生态系统，同时是人类活动与自然变动最为剧烈的空间区域。构建中国大陆岸滩逐年连续观测数据库，系统评估当前城市化和气候变化背景下的中国大陆岸滩演变驱动机制，科学指导中国岸线开发，为可持续发展提供决策依据。

针对我国近海多种生态灾害叠加现状和加剧趋势，服务于海洋生态文明建设（可持续海洋生态环境建设），开展多种生态灾害耦合过程和机制研究，构建集遥感-台站-浮标-无人潜水器-船舶为一体的立体监测系统，完善和发展物理-化学-生物耦合的海洋生态动力学模型，开展多种海洋生态灾害早期识别、评价和预警系统研发，提高对近海生态灾害认知水平、监测能力和预警能力，为海洋生态环境问题的治理提供科学支撑。

发展海洋、大气与生物等多圈层耦合研究及其预测技术，开展重要海洋生态灾害或异常过程的趋势评估，开展生物资源长期变动与短期异常变化的评估及其监测预测技术研究，逐步形成以物理–生物–化学–气象等多学科交叉为特色的综合性全球海洋治理特色技术与研究平台，支撑海上丝绸之路等国家愿景。

2）面向国家重大需求，超前布局海洋碳汇监测、评估与低碳、负碳产业，服务碳达峰、碳中和目标。

增加海洋自然生态系统的"碳汇"，是实现碳中和的重要途径之一。开展海洋碳汇观测、监测与评估研究，特别是针对我国边缘海开展蓝碳监测、海洋生态系统碳汇监测和评估研究。厘清我国海岸带和近海碳汇的空间分布、碳汇原理、监测评估方法及增汇前景，为国家和地方海洋领域碳中和方案提供支撑。

构建覆盖我国流域和管辖海域的生态环境立体观测技术体系，拓展海洋生态、物理环境监测，进一步加强海洋监测系统的完整性建设，科学、合理布局和建设海洋环境综合监测网，着力加强解决全球性的海洋环境监测能力，为保障海洋命运共同体奠定基础。面向碳达峰、碳中和的需求，构建统一的海洋生态环境监测协调机制，提升实时、连续、长期的海洋监测能力，开展监测数据整合和深度挖掘分析，优化监测范围与监测内容。

充分利用太阳能、风能等可再生能源，合理利用海洋立体空间，发展海洋光伏、风力、波浪能、潮流能、温盐差能等新型清洁能源产业，以及探索利用海洋清洁能源和利用错峰冗余电力发展海水氢能产业，进而调整电力产业结构，助力碳减排。

3）面向世界科学前沿，推动现场观测–监测模拟–理论研究–科学产品的全链条进步，提升全球海洋治理能力。

根据构建现代化地球科学体系的需求，针对不同空间区域的世界科学前沿命题，构建现场观测–监测模拟–理论研究–科学产品全链条，全方位提升我国科学家参与全球海洋治理的能力，主要包括如下几个方面。

①海岸带及近海。近海多种生态灾害预测与灾害应对、以维系海岸带生态系统稳定为目的的陆海统筹观测体系、大气与生物等多圈层耦合研究及其预测、海上丝路沿线海岛可持续发展自然保障监测与服务、区域及全球海洋生物多样性监测与保护网络。

②陆架边缘海。冷泉等典型海洋生态系统认知与保护、国家管辖海域海气与应对气候变化、边缘海深部动力学与活动断层观测、基于大型迁徙性海洋动物的上层海洋观测。

③深远海。深海海洋动力过程与多尺度海气相互作用、西北太平洋海气相互作用及深海生态动力环境观测网、全球高分辨率地球生态系统模式耦合同化系统和预测平台、南亚大陆周边海域生态灾害与极端天气研究、超慢速扩张洋中脊热液活动动力学机制。

4）面向经济主战场，推动科研与海洋观测设备生产实践相结合，突破海洋观测设备研发与制造的卡脖子技术与材料难题，带动新兴海洋产业。

20世纪90年代后，我国快速发展的海洋监测事业带动了监测船舶、在线监测设备、视频监测设备及卫星、航空等多种技术手段的实际应用。由于设备主要靠进口、成本高和故障率高、专业人才缺乏等因素，我国的海洋生态在线监测、视频监测和遥感监测等高新技术应用较为滞后。截至目前，海洋生态环境中的水质和生物要素仍主要以现场采样和实验室检测为主，这种传统监测方式难以获得高时效、高覆盖的海洋环境监测数据，对认识和经略海洋造成阻碍。针对海洋生态系统保护、开发与管理需求的常规性监测、污染事故应急监测、专项调查性监测、研究性监测之间的客观差异，以构建有效全球海洋观测网为市场牵引，发展海洋观测、监测设备关键小件研发与生产，观测系统网络的集成、总装与布放，海洋观测数据信息传输与存储，全球与局域海洋数字仿真、孪生等技术与相关产业。

发展海洋领域交叉科学技术，提振民族产业。借鉴其他领域的先进技术，完善无人平台、先进传感器、物联网、大数据和人工智能等在海洋领域的应用，发展海洋生态环境在线监测技术体系，实现实时、连续、长期的监测数据提供能力，建立健全海洋生态环境在线监测研发链和产业链，助力国家和经济发展。坚持创新发展，研发海洋生态环境观测/监测新型传感器、开发海洋生态环境智能在线监测系统架构、在关键海区建立多参数的在线监测网、获取和传递海洋长时间序列综合参数，打破国外技术垄断，提振民族新兴海洋产业，发展海洋生态环境监测技术和设备研发产业。

发展海陆通用、实时快速观测核心装备及关键技术。以完善的海洋信息采集与传输体系为基础，以构建自主安全可控的海洋云环境为支撑，将海洋权益、管控、开发三大领域的装备和活动进行体系性整合，运用大数据技术，实现海洋信息共享、海洋活动协同、海洋科技创新、海洋生态绿色，达到智慧经略海洋的目的。海陆通用、实时快速观测核心装备及关键技术主要包括：传感器技术、无人监测技术、卫星遥感监测技术、综合监测物联网技术、典型生态系统网络架构及系统搭建技术、典型生态系统要素数值模拟预测技术等。

（本章执笔人：张偲、李洁、蔡宴朋、祝振昌、黄小平、张凌、黄晖、
张浴阳、江雷、刘骋跃、麦志茂、吕丽娜、陈建芳、曾江宁）

第十四章 生态系统一体化保护修复

2013 年，在党的十八届三中全会上，习近平总书记首次提出"山水林田湖是一个生命共同体"的理念，为新时代生态保护修复工作提供了重要理论指导。随着实践的不断深入、理论的不断升华，自然生态要素又陆续增加了"草""沙""冰"，更加系统地诠释了由山川、林草、湖沼、沙漠、冰川等组成的自然生态系统相互依存、相互联系的客观规律。

从"山水林田湖"到"山水林田湖草沙冰"，从理念提出到付诸实践，从高密度文件出台到多部门开展工程试点，不断折射出党和国家对自然生态系统生命共同体的高度重视。目前，我国生态环境质量呈现稳中向好的趋势，生态治理成效显著，重大改革深入推进，生态扶贫惠民富民，绿色产业快速发展，保障能力不断提升，生态文明理念深入人心。但是，生态保护和修复系统性不足、生态系统质量功能问题突出、生态保护压力依然较大、水资源保障面临挑战、多元化投入机制尚未建立等问题仍然存在。注重生态系统的整体性、系统性，遵循生态系统的内在规律，以系统观念统筹"山水林田湖草沙冰"综合治理、系统治理、源头治理，构建生态系统一体化保护修复新格局，是维护国家生态安全、推进生态文明建设、实现美丽中国目标的重大战略需求。

第一节 生态保护修复的历史成就和面临的形势

习近平总书记强调："生态兴则文明兴，生态衰则文明衰"。"生态环境是人类生存最为基础的条件，是我国持续发展最为重要的基础"。随着生态文明建设的深入推进，生态保护修复的力度进一步加大，我国生态文明建设取得了历史性突破，但同时也面临亟须解决的现实问题。

一、生态保护修复取得的历史性成就

1）生态治理成效显著。通过扎实开展国土绿化、天然林资源保护、新一轮退耕退牧还林还草、防沙治沙、湿地保护恢复、自然保护地建设、濒危野生动植物抢救性保护等重大工程，科学推进森林城市建设和乡村绿化美化，基本构筑起国家生态安全屏障的骨架。根据第九次森林资源清查，全国森林面积 33.07 亿亩，我国成为全球森林资源增长最多和人工林面积最大、贡献度最大的国家。草原生态功能逐步恢复，38 亿亩草原得到休养生息。湿地保护体系初步建立，启动了湿地生态效益补偿、退耕还湿试点，建立国际重要湿地 64 处，全国湿地保护率达到 52%，湿地面积萎缩和功能退化的趋势得到初步遏制，部分重要湿地生态状况明显改善。沙化石漠化面积持续减少，完成防沙治沙和石漠化土地治理 13 万 km^2，提前实现了联合国提出的到 2030 年实现土地退化零增长目标，防沙治沙经验成为世界借鉴的典范。自然保护地面积增长 2571 万 hm^2，自然保护区面积达

147 万 km², 90% 的植被类型和陆地生态系统、65% 的高等植物群落、85% 的重点保护野生动物种群已得到有效保护。大熊猫、朱鹮、东北虎豹、藏羚羊、苏铁、兰科植物等濒危野生动植物种群数量呈稳中有升的态势。区域合作、双边合作不断拓展，国际履约和援外工作有力加强，中国在全球林业草原生态治理中的话语权和影响力继续提升。

2）重大改革深入推进。自然保护地体制改革取得重大突破，中共中央办公厅、国务院办公厅印发了《建立国家公园体制总体方案》《关于建立以国家公园为主体的自然保护地体系的指导意见》，改变了"九龙治水"局面，实现一个部门统一管理、统一监管的目标。三江源、东北虎豹、大熊猫等国家公园体制试点扎实推进，各试点区生态环境质量显著提升，社区民生有所改善，社会效益明显。国有林场改革主要任务全面完成，管理体制全面创新，整合设立 4297 个国有林场，95% 以上的国有林场定性为事业单位，国有林场森林面积净增 1.7 亿亩，森林蓄积量净增 6.1 亿 m³，职工年均工资提高到 4.5 万元，是改革前的 3.2 倍。国有林区改革取得积极进展，天然林停伐政策全面落实，累计减少森林蓄积消耗 3100 余万立方米，结束了森工林区森林资源长达 70 余年的采伐利用历史，实现了由利用森林资源获取经济利益为主向保护森林提供生态服务为主的重大转变。

3）生态扶贫惠民富民。坚持精准扶贫总方略，全面组织推动"生态补偿脱贫一批"工作，着力开展生态补偿扶贫、国土绿化扶贫、生态产业扶贫，形成中央统筹、行业主推、地方主抓的生态扶贫格局。落实中央财政生态护林员补助资金 205 亿元，在中西部 22 个省（自治区、直辖市）选聘建档立卡贫困人口生态护林员 100 万名，精准带动 300 多万贫困人口脱贫增收。安排中西部 22 个省新一轮退耕还林还草任务 4489.38 万亩，其中贫困地区 3457.16 万亩。新组建 2.1 万个生态扶贫专业合作社，吸纳 120 万贫困人口参与工程建设。大力推进木本油料、林下经济、森林旅游、特色种养等产业，油茶种植面积扩大到 6700 万亩，建设国家林下经济示范基地 370 家，依托森林旅游实现增收的建档立卡贫困人口达 110 万人，户均增收 3500 元。打造怒江州林业生态脱贫攻坚区，树立深度贫困地区林草生态脱贫样板。片区扶贫、定点扶贫任务如期全面完成。

4）生态产业发展稳步推进。继续保持世界林产品生产、贸易、消费第一大国地位，形成了木竹材加工、经济林、森林生态旅游 3 个年产值超万亿元的支柱产业，产业结构进一步优化。林产品生产能力稳步增强，国家储备林面积达 7000 万亩，油茶种植面积 6700 万亩，各类经济林产品产量达 2 亿 t，林下经济利用面积近 5 亿亩。市场主体持续壮大，国家林业重点龙头企业达到 519 个，各类经营主体达 94.6 万个。生态产业、特色产业加快发展，2020 年林业旅游与休闲人数达到 38 亿人次，国家森林康养基地 96 个，国家林业产业示范园区总数达到 16 个，林特类中国特色农产品优势区 27 个。对外开放合作不断深化，出台了有效应对中美贸易摩擦的林产品政策、支持自贸区建设的进出口审批政策，2020 年林产品进出口贸易额达 1600 亿美元。

5）保障能力不断提升。构建了全面保护自然资源、重点领域改革和多元投入的林业草原支撑保障体系。"十三五"时期，中央林业草原资金投入达到 6333 亿元，中央财政森林保险保费补贴政策覆盖全国，保险面积达 20.44 亿亩。加快职能转变和简政放权，累计取消、下放和调整行政审批事项 70 项，保留实施 26 项。行政许可实现"两随机、一公开"全覆盖、常态化，网上审批平台建设顺利完成。林草法律制度体系基本形成，完成《中华人民共和国森林法》《中华人民共和国野生动物保护法》《中华人民共和国防沙治沙法》等修订或制定。科技创新不断提升，建成林业行业首个国家重点实验室和一大批国家级科技创新平台，森林认证体系实现国际互认。全国林地"一张图"升级为全国森林资源管理"一张图"。森林草原防火体系不断健全，年均森林火灾受害率低于0.1‰，火灾损失整体维持在历史较低水平。国家重点林木良种基地294处，累计生产林木良种185万kg，生产良种穗条6.7亿条。新建基层林业站房1290个。

6）生态文明科普宣教喜闻乐见。大力宣传弘扬"右玉精神""塞罕坝精神""三北精神""八步沙精神"，树立了一批事迹感人的先进典型，传递了生态文明建设的主流价值观和社会正能量。扎实开展宣传实践活动，"林业草原70年""绿水青山看中国""退耕还林20周年"等主题宣传活动取得圆满成功，展示了我国林草建设的巨大成就，进一步普及尊重自然、顺应自然、保护自然的生态文明观念。"关注森林""绿色中国行"活动成为具有广泛影响力的林草公益宣传品牌，更好地引导全社会形成植绿、爱绿、护绿的良好风尚。创作了一系列感染力强的生态文化作品，弘扬新时代生态建设者的精神风貌，展现广大人民群众热爱自然、尊重自然、追求绿色生活的美好愿景。及时有效开展舆论引导工作，针对社会反映强烈的热点敏感问题，主动做好解释说明和信息发布工作。切实加强对外宣传，主动讲好中国林草故事，全面提升国际话语权和社会影响力，充分展示了我国负责任大国的形象。

二、生态保护修复面临的主要问题

1）生态保护和修复系统性不足。对于"山水林田湖草沙冰"作为生命共同体的内在机制和规律认识不足，生态保护修复领域各自为政、"九龙治水"的局面虽有所改善，但多头治理等问题仍存在，与落实整体保护、系统修复、综合治理的理念和要求还有很大差距（彭建等，2019）。权责对等的管理体制和协调联动机制尚未建立，统筹生态保护修复面临较大的压力和阻力。部分生态工程建设目标、建设内容和治理措施相对单一，一些建设项目还存在拼盘、拼凑问题，以及忽视水资源、土壤、光热、原生物种等自然禀赋的现象，区域生态系统服务功能整体提升成效不明显。

2）生态系统质量功能问题突出。根据第九次全国森林资源清查，全国乔木纯林面积达10 447万hm²，占乔木林的比例为58.1%，较高的占比会导致森林生态系统不稳定，全国乔木林质量指数0.62，整体仍处于中等水平。草原生态系统整体仍较脆弱，中度和重度退化面积仍占1/3以上。部分河道、湿地、湖泊生态功能降低或丧失。全国沙化土地面积1.72亿hm²，水土流失面积2.74亿hm²，问题依然严峻。红树林面积与20世纪50年代相比减少了40%，珊瑚礁覆盖率下降、海草床盖度降低等问题较为突出，自然岸线缩减的现象依然普遍，防灾减灾功能退化，近岸海域生态系统整体形势不容乐观。

3）生态保护压力依然较大。我国在生态方面历史欠账多、问题积累多、现实矛盾多，一些地区生态环境承载力已经达到或接近上限，且面临"旧账"未还、又欠"新账"的问题，生态保护修复任务十分艰巨，既是攻坚战，也是持久战。一些地方贯彻落实"绿水青山就是金山银山"的理念还存在差距，个别地方还有"重经济发展、轻生态保护"的现象，以牺牲生态环境换取经济增长，不合理的开发利用活动大量挤占和破坏生态空间（成金华和尤喆，2019；杨崇曜等，2021）。

4）水资源保障面临挑战。水资源供给结构性矛盾突出，部分地区水资源过度开发，经济社会用水大量挤占河湖生态水量，水生态空间被侵占，流域区域生态保护和修复用水保障、水质改善、生物多样性保护等面临严峻挑战。一些地区长期大规模超采地下水，形成地下水漏斗区，引发地面沉降、海水入侵等生态环境问题。部分城市过度挖湖引水造景，加剧水资源紧缺，破坏水系循环（宋伟等，2019；姜德文，2021）。全国废污水排放总量居高不下，不少河流污染物入河量超过其纳污能力，部分地区地下水污染严重。

5）多元化投入机制尚未建立。生态保护和修复工作具有明显的公益性、外部性，受盈利能力低、项目风险多等影响，加之市场化投入机制、生态保护补偿机制仍不够完善，缺乏激励社会资本投入生态保护修复的有效政策和措施，生态产品价值实现缺乏有效途径，社会资本进入意愿不强。目前，工程建设仍主要以政府投入为主，投资渠道较为单一，资金投入整体不足。同时，生态工程建设的重点区域多为老、少、边、穷地区，由于自有财力不足，不同程度地存在"等、靠、要"思想（胡晓登和杨婷，2016）。

6）科技支撑能力不强。生态保护和修复标准体系建设、新技术推广、科研成果转化等方面比较欠缺，理论研究与工程实践存在一定程度的脱节现象，关键技术和措施的系统性和长效性不足。科技服务平台和服务体系不健全，生态保护和修复产业仍处于培育阶段。支撑生态保护和修复的调查、监测、评价、预警等能力不足，部门间信息共享机制尚未建立。

第二节　生态系统一体化保护修复的重大战略意义

"山水林田湖草沙冰生命共同体"是以中国话语表达的生态文明思想和可持续发展理论，是生态文明思想和可持续发展理论在自然生态保护领域的体现，也是中国共产党建党百年来系统治理的思想结晶和理论升华，从更大尺度、更广视角为我国生态系统治理提供了新思想、新方法，思想博大精深，实践意义重大。

1）实施"山水林田湖草沙冰"一体化生态保护修复是深入贯彻新发展理念的必然要求。生态本身就是一个有机的系统，生态保护修复需要以系统思维考量、以整体观念推进，进而顺应生态系统的内在规律（张修玉等，2020；董玮和秦国伟，2021）。"山水林田湖草沙冰"系统治理思想的本质，是对生态保护修复条块分割、九龙治水、权责不明的管理现状的突破。在之前很长一段时间内，中国的生态建设实践往往依靠中央精神指导下的多部门合作机制，生态系统不可分割的自然属性与管理部门的行政职能边界存在固有矛盾，因此容易造成部门或地区之间的"公地悲剧"。实施"山水林田湖草沙冰"一体化生态保护修复，是修复和保护生态环境、建设生态系统的重要内容，能够有效解决生态系统整体性和行政区划独立性之间的矛盾，避免生态保护缺乏系统性、生态系统破碎化治理，进一步解决不同地区、不同领域各自为政的弊端，引导生态治理格局从职能导向型转向问题导向型。

2）实施"山水林田湖草沙冰"一体化生态保护修复是现代化强国的重要基础。党的十九大报告提出我们要建设的现代化是人与自然和谐共生的现代化。社会经济的高质量发展需要高质量的生态环境作为资源基础和生态保障，健康稳定的生态系统是建设生态文明、实现人与自然和谐共生的重要基础。实施"山水林田湖草沙冰"一体化生态保护修复，对于加快生态环境修复步伐，实现格局优化、系统稳定、功能提升起着重要作用，直接影响我国生态文明和美丽中国的建设进程和质量，更关系中华民族的长远发展。坚持系统观念，通过科学编制"山水林田湖草沙冰"系统治理规划，利用协调系统的理念设计"山水林田湖草沙冰"系统治理任务（周妍等，2021；吴钢等，2019 年；罗明等，2019 年），并运用高科技手段实施"山水林田湖草沙冰"系统治理工程，有效提高生态环境质量，为经济社会全方位、高质量发展夯实基础。

3）实施"山水林田湖草沙冰"一体化生态保护修复是提升人民生活品质的重要途径。良好生态环境是最大财富、最大优势、最大品牌，是从温饱走向环保、从生存走向生态、从"吃老本"走向"吃利息"、从"绿色贫困"走向"美丽富饶"的重要抓手，既是重大政治问题，也是重大社会问题（杨发庭，2021；郑艳和庄贵阳，2020）。在新时代，人民群众对蓝蓝的天空、绿绿的草地、清新的空气、清澈的水质等优质生态产品的需求越来越迫切，对良好生态环境的期待越来越强烈。良好生态环境是最普惠的民生福祉，体现了中国共产党全心全意为人民服务的根本宗旨。环境就是民生，青山就是美丽，蓝天也是幸福。发展经济是为了民生，保护生态环境同样也是为了民生。实施"山水林田湖草沙冰"生态保护修复，有利于着力解决损害群众健康的突出环境问题，为人民群众提供更多优质生态产品，把建设美丽中国转化为全体人民的自觉行动，满足人民对良好生态环境的需求（樊奇，2021）。

4）实施"山水林田湖草沙冰"一体化生态保护修复是引领全球生态治理的中国智慧。生态文明建设已成为全球共同面对的问题，推动全球生态文明建设是构建人类命运共同体的一个重要方面。党的十九大报告强调，中国要成为全球生态文明建设的重要参与者、贡献者、引领者，为全球生态文明建设提出中国方案。实施"山水林田湖草沙冰"一体化生态保护修复，既是维护全人类共同的利益，也是全人类共同的责任（祁巧玲，2019）。无论是在生态环境保护方面还是在全球推动生态文明建设方面，都必须牢固树立系统观念，将"山水林田湖草沙冰"系统治理落到实处，提炼总结典型经验和创新做法，更好地为全球生态治理和全球生态文明建设贡献中国智慧和中国方案。

第三节　生态保护和修复的重大实践

改革开放以来，从最初的"三北"防护林等十余个工程探索，到重大生态工程的整合优化，再到"山水林田湖草沙"系统保护修复工程试点，我国政府通过制定一系列方针政策，探索出一整套适应我国国情的陆地自然生态系统保护和修复实践，积累了众多优秀做法和值得推广的经验。

一、国家重点生态工程取得显著成效

1978 年，国家首先决定在生态环境脆弱的"三北"（东北、华北北部和西北）地区建设"三北"防护林工程，拉开了中国重点林业生态工程建设的序幕。1998 年以后，林业生态建设步入体系建设的新阶段，改变了过去单一生产木材的传统思维，采取生态、经济并重的战略方针，在加快林业产业体系建设的同时，狠抓生态系统建设，先后实施了天然林保护、退耕还林、退牧还草、京津风沙源治理、野生动植物保护、湿地保护等一系列生态建设工程，基本覆盖了我国主要的水土流失、风沙和盐碱等生态环境脆弱地区，加快了我国生态系统保护和修复的步伐。

1）"三北"等重点防护林体系建设工程。该工程主要解决"三北"和其他地区各不相同的生态问题。包括"三北"、长江、沿海、珠江、太行山防护林工程和平原绿化工程，是涵盖面最大的防护林工程。"三北"工程建设从 1978 年开始到 2050 年结束，分三个阶段八期工程进行建设，工程计划造林 3.4 亿亩，并对 10.78 亿亩森林实行有效保护。

2）天然林资源保护工程。该工程主要解决天然林的休养生息和恢复发展问题，1998年试点，2000 年启动，对 19.44 亿亩天然乔木林进行了有效管护。包括三个层次：全面停止长江上游、黄河中上游地区天然林采伐；大幅调减东北、内蒙古等重点国有林区的木材产量；由地方负责保护好其他地区的天然林。工程计划调减木材产量 1991 万 m³，管护森林 14.15 亿亩，分流安置富余职工 74 万人。中央财政对森林管护、社会保险、政策性社会性支出、职工一次性安置、下岗职工基本生活保障、地方财政减收等实行补助政策，所需投入中央负担 80%，地方负担 20%。

3）退耕还林（还草还湿）工程。该工程主要解决重点地区的水土流失和土地沙化问题。前一轮退耕还林还草于 1999 年开展试点，2002 年正式启动，工程计划到 2010年退耕还林 2.2 亿亩，工程区林草覆盖率增加 4.5 个百分点、生态状况得到较大改善。国家无偿向退耕农户提供粮食、生活费补助。2014 年起开始实施新一轮退耕还林还草，2014 年 8 月，《新一轮退耕还林还草总体方案》明确，到 2020 年将全国具备条件的坡耕地和严重沙化耕地约 4240 万亩退耕还林还草，中央根据退耕还林还草面积拨付补助资金，退耕还林补助每亩 1600 元，退耕还草补助每亩 1000 元。

4）京津风沙源治理工程。该工程是构筑京津生态屏障的骨干工程，主要解决京津及周边地区风沙危害问题，也是中国履行《联合国防治荒漠化公约》，改善世界生态状况的重要举措。一期工程于 2000 年 6 月启动，累计实施造林营林 708 万亩，植树 1.5 亿株。工程二期于 2013 年启动，截至 2020 年底林草覆盖率由 10.59%提高到 18.67%，两期工程累计完成 896 万亩造林营林任务，工程固沙 5.1 万 hm²，同时还实现了小流域综合治理面积 748km²、人工种草 9 万亩、生态搬迁 14 934 人。

5）野生动植物保护及自然保护区建设工程。该工程主要解决物种保护、自然保护和湿地保护等问题。工程实施范围包括具有典型性、代表性的自然生态系统、珍稀濒危野生动植物的天然分布区、生态脆弱区和湿地地区等。工程建设分三个阶段进行，2001～2010 年为第一阶段，2011～2030 年为第二阶段，2031～2050 年为第三阶段。计划到2050 年，使我国自然保护区数量达到 2500 个，总面积 1.728 亿 hm²，占国土面积的 18%，形成一个以自然保护区、重要湿地为主体，布局合理、类型齐全、设施先进、管理高效、具有国际重要影响的自然保护网络。

6）重点地区速生丰产用材林基地建设工程。该工程主要解决木材供应问题，减轻木材需求对天然林资源的压力。工程布局于我国 400mm 等雨量线以东，地势比较平缓，立地条件较好，自然条件优越，不会对生态环境产生不利影响的 18 个省（自治区、直辖市），以及其他适宜发展速生丰产用材林的地区。工程建设期为 2001～2015 年，全部基地建成后，每年可提供木材 13 337 万 m³。

7）国家储备林工程。该工程是为满足经济社会发展和人民美好生活对优质木材的需要，在自然条件适宜地区，通过人工林集约栽培、现有林改培、抚育及补植补造等措施，营造和培育的工业原料林、乡土树种、珍稀树种和大径级用材林等多功能森林。工程计划到 2020 年，建设国家储备林 700 万 hm^2，继续划定一批国家储备林，国家储备林管理制度体系基本建立。工程计划到 2035 年，建设国家储备林 2000 万 hm^2，年平均蓄积净增 2 亿 m^3，年均增加乡土珍稀树种和大径材蓄积 6300 万 m^3，一般用材基本自给。

8）沿海防护林体系建设工程。该工程是为改善沿海地区生态状况、提升防灾减灾能力、保障人民群众生命财产安全和促进沿海地区经济社会可持续发展而开展的重大生态修复工程。通过继续保护和恢复以红树林为主的一级基干林带，不断完善和拓展二级、三级基干林带，持续开展纵深防护林建设，初步形成结构稳定、功能完备、多层次的综合防护林体系。2016 年启动实施三期工程，范围扩大到沿海 11 个省（自治区、直辖市）的 344 个县（市、区），工程计划到 2025 年，森林覆盖率达到 40.8%，林木覆盖率达到 43.5%，农田林网控制率达到 95.0%，村镇绿化率达到 28.5%。

9）湿地保护与恢复工程。为缓解由于湿地退化导致的生态问题，改变局部生态环境，遏制人为占用、破坏湿地等现象，2003 年 9 月，国务院批准印发了《全国湿地保护工程规划（2002—2030 年）》，国家林业局牵头编制并组织实施了湿地保护"十一五""十二五""十三五"三期实施规划。推动出台《中华人民共和国湿地保护法》，制定和修订《国家重要湿地认定和名录发布规定》《国家湿地公园管理办法》等配套法规制度和标准规范。到 2020 年，中国国际重要湿地总数达 64 处，国家湿地公园总数达 899 处，湿地保护率达到 50%以上。

10）水土流失及石漠化、荒漠化综合治理工程。为阻止我国西部地区沙漠扩张，解决我国西南岩溶地区严重的生态问题，2008 年 2 月，国务院批复了《岩溶地区石漠化综合治理规划大纲（2006—2015 年）》，对 100 个石漠化县开展试点工程。2008~2013 年，国家已累计安排中央预算内专项投资 77 亿元。2016 年，国家发展和改革委员会制定印发了《岩溶地区石漠化综合治理工程"十三五"建设规划》，提出重点对长江经济带、滇桂黔等区域的集中连片特殊困难地区为主体的 200 个石漠化县实施综合治理。

11）退化草原保护修复工程。为了加快草原生态修复，实施退牧还草，修复退化草原，工程将严格草原禁牧和草畜平衡，开展国有草场试点建设，推行草原休养生息。对退化草原实施改良和种植乡土草种，提升草原生态功能。针对因超载过牧造成的轻度退化草原，实施退牧还草，采取围栏封育的方式，使受损草原得到休养生息，自然与人工促进恢复草原植被。工程计划到 2025 年实施退化草原修复 2.3 亿亩，建设草场 1000 万亩。将具有重要生态价值的草原、沙化土地治理后形成的草原建设为国有草场。

二、推进生态系统一体化保护修复工程试点

为深入贯彻党中央、国务院关于生态系统一体化保护修复的决策部署，2016 年，财政部、国土资源部、环境保护部联合下发了《关于推进山水林田湖生态保护修复工作的通知》，以顶层设计的方式，明确提出坚持尊重自然、顺应自然、保护自然的方针，以生命共同体的重要理念指导开展"山水林田湖草"生态保护修复工程试点工作，对山上山下、地上地下、陆地海洋以及流域上下游进行整体保护、系统修复、综合治理，真正

改变治山、治水、护田各自为战的工作局面。"山水林田湖草"生态保护修复试点主要目标包括重要生态系统保护修复、生物多样性保护、流域水环境保护治理、污染与退化土地修复治理、矿山生态修复、土地综合整治等方面（王波等，2018；罗明等，2019），具体措施如表 14.1 所示。

表 14.1　"山水林田湖草"生态保护修复试点主要任务

主要目标	具体措施
重要生态系统保护修复	湖泊和库塘水体修复、污泥清理、湿地保护恢复；封禁和改造提升草地；退耕还林还草、防护林建设、低质低效林地改造、天然林保护等
生物多样性保护	野生动植物保护、物种栖息地保护和恢复、鱼类种质资源恢复、入侵物种防治；自然保护区建设等
流域水环境保护治理	水源地水质保护、新增水源涵养区、提升生态补水量；工业污水集中处理和达标排放、农作物秸秆综合利用、规模化畜禽养殖场粪便综合利用、畜禽粪污处理设施装备配套、生活垃圾无害化处理、废水废物循环利用；河道综合治理、城市水系治理、入河口湿地恢复；水质水量监测点建设等
污染与退化土地修复治理	受污染耕地治理和修复利用、农田废旧地膜回收、作物结构调整；盐碱化、沙化、石漠化土地修复治理；水土流失治理等
矿山生态修复	矿山地表塌陷及地质灾害综合治理、废弃渣土处理、矿山粉尘防治、磷石膏综合利用；土地复垦、矿区绿化和生态系统恢复等
土地综合整治	农用地整治、高标准农田建设、基本农田保护、生态农业示范区建设；节水灌溉措施、测土配方施肥措施、主要农作物病虫害专业化统防统治；生态移民、农村人居环境整治、生活垃圾无害化处理、垃圾分类收集处理等

"山水林田湖草沙冰"生命共同体理念提出以来，各地开展的工作主要体现在生态保护与修复工程方面。自 2016 年以来，京津冀水源涵养区、陕西黄土高原、江西赣州、云南抚仙湖、山东泰山、福建闽江、吉林长白山等重点区域和流域陆续被列入工程试点，上述区域生态安全屏障地位突出，生态产品供给潜力巨大，但由于受人为活动等客观因素影响，生态空间遭受持续威胁，局部生态环境恶化，生态产品供给能力不足等问题日益显现，开展生态保护修复试点，对"山水林田湖草沙"进行整体保护、系统修复、综合治理，有利于恢复和增强生态功能（陈安等，2018；罗明等，2019；余新晓和贾国栋，2019；赵文廷等，2019）。目前，围绕"山水林田湖草沙"理念内涵和基本特征，上述地区已经在不同程度探索出符合自身发展特色的行动路径（毕云龙等，2020；王波等，2020）。试点工程的主要做法、政策措施以及主要成效，如专栏 14.1 所示。

专栏 14.1　"山水林田湖草"生态保护修复试点工程案例

1. 京津冀水源涵养区"山水林田湖草"生态保护修复工程试点

主要做法	在张家口、承德和涞水、易县开展了"山水林田湖草"生态保护修复试点工作，围绕"一线（绿色奥运廊道）""一弧（与北京接壤的弧形地带）""两水系（官厅、密云水库上游水系）"和"拓展治理区（对'一线、一弧、两水系'生态环境起保障作用的区域）"的总体布局，聚焦重点区域，实施小流域综合治理工程、河道综合治理项目
政策措施	河北省委省政府制定了《关于加快推进生态文明建设的实施意见》《河北省山水林田湖生态修复规划》《河北省建设京津冀生态环境支撑区规划（2016—2020 年）》，在全国率先制定了《承德市山水林田湖草生态保护修复条例》
取得成效	共修复毁损山体 1446.7 亩，新增水土流失综合治理面积 85km²，完成河流生态综合治理 178.6km，新增绿化面积 19.38 万亩，日新增污水处理能力 4425t，日新增垃圾处理能力 9t，农业面源治理面积 5 万亩，湿地修复与保护面积 3482 亩

---

2. 陕西黄土高原"山水林田湖草"生态保护修复工程试点	
主要做法	创新黄土高原生态保护修复投入机制、重点生态区域保护与补偿机制及黄土高原生态保护修复监督考核机制三项机制，着力打造包括杏子河流域水土共保共治工程、石川河流域上下游水生态协同保护修复工程、照金废弃煤矿生态修复与遗址公园建设工程等亮点工程
政策措施	陕西省财政厅牵头建立了联席会议制度，生态环境厅参与制定印发了《陕西省山水林田湖生态保护修复专项资金管理办法》《陕西省山水林田湖生态保护修复项目管理办法》等
取得成效	省级财政累计投入黄土高原"山水林田湖草"保护修复试点资金23亿元，共支持项目210个，试点地区脱贫任务全部完成，综合整治修复遗留废弃矿山42座

3. 江西赣州"山水林田湖草"生态保护修复工程试点	
主要做法	建立市、县、乡、村、组五级"林长制"和市、县、乡、村四级"河湖长体系"，初步形成了以崩岗水土流失治理"赣南模式""多层次"流域生态补偿机制、废弃稀土矿山治理"三同治"模式、小流域综合治理"生态清洁型"模式等一批特点突出的"山水林田湖草"综合治理样板区
政策措施	根据《关于全面加强生态环境保护 坚决打好污染防治攻坚战的实施意见》，率先成立专职机构——市政府直属正处级事业单位"赣州市山水林田湖生态保护中心"，与全省共建共享省域内生态补偿机制
取得成效	经过生态修复，试点区域森林覆盖率长期稳定在76.23%以上，成功消灭劣Ⅴ类水，赣江、东江出境断面水质100%达标。结合废弃矿山修复建设了1万余亩循环产业园，2万余人参与试点项目建设获得收益，选聘7488名贫困户为生态护林员。并将试点实施与精准扶贫深度融合，引导吸纳贫困户入股、种养、务工、投劳，辐射带动25万多人增产增收

4. 云南抚仙湖流域"山水林田湖草"生态保护修复工程试点	
主要做法	工程总投资97.28亿元，在优化流域生态、农业、城镇空间布局的基础上，开展农村居民点和工矿企业搬迁、畜禽养殖场关停、污水管网污水处理厂建设、入湖河流污染治理等先导工程。在此基础上，考虑入湖污染源的实际情况，在山上、坝区、湖滨带和水体分别采取修山扩林、水污染防控、污染过滤以及保护治理措施。共拆除房屋113万m²，腾退土地2364.8亩，退出地块全部实施生态修复
政策措施	颁布《云南省抚仙湖管理条例》《抚仙湖流域水环境保护与水污染防治规划（2008—2027年）》《抚仙湖流域禁止开发控制区规划修编（2013—2030年）》等法规和专项规划，全面落实"河（湖）长制"
取得成效	一级保护区内38家企事业单位全部退出，生态移民搬迁沿湖群众3.3万余人，抚仙湖流域22条劣Ⅴ类入湖河道水质脱劣。2016年至2020年上半年，抚仙湖水质稳定保持Ⅰ类，流域森林覆盖率从34.95%提高到39.25%，林业蓄积量增加39%

5. 山东泰山区域"山水林田湖草"生态保护修复工程试点	
主要做法	工程划分为泰山生态区、大汶河-东平湖生态区两个片区，统筹安排地质环境、土地整治、水环境、生物多样性和监管能力建设五大类工程。泰山生态区面积574km²，以水源地保护、生物多样性恢复和水生态环境保护修复为主；大汶河-东平湖生态区面积7188km²，以水生态环境保护修复、矿山生态环境修复和土地整治为主
政策措施	实行省级协调、市为主体、县抓落实的工作责任机制；建立泰山区域"山水林田湖草"生态保护修复工程联席会议制度；济南、泰安、莱芜建立协调机制
取得成效	在"固山"方面，完成矿山生态修复，采煤塌陷地治理；在"治污"方面，城市建成区实现黑臭水体清零，城市重要集中式饮用水水源地水质达标率达到100%；在"护林"方面，新增造林20.8万亩；在"整地"方面，新增耕地4362.8hm²，实现了零散农地变"沃田"；在"扩湿"方面，抓好7个省级以上湿地公园建设，保护湿地9.4万亩

6. 福建省闽江流域"山水林田湖草"生态保护修复工程试点	
主要做法	成立试点工作领导小组，鼓励各地打造一批多生态要素保护修复有机融合、生态措施和工程措施较好衔接、项目建设与科学研究"建研"一体的精品示范工程。引入中国社科院专家团队，分片区指导试点项目全流程推进。在全国率先设立10亿元正向激励资金，对工作推进绩效评价较好的县（市、区）和精品示范项目给予奖励
政策措施	建立九部门齐抓共管的省级联席机制，福建省制定出台《闽江流域山水林田湖草生态保护修复正向激励管理办法》
取得成效	探索"山水林田湖草+"模式，融合"水美城市"推进机制，创新"建、管、治、护"一盘棋推进机制。闽江干流和二级以上支流水质优良比例达100%，其中Ⅰ～Ⅱ类优质水比例87.3%，较2017年提高7.3个百分点

7. 吉林长白山保护开发区"山水林田湖草"生态保护修复工程试点	
主要做法	工程总投资 110 亿元,共计 94 个子项目,涵盖长白山管委会、吉林市、延边州、通化市、白山市、梅河口市、江源区 7 个市县。设立森林保护与抚育、珍稀物种栖息地保护、种质资源保护、东北红豆杉种质资源保留率、朝鲜崖柏种群恢复、对开蕨植株数量增加、水电站拆除、地质灾害隐患处理、流域水质良好水体比例、城市集中式饮用水源地水质达标率、河道生态整治和湿地修复与建设 12 个绩效考核指标
政策措施	制定出台了《长白山保护开发区山水林田湖草生态保护修复工程项目管理暂行办法》,草拟了"资金管理办法"和"档案管理办法",创新推行了山水项目"工程总承包"和"全过程咨询服务"模式
取得成效	项目实施以来,生态搬迁 835 户,综合治理河道 14km,整理土地 400 余公顷,长白山区域内共拆除改造小水电站 14 座

2021 年,为贯彻落实党的十九届五中全会精神,统筹推进"山水林田湖草沙"综合治理、系统治理、源头治理,财政部、自然资源部、生态环境部确定了 10 个项目,作为第一批"山水林田湖草沙"一体化保护和修复的工程项目,项目实施期不超过三年,重点支持"三区四带"重点生态地区开展"山水林田湖草沙"一体化保护和修复,突出对国家重大战略的生态支撑,着力提升生态系统质量和稳定性(张进德,2021)。试点工程主要涉及辽宁辽河、山东沂蒙山、贵州武陵山、安徽巢湖、新疆塔里木河、广东南岭山区韩江、九龙江、浙江瓯江源头等重点区域和流域,"山水林田湖草沙"生态保护修复试点工程主要建设内容,如专栏 14.2 所示。

专栏 14.2 "山水林田湖草沙"一体化保护和修复工程项目案例

1. 辽宁辽河流域"山水林田湖草沙"一体化保护和修复工程项目

项目总投资 52.1 亿元,以辽河流域的重要组成部分浑太水系为主线,针对辽河流域上游东北森林带水源涵养区、中游辽河平原农产品提供区、下游生物多样性保护区三个重要功能区,开展沙坝潟湖湿地生态修复、砂质海岸带生态防护、海岸带空间整理及防护林等工程,推进生态系统整体保护、一体修复,完整修复河口—海湾—海岸生态系统,以实现海岸带生态保护修复与生态减灾功能的协同增效

2. 山东沂蒙山区域"山水林田湖草沙"一体化保护和修复工程项目

项目面积 9217km²,实施期限为 2021~2023 年,总投资 53.29 亿元,包括 7 大类、11 小类、47 个项目,完工后将有力保障南水北调东线供水安全,增强沂蒙山生态带气候调节能力,推动沂蒙革命老区"生态美"与"百姓富"有机统一,提升老区人民的幸福感和获得感

3. 贵州武陵山区"山水林田湖草沙"一体化保护和修复工程项目

项目实施期限为 2021~2023 年,总投资 53.82 亿元,其中,获中央财政奖补 20 亿元。工程计划利用 3 年时间在贵州省武陵山区 17 个县(区)开展"山水林田湖草沙"一体化保护和修复工程,实行整体保护、系统修复、综合治理,筑牢长江上游重要生态屏障

4. 安徽巢湖流域"山水林田湖草沙"一体化保护和修复工程项目

项目实施期限为 2021~2023 年,总投资 151 亿元,主要包括修山育林、节水养田、治河清源、修复湿地、智慧监管等 8 类、37 项工程措施。中央财政补助资金将主要用于矿山生态修复、水环境综合治理等中央与地方共同事权范围项目。通过项目实施,将有效提升巢湖流域水旱灾害抗击能力,改善生态系统退化等问题,进一步加强流域生态系统稳定性,增强生物多样性保护,提高流域生态系统服务功能

5. 新疆塔里木河重要源流区"山水林田湖草沙"一体化保护和修复工程项目

项目计划总投资 53.73 亿元,采取 PPP 模式实施。其中中央投资 20 亿元,地方及社会投资 33.73 亿元。主要建设项目实施划分西天山南坡–中高山区水源涵养与生物多样性保护单元、山前荒漠草原水土流失防治单元、阿克苏河绿洲生态安全维护单元、塔河源河岸林保护及沙漠化防治单元 4 个保护修复单元,统筹部署安排五大项工程、35 个子项目

6. 广东南岭山区韩江中上游"山水林田湖草沙"一体化保护和修复工程项目
结合土地、矿山、水、森林、城乡生态等方面现状和存在的问题，项目实施分为"四大区五大类"，即南岭山地水源涵养区、梅江中上游脆弱生态修复区、梅江中下游城乡生态提升区、韩江干流水生态修复区四大区，退化土地生态保护修复工程、矿山生态修复工程、流域水生态保护修复工程、森林生态保护修复工程、城乡生态保护修复工程五大类，共 28 项治理工程
7. 九龙江流域"山水林田湖草沙"一体化保护和修复工程项目
项目计划投资 78.61 亿元，实施期为 2021～2023 年，重点开展水环境治理与生态廊道建设、重要生态系统保护修复、农地生态功能提升与面源污染防治、矿山生态修复、机制创新与能力建设五大类工程，促进九龙江流域主要生态环境问题得到解决，提升流域生态系统稳定性，筑牢我国东南沿海生态安全屏障
8. 浙江瓯江源头区域"山水林田湖草沙"一体化保护和修复工程项目
项目总投资 55.23 亿元，申请中央资金补助 20 亿元，计划于 2021～2023 年实施 52 个相关子项目。以国家公园设立标准试验区、生态产品价值实现机制、国家试点建设为抓手，实施重要生态系统及生物多样性保护、森林生态保护修复、水生态保护修复、土地保护修复和数字赋能智慧监管五大工程，带动区域旅游产业和生物资源可持续利用产业发展，更好地实现全国生态产品价值实现机制试点作用，更加畅通"两山"转化通道，有力助推实现共同富裕

此外，生态环境损害案件的赔偿、司法鉴定等方面也均取得了明显进展，通过政策制定与实践探索，基于生态环境损害赔偿案件的特殊性，明确了诉讼案件的受理条件和审理规则，创新了责任体系，明确了生态环境损害赔偿诉讼与环境民事公益诉讼的衔接规则，规定了生态环境损害赔偿协议的司法确认规则，明确了生态环境损害赔偿案件裁判的强制执行，确保受损生态环境得到及时有效修复。以秦岭和祁连山为例，西安从审理的涉及秦岭生态环境保护案件中选取发布具有代表性的多个典型案例，涉及风景名胜区生态环境司法保护、秦岭生物多样性和生态安全、秦岭违建整治专项行动、秦岭国家森林公园垃圾整治等领域，涵盖大气、水、土壤、林业、渔业、野生动物、国家重点保护野生植物、风景名胜区等环境要素和自然资源，案件类型包括非法捕捞水产品，非法捕猎、杀害珍贵、濒危野生动物，非法占用农用地，非法采伐国家重点保护植物，环境行政审批等，涉及刑事案件、行政案件、行政公益诉讼案件和刑事附带民事公益诉讼案件。甘肃高院通过多次与省委办公厅、环保、自然资源、林草等相关单位沟通协作，出台《关于加强甘肃祁连山保护区生态环境审判工作为构建国家西部生态安全屏障提供司法保障的意见》，为"山水林田湖草沙冰"生态保护修复损害赔偿制度的落地实施提供了坚实的支撑。

三、生态保护和修复的主要做法和经验

1）党中央、国务院高度重视是生态系统一体化保护修复的根本保障。生态文明建设是新时代中国特色社会主义的一个重要特征，是实现中华民族伟大复兴中国梦的重要内容。党的十八大以来，党中央全面加强对生态文明建设的领导，把生态文明建设摆在全局工作的突出位置，开展了一系列根本性、开创性、长远性工作。加快推进生态文明顶层设计和制度体系建设，加强法治建设，森林法、防沙治沙法等法律法规陆续完成修制定，建立并实施中央生态环境保护督察制度，大力推动绿色发展，决心之大、力度之大、成效之大前所未有，生态文明建设从认识到实践都发生了历史性、转折性、全局性的变化。

2）习近平生态文明思想是生态系统一体化保护修复的根本遵循。习近平总书记对"山水林田湖草沙冰"系统治理倾注了巨大心血，亲自谋划，亲自部署，亲自推动。习近平总书记传承中华民族传统文化、顺应时代潮流和人民意愿，站在坚持和发展中国特色社会主义、实现中华民族伟大复兴中国梦的战略高度，系统形成了习近平生态文明思想。"山水林田湖草沙冰"生命共同体理念是习近平生态文明思想的重要组成部分，明确提出人的命脉在田、田的命脉在水、水的命脉在山、山的命脉在土、土的命脉在林和草，强调必须将人与自然生态系统、自然生态系统各个要素当作一个整体，坚持综合治理、系统治理、源头治理、流域治理。习近平生态文明思想为"山水林田湖草沙冰"生态保护修复取得历史性成就、发生历史性变革提供了重要理论支撑和实践指导。

3）集中力量办大事是社会主义制度的巨大优势。新中国成立初期百废待兴，我国面临的基本情况是人口多、底子薄、资源有限。在国家财力不富裕的情况下，充分发挥发动群众、集中力量办大事的制度优越性，全力推进生态建设，相继启动实施了天然林资源保护、退耕还林、防护林体系建设、湿地保护与恢复、防沙治沙、石漠化治理、野生动植物保护及自然保护区建设等一批重大生态保护修复工程，着力建设国家公园，深入实施大气、水、土壤污染防治三大行动计划，以大工程带动大发展，发起了一场前所未有的生态建设攻坚战。在重点工程的带动下，我国以国土绿化为主的生态建设取得了重大进展，森林面积快速增长，人工林规模居世界首位，促进了生态系统质量的整体改善和生态系统服务供给能力的全面提升，在有效控制生态退化、保障区域生态安全方面取得了显著成效。

4）高位推动、部门联动是生态系统一体化保护修复的有效机制。"山水林田湖草沙冰"系统治理涉及自然资源、生态环境、农业农村、林业草原等多个部门的任务，国务院各部门积极行动，森林覆盖率、森林蓄积量、空气质量优良比率、颗粒物浓度、地表水质量等成为国家经济社会发展的约束性指标，生态保护修复成为党政领导干部政绩考核的重要内容，使其融入经济建设、政治建设、文化建设和社会建设的各方面和全过程（王军和钟莉娜，2019）。为统筹推进"山水林田湖草沙冰"系统治理，各部门通过加强顶层设计，整体谋划布局，夯实生态保护修复"四梁八柱"，建立了多部门、多层次、跨区域协同推进的工作机制，全面落实"河长制""湖长制""林长制"，积极推进"田长制"，加快推进造林绿化，稳步实施生态工程建设，促进生态保护和绿色发展的协同共进。

5）全社会广泛参与是生态系统一体化保护修复的强劲动力。"山水林田湖草沙冰"生态保护修复资金投入庞大、参与主体众多、涉及领域较广，是一项全局性、系统性工程。自2006年起陆续出台涉及绿色信贷、绿色债券、绿色保险的一系列政策性文件，截至2020年底，中国本外币绿色贷款余额达到11.95万亿元，同比增长20.3%，存量规模世界第一，且保持较快增速。中国民间环保组织蓬勃发展，社会公众环保意识显著提升，为生物多样性保护作出巨大贡献。2017～2020年，中国企业和民间机构在内蒙古、甘肃等地区种植及养护了1.2亿棵树，种植总面积超过140万亩，预计控沙面积超百万亩，爱绿、植绿、护绿成为人民的自觉行动，对于践行生态文明理念、拓宽项目资金来源、提升保护修复效果具有重要意义。

第四节　推进生态系统一体化保护修复的基本路径

深入推进"山水林田湖草沙冰"一体化保护修复，需要切实落实系统观念，科学推进大规模国土绿化，加快构建以国家公园为主体的自然保护地体系，加强生物多样性保护，全面实施重要生态系统保护和修复重大工程，提升自然生态系统碳汇增量，发展绿色富民产业助推乡村振兴，着力构建健康、稳定、高质、高效的自然生态系统新格局，为建设生态文明和美丽中国提供坚实的生态基础。

一、科学推进大规模国土绿化

1）实施科学精准精细管理。加强重点区域绿化，持续加强黄河、长江、"三北"等地区林草植被恢复，治理西部地区水土流失和石漠化，推动北方地区增绿扩绿与防沙治沙相结合，加快中部地区荒废受损山体治理、退化林修复等。科学合理安排绿化用地，以宜林荒山荒地荒滩、荒废和受损山体、退化林地草地等为主开展绿化。合理利用水资源，坚持以水而定、量水而行，乔灌草结合，封飞造并举，科学恢复林草植被。有序推进城乡绿化，稳步推进京津冀、珠三角等国家森林城市群建设，鼓励农村"四旁"植树，保护古树名木。创新全民义务植树机制，进一步激发全社会参与义务植树的积极性和主动性。

2）精准提升森林质量。全面保护天然林，继续全面停止天然林商业性采伐。将天然林和公益林纳入统一管护体系。加强自然封育，持续增加天然林资源总量。强化天然中幼林抚育，开展退化次生林修复。强化森林经营，建立和实行以森林经营规划和森林经营方案为基础的森林培育、保护、利用决策管理机制。实施森林质量精准提升工程，重点加强东部、南部地区森林抚育和退化林修复，加大人工纯林改造力度，培育复层异龄混交林，建设国家储备林。

3）稳步有序开展退耕还林还草。根据国土空间规划，以黄河重点生态区、长江重点生态区和北方防沙带为重点，针对 25°以上坡耕地、重要水源地 15°～25°坡耕地、严重沙化耕地、严重污染耕地等不稳定耕地，组织实施退耕还林还草，加快生态修复。结合生态建设和产业发展需要，充分考虑群众意愿，兼顾生态和经济效益。进一步完善退耕还林还草政策，完善投入政策，延长补助年限，提高补助标准，建立巩固成果长效机制。加强前一轮退耕还林抚育和管护，实施提质增效，巩固退耕还林还草成果。

4）夯实林草种苗基础。加强种质资源保护，开展林草种质资源普查和收集，推进林草种质资源保存库建设。加快良种选育，加强乔灌木树种种子园、母树林和草种生产基地建设，选育优质用材、生态修复、经济林果、景观树木等林木良种。加强优良草种特别是优质乡土草种选育、扩繁、储备和推广利用，不断提高草种自给率。建设林草良种基地、采种基地，加大优良种苗供应。

二、加快构建以国家公园为主体的自然保护地体系

1）高质量建设国家公园。合理布局国家公园，把自然生态系统最重要、自然景观

最独特、自然遗产最精华、生物多样性最富集的自然生态区域纳入国家公园候选区。健全国家公园管理体制机制，实行中央政府直接管理、委托省级政府管理两种管理模式，整合组建统一规范高效的国家公园管理机构和执法队伍。明确中央与地方财政事权和支出责任划分，建立财政投入为主的多元化资金保障机制。提升国家公园管理水平，开展国家公园自然资源资产调查、确权登记和勘界立标，建立"天空地"一体化监测体系，实施自然生态系统保护修复、旗舰物种保护及栖息地恢复、生态廊道建设、自然景观与自然文化遗迹保护修复，开展科普宣教和生态体验。

2）优化自然保护区布局。推进自然保护地整合优化，科学界定范围和管控分区。加强自然保护地体系研究，识别保护空缺，完善保护体系。加强保护协作，稳妥解决历史遗留问题和现实矛盾冲突。加强保护管理能力建设，开展自然保护区本底调查，编制总体规划。逐步对受损严重的自然生态系统和栖息地开展科学修复。完善野外巡护、应急防灾救灾、疫源疫病防控和有害生物防治等设施设备的配置。构建自然资源监测评估和监督管理体系。组织开展自然教育、生态体验等。

3）增强自然公园生态服务功能。提升自然公园生态文化价值，对各类自然公园的定位和范围进行准确界定，确保自然公园内的自然资源及其承载的生态、景观、文化、科研价值得到有效保护，对受损严重的自然遗迹、自然景观等进行维护修复。提升自然教育体验质量，健全公共服务设施设备，按需配置完备的访客中心和宣教展示设施。建设野外自然宣教点、露营地等自然教育和生态体验场地。完善自然保护地引导和解说系统，加强自然公园的研学推广。

三、加强生物多样性保护

1）加强珍稀濒危野生动植物保护。抢救保护珍稀濒危野生动物，开展物种专项调查，划定并严格保护重要栖息地，构建野生动物及其栖息地和鸟类迁徙路线监测评估体系。建设珍稀濒危野生动物种源繁育基地和遗传资源基因库，开展珍稀濒危野生动物野化放归。防范和降低野生动物致害风险，在科学评估的基础上有计划地实施种群调控。严禁野生动物非法交易和食用，加大禁食野生动物处置利用的指导、服务和监管力度。保护繁育珍稀濒危野生植物，构建珍稀濒危野生植物调查监测与评价体系。开展谱系清晰、多样性丰富的极小种群物种野外回归试验。对分布极度狭窄、种群数量稀少或生境破坏严重的植物，开展迁地保护和最小人工种群保留。建设国家重点保护和极小种群野生植物种质资源库。加强药用野生植物资源人工培植。

2）强化生物多样性监管。完善生物多样性保护制度，制修订人工繁育、人工培植、分类管理、标识管理、罚没物品处置、野生动物肇事补偿、可持续采集等管理办法和标准规范。建立多部门信息交流与联合执法机制，加强互联网犯罪监管执法。严格进出口管理和执法，形成来源国、中转国、目的国全链条打击新格局。强化疫源疫病监测预警和防控，建立健全陆生野生动物疫源疫病监测预警防控信息管理系统，开展野生动物疫病本底调查。建设国家野生动物疫病预防控制中心、流行病学调查中心、野生动物生物样本库、病原体保藏中心。出台陆生野生动物疫病分病种应急处置指南，推进防控队伍和应急物资储备建设，制定染疫动物无害化处置标准。

3）加强外来物种管控。完善预警体系，布局林草外来物种监测站点，开展外来物种风险调查评估，制定外来入侵物种名录。建立防控体系，组织制定外来入侵物种灾害防控应急预案，健全应急防控指挥和应急处置系统。推进部门间外来入侵物种重大生物灾害或疫情检疫执法联动机制，严格外来物种审批和管控。提升防控能力，建设国家级外来入侵物种预防控制重点实验室，完善快速检测技术，研发实用的先进防治药剂和器械。健全外来物种管控配套法规。

四、全面实施重要生态系统保护和修复重大工程

1）实施青藏高原生态屏障区生态保护和修复重大工程。以推动高寒生态系统自然恢复为导向，全面保护草原、河湖、湿地、冰川、荒漠等自然生态系统，加快建立健全以国家公园为主体的自然保护地体系，进一步突出对原生地带性植被、特有珍稀物种及其栖息地的保护，加大沙化土地封禁保护力度，科学开展天然林草恢复、退化土地治理、矿山生态修复和人工草场建设等人工辅助措施，促进区域野生动植物种群恢复和生物多样性保护，提升高原生态系统结构完整性和功能稳定性。

2）实施黄河重点生态区生态保护和修复重大工程。以增强黄河流域生态系统稳定性为重点，上游提升水源涵养能力、中游抓好水土保持、下游保护湿地生态系统和生物多样性，以小流域为单元综合治理水土流失，开展多沙粗沙区为重点的水土保持和土地整治，坚持以水而定、量水而行，宜林则林、宜灌则灌、宜草则草、宜荒则荒，科学开展林草植被保护和建设，提高植被覆盖度，加快退化、沙化、盐碱化草场治理，保护和修复黄河三角洲等湿地，实施地下水超采综合治理，加强矿区综合治理和生态修复，使区域内水土流失状况得到有效控制，完善自然保护地体系建设并保护区域内生物多样性。

3）实施长江重点生态区生态保护和修复重大工程。以推动亚热带森林、河湖、湿地生态系统的综合整治和自然恢复为导向，加强森林、河湖、湿地生态系统保护，继续实施天然林保护、退耕退牧还林还草、退田（圩）还湖还湿、矿山生态修复、土地综合整治，大力开展森林质量精准提升、河湖和湿地修复、石漠化综合治理等，切实加强大熊猫、江豚等珍稀濒危野生动植物及其栖息地保护和恢复，进一步增强区域水源涵养、水土保持等生态功能，逐步提升河湖、湿地生态系统稳定性和生态服务功能，加快打造长江绿色生态廊道。

4）实施东北森林带生态保护和修复重大工程。以推动森林生态系统、草原生态系统自然恢复为导向，全面加强森林、草原、河湖、湿地等生态系统的保护，大力实施天然林保护和修复，连通重要生态廊道，切实强化重点区域沼泽湿地和珍稀候鸟迁徙地、繁殖地自然保护区保护管理，稳步推进退耕还林还草还湿、水土流失治理、矿山生态修复和土地综合整治等治理任务，提升区域生态系统功能稳定性。

5）实施北方防沙带生态保护和修复重大工程。以推动森林、草原和荒漠生态系统的综合整治和自然恢复为导向，全面保护森林、草原、荒漠、河湖、湿地等生态系统，持续推进防护林体系建设、退化草原修复、水土流失综合治理、京津风沙源治理、退耕还林还草，深入开展河湖修复、湿地恢复、矿山生态修复、土地综合整治、地下水超采

综合治理等，进一步增加林草植被盖度，增强防风固沙、水土保持、生物多样性等功能，提高自然生态系统质量和稳定性。

6）实施南方丘陵山地带生态保护和修复重大工程。以增强森林生态系统质量和稳定性为导向，在全面保护常绿阔叶林等原生地带性植被的基础上，科学实施森林质量精准提升、中幼林抚育和退化林修复，大力推进水土流失和石漠化综合治理，逐步进行矿山生态修复、土地综合整治，进一步加强河湖生态保护修复，保护濒危物种及其栖息地，连通生态廊道，完善生物多样性保护网络，开展有害生物防治。

7）实施海岸带生态保护和修复重大工程。以海岸带生态系统结构恢复和服务功能提升为导向，全面保护自然岸线，严格控制过度捕捞等人为威胁，重点推动入海河口、海湾、滨海湿地与红树林、珊瑚礁、海草床等多种典型海洋生态类型的系统保护和修复，综合开展岸线岸滩修复、生境保护修复、外来入侵物种防治、生态灾害防治、海堤生态化建设、防护林体系建设和海洋保护地建设，改善近岸海域生态质量，恢复退化的典型生境，加强候鸟迁徙路径栖息地保护，促进海洋生物资源恢复和生物多样性保护，提升海岸带生态系统结构完整性和功能稳定性，提高抵御海洋灾害的能力。

8）实施自然保护地建设及野生动植物保护重大工程。强化重要自然生态系统、自然遗迹、自然景观和濒危物种种群保护，构建重要原生生态系统整体保护网络，整合优化各类自然保护地，合理调整自然保护地范围并勘界立标，科学划定自然保护地功能分区；根据管控规则，分类有序解决重点保护地域内的历史遗留问题，逐步对核心保护区内原住居民实施有序搬迁和退出耕地还林还草还湖还湿；强化主要保护对象及栖息生境的保护恢复，连通生态廊道；构建智慧管护监测系统，建立健全配套基础设施及自然教育体验网络；开展野生动植物资源普查和动态监测，建设珍稀濒危野生动植物基因保存库、救护繁育场所，完善古树名木保护体系。

9）实施生态保护和修复支撑体系重大工程。加强生态保护和修复基础研究、关键技术攻关以及技术集成示范推广与应用，加大重点实验室、生态定位研究站等科研平台建设。构建国家和地方相协同的"天空地"一体化生态监测监管平台和生态保护红线监管平台。加强森林草原火灾预防和应急处置、有害生物防治能力建设，提升基层管护站点建设水平，完善相关基础设施。建设海洋生态预警监测体系，提升海洋防灾减灾能力。实施生态气象保障重点工程，增强气象监测预测能力及对生态保护和修复的服务能力（中国政府网，2021）。

五、提升自然生态系统碳汇增量

1）扩大林草面积，提升碳汇增量。深入推进大规模国土绿化行动，有序开展退耕还林、退牧还草。科学布局和组织实施一批区域性"山水林田湖草沙"系统治理示范项目。深入开展全民义务植树，积极推进森林城市建设、乡村绿化美化，多形式多途径推动增绿增汇。

2）科学抚育经营，提高碳汇能力。推进森林科学经营，积极开展森林抚育，实施森林质量精准提升工程。加强中幼林抚育和退化林修复，调整优化林分结构，提高长寿命树种和高效固碳树种的比例。科学实施草原、湿地、荒漠生态保护修复，持续提高林草生态系统的质量和稳定性。

3）全面加强资源保护，减少碳库损失。加强以国家公园为主体的自然保护地体系建设，提升各类自然保护地的固碳能力。严格保护和合理利用各类林草资源，严厉打击毁林、毁草、毁湿等各类违法犯罪行为，严禁擅自改变林地、草地、湿地的用途和性质，减少因不合理的土地利用、土地破坏等活动导致的碳排放。全面加强森林草原防火，组织实施好病虫害防治，减少因火灾、病虫害损失造成林草资源的损失，进而减少林草资源的碳排放。

4）大力发展林业生物质能源和木竹替代，实现生物减排固碳。因地制宜开展能源林培育，加强现有低产低效能源林改造。稳步提高能源林建设规模和指标，加强生物质能源开发利用和科技攻关。积极推动林业生物质能源产业化，推进优质木竹资源定向培育与利用，提高生物固碳效率。支持在有条件的地区优先推广使用木结构和木竹建材，减少因生产使用钢材水泥等高排放建材造成的碳排放。

5）完善碳汇计量监测体系，提高科技支撑能力。持续开展全国林业碳汇计量监测，国家林草生态综合监测评价，建立全国林草碳汇数据库。开展林草助力碳中和战略研究，组织开发林草碳汇关键技术，充分发挥林业和草原应对气候变化的特殊作用。

6）探索碳汇产品价值实现机制，推进林草碳汇交易。积极参与全国碳排放权交易，鼓励充分利用林草碳汇实施碳排放权抵消机制。探索建立林草碳汇减排交易平台，鼓励各类社会资本参与林草碳汇减排行动，助力重点区域、大型活动组织者、自愿减排企业、社会公众等利用林草碳汇实现碳中和，逐步完善林草碳汇多元化、市场化价值实现机制。

六、发展绿色富民产业

1）促进生态保护修复与乡村振兴有机融合。落实国家关于支持乡村振兴的用地政策，优化调整乡村产业布局，弥补技术、设施、营销等短板，支持有条件的地区将林草特色优势产业打造成县域支柱产业。推动生态扶贫政策、工作体系与民生改善、乡村治理平稳有序衔接，保持帮扶人才队伍稳定。巩固脱贫成果，支持脱贫地区采取以工代赈方式开展生态基础设施建设，吸纳更多脱贫人口参与生态保护修复工程建设。稳定生态护林员等政策，支持自然保护地开发公益就业岗位，建立稳收益不返贫长效机制。

2）发展特色绿色产业。推进产业升级，发展国家储备林新型产权模式、经营模式。发展油茶产业，创制高产稳产高抗油茶良种，推进低产油茶林改造。发展竹产业，推动竹林培育、竹材精深加工、竹文化旅游。发展种苗花卉产业，推进种苗线上线下交易平台建设，强化花卉种业自主创新。发展林草中药材，因地制宜开展生态种植、野生抚育和仿野生栽培，推动林草中药材产业与生物医药产业深度融合。发展牧草产业、草坪业、草种业，打造优质草种繁育和饲草种植基地。发展国家级特色林草产品优势区和示范园区，培育国家级重点龙头企业。

3）注重培育产业新业态。推深做实"生态产业化、产业生态化"，发展生物质能源、生物基材料与化学品、天然香料和沉香、木竹结构建筑和木竹建材等新兴产业。加强生态监测与环境优化，培育森林旅游、森林康养、生态观光、自然教育等新业态新产品。积极发展林草循环经济，打造"生态+""互联网+"等产业发展新模式。做强传统产业。推进木竹材精深加工，巩固提升人造板、木地板、木家具等传统优势产业。推动经济林、木竹材加工、林产化工、制浆造纸等产业绿色化和数字化改造，推广节能环保和清洁生产技术，加快淘汰落后产能。

第五节　生态保护修复未来战略展望

进入新发展阶段、贯彻新发展理念、构建新发展格局，对生态保护修复提出了新的更高要求。党的十九届五中全会通过的《中共中央关于制定国民经济和社会发展第十四个五年规划和二〇三五年远景目标的建议》和十三届全国人大四次会议通过的《中华人民共和国国民经济和社会发展第十四个五年规划和 2035 年远景目标纲要》提出，到 2035 年我国的森林覆盖率提高到 24.1%、生态环境持续改善、生态安全屏障更加牢固、城乡人居环境明显改善的总体目标。为实现 2035 年远景目标和到 2050 年把我国建成富强民主文明和谐美丽的社会主义现代化强国的战略目标，需要进一步健全和完善生态保护修复的法律法规、规划体系和实施机制，科学推进"山水林田湖草沙冰"系统治理。

一、健全生态保护修复法律体系

完善"山水林田湖草沙冰"生态保护修复法治保障，推动生态领域立法由注重保护管理单一自然资源向注重保护管理整个自然生态系统转变，研究制定生态环境基本法，推进生态领域立法的适度法典化。推进"山水林田湖草沙冰"自然资源案件的集中管辖，构建多元共治机制，加强生态环境司法与生态环境行政执法的衔接，完善联合调解机制与司法鉴定机制。优化"山水林田湖草沙冰"生态保护修复行政执法体制，推进中央与地方生态监管体制分工，推进生态保护事权改革。加强部门普法，落实"谁执法谁普法"责任制，运用新媒体新技术，创新普法形式，提高普法工作实效（王夏晖等，2018）。

二、完善"多规合一"的规划体系

分级分类建立涵盖"山水林田湖草沙冰"生命共同体理念的空间规划，统筹三线划定，健全资源承载监测预警长效机制，提出生态保护修复的标准依据和参考。强化生态保护修复专项规划的指导约束作用，创新专项规划编制思路与逻辑，由传统线性思维转变为非线性思维方法，推进生态系统由"疾病治疗"到"健康管理"的转变。优化"山水林田湖草沙冰"空间格局，利用云计算、大数据、实景三维等先进技术，形成国土空间系统性优化解决方案（薛玉萍和王星元，2021）。加强规划实施管理，探索建立用地配置、规划实施评估、考核，以及规划实施与计划指标挂钩机制，激活资源要素流动（傅伯杰，2020）。

三、建立生态保护修复长效机制

深入实施"河（湖）长制"，将全面推行"河（湖）长制"工作情况纳入最严格水资源管理制度考核，落实河湖管理保护责任主体和设备经费，实行河湖动态监控。全面推行"林长制"与"草长制"，优化"林长制"考核指标，科学确定林长责任区域，推动各类生态系统统筹谋划、系统治理、全面保护，推行"林长制"实施情况第三方评估，"林长制"督导考核纳入林业和草原综合督查检查考核范围。继续实施生态护林员等公益性岗位，支持在相对贫困地区设立生态管护员工作岗位，加强生态护林员的选聘和管理工作，研究建立生态护林员政策长效机制。

四、鼓励支持社会资本和民营企业参与生态保护修复

创新政府投入机制，通过政府直接投资、以奖代补、先建后补、贷款贴息等方式，支持和鼓励民营企业参与"山水林田湖草沙"生态保护修复，给予水电和机械购置价格补贴。优化政府和社会资本合作机制，加大对民营企业参与生态保护修复 PPP 项目的支持力度，向民营企业推介政府信用良好、项目收益稳定的优质项目。落实税费减免政策，降低资产评估、产权交易、不动产登记等自然资源资产产权流转环节收费，减免生态产品与服务交易流通环节税费。参与生态保护修复且贡献突出的民营企业，按规定享受小微企业和高新技术企业的税费优惠政策。加大金融支持和保险保障力度。探索开展生态资源资产产权收储担保试点，建立森林、草原保险风险分散和超赔保障机制。建立生态用地流转激励机制，建立规模经营奖补机制，支持民营企业通过生态用地流转实现适度规模经营。

五、完善生态补偿机制

建立稳定投入机制，通过提高均衡性转移支付系数等方式，逐步加大转移支付力度。各省级人民政府完善省以下转移支付制度，建立省级生态保护补偿资金投入机制，完善生态保护成效与资金分配挂钩的激励约束机制。完善重点生态区域补偿机制，将生态保护补偿作为建立国家公园体制试点的关键内容，完善森林、草原、海洋、自然文化遗产等资源收费基金和各类资源有偿使用收入的征收管理办法，允许相关收入用于开展相关领域生态保护补偿。推进横向生态保护补偿，研究制定以地方补偿为主、中央财政给予支持的横向生态保护补偿机制办法，鼓励受益地区与保护生态地区、流域下游与上游通过资金补偿、对口协作、产业转移、人才培训、共建园区等方式建立横向补偿关系。

六、落实生态产品价值实现机制

试行生态产品价值评估核算机制，探索建立区域实物账户、功能量账户和资产账户，完善价值量核算。探索建立市场化生态产品有偿使用制度，推进森林、湿地、草原等自然资源资产产权制度改革，鼓励民营企业通过参股、租赁、特许经营等方式投资生态旅游、休闲康养等产业。建立健全用水权、排污权、碳排放权交易制度，探索生态修复工程通过温室气体自愿减排项目参与碳排放交易的有效途径。加快建立生态产品市场交易平台，研究建立自然资源资产与生态产品交易的南方中心和北方中心，建立全国统一的生态产品信息平台，探索设立"生态银行"。强化市场建设，培育市场主体，制定和完善生态保护修复市场主体竞争行为规范和标准体系，创新生态保护修复产品市场监管的方式和手段，促进传统市场监管方式与信息监管、标准完善优化。

（本章执笔人：张守攻、王登举、何友均、王鹏）

第十五章　科学应对气候变化与实现"双碳"目标

　　科学应对气候变化是我国当前环境现状和社会经济发展的现实需求，是我国保持可持续发展、生态文明建设的国家战略和内在要求，也是我国推动构建人类命运共同体的责任担当。气候变化问题的日益严峻，给我国的生态系统和社会经济发展带来了多方面的严重影响。随着气候的不稳定性增加，生态系统开始失衡，气象灾害、空气污染、水资源问题等日趋严峻，造成巨大的经济损失。习近平总书记系列重要讲话和党中央决策部署为推动气候环境治理和可持续发展擘画宏伟蓝图、指明道路方向，彰显了我国坚持绿色低碳发展的战略定力和积极应对气候变化、推动构建人类命运共同体的大国担当。我国正在开启全面建设社会主义现代化国家新征程，实现碳达峰、碳中和对于加快生态文明建设、促进高质量发展至关重要。实现碳达峰、碳中和是一项极具挑战的系统工程，涵盖能源、经济、社会、气候、环境等众多领域，涉及政府、企业、公众等多个层面，需要秉持新发展理念，凝聚全社会智慧和力量，团结协作、共同行动。因此，必须坚持清洁发展，筑牢思想根基，牢固树立"绿水青山就是金山银山"理念，正确处理好经济发展与生态保护的关系，转变依赖化石能源的发展观念，打破碳惯性，解除碳锁定，加快形成绿色发展方式和绿色生活方式，坚定不移走绿色、低碳、循环、可持续的创新发展之路。同时也要立足国情，实现碳达峰、碳中和目标，贯彻新发展理念。虽然当前我国应对气候变化工作已经取得了一些成效，但面对日益恶化的环境条件，结合生态文明建设规划，科学应对气候变化、实现"双碳"目标仍然任重道远，还有许多工作需要进一步开展和加强。

第一节　气候变化的事实及影响

　　气候变化已经造成全球不同区域的许多气候极端事件发生的频率和强度加强，包括热浪、特大暴雨、干旱和热带风暴等极端事件，给多个领域，如农业、水资源、海岸带、生态系统、人体健康以及重大工程的安全运营等带来了严重的影响。

一、全球和中国气候变化事实

　　根据观测，全球和中国都正经历着以变暖为显著特征的变化，并体现在多个方面：温度升高、降水分布不均、高温热浪天气增多、极端强降水事件发生的频率和强度增加、冰川融化等。

（一）全球气候变化的事实

　　全球气候正经历着以变暖为显著特征的变化。世界气象组织（WMO）发布的《2020年全球气候状况》公报指出，2020年全球气候系统变暖趋势进一步持续，2020年全球平均温度较工业化前水平（1850～1900 年平均值）高出约 1.2℃，是有完整气象观测记录以来的三个最暖年份之一。政府间气候变化专门委员会（IPCC）第六次气候变化评估报告指出，相对于 1850～1900 年，2011～2020 年全球平均地表温度上升了 1.09℃，其中陆表平均气温上升了 1.59℃（1.34～1.83℃），全球海洋表面平均温度上升 0.88℃（0.68～1.01℃）（图 15.1）（IPCC，2021）。

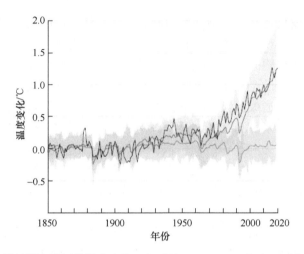

图 15.1　观测和模拟的全球平均温度变化（相对于 1850～1900 年）（来源：IPCC，2021）
黑实线：观测；棕色线：模拟（自然强迫+人为强迫）；蓝色线：模拟（自然强迫，只包含太阳和火山活动）

全球变暖的事实体现在气候系统的诸多方面，2021 年中国气象局气候变化中心发布的《中国气候变化蓝皮书（2021）》也指出，有完整现代海洋观测记录（1958 年）以来全球海洋上层（2000m）热含量持续增长（$5.8×10^{22}$J/10a），并在 20 世纪 90 年代后显著加速（$9.0×10^{22}$J/10a）；1993～2020 年，全球平均海平面上升速率为 3.3mm/a；1979～2020 年，北极海冰范围呈显著减少趋势，其中 9 月海冰范围平均每十年减少 13.1%；1960～2020 年，全球山地冰川整体处于消融退缩状态，1985 年以来山地冰川消融加速，2020 年全球参照冰川的平均物质损失量为 982mm 水当量（中国气象局气候变化中心，2021）。

（二）中国气候变化的事实

在全球气候变暖的背景下，近百年来中国地表气温呈显著上升趋势，上升速率为（1.56±0.20）℃/100a，明显高于全球陆地平均升温水平（1.0℃/100a）（图 15.2）。20 世纪中叶以来，中国年平均气温增温速率为每 10 年升高 0.26℃，明显高于同期全球平均升温水平。近 20 年是 20 世纪以来的最暖时期，1901 年以来的 10 个最暖年份中，除 1998 年外，其余 9 个均出现在 21 世纪。1961～2020 年，中国平均年降水量呈增加趋势，平均每 10 年增加 5.1mm，且变化明显。20 世纪八九十年代中国平均年降水量以偏多为主，21 世纪最初 10 年总体偏少，2012 年以来降水持续偏多（图 15.3）。中国极端强降水事件呈增多趋势，极端低温事件显著减少，极端高温事件自 20 世纪 90 年代中期以来明显增多。中国地表水资源量年际变化明显，20 世纪 90 年代以偏多为主，2003～2013 年总体偏少，2015 年以来地表水资源量转为以偏多为主。中国北方地区沙尘日数呈显著减少趋势；20 世纪 90 年代中期以来登陆中国的台风的平均强度波动增强。20 世纪中叶以来，东北、华北和西南地区呈干旱化趋势（中国气象局气候变化中心，2021）。

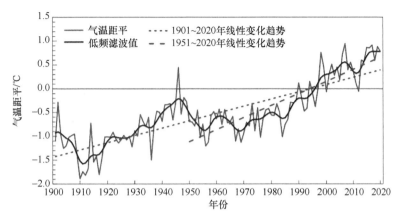

图 15.2　1900～2020 年中国地表年平均气温距平
来源：中国气象局气候变化中心，2021

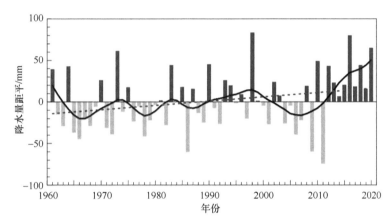

图 15.3　1960～2020 年中国平均年降水量距平
点线为线性变化趋势线；来源：中国气象局气候变化中心，2021

二、气候变化对中国的影响

气候的趋势性变暖对整个自然系统和社会系统都已经产生了重要影响，除了极端气候事件频发而引起的直接气象灾害外，还会对三大产业、能源资源、自然生态系统、人体健康以及重大工程等产生直接间接影响。这些影响有正面的也有负面的，但总体来说，负面的影响要多于或者大于正面的影响。未来全球将持续变暖，且以北半球高纬度地区最为明显，陆地增温幅度更大。由于气候系统的惯性，这种变暖趋势的一些影响甚至可能会延续几百或上千年。未来在变暖的背景下，海平面将继续上升，冰川将进一步大范围融化，高温热浪的频率、持续时间和范围将增加。副热带陆地及周边区域降水量将减少，但高纬度地区和热带季风区降水量将增加，雨型将发生变化。大气环流的主要区域模态也将发生变化，进而对区域水循环及风暴强度和路径都产生重要影响（第四次气候变化国家评估报告编写委员会，2022）。

（一）气候变化对粮食安全的影响

气候变化对我国粮食安全的影响，主要表现在种植结构和耕种制度改变、粮食产量波动，以及农业灾害加重等诸多方面。近30年，因热量资源增加，我国南方双季稻种植北界北推近300km，冬小麦种植北界北移西扩20～200km，促进了作物的稳产、高产。但气候变化也使小麦和玉米单产分别降低1.27%和1.73%，全国耕地受旱面积增加。在全球升温1.5℃和2.0℃情景下，我国玉米平均减产幅度分别为3.7%和11.5%。与1961～1990年相比，未来如果不考虑CO_2肥效作用，平均温度升高2℃，小麦和水稻单产降低10%左右。无论是粮食作物，还是蔬菜、果树等园艺作物，随着气候变暖，病虫害都呈加重态势。气候变暖将造成中国粮食自给率95%的目标下降0.4%。如果考虑农业技术进步的适应能力，则中国粮食自给率可达99.2%，但适应气候变化的农业生产成本会大幅增加，保障粮食安全的难度增大。

（二）气候变化对水资源安全的影响

在人类活动和气候变化的共同影响下，我国主要江河的实测径流量总体呈减少态势。20世纪80年代以来，长江、西北内陆河地表水资源量总体呈增加趋势，海河、黄河等流域表现为减少趋势。未来水资源时空分布格局失衡的情况可能会愈加突出，干旱的地方会变得更为干旱，而在容易发生洪涝的地区，有可能洪涝发生的次数会更多，强度会更大。

（三）气候变化对我国海岸带环境的影响

海洋风暴潮等灾害加剧，特别是进入21世纪后更加明显。海表温度和盐度上升，海洋酸化加重。风暴潮灾害发生频率和致灾程度呈现明显升高趋势。海岸侵蚀的强度和范围增大；海岸带滨海湿地减少、红树林和珊瑚礁等生态退化等，渔业和近海养殖业深受影响。未来如果海平面上升40cm，长江三角洲地区自然排水能力将下降20%～25%。考虑未来海平面长期变化，中国沿海百年一遇极值高水位将平均抬高30cm左右，最大达80cm以上。

（四）气候变化对我国生态系统的影响

生态系统总体受益于气候变化，但也存在诸多不利影响。过去几十年，湿地面积在青藏高原和西北地区有所扩大，而在东部地区缩小并且退化；北方气候暖干化，草原分布东移，西部呈荒漠化趋势，并导致草原植被生产力显著降低，草原生态系统稳定性降低；动物的迁徙、分布区域，多处地区昆虫、蛙类等动物物候均对气候变化作出了响应且有区域差异。未来气候变化对中国生态系统以不利影响为主，但气温升高3℃以内不会对陆地生态系统造成不可逆转的影响。考虑二氧化碳施肥效应，北方森林和温带森林净初级生产力（NPP）到21世纪30年代增加10%～20%，到90年代增加28%～37%；青藏高原、天山、祁连山等高山牧场各草原界线相应上移380～600m，青藏高原的高山草原面积明显减少，温带草原面积增幅较大；对动物物候的影响未来还将持续，湿地的改变将影响鸟类栖息及迁移。

（五）气候变化对我国人体健康的影响

气候变化增加了我国虫媒传染病、肠道传染病以及呼吸道传染病的潜在发病风险和健康损害。1990～2019 年我国与热浪相关的死亡人数增加了 4 倍，因高温造成的劳动效率降低和工作时间损失占全国总工作时间的 0.5%，GDP 损失高达 1%。此外，因旱灾、水灾、暴风雨等极端气候事件所导致的致死率、伤残率、传染病发病率等都有可能明显增加。

（六）气候变化对我国冰冻圈环境的影响

冰川萎缩、厚度降低，冰川径流增加，冰湖溃决突发洪水风险加大。多年冻土面积萎缩，融区范围不断扩大。未来我国冰川、冻土、积雪、海冰与河湖冰都将呈现减少趋势，到 2050 年青藏高原冻土面积将减少 39%，到 21 世纪末减少 81%。2040～2079 年平均的湖冰冻结日期将推迟 5～20 天，解冻日期提前 10～20 天，湖泊冰封期减少 15～40 天。

（七）气候变化对我国重大工程运行及能源安全的影响

气候变化促进"三北"防护林地区和京津冀风沙源区植被恢复与生长，对生态建设工程具有正面影响，但对水利工程、青藏铁路和海洋工程负面影响大。气候变化影响工业一次能源需求和电力用能需求，增温使制冷需求增加。未来水资源时空分布格局失衡的情况将影响南水北调，多年冻土退化将增大青藏铁路、公路路基工程的失稳风险；海水酸化则加速核电站冷却系统的腐蚀，缩短核电站的服役寿命以及设备维护周期。未来我国夏季制冷需求增长明显，将对电网规划和调度运行产生突出影响。此外，2020～2030 年我国风能资源禀赋将呈现降低趋势。

第二节 科学应对气候变化的形势与需求

气候变化引发地球表层大气、水文、土壤和生物过程的变化，已经并将持续对自然和社会经济系统产生重大影响，给人类社会的可持续发展带来巨大挑战。正如 IPCC 第六次评估报告所述，未来全球继续升温 1.5～2℃产生的海平面上升、旱涝灾害、生态功能退化、食品（饮水）安全、疾病流行等问题，不仅会造成全球严重的经济损失，还有可能导致族群矛盾、社会动荡，甚至威胁到人类自身生存，科学应对气候变化是可持续发展的重大挑战［参考 2019 年发布的《中国与联合国——第 74 届联合国大会中方立场文件》和《中国落实 2030 年可持续发展议程进展报告（2019）》］。

一、应对气候变化是国家可持续发展的内生需求

我国是受气候变化影响最为显著的国家之一。气候变暖以及日益频发的极端天气事件已经对我国粮食安全、水安全、生态安全和城市安全等产生严重威胁。据统计，21 世纪以来，气象灾害已造成全国平均每年 2000 人死亡，累计直接经济损失超过 4.5 万亿元；气候变暖导致的海平面上升、沿海灾害风险加剧、物候期变化、土地退化和荒漠化等，已逐渐影响我国沿海城市发展、农业生产以及青藏高原、黄土高原、西南喀斯特地区、

北方农牧交错带等脆弱生态区生态系统功能的提升。

应对气候变化是中国可持续发展的内在需求，是推动构建人类命运共同体的责任担当。中国应对气候变化的指导思想是：全面贯彻落实科学发展观，推动构建社会主义和谐社会，坚持节约资源和保护环境的基本国策，以控制温室气体排放、增强可持续发展能力为目标，以保障经济发展为核心，以节约能源、优化能源结构、加强生态保护和建设为重点，以科学技术进步为支撑，不断提高应对气候变化的能力，为保护全球气候作出新的贡献。我国还是全球主要经济体中经济转型压力最大的国家。改革开放以来，我国经济社会发展取得了举世瞩目的成就，但总体上仍处在工业化、城镇化进程中，第二产业比例偏大，加上以煤炭为主要能源，导致我国单位国内生产总值能耗偏高，温室气体排放量大。这种发展方式和能源消耗方式恶化了大气环境，危及了人民群众身体健康，甚至威胁到国家安全，因此迫切需要转变发展方式，实现绿色低碳循环发展。

"十四五"是我国大力推进生态文明建设、加快推进碳达峰与碳中和、转变经济发展方式、促进绿色低碳发展的重要战略机遇期，也是建设高质量气象现代化的攻坚期。"十四五"期间要全面贯彻落实党的十九大和十九届二中、三中、四中、五中、六中全会精神，以习近平总书记关于生态文明建设、美丽中国建设、碳达峰与碳中和目标愿景等重要讲话精神为指导，认真落实习近平总书记对气象工作的重要指示精神，按照"五位一体"总体布局和"四个全面"战略布局要求，以国家应对气候变化内政外交需求为引领，将积极应对气候变化作为推进美丽中国建设的重要抓手，以保障气候安全为核心目标，以科技创新为重要驱动，主动对接国家规划，加强顶层设计，深化体制机制改革，优化业务整体布局，建设开放的联动平台，探索灵活高效的合作机制，全面提升应对气候变化的科技水平和服务能力。

应对气候变化的挑战，降低气候变化的影响和风险，转变经济发展方式，必须深入实施创新驱动战略，发挥科技创新在经济社会发展中的引领作用。这无疑对我国气候变化科技支撑能力提出了更高的要求。

二、应对气候变化是参与全球气候治理和低碳战略合作的迫切需求

应对气候变化不仅是科学、经济问题，还是国际政治问题，是负责任大国应尽的义务。1992 年《联合国气候变化框架公约》（以下简称《公约》）签署后，全球气候治理体系逐渐确立，世界各国纷纷将低碳发展上升为国家战略，共同应对气候变化的挑战。

全球气候治理是冷战以后全球环境与发展、国际政治及经济或者说是非传统安全领域出现的少数最受全球瞩目、影响极为深远的议题之一，是国家治理体系和治理能力现代化中的新兴主题。1992 年《公约》签署以来，在全球气候治理的历史进程中，一条不变的主线就是破解、落实《公约》目标及其"共同但有区别的责任原则，以及与之密切相关的资金和技术解决方案"。2016 年 11 月 4 日，共有 175 个国家签署了《巴黎协定》，这是第一份涵盖所有国家并获得一致同意的气候协定，首次使发达国家和发展中国家在统一的制度框架内，以有区别的方式承担各自的义务和贡献。《巴黎协定》共 29 条，包括目标、减缓、适应、损失损害、资金、技术、能力建设、透明度、全球盘点等内容。《巴黎协定》指出，各方将加强对气候变化威胁的全球应对，把全球平均气温较工业化

前水平升高幅度控制在 2℃之内，并为把温度升幅控制在 1.5℃之内而努力；全球将尽快实现温室气体排放峰值目标，在公平的基础上，在 21 世纪下半叶实现温室气体源的人为排放与汇的清除之间的平衡。根据协定，各方将以"自主贡献"的方式参与全球应对气候变化行动，发达国家将继续带头减排，并加强对发展中国家的资金、技术和能力建设支持，帮助后者减缓和适应气候变化。《巴黎协定》的达成、签署和生效为全球气候治理注入新动力。

作为当今世界最受关注的全球性问题，应对气候变化的全球努力是探索全球治理模式、推动建设人类命运共同体的一面镜子。中国在国际合作应对气候变化的行动上一直坚持积极和建设性的态度，主张在可持续发展框架下，坚持"共同但有区别的责任"原则应对气候变化。这既是国际社会达成的重要共识，也是各缔约方应对气候变化的基本选择。中国政府早在 1994 年就制定和发布了可持续发展战略——《中国 21 世纪议程——中国 21 世纪人口、环境与发展白皮书》，并于 1996 年首次将可持续发展作为经济社会发展的重要指导方针和战略目标，2003 年中国政府又制定了《中国 21 世纪初可持续发展行动纲要》。中国将继续根据国家可持续发展战略，积极应对气候变化问题。党的十八届五中全会提出，推动建立绿色低碳循环发展的产业体系，积极承担国际责任和义务，积极参与应对全球气候变化谈判。这就要求深入研究应对气候变化的重大科学、技术和战略性问题，形成"中国版"应对气候变化的系统性战略和制度，为我国参与全球气候治理及国际气候谈判、提高低碳产业的国际影响力奠定基础。党的十九大报告开创性地提出引导应对气候变化国际合作，成为全球生态文明建设的重要参与者、贡献者、引领者的科学论断，这是对中国参与全球气候治理作用的历史性认识。习近平总书记在 2018 年全国生态环境保护大会上进一步强调要"推动和引导建立公平合理、合作共赢的全球气候治理体系，彰显中国负责任大国形象，推动构建人类命运共同体"。党的十九届四中全会具体指出：积极参与全球治理体系改革和建设，推动在共同但有区别的责任、公平、各自能力等原则基础上开展应对气候变化国际合作。

应对气候变化事关我国发展的全局和长远，习近平总书记多次指出，中国要积极参与全球治理体系改革和建设，成为国际气候治理的参与者、贡献者、引领者。如何推动形成公平合理、合作共赢的全球气候治理体系，变挑战为机遇，不断贡献中国智慧和力量，展现负责任大国形象，我国面临着前所未有的国际压力。随着国际社会对气候变化科学认识的不断深化，世界各国都已认识到应对气候变化是当前全球面临的最严峻挑战之一，积极采取措施应对气候变化已成为各国的共同意愿和紧迫需求。2018 年 10 月 IPCC 发布的《全球 1.5℃增暖特别报告》指出：自工业化革命以来，人类活动所造成的温升已经达到 1℃左右；如果以目前的速度继续发展，2030～2052 年温升将达到 1.5℃。要将温升控制在 1.5℃，全球需到 2030 年将二氧化碳排放量在 2010 年基础上减少 45%，并在 2050 年左右达到净零排放。

面对气候变化对人类更长期、更深层次上生存与发展的挑战，各国都在向实现绿色低碳发展而努力，很多国家制定了低碳发展战略或 2050 年低碳发展目标。我国将继续推动绿色低碳发展和国际应对气候变化合作，继续采取强有力的应对气候变化国内行动。作为世界上最大的发展中国家和最主要的温室气体排放方，中国提出了合作共赢、构建人类命运共同体的方案。应对气候变化既是我国现代化建设长期而艰巨的任务，又是当前发展中现实而紧迫的任务；既需要有中长期战略目标和规划，又需要有现实可操作的措施，开展实实在在的行动。坚持绿色低碳发展是积极应对气候变化、实现社会经济可持续发展的重要途径。2007 年以来，在《中国应对气候变化国家方案》的引领下，中国已经采取了一系列政策措施来减少温室气体排放，比较系统地构建起了推动低碳发展、积极应对气候变化的目标体系、规划体系和工作机制。党的十九大报告进一步强调，推进绿色发展，建立健全绿色低碳循环发展的经济体系。这些都为绿色经济发展指明了方向。大力发展绿色经济、绿色产品及服务业，可以形成新的经济增长引擎，创造更多就业机会，是生态文明建设的生动实践，也是新时代下绿色发展、建设美丽中国的重要落脚点。2020 年 10 月党的十九届五中全会审议通过的《中共中央关于制定国民经济和社会发展第十四个五年规划和二〇三五年远景目标的建议》明确提出，到 2035 年我国将广泛形成绿色生产生活方式，碳排放达峰后稳中有降，生态环境根本好转，美丽中国建设目标基本实现。面向 2060 年前实现碳中和的长远目标，我国将为控制温室气体排放付出长期、艰苦的努力，坚定不移地实施好积极应对气候变化的国家战略，加强应对气候变化各项能力建设，积极适应气候变化的影响，倡导绿色低碳的生活方式，深度参与和引领全球气候治理，把握好全球低碳发展的新机遇，为应对全球气候变化作出新的贡献。

三、应对气候变化在生态文明建设中的重要性

生态文明是人类在对传统文明形态特别是工业文明深刻反思的基础上产生的，它与全球日趋严重的环境问题密切相关。人类社会的资源是有限的，资源与环境的可再生能力是人类生存发展的基础。300 年的工业文明以人类征服自然为主要特征。在原始文明和农业文明时期，人类主要靠天吃饭，改造客观自然的能力非常弱，对自然生态的破坏和影响微乎其微。而在社会化大生产的工业文明时代，人类改造生态环境的能力和范围不断扩大，改造客观世界的高投入、高能耗、高消费，对生态环境造成了严重威胁，使地球出现了严重的环境污染、物种灭绝、资源短缺等生态灾难。一系列全球性生态危机说明地球及其资源、环境能力已经难以支持工业文明的继续发展，需要开创一个新的文明形态来实现人类的可持续发展。于是，生态文明应运而生，并被纳入人类文明体系。生态文明理念的深刻内涵是要在经济社会的发展中尊重自然规律，顺应和保护自然，摒弃将自然视为工具或手段的狭隘思想，实现人对自然在有限范围内的使用。生态文明明确的限度范围是，要不影响人与自然的和谐发展，不能以自然、环境为代价。生态文明的实质就是要摆正人与自然的关系，实现人与自然的和谐共生，引导人们走上可持续发展的道路。

生态文明建设与气候变化问题，两者密不可分，必须结合在一起考虑。大力推进生态文明建设，建设美丽中国，要求我们树立尊重自然、顺应自然、保护自然的生态文明理念，不断提升对气候规律的认识水平和把握能力，坚持趋利避害并举、适应和减缓并重，以气候承载力为基础，主动顺应气候规律，合理开发和保护气候资源，强化生态气候服务，科学应对气候变化，有效防御气象灾害，着力改善大气环境质量，促进人与自然和谐、经济社会与资源环境协调发展。

第三节　中国生态文明观念的世界影响

中国高度重视生态文明建设，不仅全面加强国家生态环境保护事业，而且重视全球气候变化、生物多样性保护等全球议题。中国已经成为全球生态文明建设进程中的重要贡献者和引领者，得到国际社会的广泛认同和普遍赞誉。

一、生态文明理念指导气候变化应对

生态文明理念下的应对气候变化技术合作即是要使得应对气候变化的技术合作从被动型向积极主动型转变（实现意识和战略的增强和转型）、从单项的引进向双向引进和输出平衡发展的方向转变，这将改变往日知识简单地单向流动的局面，实现了合作主体的多元化。私营主体，特别是中小型公司会日益成为合作的主导力量。合作模式也将趋于多样化，从市场换技术向市场育技术的方向发展，注重产学研结合、注重科技成果转化。在生态理念指引下，气候变化相关技术合作必须超越对市场利益最大化的偏好和工具理性的路径依赖，使得国际气候有益技术转让和相应的制度建构过渡到依靠"全球合作"和"生态共享"为核心价值的思想范式中。

为尽早且迅速地应对气候变化，迫切需要整个社会形成以生态文明为内核，以互信为价值基础的全球应对气候变化技术合作体系，切实促进全球应对气候变化技术的创新、扩散和产业化应用。倡导以生态文明理念构建全球应对气候变化技术合作体系，其实质是超越对工业文明时代追逐私人利益最大化的偏好和工具理性的路径依赖，迈向以多赢、生态化、互信、协同、参与、分享为基础的全球应对气候变化技术合作体系。这一理念的提出必将带来一场深刻的社会系统变革，必将融入构建人类命运共同体的总体布局，是中国对世界变革的巨大贡献。

二、世界各国对生态文明理念的响应

随着中国宣布努力争取 2060 年前实现碳中和并致力于加快建立健全绿色低碳循环发展经济体系，中欧领导人决定建立中欧绿色伙伴关系。打造中欧绿色合作伙伴关系是习近平生态文明思想全球共赢观的充分体现，是中欧双方在环境与能源领域富有创新意义的合作。中欧领导人提出建立中欧环境与气候高层对话，标志着中欧环境和气候合作被确定为中欧合作的重点领域，合作层次也提升到中欧战略伙伴关系的高度。同时，打造中欧绿色合作伙伴关系有助于双方在气候变化和生物多样性等全球环境治理领域开展深入合作。

"一带一路"沿线国家整体上呈现出三个主要特点：既是发展水平落后区，又是发展方式粗放区；既是世界矿产资源的集中生产区，又是世界矿产资源的集中消费区；既是人类活动强烈区，又是生态环境脆弱区。因此，中方将生态文明领域合作作为共建"一带一路"重点内容，发起了系列绿色行动倡议，采取绿色基建、绿色能源、绿色交通、绿色金融等一系列举措，持续造福参与共建"一带一路"的各国人民。

后疫情时代全球绿色复苏方兴未艾，共谋全球生态文明进入一个大有作为的发展机遇期。共谋全球生态文明也将在落实联合国《2030 年可持续发展议程》、《巴黎协定》和"共建人类命运共同体"等进程中发挥更重要的作用。

三、中国积极参与气候变化应对

中国是一个处在现代化发展进程中的大国，也是受全球气候变化影响最显著的国家之一。因而，实施低碳发展战略，不仅是中国主动担当全球气候安全责任的客观需要，也是中国大力推进生态文明建设的基本要求。长期以来，中国本着负责任大国的态度积极应对全球气候变化，主动采取多种形式的减排举措，将低碳理念融入社会经济建设的各个方面和全过程，将应对全球气候变化作为在新常态下实现绿色发展转型的重大机遇和驱动力，积极探索符合国情的低碳发展道路。目前，中国已经将应对全球气候变化全面融入国家经济社会发展的总战略（高云，2017）。

（一）国际层面

在应对气候方面，中国一直采取积极、主动参与和负责任的态度。中国不仅是第一批签署《联合国气候变化框架公约》（1992 年）及其《京都议定书》（2005 年）的国家，还是最早制定实施应对全球气候变化国家方案的发展中国家。2009 年末，中国政府积极参与在哥本哈根举行的联合国气候变化大会，尽力促成了《哥本哈根协议》，并郑重承诺，到 2020 年单位国内生产总值二氧化碳排放比 2005 年下降 40%～45%，并将其作为约束性指标纳入国民经济和社会发展中长期规划。2015 年 9 月，中国政府再次明确宣布，将出资 200 亿元人民币创建"中国气候变化南南合作基金"，用于支持其他发展中国家应对气候变化的努力。2015 年 12 月，中国政府积极参与巴黎联合国气候变化大会，并与国际社会一起促成了《巴黎协定》。依据该协定，中国所作出的"国家自主贡献目标"包括：到 2030 年达到二氧化碳排放峰值并争取尽早实现；单位国内生产总值二氧化碳排放比 2005 年下降 60%～65%；非化石能源比例提升到 20%左右；森林碳汇达到 45 亿 m^3。

（二）国内层面

在国内应对气候变化层面上，中国政府的政策举措主要体现在如下三个方面。一是高度重视应对气候变化国家战略的制定与实施。除了先后出台的《中国应对气候变化国家方案》（2007 年）、《中国应对气候变化的政策与行动》（2008 年）、《国家适应气候变化战略》（2013 年），中国政府还颁布了一系列专门的或相关的应对全球气候变化的规划与方案，如 2011 年制定公布的《"十二五"控制温室气体排放工作方案》、2014 年制定公布的《2014—2015 年节能减排低碳发展行动方案》和《国家应对气候变化规划（2014—2020 年）》等。二是大力推动节能减排与碳减排工作的协同推进。中国政府通过《中华人民共和国煤炭法》《中华人民共和国电力法》《中华人民共和国清洁生产促进法》《中华人民共和国可再生能源法》《中华人民共和国节约能源法》等的立法和制定《节能减排"十二五"规划》《"十二五"节能减排综合性工作方案》《可再生能源中长期发展规划》等，大力促进节能减排和适应气候变化。而国家"十三五"规划所提出的"创新、协调、绿色、开放、共享"的发展理念，特别强调了实施绿色发展或转型的极端重要性，表明国家破解经济发展与环境保护矛盾的鲜明态度和坚定决心，为中国进一步推进应对气候变化工作提供了明确的指引。三是积极推进应对全球气候变化的国家能力建设。早在 1990 年，国务院就专门成立了"国家气候变化协调小组"，隶属于原国务院环境保护委员会，后调整为"国家气候变化对策协调小组"，负责中国气候变化领域重大活动和对策；2007 年，又成立了国家应对气候变化及节能减排工作领导小组，负责研究制定国家应对气候变化的重大战略、方针和对策；2008 年，又成立了国家发展和改革委员会应对气候变化司，其他相关部门也成立了应对气候变化的相关部门，统筹协调、组织落实应对气候变化的内外工作；2010 年，更是成立了以总理为主任的国家能源委员会（付琳等，2021）。

第四节　中国应对气候变化的科技创新

中国坚持创新、协调、绿色、开放、共享的新发展理念，立足国内、胸怀世界，在适应气候变化技术的研发和应用示范等方面开展了很多工作，把主动适应气候变化作为实施积极应对气候变化国家战略的重要内容，并已取得显著成效。

一、减缓气候变化技术的研发和应用示范

中国政府在调整产业结构、节能增效、优化能源结构、控制非能源活动温室气体排放、增加碳汇、加强温室气体与大气污染物协同控制和推动低碳试点和地方行动等方面采取一系列措施，取得显著成效，为碳中和、碳达峰目标的实现奠定了基础（科技部等，2017）。

（一）调整产业结构

持续化解过剩产能，加快产业绿色低碳转型。石油化工、电力、煤炭、钢铁等行业加快转型升级，大力淘汰高能耗、环保不达标的落后产能。2016 年以来，中国持续严格控制高耗能产业扩张，依法依规淘汰落后产能，加快化解过剩产能，到 2018 年底化解钢铁过剩产能 1.5 亿 t 以上，提前两年超额完成"十三五"目标。将政策和有限的资金引导到对推动绿色发展最关键的产业上，促进节能环保产业发展，支持符合条件的绿色产业企业通过发行绿色债券进行融资。建筑、电网、通信、交通运输、建材、装备制造等行业积极推进绿色低碳发展，完善行业绿色标准体系，努力提升绿色产品供应能力，打造绿色品牌。大力发展服务业，支持战略性新兴产业发展。

（二）推进节能提效

推进工业和信息化领域节能。加快推广应用高效节能装备产品，组织实施电机、变压器等通用设备能效提升行动。以发布推荐或参考目录的形式向社会推荐先进节能装备、产品和典型应用。开展工业节能与绿色标准化行动，支持制修订工业节能标准。初步核算，2019 年单位工业增加值二氧化碳排放量比 2015 年下降约 17.9%。

推进建筑和交通领域节能。修订相关管理规定和技术标准。推广节能建筑，开展农村地区危房改造，"三北"地区和西藏地区的农房建筑节能示范户每年供暖能耗最少可减少 0.5t 煤。飞机辅助动力装置替代设备、新能源公交车、铁路货运稳步增加，飞机辅助动力装置替代设备使得 2019 年以来累计减少二氧化碳排放近 130 万 t。积极推进船舶靠港使用岸电。出台了资金支持政策和港口岸电执行大工业电价免收容量（需量）电费

的扶持性电价政策。

推进公共机构领域节能。2019 年，全国公共机构人均综合能耗、单位建筑面积能耗、人均用水量，与 2015 年相比分别下降 9.96%、8.08%、12.07%。明确要求"党政机关及公共机构优先选用新能源汽车"，对全部或部分使用财政性资金的国家机关、事业单位和团体组织车辆更新、使用等提出新能源汽车应用有关要求。

推广节能技术与产品。发布实行能源效率标识的产品目录及相关实施细则、税费优惠和推广应用的新能源汽车车型目录等。目前全国已有近百所高校建成数字化能源监管系统，为新能源汽车配套安装充电桩，在运营校车中增加新能源车辆比例。

（三）优化能源结构

实施能源消费总量和强度双控。"十三五"前四年，单位 GDP 能耗累计下降 13.1%，超额完成"十三五"煤炭去产能、淘汰煤电落后产能目标任务。推动化石能源清洁化利用。在煤电清洁、有序发展方面，实施节能改造、推进超低排放煤电机组等，建成全球最大的清洁煤电供应体系。

有效推进北方地区清洁取暖。深入实施北方地区冬季清洁取暖试点政策，推进试点城市以清洁方式取暖替代散煤燃烧取暖，引导农村地区居民形成绿色生活消费方式。同步推进建筑节能改造，指导地方优化城镇供热管网规划建设，加大对供热老旧管网、换热站等供热设施的节能改造力度。

大力发展非化石能源，可再生能源装机规模持续扩大。截至 2019 年底，在运核电机组规模居世界第三，核准及在建规模居世界第一。可再生能源电力利用率显著提升，2019 年全国平均风电利用率达 96%、光伏发电利用率达 98%、主要流域水能利用率达96%。同时大力发展生物质能源，有序发展生物质热电联产，合理发展以农林生物质材料和生物质成型燃料等为燃料的生物质锅炉集中供暖工程，包括大型沼气工程、生物天然气工程和农业成型燃料厂及加工点建设等。建立光伏扶贫电站，被评为国家"精准扶贫十大工程"。海洋潮流能发电、波浪能养殖平台、干热岩等可再生能源也在稳步推进。

（四）控制非二氧化碳温室气体排放

农业领域。推进化肥减量增效、畜禽粪污资源化利用等工作，减少农业领域甲烷和氧化亚氮排放。截至 2019 年，我国水稻、小麦、玉米三大粮食作物化肥利用率达到 39.2%，比 2015 年提高 4 个百分点，化肥施用量连续三年负增长。

工业领域。积极推动绿色制造体系建设，鼓励绿色制造企业发布企业绿色低碳发展报告。开展智能光伏应用试点示范工作，推动光伏产业创新升级和行业特色应用。持续开展含氟气体管控工作，推动制冷剂再利用和无害化处理，严格控制制冷产品生产企业生产过程中制冷剂的泄漏和排放。政府和企业合作推进甲烷排放控制工作，研究起草甲烷排放控制行动方案，推进氧化亚氮、六氟化硫等温室气体排放控制研究。

（五）增加生态系统碳汇

中国坚持多措并举，有效发挥森林、草原、湿地、海洋、土壤、冻土等的固碳作用，增加森林、草原和湿地等碳汇，持续巩固提升生态系统碳汇能力。实施中央财政补助森林抚育项目和一批森林质量精准提升示范项目，不断拓展"互联网+全民义务植树"试点。中国是全球森林资源增长最多和人工造林面积最大的国家，成为全球"增绿"的主力军。2010～2020年，中国实施退耕还林还草约1.08亿亩。"十三五"期间，累计完成造林5.45亿亩、森林抚育6.37亿亩。2020年底，全国森林面积2.2亿hm^2，全国森林覆盖率达到23.04%，草原综合植被覆盖度达到56.1%，湿地保护率达到50%以上，森林植被碳储备量91.86亿t，"地球之肺"发挥了重要的碳汇价值。"十三五"期间，中国累计完成防沙治沙任务1097.8万hm^2，完成石漠化治理面积165万hm^2，新增水土流失综合治理面积31万km^2，塞罕坝、库布齐等创造了一个个"荒漠变绿洲"的绿色传奇；修复退化湿地46.74万hm^2，新增湿地面积20.26万hm^2。截至2020年底，中国建立了国家级自然保护区474处，面积超过国土面积的十分之一，累计建成高标准农田8亿亩，整治修复岸线1200km，滨海湿地2.3万hm^2，生态系统碳汇功能得到有效保护。

开展泥炭沼泽碳库调查。深化二氧化碳地质储存与资源化利用调查研究，实施多井组规模化二氧化碳驱水、驱油与地质储存全流程工程。增加农田土壤碳汇。在重点县开展有机肥替代化肥试点。实施东北黑土地保护性耕作行动计划，推广应用以农作物秸秆覆盖还田和免耕、少耕为主要内容的保护性耕作技术，推进秸秆综合利用。

（六）加强温室气体与大气污染物协同控制

在政府发布的大气污染综合治理方案中，考虑推进大气污染治理的同时，协同控制温室气体排放。另外，生态环境部印发《关于统筹和加强应对气候变化与生态环境保护相关工作的指导意见》，推动实现应对气候变化与生态环境治理的协同增效。建设重点输电通道，进行大气污染防治。环境保护税收治理能力和环境治理能力"双提升"，2019年大气污染物征税占全国环保税收入的89.1%。同时，环境保护税通过对低标排放给予两档减税优惠，引导企业更新环保设备、改进工艺技术、减少污染物排放，推动大气主要污染物排放量下降。

（七）低碳试点与地方行动

持续推进低碳试点示范工作。低碳省市试点编制"十三五"时期的低碳发展相关规划，将低碳发展融入地区发展规划体系，明确本地区低碳发展的主要目标、重点领域任务与保障措施，以低碳发展理念引领城镇化进程和城市空间优化。在低碳省市试点开展碳排放峰值目标及实施路线图研究，提升决策支撑水平。组织研究开展低碳试点经验评估推广工作。鼓励地方探索开展近零碳排放示范工程建设。组织召开有关试点省市开展低碳试点经验交流，在推动低碳发展方面取得积极成效。

地方自主低碳发展创新行动。深圳市实现公交车和出租车电动化，新建民用建筑100%执行绿色标准。太原市已基本建成以纯电动出租车、纯电动公交车和公共自行车为主导的绿色交通体系。郴州市建设的大数据中心以东江湖水作为天然冷源进行降温，节约空调用电。

二、适应气候变化技术的研发和应用示范

中国把主动适应气候变化作为积极应对气候变化国家战略的重要内容，作为防范气候风险、助推高质量发展的重要手段，努力提高适应能力和水平，积极参与和推动适应气候变化国际合作，在多个领域取得积极成效（秦大河，2021）。

（一）农业领域

推进高标准农田建设，以粮食生产功能区和重要农产品生产保护区为重点，以土地平整、土壤改良、灌排排水与节水设施等为主要建设内容，加强高标准农田和农田水利建设，全面提升禽畜粪污处理设施装备水平，兼顾畜禽粪肥田间储存和利用设施建设，畅通粪肥还田利用渠道，减少化肥的施用，提高农业综合生产能力，增强农田的减碳和碳汇功能。2019 年全国新增高标准农田 8150 万亩，统筹推进高效节水灌溉面积 2000 万亩。全国农田有效灌溉面积由 2005 年的 5500 万 hm² 提高到 2019 年的 6830 万 hm²。

推广旱作节水农业技术。在华北、西北等旱作区建立 220 个高标准旱作节水农业示范区，示范推广蓄水保墒、集雨补灌、垄作沟灌、测墒节灌、水肥一体化、抗旱抗逆等旱作节水技术，提高水资源利用效率。

（二）水资源领域

加强水利基础设施建设。中小河流治理、小型病险水库除险加固，长江中下游重点涝区和易涝片排涝能力建设，新开工一批重大水利工程，一批重大水利工程相继建成并发挥效益，有力提升了流域区域水安全保障程度。

完善水资源配置。实施国家节水行动，出台《国家节水行动方案》及分工方案、国家节水行动省级实施方案，全面加强水资源管理"三条红线"控制，实施水资源消耗总量和强度双控行动。开展节水型城市创建工作，每年城市节水量约 50 亿 m³，相当于城市年供水量的 10%。加强农田灌排设施改造建设，截至 2019 年底，全国农田灌溉水有效利用系数达到 0.559。推动海水淡化在大连、唐山、舟山、日照等沿海严重缺水城市高耗水行业的规模化应用。

加强水生态保护修复，落实"河（湖）长制"。华北地下水超采治理区进行河湖生态补水。2019 年全国新增水土流失综合治理面积 6.68 万 km²。组织实施全国河湖"清四乱"、长江干流岸线利用项目专项整治、长江经济带固体废物清理整治、长江河道采砂专项整治等专项行动。

提升水利信息化水平。基本完成国家地下水监测、水资源监控能力、防汛抗旱指挥系统二期、水利安全生产监管等信息化工程建设。

（三）森林和其他陆地生态系统

加强资源保护与修复。中央财政安排资金支持内蒙古乌梁素海流域、河北雄安新区、西藏拉萨河流域等 10 个"山水林田湖草"生态保护修复工程试点项目。启动陕西子午岭和内蒙古呼伦贝尔沙地 2 个百万亩防护林基地建设和退化草原人工种草生态修复试点。中央财政投入大量资金，进行天然林的休养生息，完成森林和草原有害生物防治；推动湿地保护和恢复。实施湿地保护和恢复项目、安排退耕还湿、恢复退化湿地、建设国家湿地公园等。2019 年，全国湿地保护率达到 52.19%。

提升生态系统服务功能。加快推进生态保护红线划定和自然保护地整合优化工作，结合市县国土空间规划编制，将生态保护红线勘界定标、精准落地。

（四）海岸带和沿海生态系统

开展沿海生态修复工作。进行渤海综合治理，推进红树林保护修复，实施海岸带保护修复工程，改善海洋生态环境质量。探索开展蓝色碳汇研究及试点工作，组织开展红树林碳汇监测，指导推进红树林生态修复碳汇交易试点等工作。

（五）城市领域

加快实施建筑节能标准和超低能耗标准。对新建建筑实施更高要求的节能强制性标准，探索建立超低能耗技术标准体系，从源头上降低建筑能耗和碳排放量，在城市实施绿色建筑对全方位迈向低碳社会、实现高质量发展具有重要意义。例如，第一批 28 个试点城市进行的气候适应型城市建设，30 个国家海绵城市建设试点城市共完成落实海绵城市建设理念项目 4900 余个，深圳、珠海、萍乡、宁波、昆山、西咸新区等落实海绵城市理念，发挥"渗、滞、蓄、排"等综合措施，不仅有效缓解了城市内涝灾害，还为节能减碳作出了贡献。

推进城市生态修复和功能完善。结合城市更新行动，推进绿色城市建设，修复被破坏、被侵占的城市水系、山体和林地，完善生态系统。优化城市布局结构，完善城市市政设施和公共服务设施，支持城市功能混合和建筑复合利用，促进城市集约紧凑发展，有利于生态文明的建设。

（六）人体健康领域

开展健康影响监测响应。持续开展空气污染（雾霾）天气对人群健康影响监测与风险评估，设立空气污染（雾霾）对人群健康影响监测点。制定洪涝、干旱、台风等不同灾种自然灾害卫生应急工作方案，做好自然灾害、极端天气卫生应急工作，加强气候变化条件下媒介传播疾病的监测与防控，开展气候敏感区寄生虫病调查和处置。

组织健康影响研究。组织开展极端天气事件对人群健康影响、气候变化对寄生虫病传播影响等研究，在全国范围内确立调查基地，开展区域人群气象敏感性疾病专项调查，开展气候变化健康风险评估策略和技术研究，加强气候变化对寄生虫病传播风险影响评估研究。

（七）综合防灾减灾

提升防洪减灾能力。针对大江大河及重要支流、中小河流、病险水库和山洪灾害防治等防洪薄弱环节，进行整治建设。通过科学调度，大中型水库（湖泊）进行洪水拦蓄，最大限度减轻了洪涝灾害影响和损失。城市内涝防治方面的措施，也使得城市安全运行得到保障。

提升气象和海洋灾害防范和应对能力。组织海洋灾害风险评估和区划工作、警戒潮位核对评估。进行海平面变化监测和影响调查评估，开展海平面上升对海岸工程、岸线资源等专题影响评估。实施基层气象防灾减灾强基行动，初步完成全国气象防灾减灾监控管理平台一期建设，建立国家、省两级防灾减灾信息的共享通道。

气候资源开发利用与气候可行性论证工作稳步推进。进行城市规划、国家重点建设工程、重大区域性经济开发项目的气候可行性论证，编写气候可行性论证标准，完成第一批 11 个气候可行性论证机构信用评价和授牌工作。完成全国 1km 分辨率精细化太阳能资源评估，推动各地为 1147 个风电场、太阳能电站做好选址评估和预报服务。

加强地质灾害综合防治。制定印发相关技术要求和技术指南。初步形成地质灾害隐患遥感识别技术方法。部署开展风险调查，建设普适型监测预警试点，地质灾害气象风险预警由未来 24h 拓展至未来 72h。进行地质灾害隐患点的工程治理，对受地质灾害隐患点威胁的人群进行搬迁。

第五节　碳达峰、碳中和目标的提出

作为世界上最大的发展中国家和最大的煤炭消费国，中国尽快实现碳达峰以及与其他国家共同努力到 21 世纪中叶左右实现二氧化碳净零排放对全球气候应对至关重要。碳达峰、碳中和目标与生态文明建设相辅相成，实现碳达峰、碳中和是一场广泛而深刻的经济社会系统性变革，要把碳达峰、碳中和纳入生态文明建设整体布局（何建坤，2021）。

一、碳达峰、碳中和概念及内涵

碳达峰是指全球、国家、城市或企业等某个主体的碳排放由升转降达到最高点的过程。碳中和即净零排放，狭义指二氧化碳的净零排放，广义也可指所有温室气体的净零排放。将全球温升稳定在一个给定的水平上意味着全球"净"温室气体排放需要大致下降到零，即人为排放进入大气的温室气体和人为吸收的汇之间达到平衡，通常是全球、国家、地区、行业或部门在特定时间内（如一年内）达到平衡。"双碳"目标提出有着深刻的国内外发展背景，必将对经济社会产生深刻的影响。从当前的世界发展形势看，全球每年向大气排放约 510 亿 t 的温室气体，要避免气候灾难，人类需停止向大气中排放温室气体。《巴黎协定》所规定的目标，是要求《联合国气候变化框架公约》的缔约方，立即明确国家自主贡献减缓气候变化，碳排放尽早达到峰值，在 21 世纪中叶，碳排放净增量归零，以实现在 21 世纪末将全球地表温度相对于工业革命前上升的幅度控制在 2℃以内。随着全球气候变化对人类社会构成重大威胁，越来越多的国家将碳中和上升为国家战略，多数发达国家在实现碳排放达峰后，明确了碳中和的时间表，芬兰确认在 2035 年，瑞典、奥地利、冰岛等国家在 2045 年实现净零排放，英国、挪威、加拿大、日本等将碳中和的时间节点定在 2050 年。

二、"双碳"目标是中国主动承担应对全球气候变化责任的大国担当

改革开放以来，中国经济加速发展，目前已成为全球第二大经济体、绿色经济技术的领导者，全球影响力不断扩大。事实证明，只有让发展方式绿色转型，才能适应自然规律。同时，我国社会主要矛盾已经转化为人民日益增长的美好生活需要和不平衡不充分发展之间的矛盾，而对优美生态环境的需要则是对美好生活需要的重要组成部分。

为此，2020 年中国基于推动实现可持续发展的内在要求和构建人类命运共同体的责任担当，宣布了碳达峰、碳中和目标愿景。习近平总书记于 2020 年 9 月 22 日宣布，中国将提高国家自主贡献力度，采取更加有力的政策和措施，力争 2030 年前二氧化碳排放达到峰值，努力争取 2060 年前实现碳中和。习近平总书记强调，要把碳达峰、碳中和纳入生态文明建设整体布局；要推动绿色低碳技术实现重大突破，抓紧部署低碳前沿技术研究，加快推广应用减污降碳技术，建立完善绿色低碳技术评估、交易体系和科技创新服务平台。未来，中国将着眼于建设更高质量、更开放包容和具有凝聚力的经济、政治和社会体系，形成更为绿色、高效和可持续的消费与生产力为主要特征的可持续发展模式，共同谱写生态文明新篇章。2021 年 9 月 21 日，习近平总书记在北京以视频方式出席第七十六届联合国大会一般性辩论中重申中国将力争实现"双碳"目标，完善全球环境治理，积极应对气候变化，加快绿色低碳转型，实现绿色复苏发展，构建人与自然生命共同体。同时明确表示中国将大力支持发展中国家能源绿色低碳发展，不再新建境外煤电项目。

新的达峰目标和碳中和愿景，是中国深思熟虑作出的重大战略决策，是着力解决资源环境约束突出问题、实现中华民族永续发展的必然选择，是构建人类命运共同体的庄严承诺，彰显了中国积极应对气候变化、走绿色低碳发展道路的坚定决心，体现了中国主动承担应对气候变化国际责任、推动构建人类命运共同体的责任担当，为全球气候治理进程注入了强大的政治推动力，受到国际社会高度赞誉，是中国为应对全球气候变化作出的新的重大贡献。

三、实现"双碳"目标对生态文明建设的贡献

2021 年 3 月 15 日，习近平总书记在主持召开中央财经委员会第九次会议时发表的重要讲话指出：实现碳达峰、碳中和是一场广泛而深刻的经济社会系统性变革，要把碳达峰、碳中和纳入生态文明建设整体布局。"双碳"目标与生态文明建设是相辅相成的。从传统工业文明走向现代生态文明是应对传统工业化模式不可持续危机的必然选择，也是实现碳达峰、碳中和目标的根本前提。同时，大幅减排，做好碳达峰、碳中和工作，又是促进生态文明建设的重要抓手。

一方面，实现碳达峰、碳中和目标，其根本前提是生态文明建设。碳中和意味着经济发展和碳排放必须在很大程度上脱钩，从根本上改变高碳发展模式，从过于强调工业财富的高碳生产和消费转变到物质财富适度和满足人的全面需求的低碳新供给，这背后又取决于价值观念或"美好生活"概念的深刻转变。"绿水青山就是金山银山"的生态文明理念，就代表价值观念和发展内容向低碳方向的深刻转变。

另一方面，深度减排、实现碳中和，又是生态文明建设的重要抓手。从传统工业化模式向生态文明绿色发展模式转变，是一个"创造性毁灭"的过程。在这个过程中，新的绿色供给和需求在市场中"从无到有"出现，非绿色的供给和需求则不断被市场淘汰。中国宣布 2060 年前实现碳中和目标，并采取大力减排行动，就为加快这种转变建立了新的约束条件和市场预期。全社会的资源就会朝着绿色发展方向有效配置，绿色经济就会越来越有竞争力，生态文明建设进程就会加快。

第六节 与生态文明相结合的气候变化应对战略

积极应对气候变化是我国实现可持续发展的内在要求，是加强生态文明建设、实现美丽中国目标的重要抓手，是我国履行负责任大国责任、推动构建人类命运共同体的重大历史担当。2021年1月11日，生态环境部印发了《关于统筹和加强应对气候变化与生态环境保护相关工作的指导意见》，进一步加强应对气候变化工作的统筹管理。围绕落实二氧化碳排放达峰目标与碳中和愿景，统筹推进应对气候变化与生态环境保护相关工作；推进应对气候变化与生态环境保护相关工作统一谋划、统一布置、统一实施、统一检查，建立健全统筹融合的战略、规划、政策和行动体系。

一、注重系统谋划，推动战略规划统筹融合

统筹各个方面的长期战略规划等的编制，将应对气候变化目标任务全面融入生态环境保护规划、国民经济和社会发展规划以及能源、产业、基础设施等重点领域规划，全力推进碳达峰。

（一）加强宏观战略统筹

将应对气候变化作为美丽中国建设的重要组成部分，作为环保参与宏观经济治理的重要抓手。充分衔接能源生产和消费革命等重大战略和规划，统筹做好《建设美丽中国长期规划》和《国家适应气候变化战略2035》编制等相关工作，系统谋划中长期生态环境保护重大战略。

（二）加强规划有机衔接

科学编制应对气候变化专项规划，将应对气候变化目标任务全面融入生态环境保护规划，将应对气候变化要求融入国民经济，统筹谋划有利于推动经济、能源、产业等绿色低碳转型发展的政策举措和重大工程，在有关省份实施二氧化碳排放强度和总量"双控"。污染防治、生态保护、核安全等专项规划要体现绿色发展和气候友好理念，协同推进结构调整和布局优化、温室气体排放控制以及适应气候变化能力提升等相关目标任务。

（三）全力推进达峰行动

抓紧制定2030年前二氧化碳排放达峰行动方案，综合运用相关政策工具和手段措施，持续推动实施。各地要结合实际提出积极明确的达峰目标，制定达峰实施方案和配套措施。鼓励能源、工业、交通、建筑等重点领域制定达峰专项方案。推动钢铁、建材、有色、化工、石化、电力、煤炭等重点行业提出明确的达峰目标并制定达峰行动方案。加快全国碳排放权交易市场制度建设、系统建设和基础能力建设，以发电行业为突破口率先在全国上线交易，逐步扩大市场覆盖范围，推动区域碳排放权交易试点向全国碳市场过渡，充分利用市场机制控制和减少温室气体排放。

二、突出协同增效，推动政策法规统筹融合

协调和推动各重点领域的相关立法、管理条例和标准体系的出台，并将各个方面的标准规划等合理统筹安排，为实现减污降碳协同效应的目标建立基础。

（一）协调推动有关法律法规制修订

把应对气候变化作为生态环境保护法治建设的重点领域，加快推动相关立法和碳排放权交易管理条例出台与实施。在生态环境保护、资源能源利用、国土空间开发、城乡规划建设等领域法律法规制修订过程中，推动增加应对气候变化相关内容。鼓励有条件的地方在应对气候变化领域制定地方性法规。

（二）推动标准体系统筹融合

加强应对气候变化标准制修订，构建由碳减排量评估与绩效评价标准、低碳评价标准、排放核算报告与核查等管理技术规范，以及相关生态环境基础标准等组成的应对气候变化标准体系框架，完善和拓展生态环境标准体系。建立气候变化适应效果评价技术标准。探索开展移动源大气污染物和温室气体排放协同控制相关标准研究。

（三）推动环境经济政策统筹融合

加快形成积极应对气候变化的环境经济政策框架体系，以应对气候变化效益为重要衡量指标，加快推进气候投融资发展，建设国家自主贡献重点项目库，推动气候投融资与绿色金融政策协调配合，引导和支持气候投融资地方实践。推动将全国碳排放权交易市场重点排放单位数据报送、配额清缴履约等实施情况作为企业环境信息依法披露内容，有关违法违规信息记入企业环保信用信息。

（四）推动实现减污降碳协同效应

优先选择化石能源替代、原料工艺优化、产业结构升级等源头治理措施，严格控制高耗能、高排放项目建设。加大交通运输结构优化调整力度，推动"公转铁""公转水"和多式联运，推广节能和新能源车辆。加强畜禽养殖废弃物污染治理和综合利用，强化污水、垃圾等集中处置设施环境管理，协同控制甲烷、氧化亚氮等温室气体。鼓励各地积极探索协同控制温室气体和污染物排放的创新举措和有效机制。

（五）协同推动适应气候变化与生态保护修复

重视运用基于自然的解决方案减缓和适应气候变化；协同推进生物多样性保护、"山水林田湖草"系统治理等相关工作，增强适应气候变化能力，提升生态系统质量和稳定性。积极推进陆地生态系统、水资源、海洋及海岸带等生态保护修复与适应气候变化协同增效，协调推动农业、林业、水利等领域以及城市、沿海、生态脆弱地区开展气候变化影响风险评估，实施适应气候变化行动，提升重点领域和地区的气候韧性。

三、打牢基础支撑，推动制度体系统筹融合

将应对气候变化有关管理指标作为生态环境管理统计调查内容、气候变化的要求纳

入"三线一单"(生态保护红线、环境质量底线、资源利用上线和生态环境准入清单),融合评价管理、督查考核和监管执法等机制。

（一）推动统计调查统筹融合

在环境统计工作中协同开展温室气体排放相关调查,完善应对气候变化统计报表制度,加强消耗臭氧层物质与含氟气体生产、使用及进出口专项统计调查。健全国家及地方温室气体清单编制工作机制,完善国家、地方、企业、项目碳排放核算及核查体系。推动建立常态化的应对气候变化基础数据获取渠道和部门会商机制,加强与能源消费统计工作的协调,提高数据时效性。加强高耗能、高排放项目信息共享。生态环境状况公报进一步扩展应对气候变化内容,探索建立国家应对气候变化公报制度。

（二）推动评价管理、督查考核统筹融合

将应对气候变化要求纳入"三线一单"生态环境分区管控体系,通过规划环评、项目环评推动区域、行业和企业落实煤炭消费削减替代、温室气体排放控制等政策要求,推动将气候变化影响纳入环境影响评价。组织开展重点行业温室气体排放与排污许可管理相关试点研究,加快全国排污许可证管理信息平台功能改造升级,推进企事业单位污染物和温室气体排放相关数据的统一采集、相互补充、交叉校核。

（三）推动监测体系、监测执法统筹融合

加强温室气体监测,并逐步纳入生态环境监测体系统筹实施。在重点排放点源层面,试点开展石油、天然气、煤炭开采等重点行业甲烷排放监测。在区域层面,探索大尺度区域甲烷、氢氟碳化物、六氟化硫、全氟化碳等非二氧化碳温室气体排放监测。在全国层面,探索通过卫星遥感等手段,监测土地利用类型、分布与变化情况和土地覆盖（植被）类型与分布,支撑国家温室气体清单编制工作。

（四）推动监管执法统筹融合

加强全国碳排放权交易市场重点排放单位数据报送、核查和配额清缴履约等监督管理工作,依法依规统一组织实施生态环境监管执法。鼓励企业公开温室气体排放相关信息,支持部分地区率先探索企业碳排放信息公开制度。加强自然保护地、生态保护红线等重点区域生态保护监管,开展生态系统保护和修复成效监测评估,增强生态系统固碳功能和适应气候变化能力。

（五）推动督察考核统筹融合

推动将应对气候变化相关工作存在的突出问题、碳达峰目标任务落实情况等纳入生态环境保护督察范畴,紧盯督察问题整改。强化控制温室气体排放目标责任制,作为生态环境相关考核体系的重要内容,加大应对气候变化工作考核力度。按规定对未完成目标任务的地方人民政府及其相关部门负责人进行约谈,压紧压实应对气候变化工作责任。

四、强化创新引领,推动试点示范统筹融合

在与生态文明建设相结合的应对气候变化战略中,积极推进现有试点示范融合创新，在部分地区和行业可以率先达到碳排放峰值，可通过国家重点研发计划等渠道，支持相关方面科技研发，特别是在低碳与增汇关键技术问题方面，开展技术研发、综合集成与示范推广。

（一）积极推进现有试点示范融合创新

修订完善生态示范创建、低碳试点等有关建设规范、评估标准和配套政策，将协同控制温室气体排放和改善生态环境质量作为试点示范的重要内容。逐步推进生态示范创建、低碳试点、适应气候变化试点等生态环境领域试点示范工作的融合与整合，形成政策合力和集成效应。

（二）积极推动部分地区和行业先行先试

支持有条件的地方和行业率先达到碳排放峰值，推动已经达峰的地方进一步降低碳排放，支持基础较好的地方探索开展近零碳排放与碳中和试点示范。选择典型城市和区域，开展空气质量达标与碳排放达峰的"双达"试点示范。在钢铁、建材、有色等行业，开展大气污染物和温室气体协同控制试点示范。

（三）积极推动重大科技创新和工程示范

应对气候变化是生态环境科技发展的重点领域，我们要积极协调国家重点研发计划加大支持力度。通过国家重点研发计划等渠道，支持以提高减缓和适应方面科技实力为目标，针对应对气候变化的关键技术问题，特别是低碳与增汇关键技术问题，开展技术研发、综合集成与示范推广。组织实施"全球变化及应对"重点专项，强化项目支持，以提升我国在气候变化领域的基础研究实力和国际影响力为目标，针对气候变化研究中的关键科学问题，开展基础性、战略性、前瞻性研究。鼓励地方设立专项资金支持应对气候变化科技创新。积极推动应对气候变化领域国家重点实验室、国家重大科技基础设施以及省部级重点实验室、工程技术中心等科技创新平台建设。发布国家重点推广的低碳技术目录，利用国家生态环境科技成果转化综合服务平台等，积极推广先进适用技术。有序推动规模化、全链条二氧化碳捕集、利用和封存示范工程建设。鼓励开展温室气体与污染物协同减排相关技术研发、示范与推广。

五、积极参与全球气候治理，提升应对与决策能力

近年来，中国积极参与全球应对气候变化国际合作，不断加强气候变化相关领域的研发活动，推动气候变化领域的国际科技合作，包括开展国际联合研究、气候变化领域科技援助，以及积极参与气候变化领域多边科技合作等，取得了积极的成效，得到了国际社会的一致认可和好评（蒋佳妮等，2017）。

（一）推动应对气候变化国际合作方式的多元化发展

积极参与和引领应对气候变化等生态环保国际合作，加快推进现有机制衔接、平台共建共享，形成工作合力。统筹推进与重点国家和地区之间的战略对话与务实合作。加强与联合国等多边机构合作，建立长期性、机制性的环境与气候合作伙伴关系，如统筹

推进亚太经合组织经济体（包括中国在内的 21 个成员），"一带一路""南南合作"等区域环境与气候合作，继续实施"中国–东盟应对气候变化与空气质量改善协同行动"等。在应对气候变化国际合作上，应强调合作方式的多元化，针对不同地区和国家要采取多元化的合作方式，提升应对气候变化国际合作的效率。

（二）加强适用领域和减缓领域的国际合作

"一带一路"主要以发展中国家和最不发达国家为主。这些国家自身经济发展水平较低，科技创新投入较弱，自身应对气候变化能力有待大力提升，亟须通过加强气候变化领域国际科技合作来提升自身应对气候变化技术水平，从而降低全球气候变化对本国环境的影响。加强与"一带一路"国家应对气候变化国际科技合作是共建"一带一路"的重要内容，加强"一带一路"应对气候变化国际科技合作也是"一带一路"之"创新之路"建设的关键内容之一。与"一带一路"国家相比，中国在低碳、节能减排等气候变化相关领域拥有世界先进的技术和丰富的气候治理经验，通过加强与"一带一路"国家气候变化国际科技合作，分享治理经验、加大技术援助和资金支持，可以切实提升"一带一路"国家应对气候变化的科技治理水平，带动"一带一路"建设高质量发展，为全球应对气候变化作出应有贡献。

气候变化"南南合作"是落实《巴黎协定》、推进全球携手应对气候变化的重要领域。中国作为全球最大的发展中国家之一，积极推进气候变化"南南合作"，切实提升发展中国家应对全球气候变化的能力和水平。在国家"南南合作"框架下，中国已经形成了全方位、多层次、宽领域的气候变化科技合作的新格局，在推动气候变化联合科学研究、科技援助等方面发挥了十分重要的作用，气候变化"南南合作"持续深化。

（三）加强与发达国家应对气候变化国际合作

围绕我国和合作国气候变化战略需求和实际，加强气候变化重点领域的国际科技合作。特别要发挥中国在应对气候变化领域技术优势，结合发达国家应对气候变化的技术发展需要，加强在我国优势领域与发达国家间的国际合作，巩固应对气候变化国际合作关系，降低美欧合作不确定性对中国应对气候变化国际合作的负面影响。根据各国应对气候变化的政策及需求，建议在与发达国家合作上，应聚焦双方共性技术领域，加强该领域的国际科技合作。

（四）统筹做好国际公约谈判与履约

深度参与 IPCC 评估进程和未来机制建设。研判 IPCC 评估在全球气候治理中的角色和作用，探索把气候变化科学评估与全球气候治理关键问题相结合的途径和方式，争取国际气候与环境外交主动权。借助 IPCC 平台培养优秀科研人才和国际谈判队伍，推进我国与国际气候变化科学前沿接轨和高质量发展，提高国际影响力。

围绕国家应对气候变化内政外交需求加强战略研究，深入参与联合国气候变化框架公约（UNFCCC）谈判，研判国际气候治理形势和走向，提升参与国际气候治理的科技支撑能力。进一步强化与世界气象组织（WMO）的交流合作，发挥好 WMO 科学咨询委员会的咨询作用，积极参与 WMO 相关科学研究与应用服务计划。围绕《巴黎协定》

落实实施,面向 21 世纪低碳发展国家重大战略需求,充分利用国家气候变化专家委员会办公室等机制,做好气候变化关键、热点问题和北极等全球气候变化敏感区决策咨询工作。

推动气候变化学科交叉融合发展,提升研究与服务能力,在可再生能源、交通、建筑、绿色低碳发展等交叉领域建立多个跨部门联合实验室,搭建合作平台。切实将气候变化工作纳入部门优先合作领域,实现共享共赢。加强相关部门、高校与科研机构合作,积极参与或发起国内外气候变化相关研究计划,打造重大科研项目合作平台,增进协同创新。

总之,要统筹推进全球应对气候变化、生物多样性保护、臭氧层保护、海洋保护、核安全等方面的国际谈判工作,统筹实施《巴黎协定》《蒙特利尔议定书》《生物多样性公约》等相关公约国内履约工作。

六、加强宣传,提供有力保障措施

在应对气候变化战略中,要加强组织领导、能力建设,推进科普宣传,要高度重视、健全统筹和加强应对气候变化与生态环境保护相关工作,发挥好政府部门的引导作用,通过开辟专版、专栏,或通过新闻发布会、专家访谈、科教讲座等形式,推出针对气候变化问题的系列宣传,帮助公众系统性地了解气候变化问题,减缓气候变化给我们带来的影响(张倩,2017)。

(一)加强组织领导

生态环境部建立统筹和加强应对气候变化与生态环境保护相关工作协调机制,定期调度落实进展,加强跟踪评估和督促检查,协调解决实施中遇到的重大问题。加强与国家应对气候变化及节能减排工作领导小组成员单位沟通协作,协同推进应对气候变化与节能减排重点工作。各地要高度重视、周密部署,健全统筹和加强应对气候变化与生态环境保护相关工作的机制,确保落地见效。

(二)加强能力建设

着力提升地方各级党政领导干部和气候变化关联部门积极应对气候变化的意识。加强应对气候变化人员队伍和技术支撑能力建设。加大对应对气候变化相关技术研发、统计核算、宣传培训、项目实施等方面的资金支持力度。各地将应对气候变化经费纳入同级政府财政预算,落实相关经费保障政策。协调推动设立应对气候变化有关专项资金。充分发挥国家生态环境保护专家委员会、国家气候变化专家委员会等专业智库的决策支持作用。鼓励和支持各地方结合本地区经济社会发展的实际情况、气候变化影响及节能减排目标,统筹多渠道资源,加大投入,积极开展节能减排技术和适应技术的研发、示范和推广应用,加强地方应对气候变化科技队伍建设,增强本地区应对气候变化的能力。

(三)强化政府引导,推进科普宣传队伍建设

发挥好政府部门的引导作用,是成功推动科普宣传教育取得成效的有力保障。通过推进有关应对气候变化的法律法规的"落地",进一步规范应对气候变化与防灾减灾科

普宣传制度；合理统筹安排相关部门的分工合作，促进各部门积极参与制定应对气候变化行动和政策；建立高素质的科普宣传队伍，加强对偏远地区以及少数民族科普工作者的培养，打造"顺畅"交流的科普工作队伍。

科技部门和各类科协组织要发挥好科普宣传的领军作用，认真制定应对气候变化科普宣传规划，拓展科普服务的内容和方式，同时注重研发具有特色的科教创新模式，实现科普资源的共建共享；宣传和文化部门要认真做好气候变化科普宣传的组织和协调工作，充分调动各单位力量，营造全社会重视应对气候变化的良好氛围；教育部门要进一步完善教育体制机制，积极编制科普教育系列丛书，参与科普教学项目，推进更多应对气候变化与防灾减灾知识纳入中小学课本或课外读物。

（四）贴近大众生活，打造气候变化科普品牌

在全民科学素质建设中，以世界气象日科普宣传活动为龙头，以气象科普基地为依托，以普及防灾减灾和应对气象变化知识为重点，加强与主流社会媒体的合作，通过网站、电视、电台、报纸、微信、QQ群、微博、手机短信、显示屏等各种手段，采用宣传小册子、横幅、标语、漫画、宣传片等各种载体，着眼于科普工作规范化、科普宣传阵地化、科普活动品牌化和科普业务时尚化的"四化"目标，着力加强一批科普志愿者、一批科普设施、一批精品项目和一批科普示范社区的"四个一"建设，建立和健全政府主导、部门推动、新闻媒体支持、社会公众广泛参与的全方位立体化气象科普宣传工作模式，推动气象科普知识进机关、进基层、进学校、进企业，力求提高社会公众气象科学素质，促进民生幸福。

（五）发挥媒体桥梁作用，动员全社会广泛参与

面对现代信息传播技术的飞速发展，各类媒体已成为公众获取信息的主要途径。作为大众与政府沟通的桥梁，应充分发挥媒体优势，着力提高相关科教栏目水平，提供高质量的科普节目和读物；配合、协助政府部门为公众树立起正确的舆论导向，积极普及绿色理念，客观反映气候变化给我国经济社会和生产生活带来的影响；将大众生活与节能减排和应对气候变化紧密结合，鼓励公众从身边的小事做起，践行低碳生活；通过开辟专版、专栏，或通过新闻发布会、专家访谈、科教讲座等形式，推出针对气候变化问题的系列宣传，帮助公众系统性地了解气候变化问题，减缓气候变化给我们带来的影响。

（本章执笔人：丁一汇、徐影、柳艳菊、韩振宇）

第四篇　区域发展篇

第十六章　长江经济带生态文明建设

长江是中华民族的母亲河，是中华民族发展的重要支撑。2014年，党中央作出推动长江经济带发展的重大战略决策，明确提出将长江经济带建成生态文明建设先行示范带的战略目标。长江经济带沿线11个省（直辖市）深入贯彻落实党中央决策部署，依托长江黄金水道，深入推进生态环境治理，实施沿江生态保护和修复，完善生态环境治理体系，促进经济社会全面绿色转型，实现了在发展中保护、在保护中发展，推动长江经济带生态文明建设和生态环境保护工作取得历史性成效，对于全国生态文明建设发挥了重要引领作用。

第一节　长江经济带生态文明建设战略背景与意义

一、长江经济带区域概况

（一）自然地理

长江经济带横跨我国东部、中部、西部三大区域，行政范围覆盖沿江11个省（直辖市），其中，下游覆盖上海、江苏、浙江、安徽4个省（直辖市），中游覆盖江西、湖北、湖南3个省，上游覆盖重庆、四川、贵州、云南4个省（直辖市），覆盖国土面积约206.24万km²，占全国陆地面积的21.48%（图16.1），上游、中游、下游及各省（直辖市）间国土面积差异见图16.2。

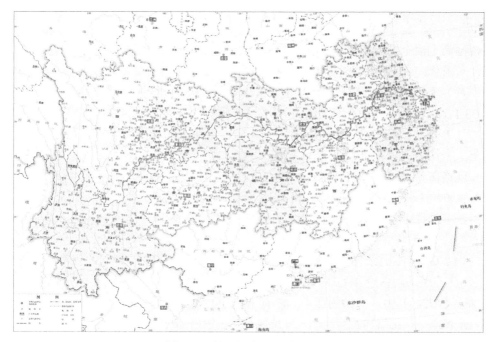

图16.1　长江经济带区域范围图

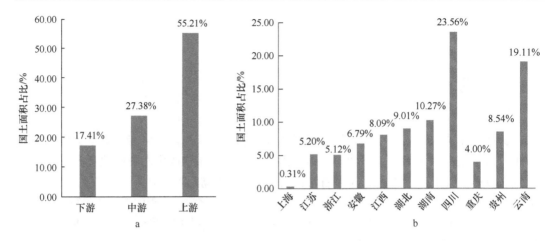

图16.2　长江经济带上游、中游、下游及各省（直辖市）国土面积差异

a. 上游、中游、下游国土面积差异；b. 各省（直辖市）国土面积差异

长江经济带地处亚欧大陆东岸中低纬度地带，地势西高东低，呈阶梯式跨越青藏高原、横断山脉、云贵高原、四川盆地、江南丘陵、长江中下游平原，地貌类型复杂，上游、中游、下游差异明显，具有复杂的地质构造与断裂体系（吴中海等，2016）。大部分属亚热带季风气候，西部云贵部分地区属高山高原气候，东北部部分地区属温带季风气候，年平均气温2～24.8℃，川西高山高原区年均气温最低在−17～5.3℃。水系以长江及其支流、湖泊为主，流域面积1万km²以上的支流有49条，总长1000km以上的支流有汉江、嘉陵江、雅砻江、沅江和乌江；流域面积5万km²的支流为嘉陵江、汉江、岷江、雅砻江、湘江、沅江、乌江和赣江；年平均径流量超过500亿m³的有岷江、湘江、嘉陵江、沅江、赣江、雅砻江、汉江和乌江，主要湖泊包括鄱阳湖、洞庭湖、太湖、巢湖等。

（二）经济社会

依据第七次全国人口普查公报（第三号），2020年，长江经济带总人口达到6.06亿人，占全国总人口比例约为43.00%。从上游、中游、下游人口分布来看，下游4个省（直辖市）人口达2.35亿人，占比最高，约38.78%；上游4个省（直辖市）人口2.01亿人，占比33.17%；中游3个省常住人口1.69亿人，占比27.89%。从11个省（直辖市）来看，下游的江苏省人口最多，其次为上游的四川省；上海市人口密度3923人/km²，人口最为密集，云南省人口密度仅为120人/km²，人口密度最低。

长江经济带城镇化率为63.22%，略低于全国城镇化率（63.89%），其中下游4省（直辖市）城镇化率最高，达70.85%，远高于全国平均水平，中游60.61%，上游56.50%，可以看出，越往下游城镇化水平越高，各省（直辖市）城镇化水平整体呈东高西低分布（图16.3）。

依据2021年中国统计年鉴，2020年，长江经济带11个省（市）国内生产总值（GDP）达47.16万亿元，约占全国GDP总量的46.6%。因上游、中游、下游发展条件基础不同，GDP差异较大，其中，下游的江苏、浙江GDP总量较高，上海、江苏、浙江人均GDP较高（图16.4）。产业结构稳步升级，2020年，长江经济带三次产业比为7.3∶38.7∶54.0，农业基础地位稳居全国首位，钢铁、汽车、电子、石化等现代工业集聚，金融、信息、电商等现代服务业发展规模与水平也在全国占领先地位，是我国重要的经济重心，具有独特优势和巨大发展潜力，已成为我国综合实力最强、战略支撑作用最大的区域之一。

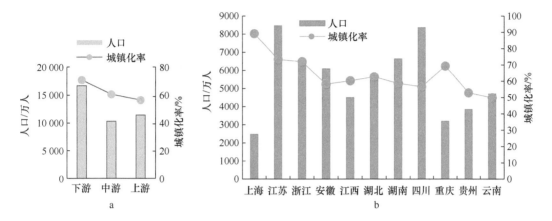

图 16.3　2020 年长江经济带人口及城镇化率现状

a. 上游、中游、下游人口及城镇化率现状图；b. 各省（直辖市）人口及城镇化率现状

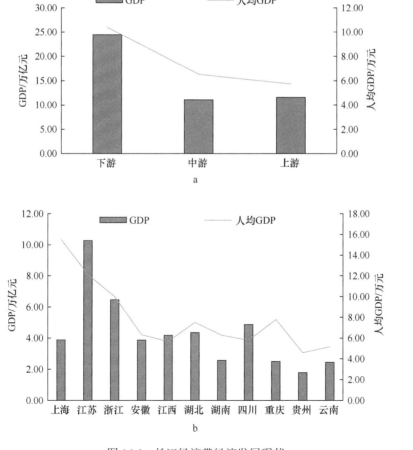

图 16.4　长江经济带经济发展现状

a. 上游、中游、下游 GDP 总量及人均 GDP；b. 2020 年各省（直辖市）GDP 总量及人均 GDP

此外，长江经济带集中了全国 1/3 的特大城市群（长三角城市群）、3/8 的大城市群（江淮城市群、长江中游城市群、成渝城市群），是我国"两横三纵"城镇化战略格局的重要支撑，其中下游的长三角城市群经济和社会发展的龙头地位尤为突出。

（三）资源能源

长江经济带是我国国土开发最重要的东西轴线，水、土地、林业、矿产、生物等资源和能源丰富，开发利用强度较高。

长江多年平均水资源总量约 9958 亿 m³，占全国水资源总量的 35%。每年长江供水量超过 2000 亿 m³，保障了沿江 4 亿人生活和生产用水需求（环境保护部，2017），此外还通过南水北调工程调水 200 亿 m³（周权平等，2021），惠泽华北、苏北、山东半岛等广大地区。参考 2020 年度《中国水资源公报》，2020 年，长江经济带水资源总量约为 12 862.9 亿 m³，占全国的 40.7%；人均水资源量约 2122 m³，低于全国 2238 m³ 的平均水平。

土地作为重要的自然资源和基本的生态环境要素，是人类主要经济社会活动和生态环境建设的空间载体，对维持生态系统服务功能起着决定性作用。长江经济带土地利用空间分布格局与区域地形特征相契合。《2021 年中国统计年鉴》显示，长江经济带土地利用以林地为主，林地面积占比约 53.22%，其中四川和云南林地面积占比最大；其次为农田，面积占比约 22.36%，云南和安徽农田占比较大；城镇村及工矿建设用地、水域及水利设施用地、草地和湿地占比分别为 6.67%、5.74%、5.70% 和 1.13%，占比相对较小。

区域已探明矿产 110 余种，约占全国的 80%。各类矿产中储量占全国 80% 以上的有钒、钛、汞、磷、萤石、芒硝、石棉等；占 50% 以上的有铜、钨、锑、铋、锰、高岭土、天然气等。全国 11 个大型锰矿、八大铜矿，长江流域分别占有 5 个、3 个；湖南、江西的钨矿，湖南的锑矿，湖北的磷矿，均居全国之首。2020 年，流域内原煤产量约 3.4 亿 t，占全国的 8.8%，主要集中于黔、川、滇 3 省；天然气产量占全国比例为 29.7%；发电量占全国比例为 37.8%，风电、核电、太阳能发电占比逐年增加。

（四）生态环境

近年来，通过一系列改革举措和综合治理，长江经济带生态环境质量状况呈稳中向好趋势。

1）大气环境：2020 年，长江经济带 6 项大气常规污染物平均浓度全部达到国家二级标准，细颗粒物（PM2.5）、可吸入颗粒物（PM10）、二氧化硫（SO2）、二氧化氮（NO2）、一氧化碳（CO）、臭氧（O3）等主要污染物浓度年平均值分别为 30.9μg/m³、48.3μg/m³、8.3μg/m³、25.8μg/m³、1.09μg/m³、139μg/m³，长江经济带 11 个省（直辖市）优良天数比例范围为 81.0%～99.2%，平均为 91.08%，重污染天数比例平均为 0.3%，近年来总体保持持续向好的态势（表 16.1）。

表 16.1 2020 年长江经济带各省（直辖市）大气污染物浓度 （单位：μg/m³）

上游、中游、下游	省份	PM2.5	PM10	SO2	NO2	CO	O3	优良天数比例/%
下游	上海	32	41	6	37	1.1	152	87.2
	江苏	38	59	8	30	1.1	164	81.0
	浙江	25	45	6	29	0.9	145	96.2
	安徽	39	61	8	29	1.1	148	82.9

上游、中游、下游	省份	PM$_{2.5}$	PM$_{10}$	SO$_2$	NO$_2$	CO	O$_3$	优良天数比例/%
	江西	30	51	13	22	1.2	138	94.7
中游	湖北	35	57	8	22	1.3	139	88.4
	湖南	35	50	8	21	1.2	126	91.7
	重庆	33	53	8	39	1.1	150	91
上游	四川	31	49	8	25	1.1	135	90.8
	贵州	22	33	10	15	0.9	110	99.2
	云南	20	32	8	15	1.0	120	98.8
长江经济带合计		30.9	48.3	8.3	25.8	1.09	139	91.08%

注: 数据来自各省（直辖市）生态环境状况公报统计。

2）水环境：2020 年，长江经济带地表水水质 Ⅰ～Ⅲ类占 90.27%，Ⅳ～Ⅴ类占 9.36%，劣 Ⅴ 类占比 0.37%，地表水质类别及各省（直辖市）地表水水质情况见图 16.5。

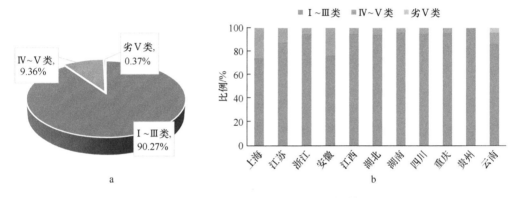

图 16.5　2020 年长江经济带地表水水质状况

a. 地表水水质类别；b. 各省（直辖市）地表水水质情况

3）土壤环境：长江经济带平原丘陵区土壤质量总体良好，清洁土壤面积 34.84 万 km^2，占比约 58.51%；三级及以下土壤面积 6.94 万 km^2。酸性土壤的面积为 33.56 万 km^2，占比约 56.37%，碱性土壤的面积为 15.69 万 km^2，占比约 26.35%（刘红樱等，2019）。

4）生态系统：长江流域分布有众多的国家级生态功能保护区和生态环境敏感区，尤其上游、中游地区，是我国重要的生态安全屏障区，也是我国重要的生态基因库。流域生态系统类型多样，以森林生态系统为主，拥有川西河谷森林生态系统、南方亚热带常绿阔叶林森林生态系统、长江中下游湿地生态系统等多种类型生态系统。根据第九次全国森林资源清查（2014～2018 年）结果，长江经济带 11 个省（直辖市）森林面积为 9047.53 万 hm^2，占全国森林总面积的 41.04%；森林覆盖率为 44.38%，是全国平均水平（22.96%）的 1.93 倍，各省差异明显，其中江西、浙江、云南较高（图 16.6）；林木蓄积量占全国的 1/4，主要林区分布在川西、滇北、鄂西、湘西和江西等地；湿地面积 232.07 万 hm^2，占全国湿地面积总量的 9.89%，主要分布在四川和江苏境内。同时，作为地球上重要的天然物种基因库，长江流域内珍稀濒危植物占全国总数的 39.7%，国家重点保护植物占全国的 42.7%，淡水鱼类占全国总数的 33%，不仅有中华鲟、江豚、扬子鳄和大熊猫、金丝猴等珍稀动物，还有银杉、水杉、珙桐等珍稀植物，是我国珍稀濒危野生动植物集中分布区域（环境保护部，2017）。

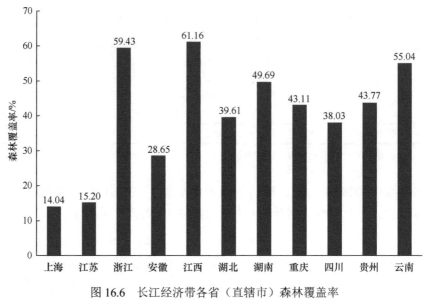

图 16.6　长江经济带各省（直辖市）森林覆盖率

二、长江经济带生态文明建设重大战略意义

改革开放以来，长江经济带已发展成为我国最具综合优势与发展潜力的资源带、产业带、经济带之一，战略地位极其重要（成长春等，2021）。推动长江经济带发展，是国家主动适应经济发展新常态、谋划中国经济新格局作出的既利当前又惠长远的重大决策部署，是关系国家发展全局和推动区域绿色高质量发展的重大战略，对于实现"两个一百年"奋斗目标和中华民族伟大复兴的中国梦具有重大现实意义和深远历史意义。

推进长江经济带生态文明建设，是落实党中央战略决策部署的重大举措，是落实新发展理念、推动长江经济带绿色高质量发展的必然要求，是改善区域生态环境质量、维护国家生态安全的迫切需要，将其打造为生态文明建设领先示范带，对于全国生态文明建设具有重要引领和示范意义。

（一）贯彻落实以习近平同志为核心的党中央战略部署的重大举措

以习近平同志为核心的党中央高度重视长江经济带生态文明建设与高质量发展。2014 年，党中央、国务院作出实施长江经济带战略的重大决策部署，印发《关于依托黄金水道推动长江经济带发展的指导意见》，提出将长江经济带建设成为生态文明建设先行示范带的战略目标，先后出台实施《长江经济带发展规划纲要》及 10 余个专项规划，引导形成"共抓大保护、不搞大开发"的总体格局。习近平总书记一直心系长江经济带生态文明建设与高质量发展工作，亲自谋划、亲自部署、亲自推动，多次深入长江沿线考察、多次对长江经济带发展作出重要指示批示、多次主持召开会议并发表重要讲话，站在历史和全局的高度，为推进长江经济带生态文明建设把脉定向。2016 年 1 月、2018

年 4 月和 2020 年 11 月，习近平总书记先后三次分别在长江上游的重庆、中游的湖北武汉和下游的江苏南京主持召开推进长江经济带发展座谈会，系统部署长江经济带生态环境保护和生态文明建设工作，强调长江经济带高质量发展要坚持生态优先、绿色发展，要把修复长江生态环境摆在压倒性位置，践行"绿水青山就是金山银山"的理念，把握"五个关系"，使长江经济带成为引领我国经济高质量发展的生力军，为长江经济带生态保护修复和环境治理提供了根本遵循。

（二）落实新发展理念，推动长江绿色高质量发展的必然要求

坚持创新、协调、绿色、开放、共享的新发展理念是我国新时代坚持和发展中国特色社会主义的基本方略之一。生态环境保护和经济发展不是矛盾对立关系，而是辩证统一的关系，生态环境保护的成败归根到底取决于经济结构和经济发展方式。推进长江经济带生态文明建设，落实新发展理念，以促进人与自然和谐共生为根本目标，正确把握生态环境保护和经济发展的关系，在坚持"共抓大保护、不搞大开发"的前提下，坚决摒弃以牺牲环境代价换取一时经济发展的做法，积极稳妥化解旧动能，破除无效供给，积极培育新发展动能，增加有效供给，转变绿色生产生活方式，倒逼产业结构转型升级，是推动长江经济带绿色高质量发展的必然要求。树立底线思维和系统思维，通过立规矩把长江生态修复放在首位，协同推进长江上游、中游、下游生态保护修复，结合乡村振兴等战略的实施，积极探索和拓展"绿水青山"的价值实现路径，打通"两山"转化通道，增加优质生态产品供给，不断满足人民群众对优美生态环境的迫切需要，有助于促进经济社会发展与人口、资源、环境相协调，让中华民族母亲河永葆生机活力，真正使黄金水道产生黄金效益。

（三）改善区域生态环境质量，维护国家生态安全的迫切需要

长江是中华民族的母亲河，保障了沿江 4 亿人生活和生产用水需求，还通过南水北调惠泽华北、苏北、山东半岛等广大地区，是中华民族的战略水源地。尤其中游、上游地区是重要的水源涵养功能区，不仅影响着本地水资源供给，而且对整个长江经济带甚至全国的水资源供给都发挥着重要的保障作用（丛晓男等，2020）。同时，长江流域生态地位尤其突出，是关系国家生态安全的重要屏障区，是我国重要的生态宝库，具有重要的水土保持、洪水调蓄、水源涵养、生物多样性维护等生态功能。

然而，由于长期以来的大规模高强度开发，长江经济带生态环境状况形势依然严峻，沿江产业发展惯性大，污染物排放基数大，资源能源消耗仍在加剧，部分区域污染物排放超出环境承载能力，生态环境风险和局部的水环境、大气环境、固体废物等污染问题仍比较严重，流域生态系统整体性保护仍有不足。推进长江经济带生态文明建设，科学构建国土空间开发保护格局，以空间规划统领资源利用、污染防治、生态保护、航运发展等任务，有利于优化经济社会发展格局及城镇空间布局，促进产业结构调整与资源环境承载能力相适应，维护区域乃至国家生态安全。同时，从生态系统整体性和长江流域系统性着眼，统筹实施"山水林田湖草"生态修复和环境治理工程，系统解决长江生态环境透支问题，全面改善生态环境质量，也是推动建设安澜长江、绿色长江、和谐长江、美丽长江的必然选择。

（四）改革生态文明制度，带动和引领全国生态文明建设的先行示范

长江经济带是我国生态文明建设的主阵地，在制度革新、环境治理、绿色发展等方面均处于领先示范地位。然而，由于长江流域流经范围广、自然生态环境基础不同、地区发展条件差异大，生态文明建设推进过程中面临的挑战和困难同样具有典型性。例如，流域发展不平衡、不协调问题突出，城市群协同发展动力不足，产业发展累积叠加的污染排放远超过流域环境容量。在生态环境管理体制上，存在多头管理、交叉错配的现象，生态保护职能分散在生态环境、自然资源、林草、水利等多个部门，如长江港口岸线管理由海事、航运、发展改革、经济和信息化、国土、海洋、住房建设、环境保护等相关部门共同负责，岸线环境保护的职责边界不清，管理缺位，协同保护综合执行力弱。中上游地区用于生态环境保护的资金投入存在较大缺口，有关部门资金安排统筹程度不强、整体效率不高，地方投资力度和积极性欠缺，政策性金融和开发性金融机构的支持力度不够；企业和社会资本参与度不高。干部队伍配备不足，宣传教育不到位，人才培养和交流力度不足。积极推进生态文明制度革新，建立健全长江流域协同联动的生态环境治理机制，完善生态产品价值实现机制，破解生态文明建设进程中面临的资金、人才、技术缺失等多项难题，积累生态保护修复和环境治理的先进经验，加快建设生态文明先行示范带，有助于带动和引领全国生态文明建设，对全国经济社会发展大局和国家生态安全具有重要意义。

第二节　长江经济带生态文明建设面临的问题和压力

当前，长江经济带生态文明建设处于起步期，也进入了压力叠加、负重前行的关键期和有条件、有能力解决生态环境突出问题的攻坚期，上游、中游、下游自然地理和经济社会发展基础不同，发展不平衡造成的生态环境问题差异明显，传统发展方式惯性大，制度革新和落实需要实践检验，生态文明建设仍然面临很大挑战。

一、上游生态环境敏感脆弱，生态环境保护与区域经济发展矛盾突出

长江上游地区地处我国第一和第二阶梯，地貌类型多样，地表崎岖，河网密布，是长江经济带重要的生态安全屏障和水源涵养地。上游地区自然生态环境本底敏感脆弱，海拔高，气温低，植物生长缓慢，一旦生态环境遭到破坏，恢复难度极大。长期以来的不合理开发和过度开发行为，加剧了人地关系失衡，表现为资源环境承载力下降、水土流失和石漠化加剧、自然灾害频发、生物多样性减少，生态屏障功能明显减退。

自然灾害的不确定性与巨大危害性成为上游地区生态文明建设面临的重大挑战之一，其中，水土流失、石漠化问题尤为严重。中国水土保持公报（2020 年）显示，截至 2020 年，上游 4 个省（直辖市）水土流失面积达 28.23 万 km^2，占长江经济带水土流失面积的 72.56%，其中四川和云南水土流失最为严重，面积均超 10 万 km^2。据 2018 年国家林业和草原局发布的第三次石漠化监测结果显示，截至 2016 年，贵州、云南、重庆和四川石漠化土地面积分别为 247 万 hm^2、235.2 万 hm^2、77.3 万 hm^2 和 67 万 hm^2，分

别占全国石漠化土地总面积的 24.5%、23.4%、7.7%和 6.7%。近年来，上游 4 个省（直辖市）实施了一系列水土流失和石漠化治理工程，有效遏制了水土流失和石漠化扩展趋势，但水土流失仍存在分布广、强度高、总量大的现象，部分地区石漠化仍有继续恶化的风险（刘冬等，2019）。

相对长江中游、下游地区，上游地区经济社会发展水平较为落后，发展模式仍以传统的资源开发利用为主，发展方式粗放，发展动能疲软，传统落后产能呈现出体量大、风险高等特征，环境治理修复投入相对不足，生态环境保护与区域经济发展矛盾突出。"十二五"以来，长江上游地区建设用地扩张速率远超过中游和下游地区，且建设用地扩张主要集中于四川盆地、成渝城市群，导致上游地区生态系统格局变化较快，生态系统稳定平衡受到严重干扰，生态自净能力和环境容量降低，人地矛盾进一步凸显（丛晓男等，2020）。此外，近年来，长江上游、中游、下游化工产业梯度转移趋势明显，中游、上游地区化工产能不断扩张，产生较大环境负荷。全流域上游、中游、下游的横向补偿机制、上游生态屏障成本共担和利益共享机制仍亟须建立完善（邓玲和何克东，2019）。

由于人类对自然资源的过度和不合理开发，上游地区森林、草地生态系统退化加剧，原有的大熊猫、金丝猴、白唇鹿以及珙桐、水青树、连香树等重点保护野生动植物生境受到干扰和破坏（刘冬等，2019）。受沿江工业废水、城镇生活污水、农业面源污染、航运污染等问题的困扰，支流部分河段污染依然严重，湖泊水库富营养化问题突出，部分饮用水水源地水质不达标，水质安全形势仍不乐观（刘录三等，2020）。上游地区有色金属、稀土、磷矿等矿产资源过度开发，所产生的固废随意堆置现象普遍，造成区域土壤污染严重，化肥、农药等农业化学品的使用使土壤污染由城市蔓延至农村，对长江及其支流水体造成污染。

沿江不同地方重开发轻保护观念仍不同程度存在，没有辩证地看待经济发展和生态环境保护的关系，在生态环境保护上主动性不足、创新性不够。流域整体性保护不足，跨区域、跨流域生态环境协同治理有待完善，部门间条块化分割、碎片化管理现象依然严重，难以顾及生态空间的公共性和区域生态链的整体性，不能形成治理合力，行政区属地管理模式与生态系统跨区域分布特征之间的矛盾在长江生态屏障建设中表现较为突出（丛晓男等，2020）。此外，上游各省（直辖市）之间的环保标准尚未完全统一。生态环境保护制度有待完善，市场化、多元化的生态补偿机制建设进展缓慢（李海生等，2021）。

二、中游绿色转型难度大，生态环境治理依然存在薄弱环节

长江中游地区作为我国东部、中部、西部发展的传导区，是"中部崛起""一带一路"等国家重点战略或倡议区域。区域"山水林田湖草"自然生态要素兼备，河网密布，湖库湿地众多，水资源极其丰富，具有强大的涵养水源、繁育生物、净化环境等功能，是我国重要的生物基因宝库（李红清，2011）。由于人口和产业沿江集聚，依靠土地占用、高耗水、高耗能等增量扩展的发展模式仍然占据主导地位，传统产业产能过剩矛盾依然严峻，减污降碳和生态保护仍然面临较大压力。

产业重化工，能源偏煤，转型升级任务艰巨。长江经济带化工、医药、有色冶炼、

建材等重化工业占全国比例 40%左右，其中，造纸、食品、化工、冶金等行业高度聚集在成渝城市群，钢铁、有色金属、化工、建材等重工业主要集中在长江中游城市群；化工、火电、港口码头、造船等重化工行业高度集中在长三角地区。长江中游地区化工企业布局呈明显的化工围江之势，加上一些污染企业由下游向中上游地区转移，导致"三废"排放量大，环保基础设施供给失衡，环境承载力处于超载状态。传统重化工产业锁定效应明显，搬迁改造和转型升级难度巨大，对沿江水源安全构成严重威胁。能源结构仍以煤为主，中游城市群地区大气环境改善和碳减排压力较大。矿山开采破坏生态环境，尾矿库、固体废弃物堆存占用大量土地资源，危险化学品运输量持续攀升，生态环境风险隐患突出。

江河湖库水系连通性受阻，水安全形势严峻。受过去沿江地区围湖造田、三峡大坝等闸坝梯级工程建设及小水电开发等影响，长江干支流、江河湖库间水系自然连通受阻严重，天然径流分布及水文情势产生明显变化，局部地区水资源过度、无序开发，部分支流出现季节性断流、干涸，生态流量难以保障，湖泊、湿地萎缩，洞庭湖、鄱阳湖面积减少，枯水期显著提前。部分支流水质不容乐观，氮磷上升为首要污染物，大多数湖泊呈中度富营养或轻度富营养。三峡大坝的建设造成库区水生态环境愈加敏感脆弱，新水沙条件下长江干流持续冲刷下切，影响河势稳定和堤防安全；蓄滞洪区达标建设严重滞后，按计划分蓄洪水困难；连江支堤、湖区圩堤防洪标准偏低，中下游防洪形势依然严峻。

生态系统功能退化，生物多样性丧失趋势尚未遏制。长期以来，长江流域高强度的城镇开发建设活动，侵占了大量生态空间，农田、森林、草地、河湖、湿地等生态系统面积减少，五大城市群地区尤为明显。中游局部地区生态环境敏感脆弱，地质、地貌、水文条件复杂，水土流失、石漠化问题突出，洪水灾害、山地灾害频发，水源涵养、水土保持等生态功能退化。三峡库区、湘资沅中游等地区是国家水土流失重点治理区，丹江口库区、湘资沅上游等地区是国家水土流失重点预防区，湖北、湖南在我国石漠化主要分布区域内。此外，受江河阻隔、水利航运设施建设、过度捕捞等多重因素影响，长江水生生物多样性指数持续下降，多种珍稀物种濒临灭绝，长江鲟、胭脂鱼、"四大家鱼"等鱼卵和鱼苗大幅减少，江豚面临极危态势，白鳍豚、白鲟、鲥鱼等已功能性灭绝，外来有害生物入侵加剧。

三、下游国土开发强度高，资源环境严重超载

下游长江三角洲地区是我国经济发展最活跃、开放程度最高、创新能力最强的区域之一，同时，这里也是习近平生态文明思想的萌发地，"绿水青山就是金山银山"理念的发源地，承载着引领全国高质量发展和生态文明建设的重大使命。然而，这片区域开发强度高，资源能源消耗量大，生态环境质量与经济社会发展水平不匹配，生态文明建设和生态环境保护依然面临严峻挑战。

国土开发强度高，城镇人地矛盾日益突出。长江经济带是我国重要的人口密集区和产业集聚区，过高的人口密度和开发强度，导致人、地、资源、环境、生态之间的矛盾日益突出，资源环境严重超载。遥感解译数据分析结果显示，2011 年以来，长江经济带

国土开发强度明显增长，远高于全国平均开发强度，且依然保持扩张态势，整体国土开发强度呈现"东高西低"特征，开发供需存在一定的空间错位，上游、中游、下游开发强度平均分别为 0.73%、2.28% 和 13.06%，下游开发强度急剧递增，且远高于上游和中游地区。其中，上海市国土开发强度达到了 49.3%，江苏省达到了 21.7%，已超过或逼近人居环境极限。五大城市群中，长三角城市群开发强度最高也最快，且远高于上游、中游其他城市群。

资源能源供需矛盾突出，节能减排压力大。长江经济带水资源总量丰富，地区间水资源开发利用程度差距较大，下游地区开发利用率较高，尤其太湖流域开发利用率最高，约为 85%，相比上游金沙江流域高出 80%，地区间严重失衡，供需矛盾突出。能源消费以煤炭为主，长江经济带煤炭消费总量占全国的 1/3 左右，而原煤产量仅占 8.8% 左右。2020 年，沿江 11 个省（直辖市）中，江苏省煤炭消费总量最高，浙江省能源消费总量增速在全国排名最高。江苏和浙江 2020 年用电量达 6373 亿 kW·h 和 4830 亿 kW·h，较 2015 年分别增加 29.46% 和 34.92%。面向新时期实现碳达峰、碳中和的目标，长江三角洲地区节能减排仍然面临极大压力。

生态文明治理体系与治理能力现代化有待提高。长江三角洲地区作为全国生态文明建设的先行区和示范区，初步建立了区域生态环境统筹协调治理体制机制，但在实际操作层面，统分结合、整体联动的工作机制尚不完善，系统完整的生态保护修复体制机制亟待健全，生态保护修复理念和技术创新仍需加强。环境监测、监察、综合执法、科研能力仍显薄弱，信息化水平不高，环保基础能力建设难以适应当前社会经济发展形势的需要，生态环境精准化、科学化、智慧化治理能力亟须加强，宣传教育、考核评价、社会共建共管、监测预警机制也尚未全面建立。

第三节 长江经济带生态文明建设实践成就

长江经济带发展战略实施以来，沿江 11 个省（直辖市）以习近平生态文明思想为指导，坚持以人民为中心，把修复长江生态环境摆在压倒性位置，"共抓大保护、不搞大开发"，不断优化国土空间开发保护格局，深入推进生态环境综合治理，实施重大生态保护修复工程，加快解决长江生态系统失衡问题，构建生态环境治理制度体系，助推长江经济带绿色高质量发展，努力探索走出一条生态优先、绿色发展的新路子，推动生态文明建设实现新进步。

一、优化国土空间开发保护格局

长江通道是我国国土空间开发最重要的东西轴线，在区域发展总体格局中具有重要战略地位。"十三五"期间，我国确立了建立统一的国土空间规划体系的战略部署，将主体功能区规划、土地利用规划、城乡规划等空间规划融合，统一国土空间用途管制，推动实现"多规合一"，要求在资源环境承载能力和国土空间开发适宜性评价的基础上，科学有序统筹布局生态、农业、城镇等功能空间，协同划定生态保护红线、永久基本农田、城镇开发边界等空间管控边界以及各类海域保护线，强化底线约束，为可持续发展预留空间。

长江经济带 11 个省（直辖市）积极落实国家战略部署，不断优化国土空间开发保护格局，严格保护中上游生态安全屏障，加强生态空间管控，严守耕地红线，提升城镇绿色空间，努力将长江经济带建成上游、中游、下游相协调、人与自然相和谐的绿色生态廊道。

（一）保护与管控重要生态空间

划定并严守生态保护红线。"十三五"期间，为强化生态空间用途管制，提高生态产品供给能力和生态系统服务功能，构建国家生态安全格局，国家制定了划定并严守生态保护红线这一重大改革性举措，出台一系列生态保护红线划定与管控政策，引导各地开展生态保护红线划定工作（张箫等，2017）。长江经济带 11 个省（直辖市）按照国家统一部署，优先完成生态保护红线的划定工作，截至 2020 年底，初步划定生态保护红线面积 54.42 万 km²，占沿江 11 个省（直辖市）国土总面积的 25.81%。其中四川省、云南省生态保护红线面积最大，均占本省国土面积的 30% 以上，占长江经济带生态保护红线总面积的比例分别为 27.20% 和 21.75%，上海市由于城镇建设面积占比高，生态用地面积较少，初步划定陆域生态保护红线面积占比仅为 1.30%（表 16.2）。各省（直辖市）将生态保护红线作为国土空间规划编制的重要基础，按照禁止开发区域的要求进行管理，强化"三线一单"硬约束，不断健全生态环境空间管控体系。部分地区探索对生态保护红线保护成效进行考核，将结果纳入生态文明建设目标评价考核体系。同时，各省（直辖市）积极探索生态保护红线监管的有效路径，建立生态保护红线监管平台，强化监测数据集成分析与综合应用，及时掌握生态保护红线范围内的生态状况。

表 16.2　长江经济带各省（直辖市）生态保护红线面积及比例

上游、中游、下游	省份	面积/km²	占省（直辖市）域国土面积的比例/%	占长江经济带生态保护红线总面积的比例/%
下游	上海	89.11（陆域）	1.41（占陆域面积比例）	0.02
		1 993.58（海域）	17.48（占海域面积比例）	0.37
	江苏	8 474.27（陆域）	7.91（占陆域国土面积比例）	1.56
		9 676.07（海域）	27.83（占海域面积比例）	1.78
	浙江	38 900.00	36.87	7.15
	安徽	21 223.33	15.15	3.90
中游	江西	46 876.00	28.09	8.61
	湖北	41 500.00	22.32	7.62
	湖南	42 800.00	20.21	7.86
上游	重庆	20 400.00	24.76	3.75
	四川	148 033.20	30.46	27.20
	贵州	45 900.83	26.05	8.43
	云南	118 405.60	30.04	21.75
长江经济带		544 271.99	25.81	100

注：数据来源为各省（直辖市）政府相关网站公布数据。

强化重点生态功能区保护与管理。长江经济带共有 9 个省（直辖市）涉及国家重点生态功能区分布，包含若尔盖草原湿地生态功能区、南岭山地森林及生物多样性生态功能区、大别山水土保持生态功能区、桂黔滇喀斯特石漠化防治生态功能区、三峡库区水土保持生态功能区、川滇森林及生物多样性生态功能区、秦巴生物多样性生态功能区、武陵山区生物多样性与水土保持生态功能区 8 个国家重点生态功能区，范围涵盖 255 个县域，占全国重点生态功能区县域数量的37.72%（表 16.3）。主导生态服务功能包括水源涵养、水土保持、石漠化防治与生物多样性保护 4 类，其中水源涵养生态功能区主要分布于上游地区，水土保持生态功能区主要分布于中下游地区。各省（直辖市）合力推动国家重点生态功能区的区域共建，布局实施重大生态保护修复工程，国家重点生态

表 16.3　长江经济带国家重点生态功能区名录

上、中、下游	省份	县域数量/个	范围
下游	浙江	11	淳安县、文成县、泰顺县、磐安县、常山县、开化县、龙泉市、遂昌县、云和县、庆元县、景宁畲族自治县
	安徽	15	太湖县、岳西县、金寨县、霍山县、潜山县、石台县、黄山区、歙县、休宁县、黟县、祁门县、青阳县、泾县、绩溪县、旌德县
中游	江西	26	大余县、上犹县、崇义县、龙南县、全南县、定南县、安远县、寻乌县、井冈山市、浮梁县、莲花县、芦溪县、修水县、石城县、遂川县、万安县、安福县、永新县、靖安县、铜鼓县、黎川县、南丰县、宜黄县、资溪县、广昌县、婺源县
	湖北	30	大悟县、麻城市、红安县、罗田县、英山县、孝昌县、浠水县、巴东县、兴山县、秭归县、夷陵区、长阳土家族自治县、五峰土家族自治县、竹溪县、竹山县、房县、丹江口市、神农架林区、郧西县、郧县、保康县、南漳县、利川市、建始县、宣恩县、咸丰县、来凤县、鹤峰县、通城县、通山县
	湖南	43	慈利县、桑植县、泸溪县、凤凰县、花垣县、龙山县、永顺县、古丈县、保靖县、石门县、永定区、武陵源区、辰溪县、麻阳苗族自治县、宜章县、临武县、宁远县、蓝山县、新田县、双牌县、桂东县、汝城县、嘉禾县、炎陵县、茶陵县、南岳区、绥宁县、新宁县、城步苗族自治县、安化县、资兴市、东安县、江永县、江华瑶族自治县、洪江市、沅陵县、会同县、新晃侗族自治县、芷江侗族自治县、靖州苗族侗族自治县、通道侗族自治县、新化县、吉首市
上游	重庆	10	巫山县、奉节县、云阳县、巫溪县、城口县、酉阳土家族苗族自治县、彭水苗族土家族自治县、秀山土家族苗族自治县、武隆县、石柱土家族自治县
	四川	56	天全县、宝兴县、小金县、康定县、泸定县、丹巴县、雅江县、道孚县、稻城县、得荣县、盐源县、木里藏族自治县、汶川县、北川县、茂县、理县、平武县、九龙县、炉霍县、甘孜县、新龙县、德格县、白玉县、石渠县、色达县、理塘县、巴塘县、乡城县、马尔康县、壤塘县、金川县、黑水县、松潘县、九寨沟县、旺苍县、青川县、通江县、南江县、万源市、阿坝县、若尔盖县、红原县、沐川县、峨边彝族自治县、马边彝族自治县、石棉县、宁南县、普格县、布拖县、金阳县、昭觉县、喜德县、越西县、甘洛县、美姑县、雷波县
	贵州	25	赫章县、威宁彝族回族苗族自治县、平塘县、罗甸县、望谟县、册亨县、关岭布依族苗族自治县、镇宁布依族苗族自治县、紫云苗族布依族自治县、赤水市、习水县、江口县、石阡县、印江土家族苗族自治县、沿河土家族自治县、黄平县、施秉县、锦屏县、剑河县、台江县、榕江县、从江县、雷山县、荔波县、三都水族自治县
	云南	39	香格里拉县（不包括建塘镇）、玉龙纳西族自治县、福贡县、贡山独龙族怒族自治县、兰坪白族普米族自治县、维西傈僳族自治县、勐海县、勐腊县、德钦县、泸水县（不包括六库镇）、剑川县、金平苗族瑶族傣族自治县、屏边苗族自治县、西畴县、马关县、文山县、广南县、富宁县、东川区、巧家县、盐津县、大关县、永善县、绥江县、永胜县、宁蒗彝族自治县、景东彝族自治县、镇沅彝族哈尼族拉祜族自治县、孟连傣族拉祜族佤族自治县、西盟佤族自治县、双柏县、大姚县、永仁县、麻栗坡县、景洪市、永平县、漾濞彝族自治县、南涧彝族自治县、巍山彝族回族自治县
合计		255	

功能区生态环境状况指数稳步提升。国家、省（直辖市）层面不断加大重点生态功能区转移支付力度，引导编制实施重点生态功能区产业准入负面清单，因地制宜发展负面清单外的特色优势产业，有效促进区域绿色转型。

划定生物多样性保护优先区域。为加强生物多样性保护，我国在全国范围内划定了35个生物多样性保护优先区域，长江经济带涉及15个生物多样性保护优先区域（表16.4），对重要生态系统和物种的保护在全球具有重要意义。

表16.4　长江经济带生物多样性保护优先区域及保护重点

序号	生物多样性保护优先区域	涉及省（直辖市）	保护重点
1	横断山南段生物多样性保护优先区域	四川、云南	包石栎林、川滇冷杉林、川西云杉林、高山松林等生态系统，以及贡山润楠、金铁锁、平当树、大熊猫、滇金丝猴等重要物种及其栖息地
2	岷山-横断山北段生物多样性保护优先区域	四川	紫果云杉林、鱼鳞云杉林、云南松林等生态系统以及圆叶玉兰、大熊猫、川金丝猴、野牦牛等重要物种及其栖息地
3	武陵山生物多样性保护优先区域	湖北、湖南、四川、重庆、贵州	多脉青冈-水青冈林、苦槠林和青冈林、水杉林等生态系统以及叉叶苏铁、格木、狭叶坡垒、白头叶猴、黔金丝猴等重要物种及其栖息地
4	大巴山生物多样性保护优先区域	四川、湖北、重庆	巴山松林、包石栎林、多脉青冈-水青冈林等生态系统以及崖柏、川金丝猴、红腹锦鸡、大鲵等重要物种及其栖息地
5	羌塘—三江源生物多样性保护优先区域	四川	高原高寒草甸、湿地生态系统以及藏野驴、野牦牛、藏羚、藏原羚等重要物种及其栖息地
6	桂西黔南石灰岩生物多样性保护优先区域	云南、贵州	多脉青冈-水青冈林、高山栲-黄毛青冈林、栓皮栎林生态系统以及苏铁、中华桫椤、云豹、黑颈长尾雉、苏门羚等重要物种及其栖息地
7	西双版纳生物多样性保护优先区域	云南	兰科植物、云南金钱槭、华盖木、印度野牛、白颊长臂猿、印支虎等重要物种及其栖息地
8	桂西南山地生物多样性保护优先区域	云南	叉叶苏铁、格木、广西火桐、白头叶猴、冠斑犀鸟、斑林狸等重要物种及其栖息地
9	南岭生物多样性保护优先区域	江西、湖南、贵州	冷杉林、银杉林、穗花杉林等生态系统以及福建柏、长柄双花木、元宝山冷杉、瑶山鳄蜥等重要物种及其栖息地
10	黄山—怀玉山生物多样性保护优先区域	浙江、安徽、江西	台湾松林、苦槠林、青冈林等森林生态系统以及黄山梅、天目铁木、白颈长尾雉、白冠长尾雉等重要物种及其栖息地
11	武夷山生物多样性保护优先区域	浙江、江西	台湾松林、白皮松林、苦槠林、青冈林等生态系统以及百山祖冷杉、雁荡润楠、云豹、白颈长尾雉等重要物种及其栖息地
12	鄱阳湖生物多样性保护优先区域	江西、湖北	湖泊、河湖湿地生态系统以及白鹤、小天鹅等重要物种及其栖息地
13	洞庭湖生物多样性保护优先区域	湖北、湖南	河湖湿地生态系统以及珍稀水禽、淡水豚类、麋鹿等重要物种及其栖息地
14	大别山生物多样性保护优先区域	安徽、湖北	大别山五针松林、台湾松林等森林生态系统以及金钱豹、原麝、斑羚、白颈长尾雉等重要物种及其栖息地
15	东海及台湾海峡生物多样性保护优先区域	上海、浙江	滨海湿地、岛礁生态系统，海洋贝藻类、鸟类及飞鱼、鳀鳂、翻车鱼等洄游性鱼类栖息地

建立自然保护地体系。自然保护地是生态建设的核心载体、中华民族的宝贵财富、美丽中国的重要象征，对于维护国家生态安全有重要价值。近年来，长江经济带11个省（直辖市）深入开展自然保护地系统优化调整，初步建立起以国家公园为主体的自然保护地体系（表16.5）。截至2021年，长江经济带11个省（直辖市）共建有各级各类

自然保护地 3613 个，其中大熊猫、神农架、钱江源、南山、普达措国家公园 5 个地区入选我国首批国家公园体制试点；2021 年，大熊猫国家公园正式被确定为全国首批 5 个国家公园之一；自然保护区 1086 个，沙漠（石漠）公园 10 个，森林公园 587 个，风景名胜区 515 个，湿地公园 480 个，地质公园 81 个。此外，生态环境部门持续加强对自然保护地的监管，组织实施了自然保护区"绿盾"督查专项行动，通过开展联合巡查，建立问题台账，督促问题整改，严格管控自然保护地的各类生态破坏。

表 16.5　长江经济带自然保护地的数量和分布情况　　　　（单位：个）

区位	省份	国家公园	自然保护区	地质公园	森林公园	湿地公园	水利风景区	水源保护区	风景名胜区	沙漠公园	水产种质资源保护区	小计
下游	上海		4	1	5	2	4	3				19
	江苏		30	5	46	30	60	21	22		36	250
	浙江		35	4	71	31	33	15	60		6	256
	安徽		105	13	74	45	42	18	38		26	361
中游	江西		200	4	49	67	41	22	40		23	446
	湖北		77	11	48	91	24	33	34		62	381
	湖南		128	11	98	69	40	43	59	8	31	488
上游	重庆		57	6	32	28	16	15	33		2	189
	四川	1	168	16	84	41	39	50	91	1	30	521
	贵州		124		43	51	31	15	72		17	353
	云南		158	10	37	25	20	19	66	1	16	353
合计		1	1086	81	587	480	350	254	515	10	249	3613

严格管控岸线开发利用。长江岸线作为支撑长江经济带发展的重要资源，对沿江地区经济社会发展具有重要的支撑作用。为协调岸线保护与开发利用之间的矛盾，解决长江岸线无序开发利用破坏生态环境的问题，国家印发实施了《长江岸线保护和开发利用总体规划》，统筹规划长江岸线资源，促进岸线有序开发，引导构建科学有序、高效生态的岸线开发利用和保护格局。各省（直辖市）按要求划定了岸线功能区，划分岸线保护区、岸线保留区、岸线控制利用区、岸线开发利用区，严格分区管理和用途管制，坚决控制与长江生态保护无关的开发活动，清理整治了一批违法违规岸线利用项目，腾退受侵占的高价值生态岸线，带动沿江环湖湿地生态系统的修复和生物多样性的保护。

（二）优化调控城镇化布局

近年来，长江经济带各省（直辖市）按照全国"两横三纵"城镇化战略格局，积极落实主体功能区规划，不断优化城镇化总体布局，实行上游、中游、下游和大、中、小城市分类差别引导，下游积极推动建设长三角世界级城市群，中上游努力发展壮大长江中游、成渝、江淮城市群，发挥中心城市对周边城市的辐射带动作用。城市建设不再盲目"贪大求洋"，采用"微改造"的"绣花"功夫，推动城市建设精品化、绿色化、高质量发展。按照建立统一的国土空间规划体系的要求，各省（直辖市）积极探索划定城镇开发边界，合理控制开发强度，统一用途管制。建立健全城市群发展协调机制，推动跨区域城市间产业分工、基础设施、生态保护、环境治理等协调联动，实现城市群一体化高效发展。

长江经济带 11 个省（直辖市）坚持生态优先、绿色发展的理念，依托长江干支流及重要湖库，从区域景观尺度出发，共筑大尺度城市群绿色生态空间，共建区域生态廊道、生态绿隔，打造城市群生态绿网体系。例如，下游长三角城市群积极推进生态绿色一体化示范区建设，长江中游城市群共同构建以幕阜山和罗霄山为主体，以沿江、沿湖和主要交通轴线绿色廊道为纽带的城市群生态屏障，建设城市群"绿心"。上游成渝城市群围绕龙泉山建设生态绿隔，滇中地区围绕滇池建设生态绿心，形成生态绿心、生态绿隔和城镇空间嵌套发展的城市布局模式。

实施以水定城、以水定产，推进跨区域、跨流域水利基础设施建设，优化区域水资源配置。在不突破水资源承载能力的前提下，各省（直辖市）城镇建设和承接产业转移区域有序调控新城建设规模，合理控制城镇居民用水增量。协同开展长江三峡、葛洲坝、二滩等水利设施建设，建立上游、中游、下游饮用水水源地分级分区保护制度，推进水务一体化管理。强化防洪减灾应急能力建设，借助海绵城市建设等载体，加大非常规水源利用，将再生水、雨水和微咸水纳入水资源统一配置。

加强区域环境污染联防联治，切实改善生态环境质量。围绕水、气、土等生态环境要素，按照区域协同增效的原则，深入打好污染防治攻坚战。推进长江干支流水环境协同治理，落实流域联防联控机制；强化大气污染联防联治，完善执法联动机制；协同开展土壤污染防治，共建共享固体废弃物处置设施和回收利用网络。推行绿色基础设施建设，提升污水、垃圾无害化处理率和资源循环利用率，改善提升人居环境。

专栏 16.1　上游、中游、下游城市群持续优化国土空间开发保护格局

长三角城市群。积极发挥上海龙头带动作用以及苏、浙、皖的比较优势，加强跨区域协调互动，提升都市圈一体化水平，推动城乡融合发展，构建区域联动协作、城乡融合发展、优势充分发挥的协调发展新格局。建设长江生态廊道、淮河–洪泽湖生态廊道，推进环巢湖地区、崇明岛生态建设。以皖西大别山区和皖南–浙西–浙南山区为重点，构筑长三角绿色生态屏障。实施乡村振兴战略，推广浙江"千村示范、万村整治"工程经验，提升乡村发展品质。

长江中游城市群。强化武汉、长沙、南昌的中心城市地位，引领带动武汉城市圈、环长株潭城市群、环鄱阳湖城市群协调互动发展，构建多中心协调发展新格局。构筑以幕阜山和罗霄山为主体，以沿江、沿湖和主要交通轴线绿色廊道为纽带的城市群生态屏障，建设城市群"绿心"。建设以长江水系、湿地、山体、道路绿化带、农田林网为主要框架的网络化生态廊道。

成渝城市群。发挥重庆和成都双核带动功能，重点建设成渝发展主轴、沿长江和成德绵乐城市带，促进川南、南遂广、达万城镇密集区加快发展，提高空间利用效率，初步构建"一轴两带、双核三区"空间发展格局。建设成渝城市群生态屏障，构建以长江、岷江、大渡河、沱江、涪江、嘉陵江、渠江、乌江、赤水河为主体的城市群生态廊道。

（三）严守耕地红线

耕地是我国最为宝贵的资源。划定永久基本农田控制线、实行永久基本农田特殊保护，是确保国家粮食安全、实施乡村振兴、促进生态文明建设、推动经济高质量发展的必然要求。长江经济带 11 个省（直辖市）牢守底线，对已经划定的永久基本农田特别是城市周边的永久基本农田，坚持保护优先的原则予以重点保护。对因重大建设项目、生态建设、灾毁等依法占用的，通过占补平衡的方式，补划永久基本农田。通过实施土地整治、建设高标准农田等方式，提升耕地质量，改善生态环境。按照"谁保护、谁受益"的原则，探索建立永久基本农田保护补偿机制，实行耕地保护激励性补偿和跨区域资源性补偿。构建永久基本农田动态监管机制，结合土地督察、全天候遥感监测、土地卫片执法检查等，对永久基本农田数量和质量变化情况进行全程跟踪，推动实现永久基本农田的全面动态管理。

二、促进生产生活方式绿色转型

长江经济带是我国最具活力的经济带之一，也是未来"中国经济的脊梁"。长江经济带以21%的土地承载着全国30%的石油化工产业，重化工业产量占全国46%左右，石油化工产业生产能力已占据全国近"半壁江山"（雷英杰，2017），能源消费总量和二氧化碳排放量占全国的1/3左右，水电、风电、太阳能发电、生物质能发展潜力大，但开发利用程度总体偏低。近年来，国家及长江经济带 11 个省（直辖市）出台了一系列政策措施和要求，优化"产业–能源"结构与布局，全面推进绿色制造，提高工业资源能源利用效率，减少工业发展对生态环境的影响；推动生态修复融合产业发展，促使整体发展质量和效益稳步提升。

（一）优化"产业–能源"结构与布局

推动产业结构绿色转型。各省（直辖市）在落实主体功能区规划的前提下，基于长江流域区域环境承载能力，实施长江经济带"三线一单"，加强分类指导，确定产业尤其是化工业发展方向和开发强度，产业结构绿色化趋势明显（张莹和潘家华，2020）。围绕普遍存在的化工围江问题集中开展综合整治，沿江省（直辖市）加快重污染企业搬迁改造或关闭退出，按照长江干流及主要支流岸线 1km 范围内不准新增化工园区的要求，依法淘汰取缔违法违规工业园区。全面开展"散乱污"涉水企业综合整治，分类实施关停取缔、整合搬迁、提升改造等措施，依法淘汰涉及污染的落后产能。腾退污染土地，完善风险管控措施并及时开展治理修复，确保腾退土地符合规划用地土壤环境质量标准。严格控制沿江石油化工、化学原料、医药制造等新项目环境风险，合理布局生产装置及危险化学品仓储等设施。加快化解落后产能，发展绿色低碳和高新技术产业，产业转型升级取得积极进展。

优化调整能源结构。长江经济带 11 个省（直辖市）不断推动能源结构优化调整，努力降低化石能源消耗，以先进技术促进能源利用效率的提高（李亦博，2014）。上游地区大力发展水电、风电、光伏发电、生物质能等绿色能源优势，云南省绿色电力装机占比达 84.1%、绿色发电量占比达 92%，"十三五"时期，云南"西电东送"电量累计达 7560 亿 kW·h，100%为清洁电力。长江中下游地区积极转变能源发展方式，借助技术优势提高能源利用效率，推广使用清洁能源，提升能源科技装备能力，沿海地区充分利用近海及岛屿地带风能资源，加快建设风电基地。近 5 年，长江经济带能源消费总量上升幅度有所放缓，江苏省和浙江省单位 GDP 能耗分别累计下降 18.2%和 14.3%，单位 GDP 碳排放明显下降，下游和中游交通能耗和建筑能耗在整个长江经济带交通能耗的占比整体呈现下降态势。

改造提升工业园区。长江经济带 11 个省（直辖市）积极落实《关于加强长江经济带工业绿色发展的指导意见》，全面推进新建工业企业向园区集中，严格管控沿江工业园区的项目准入。深化园区绿色低碳转型，开展清洁生产，推广节水工艺、技术和装备，实施能源环境基础设施绿色化、低碳化改造，促进资源节约、循环利用。全面深化沿江化工园区污染专项整治，推进园区水污染防治、水生态环境保护和可持续水管理，完善污染治理设施，实施雨污分流改造。截至 2020 年，长江经济带的化工企业主要集中在 158 家省级及以上化工园区和上千家市级园区（刘录三等，2020），省级及以上工业园区全部建成污水集中处理设施，浙江省 264 个重点工业园区建成"污水零直排区"。

专栏 16.2　上游、中游、下游部分省（直辖市）绿色转型典型做法与成效

上游贵州省。坚持守好发展和生态的两条底线，落实新发展理念，以建设国家生态文明试验区为引领，倒逼产业转型升级，坚持生态产业化、产业生态化，磷化工企业"以渣定产"实现年度产消平衡，单位地区生产总值能耗稳步降低，生态利用型、循环高效型、低碳清洁型、环境治理型"四型"绿色经济占比达到 42%。绿色体制机制政策效应不断叠加释放，生态效益、绿色经济持续变现。

中游江西省。坚持抓"全体系"绿色发展，深入实施"2+6+N"产业高质量跨越式发展行动，全力做大做优做强航空、电子信息、装备制造、中医药、新能源、新材料等优势产业，积极培育全域旅游、大数据、大健康等新业态，推动产业向高端化、智能化、绿色化发展。2020 年，江西省战略性新兴产业、高新技术产业增加值占规模以上工业比例分别达 22.1%、38.2%，万元生产总值水量、能耗和二氧化碳排放量较"十二五"末分别下降了 33.54%、18.3%和 22.25%（江西省人民政府，2021）。

下游浙江省。重拳淘汰落后产能"做减法"，积极培育绿色经济"做加法"，抓住互联网、大数据、云计算、人工智能等新技术革命战略机遇期，大力推进以新产业、新业态、新模式为主要特征的"三新"经济，经济结构明显优化，资源要素投入产出效率明显提升，绿色低碳循环的产业体系正在形成。同时，浙江清洁能源示范省建设推进效果明显，能源资源利用效率持续提高，万元 GDP 能耗达到 0.4t 标煤，节能降耗水平位居全国前列（刘磊和周梦天，2020）。

（二）推动"两山"转化，促进生态产品价值实现

长江经济带各省（直辖市）先行先试，结合本地实际，因地制宜探索出一系列生态产品价值转化和实现路径，主要包括生态补偿、生态产业发展、生态权属交易、绿色金融扶持、区域协调发展、试点示范等，有效推动"绿水青山"转化为"金山银山"。

1）生态补偿。生态补偿是公共性生态产品最基本、最基础的经济价值实现手段，建立以政府为主导的生态补偿机制是公共性生态产品价值实现的重要方式和途径。2018年，财政部印发实施《关于建立健全长江经济带生态补偿与保护长效机制的指导意见》，为长江经济带生态文明建设和区域协调发展提供重要财力支撑和制度保障。国家对重点生态功能区的转移支付是最常见的纵向生态补偿方式之一，2020年，长江经济带国家重点生态功能区转移支付总额为 325.05 亿元，占全国重点生态功能区转移支付总额的40.91%，主要集中在中上游地区。在地方实践层面，下游长三角地区在生态环境协作治理方面，以生态补偿试点为突破口，形成了两省合作共治、上下游联合水质监测、多元化补偿方式的新安江模式（李浩和刘陶，2021）。江苏省建立了覆盖全省多流域的"双向补偿"制度，即按水质与流向情况核算正向超标补偿资金和反向达标补偿资金，形成属于政府主导下的市场化生态补偿机制典型模式；重庆市创新了生态用地与建设用地功能置换、生态保护红线异地代保等生态补偿模式。

2）生态保护修复融合产业发展。长江经济带 11 个省（直辖市）将生态保护修复融合农林牧渔产业发展，大力发展绿色生态产业，不断推动产业生态化、生态产业化，走出一条百姓增收致富、脱贫奔小康的绿色可持续发展之路。长江经济带适合发展林下经济的林地利用率达到 50%，各地将提升森林质量和生态功能，与发展以绿色优质森林产品、森林康养、森林文化为代表的林下经济充分结合，林下经济产业集群化趋势日趋明显，产品质量逐步标准化。通过建设一批生态农业示范区，协同治理农业生态环境，防治农业面源污染，调整种植业结构，发展长江经济带优势农产品和特色农产品，促进种植业绿色发展。云南省积极将生态修复与生态农业发展紧密结合，水果、蔬菜、茶叶、花卉等成为绿色食品主导产业，农产品出口连续多年稳居西部省份第一。另外，各省（直辖市）积极发挥地区优势，大力提倡清洁生产、绿色生产方式，推行标准化养殖方式，提高畜牧业养殖技术普及率，减少对环境的污染和破坏，实现畜牧业循环发展。

3）生态权属交易。生态权属交易是指生产消费关系较为明确的生态系统服务权益、污染排放权益和资源开发权益的产权人和受益人之间直接通过一定程度的市场机制实现生态产品价值的模式。长江经济带目前建立了四川联合环境交易所、长沙环境资源交易所、湖北碳排放权交易中心、湖北环境资源交易中心、上海环境能源交易所等数家环境交易所，初步建立起权属交易市场，在协同推进环境保护与经济绿色低碳发展的过程中发挥关键性作用。江苏省率先在苏州、镇江、淮安 3 个国家低碳试点城市启动碳排放权交易，在太湖流域启动排污权有偿使用和交易试点，是全国最早开展水排污权交易实践的区域之一。

4）绿色金融扶持。浙江省湖州市和衢州市、江西省赣江新区、贵州省贵安新区作为全国首批绿色金融改革创新的国家级试验区，先后出台支持绿色金融的政策措施，制订绿色项目认定标准，建立绿色产业项目库，全面推进绿色金融改革创新。重庆市健全

水、气、电等绿色价格机制，创建绿色气候金融，发挥金融的杠杆引领作用。其中，浙江湖州作为"绿水青山就是金山银山"重要论断的起源地，积极探索符合本地实际的绿色金融模式，以金融支持支柱产业绿色改造升级为主线，发布 8 项绿色金融地方标准，打造全国首个在线融资综合服务平台"绿贷通"，形成政府主导，市场、机构、行业多方面联动的共推体系（刘孝斌，2020），积极推进"两山"理念新实践。

5）区域协调发展。各省（直辖市）大力创新长江经济带区域协调发展体制机制，推进一体化市场体系建设，加大金融合作创新力度，加强与上下游省（直辖市）合作，探索产业、资本、技术、人才、物流、生态环保等合作机制，建立生态环境协同保护治理机制。长三角地区联合出台《关于支持和保障长三角地区更高质量一体化发展的决定》，在一个区域内各省级人大同步作出支持和保障国家战略发展的重大事项决定，对于完善长江经济带省际协商合作机制、实施更加有效的区域协同一体化发展，具有重要的示范引领意义。湖北省针对生态功能区等经济相对落后和区域开发受到限制的地区，积极发展飞地经济，在生态功能区与重点开发区之间开展产业异地联动试点，并逐步推广。

6）试点示范。积极开展生态产品价值实现机制试点工作，江西省和贵州省被纳入全国首批国家生态文明试验区。国家在浙江、江西、青海、贵州 4 省设立"生态产品价值实现机制试点"，长江经济带有 3 个，其中浙江丽水成为首个生态产品价值实现机制试点市。截至 2020 年，国家累计命名 5 批 362 个"生态文明建设示范市县"，长江经济带共有 181 个，占比 50%；累计命名国家"绿水青山就是金山银山"实践创新基地 5 批共计 136 个，长江经济带共有 59 个，占比 43.4%。长江经济带各省（直辖市）在生态环境保护和生态文明建设进程中发挥着重要的引领示范作用。

三、改善区域生态环境质量

"十三五"以来，沿江 11 个省（直辖市）大力推进长江流域环境治理和生态保护修复，尤其是 2018 年以来，全面启动长江保护修复攻坚战，出台《长江保护修复攻坚战行动计划》，以改善长江生态环境质量为核心，以长江干流、主要支流及重点湖库为突破口，统筹"山水林田湖草"系统治理，坚持污染防治和生态保护"两手发力"，推进水污染治理、水生态修复、水资源保护"三水共治"，实施工业、农业、生活、航运污染"四源齐控"，深化和谐长江、健康长江、清洁长江、安全长江、优美长江"五江共建"。经过几年的探索实践，长江污染治理与生态保护修复工作取得重大突破，长江生态环境质量持续改善，生态产品供给能力稳步提升。

（一）加快生态环境污染治理

按照《关于全面加强生态环境保护　坚决打好污染防治攻坚战的意见》《长江经济带生态环境保护规划纲要》等文件要求，沿江 11 个省（直辖市）全面启动蓝天、碧水、净土保卫战。各省（直辖市）陆续出台大气污染防治行动方案，实施大气污染防治专项行动，调整优化产业结构、能源结构、运输结构、用地结构，强化区域联防联控和重污染天气应对。实施水污染治理、水生态修复、水资源保护"三水共治"，扎实推进"河（湖）长制"，部署推进城镇污水垃圾处理、化工污染治理、船舶污染治理、农业面源污染治理和尾矿库治理"4+1"工程，初步构建源头控污、系统截污、全面治污"三位一体"的长江经济带水污染治理体系。实施耕地土壤环境治理保护重大工程，开展重点地区涉重金属行业排查和整治，推进长江经济带固体废物大排查行动。各省（直辖市）集中开展劣V类国控断面整治、入河排污口排查整治、"三磷"排查整治、"绿盾"专项行动、"清废"专项行动、饮用水水源地保护、城市黑臭水体整治、工业园区污水处理设施整治 8 个专项行动，加快"共抓大保护"突出问题整改（王金南等，2021），积极推进长江生态环境治理。

随着长江经济带保护修复攻坚战的深入实施，长江生态环境质量明显改善，长江经济带 484 个突出问题已解决大半，工业污染排放总量和工业污染排放强度实现双下降（黄磊和吴传清，2021）。2020 年，沿江 11 个省（直辖市）PM$_{2.5}$浓度较 2015 年下降29.5%，大部分城市空气质量优良天数比例提升。2020 年，长江流域水质优良（Ⅰ～Ⅲ类）断面比例为 90.27%，高于全国平均水平 6.87 个百分点，较 2015 年提高 16.7 个百分点，干流首次全线达到Ⅱ类水质。城镇和农村污水及生活垃圾处理设施更加健全，地级及以上城市污水收集管网长度比 2015 年增加 20.7%，城市和县城生活垃圾日处理能力比 2015 年提高 60.7%。全面整治长江岸线，关停取缔一大批高污染、高耗能企业，清理整治一批非法码头和违法违规项目，两岸绿色生态廊道逐步形成。三峡坝区岸电实验区全面投运，极大地减少了船舶航运污染源。

专栏 16.3　上游、中游、下游部分省（直辖市）生态环境污染治理做法与成效

1）上游四川省。坚决打好污染防治攻坚战，强化大气污染防治重点区域联防联控，全面落实"河（湖）长制"，推动流域综合整治，深入实施重点小流域挂牌督办、消除劣V类断面、"三磷"污染防治攻坚等专项行动，全面完成农用地土壤污染状况详查和重点行业企业用地调查。生态环境质量明显改善，2020 年，四川省优良天数比例为 90.7%，较 2015 年提高 5.5 个百分点；全省 PM$_{2.5}$平均浓度为 31μg/m³，较 2015年下降 26.2%。地表水省控及以上断面水质优良比例为 94.5%，比 2015 年（61.3%）提高 33.2 个百分点（四川省人民政府，2021）。

2）中游湖南省。扎实推进蓝天、碧水、净土三大保卫战和七大标志性重大战役，积极推进突出生态环境问题整改，推动生态环境质量明显改善。2020 年，湖南省 60个国家考核断面水质优良率为 93.3%，国家地表水考核断面全面消除劣V类水质。地级城市空气质量优良天数比例为 91.7%，比 2015 年提高 10.3 个百分点。全省受污染耕地和污染地块安全利用率达到国家考核要求（湖南省人民政府，2021）。

3）下游上海市。全面完成污染防治攻坚战阶段性目标任务，主要污染物排放大幅削减，环境质量持续改善。2020 年，上海市细颗粒物（PM$_{2.5}$）年均浓度为 32μg/m³，较 2015 年下降 36%；环境空气质量指数（AQI）优良率为 87.2%，较 2015 年上升 11.6个百分点。地表水主要水体水质稳定改善，主要河流断面水环境功能区达标率为 95%，较 2015 年提高 71.4 个百分点；优Ⅲ类断面占比 74.1%，较 2015 年上升 59.4 个百分点，无劣V类断面（上海市人民政府，2021）。

（二）实施重大生态系统保护修复工程

长江经济带 11 个省（直辖市）秉承"山水林田湖草生命共同体"的系统理念，启动了长江沿线国土空间生态修复（谢思聪，2021），从长江流域的整体性和系统性出发，统筹流域上下游、左右岸、岸上下，实施天然林保护、"山水林田湖草"生态保护修复、退耕还林还草、湿地生态保护修复、水土流失综合治理、石漠化治理、矿山生态修复、土地整治等工程，长江重点生态区生态系统恶化趋势基本遏制，水土流失、石漠化等生态问题得到改善，森林、草地、湿地等自然生态系统总体恢复，生态系统质量持续提升，生态功能逐步增强。

1）"山水林田湖草"生态保护修复工程试点稳步推进。"十三五"期间，国家聚焦关系国家或区域生态安全的重要生态功能区，开展了 3 批共 25 个"山水林田湖草"生态保护修复工程试点，在长江经济带地区共实施 8 个工程试点，其中上游 4 个，中游 3 个，下游 1 个，获得 130 亿元的国家财政资金支持（表 16.6）。各试点省（直辖市）深刻把握"山水林田湖草生命共同体"的内涵，改变过去单兵突进、顾此失彼的技术方式，以解决沿江突出生态环境问题为导向，注重生态系统的整体性和系统性，统筹"山水林田湖草"各要素，追根溯源、分类施策、系统治理，在区域生态系统整体保护、系统修复、综合治理方面探索总结了诸多先进经验，推动区域生态环境质量明显改善，可为全国大规模开展"山水林田湖草沙"一体化保护修复提供参考。

表 16.6　长江经济带"山水林田湖草"生态保护修复工程试点名单

批次	省份	工程名称	预算金额/亿元
第一批（1 个）	江西	赣州南方丘陵"山水林田湖"生态保护修复工程	20
第二批（2 个）	云南	抚仙湖"山水林田湖草"生态保护修复工程	10
	四川	广安华蓥山区"山水林田湖草"生态保护修复工程	10
第三批（5 个）	重庆	长江上游生态屏障（重庆段）"山水林田湖草"生态保护修复工程	20
	浙江	钱塘江源头区域"山水林田湖草"生态保护修复工程	20
	贵州	乌蒙山区"山水林田湖草"生态保护修复工程	20
	湖北	长江三峡地区"山水林田湖草"生态保护修复工程	20
	湖南	湘江流域和洞庭湖"山水林田湖草"生态保护修复工程	10
合计			130

2）重要生态系统保护修复初见成效。通过实施生态补水、疏浚清淤、栖息地恢复等措施，分布于国家重点生态功能区、江河源头区、生态脆弱区等区域的重要湿地得到了抢救性保护，建成一批国际重要湿地、国际级湿地类型自然保护区、国家级湿地公园。沿江各省（直辖市）积极推进大规模绿化行动，完成长江流域防护林体系建设，建设城市群森林廊道，优化调整森林资源结构，森林资源总量持续增长，森林群落的生物多样性和稳定性得到提升，长江经济带森林覆盖率达 44.38%，较 2015 年提升 3 个百分点。根据 2019 年生态环境状况指数评价结果，湖南、江西、浙江、云南 4 省生态环境状况指数大于 75，生态环境状况为优；其余各省（直辖市）均为 62.50～71.30，生态环境状况为良；云南、贵州的生态环境状况指数优良率占比分别为 100%和 97.62%，以上省（直辖市）生

态环境状况指数均远高于全国平均水平（51.30）（长三角与长江经济带研究中心，2020）。

3）生物多样性保护成效显著。长江经济带各省（直辖市）有序实施了生物多样性保护战略与行动计划，加强长江水生生物保护，使得长江主要陆地生态系统类型、野生动物种群和高等植物种群得到较好保护，珙桐、红豆杉等国家重点保护野生植物数量明显增加，大熊猫、朱鹮、扬子鳄等濒危野生动物种群数量稳中有升。其中，大熊猫从20 世纪 80 年代的接近濒危恢复到目前的野外种群数 1864 只（国家林业和草原局，2015），世界自然保护联盟（IUCN）将大熊猫受威胁等级从"濒危"降为"易危"；曾经野外消失的麋鹿在北京南海子、江苏大丰、湖北石首分别建立了三大保护种群，总数已突破 8000 只（国务院新闻办公室，2021）；陕西省洋县秦岭南麓的朱鹮野生种群由 80 年代的 7 只增加至 2020 年的 4100 余只，其中野生朱鹮及放飞朱鹮突破 2600 余只（陕西省林业科学院，2020）；金丝猴、亚洲象等旗舰物种种群数量稳中有增，栖息地分布区域有所恢复。陆生野生动物疫源疫病监测防控工作扎实推进。建立了扬子鳄的自然保护区和人工养殖场，开展以中华鲟、长江鲟、长江江豚为代表的珍稀濒危水生生物抢救性保护行动；实施长江流域重点水域"十年禁渔"，禁捕后长江江豚等旗舰物种的出现频率明显增加，在 2017 年率先全面禁捕的赤水河，特有鱼类种类数由禁捕前的 32 种上升至 37 种，资源量达到禁捕前的 1.95 倍，生物多样性水平逐渐提升。

4）水土流失及石漠化防治效果突出。采取生物和水利相结合的工程措施，有效提升了水土流失治理成效。2015 年以来，长江经济带水土流失治理成效显著，除上海外，其余 10 个省（直辖市）累计治理面积 757.77 万 hm² （张莹和潘家华，2020）。金沙江流域、三峡库区水土流失面积分别累计减少 6.6 万 hm² 和 5.3 万 hm²，岷江、沱江、赤水河、嘉陵江、乌江、汉江等重要支流水土流失面积均明显减少。通过实施石漠化综合治理，2005 年以来，长江中上游石漠化面积减少近 700 万 hm²。

四、构建生态文明治理新体系

各地区各部门持续完善法规制度保障，建立长江经济带生态文明规划政策体系，健全"共抓大保护"体制机制，强化能力建设，加快推动生态环境治理体系和能力现代化，为长江流域生态文明建设和生态环境保护提供强有力支撑。

1）完善法治保障。2020 年 12 月，国家正式出台《中华人民共和国长江保护法》，明确各方责任与事权，为加强长江流域生态环境保护和修复，促进资源合理高效利用，保障生态安全，实现人与自然和谐共生提供强有力的法律保障。《中华人民共和国长江保护法》颁布实施后，依法治江进入新阶段。各地区持续推进长江经济带司法协作机制，设立环境资源审判庭等专门审判机构 1203 个。发布实施生态环境损害鉴定评估技术指南，推进生态环境损害赔偿。

2）建立规划政策体系。按照国务院印发《关于依托黄金水道推动长江经济带发展的指导意见》，各地各部门强化生态文明建设顶层设计，突出规划政策先导作用，逐步建立长江经济带"1+N"规划政策体系。2016 年 5 月，党中央、国务院印发《长江经济带发展规划纲要》，明确了长江经济带发展战略的总体部署，细化制定"N"个专项规划、政策文件和实施方案，具体包括长江经济带生态环境保护、沿江取水口排污口和应急水源布局、岸线保护和开发利用、森林和湿地生态系统保护与修复、综合立体交通走廊建设、创新驱动产业转型升级、国际黄金旅游带以及长三角、长江中游、成渝三大城市群发展规划等 10 个专项规划；沿江各省（直辖市）分别制定实施方案；出台城镇污水垃圾处理、化工污染治理、农业面源污染治理、船舶污染治理以及尾矿库污染治理"4+1"工程指导意见，以及省际协商合作机制、黄金水道环境污染防控治理、加快推进长江船型标准化、加强工业绿色发展、造林绿化等一系列支持政策。生态环境部门还牵头组织沿江 11 个省（直辖市）完成长江经济带"三线一单"编制，为生态环境空间分区管控提供了依据（张莹和潘家华，2022）。至此，国家层面基本形成了以《长江经济带发展规划纲要》为统领，相关专项规划、地方实施方案和支持政策为支撑，全面推进长江经济带生态文明体系建设的规划政策体系，为推动长江经济带生态文明建设、实施高质量发展战略打下了坚实基础。

3）健全"共抓大保护"体制机制。国家印发《长江经济带省际协商合作机制总体方案》等指导性文件，推进上游、中游、下游协同发展，初步建立"中央统筹、省负总责、市县抓落实"的管理体制。建立长江流域协调机制，统一指导、统筹协调长江保护工作，审议长江保护重大政策、重大规划，协调跨地区跨部门重大事项，督促检查长江保护重要工作的落实情况。完善长江环境污染联防联控机制和预警应急体系，推行环境信息共享，建立跨部门、跨区域、跨流域突发环境事件应急响应机制。完善环评会商、联合执法、信息共享、预警应急的区域联动机制。长江经济带各级党委、政府将全面推行"河长制"作为"一把手"工程，党政协同、协调部署、督促落实"河长制"工作，细化完善水环境领域法规条例，出台实施一系列推动生态文明建设的改革举措，初步形成了政府主导、全社会共同参与的"共抓大保护、不搞大开发"格局。

4）强化支撑服务保障。建立了长江经济带发展负面清单管理制度，强化生态环境硬约束。建立了生态产品价值实现机制，完善绿色发展体制机制，探索生态产品价值转化有效路径，如创新环境资源权益交易市场化营商模式，建设碳交易和绿色金融体系，强化环境信用评价体系成果应用。不断提升生态环境监测监管能力建设水平，初步构建了"天空地"一体化的生态环境监测监管体系；以建立生态环境智慧感知体系、智慧监管执法体系和生态环境治理数字化平台为目标，努力提升监测监管智慧化水平。增强生态环境治理政策、措施之间的关联性和耦合性，构建跨区域监督执法体系，提高应对生态环境风险挑战的能力。

专栏 16.4　上游、中游、下游部分省（直辖市）生态文明制度创新

1）上游重庆市。坚决实行最严格的生态环境保护制度，相继印发《重庆市实施生态优先绿色发展行动计划（2018—2020 年）》《重庆市污染防治攻坚战实施方案（2018—2020 年）》等政策文件，把生态文明建设与高质量发展、高品质生活有机统一起来（孙凌宇，2018）。强化大气污染联防联控和预警预报，推进水环境治理网格化、耕地土壤分类治理和安全利用，实行生态环境损害赔偿制度。推进"无废城市"建设试点，完善环境信息披露机制，全面开展环境信用评价。严格环境监管执法，推动建立生态环保督察体系。

2）中游湖北省。相继出台《关于大力加强生态文明建设的意见》等一系列顶层设计文件推进生态文明建设，发布《湖北省环境保护条例》等环境保护法律法规条例（黄志红，2016）。在森林、湿地、流域水资源和矿产资源等领域，探索多样化的生态补偿方式，推动下游地区与上游地区、开发地区与保护地区、生态受益地区与生态保护地区建立横向生态补偿机制。支持湖北碳排放权交易中心建设。

3）下游浙江省。在前期建设"生态省"和"美丽浙江"的基础上，深入落实"八八战略"和"六个浙江"要求，提出实施建设浙江大花园的战略目标，出台《浙江省大花园建设行动计划》，支持丽水、衢州等生态资源丰富的区域依靠绿色生态实现崛起，将生态经济发展作为经济新引擎。在浙江丽水开展生态产品价值实现机制试点，建设新安江-千岛湖生态补偿试验区，建立生态补偿、有偿使用和水权交易制度，率先运用市场机制进行环境资源配置（陈涛，2021）。

第四节　长江经济带生态文明建设趋势与展望

自长江经济带重大战略实施以来，在沿江各省（直辖市）的共同努力下，长江经济带生态环境保护发生了转折性变化，经济社会发展和生态文明建设取得历史性成就，人民生活水平显著提高，实现了在发展中保护、在保护中发展。面向新时期建设美丽中国、实现碳达峰、碳中和以及共同富裕的目标愿景，长江经济带作为我国生态文明建设的主战场和引领经济高质量发展的主力军，将在践行新发展理念、构建新发展格局、推动绿色高质量发展中继续发挥重要作用。

一、贯彻新发展理念，推动长江经济带绿色低碳发展

绿色发展是构建长江经济带高质量现代化经济体系的必然要求，是解决污染问题、实现区域发展模式转型的根本之策（李东，2018）。新时期，推进长江经济带生态文明建设的关键依然是平衡好经济社会发展与生态环境保护之间的关系，贯彻新发展理念，以减污降碳为重点战略方向，以推动减污降碳协同增效、促进经济社会发展全面绿色转型、实现生态环境质量改善由量变到质变为主基调，以建设美丽中国、实现共同富裕为根本目标，持续优化绿色生产生活方式，提高长江经济带发展的绿色底色和成色，构建长江经济带新发展格局，谱写生态优先绿色发展新篇章。

1）以生态环境空间管控引导产业布局优化。以资源环境承载能力为刚性约束，合理确定上游、中游、下游不同地区产业发展方向、发展布局和开发强度，探索产业集聚与协同发展模式，构建上游、中游、下游特色突出、错位发展、互补互进的产业绿色发展新格局（李恩平，2020）。强化准入管理和底线约束，加快落实长江经济带"三线一单"，积极发挥其引导产业布局和结构优化的正向效用（彭昕杰等，2021）。严格控制沿江水产养殖、石油加工、化学原料和化学制品制造、医药制造等项目，倒逼沿江重化工

产业结构的高端化、低碳化、绿色化转型。

2) 全面推进石化产业绿色转型发展。把握长江经济带石化产业绿色发展要求，全面落实《石油和化工行业绿色发展行动计划》，优化产业布局，规范园区发展。采取"腾笼换鸟"式产业结构调整与"凤凰涅槃，浴火重生"式产业结构转型升级相结合，以产业结构转型升级为重点，推动工业产业高质量发展，培育产业升级新动能。重视科技创新，综合提升长江经济带创新能力，加强省（直辖市）之间创新合作，将创新资源优势转化成产业创新成果（施卫东，2020），提升科技支撑能力，构建绿色技术创新体系。

3) 着力打造工业园区绿色转型新高地。完善新时期推动长江经济带绿色园区高质量发展的顶层设计，上游、中游、下游一体统筹优化园区布局和产业定位，推动全流域协同发展，发挥好下游地区工业园区绿色发展的示范引领作用。深化园区绿色低碳转型，实施能源环境基础设施绿色化、低碳化改造，构建能源基础设施和环境基础设施间能源–水产业共生体系，提高余热利用率和污泥等固体废弃物能源化利用。精准科学治污，全面深化沿江化工园区污染专项整治。构建全过程管理体系，从全生命周期推进园区水污染防治、水生态环境保护和可持续水管理。全面推进园区及企业产业数字化和生态化，鼓励建设智慧化工园区，提升园区管理运行的精细化和智慧化水平。

4) 实施上游、中游、下游差异化的能源低碳发展战略。全面推动能源结构革新和消费革命，实施可再生能源替代行动，提升煤炭等化石能源清洁利用效率，努力降低煤炭在一次能源消费中的比例。上游地区非化石能源丰富，进一步发展非化石能源并做好消纳；下游地区经济实力雄厚、技术发达、风电资源丰富，利用技术优势，推广规模化能源和分布式能源相结合的发展模式；中游地区未来能源需求量大，在做好本地区消纳基础上做好外调能源工作。

5) 创新发展生态产品服务产业。长江经济带各省（直辖市）先行先试，探索了一系列生态产品价值实现路径，涌现出一批围绕生态产品供给和价值实现形成的新产业、新业态、新模式。随着人民对优质生态产品的需求不断增加，各省（直辖市）充分发挥当地生态资源优势，以生态资源为主导生产要素，积极探索发展生态产品服务产业，培育经济高质量发展新动能，塑造城乡区域协同发展新格局（王金南等，2021）。推动生态产品资产化和资本化，扩大生态资本经营渠道，促进生态保护修复与生态产品价值转化的良性循环。

二、深入推动生态环境综合治理、系统治理、源头治理

深入推动生态环境综合治理、系统治理、源头治理，建设安澜长江、绿色长江、和谐长江、美丽长江。生态是统一的自然系统，是相互依存、紧密联系的有机链条，生态环境治理也应该以系统思维考量、以整体观念推进。新时期，围绕长江经济带生态环境面临的突出问题，应始终坚持"山水林田湖草是一个生命共同体"的系统观和整体观，以保障长江经济带整体生态安全为前提，深入推动生态环境综合治理、系统治理、源头治理，持续改善长江生态环境质量，提升生态系统的稳定性，增加优质生态产品供给，不断满足人民群众对优美生态环境的需要。

1) 深入打好污染防治攻坚战。按照国家深入打好污染防治攻坚战的总体部署，落

实减污降碳、协同增效的要求，通过抓污染物减排、抓环境治理、抓源头防控，全面实施升级版的污染防治攻坚战（廖琪等，2020），优先解决危害公众健康的污染问题，巩固污染治理成效。以区域城市群为重点，强化移动源大气污染治理，协同控制多种污染物，进一步提高长江经济带空气质量。水污染防治持续抓好工业、生活、农业、航运"四源"齐控，着力解决县级以上水源地不达标问题及农村水源地保护薄弱问题，从严防范水生态环境风险（王金南等，2021）。对长江经济带主要的农产品供给区的耕地和沿江高污染行业企业用地的土壤污染状况进行详查，对重金属污染场地进行修复（张莹和潘家华，2020）。

2）严格生态空间保护与管控。根据长江流域生态环境系统特征，强化上游、中游、下游分区管治，上游地区坚持预防保护为主，中游地区实施系统保护修复，下游地区以治理恢复为主。在统一的国土空间规划体系下，以生态保护红线为重点，实行最严格的生态空间准入管理制度，严格生态环境底线约束。建立生态破坏问题监管机制，持续推进自然保护地"绿盾"行动以强化监督，及时发现和遏制各类生态破坏行为，守住自然生态安全边界。严格长江流域河湖岸线的保护和管控，划定河湖岸线保护范围，制定河湖岸线保护规划，科学控制岸线开发建设，促进岸线合理高效利用。

3）持续实施重大生态保护修复工程。从长江流域的整体性和系统性出发，统筹上游、中游、下游和江河湖库、左右岸、干支流，持续实施"山水林田湖草沙"一体化治理工程，采取基于自然的解决方案（NbS）。持续推进水土流失、石漠化治理，开展大规模国土绿化行动，健全耕地休耕轮作制度，修复或重建退化生态系统。完善以国家公园为主体的自然保护地体系，实施生物多样性保护重大工程，继续实施长江十年禁渔，深化野生动植物保护与生物资源管理（王夏晖和张箫，2020），加强生态调度和生境修复重建，恢复长江旗舰物种和特有鱼类种群。深化城乡环境综合整治，改善人居环境，为人民群众提供更多的优质生态产品。

4）提升生态环境风险防控能力。当前，气候变化成为人类生存面临的最大挑战之一，极端灾害事件频发，直接威胁人民群众生命及财产安全。建立完善长江生态环境风险防控体系，强化对生态破坏的监测监管，对生态破坏区建立生态影响监测和评估制度（张莹和潘家华，2020）。在城市地区推广建设绿色基础设施，提升城市生态系统应对极端灾害事件的适应力及恢复力。完善极端灾害事件的应急保障机制。

三、加快推进生态环境治理体系和治理能力现代化

习近平总书记指出，只有实行最严格的制度、最严密的法治，才能为生态文明建设提供可靠保障。面向新时期的新环境和新挑战，需持续深化制度革新，不断建立健全流域上下游协调发展机制，完善生态产品价值实现机制，引导企业和社会公众积极参与生态环境保护，筑牢长江经济带"共抓大保护、不搞大开发"的总体格局。

1）建立健全区域协调发展体制机制。落实十九届五中全会和"十四五"时期经济社会发展规划纲要部署，构建多尺度、多样化的区域发展政策体系（陈明星等，2021）。强化区域协调发展的顶层设计，做好统筹国土空间开发保护的战略性、基础性、指导性的宏观方案。长江经济带各省（直辖市）依据上下游生态产品流转消费关系，建立上下游跨省

异地开发机制，促进下游经济发展基础较好的省（直辖市）与上游重点经济发展地区共建异地开发工业园，推动绿色产业合作，双方共享 GDP、财政收入和税收，促使开发承载区获得经济收益，实现下游地区人才、资金、技术向中上游地区流动。扩大扶持范围，建立省内协同开发机制，建立下游市县对应上游市县"点对点"帮扶机制，引导上下游协同发展，打造区域协调发展新样板，引领全国高质量区域发展新格局（张双悦，2021）。

2）建立以市场为主体的生态产品价值实现机制。积极探索建立政府主导下的市场化生态补偿创新机制，完善依据生态保护成效的财政转移支付制度，让保护修复生态环境获得合理回报，让破坏生态环境付出相应代价。借鉴"新安江模式"，鼓励开展区域生态系统服务价值核算，以生态产品产出能力为基础建立生态保护补偿标准。依托反向竞标和绩效支付的市场化方式，建立政府购买生态产品的市场化生态保护补偿机制。探索建立长江流域生态资源总量配额跨省交易制度，推广生态资产交易制度，将生态资源总量配额制度扩展至湿地、森林等生态资源类型；建立流域上下游生态用地开发配额交易机制，推广重庆"地票""林票"制度，将可流转的额度作为生态用地开发的配额，搭建交易平台。细化污染物排放的产权，推广实行排污许可制，推进排污权、用水权、用能权、碳排放权市场化交易，对污染物进行定价，按照"谁污染，谁修复"的原则，通过市场调节机制体现绿色发展的公平性（彭伟斌和曹稳键，2021）。

3）调动各方力量参与生态文明建设。长江经济带生态文明建设不仅仅是沿江各地党委和政府的责任，也需要有效动员和凝聚各方面力量，真正形成全社会共同参与"共抓大保护、不搞大开发"的格局。鼓励支持各类企业、社会组织参与长江经济带绿色高质量发展，持续完善绿色金融机制，扩大生态保护修复治理资金的融资途径，加大人力、物力、财力等多方面投入。另外，在生态环境保护修复的成效评价和监督方面，及时披露进展成效，完善公众协管监督环境机制，积极发挥广大人民群众的力量，共建美丽长江。

（本章执笔人：王金南、朱振肖、牟雪洁、柴慧霞、于洋、黄金）

第十七章　黄河流域生态保护与高质量发展

习近平总书记强调，黄河流域生态保护和高质量发展是重大国家战略，要共同抓好大保护，协同推进大治理，着力加强生态保护治理、保障黄河长治久安、促进全流域高质量发展、改善人民群众生活、保护传承弘扬黄河文化，让黄河成为造福人民的幸福河。黄河流域全面深化、创新生态保护与高质量发展，对推动我国能源结构转型升级、实现"双碳"目标、推进生态文明建设具有重大意义。

第一节　黄河流域生态保护与高质量发展的战略背景与意义

一、保护黄河是事关中华民族伟大复兴和永续发展的千秋大计

黄河是中华民族的母亲河，孕育了古老而伟大的中华文明，保护黄河是事关中华民族伟大复兴的千秋大计。黄河发源于青藏高原，流经青海、四川、甘肃、宁夏、内蒙古、山西、陕西、河南、山东 9 省（自治区），干流河道全长 5464km，是我国第二长河。黄河流域是我国重要生态安全屏障和人口活动、经济发展重要区域，在国家发展大局和社会主义现代化建设全局中具有举足轻重的战略地位。黄河流域 2020 年总人口为 11 368 万人，占全国总人口的 8.6%，全流域人口密度为 143 人/km²，高于全国平均值（134 人/km²）。黄河流域国内生产总值由 1980 年的 916 亿元增加至 2020 年的 16 527 亿元，年均增长率达到 11.3%（按 2000 年不变价计）；2000 年以后年均增长率达 14.1%，高于全国平均水平。流域内人均 GDP 由 1980 的 1121 元增加到 2020 年的 14 538 元，增长了 12 倍（水利部黄河水利委员会，2021a）。

党的十八大以来，习近平总书记多次实地考察黄河流域生态保护和发展情况，提出一系列新要求，推动黄河流域生态保护和高质量发展国家重大战略落地实施（图 17.1）。

面对全球气候变化挑战和世界百年未有之大变局，2020 年 9 月 22 日，在第 75 届联合国大会期间，习近平总书记向世界郑重宣布我国二氧化碳排放力争于 2030 年前达到峰值，努力争取 2060 年前实现碳中和。必须把党中央碳达峰、碳中和决策部署落到实处。进入新时代，面对水资源短缺和碳达峰、碳中和双重挑战，黄河流域经济发展与生态保护之间的和谐共生关系将更加重要，这也给黄河流域产业结构调整和绿色转型升级提供了新机遇。

二、中央政府系统强化黄河保护与发展的顶层设计和战略路径

中央政府相关部门积极行动，从黄河流域生态补偿、生态保护修复、生态安全屏障建设、生态产品价值实现、高质量发展、黄河保护立法等多方面，系统强化黄河流域生态优先、绿色发展大计，落实黄河流域绿色发展重点任务。

习近平总书记在郑州主持召开黄河流域生态保护和高质量发展座谈会,在讲话中把黄河流域的生态保护和高质量发展,同京津冀协同发展、长江经济带发展、粤港澳大湾区建设、长三角一体化发展一样,上升为重大国家战略

习近平总书记在陕西考察调研时指出,要坚持不懈开展退耕还林还草,推进荒漠化、水土流失综合治理,推动黄河流域从过度干预、过度利用自然修复、休养生息转变,改善流域生态环境质量

2019年8月21日 　　　　　　2020年1月3日 　　　　　　2020年5月11～12日

2019年9月18日 　　　　　　2020年4月20～23日

习近平总书记考察了黄河上游甘肃兰州黄河治理兰铁泵站项目点,指出:"甘肃是黄河流域重要的水源涵养区和补给区,要首先担负起黄河上游生态修复、水土保持和污染防治的重任"

习近平总书记主持召开中央财经委员会第六次会议,再次研究黄河流域生态保护和高质量发展问题,进一步强调黄河流域生态保护和高质量发展要把握好的5个原则和要解决的6个突出重大问题

习近平总书记在山西考察调研时指出,要牢固树立绿水青山就是金山银山的理念,发扬"右玉精神",统筹推进山水林田湖草系统治理,抓好"两山七河一流域"生态修复治理

习近平总书记主持中央政治局会议,审议《黄河流域生态保护和高质量发展规划纲要》,指出要统筹推进山水林田湖草沙综合治理、系统治理、源头治理,改善黄河流域生态环境,优化水资源配置,促进全流域高质量发展

习近平总书记在青海考察时强调,保护好青海生态环境,是"国之大者";青海是维护国家生态安全的战略要地,要承担好维护生态安全、保护三江源、保护"中华水塔"的重大使命

2020年6月8～10日 　　　　2021年5月12～14日 　　　　2021年10月20～22日

2020年8月31日 　　　　　　2021年6月7～9日

习近平总书记在宁夏考察调研时指出,要更加珍惜黄河,精心呵护黄河,坚持综合治理、系统治理、源头治理

习近平总书记在河南省南阳市考察调研,提出继续科学推进实施调水工程,要在全面加强节水、强化水资源刚性约束的前提下,统筹加强需求和供给管理

2021年10月20日,习近平总书记在山东东营考察黄河入海口;10月22日,总书记在济南市主持召开深入推动黄河流域生态保护和高质量发展座谈会,强调要科学分析当前黄河流域生态保护和高质量发展形势,把握好推动黄河流域生态保护和高质量发展的重大问题

图17.1　习近平总书记对黄河战略的部署和要求

2020 年 4 月,财政部、生态环境部、水利部和国家林业和草原局在《支持引导黄河全流域建立横向生态补偿机制试点实施方案》中明确:试点期间,中央财政专门安排黄河全流域横向生态补偿激励政策,紧紧围绕促进黄河流域生态环境质量持续改善和推进水资源节约集约利用两个核心,支持引导各地区加快建立横向生态补偿机制······,体现生态产品价值导向。

2020 年 6 月,国家发展和改革委员会、自然资源部在《全国重要生态系统保护和修复重大工程总体规划(2021—2035 年)》中提出:青藏高原生态屏障区实施三江源、若尔盖草原湿地–甘南黄河重要水源补给生态保护和修复工程;对黄河重点生态区,大力开展水土保持和土地综合整治、天然林保护、"三北"等防护林体系建设、草原保护修复、沙化土地治理、河湖与湿地保护修复和矿山生态修复等工程。

2021 年 3 月 13 日,《中华人民共和国国民经济和社会发展第十四个五年规划和 2035 年远景目标纲要》明确,黄河流域的青藏高原生态屏障区、黄河重点生态区是国家"三区四带"生态屏障的重要组成部分,生态安全屏障体系的完善需要实施重要生态系统保护和修复重大工程,开展黄河等大江大河和重要湖泊湿地生态保护治理。黄河流域生态保护和高质量发展是我国五大重点区域战略之一,要从生态保护、污染控制、水煤双控、

城乡发展、打造具有国际影响力的文化旅游带等全方位建设黄河流域生态保护和高质量发展的先行区。

2021 年 4 月 26 日，中共中央办公厅、国务院办公厅在《关于建立健全生态产品价值实现机制的意见》明确指出"探索在长江、黄河等重点流域创新完善水权交易机制"，以体制机制改革创新为核心，推进生态产业化和产业生态化，加快完善政府主导、企业和社会各界参与、市场化运作、可持续的生态产品价值实现路径，着力构建绿水青山转化为金山银山的政策制度体系。

2021 年 10 月 8 日，中共中央、国务院印发《黄河流域生态保护和高质量发展规划纲要》，明确了黄河流域生态保护和高质量发展战略定位：大江大河治理的重要标杆、国家生态安全的重要屏障、高质量发展的重要实验区、中华文化保护传承弘扬的重要承载区。规划提出坚持生态优先、绿色发展，坚持量水而行、节水优先，坚持因地制宜、分类施策，坚持统筹谋划、协同推进；构建黄河流域生态保护"一带五区多点"空间布局；构建形成黄河流域"一轴两区五极"的发展动力格局，促进地区间要素合理流动和高效集聚；构建多元纷呈、和谐相容的黄河文化彰显区。

经国务院常务会议通过，2021 年 12 月 20 日，《中华人民共和国黄河保护法（草案）》提请全国人大常委会会议审议，其中规定黄河流域生态保护和高质量发展的基本原则，应当坚持生态优先、绿色发展，量水而行、节水为重，因地制宜、分类施策，统筹谋划、协同推进，共同抓好大保护，协同推进大治理。

三、沿黄地区黄河流域生态保护和高质量发展规划及要求

2021 年以来，沿黄地区相继出台黄河流域生态保护和高质量发展规划，共抓黄河大保护，协同推进大治理，促进全流域高质量发展形成合力。

《甘肃省黄河流域生态保护和高质量发展规划》提出，建设特色优势现代产业体系，加快建设全国现代综合能源基地；启动"高新技术企业倍增计划"，加快建立省市联动、多部门配合的高新技术企业培育和引进体系，确保沿黄流域每年培育新增高新技术企业60 家左右；确定实施一批重大高新技术研究开发项目、引进创新项目和产业化项目，尽快形成产业规模。

《宁夏回族自治区建设黄河流域生态保护和高质量发展先行区促进条例》要求推进高质量发展，县级以上人民政府应当根据本行政区域生态资源、产业基础、特色优势，推进枸杞、葡萄酒、奶产业、肉牛和滩羊、电子信息、新型材料、绿色食品、清洁能源、文化旅游等重点产业发展；统筹城乡基础设施建设和产业发展，建立健全基本公共服务体系，促进城乡融合发展；应当建立健全先行区建设人才引进和培养机制，完善人才引进激励保障措施，鼓励高等院校、科研机构、相关企业等加强人才培养等。

《河南省人民代表大会常务委员会关于促进黄河流域生态保护和高质量发展的决定》提出，支持和引导市、县（市、区）把制造业高质量发展作为主攻方向；根据河南黄河流域生态环境和资源利用状况，制定流域生态环境分区管控方案和生态环境准入清单；强化产业支撑，全面推动第一、第二、第三产业高质量发展，根据本地资源、要素禀赋和发展基础做强主导、特色产业，统筹抓好传统产业改造升级、新兴产业重点培育、

未来产业谋篇布局。

《山东省黄河流域生态保护和高质量发展规划》提出山东"地处黄河下游，工作力争上游"。规划要求，培育优良产业生态，分行业做好供应链战略设计和精准施策，加大项目招引、自主延链、吸引配套力度，打造自主可控、安全高效、服务全流域的产业链供应链。规划要求制定实施差别化的用地、用能、排放、信贷等政策，推动资源要素向高产区域、高端产业、优质企业集聚。支持一批行业领军企业打造行业平台，推动要素资源高效配置、产业链条整合并购、价值链条重塑提升、多业务流程再造集成、新型业态培育成长，构建若干以平台型企业为主导的产业生态圈。实行"一群一策"，编制产业集群地图，启动"一条龙"培育计划，推动重大项目与产业集群地图精准匹配、快速落地，打好产业基础高级化、产业链现代化攻坚战。

《山西省黄河流域生态保护和高质量发展规划》提出建设山西为资源型经济高质量转型发展引领区、华北地区重要绿色生态屏障、黄土高原生态综合治理示范区的战略定位；要求坚持治山、治水、治气、治城一体推进，加强汾河、涑水河等河湖，汾渭平原、太原、吕梁等重点城市的环境综合整治；提出以开发区、园区为承载，打造14个战略性新兴产业集群，大力发展沿黄生态文化产业、高效优质农业，建设绿色多元能源供应体系，推动制造业高质量发展和资源型经济转型，建设特色优势现代产业体系。

第二节　黄河流域生态保护与高质量发展面临的挑战和问题

一、黄河流域面临的重大挑战

黄河以脆弱的生态支撑着全流域多年来的快速发展，当前生态环境保护存在一些突出困难和问题，其表象在水里、问题在流域、根子在岸上。流域经济社会发展与生态环境争水的矛盾仍然十分突出，局部地区生态系统退化，生态环境保护任重道远。黄河流域生态保护与高质量发展面临的全局性问题如下。

（一）上游、中游、下游资源禀赋迥异，发展不平衡不充分矛盾突出

黄河流域的中上游经济发展不充分问题长期以来一直较为突出。黄河流域上游水资源丰富，但经济发展水平显著低于中下游地区，下游山东省2020年地区生产总值是上游青海省的24.3倍，源头青海玉树州与入海口山东东营市人均地区生产总值相差超过10倍（国家统计局，2021b）。黄河流域内与流域外的经济关联主要集中在中下游的河南、山东等省份，上下游之间未能形成经济协同一体化发展格局，流域整体经济发展不平衡矛盾突出。黄河流域产业结构偏重、能源结构偏重，煤炭采选、煤化工、钢铁、有色金属冶炼及压延加工等高耗水、高耗能、高排放企业居多，煤化工行业企业（包括炼焦、氮肥制造及部分化学品制造企业等）数量约占全国煤化工企业数量的80%，经济发展的内生动力不足（路瑞等，2020）。

（二）水资源短缺形势严峻，水沙关系不协调长期存在

2020年，黄河流域水资源总量917.4亿 m³，在全国十大流域中居第8位；水资源

开发利用率超过 70%，远超一般流域 40% 的生态警戒线；流域人均水资源量仅有 383m³，约为全国人均水平的 18.5%、长江流域的 17.0%，属于国际标准中的极度缺水地区（水利部，2021c）。近 20 年，黄河流域水沙情势发生巨大变化，潼关站沙量减少约 90%；"地上悬河"形势严峻，下游地上悬河长达 800km，上游宁蒙河段淤积形成新悬河，299km 游荡性河段河势未完全控制，危及大堤安全。下游滩区既是黄河滞洪沉沙的场所，也是 190 万群众赖以生存的家园，防洪和经济发展的矛盾长期存在。

（三）流域生态系统本底脆弱，局部生态退化严重

黄河生态敏感脆弱，流域四分之三以上的区域属于中度以上脆弱区，高于全国 55% 的水平。黄河流域上游地区天然草地退化严重，地下水位明显下降，水源涵养和调蓄功能下降；中游地区水土流失依然严重，仍有 20 多万平方千米的水土流失面积亟待治理；下游黄河三角洲自然湿地严重萎缩，恢复难度极大且过程缓慢，同时环境污染积重较深，水质总体差于全国平均水平（董战峰等，2020）。在碳中和目标驱动下，作为新能源主力军的风电和太阳能资源分布区域与生态敏感脆弱地区重合，大规模光伏组件、风机的铺设将改变原有土地形态，电站建设和运营等不同生命周期阶段将对生态系统的稳定性和生物多样性保护产生深刻影响，需要加大研究。针对退役光伏组件等新兴产业固废，在推动回收利用的同时需防止二次污染。

（四）部分区域环境污染严重，环境质量改善任务艰巨

2020 年，黄河流域 V 类和劣 V 类水质断面占 15.3%，比全国地表水总体水质状况高出 12.3 个百分点（生态环境部，2021e）。汾河、渭河、涑水河等支流入河污染物负荷超载严重，主要河段以约 37% 的纳污能力承载了流域约 91% 的入河污染负荷（连煜，2020）。黄河流域空气质量与全国平均水平有明显差距，汾渭平原大气环境质量改善不明显，2020 年，汾渭平原 11 个城市细颗粒物（PM$_{2.5}$）浓度为 48μg/m³，比全国 337 个地级及以上城市平均值（33μg/m³）高出 45.5%；汾渭平原空气质量优良天数比例 70.6%，比全国平均值（80.7%）低 10.1 个百分点（生态环境部，2021e）。黄河流域局部地区土壤污染严重，有色金属矿区周边农田污染问题突出，黄河上游甘肃白银东大沟，中游河南三门峡、济源等有色金属采选冶炼集中区、部分工业园区及重污染企业周边土壤污染严重。

（五）黄河文化遗产生成机制尚不清晰，协同保护机制亟待建立

黄河文化遗产类型、区域及生成规律尚不清晰。历史上黄河多次改道，文化遗产分布与黄河故道关系紧密，需要从黄河历史地理变迁深入研究黄河文化遗产的生成环境及变迁规律；黄河文化的价值及载体尚需研究和明确。对于黄河文化的"根""魂"文化属性尚待厘清，黄河上游、中游、下游的核心价值及其载体需要进一步梳理；黄河流域内部尚未形成协同保护传承弘扬机制。黄河沿线的世界文化遗产及全国重点文物保护单位众多，文物价值极高，但众多文物未形成省际协同保护机制，无法系统地体现黄河对中华文明起源与发展的重要价值。

二、黄河流域上游、中游、下游重点区域突出问题

（一）上游水源涵养能力和生态功能退化

黄河水系的特点是干流弯曲多变、支流分布不均、河床纵比降较大，根据河道流经区的水沙特性和地形地质条件，黄河干流分为上游、中游、下游。其中黄河上游是指从青海玛多县约古宗列盆地的河源起至内蒙古托克托县的河口镇，上游河段全长 3472km，占黄河全长的 63.54%，流域面积 42.8 万 km²，占全部流域面积的 53.8%，流经青海、四川、甘肃、宁夏和内蒙古 5 个省（自治区），总落差有 3496m（水利部黄河水利委员会，2021a）。

龙羊峡以上河段是黄河径流的主要来源区和水源涵养区，也是我国三江源自然保护区的重要组成部分。此河段流经的主要省份是青海省和四川省，其中青海省三江源地区作为我国最为重要的水源地和生态屏障功能区域，主要问题是水土流失和生态功能退化严重。四川省内的高寒牧业区由于过度放牧等人为活动的干扰，草场退化、沙化和沼泽干涸等生态问题突出。

宁夏境内的下河沿至河口镇，黄河流经宁夏和内蒙古平原，河道展宽，两岸分布着大面积的引黄灌区。该河段流经的干旱地区降水少、蒸发大，由于工农业用水增加和上游水库大量拦蓄汛期水量，进入宁蒙河段的水沙关系恶化，造成河道淤积抬高、主槽淤积萎缩、行洪能力下降，宁蒙部分河段也形成了悬河。河道淤积将使河防工程的防洪标准不断降低，河道形态恶化又导致主流摆动，严重威胁河防工程的安全。

（二）中游水土流失和土地荒漠化严重

河口镇至河南郑州桃花峪为黄河中游，干流河道长 1206km，流域面积 34.4 万 km²，汇入的较大支流有 30 条。河段内绝大部分支流地处黄土高原地区，这些区域暴雨集中，水土流失十分严重，是黄河洪水和泥沙的主要来源区。黄土高原地区土质疏松、坡陡沟深、植被稀疏、暴雨集中，水土流失面积达 45.17 万 km²，占流域水土流失总面积的 97.1%（水利部黄河水利委员会，2021a）。严重的水土流失不仅造成了黄土高原地区生态环境恶化和人民群众长期生活水平落后，制约了经济社会的可持续发展，而且是导致黄河下游河道持续淤积、河床高悬的根源。

流域中游流经的内蒙古呼和浩特市、包头市、鄂尔多斯市区域水土流失和荒漠化现象严重，阿拉善盟、阴山北坡（含浑善达克沙地）是我国四大沙尘暴发源地中最接近中东部地区的两大来源地。陕西地区地貌形态复杂、土质疏松，土壤侵蚀严重，导致原始森林破坏、荒漠化和水土流失等严峻生态问题。山西地区聚集了大量能源重化工基地，其用水和排污对黄河的水量和山西水质造成严重的负面影响，煤矿产业排放的大气污染物加重严峻的汾渭平原大气污染，同时废弃矿山沉陷及尾矿堆置的生态修复任务繁重。

（三）下游湿地功能退化和洪水泥沙威胁严峻

黄河下游是指桃花峪以下至入海口河段，河段长 786km，流域面积 2.3 万 km²，汇入的较大支流只有 3 条。河床一般高出背河地面 4～6m，比两岸平原高出更多，成为淮

河和海河流域的分水岭，是举世闻名的"地上悬河"（水利部黄河水利委员会，2021a）。

黄河泥沙主要淤积在河南河段，该流域湿地生态系统退化严重，"湿地不湿"趋势明显，河段水生生物种群数量大幅减少，部分土壤呈现盐碱化趋势，人与湿地矛盾突出。地上悬河导致的堤基砂土长期处于饱和状态，砂土液化严重致使山东省内的黄河三角洲及滨海平原盐碱化、植被退化严重。

目前悬河、洪水依然严重威胁黄淮海平原地区的安全，是中华民族的心腹之患。黄河下游两岸防洪保护区内人口密集，有郑州、开封、新乡、济南、聊城、菏泽、东营、徐州、阜阳等大中城市，有京广、京沪、陇海、京九等铁路干线以及京珠、连霍、大广、永登、济广、济青等高速公路，有中原油田、胜利油田、永夏煤田、兖州煤田、淮北煤田等能源工业基地。由于目前河床一般高出背河地面，黄河一旦决口，将造成巨大经济损失甚至人民群众大量伤亡，同时大量的铁路、公路及生产生活设施，以及治淮、治海、引黄灌排渠系工程等也将遭受毁灭性破坏，也会产生泥沙淤积造成河渠淤塞、良田沙化，对经济社会和生态环境造成的灾难影响长期难以恢复。

第三节　黄河流域生态保护与高质量发展的战略举措

为全面贯彻习近平总书记在黄河流域生态保护和高质量发展座谈会和沿黄考察系列讲话精神，响应国家层面关于黄河战略的决策部署以及"十四五"期间相关规划目标要求，针对黄河流域重点领域、重点环节、重点区域在生态保护、环境治理与经济发展之间的平衡问题，需要从源头上构建黄河流域生态优先、绿色发展的国土空间管控体系，制定生态保护修复与污染治理总体策略，提出新形势下水沙调控与水资源高效配置策略，黄河流域产业与城市绿色高质量发展策略，黄河文化遗产系统保护与文化协同策略。

一、提升黄河流域内部经济效率，结合碳补偿加大外部流动

（一）加大流域开放力度，内提效率、外引动能，推动流域一体化发展

运用投入产出表研究显示，在过去十余年期间，黄河流域整体经济与长三角地区和东部沿海省份的关联度在逐步增强。但黄河流域内部9省（自治区）经济关联强度在下降，且流域各省（自治区）之间呈现明显差异，其中河南省与东部发达省份之间经济关联最强。黄河流域内部9省（自治区）的本地经济流动总量远大于省份之间的流动，其中山东省内部经济流动总量排全国第一位，与GDP总量更大的广东、江苏省相比，山东省内经济往来总量更大，显示山东省经济内循环丰富，但较广东、江苏开放性偏弱。

站在全国角度看，近20年来黄河流域与其他省份之间的整体经济流动格局未发生显著变化，流域各省内部经济关联强度远大于省份之间的流动，经济发展相对封闭。黄河流域内的经济中心在2015年之前是山东和河南，2017年以后经济中心转变为陕西和河南，相比之下山东省的中心地位在逐渐减弱。流域内部的经济流动主要集中在中下游地区，尤其是陕西、山东和河南地区，呈现此消彼长形势，新生力量和传统力量之间发生变化。新形势下的黄河流域高质量发展，需进一步激发山东省新旧动能转换，强化经济引领地位，提升河南省对外新窗口作用，充分发挥陕西省的资源能源流动枢纽地位，

并转变资源依赖型省份的经济发展模式。

综合过去十余年黄河流域内部和全国其他省份的经济发展演变分析，流域整体经济与东部地区甚至中部地区的发展差距逐渐拉大。黄河流域经济的高质量发展，应突破省内大循环经济局限，加大改革开放力度，增强与经济发达地区的经济往来，与江苏、浙江和广东等省份结好对子，增强内部发展动力。

从产业结构来看，黄河流域中上游的产业结构特征呈现一定的相似性，特别是邻近省份的路径依赖特征明显。建筑业、金属冶炼、化学工业等重点行业在过去10年中产业经济活动持续强化，金融、批发与零售、房地产等行业的经济地位持续强化，而石油焦化、食品等传统行业的经济地位逐渐弱化。黄河流域各省份内部形成的产业链条偏长，而附加值偏低，工业增加值主要贡献行业是采矿业、建筑业等高耗能行业。同时黄河流域的能源生产和供应业、采矿业、石油化工业等行业能耗和水耗强度普遍高于全国平均水平。因此，提高黄河流域内主要能源供给地区，尤其是山西、内蒙古两地能源供应业的资源生产效率，是实现黄河流域高质量转型的关键。黄河流域的高质量发展应引入并加大与外部高水平发展地区的经济互动，上游加强生态保护力度，中下游增强产业结构和能源结构的优化调整，综合形成区域协同一体化的发展机制。

（二）实施碳补偿，解决好流域经济与环境和谐共生关系

过去10年，全国经济活动碳足迹格局发生很大变化，除了空间接壤省份之外，绝大多数碳足迹流动发生在跨省域的远程关联中。在与广东、江苏、湖北等地区的经济往来过程中，黄河流域9省（自治区）背负很多流域外的碳足迹输入，尤其是内蒙古不仅承担浙江、广东、湖北等中东部地区的碳足迹输入，还承担着流域内部河南、陕西、山东等的碳足迹输入。

提出碳补偿机制，建议加大黄河流域资源型省份碳补偿。具体实施途径包括两类：一类是把碳补偿机制和沿黄省份与经济发达省份结对子发展结合起来实施，采用基于消费侧的碳核算定责机制，通过把经济流动与隐含碳足迹的流动对应，确定相应地区间经济帮扶实现碳的补偿额度；另一类是把碳补偿与省份之间的电力能源输送联系起来，即通过完善政策，将碳补偿以电价补贴的形式落地。通过碳补偿政策的落地，提升黄河流域能源结构转型的内生动力，促进流域内经济发展与环境保护的和谐共生。

黄河流域整体人均GDP低于全国平均水平，然而单位GDP能耗水平却高于全国，能源产业的清洁化转型是黄河流域实现"双碳"目标的关键。在"双碳"目标下，要推动能源行业本身的结构转型，使能源产业的转型从燃煤型发电转向"清洁煤电+风电+光伏+生物质+硅能源+氢能源"等多能源体系优化组合和融合发展。要严格控制新增煤电规模，持续提高存量煤电的绿色低碳和清洁高效利用，合理控制煤炭开发强度和消费增长，大力推动煤电节能降碳改造、灵活性改造、供热改造"三改联动"，推动煤炭产业绿色化、智能化、低碳化发展。

二、科学推进黄河流域上游、中游、下游生态保护

根据《黄河流域生态保护和高质量发展规划纲要》，针对黄河流域上游、中游、下

游不同区域生态保护面临的主要问题和经济社会发展战略定位，提出差异化生态保护重点对策。

（一）加强上游水源涵养能力建设

黄河流域上游面临的主要生态问题是人类活动的过度干扰造成上游水源涵养能力下降和生态功能的退化。《黄河流域生态保护和高质量发展规划纲要》明确，水源涵养能力的加强和生态系统的恢复需遵循自然规律、聚焦重点区域，通过自然恢复和实施重大生态保护修复工程，加快遏制生态退化趋势，恢复重要生态系统功能。

专栏 17.1 上游水源涵养能力建设

1）筑牢"中华水塔"。三江源地区是名副其实的"中华水塔"，要从系统工程和全局角度，通过强化禁牧封育、实施黑土滩等退化草原综合治理、严格管控流经城镇河段岸线、科学确定旅游规模、完善野生动植物保护和监测网络、建设三江源国家公园等多措并举，全面保护三江源地区"山水林田湖草沙"生态要素，恢复生物多样性。

2）保护重要水源补给地。上游河湖湿地资源丰富，是黄河水源主要补给地。要严格保护国际重要湿地和国家重要湿地、国家级湿地自然保护区等重要湿地生态空间，加大甘南、若尔盖等主要湿地治理和修复力度，统筹推进封育造林和天然植被恢复，扩大森林植被有效覆盖率。积极开展草种改良，科学治理玛曲、碌曲、红原、若尔盖等地区退化草原，实施渭河等重点支流河源区生态修复工程，在湟水河、洮河等流域开展轮作休耕和草田轮作，大力发展有机农业，对已垦草原实施退耕还草。推动建设跨四川、甘肃两省的若尔盖国家公园，打造全球高海拔地带重要的湿地生态系统和生物栖息地。

3）加强重点区域荒漠化治理。推广库布齐、毛乌素、八步沙林场等的治沙经验，开展规模化防沙、治沙，创新沙漠治理模式，筑牢北方防沙带。在适宜地区设立沙化土地封育保护区，持续推进沙漠防护林体系建设，深入实施退耕还林、退牧还草、"三北"防护林、盐碱地治理等重大工程，开展光伏治沙试点，因地制宜建设乔灌草相结合的防护林体系。发挥黄河干流生态屏障和祁连山、六盘山、贺兰山、阴山等山系阻沙作用，实施锁边（构建沙漠锁边林）、防风、固沙工程，强化主要沙地边缘地区生态屏障建设，大力治理流动沙丘。推动上游黄土高原水蚀和风蚀交错地带、农牧交错地带水土流失综合治理。积极发展治沙先进技术和产业，扩大荒漠化防治国际交流合作。

4）降低人为活动过度影响。正确处理生产生活和生态环境的关系，着力减少过度放牧、资源开发利用、旅游等人为活动对生态系统的影响和破坏。将具有重要生态功能的高山草甸、草原、湿地、森林生态系统纳入生态保护红线管控范围，引导保护地内的居民转产就业，在超载过牧地区开展减畜行动，加强人工饲草地建设，控制散养放牧规模，加大对舍饲圈养的扶持力度，减轻草地利用强度。

（二）加强中游水土保持

针对中游地区的生态环境挑战，《黄河流域生态保护和高质量发展规划纲要》突出强调要抓好黄土高原水土保持，全面保护天然林，持续巩固退耕还林还草、退牧还草成果，加大水土流失综合治理力度，稳步提升城镇化水平，改善中游地区生态面貌。

专栏 17.2　中游水土保持

1）大力实施林草保护。遵循黄土高原地区植被地带分布规律，密切关注气候暖湿化等趋势及其影响，合理采取生态保护和修复措施。加强水分平衡论证，因地制宜采取封山育林、人工造林、飞播造林等多种措施推进森林植被建设。在河套平原区、汾渭平原区、黄土高原土地沙化区、内蒙古高原湖泊萎缩退化区等重点区域实施"山水林田湖草"生态保护修复工程。科学选育人工造林树种，提高林木成活率、改善林相结构、提高林分质量。对深山远山区、风沙区和支流发源地，在适宜区域实施飞播造林。适度发展经济林和林下经济，提高生态效益和农民收益。

2）增强水土保持能力。以减少入河、入库泥沙为重点，积极推进黄土高原塬面保护、小流域综合治理、淤地坝建设、坡耕地综合整治等水土保持重点工程。在晋、陕、蒙丘陵沟壑区积极推动建设粗泥沙拦沙减沙设施。以陇东、晋西、陕北、关中等地区的重点塬区为对象，实施黄土高原固沟保塬项目。以陕、甘、晋、宁、青山地丘陵沟壑区等为重点，开展旱作梯田建设，加强雨水集蓄利用，推进小流域综合治理。加强对淤地坝建设的规范指导；推广新标准新技术新工艺，在重力侵蚀严重、水土流失剧烈区域大力建设高标准淤地坝。排查现有淤地坝风险隐患，加强病险淤地坝除险加固和老旧淤地坝提升改造，提高管护能力。建立跨区域淤地坝信息监测机制，实现对重要淤地坝的动态监控和安全风险预警。

3）发展高效旱作农业。以改变传统农牧业生产方式、提升农业基础设施、普及蓄水保水技术等为重点，统筹水土保持与高效旱作农业发展。优化发展草食畜牧业、草产业和高附加值种植业，积极推广应用旱作农业新技术、新模式。支持舍饲、半舍饲养殖，合理开展人工种草，在条件适宜地区建设人工饲草料基地。优选旱作良种，因地制宜地调整旱作种植结构。坚持用地养地结合，持续推进耕地轮作、休耕制度，合理轮作倒茬。积极开展耕地田间整治和土壤有机培肥改良，加强田间集雨设施建设。在适宜地区实施坡耕地整治、老旧梯田改造和旱作梯田新建。大力推广农业蓄水、保水技术，推动技术装备集成示范，进一步加大对旱作农业示范基地建设支持力度。

（三）推进下游湿地保护和生态治理

《黄河流域生态保护和高质量发展规划纲要》明确，建设黄河下游绿色生态走廊，加大黄河三角洲湿地生态系统保护修复力度，促进黄河下游河道生态功能提升和入海口生态环境质量改善，开展滩区生态环境综合整治，促进生态保护与人口经济协调发展。

专栏 17.3　下游湿地保护和生态治理

1）保护与修复黄河三角洲湿地。加强黄河三角洲湿地保护与修复顶层设计，谋划建设黄河口国家公园。保障河口湿地生态流量，稳步推进退塘还河、退耕还湿、退田还滩工作，实施生态补水等工程，连通河口水系，扩大自然湿地面积。加强沿海防潮体系建设，防止土壤盐渍化和咸潮入侵，恢复黄河三角洲岸线自然延伸趋势。加强盐沼、滩涂和河口浅海湿地生物物种资源保护，探索利用非常规水源补给鸟类栖息地，支持黄河三角洲湿地与重要鸟类栖息地、湿地联合申遗。减少油田开采、围垦养殖、港口航运等经济活动对湿地生态系统的影响。

2）建设黄河下游绿色生态走廊。以稳定下游河势、规范黄河流路、保证滩区行洪能力为前提，统筹河道水域、岸线和滩区生态建设，保护河道自然岸线，完善河道两岸湿地生态系统，建设集防洪护岸、水源涵养、生物栖息等功能为一体的黄河下游绿色生态走廊。加强黄河干流水量统一调度，保障河道基本生态流量和入海水量，确保河道不断流。加强下游黄河干流两岸生态防护林建设，在河海交汇适宜区域建设防护林带，因地制宜建设沿黄城市森林公园，发挥其水土保持、防风固沙、宽河固堤等功能。统筹生态保护、自然景观和城市风貌建设，塑造以绿色为本底的沿黄城市风貌，建设人河城和谐统一的沿黄生态廊道。

3）推进滩区生态综合整治。合理划分滩区类型，因滩施策、综合治理下游滩区，统筹做好高滩区防洪安全和土地利用。实施黄河下游贯孟堤扩建工程，推进温孟滩防护堤加固工程建设。实施好滩区居民迁建工程，积极引导社会资本参与滩区居民迁建。加强滩区水源和优质土地保护修复，依法合理利用滩区土地资源，实施滩区国土空间差别化用途管制，严格限制自发修建生产堤等无序活动，依法打击非法采土、盗挖河砂、私搭乱建等行为。对与永久基本农田、重大基础设施和重要生态空间等相冲突的用地空间进行适度调整，在不影响河道行洪前提下，加强滩区湿地生态保护修复，构建滩河林田草综合生态空间，加强滩区水生态空间管控，发挥滞洪沉沙功能，筑牢下游滩区生态屏障。

三、分类管控黄河流域重要生态环境空间

统筹考虑黄河流域不同空间类型的特征与主要问题，制定黄河流域生态空间、城镇空间和农业空间生态环境管控对策，为重点区域和城市国土空间规划提出优化指引，促进空间内人与自然的和谐相处与共生（田文富，2019；王金南等，2020）。

（一）重点保护好四大类重点生态功能区

重点生态功能区分为生态保护红线内重点生态功能区与非生态保护红线内重点生态功能区。前者按生态保护红线管控要求进行管控，后者按限制开发区要求进行管控，并在保护优先前提下，合理选择发展方向，发展特色优势产业，加强生态环境保护和修复，加大生态环境监管力度，保护和恢复区域生态功能。重点生态功能区进一步可分为水源涵养功能区、水土保持功能区、生物多样性保护功能区和防风固沙功能区等。

水源涵养功能区重点在提高水源涵养能力、加强水环境污染防治、合理引导功能区内建设活动，重点关注流域南部和中部地区，包括四川、陕西和青海部分地区。水土保持功能区重点在加强地表植被保护和合理有序发展生态产业，重点关注流域南部和中部地区，包括山西、陕西和河南部分地区。生物多样性保护功能区重点在严格生物多样性保护的前提下进行适度发展建设，重点关注流域西部和北部地区，包括四川、青海、甘肃、内蒙古、山西、河南和山东部分地区。防风固沙功能区重点在防风固沙综合防治并严格管制各类开发活动，重点关注流域北部和中部地区，包括内蒙古、宁夏和山西部分地区。

（二）统筹优化城镇空间功能分区管控

1）统筹规划国土空间。适当扩大制造业空间，扩大服务业、交通和城市居住等空间；扩大绿色生态空间，合理利用农村居住空间；引导城市集约紧凑、绿色低碳发展，减少工矿建设空间和农村生活空间，控制开发区过度分散。划定城市生态保护红线和最小生态安全距离，优化提升城市群生态保护空间。适度扩大城市规模，打破区域行政限制，尽快形成辐射带动力强的中心城市，发展壮大其他城市，推动形成分工协作、优势互补、集约高效的城市群。

2）强化空间功能分区管控。按主体功能定位指导重点开发区建设，积极推进产城融合和生态化、循环化、低碳化发展；优化城镇空间，严格保护绿色生态空间。细化国土空间管控单元，创新差异化协同发展机制，实现主体功能定位在各县（市、区）精准落地，按照集约、紧凑、高效原则从严管控城镇空间。依据资源环境承载能力实施土地资源分类管控，对土地资源超载地区，原则上不新增建设用地指标，实行城镇建设用地零增长，严格控制各类新城、新区和开发区设立。

3）保护生态环境质量。按照"强化管治、集约发展"的原则，加强环境管理与管治，以中游汾渭平原为治理重点，大幅降低污染物产生和排放强度，持续改善环境质量。加强城市环境管理，推动建立基于环境承载能力的城市环境功能分区管理制度，促进形成有利于污染控制和降低居民健康风险的城市空间格局。制定建设项目分类管理目录，提出鼓励发展的产业目录和产业发展的环保负面清单。加强环境综合整治，大力实施大气环境综合整治、水环境综合整治、土壤污染和重金属污染管治、环境噪声影响严重区管治等工程。强化环境风险管理，建立区域环境风险评估和风险防控制度，建设环境风险预警及应急体系。

4）构建城市群生态安全格局。强化区域生态保护空间和都市圈（区）发展空间的相互衔接，突出山脉、河流、海岸、湿地等重要生态资源的保护，构筑城市群生态安全格局。加强城市群生态绿心保护，构建永久性生态绿心。依托沿黄河干流以及重要湿地生态资源，以防洪和生物多样性保护为主要功能，构筑沿河生态保护带。以小流域为治理单元，推进城市山体、水系生态修复，形成沟通河流海岸、湖泊湿地、水库湿地的网状生态格局。

（三）农业空间重点管控耕地农田总量和土壤环境

1）严格管控农田用地。以保障粮食安全作为农产品主产区发展的首要任务，严格保护耕地和基本农田，不得以任何形式占用基本农田。对保有耕地量、基本农田面积和建设用地规模进行总量控制。基本农田一经划定，未经依法批准不得擅自调整，严格控制各类非农建设行为占用基本农田。积极开展土地开发整理，实现占补平衡，在数量平衡的基础上更加注重质量平衡，增加有效耕地面积，保障耕地面积和质量动态平衡。

2）控制农业资源开发强度。优化开发方式，发展循环生态农业，促进农业资源的永续利用。鼓励和支持农产品、畜产品、水产品加工副产物的综合利用，加强农业面源污染防治。加强农业基础设施建设，改善农业生产条件。加快农业科技进步和创新，加强农业技术装备和农业防灾减灾能力建设。积极推进农业的规模化、产业化，发展农产品深加工，拓展农村就业和增收领域。

3）合理发展现代农业。加强灌区农业基础设施和现代服务体系建设，进一步调整优化农机装备结构布局，提升农业机械化发展质量效益，提高农产品综合生产能力。调整优化农业结构，发展名、优、特、新、专等绿色品牌，提高农业产出效益。围绕灌区及周边资源富集地区，在符合主体功能定位的条件下，依托资源环境承载能力，合理发展农产品加工业，鼓励发展农村旅游观光业。

4）加强农业污染治理。优先保护耕地土壤环境，开展农村环境综合整治，加强土壤环境治理，完善农产品产地环境质量评价标准，建立土壤环境质量定期监测和信息发布制度，加强区域农业生产环境安全、可持续发展能力的评估与考核。对农药、化肥施用总量进行管控，控制黄河流域农业面源污染，保护黄河流域土壤与地表水环境质量。

5）完善农业基础设施建设。建设灌区配套水利设施，加快大中型灌区、排灌泵站配套改造以及水源工程建设。鼓励和支持农民开展小型农田水利设施建设、小流域综合治理。加快农业科技进步和创新，提高农业物质技术装备水平。强化农业防灾减灾能力建设。加强县城和乡镇公共服务设施、农村居民点以及农村基础设施和公共服务设施建设，完善公共服务和居住功能。

（四）上游、中游、下游生态环境空间分区管控精准施策

在生态、城镇、农业三大类主体空间分区的基础上，进一步根据流域各区域生态环境特点，结合行政区划边界将流域划分为21个生态环境空间管控区域（表17.1）。结合流域上游、中游、下游不同区域生态定位、主要生态环境问题与发展阶段，以及《黄河流域重大生态环境问题及对各省（区）"三线一单"工作的建议》，提出不同区域的生态环境空间分区管制对策。

表 17.1　黄河流域生态环境空间管控区域分区表

序号	分类		区域	区域定位
1	生态地区	上游区域	青海河源区	青藏高原生态屏障重要组成部分,是流域重要水源涵养区,以及珍稀濒危鱼类及特有土著鱼类重要栖息地
2			四川若尔盖高原湿地	流域重要水源涵养区
3			甘南山地	"两屏三带"生态安全战略格局的重要组成部分,黄河重要水源地与濒危鱼类保护区
4		下游区域	黄河河口区	黄河三角洲高效生态经济示范区、农牧复合生态调节功能区、湿地生物多样性保护重要区
5	城镇建设区	上游区域	青海湟水流域	兰州—西宁地区国家重点开发区域重要组成部分,青海省经济文化中心
6			甘肃兰州、白银沿黄地区	国家重点开发区域重要组成部分,甘肃省经济、文化与科教中心
7			宁夏清水河、苦水河	黄土高原–川滇生态屏障的重要组成部分,宁夏重要盐化工循环经济扶贫示范基地和能源化工基地、生态农业示范区
8			呼包鄂城市群	国家重点开发区呼包鄂榆地区的重要组成部分,全国重要的能源、煤化工基地
9		中游区域	榆林北部地区	呼包鄂榆地区国家重点开发区和黄土高原–川滇生态屏障的重要组成部分,全国重要能源、煤化工基地
10			山西太原城市群	国家重点开发区,重要的能源、煤化工基地
11			晋西黄土高原区	全国能源区,黄河下游生态安全保障的关键区域
12			晋东南区域	煤电开发和重化工基地聚集区,太行山区水源涵养与水土保持重要区
13			陕西延安地区	陕北能源化工基地重要组成部分,区域性石油化工服务基地、特色农产品生产加工基地
14		下游区域	河南黄河干流区	中部地区重要生态屏障和经济地带
15			河南沁河流域	国家重点开发区中原经济区重要组成部分
16			山东大汶河流域	矿产资源丰富,黄河下游滞洪区
17	农产品主产区	上游区域	甘肃天定(天水、定西)–平庆(平凉、庆阳)地区	关中–天水经济区、黄土高原–川滇生态屏障的重要组成部分,工业集中区,甘肃省农产品主产区
18			宁夏沿黄经济带	全国重要的能源化工、新材料基地和河套灌区农产品主产区
19			内蒙古河套灌区及乌梁素海地区	我国北方沙漠带重要组成部分,西北地区的重要生态屏障和全国重要农业生产基地
20		中游区域	陕西关中地区	关中–天水经济区和汾渭平原农产品主产区重要组成部分
21		下游区域	河南伊洛河流域	重点开发区,中原经济区副中心,秦巴生物多样性生态功能区重要组成部分,黄淮海平原农产品主产区

四、黄河流域水沙关系科学调控

(一)准确把握黄河未来水沙条件

受气候变化和水土保持、地下水开采和矿产资源开发等人类活动影响,黄河流域水资源量呈现逐渐减少态势,流域泥沙量锐减(胡春宏等,2020)。科学认识黄河水沙历史演变规律,准确把握未来水沙演变趋势,事关黄河流水资源开发利用策略和黄河治理方略。通过构建黄河水沙调控指标体系,科学论证和确定黄河未来来水来沙量、黄河下游防洪标准和设计洪水等水沙条件，科学研判新水沙条件变化，适当调整相应规划。

（二）适应流域新水沙变化形势，调整下游河道治理策略

新水沙条件下，黄河下游河道治理宜采取分区治理策略，彻底解决滩区防洪运用与经济发展之间的矛盾。随着小浪底、河口村、陆浑等控制水库的运用，进入黄河下游河道洪峰流量和洪水漫滩概率显著降低，为黄河下游河道治理方略调整创造了条件。未来黄河下游河道改造应遵循"稳定主槽、缩窄河道、治理悬河、解放滩区"总体策略，即在保障黄河下游河道防洪安全的前提下，利用现有的生产堤和河道整治工程形成新的黄河下游防洪堤，缩窄河道，使下游大部分滩区成为永久安全区，从根本上解决滩区发展与治河的矛盾。为实现上述治理策略需采取的具体措施包括如下方面（胡春宏等，2022）。

1）稳定主河槽。主河槽是下游河道基本的输水、输沙通道，要持续维持一个平滩流量 $4000m^3/s$ 左右的主河槽，并通过河道整治工程等，稳定河势，保障河道泄洪输沙和大堤安全。

2）缩窄河道。在黄河下游主河槽两岸以控导工程、靠溜堤段和布局较为合理的现有生产堤为基础，对下游河道进行改造，建设两道新的防洪堤，缩窄河道宽度，与主河槽结合，形成一条宽 $3\sim5km$、输送能力达 $8000\sim10\ 000m^3/s$ 的河道，适应新的来水来沙条件。

3）治理悬河。针对"二级悬河"对黄河下游防洪和滩区安全带来的危害和影响，结合小浪底水库水沙调控及河道整治，通过滩区引洪放淤及机械放淤，淤堵串沟堤河，平整和增加可用土地，治理"二级悬河"，改变"二级悬河"试验河段槽高、滩低、堤根洼的不利局面。考虑大洪水尤其是特大洪水发生的可能性及对下游防洪安全的巨大威胁及下游河道改造所需时间，应尽快完成黄河下游剩余标准化堤防工程建设，确保下游及两岸的防洪安全。

4）滩区分类。在新的防洪堤与原有黄河大堤之间的滩区上，利用标准提高后的道路等作为格堤，部分滩区形成滞洪区，当洪水流量大于 $8000\sim10\ 000m^3/s$ 时，可向新建滞洪区分滞洪水。对滩区进行分类治理，使大部分滩区成为永久安全区，解放除新建滞洪区以外的滩区。

五、黄河流域水资源高效利用与配置

（一）坚持"节水优先"方针，提高农业用水效率

黄河流域分行业用水效率已整体处于较高水平，但农业仍是进一步节水的重点。《黄河流域生态保护和高质量发展规划纲要》明确，农业节水具体策略包括：①以大中型灌区为重点推进灌溉体系现代化改造，推进高标准农田建设，打造高效节水灌溉示范区，稳步提升灌溉水利用效率；②扩大低耗水、高耐旱作物种植比例，选育、推广耐旱农作物新品种，加大政策、技术扶持力度，引导适水种植、量水生产；③加大力度推广水肥一体化和高效节水灌溉技术，完善节水工程技术体系；④深入推进农业水价综合改革，分级分类制定差别化水价，推进农业灌溉定额内优惠水价、超定额累进加价制度，建立农业用水精准补贴和节水奖励机制，促进农业用水压减。

（二）强化水资源刚性约束，推动水资源空间均衡开发利用

强化水资源刚性约束，细化实化以水定城、以水定地、以水定人、以水定产举措。落实水资源消耗总量和强度双控，暂停水资源超载地区新增取水许可，严格限制水资源严重短缺地区城市发展规模、高耗水项目建设和大规模种树。建立覆盖全流域的取用水总量控制体系，全面实行取用水计划管理、精准计量，对黄河干支流规模以上取水口全面实施动态监管，完善取水许可制度，合理配置区域行业用水。以国家公园、重要水源涵养区、珍稀物种栖息地等为重点区域，清理、整治小水电过度开发。关于未来水资源开发利用策略，上游应突出合理利用水资源、提高水资源的承载能力；宁蒙灌区突出节水提效和水土平衡；中游能源基地平衡好保障供水能力并提高用水效率；下游及引黄灌区重点要控制规模并做好水源置换（左其亭等，2020）。

（三）按照"大稳定、小调整"原则调整"八七"分水方案

综合考虑黄河流域各省（自治区）的降水特点、社会经济发展对水资源需求，以及南水北调东、中线一期等跨流域调水工程的建成运行等因素，"八七"分水方案亟须调整完善。建议"大稳定、小调整"，适当增加上游地区用水指标。具体调整策略包括如下方面。

进一步优化配置黄河河道内外水资源配置方案。基于新的水沙条件，适当降低黄河河道内的输沙水量，优化配置河道内生态环境用水量和河道外最大可供水量；降低或取消津冀黄河水量分配指标。在南水北调东线后续工程、南水北调中线后续水源工程建成前，将部分津冀引黄指标分配给河北省。当南水北调东线后续工程、南水北调中线后续水源工程建成后，进一步取消河北省分水指标；增加宁夏、内蒙古的工业用水指标。宁夏、内蒙古是我国重要的能源基地，"八七"分水方案制定时对两地的工业用水考虑不多，现今工业用水早已超指标。在完善调整黄河"八七"分水方案时，适当增加上游青海、甘肃、宁夏、内蒙古四省（自治区）用水指标，优先增加宁夏、内蒙古能源基地的用水指标；增加黄河上游河道外生态用水。在河道外水量分配时，考虑增加黄河上游河道外生态用水指标，且生态用水不纳入用水总量红线考核指标。宁夏、内蒙古地区已通过工农业之间水权转换，解决了部分工业用水问题，但未考虑河道外荒漠治理、湖泊维系等重要生态环境用水量；在黄河中下游实施用水指标水权置换。在超指标用水的山东和未达用水指标的山西、陕西、河南之间开展用水指标水权置换，促进黄河流域用水公平性和水资源产出率高效性；适当调整中下游地区引黄供水水价。现状黄河下游引黄供水水价不足 0.1 元/吨，远低于南水北调东、中线一期等调水工程的供水水价。同时引黄水价偏低，调水工程较长一段时间未能达效，工程综合效益尚未充分发挥。

六、黄河流域绿色高质量发展策略

（一）因地制宜构建绿色低碳循环现代产业体系

以"数字经济"、"互联网+"、"新基建"、全国一体化大数据中心建设等为抓手和契机，构建黄河流域高质量发展新动力系统。要抢抓"双碳"目标下的新一轮科技革命、产业变革、社会经济系统变革，依据沿黄 9 省（自治区）的"十四五"规划中的产业发

展战略规划，加快构建绿色低碳循环现代产业体系，夯实黄河流域高质量发展的产业支撑（姜长云等，2019）。

1. 上游深化传统产业改造提升，做强新能源为代表的新兴产业

推动建设世界级盐湖产业基地。全面提高青海盐湖资源综合利用效率，着力构建现代化盐湖产业体系；加快发展锂盐产业，稳步发展钾产业链，优化钠资源利用产业链条，做大镁产业，加大盐湖提硼发展力度，注重盐湖稀散元素开发，打造具有国际影响力的产业集群和无机盐化工产业基地。改造提升青海省有色金属现有产能，提高产业集中度和集约化发展水平，高水平建设有色金属精深加工集聚区，降低企业能耗、物耗及排放；提升冶金、建材全产业链竞争力，打造具有青海地理标志的系列特色轻工品牌，促进高端化、特色化、品牌化发展。

建成国家重要的新材料产业基地。推动甘肃省由基础原材料大省向新材料大省转变，发挥省内龙头企业带动作用，增强石油化工、有色冶金等传统优势产业活力和竞争力。大力实施宁夏回族自治区冶金行业、化工行业、纺织行业和生物医药行业等传统产业的绿色改造、技术改造和智能改造攻坚行动，大力发展宁夏新材料、清洁能源、绿色食品加工、现代煤化工、装备制造业等优势主导产业。

开展绿色能源革命，发展光伏、风电、光热、地热等新能源，打造具有规模优势、效率优势、市场优势的重要支柱产业，抢抓国家风光大基地机遇，建设国家重要的新型能源产业基地。重点实施煤炭能源综合利用升级改造，推进重点领域和重点用能企业节能降碳。在青海、宁夏、内蒙古等地区建设一批煤炭绿色开采试点示范矿井，促进矿区能源转型和生态修复；利用鄂尔多斯、包头等地区装备制造工业基础，建设煤炭智慧产业示范工程。

建设绿色有机农畜产品示范区。打造青海省绿色有机农畜产品输出地，建设全国知名的绿色有机农畜产品示范省，发展现代农业，提高农业产业集中度和全产业链发展水平。实施青藏高原原产地品牌培育计划，推动区域公用品牌建设，探索利用荒漠化土地发展现代滴灌农业。大力推行高效、生态、循环种养模式，加强养殖业与种植业有效对接。发挥绿色农产品生产优势，做精优质特色农产品深加工产业链。建设高水平的农业产业园、科技园、创业园、田园综合体，构建生态农业生产和服务体系，重点培育甘肃省特色农产品千亿级产业集群。深入实施内蒙古国家绿色肉奶安全保障基地建设工程，大力推动奶牛、肉牛、肉羊和绒山羊向优势产区集聚，建设黄河流域优质饲草产业带，重点建设呼和浩特中国草种资源库。

开辟一批生态旅游精品线路。提升打造青海高原湖泊、草原花海、雅丹地貌、冰川雪山等一批国家级生态旅游目的地，开辟自然生态、民族风情、文博场馆、丝路文化、健体康养、观光探险、源头科考等一批生态旅游精品线路。

2. 中游推动传统能源产业清洁化、高端化转型，培育战略性新兴产业

创建陕西榆林能源革命创新示范区。发挥榆林能源资源富集和产业基础优势，加大能源化工领域关键技术研发示范，打造"政产学研用"创新全链条体系，推动榆林能源化工产业向清洁化、高端化升级。推动陕西煤油气高效、集约、绿色开发，拓展煤、油、气、盐多元综合循环利用途径，发展精细化工材料和终端应用产品，延伸产业链、提高

附加值，强化多能融合，全面提升能源化工产业链现代化水平。

加快山西煤炭绿色、低碳、清洁、高效开发利用。严格控制煤炭开发规模，促进煤矿智能化发展；推进煤炭分质、分级、梯级利用，将碳基新材料作为煤炭产业可持续发展的根本出路，大幅提升煤炭作为原料和材料的使用比例。推动山西非常规天然气高质量发展，加快增储上产步伐，推进沁水盆地和鄂尔多斯盆地东缘两大产业化基地建设。

立足各省产业资源、规模、配套优势和部分领域先发优势，实施现代装备制造业、新材料、生物医药、节能环保战略性新兴产业培育工程，融入国家战略性新兴产业集群发展工程体系。中游地区建立梯次产业发展体系，大力发展现代装备制造业、新材料、生物医药、节能环保、通用航空等产业，积极培育品牌产品和龙头企业，构建一批各具特色、优势互补、结构合理的战略性新兴产业增长引擎；陕西省推动新一代信息技术、高端装备、新能源、新能源汽车、新材料等支柱产业提质增效；抓紧布局人工智能、氢能、未来通信技术、北斗导航、生命健康等新兴未来产业，着力壮大新增长点；山西省重点打造信息技术产业、半导体产业、大数据融合创新、碳基新材料、光电产业、特种金属材料、煤机智能制造、节能环保、生物基新材料、智能网联新能源汽车、通用航空、现代医药和大健康等战略新兴产业集群。

3. 下游大力发展现代服务业，建设数字经济高地

加强黄河下游河南、山东两省现代服务业对经济增长的拉动作用，推进下游服务业专业化、标准化、品牌化、数字化建设，积极培育新业态、新模式、新载体，增强服务产业转型升级的支撑能力和满足消费需求升级的供给能力。

推动生产性服务业专业化、高端化发展，构建河南省"通道+枢纽+网络"的现代物流运行体系，做强冷链、航空、电子商务、快递等特色物流，打造万亿级物流服务全产业链；推进河南郑州国际会展名城建设，支持各地培育特色会展品牌。推动现代服务业和先进制造业深度融合，建设服务型制造公共服务平台，培育智能制造系统解决方案、流程再造等服务机构。

推动生活性服务业高品质、多样化升级，顺应消费结构升级趋势，加强公益性、基础性服务业供给，扩大发展型消费服务供给。培育壮大生活性服务业，打造文化旅游、健康养老万亿级产业。将黄河流域丰富的文化资源转化为文化产业和旅游产业，以河南郑州为中心打造特色黄河文化品牌，建设国家级黄河文化主题公园，打造具有国际影响力的黄河文化旅游带。

强化服务业载体建设，支持济南建设央企和跨国公司总部基地；做大做强平台经济，支持企业打造金融交易、数据应用、人才增值、商贸物流等服务平台；培育壮大创意经济，推动数字技术和创意产业融合创新，推动济南、淄博建设互联网开放式工业设计中心；培育一批省级现代服务业集聚区，支持济南建设国家级现代服务经济中心。

大力推进数字产业化和产业数字化，促进数字经济和实体经济深度融合，催生新产业、新业态、新模式，打造具有竞争力的数字产业集群，建设数字经济新高地。加强河南省基于鲲鹏架构为主的关键环节核心技术攻关，做大黄河鲲鹏硬件制造基地，推动中原鲲鹏生态创新中心建设，促进计算产业龙头企业集聚发展，加快向千亿级产业集群迈进；建设济南国家新一代人工智能创新发展试验区、国家人工智能发展先导区；发展核

心电子器件、传感器、高端通用芯片及基础软件，培育壮大济南、潍坊等物联网产业基地；培育数据采集、标注、存储、传输、管理、应用等全生命周期产业体系，建设济南高新区大数据产业园等产业集聚区。

（二）强化中心城市和城市群的辐射带动作用

1）统筹推进区域协调发展，建设中心城市和城市群。打造豫鲁黄河下游生态保护和高质量发展示范区，建设以山东半岛、中原两城市群带动的一体化发展、跨越式发展体系（苗长虹，2020）。加快培育新兴增长极，加快推进黄河流域城市群建设，打造郑州和西安大都市。加快推进郑州大都市区"1+4"（"郑州"+"开封、新乡、焦作、许昌"）一体化发展，推进西咸一体化的西安都市圈建设，打造黄河流域的经济增长极，建设具有国际影响力的国家级城市群。将上游的宁夏沿黄城市群纳入兰西城市群内，以西部大开发为依托，以生态保护为主题，打造一个集生态环保、绿色高质量发展于一体的新型城市群。深化区域城市群之间的合作，积极承接京津冀城市群、长三角城市群和珠三角城市群产业转移，深化京豫合作。

2）依托城市群和主要交通干线打造黄河活力经济轴带。依托连霍高速、陆桥通道高速铁路、济南—滨州—东营高速铁路、银兰高速铁路、包西高速铁路等主要交通干线，有效联结兰州—西宁、宁夏沿黄、呼包鄂榆、晋中、中原、山东半岛等的城市群和都市圈，打造西宁—兰州—西安—洛阳—郑州—济南—淄博—滨州—东营经济增长轴带，加快人口、产业聚集，辐射带动沿线地区发展。

3）依托国家中心城市培育黄河创新走廊。强化企业创新主体地位，引导各类创新要素向企业集聚，使企业成为创新决策、研发投入、科研攻关、成果转化的主体。依托西宁、兰州、西安、洛阳、郑州、济南等国家中心城市和区域中心城市及相关城市群、都市圈，集聚高层次创新型人才、国内外先进科研成果、具有国际竞争力的创新型企业，抢占关键核心技术制高点，构建多层次创新平台体系，营造一流创新生态，建设具有吸引力的人居环境，打造国家级黄河创新走廊。

（三）以"双碳"目标加速能源产业结构转型

1）统筹推动产业结构、能源结构、交通运输结构优化调整。为深化黄河流域低碳发展，积极推进低碳生产、低碳建筑、低碳生活，实施近零碳排放示范工程，开展碳达峰、能耗双控和空气质量达标协同管理。重点推动电力、钢铁、建材、有色、化工等重点行业制定碳达峰目标。科学合理控制煤炭总消费量，加快提高清洁能源比例。提升能源高端化水平，构建万亿级能源化工产业集群，积极创新国际级能源革命创新示范区。

2）加快新能源全产业链发展，深化能源革命。面向"双碳"目标，在抓好煤炭清洁、高效利用的同时，推动煤炭和新能源优化组合发展。大力发展光伏、风电等新能源，推动上下游制造产业一体化发展，加快引进制造业龙头企业，促进能源装备、晶硅光伏、多元储能等产业落地，推动青海、宁夏、内蒙古等的风电、光伏全产业链发展，带动就业。建设国家级清洁能源产业基地；建设百万千瓦级光伏基地和风电基地，高标准打造新能源综合示范区。

扎实推进电力外送攻坚工程、骨干网架构建工程，加大特高压建设，加强绿色电、清洁电输送能力，提高新能源占比和特高压输电通道利用率，建设新能源高比例、稳定输送的创新工程，构建新型电力系统，实现新能源大范围优化配置。

推动新型数字化、信息化技术在能源领域的广泛应用，加强系统调节提升、现代配网建设、智能调控升级、设备精益运维，建设清洁低碳、安全高效、智慧共享、坚强智能的现代一流电网；通过网架优化、技术创新和体制创新，大力推动电力外送高质量跨越式发展，构建电力外送新格局。

（四）积极共建"一带一路"，推动流域经济全球化

1）建设全方位交通枢纽。空中、陆上、网上、海上四条"丝绸之路"齐头并进，创新"四路协同"机制，强化规划统筹、政策互通、设施联通、信息共享、服务联动，全面推动"四路"联动互促、融合并进，更高水平、更大范围地连通境内外、辐射东中西，促进全球高端要素资源汇聚，打造具有国际影响力的枢纽经济先行区。以郑州—卢森堡"空中丝绸之路"为引领，推进"卢货航"亚太枢纽和运营基地建设，构建链接全球主要经济体的空中经济廊道。以新亚欧大陆桥经济走廊为引领，推动"陆上丝绸之路"扩量提质和运贸一体化发展。建设欧亚班列枢纽城市，构筑联通东北亚地区与"一带一路"沿线的重要支点，加强中欧班列与西部陆海新通道全面对接，构建国际班列网络。促进"网络丝绸之路"创新突破，深入推进跨境电子商务综合试验区建设，探索跨境电子商务国际规则与标准体系，拓展"跨境电子商务空港—陆港—邮政"运营模式，推动布局双向跨境电子商务贸易平台和海外仓，打造国际性跨境电子商务与多元化贸易中心。畅通融入"海上丝绸之路"，深化内陆港设施共建和铁海联运班列线路拓展。

2）加强主副中心城市协同发展。充分发挥各省份省会城市的核心引领作用，同时推动各省副中心城市的建设，推进各省份中心城市之间的协同联动发展，融入"一带一路"的重要门户城市建设，建成一批国际门户枢纽城市，强化一批、激活一批、开辟一批国际友好城市。

3）构建多层次开放平台。打造综合信息、贸易结算、跨境投融资服务和汇率风险管理平台，布局海外仓、国际营销服务平台。充分发挥"一带一路"清洁能源论坛、中国生态环保大会等平台的国际对外交流功能，加强与"一带一路"沿线国家和地区在绿色发展、应对气候变化等领域的深度合作。促进设立农业对外开放合作试验区，深化与"一带一路"沿线国家的农牧业合作。

4）建设开放型经济新体制。强化自贸试验区制度型的开放引领作用，放大各类开放平台联动集成效应，深化与"一带一路"重点国家和地区的共建和合作；积极参与共建"一带一路"科技创新行动，加强人才联合培养、科技联合攻关，支持企业拓展与"一带一路"沿线国家的科技交流合作，共建科技合作平台。设计鼓励政策促使企业参与"一带一路"沿线国家基础设施共建共享，加大产业园区合作，促进能源产品、重化工业等优势产能走出去。

5）提升能源开放合作水平。加强跨区域能源合作，积极推进黄河流域内能源企业参与"一带一路"国际合作，推动能源装备、技术和服务"引进来"与"走出去"，拓展国际产能合作新空间，提升能源企业全球化水平。发挥青海"一带一路"清洁能源论坛作用，构建国际合作机制。

七、黄河文化遗产系统保护与文化传承

（一）深入实施中华文明探源工程

夏商周三代文明的核心都位于黄河流域"三河"地区，其生态地理特征为太行山、嵩山与黄河所形成的广袤的黄河冲积扇平原，主要节点城市有郑州、洛阳、临汾、安阳（高明灿等，2021）。启动黄河文化——古代中国国家与城市文明探源工程，在三河地区开展夏商周文化遗产考古与系统保护工程，将促进"河东"夏文化生态廊道、"河内"商文化生态廊道、"河南"周文化生态廊道研究与发展，系统保护中华民族"根魂文化"生态格局和黄河文化空间的主干。

（二）构建黄河国家文化公园总体格局

依托黄河流域具有代表性的文化生态地理现象，重点谋划建设河湟、中原、齐鲁三大黄河国家文化主题公园。甄别文化生态功能极重要区和生态环境极敏感脆弱区的特征，构建以黄河流域"一脉一心五区多点"的黄河国家文化公园格局，实现黄河文化保护弘扬与黄河流域生态功能提升的双赢。"一脉"指黄河全流域及相关支流重要的文化遗产分布区；"一心"指黄河中游以中原文化（含河洛文化与晋南文化）与关中文化为中心的黄河文化的主体与核心区；"五片"指黄河上游的河湟文化、河陇文化和河套文化（其生态地理单元主要为三江源及河套平原），黄河中游的三晋文化（其生态地理单元为黄土高原）和黄河下游的齐鲁文化（其生态地理单元为黄淮海平原）五个文化片区；"多点"是指黄河流域与其他多元文化展示节点，如黄河与长城、长征、大运河与"丝绸之路"等文化交汇重合的展示节点，以及黄河下游黄河故道集中展示节点，包括徐州、宿州、淮安等黄河文化遗产集中展示区和河北邯郸及河南安阳、鹤壁、濮阳等黄河文化遗产集中展示区。

（三）打造具有国际影响力的黄河文化旅游带

推动文化和旅游融合发展，把黄河文化旅游产业打造成为支柱产业。强化区域间资源整合和协作，推进全域旅游发展，建设一批展现黄河文化的标志性旅游目的地。发挥上游自然景观多样、生态风光原始、民族文化多彩、地域特色鲜明的优势，加强配套基础设施建设，增加高品质旅游服务供给，支持青海、四川、甘肃毗邻地区共建国家生态旅游示范区。中游依托古都、古城、古迹等丰富人文资源，突出地域文化特点和流域文化特色，打造世界级历史文化旅游目的地。下游发挥好泰山、孔庙等世界著名文化遗产作用，推动弘扬中华优秀传统文化。加大石窟文化保护力度，打造中国特色历史文化标识和"中国石窟"文化品牌。依托陕甘宁革命老区、红军长征路线、红军西路军西征路线、吕梁山革命根据地、南梁革命根据地、沂蒙革命老区等打造红色旅游走廊。

第四节　黄河流域生态保护与高质量发展建设的趋势和展望

我国经济发展当前正面临着需求收缩、供给冲击、预期转弱三重压力。世纪疫情冲击下，百年变局加速演进，外部环境更趋复杂严峻和不确定。我国已进入"两个一百年"

奋斗目标的新时期，也是深化经济发展方式转变、增长动力转换，全面推动高质量发展阶段的重要时期。在这样大的国内国际形势和背景下，黄河流域内各省份面临着"一带一路"建设、黄河流域生态保护和高质量发展、碳达峰与碳中和行动等多重战略叠加的发展机遇。

新发展格局的多重构建，为黄河流域推动以生态优先、绿色发展为导向的高质量发展创造了更广阔的发展空间。黄河流域经济发展对国内市场和链接国内国际双循环的支撑作用将持续提升，基础设施现代化、产业结构调整、开放通道枢纽建设等积蓄的发展后劲也将持续释放并逐渐增强；城市群的规划建设、新型城镇化及乡村振兴蕴含的内需潜力持续激发；区域空间布局整体优化，创新驱动新优势加快培育，内陆开放战略高地加速形成，现代产业体系发展壮大；基础设施建设迎来重大突破，高质量发展的牵引力、推动力、支撑力显著增强。

展望未来，立足新发展阶段，完整、准确、全面贯彻新发展理念，构建新发展格局，坚定不移走生态优先、绿色低碳的高质量发展道路，坚持系统观念，把水资源作为最大的刚性约束，在全方位贯彻"四水四定"发展原则指导下，黄河流域的生态安全屏障将进一步牢固，对生态环境治理的重视程度将进入前所未有的阶段，经济的高质量发展也必将渐入佳境。

一、强化黄河流域生态空间管控并优化流域与全国降碳空间布局

加强黄河流域分区生态空间管控。衔接国土空间规划，强化国土空间用途管制，划定流域生态空间，落实生态分区管控，提高生态空间管控水平，提升流域生态空间集约节约利用水平。加强重要生态空间保护修复，大力推进滩区生态保护修复；严格矿产资源开发准入，持续加大环境污染防治力度，补齐基础设施短板，推动区域产业绿色发展；建立健全黄河流域生态空间管控制度。建立面向"双碳"目标的流域新能源建设管控和生态系统碳汇管理制度。在生态空间管控的基础上，突出流域与全国降碳空间优化布局相结合。

进一步提升煤电机组清洁高效灵活性水平，促进电力行业清洁低碳转型，统筹好煤电节能降耗改造、供热改造和灵活性改造制造，实现"三改"联动。加大煤炭清洁化高值化利用，建设以宁东、鄂尔多斯、榆林为代表的全国一流现代煤化工基地，大力发展氢能产业。

突出黄河流域在全国降碳空间布局优化中的作用，把黄河流域建成清洁能源流域，加快建设一批新能源和清洁能源基地，加速建设电力通道等基础设施，大力发展上下游配套装备产业基地；提升全国碳排放权、用能权、电力交易等市场对黄河流域的服务能力，实施黄河流域碳补偿制度，有力支撑国家"双碳"战略目标实现。

二、完善黄河流域管理体制机制

推进"黄河保护法"出台并做好实施工作。进一步完善黄河流域的管理体制，明确黄河流域生态保护和高质量发展协调机制，建立健全黄河流域生态保护保障与监督机制，明晰各利益相关方及管理者的法律责任，积极有效落实法定责任，严格依法监督。

完善黄河流域管理体系。加强沿黄各省（自治区）生态文明建设，扎实推进现代环境治理、资源有偿使用、流域生态补偿、生态产品价值实现、绿色发展等机制体制在全流域落地生效，显著提升"治黄""兴黄""强黄"能力水平。

三、巩固生态环境保护与修复成效

1）稳固提升上游水源涵养能力，筑牢"中华水塔"。实施好"中华水塔"保护行动纲要，完善"中华水塔"保护机制，恢复三江源地区核心生态功能，稳固提升上游水源涵养能力。在三江源、祁连山等多个国家公园建设带动下，实施系列生态保护重点保护项目，加大青藏高原生态屏障区生态保护和修复重大工程建设规划落地，提升生态环境监管治理能力，确立青藏高原生态保护和高质量发展联动机制。共建三江源地区青藏高原国家公园群，打造国家公园典范，巩固生态安全屏障。

2）增强黄土高原蓄水保土能力，大幅减少水土流失面积。实施国家水土保持重点工程、黄土高原塬面保护工程、坡耕地水土流失治理工程、淤地坝建设工程、京津风沙源治理工程等重点工程，加强黄河流域水土流失治理，巩固治理成效，大幅减少水土流失面积。

3）加大下游三角洲湿地生态保护与修复，增加生物多样性。推动黄河三角洲国家级自然保护区湿地修复工程落地，恢复黄河三角洲湿地功能；提升再生水利用以及黄河水资源节约集约利用水平，有效缓解湿地淡水紧缺问题；加强湿地生物多样性保护，持续提升外来物种治理能力和治理技术，防止外来物种入侵，维护好生态平衡。

4）进一步加大环境污染治理力度，持续改善生态环境质量。明晰黄河流域水管理制度和管理部门权责，加强流域水污染防治工作精细化、科学化和信息化，完善"流域—水生态控制区—水环境控制单元"三级分区管理体系，有效解决汾河、渭河和乌梁素海生态环境问题，坚决打赢"消除汾河入黄河断面劣Ⅴ类水质、还汾河清水入黄河"攻坚战。持续加大黄河流域区域整体大气污染治理强度，优化调整山西、内蒙古等煤炭大省（自治区）能源结构，从严治理散煤，加强联防联控，切实改善汾渭平原空气质量。

构筑全流域"山水林田湖草沙"系统化治理生态屏障，加快推进全流域协同治理体系和治理能力现代化，促进生态环境根本好转，进一步提升流域生态系统质量和稳定性；加强全流域生态文明建设，加大资源型经济转型力度，建设美丽黄河。

四、进一步提升水资源节约集约利用水平

坚持"节水优先"，促进全流域用水方式由粗放向节约集约转变。适当调整优化分水方案，加强黄河水量统一配置、统一调度，严格地下水总量控制制度和水位限制，有效遏制地下水超采现象。

进一步完善高耗水产业准入负面清单、水资源有偿使用制度、水资源考核、用水定额等，加强可持续水管理，严格控制工业用水总量，显著提升用水效率、水资源产出率和工业用水重复率；优化农业产业结构布局，加强高标准节水灌溉农田建设，加快节水型设施农业等现代化农业进程，努力提高农业用水效率，降低农业用水总量占比。

五、强化水沙调控与防洪安全稳固保障

科学推进黄河流域控制性水工程建设，落实标准化堤防和河道控导，发挥以骨干水库等重大水工程为主的水沙调控体系的联合调水调沙作用，逐步提升调水调沙后续动力及拦沙输沙能力。进一步完善黄河流域对水沙调控管理体制及水沙调控方案，统一调度干支流水库群，改善水沙动力条件，提升水沙调节能力。

吸取郑州特大暴雨等重大灾害教训，加强黄河下游"二级悬河"治理和黄河流域的调洪防灾安全保障体系建设。统筹推进黄河上下游一体化防洪体系建设，消除防洪薄弱环节，提升全域防洪减灾能力，完善旱引涝排、丰枯互补、内连外通、调洪防灾的水安全保障网，构建兴利除害的现代水网体系。

六、深化生态与经济协同推进高质量发展

持续统筹优化和调整流域产业结构，促进传统产业绿色发展转型，加快构建绿色低碳循环现代产业体系。依托"陇海—兰新"和"郑州—济南—青岛"综合交通通道，加大沿黄重大基础设施建设。串联兰西城市群、关中城市群、中原城市群和山东半岛城市群，逐步形成"兰西郑济青"沿黄城镇带。持续强化省会中心城市经济带动作用，加强中心城市与城市副中心之间的协同联动，增强城乡区域协调发展水平。

融入共建"一带一路"，提升对外开放水平，促进贸易和投资高水平、自由化、便利化，改善营商环境，确立国内大循环重要支点和国内国际双循环战略链接地位，增强对外开放优势。

七、凝聚黄河文化精神力量

建立健全黄河文化保护传承弘扬协同机制，广泛开展跨部门、跨区域合作，推动流域上下游黄河文化遗产保护、产业发展、展示传播等，加强文化资源整合利用和互联互通，建立黄河文化资源基础数据库，实现黄河文化资源公共数据开放共享。

加快建设一批黄河国家文化公园、风景区、文化遗产地以及博物馆、展览馆、教育基地等工程，有效推动黄河文化与水利工程、科普教育、旅游观光、公共服务等深度融合，推出一批黄河文化旅游带精品线路。

深化文旅融合，将黄河文化资源优势转化为发展优势，壮大以创意为核心的创意文化产业，创新发展与科技、金融、贸易等相融合的现代黄河文化产业体系，凝聚黄河文化精神力量，全面推动黄河文化的保护传承和发展弘扬，促进黄河流域高质量发展。

（本章执笔人：郝吉明、田金平、陈吕军、程蕾、陈亚林）

第十八章　东部沿海发达地区生态文明建设

东部沿海发达地区是我国生态文明建设的先行区，特别是福建和浙江两省在生态文明建设方面取得的显著成就，形成的大量生动实践，提炼的可复制、可推广的成功经验，不但丰富了我国生态文明理论研究与实践，而且发挥了重要引领作用。在迈入新征程之际，系统总结东部沿海发达地区生态文明实践经验，进一步挖掘各自优势和特色，打造美丽中国省域样本，对于深入推进我国生态文明建设实践和创新，不断谱写美丽中国建设的新篇章，具有重要意义。

第一节　东部沿海发达地区生态文明建设概况

本章东部沿海发达地区主要指上海、江苏、福建、浙江、广东 5 个省（直辖市），涉及长三角、粤闽浙沿海、珠三角等国家级城市群，面积约占全国的 5.3%。2020 年，东部沿海发达地区 5 个省（直辖市）人口约占全国的 15.4%，GDP 总量占全国的约 35.5%，人均 GDP 约为全国平均水平的 1.57 倍，居民人均可支配收入高于全国平均水平。

一、东部沿海发达地区生态文明建设举措

（一）扎实推进生态文明建设示范创建

20 世纪 90 年代起，东部经济发达地区 5 个省（直辖市）按照国家总体部署，积极开展国家生态示范区、国家生态建设示范区、国家生态文明建设示范区三个阶段的生态文明示范建设工作。全国 528 个生态示范区建设试点分布在 16 个省（自治区、直辖市），其中包括福建、浙江、江苏 3 个东部经济发达地区省份，且浙江省于 2019 年 6 月正式通过生态环境部验收，建成全国首个生态省。截至 2021 年，东部发达地区 5 个省（直辖市）共建成 126 个国家生态市县（区）、112 个国家生态文明建设示范市县和 27 个"绿水青山就是金山银山"实践创新基地（图 18.1），分别占全国的 68.9%、30.9%和 19.9%（李庆旭等，2021）。此外，福建省于 2016 年起开始建设国家生态文明试验区，是几个试点省份中最早开始推进相关工作的省份。

（二）推进生态文明建设六大举措

以生态文明示范创建为抓手，5 个省（直辖市）在生态空间、生态经济、生态环境、生态生活、生态文化、生态制度六大领域均开展了大量工作，积极响应中央"五位一体"的战略布局。

在生态空间领域，广东省试点自然生态空间用途管制，建立广东省区域空间生态环境评价工作联席会议制度，将国土空间管理和生态修复放在落实《粤港澳大湾区发

展规划纲要》和构建"一核一带一区"发展新格局中进行系统谋划。上海出台《上海市生态空间专项规划（2021—2035）》，打造"城在园中、林廊环绕、蓝绿交织"的生态空间。

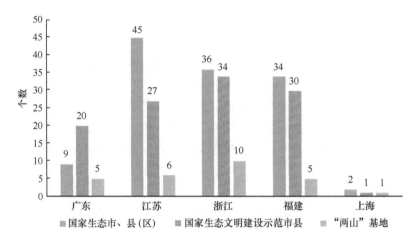

图 18.1　东部发达地区生态文明示范创建情况（截至 2021 年底）

在生态经济领域，浙江省从 2006 年起提出"腾笼换鸟""亩产论英雄"的产业转型思路，加快淘汰落后产能，强化传统产业转型升级和改造提升，以生态工业园区为载体实现点源治理向集中治理转变，长兴铅蓄电池、浦江水晶、温岭鞋业、织里童装等一批"低小散"块状行业成为产业集聚整治提升的典型。福建省实施"林票制度""森林生态银行"等创新举措，通过租赁、托管、股权合作、特许经营等形式将分散零碎的自然资源整合优化，大力发展现代绿色农业、旅游、健康养生、生物、数字信息、先进制造、文化创意等绿色产业。

在生态环境领域，浙江省从 2004 年起持续实施四轮"811"生态环保行动，系统部署了污染物排放总量控制、近岸海域污染防治、农村与工业废气治理等专项措施，打造"清洁水源""清洁空气""清洁土壤""绿色城镇"。福建省自 2012 年以来累计对 6700多个村庄开展环境综合整治，聚焦小流域水环境综合治理等 27 类涉农重点工程，至 2020年底，全省约 60%的村庄自评达到"绿盈乡村"标准。

在生态生活领域，上海市从 2019 年起实施生活垃圾分类制度，将生活垃圾分为干垃圾、湿垃圾、有害垃圾和可回收物 4 个种类，上海全市 1.3 万多个居住区，分类达标率由 2018 年底的 15%提高到 2020 年底的 95%，单位分类达标率也达到 95%（白廷俊，2022）。

在生态文化领域，江苏出台《江苏省环境保护公众参与办法（试行）》，成立环保公共关系协调研究中心，建立环保社会组织联盟，推进环保设施向公众开放，营造生态环保社会共治氛围。浙江出台《浙江省生态环境违法行为举报奖励办法》，鼓励公众积极举报环境违法行为，嘉兴市的"民间河长""民间闻臭师""项目审批圆桌会""案件处罚评审员"等公众参与创新模式在全国得到推广。

在生态制度领域，福建省通过全面推行差异化领导干部绩效考核以及"一体两翼"领导干部责任审计制度，建立起生态文明建设的约束激励机制。江苏省印发《江苏省生态环境保护综合改革试点方案》，推动实施排污权有偿使用和交易、水环境"双向"补偿、环保信用评价、生态环境损害赔偿等系列政策，被生态环境部确定为全国唯一的生态环保制度综合改革试点省。

二、东部沿海发达地区主要建设成效

（一）生态文明建设总体成效显著

2017 年，国家统计局等（2017）根据中共中央办公厅、国务院办公厅印发的《生态文明建设目标评价考核办法》要求，评价并发布了《2016 年生态文明建设年度评价结果公报》。根据公报，2016 年我国生态文明建设排名前十名的省份中，福建、浙江、上海、江苏 4 个东部经济发达地区省份，分别为第二、第三、第四和第九名。中国工程院发布的生态文明发展水平评估报告指出，2017 年福建省、浙江省在全国省区市中生态文明指数排名前二位（谷业凯，2019）。《中国省域生态文明状况评价报告》（2017 年）也认为，2016 年，浙江、江苏、广东、福建等东部经济发达地区省份生态文明状况总指数在全国排名前十位。福建省长期保持水、大气、生态环境全优，连续四十多年森林覆盖率保持全国第一。江苏省深化落实一批制度改革，被生态环境部确定为全国唯一的生态环保制度综合改革试点省。浙江省以"五水共治"为突破口有效推动产业"腾笼换鸟"，重要江河湖泊水功能区水质达标率提前达到国家目标，以新产业、新业态、新模式为特征的"三新"经济对 GDP 增长的贡献率达 40%以上，"千村示范、万村整治"工程获得联合国最高环保荣誉——"地球卫士奖"。根据《中国生态文明》杂志刊出的《中国省域生态文明状况评价报告》（2017 年）、《中国省域生态文明状况评价报告》（2018 年）两篇文章的研究，东部发达地区各省份在生态空间、生态经济、生态环境、生态生活、生态文化、生态制度领域分别都有突出表现（表 18.1）。

表 18.1 东部经济发达地区省份生态文明状况分领域评价情况

省份	2015 年排名前十的生态文明状况分领域指数 （括号中为名次）	2016 年排名前十的生态文明状况分领域指数 （括号中为名次）
广东	生态空间（3）、**生态生活（9）**、生态文化（5）	生态空间（3）、**生态生活（8）**、生态文化（5）
江苏	生态空间（4）、*生态生活（1）*、生态文化（2）、*生态制度（5）*	生态空间（4）、*生态生活（4）*、生态文化（2）、*生态制度（8）*
浙江	生态经济（2）、生态环境（5）、**生态生活（3）**、生态文化（1）	*生态经济（3）*、生态环境（5）、**生态生活（1）**、生态文化（1）
福建	生态空间（10）、生态环境（4）、生态生活（5）、**生态文化（7）**	生态空间（10）、生态环境（4）、*生态生活（7）*、**生态文化（6）**
上海	生态空间（2）、*生态经济（8）*、*生态生活（2）*、生态文化（4）	生态空间（2）、*生态生活（6）*、生态文化（4）

注：表格中加粗领域名称为名次有所提升，斜体领域名称为名次有所下降。

东部发达地区相关省份在提高生态文明建设的系统化、科学化、精细化、信息化水平方面探索了一系列创新举措。江苏省溧阳市坚持生产、生活、生态"三生共融"，天目湖水质常年保持Ⅱ类，先进制造、高端休闲、现代健康、新型智慧"四大经济"在全市经济总量中的比例突破 50%。广东省深圳市用 4 年时间补齐近 40 年水环境历史欠账，水环境质量实现历史性、根本性、整体性好转，空气质量连续多年稳居全国前列，"深圳蓝"成为城市名片，市域近一半土地被划定为基本生态控制线范围，获得联合国环境保护"全球 500 佳"和"国家森林城市"等荣誉称号。生态环境部绿色发展示范案例集、自然资源部生态产品价值实现典型案例等对相关地区的创新模式进行了总结和推广，为我国其他地区开展生态文明建设提供了可参考、可借鉴的样本和经验。

第二节　福建生态文明建设实践

一、福建生态文明建设战略部署

（一）福建生态文明建设背景

福建省是我国南方地区重要的生态屏障，素有"八山一水一分田"之称，具有多山、多水、多林的自然本底条件，生态优势突出，水资源总量居全国第 8 位，森林覆盖率居全国首位，陆地海岸线长度居全国第 2 位，可开发的风能、潮汐能资源居全国前列，旅游资源兼备山、海、岛特色，生物物种多样性居全国第 3 位。2000 年，福建全省 GDP 居全国第 10 位，但人多地少，水资源分布不平衡、能源依赖省外输入、资源开发比较粗放等问题也比较明显。随着城市化、工业化步伐的加快，生态环境承载能力还将逐步增大，生态文明建设成为福建省实现可持续发展的必由之路。

（二）福建生态文明建设主要历程

从习近平同志赴福建工作开始，福建省始终高度重视生态环境保护和可持续发展，围绕"绿水青山是无价之宝""要把生态优势、资源优势转化为经济优势、产业优势"的发展理念，陆续推进了筼筜湖及木兰溪综合治理、"治理餐桌污染，建设食品放心工程"、闽江河口湿地自然保护区建设等多维度生态文明建设工作，积累了丰富的实践经验。2000 年起，福建省开始实施生态省战略，时任省长的习近平同志领导编制了《福建生态省建设总体规划纲要》（以下简称《纲要》），指导福建省把生态文明建设融入全省经济建设、政治建设、文化建设、社会建设各方面与全过程。

多年来，福建省持之以恒实施生态省战略，取得了积极成效，2016 年 8 月，中共中央办公厅、国务院办公厅印发的《国家生态文明试验区（福建）实施方案》对此进行了充分肯定。国家生态文明试验区建设是福建生态省建设在新的历史时期的深化和延伸，是加快推进生态文明体制改革和制度创新的有效载体，通过国家生态文明试验区建设，福建省聚焦于生态文明体制改革综合试验，着力构建产权清晰、多元参与、激励约束并重、系统完整的生态文明制度体系，为全国生态文明体制改革打造了"试验田"。

（三）以生态省建设夯实生态文明建设基础

福建省是全国首批生态省试点省份之一，《纲要》于 2004 年出台前，福建省开展了大量前期论证和组织协调工作。2000 年，时任福建省省长的习近平同志提出"任何形式的开发利用都要在保护生态的前提下进行，使八闽大地更加山清水秀，使经济社会在资源的永续利用中良性发展"，建设生态省的战略构想初步成型。2001 年，福建省政府成立生态省建设领导小组，习近平同志任组长，福建开始了有史以来最大规模的生态保护调查。2002 年 1 月，福建省政府工作报告正式提出建设生态省战略目标，同年，福建成为全国首批生态省试点省份。2004 年，《纲要》出台。

《纲要》通过部署六大可持续发展重点任务、划定功能区划和安排六大类 29 小类重点项目，厘清了实现发展和保护协同共生的生态文明路径，提出了推动福建成为生态效益型经济发达、城乡人居环境优美舒适、自然资源永续利用、生态环境全面优化、人与自然和谐发展的可持续发展省份的生态文明建设目标。其中，六大可持续发展重点任务包括：构建协调发展的生态效益型经济体系、构建永续利用的资源保障体系、构建自然和谐的城镇人居环境体系、构建良性循环的农村生态环境体系、构建稳定可靠的生态安全保障体系、构建先进高效的科教支持与管理决策体系等。生态省建设的功能区划和重点区域包括：生态功能区划、重点生态示范区、重要生态功能区保护、生态脆弱区综合整治等。

（四）以生态文明试验区建设突破生态文明制度体系瓶颈

在生态省建设取得一定工作成绩的基础上，福建省积极响应国家顶层设计，开始建设国家生态文明试验区，以体制机制改革作为突破口，探索生态文明建设有效模式。2016 年 8 月，中共中央办公厅、国务院办公厅印发《关于设立统一规范的国家生态文明试验区的意见》及《国家生态文明试验区（福建）实施方案》（以下简称《福建生态文明试验区实施方案》），将福建省列为全国首个生态文明试验区。《福建生态文明试验区实施方案》充分肯定福建实施生态省战略取得的积极成效，要求福建更好地发挥生态文明体制改革"试验田"作用，部署了建立健全国土空间规划和用途管制制度、健全环境治理和生态保护市场体系、建立多元化的生态保护补偿机制、健全环境治理体系、建立健全自然资源资产产权制度、开展绿色发展绩效评价考核六大任务。

根据国家要求，福建省健全组织领导体系，明确了试验区建设的责任和任务。福建省委省政府研究印发《福建省贯彻落实〈国家生态文明试验区（福建）实施方案〉任务分工方案》，设置了分阶段的 26 项生态文明试验区预期成果，细化明确了各地区、各部门的工作任务，全省 85 个县（市、区）中，有 46 个开展了六大领域 33 项不同层次的改革试点；各部门将根据中央部署开展的以及结合本地实际自行开展的生态文明建设领域的试点示范规范整合，聚焦难点问题，加快探索生态文明建设新模式、培育绿色发展新动能、开辟绿色惠民新路径。配套建立试验区建设协调推进工作机制，整合设立省生态文明试验区建设领导小组，与省生态文明建设领导小组为两块牌子一套人马。

二、福建生态文明建设成就

（一）从体制机制创新入手，明晰生态省建设责任体系

1）着力推进政府和企业的生态环境保护责任的细化、实化。提高生态省建设效率的重要前提包括：明确各方责任、细化管理规则、激发内生动力、强化约束激励等。因此，福建省对政府和企业均采取了相关举措压实环保责任、引导生态意识。对政府着力

推动了以下三个方面的举措：一是全面建立绿色导向的目标责任体系；二是强化差别化的地区绩效管理；三是全面推行领导干部生态环境损害责任终身追究制度、自然资源资产离任审计和经济责任审计两者并重的"一体两翼"的领导干部责任审计制度框架，2018～2019年，全省开展领导干部自然资源资产审计283项。对企业综合运用行政监管和市场调节手段，压实企业参与环境治理的主体责任。不断优化污染源自动在线监控系统，依托大数据平台对企业实施监测预警分级分类管理，搭建生态环境亲清服务平台，实现企业信用评价动态化、环境监管差别化，加快培育绿色技术市场主体，多项环保技术位居全国乃至世界领先水平。

2）建立源头预防、过程控制、损害赔偿、责任追究的生态环境保护体系。按照国家要求全面开展省、市、县国土空间总体规划编制工作，以统一用途管制为手段实现国土空间开发保护。全面实施重点流域生态保护补偿、森林生态保护补偿、综合性生态保护补偿机制，探索商品林赎买、林票制度等调动保护者积极性的机制，有效支持了生态功能重要区域保护工作及流域环境治理工作。实施与中央生态环保督察无缝衔接的省级督查机制、与刑事司法无缝衔接的生态环境资源保护行政执法机制。

专栏18.1　福建省生态保护补偿机制创新实践

率先探索综合性生态保护补偿。印发《福建省综合性生态保护补偿试行方案》和《福建省财政厅关于扎实推进我省综合性生态保护补偿工作的通知》，在生态功能重要的23个县（市）以县（市）为单位开展综合性生态保护补偿，促进重点生态功能区、重点流域上游地区和欠发达地区生态环境质量持续改善和提升。根据试行方案，各县（市）可将省级的与生态保护相关的专项资金整合统筹使用，省级层面也将根据生态环境质量改善指标考核结果拨付综合性生态保护补偿资金。从2019年起，省级财政每年安排生态保护财力转移支付资金6000万元，同时，2019～2021年，省级财政按5%、8%、10%统筹整合省级发改、自然资源、生态环境等8个部门20个不同类型、不同领域的生态保护专项转移支付资金约3.3亿元、4.92亿元及6亿元，补偿资金根据综合性生态补偿试点的11个生态指标年度考核结果下达，专项用于上一年度23个综合性生态补偿试点实施县环境质量提升奖励，并支持实施县与本级资金捆绑使用，激发各地区加强生态保护的积极性。

创新商品林赎买多样化改革模式。2016年，武夷山市等14个县（市、区）开展赎买改革试点，后期又陆续增加了9个试点单位，省级财政累计拨付赎买等改革资金2.89亿元，至2020年6月底全省累计完成重点生态区位商品林赎买改革33.6万亩。2017年1月，福建省在全国率先出台了《福建省重点生态区位商品林赎买等改革试点方案》，按照区位优先、权属优先、起源优先、树种优先"四个优先"原则，探索形成赎买、租赁、置换、改造提升、入股、合作经营等多种改革方式。例如，福州市永泰县成立永泰县国有林业开发有限公司，负责开展重点生态区位商品林赎买和赎买后林木、林地管理和开发利用；成立永泰县林业交易中心，作为重点生态区位商品林赎买的交易平台，规范交易流程，加快森林资源流转。武夷山市从旅游景区门票收入中提取资金用于重点生态区位商品林赎买和对商品林林权所有者进行生态补偿。沙县对占总面积 20%的水源地周边林分以及天然商品林进行直接赎买和定向收储，对其余80%的人工商品林采取"我补贴，你来改"的方式引导其改变林分结构。

3）利用数字技术助推生态环境精准管理，使治理能力的现代化水平不断提高。建立覆盖全省的生态环境监测网络，使之具有较高的自动化、信息化、智能化水平和预报预警能力。建立和运用生态环境大数据平台，平台覆盖省、市、县三级环保系统，汇聚整合 21 个部门 132 类数据。建成 16 567 个覆盖市、县、乡、村四级的生态环境监管网格单元，开展生态环境网格热点指数试点，实施动态监管。

专栏 18.2 生态大数据"云端"服务助力精准治污

构建"一张图"的集成数据体系。整合关联、分层叠加水、大气、土壤等 108 个专题图层，梳理、汇聚 373 类数据清单、4152 个数据项，研究制定多项应用标准规范。基于系统规范的云平台体系集成汇集数据，把生态环境系统从生态环境部到企业的纵向数据与其他 21 个部门横向信息有机融合，实时动态抓取物联网前端传感器监测数据、应用系统使用数据和互联网数据等，汇聚 132 类 94 亿多条 1018T 数据，5000 多个前端传感器、走航车、无人机等生成的巡查数据实时上传。融合多因素分析形成系统诊断和精准治污方案，将全省水系 12 条主要河流、636 条小流域、5000 余个汇水区域相关信息全部数字化，形成流域脉络"一张图"，实行水质常态化、立体化、实时化监管，精准溯源、对症下药、综合施策。通过环境质量动态监控、污染物扩散模拟、敏感点识别，对企业实施分级分类精准管理。2019 年以来，运用云端自动识别预警、热点网格、走航分析等，精准确定"黑白灰"名单进行精细管控，在错峰生产企业数量大幅减少的情况下，有效减少污染天数 60%以上。

（二）以全过程管理为抓手，推进优化自然资源的永续利用

1）系统推进自然资源资产产权制度改革，推动实现自然资源的产权明晰。解决资源保护乏力、开发利用粗放等问题的基本前提是明晰自然资源资产产权，福建省通过制度保障、技术规范、载体支撑，有力推进了自然资源资产产权制度改革进程。2017 年起，福建陆续出台《福建省自然资源统一确权登记办法（试行）》《福建省自然资源产权制度改革实施方案》等文件，对确权登记进行技术规范和指导，选择厦门市、晋江市、武夷山国家公园开展试点，将空间规划、生态红线、用途管制、特殊保护等相关要求与自然资源统一确权登记相结合，晋江市于 2020 年建立了全省首个全民所有自然资源资产数

据库管理系统，为实现自然资源产权明晰提供了有效载体。

2）通过"摸家底、强监测、重管护、巧考核"，量质并重保护耕地，提质增效节约用地。福建省 80 个县（市、区）完成耕地土壤环境质量类别划分工作，初步建成了全省主要农产品产地环境预警监测网，推动土壤重点排污单位自行监测，完成率达到 86.93%。强化永久基本农田管护，执行耕地占补数量质量双平衡，实行占补平衡三类指标核销制，连续 21 年实现耕地占补平衡。开展建设用地准入管理，建立疑似污染地块名单、污染地块名录，实现全省污染地块安全利用。推进建设用地总量和强度双控，自 2000 年以来先后出台 50 多项土地节约集约利用的政策制度，2016 年以来每年开展城市建设用地节约集约利用评价和单位 GDP 建设用地使用面积下降情况考核，取得了较明显的成效，2018 年全省单位 GDP 建设用地面积下降率 6.65%，全国排名第 5。

3）立足水生态修复和水资源保护，推进河畅、水清、岸绿。创新"六全四有"治河新机制，以九龙江为试点探索设置统一的流域环境监管和行政执法工作机制及流域生态环境保护协作机制。实施主要流域单元精细化管理，形成涵盖全省 12 条干流、522 条小流域的"流域脉络图"，创新城市水系"一站式"综合治理，探索"河湖长制+河湖司法协作机制"。在强化流域管理的同时，策划实施"万里安全生态水系"项目，截至 2020 年 11 月底，全省累计治理河长 5173km。流域治理与管理并重取得了良好效果，2019 年 12 条主要流域 I～III 类水质比例达 96.5%，小流域 I～III 类水质比例达 92.8%，全面消除劣 V 类水体和"牛奶溪"。强化用水管理，落实节水优先，实施 24 个县节水型社会达标建设，加强公共机构节水型单位建设和农田灌溉用水节水改造。全省用水总量在 2011 年达到峰值，之后趋于稳定并逐渐下降，万元 GDP 用水量由 2000 年的 440m³ 下降到 2019 年的 42m³，下降了 90.5%。

4）推进全民所有自然资源资产有偿使用制度改革，综合实施资源能源节约集约利用的激励约束机制。出台了《全民所有自然资源资产有偿使用制度改革实施方案》，构建了碳市场"1+1+7"政策体系，建立了碳排放权、排污权、用能权、土地、森林、海域、海岛等环境权益和资源有偿使用的市场体系，有效促进资源高效利用和生态资源向经济价值转化。截至 2020 年下半年，福建省碳排放权总成交量 2545.89 万 t，成交金额 7.62 亿元；林业碳汇累计成交 256.7 万 t，成交额达 3861.87 万元，成交量及成交额均位居全国前列。

（三）构建生态效益型经济体系，推动资源环境协调发展

1）以绿色补贴机制大力支持农业生产的现代化、集约化、特色化、清洁化、优质化转型。2017 年起，省级以上财政安排百亿元专项资金支持农业污染防治及绿色发展技术推广等项目建设，在 12 个试点县 50%以上的行政村开展"农户零散收集、村级集中收储、乡镇回收处置、县区统一管理"的农业废弃物回收利用试点，回收率达到 80%以上。构建 3 条农业绿色产业带，推动绿色优质农产品规模化发展，创建了省级以上特色农产品优势区 84 个，省、市、县三级现代农业产业园 526 个，优质农产品标准化生产基地 8600 多个，累计认证"三品一标"产品 4659 个，全省畜禽养殖规模化率达 84.02%，2020 年十大乡村特色产业全产业链总产值突破 2 万亿元。农业生产单位面积化肥施用量和农药使用量均低于全国平均水平且连年负增长，不用化学农药示范茶园超过 250 万亩，

占茶园总面积的 76%。

2）严格环境标准、提供技术帮扶，推动生态工业继续发挥经济增长的推动作用。通过构建覆盖各环境要素的地方法规标准体系，以环境保护高标准倒逼经济发展高质量。2000 年以来，福建制修订了《福建省环境保护条例》《福建省大气污染防治条例》等 14 项地方性规章制度，制定《印刷行业挥发性有机物排放标准》《农村生活污水处理设施水污染物排放标准》等 25 项地方标准，制定印发《福建省绿色制造体系创建实施方案》等管理办法。推进建陶、造纸等重点行业能效对标，在钢铁、建材等重点行业企业推广清洁生产技术，累计完成 200 多家重点行业企业强制性清洁生产审核或评估。开设线上"环保超市"，提供九大类 1500 多名专家"把脉会诊"和 169 家第 3 方机构服务。2017 年全面完成全省企业环境信用评价工作，推动多部门实施"守信激励、失信惩戒"联动机制，将环境守法情况与 2252 家企业信用相挂钩。单位工业增加值用水量从 2001 年的 306.31m³/万元下降到 2019 年的 35m³/万元，下降了 88.57%。

3）培育绿色技术市场主体，大力发展节能环保产业和生态服务业，壮大绿色发展新动能。一是着力培育绿色技术市场主体，以相对领先的环保技术水平支撑新产业健康发展。福建省在全国率先出台工业数字经济、发展工业互联网等政策，加快发展智能制造。2020 年，福建省数字经济规模突破 2 万亿元人民币，占全省 GDP 比例超过 45%，重点培育了福州、厦门、泉州作为优势地区。二是依托南平市、三明市的绿色金融改革试验区建设，创新推出普惠林业金融产品，持续扩大绿色金融再担保和保险业务面，以绿色金融服务支持绿色产业发展。至 2019 年末，福建省"闽林通"、"福林贷"、垃圾处理收益权质押贷等银行业机构绿色信贷和绿色非信贷融资余额 3094.18 亿元。三是统筹推进全域生态旅游省建设，累计创建 6 家国家级生态旅游示范区和 52 家省级生态旅游示范区，在全国率先推出涵盖负氧离子等指标的"清新指数"并在省内 50 家生态景区应用，打造"清新福建"省级旅游品牌。目前，现代物流业、金融业、旅游业已经成为福建新兴主导产业，第三产业对经济增长的贡献率由 2000 年的 37.4%提高到 2021 年的 47.3%。

专栏18.3　南平市着力促进生态优势转化为发展优势

南平市以现代绿色农业、旅游、健康养生、生物、数字信息、先进制造、文化创意七大绿色产业为支撑，以"武夷品牌""生态银行""水美经济"3 项创新为动力打造绿色发展体系。其中，南平市从 2018 年开始，选择林业资源丰富但分散化程度高的顺昌县开展"森林生态银行"试点，借鉴商业银行"分散化输入、整体化输出"的模式构建"森林生态银行"，对分散零碎的资源进行集中收储和整合优化，通过赎买租赁、托管、股权合作、特许经营等形式，流转至"生态银行"运营机构，形成集中连片的资源资产，按照"政府搭台、企业主体、农户参与、市场运作"的原则，实行资源管理、整合、转换、提升，转换成连片优质的"资产包"，委托专业运营商推动资源交易变现，对接市场、项目、产业、资本，打通了资源变资产、资产变资本的通道。试点以来，"森林生态银行"收储林地面积近 6.36 万亩，"森林生态银行"经营

的出材量比林农分散经营高出 25%，每亩林地产值增加 2000 元以上，林农亩均林地年收入可增加约 3000 元。目前，南平正在积极探索土地、水、矿、农业等生态资源，创建能够开发利用的文物、民居、遗迹等文化资源及非物质文化资源等多种"生态银行"运行模式。

（四）健全宜居环境管理机制，提高人民群众获得感

1）打造"绿盈乡村"和"水美城乡"，推进人与自然和谐发展。联合直属省政府领导和管理的 10 个部门成立乡村生态振兴专项小组，围绕"绿化、绿韵、绿态、绿魂"实施小流域水环境综合治理等 27 类涉农重点工程，总投资近 80 亿元，致力让"山更好、水更清、林更优、田更洁、天更蓝、海更净、业更兴、村更美"。在全省范围内启动"万里安全生态水系"工程，构建具有防洪、生态、景观、社会等综合效益的生态综合体；各地因地制宜通过水岸同治、源头管控、生态治理、产城融合等措施探索出"闽都水城""五湖四海""水美城市""荔林水乡""清新水域"等各具特色的水美城乡模式；持续实施筼筜湖和木兰溪流域综合治理，筼筜湖由昔日黑水湖、臭水湖变成今日"城市会客厅"，木兰溪由"水患之河"变成"生态之河""发展之河"。

专栏 18.4　福州市城区水系综合治理模式

福州市结合城区水系综合治理项目，以内河沿岸步道和绿带为"串"，以有条件、可拓展的块状绿地为"珠"，串绿成线、串珠成链，建设水清、河畅、岸绿、景美的内河景观，打造与市民生活联系更加紧密的"串珠式"公园绿地网络和公共空间网络，形成连续不断、纵横交错的城市生态走廊、绿色通道和人文空间。在全省率先成立城区水系联排联调中心，建立智慧管水机制，推动串珠公园和滨河绿道建设。全市已建成串珠公园 270 个，滨河绿道 500.8km，人均公园绿地面积由 2016 年的 14.07m^2 提高到 2019 年的 15.33m^2，建成区绿地率从 2016 年的 40.6% 提高到 2019 年的 42.22%，建城区绿化覆盖率从 2016 年的 42.92% 提高到 2019 年的 45.39%。

2）以生态示范创建推动构建自然和谐的人居环境体系。通过一系列生态创建和综合整治工作，实现城乡人居环境不断提升。创建了泉州、厦门等 5 个省级以上生态市，80% 以上的县创建省级以上生态县（国家级 54 个），93% 以上的乡镇被命名为省级以上生态乡镇（国家级 519 个）。长汀县、东山县、永春县、将乐县和武夷山市获得生态环境部授予的"绿水青山就是金山银山"实践创新基地称号，累计建成 9 个国家园林城市、10 个国家园林县城，实现省级园林城市（县城）全覆盖。累计建成各级环境友好型（绿色）社区总数达 1157 个，600 多个村庄创建美丽乡村示范村。依托创建和治理工作，全省基本实现乡镇生活污水处理设施全覆盖，县级以上集中式饮用水水源地水质达标率保持 100%，生活垃圾无害化处理率达 99.91%，基本建立"村收集、

镇中转、县处理"城乡一体化垃圾处理模式，厦门等市生活垃圾分类工作成为全国示范案例。

（五）建立保障生态安全的长效保护修复机制，推动适应气候变化

1）建立了重要生态系统保护修复长效机制，提高生态系统适应气候变化能力。以《福建省生态功能区划》作为生态系统保护的基本引领，对全省6类50个省级重要生态功能区实行重点保护，不断充实完善保护网络，以武夷山国家公园为试点探索了整体优化、统一管理、跨区协同的自然保护地管理新模式。强化对武夷山、天台山等国家级森林公园，沙埕港、三都澳等12个沿海重要海湾和河口湿地的保护和修复，全省受保护湿地面积达17万多公顷，海洋岸线的自然岸线长度稳定在46%以上。2005以来，全省生态环境状况持续保持为优。

专栏 18.5　武夷山国家公园体制试点

福建省通过体制改革完成了地域特色鲜明的国家公园体制试点。出台《武夷山国家公园条例（试行）》，整合组建由省政府垂直管理的武夷山国家公园管理局，统一履行国家公园范围内的保护与管理职责。以特别保护区、严格控制区、生态修复区和传统利用区4个功能区衔接核心保护区（505.76km^2）、一般控制区（495.65km^2）两个管控分区，实施自然资源精细化管理。成立国家公园智库，与7所高校、科研院所联合开展科研活动，构建包括智能化监控平台、信息化巡护平台、智慧化旅游平台的智慧公园系统。

福建、江西两省林业局成立联合保护委员会，联合制定《武夷山生态系统完整保护工作落实方案》，着力探索跨省份的联合管理模式。制定《武夷山国家公园条例（试行）》等法规文件，明确规定对配合国家公园保护的单位和个人予以奖励。出台《武夷山国家公园生态移民安置办法》，完成63户村民的分步搬迁，支持企业和村民参与特许经营、资源保护、旅游服务，开展生态保护志愿服务活动。2019年，生态移民村南源岭村接待游客24万人，创造经济收入3200多万元，户均年收入达13万元，村财收入115万元。出台《武夷山国家公园体制试点区财政体制方案》《武夷山国家公园社会资金筹措办法》《武夷山国家公园特许经营管理暂行办法》《建立武夷山国家公园生态补偿机制的实施办法（试行）》等一系列政策文件，初步建立了财政投入为主、社会投入为辅的多元化资金投入机制，试点以来，中央、省及地方财政投入资金共计10.52亿元，占总投入的95%以上。

2）坚持"陆海统筹、河海兼顾"维护海洋生态平衡。一方面，重点打造海陆联动的海洋环境治理机制，设计部署了"海域—流域—控制区域—控制单位"的层次体系，严控陆源污染物排放，强化跨部门河口及海岸带排污口排查整治、监测预警和联动执法，加强主要海湾和入海口氮、磷、石油类及重金属污染防治工作。另一方面，加强生态保

护修复，系统开展漳江口红树林、姚家屿红树林、东山珊瑚礁等重要海洋生态系统保护修复治理，持续实施水生生物增殖放流；建设海洋牧场总面积超过 $10km^2$，建立 15 个海洋自然（特别）保护区、27 个海岛特别保护区、7 个国家级海洋公园和 2 个海域国家级水产种质资源保护区，探索实行了保护修复与合理利用兼顾的海洋管理新方案。由此，近岸海域优良水质面积占比由 2002 年的 56.41% 上升到 2019 年的 87.40%，水质明显好转；大黄鱼、西施舌、泥东风螺等特色水生生物资源得到有效恢复，中国鲎、大鲵等珍贵濒危物种野外种群数量大幅增加。

3）增强气候敏感产业适应气候变化能力。建立了省、市、县三级水生动物病害测报和疫病监测体系，组织 30 个示范县建立水稻、茶叶、蔬菜、果树等病虫害绿色防控示范区，提高森林火灾、林业有害生物科学防控水平。自 2006 年起开展森林火灾保险试点，2011 年以来，森林综合保险参保率超过 80%。稳步发展林业碳汇，2016 年建立碳市场以来，累计生成林业碳汇项目 28 个，碳汇量 446.7 万 t，成交额 3861.87 万元。顺昌县策划实施全国第一个竹林碳汇项目，探索开展"一元碳汇"试点，将碳汇交易与精准扶贫紧密结合。全省海水贝藻类产量占全省水产养殖总量的 73%，平均每年从近海海洋移出近 30 万 t 的碳，相当于植树造林 1 万多公顷。

三、福建生态文明建设重要经验

（一）坚持生态优先绿色发展理念

在生态省建设过程中，福建省围绕"生态资源是福建最宝贵的资源，生态优势是福建最具竞争力的优势，生态文明建设应当是福建最花力气的建设"这一核心理念，以理念指导规划，以规划引领社会经济环保等多维度工作，始终贯彻推动将生态优势培育成最具竞争力的优势，一任接着一任干。先后印发了《关于生态省建设总体规划纲要的实施意见》《福建生态省建设"十二五"规划》《福建省"十三五"生态省建设专项规划》等系列规划，将《福建生态省建设总体规划纲要》细化为"施工图"；将"坚持绿水青山就是金山银山"写入《福建省生态文明建设促进条例》等地方法规，为生态文明建设夯实法治基础。福建省在国内率先实施推动实现绿色政绩观的一系列措施，如环保"一岗双责""党政同责"，对全省 34 个县取消 GDP 考核，实施省级环保督察制度，建立经常性领导干部自然资源资产离任审计制度等，引导领导干部常态化树立"既要金山银山又要绿水青山"政绩观和发展观，推动环境保护由"末端治理"向"全程管控"转变，将生态文明建设融入全省经济建设、政治建设、文化建设、社会建设各方面与全过程。

（二）鼓励制度创新解决重点问题

福建省在生态文明建设各领域做了大量制度创新，致力于建立和完善尊重自然、顺应自然、保护自然的制度体系。从 2002 年开始生态省建设以来，福建省不断探索以更为科学的约束和激励机制调动政府和社会各界开展生态文明建设的积极性；到 2016 年开展国家生态文明试验区建设后，又进一步探索生态文明制度建设和体制改革方案，编制国土空间规划引领空间用途管制，培育环境治理和生态保护市场体系激励约束相关主体，深化生态保护补偿机制助推生态产品价值实现，强化综合监管合力以提高环境治理成效，改革自然资源资产产权制度促进合理开发保护，创新绩效评价考核体系以推动绿色管理决策，拓展生态文明宣传渠道、创建生态文明绿色细胞以广泛动员全民参与生态文明建设。"产权清晰、多元参与、激励约束并重、系统完整的生态文明制度体系"已在福建省初步成型，生态环境治理体系和治理能力现代化水平进一步提高，为福建省生态文明建设构建了坚实高效的决策支撑基础。

（三）突出人与自然和谐共生

党的十九大报告把人与自然和谐共生作为新时代推进中国特色社会主义事业的基本方略之一，提供更多优质生态产品以满足人民日益增长的优美生态环境需要已成为解决社会主要矛盾的重要方面。福建省坚持"山水林田湖草是一个生命共同体"的系统思想，着眼于"提供更多优质生态产品以满足人民日益增长的优美生态环境需要"，将良好的生态环境作为人民幸福生活的着力点和支撑点，推动生态环境保护释放经济社会发展的多重效应。一方面，以水为脉探索人水和谐发展模式，以流域综合治理为突破口，全面推动防洪、生态、景观、产业、居住等领域协调发展，打造宜居宜业的水美城乡。另一方面，结合"山水林田湖草海"系统治理，探索山海"绿富美"实现路径，依托省内山、水、林、竹、田、湖、海以及文化资源，积极发展现代绿色农业、旅游、健康养生、生物、数字信息、先进制造、文化创意等绿色产业，同步探索生态补偿、生态权益交易、资源产权流转、区域协同开发等多种生态产品价值实现路径，打通资源变资产、资产变资本的通道，推动实现生态效益、经济效益和社会效益的有机统一。

（四）借力现代技术打造环境管理载体

福建省在生态文明建设中充分运用现代技术，以科技新引擎推进生态环境"高颜值"和经济发展"高素质"协同并进，结合"数字福建"建设助推生态环境精准管理。以"一张蓝图绘到底"的空间规划基础信息平台串联"多规合一"业务协同，实现全省自然资源统一管理的智能审批、监管和决策。建立自然资源联网审计平台，实现自然资源资产管理相关考核指标的定期采集转换以及可视化，以地理信息和大数据技术破解生态审计测算难题。构建福建省生态环境大数据云平台，汇集21个部门94亿多条数据，实行常态化、立体化、实时化监管，确定企业"黑白灰"名单实施分级分类管控，精准溯源、对症下药、综合施策，在错峰生产企业数量大幅减少的情况下，有效减少污染天数60%以上。通过全链条科学管控和现代化技术支撑，福建省多年来生态环境质量持续保持全国领先。

（五）发扬首创精神探索特色改革路径

福建省坚持"创新是引领发展的第一动力"这一理念，一方面鼓励各地市充分发挥首创精神，根据自身特点扎实做好前期研究，大胆改、深入试；另一方面加强部署有地方特色的试点培育，实现由点到面的改革成果推广。武平开展了以"明晰产权、放活经营权、落实处置权、保障收益权"为主要内容的集体林权制度改革，生态审计"南平做法"被国家审计署列为改革"抓得好，抓得实，抓出成效"的全国典型，水土流失"长汀经验"入选中央贯彻落实习近平新时代中国特色社会主义思想在改革发展稳定中攻坚克难案例并在全国推广。2017～2019 年，福建省每年制定当年的改革成果复制推广实施方案，将海漂垃圾治理（厦门）、"生态+司法"（漳州）、"鱼排贷""福海贷"（宁德）、林票制度改革（三明）、森林生态银行（南平）、木兰溪全流域治理（莆田）等创新机制向全省其他地区进行宣传和推广，进一步加快全省生态文明体制改革步伐，探索形成了一批有特色、可复制、有影响、可推广的生态文明建设路径和模式，也为全国生态文明体制改革工作提供了新思路、新路径、新方法。

第三节　浙江生态文明建设实践

一、浙江生态文明建设战略部署

（一）浙江在全国较早面临"发展与保护"这一历史命题

迈入 21 世纪，浙江进入了加快工业化、城市化、信息化、市场化和国际化，全面建设小康社会，提前基本实现现代化的新阶段。作为经济先发地区，浙江较全国其他地区更早、更深、更集中、更尖锐地遇到经济高速增长与环境污染加剧、环境容量有限、资源供给不足、资源利用效率低下的矛盾。浙江人均土地面积、耕地面积、森林蓄积量都仅有全国平均水平的三分之一；人均水资源占有量在各省（自治区、直辖市）中居第 15 位；金属矿产、能源矿产资源非常紧缺，一次能源 95%以上需从省外调入；耕地资源减少，区域性、水质性缺水问题突出，环境污染压力持续加大，平原河网和城市内河污染严重，运河及 90.6%的平原河网断面不能满足水环境功能区目标水质要求；大气污染日益突显，雾霾天气呈加重趋势，治污成本和治污费用不断上升，由环境污染问题引发的社会矛盾进入高发时期。"高消耗、高污染、高增长"的粗放型经济增长方式已无法适应浙江省经济社会的发展形势。

（二）浙江生态文明战略部署与时俱进

浙江省基于时代和人民的需求变化，先后实施了绿色浙江、生态浙江、美丽浙江等生态文明重大战略。2021 年，浙江被赋予高质量发展建设共同富裕示范区的重任，开启打造美丽宜居的生活环境，谱写建设美丽中国先行示范区的新篇章。

1）以生态省为载体建设绿色浙江。2002 年 12 月，时任浙江省委书记的习近平同志在浙江省委十一届二次全会报告中提出了以生态省为载体建设"绿色浙江"的目标，生态省建设成为浙江未来近 20 年乃至更长时间生态文明建设的主基调和主旋律（沈满洪等，2018）。2003 年 1 月，环境保护总局将浙江省列为全国生态省建设试点。同年，浙江省委十一届四次全会将生态省建设作为"八八战略"重要组成部分，浙江省第十届人大常务委员会第四次会议通过《关于建设生态省的决定》；浙江省人民政府印发《浙江生态省建设规划纲要》，明确了到 2020 年建成生态省的总体目标及建设五大体系、十大工程和做好六大保障等重点任务，力争把浙江建设成为具有比较发达的生态经济、优美的生态环境、和谐的生态家园、繁荣的生态文化，可持续发展能力较强的省份（浙江省人民政府，2003）。

2）从绿色浙江到生态浙江。2007年，浙江省第十二次党代会提出努力实现包括环境更加优美在内的"六个更加"；2010年，浙江省委作出《关于推进生态文明建设的决定》，明确"打造'富饶秀美、和谐安康'的生态浙江"的总体要求，把生态文明建设与人民的福祉紧密关联起来；2012年，浙江省第十三次党代会进一步提出"坚持生态立省方略，加快建设生态浙江"部署。

3）从生态浙江到美丽浙江。党的十八大报告明确提出了以"美丽中国"为目标的生态文明建设思路。2014年，浙江省委作出《关于建设美丽浙江创造美好生活的决定》；2017年，浙江省第十四次党代会提出"在提升生态环境质量上更进一步、更快一步，努力建设美丽浙江"目标；2018年，浙江省政府工作报告提出，全面实施生态文明示范创建行动计划等富民强省十大行动计划；2020年，全省高水平建设新时代美丽浙江推进大会上发布了《深化生态文明示范创建　高水平建设新时代美丽浙江规划纲要（2020—2035年）》，延续和深化浙江生态省建设。《中华人民共和国国民经济和社会发展第十四个五年规划和2035年远景目标纲要》中明确提出支持浙江高质量发展建设共同富裕示范区。

4）从美丽浙江到共同富裕示范区。2021年5月20日，《中共中央　国务院关于支持浙江高质量发展建设共同富裕示范区的意见》印发，将"打造美丽宜居的生活环境"作为目标之一；之后浙江省委多次召开会议，明确把高质量发展建设共同富裕示范区作为践行以人民为中心发展思想的重要载体，生态文明建设是其中一项重点任务，以"生态美"推动"共同富"成为浙江新时代的重大课题。

二、浙江生态文明建设成就

浙江以生态空间、生态经济、生态环境、生态社会和生态制度等领域为重点，全域推进生态文明建设，全省在地区生产总值（GDP）快速增长的同时，生态环境质量持续改善，资源能源消耗大幅降低，生态环境状况综合指数稳居全国前列，生态文明制度创新领跑全国，城、乡居民收入分别连续20年和36年居全国各省份第1位，2020年城乡居民收入比为1.96，远低于全国的2.56，是全国唯一一个所有设区市居民收入都超过全国平均水平的省份（人民日报，2021；浙江省统计局，2021），在全国率先步入生态文明建设的快车道，经济强、生态好、百姓富的现代化发展格局初步形成，现代版"富春山居图"逐步呈现。总体来看，浙江较全国其他省份富裕程度高、发展均衡性好、改革创新意识浓烈，生态富民惠民走在全国前列，全域美丽初步呈现，良好环境普惠度不断提升，有效助推共同富裕。

（一）生产生活生态融合的省域空间格局基本形成

在《浙江生态省建设规划纲要》提出的功能分区指引下，浙江省域空间管控体系日趋完善，全省形成了生产、生活、生态融合，宜居、宜业、宜游并重的空间保护与发展格局。

1）科学的管控体系有效促进国土空间合理利用。《浙江生态省建设规划纲要》将全省划分为六大生态功能区，奠定了后续浙江省域空间布局的基础。浙江先后编制实施了

《浙江省生态功能区划》《浙江省环境功能区划》《浙江省主体功能区规划》，不断优化完善分区管控，基本形成了"三带四区两屏"的国土空间开发总体格局。在全国首批划定生态保护红线，《浙江省人民政府关于发布浙江省生态保护红线的通知》明确划定生态保护红线 3.89 万 km²，占全省陆域面积和管辖海域面积的 26.25%，其中，陆域生态保护红线面积 2.48 万 km²，占全省陆域国土面积的 23.82%，海洋生态保护红线面积 1.41 万 km²，占全省管辖海域面积的 31.72%，形成了"三区一带多点"的生态保护格局。积极推进省域"多规合一"改革，开化县获批全国首个县级"多规合一"空间规划，"多规合一"在全国率先破题。加快建立全省以生态保护红线、环境质量底线、资源利用上线和环境准入负面清单为基础的"三线一单"制度，是全国第一个"三线一单"省、市、县三级全覆盖的省份，推动各地资源开发、产业布局、结构调整、城乡建设、重大项目选址等更趋合理。

2）协调改善发展格局，为共同富裕打下均衡基础。浙江先后实施新型城市化、城乡一体化、山海协作、区域协调发展等战略，逐渐支撑起一个"均衡浙江"。新型城市化战略推动浙江大湾区、大花园、大通道、大都市区建设齐头并进，县域经济向城市经济转型，以四大都市区为主体，海洋经济区和生态功能区为两翼的区域发展格局基本形成。城乡一体化战略把工业和农业、城市和乡村作为一个整体来统筹谋划，从美丽乡村到美丽城镇，构建了以工促农、以城带乡、工农互惠、城乡一体的整体发展新格局，城镇化整体水平稳居全国前列。山海协作的主要做法是以产业梯度转移和要素合理配置为主线，通过发达地区产业向欠发达地区合理转移、欠发达地区剩余劳动力向发达地区有序流动，从而激发欠发达地区经济活力。从 2002 年浙江正式实施山海协作工程，到 2018 年底，全省已有各类山海协作共建平台 32 个，实现 26 个欠发达县共建平台全覆盖，"十三五"时期，山区 26 个县城镇、农村居民收入增速分别高于浙江省 0.7 个、0.6 个百分点，农村居民人均可支配收入全部高于中国平均水平（光明网，2021）。

（二）生态为经济高质量发展注入新动力

浙江积极适应把握引领经济发展新常态，积极推进"腾笼换鸟、凤凰涅槃"行动，深入推进供给侧结构性改革，全面实施创新驱动发展战略。2005 年起制定和实施了循环经济"991"行动计划，2013 年起推进浙江省清洁生产行动计划，2014 年起开始实施"四换三名""三强一制造"政策，2017 年起重点培育信息、环保、健康、旅游、时尚、金融、高端装备制造、文化等"八大万亿产业"，打出了一套转型升级系列组合拳，发展环境不断优化，发展空间不断拓展，发展动能不断增强，经济发展水平、能效水平均居全国前列，科技含量高、资源消耗低、环境污染少的产业结构基本形成，呈现高质量发展态势。

1）绿色优质农产品供给能力显著增强。作为全国唯一的现代生态循环农业试点省，全国首个畜牧业绿色发展示范省、农业"机器换人"示范省，整建制推进县（市、区）现代生态循环农业建设，浙江省先后建成现代农业生态循环示范区 100 个，示范主体 1050 个，生态牧场 1 万个以上，基本形成了主体小循环、园区中循环、区域大循环的生态循环农业发展格局，化肥、农药施用量已连续 6 年实现负增长。依托各地资源优势，建设一批"小而精、特而美"的"一村一品"示范村，统筹布局生产、加工、物流、研发、示范、服务等功能，推进现代农业园区、特色农业强镇、优势特色产业集群等建设，促进产业格局由分散向集中、产业链条由单一向复合转变，为乡村振兴战略实施奠定了坚实基础（中国农业信息网，2018；浙江省农业农村厅，2021）。

2）制造业绿色化水平大幅提升。浙江通过提标改造、兼并重组、集聚搬迁等方式，不断深化"腾笼换鸟"，全面推进 17 大传统产业改造升级，全面完成六大重污染、高耗能产业整治，节能环保产业总产值突破万亿元大关，节能环保产业规模位居全国前列。实施系列工业循环经济示范工程、生态循环农业示范工程、节约集约用地工程等，建设 120 余个省级及以上循环经济示范试点，建立了"点、线、面"结合的循环经济示范试点体系，形成了一批独具浙江特色的典型循环经济模式。全面推行清洁生产和工业节水，累计完成电力、石化、医药、印染等 5000 家企业清洁生产审核。2006 年，绍兴市柯桥区率先提出"亩产论英雄"，2015 年"亩产论英雄"在全省推广，目前已是全省产业结构调整、转换增长动力的有力抓手，2015～2020 年，浙江省规模以上工业企业亩均税收由 18.7 万元增至 27.5 万元，提升 47.1%，亩均生产总值增加值由 93.9 万元增至 136 万元，提升了 44.8%。

3）数字经济逐渐成为浙江经济增长的新动能。浙江是数字中国战略的重要实践地，也是全国数字经济先行省份，早在 2003 年，时任省委书记习近平同志就作出了建设"数字浙江"的重要决策。作为全国首个国家信息经济发展示范区、首批创建国家数字经济创新发展试验区，数字经济成为引领浙江经济社会发展的主引擎。强化产业引领，打造数字安防、集成电路、网络通信、智能计算等标志性产业链和世界级产业集群。强化数字赋能，加快推进新一代信息技术和制造业融合发展，大力促进数字技术与农业生产、乡村治理深度融合，实现全省行政村全覆盖。强化场景应用，激发跨境电商、新零售、移动支付、互联网医疗等新业态和新模式蓬勃发展，"移动支付之省"建设走在全国前列。强化整体智治，疫情精密智控"一图一码一指数"树立了数字化战疫的新标杆。强化新型基础设施建设，实现乡镇和大部分行政村全覆盖。2020 年，数字经济生产总值增加值占 GDP 比例为 46.8%，各项主要指标位居全国前列（浙江省经济与信息化厅，2020）。

4）借助"美丽风景"发展"美丽经济"。积极打造诗路黄金旅游带，将浙东唐诗之路、钱塘江唐诗之路、瓯江山水诗之路"四条诗路"和大运河（浙江）文化带列为高标准推进全域旅游的十大标志性工程的重点工程，"诗画浙江"旅游品牌上升为全省大花园建设统一品牌，全省超过 80%的市、县将旅游业列为战略支柱产业。浙江充分利用全省农村"天生丽质"和文化底蕴深厚的优势，推动美丽乡村建设与旅游发展融合，大力发展"农家乐"休闲游、山水游和民俗游，围绕旅游重点区块、重点项目，打造景区带动型、农业观光型、民族风情型、温泉养生型、运动休闲型等各类景区村庄，大力发展乡村旅游、电子商务、养生养老、运动健康、文化创意等美丽经济，已创建 A 级景区村庄近 5000 个，美丽乡村风景线 300 多条。各地按照"宜农则农""宜游则游"的原则，积极发展生态高效农业、农产品深加工业、色彩农业，不断增强农村集体经济造血功能。

（三）生态环境质量显著改善

浙江省生态环保工作由早期解决突出环境问题向全形态治理、全范围保护和全省域统筹转变，生态环境状况综合指数一直稳居全国前列。生态环境保护成效获得广大群众的认可和肯定，生态环境公众满意度连续 7 年持续提升，绿色成为共同富裕的亮丽底色。

1. 深化拓展，治水行动推动水环境不断提质升级

浙江自 2003 年起实施"万里清水河道"工程，到 2010 年累计完成河道建设 3 万余千米。2004 年启动第一轮 "811"生态环保专项行动，目前已连续实施 4 轮，目标、措施不断拓展、深化，实现水环境质量转折性改善并不断提升。

1）通过"五水共治"推动水质由"浊"到"净"的转变。2014 年浙江全面启动"五水共治"，落实《水污染防治行动计划》，开展"清三河"任务，强力推进水环境整治，到 2015 年，完成 1.1 万 km 垃圾河、黑河、臭河清理，全省河道"黑、臭、脏"等感官污染全面消除。

2）通过剿灭劣Ⅴ类水行动推动水质由"净"到"清"的升级。在"清三河"成果的基础上，以剿灭劣Ⅴ类水为牛鼻子，强力推进水环境整治，2017 年全面剿灭劣Ⅴ类水质断面，提前 3 年完成国家下达的"水十条"消劣任务。

3）通过"污水零直排区"建设推动水质由"清"到"美"的提升。2018 年浙江在全国率先启动"美丽河湖"建设工作，以"污水零直排区"建设为抓手，立足水质由"清"到"美"的提升，已分别建成工业园区、生活小区、镇（街道）"污水零直排区"32 个、210 个、95 个。

2019 年，浙江建成 146 条（个）浙江省"美丽河湖"，清水绿岸、鱼翔浅底的美丽河湖纷纷呈现，2020 年，全省地表水省控断面达到或优于Ⅲ类水质比例为 94.6%。推进陆海联动治污，2018 年实施新一轮近岸海域污染防治攻坚战，开展入海排污口专项整治，入海排污口自动在线监测实现全覆盖，全省近岸海域Ⅰ类、Ⅱ类海水优良率达到历史最好水平。

2. 多措并举，治理大气行动推动大气质量持续改善

浙江先后组织实施大气主要污染物减排、《大气污染防治行动计划》和《打赢蓝天保卫战三年行动计划》等一系列行动，加大力度调结构、抓治理，推动减污降碳协同治理。

调结构方面，大力实施重污染企业搬迁改造，杭钢集团关停半山基地，转型节能环保产业，"黑金刚"变成"绿巨人"。率先开展国家清洁能源示范省创建，着力控制能源消费总量和消费强度，提升清洁能源消费比例，天然气消费量从 2010 年的 31.8 亿 m³ 提升到 2018 年的 135 亿 m³。2015 年底起全省全面供应国Ⅴ标准（国家第五阶段机动车污染物排放标准）车用汽油和柴油，比规定的国标实施时间提前 12 个月和 24 个月，提前一年完成黄标车淘汰任务。在宁波舟山港核心港区率先设立船舶排放控制区，基本实现京杭运河水系水上服务区岸电设施全覆盖。

抓治理方面，2013 年在全国率先提出实施煤电超低排放改造，所有煤电机组和热电锅炉实现超低排放改造。逐步完成烟尘粉尘治理、电力脱硫脱硝、钢铁脱硫、水泥脱硝等大气污染治理工程，县级以上城市实现高污染燃料禁燃区全覆盖。扎实推进重点行业清洁排放改造和 VOCs 治理和减排，2018 年全面开展清新空气示范区建设。严格控制城市扬尘污染，渣土、砂石、水泥等运输车辆逐步实现密闭运输，严格落实"7 个 100%"

工地扬尘防控长效机制，大力提倡装配式建筑和住宅全装修，全省绿色建筑发展水平和规模位居全国前列。

2018 年，浙江环境空气质量首次实现 6 项指标全部达到国家二级标准，提前 2 年实现达标，是长三角等全国重点区域首个达标的省份；2020 年，全省设区市 $PM_{2.5}$ 平均浓度为 24μg/m³，比 2013 年下降约 40%，优良天数比例 93.3%，比 2013 年上升了 24.9 个百分点，"蓝天白云、繁星闪烁"正成为常态（浙江省人民政府，2021b）。

3. 先行先试，治土行动强化土壤安全

浙江是全国较早启动土壤污染风险管控和治理修复的省份，自 2009 年起开展污染地块风险管控和修复、受污染耕地安全利用和修复、土壤污染治理相关标准规范实施、土壤污染治理监管模式推行等工作，形成可供全国借鉴的有效做法。2011 年在全国率先启动为期五年的"清洁土壤行动"，编制实施浙江"土十条"，建成由 2000 个监测点构成的省级永久基本农田土地质量地球化学监测网络，土壤污染详查进度全国领先。完善土壤环境监测体系，加快建设省级土壤环境状况数据库，建立主要工业园区和重点企业周边土壤环境监测机制。2016 年，国家将台州列为土壤污染综合防治先行区，探索可复制、可推广的技术模式。2020 年，完成 24 个污染地块治理修复，治理污染土壤和地下水 83 万 m³，为城市建设提供"净地"99 万 m²，污染地块安全利用率达到 100%。

4. 扎实有力，治废行动筑牢联治战线

浙江在全国率先开展全域"无废城市"建设，着力推进生活垃圾、建筑垃圾、工业固废、医疗废物和农业固废"五废"治理。2012 年起先后实施危险废物"双达标"创建行动、"存量清零"行动等系列工作，推广全省固体废物监管信息系统应用，主要种类危险废物基本实现各设区市自我平衡。2018 年组织全省全面排查六大涉重金属重点行业企业，基本消除区域性的废塑料加工污染以及废金属场外散户拆解遍地的现象。2019 年以来，印发全国首部城镇生活垃圾分类地方性标准，总结提炼了"两定四分""桶长制"等一批行之有效的分类模式。2020 年，城镇和农村生活垃圾无害化处理率均达到 100%。积极开展新工艺、新产品研发，推动建筑垃圾减量化、无害化、资源化处置。做实农业废弃物资源化利用，每年安排专项资金用于畜禽粪污、沼液、秸秆利用及病死畜禽无害化处理补贴，全省秸秆综合利用率达到 95%以上。

5. 广泛开展，生态保护和修复行动稳住生态底色

1）保护与修复重要生态系统。积极推进"森林浙江"建设，开展"新植 1 亿株珍贵树"五年行动，截至 2019 年底，全省已累计创建"国家森林城市"18 个，覆盖全省90%以上设区市，国家森林城市数量位居全国第一。成功创建"省森林城市"75 个，实现省森林城市创建县级区域全覆盖。进一步加强湿地保护，截至 2019 年底，全省已有国际重要湿地 1 个、国家湿地公园 13 个、国家城市湿地公园 4 个、省级湿地公园 54 个、湿地及与湿地有关的自然保护区 11 个，纳入省重要湿地名录的湿地 80 个，初步形成了湿地保护修复的良好格局。生物多样性不断提高，浙江是生物多样性比较丰富的省份，近海与海岸湿地是鸟类迁徙的重要栖息地和中转站，全省陆生野生脊椎动物分布有 790

种，约占全国总数的 30%；高等植物有 5500 余种，在我国东南植物区系中占有重要地位，浙闽赣山地地区是我国 12 个具有国际意义的生物多样性分布中心之一，南部和西部地区是武夷山生物多样性保护优先区域和黄山怀玉山生物多样性保护优先区域的重要组成部分（浙江省人民政府，2021a）。

2）系统保护"山水林田湖草海"。实施浙江省钱塘江源头区域"山水林田湖草"生态保护修复工程试点，开展义乌市、海盐县、富阳区、黄岩区、洞头区、缙云县、衢江区等省级"山水林田湖草"生态保护修复试点。扎实推进自然保护地建设，截至 2019 年底，浙江省建成各类自然保护地 308 处，占陆域国土面积比例为 11.59%。做好坡耕地、园地、经济林地坡面水系建设，推进河湖库塘清淤，开展"百矿示范，千矿整治"活动。开展海上"一打三整治"行动，实施海岸线整治修复三年行动，渔场资源首次出现恢复迹象。全面启动"美丽黄金海岸带"建设和"蓝色海湾"整治，在全国率先探索建立自然岸线与生态岸线占补平衡机制（浙江省生态环境厅，2021）。

6. 积极应对气候变化

浙江属典型的亚热带季风气候区，在全球气候变暖大背景下，近年来台风、暴雨洪涝、极端高温、干旱、寒潮等气象灾害呈现发生频次高、影响范围广等新特征。浙江坚定实施积极应对气候变化国家战略，全面深化经济、产业、能源结构调整和绿色低碳发展，持续深化海绵城市建设，设区市建成区面积的 25%、县级市建成区面积的 20% 达到海绵城市建设要求。扎实推进应对气候变化试点创建，杭州、宁波、温州、嘉兴、金华、衢州 6 个市成功入选国家低碳城市试点，丽水市获批国家气候适应型城市试点（浙江省发展改革委，2015）。

（四）生态社会全民共建共享

浙江始终坚持城乡融合，在全国首先开展全域大花园建设，首先完成全域小城镇环境综合整治，深入推进美丽乡村和美丽城镇建设，城乡面貌显著改善，城乡均衡发展水平列全国各省份首位，同时，努力培育绿色、低碳、循环的社会新风尚，推动生态环境保护人人参与、全民行动、共建共享。

1. 推动城乡面貌根本改善

1）深化美丽乡村建设。浙江是美丽乡村建设的重要发源地，2003 年以来，持续开展"千村示范、万村整治"工程，以"千万工程"带动乡村垃圾分类综合整治、乡村社区文化宣传、乡村景区化建设，全面推进垃圾、污水、厕所"三大革命"，显著提升乡村人居环境，2012 年，浙江省第十三次党代会提出打造美丽乡村升级版，2016 年，浙江省委省政府印发《浙江省深化美丽乡村建设行动计划（2016—2020 年）》，推动美丽乡村建设从一处美向全域美、一时美向持久美、外在美向内在美、环境美到发展美、形象美到制度美的转型升级，美丽乡村成为浙江一张靓丽的金名片。2018 年，"千万工程"获联合国环境规划署授予的"地球卫士奖"。

2）不断改善城镇人居环境质量。浙江高度重视城市生态建设，打造全域"大花园"，建成区绿化覆盖率达 40.4%、人均公园绿地面积达 13.3m²。扎实推进环境基础设施建设，加快城镇污水处理和污泥处置设施项目建设，截至 2018 年底，全省共建成城镇污水处理厂 303 个，污水处理能力达到 1226 万 t/d。积极推行垃圾分类制度，设区市垃圾分类收集覆盖面达到 80% 以上。全面深化"三改一拆"和危旧房改造、棚户区改造工作，到 2019 年底，全省累计拆后土地利用率 82.98%，创成"无违建县（市、区）"6 个，"基本无违建县（市、区）"27 个，"无违建创建先进县（市、区）"37 个，深入实施"四边三化"，开展城郊集镇等薄弱区域沿线环境问题整治。

2. 引导公众参与环境保护

1) 传承浙江特色的生态文化。率先开展历史文化村落保护利用，通过乡规民约推动民间传统文化与历史文化村落生态景观保护相结合，发扬传承森林文化、源头文化、茶文化、农耕文化、湿地文化等特色生态文化。从 2011 年起，连续 8 年组织"生态文化基地"遴选命名，目前浙江共有生态文化基地 244 个，"国字号"环保科普基地 4 家，省级生态文明教育基地共 186 家。

2) 多路径强化生态文明自觉行为。2010 年，浙江省人大常委会作出决定，把每年 6 月 30 日确定为"浙江生态日"，浙江成为全国首个设立省级生态日的省份。全方位宣传环境综合治理、生态保护、美丽浙江建设相关举措成效，"浙江生态环境"官方微博、微信账户影响力位居全国环保类微博、微信账户排行榜前列。持续开展生态文明知识进机关、进校园、进企业、进社区等活动，努力构筑家庭–学校–社会的生态文明宣传教育格局。开展流通领域"百城千店"节能环保示范工程，鼓励和引导重点商业企业采用能源合同管理等先进节能模式。

3) 打造公众参与监督平台。通过浙江卫视"今日聚焦"、浙江日报"治水拆违大查访""五水共治百城擂台""寻找可游泳的河"等媒体栏目，曝光问题、回应关切。加强企业环境监督员、农村环境监督员、环保协管员、环保义务巡防员四大员队伍的建设，全省农村监督员队伍达 1.8 万余人。建立浙江省环保联合会，推广环保社会组织在政府支持下参与环境决策和监督的公众参与模式。嘉兴市大胆创新环境保护公众参与方式，赋予公众环保否决权，普通市民代表通过"大环保、圆桌会、陪审员、点单式、道歉书、联动化"的形式直接参与到环境治理中，嘉兴模式入选中国推动环境保护多元共治典范案例，列入联合国环境规划署 2016 年发布的《绿水青山就是金山银山：中国生态文明战略与行动》报告。探索利用绿色金融工具搭建多利益相关方参与平台，阿里巴巴公益基金会、民生人寿保险公益基金会、大自然保护协会和万向信托等成立千岛湖水基金，成为中国水源地保护慈善信托的首个落地项目。

（五）生态文明制度创新引领

浙江以"最多跑一次"改革撬动生态文明制度建设，逐步形成了"党委统一领导、政府全面负责、部门依法履责、社会广泛参与"的制度格局。党政干部政绩考核、生态补偿机制等一批浙江特色的生态文明制度领跑全国。

1) 建立健全绿色发展导向机制。贯彻绿色执政理念，从开展生态省建设起，浙江省每年下达工作任务书，依据《浙江省生态文明建设目标评价考核办法》等开展年度考核和任期考核，并将考核结果与党政领导班子和领导干部实绩挂钩。突出差异化政绩考评，对丽水、衢州、淳安等以保持和发挥生态功能为主的市（县）取消 GDP 考核。强化党政责任落实，在全国率先全面推开省、市两级编制自然资源资产负债表工作，推行自然资源资产离任审计、生态环境损害赔偿和终身责任追究等制度。

2）以"最多跑一次"为牵引全面撬动各领域改革。全面推广"一窗受理、集成服务、一次办结"，以"互联网+政务服务"推进政府数字化转型。通过"浙江环境地图"、"河长制"信息化平台、政务服务网、各类型环境权益或自然资源网上交易系统、企业自行监测信息发布平台等数字化工具，集成信息公开、监督投诉、污染源自行监测、智慧环保执法、数据共享、电子化考核等功能，推动实现政府治理体系和治理能力现代化。率先实施"区域环评+环境标准"改革，使得环评时间、成本大幅降低。

3）生态补偿机制创新引领全国。浙江是第一个在全省域及跨省范围推行生态补偿机制的省份，诞生了全国首个跨省新安江流域水环境补偿试点，成为全国各地省际流域生态补偿机制的样板。2005年，率先出台省级层面的《关于进一步完善生态补偿机制的若干意见》，率先建立生态环保财力转移支付制度；2008年，将该项政策推广至八大水系源头地区45个市、县率先实施省内全流域生态补偿；2012年，又进一步扩大到全省所有市、县。2015年，在全省实施与污染物排放总量挂钩的财政收费制度；2017年，出台《关于建立健全绿色发展财政奖补机制的若干意见》，整合既有生态环保财政政策，成为财政奖补机制涉及因素最全面的省份；同年出台《关于建立省内流域上下游横向生态保护补偿机制的实施意见》，已有38个县（市、区）成功签订跨流域横向生态补偿协议，占全省八大水系干流和一级支流流经县（市、区）的66.7%。

4）市场化要素配置机制稳步推进。自然资源资产产权制度改革初见成效，2016年完成全省11个市、90个县（市、区）不动产统一登记，湖州市长兴县发布全国首个自然资源统一确权登记县级地方标准规范。不断深化资源环境价格形成机制，全面实施了差别化电价、水价制度，基本建立了土地、矿产资源、海域、海岛有偿使用制度。排污权有偿使用和交易、用能权交易、水权交易、集体林权制度改革等制度建设走在了全国前列；杭州市东苕溪流域水权制度改革试点在南方丰水地区处于领先水平，排污权配额累计成交金额达61亿元，约占全国10个试点省份总额的三分之二。积极培育环境治理和生态保护市场，通过实行财政综合奖补政策和省基础设施投资（含PPP投资）基金运作，支持重点领域政企合作项目，鼓励社会资本参与生态建设。通过政府专项资金持续引导绿色金融改革，2017年，湖州市、衢州市成功获批创建全国绿色金融改革创新试验区。

5）环境治理体系逐步健全。生态环境治理修复制度覆盖面广泛，建立了以"千万工程"为核心的农村环境综合治理制度；全面推行以"河畅、水清、岸绿、景美"为目标、以"河（湖）长制"为抓手的河湖治理管理制度，在全国率先实现省、市、县、乡、村五级河长全覆盖，并在全国流域治理工作中得到推广；基本建立了耕地河湖休养生息制度、湿地开发和保护制度。健全应急管理机制，建立全省大气污染源清单数据库，进行源清单实时动态更新。形成了辐射事故应急处置省、市、县三级管理网络。初步构建污染防治区域联动机制，与上海、江苏、安徽、福建等所有交界省份建立跨界环境污染防治区域联动机制。提升环境监管能力，实现了环境要素和生态监测全覆盖，在线监测设施建设、生态环境监测网络建设方面达到国内先进水平。

三、浙江生态文明建设重要经验

作为资源小省，浙江仅用十余年时间就实现了发达经济体用几十年甚至上百年才实现的工业化基础上的生态环境质量总体好转，总结其生态文明建设经验，对全国其他地区具有重要借鉴意义。

（一）持续深化生态文明建设行动

习近平同志在浙江工作期间，亲自擘画生态省建设蓝图作为"八八战略"的一项重要内容。历届省委省政府深刻领会生态文明建设意图、明晰定位、抓住关键、把握重点、坚定初心、牢记使命，始终沿着生态文明之路砥砺前行，不断面向时代和人民的需求变化及时调整深化战略部署，从"绿色浙江""生态浙江"，再到"美丽浙江"，一以贯之、层层递进，做到生态文明建设"一张蓝图绘到底"。近 20 年来，全省持续推进"千村示范、万村整治"工程，连续实施四轮"811"生态环保专项行动，全面推进生态文明体制改革，生态省建设各项工作扎实推进，先后打出了"五水共治"、"三改一拆"、"四边三化"、"两路两侧"、小城镇环境综合整治等系列组合拳，围绕高标准打赢污染防治攻坚战的要求，出台实施生态文明示范创建、诗画浙江大花园等行动计划，随着抓手载体迭代更新，生态省建设在内涵上不断完善、在要求上不断升级。全省生态文明建设取得显著成效，生态文化氛围日渐浓厚，生态经济高效蓬勃发展，生态环境质量显著改善，公众对生态文明建设的满意度、获得感和幸福感大幅度提升。

专栏 18.6 "811"系列行动目标任务由治水逐渐延伸到美丽浙江建设

2004 年，浙江启动实施第一轮"811"环境污染整治行动，突出八大水系和 11 个设区市的 11 个环保重点监管区的治理，遏制了环境恶化的趋势。

2008 年，实施第二轮"811"环境保护新三年行动，将目标进行量化，通过污染减排、水污染防治、工业污染防治、城镇环境综合整治、农业农村环境污染防治、近岸海域污染防治、生态修复保护、生态创建 8 个方面的任务、11 项政策保障措施和 11 个省级督办的重点环境问题，基本解决了突出存在的环境污染问题。

2011 年，实施第三轮"811"行动，更注重环境质量与民生改善相适应，明确了生态经济、节能减排、环境质量等 8 个方面的主要目标，重点推进节能减排、循环经济、绿色城镇、美丽乡村、清洁水源、空气、土壤等 11 个专项行动，制定 11 个方面的保障措施，推动了全省生态文明建设走在全国前列。

2016 年，开启第四轮"811"美丽浙江建设行动，引入"建设美丽浙江，创造美好生活"的"两美"理念，首次提出"绿色经济"、"生态文化"和"制度创新"等新概念，行动目标更高、措施更实、特色更浓，通过绿色经济培育、节能减排、"五水共治"、大气污染防治、土壤污染防治、"三改一拆"、深化美丽乡村建设、生态屏障

建设、灾害防控、生态文化培育、制度创新 11 项专项行动，达到绿色经济培育、环境质量提升、节能减排、污染防治、生态保护、灾害防控、生态文化培育、制度创新的绿色发展目标（江帆和晏利扬，2016）。

（二）不断拓宽"绿水青山就是金山银山"转化通道

浙江始终秉持"绿水青山就是金山银山"的理念，主动抓好产业结构调整，大力倡导清洁生产和循环经济，通过提标改造、兼并重组、集聚搬迁等方式，推动传统产业向园区集聚集约发展，加快推进产业园区、聚集区的生态化改造，实现点源治理向集中治理转变；不断深化"腾笼换鸟"，重拳出击"重污染"，铁腕整治"低散乱"，加快淘汰落后产能，通过"四换三名"等战略，强化传统产业转型升级和改造提升，催生一批新经济、新业态和新模式，逐步实现"凤凰涅槃"，推动发展模式从先污染后治理型向生态环境与经济协调型转变，不断提高经济增长的含绿量。浙江依托全省良好的生态环境、气候条件、山区资源等天然优势，变生态资源优势为富民强省的发展优势，以"千万工程"造就"万千"美丽乡村，以美丽乡村带动美丽经济发展，茶叶、水果、畜牧、水产、竹木等示范性农业全产业链遍布美丽乡村，农民从卖农产品到卖风景、卖文化、卖乡愁，实施以"两山银行"为代表的市场化生态产品价值实现机制，美丽经济呈现向高层次、多链条发展的态势（许雅文和金晨，2019），乡村发展与城市发展呈现相对均衡的发展态势。

（三）统筹推进城乡生态环境综合治理

积极回应公众对优美人居环境的期盼，实施"千万工程"，通过乡村环境整治、农业农村基础设施建设、发展农村社会事业，整体推进农村建设，建成了一批美丽乡村示范县、示范乡镇和特色精品村；通过"特色小镇"建设强化核心优势，全力整治和提升城镇环境，形成了"一镇一产业、一镇一特色"的浙江风格；坚持拆、改、建联动，通过"三改一拆"提升土地利用效率，为产业升级腾出发展空间，以生态文明城市、低碳城市、生态市创建等为载体不断优化城市生态环境。积极回应公众对绿水青山的期盼，实施系列治水行动，抓住科学治水的要领，开展水岸同治，把治水与治山、治林、治田有机结合起来，实施全系统、全方位治理。积极回应公众对蓝天白云的期盼，注重综合施策，强力推进产业结构、能源结构、运输结构和用地结构优化调整，深化工业废气治理，并加大科技治气力度，同时推进重点攻坚行动，解决重点区域、重点行业、重点企业臭气异味问题。

专栏 18.7　以"千万工程"全面推进美丽乡村建设

2003 年，时任浙江省委书记的习近平同志亲自调研、亲自部署、亲自推动，启动实施"千村示范、万村整治"工程（简称"千万工程"）。2003 年以来，浙江省委省政府始终践行习近平总书记"绿水青山就是金山银山"理念，一以贯之地推动实施"千万工程"，村容村貌发生巨大变化，使美丽乡村成为浙江的靓丽名片。2018 年 9 月，"千万工程"获联合国最高环保荣誉——"地球卫士奖"。2019 年，习近平总书记作出重要批示："浙江'千村示范、万村整治'工程起步早、方向准、成效好，不仅对全国有示范作用，在国际上也得到认可。要深入总结经验，指导督促各地朝着既定目标，持续发力，久久为功，不断谱写美丽中国建设的新篇章。"2019 年 3 月，中共中央办公厅、国务院办公厅转发了《中央农办、农业农村部、国家发展改革委关于深入学习浙江"千村示范、万村整治"工程经验扎实推进农村人居环境整治工作的报告》，要求各地学好学透、用好用活浙江经验。

"千万工程"大致可分为 4 个阶段。

第一阶段：示范引领阶段（2003~2007 年）。选择 1 万多个建制村，全面推进村内道路硬化、垃圾收集、卫生改厕、河沟清淤、村庄绿化，建成了 1181 个全面小康示范村、10 303 个环境整治村。

第二阶段：整体推进阶段（2008~2010 年）。将整治内容拓展到面源污染治理、农房改造、农村公共设施建设，基本完成了全省村庄整治任务。

第三阶段：深化提升阶段（2011~2015 年）。启动实施美丽乡村建设行动计划，开展历史文化村落保护利用工作，着力把农村建成规划科学布局美、村容整洁环境美、创业增收生活美、乡风文明身心美的宜居宜业宜游的农民幸福家园、市民休闲乐园。

第四阶段：转型升级阶段（2016 年以来）。印发《浙江省深化美丽乡村建设行动计划（2016—2020 年）》，推动美丽乡村建设从一处美向全域美、一时美向持久美、外在美向内在美、环境美向生活美转型，全力打造美丽乡村升级版。

（四）不断增强生态富民惠民的制度供给

浙江毫不动摇吃改革饭、打创新牌，根据不同发展阶段不断深化生态文明制度改革和政策创新工作重心，扩大外延、丰富内涵、稳中有进。建立健全绿色发展导向机制，把"生态建设与环境保护"作为领导班子实绩考核评价的约束性指标，突出差异化政绩考评，建立绿色财政奖补机制，深化"亩均论英雄"改革。强化党政责任落实，推行自然资源资产离任审计、生态环境损害赔偿和终身责任追究等制度。推进法治化、市场化改革取向，制定 20 余项环保地方法规，在全国率先颁布"河长制"规定并实现省、市、县、乡、村五级河长全覆盖，率先建立行政和司法联动执法机制，是全国最早实施横向流域生态补偿、实施排污权有偿使用、开展水权用能权交易的省份。以放、管、服改革特别是"最多跑一次"改革为牵引，全面撬动各领域改革，率先实施"区域环评+环境标准"等系列改革，以改革撬动生态环境治理体系现代化。以政府数字化转型为抓手，提高生态环保领域科学决策、监督管理和为民服务水平。

（五）推动生态文明建设共建共享

浙江在推进生态文明建设过程中，坚持政府带头、全民参与，以设立"生态日"等多种形式在全社会开展生态文化教育；坚持弘扬生态文明道德规范，把环保行为规范写入民规民约；坚持营造以绿色社区、绿色家庭、绿色企业、绿色学校、绿色医院等"绿色细胞"为主体的绿色文化；坚持倡导以绿色消费、绿色出行、垃圾分类等为内容的绿色生活，形成生态文明自觉氛围。基本形成了政府引导、企业主体、公众参与的工作协同格局，全民的生态环境意识和绿色发展意识已经觉醒，建立美丽家园正在成为全民自觉行动。

第四节 东部沿海发达地区生态文明建设展望

一、以绿色低碳循环发展推动经济社会绿色转型

习近平总书记指出，"十四五"时期，我国生态文明建设进入了以降碳为重点战略方向、推动减污降碳协同增效、促进经济社会发展全面绿色转型、实现生态环境质量改善由量变到质变转变的关键时期。我国东部地区经济总量较大但自身缺乏能源供给，西部地区能源资源相对丰富，建议充分利用西部较为丰富的可再生资源，布局能耗量较大的新兴产业，并大力促进绿色低碳技术创新和应用，提高产业能效水平。省、市、县等区域是碳排放的基本空间单元，也是落地落实碳达峰目标的关键和重点，建议东部沿海省份差异化设定各城市降碳目标和减排路径，可再生能源禀赋较好的区域加快可再生能源开发步伐，传统制造业较为密集的区域提升发展质量和碳效、能效水平，服务业占比较高的区域重点推广绿色消费模式和生活方式，因地制宜打造多类型试点示范。借鉴浙江经济转型升级的经验，把环境质量指标作为硬约束、创新发展作为驱动力，破解产业向中高端升级和经济保持中高速增长的难题，将控制温室气体排放考核纳入美丽省（市）和污染防治攻坚战的考核，将碳报告核查机构纳入企业环境信用评价体系，开展常规污染物与温室气体协同减排企业示范，逐渐构建起低碳产业体系，积极开展低（零）碳乡镇（街道）、村（社区）等"低碳细胞"建设，全面推行绿色低碳生活（王金南和严刚，2001；每日经济新闻，2021；王金南，2021；四川日报，2022）。

二、滚动实施一批行动方案推动污染防治攻坚向纵深发力

2020年1月，习近平总书记作出重要批示，要求突出精准治污、科学治污、依法治污，坚决打赢污染防治攻坚战。建议东部沿海发达地区进一步突出精准治污、科学治污、依法治污，坚持问题导向，以补齐短板弱项为优先项，借鉴浙江"811"系列行动、环环相扣的治水经验，滚动持续实施一批循序渐进、不断深入的行动方案，不断调整行动方案的目标，丰富行动方案的任务举措，推动重点领域、重点区域、重点行业减污降碳协同治理、多污染物协同控制、城乡协同治理、陆海统筹治理的痛点堵点逐个击破。近岸海域污染防治是东部沿海省份污染防治攻坚的一大难点，建议加强对近岸海域污染物跨界问题和定量化评估的科研攻关，建立本省近海污染溯源技术体系，探索反映海洋生态环境质量综合水平的新型评价体系，为海洋的生态环境从单一的污染源治理向多污染源治理转变，从单纯以防治污染为主逐渐向污染防治和生态扩容并重提供技术支撑。加

强长三角、珠三角、粤闽浙沿海等城市群发展，加强各类污染源、生态环境监管等领域的信息共享，特别是新能源汽车基础设施、医废危废收集处理设施等环保设施建设的联动和共享，加强跨区域、多部门的执法联动，加快形成多个领域的环境风险预警的应急响应联动机制（新华社，2020；生态环境部，2021b）。

三、以更加丰富高效的生态产品价值实现路径促进区域城乡融合互动

2021年4月，中共中央办公厅和国务院办公厅印发了《关于建立健全生态产品价值实现机制的意见》，明确将生态产品价值实现作为培育经济高质量发展、推动城乡区域协调发展的重要路径。近年来，浙江、福建等东部沿海地区在生态产品价值实现机制方面探索了诸多全国领先的经验。例如，与生态产品质量和价值相挂钩的财政奖补机制、以"两山银行"为代表的市场化生态产品价值实现机制等浙江经验，依托赟笪湖、木兰溪等流域综合治理构建的生态综合体、"福林贷"等林业系列金融产品、"政府+企业+金融+渔民"的海域自然资源生态产品市场化运营机制等福建经验，生态产品价值实现已经逐渐成为推动全省高质量发展的新引擎和驱动力，建议福建、浙江等省份继续深化创新生态产品价值实现实践成果并积极传播推广，建议东部沿海各省份立足各省独特的资源禀赋和生态优势以及城乡一体化发展基础，创新生态产业化、产业生态化、生态资源权益交易、绿色金融等生态产品价值实现路径，在健全核算应用体系、创新拓宽产业实现路径、健全市场交易体系、完善配套支撑体系等重点领域和关键环节取得新突破，加快把优质生态资源富集地区打造为新的增长极。

四、健全现代环境治理体系，构建"大环保格局"

浙江、福建等省份现代环境治理体系建设水平均位于全国前列，探索创新了一批可复制、可推广的制度模式，建议两省加强改革的系统集成，探索把不同生态系统要素作为一个有机整体的系统性保护治理制度体系。建议东部沿海各省份进一步强化改革驱动和制度供给，借鉴两省注重数字赋能推进生态环境治理能力现代化、强化激励约束形成生态文明建设持久动力的成功经验，形成系统的省域生态文明建设制度体系和现代环境治理体系。建议各省份加强区域协同，推动部门间、城市间、省际在自然资源利用监管、生态系统保护修复、陆海统筹综合治理、区域高质量发展等方面形成制度新供给，进一步深化生态文明责任机制改革、管理体制机制改革以及市场化机制改革，综合运用"三线一单"、生态环保督察执法和碳排放权、排污权交易等法律、市场、科技和行政手段，提高环境治理效能，形成导向清晰、决策科学、执行有力、激励有效、多元参与、良性互动的"大环保格局"。

（本章执笔人：王金南、王夏晖、刘桂环、文一惠、谢婧）

第十九章　京津冀地区生态文明建设

党的十八大以来，以习近平总书记为核心的党中央制定了京津冀协同发展、长江经济带发展、粤港澳大湾区建设、长三角一体化发展等国家战略，关乎全局，影响深远。在这些战略中，京津冀协同发展战略具有极为重要和特殊的意义。

近年来，在习近平生态文明思想指引下，京津冀三地自觉将协同发展纳入生态文明建设总体布局，广泛开展了生态文明建设实践。特别是在京津冀大气污染联防联控方面取得了积极成效，实践证明了京津冀协同发展的重要意义。在生态产业化方面，京津冀结合各地自身实际，勇于探索，在"两山"理论实践创新基地建设、国家生态文明建设示范市县创建、国家生态文明先行示范区建设等方面，成绩斐然，涌现出了中国生态文明建设塞罕坝范例。在产业生态化方面，在京津冀协同发展战略下，初步实现了由过去梯度转移为主转向城市功能转移为主的新路，实现了以城市功能再造为产业转移重心。

第一节　京津冀协同发展战略及对生态环境的需求

生态环境保护是京津冀协同发展战略"三个率先突破"之一。美丽生态，是京津冀协同发展战略的基本要求，也是应有之义。深化京津冀协同发展战略的认识，对于统一思想，加强京津冀生态环境协同治理具有重要意义；同时，京津冀协同发展战略对生态环境保护工作也提出了更高的要求。

一、京津冀协同发展战略及对生态环境的需求的背景

（一）重大国家战略

习近平总书记指出，北京、天津、河北人口加起来有 1 亿多，土地面积有 21.6 万平方千米，京津冀地缘相接、人缘相亲，地域一体、文化一脉，历史渊源深厚、交往半径相宜，完全能够相互融合、协同发展。

2014 年 2 月 26 日，习近平总书记在北京主持召开京津冀协同发展座谈会，明确了京津冀协同发展是一个重大国家战略。

2015 年 6 月，中共中央、国务院印发《京津冀协同发展规划纲要》指出，推动京津冀协同发展是一个重大国家战略，核心是有序疏解北京非首都功能，要在京津冀交通一体化、生态环境保护、产业升级转移等重点领域率先取得突破。

党的十九大报告指出：以疏解北京非首都功能为"牛鼻子"推进京津冀协同发展。疏解北京非首都功能既是北京治理大城市病的需要，也是京津冀协同发展的先手棋。

设立河北雄安新区，是以习近平同志为核心的党中央作出的一项重大的历史性战略

选择，雄安新区是继深圳经济特区和上海浦东新区之后的又一具有全国意义的新区，是千年大计、国家大事。

设立雄安新区的重大现实意义和深远的历史意义在于：集中疏解北京非首都功能、探索人口经济密集地区优化开发新模式、调整优化京津冀城市布局和空间结构、培育创新驱动发展新引擎。

（二）京津冀整体功能定位

《京津冀协同发展规划纲要》确定京津冀整体定位是："以首都为核心的世界级城市群、区域整体协同发展改革引领区、全国创新驱动经济增长新引擎、生态修复环境改善示范区"。其中，"生态修复环境改善示范区"基本内涵为：加大人力、物力和财力投入，健全包括生态补偿制度在内的生态环境保护机制，扩大清洁能源供应规模，实现能源生产和消费方式的变革，尽快在大气污染治理和水生态系统修复等方面取得重大进展并积累经验，为条件相似地区提供学习借鉴的经验。

（三）北京、天津、河北三地功能定位

北京定位为："全国政治中心、文化中心、国际交往中心、科技创新中心"。

天津定位为："全国先进制造研发基地、北方国际航运核心区、金融创新运营示范区、改革开放先行区"。

河北定位为："全国现代商贸物流重要基地、产业转型升级试验区、新型城镇化与城乡统筹示范区、京津冀生态环境支撑区。"其中，"京津冀生态环境支撑区"基本内涵为：通过产业结构深度调整和坚持走新型工业化和新型城镇化道路，显著减轻发展对生态环境的压力；与京津携手，尽快修复生态、改善环境，为京津提供有力的生态安全屏障，也为自身发展创造良好的环境条件。

（四）雄安新区定位

雄安新区重点打造"北京非首都功能疏解集中承载地"，建设绿色生态宜居新城区、创新驱动发展引领区、协调发展示范区、开放发展先行区，努力打造贯彻落实新发展理念的创新发展示范区。雄安新区建设的主要任务之一就是，打造优美生态环境，构建绿蓝交织、清新明亮、水城共融的生态城市。

（五）京津冀协同发展战略下生态环境工作总体要求

以习近平生态文明思想为指导，以"山水林田淀城"综合治理为理念，以保育区域生态系统服务、为社会经济可持续发展提供坚实的生态保障为目标，从生态系统整体保护和修复的角度，开展水、土、气、生各生态环境要素协同治理，有效改善区域生态环境质量；从生态环境承载能力的角度，优化区域产业结构和社会经济发展，缓解区域社会经济活动对生态环境系统的压力；建立和健全完整、统一的区域生态环境管理制度体系和区域生态环境利益协调机制，实现京津冀生态环境系统整体的保护和修复，保障区域生态环境安全。

重构和保障白洋淀流域（新区）蓝绿交织、清新明亮、淀城共荣的生态空间格局，优化新区生产、生活、生态共融共生模式，恢复白洋淀良性生态系统；创新生态、环境与资源系统的一体化、智慧化管控机制与政策措施，把白洋淀流域（新区）建成生态文明试验区和示范区，带动京津冀核心区生态环境质量整体性恢复和提升。

二、改善生态环境，促进京津冀协同发展

京津冀协同发展战略下，京津冀生态环境协同治理是改善区域生态环境的基本要求，在"三个率先突破"中首当其冲，是京津冀协同发展的多赢之举。

（一）从生态系统整体的角度加强统筹治理与修复

生态系统是水、土、气、生等各生态环境要素之间存在紧密联系的一个整体，生态环境的治理和修复必须从系统的角度统筹推进。当前，京津冀地区面临巨大的生态环境问题，环境污染严重，生态格局与功能失衡，改善京津冀生态环境，必须以系统构筑显山露水、品质优良的生态体系为目标，坚持"山水林田湖草"系统统筹治理，综合考虑生态系统中水、土、气、生要素，尊重自然生态本底，统筹区域生态功能定位，构筑"山水林田湖"生命共同体。

重点措施包括：统筹山区、山前平原区与平原区、滨海湿地和近海等不同生态地理区之间的生态关联；以水系为纽带，协调水资源供给与生态、生活和生产用水的供需关系；强化燕山-太行山生态安全屏障、京津保（北京、天津、保定）湿地生态过渡带建设；推进区域重点绿化工程，建设环首都森林湿地公园；建设以区域生态廊道、水系湖泊为纽带的区域生态网络等，系统治理和恢复区域生态系统，维持和改善区域生态系统服务功能。

（二）优化区域产业、社会经济与生态环境发展的协同

生态环境问题本质上是人口、经济与生态环境系统之间的矛盾问题。一方面，京津冀地区是我国政治、文化中心，也是我国北方经济重要核心区，人口密度、社会经济系统与生态环境系统之间的矛盾尤为紧张，区域生态环境的保护和治理的根本在于实现区域社会经济发展与生态环境保育的协调。推动京津冀产业转移对接和结构转型升级，发展绿色、循环、低碳经济，是实现生态环境治理和社会经济发展共赢的必经途径。另一方面，京津冀地区城乡发展差距显著，农村环境基础设施建设滞后和治理缺乏是京津冀地区环境污染产生的重要原因之一。

促进城乡均衡发展、建立京津冀城乡一体化生态环境协同治理格局是区域生态环境治理取得切实成效的重要保障，应从废弃物资源化循环利用角度，解决农村燃煤散烧、粪污乱排、农田土壤污染等环境问题，促进农村产业发展，建设生态宜居的美丽乡村。

（三）深化区域大气污染联防联控

近年来，京津冀地区大气污染防治工作已取得了显著成效。2014～2019年，京津冀三地空气质量持续改善，细颗粒物（$PM_{2.5}$）年均浓度均呈下降趋势，其中北京市从2014年的85.9μg/m³降至2019年的42μg/m³，下降51%，京津冀区域下降46%。

但是京津冀地区能源消费仍以化石能源为主，工-农-城多污染源高密度分布，津京

冀区域仍是我国空气污染最严重的区域，空气质量达标天数远低于长三角地区、珠三角地区和全国平均水平。治理大气污染的根本在于能源和产业结构调整。一方面要推动能源技术革命，提高能源利用效率和可再生能源比例；另一方面要通过加快产业技术升级，从经济结构的源头减轻京津冀地区大气污染问题。大气污染具有跨区域溢出效应，京津冀地区必须进一步完善区域大气污染联防联控体系，实现统一规划、统一标准、统一监测、统一执法、统一协调。此外，随着颗粒物浓度的下降，臭氧污染形势日益严峻，已成为影响京津冀地区空气质量的第二大污染物，需要加快推进 $PM_{2.5}$ 和臭氧的协同控制。

（四）水资源、水环境区域协同调控

京津冀地区属半干旱地区，人口和社会经济的快速增长使水资源供需矛盾愈发突出，地下水超采、河流湖泊枯竭现象严重。1984～2012 年，海河流域平原浅层地下水水位下降明显，平均降深达 12m 左右，最大降幅可达 60m。此外，海河流域是我国七大流域中水质污染最严重的流域，2016 年河流劣 V 类断面达 41.0%，水环境污染又导致了水质性缺水。解决京津冀地区水资源短缺的问题，需按照"节水优先、空间均衡、系统治理、两手发力"的治水新思路，利用"河长制"实现部门联动，提高水资源综合利用水平，加强水污染治理。

针对海河流域突出问题，实施九河共治，京津冀合作推进海河流域桑干河、洋河、潮河、白河、唐河、拒马河、滹沱河、滏阳河和大运河等主要河流生态环境治理、保护与建设。同时，通过构建海河流域水生态廊道，控制地下水超采并适当恢复地下水，保障生态基流，提高水源涵养能力。

（五）白洋淀综合治理

白洋淀是华北平原最大的淡水湖泊，却面临水量不足和水质恶化的严峻形势。开源节流，保障白洋淀维持正常水位和清洁的水质是白洋淀综合治理的重要任务。通过南水北调和周边水库调水努力使年入淀水量达到 3 亿 m^3 以上，近期使淀区水位回到 6.5m 以上，并稳定保持在 6.5～7m；设立专门的保护机构，做好协调工作，合理利用水资源，保证枯水期适量的自然水资源补给，使淀内水量足以维持实现良性循环的需要，严防出现"干淀"现象。通过王快、西大洋两库联合调度方式向白洋淀补水，建立"小水常补"长效而完善的补水机制；水生态空间恢复到 265～300km² 或以上，自然恢复荒野湿地96km² 以上。同时，大力开展流域水污染治理，特别要加强城镇生活污水和工业废水达标治理，淀区纯水村全面整治，淀内污染得到有效消除；淀边村环境得到综合整治，污染负荷下降 80% 以上。建成流域城乡一体化水污染管理模式，全面消除淀内和淀边污染，形成流域生态空间管控新模式、流域水生态环境保护标准体系、生态环境质量监督管理体系。

努力在近期使淀区考核断面水质基本达到国家地表水环境质量IV类标准，生物多样性明显提高；中远期淀区水质达到国家地表水环境质量IV类标准，新区蓝绿生态空间总体达到 70% 以上。最终实现白洋淀生态需水得到保障，水生态状态恢复良好，重现白洋淀独特的"苇之海、鸟类天堂"胜景和北方大泽"华北明珠"风采。

（六）构建京津冀生态安全格局

京津冀地区以农田、森林和城镇等生态系统类型为主，2000 年以来主要生态系统类型变化的显著特征是农田向城镇转移和湿地面积萎缩。2010～2015 年，约 1933.99km² 的农田转变为城镇，30.61km² 的湿地消失。北京和天津的土地城市化水平高且速度快，均显著高于其他城市。城市化进程的加快对京津冀地区生态承载力带来了严峻挑战，60% 左右的国土面积处于预警与临界预警状态，且森林生态系统退化严重，优质等级森林生态系统面积比例不足 4%，热岛效应强度也逐渐扩大，由孤岛逐渐转化为热岛链（群）。

落实主体功能区和生态功能分区定位，建立健全以"三线一单"为核心的生态分区管控体系，统筹经济系统、社会系统、自然系统，优化生态空间，实施重要生态系统保护和修复重大工程，强化燕山—太行山生态安全屏障功能，建设张家口、雄安两个重点生态安全保障地区，打造坝上、沿渤海、环首都三大生态防护带，加强重点河流、生态廊道、湖泊湿地等生态节点保护治理，构建京津冀网络化生态安全格局，提高生态系统对京津冀城市发展的服务与支撑。

（七）建立完整、统一、协调的区域生态环境管理制度体系

针对京津冀区域环境污染问题，2013 年启动了京津冀大气污染防治协作机制；2015 年启动了京津冀环境执法联动工作机制；2017 年启动了京津冀环保联动执法，有效打击了偷排偷放、超标排放、监测数据弄虚作假等环境违法行为。

需要在此基础上，进一步建立完整、统一、协调、长效的区域综合环境管理制度体系，健全区域环境污染联防联控联治制度，提升环境监管一体化水平。重点要突破地域行政边界，共同建设跨区域、跨部门的环境基础设施、环境监测网、环境监察执法体系、环境预警与应急系统、环境信息发布平台，全面推进京津冀三地生态环境监管一体化协同，同时提升公众在环境治理监管监督中的参与水平。

（八）强化以利益协调为核心的区域生态环境调控机制

目前，京津冀三地缺乏以利益协调机制为核心的生态环境协同保护长效机制。京津冀三地之间经济发展水平差距大，影响力不平等，利益分配不均衡，造成京津冀三地在经济发展与生态环境保护方面难以协调统一。

需要形成完善的利益协调、共建共享的长效协同保护机制，加强区域生态补偿转移支付机制，建立生态资源与服务的市场化机制，缓解区域利益冲突，保障京津冀区域生态环境的协同保护与建设。例如，通过专项投资等强力扶助河北加快实现产业和能源的转型升级，从根本上减少污染源；建立以流域为载体的跨省生态补偿机制，完善京津地区与河北张承地区的生态补偿机制，同时注重生态环境补偿效果评估与持续改进。

第二节　京津冀大气污染联防联控的实践经验总结

联防联控是京津冀大气污染防治的突破口，是重污染地区应急减霾的利剑，是空气质量保障的良方。京津冀是大气污染联防联控的策源地，也是先行者和获益者。经过多

年探索，京津冀大气污染联防联控，特别是瞄准以 PM$_{2.5}$ 为首要污染物的重污染治理，已经走出了一条路子。及时总结经验，对于京津冀三地继往开来，以及其他地区借鉴学习，都具有十分重要的意义。

一、动因：重大活动保障、重度雾霾、主动作为

（一）重大活动保障的应有之举

区域大气污染联防联控最早可以追溯到 2008 年北京奥运会期间的空气质量保障行动，这也是京津冀地区开展复合性大气污染区域联动防治的率先尝试；2014 年 11 月 10～11 日的亚洲太平洋经济合作组织（APEC）领导人非正式会议及 2015 年 9 月 3 日"纪念中国人民抗日战争暨世界反法西斯战争胜利 70 周年"阅兵活动期间，均实施了区域性空气质量保障的实践。

上述重大活动期间，空气质量保障工作成效显著，一方面充分证明了联防联控机制在解决区域性大气污染问题中的必要性和重要性，另一方面也说明了重大活动空气质量保障行动是一项重大的政治任务，必须不折不扣完成。

（二）重度雾霾引发舆论强烈关注与党中央高度重视

2013 年 1 月，京津冀及周边地区 PM$_{2.5}$ 浓度达到 161μg/m^3。雾霾污染引发舆论高度关注，雾霾污染问题及其带来的压力和引发的舆论效应得到了党中央和国务院的高度重视。

2013 年 11 月至 2014 年 1 月，京津冀及周边地区 PM$_{2.5}$ 浓度再次达到峰值，雾霾污染的问题及其带来的压力与舆论效应再次被强化。2014 年 2 月，习近平总书记作出重要批示，"应对雾霾污染、改善空气治理的首要任务是控制 PM$_{2.5}$"。

2013 年 9 月，国务院印发《大气污染防治行动计划》（简称《大气十条》），铁腕治霾，重拳出击。《大气十条》要求，"建立京津冀、长三角区域大气污染防治协作机制，由区域内省级人民政府和国务院有关部门参加，协调解决区域突出环境问题，组织实施环评会商、联合执法、信息共享、预警应急等大气污染防治措施，通报区域大气污染防治工作进展，研究确定阶段性工作要求、工作重点和主要任务"，进一步明确了区域联防联控在我国大气污染防治工作中的地位。

2013 年 10 月，在环境保护部协调下，由京津冀及周边地区 6 省（直辖市）和国家 7 部委主要领导共同协商建立京津冀及周边地区大气污染防治协作小组，成立协作小组办公室，办公室设在北京市环境保护局。北京市与保定市、廊坊市，天津市与唐山市、沧州市分别建立了大气污染治理结对合作工作机制（"2+4"结对合作机制），签订了大气污染联防联控合作协议书；6 市坚持目标同向、措施同步、科学谋划、联防联控共同发力大气污染防治工作。

在协作小组的推动下，京津冀三地共同对燃煤污染、机动车排放、工业企业等实施减排措施，京津冀及周边地区大气污染防治工作由"各自为战"向"集团作战"转变。

2015 年 11 月，京津冀三地环保部门正式签署《京津冀区域环境保护率先突破合作框架协议》，指出"以大气、水、土壤污染防治为重点，以联合立法、统一规划、统一标准、统一监测、信息共享、协同治污、联动执法、应急联动、环评会商、联合宣传等

10 个方面为突破口，联防联控，共同改善区域生态环境质量"。

（三）各级政府顺应社会各界关切的共同选择

生态环境是经济社会发展的基础支撑，空气环境质量事关人民身体健康和幸福感，在雾霾面前没有旁观者，政府不能无动于衷。下最大力气治理雾霾，主动回应社会各界关切，主动作为成为京津冀各级政府的共同选择，京津冀三地携手合作，实施京津冀大气污染联防联控，变被动为主动，恰逢其时，水到渠成。

二、联防联控势在必行

（一）总体生态环境不利于污染扩散

京津冀地区同处一个气候带，加之其西临南北走向的太行山脉，北靠东西走向的燕山山脉，东临渤海湾，南接中原，整体呈现西北高、东南低的地形特点。

从目前统计分析结果来看，在京津冀及周边地区，符合以下条件时容易产生本地累积型重污染：风速小于 2m/s，对污染物水平扩散极其不利；大气处于静稳状态，垂直扩散能力较差；近地面逆温，混合层高度低于 500m；大气相对湿度达 60% 以上，导致气态前体物向颗粒物加速转化。

（二）特殊的地形、气象条件

"2+26" 城市联合攻关研究表明，京津冀及周边地区位于太行山东侧"背风坡"和燕山南侧的半封闭地形中，受青藏高原大地形"背风坡"效应所导致的下沉气流和"弱风效应"影响，冬季京津冀及周边地区为显著的下沉气流区，这不利于大气对流扩散及污染物清除。这个地区是我国冬季大气污染最重、季节差异最为显著的区域，PM$_{2.5}$浓度冬季普遍偏高，污染最重，秋季、春季次之，夏季最轻。

在空气污染过程中，污染累积到一定程度后还会导致气象条件进一步转差，重污染和不利气象条件之间形成显著的"双向反馈"效应。

（三）区域传输贡献大

"2+26" 城市联合攻关研究进一步表明，京津冀及周边地区大气重污染，是污染物本地累积、区域传输和二次转化综合作用的结果。远超环境承载力的污染排放强度是大气重污染形成的主因，不利气象条件造成污染快速累积是诱因，大气氧化驱动的二次转化是污染累积过程中颗粒物爆发式增长的动力。

京津冀及周边地区的特殊地形，使得污染物区域传输对污染快速累积产生显著影响。攻关研究表明，西南通道（太行山前输送带）、东南通道（济南—沧州—天津输送带）和偏东通道（燕山前输送带）均影响较大。京津冀及周边地区各城市污染程度受整个区域的传输影响，全年平均"贡献"为 20%～30%，重污染期间的"贡献"还会再提升 15%～20%。

对北京市而言，在重污染期间区域传输"贡献"最高可达 60%～70%，其中西南通道、东南通道和偏东通道都有较大影响。西南通道的定量分析显示，在典型污染过程的起始阶段，向北京的输送通量最高可达 $500\sim800\mu g/$（$m^2\cdot s$），污染形成阶段的输送通量为 $100\sim200\mu g/$（$m^2\cdot s$）。

综上所述，由于大气污染的"外溢性、无界化、扩散不确定性"，决定了其治理非"一城、一地、一政府"可独立完成。特别是京津冀三地特殊的生态环境、地形和气象条件，多种因素叠加，决定了京津冀大气污染联防联控势在必行。

三、联防联控主要经验

如前所述，京津冀地区大气污染联防联控机制在国内提出最早、落实最早、层次最高，其机制的形成不仅仅是停留在各地区的协调上，在协作方面也有实质性成效。近十年来，不断积累和摸索了许多优秀的经验和做法。

（一）凝聚共识，拧成一股绳

十多年来，在向雾霾宣战中，在大气污染防治攻坚战中，在打赢蓝天保卫战中，京津冀在三地政府之间、民众与政府之间、地方与中央之间，针对京津冀大气污染联防联控达成了广泛的共识。

1. 三地政府之间

环境保护是各级人民政府的法定责任，我国《中华人民共和国大气污染防治法》规定"地方各级人民政府应当对本行政区域的大气环境质量负责"。但空气一体，休戚相关。在雾霾面前，京津冀三地地方政府认识到，仅仅实行属地治理是远远不够的，需要变"独角戏"为"协奏曲"，共同奏响区域联防联控的精彩乐章。各级政府认识到合则共赢，荣损共俱，必须彻底摒弃"搭便车"的想法。

在京津冀协同发展大背景下，三地政府从以行政力量主导的属地管理，到区域联防联控，形成了心往一处想、劲往一处使、拧成一股绳的良好局面。

2. 民众与政府之间

十多年来，$PM_{2.5}$ 污染成为京津冀本地民众的"心肺之患"，同时也严重影响了首都的国际形象。以 2013 年 1 月及 2013 年 11 月至 2014 年 1 月为例，雾霾污染引发舆论高度关注，"雾霾"一词的百度搜索指数随即跃升至峰值。

实践证明，雾霾热点事件，舆论广泛关注，推动了区域联防联控进程与深化，促进了舆论与政府之间良性互动。

3. 地方与中央之间

实行京津冀大气污染联防联控，初步实现了三地资源共享、责任共担，相互支持、握指成拳，在地方与中央之间形成了良性互动。打破了"一亩三分地"的束缚，破解了条块分割的局面，地方由要我协调，变成我要协作、我要合作，极大地增强了国家统筹和行动力，提高了协同合作的效能，由此不断推动联防联控工作机制深化。

（二）健全组织机构

京津冀地区大气污染联防联控组织运行机构在不断的实践活动中得以完善，由重大活动事件的临时性统一命令控制组织发展到具有相对常态化的区域重污染应对统一协调机构,再到具有一定决策权的组织管理机构,使区域大气污染联防联控体制建设不断健全。

京津冀协同发展作为重大国家战略,强化了京津冀环境污染联防联控机制,同时,京津冀三地也不断打破行政区划限制,完善合作机制,协防共治。

随着大气污染防治进入攻坚阶段,2018 年 7 月 11 日,京津冀及周边地区大气污染防治协作小组调整为京津冀及周边地区大气污染防治领导小组,小组办公室设在生态环境部,从国家层面统筹推进区域大气污染治理重点工作。

（三）规划引领

2015 年 6 月,中共中央、国务院印发《京津冀协同发展规划纲要》（简称《纲要》）指出,推动京津冀协同发展是一个重大国家战略,核心是有序疏解北京非首都功能,要在京津冀交通一体化、生态环境保护、产业升级转移等重点领域率先取得突破。《纲要》明确要求"联防联控环境污染,实施统一规划,建立一体化环境准入和退出机制"。

2015 年 11 月,京津冀三地环保部门正式签署《京津冀区域环境保护率先突破合作框架协议》。2015 年 12 月,《京津冀协同发展生态环境保护规划》发布,明确提出,到2017 年,三地在生态环境保护等重点领域率先取得突破;到 2020 年,区域生态环境质量得到有效改善;到 2030 年,生态环境质量总体良好。

（四）统一立法

依据京津冀三地大气污染源解析结果,机动车和非道路移动机械等移动源的排放,是区域大气污染物的重要来源。为此,京津冀三地决定通过对机动车和非道路移动机械排放污染防治立法来推动大气污染防治工作。

2020 年 1 月,北京市第十五届人民代表大会第三次会议审议通过《北京市机动车和非道路移动机械排放污染防治条例》。河北、天津也先后相继通过同类条例,并于 2020年 5 月 1 日起同步施行。强化移动源联动执法,对超标车辆实现数据共享,加大处罚力度,成为京津冀立法工作协同的标志性成果。

（五）搭建平台,统一标准

京津冀及周边地区搭建了区域空气重污染预警会商平台,统一空气重污染应急预警分级标准,统一发布预警信息,同步采取应急减排措施。

2016 年,京津冀三地率先统一了空气重污染应急预警分级标准,修订了重污染天气应急预案,进一步加强联合应对,实现区域空气重污染过程"削峰降速"。

京津冀区域率先执行大气污染物特别排放限值,推动区域空气质量改善。2017 年4 月,三地联合发布首个环保统一标准《建筑类涂料与胶粘剂挥发性有机化合物含量限值标准》,于同年 9 月 1 日起同步实施。为减少挥发性有机物排放,对建筑类涂料与胶黏剂生产、销售、使用进行全过程管控。

（六）建立健全环境执法联动工作机制

2015 年 11 月,京津冀环境执法联动工作机制正式建立,三地生态环境部门确立了定期会商、联动执法、联合检查、信息共享、重点案件"回头看"5项工作制度。2021年，增加了线索移送、宣传曝光以及"吹哨"三项制度，其中"吹哨"制度明确要求对于交界处发现的重大环境违法行为，一地发现启动"吹哨"制度，另外两地及时"报到"协同开展查处工作。

三地生态环境部门每年轮值召开"执法联席会"，三地通过"执法联席会"共同制定年度执法联动重点。

近年来，京津冀三地的联动执法更加注重重点时段执法、科技精准执法、执法监测联动、执法普法宣传等具体措施。层级进一步下沉，在省级联动的基础上，建立相邻县、区、市间的生态环境执法联动工作机制，意味着区县级的问题自行联动解决即可。

（七）常态化与差别化相结合

2013年以来，京津冀地区大气污染防治的工作重心之一是逐步建立常态化、科学化的重污染天气应急响应与管控机制。

在实践过程中，京津冀地区三省（直辖市）的空气重污染应急预案编制逐步趋向于统一的应急预警响应标准；在不同级别重污染天气预警下，根据不同省（直辖市）的实际情况，分别制定和执行成本有效的、差别化的重污染应急预案，如"一市一策""一企一策"等方案，杜绝实施"一刀切"式的重污染天气污染源排放控制应对策略，注重考虑污染控制成本的有效性。

两手发力，一手抓降低整个区域污染物排放强度，一手尽可能减轻传输影响。在夯实应急减排措施方面，不断推进各地修订重污染天气应急预案，细化应急减排清单，做到涉气污染源全覆盖，把应急减排措施落实到具体生产工序和生产线，实施减排措施清单化管理，不断提高环境管理精细化水平。

目前，京津冀联防联控主要针对重污染天气应急启用，随着环境治理能力的逐步提高，将过渡到应急和实现空气质量长期改善为目标并需的状态。例如，"2+26城市"这一模式的确立，就是站在空气质量长期改善的角度进行规划的。

（八）不断完善技术支撑

京津冀地区大气污染联防联控手段基本为命令控制型，在源头控制上主要采用新源环境准入、老旧源落后产能淘汰、燃煤控制与小规模炉窑综合整治等产业结构优化和能源消耗结构调整策略，实现区域污染物排放有效控制；在末端控制上，逐步规范和强化大气固定源排污许可证制度，并推行精细化的移动源、面源排放管理模式。

四、联防联控实践经验借鉴与启示

（一）领导高度重视

近年来，京津冀大气污染治理在以习近平同志为核心的党中央指导与督办下，砥砺前行。

2013年9月，习近平总书记在参加河北省委常委班子专题民主生活会时提出，"在绿色发展方面搞上去了，在治理大气污染、解决雾霾方面作出贡献了，那就可以挂红花、当英雄。"

2014 年 2 月 25 日，习近平总书记在北京市考察，指出要加大大气污染治理力度，应对雾霾污染、改善空气质量的首要任务是控制 PM$_{2.5}$，要从压减燃煤、严格控车、调整产业、强化管理、联防联控、依法治理等方面采取重大举措，聚焦重点领域，严格指标考核，加强环境执法监管，认真进行责任追究。

可以说，得益于高层领导高度重视，大气污染联防联控成为京津冀合作优先领域。反过来说，要想联防联控卓有成效，就必须得到各级领导的高度重视。

（二）推进联防联控需要把基础工作做扎实

京津冀大气污染治理的经验表明，大气污染形势严峻的地区，要想改善空气质量，建立联防联控机制，形成齐抓共管的合力至关重要。当前，我国在三大重点区域（京津冀及周边、长三角、汾渭平原）基础上，正在积极关注东北地区、蒙宁陕晋交界地区、苏皖鲁豫交界地区等区域大气污染联防联控工作。

京津冀多年的实践经验表明，大气污染联防联控基础工作极为重要，如大气污染立体监测、污染源排放清单编制和动态源解析等工作，不可欠缺。

（三）推进联防联控需要做好"自扫门前雪"

从传统的"各扫门前雪"到联防联控、寻求共赢，京津冀大气环境质量虽然得到了明显的改善，但与长三角、珠三角等相比，京津冀地区雾霾之患并没有消除。雾霾之重，归根到底，还是因为京津冀地区污染总量太大，超过了这一地区本身的环境容量和自净能力。

所以说，联防联控不是包治百病的灵丹圣药，不能代替污染减排。区域大气污染治理过程中，首先要"自扫门前雪"，把本地污染排放降下来。持之以恒推进减排工作，减少污染排放总量，是实现区域空气质量持续改善的根本之策。

（四）推进联防联控需要不断完善长效运行机制

实践证明，深入打好污染防治攻坚战，是一场持久战。建立适当帮扶机制是必要的，但更为重要的是建立健全长效运行机制，变重大活动临时性命令式模式为常态化、机制化模式，由运动式工作变成日常组织管理工作，由项目一事一议制向利益协调、共建共享的长效协同保护机制转变。

第三节　京津冀协同推进生态文明建设实践

太行山上，长城脚下；海河两岸，坝上高原。京津冀三地，奋发进取，积极探索符合各地实际的生态文明发展道路。针对京津冀功能定位、发展阶段、资源禀赋等方面存在较大差异，国家及各部门通过试点示范，树立先进典型，以点带面，鼓励和推动京津冀各地探索生态文明建设的不同路径和形态，初步形成了各具特色、多点开花、生态优先、协同发展的京津冀生态文明建设格局。

一、"两山"理论实践创新基地建设

（一）概述

京津冀各地因地制宜、扬长补短，坚持"两山"实践创新，拓宽"两山"双向转化通道，努力打通从"绿水青山"到"金山银山"的"最后一公里"。2017~2020 年，京津冀先后共有 4 批次 8 家部门荣获生态环境部颁发命名的"绿水青山就是金山银山"实践创新基地称号，包括北京市 4 家（延庆区、门头沟区、密云区、怀柔区），天津市 2 家（蓟州区、西青区王稳庄镇），河北省 2 家（塞罕坝机械林场、石家庄市井陉县）。

总体来看，目前京津冀已命名的 8 家"两山"实践创新基地都各具特色。为了便于学习推广，进一步凝练总结，可大致归纳为以下类型：以绿色发展为核心的绿色驱动型（河北塞罕坝机械林场、天津西青区王稳庄镇、河北石家庄市井陉县），以守护绿水青山为核心的生态友好型（北京延庆区、密云区、怀柔区），以提升生态资产为核心的生态惠益型（天津蓟州区），以特色文化为基础的文化延伸型（北京门头沟区）。

（二）典型案例：塞罕坝精神永放光芒

"塞罕坝"，意为"美丽的高岭"。从漫天黄沙、穷山秃岭到满目青山、绿水潺潺，塞罕坝每棵树的年轮，都见证着这里生态文明建设的发展进程，也见证了自己的荣光。

2017 年 8 月，习近平总书记对河北塞罕坝林场建设者感人事迹作出重要指示，点赞建设者们"创造了荒原变林海的人间奇迹，用实际行动诠释了绿水青山就是金山银山的理念，铸就了牢记使命、艰苦创业、绿色发展的塞罕坝精神"。

2017 年 8 月，河北省塞罕坝机械林场被环境保护部命名为"绿水青山就是金山银山"实践创新基地。

2017 年 12 月 5 日，在肯尼亚首都内罗毕举行的第三届联合国环境大会上，河北省塞罕坝机械林场荣获 2017 年"地球卫士奖——激励与行动奖"。

2021 年 8 月 23 日，习近平总书记来到塞罕坝机械林场考察时指出，塞罕坝精神是中国共产党精神谱系的组成部分；号召全党全国人民要发扬这种精神，把绿色经济和生态文明发展好。

1. 牢记使命是塞罕坝精神的根本

塞罕坝地处河北承德坝上高原，是京津和华北地区的屏障。

1962 年 2 月，为应对严重的生态退化危机，林业部下达了关于建立直属塞罕坝机械林场的通知。国家计划委员会在批准建场方案时，发出了号召，"改变当地自然面貌，保持水土，为减少京津地带风沙危害创造条件。"

1962 年 9 月，369 名平均年龄不到 24 岁的创业者，肩负"为北京阻沙源、为京津涵水源"的神圣使命，从全国 18 个省份集结上坝，开始了艰苦卓绝的高寒沙地造林。1964 年，"六女上坝"的时代传奇在这里上演。

1964 年，塞罕坝机械林场第一任党委书记王尚海带领干部职工首次在坝上高寒地区开展针叶树种大面积机械造林并取得成功，这成就了塞罕坝的第一片人工林。为了纪念老书记将毕生献给塞罕坝，这片林后来被命名为尚海纪念林。这片林是塞罕坝万顷林海的精华，更是塞罕坝精神的结晶。

响应党的号召，听从党的召唤，完成党的任务，纵有千难万险在所不辞。塞罕坝三代党员干部和职工用心血、汗水甚至生命，践行着对党和人民事业的绝对忠诚，书写了一部不辱使命、不负重托的奋斗史、创业史。

2. 艰苦奋斗是塞罕坝精神的核心

"自古极尽繁茂，近世几番祸殃。水断流而干涸，地无绿而荒凉。哀花残叶败，惊风卷沙狂，感冬寒秋肃，叹人稀鸟亡。悲夫！"这是今天刻在一块巨石上的《塞罕坝赋》中，它描述着当年满目疮痍的塞罕坝。

1962年秋天，第一代建设者肩负国家使命上坝造林，挑战他们的不仅有高寒恶劣的生存环境，还有最初连续两年低于8%的造林成活率带来的沮丧与迷惘。

因地制宜，技术攻坚，精选引进树种、改进传统育苗法、优化种植方法……在1964年早春背水一战的马蹄坑大会战中，全光育苗法、三锹半人工缝隙植苗技术等科学有效的育苗、植树方法得以全面检验并获成功，516亩人工栽植的树苗翌年成活率达到91%，开创了中国高寒地区栽植落叶松的成功先例，也开创了国内使用机械成功栽植针叶树的先河。从此，塞罕坝的造林事业开足马力，最多时1年造林8万亩。

然而，造林事业不会一帆风顺。1977年10月下旬，塞罕坝遭遇了一次罕见的雨凇灾害。一连两天，雨雪冰冻轮番侵袭，57万亩林地受灾，20万亩树木被冰坨子压折，林场十多年的造林成果损失过半。

苦难的记忆化做科研攻关的动力，后来林场技术人员创造了"人工异龄复层混交林"培育模式，即通过五年的"抚育间伐"，将造林之初每亩密植222株松树减少到50株，个别区域仅保留15株。

塞罕坝林场建设史是一部可歌可泣的艰苦奋斗史，也是一部中国高寒沙地造林科技攻关的创新史。正是这样顽强的意志品质和艰苦奋斗的精神，创造了荒原变林海的绿色奇迹。

3. 绿色发展是塞罕坝精神的内在要求

从拓荒植绿到护林营林，再到生态保育，塞罕坝人从未停下创新创业的脚步，他们用实际行动诠释了"绿水青山就是金山银山"的理念，创造了一个又一个的奇迹。

第一阶段，把荒山沙地变成绿水青山。

20世纪60～80年代，是塞罕坝林场大规模人工造林阶段。1962～1982年，塞罕坝人在这片沙地荒原上造林96万亩，总计3.2亿余株，使"美丽高岭"重现生机。

第二阶段，既要绿水青山，也要金山银山。

在塞罕坝发展进程中，20世纪八九十年代，塞罕坝人也曾经迷惘过，有过阵痛。木材收入曾一度占到塞罕坝总收入的90%以上。进入21世纪，塞罕坝人以强烈的忧患意识，主动降低木材蓄积消耗，建设国家森林公园，培育山地园林大苗基地……塞罕坝人逐步改变以木材生产为核心的单一产业结构，构建可持续经营的绿色产业体系，让发展经济与保护生态，和谐统一于莽莽绿海之中。

第三阶段，绿水青山就是金山银山。

一是从造林到森林生态系统营造。近年来，塞罕坝林场造林成活率和保存率一直保持在 95%和 92%。随着绿色渐浓，林场重点工作任务变成森林生态系统的营造。目前，塞罕坝上，单一的人造林海景观变成了上有松涛、中有灌木、下有花草的自然生态景观，物种多样性也正在完善。据统计，目前塞罕坝陆生野生脊椎动物达到 261 种、昆虫 660 种、大型真菌 179 种、植物 625 种。提升森林质量、调整树种结构、保持生态稳定，正成为塞罕坝"林二代""林三代"们的使命。

二是生态效益日益显著。如今，绿色的塞罕坝，像一只展开双翅的雄鹰，紧紧扼守住浑善达克沙地的南缘。固沙的同时，这里的生态系统每年可涵养水源 1.37 亿 m^3，相当于至少 13 个西湖的水量。据中国林业科学研究院评估，如今塞罕坝的森林生态系统每年固碳 74.7 万 t，释放氧气 54.5 万 t，空气负氧离子是城市的 8～10 倍。

对于塞罕坝的创业者来说更感欣慰的是，他们用青春、汗水甚至生命兑现了当初对党、对人民的承诺——为北京阻沙源，为京津涵水源。

三是积极开展生态旅游。从 2014 年起，塞罕坝开始科学核定承载力，将年接待游客数量增长率控制在 3%以下。在开发旅游上，塞罕坝人算清了开发与保护的大账，严格控制入园人数、控制入园时间、控制开发区域、控制占林面积。除门票收入外，扩大了临时就业岗位，带动周边百姓发展乡村旅游、山野特产、手工工艺、交通运输等服务性产业。

四是增加碳汇收入。2016 年，塞罕坝机械林场造林碳汇项目首批国家核证自愿减排量（CCER）获国家发展和改革委核准。按照中国碳汇基金会测算，林场有 45 万亩的森林可以包装上市。根据市场价格，交易总额可以达到 3000 多万元。碳汇交易资金可以用来更好地抚育森林，培育二代林，提高森林质量，形成林业发展的良性循环。

种树—间伐—苗木培育—景观修复—森林旅游—碳汇交易—抚育森林，绿色循环发展方式正在塞罕坝形成。

4. 打造新时代塞罕坝生态文明建设示范区

从荒山造林到生态育林，从提供原木材料到提供生态产品，从绿水青山到金山银山，塞罕坝人走出了一条生态效益与经济效益、社会效益并重的绿色发展之路，也开启了在中国高寒沙地造林史上不断创造奇迹的历程。

展望未来，奋力打造新时代塞罕坝生态文明建设示范区的工作，必须紧紧围绕塞罕坝六大定位目标，即保障环京津地区生态安全的典范、华北山地生物多样性保护永久性研究示范基地和生态旅游目的地、巩固和深化林业重大生态工程建设成果的样板、河北省山地主要用材林基地、中国北方特色苗木基地、中国北方森林可持续经营综合试验示范基地。咬定青山不放松，一张蓝图绘到底，驰而不息，久久为功。

塞罕坝人把对自然的朴素感情升华为对绿色发展的坚定信仰，一代接着一代干，书写了中国生态文明建设当之无愧的范例。

"抓生态文明建设，既要靠物质，也要靠精神"。在生态文明建设道路上，塞罕坝精神将激励着人们不断前行。

塞罕坝精神永放光芒！

（三）典型案例：延庆"两山"实践盘活特色资源

北京延庆区先后获得"首都西北部重要生态保育及区域生态治理协作区、生态文明示范区、国际文化体育旅游休闲名区、京西北科技创新特色发展区"等荣誉称号。2018年延庆区被生态环境部命名为第二批"两山"实践创新基地。

延庆区是首都的水源地和重要生态屏障，气候独特，冬冷夏凉，素有北京"夏都"之称；森林覆盖率近61.6%，林木绿化率达72.98%以上；地表水环境质量指数保持北京市前列，2020年，全年优良天数达297天。

凭借独特的气候、丰富的资源、优良的环境、多元文化的交融、世界级盛会承办能力，以及多年来首都生态涵养区建设、生态文明建设示范创建，延庆区持续发展特色旅游产业，取得了诸多成效。

1. 规划先行，构建生态旅游发展大格局

延庆编制《全域旅游空间布局规划》《延庆旅游休闲步道总体规划》等方案，守住自然保护区、长城保护带、生态保护红线等生态敏感区，实现旅游用地一张蓝图供给管控。同时，完成了延庆区市级旅游休闲步道的方案设计，根据每个乡镇的区域特点分别设计为景观步道、乡野步道、登山步道、滨水步道4种类型步道，优化旅游环境，串联景区景点，带动有潜力而欠发展地区，形成了旅游大环线。

2. 全力打造"冬奥、世园、长城"三张金名片

一是紧抓冬奥会筹办契机，保障推动冰雪园艺特色产业聚集，丰富冰雪旅游业态，发展冰雪特色产业，延伸拓展冰雪体育产业链条，打造京张体育文化旅游带。策划推出冰灯、冰场、冰馆"三块冰"特色冰上旅游产品，举办冰雪徒步大会、北京国际自行车骑游大会等品牌活动，建设阪泉体育公园，推动体育旅游融合发展。设立延庆冰雪产业发展专项资金，加大对冰雪产业和便民旅游服务配套设施、城市冰雪景观建设等项目投入，引导社会资本参与冰雪产业建设，强化对冰雪运动发展的保障作用，推动了冰雪运动普及和发展。

二是充分利用世界园艺博览会资产，做好"后世园"文章，以可持续发展为内核，打造集园艺、科技、文化、旅游等多功能于一体的"国际级世园观光体验"产业名片，积极营造"让园艺融入自然、让自然感动心灵、让人类与自然和谐共生"的山水大花园。同时先后举办了世园文化庙会、北京国际花园节、草莓音乐节等活动，开发了世园夜跑、汉服打卡、婚纱摄影等新业态旅游项目，努力打造以园艺为核心的生态旅游目的地。

三是大力弘扬长城文化。延庆是长城文化带上的一个重要节点，延庆区出台了长城保护三年行动计划，举办首届中国八达岭长城国际文化艺术节，建设长城文化村和非遗特色小镇，九眼楼长城生态展示区恢复开放，以文化要素的注入推动全域旅游特色化、品质化发展。

3. 乡村民宿旅游蓬勃兴起

延庆区始终坚持精品、精致、精细，打造北方民宿标杆，已连续举办四届北方民宿

大会，发布《延庆民宿销售平台分级奖励政策》，融合文、旅、体、商、农等优势资源，把民宿与夜跑夜游、冰雪旅游等活动相结合，与"长城礼物""妫水农耕"等区域品牌相结合，开发"民宿+"新业态，推动民宿向综合性、体验性消费转变，以"住"为核心，打造场景丰富、协同上下游产业发展的"共生社区"典范。

海陀巍巍，妫水清清。延庆凭着独特的气候条件、优良的自然资源禀赋，依托其良好的自然生态环境和独特的人文生态系统，形成特色生态旅游品牌，实现旅游产业与生态环境保护共赢发展，将"冰天雪地""绿水青山"源源不断地转化为"金山银山"。

（四）典型案例：革故鼎新，王稳庄打造天津绿色生态小镇

王稳庄坐落于天津市中南部、西青区东南部，是天津市重点"菜篮子"、"米袋子"和"鱼篓子"工程基地。

1. "壮士断腕"，腾笼换鸟

如今被绿意环绕的王稳庄镇曾是全国知名的"钉子小镇"。鼎盛时期全镇共有 1000 多家制钉企业，全国市场占有率达 40% 以上，产品销往全国各地及俄罗斯、东南亚等周边国家。繁荣的制钉产业带来了显著的经济效益，也带来了环境污染：村子常年灰蒙蒙一片，河沟常被红色污水填满，四处飘散着刺鼻气味……这样的场景成为很多人对王稳庄过去的记忆。

2017 年，当地下决心彻底拔掉扎根于全镇绿色大地上已生锈的"钉子"。356 家"散乱污企业"、800 余家环保不达标企业被关停，109 万 m^2 工业集聚区被拆除。同时，王稳庄镇因企施策，关停取缔、搬迁改造、原地提升多管齐下，并不是把小企业一棍子全部打死，而是也有引导企业入园转型升级。西青区出台补贴政策，王稳庄镇帮助企业申请补贴 4.5 亿元，在工业园中规划建设 5 万 m^2 标准厂房，用于安置有发展潜力的企业。借助企业搬迁入园机会，引导企业放弃曾经低端的污染性生产，转为生产高端产品，引入高精度生产线，在解决污染的同时，实现新产品提质增效。

2. 全力打造天津绿色生态小镇

2017 年，万亩生态湿地农业项目建设工作启动，生态湿地农业示范区雏形逐步显现；中以（中国-以色列）农业科技合作示范园区建成，科技化种植水平大幅提升；鱼米之乡起步区项目启动，集科技研发、生态休闲、高端种植为一体的现代化农业格局初步形成。

2018 年，引入国内粳稻育种领先企业天隆种业，与中化农业强强联合，振兴天津"小站稻"品牌；首季万亩优质水稻喜获丰收，规模化、智能化农业体系初步形成；推进小型农田水利工程建设、实施了 1.1 万亩稻田水系改造，建立起小型农田水利工程良性运行管理机制。

2019 年，完成 2.2 万亩优质水稻种植基地基础设施改造，2.15 万亩优质水稻喜获丰收；成功举办天津市 2019 年中国农民丰收节、王稳庄镇大美稻香文化旅游节、国际种业博览会，将王稳庄镇万亩稻海、种业基地、稻香公园系列主题品牌推向全国，巨幅稻田画享誉津门内外，为全区新增一张农旅文化名片。

生态优势转化为发展优势，"绿水青山"赋予了王稳庄镇"美丽经济"新动能。

2020 年天津市西青区王稳庄镇被生态环境部命名为"绿水青山就是金山银山"实践创新基地。

（五）典型案例：实现"换道超车"的"井陉模式"

地处冀晋交界的井陉县"八山一水一分田"，是石家庄市唯一的纯山区县。依托丰富的矿产资源和晋煤外运主要通道优势，历史上井陉县曾是全国最大的钙镁产业聚集区和全国最大的煤炭二级交易市场，"靠山吃山、靠路吃路"的"一白（钙镁）一黑（煤炭）"产业支撑起县域经济发展"半壁江山"的同时，也留下了生态欠账，成为绿色发展、可持续发展的桎梏。

面对亮起的"生态红灯"，井陉县决策者痛定思痛。"必须深入践行'绿水青山就是金山银山'绿色发展理念，坚决破除'开矿山、磨石子、烧灰窑、建煤场'路径依赖，洗去'一白一黑'，擦亮生态底色"。井陉县从转换经济发展动能入手，粗放产业坚决退，产业结构加快调，新兴产业大力上，大力实施"全生命周期绿色矿山""一白一黑转型蝶变""山地多彩经济带"三大生态品牌建设，"换道超车"蹚出了一条绿色为底、五彩缤纷，生态高颜值和经济高质量同步发展的新路。

1. 破釜沉舟"大破、大立"，矿山整合推倒重来

井陉县委县政府痛下决心，反复探索形成"矿权重组、腾笼换鸟"的矿山整合思路，按照"五步走、四分区、三规划、两整合、一统筹"工作步骤，"大破、大立"，推倒重来，将全县矿产资源划分为 4 个整合区域，依靠市场化手段兼并重组，将 46 家矿山企业压减至 6 家，通过拍卖矿权筹集整合资金 15 亿元，打造的"茂鑫矿业"和"九洲矿业""全生命周期绿色矿山"成为国内同行业标杆。

同时采用"宜景则景、宜建则建、宜绿则绿"的修复模式，与省地矿局战略合作，开展 221 处矿山迹地生态修复，彻底解决几十年的环境欠账。通过整合，盘活建设用地 5945 亩、农业用地 3267 亩，新增绿地 1.1 万亩，预计综合收益达 600 亿元，打造出了绿色矿山建设和矿山遗地修复工作的"井陉样板"。

2. 浴火重生，"一白一黑"华丽蝶变

"传统产业绝不是落后产业"。"一白一黑"何去何从，井陉用实际行动给出答案。井陉县在财力紧张的情况下，多方筹集资金 1 亿元，撬动企业资金 3.5 亿元，大刀阔斧对"一白"提档升级。

52 家钙镁企业压减为 18 家且向"两园四区"聚集，并全部实现绿色能源替代。整合过程中摸索出的"清洁生产全过程控制 21 项标准"，被中国无机盐工业协会作为行业标准在全国推广。钙镁产业提档升级后，在产能压减的情况下经济效益不降反升，纳税额同比增长 51%，减少二氧化硫排放 4875.087t，减少氮氧化物排放 1260.791t。

同时，井陉通过推动"公路铁路多式联运"，促"一黑"转产转型。全县 500 家煤场、26 家洗煤厂全部取缔，将煤炭运输通道"由公转铁"，向高品质、大运量、环保型物流园转型。2020 年底物流总规模达 1430 万 t，总产值实现 63 亿元，每年将减少过境货车 35.75 万辆次。

3. 生态环境持续向好，新兴产业强县富民

$PM_{2.5}$ 浓度由 2014 年的 $130\mu g/m^3$ 下降至 2019 年的 $64\mu g/m^3$，下降 51%，是石家庄市 43 个环境空气质量国控站点中仅有的一直持续下降的 2 个县之一。

农村人居环境整治累计投入 5.6 亿元，改造厕所 5.27 万座，321 个行政村生活垃圾处理长效机制全覆盖，实现公司化运营托管，300 个村庄生活污水实现有效管控；仙台山国家森林公园成为"全国森林康养基地"；藏龙山成为国家连翘公园。

"井陉苹果""井陉蓝莓""井陉花椒""井陉黑豆"获得国家地理标志商标；吕家、梨岩两个村被评为国家级森林乡村；特别值得骄傲的是，在 2018 年度全国 818 个国家重点生态功能区县域生态环境质量监测评价考核中，井陉位居全国第三、全省第一。

传统发展动能转化提升的同时，井陉县千方百计擦亮丰富的山水生态文化资源底色，着力培育全域旅游新动能。夏能炘生活垃圾发电、蓝城颐养特色小镇、公铁多式联运等一大批新制造、新材料、新能源、新物流、新文旅产业雨后春笋般崛起，为井陉绿色崛起的高质量发展奠定了坚实产业基础。

2017 年起，全县上下不等不靠，自力更生，干群合力，在崇山峻岭之间修建起一条全长 60 余千米的古村落旅游环路——"太行天路"，将原本分散在太行山中的大梁江、于家石头村等几十个古村落"串珠成链"，唤醒了沉睡千年的古村落旅游资源，打通了群众靠绿水青山脱贫致富的康庄大道。

"太行天路"形成了以"传统村落保护区"为核心的"山地多彩经济带"，构建起以"千（千家林场、山场）百（百家景点）万（万家民宿）"工程为载体的全域旅游新格局，实现了生态效益与经济效益的双赢。2019 年，井陉县通过举办"旅游产业发展大会"，旅游综合收益和游客数量实现"井喷式"增长，全县旅游综合收益达到 23.6 亿元，同比增长 6.5 倍；游客数量突破 550 万人次，同比增长 3.5 倍。

现如今，"二百里山水井陉，三千年文化长廊"已成为井陉响当当的县域名片，一个天蓝、地绿、山青、水秀的井陉已成为省会石家庄 500 万人民的休闲后花园和旅游首选地！

二、国家生态文明建设示范市县创建

（一）概述

京津冀各地在推进生态文明建设示范创建工作中，党政领导高度重视，上下协力联动，重点问题及时破解，很好发挥了正面引导、优化倒逼、协调高效等示范作用。截至 2020 年，京津冀先后共四批 7 市（县、区）被生态环境部命名为"国家生态文明建设示范市县"，包括北京市 3 家（延庆区、密云区、门头沟区），天津市 2 家（西青区、蓟州区），河北省 2 家（兴隆县、迁西县）。其中，北京市延庆区、密云区、门头沟区，以及天津市蓟州区，同时被命名为"绿水青山就是金山银山"实践创新基地。

（二）典型案例：文化赋能门头沟样板

门头沟是首都最重要的生态屏障和水源涵养地之一，素有"三山两寺一河"之称，

形成了独具特色的生态山水文化、红色历史文化、民间习俗文化、古道古村文化、宗教寺庙文化和京西煤业文化"六大文化",曾为北京的发展贡献了"一盆火""一腔血""一桶金""一片绿"。

门头沟全面践行习近平生态文明思想,以建设"生态文明建设的首都样板"为目标,以"红色门头沟"党建为引领,不断夯实生态文明建设责任和完善制度体系。以"守好绿水青山"为使命,全力筑牢首都西部生态屏障,彻底终结千年采煤史。通过强力控霾、治水、净土等措施全力打赢污染防治攻坚战。率先开展农村生活垃圾分类,推进"厕所革命",完善污水收集处理设施建设,成为北京唯一受到国务院办公厅通报表彰的农村人居环境整治激励县。

全力打造"绿水青山门头沟"城市品牌,以科创智能、医药健康和文旅体验"三大产业"为支撑,精心培育绿色发展新动能。把"精品民宿"作为守护生态山水、建设美丽乡村的重要路径,设立乡村振兴绿色产业发展专项基金,创新出台"民宿政策服务包",推出全市唯一地区性精品民宿品牌"门头沟小院"、全市首个区域性绿色产品品牌"灵山绿产",助力农民生态致富。

(三)典型案例:协同发展的蓟州样板

蓟州位于天津最北部,四周为京、津、唐、承四市,生态环境质量优良,在2018年全国818个参与国家重点生态功能区县域生态环境质量监测与评价的县域中综合评价分值最高,成为唯一"明显变好"的生态功能区。2019年,蓟州先后通过全国水生态文明建设试点城市验收和第三批"绿水青山就是金山银山"实践创新基地命名。

近年来,蓟州立足京津冀生态涵养发展区功能定位,主动融入京津冀一体化,强化顶层设计和统筹协调,牢固树立绿色发展理念,把生态文明建设放在更加突出位置,加速绿色崛起。

蓟州不断深化生态文明体制改革,统筹推进全区生态文明建设工作,推进生态环境保护重要目标和重大措施落实。探索建立了跨区域生态文明建设新机制,创新区域联动机制,创新跨区域制度建设。不断深化生态文化体系建设,生态文化与旅游业不断融合,康养文化、乡愁文化等建设不断深入,山水和谐的水文化和"两山"文化初步建立。

蓟州不断强化污染防治攻坚战调度,确保打赢污染防治攻坚战。2019年,空气质量综合指数和达标天数比例均排名天津第一,全区水环境质量综合排名天津第一。以"良好生态环境是最普惠的民生福祉"为指引,扎实推进社会建设,以"户分类、村收集、镇转运、区处理"的城乡生活垃圾收运处理成为全国样板。

(四)典型案例:绿色崛起的迁西样板

迁西地处河北省唐山市北部,森林覆盖率达63.2%,蓝绿空间占比达90%,是河北省重点生态功能区。

迁西按照"生态立县、绿色崛起"的发展思路,深入推进矿山修复工程、河道治理工程、城市造绿、山体植绿工程,做足山水文章,打造绿色迁西,"花乡果巷田园综合体"成为全国十家、全省唯一的国家级试点项目。致力社会治理,打造活力迁西,着眼治理体系和治理能力现代化,在全国首创综合指挥智慧平台,实现县、乡、村三级立体智能化管理，为新时代山区社会治理现代化，贡献"迁西方案"，创造"迁西模式"。净化空气质量，打造美丽迁西，持续开展节能减排深度治理，强力组织实施农村"双代一清"空气净化工程，实现人居环境和空气质量"双提升"。坚持绿色产业化、产业绿色化，全面提升县域经济实力和发展质量，打造实力迁西，2019 年荣获"全国森林旅游示范县""全国首批生态旅游胜地""最美中国旅游县"等荣誉称号；迁西板栗品牌价值达 24.09 亿元，荣登 2019 中国果品区域公用品牌价值榜板栗行业首位。深入开展生态文明志愿服务活动，弘扬生态文明，打造魅力迁西。

迁西依托"山水"优势，走出了一条"经济健康发展、社会稳定和谐、生态优美宜居"的生态文明建设之路。2020 年，迁西县被生态环境部命名为国家生态文明建设示范县。

三、国家生态文明先行示范区建设

2013 年 8 月，《国务院关于加快发展节能环保产业的意见》指出，要开展生态文明示范区建设，并根据不同区域特点，在全国选择有代表性的 100 个地区探索符合我国国情的生态文明建设模式。2013 年 12 月，国家发展和改革委员会联合多部委发布《关于印发国家生态文明先行示范区建设方案（试行）的通知》，拉开了国家生态文明先行示范区建设的帷幕。

（一）概述

2014 年以来，京津冀各地积极响应，编制生态文明先行示范区建设规划，并积极组织申报。北京市密云区、延庆区、怀柔区、平谷区，天津市武清区、静海区，河北省承德市、张家口市、秦皇岛市，先后被批准开展第一批、第二批生态文明先行示范区建设。其中，京津冀协同共建地区由北京市平谷区会同天津市蓟州区和河北省廊坊市北三县（三河、香河、大厂）共同开展建设，成为国内首个跨行政区域的生态文明先行示范区。

各地按照国家统一部署，大胆探索实践，取得了积极成效。

（二）制度创新工作

京津冀各先行示范区按照国家生态文明建设的系列战略部署，结合自身实际，大胆试。京津冀生态文明先行示范区制度创新重点涵盖八大类，包括自然资源资产产权制度、国土空间开发保护制度和空间规划体系、资源总量管理和全面节约制度、资源有偿使用和生态补偿制度、环境治理制度、生态保护市场体系、生态文明绩效评价和责任追究制度、其他（法制、文化）制度。通过先行先试，取得了一系列成果，并及时得到应用推广。

（三）制度创新工作的实践成效

京津冀各先行示范区将制度创新与自身实际需求相结合，在生态环境保护与治理、新能源开发与应用、推动绿色发展、生态文化体系建设等多个领域，形成了一批优秀实践案例，如平谷区"生态桥"基层环境治理模式、塞罕坝"荒漠变绿洲、青山变金山"的造林模式、张家口市可再生能源示范区建设探索、京津冀跨区域协同发展等。

（四）典型案例：张家口新能源新标杆

张家口市是我国华北地区风能和太阳能资源最丰富的地区之一，市域内可开发的风能资源储量达 4000 万 kW 以上，太阳能可开发量超过 3000 万 kW，生物质资源年产量 200 万 t 以上。2014 年，张家口市被列为第一批生态文明先行示范区，2015 年 7 月，国务院正式批复同意设立张家口可再生能源示范区，张家口成为全国首个国家级可再生能源示范区。

近年来，张家口深入贯彻落实习近平总书记关于冬奥会筹办、首都"两区"建设和能源革命的重要指示，认真践行新发展理念，紧紧抓住筹办 2022 年北京冬奥会契机，把握碳达峰、碳中和的战略机遇，以生态文明先行示范区和可再生能源示范区为主要抓手，强化顶层设计，以深化供给侧结构性改革为主线，扎实推进示范区各项建设工作，闯出了一条新路，树立了新能源建设的新标杆。

1. 强化顶层设计

一是建立高规格的三方协调政府管理机制和第三方评估机制。为推进管理体制创新，张家口市建立了由国家发展和改革委员会、国家能源局、河北省人民政府组成的三方协调推进机制，成立了专家咨询委员会，为新能源产业有序发展建言献策。

二是规划引领，统筹新能源规范开发。《河北省张家口市可再生能源示范区发展规划》获批后，及时编制了《河北省张家口市推进可再生能源示范区建设行动计划（2015—2017 年）》《太阳能资源开发利用规划》《张家口市京张奥运迎宾廊道光伏规划报告》《张家口市可再生能源示范区发输储用"十三五"规划》等配套文件。此外，还印发了《关于进一步加强可再生能源开发建设管理的通知》和《张家口市太阳能光伏开发利用管理办法》，对全市的风能和太阳能资源实行集中统一管理，设定了准入条件，规范了开发程序。

2. "三大创新"，增强新能源产业发展动力

一是体制机制创新。张家口市创新建立了"政府+电网+发电企业+用户侧"四方协作机制，开启了绿电市场化交易的先河，打破了电供暖推广的瓶颈，推动了全市"双代"工作。大力支持氢能产业发展，在全国第一个制定了氢能产业安全监管等项目审批和支持政策，为加速国内氢能产业高质量发展作出有益探索。张家口市加快推动氢能产业全链条发展典型经验获国务院办公厅表扬。

二是商业模式创新。持续深化"可再生能源+脱贫攻坚"商业模式，累计建成光伏扶贫电站 135.9 万 kW，规模位居全国第一。

三是技术创新。不断探索新的产业发展方向和新技术示范应用，集中导入国际、国内创新资源和创新力量。其中，列入中国科学院战略性 A 类先导科技专项的百兆瓦压缩空气储能示范项目容量全球第一；国家首批"互联网+智慧能源"、多能互补、微电网等新业态项目加速实施，柔性直流、虚拟同步电站、智能风机、异质结光伏发电、跨季节储热、氢燃料电池汽车等一大批国际领先技术在示范区推广应用。

3. 打造新能源全产业链条

全市已落户金风科技、天津中环、亿华通等 23 家可再生能源高端装备制造企业，

主营收入超 40 亿元，涵盖了风机、塔桶、叶片、光伏组件、逆变器等上下游产业。亿华通在示范区投运全国第一条氢燃料电池发动机半自动化生产线。以可再生能源为代表的高新技术产业成为张家口市经济增长新支柱，生产总值增加值年均增长 20.6%，2019 年底占规上工业增加值的 38.5%，示范区已名副其实地成为张家口"金字招牌"。

4. 建设低碳奥运专区

截至 2020 年底，冬奥核心区"双环网+双辐射"电网结构已经投运，涉奥场馆绿电交易顺利开展，在奥运史上第一次实现全部场馆 100%绿电供应。

5. 示范区建设成果丰硕

"十三五"期间，先后落地了华能、大唐、华电等 100 多家发电企业，目前全市可再生能源装机规模达到 1881 万 kW，较 2015 年增长 1000 万 kW，成为全国非水可再生能源第一大市，其中，风电装机规模达到 1304 万 kW，位居全国第一；于 2020 年 6 月建成的±500kV 柔性直流工程创 12 项世界第一，为破解新能源大规模开发利用世界级难题贡献了"中国方案"，雄安新区第一条特高压清洁能源通道——张北至雄安新区 1000kV 特高压工程于 2020 年 8 月顺利投运，"河北两翼"绿电通道成功打通；集风力发电、光伏发电、储能系统、智能输电于一体的张北国家风光储输示范工程获得第四届"中国工业大奖"、"全国质量奖–卓越项目奖"及"国家优质工程金质奖"等多项荣誉，规模位居全球第一；张家口成功入选国家北方清洁供暖试点城市，建成国内第一个风电制氢示范项目——沽源风电制氢综合利用示范项目，氢燃料电池公交车商业化运行数量达到 224 辆，位居全国第一，2020 年底可再生能源消费占终端能源消费的比例将达到 30%，跻身国际一流行列。

四、产业生态化实践——以京津冀产业转移为例

推动发展方式的变革，是京津冀生态文明建设实践的一项重要内容。京津冀区域是我国北方重化工业集聚的区域，也是污染排放最大的区域。京津冀生态环境一体化，从根本上堵住了污染转移的老路。另外，在京津冀协同发展战略下，产业转移的工作重点，初步实现了由过去梯度转移为主转向城市功能转移为主的新路，实现了以城市功能再造为产业转移重心。

2017 年 12 月，京津冀三地共同发布《关于加强京津冀产业转移承接重点平台建设的意见》。遵循产业生态化的理念和范式，加强京津冀产业转移对接和结构转型升级，发展绿色、循环、低碳经济，实现生态环境治理和社会经济发展共赢。

近年来，京津冀携手合作、积极探索，全方位、多层次、多领域地开展了广泛的产业生态化实践，取得了积极成效。

（一）初步形成了"2+4+46"产业总体格局

通过"优化布局、相对集中，统筹推进、联动发展，改革创新、集约生态，政府引导、市场主导"，立足三省（直辖市）功能和产业发展定位，聚焦打造若干优势突出、特色鲜明、配套完善、承载能力强、发展潜力大的承接平台载体，引导创新资源和转移

产业向平台集中，京津冀三地初步构建了"2+4+46"产业合作格局，促进了产业转移精准化、产业承接集聚化、园区建设专业化。

（二）加强"两翼"联动

围绕北京城市副中心、河北雄安新区功能定位，积极吸纳和集聚创新资源要素，打造创新产业集群，促进产城融合、职住平衡。其中，北京城市副中心围绕市属行政事业单位整体或部分转移，大力发展行政办公、商务服务、文化旅游、科技创新等主导产业。河北雄安新区重点发展高端高新产业，打造创新高地和科技新城。

（三）强化四大战略合作功能区

京津冀四大战略合作功能区包括：曹妃甸协同发展示范区、北京新机场临空经济区、天津滨海新区、张承生态功能区。按照四大战略合作功能区的产业承接方向，集聚效应和示范作用正在加快形成。

1）钢铁深加工、石油化工等产业及上下游企业有序向曹妃甸协同发展示范区集聚。

2）结合北京非首都功能疏解和区域产业结构升级，北京新机场临空经济区航空物流产业、综合保税区和高新高端产业正加速集聚，国家交往中心功能承载区、国家航空科技创新引领区和京津冀协同发展示范区正积极推进。

3）北京金融服务平台、数据中心机构以及科技企业、高端人才等创新资源正在向滨海–中关村科技园引导集聚。

4）2022年冬奥会筹办的牵引作用明显，北京携手张家口正大力发展体育、文化、旅游休闲、会展等生态友好型产业，共建京张文化体育旅游带。

（四）做强46个专业化承接平台

北京市优势显现，创新资源在京津交通沿线主要城镇集聚发展，科技研发转化、高新技术产业发展带初具规模，天津建设产业创新中心和现代化研发成果转化基地有力推进。京津冀三地合力打造了一批高水平协同创新平台和专业化产业合作平台。目前，共有46个专业化承接平台，其中协同创新平台15个，现代制造业平台20个，服务业平台8个，现代农业合作平台3个，见表19.1。

表19.1　京津冀高水平协同创新平台和专业化产业合作平台名单

序号	领域（合计46个）	空间布局	平台名称
1			武清京津产业新城
2		沿京津（北京、天津）方向	未来科技城京津合作示范区
3			武清国家大学创新园区
4	协同创新平台 （15个）		邯郸冀南新区
5			邢台邢东新区
6		沿京保石（北京、保定、石家庄）方向	石家庄正定新区
7			保定–中关村创新中心
8			白洋淀科技城

续表

序号	领域（合计46个）	空间布局	平台名称
9			宝坻京津中关村科技城
10		沿京唐秦（北京、唐山、秦皇岛）方向	曹妃甸循环经济示范区
11	协同创新平台（15个）		中关村海淀园秦皇岛分园
12			北戴河生命产业创新示范区
13			霸州经济开发区
14		沿京九（北京、香港九龙）方向	衡水滨湖新区
15			清河经济开发区
16			廊坊经济技术开发区
17			北京亦庄永清高新技术产业开发区
18			天津经济技术开发区
19			天津滨海新区临空产业区
20		沿京津（北京、天津）方向	天津华明东丽湖片区
21			天津北辰高端装备制造园
22			天津津南海河教育园高教园
23			沧州渤海新区
24			沧州经济开发区
25	现代制造业平台（20个）		天津西青南站科技商务区
26			保定高新技术产业开发区
27		沿京保石（北京、保定、石家庄）方向	石家庄高新技术产业开发区
28			石家庄经济技术开发区
29			邯郸经济技术开发区
30			邢台经济技术开发区
31			唐山高新技术产业开发区
32		沿京唐秦（北京、唐山、秦皇岛）方向	秦皇岛经济技术开发区
33			京津州河科技产业园
34		沿京九（北京、香港九龙）方向	固安经济开发区
35			衡水工业新区
36			保定白沟新城
37			廊坊永清临港经济保税商贸园区
38		环首都承接地批发市场聚焦带	石家庄乐城·国际商贸城
39	服务业平台（8个）		邢台邢东产城融合示范区
40			香河万通商贸物流城
41		冀中南承接地批发市场聚焦带	沧州明珠商贸城
42		沿京津方向	静海团泊健康产业园
43			燕达国际健康城
44			涿州国家农业高新技术产业开发区
45	现代农业合作平台（3个）	环京农业生产基地	京张坝上蔬菜生产基地
46			京承农业合作生产基地

（五）构建并优化了京津冀产业空间布局

抓住京津冀产业转移机遇，按照产业生态化的要求，京津冀初步形成了产业空间结构合理、产业带特色鲜明、产业链高端化为特征的京津冀"五区五带五链"产业空间布局。其中：五区指中关村地区、滨海新区、曹妃甸区、沧州沿海地区、张承地区；五带指高新技术产业带、沿海沿港产业带、特色轻纺产业带、先进制造业产业带、绿色生态产业带；五链指汽车产业链、新能源装备产业链、智能终端产业链、大数据产业链、现代农业产业链。

第四节　京津冀协同发展的生态文明建设展望

深入实施京津冀协同发展战略，牢牢抓住疏解非首都功能这个"牛鼻子"，强化北京城市副中心与雄安新区"两翼"联动，以系统思维协同治理深化京津冀生态环境修复与改善，以高水平的产业融合夯实高质量绿色发展基础，以健全的生态文明建设机制体制不断推进区域重点地区、重点领域生态文明建设实践更深、更广。

一、北京城市副中心：创建国家级生态文明示范区

以创建国家级生态文明示范区为统领，建设水城共融的生态城市、蓝绿交织的森林城市、低碳高效的绿色城市，实现生产、生活、生态融合发展，让绿色成为城市副中心最美的底色。

（一）建设水城共融的生态城市

以构建水系格局为重点，突出滨水特色，建设海绵城市，打造水系纵横的北方水城。构建千年之城的水系格局，统筹流域安全，持续完善"三网、四带、多水面、多湿地"水系格局。

建设自然生态的海绵城市。尊重自然生态本底，持续深化海绵城市试点建设，发挥生态空间在雨洪调蓄、雨水径流净化、生物多样性保护等方面的作用，实现生态良性循环。

营造亲水宜人的滨水环境。优化滨水空间功能，结合岸线特征精心设计河岸两侧建筑高度、体量和布局，形成高低错落、灵动舒朗的滨水界面。

（二）建设蓝绿交织的森林城市

以提升品质为重点，完善绿色空间格局，建设城乡公园体系和绿道系统，升级服务设施体系，形成森林拥城、碧翠融城的大尺度绿化风貌，让居民享受自然，抬眼见绿荫、侧耳闻鸟鸣。

打造森林环抱的绿色空间。建设森林城市，持续完善"一心、一环、两带、两区"的城市绿色空间格局，让森林拥抱城市。持续提升城市绿心绿化品质，建成万亩城市绿肺，营造郁郁葱葱、水映蓝天的城市森林景观。串珠成链、连点成片，基本建成环城绿

色休闲游憩环上的 13 个公园，城市绿色项链实现合拢。打造东西部生态绿带和南北生态廊道控制区，全面建设 9 个乡镇景观生态林，促进城市副中心与周边区域生态环境的有机衔接。

（三）建设低碳高效的绿色城市

坚持生态引领、绿色发展，把生态环境保护摆在更加突出的位置，持续优化产业结构、能源结构、交通运输结构，推动形成绿色生产、生活方式，建设低碳高效的绿色城市。

二、雄安新区：建设国家生态文明试验区

建设国家生态文明试验区（雄安新区）的主要目标是：创新生态文明体制机制，推动白洋淀生态环境治理和保护，统筹推进雄安新区城市建设和生态文明建设，打造美丽中国的雄安样板。

围绕创新生态文明体制机制，雄安新区重点任务包括如下方面。

（一）高标准构建雄安新区和白洋淀生态保护规划政策体系

雄安新区和白洋淀地处大清河流域"九河下梢"，两者因水而联，生态环境特别是水资源利用保护事关该区域安全和长远发展。应高度重视，从全局的高度和更长远的考虑来认识和做好雄安新区和白洋淀生态保护、防洪排涝体系建设等工作，统筹推进规划编制、标准制定和法治建设，推动雄安新区建设蓝绿交织、清新明亮、水城共融的生态城市。

（二）加强生态保护顶层设计

按照世界眼光、国际标准、中国特色、高点定位的要求，坚持生态优先、绿色发展，顺应自然、尊重规律，加强规划引领，高标准推进雄安新区生态保护工作。

落实《河北雄安新区规划纲要》《河北雄安新区总体规划（2018—2035 年）》等重要规划要求，构建"一淀、三带、九片、多廊"生态空间格局。按照《白洋淀生态环境治理和保护规划（2018—2035 年）》，明确以水面恢复、水质达标、生态修复为目标，到 2035 年雄安新区森林覆盖率达到 40%、起步区城市绿化覆盖率达到 50%、生物多样性明显提高，同时提出白洋淀生态用水保障、流域综合治理、淀区生态修复、保护与利用等方面的要求和举措，实现城市与淀泊共融共生。

（三）实施更高要求的生态文明建设标准

贯彻绿色循环低碳理念，在推进实现碳达峰、碳中和目标任务进程中围绕创造"雄安质量"、打造推动高质量发展的全国样板，推动雄安新区使用最先进的环保节能材料和技术工艺标准进行城市建设，打造国际一流、绿色、现代、智慧城市。

1）全面推广绿色建筑。因地制宜提高雄安新区绿色建筑和节能标准，推广超低能耗建筑，引导选用绿色建材，推动起步区新建居住建筑、公共建筑的节能率达到国际一流水平。

2）大力发展绿色交通。在雄安新区起步区构建"公交+自行车+步行"的绿色出行

模式，逐步实现到 2030 年公共交通出行占机动化出行的比例达到 80%、绿色交通出行比例达到 90%的目标。

3）支持供应绿色能源。科学利用绿色电力、地热、天然气、生物质等能源供给方式，形成以跨区域、大容量的绿色电力为主，区内分布式可再生能源为辅的多能互补清洁能源供应系统。

（四）实施最严格的生态环境保护制度

坚持守底线、重信用、严考核，用制度保护生态环境。严格落实减量发展要求，优先对腾退的土地还耕还绿。建立最严格的耕地保护、节约用地和生物多样性保护制度，划定并严守永久基本农田保护红线、生态保护红线、环境质量底线、资源利用上线，动态更新生态环境准入清单。建立健全生态环境信用评价制度。健全环境影响评价、清洁生产审核、环境信息公开等制度。全面实行排污许可制，禁止无证排污和超标准、超总量排污。降低噪声污染。严格实施节能减排目标责任考核及问责制度，深化生态环保监督。落实生产者责任延伸制度。拓展社会各界参与生态保护的渠道和方式，推动生态环境保护多元主体共建、共治、共享，促进生态保护补偿多元化、市场化。

三、重现白洋淀"华北明珠"光彩

立足新发展阶段，坚持把白洋淀生态保护工作放在突出位置，统筹建设防洪排涝工程，协调推进水资源配置、水生态保护和节约用水等工作，加强生态文明建设，让白洋淀"华北明珠"重现光彩。

（一）滚动推进防洪排涝工程项目建设

细化落实已出台的雄安新区有关规划，科学合理安排建设时序，加快推进防洪工程建设，完善防洪排涝工程体系，筑牢防洪安全屏障。聚焦雄安新区启动区、起步区等重点地区，结合城市建设和片区开发进度，有序推进地下综合管廊以及海绵城市蓄水排涝设施建设，完善在建项目基坑排水防涝措施。同步采取工程措施提升白洋淀下游河道泄洪能力，加大堤防和蓄滞洪区建设力度。完善监测预报、工程调度和应急处置等工作机制，提升应急救援能力，夯实城市安全基础。

（二）大力实施白洋淀生态补水与节约用水

优化雄安新区和白洋淀水资源配置，加强上下游和省（市）间统筹，综合利用入淀河流、引黄入冀补淀、南水北调、上游水库调剂或其他外调水源、非常规水源等，科学实施白洋淀生态补水，保障生态用水需求。严格落实"以水定城、以水定地、以水定人、以水定产"的要求，坚持用水节水并重，加强总量控制，优化定额标准，改变高耗水发展方式，提高水资源节约集约利用效率。

（三）深化综合治理，大清河流域及白洋淀污染防控全面推进

对大清河流域实施"控源—截污—治河"系统治理，持续推进、稳步恢复白洋淀"华北之肾"功能。一是继续加强污染源头管控。严控工业污染源，取缔大清河中上游流域

散乱污企业，封堵入河入淀非法排污口。严控农业污染源，取缔水产养殖。严控旅游污染源，推动旅游厕所全部达到 A 级，对景区航道垃圾实行网格化清洁管理。二是稳固截污处置成效。确保大清河上游入淀河流沿线城市建成区雨污分流成效。完成淀中村、淀边村污水垃圾厕所一体化治理，流域市（县）生活垃圾实现收运体系全覆盖和新增垃圾日产日清。三是持续实施入淀河道治理。开展大清河流域河道"清四乱"（清理乱占、乱采、乱堆、乱建）常态化规范化整治，维护白洋淀及上游河道生态环境。

（四）大力推进白洋淀生态治理和修复重点工程建设

推进白洋淀内源治理与生态修复、白洋淀鸟类栖息地、白洋淀淀区生态清淤、环白洋淀生态林带及配套、雄安生态公园、白洋淀底栖生物多样性重构、马棚淀自然湿地恢复等项目建设。

（五）强化修复与管控，持续提升白洋淀生态环境

围绕白洋淀水生态、水环境、水生物等开展系统治理，努力打造生态文明建设典范。一是加强生态系统修复。保持退耕还淀成果，保证已建成唐河、府河、孝义河及萍河河口湿地水质净化工程有效运转。持续开展水生植物平衡收割及资源化利用，恢复白洋淀生态功能和自然风光。二是实施生态环境分区管控。对白洋淀实行"三线一单"管理措施，明确优先保护单元、重点管控单元和一般管控单元，严格开展相关项目环评审批、强化环境保护措施。三是大力推进植树造林。坚持先植绿后建城，以建设全国森林城市示范区为目标，加快"千年秀林"建设，有效改善水土流失状况。四是开展生物多样性保护。组织实施白洋淀水生生物资源系统调查，摸清淀区、上游水库和入淀河流生物资源状况并开展增殖放流。

四、绿色发展，打造"后冬奥"崇礼样板

2022 年北京冬奥会、冬残奥会落下帷幕，标志着崇礼交出了冬奥会和冬残奥会筹办和本地发展的优异答卷。

展望"后冬奥"时代，应及时认真研究冬奥会后赛事场馆的利用，发展壮大冰雪运动、冰雪事业，依托冰雪优势做好旅游开发，吸引更多游客，打造生态宜居环境，持续改善群众生活，走出一条"后冬奥"崇礼绿色发展之路。

（一）冬奥遗产利用计划

完善张家口赛区颁奖广场功能，打造世界级体育文化广场。推进奥运村及古杨树场馆群利用，以国际一流标准组织好国家跳台滑雪中心开发运营，实施国家冬季两项中心冰雪运动培训和体验开发项目，打造夏季户外活动中心。推进国家越野滑雪中心改建山地公园，建设山地风情街和度假酒店，改造张家口奥运村，打造高端旅居社区、休闲娱乐综合服务中心和康养基地。

（二）放大奥运经济辐射带动效应

立足张家口地区，推动冰雪运动、冰雪产业、冰雪旅游、会展、山地体育、露天音

乐等发展壮大，推动实现绿色发展、高质量发展，打造河北发展重要一翼。

（三）大力发展全域旅游、四季旅游、生态旅游

1）积极开展全域旅游，实现百姓富、生态美有机统一。创新发展思路，发挥后发优势。挖掘崇礼空气质量好、地理位置特殊、山形地貌独特、森林覆盖广、雪期早而长、雪厚度深、雪质好等特色资源，大力发展旅游无烟工业，形成全域、全季、全产业链的旅游模式，让绿水青山充分发挥经济社会效益，切实做到经济效益、社会效益、生态效益同步提升。

2）提升冰雪旅游核心竞争力，打造国际知名的冰雪运动和冰雪旅游胜地。树立绿色发展理念，运用可持续发展技术，提升冰雪旅游核心竞争力，打造国际知名的冰雪运动和冰雪旅游胜地，夯实本地区绿色发展基础。

3）推进矿区转型发展，创造更好的旅游目的地。发挥高铁、京礼高速公路等交通优势，依托太子城旅游集散地，选取四台嘴乡作为矿区转型发展试验区，有序开展退矿、矿区生态恢复、生态旅游开发。因地制宜，结合矿坑的性质及地质景观，有针对性开展小区域的生态重构，如铁矿矿坑独特的地质景观可开发为地质公园。形成矿区生态旅游与冬季滑雪旅游季节互补、生态景观互补，带动当地人口的旅游业就业，促进配套的农业结构向有利于旅游服务方向调整。

五、建设双城绿色生态屏障，贯穿天津南北生态廊道

为了优化城市空间格局，顺应城市空间结构的快速演变，天津市对中心城区与滨海新区之间700余平方千米的区域进行规划管控，实施分级管理，强化双城之间绿色生态屏障功能。

（一）加快建设双城绿色生态屏障

重点实施造林绿化、水生态环境治理、高标准农田建设、人居环境整治与乡村振兴、旅游发展、道路交通建设、生态基础设施建设、拆迁与生态修复、污染治理、综合监管十大工程，构建贯穿天津南北的生态廊道。

（二）着力管控区内工业园区生态化改造

天津市绿色生态屏障划分为三级管控区，总规模110.4万亩（736km^2）。其中，一级管控区67.4万亩（449.3km^2），占比61%；二级管控区22.3万亩（148.7km^2），占比20%；三级管控区20.7万亩（138km^2），占比19%。

一级管控区内禁止建设各类园区。

二级管控区主要是指规划管控范围内的示范小城镇、特色小镇和示范工业园区等地区以及重要生态廊道周边尚未开发的地区。二级管控区内各类示范小城镇和特色小镇应按照《国家园林城市系列标准》进行规划建设，形成结构合理、功能完善、景观优美和生态环境良好的宜居城镇，创建国家园林城镇。

三级管控区应当以内涵式发展为主，加强结构调整，实现产业转型升级，有序推动

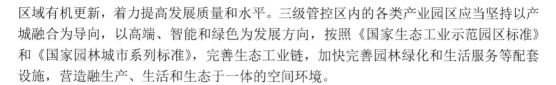

区域有机更新，着力提高发展质量和水平。三级管控区内的各类产业园区应当坚持以产城融合为导向，以高端、智能和绿色为发展方向，按照《国家生态工业示范园区标准》和《国家园林城市系列标准》，完善生态工业链，加快完善园林绿化和生活服务等配套设施，营造融生产、生活和生态于一体的空间环境。

（三）大力实施造林绿化

2021年9月7日，《天津市双城中间绿色生态屏障区造林绿化专项规划（2018—2035年）》发布，进一步确立了"生态优先、绿色屏障"总体定位。规划形成了"一轴、两廊、两带、三区、多组团"的空间结构。规划目标为：构建津滨双城之间的"山水林田湖草"生态共同体。将城市中原有碎片化的斑块林地，联网成片，以环贯通、以带连缀、以楔集聚，从而形成良好的生态格局；以生态保护为主要目的，形成各林种相互协调、多层次、多品种、多色彩的生态林地。大幅提升生物多样性，实现人与自然的和谐共生。

六、共建张承生态补偿试验区

探索推动京津冀三地共建张承生态补偿试验区，落实生态环境损害赔偿制度，健全生态环境监测监管体系，加强生态修复结果监测评估。

（一）建立健全流域协同治理工作机制

从全流域"一盘棋"的角度出发，创新和完善协同治理工作机制，实施以流域为单元的综合治理，统筹谋划上下游、干支流、左右岸、地表地下、城市乡村一体化管控，努力打破行政分割、破除利益藩篱，共同推进流域协同治理。

（二）加强监测评估

完善流域监测体系，优化断面考核，提高河流自动监测能力和管理水平。对已经实施的生态补偿制度和措施，适时组织评估、督查，落实生态补偿资金，保证资金及时到位。

（三）建立健全流域生态补偿机制

积极支持张家口首都水源涵养功能区和生态环境支撑区建设，共同推进张家口和承德坝上地区造林，建立官厅水库横向生态补偿机制，完善永定河流域生态修复补偿机制和密云水库上游水源涵养区生态保护补偿机制。扩大重点河流流域横向生态补偿范围。

（四）走出一条生态兴市、生态强市的新路

完善区域生态环境保护协作机制。强化生态环境联建联治，推动京津冀共建张承水源涵养功能区和生态环境支撑区、京津保生态过渡带建设，强化滦河、永定河流域水环境联合治理和保护。深化联防联控，建设生态环境信息共享平台，协同制定环境治理政策法规及标准规范，强化环境执法和环境突发事件应急联动。

积极探索培育京津冀生态产品交易共同市场，形成良性循环的生态建设投入机制。坚持以水定城、以水定地、以水定人、以水定产，打造首都水源涵养区和生态环境支撑区,走出一条经济欠发达地区生态兴市、生态强市的新路。

七、打造京津冀生态绿色协同发展示范区

以"通武廊"9160km²(通州1166km²、武清1574km²、廊坊6420km²)为对象,打造京津冀生态绿色协同发展示范区。其战略定位是:成为协同优势转化新标杆、生态环境协同治理模范生、绿色创新发展新高地、协同发展制度创新试验田、人与自然和谐现代化新典范。

(一)打造协同优势转化新标杆

1. 共同打造跨区域产业协同发展示范区

坚持政府引导、市场运作、合作共建,推动深化产业分工与协作,在更大范围延伸布局创新链、产业链、供应链。推进产业协同分工与联动发展。探索建立"通武廊"产业合作示范园区,深入推进"通武廊"人才一体化发展示范区建设。

2. 落实产业功能定位,错位发展

城市副中心重点围绕前沿技术研发环节、科技创新服务环节进行布局,与北三县地区在中试孵化环节、制造环节和配套服务环节加强协同。合作共建产业园区,支持北三县承接都市制造服务产业。

3. 搭建跨区域产业合作平台

提升产业协作水平,充分发挥园区示范引领作用,建立副中心永乐开发区、廊坊开发区、武清开发区等重点园区协调对接机制,搭建跨区域产业合作平台。建立产业协同机制,研究制定产业创新协作专项政策,加强重大项目统筹,推进产业联盟建设,深化产业协同分工与联动发展。

(二)争当生态环境协同治理模范生

以生态修复和生态示范为重点,协同建设潮白河国家森林公园,形成可进入、可体验的大尺度绿色生态空间。完善跨区域河流水环境治理联席会议机制,加强跨界地区联合执法,全面消除入河点源污染。加强区域大气污染联防联控,推动区域产业结构深度调整,不再新增钢铁、焦化等重工业产能,共同打造"全国运输结构调整示范区"。合力实施控车节油、散煤污染、挥发性有机物综合治理,建立健全区域大气环境监测预警和联合督查机制。按照"减量化、无害化、资源化"原则,完善区域垃圾处理体系。

(三)建设绿色创新发展新高地

积极承接非首都功能疏解,聚焦新一代信息技术、高端装备制造、节能环保等重大领域,引导企业精准对接、有序承接,加快构建创新引领的现代产业体系,培育支撑"通武廊"地区发展的新型服务经济。

（四）勇当协同发展制度创新试验田

率先探索区域生态绿色协同发展制度创新。严守生态保护红线，科学划定交界地区生态绿带控制线。推动统一潮白河、北运河流域水污染物排放标准，统筹水资源开发、利用与保护。健全统一综合管控机制，建立交界地区土地开发利用项目联合审议机制。

深化城市副中心与北三县"四统一"协同机制，建立健全与北三县一体化联动发展工作协调机制。建立统一规划实施机制，联合搭建区域"多规合一"规划管理平台。推动在环境治理、基础设施、公共服务、工程技术等领域形成统一的标准体系。

加快城市副中心与北三县重大改革系统集成和改革试点经验在"通武廊"地区共享共用，进而推广到京津冀其他地区。深入推进京津冀全面创新改革试验，深化"通武廊"地区"小京津冀"改革试验。

（五）做人与自然和谐现代化新典范

共抓生态环境大保护，构建人与自然现代化新典范。坚持生态优先、绿色发展，共建生态绿洲，共护蓝天碧水，共享生态红利，构筑首都东部生态安全格局。合作扩大绿色生态空间，加快生态融合发展，在交界地区划定生态绿带控制线，打造环京绿色生态带，加强空间管控和布局引导，遏制贴边发展和无序扩张，严格控制蓝绿空间比例。

努力探索将生态优势转化为经济社会发展优势，将流域一体化治理成果转化为沿线经济社会发展动能，将良好的生态环境变成最普惠的民生福祉。把"通武廊"地区"小京津冀"打造成人与自然和谐现代化新典范，推动"大京津冀"区域协调协同发展迈上新台阶。

（本章执笔人：郝吉明、陈吕军、田金平、陈亚林）

第二十章 青藏高原生态文明建设

青藏高原是我国重要的水源涵养区，是高原生物多样性最集中的地区，也是亚洲、北半球乃至全球气候变化的敏感区和重要屏障。进入新发展阶段、贯彻新发展理念、构建新发展格局，青藏高原的生态安全地位、国土安全地位、资源能源安全地位日益突出。长期以来，草地畜牧业是青藏高原发展国民经济的主体产业，也是广大藏族牧民赖以生存和发展的传统产业。近年来，在气候变化和超载过牧、乱挖药草、乱采滥牧等人类活动的共同作用下，高寒草地严重退化、雪山和冰川消融、冻土层融化、湖水上涨、江河浑浊，引起了雪灾、洪涝等灾害，改变了原有的高原生态平衡，生态环境恶化使青藏高原社会、经济和生态环境可持续发展面临严峻挑战。因此，加强青藏高原科学研究，全面做好保护生态的同时，解决民生和发展社会经济遇到的诸多难题，加快青藏高原生态文明建设，有利于青藏高原可持续发展、国家生态安全、民族团结和社会稳定，对我国生态文明建设具有重要的现实意义和深远的战略意义。

第一节 青藏高原的战略地位及其生态文明建设的重要意义

一、青藏高原基本概况与重要生态地位

青藏高原是世界上面积最大、海拔最高的高原。地处东经 73°18′52″～104°46′59″，北纬 26°00′12″～39°46′50″，东西跨越 31 个经度，长约 2800km，南北跨越 13 个纬度，宽 300～1500km，总面积达约 250 万 km²，平均海拔超过 4000m，被称为"地球第三极""世界屋脊""绿色屏障""第三级冰川""中华水塔"等。从世界范围来看，青藏高原在自然、地理、生态、气候和文化等方面具有独一无二的特点和不可替代的作用。

（一）自然资源条件

1. 气候

青藏高原地域广阔、地形复杂、气候类型丰富，气候资源分布具有多样和不连续的特点。受高原地形的影响，形成了干燥、寒冷、缺氧的气候环境。青藏高原年平均气温由东南的 20℃，向西北递减至–6℃以下。由于地势高、空气洁净、天空状况好，青藏高原日照时数长于同纬度的其他地区，年日照总时数 2500～3200h，年太阳辐射总量 140～180kcal/cm²（1cal=4.184J）。

青藏高原年均降雨量为 50～2000mm，受大气环流和地形的影响，降水总体趋势表现为由东南向西北递减。进入 20 世纪 80 年代后，各地区的降水量均有明显的上升。降水多寡与高原季风活动规律一致，季节变化明显，年内降水的 80%以上都集中在雨季

（5～9 月），冬春季降水不足。青藏高原年蒸发总量大于自然降水量，由东南向西北逐渐增加。另外，冬春季受高空西风急流影响，地面气温低，天气干燥晴朗，多 7 级以上大风，有时风力可达 10～12 级。此外，青藏高原气象灾害频发，气象灾害主要有干旱、雪灾、霜冻、强降温、大风、沙暴、雷暴、冰雹、泥石流等。

2. 水资源

青藏高原的水资源以河流、湖泊、冰川、地下水等多种水体形式存在，并以河川径流为主体。外流水系流域面积占高原总面积的 53.56%。青藏高原南部和东南部河网密集，为亚洲许多著名大河发源地，如长江、黄河、怒江、澜沧江、雅鲁藏布江、恒河、印度河等。青藏高原冰川总面积 4.9 万 km^2，多年平均融水量约为 350 亿 m^3。高原湖泊总面积 36 889km^2。青藏高原地表水和地下水总量 6386.6 亿 m^3，其中地下水占 28.35%。水资源总量占中国的 22.71%。

3. 植被

青藏高原植被受海拔、地质和水热条件的制约，呈水平地带性分布。从东南向西北依次出现：湿润、半湿润、高寒湿润、高寒半湿润、高寒半干旱、高寒干旱等不同气候特点；相应地，植被由东南向西北依次为：山地森林，亚高山、高山灌丛，高寒草甸，高寒草原，高寒半荒漠，高寒荒漠的分布格局。据统计，青藏高原有维管植物 1500 属、12 000 种以上，占中国维管植物总属数的 50% 以上、总种数的 34.3%。

4. 野生动物

青藏高原特殊的地理、海拔、气候、植被等生态环境，以及幅员辽阔但人烟稀少、交通不便、经济相对不发达等诸多因素，为野生动物的繁衍生息提供了得天独厚的条件，被称为"天然的野生动物乐园"。该区域野生动物种类多，数量大；在低等动物方面，西藏有水生原生动物 458 种，轮虫 208 种，甲壳动物的鳃足类 59 种；昆虫 20 目、173 科、1160 属、2340 种。脊椎动物方面，在整个青藏高原有鱼类 3 目、5 科、45 属、152 种；陆栖脊椎动物共有 343 属、1047 种，占中国该类动物总数的 43.7%。在已列出的中国濒危及受威胁的 1009 种高等动物中，青藏高原有 170 种以上，高原上濒危及受威胁的陆栖脊椎动物已知有 95 种。

（二）社会经济概况

受历史、自然和社会条件的制约，以种植业和牧业为主的传统农业占据了青藏高原经济的主导地位，第二、第三产业相对落后。改革开放以来，国家对青藏高原地区的大力扶持，公路、铁路以及航空交通网络的建设，改变了以往单纯依靠农牧业和传统手工业的经济落后局面，加快了区域内经济建设的步伐，青藏高原经济步入跨越式发展的快车道，社会局势进入持续和谐稳定的新阶段，各族人民生活呈现持续改善的良好态势。当前，青藏高原落后的社会生产同人民群众日益增长的物质文化需求之间的主要矛盾没有变，欠发达地区的基本状况没有变，青藏高原仍属于经济发展的滞后区、民生改善的薄弱区、生态保护的脆弱区，面临着维护稳定与加快发展的任务与挑战。

青藏高原是我国少数民族聚居地，聚集有藏族、回族、满族等少数民族，其中多以藏族为主，约占人口数量的 50%。因此形成了以藏族文化为主体的高原文化体系，对该地区民族文化思想、价值观以及生活方式等具有深刻而长远的影响。青藏高原具有得天独厚的自然景观：雄伟壮观的珠穆朗玛峰、珍稀野生动物成群的藏北无人区、三江并流的奇异景观、世界第一咸水湖——青海湖，以及布达拉宫、象雄文化遗址等独具特色的文化古迹，吸引了世界各地的旅游爱好者，旅游业发展迅速。

二、青藏高原生态文明建设的重大战略意义

1）推进青藏高原生态文明建设是贯彻落实党和国家战略部署的重要举措。党的十八大以来，以习近平同志为核心的党中央，站在中华民族永续发展的高度，将生态文明建设与经济、政治、文化与社会建设一起纳入中国特色社会主义事业"五位一体"总体布局。大力树立和践行"绿水青山就是金山银山"的理念，像对待生命一样对待生态环境，坚持走文明发展之路，努力建设美丽中国。青藏高原生态文明建设，对推动高原可持续发展、促进中国和全球生态环境保护具有十分重要的影响。党和政府坚持生态保护第一，将保护好青藏高原生态作为关系中华民族生存和发展的大事。青藏高原具有重要的生态战略地位，应积极推进生态文明建设，逐步建立健全生态文明制度，持续加强生态保护，把青藏高原建设成全国乃至全球生态文明高地。

2）推进生态文明建设是国家赋予青藏高原地区的重要使命。独特的自然禀赋决定了青藏高原主体区域的西藏、青海在全国的战略地位。必须充分认识它们最大的价值在生态、最大的责任在生态、最大的潜力也在生态。牢固树立"绿水青山就是金山银山"的理念，坚持对历史负责、对人民负责、对世界负责的态度，把生态文明建设摆在更加突出的位置，守护好高原的生灵草木、万水千山，将打造生态文明高地摆在全国发展的大格局中，切实承担好为全国区域发展格局筑起生态安全屏障、提供优质生态产品和创造环境空间的重任。

3）推进青藏高原生态文明建设是共谋全球生态文明建设的重要行动。青藏高原生态系统类型全面，为全球最独特的生态耦合系统关键区域之一。淡水资源极其丰富，是亚洲主要河流的发源地。湖泊众多、山脉连绵，分布着面积广大的积雪以及全球中低纬度地区范围最广的冻土。地理单元独特，高原动植物种类丰富，是全球生物多样性保护关键地之一。同时，是全球气候变化敏感区，是应对全球气候变化的关键区域，不但影响我国的气候，而且对亚洲乃至全球大气环流都有重要影响。人与自然是命运共同体，青藏高原是生态系统服务功能与人类生存协调发展十分重要的全球热点区域，不仅对我国生态安全至关重要，对全球生态安全也极其重要。把青藏高原打造成国际生态文明高地体现了大国担当，展现了我国良好形象，是对保护地球家园、维护生物多样性、应对气候变化作出的重大贡献，是构建人类命运共同体、积极参与全球环境治理的关键举措，是探索人与自然和谐共生之路的伟大实践，有利于促进经济发展与生态保护协调统一，为共建繁荣、清洁、美丽的地球贡献中国力量，提供环境保护和可持续发展的解决方案。

第二节　青藏高原生态文明建设面临的挑战和主要问题

青藏高原高寒草地生态环境极为敏感和脆弱，草地植物组成简单，牧草产量低，草

地生态系统的抵抗力和恢复力、稳定性都较弱（Ganjurjav et al.，2019）。近年来，在气候变化的背景下，固态水资源减少、液态水资源增加，洪水、冰崩等自然灾害风险加剧。而冻土融化、季节性干旱加剧以及超载放牧、乱挖药草、乱采滥牧等人类活动的共同作用，使高寒草地严重退化，生态系统服务能力降低（Yao et al.，2012；张宪洲等，2015）。随着青藏高原人口压力的不断加大，生态安全屏障保护与经济发展的矛盾日益尖锐，高寒草地生态系统面临着人口、资源、环境和经济发展的严峻挑战。目前，青藏高原高寒草地退化严重，荒漠化、沙漠化和水土流失加剧，高原特有生物物种面临危险，自然灾害频发，已经对青藏高原经济发展、社会稳定和生态屏障安全构成了威胁。

如何加快发展、有效解决突出的生态环境问题和牧民奔小康问题，是青藏高原社会经济发展的重大课题。因此，在气候变化背景下，如果没有可行的适应技术支撑，将给高寒草原生态安全、社会经济发展、农牧民生存发展带来严重的不利影响。

一、生态屏障：协调保护与发展难度大

青藏高原是我国重要的生态安全屏障，为我国甚至亚洲大陆地区水资源供给和生态安全保障作出了巨大的贡献。虽然改革开放以来，党和国家大力推动青藏基础设施建设，但是青藏高原基础设施依然薄弱，公共服务能力远低于全国平均水平。因此，促进青藏高原社会稳定和可持续发展、广大藏族牧民脱贫致富，是实现乡村振兴和边疆稳定的前提。随着生态文明建设和生态保护的大力推进，青藏高原被定位为"重要的生态安全屏障""重要的战略资源储备基地"，草地资源、矿产资源、水资源等经济发展可依赖的资源的开发利用将受到进一步限制，直接阻断青藏高原通过传统产业提高人民生活水平的老路，也使生态保护与经济发展之间的矛盾日益突出。

二、生态脆弱：生态恢复困难大

青藏高原平均海拔大于4000m，气候寒冷、空气稀薄、紫外线强、地形复杂。降水时空分布不均，冻土广布，土壤发育过程及植被生长缓慢，破坏后极难恢复。特殊的气候、地理条件和敏感脆弱的生态环境特征，决定了生态恢复和治理的难度远远高于低海拔地区。目前，高寒地区特殊自然生态系统的保护和恢复技术仍存在不成熟甚至空白的领域，制约了生态保护和建设工程效益的发挥。尽管近年来国家安排了一定数量的科技支撑项目，也取得了一定的科研进展和科技成果，但部分科研成果的应用效果有待进一步提高。近年来，政府针对超载放牧现象，虽然实施了退牧还草、生态移民等一系列的工程举措，但退牧还草饲料粮补助、草原奖补机制等也只能满足农牧民的基本生活水平，至今超载问题尚未得到根本解决，草畜矛盾突出，禁牧、减畜任务繁重。

三、基础薄弱：产业发展滞后

青藏高原牦牛产业极其依赖高寒草地的健康状况，但目前存在高寒草地生态退化、牲畜温饱得不到解决、防减灾能力不足的问题，牦牛养殖跳不出"夏壮、秋肥、冬瘦、春死"的怪圈。青藏高原藏医药产业目前仍处于相对原始、传统的阶段，其发展主要依

靠野生药用植物资源，以及人工驯化繁殖和栽培技术。藏医药企业技术较为传统，亟须高新生物医药技术的注入。

青藏高原虽然拥有丰富的自然和人文旅游资源，但旅游产业仍处在较为初级的阶段，众多的旅游资源亟待开发成为旅游产品。同时，青藏高原生态十分脆弱，寻求旅游产业发展与生态保护之间的平衡点是未来发展青藏高原旅游产业的关键课题。清洁能源产业在青藏高原处于刚起步状态，仅处于民用水平的小范围推广阶段，未来在发展清洁能源产业的同时不能忽视青藏高原生态系统保护。

四、要素短缺：长期稳定资本投入不足

党中央、国务院一直高度重视青藏高原生态保护和社会经济发展，投入了大量人力物力，并取得了一定成效。但目前，长期稳定的投入机制和投资渠道尚未建立。另外，由于投资分配缺乏统筹协调，使用效率不高，投资系统性与连贯性不够，生态保护和建设成效较低，未能形成投资集聚效应。随着国家生态文明建设的逐步推进，建设成本更高，建设需求与投入不足之间的矛盾更加突出。在青藏高原面积大、生存环境艰苦、单位面积投入标准低、地方和牧民投资能力弱等不利条件下，进一步争取充足资金投入及整合资源和提高效率的难度较大。

第三节　三江源区生态文明建设典型模式与实践经验

三江源区地处青藏高原腹地，是长江、黄河、澜沧江的发源地，是我国重要的水源涵养生态功能区，是高原生物多样性最集中的地区，是亚洲、北半球乃至全球气候变化的敏感区和重要屏障。在党和国家的大力支持以及青海省各级政府的具体部署下，三江源生态保护工作取得巨大成效，生态系统质量持续改善，生态资源资产实现保质增值。

一、三江源区生态文明建设进展

（一）三江源区生态保护取得的成效

1）生态保护力度不断加大。党和国家高度重视三江源区的生态保护工作，对三江源生态保护力度不断加大。一是生态保护体制机制日益完善。早在 2000 年，三江源被青海省列为省级自然保护区，将 20.24 万 km² 国土面积划为保护区，随后 2003 年升为国家级自然保护区，保护区能力与机制不断得到提升完善。党的十八大后，党中央对三江源生态保护工作作出了更重要的指示，将三江源国家公园列为全国首个国家公园体制试点。二是生态保护与恢复工程的投资力度不断加大。2005 年以来，国家先后实施了两期三江源生态保护与恢复工程，规划投资 235 亿元，截至 2015 年，已实际投资 69.53 亿元。开展了退牧还草、禁牧封育、草畜平衡管理、黑土滩治理、草原有害生物防控等一系列生态保护恢复措施以及生态移民、小城镇建设等农牧民生产生活基础设施建设工程。截至 2015 年，实施禁牧和草畜平衡的退化草原面积达到 4.74 亿亩、黑土滩治理 522.58 万亩、鼠害防治 8122 万亩、生态移民 7.7 万人。三是积极探索生态补偿长

效机制。国家和青海省先后出台了多项三江源生态补偿机制的政策文件,逐步加强了生态补偿力度。除以上生态保护恢复工程外,还实施了农牧民生产生活性补偿、生态管护岗位建设、异地办学补偿以及教育经费保障等生态补偿措施,补偿金额高达 12.7 亿元。生态补偿使农牧民生活总体上有了明显改善,2015 年农牧民人均纯收入达到 6646.6 元,与 2000 年相比增长了 3192 元,户均年收入增加 21 600 元。四是生态保护投资高速增长。2000～2015 年,中央和青海省财政对三江源生态保护年度投资增长了 7.5 倍,总投资共计 100.5 亿元,草地年均投资 25 382 元/km²,每年人均投资约为 7573 元。

2)生态环境状况呈现明显好转的趋势。一是草地质量明显好转。长时间序列遥感数据分析表明,三江源草地质量自 1982 年呈现先下降后上升的趋势,以 2000 年、2008 年为突变点可明显分为三个阶段,2000～2008 年草地质量比 1982～1999 年下降了 1.1 个百分点,2009～2015 年草地质量比 2000～2008 年提升了 4.4 个百分点。2000～2015 年中高覆盖度草地面积增加了 1.30 万 km²,约占草地面积的 7.84%;低覆盖度草地减少了 4.54%,面积约为 0.38 万 km²。黄河流域的草地状况呈明显好转趋势,长江流域有轻微好转,澜沧江流域有轻微变差的趋势。二是物种数量明显增加。国家一级重点保护野生动物藏羚种群数量由不足 2 万只上升到 7 万多只,普氏原羚个体数量由 500 余只增加至 2057 只。保护区鸟类新增至 225 种,总数 2.6 万余只,国家一级重点保护野生动物黑颈鹤从 22 只增加到 1500 余只。三是生态系统服务能力明显提升。三江源区干净水源总量明显增加,2015 年径流总量比多年平均径流量增加了 86 亿 m³,其中,长江流域径流量显著增加,如通天河直门达站约增加了 35.88 亿 m³,相对多年平均径流量增加了 25%。土壤保持能力明显增强,2015 年土壤保持量比 2000 年增加了 1.55 亿 t,单位面积土壤保持量增加了 392.4t/km²。生态系统固碳能力有所提升,2015 年生态系统固碳总量比 2000 年增加了 200 万 t,生态系统固碳量增加了 5.91g/m²。人类对野生物种的干扰明显降低,栖息地生境质量明显变好,利用 InVEST 模型计算的生境质量指数 2015 年比 2000 年增加了 8.63 个百分点。

3)生态资源资产持续增长。研究表明,三江源区生态资源资产是其最重要的资产。利用权威的生物物理模型模拟测算径流调节、土壤保持、生态固碳、物种保育、干净水源供给、清洁空气 6 项生态系统服务的物理量,以替代市场价格法估算生态系统生产价值。核算结果表明,2015 年三江源区生态系统生产价值约为 6302.34 亿元,是同期GDP 的 9 倍,具体包括:径流调节价值 1018.72 亿元,土壤保持价值 576.26 亿元,生态固碳价值 516.15 亿元,物种保育价值 2593.01,干净水源供给价值 954.66 亿元和清新空气价值 643.54 亿元。2015 年生态系统生产价值比 2000 年增加了 601.22 亿元,其增值受到生态保护建设和气候变化的共同影响。三江源区气候呈现暖湿化变化趋势,年均降雨及年均气温的增加量分别为 1.43mm 及 0.03℃,其南部暖湿化趋势明显,西北部有轻微暖湿化现象。利用双累积曲线和情景分析法,模拟了相同气象条件下生态系统状况变化对生态系统生产价值的影响,明确了人为因素、气象因素对其增值的贡献。结果表明,由人为因素、气候贡献引起的生态系统生产价值增加量分别占总增加量的 51.28%和48.72%,其中人为贡献引起的生态系统生产价值增值达 308.34 亿元,约是 2000～2015年生态保护工程累计投资 69.53 亿元的 4.4 倍。

4)对国家生态保护作出重要贡献。三江源区不仅拥有丰富的生态资源资产,还拥有丰富的矿产资源、水电资源等其他非生态自然资源资产。2010 年研究将三江源区类比其他具有相似资源禀赋地区，测算出矿产资源、水电资源开发、工业发展每年可为三江源区带来的机会成本共计 341.1 亿元。三江源区煤、铜、铅、锌、金、钴、钼等 26 种矿产资源蕴藏量，按矿产品市场价格类比内蒙古自治区的矿产资源开发模式计算，三江源区每年放弃矿产资源开发的经济收益约 187.2 亿元；三江源区水电资源可装机容量 9612.83MW，按可装机容量和 309.46 亿 kW·h 的年发电量，类比怒江水电工程计算，三江源区每年放弃水电开发的经济收益约 49.2 亿元；依托以上这些资源可以带来工业发展，以具有相似资源地区的工业发展类比，三江源区每年放弃工业发展的经济收益约为 104.7 亿元。

二、三江源区生态保护补偿创新模式

（一）三江源区生态补偿现状

三江源区已实施的生态补偿完全属于政府主导型的生态补偿，而且是以中央政府作为主体的纵向生态补偿。从 2005 年起，中央财政决定每年对青海省三江源区地方财政给予 1 亿元的增支减收补助，保障了三江源区机关、学校、医院等单位职工工资正常发放和机构稳定运转。从 2008 年开始，根据《财政部关于下达 2008 年三江源等生态保护区转移支付资金的通知》，财政部以一般性转移支付形式，给三江源区等地区，通过提高部分县（区）补助系数等方式给予生态补偿。这部分转移支付直接拨给青海省财政厅，然后青海省财政厅根据财政部三江源区等生态保护区转移支付所辖县名单和支付清单下达给有关州（地）市。

三江源区生态补偿工作以 2008 年实施的生态补偿财政转移支付为重点，是主要基于《财政部关于下达 2008 年三江源等生态保护区转移支付资金的通知》《国家重点生态功能区转移支付办法》《2012 年中央对地方国家重点生态功能区转移支付办法》等政策实施的生态保护资金补偿以及基于财政转移支付的间接生态补偿。按三江源区生态补偿的概念与目标，现有的三江源区生态补偿主要分为生态保护工程补偿、农牧民生产生活补偿及公共服务补偿。

1. 生态保护工程补偿

三江源区的生态保护工程主要是为了保护和恢复三江源区受损的生态系统，包括对草地、林地、湿地等三江源区主要生态系统的恢复补偿。从 2000 年开始启动的天然林保护工程到 2012 年仍在实施的《青海三江源自然保护区生态保护和建设总体规划》中的生态工程，基本采取了项目管理的模式（马洪波，2009），即先由地方有关部门编制项目规划并报请中央对口部门或国务院审核批准，中央财政综合平衡后下达资金计划到地方政府，项目实施由中央对口部门进行监督管理。

2. 农牧民生产生活补偿

三江源区藏族人口占 90% 以上，牧业人口占 2/3 以上，人口密度小于 2 人/km²。农牧民为三江源区生态保护牺牲了各种发展机会，国家给予了一定的生态补偿。对农牧民的生产生活补偿资金基于 2005 年实施的《青海三江源自然保护区生态保护和建设总体规划》，主要来源于中央财政资金支持。主要补偿项目是退牧还草集中安置、生态移民、建设养畜配套。

3. 公共服务补偿

自 2005 年开始，青海省确定了三江源区以保护生态为主的发展思路，产业发展受到各种限制，三江源区财政收入很少，政府机构的正常运行及公共服务能力建设主要靠中央财政转移支付支撑。三江源区以公共服务补偿专项形式开展了小城镇建设、人畜饮水、生态监测、科研课题及应用推广、科技培训、生态移民后续产业、能源建设等项目。这些项目也主要依赖于 2005 年实施的《青海三江源自然保护区生态保护和建设总体规划》。

（二）三江源区生态补偿存在的主要问题与不足

近十多年来，青海省和国家有关部委已经在三江源区逐步开展了形式多样的生态补偿措施，为改善三江源区生态环境状况发挥了巨大作用。但是，目前的生态补偿方式是被动式、补贴式的生态补偿，在调动农牧民保护生态的积极性方面存在不足，尽管设置了生态管护员公益岗位，但部分牧民在拿到生态补偿资金后生态保护意识并没有提高，仍然有返牧、过牧等现象。从三江源区生态问题产生的根源和解决问题所需要的时间来看，三江源区生态补偿还存在以下几个方面的不足。

1. 缺乏国家层面顶层设计

三江源区生态补偿缺乏国家立法保障。在三江源区生态保护和建设问题上未制定统一、专门的法律法规，现行立法没有考虑该地区特殊的生态环境问题，目前所开展的三江源区生态环境保护及补偿的重大政策、关键举措和紧迫问题，没有对应的有明确规定的现行法律。

三江源区生态补偿缺乏稳定的常态化资金渠道。三江源区作为全国重要的生态功能区，目前没有建立持续、稳定的补偿资金渠道。虽然中央和地方各级政府已经投入了大量资金用于三江源区生态保护，但均没有针对生态补偿列出明确的科目和预算，多采用生态保护规划、工程建设项目、居民补助补贴的形式。

生态补偿多头实施、分散管理，相关配套及运行费用难以归项。由于缺乏明确的生态补偿资金渠道，国家各个部门均从各自领域以不同的方式支持三江源区生态保护恢复，往往需要定期申报，并只能用于某项或某类具体的生态保护措施。这一方面不利于地方政府总体考虑三江源区生态保护需求，统筹安排生态补偿经费使用，另一方面，三江源区其他基础设施和公共服务等相关配套及运行费用难以归项。

2. 补偿标准与资金的投入偏低

近年来，国家通过各种生态补偿方式对三江源区生态保护投入了大量资金，但是这些生态补偿大多是依据国家相关规范或标准确定经费数额，没有考虑三江源区地处高寒地区，所参考的标准与三江源区的实际情况相比明显偏低，这样造成生态补偿的资金投入较少，与三江源区的空间范围和生态问题的艰巨性相比，远远不足以系统性地解决三江源区的生态保护与恢复问题。

3. 补偿资金使用成效缺乏有力的监管

生态补偿资金使用监管政策缺失。财政部对国家重点生态功能区转移支付资金出台了相关管理规定，但这些规定并没有制定详细的资金使用办法，也没有提出明确的资金使用监管措施。在资金下拨到省之后，混同其他转移资金一起下拨到各县，各县在使用过程中并没有考虑将这些转移资金更多地用于生态保护与恢复，影响了资金的使用效率。

生态补偿对象未予以要求和监管。三江源区先后以饲草饲料、燃料、生活困难补助和退牧还草补偿等各种形式对牧民进行了生态补偿，但是没有对牧民提出明确的生态保护、接受义务教育等要求。再以生态移民为例，由于缺乏监管，移民返牧现象普遍存在，这些牧民的草场超载现象较为普遍，生态补偿未发挥出应有的减牧成效（李芬等，2014；Li et al.，2015）。对牧民的生态补偿是基于牧民直接退牧减畜或参与草场治理维护而给予的资金补偿，就实施现状来看，补偿资金发放后政府对于减畜监管存在漏洞。

4. 后续产业发展艰难

三江源区经济社会发展相对滞后，产业主要以草地畜牧业为主。由于社会发展程度低，经济总量小，产业结构单一，三江源区农牧民就业渠道极为狭窄。另外，生态移民文化素质相对较低，劳动技能较差，基本未掌握其他生产劳动技能，且由于语言障碍，导致其就业务工渠道非常窄，造成三江源区多数移民成为无业人员。要使生态移民"搬得出、稳得住、能致富、不反弹"，后续产业的发展是重要保证，也是基层政府面临的最大难题。

（三）三江源区生态保护补偿长效机制实践经验

三江源的生态环境保护主要是解决两个问题，一是治理修复已退化、已破坏的生态系统，二是减人、减畜，降低区域生态环境压力，避免继续破坏高原生态。所以三江源生态补偿也是围绕这两个方面开展实践探索。鉴于三江源区特殊的生态地位，不能简单依靠国家阶段性和暂时性的补偿政策，需要建立系统、稳定、规范的三江源区生态补偿长效机制。

1. 生态环境治理保护

三江源区生态补偿是国家层面或区域尺度上的生态补偿。三江源区的主体功能是保护中华民族的生态屏障、保护三江源的生态服务功能，只有通过生态补偿机制才能维护其生态功能，生态环境保护建设是生态补偿中重要的内容。

退化草地治理。开展黑土滩治理、沙化防治、鼠虫害治理、湿地保护、水土保持等多项生态治理工程，依据草地退化程度、退化类型、气候条件等因素，对于退化草地治理采用差异的补偿政策，建立重点工程区域，加大资金补偿和技术补偿力度，保证退化草地治理补偿的稳定性和持续性，对所需补偿进行全额补助。

生物多样性保护。三江源区是最重要的生物多样性资源宝库和最重要的遗传基因库之一，有"高寒生物自然种质资源库"之称。生物多样性保护重点针对野外巡护、湖泊湿地禁渔、陆生动物救护繁育和种质资源库建设等工程开展补偿，使生物多样性得到切实有效保护。

退牧减畜工程。依据以草定畜、以畜定人的原则，对所需补偿资金实行国家全额补助，实现三江源区实际载畜量降低到或低于理论载畜量水平。工程实施需分区域制定不同的补偿政策，设定重点工程区域。根据草地产草量差异、退化程度、自然保护区、超载情况等因素，制定不同的分区域补偿政策，结合移民工程等综合开展退牧减畜工程。

生态恢复技术。三江源区自然条件恶劣，生态系统极为脆弱，生态恢复难度极大，针对具体的生态恢复工程，如鼠害治理、草场恢复、防沙治沙、人工增雨等要依靠科学技术。生态补偿要加大针对三江源区这种特殊自然条件下生态恢复技术资金支持的力度，加大政府与科研院所间合作，在相关科研立项方面予以政策倾斜，保证三江源区生态恢复技术的研究与应用。

2. 三江源区人口控制与能力提升

控制人口数量。三江源区最大可承载牧业人口规模约为 34 万人，当前牧业人口约为 65 万人，需转移或转产牧业人口 31 万人。目前单纯采用移民方式转移牧业人口存在后续产业发展艰难、移民生活水平下降、返牧现象普遍等问题。因此，应大力发展教育、劳务输出、后续产业培育等各种方式，引导牧业人口的科学转移，优化人口结构。

提高义务教育补助。普及"1+9+3"义务教育。对三江源区的学前 1 年幼儿教育、9 年小学和初中教育、3 年中职教育全部纳入免费的义务教育。逐渐提高小学儿童入学率及初高中升学率。用 10～15 年时间全面普及免费的义务教育。

增加师资培训补助。为加强师资队伍建设，提高教学水平，规划安排中小学"双语"教学师资力量培训项目，通过在对口支援青海省和青海省西宁市、海东地区等地的高校进修，并结合在中学、小学交流学习的方式，对三江源区低学历的中学、小学教师进行轮流培训，逐步扩大培训规模。

完善教育基础设施建设补助。对三江源区现有学校的危房进行修缮。按照国家校舍建设相关标准和教学设备配置标准，对移民社区所在城镇的现有的各级各类学校进行改扩建。根据新增学生数量增设课桌椅及学生用床，为新扩建的班级配置教室基本教学设施和远程教育设施，为每个初高中、职业学校增加教学实验器材，为每个学校配备音、体、美器材和"三室"建设。

加强农牧民技能培训。生态移民迁移之后的后续生产、生活问题直接关系到减人、减畜目标的实现，但三江源区牧民迁入城镇后缺乏基本的生存技能，因此加强对农牧民的双语、基本生活和劳动技能培训，发展劳务经济，组织劳务输出，是解决三江源区搬迁牧民就业问题的关键。

对三江源区 19～55 岁的成年农牧民以不定期培训的方式进行基本的双语和生活培训，逐年降低其文盲率并逐步使其适应现代生活方式。积极开展农牧民劳动技能培训，以集中培训、自学和现场培训相结合，用 8～10 年的时间使农牧民每户有 1 名"科技明白人"，每人掌握 1～2 项实用技术，劳动力转移就业率逐渐提高。首先对草场管护人员进行生态管护方面的培训。另外对农牧民开展生态保护与治理技术、餐饮服务、机电维修、机动车修理、石雕制作、民族歌舞表演、民族服饰制件、导游与旅游管理、藏毯编织、民族手工艺品加工、民族食品加工、特色养殖和种植、农牧业经纪、车辆驾驶等科技知识和劳动技能培训（李芬等，2014）。

3. 三江源区优势产业培育

依托三江源区的自然资源优势，培育优势产业，将目前单一的草原畜牧业逐渐发展为多元化产业，调整产业结构，促进特色产业发展、传统产业改造升级优化，为农牧民的就业创造更多岗位。

继续培育三江源区生态畜牧业。三江源区是天然绿色食品和有机食品生产的理想基地，具有发展生态畜牧业的优势条件。因此，建议在各州（县）建立示范村，引导牧民发展以股份合作经营为主的草地集约型、以分流劳动力为主的草地流转型、以种草养畜为主的以草补牧型生态畜牧业。同时，国家需对三江源区生态畜牧业发展体系中的配套基础设施建设、市场和技术支撑体系建设给予补助。

积极发展高原生态旅游业。三江源区旅游资源丰富，发展潜力巨大。因此政府需通过财政补贴、贷款贴息、税费减免等手段加大对三江源区生态旅游产业的补偿投资，将生态旅游业发展成三江源区的重要替代产业。

设立三江源区旅游发展专项资金，统筹解决三江源区旅游规划、旅游产品宣传、旅游景区经营管理和相关人员培训工作。对三江源头、可可西里、扎陵湖-鄂陵湖、年保玉则湖群等重点景区的旅游基础设施建设、管理体制完善和旅游招商引资进行补偿。另外，积极扶持乡镇牧家乐、农牧民民族歌舞团、藏族风情文化村的建设，同时加强农牧民导游服务、民族歌舞表演服务等，加大对农牧民参与旅游发展的扶持力度。

大力扶持民族手工业。藏毯以羊毛为原料，具有浓郁的民族特色，藏毯业是劳动密集型产业，工艺简单，适合妇女劳动力。另外，民族服饰和首饰、雕刻业等民族手工业历史悠久，具有一定的市场影响力和发展前景。因此，政府应从资金、技术、人才培训方面给予大力支持，扶持以藏毯、民族服饰、民族首饰、毛纺织品、雕刻为重点的民族手工业的快速发展。在三江源区各州分别建立藏毯、民族服饰、首饰、雕刻业等民族手工业产业基地。

积极扶持自主创业。对初次自主创业人员给予一次性的开业补助。跨州、跨省创业的，给予一次性交通费补助。同时，在创业培训、项目推荐、开业指导、小额贷款等方面设置优惠政策予以扶持。建立三江源生态移民创业扶持专项资金，并逐步扩大生态移民创业基金规模，引导和鼓励农牧民自主创业和转产创业。

提升后续产业技术。后续产业具体技术问题更需要技术保障和人才支持。应加强政府与规划科研院所的合作，解决宏观产业规划布局技术难题；加强政府与企业、各大高校、科研院所的合作，解决具体产业生产技术难题，保障三江源区后续产业顺利发展。

三、三江源区生态产品价值实现创新模式

（一）三江源区创新生态产品价值实现机制的紧迫性

1）三江源区人-草-畜矛盾没有得到根本性解决。三江源区生态退化的根本原因是"人-草-畜"关系的失衡，协调好"人-草-畜"关系是三江源区生态保护和可持续发展的核心。自2000年以来，三江源区实施了一系列禁牧、压畜、减畜措施，取得了一定的成效。但是三江源区人口仍然持续高速增长，畜牧超载现象依然严重，草地退化形

势依然严峻。一是人口增速远远高于全国平均水平。作为国家重点生态功能区，三江源区的生态保护和发展定位要求引导区内人口逐步有序转移，控制人口规模。但三江源区人口规模依然快速持续增长，2000～2015 年，三江源人口从 98.5 万增长到了 132.7 万，净增人口 34.2 万人，人口年均增速达 2.3%，是同一时期全国人口年均增速的 4.6 倍。三江源区适宜牧业人口规模为 30 万～50 万人，其现状人口规模已远远超出了三江源区的合理人口数量。二是畜牧超载现象依旧严重。在国家不断加大禁牧减畜力度的情况下，三江源区的载畜量不降反升，载畜量增长地区与人口增长地区基本吻合。三江源区理论载畜量大约为 1450 万标准羊单位，2015 年三江源区载畜量为 2297 万个标准羊单位，比理论载畜量高出约 850 万个羊单位。在采取禁牧减畜措施压减超过 380 万标准羊单位的情况下，2015 年三江源区实际载畜量比 2000 年增加了 213.85 万羊单位，增长率达到 10.62%。三是草地退化仍然量大面广。由于气候变化和局部地区载畜量持续增加，虽然草地退化整体趋势得到了初步遏制，但退化草地仍然量大面广。截至 2015 年，草地退化面积仍有 5.89 万 km^2，占草地总面积的 21.94%，其中，中度、重度退化草地面积占比超过 10.86%。综上所述，平衡好"人–草–畜"关系是破解三江源区发展与保护问题的关键，也是实现三江源区作为重点生态功能区战略定位的必然要求。如不能从根本上解决三江源区人口快速增长以及由此带来的畜牧超载问题，不仅国家已经投入巨额资金所取得生态保护成效难以维持，而且将来即使投入更多的资金也难以遏制三江源区草地生态系统再次恶化的趋势。

2）野生动物保护与牧民生产生活矛盾加剧。三江源区生态保护取得巨大成效，野生动物数量快速增加。另外，在自然保护区内以及国家公园区域内共有 12 个乡镇、6 万牧民居住生活，存栏各类牲畜 65.37 万头。时常发生野生动物与家畜争夺草场资源、威胁牧民生命财产安全以及被围栏致伤致亡的情况，野生动物保护与牧民生产生活之间的矛盾逐渐尖锐。一是野生食草物种与畜养牲畜争夺草地资源。三江源区野生动物种群数量随着生态保护力度加大逐渐增多，特别是藏羚、藏野驴等大型食草物种由于天敌较少，在局部地区种群数量大量增加，截至 2015 年，三江源藏羚已有 7 万多只、藏野驴 3 万多头。一头藏野驴的采食量，相当于 6 只羊的采食量，野生食草动物数量的增长使原本已超载的草场会退化得更加迅速。二是野生食肉物种伤人、伤畜现象频发。三江源区大型食肉型野生物种数量恢复迅速，雪豹、棕熊以及狼等的数量持续增长，不仅给当地群众带来财产损失，甚至还对其人身安全构成威胁。在杂多县昂赛乡年都村，平均每户有 4.6 头牛被野生动物捕杀，最多的一户达到 23 头，户均每年损失达 16 000 元，超过村民人均每年政策性收入的 50%，同时雪豹、狼伤害放牧牧民的现象也时常发生。三是围栏致伤、致亡野生动物现象不断出现。为了恢复草原生态，三江源区在封育草场、湿地保护区等区域建立了大量铁丝网围栏。这些围栏在一定程度上起到了保护草场、恢复生态的作用，但同时也对动物的自由迁徙以及觅食饮水通道造成了阻断，增加了动物栖息地的破碎化，每年因围栏致伤致亡藏原羚数量多达 50 多只，围栏逐渐演变成了影响生态的新问题。

3）生态产品价值实现的体制机制创新亟待加强。生态产品变成商品实现市场化交易的前提是生态产品有明确的产权属性，生态产品的生产者和载体明晰，由政府建立生态用地和生态产权交易的配额、建立计量交易等配套的措施。生态产品的公共属性与市场实现机制之间的矛盾是一项世界性的难题，也是一项涉及政府、企业、个人的复杂工程，需要在法律政策、领导组织、机构设置、财税制度、市场机制等方面作出一些重大变革，突破行业部门和各级政府原有的一些规章制度和惯常做法。生态权属交易是公共性生态产品通过市场交易的价值实现方式。生态产权制度建设尚处在初步探索和试点实践阶段，如何落实集体所有权、稳定承包权、放活经营权，现行法律法规尚没有作出规定；生态产权交易的立法进程仍然严重落后于交易实践，用能权、碳排放权、排污权和水权四大权属交易在明确权属、摸清底数、查清边界、发放权属证、确定经营管理模式等方面缺乏足够的政策保障。三江源排污权交易尚处于起步阶段，缺乏配套的法律法规，当前所采用的规定办法的条文过于笼统，缺乏可操作性；青海省碳交易平台，尤其是碳汇交易制度不完善，缺乏有效的政策激励措施。生态补偿是公共性生态产品价值实现的重要方式和途径。三江源区已实施的生态补偿完全属于政府主导型的生态补偿，而且是以中央政府作为主体的纵向生态补偿。这种补贴式、被动式、义务式的补偿模式难以充分调动起牧民主动开展生态保护的积极性。

（二）积极推进三江源生态产品价值实现

牢固树立"绿水青山就是金山银山"的理念，坚持三江源区生态产品主产区的定位，以保障公共性生态产品为核心，以开发经营性生态产品为突破，改革创新生态产品价值实现的体制机制，将生态产品生产培育成为三江源区人与自然和谐共生的发力点，形成一批可复制、可推广、可应用的生态产品价值实现创新实践模式，将三江源区建设成为我国生态产品价值实现的国家示范样板，为黄河流域、长江流域和其他国家生态屏障区生态产品价值实现提供理论基础和经验借鉴。

1）生态产品价值实现需要加强顶层设计、高位谋划布局以破解相关体制机制障碍。一是建立三江源区国家生态产品价值实现综合试验区。出台《三江源区生态产品价值实现国家试验区实施方案》，对三江源区生态产品价值实现提出总体要求、目标和重点任务。二是成立由国家相关部门牵头、青海省及黄河流域上下游地区参与的三江源区生态产品保障与价值实现领导机构，加强流域上下游统筹。三是选择工作基础好、条件较为成熟的县（市）开展生态产品价值实现试点示范，各级党委政府一把手牵头负责生态产品价值实现的顶层设计并推进实施。

2）生态产品价值实现需要巩固和提高三江源区优质生态产品的生产供给能力。一是国家继续加大生态保护投入力度。在原有生态保护资金投入基础上，国家继续加大中央财政投入，行使公共性生态产品投资人的角色；依托"山水林田湖草"工程，加大对自然保护区、重要湿地、重要饮用水源地保护区、自然遗产地等各类保护地的投资，增强生态产品供给保障能力。二是建立和完善三江源区生态产品技术监测体系。依托三江源区已有的生态环境监测技术，进一步补充完善，建立能够反映区域水体质量、草地质量等生态资源和生态产品状况的技术监测体系。三是大力普及义务教育和职业技能培训。加大落实三江源区义务教育，提高专业化和职业教育水平，提高三江源牧民的从业技能，促进牧业人口转移，促进三江源区生态环境保护。

3）异地开发模式是促进三江源区实现主体功能定位的主要手段之一。我国已有实践表明，通过共建产业园实现异地协同开发，在解决公共性生态产品市场失灵难题的同时，有效地控制重点生态功能区人口规模和工业化发展开发强度，是一种实现重点生态功能区主体功能定位的重要手段。以黄河中下游经济发展基础较好省（市）作为对口帮扶地区提供资金和技术支持，以青海省工业化、城镇化、农业现代化基础较好的西宁、海东、格尔木、德令哈等地区作为异地开发的承载区，建立 1 个三江源州（县）对应 1 个承载区和 1 个对口帮扶地区的"1+1+1"异地开发机制，三方共建异地开发工业园，按比例分享 GDP、税收，引导三江源区人口产业转移，减小三江源区人类干扰强度。

4）生态产品价值实现可以促进农牧民增收致富。一是积极推进农牧业专业合作社建设，充分发挥农牧业合作社在解放劳动力、缓解草畜矛盾和实现生态资源资本化等方面的作用，鼓励农牧民将草场、牲畜等生产资料，以入股、租赁、抵押、合作等方式流转，实现生态资源向生态资产转化，使合作社成为促进三江源区经营生态产品价值实现的有力推手。二是巩固和强化生态管护员公益岗位长效机制，进一步明确管护员岗位数量、岗位期限和续聘要求，建立长效、稳定的公益岗位资金保障机制，使公益岗位成为牧民长期、稳定、固定的就业途径，充分调动牧民群众保护生态的积极性。三是充分发挥三江源国家公园"国家所有、全民共享"的核心定位，在不破坏生态环境的前提下，开展国家公园特许经营活动，发展以科研、科普、环境教育及探险为导向的生态服务产业，通过生态三产替代牧业一产，减轻草地的畜牧业承载压力。

第四节 羌塘高原生态文明建设典型模式与实践经验

羌塘高原是青藏高原的重要组成部分，也是高原最大的内流区。南起冈底斯山脉、念青唐古拉山脉，北至喀喇昆仑山脉、可可西里山脉，东起唐古拉山脉，是青藏高原的腹地。从世界范围来看，羌塘高原自然、地理、生态、气候和文化等方面独一无二且发挥着不可替代的作用。近年来，在中央和地方政府大力支持下，羌塘高原生态系统保护取得诸多成效，草地退化趋势得到明显遏制，在生态保护、畜牧业发展、产业提升等方面都取得了长足的进步。

一、羌塘高原生态文明建设进展

（一）草原生态保护效果显著

近几十年来，羌塘高原生态状况受到越来越多的关注，政府大力实施生态环境保护措施，各级自然保护区先后建立。2005 年羌塘高原关闭了 33 个沙金矿点，总面积达 78.21km^2，主要涉及申扎、尼玛和班戈三县，当年三县财政收入减少了 1135 万元。羌塘高原落实了草场承包经营责任制，推进草地资本经营权长期承包到户的工作，明确草原资本的"所有权、经营权、管理权、保护责任、建设责任"，为草原生态建设和建立生态补偿机制提供了体制保障。截至 2013 年底，通过西藏自治区验收的承包到户草场面积 4.0964 亿亩，占可利用面积的 87.34%，覆盖 114 个乡（镇）、1190 个行政村，涉及 86 732 户、40.06 万人口、722.79 万头（只、匹）牲畜。自 2004 年起，羌塘高原开始实施退牧还草工程，工程范围不断扩大，到 2012 年工程覆盖了羌塘高原各县。采取草原禁牧、休牧减畜、草地改良等方式，建立了天然草原生态修复系统。截至 2015 年，全区草场退牧还草面积 3285 万亩，草场禁牧面积 1268 万亩，草场休牧面积 2017 万亩，草地补播面积 958 万亩，舍饲棚圈建设 30 107 户，人工饲草料基地 1.1 万亩。建立了草畜平衡制度，草场退化趋势得到有效遏制，草原生态逐步恢复；2020 年牲畜存栏 1306 万个羊单位，藏羚的数量由保护前的 6 万只左右恢复到 20 万只左右，野牦牛由 6000 多头恢复到 6 万多头，藏野驴由 5 万多头增加至 9 万头左右。各级政府和群众为保护草原生态所做的努力取得了良好的成效。

（二）草原补奖机制进一步完善

2011 年以来，羌塘高原全面实施草原生态保护补助奖励机制工作，发放禁牧补助、草畜平衡奖励、牧草良种补贴、牧民生产资料综合补贴、村级草原监督员补助，涉及 11 县（区）93 个纯牧业乡（镇）、944 个纯牧业村以及 21 个半农半牧乡（镇）的 246 个行政村（居委会）。截至 2015 年底，共兑现资金 29.68 亿元，减畜任务完成 50 万个羊单位，全年实现草畜平衡户数约 46 032 户。该项工作使草原生态得到了休养生息，禁牧、休牧、轮牧区的植被生产力和物种多样性明显恢复，覆盖率达到了 60% 以上，减缓了草原退化与沙化的趋势。通过减畜实现了草畜平衡，牧民收入也得到了明显提高；2011 年人均增收 1260 元，草补资金占总收入的 26.35%；2013 年人均收入为 6398.51 元，增收 1620.26 元，草补资金占总收入的 25.32%。在羌塘高原实现了国家保护草原生态促进牧民的增收。到 2015 年末，羌塘高原牲畜存栏总数达 525.47 万头（只、匹），畜均占有草地 119.9 亩，减畜任务已整体达到草畜平衡目标，但局部地区仍需进一步加强。

（三）畜牧业进一步升级

自 2009 年起，为配合退牧还草工程的实施，羌塘高原开展了高寒牧区高标准牲畜棚圈建设。每户建设牲畜棚圈 200m²，其中暖棚 50m²、畜圈 150m²。每座棚圈投资 1.8 万元，其中国家投资 1.2 万元，牧户自筹 0.6 万元。在 2011～2015 年，共建设牲畜棚圈 66 405 个，总投入 11.95 亿元，其中国家投入 7.97 亿元，个人自筹 3.98 亿元。自 2014 年起，在羌塘高原开展了人工牧草种植工作，其中退牧还草工程种草面积达 0.8 万亩，投入 1080 万元，草原生态保护补助奖励工作种草面积 1.4 万亩，投入 1980 万元，总计种草面积 2.2 万亩，总投入 3060 万元。

20 世纪 90 年代中后期以来，按照"发展牦牛、适度发展山羊、减少绵羊、控制马"的发展思路，实施了牲畜种群结构调整，积极发展经济价值的畜种，羌塘高原牦牛、山羊、藏系绵羊和马的养殖比从 2000 年的 21.5∶20.6∶56.5∶1.4 调整到 2010 年的 33.15∶21.12∶44.62∶0.89，能繁殖母畜中牦牛、绵羊、山羊、马的存栏数分别占对应畜种总数的 56.25%、45.70%、47.41% 和 28.22%，适龄母畜中牦牛、绵羊、山羊、马的存栏数分别占对应能繁殖母畜的 57.23%、80.40%、63.28% 和 25.07%，牲畜种群结构日趋合理化。在本土品种选育方面，先后筛选了以'娘亚牦牛'、'多玛绵羊'和'西部绒山羊'为代表的本土优良品种。截至 2020 年底，羌塘高原各类牲畜存栏 500 万头（只、匹），肉类和奶产量分别达 10.95 万 t 和 9.52 万 t，绿色奶业、畜产及加工业初具规模。

自 2002 年起，羌塘高原积极发展农牧民合作经济组织，促进传统畜牧业转型升级。按照"民办、民管、民受益"的原则，提高农牧业组织化、市场化、产业化和现代化，进而繁荣农牧区经济。依托当地能人、资源、群众基础等优势，以市场为导向，以农牧民自办为前提，不断加强领导和引导，完善措施，优化服务。2020年底，累计登记注册的各类农牧民专业合作组织达到了1500多家，产业涵盖草原有偿经营、牲畜养殖、畜产品加工、蔬菜种植、药材、运输、建筑建材、餐饮服务等各个方面，组织化生产框架的雏形初步形成。先后涌现了那曲县罗玛镇奶制品加工销售合作经济组织、安多县雁石坪多玛绵羊养殖合作经济组织、聂荣县色庆乡帕玉等28村合作经济组织、尼玛县白绒山羊养殖合作经济组织、申扎县巴扎乡7村集体经营组织、双湖县嘎措乡集体经营组织等一大批先进典型，大大提高了羌塘高原农牧业市场的组织化程度和竞争能力，促进了农牧业结构调整，农牧业经济效益不断提高。

（四）社会事业稳步发展

近年来，羌塘高原始终把保障和改善民生作为一切工作的出发点和落脚点，扎实推进以安居乐业为突破口的社会主义新农村建设，民生建设取得重大进展，生产生活条件显著改善。2011～2013年，实施农牧民安居工程3.7万户，累计完成8.3万户；实施村级环境综合整治883个，累计完成949个；解决24.6万农牧民安全饮水，全区农牧民安全饮水问题已基本解决。文化固定资产投资1.4亿元，新建地区图书馆、村级文化室，完成地区赛马场改扩建。培训农牧民3400人，农牧民劳务输出5.2万人次，新增就业4728人，新增养老保险参保0.8万人、工伤保险参保1.6万人、生育保险参保2.1万人，参保率均在93%以上。

西藏民主改革以来，特别是改革开放以来，在中央特殊关怀、全国人民无私援助和50万各族人民的不懈努力下，羌塘高原地区社会生产生活方式发生了历史性变革。截至2013年底，羌塘高原拥有运输车4246辆、农用车3637辆、小车4596辆、摩托车54 816辆，现代交通工具取代了人背畜驮，牦牛作为运输工具的时代已经结束，马匹除了用作传统文化艺术表演及观赏性运动外，作为长途运输工具的时代也已成为历史。羌塘高原经过两个五年规划的农牧民安居和游牧民定居工程的实施，现已定居和安居的牧户实现了生产生活群体化和固定化，生产生活方式进一步变革，消费欲望、消费水平和消费能力进一步增强。近年来，随着草原经营承包、经营权的有偿转让、退牧还草、草原生态补偿等一系列政策的不断深化和推行，牧民群众对产业化的需求日益强烈，农牧区一大批专业合作经济组织蓬勃发展。

（五）牧民收入稳步提高

"十三五"期间，那曲市累计减贫31 907户137 033人，所有建档立卡贫困人口全部退出，贫困发生率从22.7%降至0，1173个贫困村（居）全部退出，建档立卡户年人均纯收入从2015年1559.45元提高至2020年10 140.71元，年均增长45.4%。脱贫群众"两不愁三保障"稳定实现，生产生活条件明显改善，获得感、幸福感、安全感明显增强，实现消除区域性整体贫困目标。

"十三五"期间，那曲市坚持农牧业内部与外部增收并举、政策补贴与项目拉动增收互动、特色产业开发与劳务输出增收共促，开辟多元化的增收渠道，逐步构建起农牧民收入持续增长的长效机制，农牧民转移就业累计36.21万人，增收31.16亿元，其中贫困人口转移就业 16.51 万人，增收 16.35 亿元。农牧民人均可支配收入从 2016 年的 8638 元，连续多年以 13%的平均速度增长，2020 年全市农牧民人均可支配收入达 13 730 元，是 2016 年的 1.59 倍。

二、羌塘高原牦牛产业创新发展模式

畜牧业是羌塘高原的支柱产业，而牦牛是畜牧业的核心。因此发展生态牦牛产业，实现草地生态与生产功能协同提升是推进羌塘高原生态文明建设、经济高质量发展以及牧区全面振兴的关键。

（一）羌塘高原牦牛产业发展现状

牦牛是我国青藏高原的特种家畜资源，已成为高寒草原生态链中最重要、最不可缺少的元素，也是千百年来源源不断为高原人民提供吃、穿、住、行等全方位服务的"全能型"家畜。西藏是我国牦牛主要产区之一，在全区 7 个地（市）均有分布。据调研，西藏牦牛存栏量为 434.82 万头，其中羌塘高原拥有近 200 万头牦牛，约占全西藏牦牛总数的 46%，约占全国牦牛总数的 14.2%。羌塘高原牦牛业产值占畜牧业总产值的 70%以上，牧民收入中 60%以上来源于牦牛业。牦牛是一个综合生产性能很强的畜种，牦牛业是产业链很长的大产业，依托优势资源，大力发展牦牛产业对提高羌塘高原牧民的生活水平、促进羌塘高原的生态产业发展、保持经济可持续繁荣、实现乡村振兴具有重大意义。

（二）面临的主要问题

牦牛产业是羌塘高原的主导产业，但是近年来因过度放牧导致草场退化、沙化等现象出现，牦牛表现出体格变小、体重下降等退化症状。羌塘高原自然条件恶劣，冷季时间长，牧草枯草期长达 7~8 个月，不具备开荒种草的优势和条件，无法满足大量的饲草供给需求，牦牛只放牧、不补饲，冷季"吃饱问题"没有保障，营养严重不足，群体失重现象十分突出（参木友等，2017）。

（三）牦牛产业发展制约因素

第一，主要表现在牦牛养殖技术方面，由于羌塘高原地域辽阔，地势复杂。虽然国家对羌塘高原牧区加强了基础设施建设，但远不能满足抗灾保畜需要。由于经济、交通的限制，文化、信息、技术的传播速度慢，实用技术和高新技术推广缓慢，牦牛产业的生产方式尚处于原始的自由放牧阶段，科技含量较低。第二，主要表现在牦牛养殖经营方式方面，羌塘高原牦牛养殖业绝大多数以牧户为单元开展生产和经营，同时受传统观念束缚和影响，牦牛产业无序生产、畜群结构严重失调，饲草生产体系、良种繁育体系、技术服务体系不健全，牦牛冷季饲草生产与轮供模式、牦牛错峰出栏模式、牦牛肉类四季均衡供应模式、牦牛产品开发模式等产业链组织模式还没有形成，牦牛产业组织化、集约化、规模化程度低，牦牛产业链还没有充分形成。

（四）羌塘高原生态牦牛产业创新发展模式

1. 加强羌塘高原牦牛特色种质资源保护

牦牛是以我国青藏高原为起源地的特色家畜种质资源，在高寒、缺氧、缺草等恶劣环境下具有良好的适应能力和生产能力，素有"高原之宝"的美誉。羌塘高原不同的地理和生态特征造就了不同特征的牦牛类群，不断提高牦牛种质资源的开发利用水平，必须牢固树立原产地保护意识，提高对种质资源的保护意识，进一步加大对羌塘高原牦牛原产地生境的水、草、土、气和牦牛遗传资源的保护力度，严格划定保种区，明确保种对象，提出保种措施。采取本品种选育等综合技术，通过不间断的世代选育和提纯复壮，提高其个体品质和生产性能，扩大优良种群，提高良种化程度，提高群体产出水平，使之在保持优良性状的同时，克服固有缺陷，缩短生长发育周期，加快畜群周转，提高总体生产水平，向全区源源不断地提供优质种源。

2. 建立健全牦牛良种繁育与推广体系

以嘉黎县'娘亚牦牛'、聂荣县'查吾拉牦牛'、巴青县'本塔牦牛'为核心，建立和完善牦牛良种繁育体系、牦牛遗传资源保护和利用体系、牦牛品种改良与推广体系，使牦牛良种生产能力和生产性能明显提高，良种自主培育有所进展，良种生产体制和机制明显改进，良种科技水平有较大提高，牦牛品种资源得到有效的保护，形成布局合理、水平先进、监管有效的牦牛良种生产、管理和推广体系。重点改扩建斯布牦牛选育场、嘉黎牦牛选育场，提升当雄县牦牛冻精站生产能力，全面加强地方优良牦牛类群生产性能的选育，强化利用野生牦牛提纯、复壮家牦牛的科技创新工作。

3. 推广实用性科技技术

为加快提升牦牛业科技创新能力，引领支撑高寒牧区牦牛特色优势产业，按照中央第五次西藏工作座谈会关于"促进生态保护和经济建设协调发展、环境优化和民生改善同步提升，实现西藏生态系统良性循环"战略思想，"十一五"以来西藏自治区整合区内外创新资源，采取院地共建、院地合作等形式，探索和建立了牦牛产业现代科技支撑体系，实现了项目区牛群结构进一步优化，牦牛养殖增产、增效，牦牛产品不断增值，牧民收入持续增长。一是提升了牦牛种质创新水平，以西藏优良类群牦牛为研究对象，开展了'类乌齐牦牛''帕里牦牛''娘亚牦牛''九龙牦牛'种质资源鉴定与本品种选育技术研究。二是制定了牦牛营养平衡模式，自主研发无公害、高营养的多种新型牦牛补充饲料，建立了适应西藏高寒地区牦牛"放牧+补饲"的营养平衡模式（干珠扎布等，2019）。三是提出了牦牛高效育肥技术模式。以矿质微量元素舔砖、营养舔砖、不同生长阶段牦牛配合饲料研制应用为基础，促使牦牛夏季强度放牧育肥日增重达到500g以上，冷季采取半舍饲育肥日增重300g以上。四是形成了母牦牛高效养殖技术体系。采用"暖棚+驱虫健胃+舔砖+精（青）饲料"等高效养殖技术模式，进行母牦牛高效养殖。通过对母牦牛补饲保暖，繁殖成活率达到65%以上，同比提高15%以上，产奶性能提高2倍以上，延长挤奶时间60天以上；突破了4750m以上高海拔牧区母牦牛一年一胎关键技术难题，母牦牛一年一胎比例达到68.6%；制定了畜群结构调整优化模式，构建了冬圈夏草、冬棚夏菜技术模式。因此，实施牦牛科技工程不仅使牦牛的奶产量、肉产量、繁殖率、成活率、抗病能力、适应能力等性能得到提高，也促使犊牛快速、高效出栏，是一项使高寒草原畜牧业走向"生态保护和经济建设协调发展、环境优化和民生改善同步提升"，实现西藏生态系统良性循环的突破性科技工程。

4. 逐步推行牦牛标准化养殖基地建设

1）建立架子牛繁育基地。以牦牛主产区为重点，采取政府主导、政策支持、企业引导、项目带动等模式，建立适度规模的牦牛良种扩繁小区，积极鼓励和引导牧户扩大能繁母牛的养殖规模，提高母牦牛在畜群结构中的比例，通过牦牛高效繁殖、快速扩繁、优化饲养等综合配套技术，大幅度提高牦牛"一年一胎"比例，为牦牛规模化育肥基地源源不断提供架子牛，以实现牦牛加快畜群周转，提高出栏率，减轻草场载畜量，实现草畜平衡。

2）实施母牦牛补饲保暖工程。针对藏北生态安全屏障区冬春季饲草严重不足而导致的母牦牛冬瘦春乏、牦牛畜群结构不合理及母牦牛质量差、产能低等问题，主要以冬春母牦牛补饲保暖为突破口，调整优化牦牛畜群结构，推广和选育地方优良品种，进行冬春季精（草）饲料补饲，优化夏秋季放牧管理，提升母牦牛产能，保障藏北生态安全屏障区牦牛奶业的奶源质量和数量。

3）实施犊牛早期培育与快速出栏工程。立足于羌塘高原牦牛资源优势，培育一批适度规模的专业化、集约化牦牛养殖小区、短期育肥基地和专业养殖大户，推广一批牦牛增产和增效的新技术、新工艺、新模式。通过牦牛短期育肥基地的建设，加快构建市场牵龙头、龙头带基地、基地连农户的牦牛全产业链组织体系，全面提升牦牛产业发展水平，确保肉类产品的均衡、有效供给，带动农牧民增收。大力推广犊牛早期培育与提前出栏集成技术。通过犊牛早期诱饲、早期断奶、早期培育、适时育肥，缓解牦牛冬春季节性减员，商品牛就不必再年复一年地越冬，可以摆脱缺草少料、天寒地冻的季节性限制，避免了冬季掉膘、减重及"春乏、夏活、秋肥、冬瘦"的恶性循环，既缩短了饲养周期，又能保护脆弱的草原生态，同时还能促进牧民增收，达到多赢效果（巴桑旺堆等，2012）。

5. 大力实施牦牛产品深加工工程

采取"政府引导、行政推动、项目带动、企业主导、企农联动"的模式，强化政策支持，鼓励和引导企业进军和引领牦牛产业。大力开展饲草种植、牦牛养殖、循环农业、屠宰加工、产品营销的全产业链运营模式，提高牦牛养殖的综合效益，提升牦牛产业链的整体水平，打造高原净土、绿色知名品牌。以牧业经济合作组织作为推广政策和技术的落脚点，建立带动示范研究、典型示范、区域推广的"三个层次基地"；组织收集牛奶、牛肉、牛皮系列产品的原料，扶持精度加工和营销等企业；改进草畜产品加工技术手段，开发具有自主知识产权的牧业产品；发展畜牧业产品市场体系，形成畜产品生产、加工和销售的完整产业链。

第五节　青藏高原生态文明建设总体战略与主要任务

一、青藏高原生态文明建设总体战略

青藏高原具有重要的生态系统服务功能，主要包括生物多样性保护、水源涵养和水文调蓄、土壤保持、沙漠化控制及营养物质保持等。青藏高原也是气候变化敏感区，自然灾害频发、严重制约了高原生态文明建设。青藏高原资源禀赋的绿色、天然的优势为发展特色产业提供了得天独厚的条件。但同时，资源开发能力不足，城镇化和牧区建设程度低，使得产业发展水平和竞争优势很难得到跃升。如何权衡保护与发展就成为青藏高原生态文明建设与可持续发展的关键。因此，青藏高原亟待实施围绕生态建设与生物多样性保护、应对气候变化与防灾减灾、产业高质量发展、新型城镇化及新牧区建设四大战略，从而实现在保护中发展、发展中保护。

（一）生态建设与生物多样性保护战略

青藏高原是国家生态安全屏障，是国家级的重点生态功能区。青藏高原的草原生态系统，对调节气候、保护水源、保护生物多样性等都有重要的作用。保护生态和生物多样性是人与自然和谐，实现可持续发展战略的重要前提。青藏高原水资源丰富，有冰川、河流、湿地和湖泊等水生态单元。随着生态文明建设的大力推进，青藏高原水源、草地、生物资源的开发利用将受到进一步限制，生态保护与经济发展之间的矛盾日益突出，必将减缓当地经济发展和农牧民生活水平的提高速度。因此，应实施青藏高原生态建设与生物多样性保护战略，开展退化草地生态修复、野生动物保育、冰川河流湖泊等水资源保护，推动"山水林田湖草沙冰"一体化保护、修复与治理，巩固国家生态安全屏障。

（二）应对气候变化与防灾、减灾战略

在全球气候变化背景下，青藏高原升温幅度高于全国和全球水平，其对气候变化影响和适应都有重要的指示作用。青藏高原的降水总体呈增加趋势，但年际波动较大，空间分布不均，且极端降水事件增多。在气候变化条件下，青藏高原表现为冰川、冻土等固态水体快速减少，湖泊、河流等液态水体广泛增加，极端天气频发，旱灾、冰雪灾害、生物灾害的发生频率和强度增加，冰崩等新型灾害风险增加，同时活跃的地质活动相伴而来的地震等地质灾害也进一步增加。这些变化导致青藏高原防灾、减灾形势前所未有的严峻。

青藏高原应对和适应气候变化及针对不同灾害类型的科学研究仍较为薄弱，应对气候变化和灾害风险防范能力亟待提升。加强科研投入的同时，更需要有效的科学实践措施，进行科学决策，提高社会认知。由于青藏高原面积广阔，农牧民居住分散，文化知识水平较低，防灾减灾知识匮乏，灾后自救能力薄弱，房屋棚圈简陋且抗灾等级低。因此，青藏高原亟须实施应对气候变化与防灾减灾战略，加强气候变化适应以及气象灾害防御研究，加强基础设施防灾能力建设，提高全民防灾意识，加强全社会防灾、减灾能力。

（三）产业高质量发展战略

青藏高原地广人稀、高寒偏僻、环境恶劣，经济社会发展滞后。整个区域生态环境独特、人文特色鲜明、自然景观瑰丽、特色资源丰富。近年来，青藏高原区域的各级政府高度重视生态环境保护、实施草原生态奖补、强化建设基础设施、大力发展特色产业、加强专业合作组织建设、努力增加牧民收入，取得了经济长足发展和社会长治久安的阶段性成就。但由于地理和历史原因，青藏高原面临着社会经济发展总体落后、牧民生活水平整体偏低、基础设施建设普遍滞后、特色优势产业有待开发、生态环境保护亟待加强等困难和挑战；也面临着人口快速增长和畜牧业转型难、草畜矛盾日益突出、草地退化日趋严重的问题，全球气候变化造成自然灾害风险加剧、冰川融化、雪线上升、湖泊上涨的问题，自然生态环境恶劣造成产业结构单一、牧民收入渠道窄、牧民生产方式落后、牧民增收致富难度增加等问题，地理偏远和高寒生态环境脆弱造成基础设施建设成本高、公共服务通达率低、牧民生产生活极为困难等问题。青藏高原亟须实施以生态、绿色为特征的畜牧业、新能源产业、藏医药业、生态旅游业、民族手工业等产业高质量发展战略。

（四）新型城镇化及新牧区建设战略

城镇化是国家现代化的必经之途，也是实现青藏高原跨越式发展的必由之路。当前青藏高原城镇化发展滞后，而且受制于经济、环境、人口等因素，无法走传统工业化、城镇化的道路。因此，以人为本，走发展民族文化产业、扶持区域特色产业驱动的新型城镇化道路是青藏高原实现可持续发展的必然选择。在青藏高原，广袤的草原是牧民赖以生存的家园。因此，在城镇化建设的同时加快社会主义新牧区建设，响应国家加快城乡一体化建设和新农村建设的号召，深入实施乡村振兴战略，缩小城乡差距，惠及城乡居民和广大农牧民，是实现青藏高原可持续发展的必然选择。

受复杂地形和历史发展的影响，青藏高原城镇空间布局表现出明显的交通和地形指向性。青藏高原城镇化的总体水平较低，城镇数量少、规模小，城镇职能结构单一，规模结构不合理。青藏高原为加快牧区发展步伐，从根本上提高牧区群众生产生活质量，着力改善牧民生产生活条件，全面启动和实施了小康示范新村建设，已取得初步成效。

青藏高原新型城镇化和新牧区建设仍存在众多限制与制约因素。恶劣的自然环境加大了城镇化建设成本与难度，薄弱的经济基础制约着城镇化建设的资金投入，独特的生态服务功能限制着城镇化建设发展方向。传统牧业人口基数大，向城镇转移难度大。城镇产业落后，人口向城镇聚集的动力不足。总体上，青藏高原牧区经济发展水平低，基础设施差，牧民生活质量不高。此外，青藏高原牧区产业结构单一，生态环境脆弱，草场载畜力低，牧区市场建设滞后，严重制约着社会主义新牧区建设。

二、青藏高原生态文明建设主要任务

随着国家生态文明建设和生态保护的大力推进，青藏高原的资源开发利用将受到进一步限制，生态保护与经济发展之间的矛盾如得不到解决，必将减缓当地经济发展和农牧民生活水平提高的速度。如何在保护生态的同时，改善民生和发展社会经济成为难题。加强生态屏障保护、促进"山水林田湖草沙冰"一体化保护和系统治理，推进新型城镇化和新牧区建设、完善生态补偿机制、促进特色产业绿色低碳发展和牧区全面振兴，强化生态资产管理，积极探索绿水青山转变为"金山银山"的体制和机制、盘活生态资产实现途径是生态文明建设中需要解决的重要任务。

（一）加快形成青藏高原绿色生态屏障保护制度体系

1）建立以国家公园为主体的青藏高原生态屏障保护体系。保护体系以国家公园为主体，自然保护区、风景名胜区、森林公园、湿地公园等各类保护地为重要组成部分，明确青藏高原绿色生态屏障保护对象。探索将三江源、羌塘高原、藏北无人区统一纳入国家公园一体化管理。完善国家自然保护区等各类保护地管理制度，逐步形成以国家公园为主体、各类保护地为补充的青藏高原绿色生态屏障保护体系。

2）完善生态屏障保护依法管理制度。推进重点区域、重点领域生态保护专项立法，制定生态屏障保护指标体系，建立政府目标责任制。加强生态资源监管，开展荒漠化、沙化、湿地等生态资源调查监测。开展领导干部自然资源资产责任审计，建立生态环境损害责任终身追究制。健全生态屏障保护执法体系，依法惩处破坏生态行为，真正做到执法必严、违法必究。

（二）强化生态修复、促进生态资产正增长

1）深入实施各类重点生态修复工程。重点加强青藏高原水源涵养区及各类江河源头地区冰川、冻土、水体监测，加强植被恢复，推动"山水林田湖草沙冰"综合治理与修复，提高青藏高原生态屏障自我修复能力和抗干扰能力。羌塘高原和三江源地区重点开展退化草地生态修复，加强黑土滩治理，推进禁牧与草畜平衡，加大退牧还草力度，完善生态环境监测体系建设。

2）完善生态修复投入机制。积极探索政府主导与市场参与相结合的多元化生态修复机制，进一步完善各类生态修复奖励政策，探索建立生态修复基金，吸引各类主体参与到生态修复中来。

3）加强生态资产用途管制。加快生态红线划定和管理落实，确定各类生态资产类别与属性，严禁随意改变各类生态用地性质，明确用途管制制度，确保各类生态资产保值和增值。

（三）建立青藏高原绿色低碳循环产业体系

结合青藏高原各地区自身资源特色、产业基础、生态环境承载力，因地制宜发展绿色低碳循环产业，重点发展以下产业。

1）积极发展特色优势绿色农牧业。利用现代绿色科技成果，大力发展畜牧业、草业、野生植物资源开发等地方优势特色农业。

2）大力发展生态文化旅游业。青藏高原有丰富的旅游资源，初步形成了良好的旅游业基础，要延伸旅游产业链，推进生旅（生态-旅游）联动、文旅（文化-旅游）联动、农旅（农业-旅游）联动、工旅（工业-旅游）联动、交旅（交通-旅游）联动，大力构建大旅游产业体系，"一三对接，接二连三"带动第一、第二、第三产业联动发展。

3）积极发展绿色能源产业。加大对青藏高原地区太阳能和风能资源的开发力度。对于重点生态屏障周边地区太阳能和风能资源开发，国家给予电力上网指标倾斜政策。

4）探索青藏高原碳汇产业。青藏高原地区各类保护区面积范围广阔，森林、草原、湿地、冻土、冰雪等构成完整的生态屏障地带，碳汇潜力较大，应探索开展碳汇工程试点。

（四）积极探索生态致富制度体系

1）完善生态移民机制。科学识别易地搬迁生态移民对象，甄别不具备发展空间、生态环境脆弱地区的群体，实施易地搬迁。一方面，结合各地区的实际情况，将移民搬迁与新型城镇化发展相结合，解决生态搬迁群体的去向问题，通过搬出生态恶劣的地区以谋求更好的发展空间；另一方面，在易地搬迁工作中，要充分尊重搬迁户的意愿，结合土地流转与区域规划等一系列工作盘活相关资源，解决生态移民的生计问题，保障其合法权益。此外，协调民政、教育相关部门进行综合管治，着力解决生态移民在迁入新地后的一系列社会融入问题，严格落实相关政策，保证生态移民的迁出和安置。

2）完善生态补偿机制。一方面，进一步加大对青藏高原生态环境的保护力度，注重区域生态保护，强化生态科学管理，维持可持续发展能力与生态恢复力；另一方面，通过就地吸收转换生态功能区内的劳动力流向，通过资金支持、产业引进、人力培养等方式，实施补偿以解决劳动力发展问题。

3）扶持生态产业发展。通过建立一批、扶持一批、引进一批的发展方式，推动地方生态产业的发展。注重整个产业链配置，通过广泛利用社会资源，搭建"生产—供给—消费"的完整市场关系，配合国家当下供给侧改革的大背景，实现绿色产业的良性发展，从而使生态产业的效能得到最大限度的发挥。

（五）以新型城镇化推进基础设施和公共服务设施建设

1）构建长期稳定的绿色城镇发展战略。建设和谐文明的绿色社会环境、持续高效的绿色经济环境、健康宜人的绿色自然环境、特色舒适的绿色人工环境，是青藏高原新型城镇化的重要方向。生态城市是破解城市生态环境与人类活动矛盾，实现绿色、低碳、循环和可持续发展的金钥匙，青藏高原地区应把生态城市作为促进新型城镇化的重要支撑点。

2）探索符合区情的绿色城镇化路径。青藏高原与传统工业区、资源富集区和人口密集区城镇化的基础和条件截然不同，不能照搬传统城镇化模式。各地区要结合自身特点，探索人与自然和谐相处的绿色城镇化路径。在广大牧区，要积极探索牧民定居工程、易地搬迁与城镇建设相结合的绿色城镇化模式。构建"六城"（安全城市、循环城市、便捷城市、绿色城市、创新城市及和谐城市），建设生态城市模式。其中，构建"安全城市"就是要增强城市资源、环境及社会经济承载能力，建设城市安全、可靠、快速反应的预防灾害和突发事件的应急预警系统，这也是生态城市建设最基本的要求；构建"循环城市"就是要充分考虑人口、产业与技术特点，全面推进企业循环、产业循环、区域循环和社会循环的大循环经济系统工程；构建"便捷城市"就是要建设内外畅通的，快速、高效、便捷的交通基础设施和完善的公共服务系统，降低城市居民工作生活的时间成本；构建"绿色城市"就是要建设城市绿色景观系统，以及绿色基础设施系统和生态宜居、宜业的环境；构建"创新城市"就是要实施"科技创新、产业创新、区域创新、人才创新、文化创新，以及体制、机制创新"等城市创新工程，培育城市创新发展动力；构建"和谐城市"就是要建设城市与环境、人与自然、经济与社会、城市与乡村和谐互促，实现良性互动、生态平衡、可持续发展的新格局。

3）优化城镇化战略格局。青藏高原城镇空间布局必须与全国主体功能区规划保持一致，确保区域城镇化建设不会对区域资源环境承载能力造成破坏。青藏高原社会发展水平较低，生态环境脆弱，区域生态环境难以负荷城镇建设压力。因此，青藏高原的城镇化建设应当在重点建设中心城镇的同时，有选择地培育一批特色鲜明的中小城镇。青藏高原重点生态功能区城镇化建设方面，应当实施"据点"式开发战略和"内聚外迁"的城市发展与人口政策，将重点放在发展现有城市、县城和有条件的建制镇上，使之成为地区集聚经济、人口和提供公共服务的中心，尽量避免城镇扩张。

（六）补齐要素短板、盘活生态资产

1）通过制度创新盘活生态资产，培育自我发展能力。强化生态资产管理，积极探索绿水青山转变为"金山银山"的体制和机制，通过生态资产入股、抵押等方式实现生态资产资本化，探索各类生态资产的实现方式。

2）加大外部支援。对国家重要生态功能区，要通过生态补偿、对口支援等方式，促进资金、人才和技术等要素集聚。着力推进东西部协调发展，加大中央对青藏高原地区财政的支持力度，重点强化对青藏高原生态屏障保护和生态修复重点工程投入，缓解青藏高原生态屏障保护和生态修复的资金不足。继续实施好青藏高原人才与科技计划，重点加强对青藏高原生态保护领域人才和共性科技问题攻关的支持力度。

（本章执笔人：刘旭、高清竹、张林波、干珠扎布、

胡国铮、梁田、李铭杰、王昊）

第二十一章 云贵高原地区生态文明建设

第一节 云贵高原自然、区位状况与生态文明建设的 举措和面临的挑战

一、云贵高原自然地理概况

（一）地理特征

云贵高原位于中国西南部，是中国四大高原之一，东西长约 1000km，南北宽 400～800km。云贵高原地理空间范围大概在东经 100°～111°和北纬 22°～30°，西起横断山–哀牢山、东至武陵山–雪峰山、东南至越城岭、北至长江南岸的大娄山、南到桂滇边境。云贵高原主要包括云南省和贵州省的大部分地区，以及广西壮族自治区、四川省、重庆市、湖北省、湖南省的部分地区。综合文献资料，云贵高原空间边界如图 21.1 所示。

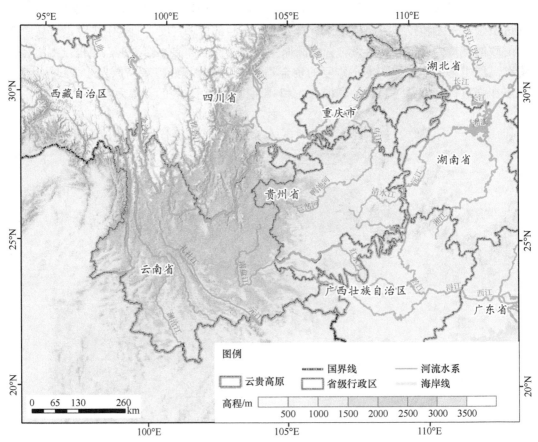

图 21.1 云贵高原自然地理概况

云贵高原地势西北高、东南低，是中国南北走向和东北—西南走向两组山脉的交汇处，大致以乌蒙山为界分为云南高原和贵州高原两部分，海拔为 400～3500m。云贵高原石灰岩分布广，经地表和地下水溶蚀作用而成为世界上喀斯特地貌发育最典型的地区之一，典型地貌类型有落水洞、漏斗、伏流、岩洞、峡谷等喀斯特地貌。受金沙江、元江、南盘江、北盘江、乌江、沅江及柳江等河流切割，地形较破碎，多断层湖泊。云贵高原东部是世界上喀斯特地貌发育最典型的区域之一，石漠化问题突出，是我国重要的水土保持区和石漠化防治区。

（二）气候特征

云贵高原属亚热带湿润区，为亚热带季风气候，受地形和季风影响，气温垂直分布差异明显，具有冬干夏湿、干湿季节分明的特点。1958～2020 年，云贵高原不同区域最高年平均气温为 24℃，最低年平均气温为−6℃，在空间上呈现南高北低的分布趋势，最高气温分布在西南部，最低气温分布在西北部（图 21.2）；气温垂直分布差异明显，从山谷到山顶气温逐渐降低。云贵高原多年平均降雨量最高为 1937mm，最低为 652mm（图 21.3），空间分布上表现极不均衡，东部、西部和南部降雨量较多，多在 1000mm以上，中部、北部和西北部降雨量相对较少，基本在 800mm 以下。气温和降雨数据采用全球月度高分辨率的 TerraClimate 气候数据集进行统计分析（Abatzoglou *et al.*, 2018）。

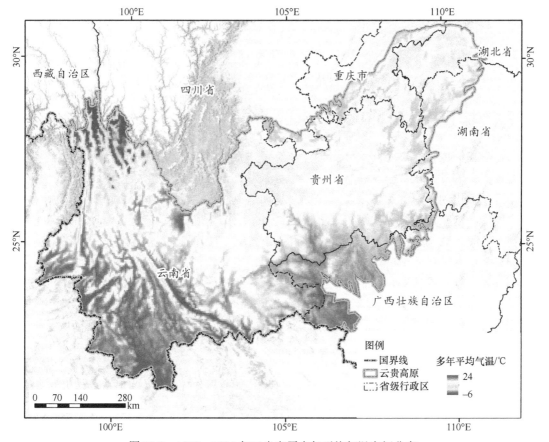

图 21.2 1958～2020 年云贵高原多年平均气温空间分布

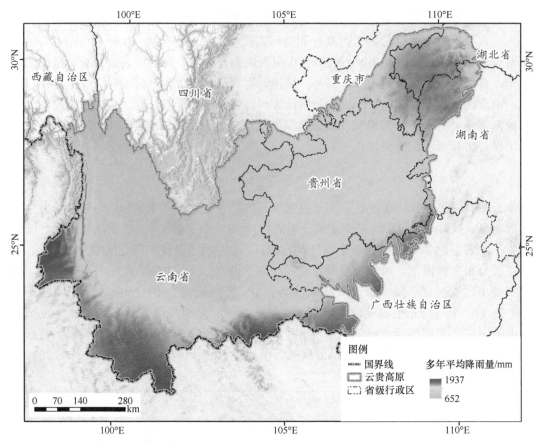

图21.3　1958～2020年云贵高原多年平均降雨量空间分布

二、云贵高原生态文明建设的区位优势与特色

在云贵高原，复杂的自然地理条件孕育了丰富的自然资源和动植物资源，为生态文明建设提供着独特优势。云贵高原西部地处长江、珠江、澜沧江、怒江、红河、伊洛瓦底江等重要国内国际河流的源头或上游地区，是我国重要的生物多样性宝库和西南生态安全屏障，是东南亚和我国南方大部分省区的"水塔"。云贵高原有金沙江、澜沧江、怒江、红河、珠江和伊洛瓦底江六大水系，除金沙江和珠江之外的河流均为国际河流。湖泊有滇中、滇西、滇南、滇东四大湖群，以滇池、洱海、抚仙湖、程海、泸沽湖、杞麓湖、异龙湖、星云湖、阳宗海九大高原湖泊最为重要。云贵高原东部地处长江和珠江两大水系上游，其中贵州省素有"九山半水半分田"之说，是两江上游和西南地区重要生态安全屏障。

（一）自然生态本底好且开发强度低

云贵高原国土空间以生态空间为主、农业空间次之、城镇空间最小。从面积来看，生态空间面积为 53.34 万 km^2，占云贵高原面积的比例为 74.92%；农业空间面积为 16.86 万 km^2，占云贵高原面积的比例为 23.68%；城镇空间面积为 1 万 km^2，占云贵高原面积的比例为 1.4%。

　　从空间分布来看，生态空间在云贵高原广泛分布，西北部和东南部分布相对集中连片，中部偏东北的区域分布相对分散；农业空间主要分布在西南部、中部和东北部，西南部分布相对较多，呈集中连片分布，中部区域呈斑块状分布，东北部分布相对分散；城镇空间分布相对较少，主要分布在中部和西部等部分地区，呈斑块状分布，如图21.4所示。

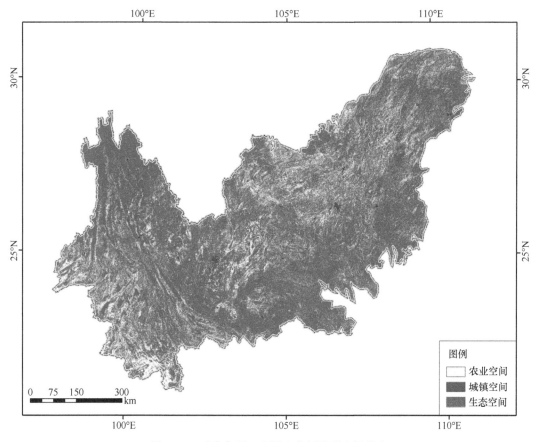

图21.4　云贵高原三大国土空间类型空间分布

　　生态空间提供给动植物生存和繁衍的环境，从生态系统类型来看，主要包括森林、草地和水域等生态系统；森林和灌丛生态系统面积最大，约为44.27万km²；草地次之，面积约为8.22万km²；水域较少，面积约为0.64万km²。如图21.5所示。

　　云贵高原植被覆盖率总体较高，平均植被覆盖率约为84.9%。从空间分布来看，植被覆盖率高值区主要分布在云贵高原的西部、西南部、东南部和东部等区域，在中部和北部等区域，植被覆盖率相对较低，如图21.6所示。从时间变化来看，云贵高原在2000～2020年的植被覆盖率总体呈现增加趋势，如图21.7所示。2000年植被覆盖率为71.92%，2020年植被覆盖率增长至84.9%，增长了12.98%，年均增长0.65%。在2000～2009年，植被覆盖率年均值为77.22%；在2010～2020年期间，植被覆盖率年均值为82.57%；2010～2020年比2000～2009年植被覆盖率年均值增加了5.35个百分点。生态保护修复政策措施和工程实施、生态文明城市建设等，对于植被覆盖率恢复及增加有着积极影响（郑朝菊等，2017；李同艳，2019；熊巧利等，2019）。云贵高原的生态系统服务功能总体较高，生态系统服务功能重要和极重要等级的区域面积占云贵高原的面积比例为80.82%，如图21.8所示。

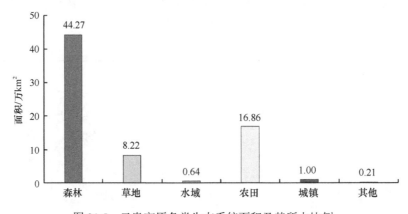

图21.5 云贵高原各类生态系统面积及其所占比例

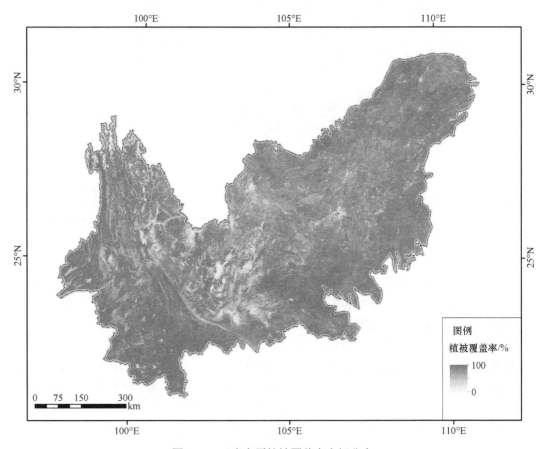

图21.6 云贵高原植被覆盖率空间分布

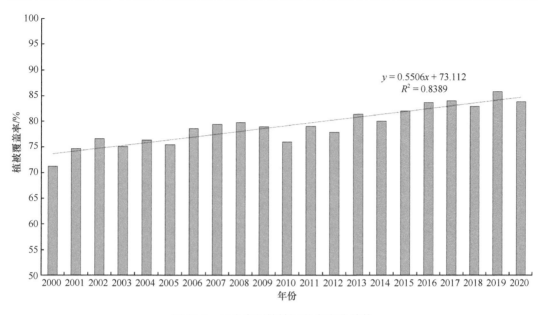

图 21.7　云贵高原植被覆盖率变化趋势

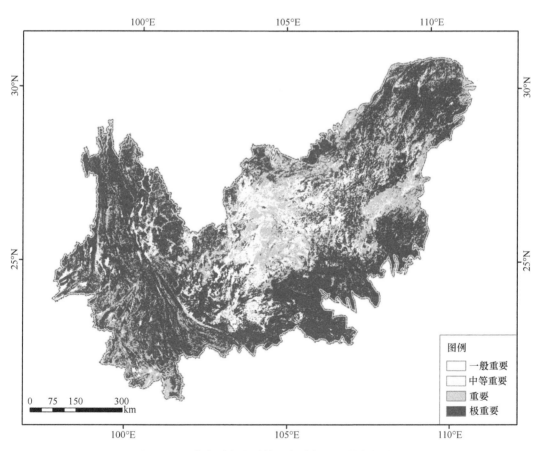

图 21.8　云贵高原生态系统服务功能重要性空间分布

（二）生物多样性和动植物资源丰富

自然地理条件的丰富多样孕育了生物的多样性，使得云贵高原成为我国乃至全球生物多样性最为丰富的地区之一。

云南省生物多样性在全国乃至全世界均占有重要地位，生物物种种类居全国之首，享有"植物王国"和"动物王国"等美誉。根据云南省林业和草原局网站发布的信息，云南省植被复杂性和多样性居全国首位，据 1987 年版的《云南植被》记载，共有 12 个植被型、34 个植被亚型、169 个群系、209 个群丛，植被型包含了从热带雨林至寒温性针叶林及高山草甸；植被型、植被亚型、群系分别占全国的 41.4%、54.8%、30.2%；云南是全国草原资源类型最丰富、植物种类最多的省份之一，共有 4 个草原类、50 余个草原型，分别占全国的 44.4% 和 31.4%；有各类草原植物 199 科、1404 属、4958 种，主要分布于六大水系源头或上游；云南省湿地生态系统分为河流湿地、湖泊湿地、沼泽湿地和人工湿地四大类，共有 14 个湿地型，总面积约 62 万 hm^2。在 2019 年央视新闻频道的《壮丽 70 年·奋斗新时代——共和国发展成就巡礼·云南篇》中有介绍，云南省拥有良好的生态环境和自然禀赋，是中国生物多样性最为丰富的省份，良好的生态环境是云南的亮丽名片和宝贵财富，是云南实现跨越发展的独特优势和核心竞争力。

专栏 21.1　云南省的重要保护物种

2017 年，云南省发布《云南省生物物种红色名录（2017 版）》。该评估主要依据国际公认的世界自然保护联盟（IUCN）的《IUCN 物种红色名录等级和标准（2001 年 3.1 版）》《IUCN 物种红色名录等级和标准使用指南（2010 年 8.1 版）》和《IUCN 物种红色名录标准在地区和国家的应用指南（2012 年 4.0 版）》的方法和标准，确定 11 个等级（绝灭、野外绝灭、地区绝灭、极危、濒危、易危、近危、无危、数据缺乏、不宜评估、不予评估）对生物物种进行绝灭风险评估，并参考了《中国生物多样性红色名录——高等植物卷》《中国生物多样性红色名录——脊椎动物卷》评估报告。本着客观、全面、科学、审慎、循序渐进的原则，以《云南省生物物种名录（2016 版）》收录的 25 434 个物种为评估对象，另外增加了《云南省生物物种名录（2016 版）》发布以来发表的具有明确评估等级的新物种或新记录物种 17 个，总计评估了 11 个类群的 25 451 个物种。其中大型真菌和地衣分别为 2759 种和 1067 种，高等植物 19 333 种（苔藓植物 1912 种、蕨类植物 1363 种、裸子植物 115 种、被子植物 15 943 种），脊椎动物 2285 种（鱼类 619 种、两栖类 190 种、爬行类 211 种、鸟类 949 种、哺乳类 316 种），另外鱼类有 7 个亚种按评估标准列为"不予评估"。评估结果如下。

绝灭 8 种：小叶橐吾、干生铃子香、小叶澜沧豆腐柴、单花百合、云南刺果薇、大鳞白鱼、异龙鲤、滇池蝾螈。

野外绝灭 2 种：三七、杜仲。

地区绝灭 8 种：心叶猴耳环、闭壳柯、白背兀鹫、黑兀鹫、蓝冠噪鹛、斑嘴鹈鹕、双角犀、爪哇犀。

极危 381 种：巧家五针松、水松、贡山三尖杉、滇南苏铁、爪哇野牛、豚鹿、虎、林麝、金钱豹、西黑冠长臂猿、双角犀鸟、绿孔雀、赤颈鹤、蟒、凹甲陆龟、斑鳖等。

濒危 847 种：红豆杉、多歧苏铁、高黎贡羚牛、马来熊、滇金丝猴、眼镜王蛇等。

易危 1397 种：岩羊、小熊猫、黑熊、灰孔雀雉、黑颈鹤、虫草、松茸等。

近危 2441 种：赤麂、果子狸、白腹锦鸡等。

无危 16 356 种；数据缺乏 2991 种；不宜评估 1013 种；不予评估 7 种。

贵州省植被类型较多，主要包括针叶林、阔叶林、竹林、灌丛及灌草丛、沼泽植被及水生植被；针叶林是贵州省现存植被中分布最广的植被类型，以杉木林、马尾松林、云南松林、柏木林等为主；阔叶林以壳斗科、樟科、木兰科、山茶科植物等为主构成。截至 2020 年底，贵州省林地面积 1000 多万公顷。贵州生物种类繁多，有 70 余种珍稀植物列入国家重点保护野生植物名录，银杉、珙桐、红豆杉等 14 种属国家一级重点保护野生植物，桫椤、秃杉、连香树等 57 种属国家二级重点保护野生植物；有野生动物资源 1000 余种，其中黔金丝猴、黑叶猴、云豹、豹、蟒等 17 种属国家一级重点保护野生动物，猕猴、穿山甲、小灵猫等 83 种属国家二级重点保护野生动物。

（三）民族文化和生态文化底蕴浓厚

云贵高原复杂的地理环境孕育着丰富的民族文化，具有节日多、服饰变化多、分布广、特色鲜明、多元和谐等特点（王子华，2000；苏洁，2010）。云贵高原众多的少数民族，一方面促进了云贵高原民族文化的多样发展，另一方面各民族在与自然长期相处的过程中积累了丰富且富有智慧的利用和保护自然，以及与自然和谐相处的生态文化（林庆，2008）。

云贵高原民族文化底蕴深厚，地处云贵高原西部的云南省有 25 个少数民族，包括彝族、哈尼族、白族、傣族、壮族、苗族、回族、傈僳族等，其中布朗族、阿昌族、普米族、德昂族、怒族、基诺族、独龙族等 15 个是云南特有民族，云南省是我国民族种类最多的省份之一（王红，2014）。云南省少数民族人口 1500 多万，占全省人口总数的 30% 以上。云贵高原东部的贵州省历史上是"驿道所经"之地，民族众多，共有 49 个民族成分，其中世居的少数民族有 17 个（苏洁，2010），包括苗族、布依族、侗族、土家族、彝族、仡佬族、水族、回族、白族、瑶族、壮族、畲族、毛南族、满族、蒙古族、仫佬族、羌族。云贵高原民族历史悠久，文化源远流长、底蕴深厚、特色鲜明，各民族文化交相辉映、绚丽多彩，形成一种多元和谐的格局（王子华，2000；苏洁，2010）。

云贵高原生态文化底蕴深厚，历史悠久。为适应自然环境的多样性，许多少数民族都有自己的生态文化和宗教信仰，如彝族、白族、哈尼族、拉祜族、普米族等民族有把虎作为图腾的做法，其他民族也有自己的图腾；纳西族认为人与自然是相互依存、同存共荣的兄弟关系；傣族认为人是自然的产物等，这些都是敬畏自然、和谐共生的思想的象征（王金亮和古静，2009）。

三、云贵高原生态文明建设的举措

2013 年，为贯彻落实党的十八大关于大力推进生态文明建设的战略部署，国家发展和改革委员会等部门联合印发了《关于印发国家生态文明先行示范区建设方案（试行）的通知》，在全国范围内选择有代表性的 100 个地区开展国家生态文明先行示范区建设，探索符合我国国情的生态文明建设模式。2016 年，中共中央办公厅、国务院办公厅印发了《关于设立统一规范的国家生态文明试验区的意见》，鼓励发挥地方首创精神，对生态文明重大制度开展先行先试。试点主要任务是有利于落实生态文明体制改革要求，有利于解决关系人民群众切身利益的大气、水、土壤污染等突出资源环境问题，有利于推动供给侧结构性改革，有利于实现生态文明领域国家治理体系和治理能力现代化和有利于体现地方首创精神的制度。云南和贵州两省，先行先试、争当生态文明建设排头兵，成为首批国家生态文明先行示范区。

作为云贵高原的主体，云南省和贵州省高度重视生态文明建设，坚持以习近平生态文明思想为指导，充分融合区域自然地理特征、生态环境特点、社会经济和文化特点，因地制宜地开展生态文明建设，具有以下三个方面的显著成效和特色。

（一）将生态文明建设与脱贫攻坚融为一体

近年来，云南省和贵州省将生态文明建设与脱贫攻坚融为一体，积极推进生态产业，探索绿色产业扶贫新路径。

自 2016 年 6 月中共中央、国务院批复贵州省成为首批国家生态文明试验区以来，贵州省深入实施大生态战略行动，推动大生态与大扶贫等相结合，实行生态补偿、异地扶贫搬迁、生态宜居美丽乡村建设等措施，形成了一批可复制可推广的重大制度成果。贵州 2021 年发布《贵州省"十四五"国家生态文明试验区建设规划》，明确了生态文明建设和绿色发展等目标，制定了生态产品价值实现机制，生态补偿制度，完善生态旅游、林业综合改革和新型农业发展等机制的重点任务。

云南省将生态保护和精准扶贫紧密结合起来，因地制宜发展特色产业，实施易地扶贫搬迁等措施。在坚持生态文明建设的同时，坚持生态惠民、生态利民、生态为民，坚持生态建设产业化、产业发展生态化等，大力发展特色产业，推进绿色减贫，共建生态文明。其中，贡山县依托丰富的生态文化旅游资源，建设了生态观光、民族文化体验、生物多样性研学"三位一体"的旅游融合发展之路。

（二）将生态文明建设与促进民族团结融为一体

生态文明建设致力于构建人地和谐的新型文明形态，是国家重大战略决策，对于保护民族文化具有促进作用，民族文化蕴含着巨大的生态价值，其宗教文化、文学艺术、传统习俗等对当地的生态保护起到了促进作用，而生态文明建设则为云南民族文化的挖掘、传承和发扬提供了发展机遇（刘豪，2016）。云贵高原生态文明建设与民族文化相融合，生态环境保护与民族团结并重，云南省和贵州省相继出台了一系列生态文明建设和民族文化保护的政策。

2010年3月，云南省环保厅出台《七彩云南生态文明建设规划纲要（2009—2020年)》时，就将弘扬云南民族优秀生态文化作为"传播生态文化，培育生态文明意识"的重要内容（刘豪，2016）。2013年8月，云南省委省政府在《关于争当全国生态文明建设排头兵的决定》中详细提出"继承发展生态文化，充分挖掘、保护和弘扬民族优秀传统生态文化，推进生态文化创新，促进生态文化传播"的具体举措，进一步丰富了云南民族文化推动生态文明建设的认识，在强调发挥民族生态文化对生态文明建设促进作用的同时，客观上体现了建设生态文明为云南民族文化的挖掘、保护与弘扬所带来的良好条件（刘豪，2016）。

贵州省在黔东南建立了国家级民族文化生态保护实验区，既保护非物质文化遗产，也保护、孕育和发展非物质文化遗产的人文环境和自然环境。2022年1月，《国务院关于支持贵州在新时代西部大开发上闯新路的意见》中指出，要积极发展民族、乡村特色文化产业和旅游产业，加强民族传统手工艺保护与传承，打造民族文化创意产品和旅游商品品牌；创建一批民族团结进步示范乡镇、示范村；持之以恒推进生态文明建设。

（三）将生态文明建设与筑牢生态屏障融为一体

云南省聚焦国家生态安全格局构建和能力保障，因地制宜，改善滇池等高原湖泊为重点的区域的环境质量，巩固云南作为我国重要的生物多样性宝库和西南生态安全屏障的作用；完善空间规划体系和自然生态空间用途管制制度，创新跨区域生态保护与环境治理联动机制，加快构建有利于守住生态底线的制度体系，打造长江、珠江上游绿色屏障建设示范区。

贵州省将筑牢生态屏障作为《贵州省"十四五"国家生态文明试验区建设规划》的7项重点任务之一，规划中指出要筑牢长江、珠江上游生态安全屏障，全面推进生态廊道建设，推动生态系统保护修复，强化流域整体系统修复，推进赤水河生态保护修复。云南省发布了《云南省努力成为生态文明建设排头兵16条重点措施》，明确要求推进森林云南建设和大规模国土绿化行动，全面推行"林长制"，实施一批重要生态系统保护和修复重大工程，全面推进国家公园创建，筑牢西南生态安全屏障。2021年8月，云南省人民政府印发了《云南省创建生态文明建设排头兵促进条例实施细则》等指出，围绕努力成为生态文明建设排头兵的目标，筑牢西南生态安全屏障、全面改善环境质量、推动绿色低碳发展、全面提高资源利用效率。

四、云贵高原生态文明建设所面临的挑战

虽然云贵高原地区自然条件好，生态空间占比较高，生物多样性和动植物资源丰富，但是由于特殊的地理条件致使该区域生态环境脆弱，生态文明建设仍然面临着一些困难和挑战。

（一）生态环境脆弱，生物多样性面临威胁

云贵高原地区生态环境脆弱。云贵高原喀斯特地貌十分发育，是喀斯特地貌分布集中区域，水土流失严重，土层较薄、养分较差，喀斯特环境中植物适生种类少，植被生长所需的营养型元素相对匮乏，生态系统脆弱且稳定性较低。植被生态一旦遭破坏，

生态恢复比较困难、恢复速率较慢。作为典型的岩溶化喀斯特地貌山区，贵州省是自然灾害多发区，气象灾害占其自然灾害的80%以上，主要有暴雨洪涝、干旱、冰雹等气象灾害。随着区域及全球气候变化加剧，贵州省极端气候事件频繁发生，气象灾害隐患增大，诱发泥石流、滑坡、崩塌、水土流失、农作物病虫害、森林病虫害、森林火灾等次生灾害发生，对生态文明建设和社会经济发展产生较大影响。

虽然云南省生物多样性丰富，但是生物种群小、数量少、地理分布狭窄，生物种群的适应性和抗干扰能力脆弱。同时，由于云南省边境线长，边境地区人类活动频繁，使得云南省成为我国外来物种入侵的"重灾区"。

专栏 21.2　云南省外来入侵物种基本情况

据《云南省外来入侵物种名录（2019版）》，云南省境内发现的外来入侵物种共计441种及4变种。入侵物种可划分为恶性入侵类、严重入侵类、局部入侵类、一般入侵类和有待观察类5类。

1）恶性入侵类：是指在省级层面上已经对经济和生态效益造成巨大损失和严重影响的种类。有33种（植物31种，动物2种），如紫茎泽兰、飞机草、微甘菊、肿柄菊、凤眼蓝（水葫芦）、褐云玛瑙螺、小管福寿螺。

2）严重入侵类：是指在省级层面上对经济和生态效益造成较大的损失与影响的种类。有82种（植物42种，动物40种），如仙人掌、巴西含羞草、野茼蒿、美洲大蠊（蟑螂）、草地贪夜蛾、红火蚁、克氏原螯虾（小龙虾）、大银鱼、牛蛙、红耳龟。

3）局部入侵类：是指没有造成省级层面上的大规模危害的种类。有99种2变种（植物48种2变种，动物51种），如山扁豆、牛茄子、北美车前、象草、双穗雀稗、马铃薯块茎蛾、米扁虫、莫桑比克罗非鱼、大鳄龟。

4）一般入侵类：是指生物学特性已经确定其危害性不明显，并且难以形成新的发展趋势的入侵生物种类。有68种（植物57种，动物11种），如波斯菊、大麻、紫茉莉、西番莲、苦苣菜、万寿菊、咖啡豆象。

5）有待观察类：是指目前没有达到入侵级别，尚处于归化状态，或了解不详细而目前无法确定未来发展趋势的种类。有159种2变种（植物143种2变种，动物16种），如荞麦、合欢草、凤仙花、蓝桉、灰喜鹊、麝鼠。

（二）生态系统服务功能有所降低，水土流失和石漠化防治形势严峻

近几十年来，人口增加、城市用地的扩张等人为因素，致使自然生态系统遭到不同程度的破坏，进而影响到生态系统服务功能的改善和提升，生态系统服务功能没有恢复到原有水平。同时，区域生态系统的连通性、生态系统的完整性降低，生态系统过程受到干扰和割裂，致使部分生态系统服务功能有所下降。

云贵高原水土流失和石漠化防治问题一直十分严峻。据2019年云南省水利厅发布

的《2018年云南省水土流失动态监测情况》资料分析，云南省2018年水土流失面积为10.34万km²，占全省土地面积的26.24%。水土流失主要集中在滇东南和滇西南地区、六大流域的中下游地区。根据2018年贵州省完成的第三次石漠化监测和水土流失动态监测结果，贵州省石漠化土地面积2.47万km²，土地石漠化形势依然严峻；省级水土流失重点防治区比2015年水土流失面积减少3%，但是西部地区森林覆盖率低，水土流失依然严重；中部地区生态恶化势头虽然得到初步遏制，但生态系统质量依然较低，重要生态安全屏障保护修复压力较大。

专栏21.3 贵州省石漠化基本情况

石漠化主要是在热带亚热带地区湿润半湿润气候条件和岩溶极其发育地质条件下，地表受到扰动后产生的土壤严重侵蚀、基岩大面积裸露、砾石堆积等土地退化现象。

云贵高原是我国石漠化分布较为集中的区域，贵州是世界上岩溶地貌发育最典型的地区之一。据贵州省2019年发布的岩溶地区第三次石漠化监测成果，贵州省岩溶出露面积占全省总面积的61.92%，是全国石漠化土地面积最大、类型最多、程度最深、危害最重的省份。潜在石漠化土地面积363.85万hm²（5457.75万亩），占全省陆地面积的20.65%。

在石漠化土地中，轻度石漠化土地面积93.42万hm²（1401.3万亩），占全省石漠化土地面积的37.82%；中度石漠化土地面积125.41万hm²（1881.15万亩），占50.77%；重度石漠化土地面积25.64万hm²（384.6万亩），占10.38%；极重度石漠化土地面积2.54万hm²（38.1万亩），占1.03%。

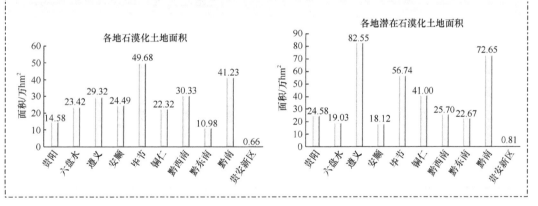

第二节 云南省生态文明建设总体布局与实践经验

2015年，习近平总书记考察云南时指出，"良好的生态环境是云南的宝贵财富，也是全国的宝贵财富"，明确要求云南把生态环境保护放在更加突出的位置，成为全国生态文明建设排头兵。时隔五年，2020年1月，习近平总书记再次到云南考察，作出"把滇池治理工作做得更好"等重要指示。云南省委省政府认真贯彻落实习近平总书记考察云南的重要讲话精神，践行"绿水青山就是金山银山"理念，积极探索建立健全和完善生态环境保护制度、资源高效利用制度、绿色发展路径等实践，逐步形成了极具云南特色的生态文明建设发展模式。

专栏 21.4　云南省脱贫攻坚规划布局

据《云南省脱贫攻坚规划（2016—2020 年）》，云南省结合生态功能区划，处理好生态保护与扶贫开发的关系，实施贫困地区生态保护修复工程，建立生态保护补偿机制，发展绿色经济，使贫困人口通过参与生态保护实现就业脱贫，探索生态脱贫新路子，把云南建设成为全国生态文明建设排头兵。采取了以下生态扶贫策略。

1）退耕还林还草。实施一批退耕还林还草项目，合理调整耕地保有量和基本农田保护面积指标，力争贫困地区 25°以上坡耕地应退尽退，15°～25°的非基本农田坡耕地能退则退。安排任务时，向贫困地区、贫困人口倾斜，合理调整任务实施范围，促进贫困县脱贫攻坚。

2）天然林资源保护。扩大天然林保护政策覆盖范围，全面停止天然林商业性采伐，逐步提高补助标准，加大对贫困地区的支持。

3）防护林体系建设。优先落实长江、珠江及"三江并流"防护林体系建设，加大森林经营力度，推进退化林修复，提升森林质量、草原综合植被覆盖度和整体生态功能，遏制水土流失。加强农田防护林建设，营造农田林网，加强村镇绿化，提升防护林体系综合功能。

4）水土保持建设重点。加大重点区域水土流失治理力度，加快推进坡耕地、侵蚀沟治理工程建设，有效改善贫困地区农业生产生活条件。

5）岩溶地区石漠化综合治理。继续加大滇桂黔石漠化云南片区、滇西边境片区、乌蒙山云南片区等贫困地区石漠化治理力度，恢复林草植被，提高森林质量，统筹利用水土资源，改善农业生产条件。

6）森林生态效益补偿。健全各级财政森林生态效益补偿标准动态调整机制，依据国家公益林权属实行不同的补偿标准。

7）设立生态公益岗位。通过购买服务、专项补助等方式，就近选择一批能胜任岗位要求的建档立卡贫困人口，为其提供生态护林员、草管员、护渔员、护堤员等岗位。在国家森林公园、国家湿地公园和国家级自然保护区，优先、就近安排有劳动能力的建档立卡贫困人口从事森林管护、防火和服务工作。

一、云南省生态文明建设总体布局

云南省以生态文明建设规划纲要为总体布局，以生态文明建设地方性法规为保障，以开展生态文明先行示范区建设为主要途径，为美丽云南建设打下了坚实的基础。

（一）发布全国首个省级生态文明建设规划纲要，明确任务目标

2009 年，云南省发布了《关于加强生态文明建设的决定》，提出了构建四大体系任务目标，即从推进循环经济和低碳经济发展、加快发展生态林产业等 6 个方面构建生态文明产业支撑体系，从加强自然生态环境保护与建设等 5 个方面构建生态文明环境安全体系，从牢固树立生态文明观念、建立生态文明道德规范等 3 个方面构建生态文明道德文化体系，从加强生态文明建设的科技支撑、建立健全生态文明建设的综合评价体系等 5 个方面构建生态文明保障体系。同年，云南省编制并发布了《七彩云南生态文明建设规划纲要（2009—2020 年）》，这是全国第一个生态文明建设的规划纲要。

（二）出台省级生态文明建设的地方性法规，夯实各方职责

2020 年，云南省出台了《云南省创建生态文明建设排头兵促进条例》。该条例是云南省生态文明建设领域首部全面、综合、系统的地方性法规，通过立法方式回答了为什么创建生态文明建设排头兵、怎样创建生态文明建设排头兵的实践问题，突出生态文明建设的生态、生产、生活三个方面的重点任务，明确了创建生态文明建设排头兵的责任主体，明确了保障监督和法律责任。《云南省创建生态文明建设排头兵促进条例》共设总则、规划与建设、保护与治理、促进绿色发展、促进社会参与、保障与监督、法律责任、附则 8 个章节，共 66 条。

为了进一步保障生态文明建设能够做实做细，2021 年云南省发布实施了《云南省创建生态文明建设排头兵促进条例实施细则》（以下简称《实施细则》）。一是，坚持以习近平生态文明思想为指导。深入贯彻落实习近平总书记考察云南重要讲话精神，把努力成为全国生态文明建设排头兵作为起草《实施细则》的根本遵循。二是，突出重点。围绕努力成为全国生态文明建设排头兵的目标，践行"绿水青山就是金山银山"理念，以筑牢西南生态安全屏障、全面改善环境质量、推动绿色低碳发展、全面提高资源利用效率为重点；在具体工作安排上，突出省委省政府的新部署新要求，在《云南省创建生态文明建设排头兵促进条例》基础上对规划管控、保护与治理、推进绿色发展、促进社会参与、加强保障与监督等方面的工作进一步细化、实化，并对重点工作列出清单。三是，注重结合。与《中华人民共和国长江保护法》《中共中央　国务院关于全面推进乡村振兴加快农业农村现代化的意见》《云南省国民经济和社会发展第十四个五年规划和二〇三五年远景目标纲要》等相衔接，同时融入当前正在推进的碳达峰、碳中和、乡村振兴、污染和减碳协同治理、爱国卫生等具体工作，使《实施细则》既注重系统性、前瞻性，又抓住生态文明建设对生态、生产、生活三个方面的具体要求。

（三）打造国家生态文明先行示范区，明确战略定位

2014 年，云南省成为第一批生态文明先行示范区，国家发展和改革委员会等部门联合印发的《关于开展生态文明先行示范区建设（第一批）的通知》，要求云南省重点探索自然资源资产产权和用途管制制度、探索资源环境生态红线管控制度、探索完善生态补偿机制、探索建立领导干部评价考核和责任追究制度、探索河湖水域岸线管控制度 5 项制度创新。据此，《云南省生态文明先行示范区建设实施方案》明确了生态屏障

建设先导区、绿色生态和谐宜居区、边疆脱贫稳定模范区、制度改革创新实验区、民族生态文化传承区五大定位（图21.9），进而通过先行示范区建设探索建立自然生态资源丰富、国际生态区位重要、边疆民族贫困地区参与的生态文明建设有效模式。

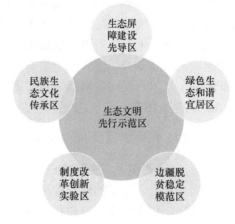

图 21.9　云南省生态文明先行示范区五大定位

1）生态屏障建设先导区。改善滇池等高原湖泊为重点的区域的环境质量，提高森林生态效益，巩固云南作为我国重要的生物多样性宝库和西南生态安全屏障的作用。

2）绿色生态和谐宜居区。推进新型城镇化建设，改善城乡人居环境，发挥云南独特的气候和自然资源优势，打造绿色宜居的美丽家园。

3）边疆脱贫稳定模范区。推动生态资源科学合理开发利用，发展生态经济，解决边疆少数民族深度贫困问题，帮助群众脱贫致富，与全国同步建成小康社会。

4）制度改革创新实验区。加快生态文明制度创新，重点在生态补偿制度、自然资源资产产权和用途管制制度、生态红线管控制度方面取得突破，为全国生态文明制度建设提供有益经验。

5）民族生态文化传承区。保护和弘扬民族优秀传统生态文化，形成国家重要的民族生态文化保护、弘扬和传承阵地。

二、云南省生态文明建设的实践与成效

云南省认真贯彻落实习近平总书记重要指示精神，坚决扛起生态文明建设责任，全省生态文明建设取得了显著进展，特别在"十三五"时期，在生态文明制度体系建设、生态环境保护、生态保护修复等方面开展了大量而富有成效的实践活动，积累了极为宝贵的经验。

（一）划定生态保护红线，严格保护重要生态空间

积极探索生态保护红线划定工作，2018年云南省人民政府发布《关于发布云南省生态保护红线的通知》，全省生态保护红线面积 11.84 万 km^2，占国土面积的 30.90%。截至 2020 年，云南省已建立了自然保护区、风景名胜区、森林公园、湿地公园、地质公园、沙漠（石漠）公园、矿山公园、水利风景区、国家公园、水产种质资源保护区 10 种

类型的自然保护地 370 处。其中：①自然保护区 164 处，面积约 287 万 hm²。国家级自然保护区 21 处，面积约 151 万 hm²；省级自然保护区 38 处，面积约 68 万 hm²；州（市）级、县（市、区）级自然保护区 105 处，面积约 68 万 hm²。②森林公园 57 处，面积约 18 万 hm²。国家级森林公园 32 处，面积约 14.43 万 hm²；地方级森林公园 25 处，面积约 3.53 万 hm²。③湿地公园 19 处，面积约 6 万 hm²。国家级湿地公园 18 处，面积约 5.92 万 hm²；省级湿地公园 1 处，面积约 436 hm²。④地质公园 13 处，总面积约 27 万 hm²。国家级地质公园 12 处，面积约 26 万 hm²；省级地质公园 1 处，面积约 1 万 hm²。⑤沙漠（石漠）公园 5 处，均为国家级，面积约 1 万 hm²。沙漠公园 1 处，面积约 390 hm²；石漠公园 4 处，面积约 1 万 hm²。

图 21.10　云南省自然保护区空间分布图

云南省自然保护价值极高，三江并流、南方喀斯特、澄江化石遗迹 3 处被列入世界自然遗产名录，高黎贡山、西双版纳 2 处被联合国教科文组织认定为人与生物圈保护区，大山包、碧塔海、纳帕海、拉市海 4 处被列入国际重要湿地目录，石林岩溶峰林、大理苍山 2 处被列为世界地质公园。作为全国国家公园建设试点省份，批准建立了香格里拉普达措国家公园体制试点，面积 60 210 hm²。

（二）统筹推进生态系统保护，持续改善生态环境质量

依据云南省林业和草原局网站公开资料，云南省约57%的热带雨林和季雨林属云南省热带地区的地带性植被，已在西双版纳、大围山、黄连山、铜壁关等多处自然保护区中得到有效保护，约15%的季风常绿阔叶林已在西双版纳、黄连山、莱阳河、文山、糯扎渡、高黎贡山等自然保护区得到有效保护，约15%的半湿润常绿阔叶林已在金光寺、雕翎山等自然保护区得到有效保护，约16%的中山湿性常绿阔叶林已在哀牢山、无量山、高黎贡山、大雪山等自然保护区中得到有效保护，约36%的寒温性针叶林已在白马雪山、玉龙雪山、哈巴雪山等自然保护区得到有效保护。约37.66%的河流湿地、93.94%的湖泊湿地、68.17%的沼泽湿地、51.04%的人工湿地在自然保护区内得到保护。

针对河湖生态环境的特点，云南省提出了"五个坚持""四个彻底转变"的治湖新思路（刘刚，2019）。对于九大高原湖泊，通过"一湖一策"扎实推进湖泊保护治理。2021年9月云南省印发《关于"湖泊革命"攻坚战的实施意见》（表21.1），省委省政府对九大高原湖泊保护治理负领导责任，省委书记、省长亲自挂帅，从理念、措施、体制上提出了60条实施意见，切实强化高原湖泊的保护和治理。

表 21.1 《关于"湖泊革命"攻坚战实施意见》的主要内容

治湖理念	坚决摒弃"环湖造城"思维	树立"保护第一"思想，实现从"与湖争地"到"还湖于民"转变。充分认识湖泊的脆弱性，以壮士断腕的勇气实施"湖泊革命"
	坚决摒弃"就湖治湖"思维	树立"流域治理"思想，实现从"一湖之治"到"流域之治"转变。坚持"山水林田湖草沙冰"一体化保护和系统治理，由点上"治湖"转变为面上"治域"
	坚决摒弃"急功近利"思维	树立"久久为功"思想，实现从"救火式治湖"到"长效化治湖"转变。坚持应急与谋远相结合，探索建立空间管控、转型发展等一系列长效机制
	坚决摒弃"被动应付"思维	树立"主动作为"思想，实现从"要我保护"到"我要保护"转变。树牢保护湖泊就是保护自己的理念，像保护眼睛一样自觉保护一汪清水
	坚决摒弃"事不关己"思维	树立"人人有责"思想，实现从"漠不关心"到胸怀"国之大者"转变。坚决把习近平总书记一定要保护好高原湖泊的殷殷嘱托刻在骨子里，营造全社会共同参与湖泊保护治理的良好氛围
治湖措施	坚决"退"	设立生态廊道和环湖公路，作为湖泊空间基准和公共标识，引导人口和产业有序退出
	全面"减"	坚持"以水定城、以水定地、以水定人、以水定产"，流域内全面减少项目开发，减轻人口压力，减少资源浪费
	精准"调"	在全流域调整农业种养结构，转变农业生产方式，发展生态有机农业，严控面源污染
	系统"治"	精准制定全流域污染防治措施，坚持系统治湖，治点源与治面源相结合，治湖与治流域相结合，治标与治本相结合，抓牢城镇、抓实农村、覆盖流域，系统推进供水替代和生态补水
	严格"管"	坚持规划引领，严格空间管控。推进水价改革，促进节约用水。遵循自然规律，坚持科学管湖
治湖体制机制	坚持依法治湖	修订湖泊保护管理条例，出台有关配套政策，严格执法，对各类涉湖违法违规行为"零容忍"
	健全管理体制机制	进一步健全九大高原湖泊管理体制和工作机制，提高湖泊保护治理能力和水平
	创新投融资机制	抓住水价改革的"牛鼻子"，多方筹措资金，发展绿色金融，吸引社会资本参与湖泊保护治理
	加强监督检查	建立健全九大高原湖泊监督检查机制，坚持问题导向，扎实做好监督工作
	强化组织保障	坚持责任治湖，切实加强组织、人才和经费保障，坚决打赢"湖泊革命"攻坚战

全力推进蓝天、碧水、净土"三大保卫战"和九大高原湖泊保护治理等"8个标志性战役",空气质量指标连续3年达到国家二级标准,六大水系出境跨界断面水质全部稳定达标并保持Ⅲ类以上水质,九大高原湖泊劣Ⅴ类水体数量由2015年的4个减少为1个,洱海水质稳定向好,滇池水质为30年来最好水平。全省33条黑臭水体整治工程初见成效,省会昆明市已全面消除黑臭水体。土壤环境质量总体稳定(云南法制报,2020)。

(三)坚持生态修复治理,稳步建设生态安全屏障

按照全国总体布局,天然林资源保护、退耕还林还草、退牧还草、防护林体系建设、河湖与湿地保护修复、水土保持、石漠化治理、野生动植物保护及自然保护区建设等一批重大生态保护与修复工程稳步实施,重点国有林区天然林全部停止商业性采伐(国务院,2016)。坚持共抓大保护,主动融入和服务国家生态安全体系,全省森林面积和蓄积量实现"双增长"。从20世纪90年代开始,提出消灭宜林"四荒"(荒山、荒沟、荒丘、荒滩)目标,开启了绿化云南大地的奋斗征程。1998年,长江洪灾后启动了天然林保护、退耕还林工程等林草生态工程,林业工作的重点逐步从"砍树"转移到营林护林上。30多年来,先后实施了封山育林、天然林保护、退耕还林还草、退化草原修复、湿地保护修复、石漠化综合治理等一系列林草生态建设工程。

"十三五"期间,全省完成营造林3840.38万亩,年均义务植树1亿株以上;全省林地面积由3.75亿亩增加到4.24亿亩,森林蓄积量由17.68亿 m^3 增加到20.67亿 m^3,森林覆盖率达到65.04%,乔木林单位蓄积量由每公顷94.8m^3增加到99.1m^3;全省公益林生态补偿面积1.38亿亩,年补偿金21.1亿元;湿地面积由853.94万亩增加到927.47万亩,湿地保护率提高到55.27%,超额完成了省委省政府确定的目标任务,全省林草资源总量大幅增加,质量明显提升。昆明、普洱、临沧、楚雄、曲靖、景洪荣获"国家森林城市"称号,建成国家森林乡村235个,省级森林乡村1081个,全省乡村绿化覆盖率达47.45%(赵永平,2021)。

(四)扎实推进生物多样性保护,有效保护重要动植物物种

云南省自然保护地保护了全省超过90%的国家重点保护野生植物、约80%的国家重点保护野生动物以及重要的地质遗迹、自然风景资源。根据云南省第二次野生动植物资源调查结果,调查动物物种1101种,调查植物物种134种,其中保护地内调查动物物种786种,调查植物物种111种。保护地内景观资源丰富、各具特色,自然景观资源包括地文景观、水域景观、生物景观和天象与气候景观四大类19类。人文景观资源主要包括建筑、园景和遗址遗迹两大类13类。

根据云南省第二次野生动植物资源调查结果,分布在自然保护地内的国家一级重点保护野生动物21种,国家二级重点保护野生动物70种,极小种群动物9种,受保护率分别达87.50%、76.92%、90.00%。分布在自然保护地内的国家一级重点保护野生植物34种,国家二级重点保护野生植物67种,极小种群植物18种,受保护率分别达82.93%、82.72%、75.00%。自然保护地为国家一级、二级重点保护野生动植物和极小种群野生动植物提供了良好生境和栖息地,各级别珍稀野生动植物受保护率均达75%以上,保护

成效显著。典型生态系统和重要物种得到有效保护，国家重点保护野生动植物受保护率达88%。

专栏21.5 云南省生物多样性保护的主要措施

2020年云南省发布《云南的生物多样性》白皮书，内容包括前言、保护成效、保护举措、未来行动方向和结束语5个部分。其中，生物多样性保护措施概括为6个方面。

1）不断健全生物多样性保护制度。完善法规体系，颁布实施全国第一部生物多样性保护法规——《云南省生物多样性保护条例》。

2）不断加强生物多样性保护研究。开展国家重点保护野生动植物资源、畜禽品种遗传资源、极小种群物种及一些重要物种的专项调查。建立了一批国家级和省部级科研平台、一批数据库。完善生物多样性监测网络。

3）不断完善自然保护地体系。构建了以自然保护区为基础、其他保护地为补充的生物多样性保护网络。落实国家和云南省自然保护区管理规定，严格进行自然保护区开发建设活动监管。推进以国家公园为主体的自然保护地体系建设。

4）持续加强生物资源合理利用及生物多样性减贫示范。云茶、云药、云花、云菌、云果等生物优势产业逐步发展壮大，是全国最大的核桃、澳洲坚果种植和生产基地，花卉、咖啡、坚果产值连续多年居全国第一。黑颈鹤、犀鸟、滇金丝猴、亚洲象、白眉长臂猿等成为生态旅游名片，保山百花岭村赢得了"中国社区共管第一村""中国森林观鸟第一村""中国自然教育第一村"等美誉。

5）严格生物多样性监督执法。不断加大对生物多样性违法活动的打击力度，对走私、贩运、破坏生物资源等违法活动进行专项整治。加大检察机关公益诉讼与生态环境损害赔偿诉讼衔接，形成防范和打击环境违法犯罪活动工作合力。持续开展"绿盾"自然保护地监督检查，以及"候鸟行动""天网行动""绿剑行动"等专项行动。

6）推进生物多样性国际交流合作。建立了与多个国家和区域政府间对话交流的机制；加强与联合国开发计划署、联合国环境规划署等国际组织的合作，积极引进发达国家先进的保护理念、管理模式、技术和资金；积极参与东盟、南盟、大湄公河次区域的生物多样性保护交流合作。

（五）加强生态文明制度建设，逐步完善制度保障体系

坚持以习近平生态文明思想为指导，立足云南省省情，按照总体布局、全面推进、因地制宜的原则，显著推进全省生态文明制度体系建设，紧盯生物多样性保护，为全省生态文明建设夯实了制度根基。

在生态文明建设基本制度方面，2020～2021年发布实施《云南省创建生态文明建设

排头兵促进条例》《云南省创建生态文明建设排头兵促进条例实施细则》。在生态文明建设各主要相关领域，推出"河（湖）长制"，建立县域生态环境质量监测评价与考核办法。不断完善生态补偿机制、生态环境评价和考核制度，大力开展国家公园体制试点、低碳城市、海绵城市、高原湖泊治理等各类试点的制度探索，构建了由自然资源资产产权制度、国土空间开发保护制度、空间规划体系、资源总量管理和全面节约制度、生态文明绩效评价考核和责任追究制度等构成的生态文明制度体系（王贤全和曹津永，2019）。

在生态文明建设工作机制方面，在国内率先探索出覆盖全省的全面生态指标考核体系，对县域生态环境质量考核引入"一票否决制"，加强对高原湖泊环境治理保护的纪检监察，用环境质量倒逼环境管理转型（吴松，2019）；严格落实生态文明建设党政同责、一岗双责要求，将生态文明建设纳入领导干部综合考核评价、全省综合考评和县（市、区）委书记工作实绩量化考核（朱毅等，2021）。

在生态文明法治建设方面，截至 2021 年 8 月，云南省人民代表大会及其常务委员会制定涉及生态环境保护的现行有效地方性法规 61 件，批准州（市）地方性法规 49 件，批准民族自治地方单行条例 119 件。这些法规条例涵盖了空气、水、土壤、森林、湿地、湖泊、生物多样性保护等方面，涉及自然资源保护、环境污染防治、绿色产业发展等，基本实现了与国家法律、行政法规相配套，具有云南生态文明建设和生态环境保护特色，为保护云南的蓝天、碧水、净土提供了有力法治保障（赵飞，2021）。

在生物多样性保护方面，统筹推进生物多样性保护的制度建设和规划实施。2019 年，实施了全国首个法规《云南省生物多样性保护条例》，率先发布生物物种名录，确立了政府主导、企业主体、全民参与的保护机制，明确了生物物种保护的重点对象，让生物多样性保护有法可依、有据可查。同时，云南九大高原湖泊也实现了"一湖一条例"，云南大山包黑颈鹤国家级自然保护区、丽江拉市海高原湿地省级自然保护区等 9 个自然保护区实现了"一区一法"（吴富勤等，2021）。围绕生物多样性保护的重点工作、重点区域、重点领域、重点措施，先后制定实施《云南生物多样性保护工程规划（2007—2020 年）》《滇西北生物多样性保护规划纲要（2008—2020 年）》《云南省生物物种资源保护与利用规划纲要（2011—2020 年）》《云南省极小种群物种拯救保护规划纲要（2010—2020 年）》《云南省实施生物多样性保护重大工程方案（2016—2020 年）》《云南省生物多样性保护优先区域规划（2017—2030 年）》《云南省生物多样性保护战略与行动计划（2012—2030 年）》等一系列规划方案，统筹推进生物多样性保护。

三、云南省生态文明建设助力脱贫攻坚的实践与经验

生态文明建设示范创建是生态文明建设的重要载体，是脱贫致富和高质量发展的重要途径。云南省建成一批国家级生态文明示范区、国家级生态乡镇、国家级生态村、省级生态文明乡镇、省级生态文明村、省级绿色学校、省级绿色社区、省级环境教育基地。截至 2019 年，云南省 16 个州（市）、129 个县（市、区）开展了生态创建工作，累计建成 4 个国家生态文明建设示范州（市、县）、2 个"绿水青山就是金山银山"实践创新基地、10 个国家级生态示范区、85 个国家级生态乡镇、3 个国家级生态村、1 个省级生态文

明州、21 个省级生态文明县（市、区）、615 个省级生态文明乡镇（街道）、29 个省级生态文明村。

把生态文明示范创建与脱贫攻坚融为一体，发挥示范引领带动作用，引导各地依托生态资源发展生态经济、推动绿色发展，使绿水青山产生了较好的生态效益、经济效益、社会效益，实现生态惠民、生态利民、生态为民。云南精准脱贫攻坚战期间，实施了一大批生态扶贫项目，包括农村环境综合整治、农村饮水安全巩固和提高、农村土地综合整治和高标准农田建设、退耕还林还草、退牧还草、喀斯特地区石漠化综合治理、贫困地区天然林保护、水土保持和水生态建设。生态扶贫工程的实施有效地改善了贫困地区生产生活环境，贫困群众的工资性收入、经营性收入和政策性收入有所增加，其收入增加的主要方式包括具体参与工程建设获取劳务报酬、进入生态公益性岗位获得工资性收入、通过生态产业发展增加经营性收入、通过生态保护补偿等政策增加收入（孟祥琪和罗玉，2021）。

（一）统筹生态保护和扶贫开发，推动建立绿色农业发展模式

云南省大理白族自治州云龙县白石镇双龙村曾是云龙县 47 个贫困村之一，这里地处大理、怒江两地和云龙、兰坪、剑川 3 县交界的山区，自然环境比较恶劣，曾经的贫困程度比较深。

云南省生态环境厅作为对口帮扶单位，坚持"生态保护+产业发展"的扶贫理念，将精准扶贫与生态保护有机结合起来，统筹经济效益、社会效益、生态效益，创新生态扶贫机制。一方面，严格把好生态环保门槛，强化资源环境约束，落实生态责任制，坚决守住生态红线；另一方面，立足各地优质资源，做大做强绿色产业和特色农业，促进农业增产、农民增收、农村发展；让"绿水青山就是金山银山"成为社会各界的广泛共识和行动，为生态保护和脱贫致富输入"源动力"。

通过引导，在村民房屋庭院、周边山地和林下种植金银花、重楼等中药材，林下养殖鸡和猪，既促进了生态环境保护，又增加了村民收入。全村发展种植金银花 900 亩，其中建档立卡贫困户 146 户 459 亩；种植麦地湾梨 500 亩，其中建档立卡贫困户 5 户 34 亩；2020 年，双龙村共种植烤烟 2908 亩，产量 8145 担，收入 1170 万元。在双龙村，实现着"金山银山"与"绿水青山"的相融共生，探索走出了一条生态文明建设与脱贫攻坚共赢的绿色可持续发展道路（云南日报，2020c）。

（二）让生态补偿助力精准扶贫，实现贫困群众保绿增收两不误

近年来，云南省景东彝族自治县坚持把"绿水青山就是金山银山"与打赢脱贫攻坚、促进农民增收相结合，不断增加贫困群众在生态保护中的受益度，让当地贫困群众成为生态保护的主要受益者和主要参与者，实现了"生态美、百姓富"的目标。

根据《景东县林业生态脱贫攻坚实施方案》，实施公益林、天然林、退耕还林还草等项目，2016～2019 年各类生态补偿精准扶贫项目补助资金累计达 2.73 亿元，建档立卡贫困户受益资金 7249.86 万元，提高贫困人口参与度和受益水平，实现生态效益补偿增收。景东县设立的"建档立卡贫困人口生态护林员和森林管护员"措施，聘建档立卡生态护林员 3250 人，每人每月大约 800 多元报酬，这既实现景东县林业部门林地森林

管护全覆盖，也确保建档立卡贫困户稳定增收。

据不完全统计，2016~2019 年，该县实施生态公益林补偿面积 95.98 万亩，补助资金共 3332.1 万元，建档立卡贫困户受益资金 469 万余元；实施天然林停伐补助面积 203.24 万亩，补助资金 7246.8 万元，建档立卡贫困户 14 063 户，受益资金 954 万余元；实施新一轮退耕还林工程项目面积 3.07 万亩，补助资金 3455 万元，建档立卡贫困户受益资金 837 万余元；新一轮退耕还草工程项目面积 5.5 万亩，补助资金 5500 万元，涉及建档立卡贫困户 1755 户（云南日报，2020b）。

（三）改变依赖煤炭资源发展的模式，践行"绿水青山就是金山银山"的理念

云南省华坪县地处长江上游金沙江中段，曾是全国百个重点产煤县之一，煤炭支撑了全县经济的半壁江山。随着国家去产能、去库存、去杠杆、降成本、补短板的煤炭产业政策调整，以煤炭开采为主的华坪工业经济呈现断崖式下滑，华坪县面临着"如何转型、怎样发展"的艰难抉择。

为打好蓝天、碧水、净土三大保卫战，华坪县统筹推进"山水林田湖草"综合治理，深入推进城乡人居环境提升工程。境内金沙江流域年均输沙量从 2005 年的 2.23 亿 t 下降到 2019 年的 0.94 亿 t，鱼类从 2013 年的 35 种增加到 2019 年的 61 种，水质达标率 100%，县城环境空气质量优良率 100%，森林覆盖率达到 72.66%。同期，2019 年，华坪县在全省 45 个重点开发区县（市）县域经济发展考评中排名第 8 位，在全省 113 个县（市、区）县域经济发展监测中综合排名第 34 位，跻身全省"县域跨越发展先进县"。

2020 年上半年，全县完成地区生产总值 35.5 亿元，同比增长 19.3%，增速位列全省第一；脱贫攻坚取得历史性成就，贫困发生率从 2014 年的 15.11%降至 0。2020 年 10 月，经生态环境部批准成为全国第四批"绿水青山就是金山银山"实践创新基地，实现了青山常在、绿水长流、空气常新，以生动的实践在绿水青山与金山银山间画出优美的"等号"（云南日报，2020a）。

（四）坚持生态经济之路，大力推进扶贫产业发展

云南省勐海曾是国家集中连片特殊困难滇西边境县，2014 年全县贫困发生率 9.74%，2018 年成为全省首批摘帽县之一。

2014 年以来，勐海树牢"绿水青山就是金山银山"的发展理念，创建美丽乡村 11 个、"五好村" 29 个；推进脱贫攻坚与农村人居环境提升并进，改造和新建行政村公厕 48 座，改造和新建户厕 5000 座，950 个村民小组均建立了卫生保洁制度，40 个贫困村基本达到人居环境 1 档标准。通过茶叶品质提升、产业规模发展和市场培育扩大三措并举，全县茶产业快速发展，成为当地群众脱贫致富的主渠道。全县共建设绿色生态现代茶园核心示范区 47 万亩，绿色古茶园生态核心示范区 3.19 万亩，绿色、有机茶园 19.6 万亩，茶产业绿色化水平指标平均增幅 41.5%，贫困户因茶年人均增收 2000 元左右，带动贫困群众 5212 户 20 939 人脱贫致富。

推进扶贫产业发展走生态经济发展之路，全县森林覆盖率达 66.89%，勐海县被省政府命名为"省级生态文明县"，被列入首批国家级生态保护与建设示范区、国家级珍贵

树种培育示范县。2019 年，脱贫人口人均纯收入达到 11 162 元，比 2014 年的 4266 元增加 6896 元；贫困人口人均纯收入 5000 元（含 5000 元）以上的比例由 2014 年的 20.07% 上升到 2019 年的 98.92%。通过生态文明建设和脱贫攻坚融合发展，闯出了一条具有勐海特点的绿色发展、绿色减贫之路（新华网，2020）。

第三节　贵州省生态文明建设总体布局与实践经验

习近平总书记高度重视贵州省的生态文明建设工作，多次作出重要指示。2015 年 6 月，习近平总书记在贵州调研时强调，要守住发展和生态两条底线，正确处理发展和生态环境保护的关系，在生态文明建设体制机制改革方面先行先试，把提出的行动计划扎扎实实落实到行动上，实现发展和生态环境保护协同推进。2017 年 10 月，习近平总书记在参加党的十九大贵州省代表团讨论时提出，希望贵州守好发展和生态两条底线，创新发展思路，续写新时代贵州发展新篇章，开创百姓富、生态美的多彩贵州新未来。2021 年 2 月，习近平总书记再次到贵州调研时强调，要在生态文明建设上出新绩。作为长江、珠江上游的重要生态屏障，为切实保护好国家生态安全和推进生态文明建设，贵州省以习近平生态文明思想为指导，深入贯彻落实习近平总书记的重要指示精神，立足本省实际、因地制宜，积极谋划生态文明建设总体布局。

一、贵州省生态文明建设总体布局

（一）明确战略定位，打造国家生态文明先行示范区

2014 年，贵州省成为第一批生态文明先行示范区，国家发展和改革委员会等部门联合印发了《关于开展生态文明先行示范区建设（第一批）的通知》，要求重点探索生态文明建设绩效考核评价制度、探索建立自然资源资产产权管理和用途管制制度、探索建立自然资源资产领导干部离任审计制度与生态环境损害责任终身追究制度、健全完善生态补偿机制 4 项制度创新。结合该通知，贵州省的主要任务是严格实施主体功能区制度和规划，科学谋划空间开发格局；大力调整优化产业结构，推动绿色循环低碳发展，促进资源节约集约循环利用；加强生态系统建设和环境保护，健全完善生态文明制度，加强基础能力建设，推进体制机制创新，打造生态文化体系。

（二）建立长效机制，建设国家生态文明试验区

2017 年，中共中央办公厅和国务院办公厅印发了《国家生态文明试验区（贵州）实施方案》，明确了贵州省生态文明建设总体布局与主要路径。贵州要建设成长江、珠江上游绿色屏障建设示范区，西部地区绿色发展示范区，生态脱贫攻坚示范区，生态文明法治建设示范区，生态文明国际交流合作示范区等（图 21.11），以完善绿色制度、筑牢绿色屏障、发展绿色经济、建造绿色家园、培育绿色文化为基本路径，以促进大生态与大扶贫、大数据、大旅游、大开放融合发展为重要支撑，大力构建产权清晰、多元参与、激励约束并重、系统完整的生态文明制度体系，加快形成绿色生态廊道和绿色产业体系，实现百姓富与生态美有机统一。

图 21.11　贵州省国家生态文明试验区五大定位

1）长江、珠江上游绿色屏障建设示范区。完善空间规划体系和自然生态空间用途管制制度，建立健全自然资源资产产权制度，全面推行"河长制"，划定并严守生态保护红线、水资源开发利用控制红线、用水效率控制红线和水功能区限制纳污红线，完善流域生态保护补偿机制，创新跨区域生态保护与环境治理联动机制，加快构建有利于守住生态底线的制度体系。

2）西部地区绿色发展示范区。建立矿产资源绿色化开发机制，健全绿色发展市场机制和绿色金融制度，开展生态文明大数据共享和应用，完善生态旅游融合发展机制，加快构建激发绿色发展新动能的制度体系。

3）生态脱贫攻坚示范区。完善生态保护区域财力支持机制、森林生态保护补偿机制和面向建档立卡贫困人口购买护林服务机制，深化资源变资产、资金变股金、农民变股东"三变"改革，推进生态产业化、产业生态化发展，加快构建大生态与大扶贫深度融合、百姓富与生态美有机统一的制度体系。

4）生态文明法治建设示范区。加强涉及生态环境的地方性法规和政府规章的建立、修改、废除和解释，推动省域环境资源保护司法机构全覆盖，完善行政执法与刑事司法协调联动机制，加快构建与生态文明建设相适应的地方生态环境法规体系和环境资源保护司法体系。

5）生态文明国际交流合作示范区。深化生态文明贵阳国际论坛机制，充分发挥其引领生态文明建设和应对气候变化、服务国家外交大局、助推地方绿色发展、普及生态文明理念的重要作用，加快构建以生态文明为主题的国际交流合作机制。

二、贵州省生态文明建设的实践与成效

贵州省是长江和珠江上游地区，是西南地区的重要生态安全屏障，在国家生态安全格局战略中具有重要作用。2010 年，国务院发布的《全国主体功能区规划》，贵州省涉及桂黔滇喀斯特石漠化防治国家级重点生态功能区。2015 年，在环境保护部和中国科学院联合发布的《全国生态功能区划（修编版）》中，贵州省涉及大娄山水源涵养与生物多样性维护重要区、武陵山区生物多样性维护与水源涵养重要区，以及西南喀斯特土壤保持重要区。2010 年发布的《中国生物多样性保护战略与行动计划（2011—2030 年）》，

贵州省生物多样性保护优先区域包含了 3 个区域，分别是武陵山区、南岭地区，以及桂西黔南石灰岩地区。

（一）划定生态保护红线，有效保护重要生态空间

为确保全省重点生态功能区域、生态环境敏感脆弱区、重要生态系统和受保护物种及其栖息地等得到有效保护，2018 年贵州省共划定生态保护红线面积 45 900.76km^2，占全省陆地面积（17.61 万 km^2）的 26.07%。贵州省辖区内现有各级各类自然保护地 267 处，包括自然保护区、森林公园、湿地公园、地质公园 4 类，总面积约 138.7 万 hm^2，占全省国土总面积的 7.88%。①自然保护区 106 处，面积约 85.4 万 hm^2，占全省国土总面积的 4.88%。其中：国家级 11 处、面积约 29 万 hm^2，省级 7 处，面积约 10.4 万 hm^2（图 21.12），市县级 88 处，面积约 46 万 hm^2。核心区面积约 29 万 hm^2，缓冲区面积约 20 万 hm^2。②森林公园 95 处，面积约 27.9 万 hm^2，占全省国土总面积的 1.58%。其中：国家级 28 处，面积约 18 万 hm^2，省级 46 处，面积约 7.9 万 hm^2，县级 21 处，面积约 2 万 hm^2。③地质公园 12 处，面积约 18.3 万 hm^2，占全省国土总面积的 1.06%。其中：国家级 9 处，面积约 15 万 hm^2，省级 3 处，面积约 3.3 万 hm^2。④湿地公园 54 处，面积约 7.1 万 hm^2，占全省国土总面积的 0.40%。其中：国家级 45 处，面积 6.9 万 hm^2，省级 4 处，面积约 1100 多公顷，市级 5 处，面积 1000 多公顷。

图 21.12　贵州省自然保护区空间分布图

（二）加强生态环境系统性整治，持续改善生态环境质量

"十三五"期间，全力推进《绿色贵州建设三年行动计划（2015—2017 年）》《生态优先绿色发展森林扩面提质增效三年行动计划（2018—2020 年）》，累计完成营造林 2988 万亩，森林经营 3000 万亩，治理草地 140 万亩，森林覆盖率从 2015 年的 50%提升至 2020 年的 61.51%，年均增速全国第一，草原综合植被覆盖率达到 88%，村庄绿化覆盖率达到 43.23%，森林蓄积量从 2015 年的 4.7 亿 m^3 增加到 2020 年的 6.09 亿 m^3，增幅达 29.57%；退耕还林和治理石漠化面积均居全国第一，全省共实施新一轮退耕还林 1465 万亩，治理石漠化面积 5234km² （贵州省人民政府办公厅，2021）。加强生态保护修复，开展贵州省乌蒙山"山水林田湖草"生态保护修复重大工程，对毕节市、遵义市、六盘水市的 11 个县（市、区）实施高原喀斯特湖泊（草海）、乌江源矿山生态环境、赤水河生物多样性保护修复。

2019 年，全省地表水水质总体优良，全省长江、珠江两大流域 8 个水系 79 条主要河流 151 个监测断面水质优良比例为 100%，主要湖（库）监测垂线比例为 88.0%，水质同比处于稳中向好的趋势。集中式饮用水水源地水质优良，9 个中心城市集中式饮用水水源地水质达标率保持在 100%，74 个县城 136 个集中式饮用水水源地水质达标率 99.8%。县城及以上城市空气质量优良天数比例达 95%。全力推进贵阳市、黔南州、黔西南州国家级试点建设，在全省打造 12 个省级水生态文明城市试点，积极开展水源涵养与水土保持建设行动、城乡供水安全保障行动、岩溶地区水资源利用与保护行动、节水减排和控源减负行动、河湖保护与治理修复行动等系列行动。

（三）持续推进绿色经济转型，促进经济高质量发展

截至 2020 年，绿色经济占地区生产总值比例达到 42%，能耗总量和强度"双控"目标评价考核完成等级、万元地区生产总值能耗降低率位居全国前列。立足生态资源条件和产业发展实际，将生态利用型、循环高效型、低碳清洁型、环境治理型"四型"产业作为发展绿色经济的关键点，发布和实施大生态、绿色经济工程包，建立本土大生态企业库，培育一批具有重要影响力、带动力的本土大生态龙头企业，做大做强大生态领域市场主体。围绕十大千亿级工业企业产业振兴行动实施方案，深入实施"千企改造"工程，创建一批绿色园区和绿色工厂，发挥示范带动作用，引领工业绿色转型（贵州省发展改革委，2017）。

积极实施服务业创新发展十大工程，大力发展大数据、大旅游、大健康等生态环境友好型产业。坚持"全景式规划、全产业发展、全季节体验、全社会参与、全方位服务、全区域管理"的发展理念，扎实推进国家全域旅游示范省创建工作。积极推进国家级绿色金融改革创新试验区建设，设立全国首个"绿色金融"保险服务创新实验室。根据中国信通院发布的报告，贵州数字经济吸纳就业增速连续两年排名全国第一，大数据产业发展指数位居全国第三（胡建华，2020）。

专栏 21.6　贵州省"十三五"期间数字经济发展情况

在《贵州省"十四五"数字经济发展规划》的发展基础中提到，贵州省数字经济增速连续 6 年领跑全国。大数据成为引领贵州经济社会发展的新引擎与世界认识贵州的新名片。"十三五"期间：①数字产业化发展迈上新台阶。2020 年，电子信息制造业总产值达 818.05 亿元，较 2015 年增长 1.86 倍。软件和信息技术服务业实现软件业务收入 267.4 亿元，较 2015 年增长 1.4 倍。电信业务总量实现 5077.7 亿元，较 2015 年增长 9.6 倍。大数据电子信息产业成为重要先导性产业，集聚效应逐步凸显，形成中国南部规模最大的数据中心集聚区。②产业数字化转型成效显著。"万企融合"大行动深入实施，大数据与实体经济融合水平持续提升。2020 年，全省大数据与实体经济深度融合指数为 41.1，较 2017 年提升 7.3，整体融合进程已初步进入中级阶段。《贵州省大数据与实体经济深度融合实施指南》深入实施，贵州成为数据管理能力成熟度评估模型（DCMM）全国首批 9 个试点地区之一。

"十四五"期间，贵州将实施数字经济万亿倍增计划，数字经济成为驱动经济发展的主引擎，建成全国大数据电子信息产业集聚区，打造全国数据融合创新示范高地、数据算力服务高地、数据治理高地。到 2025 年，大数据电子信息产业总产值突破 3500 亿元；全省数字经济增加值实现倍增，在 GDP 中的占比达到 50%左右；三次产业规模以上企业基本实现大数据深度融合改造全覆盖。

（四）科学推进石漠化综合治理，努力补齐生态文明建设的短板

石漠化集中连片地区的经济社会发展落后，在治理石漠化问题时，不仅需要考虑恢复植被、保持水土等生态问题，同时还需要权衡协调社会民生、经济发展与生态发展的问题（种国双等，2021）。尤为重要的一点是石漠化地区的经济发展一定要优先考虑生态环境保护，即生态效益放在首位，必须在不损坏乃至修复当地生态环境的前提下发展生产搞扶贫（旷爱萍和王瑞涛，2021）。在石漠化治理方面，贵州省牢牢守住发展和生态两条底线，立足实际，因地制宜，形成了大力发展生态农业、精心打造生态畜牧业、着力进行沼气开发，科学推进石漠化综合治理，探索出一些生态效益、经济效益和社会效益协调发展的石漠化综合治理模式与机制，凸显了国家生态文明试验区建设的贵州亮点（郭红军和童晗，2020；杨世凡等，2021）。

从石漠化土地动态变化来看，第三次监测石漠化土地面积为 247.01 万 hm²，比第二次监测的石漠化土地面积（302.38 万 hm²）减少了 55.37 万 hm²，其中轻度石漠化土地面积减少 13.07 万 hm²，中度石漠化土地面积减少 28.01 万 hm²，重度石漠化土地面积减少 11.86 万 hm²，极重度石漠化土地面积减少 2.43 万 hm²（杨世凡等，2021）。作为最严重石漠化地区之一的贵州省毕节市，经过 13 年的持续努力，石漠化治理取得了明显成效，为全国石漠化治理提供了毕节样板，2012 年获得了国家林业局授予的"全国防治石漠化示范区"称号，有力推动了毕节市"从石漠化严重地区向生态环境优美地区转变"

建设（刘燎和史开云，2021）。

专栏 21.7　贵州省毕节市石漠化治理的基本情况

据 2021 年 5 月 31 日毕节市防治石漠化管理中心公开发布的结果，自 2008 年启动工程以来，毕节市累计投入资金 10.61 亿元，治理石漠化土地面积 1878.64km²。毕节市将持续把石漠化治理同建设生态宜居的美丽乡村相结合，满足人民日益增长的美好生活需要，推动乡村生态振兴，构建人与自然和谐共生的乡村发展新格局。

13 年来，毕节林草植被覆盖率逐步提高，石漠化面积不断减少，石漠化程度逐渐减轻，生态环境持续改善。2016 年，全市石漠化面积 4967.6km²，比 2011 年减少 1015.99km²，减少率为 16.97%，年均缩减率 3.4%；与上个监测期年均缩减率 1.4% 相比，高 2.0 个百分点；"十三五"期间，毕节市治理石漠化土地面积 842.4km²，资金投入和治理力度明显加大，全市森林覆盖率从 2015 年的 48.04% 上升到 2020 年的 60%，增长近 12 个百分点。石漠化扩展的趋势得到有效遏制，岩溶地区石漠化土地呈现面积持续减少、危害不断减轻的有利态势。

13 年来，毕节不断探索治理模式，"治石"与"治贫"相互促进，石漠化综合治理与脱贫攻坚紧密结合。在石漠化治理专项投资的带动下，积极整合新一轮退耕还林、天然林资源保护、森林植被恢复、特色经果林、产业结构调整等相关方面的工程项目资金 85.45 亿元，实现了林业产业投资拉动项目区群众增收。荒退绿进、生态改善，"金山银山"随之而来。"治石"与"治贫"相互促进，形成了良性循环。据统计，仅 2016 年以来毕节市石漠化工程实施地区聘任的建档立卡贫困户生态护林员有 912 人，按年人均支付工资 13 380 元，直接带动近 3200 名贫困人口稳定脱贫和增收，帮助群众实现了"脱贫梦"。

（五）持续加强生态文明制度创新，建立健全制度保障体系

坚持以习近平生态文明思想为指导，以建设"多彩贵州公园省"为总体目标，立足贵州省省情，把"绿色+"理念贯穿融入社会经济发展和生态环境保护，推进全省生态文明制度体系建设，形成国家生态文明建设制度试验的亮点和特色，并使好的经验和做法在全国推广。有 13 个方面、30 项改革举措和经验做法列入了 2020 年国家发展和改革委员会印发的《国家生态文明试验区改革举措和经验做法推广清单》。

在生态文明建设基本制度方面，2014 年贵州就开始在全国率先探索生态文明地方法规的制定。2014 年 5 月 17 日，贵州省第十二届人民代表大会常务委员会第九次会议通过了《贵州省生态文明建设促进条例》，该条例共 7 章 70 条，内容包括总则、规划与建设、保护与治理、保障措施、信息公开与公众参与、监督机制、法律责任等，明确由省人民政府负责统一领导、组织、协调全省生态文明建设工作，该做法在全国推广。2017 年 1 月 1 日实施的《贵州省水资源保护条例》，首次写入全面推行"河长制"，成为全国

首家在地方法规中明确推行"河长制"的省份。

在生态文明法律法规和考核制度方面，随着国家生态文明试验区建设的实施，贵州省颁布大气污染防治和水资源保护条例等 30 余部配套法规。2017 年，贵州省结合实际制定了《贵州省生态文明建设目标评价考核办法（试行）》，明确了考核的目的、范围、原则、主体、内容、方式及结果评定、运用，提出了包括资源利用、环境治理、环境质量、生态保护、增长质量和绿色生活 6 个方面的绿色发展指数，对各市（州）党委、政府进行考核和发布绿色发展指数（李红松，2021；袁晓文和张再杰，2021）。在 2020 年《国家生态文明试验区改革举措和经验做法推广清单》中，地域与流域相结合的环境资源审判机制、长江上游环境资源审判协作机制、生态环境损害赔偿的"磋商—调解—惩戒机制"、生态恢复性司法机制、生态环境保护人民调解委员会、生态文明律师服务团等生态司法的做法在全国推广；省人民政府向省人民代表大会报告生态文明建设情况制度，省、市、县三级人大常委会上下联动的人大监督生态环境保护工作机制等生态文明建设监督的做法在全国推广；建立生态环境保护考核指标体系并明确生态环境保护党政同责、分区域建立自然资源资产离任审计评价指标体系等生态文明考核与审计的做法在全国推广。2007 年 11 月 20 日，中国第一家生态环境保护法庭——贵阳市中级人民法院生态环境保护审判庭和贵州省清镇市人民法院环保法庭成立，对生态文明的司法保护进行了积极有效的探索（李红松，2021）。

在生态文明行业制度和机制方面，实施 100 多项生态文明制度改革，成为省级空间规划、自然资源统一确权登记、自然资源资产负债表编制、绿色金融、生态环境大数据、生态产品价值实现机制等 10 个国家级试点（袁晓文和张再杰，2021）。多类型、多区域相结合的自然资源资产统一确权登记制度，通过实行"多规合一"制定保护条例和建立区域执法协作机制而完善梵净山世界自然遗产保护管理，通过设区市（州）生态环境局实行以省厅为主的双重管理和上收县区生态环境局人财物至设区市（州）管理而完善生态环境监测监察执法垂直管理，通过"统一规划、统一标准、统一环评、统一监测、统一执法"按流域设置环境监管和行政执法机构，通过分级分段（片）设立"河长""湖长"而落实"河（湖）长制"责任机制，通过"河（湖）长制+河（湖）司法协作机制"推进水资源水环境综合整治，这些实践和经验都选入 2020 年《国家生态文明试验区改革举措和经验做法推广清单》。

在生态文明公众参与和生态扶贫方面，2016 年省政府调研起草并报请省人大常委会审议《关于设立"贵州生态日"的建议方案》，自 2017 年起将每年 6 月 18 日作为"贵州生态日"，推动形成共谋、共建、共管和共享的生态文明建设新局面。将全民参与生态文明建设与脱贫攻坚深度融合，探索公众参与和生态扶贫共赢模式，依托"丹霞地貌、瀑布、森林、河流、特色文化"等独特优势探索生态产业发展机制，通过签订滇黔川三省横向生态补偿协议而探索建立跨省流域生态协商补偿机制，通过全省建档立卡贫困户树木碳汇功能筛选而建立单株碳汇精准扶贫机制，生态护林员意外伤害保险的生态扶贫机制，通过组建集体股权监督委员会而建立水电矿产资源开发资产收益扶贫机制，这些实践和经验都选入 2020 年《国家生态文明试验区改革举措和经验做法推广清单》。

（六）持续召开生态文明论坛，成为生态文明实践交流平台

生态文明贵阳国际论坛是中国最早创办、经国家批准的唯一以生态文明为主题的国家级国际性高端平台。论坛致力于汇聚各界决策者开展交流与合作，传播生态文明理念，分享知识与经验，促进政策的落实与完善，抓住绿色经济转型的机遇，应对生态安全的挑战，形成国际、地区和行业议程，从而有助于构建资源节约、环境友好型社会，推动人类生态文明建设的进程。论坛旨在增进了解、促进友谊、建立互信、寻求利益汇合点、形成共识、共商解决方案，实现共建、共享、共生、共赢。

党的十七大提出建设生态文明后，贵州省为普及生态文明理念、探索生态文明建设规律，借鉴国内外成果推动生态文明实践，打造对外交流合作平台，2009 年成功举办第一届生态文明国际论坛贵阳峰会，2013 年论坛升级为国际性高端论坛。历届论坛的主题如下。

1）2009 年主题为"发展绿色经济——我们共同的责任"，在中国首次提出"绿色经济"的概念。

2）2010 年主题为"绿色发展——我们在行动"。

3）2011 年主题为"通向生态文明的绿色变革——机遇与挑战"。

4）2012 年主题为"全球变局下的绿色转型和包容性增长"。生态文明贵阳国际论坛里约会议同期在巴西举行，成为中国唯一一个向"里约+20"峰会提交志愿承诺的论坛组织。

5）2013 年主题为"建设生态文明：绿色变革与转型——绿色产业、绿色城镇和绿色消费引领可持续发展"。

6）2014 年主题为"改革驱动　全球携手　走向生态文明新时代——政府、企业、公众：绿色发展的制度框架与路径选择"。

7）2015 年主题为"走向生态文明新时代：新议程、新常态、新行动"。

8）2016 年主题为"走向生态文明新时代：绿色发展·知行合一"。

9）2018 年主题为"走向生态文明新时代：生态优先、绿色发展"。

10）2021 年主题为"低碳转型　绿色发展——共同构建人与自然生命共同体"。

三、贵州省生态文明建设助力脱贫攻坚的实践与经验

坚持生态环境保护与扶贫开发相结合，贵州省建立了生态建设脱贫攻坚机制，2018 年 1 月制定《贵州省生态扶贫实施方案（2017—2020 年）》，打造了"贵州样板"。通过"产业生态化、生态产业化"的实践，探索出了一条以生态链发展产业链、以产业链打造扶贫链的"生态+"特色产业扶贫路径，使全省农民收入增长高于经济增长，在 2016 年就有 73.4 万贫困人口实现了产业脱贫（颜红霞和韩星焕，2017）。开展生态示范创建，"十三五"期间，贵州省贵阳市观山湖区、遵义市汇川区、仁怀市、贵阳市花溪区、遵义市正安县 5 个县域获得了国家生态文明建设示范市县称号，贵阳市乌当区、赤水市、兴义市万峰林街道 3 个地区获得全国"绿水青山就是金山银山"实践创新基地称号。2010～2020 年，还引导创建并命名了省级生态县 8 个、八批次 374 个省级生态乡镇、615

个省级生态村。

专栏 21.8　贵州省实施生态扶贫十大工程

贵州省政府办公厅印发《贵州省生态扶贫实施方案（2017—2020 年）》，明确到 2020 年，通过生态扶贫助推全省 30 万以上贫困户、100 万以上建档立卡贫困人口实现增收。

1）退耕还林建设扶贫工程。确保 69 万户贫困户每亩退耕地有 1200 元的政策性收入。

2）森林生态效益补偿扶贫工程。带动建档立卡贫困户 66 万户、258 万人人均增收 70 元左右。

3）生态护林员精准扶贫工程。带动建档立卡贫困户 5.2 万户、20 万人人均增收 2300 元左右。

4）重点生态区位人工商品林赎买改革试点工程。带动建档立卡贫困户 4000 户、1.7 万人人均增收 2 万元左右。

5）自然保护区生态移民工程。至 2019 年力争完成省级及以上自然保护区搬迁建档立卡贫困人口 16 877 户、57 379 人。

6）以工代赈资产收益扶贫试点工程。确保项目覆盖的贫困户人均增收 1900 元左右。

7）农村小水电建设扶贫工程。带动项目覆盖的建档立卡贫困户人均增收 700 元左右。

8）光伏发电项目扶贫工程。带动项目覆盖的建档立卡贫困户人均增收 3000 元左右。

9）森林资源利用扶贫工程。林下经济产值突破 1000 亿元，带动建档立卡贫困户 1 万户、3.2 万人人均增收 1200 元左右。森林旅游业与康养服务业力争实现产值 2500 亿元，助推贫困群众 20 万户、60 万人增收脱贫。

10）碳汇交易试点扶贫工程。鼓励对口帮扶贫困地区的单位，购买对口贫困地区的林业碳汇，完成对口帮扶任务、践行降碳社会责任。

（一）统筹生态修复与扶贫攻坚，推进实施生态扶贫工程

实施了生态扶贫十大工程，具体包括退耕还林建设扶贫工程、森林生态效益补偿扶贫工程、生态护林员精准扶贫工程、重点生态区位人工商品林赎买改革试点工程、自然保护区生态移民工程、以工代赈资产收益扶贫试点工程、农村小水电建设扶贫工程、光伏发电项目扶贫工程、森林资源利用扶贫工程、碳汇交易试点扶贫工程。2017 年，全省通过退耕还林工程建设和发展刺梨、油茶、核桃、竹等林业产业，吸纳农村人口 171.9 万人次就业，参与农户人均增收 865 元；全省林下经济利用林地面积达 1449.9 万亩，实现产值 154.8 亿元，吸纳农村人口 32.6 万人次就业，参与农户人均增收 1306 元；以木竹及刺梨、油茶、核桃、林化产品加工为重点的林产品加工企业，为农村人口提供就业岗位

52 万个，人均年收入超过 20 000 元；全省以森林景观资源为依托开展的森林旅游和森林康养，共吸纳农村人口 681.8 万人次就业，参与农户人均增收 1508 元（洪英杰，2018）。

2020 年，新增省级生态护林员 3000 名，将全省生态护林员规模扩大到 18.28 万名。新增 2020 年中央建档立卡贫困人口生态护林员指标 7265 名，通过开发生态护林员岗位、推进特色林业产业、发展林下经济、实施国储林项目等促进就业，全省林业共计新增提供就业岗位 4.63 万个（贵州省林业局，2021）。2020 年，全省林下经济使用林地面积 2203 万亩，产值 400 亿元，发展林下经济的企业、专业合作社等实体达 1.7 万个，带动 285 万农村人口增收，探索出了一条"百姓富、生态美"的绿色发展新路（方春英，2021）。

（二）坚持"绿水青山就是金山银山"，提升"生态赤水"的绿色价值

赤水市牢固树立和践行"绿水青山就是金山银山"的理念，坚持"生态优先、绿色发展、共建共享"战略，厚植"生态优势"，做全"生态链条"，做强"生态经济"，充分发挥全市良好的生态环境优势，推进赤水绿色脱贫攻坚，让 31 万赤水人民过上富足生活（生态环境部，2018）。2016 年 9 月，赤水市成功创建贵州省首批"国家生态市"，2018 年成为第二批"绿水青山就是金山银山"实践创新基地。

充分发挥生态农业的绿色扶贫作用，金钗石斛、商品竹林种植和乌骨鸡养殖使全市 70%以上贫困户从生态农业直接受益，人均年收入增加 340~6000 元。紧盯"年年可伐竹，卖竹卖笋增收"的经济效益，青山翠竹已成为赤水人民持续增收的"绿色银行"，20 多万竹农"扛着竹子奔小康"，直接收益 5.7 亿元，人均竹林面积达 6.6 亩，每年人均仅靠出售竹原料和竹笋增收 3200 元以上，助推 8000 多户近 3 万贫困群众实现产业脱贫；充分激发生态工业担当绿色扶贫社会责任，强力推进绿色产业"全链条"发展，仅竹木加工、特色轻工和电子信息装备制造等生态产业就提供就业岗位达 3000 多个，每个岗位年均工资性收入 3 万多元；充分挖掘生态旅游绿色扶贫的独特功能，立足竹林营造的自然优势，大力推进"全域旅游、全景赤水"，7 万余人"走上旅游路、吃上旅游饭、发上旅游财"（生态环境部，2018）。

赤水市坚守生态和发展两条底线，坚持"生态优先、绿色发展、共建共享"发展战略，2018 年实现地区生产总值 125.09 亿元，同比增长 11.5%；生态经济年均增速 13%以上，绿色产业已经成为农民增收致富的支柱（钟建，2019）。2017 年赤水市城乡居民人均可支配收入分别达到 28 606 元和 11 134 元，远远超出国家贫困县人均年收入水平，全市全面小康程度达到 97.8%，贫困发生率降低至 1.43%。赤水成为贵州首个也是唯一一个接受国务院脱贫攻坚成效考核第三方评估并通过验收的县（市），实现了生态共享、发展共赢（生态环境部，2018）。

（三）同为生态保护者和脱贫致富者，共享"绿水青山"和"金山银山"

贵州是西部地区贫困面最广、贫困程度最深的山区省。全省贫困人口主要分布在山区，多数是林农。通过生态扶贫，实现着保护者、脱贫者、致富者的三者统一，共享着"绿水青山"和"金山银山"。探索建立"生态护林员+贫困户"护林模式，启动生态护林员项目，积极争取稳定和扩大生态护林员队伍，实现"一人护林，全家脱贫"。截

至 2020 年 8 月底，全省选聘生态护林员达 18.28 万名，有效带动建档立卡贫困人口稳定脱贫（袁晓文和张再杰，2021 年）。生态护林员、农村管水员、乡村保洁员、巡河员、护路员……近年来，贵州山区群众依靠看山、护林、保水等，不仅获取了稳定的工资收入，还为生态保护作出了巨大贡献，这些岗位也为贫困群众托举起"稳稳的幸福"（谢巍娥等，2021）。

贵州省黔南布依族苗族自治州荔波县，2018 年共争取到中央财政林业生态建设资金4705.08 万元。荔波县将林业生态工程建设与精准扶贫结合，创造就业岗位，并优先聘请本地贫困农民，共聘用贫困农民 3000 人，人均增收 1636.2 元。荔波县足额兑现 2017年度国家级公益林补偿金 1635.35 万元，涉及 6530 户近 2.3 万贫困人口；兑现区划界定的地方公益林补偿金 147.85 万元，涉及 7389 户近 2.6 万贫困人口。朝阳镇共栽植蜜柚2.5 万亩，带动 2000 多名贫困户增收，其中八烂村 90% 的贫困户种植了蜜柚。近年来，荔波县大力发展林果产业，集中连片种植蜜柚、枇杷、荔波雪桃、油茶、刺梨、青梅、茶叶等 7.35 万亩，3.2 万贫困群众因此受益。为了规范水苔产业发展，影山镇紫林山村采取"合作社+农户+基地"的发展模式，统一组织采苗、销售。紫林山村水苔种植面积达 3500 亩，涉及贫困户 111 户 421 人。全村总收入 1000 万元以上，户均增收超过 2 万元（中国绿色时报，2018）。

贵州省黔东南州天柱县坪地镇将精准扶贫与农村环境卫生整治工作相结合，开发284 个生态公益性岗位，重点安置建档立卡贫困户、五保户、低保户、残疾户家庭成员作为农村保洁员、护林员，既解决了贫困户就业脱贫途径问题，又让农村卫生环境得到改善，实现了精准扶贫和美丽乡村建设的双赢。坪地镇通过开发 284 个生态公益性岗位，变"输血式"扶贫为"造血式"扶助，让贫困户实现在家门口就业，户均增收 6000 元左右，充分调动了贫困户就业主动性，激发了贫困户的脱贫斗志，有效实现了贫困户稳定就业和持续增收，为打赢脱贫攻坚战奠定了坚实基础（陈雪村，2019）。

（四）以生态家禽产业带区域发展，助推全省脱贫攻坚

贵州省通过多个产业扶贫的路径探索，逐渐形成了以"蔬菜种植、食用菌种植、生态家禽养殖、禽蛋生产"为四大核心的脱贫产业，其中生态家禽和禽蛋生产已经逐渐在全省形成规模。2017 年，贵州省人民政府就出台了《贵州省发展生态家禽产业助推脱贫攻坚三年行动方案（2017—2019 年）》，确定了以生态家禽产业快速发展助推全省脱贫攻坚的总体思路和目标。2018 年，全省实现生态家禽出栏 1.68 亿羽，同比增长 85%，禽蛋产量 29 万 t，同比增长 105%，生态家禽实现产值 145.86 亿元，同比增长 88%，带动脱贫作用明显（贵州网，2019）。

在习水县，构建了"企业+合作社+贫困户"的土鸡养殖生产模式，从生产端解决符合本地特色家禽的育种、养殖和衍生品加工等问题。在《贵州省发展生态家禽产业助推脱贫攻坚三年行动方案（2017—2019 年）》中特别设置了家禽产业发展的专项资金，将企业、合作社、家庭农场、专业大户和贫困对象等各类新型经营主体纳入相应资金和基金的支持范围。近年来，在生态家禽产业的全产业链建设方面，支持力度也非常大，《贵州省发展生态家禽产业助推脱贫攻坚三年行动方案（2017—2019 年）》特别提到了加快市场体系建设和品牌营销力度，除了保障省内禽蛋供给，提高市场占有率外，还在建

设新渠道、拓展省外市场方面不遗余力，尤其支持以企业为主体在北上广深等大城市构建线上和线下销售渠道，以直销配送、连锁经营、代理经销等模式，通过整合资源进行营销，提高贵州家禽品牌在省外的影响力和占有率（习水县人民政府，2020）。

第四节　云贵高原生态文明建设展望

云贵高原生态环境脆弱和社会经济发展欠发达的状况并存，在发展过程中既要保持经济又好又快发展，又要在发展中保护生态环境，使得经济增长同时不增加环境污染，促进生态环境质量持续得到改善，任务繁重、问题复杂。同时，当今世界正经历百年未有之大变局，国际格局变化带来的新的不确定性和风险日益增加，生态文明建设的外部环境日趋复杂；国内生态文明建设仍处于压力叠加、负重前行的关键期，保护与发展长期矛盾和短期问题交织，生态环境保护结构性、根源性、趋势性压力总体上尚未根本缓解，与人民群众的期待、美丽中国建设目标要求还有不小差距。

一、坚持新发展理念，推动生态文明建设迈入新阶段

"十四五"及今后一段时期，生态文明建设将更加注重生态文明领域统筹协调、更加注重生态文明体系建设、更加注重绿色发展、更加注重节能减排和应对气候变化。作为国家生态文明建设先行先试的区域，云南省和贵州省要切实担负起历史使命，努力推进国家生态文明体制改革试点，以更高目标、更严要求推进生态文明建设和体制改革，争做贯彻习近平生态文明思想的"排头兵"，争创美丽中国的示范样板，为全国生态文明建设提供更多可复制、可推广的经验成果。

云南和贵州两省要以习近平新时代中国特色社会主义思想为指导，深入践行习近平生态文明思想，全面贯彻落实习近平总书记视察贵州、云南重要讲话精神和系列重要指示要求，统筹推进"五位一体"总体布局，协调推进"四个全面"战略布局，坚持新发展理念，确保生态优先、绿色发展，奋力推进"生态大保护"，落实碳达峰、碳中和重大决策部署，推动社会经济高质量发展。谨记习近平总书记的嘱托，牢固树立"绿水青山就是金山银山"的理念，保持加强生态文明建设的战略定力，守好发展和生态两条底线，努力走出一条生态优先、绿色发展的新路子，高质量建设国家生态文明试验区，全力推动生态文明建设迈上新台阶。让生态美、环境美、城市美、乡村美、山水美、人文美成为云南省的普遍形态，让云南省"植物王国""动物王国"成为享誉世界的名片。把贵州省从国家级生态文明建设"试验区"打造成为"示范区"，力争成为引领西部地区绿色高质量发展的标杆和美丽中国的"贵州样板"。

二、深挖地域特色文化，为生态文明建设提供源生动力

云贵高原是我国少数民族众多的区域，拥有独特的人文地理特征，也创造了其特有的高原山地文化特征。云贵高原复杂多样的山地环境孕育了丰富多样的山地原生态文化，这是因为不同的山地文化植根于不同的地理环境和不同的山地民族，从而构成一种独特的文化体系，在山地民族"原生态"文化中，最有价值的是"天人合一"的

传统观念,它强调人与自然的和谐,重视良好的生态环境(史继忠和何萍,2005)。各民族在生产生活及与复杂多样的生态环境相处的过程中,形成了对人与自然关系的深刻认识,蕴含着可持续发展的生态伦理,这些极具生态智慧的自然观与生态文明的价值体系相吻合,为推动民族地区经济社会高质量发展提供绿色思想和引导(马晓茜等,2021)。

习近平总书记指出:"我们要坚持道路自信、理论自信、制度自信,最根本的还有一个文化自信。"作为有着丰富而多元文化的云贵高原,要坚持文化自信,立足少数民族生态文化的资源优势和传统优势,因地制宜、分区分类地推动区域生态文化、区域民族文化的深度融合,促进区域发展理念的生态化和公众消费观念的绿色化,为生态文明建设提供源源不断的内生动力。要大力培育民族生态文化,加强生态文化教育,增强公众的生态意识,促进生态行为的养成,共享各民族生态文化,为解决环境问题和推进生态文明建设奠定理论基础和群众基础(马晓茜等,2021)。发挥学校的教育主阵地作用和社会的日常素质教育作用,加强自然教育和生态教育;注重利用宣传媒介,加强舆论引导;充分挖掘宣传民族文化中的生态智慧,营造生态文明建设的社会风尚。

三、推进高质量发展,与美丽云贵建设相得益彰

当前,绿色低碳的高质量发展已经逐渐成为国际社会应对气候变化、实现可持续发展的主要模式。习近平总书记在 2020 年第七十五届联合国大会上郑重提出,中国将提高国家自主贡献力度,采取更加有力的政策和措施,二氧化碳排放力争于 2030 年前达到峰值,努力争取 2060 年前实现碳中和。"十四五"时期,我国将全面进入高质量发展的重要历史时期。高质量发展推动着全社会的资源利用效率显著提高、生态环境保护压力显著降低,在更好地满足人民和社会发展需求的同时,大幅降低对资源、环境和生态的负面影响,推进国家治理体系和治理能力现代化,有效促进发展与保护的和谐统一,是生态文明建设的重要途径。

云贵高原地区,坚定不移把良好生态环境作为推动高质量发展的最大优势,把国家生态文明先行先试作为区域高质量发展的抓手,坚持创新、协调、绿色、开放、共享的发展理念,使得能源资源配置更加合理,推进清洁生产和能源清洁低碳安全高效利用,探索建立绿色低碳发展的模式;坚持统筹规划、系统治理原则,围绕长江经济带发展和国家生态安全屏障建设,统筹推进"山水林田湖草"生态系统治理,围绕大气、水、土壤、固体废物污染治理加强区域协调联动,推进区域间联防联治而形成系统治理的生态环境保护新格局。

(本章执笔人:刘旭、高吉喜、侯鹏、祝汉收、陈妍、杨旻)

展 望

开创社会主义生态文明新时代

生态文明建设是一个长期任务，需要持续努力，久久为功。人与自然是生命共同体，人类必须尊重自然、顺应自然、保护自然。人类只有遵循自然规律才能有效防止在开发利用自然上走弯路，人类对大自然的伤害最终会伤及人类自身，这是无法抗拒的规律。我们要建设的现代化是人与自然和谐共生的现代化，既要创造更多物质财富和精神财富以满足人民日益增长的美好生活需要，也要提供更多优质生态产品以满足人民日益增长的优美生态环境需要。必须坚持节约优先、保护优先、自然恢复为主的方针，形成节约资源和保护环境的空间格局、产业结构、生产方式、生活方式，还自然以宁静、和谐、美丽。

一、形势判断

党的十九大提出，我国社会主要矛盾已经转化为人民日益增长的美好生活需要和不平衡不充分的发展之间的矛盾。我国长期所处的短缺经济和供给不足的状况已经发生根本性改变，人民对美好生活的向往总体上已经从"有没有"转向"好不好"，呈现多样化、多层次、多方面的特点。在生态环境方面体现为，过去老百姓是盼温饱，现在是盼环保；过去是求生存，现在是求生态。绿色是美好生活的基础、人民群众的期盼，推动经济社会发展全面绿色转型，不仅可以满足人民群众在解决温饱问题和进入小康社会以后对物质文化生活提出的更高要求，也可以满足人民日益增长的优美生态环境需要，使坚持生态优先、推动高质量发展、创造高品质生活有机结合、相得益彰，进一步提升人民群众对美好生活的获得感、幸福感和安全感。

然而，我国生态环境保护结构性、根源性、趋势性压力总体上尚未根本缓解，尤其表现在以重化工为主的产业结构、以煤为主的能源结构和以公路货运为主的运输结构没有根本改变，污染排放和生态破坏的严峻形势没有根本改变，生态环境事件多发频发的高风险态势没有根本改变。同时，面对当今世界正经历百年未有之大变局，国际环境日趋复杂，不稳定性不确定性明显增加。一些发达国家推动全球环境治理动力显现不足，国际社会关注经济"绿色复苏"，环境发展领域南北差距进一步拉大，国际社会期待我国在国际环境治理尤其是应对全球气候变化中发挥领导者角色。面对纷繁复杂的国际形势，保持生态文明建设战略定力，坚持走生产发展、生活富裕、生态良好的文明发展道路，推动经济社会发展全面绿色转型，既是实现可持续发展的内在要求，也是打造人类命运共同体，构筑崇尚自然、绿色发展的生态体系，建设清洁美丽世界的有力举措。特别是 2020 年以来，我们面临着全球疫情、国际形势变化、自然灾害多发的多重压力，为实现建国百年目标，未来一段时期我国仍需保持中高速增长，如何在后疫情时期保持经济增长的同时，坚持绿色发展，确保生态资源资产的协同增长成为现阶段最迫切的任务。与此同时，中国向世界宣告力争2030年前碳达峰，努力争取2060年前碳中和的庄严承诺后，正在面临一场广泛而深刻的经济社会系统性变革，事关中华民族永续发展和构建人类命运共同体。要把碳达峰、碳中和纳入生态文明建设整体布局。

"十四五"是碳达峰的关键期、窗口期，我们要抓住机遇、乘势而上，推动碳达峰目标任务稳步实现。要加强体系建设，构建清洁低碳安全高效的能源体系，完善绿色低碳政策和市场体系，以体系强基固本；要加强能力建设，既提升绿色低碳技术等创新能力，又提升生态碳汇能力，靠能力行稳致远；要加强行动建设，实施重点行业领域减污降碳行动，倡导绿色低碳生活行动，加强国际合作行动，用行动落实蓝图。

二、发展目标

（一）总体目标

坚持绿色发展、低碳发展、循环发展，全面推进生态文明建设，实现生态资源资产与经济发展协同增长。到第二个一百年，人均国民收入与人均生态资源资产达到中等发达国家水平，实现人民群众物质生活水平和生态资源资产的双富裕，将我国建成富强民主文明和谐美丽的社会主义现代化强国，建成天蓝、地绿、水清、土净的美丽中国，实现中华民族永续发展。到21世纪下半叶，实现碳中和目标，全面建成零碳无废生态社会，开创社会主义生态文明新时代。

（二）阶段目标

关键期（2021~2025年）：生态文明建设实现新进步，国土空间开发保护格局得到优化，生产生活方式绿色转型成效显著，能源资源配置更加合理、利用效率大幅提高，单位国内生产总值能源消耗和二氧化碳排放分别降低13.5%、18%，主要污染物排放总量持续减少，森林覆盖率提高到24.1%，生态环境持续改善，生态安全屏障更加牢固，城乡人居环境明显改善。

攻坚期（2025~2035年）：全面完成产业绿色转型升级，全面实现经济发展与生态资源资产协同增长，到2035年，人均GDP达2万美元，城乡居民人均收入比2025年翻一番；资源能源利用效率比2025年提高一倍，经济效率实现四倍跃进；生态资源资产总量比2025年提高30%，生态产业等新兴产业成为新的经济增长点，广泛形成绿色生产生活方式，碳排放达峰后稳中有降，生态环境根本好转，美丽中国建设目标基本实现。

实现期（2035~2050年）：经济发展与生态资源资产极大增长，基本实现物质财富与生态福祉双重富裕，人均GDP达到5万美元，生态资源资产总量比2025年提高50%；生态资源资产产业成为重要经济增长点，生态产品供给能力达到世界先进水平；基本形成零碳无废生态社会，生态环境质量根本性改善，建成天蓝地绿水清的美丽中国，实现中华民族伟大复兴的中国梦。

21世纪下半叶，实现碳中和，全面建成零碳无废生态社会，物质财富与生态福祉极大富裕，开启社会主义生态文明新征程，引领世界文明发展。

三、基本原则

坚持人与自然和谐。构筑尊重自然、绿色发展的生态体系,实现人的全面发展和自然生态系统的可持续发展相协调。

坚持物质精神同步。坚持物质文明与精神文明建设同步发展,形成与社会主义生态文明相符的世界观和价值观。

坚持经济生态协调。以资源环境承载力优化经济社会发展布局,改善环境质量,推动生态资源资产和经济发展协同增长。

坚持区域发展平衡。以缩小地区与城乡差距、促进基本公共服务均等化为目标,形成优势互补、共同富裕的区域发展格局。

四、主要任务

(一)推动生态资源资产协同发展,打造生态产品价值实现典范

生态资源资产是我国经济发展的新动力,通过全党全国各族人民坚持不懈努力提升生态资源资产,提高经济发展水平,实现人民群众物质生活水平和生态资源资产的双富裕,建成天蓝地绿水清的美丽中国。一是加快推动生态产品生产成为战略性新兴产业,研究建立生态产品分类目录,根据生态产品的类型和特征制定鼓励、限制、淘汰的生态产品产业政策;二是建立生态资源资产统计核算技术指标体系和核算方法,开展生态资源资产清查核算工作,将生态资源资产列入官员考核和离任审计的重要指标;三是建立完善生态产品价值市场实现机制,使生态资源资产资本化,积极探索资源使用权交易模式,研究建立可交易的生态产品产权制度,创新基于生态资源发展的金融信贷政策;四是要将生态资源资产优质区划入生态红线加以保护,以"山水林田湖草沙"系统工程为依托,统筹实施生态修复与治理工程,实现生态产品保质增值;五是要加强环境治理力度,改善环境质量,巩固提高生态产品供给能力,为人民提供洁净水源、清洁空气、健康土壤,保障食品安全和人居环境安全。

(二)实施清洁能源优先发展战略推动碳中和

要把降碳摆在更加优先的位置,对减污降碳协同增效一体谋划、一体部署、一体推进、一体考核。一是加快落实 2030 年前碳达峰行动方案,从严从紧从实控制"两高"项目上马。严格控制工业、建筑、交通等领域二氧化碳排放,加大甲烷、氢氟碳化物等其他温室气体控制力度。二是研究制定碳税政策,依据"谁排放、谁使用、谁缴税"原则,明确碳税纳税主体,进一步推动全国碳交易市场建设和碳排放交易。三是继续加强气候变化影响和风险评估,提升城乡建设、农业生产、基础设施适应气候变化能力。统筹气候变化与生态环境保护工作,建设性参与和引领应对气候变化国际合作。重点发展下一代气候模式和碳循环模拟预测技术、清洁能源和智慧储能关键技术、碳捕集和封存规模化关键技术、近零排放建筑关键技术、绿色低碳交通关键技术、现代农业与粮食减碳关键技术、工业行业零碳工艺变革关键技术、气候观测与温室气体排放监测核算关键

技术、生态固碳增汇关键工程技术、气候弹性和适应机制关键技术，为实现碳中和提供全方位的技术支撑。

（三）实现绿色驱动产业高质量生态化转型

以绿色发展为引领驱动产业生态化转型，做到腾笼换鸟、凤凰涅槃。一是基于资源环境承载能力优化产业发展布局，强化京津冀、长江经济带等重点区域的资源环境承载力约束；对于环境容量未超载地区，要严控增量，优化存量，保持环境质量不下降；对于环境容量超载地区，继续强化削减总量，提升行业排放标准，推进产业技术进步和绿色化，切实降低环境负荷；二是将生态理念贯彻到产业转型升级发展过程中，大力发展生态工业、生态农业、生态服务业，推动传统产业的生态化转型升级；三是加大污染治理投资力度，完善节能环保产业社会化投融资机制，规范和开发环保市场，培育行业龙头骨干企业，提高行业整体创新意识与自主研发能力，将节能环保产业打造成为新兴的支柱产业。

（四）补齐农村短板建设生态宜居美丽城乡

全面推进农业农村现代化发展，补齐生态振兴的短板，一是要深化土地改革，实现城乡要素平等交换的重大突破，为农村发展注入新动力，科学规划农村土地整理，全面建设农村基础设施，加强农村公共服务设施，打造功能多元、环境优美、生态宜居的美丽乡村；二是促进第一、第二、第三产业深度融合，发展数字乡村，促进城乡广泛参与的社会化农业，打造现代农业升级版，实现中国特色农业现代化；三是发展农村代谢共生产业，以农村废弃物以及废弃物资源化的产品为控制因素，设计、规划养殖、种植、人居规模耦合的区域，实现废弃物的近零排放与资源最大化利用，构建生产–生活–生态–生命一体化协调发展的"四位一体"农村发展模式，构筑具有循环社会特征的农村社会。

（五）提高资源利用效率加快无废社会建设

破解工业文明社会的高碳排放和高资源消耗的难题，实现低碳循环发展是开启社会主义生态文明新征程的重要基石。一是加快无废社会建设，将资源产出率、资源循环利用率等量化指标作为生态文明建设评价和政府绩效考核的重要指标，形成具有中国特色的低碳循环经济发展模式；二是坚持节能优先，继续强化节能降耗指标约束，形成能源绿色低碳发展倒逼机制，推动能源生产和消费的革命，加快能源生产由黑色、高碳向绿色、低碳转变，加快能源消费由粗放、低效向节约、高效转变，推动化石能源的洁净利用与总量控制，强化高碳能源的低碳化利用技术，大力发展非化石能源，增加可再生能源和核能等低碳能源在总能中的比例达到一半以上，实现能源结构性变革；三是构建循环型产业体系，推行企业循环式生产、园区循环化发展、产业循环式组合，促进生产和生活系统的循环链接，构建全社会固体废物分类资源化循环体系，推动再制造产业规模化发展，提高生产和消费领域的循环发展水平。

（六）理念、科技、制度、文化四轮驱动生态文明新征程

新时代的生态文明建设是一个复杂系统工程，建立理念、科技、制度、文化"四

轮"驱动机制尤为重要。一是坚持以绿色发展驱动为思想引领，改变原有的消费拉动和出口拉动方式，推动生产方式绿色化，构建科技含量高、资源消耗低、环境污染少的产业结构和生产方式，推动经济方式绿色化，带动社会资本投入生态建设，提升自然生态系统服务供给能力；推动生活方式绿色化，实现生活方式和消费模式向勤俭节约、绿色低碳、文明健康的方向转变。二是坚持以科技创新驱动为支撑，解决生态文明建设过程中的科学与技术难题，促进科技创新及时转化为生产力，实现基础科学、资源能源、信息网络、先进材料和制造、农业、人口健康等重点领域的重大突破，使科技创新成为开启社会主义生态文明新征程的发动机。三是坚持以体制机制驱动为保障，构建系统完备、科学规范、运行高效的制度体系，用制度推进建设、规范行为、落实目标、惩罚问责，支撑自然资源资产保护纳入政治制度、法律制度、科学制度、教育制度、社会保障制度等，通过制度政策实现"绿水青山"就是"金山银山"。四是坚持以文化价值驱动为基础。中华文化是中华民族生生不息、发展壮大的丰厚滋养，生态文明新征程的开创和建设也必须依靠中华传统文化的复兴作为驱动；弘扬传承中华传统文化，将其与社会主义价值观、生态文明价值观融合，增强其影响力和感召力，使其成为全社会的共识与认知，为开启社会主义生态文明新征程提供强大而持久的驱动力。

（七）培育全民生态文化自觉和绿色生活方式

生态文明首先是人的文明，提高公众生态文明素养、培育全民生态文化自觉是开启社会主义生态文明新征程的基石。一是将生态文明融入社会主义核心价值观体系，传承中华传统文化中敬畏天地、道法自然、天人合一的生态伦理，构建以人与自然和谐共生为核心价值观的生态文化，把生态文明教育纳入国民教育和领导干部培训体系；二是加强基本道德素养的培育，加强社会公德、职业道德、家庭美德、个人品德教育，弘扬我国优秀传统文化，全面提高国民道德素质；三是提高全民科学文化素养，在全社会形成崇尚科学精神的氛围，激发全社会创新创造活力，为实施创新驱动发展战略和生态文明建设提供有力支撑；四是将生态文化转化为社会和公众的自觉践行绿色低碳的消费模式，提倡适度消费、精品消费和精致生活，引导群众扩大非物质领域消费，引导社会公众自觉选择资源节约型、环境友好型的消费模式，实现消费方式和生活方式绿色化转变。

（八）引领全球治理共同构建人类命运共同体

中国作为打造人类命运共同体的倡导者和实践者，引领全球绿色治理，构筑尊崇自然、绿色发展的全球生态体系是社会主义生态文明新征程的重要使命。一是积极引领生态环境保护国际谈判和国际规则制定，主动承担与自身能力相匹配的国际责任，维护全球生态安全；二是提升绿色制造、信息技术、新能源技术、生态产业等重点领域的国际标准转化率，以标准助力全球绿色发展；三是积极参与全球气候治理，力争2030年前碳达峰，努力争取2060年前碳中和，为全球气候保护作出中国的贡献；四是积极推广我国生态文明建设理念和模式，为世界特别是广大发展中国家的可持续发展提供中国智慧与中国方案，共同构建人类命运共同体。

（执笔人：刘旭、郝吉明、王金南、宝明涛、张林波、梁田）

参 考 文 献

阿诺德·约瑟夫·汤因比. 2017. 历史研究. 郭小凌, 王皖强, 杜庭广, 等译. 上海: 上海世纪出版集团.

奥尔多·利奥波德. 2016. 沙乡年鉴. 侯文蕙, 译. 北京: 商务印书馆: 231.

巴桑旺堆, 杰布, 贡嘎桑布, 等. 2012. 藏北高原犊牦牛补饲育肥试验研究. 西藏科技, (1): 55-56.

白廷俊. 2022. 上海居民和单位生活垃圾分类达标率均保持在 95%. http://eco.cctv.cn/2022/07/03/ARTIJS21GHTGr2FEsNdmGa3T220703.shtml [2022-7-3].

北京市人民政府. 2021. 北京市国民经济和社会发展第十四个五年规划和二〇三五年远景目标纲要. http://fgw.beijing.gov.cn/fgwzwgk/zcgk/ghjhwb/wnjh/202104/t20210401_2638614.htm [2021-1-27].

北京市通州区人民政府. 2021. 北京城市副中心(通州区)国民经济和社会发展第十四个五年规划和二〇三五年远景目标纲要. http://www.bjtzh.gov.cn/bjtz/xxfb/202103/1340514.shtml [2021-3-1].

毕云龙, 罗晓琳, 蒙达. 2019. 云南抚仙湖山水林田湖草生态保护修复的实践. 中国土地, (12): 41-42.

布鲁斯·马兹利什. 2017. 文明及其内涵. 汪辉, 译. 北京: 商务印书馆.

蔡晓明. 2000. 生态系统生态学. 北京: 科学出版社.

参木友, 曲广鹏, 顿珠坚才, 等. 2017. 从帕里牦牛调查数据探讨西藏牦牛产业发展的现状. 草学, (4): 71-75.

曹忠祥, 高国力. 2015. 我国陆海统筹发展的战略内涵, 思路与对策. 中国软科学, (2): 1-12.

长江水利委员会水文局. 2021. 长江三峡工程水文泥沙年报. 武汉: 长江水利委员会水文局.

常杰, 葛滢. 生态学. 2010. 北京: 高等教育出版社.

陈安, 杨晓东, 余向勇, 等. 2018. 宜昌市山水林田湖生态保护与修复研究. 环境科学与管理, 43(5): 125-128.

陈彬, 王金坑, 张玉生, 等. 2004. 泉州湾围海工程对海洋环境的影响. 台湾海峡, 23(2): 192-198.

陈飞翔, 石兴梅. 2000. 绿色产业的发展和对世界经济的影响. 上海经济研究, (6): 33-38.

陈红兵. 2014. 佛教净土理想及其生态环保意义. 佛学研究, (23): 263-274.

陈吉宁. 2018-1-11. 着力解决突出环境问题. 人民日报, 第 7 版.

陈劲, 刘海兵, 杨磊. 2020. 科技创新与经济高质量发展: 作用机理与路径重构. 广西财经学院学报, 33(3): 28-42.

陈莉莉, 詹益鑫, 曾梓杰, 等. 2020. 跨区域协同治理: 长三角区域一体化视角下"湾长制"的创新. 海洋开发与管理, 37(4): 12-16.

陈莉莉, 赵爽. 2021. 红旗渠精神集体记忆的建构历程: 以《人民日报》(1965—2019)的报道为中心. 浙江理工大学学报(社会科学版), 46(1): 64-72.

陈璐. 2015. 实施异地扶贫开发实现区域统筹发展金磐开发区十九年开发建设成果. 浙江人大, (6): 62-63.

陈敏. 2019. 长江流域防汛抗旱减灾体系建设与成就. 中国防汛抗旱, 29(10): 36-42.

陈明星, 汤青, 马海涛. 2021. "十四五"时期促进中国区域发展迈向更高质量的初步认识. 发展研究, 38(7): 49-54.

陈丕虎, 王汉新. 1999. 浅谈黄河下游河道淤积抬升的原因及治理措施. 水利建设与管理, (5): 24-25.

陈涛. 2021. 浙江生态文明建设的生动实践与启示: 以近 20 年来的实践探索为例. 嘉兴学院学报, 33(2): 1-6.

陈潇奕. 2019. 绿色崛起. "丽水山耕"践行"丽水之干". http://gotrip.zjol.com.cn/xw14873/ycll14875/201903/t20190315_9668331.shtml [2019-3-15].

陈晓英, 张杰, 马毅, 等. 2015. 近 40a 来三门湾海岸线时空变化遥感监测与分析. 海洋科学, 39(2):

43-49.

陈雪村. 2019-10-10. 2019 天柱县坪地镇: 284 个生态公益性岗位助力脱贫. 黔东南日报, 第 2 版.

陈业新. 2001. 秦汉时期生态思想探析. 中国史研究, (1): 19-26.

陈则实, 王文海, 吴桑云, 等. 2007. 中国海湾引论. 北京: 海洋出版社.

成长春, 刘峻源, 殷洁. 2021. "十四五"时期全面推进长江经济带协调性均衡发展的思考. 区域经济评论, (4): 49-53.

成金华, 尤喆. 2019. "山水林田湖草是生命共同体"原则的科学内涵与实践路径. 中国人口·资源与环境, 29(2): 1-6.

重庆市林业局. 2019a-1-4. 重庆实施国土绿化提升 3 年行动. 中国绿色时报, 第 9 版.

重庆市林业局. 2019b-1-4. 重庆市实施横向生态补偿提高森林覆盖率工作方案(试行). http://www.forestry. gov.cn/lgs/2593/20190320/162737913988298.html [2020-11-26].

丛晓男, 李国昌, 刘治彦. 2020. 长江经济带上游生态屏障建设: 内涵、挑战与"十四五"时期思路. 企业经济, 39(8): 41-47.

崔海伟. 2013. 中国可持续发展战略的形成与初步实施研究(1992—2002 年). 北京: 中共中央党校博士学位论文.

邓凯, 李丽, 吴巩胜, 等. 2014. 景观空间格局对滇金丝猴猴群分布的影响. 生态学报, 34(17): 4999-5006.

邓玲, 何克东. 2019. 国家战略背景下长江上游生态屏障建设协调发展新机制探索. 西南民族大学学报(人文社科版), 40(7): 180-185.

邓小平. 1994. 邓小平文选(第二卷). 北京: 人民出版社.

第四次气候变化国家评估报告编写委员会. 2022. 第四次气候变化国家评估报告(2022). 北京: 科学出版社.

刁超凡. 2020. 黄河小浪底水库 3 年排沙 13 亿吨, 出库泥沙可绕赤道 22 圈. https://www.thepaper.cn/ newsDetail_forward_9092628 [2020-9-9].

丁伟伟. 2019. 逆向飞地经济现象研究: 以金磐扶贫开发区和衢州海创园为例. 杭州: 杭州师范大学硕士学位论文.

董玮, 秦国伟. 2021-1-6. 以系统思维推进山水林田湖草沙综合治理. 学习时报, 第 7 版.

董战峰, 璩爱玉, 郝春旭. 2020. 黄河流域高质量发展: 挑战与战略重点. 中华环境, Z1: 22-24.

杜丙照. 2019. 水资源费改税的实践探索与对策. 中国水利, (23): 20-22.

杜欢政, 等. 2013. 中国资源循环利用产业发展研究. 北京: 科学出版社.

杜祥琬. 2019. 固体废物分类资源化利用战略研究. 北京: 科学出版社.

杜祥琬, 等. 2016. 低碳发展总论. 北京: 中国环境出版社.

杜真, 陈吕军, 田金平. 2019. 我国工业园区生态化轨迹及政策变迁. 中国环境管理, 11(6): 107-112.

樊杰. 2013. 主体功能区战略与优化国土空间开发格局. 中国科学院院刊, 28(2): 193-206.

樊奇. 2021. 中国共产党建党百年来"山水林田湖草沙"系统治理思想的发展逻辑和启示. 鄱阳湖学刊, (2): 5-17, 124.

范恒山. 2021-11-23. 对生态产品价值实现机制的几点认识. 经济参考报, 第 7 版.

范慧, 乔清举. 2015. 儒家生态哲学研究综述. 理论与现代化, (2): 125-128.

范鹏辉. 2015. 瑞士产业发展模式的经验与借鉴. 中国经贸导刊, (4): 49-51.

范振林, 李晶. 2020. "丽水山耕"助推实现"两山"理念. 中国土地, (8): 34-36.

方春英. 2021. 持续"向山要地""问林增收"贵州林下经济蓬勃发展. http://jgz.app.todayguizhou.com/ news/news-news_detail-news_id-11515115565692.html [2021-2-4].

方立天. 2007. 佛教生态哲学与现代生态意识. 文史哲, (4): 22-28.

菲利普·巴格比. 2018. 文化与历史: 文明比较研究导论. 夏克, 李天纲, 陈江岚, 译. 北京: 商务印书馆: 82-86.

冯丹萌, 许天成. 2021. 中国农业绿色发展的历史回溯和逻辑演进. 农业经济问题, (10): 90-99.

冯剑丰, 王洪礼, 朱琳. 2009. 生态系统多稳态研究进展. 生态环境学报, 18(4): 1553-1559.

付琳, 曹颖, 郭昊, 等. 2021. "十二五"以来中国低碳发展进展及政策评估. 中国环境管理, 13(1): 16-24.

傅伯杰. 2020-11-10. 系统重构"山水林田湖草"调查体系. 中国自然资源报, 第 3 版.

傅振邦, 何善根. 2003. 瑞士绿色水电评价和认证方法. 中国三峡建设, (9): 21-23.

干珠扎布, 胡国铮, 高清竹, 等. 2019. 藏北高寒牧区草地生态保护与畜牧业协同发展技术及模式. 北京: 中国农业科学技术出版社.

甘丹·梅亚苏. 2018. 有限性之后: 论偶然性的必然性. 吴燕, 译. 郑州: 河南大学出版社: 33.

高国力. 2017. 我国市县开展"多规合一"试点的成效、制约及对策. 经济纵横, (10): 41-46.

高海南. 2019. 塞罕坝林场研究(1962—2017): 兼及生态环境视角. 石家庄: 河北师范大学硕士学位论文.

高明灿, 吕红医, 张冰雪, 等. 2021. 黄河文化遗产地域分异特征及其影响因素研究: 以黄河流域全国重点文物保护单位为例. 自然与文化遗产研究, 6(6): 61-74.

高伟洁. 2017. 秦汉时代生态思想研究. 郑州: 郑州大学博士学位论文.

高艳妮, 张林波, 李凯, 等. 2019. 生态系统价值核算指标体系研究. 环境科学研究, 32(1): 58-65.

高云. 2017. 巴黎气候变化大会后中国的应对气候变化形势. 气候变化研究进展, 13(1): 89-94.

耿建扩, 陈元秋. 2021. 塞罕坝精神: 奋斗创造绿色奇迹 实践诠释"两山"理念. http://www.wenming.cn/ziliao/jujiao/202101/t20210120_5921975.shtml [2021-1-20].

公安部. 2021. 2020 年全国新注册登记机动车 3328 万辆 新能源汽车达 492 万辆. https://app.mps.gov.cn/gdnps/pc/content.jsp?id=7647257 [2021-1-8].

巩杰, 燕玲玲, 徐彩仙, 等. 2020. 近 30 年来中美生态系统服务研究热点对比分析: 基于文献计量研究. 生态学报, 40(10): 3537-3547.

谷业凯. 2019. 中国工程院发布生态文明建设研究成果: 我国生态文明指数总体接近良好水平. http://www.gov.cn/xinwen/2019-04/23/content_5385240.htm [2019-4-23].

光明网. 2016. 国家科技重点研发计划正式启动实施各部委高度重视. http://news.youth.cn/gn/201602/t20160216_7640543.htm. [2016-2-16].

光明网. 2021. 浙江: "山海协作"为共同富裕打下均衡基础. https://m.gmw.cn/baijia/2021-08/06/1302466124.html [2021-8-6].

贵州省发展改革委. 2017. 省发展改革委副主任张美钧: 厚植"五个绿色"拓展"五个结合"加快建设国家生态文明试验区. http://fgw.guizhou.gov.cn/fggz/ywdt/201707/t20170722_62003043.html [2017-6-19].

贵州省林业局. 2021. 2020 年贵州林业年鉴. http://drc.guizhou.gov.cn/xxgk/sqjs/gzsq/202203/t20220314_72955121.html [2022-3-14].

贵州省人民政府办公厅. 2021. 关于印发贵州省"十四五"林业草原保护发展规划的通知(黔府办函〔2021〕86 号). http://www.guizhou.gov.cn/zwgk/zfgb/gzszfgb/202112/t20211222_72084691.html [2021-10-29].

贵州网. 2019. 以产业带区域, 生态家禽助力扶贫的贵州经验. http://www.gzw.net/mshow-232-232-1421682.html [2019-11-15].

郭本初. 2020. 中国省域生态文明建设水平测度与影响因素研究. 武汉: 中南财经政法大学硕士学位论文.

郭红军, 童晗. 2020. 国家生态文明试验区建设的贵州靓点及其经验: 基于石漠化治理的考察. 福建师范大学学报(哲学社会科学版), (3): 40-48.

郭庆超, 胡春宏, 陆琴, 等. 2003. 三门峡水库不同运用方式对降低潼关高程作用的研究. 泥沙研究, (1): 1-9.

国合会"绿色转型与可持续社会治理专题政策研究"课题组. 2020. "十四五"推动绿色消费和生活方式的政策研究. 中国环境管理, 12(5): 5-10.

国家发展和改革委员会. 2016. "十三五"全国城镇生活垃圾无害化处理设施建设规划. https://www.ndrc.gov.cn/xxgk/zcfb/ghwb/201701/t20170122_962225_ext.html [2016-12-31].

国家发展和改革委员会. 2017. 循环发展引领行动. http://www.gov.cn/xinwen/2017-05/04/content_

5190902.htm [2017-5-4].

国家发展和改革委员会. 2020. 关于印发《全国重要生态系统保护和修复重大工程总体规划(2021—2035 年)》的通知. https://www.ndrc.gov.cn/xwdt/tzgg/202006/t20200611_1235884.html?code=&state=123 [2021-11-12].

国家发展和改革委员会. 2021a. 国家发展和改革委 住房城乡建设部关于印发《"十四五"城镇生活垃圾分类和处理设施发展规划》的通知. https://www.ndrc.gov.cn/fggz/fgzy/xmtjd/202105/t20210514_1279964_ext.html [2021-5-13].

国家发展和改革委员会. 2021b. "十四五"循环经济发展规划. https://www.ndrc.gov.cn/xxgk/zcfb/ghwb/202107/P020210707324072693362.pdf [2021-7-1].

国家发展和改革委员会. 2021c-7-31. 城镇生活垃圾分类和处理设施补短板强弱项实施方案. https://www.gov.cn/zhengce/zhengceku/2020-08/08/5533296/files/c1f4e4b983824d1a8b824a1627d3e09f.pdf [2020-8-8].

国家发展和改革委员会. 2021d. 关于"十四五"大宗固体废弃物综合利用的指导意见. https://www.ndrc.gov.cn/xxgk/zcfb/tz/202103/t20210324_1270286_ext.html [2021-3-18].

国家发展和改革委员会. 2022-1-17. 关于加快废旧物资循环利用体系建设的指导意见. http://www.gov.cn/zhengce/zhengceku/2022-01/22/content_5669857.htm [2022-1-17].

国家发展改革委员会, 财政部, 自然资源部, 等. 2019. 建立市场化、多元化生态保护补偿机制行动计划. https://www.gov.cn/xinwen/2019-01/11/5357007/files/a05f5b86d3ec4096b6877135986bc0bf.pdf [2019-1-11].

国家发展和改革委员会, 国家能源局. 2016. 能源技术革命创新行动计划(2016—2030 年). https://www.gov.cn/xinwen/2016-06/01/5078628/files/d30fbe1ca23e45f3a8de7e6c563c9ec6.pdf [2016-6-1].

国家发展和改革委员会, 国家能源局. 2022. 国家发展改革委 国家能源局关于完善能源绿色低碳转型体制机制和政策措施的意见. https://www.ndrc.gov.cn/xxgk/zcfb/tz/202202/t20220210_1314511.html?code=&state=123 [2022-1-30].

国家环境保护总局, 中共中央文献研究室. 2001. 新时期环境保护重要文献选编. 北京: 中央文献出版社, 中国环境科学出版社: 385, 455, 563, 597.

国家林业和草原局. 2015. 全国第四次大熊猫调查结果(2015 年). http://www.forestry.gov.cn/main/304/content-758246.html [2021-11-15].

国家林业和草原局. 2021. "十四五"林业草原保护发展规划纲要. http://www.forestry.gov.cn/main/5461/20210819/091113145233764.html [2021-8-18].

国家能源局新能源和可再生能源司, 国家可再生能源中心, 中国可再生能源学会风能专委会, 等. 2015. 可再生能源数据手册 2015(未正式发表资料).

国家统计局. 2021a. 2020 年我国经济发展新动能指数比上年增长 35.3%. http://www.stats.gov.cn/tjsj/zxfb/202107/t20210726_1819834.html [2021-7-26].

国家统计局. 2021b. 中国统计年鉴 2021. 北京: 中国统计出版社.

国家统计局, 国家发展和改革委员会, 环境保护部, 等. 2017. 2016 年生态文明建设年度评价结果公报. http://www.gov.cn/xinwen/2017-12/26/content_5250387.htm [2017-12-26].

国家统计局社会科技和文化产业统计司, 科学技术部战略规划司. 2021. 中国科技统计年鉴 2021. 北京: 中国统计出版社.

国务院. 2015. 全国主体功能区规划. 北京: 人民出版社: 1-10.

国务院. 2016. 国务院关于印发"十三五"生态环境保护规划的通知. http://www.gov.cn/gongbao/content/2016/content_5148753.htm [2016-11-24].

国务院. 2017. 国务院关于印发全国国土规划纲要(2016—2030 年)的通知. http://www.gov.cn/zhengce/content/2017-02/04/content_5165309.htm [2017-2-4].

国务院办公厅. 2016. 国务院办公厅关于健全生态保护补偿机制的意见. http://www.gov.cn/gongbao/content/2016/content_5076965.htm [2016-4-28].

国务院新闻办公室. 2021. 《中国的生物多样性保护》白皮书. http://www.mee.gov.cn/ywdt/szyw/202110/t20211008_955713.shtml [2021-10-8].

海南省海洋与渔业厅. 2019. 2018 年海南省海洋环境状况公报. http://hnsthb.hainan.gov.cn/hjzl/hjzlxx/hjzkgb_51008/201907/t20190709_2626968_mo.html [2019-7-8].

郝吉明, 曲久辉, 杨志峰, 等. 2020. 京津冀环境综合治理若干重要举措研究. 北京: 科学出版社.

郝迎霞, 颜忠诚. 2012. 浅谈生物共生现象的分类. 生物学通报, 47(11): 14-17.

何建坤. 2021. 碳达峰碳中和目标导向下能源和经济的低碳转型. 环境经济研究, (1): 1-9.

何伟, 张文杰, 王淑兰, 等. 2019. 京津冀地区大气污染联防联控机制实施效果及完善建议. 环境科学研究, 32(10): 1696-1703.

何潇. 2008. 加快我国绿色产业发展探析. 吉首大学学报(社会科学版), 29(5): 150-154.

河北省人民政府. 2021. 河北省国民经济和社会发展第十四个五年规划和二〇三五年远景目标纲要. http://info.hebei.gov.cn/hbszfxxgk/6898876/6898925/6899014/6906934/6966607/index.html [2021-2-22].

洪英杰. 2018. 贵州: 深入推进大生态战略行动 以绿色发展助推精准脱贫. http://www.gog.cn/zonghe/system/2018/07/05/016677457.shtml [2018-7-6].

胡春宏. 2016. 我国多沙河流水库"蓄清排浑"运用方式的发展与实践. 水利学报, 47(3): 283-291.

胡春宏, 方春明, 许全喜. 2019. 论三峡水库"蓄清排浑"运用方式及其优化. 水利学报, 50(1): 2-11.

胡春宏, 阮本清, 张双虎. 2017. 长江与洞庭湖鄱阳湖关系演变与调控. 北京: 科学出版社.

胡春宏, 张双虎, 张晓明. 2022. 新形势下黄河水沙调控策略研究. 中国工程科学, 24(1): 122-130.

胡春宏, 张晓明, 赵阳. 2020. 黄河泥沙百年演变特征与近期波动变化成因解析. 水科学进展, 31(5): 725-733.

胡春宏, 张晓明. 2019. 关于黄土高原水土流失治理格局调整的建议. 中国水利, (23): 5-7, 11.

胡建华. 2020. 中国信通院报告: 贵州大数据产业发展指数位居全国第三. http://news.idcquan.com/news/179333.shtml [2020-7-29].

胡锦涛. 2007-10-25. 高举中国特色社会主义伟大旗帜, 为夺取会全面建设小康社新胜利而奋斗. 人民日报, 第 1 版.

胡锦涛. 2012-11-9. 坚定不移沿着中国特色社会主义道路前进, 为全面建成小康社会而奋斗. 人民日报, 第 1 版.

胡晓登, 杨婷. 2016. 新常态下社会资本参与西部资源开发区生态治理机制构建. 贵州社会科学, (6): 120-123.

胡振鹏, 葛刚, 刘成林. 2015. 鄱阳湖湿地植被退化原因分析及其预警. 长江流域资源与环境, 24(3): 381-386.

湖南省人民政府. 2021. 湖南省人民政府办公厅关于印发《湖南省"十四五"生态环境保护规划》的通知. http://www.hunan.gov.cn/hnszf/xxgk/wjk/szfbgt/202110/t20211022_20838349.html [2021-11-6].

环境保护部. 2010. 关于组织开展城市餐厨废弃物资源化利用和无害化处理试点工作的通知. https://www.mee.gov.cn/gkml/hbb/gwy/201005/t20100518_189653.htm [2010-5-4].

环境保护部. 2015. 环境保护部 发展改革委关于贯彻实施国家主体功能区环境政策的若干意见. http://www.gov.cn/gongbao/content/2015/content_2975898.htm [2015-7-23].

环境保护部. 2016. 2015 年中国环境状况公报. https://www.mee.gov.cn/gkml/sthjbgw/qt/201606/t20160602_353138.htm [2016-6-2].

环境保护部. 2017. "生态保护红线、环境质量底线、资源利用上线和环境准入负面清单"编制技术指南(试行). https://www.mee.gov.cn/gkml/sthjbgw/qt/201712/t20171226_428625.htm [2017-12-25].

环境保护部, 国土资源部. 2014. 环境保护部和国土资源部发布全国土壤污染状况调查公报. 2014. https://www.mee.gov.cn/gkml/sthjbgw/qt/201404/t20140417_270670_wh.htm [2014-4-17].

郇庆治. 2013. 论我国生态文明建设中的制度创新. 学习论坛, (8): 48-54.

郇庆治. 2014. 环境政治学视角的生态文明体制改革与制度建设. 中共云南省委党校学报, 15(1): 80-84.

郇庆治. 2018. 生态文明及其建设理论的十大基础范畴. 中国特色社会主义研究, (4): 16-26.

郇庆治. 2021. 习近平生态文明思想的体系样态、核心概念和基本命题. 学术月刊, 53(9): 5-16.

黄晖. 2021. 中国珊瑚礁状况报告(2010—2019). 北京: 海洋出版社.

黄晖, 张浴阳, 刘骋跃. 2020. 热带岛礁型海洋牧场中珊瑚礁生境与资源的修复. 科技促进发展, 16(2): 225-230.

黄磊, 吴传清. 2021-3-3. 深化长江经济带生态环境治理. 中国社会科学报, 第 3 版.

黄润秋. 2020. 以生态环境高水平保护　推进经济高质量发展. 中国生态文明, (5): 17-18.

黄盛璋. 1984. 中国古代对人与自然关系认识的发展及其贡献. 历史教学, (10): 7-11.

黄小平, 黄良民, 宋金明, 等. 2019. 营养物质对海湾生态环境影响的过程与机理. 北京: 科学出版社.

黄小平, 张凌, 张景平, 等. 2016. 我国海湾开发利用存在的问题与保护策略. 中国科学院院刊, 31(10): 1151-1156.

黄杨, 李德江, 曹玉凤. 2018. 空间规划 "多规合一" 的创新之路. 中国测绘, (3): 10-12.

黄征学, 潘彪. 2020. 主体功能区规划实施进展、问题及建议. 中国国土资源经济, 33(4): 4-9.

黄志红. 2016. 长江中游城市群生态文明建设评价研究. 中国地质大学: 105.

霍尔姆斯·罗尔斯顿. 2000. 环境伦理学. 杨通进, 译. 北京: 中国社会科学出版社: 43-44, 151-152.

贾金生, 郝巨涛. 2010. 国外水电发展概况及对我国水电发展的启示(四): 瑞士水电发展及启示. 中国水能及电气化, (6): 3-7, 12.

贾姝媛, 姚晓科. 2020-10-16. "换道超车" 蹚出发展新路子. 石家庄日报, 第 1 版.

江帆, 晏利扬. 2016. 浙江第四轮 "811" 行动引入两美理念. http://epmap.zjol.com.cn/system/2016/07/14/021227519.shtml [2016-7-14].

江西省人民政府. 2021. 江西省 "十四五" 生态环境保护规划. http://www.xiushui.gov.cn/xxgk/xzxxgk/hsz/tzgg_127980/202111/t20211122_5314748.html [2021-11-22].

江泽民. 2006. 江泽民文选(第二卷). 北京: 人民出版社: 233.

姜长云, 盛朝迅, 张义博. 2019. 黄河流域产业转型升级与绿色发展研究. 学术界, (11): 68-82.

姜德文. 2021. 山水林田湖草系统治理之水土保持要义. 地学前缘, 28(4): 42-47.

姜南. 2017. 从生态角度看原始社会的价值. 安徽史学, (1): 46-54, 129.

姜晓明, 王艳艳, 向立云. 2019. 我国防洪减灾体系建设与成就. 中国防汛抗旱, 29(10): 6-9, 15.

蒋佳妮, 王文涛, 王灿, 等. 2017. 应对气候变化需以生态文明理念构建全球技术合作体系. 中国人口·资源与环境, 27(1): 57-64.

焦思颖. 2019. 国土空间规划体系 "四梁八柱" 基本形成:《中共中央　国务院关于建立国土空间规划体系并监督实施的若干意见》解读. 资源导刊, (6): 12-17.

金书秦, 牛坤玉, 韩冬梅. 2020. 农业绿色发展路径及其 "十四五" 取向. 改革, (2): 30-39.

京津冀协同发展专家咨询委员会. 2019. 京津冀协同发展战略研究. 北京: 中国工程院(未正式发表资料).

康琼. 2007. 论江泽民环境保护思想. 湖南商学院学报, 12(2): 33-36.

康艳兵, 熊华文, 吕斌, 等. 2020. 资源循环利用效率: 目标、途径与措施. 北京: 中国发展出版社.

科技部, 环境保护部, 气象局. 2017. "十三五" 应对气候变化科技创新专项规划. https://www.most.gov.cn/xxgk/xinxifenlei/fdzdgknr/fgzc/gfxwj/gfxwj2017/201705/t20170517_132850.html [2017-5-18].

科技部, 环境保护部, 住房城乡建设部, 等. 2017. "十三五" 环境领域科技创新专项规划. https://www.most.gov.cn/xxgk/xinxifenlei/fdzdgknr/fgzc/gfxwj/gfxwj2017/201705/t20170517_132848.html [2017-5-18].

孔令辉. 2020-10-21. 加快构建 "三线一单" 生态环境分区空间管控体系. 海南日报, 第 A11 版.

孔维菌. 2020. 省域政府生态管理绩效评估研究. 南京: 南京邮电大学硕士学位论文.

旷爱萍, 王瑞涛. 2021. 滇桂黔的石漠化地区实现乡村振兴的路径探索. 农业与技术, 41(16): 138-140.

雷英杰. 2017. 共抓大保护还一江清水: 长江经济带应该是什么样的? 环境经济, (17): 12-17.

黎元生. 2018. 生态产业化经营与生态产品价值实现. 中国特色社会主义研究, (4): 84-90.

李聪. 2020. 景观格局对滇金丝猴运动策略的影响及栖息地适宜性评估. 北京: 北京林业大学硕士学位论文.

李东. 2018. 把长江经济带建成生态文明先行示范带的几点思考. 环境保护, 46(21): 9-11.

李恩平. 2020. "十四五" 时期长江经济带城镇化与产业集聚协调、优化. 企业经济, 39(8): 25-31, 161.

李芬, 张林波, 陈利军. 2014. 三江源区生态移民生计转型与路径探索: 以黄南藏族自治州泽库县为例. 农村经济, (11): 53-57.

李葛. 2021. 国土空间规划中综合整治与生态修复的路径探索. 科技创新与应用, (6): 67-69.

李国英, 盛连喜. 2011. 黄河调水调沙的模式及其效果. 中国科学: 技术科学, 41(6): 826-832.

李海红. 2019. 制度、思想与精神: 红旗渠成功修建的原因. 河南师范大学学报(哲学社会科学版), 46(5): 88-93.

李海生, 王丽婧, 张泽乾, 等. 2021. 长江生态环境协同治理的理论思考与实践. 环境工程技术学报, 11(3): 409-417.

李浩, 刘陶. 2021. 长江流域生态补偿机制研究. 武汉: 武汉大学出版社.

李红清. 2011. 长江流域自然保护区建设现状与生态保护. 长江流域资源与环境, 20(2): 150-155.

李红松. 2021. "两山"转化体制机制创新的贵州探索. 贵阳市委党校学报, (1): 1-6.

李晶, 雷茵茹, 崔丽娟, 等. 2018. 我国滨海滩涂湿地现状及研究进展. 林业资源管理, (2): 24-28, 137.

李晴, 张安国, 齐玥, 等. 2019. 中国全面建立实施湾长制的对策建议. 世界环境, (3): 23-26.

李庆旭, 刘志媛, 刘青松, 等. 2021. 我国生态文明示范建设实践与成效. 环境保护, 49(13): 32-38.

李同艳. 2019. 西南地区植被覆盖度时空变化特征及其影响因素研究. 昆明: 云南大学硕士学位论文.

李妍, 杨波, 李如康. 2016. 海洋公园综合管控技术研究: 以江苏连云港海州湾国家海洋公园为例. 海洋开发与管理, 33(2): 101-104.

李亦博. 2014. 基于 LMDI 方法的我国能源消费回弹效应研究. 长沙: 湖南大学硕士学位论文.

李玉萍. 2021. 消费者创新性对绿色产品购买意愿的影响机制研究. 生产力研究, (10): 118-122.

李元超, 陈石泉, 郑新庆, 等. 2018. 永兴岛及七连屿造礁石珊瑚近 10 年变化分析. 海洋学报(中文版), 40(8): 97-109.

李元超, 吴钟解, 梁计林, 等. 2019. 近 15 年西沙群岛长棘海星暴发周期及暴发原因分析. 科学通报, 64(33): 3478-3484.

李忠, 刘峥延, 金田林. 2021. 未来一段时期推动长江经济带绿色高质量发展的政策建议. 中国经贸导刊, (13): 54-57.

连煜. 2020. 坚持黄河高质量生态保护, 推进流域高质量绿色发展. 环境保护, 48(Z1): 22-27.

联合国环境与发展大会. 1993. 21 世纪议程. 国家环境保护局, 译. 北京: 中国环境科学出版社: 3.

梁峰, 郭炳南. 2015. 旅游产业国际运营模式与竞争力研析: 以瑞士为例. 改革与战略, 31(11): 199-204.

廖峰. 2020. 生态产品价值实现与山区农产品区域公用品牌研究: 基于"丽水山耕"的个案分析. 丽水学院学报, 42(6): 1-10.

廖琪, 胡锐, 容誉, 等. 2020. "十四五"时期湖北生态环境保护的阶段特征与战略选择. 环境与可持续发展, 45(5): 105-108.

林超, 吴剑锋. 2018. 国家生态文明试验区的福建答卷. 决策探索(上), (10): 76-77.

林达·利尔. 1999. 自然的见证人: 蕾切尔·卡逊传. 北京: 光明日报出版社: 344, 354, 360.

林庆. 2008. 云南少数民族生态文化与生态文明建设. 云南民族大学学报(哲学社会科学版), 25(5): 26- 30.

林森木. 1962. 英国古典政治经济学的劳动价值学说简介. 教学与研究, (3): 49-52.

林雪萍, 李昌达, 姜德刚, 等. 2020. 蓝色海湾评估体系构建及初步应用研究: 以温州市洞头区为例. 海洋开发与管理, (5): 46-51.

林毓鹏. 2000. 加快发展我国绿色产业. 生态经济, (2): 44-46

林震, 冯天. 2014. 邓小平生态治理思想探析. 中国行政管理, (8): 10-12.

刘伯恩. 2020. 生态产品价值实现机制的内涵、分类与制度框架. 环境保护, 48(13): 49-52.

刘呈庆. 1993. 持续发展的二十一世纪:《中国 21 世纪议程》简介. 中国人口·资源与环境, 3(3): 64-66.

刘冬, 杨悦, 邹长新. 2019. 长江经济带大保护战略下长江上游生态屏障建设的思考. 环境保护, 47(18): 22-25.

刘芳明, 刘大海. 2017. 国际海底区域的全球治理和中国参与策略. 海洋开发与管理, 34(12): 56-60.

刘刚. 2019. 新闻发布会: 云南省 2019 年河(湖)长制工作情况通报. https://www.sohu.com/a/353947631_

99896281. [2019-11-15].

刘钢, 王慧敏, 徐立中. 2018. 内蒙古黄河流域水权交易制度建设实践. 中国水利, (19): 39-42.

刘国平, 李开峰. 2019. 淮河流域防汛抗旱减灾体系建设与成就. 中国防汛抗旱, 29(10): 54-60.

刘海章. 2008. 贵州岩质边坡生态防护基材配比的研究. 贵阳: 贵州师范大学硕士学位论文.

刘豪. 2016. 生态文明建设对云南民族文化的作用研究初探. 昆明学院学报, 38(1): 66-72.

刘红樱, 姜月华, 杨辉, 等. 2019. 长江经济带土壤质量评价及产地适宜性初步研究. 中国地质调查, 6(5): 50-63.

刘磊, 周梦天. 2020. 开拓"绿水青山就是金山银山"新境界: 浙江"十四五"生态文明建设研究. 浙江经济, (9): 30-33.

刘燎, 史开云. 2021-8-30. "治石"与"治贫"同步 产业与生态共荣. 毕节日报, 第 5 版.

刘录三, 黄国鲜, 王璠, 等. 2020. 长江流域水生态环境安全主要问题、形势与对策. 环境科学研究, 33(5): 1081-1090.

刘书敏, 刘亮, 王强. 2017. 生态系统灾难性突变研究进展. 生态科学, 36(2): 186-192.

刘晓龙, 姜玲玲, 葛琴, 等. 2019. "无废社会"构建研究. 中国工程科学, 21(5): 144-150.

刘晓旭. 2021. 基于新时期治水思路的内蒙古水权改革实践. 内蒙古水利, (8): 64-66.

刘孝斌. 2020. 长三角地区绿色金融的发展路径探索: 来自国家绿色金融改革创新试验区湖州市的调查研究. 金融理论与教学, (4): 15-20, 29.

刘正文, 张修峰, 陈非洲, 等. 2020. 浅水湖泊底栖–敞水生境耦合对富营养化的响应与稳态转换机理: 对湖泊修复的启示. 湖泊科学, 32(1): 1-10.

龙金晶. 2007. 中国现代环境保护运动的先声. 北京: 北京大学硕士学位论文.

龙丽娟, 杨芳芳, 韦章良. 2019. 珊瑚礁生态系统修复研究进展. 热带海洋学报, 38(6): 1-8.

卢昌彩, 赵景辉. 2015. 东海伏季休渔制度回顾与展望. 渔业信息与战略, 30(3): 168-174.

卢丽华, 周妍, 苏香燕, 等. 2021. 构筑滨海生态绿带. 中国自然资源报.

卢满意. 2012. 锡林郭勒草原退化影响因素分析及可持续利用对策研究. 呼和浩特: 内蒙古农业大学硕士学位论文.

卢兴, 吴倩. 2020. 在"人类中心主义"与"非人类中心主义"之间: 儒家生态哲学定位问题新探. 河南社会科学, 28(3): 98-104.

卢勇, 洪成. 2014. 中国古代治水中的传统哲学理念及其应用. 西北农林科技大学学报(社会科学版), 14(1): 132-137.

路瑞, 马乐宽, 杨文杰, 等. 2020. 黄河流域水污染防治"十四五"规划总体思考. 环境保护科学, 46(1): 21-24, 36.

吕娟, 凌永玉, 姚力玮. 2019. 新中国成立70年防洪抗旱减灾成效分析. 中国水利水电科学研究院学报, 17(4): 242-251.

吕一铮, 田金平, 陈吕军. 2020. 推进中国工业园区绿色发展实现产业生态化的实践与启示. 中国环境管理, 12(3): 85-89.

罗明, 于恩逸, 周妍, 等. 2019. 山水林田湖草生态保护修复试点工程布局及技术策略. 生态学报, 39(23): 8692-8701.

罗亚, 余铁桥, 程洋. 2020. 新时期国土空间规划的数字化转型思考. 城乡规划, (1): 79-82, 89.

麻智辉, 高玫. 2013. 跨省流域生态补偿试点研究: 以新安江流域为例. 企业经济, 32(7): 145-149.

马洪波. 2009. 建立和完善三江源生态补偿机制. 国家行政学院学报, (1): 42-44.

马慧芳, 陈卫东. 2022. 生态文明建设与绿色消费行为: 研究述评与展望. 贵州大学学报(社会科学版), 40(1): 32-40.

马建堂. 2019. 生态产品价值实现路径、机制与模式. 北京: 中国发展出版社.

马克思, 恩格斯. 1979. 马克思恩格斯全集(第47卷). 北京: 人民出版社: 555.

马克思, 恩格斯. 1995. 德意志意识形态. 见: 马克思, 恩格斯. 马克思恩格斯选集(第1卷). 北京: 人民出版社: 67, 71-72.

马克思, 恩格斯. 2009a. 马克思恩格斯文集(第 9 卷). 北京: 人民出版社: 559-560.

马克思, 恩格斯. 2009b. 马克思恩格斯文集(第 1 卷). 北京: 人民出版社: 63.

马克思, 恩格斯. 2012a. 马克思恩格斯选集(第 1 卷). 北京: 人民出版社: 55-56, 340.

马克思, 恩格斯. 2012b. 马克思恩格斯选集(第 3 卷). 北京: 人民出版社: 336, 996.

马克思, 恩格斯. 2014. 马克思恩格斯全集(第 26 卷). 北京: 人民出版社: 40, 499, 767.

马晓茜, 张海夫, 郭祖全. 2021. 基于民族生态文化视角的云南生态文明建设研究. 生态经济, 37(2): 216-221.

毛泽东. 1997. 建国以来毛泽东文稿(第六册). 北京: 中央文献出版社: 4

梅多斯. 1984. 增长的极限. 于树生, 译. 北京: 商务印书馆: 12.

每日经济新闻. 2021. 专访中国工程院院士郭贺铨: 实现"双碳"目标, 东西部地区迎来合作新机遇. http://www.nbd.com.cn/articles/2021-09-07/1906355.html [2021-9-7].

孟奎. 2013. 经济学三大价值理论的比较. 经济纵横, (4): 14-21.

孟祥琪, 罗玉. 2021. 习近平生态扶贫理论及其在云南的实践. 农业与技术, 41(9): 173-177.

孟小燕, 郝亮, 艾静, 等. 2020. 农村生活污水垃圾治理评估研究: 以福建生态文明试验区为例. 环境与可持续发展, 45(5): 99-104.

苗长虹. 2020-1-15. 强化黄河流域高质量发展的产业和城市支撑. 河南日报, 第 11 版.

宁峰, 温玉洁. 2016. 先秦阴阳家的生态伦理思想. 宜宾学院学报, 16(8): 16-21.

牛翠娟, 娄安如, 孙儒泳, 等. 2015. 基础生态学(第 3 版). 北京: 高等教育出版社.

农业农村部. 2021. 农业农村部关于贯彻实施《中华人民共和国固体废物污染环境防治法》的意见. https://baijiahao.baidu.com/s?id=1709497765944150343&wfr=spider&for=pc [2021-8-30].

诺思 C. 道格拉斯. 2014. 制度、制度变迁与经济绩效. 杭行, 译; 韦森, 译审. 上海: 格致出版社: 3, 140.

潘苹. 2020. 国际经验对我国乡村振兴战略发展的启示. 农业与技术, 40(17): 156-157.

磐安县统计局. 2015. 磐安县国民经济和社会发展统计公报. http://www.panan.gov.cn/art/2022/4/2/art_1229170240_59291200.html [2022-4-2].

庞超, 赵书华, 李建成, 等. 2017-8-3. 绿水青山就是金山银山: 塞罕坝机械林场生态文明建设启示录. 河北日报, 第 1 版.

裴绍峰, 刘海月, 马雪莹, 等. 2015. 辽河三角洲滨海湿地生态修复工程. 海洋地质前沿, 31(2): 58-62.

裴新生, 刘振宇, 钱慧. 2021. 国土空间规划中的农业空间规划内容体系及传导初探. 上海城市规划, 3(3): 48-53.

彭建, 吕丹娜, 张甜, 等. 2019. 山水林田湖草生态保护修复的系统性认知. 生态学报, 39(23): 8755-8762.

彭建明, 鞠成伟. 2016. 深海资源开发的全球治理: 形势、体制与未来. 国外理论动态, (11): 115-123.

彭建阳, 张和军. 2013. 黄河下游河道淤积特征浅析. 见: 建筑科技与管理组委会. 2013 年 3 月建筑科技与管理学术交流会论文集: 167-169 (未正式发表资料).

彭伟斌, 曹稳键. 2021. "十四五"时期我国区域协调与绿色融合发展研究. 企业经济, 40(3): 142-150.

彭昕杰, 成金华, 方传棣. 2021. 基于"三线一单"的长江经济带经济–资源–环境协调发展研究. 中国人口·资源与环境, 31(5): 163-173.

彭韵, 李蕾, 彭绪亚, 等. 2018. 我国生活垃圾分类发展历程, 障碍及对策. 中国环境科学, 38(10): 3874-3879.

祁帆, 高延利, 贾克敬. 2018. 浅析国土空间的用途管制制度改革. 中国土地, (2): 30-32.

祁巧玲. 2019. 山水林田湖草生态保护修复 需统筹"人"的要素: 专访国家山水林田湖草生态保护修复工程专家组成员、国家生态保护红线划定专家委员会首席专家高吉喜. 中国生态文明, (1): 61-63.

钱易. 2015. 以绿色消费助推生态文明建设. 杭州(党政刊), (6): 28-29.

钱易, 温宗国, 等. 2021. 新时代生态文明建设总论. 北京: 中国环境出版集团.

乔清举. 2013. 儒家生态哲学的基本原则与理论维度. 哲学研究, (6): 62-71.

乔清举. 2015. "恩至禽兽": 儒家生态哲学中的动物观. 北大中国文化研究, 211-244.

乔清举. 2018. 儒家生态哲学的元理论体系建构及其意义. 中共中央党校学报, 22(2): 62-67.

乔婷. 2020. 发达国家和地区乡村振兴经验及借鉴. 内蒙古民族大学学报(社会科学版), 46(6): 89-97.

乔杨. 2021. 践行绿色消费的产品创意设计协同发展与契合. 商业经济研究, (10): 66-68.

秦大河. 2021. 中国气候与生态环境演变: 2021(第二卷). 北京: 科学出版社.

曲向荣. 2014. 清洁生产与循环经济(第 2 版). 北京: 清华大学出版社.

全国能源信息平台. 2020. 福建省碳市场历年累计成交 2545.89 万吨成交额达 7.62 亿元. https://baijiahao.
baidu.com/s?id=1682498996533265300&wfr=spider&for=pc [2020-11-5].

全球能源互联网发展合作组织. 2021. 中国 2060 年前碳中和研究报告. 北京: 中国电力出版社.

人民日报. 1957a-2-4. 积极准备开展今春造林运动, 青年团中央和林业部联合发出指示. 人民日报, 第
3 版.

人民日报. 1957b-7-17. 全国春季造林一百九十七万公顷, 五年来造林总面积比解放前三十五年大三十
二倍. 人民日报, 第 5 版.

人民日报. 2021. 共同富裕示范区这么建. http://www.gov.cn/zhengce/2021-06/11/content_5616893.htm
[2021-6-10].

人民网. 2020. 世界经济论坛报告: 各国需尽快携手应对风险. https://baijiahao.baidu.com/s?id=
1655841438281569669&wfr=spider&for=pc[2020-1-16].

任暟. 2013. 环境生产力论: 马克思 "自然生产力" 思想的当代拓展. 马克思主义与现实, (2): 76-83.

汝信, 陆学艺, 单天伦, 等. 2000. 2000 年中国社会形势分析与预测. 北京: 社会科学文献出版社: 318.

塞缪尔·亨廷顿. 2009. 文明的冲突与世界秩序的重建. 周琪, 刘绯, 张立平, 等, 译. 北京: 新华出版社.

陕西省林业科学院. 2020. 陕西省朱鹮保护成果报告. https://sxlykxy.com/a/webbase/linyedongtai/2020/
0624/5137.html [2020-6-24].

上海市人民政府. 2021. 上海市人民政府关于印发《上海市生态环境保护 "十四五" 规划》的通知.
https://www.shanghai.gov.cn/nw12344/20210818/fc1556f37984428a856b523aba5b6f21.html [2021-11-6].

尚晨光. 2019. 生态文化的价值取向及其时代属性研究. 北京: 中共中央党校博士学位论文: 11.

尚玉昌. 2010. 普通生态学(第三版). 北京: 北京大学出版社.

沈满洪, 谢慧明, 等. 2018. 生态文明建设浙江的探索与实践. 北京: 中国社会科学出版社.

沈茂英, 许金华. 2017. 生态产品概念、内涵与生态扶贫理论探究. 四川林勘设计, (1): 1-8.

沈志良. 2002. 胶州湾营养盐结构的长期变化及其对生态环境的影响. 海洋与湖沼, 33(3): 322-331.

生态环境. 2017. 2016 年中国生态环境状况公报. 北京: 中华人民共和国生态环境部. http://www.
cnemc.cn/jcbg/zghjzkgb/202105/t20210527_835035.shtml [2021-5-27].

生态环境部. 2018. 贵州省赤水市申报全国第二批 "绿水青山就是金山银山" 实践创新基地情况简介.
http://big5.mee.gov.cn/gate/big5/www.mee.gov.cn/ywgz/zrstbh/stwmsfcj/201811/W0201811204099358
55692.pdf. [2018-11-20].

生态环境部. 2020. 2019 年中国海洋生态环境状况公报. https://www.mee.gov.cn/hjzl/sthjzk/jagb/ [2021-12-30].

生态环境部. 2021a. 关于统筹和加强应对气候变化与生态环境保护相关工作的指导意见. http://www.
mee.gov.cn/xxgk2018/xxgk/xxgk03/202101/t20210113_817221.html [2021-1-30].

生态环境部. 2021b. 生态环境部党组书记孙金龙在 2021 年全国生态环境保护工作会议上的讲话.
(2021-02-01). http://www.mee.gov.cn/xxgk2018/xxgk/xxgk15/202102/t20210201_819773.html [2021-2-1].

生态环境部. 2021c. 生态环境部介绍大气污染防治工作情况等并答问. http://www.gov.cn/xinwen/
2021-02/25/content_5588903.htm [2021-2-25].

生态环境部. 2021d. 2020 年中国海洋生态环境状况公报. https://www.mee.gov.cn/hjzl/sthjzk/jagb/
[2021-12-30].

生态环境部. 2021e. 2020 年中国生态环境状况公报. 北京: 中华人民共和国生态环境部. http://www.
cnemc.cn/jcbg/zghjzkgb/202105/t20210527_835035.shtml [2021-5-27].

生态环境部. 2021f. "十四五" 时期 "无废城市" 建设工作方案. https://www.mee.gov.cn/xxgk2018/
xxgk/xxgk03/202112/t20211215_964275.html [2021-12-15].

施陈敬, 张鸿辉, 吴本佳, 等. 2020. 国土空间生态修复监管系统的设计与实现. 见: 中国城市规划学会

城市规划新技术应用学术委员会, 广州市规划和自然资源自动化中心. 共享与韧性: 数字技术支撑空间治理. 2020 年中国城市规划信息化年会论文集(未正式发表资料).

施卫东. 2020-12-1. 谱写长江经济带"十四五"发展新篇章. 人民政协报, 第 4 版.

施震, 黄小平. 2013. 大亚湾海域氮磷硅结构及其时空分布特征. 海洋环境科学, 32(6): 916-921.

石声汉. 1957. 齐民要术今释. 北京: 科学出版社.

史继忠, 何萍. 2005. 论云贵高原山地民族文化的保护与发展. 中央民族大学学报(哲学社会科学版), 32(1): 105-108.

史晓平. 2008. 耗散结构与生态系统新探. 系统科学学报, 16(4): 76-80.

世界环境与发展委员会, 国家环境保护局外事办公室. 1989. 我们共同的未来. 北京: 世界知识出版社.

水利部. 2019. 中国水土保持公报(2018 年). http://www.swcc.org.cn/gglm/2019-08-20/67625.html [2019-8-20].

水利部. 2021a. 中国水利统计年鉴 2021. 北京: 中国水利水电出版社.

水利部. 2021b. 中国水土保持公报(2020 年). http://slt.xinjiang.gov.cn/slt/stbcgb/202204/9f75ab05418b43748274036083654ea9.shtml [2022-4-13].

水利部. 2021c. 2020 年中国水资源公报. http://www.mwr.gov.cn/sj/tjgb/szygb/202107/t20210709_1528208.html [2021-11-21].

水利部淮河水利委员会. 2010-12-13. 新中国治淮 60 年. 光明日报, 第 6 版.

水利部黄河水利委员会. 2021a. 黄河年鉴 2020. 郑州: 水利部黄河水利委员会(未正式发表资料).

水利部黄河水利委员会. 2021b. 黄河泥沙公报 2020. 郑州: 水利部黄河水利委员会(未正式发表资料).

水利部水利水电规划设计总院. 2021. 第三次全国水资源调查评价总报告. 北京: 水利部水利水电规划设计总院(未正式发表资料).

水利部水土保持司. 2019. 水土保持 70 年. 中国水土保持, (10): 3-7.

四川日报. 2022. 编好降碳路线图, 助推区域碳达峰, 提升碳资产管理能力. http://www.tanjiaoyi.com/article-36081-1.html [2022-2-7].

四川省人民政府. 2021. 四川省"十四五"生态环境保护规划 (征求意见稿). http://sthjt.sc.gov.cn/sthjt/c104183/2021/11/12/a5d7637a4932465c8d48eac0e89d600c/files/74b1be61594e48b5ab67758a9284ffbf.pdf [2021-11-6].

宋伟, 韩赜, 刘琳. 2019. 山水林田湖草生态问题系统诊断与保护修复综合分区研究: 以陕西省为例. 生态学报, 39(23): 8975-8989.

宋星宇, 王生福, 李开枝, 等. 2012. 大亚湾基础生物生产力及潜在渔业生产量评估. 生态科学, 31(1): 13-17.

宋征. 2002. 21 世纪新曙光: 可持续发展实验区. 中国人口·资源与环境, 12(3): 108-112.

苏洁. 2010. 贵州少数民族文化旅游开发的对策研究. 改革与战略, 26(6): 130-133.

苏士梅, 白志如. 2021. 从物质到符号: 红旗渠的跨媒介叙事与跨时空传播(1960—2020). 河南大学学报(社会科学版), 61(5): 8-16.

苏舆, 钟哲. 2019. 春秋繁露义证. 北京: 中华书局.

孙金龙, 黄润秋. 2021-12-6. 坚持以习近平生态文明思想为指引 深入打好污染防治攻坚战. 人民日报, 第 13 版.

孙晶晶, 田鲁冬. 2013. 鄱阳湖水利枢纽工程对江豚产生正面影响的可能性. 江西水利科技, 39(1): 26-29.

孙凌宇. 2018. 深刻领会习近平生态文明思想 推动重庆生态文明建设迈上新台阶. 重庆行政(公共论坛), 19(5): 89-93.

孙秀艳, 刘毅, 寇江泽. 2019-3-21. 京津冀大气污染病根何在? 蓝天保卫战将精准施策. 人民日报, 第 7 版.

孙云, 于德永, 刘宇鹏, 等. 2013. 生态系统重大突变检测研究进展. 植物生态学报, 37(11): 1059-1070.

唐世平. 2016. 制度变迁的广义理论. 沈文松, 译. 北京: 北京大学出版社: 5, 14.

陶以军, 杨翼, 许艳, 等. 2017. 关于"效仿河长制, 推出湾长制"的若干思考. 海洋开发与管理, 34(11):

48-53.

滕宇. 2015. 墨家环境伦理思想及其现代意义. 哈尔滨: 哈尔滨工业大学硕士学位论文.

天津市人民政府. 2021.天津市国民经济和社会发展第十四个五年规划和二〇三五年远景目标纲要. http://www.tj.gov.cn/zwgk/szfwj/202102/t20210208_5353467.html [2021-2-8].

田大伦. 2008. 高级生态学. 北京: 科学出版社.

田文富. 2019-11-25. 推进黄河流域生态空间一体化保护和环境协同化治理. 中国环境报, 第 3 版.

童怀平, 李成关. 2002. 邓小平八次南巡纪实. 北京: 解放军文艺出版社.

托马斯·库恩. 2012. 科学革命的结构(第四版). 金吾伦, 胡新和, 译. 北京: 北京大学出版社.

万积平. 2019. "八步沙精神"的内涵及其时代启示. 甘肃理论学刊, (6): 24-29.

万军, 王倩, 李新, 等. 2018. 基于美丽中国的生态环境保护战略初步研究. 环境保护, 46(22): 7-11.

万以诚, 万岍. 2000. 新文明的路标: 人类绿色运动史上的经典文献. 长春: 吉林人民出版社: 3.

万占伟, 罗秋实, 闫朝晖, 等. 2013. 黄河调水调沙调控指标及运行模式研究. 人民黄河, 35(5): 1-4.

王波, 何军, 王夏晖. 2020. 山水林田湖草生态保护修复试点战略路径研究. 环境保护, 48(22): 50-54.

王波, 王夏晖, 张笑千. 2018. "山水林田湖草生命共同体"的内涵、特征与实践路径: 以承德市为例. 环境保护, 46(7): 60-63.

王波. 2021-3-11. 以系统观念谋划山水林田湖草沙治理工程. 中国环境报, 第 3 版.

王从彦, 潘法强, 唐明觉, 等. 2015. 儒道传统思想生态观对生态文明建设的启示. 中国人口·资源与环境, 25(S2): 233-237.

王发龙. 2020. 全球深海治理: 发展态势、现实困境及中国的战略选择. 青海社会科学, (3): 59-69

王浩. 2020. 黄河三角洲生态补水创历史新高　湿地面积扩大约 0.47 万公顷. https://m.gmw.cn/baijia/2020-07/31/34045122.html. [2020-7-31].

王浩, 游进军. 2016. 中国水资源配置 30 年. 水利学报, 47(3): 265-271, 282.

王红. 2014. 云南少数民族人口在东部沿海地区的适应与发展调查. 烟台: 烟台大学硕士学位论文.

王厚军, 丁宁, 岳奇, 等. 2021. 陆海统筹背景下海域综合管理探析. 海洋开发与管理, 38(1): 3-7.

王结发. 2013. 面临威胁的渤海湾: 污染现状及其治理. 生态经济, (11): 14-17.

王金亮, 古静. 2009. 云南民族文化中环境与生物多样性保护意识探析. 云南师范大学学报(哲学社会科学版), 41(1): 35-43.

王金南. 2020. 黄河流域生态保护和高质量发展战略思考. 环境保护, 48(1): 17-21.

王金南. 2021-5-26. 全面推动生态文明建设取得新进步. 人民日报, 第 14 版.

王金南, 孙宏亮, 续衍雪, 等. 2020. 关于"十四五"长江流域水生态环境保护的思考. 环境科学研究, 33(5): 1075-1080.

王金南, 王志凯, 刘桂环, 等. 2021. 生态产品第四产业理论与发展框架研究. 中国环境管理, 13(4): 5-13.

王金南, 严刚. 2001-1-4. 加快实现碳排放达峰　推动经济高质量发展. 经济日报, 第 1 版.

王军, 钟莉娜. 2019. 生态系统服务理论与山水林田湖草生态保护修复的应用. 生态学报, 39(23): 8702-8708.

王敏晰. 2021. 生态文明与资源循环利用. 北京: 社会科学文献出版社.

王琪, 辛安宁. 2019. "湾长制"的运作逻辑及相关思考. 环境保护, 47(8): 31-33.

王团华, 谢桂青, 叶安旺, 等. 2009. 豫西小秦岭—熊耳山地区金矿成矿物质来源研究: 兼论中基性岩墙与金成矿作用关系. 地球学报, 30(1): 27-38.

王伟, 张世ச, 纪友亮. 2006. 环胶州湾海岸线演化与控制因素. 海洋地质动态, 22(9): 7-10.

王文涛, 滕飞, 朱松丽, 等. 2018. 中国应对全球气候治理的绿色发展战略新思考. 中国人口·资源与环境, 28(7): 1-6.

王雯雯, 叶菁, 张利国, 等. 2020. 主体功能区视角下的生态补偿研究: 以湖北省为例. 生态学报, 40(21): 7816-7825.

王夏晖, 何军, 饶胜, 等. 2018. 山水林田湖草生态保护修复思路与实践. 环境保护, 46(3): 17-20.

王夏晖, 张箫. 2020. 我国新时期生态保护修复总体战略与重大任务. 中国环境管理, 12(6): 82-87.

王贤全, 曹津永. 2019. 七十年云南生态文明建设的主要成就. 社会主义论坛, (10): 21-22.

王旭东, 尹峰. 2021. 废弃矿山市场化生态修复实践与探索: 以安徽省为例. 中国国土资源经济, 34(8): 57-63.

王学军. 2017. 先秦道家生态哲学的内生逻辑与理论维度. 理论月刊, (8): 48-53.

王宇, 王勇, 任勇, 等. 2020. 中国绿色转型测度与绿色消费贡献研究. 中国环境管理, 12(1): 37-42.

王震. 2021. 长江经济带生态发展报告(2019—2020). 北京: 社会科学文献出版社.

王子华. 2000. 试论云南民族文化的多元和谐. 云南社会科学, (4): 60-64.

位欣. 2021. 城镇开发边界划定与管控研究. 城乡建设, (7): 42-44.

魏德东. 1999. 佛教的生态观. 中国社会科学, (5): 105-117, 206.

魏向阳, 蔡彬, 曹倍. 2019. 黄河流域防汛抗旱减灾体系建设与成就. 中国防汛抗旱, 29(10): 43-53.

温宗国, 等. 2020. 无废城市: 理论、规划与实践. 北京: 科学出版社.

温宗国, 王毅, 王学军, 等. 2021. 新时代生态文明建设探索示范. 北京: 中国环境出版集团.

邬建国. 1991. 耗散结构、等级系统理论与生态系统. 应用生态学报, 2(2): 181-186.

邬建国. 2004. 景观生态学中的十大研究论题. 生态学报, 24(9): 2074-2076.

吴保刚. 2006. 小流域生态补偿机制实证研究. 重庆: 西南大学硕士学位论文.

吴富勤, 郑进烜, 华朝朗. 2021. 云南生物多样性保护成效及建议. 林业调查规划, 46(5): 176-180.

吴钢, 赵萌, 王辰星. 2019. 山水林田湖草生态保护修复的理论支撑体系研究. 生态学报, 39(23): 8685-8691.

吴季友, 陈传忠, 赵岑, 等. 2020. 国家生态环境监测"十四五"展望. 中国环境管理, 12(4): 62-67.

吴松. 2019. 云南生态文明建设四十年成就、经验与展望. 社会主义论坛, (1): 32-33.

吴玉霖, 孙松, 张永山. 2005. 环境长期变化对胶州湾浮游植物群落结构的影响. 海洋与湖沼, 36(6): 487-498.

吴越. 2014. 国外生态补偿的理论与实践: 发达国家实施重点生态功能区生态补偿的经验及启示. 环境保护, 42(12): 21-24.

吴中海, 周春景, 谭成轩, 等. 2016. 长江经济带地区活动构造与区域地壳稳定性基本特征. 地质力学学报, 22(3): 379-411, 372.

吴左宾. 2013. 明清西安城市水系与人居环境营建研究. 广州: 华南理工大学博士论文.

西格蒙德·弗洛伊德. 2007. 论文明. 徐洋, 何桂全, 张敦福, 等译. 北京: 国际文化出版公司: 81-91.

习近平. 2017. 习近平谈治国理政(第二卷). 北京: 外文出版社.

习近平. 2018. 在深入推动长江经济带发展座谈会上的讲话. http://www.xinhuanet.com//politics/2019-08/31/c_1124945382.htm [2018-4-26].

习近平. 2019a. 推动我国生态文明建设迈上新台阶. 求是, (3): 4-19.

习近平. 2019b. 在黄河流域生态保护和高质量发展座谈会上的讲话. 求是, (20): 4-11.

习近平. 2019c. 在深入推动长江经济带发展座谈会上的讲话(2018 年 4 月 26 日). 求是, (17): 4-14.

习近平. 2020. 深化改革健全制度完善治理体系 善于运用制度优势应对风险挑战冲击. http://language.chinadaily.com.cn/a/202004/28/WS5ea79879a310a8b24115242d.html [2020-4-28].

习近平. 2021-10-13. 共同构架地球生命共同体: 在《生物多样性公约》第十五次缔约方大会领导人峰会上的主旨讲话. 人民日报, 第 1 版.

习水县人民政府. 2020. 习水县: 构建"生态畜牧业+"产业体系 阔步走向现代畜牧业. http://www.xsx.gov.cn/xwzx/xsyw/202008/t20200805_62169050.html [2020-8-5].

席北斗, 刘东明, 李鸣晓, 等. 2017. 我国固废资源化的技术及创新发展. 环境保护, 45(20): 16-19.

夏景全, 贾志宇, 张国豪, 等. 2020. 火山石对破碎化珊瑚礁的修复效果研究. 浙江海洋大学学报(自然科学版), 39(3): 283-290.

夏军, 石卫. 2016. 变化环境下中国水安全问题研究与展望. 水利学报, 47(3): 292-301.

谢克昌, 等. 2014. 中国煤炭清洁高效可持续开发利用战略研究. 北京: 科学出版社.

谢思聪. 2021. 江苏: 加强长江经济带生态调查与系统保护修复. 中国土地, (6): 57-58.

谢巍娥, 尚宇杰, 申云帆, 等. 2021. 我们与绿水青山有个约会: 生态公益性岗位成为贵州创新生态扶贫机制重要举措. 当代贵州, (5): 48-49.

辛鸣. 2019. 人类制度文明史上的伟大创造. http://www.cssn.cn/dzyx/dzyx_llsj/201911/t20191113_5034182.shtml [2019-11-13].

新华社. 2017. 习近平: 决胜全面建成小康社会 夺取新时代中国特色社会主义伟大胜利. http://www.gov.cn/zhuanti/2017-10/27/content_5234876.htm?gs_ws [2017-10-27].

新华社. 2019. 从 "生态负担" 到 "生态红利": 浙江扎实推进生态文明建设. http://www.gov.cn/xinwen/2019-06/04/content_5397361.htm [2019-6-4].

新华社. 2020. 习近平主持召开全面推动长江经济带发展座谈会并发表重要讲话. http://www.gov.cn/xinwen/2020-11/15/content_5561711.htm [2020-11-15].

新华社. 2021a. 黄河保护法草案首次提请审议. http://www.news.cn/mrdx/2021-12/21/c_1310386460.htm [2021-12-21].

新华社. 2021b. 中共中央办公厅、国务院办公厅印发《关于建立健全生态产品价值实现机制的意见》. http://www.gov.cn/zhengce/2021-04/26/content_5602763.htm [2021-4-26].

新华社. 2021c. 中共中央、国务院印发《黄河流域生态保护和高质量发展规划纲要》. http://www.gov.cn/zhengce/2021-10/08/content_5641438.htm [2021-10-8].

新华社. 2021d. 中华人民共和国国民经济和社会发展第十四个五年规划和 2035 年远景目标纲要. http://www.gov.cn/xinwen/2021-03/13/content_5592681.htm [2021-11-12].

新华网. 2020. 云南勐海: 把 "一片叶子" 作为脱贫攻坚的 "金钥匙". https://k.sina.com.cn/article_2810373291_a782e4ab02001ww2r.html?subch=onews. [2020-12-4].

新华网. 2021. 习近平在第七十五届联合国大会一般性辩论上的讲话. http://www.xinhuanet.com/world/2020-09/22/c_1126527652.htm [2021-10-10].

熊俊杰, 张涛, 晏佳宁. 2021. 国土空间规划下的 "三区三线" 划定与管控思路. 住宅与房地产, (15): 7-8.

熊兰兰, 黄小平, 张景平, 等. 2020. 基于生态系统的海湾综合管理框架及调控策略. 海洋环境科学, 39(2): 203-210.

熊巧利, 何云玲, 李同艳, 等. 2019. 西南地区生长季植被覆盖时空变化特征及其对气候与地形因子的响应. 水土保持研究, 26(6): 259-266.

徐驰, 王海军, 刘权兴, 等. 2020. 生态系统的多稳态与突变. 生物多样性, 28(11): 1417-1430.

许亮, 赵玥. 2015. 先秦道家生态哲学思想与生态文明建设. 理论视野, (2): 49-51.

许全喜, 袁晶, 董炳江. 2019. 长江泥沙变化及河床冲淤研究. 长江技术经济, (3): 58-68.

许小蕊, 郭艳彤, 刘颖. 2021. 从 "绿水青山" 走向 "金山银山" 延庆 "两山" 实践盘活特色资源. http://bj.wenming.cn/yq/yw/202107/t20210716_6114146.shtml [2021-7-16].

许雅文, 金晨. 2019. 绘就新时代美丽乡村新画卷 浙江全力打造 "千万工程" 升级版. https://baijiahao.baidu.com/s?id=1649677539593748775&wfr=spider&for=pc [2019-11-9].

许倬云. 2018. 中国文化的精神. 北京: 九州出版社: 10.

薛玉萍, 王星元. 2021. 山水田湖草生态保护修复工程控制性规划研究. 山西农经, (13): 118-119.

闫水玉, 裴雯. 2017. 中国古代都城营建中的生态智慧及其现代启示: 隋唐长安、宋代临安、明清北京的实证研究. 国际城市规划, 32(4): 40-47.

颜红霞, 韩星焕. 2017. 中国特色社会主义生态扶贫理论内涵及贵州实践启示. 贵州社会科学, (4): 142-148.

杨崇曜, 周妍, 陈妍, 等. 2021. 基于 NbS 的山水林田湖草生态保护修复实践探索. 地学前缘, 28(4): 25-34.

杨定文, 韦盛忠, 唐海英. 2016. 磐安县复县 30 年森林资源动态变化与经营对策研究. 华东森林经理, 30(4): 43-47.

杨发庭. 2021. 习近平生态文明思想的理论意蕴初探. 中国社会科学院研究生院学报, (3): 5-15.

杨光, 丁国栋, 屈志强. 2005. 中国水土保持发展综述. 北京林业大学学报(社会科学版), 5(增刊): 72-77.

杨继平. 2011. 植树造林　绿化祖国: 学习毛泽东林业建设思想. 中国林业, (1): 4-11.

杨坚白, 等. 1992. 新中国经济的变迁和分析. 南京: 江苏人民出版社.

杨金艳, 罗福生, 王爱军, 等. 2020. 淤积型海湾整治修复效果综合评价: 以厦门湾为例. 应用海洋学学报, 39(3): 389-399.

杨荣金, 孙美莹, 张乐, 等. 2020. 长江经济带生态环境保护的若干战略问题. 环境科学研究, 33(8): 1795-1804.

杨圣明. 2012. 论马克思对劳动价值理论的发展与创新. 毛泽东邓小平理论研究, (5): 56-64.

杨世凡, 王朝军, 孙泉忠, 等. 2021. 贵州省石漠化综合治理成效及对策分析. 中国水土保持, (6): 8-11.

杨伟民. 2020-12-23. 构建国土空间开发保护新格局. 经济日报, 第10版.

姚少慧, 孙志高. 2021. 福建省围填海管控的政策演进、存在的问题和优化建议. 湿地科学, 19(3): 387-393.

叶堂林, 等. 2020. 京津冀发展报告(2020): 区域协同治理. 北京: 社会科学文献出版社.

叶艳妹, 陈莎, 边微, 等. 2019. 基于恢复生态学的泰山地区"山水林田湖草"生态修复研究. 生态学报, 39(23): 8878-8885.

易小青, 高常军, 魏龙, 等. 2018. 湛江红树林国家级自然保护区湿地生态系统服务价值评估. 生态科学, 37(2): 61-67.

于爱澍, 黄江月, 马栋, 等. 2020. 以绿为底绘发展风物长宜放眼量: 西青生态屏障建设成果丰硕. https://m.gmw.cn/baijia/2020-10/16/1301678210.html [2020-10-16].

于贵瑞, 王秋凤, 杨萌, 等. 2021. 生态学的科学概念及其演变与当代生态学学科体系值商榷. 应用生态学报, 32(1): 1-15.

于琪洋, 孙淑云, 刘静. 2020. 我国县域节水型社会达标建设实践与探索. 中国水利, (7): 14-16, 19.

余新晓, 贾国栋. 2019. 统筹山水林田湖草系统治理带动水土保持新发展. 中国水土保持, (1): 5-8.

余英时. 2011. 现代危机与思想人物. 北京: 生活·读书·新知三联书店.

袁飞. 2016. 中国传统生态伦理思想与生态文明建设. 新西部(理论版), (1): 5-6.

袁慧玲. 2004. 中国传统生态伦理思想与生态文明建设研究. 南昌: 江西师范大学硕士学位论文.

袁晓文, 张再杰. 2021. 习近平生态文明思想指引下的贵州国家生态文明试验区建设的重点、难点及对策. 贵州社会主义学院学报, (1): 18-24.

岳德鹏, 于强, 张启斌, 等. 2017. 区域生态安全格局优化研究进展. 农业机械学报, 48(2): 1-10.

岳奇, 徐伟, 胡恒, 等. 2015. 世界围填海发展历程及特征. 海洋开发与管理, 32(6): 1-5.

云南法制报. 2020. "十三五"期间云南生态文明建设成绩亮眼. http://www.yn.gov.cn/ynxwfbt/html/2021/zuixinbaodao_0817/4249.html [2020-12-2].

云南日报. 2020a. 华坪走出绿色转型发展之路: 践行"两山论", 从产煤大县迈向生态强县. http://www.yn.gov.cn/ztgg/jjdytpgjz/xwjj/202010/t20201027_212468.html [2020-10-27].

云南日报. 2020b. 生态工程引领　实现山绿民富. http://cjjjd.ndrc.gov.cn/gongzuodongtai/yanjiangyaowen/yunnan/202007/t20200706_1233157.htm [2020-7-6].

云南日报. 2020c. 探索生态美产业兴百姓富可持续发展之路. http://www.yn.gov.cn/ywdt/bmdt/202012/t20201201_213939.html [2020-12-1].

郧文聚, 高璐璐, 张超, 等. 2018. 从生态文明视角看我国土地利用的变化及影响. 环境保护, 46(20): 31-35.

郧文聚, 桑玲玲. 2018. 我国土地利用中的环境风险管控研究. 环境保护, 46(1): 26-30.

曾婕, 邱秋. 2016. 引领消费文明促进绿色发展. 湖北社会科学, (6): 37-42.

曾雷, 唐振朝, 贾晓平, 等. 2019. 人工鱼礁对防城港海域小型岩礁性鱼类诱集效果研究. 中国水产科学, 26(4): 783-795.

曾蓉宁, 侯恒, 张荞云, 等. 2013. 如何促进我国绿色消费. 见: 中华环保联合会. 第九届环境与发展论坛论文集. 北京: 中国环境出版社.

曾贤刚, 虞慧怡, 谢芳. 2014. 生态产品的概念、分类及其市场化供给机制. 中国人口·资源与环境, 24(7): 12-17.

张灿, 徐涵秋, 张好, 等. 2015. 南方红壤典型水土流失区植被覆盖度变化及其生态效应评估: 以福建省长汀县为例. 自然资源学报, 30(6): 917-928.

张超, 乔敏, 郧文聚, 等. 2017. 耕地数量、质量、生态三位一体综合监管体系研究. 农业机械学报, 48(1): 1-6.

张海龙, 孔庆捷. 2021. 关于高校合同节水项目运作的思考. 中国水利, (9): 20-21, 24.

张进德. 2021. 山水林田湖草生态保护修复工程布局及技术策略分析. 工程建设与设计, (13): 112-114.

张侃, 杨青, 宋晗. 2019. 国土空间规划中综合整治与生态修复机制探讨. 见: 中国城市规划学会, 重庆市人民政府. 活力城乡　美好人居: 2019中国城市规划年会论文集. 北京: 中国建筑工业出版社: 7.

张坤民, 马中. 1997. 可持续发展论. 北京: 中国环境科学出版社.

张乐益, 吴乐斌. 2021. 国土空间规划中村庄规划体系与框架初探. 浙江国土资源, (7): 29-33.

张林波. 2007. 城市生态承载力理论与方法研究: 以深圳为例. 北京: 中国科学院研究生院博士论文.

张林波, 虞慧怡, 郝超志, 等. 2021. 生态产品概念再定义及其内涵辨析. 环境科学研究, 34(3): 655-660.

张林波, 虞慧怡, 李岱青, 等. 2019. 生态产品内涵与其价值实现途径. 农业机械学报, 50(6): 173-183.

张倩. 2017. 浅析我国应对气候变化科普宣传工作的措施与途径. 科技传播, (7): 94-97.

张双悦. 2021. 中国区域经济发展"十三五"回顾与"十四五"展望. 哈尔滨工业大学学报(社会科学版), 23(4): 152-160.

张宪洲, 杨永平, 朴世龙, 等. 2015. 青藏高原生态变化. 科学通报, 60(32): 3048-3056.

张萧, 饶胜, 何军, 等. 2017. 生态保护红线管理政策框架及建议. 环境保护, 45(23): 43-46.

张新. 2018. 基于生态保护红线的生态安全格局构建. 农业与技术, 38(19): 166-167.

张修玉, 施晨逸, 裴金铃, 等. 2020-12-8. 积极践行"山水林田湖草统筹治理"整体系统观. 中国环境报, 3.

张燕菁, 胡春宏, 王延贵. 2007. 黄河下游河道淤积成因分析与治理. 见: 骆向新, 尚宏琦. 第三届黄河国际论坛论文集. 郑州: 黄河水利出版社: 91-103.

张莹, 潘家华. 2020. "十四五"时期长江经济带生态文明建设目标、任务及路径选择. 企业经济, 39(8): 5-14.

张浴阳, 刘骋跃, 王丰国, 等. 2021. 典型近岸退化珊瑚礁的成功修复案例: 蜈支洲珊瑚覆盖率的恢复. 应用海洋学学报, 40(1): 26-33.

张跃西, 孔栋宝, 余义耕. 2006. 异地开发生态补偿机制创新实证研究. 见: 中国环境科学学会. 中国环境科学学会学术年会优秀论文集. 北京: 中国环境科学出版社.

张志卫, 刘志军, 刘建辉. 2018. 我国海洋生态保护修复的关键问题和攻坚方向. 海洋开发与管理, 35(10): 26-30.

章元红. 2019. 构建区域品牌: 农村经济高质量发展的路径选择——以"丽水山耕"为例. 浙江经济, (14): 50-52.

赵东升, 张雪梅. 2021. 生态系统多稳态研究进展. 生态学报, 41(16): 6314-6328.

赵飞. 2021. 云南省生物多样性法治保护的实践与探索: 以联合国《生物多样性公约》缔约方大会第十五次会议为视角. 中国司法, (12): 103-107.

赵广英, 宋聚生. 2020. "三区三线"划定中的规划逻辑思辨. 城市发展研究, 27(8): 13-19, 58.

赵佳懿. 2014. 厦门筼筜湖生态修复技术策略研究. 厦门: 厦门大学硕士学位论文: 16.

赵丽娜. 2015. 建国以来塞上荒漠化地区造林技术研究: 以右玉县为例建国以来塞上荒漠化地区造林技术研究. 太原: 山西大学硕士学位论文.

赵文廷, 王树涛, 许皞. 2019. 基于雄安新区水源涵养的山水林田湖草综合治理措施构想. 林业与生态科学, 34(1): 1-14.

赵翔, 朱子云, 吕植, 等. 2018. 社区为主体的保护: 对三江源国家公园生态管护公益岗位的思考. 生物多样性, 26(2): 210-216.

赵永平. 2021. "十三五"期间云南省完成营造林 3840.38 万亩. https://baijiahao.baidu.com/s?id=1698286417071152401&wfr=spider&for=pc [2021-4-28].

赵由才, 牛冬杰, 柴晓利, 等. 2019. 固体废物处理与资源化(第三版). 北京: 化学工业出版社.

赵友功, 王远, 张明锋. 2018. 青岛蓝色海湾保护及生态修复做法与经验. 中国工程咨询, (12): 92-95.

赵震, 张培. 2021. 中国共产党人的精神谱系、塞罕坝精神: 奋斗创造"美丽的高岭". https://www.ccdi.gov.cn/toutiao/202108/t20210829_249055_m.html [2021-8-29].

浙江省发展改革委. 2015. 省发展改革委 省生态环境厅关于印发《浙江省应对气候变化"十四五"规划》的通知. https://www.zj.gov.cn/art/2021/6/16/art_1229505857_2305563.html [2021-5-31].

浙江省经济与信息化厅. 2020. 浙江省数字经济发展成就. http://jxt.zj.gov.cn/art/2020/12/22/art_1659217_58925594.html. [2020-12-22].

浙江省农业农村厅. 2021. 浙江省农业农村厅关于省十三届人大五次会议金 69 号建议的答复. http://nynct.zj.gov.cn/art/2021/10/26/art_1229142077_4759901.html [2021-6-30].

浙江省人民政府. 2003. 浙江省人民政府关于印发《浙江生态省建设规划纲要》的通知. http://sthjj.wenzhou.gov.cn/art/2008/3/21/art_1229251559_2202780.html [2003-8-19].

浙江省人民政府. 2021a. 浙江省生态环境状况公报及生物多样性保护工作情况新闻发布会. https://www.zj.gov.cn/art/2021/5/31/art_1229434448_1313.html [2021-6-1].

浙江省人民政府. 2021b. 浙江省污染防治攻坚战新闻发布会. http://www.zj.gov.cn/col/col1229514755/index.html [2021-4-23].

浙江省生态环境厅. 2021. 2020 年浙江省生态环境状况公报. http://sthjt.zj.gov.cn/art/2021/6/3/art_1201912_58928030.html [2021-6-3].

浙江省统计局. 2021. 2020 年浙江省国民经济和社会发展统计公报. http://tjj.zj.gov.cn/art/2021/2/28/art_1229129205_4524495.html [2021-2-28].

郑朝菊, 曾源, 赵玉金, 等. 2017. 近 15 年中国西南地区植被覆盖度动态变化. 国土资源遥感, 29(3): 128-136.

郑江洛. 2021. 2020 年福建省数字经济规模突破 2 万亿元 增速 17.6%. https://baijiahao.baidu.com/s?id=1697745337905871437&wfr=spider&for=pc [2021-4-22].

郑通汉. 2016. 中国合同节水管理. 北京: 中国水利水电出版社.

郑艳, 庄贵阳. 2020. 山水林田湖草系统治理: 理论内涵与实践路径探析. 城市与环境研究, (4): 12-27.

郑燕珊. 2020-10-12. 从"+生态"和"生态+"角度看漳州"两山"转换. 闽南日报, 第 6 版.

中共中央, 国务院. 2005. 国务院关于加快发展循环经济的若干意见. http://www.gov.cn/zhengce/content/2008-03/28/content_2047.htm [2005-7-22].

中共中央, 国务院. 2013. 国务院关于印发循环经济发展战略及近期行动计划的通知. http://www.gov.cn/zhengce/content/2013-02/06/content_1631.htm [2013-2-6].

中共中央, 国务院. 2015a. 中共中央、国务院关于加快推进生态文明建设的意见. http://www.gov.cn/xinwen/2015-05/05/ content_2857363.htm [2015-5-5].

中共中央, 国务院. 2015b. 国务院关于印发《中国制造 2025》的通知. http://www.gov.cn/zhengce/content/2015-05/19/content_9784.htm [2015-5-19].

中共中央, 国务院. 2015c. 京津冀协同发展规划纲要. http://xxgk.hengshui.gov.cn/eportal/ui?pageId=2312805&articleKey=1910833&columnId=794598 [2015-4-30].

中共中央, 国务院. 2015d. 中共中央、国务院印发《生态文明体制改革总体方案》. http://www.gov.cn/guowuyuan/2015-09/21/content_2936327.htm [2015-9-21].

中共中央, 国务院. 2016a. 国家生态文明试验区(福建)实施方案. http://slt.fujian.gov.cn/xxgk/fggw/gjzcxwj/202103/t20210301_5542568.htm [2016-8-23].

中共中央, 国务院. 2016b. "十三五"生态环境保护规划. http://www.gov.cn/xinwen/2016-12/05/content_5143464.htm [2016-12-5].

中共中央, 国务院. 2017. 关于完善主体功能区战略和制度的若干意见. http://fgw.nmg.gov.cn/ywgz/fzgh/202103/t20210326_1315202.html [2017-10-26].

中共中央, 国务院. 2018a. 国务院办公厅印发《"无废城市"建设试点工作方案的通知》. http://www.gov. cn/xinwen/2019-01/21/content_5359705.htm [2019-1-21].

中共中央, 国务院. 2018b. 关于全面加强生态环境保护 坚决打好污染防治攻坚战的意见. http://www. gov.cn/zhengce/2018-06/24/content_5300953.htm [2018-6-24].

中共中央, 国务院. 2019. 中共中央办公厅、国务院办公厅印发《关于在国土空间规划中统筹划定落实三条控制线的指导意见》. http://www.gov.cn/zhengce/2019-11/01/content_5447654.htm [2019-11-1].

中共中央, 国务院. 2021a. 国务院印发《关于加快建立健全绿色低碳循环发展经济体系的指导意见》. http://www.gov.cn/xinwen/2021-02/22/content_5588304.htm [2021-2-22].

中共中央, 国务院. 2021b. 中华人民共和国国民经济和社会发展第十四个五年规划和 2035 年远景目标纲要. http://www.gov.cn/xinwen/2021-03/13/content_5592681.htm [2021-3-13].

中共中央, 国务院. 2021c. 国务院关于印发 2030 年前碳达峰行动方案的通知. http://www.gov.cn/ zhengce/content/2021-10/26/content_5644984.htm [2021-10-26].

中共中央, 国务院. 2021d. 关于深入打好污染防治攻坚战的意见. http://www.gov.cn/zhengce/2021-11/ 07/content_5649656.htm [2021-11-7].

中共中央文献研究室. 1995. 新时期科学技术工作重要文献选编. 北京: 中央文献出版社: 305.

中共中央文献研究室. 1997. 周恩来年谱(1949—1976). 北京: 中央文献出版社: 697.

中共中央文献研究室. 2001. 新时期环境保护重要文献选编. 北京: 中央文献出版社, 中国环境科学出版社: 628.

中共中央文献研究室. 2002a. 江泽民同志论有中国特色社会主义. 北京: 中央文献出版社: 279.

中共中央文献研究室. 2002b. 中共十三届四中全会以来历次全国代表大会中央全会重要文献选编. 北京: 中央文献出版社: 666.

中共中央文献研究室. 2004. 邓小平年谱(下). 北京: 中央文献出版社: 882.

中共中央文献研究室. 2005. 十六大以来重要文献选编(上). 北京: 中央文献出版社: 859, 861.

中共中央文献研究室. 2010. 江泽民思想年编(1989—2008). 北京: 中央文献出版社: 211.

中共中央文献研究室. 2017. 习近平关于社会主义生态文明建设论述摘编. 北京: 中央文献出版社: 11, 24, 99.

中共中央宣传部, 中华人民共和国生态环境部. 2022. 习近平生态文明思想学习纲要. 北京: 学习出版社, 人民出版社: 3-6.

中共中央宣传部对外宣传局. 1993. 中央负责同志同外宾的谈话. 北京: 人民出版社: 37.

中国共产党第十八届中央委员会第三次全体会议. 2013. 中共中央关于全面深化改革若干重大问题的决定. 北京: 人民出版社.

中国环境报社. 1992. 迈向 21 世纪: 联合国环境与发展大会文献汇编. 北京: 中国环境科学出版社.

中国环境与发展国际合作委员会秘书处. 2019. 2019 年度政策报告——新时代: 迈向绿色繁荣新世界. http://www.cciced.net/zcyj/ndzcbg/ [2021-2-20].

中国绿色时报. 2018. 贵州经验: 生态扶贫更可持续. http://www.greentimes.com/green/news/yaowen/ zhxw/content/2018-11/28/content_400661.htm [2018-11-28].

中国农业信息网. 2018. 浙江农业现代化发展水平稳步提升. http://www.agri.cn/V20/ZX/qgxxlb_ 1/zj/201810/t20181025_6270666.htm. [2018-10-25].

中国农业信息网. 2019. 重庆首个横向生态补偿提高森林覆盖率协议签订. 南方农业, (10): 11.

中国气象局. 2021. "十四五"中国气象局应对气候变化发展规划. 北京: 中国气象局(未正式发表资料).

中国气象局气候变化中心. 2021. 中国气候变化蓝皮书(2021). 北京: 科学出版社: 8.

中国青年报编辑部. 1956-2-9. 陕西 400 多万青少年造青少年林 6 万亩. 中国青年报, 第 2 版.

中国社会科学院, 中央档案馆. 1998. 1953—1957 中华人民共和国经济资料选编·农业卷. 北京: 中国物价出版社: 909-910.

中国社会科学院工业经济研究所. 2021. 2021 中国工业发展报告: 建党百年与中国工业. 北京: 经济管理出版社: 53.

中国水利水电科学研究院, 黄河勘测规划设计研究院有限公司, 黄河水利科学研究院, 等. 2020. 水沙变化情势下黄河治理策略(未正式发表资料).

中国政府网. 2020. 《全国重要生态系统保护和修复重大工程总体规划(2021—2035 年)》印发: 未来十五年, 保护修复生态这样干. http://www.gov.cn/zhengce/2020-06/12/content_5518797.htm [2020-6-12].

钟建. 2019. 生态和发展的"绿色样板"研究: 赤水市生态建设与经济发展为例. 智库时代, (8): 17, 19.

种国双, 海月, 郑华, 等. 2021. 中国西南喀斯特石漠化治理现状及对策. 长江科学院院报, 38(11): 38-43.

周恩来. 1984. 周恩来选集. 北京: 人民出版社: 446.

周恩来. 1999. 周恩来论林业. 北京: 中央文献出版社: 64.

周光华. 2014. 瑞典产业转型升级的借鉴启示: 赴瑞典学习考察的报告. 广西经济, (1): 38-42.

周宏春. 2017. "两山理论"与福建生态文明试验区建设. 发展研究, (6): 6-12.

周锦红, 叶飞霞. 2015. 生态文明城市建设的路径探究: 以福建省漳州市为例. 安徽农业大学学报(社会科学版), 24(3): 31-35.

周锦红. 2017-10-10. "生态+"描绘花样漳州新画卷. 闽南日报, 第 3 版.

周劲. 2019. 三线·三生·三控: 城乡布局结构的宏观管控机制. 规划师, 35(5): 5-12.

周侃, 樊杰, 盛科荣. 2019. 国土空间管控的方法与途径. 地理研究, 38(10): 2527-2540.

周权平, 张澎彬, 薛腾飞, 等. 2021. 近 20 年来长江经济带生态环境变化. 中国地质, (4): 1127-1141.

周汝良, 杜勇, 杨庆仙, 等. 2008. 滇金丝猴栖息地的空间格局分析. 云南地理环境研究, 20(3): 1-5.

周妍, 陈妍, 应凌霄, 等. 2021. 山水林田湖草生态保护修复技术框架研究. 地学前缘, 28(4): 14-24.

周以杰, 曹顺仙. 2019. 右玉精神蕴含的绿色发展观及其现实启示. 南京林业大学学报(人文社会科学版), 19(1): 20-27.

朱灿. 2020. 固体废物综合管理与无废城市建设分析. 资源节约与环保, (4): 110.

朱迪. 2016. 我国可持续消费的政策机制: 历史和社会学的分析维度. 广东社会科学, (3): 213-222.

朱鹤健. 2013. 我国亚热带山地生态系统脆弱区生态恢复的战略思想: 基于长汀水土保持 11 年研究成果. 自然资源学报, 28(9): 1498-1506.

朱珊珊. 2018. 加强生态农业建设 促进农业可持续发展. 现代农业, (6): 52.

朱小静, 张红霄, 汪海燕. 2012. 哥斯达黎加森林生态服务补偿机制演进及启示. 世界林业研究, 25(6): 69-75.

朱毅, 段晓瑞, 段毅. 2021-1-5. 构建生态文明制度体系的云南探索. 云南日报, 第 1 版.

庄贵阳. 2021. 我国实现"双碳"目标面临的挑战及对策. 人民论坛, (6): 50-53.

自然资源部国土空间生态修复司. 2021. 中国生态修复典型案例集. https://baijiahao.baidu.com/s?id=1714831339881092651&wfr=spider&for=pc [2021-10-28].

邹丹丹. 2018. 漳州市运用 PPP 模式助推城市建设的思考. 漳州职业技术学院学报, 20(1): 21-25.

邹建伟, 黄俊秀, 王强哲. 2016. 北部湾北部沿岸渔场 2015 年伏季休渔效果评价. 渔业信息与战略, 31(2): 132-138.

左其亭, 姜龙, 冯亚坤, 等. 2020. 黄河沿线省区水资源生态足迹时空特征分析. 灌溉排水学报, 39(10): 1-8, 34.

Begon M, Townsend C R, Harp J L, 等. 2016. 生态学: 从个体到生态系统(第四版). 李博, 张大勇, 王德华, 等译. 北京: 高等教育出版社.

Abatzoglou J T, Dobrowski S Z, Parks S A, et al. 2017. TerraClimate, a high-resolution global dataset of monthly climate and climatic water balance from 1958–2015. Scientific Data, 5: 170191(article serial number).

Baccini P. 1996. Understanding regional metabolism for a sustainable development of urban systems. Environmental Science and Pollution Research, 3(2): 108-111.

Botz-Bornstein T. 2012. What is the difference between culture and civilization? two hundred fifty years of confusion. Comparative Civilizations Review, 66: 9-28.

BP(British Petroleum). 2021. Statistical review of world energy(70th edition). https://www.bp.com/content/

dam/bp/business-sites/en/global/corporate/pdfs/energy-economics/statistical-review/bp-stats-review-202 1-full-report.pdf [2021-12-30].

Callicott J B. 2013. Thinking like a planet: the land ethic and the earth ethic. Oxford: Oxford University Press: 97.

Carson R. 1962. Silent spring. Boston: Houghton Mifflin Company: 297.

Cohen J E. 1997. Population, economics, environment and culture: an introduction to human carrying capacity. Journal of Applied Ecology, 34(6): 1325-1333.

Collie J S, Richardson K, Steele J H. 2004. Regime shifts: can ecological theory illuminate the mechanisms? Progress in Oceanography, 60(2-4): 281-302.

Columbia University Contemporary Civilization Staff of the Columbia College. 1960. Introduction to contemporary civilization in the west: a source book (Volume I, Third edition). 1960. New York: Columbia University Press.

Commoner B. 1971. The closing circle: nature, man and technology. New York: Random House Inc.: 33.

Costanza R, D'Angelo R, de Groot R, et al. 1997. The value of the world's ecosystem services and natural capital. Nature, 387: 253-260.

Costanza R, de Groot R, Sutton P, et al. 2014. Changes in the global value of ecosystem services. Global Environmental Change, 26: 152-158.

Daily G C. 1997. Nature's services: societal dependence on natural ecosystems. Washington D.C.: Island Press.

Dakos V, Matthews B, Hendry A P, et al. 2019. Ecosystem tipping points in an evolving world. Nature Ecology & Evolution, 3: 355-362.

Decker E H, Elliott S, Smith F A, et al. 2000. Energy and material flow through the urban ecosystem. Annual Review of Energy and the Environment, 25: 685-740.

Deevey E S. 1960. The human population. Scientific American, 203: 194-205.

Diamond J. 2002. Ecological collapses of pre-Industrial societies. In: Peterson G B. The tanner lectures on human values. Salt Lake City: The University of Utah Press: 22, 389-406.

Dransfield J, Flenley J R, King S M, et al. 1984. A recently extinct palm from Easter Island. Nature, 312(5996): 750-752.

European Environment Agency. 2012. Consumption and the environment: 2012 update. http://www.eea. europa.eu/publications/consumption-and-the-environment-2012 [2012-12-20].

Fisher B, Turner R K, Morling P. 2009. Defining and classifying ecosystem services for decision making. Ecological Economics, 68(3): 643-653.

Flenley J P B. 2003. The enigmas of Easter Island: island on the edge. New York: Oxford Universiry Press.

Flenley J R, King A S, Jackson J, et al. 1991. The late quaternary vegetational and climatic history of Easter Island. Journal of Quaternary Science, 6(2): 85-115.

Ganjurjav H, Zhang Y, Gornish E S, et al. 2019. Differential resistance and resilience of functional groups to livestock grazing maintain ecosystem stability in an alpine steppe on the Qinghai-Tibetan Plateau. Journal of Environmental Management, 251: 109579 (article serial number).

Good D H, Reuveny R. 2006. The fate of Easter Island: the limits of resource management institutions. Ecological Economics, 58(3): 473-490.

Grace J. 2004. Understanding and managing the global carbon cycle. Journal of Ecology, 92(2): 189-202.

Gunton R M, Asperen E V, Basden A, et al. 2017. Beyond ecosystem services: valuing the invaluable. Trends in Ecology & Evolution, 32(4): 249-257.

Guttal V, Jayaparkash C. 2009. Spatial variance and spatial skewness: leading indicators of regime shifts in spatial ecological systems. Theoretical Ecology, 2(1): 3-12.

Hagin B. 2012. Hydropower in Switzerland. https://swissfederalism.ch/en/hydropower-switzerland/ [2016-4-18].

Hains-Young R, Potschin M. 2010. The links between biodiversity, ecosystem services and human well-being. In: Raffaelli D, Frid C. Ecosystem ecology: a new synthesis. Cambridge, UK: Cambridge University Press.

Häyhä T, Franzese P P. 2014. Ecosystem services assessment: a review under an ecological-economic and systems perspective. Ecological Modelling, (289): 124-132.

Hein J R, Koschinsky A. 2014. Deep-ocean ferromanganese crusts and nodules. In: Turekian K K. Treatise on Geochemistry(Second Edition). Oxford: Elsevier: 273-291.

Hu W Q, Tian J P, Chen L J. 2021. An industrial structure adjustment model to facilitate high-quality development of an eco-industrial park. Science of The Total Environment, 766: 142502 (article serial number).

Hunt B G, Elliott T I. 2005. A simulation of the climatic conditions associated with the collapse of the Maya Civilization. Climatic Change, 69(2-3): 393-407.

IPCC. 2007. AR4 Climate change 2007: mitigation of climate change. https://www.ipcc.ch/report/ar4/wg3/ [2022-3-25].

IPCC. 2014. AR5 synthesis report: climate change 2014. https://www.ipcc.ch/report/ar5/syr/ [2021-8-20].

IPCC. 2021. IPCC 2006 Guidelines for national greenhouse gas inventories. https://www.ipcc.ch/report/2006-ipcc-guidelines-for-national-greenhouse-gas-inventories/ [2021-4-29].

Jensen J, Kyvsgaard N C, Battisti A, et al. 2018. Environmental and public health related risk of veterinary zinc in pig production: using Denmark as an example. Environment International, 114: 181-190.

Johansson J. 2016. Participation and deliberation in Swedish forest governance: the process of initiating a national forest program. Forest Policy and Economics, 70: 137-146.

John C J. 2004. Sustainability ethnic: tales of two cultures. Ethics in Science and Environmental Politics, 4(1): 39-43.

Kant I. 1996. Practical philosophy. Translated and edited by Mary J. Gregor. Cambridge: Cambridge University Press: 79, 84.

Kates R W. 1996. Population, technology, and the human environment: a thread through time. Daedalus, 125(3): 43-71.

Lawrence D, Vandecar K. 2015. Effects of tropical deforestation on climate and agriculture. Nature Climate Change, 5(1): 27-36.

Li F, Zhang L B, Li D Q, et al. 2015. Long-term ecological compensation policies and practices in China: insights from the Three Rivers Headwaters Area. Ecological Economy, 11(2): 175-184.

Li Z Y, Ma Z W, Van Der Kuijp T J, et al. 2014. A review of soil heavy metal pollution from mines in China: pollution and health risk assessment. Science of The Total Environment, 468-469: 843-853.

MA(Millennium Ecosystem Assessment). 2005. Millennium Ecosystem assessment: living beyond our means—natural assets and human well-being. Washington D.C.: World Resources Institute.

Merchant C. 1990. The death of nature: women, ecology, and the scientific revolution. San Francisco: Harper & Row, Publishers, Inc: 169, 172.

Mieth A, Bork H R. 2005. History, origin and extent of soil erosion on Easter Island(Rapa Nui). CATENA, 63(2-3): 244-260.

Morowitz H, Allen J P, Nelson M, et al. 2005. Closure as a scientific concept and its application to ecosystem ecology and the science of the biosphere. Advances in Space Research, 36(7): 1305-1311.

Nagarajan P. 2006. Collapse of Easter Island: lessons for sustainability of small islands. Journal of Developing Societies, 22(3): 287-301.

Ouyang Z, Song C, Zheng H, et al. 2020. Using gross ecosystem product(GEP) to value nature in decision making. Proceedings of the National Academy of Sciences, 117(25): 14953-14601.

Pearce D W, Turner R K. 1990. Economics of natural resources and the environment. Baltimore: John Hopkins University Press.

Peters R H, Raelson J V. 1984. Relations between individual size and mammalian population density. The American Naturalist, 124(4): 498-517.

Petersen S, Kratschell A, Augustin N, et al. 2016. News from the seabed: geological characteristics and resource potential of deep-sea mineral resources. Marine Policy, 70: 175-187.

Piao S L, Wang X H, Park T, et al. 2019. Characteristics, drivers and feedbacks of global greening. Nature Reviews Earth & Environment, 1: 1-14.

Piao S, Wang X, Park T, et al. 2020. Characteristics, drivers and feedbacks of global greening. Nature Reviews Earth & Environment, 1(1): 14-27.

Potschin-Young M, Haines-Young R, Görg C, et al. 2018. Understanding the role of conceptual frameworks: reading the ecosystem service cascade. Ecosystem Services, 29(Part C): 428-440.

Rees W, Wackernagel M. 1996. Urban ecological footprints: why cities cannot be sustainable—and why they are a key to sustainability. Environmental Impact Assessment Review, 16(4-6): 223-248.

Rogers P P, Jalal K F, Boyd J A. 2008. An introduction to sustainable development. London: Glen Educational Foundation, Inc: 9.

Scheffer M. 1997. Ecology of shallow lakes. Berlin: Springer Science & Business Media B. V.

Scheffer M, Carpenter S R, Dakos V, et al. 2015. Generic indicators of ecological resilience: inferring the chance of a critical transition. Annual Review of Ecology, Evolution, and Systematics, 46: 145-167.

Sierra R, Russman E. 2006. On the efficiency of environmental service payments: a forest conservation assessment in the Osa Peninsula, Costa Rica. Ecological Economics, 59(1): 131-141.

Silver C S, Defries R S. 1990. One earth, one future: our changing global environment. Washington, D.C.: National Academy Press.

Snchez-Azofeifa G A, Pfaff A, Robalino J A, et al. 2010. Costa Rica's payment for environmental services program: intention, implementation, and impact. Conservation Biology, 21(5): 1165-1173.

Steed B C. 2007. Government payments for ecosystem services: lessons from Costa Rica. Journal of Land Use & Environmental Law, 23(1): 177-202.

Steffen W, Sanderson A, Tyson P, et al. 2004. Global change and the earth system: a planet under pressure. Berlin: Springer-Verlag.

TEEB (The Economics of Ecosystems and Biodiversity). 2010. The economics of ecosystems and biodiversity: mainstreaming the economics of nature: a synthesis of the approach, conclusions, and recommendations of TEEB. Evanston: Progress Press.

Tilberg V. 1994. Easter Island: archaeology, ecology, and culture. London: British Museum Press.

Trewavas A. 2002. Malthus foiled again and again. Nature, 418(6898): 668-670.

Tylor E B. 1958. The origins of culture. New York: Harper & Row.

Wackernagel M, Rees W E. 1997. Perceptual and structural barriers to investing in natural capital: economics from an ecological footprint perspective. Ecological Economics, 20(1): 3-24.

Walker L R, Wardle D A. 2014. Plant succession as an integrator of contrasting ecological time scales. Trends in Ecology & Evolution, 29(9): 504-510.

Wang X, Xiao X, Xu X, et al. 2021. Rebound in China's coastal wetlands following conservation and restoration. Nature Sustainability, 4: 1076-1083.

Wei R. 2011. Civilization and culture. Globality Studies Journal, 24: 1-9.

Williams R S. 2000. A modern Earth narrative: what will be the fate of the biosphere? Technology in Society, 22(3): 303-339.

World Commission on Environment and Development. 1987. Our common future. Oxford: Oxford University Press: 43.

World Nuclear Association. 2011. Comparison of lifecycle greenhouse gas emissions of various electricity generation sources. https://www.world-nuclear.org/uploadedFiles/org/WNA/Publications/Working_Group_Reports/comparison_of_lifecycle.pdf [2017-12-20].

Wright L E. 1997. Biological perspectives on the collapse of the pasión Maya. Ancient Mesoamerica, 8(2): 267-273.

Yang Z P, Li X Y, Wang Y, et al. 2021. Trace element contamination in urban topsoil in China during 2000–2009 and 2010–2019: pollution assessment and spatiotemporal analysis. Science of The Total Environment, 758: 143647 (article serial number).

Yao T D, Thompson L G, Mosbrugger V, et al. 2012. Third pole environment (TPE). Environmental Development, 3: 52-64.

Zaks D P M, Kucharik C J. 2011. Data and monitoring needs for a more ecological agriculture. Environmental Research Letters, 6(1): 014017(article serial number).

Zeng S Y, Ma J, Yang Y J, et al. 2019. Spatial assessment of farmland soil pollution and its potential human health risks in China. Science of The Total Environment, 687: 642-653.

Zhou X X, Song M L, Cui L B. 2020. Driving force for China's economic development under industry 4.0 and circular economy: technological innovation or structural change? Journal of Cleaner Production, 271: 122680(article serial number).

附录一 中国工程院"生态文明建设若干战略问题研究"系列重大咨询研究项目主要政策建议清单

第一期 生态文明建设若干战略问题研究（2013 至 2015 年）

1. 《坚持绿色发展，强化生态文明建设——福建生态文明先行示范经验与建议》
   （2016 年 1 月）
2. 《以生态文明建设为引领，打造新疆"丝绸之路"国家战略高地》
   （2016 年 11 月）
3. 《关于"创新三江源区生态资源资产与生态文明建设发展模式"的建议》
   （2016 年 1 月）

第二期 生态文明建设若干战略问题研究（二期）（2015 至 2017 年）

1. 《关于通过"无废城市"试点推动固体废物资源化利用，建设"无废社会"的
   建议》（2017 年 5 月）
2. 《关于建设"无废雄安新区"的几点战略建议》（2017 年 6 月）
3. 《关于全面深化我国 PM2.5 污染防治工作的建议》（2017 年 3 月）

第三期 生态文明建设若干战略问题研究（三期）（2017 至 2019 年）

1. 《坚持绿色发展 建设美丽中国 开创社会主义生态文明新时代》（2017 年 4 月）
2. 《关于在国家生态安全战略中明确羌塘高原定位、促进国家生态文明建设的
   对策建议》（2017 年 6 月）
3. 《关于加强科学研究、科技支撑羌塘高原生态文明建设的建议》（2017 年 6 月）
4. 《关于建设第三极国家公园群——羌塘无人区片区的建议》（2017 年 12 月）
5. 《中国生态文明发展水平评估报告（2015—2017）》（2019 年 4 月）

第四期 长江经济带生态文明建设若干战略问题研究（2019 至 2021 年）

1. 《我国生态文明建设取得的成就与面临的困难》（2019 年 12 月）
2. 《关于实施三江源生态产品供给能力提升重大工程的建议》（2020 年 9 月）

第五期　黄河流域生态保护与高质量发展战略研究（上，2020 年）

1.《关于强化黄河流域国土空间生态环境管控，加快建立"一干两区多廊"生态安全格局的建议》（2020 年 5 月）
2.《关于加强黄河流域环境质量改善的建议》《关于青藏高原生态环境保护立法应考虑的重大问题》（2020 年 5 月）
3.《黄河流域生态环境保护治理重点项目库》（2020 年 7 月）

第五期　黄河流域生态保护与高质量发展战略研究（下，2021 至 2022 年）

1.《黄河生态文明指数报告（2019)》（2021 年 6 月）
2.《关于青藏高原生态环境保护立法应考虑的重大问题》（2022 年 4 月）
3.《实施黄河流域矿山污染治理修复，推动经济社会高质量发展》（2022 年 6 月）

附录二　中国工程院"生态文明建设若干战略问题研究"系列重大咨询研究项目发表的主要著作和主要文章

（一）主要著作：丛书 1 套，9 卷（2016 年），科学出版社

1. 《中国生态文明建设若干战略问题研究》
   项目组　编
2. 《生态文明建设的重大意义与能源变革研究》
   课题组　杜祥琬　谢和平　刘世锦　主编
3. 《国土生态安全、水土资源优化配置与空间格局研究》
   课题组　石玉林　于贵瑞　王　浩　刘兴土　主编
4. 《生态文明建设和新型工业化研究》
   课题组　傅志寰　殷瑞钰　朱高峰　王基铭　主编
5. 《生态文明建设和新型城镇化及绿色消费研究》
   生态文明建设和新型城镇化课题组　钱　易　吴志强　主编
   推进绿色消费模式与全民生态文明建设课题组　江　亿　李　强　薛　澜　主编
6. 《生态文明建设与农业现代化研究》
   课题组　刘　旭　唐华俊　尹昌斌　主编
7. 《新时期国家生态保护和建设研究》
   课题组　沈国舫　吴　斌　张守攻　李世东　主编
8. 《新时期国家环境保护研究》
   课题组　郝吉明　万本太　王金南　许嘉钰　蒋洪强　主编
9. 《生态文明建设的总体战略与"十三五"重点任务研究》
   课题组　舒俭民　张林波　主编

（二）主要文章：《中国工程科学》2015 年第 17 卷第 8 期

1. 《生态文明建设若干战略研究》
   生态文明建设若干战略问题研究综合组

2.《生态文明建设的时代背景与重大意义》

　　杜祥琬　温宗国　王　宁　曹　馨

3.《我国工业绿色发展战略研究》

　　傅志寰　宋忠奎　陈小寰　李晓燕

4.《我国生态保护和建设若干战略问题研究》

　　沈国舫　李世东　吴　斌　张守攻

5.《新时期国家环境保护战略研究》

　　郝吉明　万本太　侯立安　王金南　蒋洪强　许嘉钰

6.《"十三五"生态文明建设的目标与重点任务》

　　舒俭民　张林波　罗上华　杜加强　梁广林

7.《生态文明背景下我国能源发展与变革分析》

　　杜祥琬　呼和涛力　田智宇　袁浩然　赵丹丹　陈　勇

8.《生态文明建设与能源、经济、环境和生态协调发展研究》

　　呼和涛力　袁浩然　赵黛青　陈　勇　杜祥琬

9.《中国陆地生态环境安全分区综合评价》

　　石玉林　张红旗　许尔琪

10.《中国新型城镇化生态文明建设模式分析与战略建议》

　　钱　易　吴志强　江　亿　温宗国

11.《城镇化与生态文明——压力、挑战与应对》

　　吴志强　干　靓　胥星静　吕　荟　姚雪艳　杨　秀　刘朝晖

12.《基于生态文明的农业现代化发展策略研究》

　　尹昌斌　赵俊伟　尤　飞　曾贤刚　陈　阜

13.《我国生态保护和建设概念地位辨析与基本形势判断》

　　沈国舫　李世东

14.《我国绿色消费战略研究》

　　江　亿　李　强　薛　澜　刘　毅　朱安东

15.《消费领域用能特征探究》

　　江　亿　朱安东　郭偲悦

16.《解析我国生态文明建设面临的重大挑战》

　　谢园园　傅泽强　邬　娜　徐建伟　吴　佳

17.《我国生态文明治理能力建设制约因素与制度改革任务分析》

　　张惠远　张　强　刘煜杰　刘淑芳　郝海广

18.《生态文明建设国内外经验总结分析》

　　岳　波　吴小卉　黄启飞　张林波

第二期　生态文明建设若干战略问题研究（二期）（2015 至 2017 年）

（一）主要著作：丛书 1 套，5 卷（2019 年）

1. 《中国生态文明建设若干战略问题研究（II）》
  项目组　编

2. 《国家生态文明建设指标体系研究与评估》
  课题组　舒俭民　张林波　主编

3. 《我国资源环境承载力与经济社会发展布局战略研究》
  课题组　郝吉明　王金南　许嘉钰　蒋洪强　主编

4. 《固体废物分类资源化利用战略研究》
  课题组　杜祥琬　主编

5. 《农业发展方式转变与美丽乡村建设战略研究》
  课题组　刘　旭　唐华俊　尹昌斌　主编

（二）主要文章：《中国工程科学》2017 年第 19 卷第 4 期

1. 《生态文明建设若干战略问题研究》
  "生态文明建设若干战略问题研究（二期）"综合组

2. 《国际视野下我国生态文明的建设现状与任务》
  樊阳程　严　耕　吴明红　陈　佳

3. 《我国京津冀和西北五省（自治区）大气环境容量研究》
  郝吉明　许嘉钰　吴　剑　马　乔

4. 《环境承载力约束下的国家产业发展布局战略研究》
  郝吉明　王金南　蒋洪强　刘年磊

5. 《我国固体废物分类资源化利用战略研究》
  杜祥琬　钱　易　陈　勇　凌　江　刘晓龙　杨　波　姜玲玲　葛　琴
  呼和涛力　柳　溪　孙笑非

6. 《基于农业发展方式转变的美丽乡村建设重点和路径选择》
  刘　旭　唐华俊　易小燕　赵俊伟　尹昌斌

7. 《典型城市群的市域生态文明水平评估研究》
  杨　娇　张林波　罗上华　解钰茜　李　芬

8. 《基于双目标渐进法的中国省域生态文明发展水平评估研究》
  解钰茜　张林波　罗上华　杨　娇　李　芬　王德旺

9. 《我国生态文明统计核算方法研究》
  石庆焱　周　晶

10. 《福建省生态文明建设的经验与建议》
  梁广林　张林波　李岱青　刘成程　罗上华

11.《水资源缺乏地区地表水环境承载现状研究——以京津冀和西北五省（自治区）为例》

温胜芳 单保庆 马 静 邓 伟

12.《我国"城市矿山"开发利用战略研究》

孙笑非 钱 易 温宗国 刘丽丽 单桂娟 李金惠

13.《我国农村废弃物分类资源化利用战略研究》

呼和涛力 袁浩然 刘晓风 陈汉平 雷廷宙 陈 勇

14.《我国工业固体废物资源化战略研究》

陈 瑛 胡 楠 滕婧杰 柳 溪 李 岩 凌 江

15.《建设"无废雄安新区"的几点战略建议》

杜祥琬 刘晓龙 葛 琴 姜玲玲 杨 波 陈守双 江 媛 徐 琳

16.《通过"无废城市"试点推动固体废物资源化利用，建设"无废社会"战略初探》

杜祥琬 刘晓龙 葛 琴 姜玲玲 崔磊磊

17.《我国种植业化学品投入状况与转变路径研究》

易小燕 袁 梦 尹昌斌

18.《畜禽养殖废弃物还田利用模式发展战略》

贾 伟 臧建军 张 强 李德发

19.《基于生态文明的村庄建设用地规划策略研究》

段德罡 王 瑾 王天令 黄 晶 李欣格 赵海清 尤智玉 杨 茹 黄 梅 菅泓博

第三期 生态文明建设若干战略问题研究（三期）（2017 至 2019 年）

（一）主要著作：丛书 1 套，6 卷（2020 年）

1.《中国生态文明建设若干战略问题研究（III）》

项目组 编

2.《生态文明建设理论研究》

课题组 钱 易 主编 李金惠 副主编

3.《福建省生态资产核算与生态产品价值实现战略研究》

课题组 吴丰昌 张林波 主编

4.《京津冀环境综合治理若干重要举措研究》

课题组 郝吉明 曲久辉 杨志峰 许嘉钰 主编

5.《中部地区生态文明建设及发展战略研究》

课题组 陈 勇 呼和涛力 李金惠 雷廷宙 温宗国 主编

6.《西部典型区生态文明建设模式与战略研究》

课题组 孙九林 董锁成 高清竹 舒俭民 杨雅萍 主编

（二）主要文章：《中国工程科学》2019 年第 21 卷第 5 期

1. 《新时代我国生态文明区域协同发展战略研究》

   "生态文明建设若干战略问题研究（三期）"综合组

2. 《西部生态脆弱贫困区生态文明建设战略研究》

   李泽红　柏永青　孙九林　董锁成　李静楠

3. 《县域生态文明建设模式研究——以江西婺源为例》

   林民松　刘丽丽　曾现来　李金惠

4. 《藏北高原草地生态治理与畜牧业协同发展模式研究》

   干珠扎布　胡国铮　高清竹　江村旺扎　旦久罗布　参木友　巴桑旺堆

   杨富裕　魏学红　杨永平

5. 《京津冀环境综合治理措施评价研究》

   吴　剑　许嘉钰　郝吉明

6. 《基于农村能源革命的生态文明建设典型范式和实施路径研究》

   刘晓龙　葛　琴　姜玲玲　呼和涛力　崔磊磊　李　彬　杜祥琬

7. 《基于水环境的生态文明建设模式研究——以合肥市、巢湖流域为例》

   温宗国　周　静　岳　昆

8. 《北京市城乡节能节水政策中长期耦合效果分析》

   刘耕源　胡俊梅　杨志峰

9. 《京津冀区域水资源及水环境调控与安全保障策略》

   曹晓峰　胡承志　齐维晓　郑　华　单保庆　赵　勇　曲久辉

10. 《福建省农业资源价值测算及生态价值实现路径分析》

    易小燕　黄显雷　尹昌斌　王　恒

11. 《"无废社会"构建研究》

    刘晓龙　姜玲玲　葛　琴　呼和涛力　陈　瑛　崔磊磊　李　彬　杜祥琬

12. 《生态文明建设"两山"理论的内在逻辑与发展路径》

    胡咏君　吴　剑

第四期　长江经济带生态文明建设若干战略问题研究（2019 至 2021 年）

（一）主要著作：丛书 1 套，6 卷（第 1 至第 5 卷正在审校中，第 6 卷已出版）

1. 《长江经济带生态环境空间管控与产业布局和城市群建设研究》
2. 《长江经济带产业绿色化发展战略研究》
3. 《长江经济带水安全保障与生态修复战略研究》
4. 《长江经济带生态产品价值实现路径与对策研究》
5. 《长江经济带生态文明建设若干战略问题研究》

6.《中国生态文明建设发展研究报告》

（二）主要文章

1.《长江经济带生态文明建设若干战略问题研究》
郝吉明 王金南 张守攻 吴丰昌 蒋洪强 吴文俊 陈吕军 张林波
刘年磊

2.《基于环境承载力的长江经济带城市群发展战略研究》
王金南 蒋洪强 刘年磊 扈 茗 汪 淳 钟奕纯 蔡宏钰 吴文俊

3.《长江经济带工业园区绿色发展战略研究》
郝吉明 田金平 卢琬莹 盛永财 赵佳玲 赵 亮 郭 扬 胡琬秋
高 洋 陈亚林 陈吕军

4.《长江经济带水安全保障与水生态修复策略研究》
胡春宏 张双虎

第五期 黄河流域生态保护与高质量发展战略研究（上，2020 年；下，2021
至 2022 年）

（一）主要著作：专著 2 本（审校中）
黄河流域生态保护与高质量发展战略研究（上、下册）

（二）主要文章

1.《黄河流域生态保护和高质量发展协同战略体系研究》
"黄河流域生态保护和高质量发展战略研究"综合组

2.《重大工程引领的黄河流域生态环境一体化治理战略研究》
迟妍妍 王夏晖 宝明涛 张丽苹 刘斯洋 付 乐 许开鹏 王晶晶

3.《黄河流域生态系统变化评估与保护修复策略研究》
牟雪洁 张 箫 王夏晖 王金南 饶 胜 黄 金 柴慧霞

4.《新形势下黄河水沙调控策略研究》
胡春宏 张双虎 张晓明

5.《虚拟水流视角下西北地区农业水资源安全格局与调控》
张家欣 邓铭江 李 鹏 李占斌 黄会平 时 鹏 冯朝红

其他主要文章

1.《在生态文明建设"快车道"上行稳致远》
刘旭，《人民日报》（2020 年 11 月 20 日第 9 版）

2.《探索生态产品价值实现路径 促进生态资源资产协同发展》
刘旭，《求是网》（2021 年 12 月 24 日）

附录三 中国工程院"生态文明建设若干战略问题研究"系列重大咨询研究项目主要成员名单

第一期 生态文明建设若干战略问题研究（2013 至 2015 年）

项目顾问：

徐匡迪 全国政协原副主席，中国工程院院士

钱正英 全国政协原副主席，中国工程院院士

周生贤 环境保护部原部长

解振华 国家发展和改革委员会原副主任

项目组长：

周 济 中国工程院院长，中国工程院院士

沈国舫 中国工程院原副院长，中国工程院院士

项目副组长：

郝吉明 清华大学，中国工程院院士

项目总协调：

石立英 中国工程科技发展战略研究院原副院长，教授

项目各课题组成及其主要成员：

课题一：生态文明建设的重大意义与能源变革

组 长：杜祥琬 中国工程院原副院长，中国工程院院士

副组长：谢和平 四川大学原校长，中国工程院院士

刘世锦 国务院发展研究中心原副主任，研究员

课题二：国土生态安全和优化水土资源配置与空间格局

顾 问：石元春 中国农业大学原校长，两院院士

任继周 兰州大学教授，中国工程院院士

陈志恺 中国水利水电科学研究院教授级高工，中国工程院院士

组 长：石玉林 中国科学院地理科学与资源研究所研究员，中国工程院院士

副组长：王 浩 中国水利水电科学研究院教授级高工，中国工程院院士

刘兴土 中国科学院东北地理与农业生态研究所研究员，中国工程院院士

于贵瑞 中国科学院地理科学与资源研究所副所长，研究员

谢冰玉 中国工程院一局，高工

课题三：生态文明建设与新型工业化

组　长：傅志寰　原铁道部部长，中国工程院院士

副组长：殷瑞钰　钢铁研究总院名誉院长，中国工程院院士

　　　　王基铭　中国石化股份公司副董事长，中国工程院院士

　　　　朱高峰　中国工程院原副院长，中国工程院院士

　　　　宋忠奎　中国节能协会秘书长

课题四：生态文明建设与新型城镇化

组　长：钱　易　清华大学教授，中国工程院院士

副组长：江　亿　清华大学教授，中国工程院院士

　　　　吴志强　同济大学副校长，教授

课题五：生态文明建设与农业现代化

组　长：刘　旭　中国工程院副院长，中国工程院院士

副组长：唐华俊　中国农业科学院副院长，中国工程院院士

课题六：新时期生态保护与建设

顾　问：李文华　中国科学院地理科学与资源研究所研究员，中国工程院院士

　　　　马建章　东北林业大学教授，中国工程院院士

　　　　南志标　兰州大学教授，中国工程院院士

　　　　尹伟伦　北京林业大学教授，中国工程院院士

　　　　李佩成　长安大学教授，中国工程院院士

　　　　刘兴土　中国科学院东北地理与农业生态研究所研究员，中国工程院院士

　　　　刘　震　水利部水土保持司司长

组　长：沈国舫　中国工程院原副院长，中国工程院院士

副组长：吴　斌　北京林业大学原党委书记，教授

　　　　张守攻　中国林业科学研究院院长，研究员

　　　　李世东　国家林业局信息中心主任，教授级高工

课题七：新时期国家环境保护战略研究

组　长：郝吉明　清华大学教授，中国工程院院士

副组长：万本太　环境保护部原总工程师

课题八：推进绿色消费模式与全民生态文明建设

组　长：江　亿　清华大学教授，中国工程院院士

副组长：李　强　清华大学，教授

　　　　薛　澜　清华大学，教授

课题九：生态文明建设的总体战略与"十三五"重点任务

组　　长：舒俭民　中国环境科学院副院长，研究员

副组长：张林波　中国环境科学院生态所所长，研究员

项目办公室：

谢冰玉　中国工程院一局原局长，高工

王元晶　中国工程院二局副巡视员

张林波　中国环境科学院生态所所长，研究员

苏　竣　清华大学，教授

张　健　中国工程院二局环境与轻纺工程学部办公室副主任

王　波　中国工程院战略咨询中心，副处长

第二期　生态文明建设若干战略问题研究（二期）（2015 至 2017 年）

项目顾问：

徐匡迪　全国政协原副主席，中国工程院院士

钱正英　全国政协原副主席，中国工程院院士

陈吉宁　环境保护部部长（2015～2017）

张　勇　国家发展与改革委员会副主任

沈国舫　中国工程院原副院长，中国工程院院士

项目组长：

周　济　中国工程院原院长，中国工程院院士

刘　旭　中国工程院原副院长，中国工程院院士

项目副组长：

郝吉明　清华大学，中国工程院院士

项目各课题组成及其主要成员：

课题一：国家生态文明建设指标体系研究与评估

组　　长：吴丰昌　中国环境科学研究院，中国工程院院士

副组长：舒俭民　中国环境科学研究院，研究员

严　耕　北京林业大学，教授

张林波　中国环境科学研究院，研究员

万东华　国家统计局统计科学研究所所长，研究员

朱广庆　中国生态文明研究与促进会秘书长

课题二：我国环境承载力与经济社会发展布局战略研究

组　长：郝吉明　清华大学，中国工程院院士

副组长：曲久辉　中国科学院生态环境研究中心，中国工程院院士

　　　　王　浩　中国水利水电科学研究院，中国工程院院士

　　　　李　阳　中国石油化工股份有限公司，中国工程院院士

课题三：固体废物分类资源化利用战略研究

组　长：杜祥琬　中国工程院原副院长，中国工程院院士

副组长：钱　易　清华大学，中国工程院院士

　　　　陈　勇　常州大学，中国工程院院士

　　　　凌　江　环境保护部固体废物与化学品管理技术中心主任

课题四：农业发展方式转变与美丽乡村建设战略研究

组　长：刘　旭　中国工程院原副院长，中国工程院院士

副组长：唐华俊　中国农业科学院院长，中国工程院院士

　　　　李德发　中国农业大学，中国工程院院士

　　　　刘克成　西安建筑科技大学，教授

综合组：

组　长：周　济　中国工程院原院长，中国工程院院士

　　　　刘　旭　中国工程院原副院长，中国工程院院士

成　员：舒俭民　中国环境科学研究院，研究员

　　　　张林波　中国环境科学研究院，研究员

　　　　李岱青　中国环境科学研究院，研究员

　　　　许嘉钰　清华大学，副教授

　　　　刘晓龙　中国工程科技发展战略研究院办公室主任

　　　　尹昌斌　中国农业科学院农业资源与农业区划研究所

项目办公室：

　　　　王元晶　中国工程院三局，副局长

　　　　张林波　中国环境科学研究院，研究员

　　　　张　健　中国工程院二局科学道德处，调研员

　　　　刘晓龙　中国工程科技发展战略研究院办公室主任

　　　　王　波　中国工程院战略咨询中心，副处长

　　　　鞠光伟　中国农业科学院，博士

　　　　宝明涛　中国工程院战略咨询中心

第三期　生态文明建设若干战略问题研究（三期）（2017 至 2019 年）

项目顾问：

　　　　徐匡迪　全国政协原副主席，中国工程院院士

　　　　钱正英　全国政协原副主席，中国工程院院士

　　　　解振华　全国政协人口资源环境委员会，副主任

　　　　周　济　中国工程院原院长，中国工程院院士

　　　　沈国舫　中国工程院原副院长，中国工程院院士

　　　　谢克昌　中国工程院原副院长，中国工程院院士

项目组长：

　　　　赵宪庚　中国工程院原副院长，中国工程院院士

　　　　刘　旭　中国工程院原副院长，中国工程院院士

项目副组长：

　　　　郝吉明　清华大学，中国工程院院士

　　　　陈　勇　常州大学，中国工程院院士

　　　　孙九林　中国科学院地理科学与资源研究所，中国工程院院士

　　　　吴丰昌　中国环境科学研究院，中国工程院院士

项目各课题组成及主要成员：

课题一：福建省生态资产核算与生态产品价值实现战略研究

组　长：吴丰昌　中国环境科学研究院，中国工程院院士

副组长：舒俭民　中国环境科学研究院，研究员

　　　　张林波　山东大学，教授

　　　　魏复盛　中国环境监测总站，中国工程院院士

　　　　尹昌斌　中国农业科学院农业资源与农业区划研究所，研究员

课题二：京津冀环境综合治理若干重要举措研究

组　长：郝吉明　清华大学，中国工程院院士

副组长：曲久辉　清华大学，中国工程院院士

　　　　杨志峰　北京师范大学，中国工程院院士

课题三：中部地区生态文明建设及发展战略研究

组　长：陈　勇　常州大学，中国工程院院士

副组长：李金惠　清华大学，教授

　　　　雷廷宙　河南省科学院，研究员

温宗国 清华大学，研究员

课题四：西部典型区生态文明建设模式与战略研究

组　长：孙九林 中国科学院地理科学与资源研究所，中国工程院院士

副组长：董锁成 中国科学院地理科学与资源研究所，研究员

　　　　高清竹 中国农业科学院农业环境与可持续发展研究所，研究员

　　　　舒俭民 中国环境科学研究院，研究员

综合组：

组　长：赵宪庚 中国工程院原副院长，中国工程院院士

　　　　刘　旭 中国工程院原副院长，中国工程院院士

成　员：张林波 山东大学，教授

　　　　李岱青 中国环境科学研究院，研究员

　　　　许嘉钰 清华大学，副教授

　　　　呼和涛力 常州大学，研究员

　　　　李泽红 中国科学院地理科学与资源研究所，副研究员

项目办公室：

　　　　王元晶 中国工程院三局，副局长

　　　　唐海英 中国工程院二局，副局长

　　　　张林波 山东大学，教授

　　　　张　健 中国工程院二局科学道德处，调研员

　　　　王小文 中国工程院二局环境与轻纺学部办公室，处长

　　　　刘晓龙 中国工程院战略咨询中心，副处长

　　　　王　波 中国工程院战略咨询中心，副处长

　　　　鞠光伟 中国农业科学院，博士

　　　　宝明涛 中国工程院战略咨询中心，助理研究员

　　　　杨艳伟 中国工程科技发展战略研究院，项目主管

第四期　长江经济带生态文明建设若干战略问题研究（2019 至 2021 年）

项目顾问：

　　　　周　济 中国工程院原院长，中国工程院院士

　　　　沈国舫 中国工程院原副院长，中国工程院院士

　　　　钱　易 清华大学，中国工程院院士

　　　　杜祥琬 中国工程院原副院长，中国工程院院士

　　　　丁一汇 国家气候中心，中国工程院院士

李文华　中国科学院地理科学与资源研究所，中国工程院院士

陈左宁　中国工程院原副院长，中国工程院院士

项目组长：

李晓红　中国工程院院长，中国工程院院士

刘　旭　中国工程院原副院长，中国工程院院士

项目常务副组长：

郝吉明　清华大学，中国工程院院士

项目副组长：

王金南　生态环境部环境规划院，中国工程院院士

胡春宏　中国水利水电科学研究院，中国工程院院士

张守攻　中国林业科学研究院，中国工程院院士

吴丰昌　中国环境科学研究院，中国工程院院士

项目各课题组成及主要成员：

专项一：长江经济带生态环境空间管控与产业布局和城市群建设研究

组　长：王金南　生态环境部环境规划院，中国工程院院士

副组长：吴良镛　清华大学，中国工程院院士，中国科学院院士

武廷海　清华大学，教授

专项二：长江经济带产业绿色发展战略研究

组　长：郝吉明　清华大学，中国工程院院士

副组长：陈建峰　中国工程院秘书长，中国工程院院士

陈吕军　清华大学，教授

专项三：长江经济带水安全保障与生态修复战略研究

组　长：胡春宏　中国水利水电科学研究院，中国工程院院士

副组长：张守攻　中国林业科学研究院，中国工程院院士

汪阳东　中国林业科学研究院亚热带林业研究所，研究员

专项四：长江经济带生态产品价值实现路径与对策研究

组　长：吴丰昌　中国环境科学研究院，中国工程院院士

综合组：

组　长：刘　旭　中国工程院原副院长，中国工程院院士

副组长：郝吉明　清华大学，中国工程院院士

王金南　生态环境部环境规划院，中国工程院院士

成　员：蒋洪强　生态环境部环境规划院，副总工程师

　　　　陈吕军　清华大学，教授

　　　　张双虎　中国水利水电科学研究院，教授级高工

　　　　张林波　山东大学，教授

项目办公室：

　　　　唐海英　中国工程院二局，副局长

　　　　周　源　中国工程科技发展战略研究院，副院长

　　　　宝明涛　中国工程院战略咨询中心，副研究员

　　　　陈璐怡　中国工程科技发展战略研究院，助理研究员

　　　　杨艳伟　中国工程科技发展战略研究院，项目主管

第五期　黄河流域生态保护与高质量发展战略研究（上，2020 年）

项目顾问：

　　　　周　济　中国工程院原院长，中国工程院院士

　　　　沈国舫　中国工程院原副院长，中国工程院院士

　　　　杜祥琬　中国工程院原副院长，中国工程院院士

　　　　钱　易　清华大学，中国工程院院士

　　　　丁一汇　国家气候中心，中国工程院院士

　　　　李文华　中国科学院地理科学与资源研究所，中国工程院院

　　　　陈左宁　中国工程院原副院长，中国工程院院士

　　　　王　浩　中国水利水电科学研究院，中国工程院院士

　　　　张守攻　中国林业科学研究院，中国工程院院士

　　　　王　超　河海大学，中国工程院院士

　　　　吴丰昌　中国环境科学研究院，中国工程院院士

项目组长：

　　　　刘　旭　中国工程院原副院长，中国工程院院士

　　　　郝吉明　清华大学，中国工程院院士

项目副组长：

　　　　刘炯天　郑州大学，中国工程院院士

　　　　胡春宏　中国水利水电科学研究院，中国工程院院士

　　　　王金南　生态环境部环境规划院，中国工程院院士

项目各课题组成及其主要成员：

课题一：基于生态优先绿色发展的黄河流域生态环境空间管控战略

组　　长：王金南　生态环境部环境规划院，中国工程院院士

副组长：许开鹏　生态环境部环境规划院，研究员

课题二：黄河流域生态保护修复战略研究

组　　长：王金南　生态环境部环境规划院，中国工程院院士

副组长：王夏晖　生态环境部环境规划院，研究员

　　　　迟妍妍　生态环境部环境规划院，副研究员

课题三：黄河流域水沙演变趋势与下游河道治理策略

组　　长：胡春宏　中国水利水电科学研究院，中国工程院院士

副组长：张晓明　中国水利水电科学研究院泥沙研究所副所长，教授级高级工程师

　　　　赵　阳　中国水利水电科学研究院，高级工程师

课题四：黄河流域水资源集约节约利用与新形势水资源配置战略

组　　长：胡春宏　中国水利水电科学研究院，中国工程院院士

副组长：张双虎　中国水利水电科学研究院水资源研究所所长助理，教授级高级工程师

　　　　杜军凯　中国水利水电科学研究院水资源研究所，高级工程师

课题五：黄河流域绿色高质量发展的产业结构优化与城市发展战略

组　　长：刘炯天　郑州大学党委书记，中国工程院院士

副组长：左其亭　郑州大学，教授

　　　　刘建华　郑州大学，教授

课题六：黄河文化保护与文明传承战略

组　　长：刘炯天　郑州大学党委书记，中国工程院院士

　　　　刘庆柱　郑州大学历史学院院长，中国社会科学院学部委员

副组长：吕红医　郑州大学建筑学院，教授

　　　　陈隆文　郑州大学历史学院，教授

课题七：黄河流域生态保护与高质量发展总体战略与政策建议综合 1 组

组　　长：刘　旭　中国工程院，院士

副组长：唐海英　中国工程院一局，副局长

　　　　焦　栋　中国工程院战略咨询中心，副主任（主持工作）

课题八：黄河流域生态保护与高质量发展总体战略与政策建议综合 2 组

组　长： 郝吉明　清华大学教授，中国工程院院士

副组长： 陈吕军　清华大学，教授

田金平　清华大学，研究员

第五期　黄河流域生态保护与高质量发展战略研究（下，2021 至 2022 年）

项目顾问：

周　济　中国工程院原院长，中国工程院院士

沈国舫　中国工程院原副院长，中国工程院院士

杜祥琬　中国工程院原副院长，中国工程院院士

钱　易　清华大学，中国工程院院士

丁一汇　国家气候中心，中国工程院院士

李文华　中国科学院地理科学与资源研究所，中国工程院院士

陈左宁　中国工程院原副院长，中国工程院院士

王　浩　中国水利水电科学研究院，中国工程院院士

王　超　河海大学，中国工程院院士

吴丰昌　中国环境科学研究院，中国工程院院士

项目组长：

刘　旭　中国工程院原副院长，中国工程院院士

郝吉明　清华大学，中国工程院院士

王金南　生态环境部环境规划院，中国工程院院士

项目副组长：

胡春宏　中国水利水电科学研究院，中国工程院院士

张守攻　中国林业科学研究院，中国工程院院士

刘炯天　郑州大学，中国工程院院士

项目各课题组成及其主要成员：

课题一：黄河流域生态空间管控研究

组　长： 王金南　生态环境部环境规划院，中国工程院院士

副组长： 许开鹏　生态环境部环境规划院，研究员

课题二：黄河流域环境治理研究

组　长： 郝吉明　清华大学教授，中国工程院院士

副组长： 田金平　清华大学，研究员

陈吕军　清华大学，教授

课题三：黄河流域水沙调控与调水研究

组　长：胡春宏　中国水利水电科学研究院，中国工程院院士

副组长：张双虎　中国水利水电科学研究院水资源研究所所长助理，教授级高级工程师

　　　　张治昊　中国水利水电科学研究院，教授级高级工程师

课题四：黄河流域生态修复研究

组　长：张守攻　中国林业科学研究院，中国工程院院士

副组长：卢　琦　中国林业科学研究院，研究员

课题五：黄河流域高质量发展评估及路径优化调控战略研究

组　长：刘炯天　郑州大学，中国工程院院士

副组长：左其亭　郑州大学，教授

　　　　刘建华　郑州大学，教授

课题六：黄河文化遗产系统保护与文化协同战略研究

组　长：刘炯天　郑州大学党委书记，中国工程院院士

　　　　刘庆柱　郑州大学历史学院院长，中国社会科学院学部委员

副组长：吕红医　郑州大学建筑学院，教授

　　　　陈隆文　郑州大学历史学院，教授

课题七：综合集成研究

组　长：王金南　生态环境部环境规划院，中国工程院院士

副组长：王夏晖　生态环境部环境规划院，研究员

　　　　迟妍妍　生态环境部环境规划院，副研究员

课题八：中国生态文明理论

组　长：刘　旭　中国工程院原副院长，中国工程院院士

副组长：张林波　山东大学，教授

课题九：中国生态文明实践

组　长：刘　旭　中国工程院原副院长，中国工程院院士

副组长：唐海英　中国工程院一局，副局长

　　　　焦　栋　中国工程院战略咨询中心，副主任（主持工作）

后　记

经过大家共同努力，《中国生态文明理论与实践》终于可以脱稿面世，在此我衷心感谢第十届全国政协副主席徐匡迪院士以及周济院长、李晓红院长对项目的领导与对我的信任，诚挚感谢沈国舫院士以及郝吉明院士、王金南院士始终如一的真诚指导与大力协助。非常感谢胡春宏院士、刘炯天院士、张守攻院士、陈勇院士、吴丰昌院士、丁一汇院士、张偲院士及各位院士专家同仁的鼎力相助，非常感谢舒俭民研究员的认真审修，帮我完成了这一夙愿。

2013 至 2015 年，我参与了中国工程院重大咨询研究项目"生态文明建设若干战略问题研究"项目，担任生态文明建设与农业现代化课题组组长，这是我第一次开展生态文明和农业跨领域战略研究，根据项目负责人提出的生态保护和建设的总体思路与基本策略，查阅了好多资料，提出用绿色、循环与低碳的理念来发展现代农业，走适合中国国情的农业生态文明建设之路。这期间，就产生了要弄清楚生态和文明之间的关系的想法。2015 至 2017 年，我协助时任中国工程院院长周济院士，共同承担中国工程院重大咨询研究项目"生态文明建设若干战略问题研究（二期）"项目，从生态文明建设指标体系与水平评估、环境承载力与经济社会发展布局、城乡废物分类资源化利用、农业发展方式转变与美丽乡村建设等方面进行了深入研究。2017 至 2019 年，我协助时任中国工程院副院长赵宪庚院士，共同承担中国工程院重大咨询研究项目"生态文明建设若干战略问题研究（三期）"项目，分析我国东部、中部、西部典型地区以及京津冀城市群生态文明建设的模式和经验，针对"生态产品价值实现""保护中发展""生态资源资产正增长""平衡美丽协同发展"等区域生态文明关键问题开展研究。2019 至 2022 年，在中国工程院院长李晓红院士的指导下，我和郝吉明院士、王金南院士共同承担中国工程院重大咨询项目"长江经济带生态文明建设若干战略问题研究"项目和"黄河流域生态保护与高质量发展战略研究"项目，围绕长江经济带发展、黄河流域生态保护和高质量发展这两个国家战略开展研究。通过这几期的项目研究，我对生态和文明之间关系的认识也越来越清晰。从 2021 年组建编写团队至今，将近两年的时间，与各位同仁共同努力，经过反复研讨与修改，最终形成了这本文稿。在就此止笔之时，我特别要感谢郝吉明院士，他阅历比我丰富、水平比我高超，他与我从第一期项目都是课题组长，以后又共同主持生态文明咨询项目，一直共同走过了十年五期项目的全过程，他对我的帮助与支持是难以用言语表达的，只能再次表示衷心感谢！

在此书即将付梓之际，我深深感到尽管它来之不易，但仍难达到初衷，仍有待继续努力，我一定深入学习习近平生态文明思想、落实中央有关精神，为进一步揭示人与自然关系认识的历史演替、生态与文明之间的内在联系、相互动因和融合本质而继续努力，也期待其他院士专家在此方面作出更大成绩，为开创新时代中国生态文明贡献最大力量。

刘　旭

2022 年 8 月 31 日于北京